Adalbert Feltz · Amorphe und glasartige anorganische Festkörper

Für meine Familie und Fachkollegen

Amorphe und glasartige anorganische Festkörper

von

PROF. DR. RER. NAT. HABIL. ADALBERT FELTZ

Jena

Mit 195 Abbildungen und 23 Tabellen

AKADEMIE-VERLAG · BERLIN

1983

Erschienen im Akademie-Verlag, DDR-1086 Berlin, Leipziger Straße 3—4

Lizenznummer: 202 · 100/459/83
Printed in the German Democratic Republic
Gesamtherstellung: VEB Druckerei „Thomas Müntzer", 5820 Bad Langensalza
Lektor: Fritz Schulz
Einbandgestaltung: Rolf Kunze
LSV 1255
Bestellnummer: 763 034 1 (6654)
DDR 75,— M

Vorwort

Unsere Kenntnis über den Zustand der nichtkristallinen anorganischen Festkörper ist in den zurückliegenden zweieinhalb Jahrzehnten wesentlich erweitert und vertieft worden. Bis etwa in die Mitte der fünfziger Jahre wurde über amorphe Zustandsformen anorganischer Stoffe im wesentlichen allgemein beschreibend berichtet.

Gläser werden als Gebrauchswerkstoffe des täglichen Bedarfs seit Jahrtausenden genutzt. Erst mit *Otto Schott* und *Ernst Abbe* begann aber eine systematische Glasentwicklung. Zahlreiche empirische Beziehungen zwischen der Zusammensetzung des Glases und seinen Eigenschaften sind seitdem erkannt und praktisch genutzt worden. In den letzten Jahrzehnten war die Forschung auf die Entwicklung neuer Gläser sowie auf die Ableitung gültiger Struktur-Eigenschaftskorrelationen als Voraussetzung für eine tiefere theoretische Fundierung des Gebietes gerichtet.

Die Fortschritte beziehen sich sowohl auf die thermodynamische Interpretation des Glaszustandes als auf die Kinetik der Glasbildung und der Ordnungsprozesse, die in ihm ablaufen können. Die stoffliche Basis amorpher Substanzen und glasbildender Systeme wurde durch Einbeziehung der Metalle bzw. Legierungen und zahlreicher nichtoxidischer Elementkombinationen, vor allem der Chalkogenidgläser, stark erweitert. Der entscheidende Erkenntniszuwachs ist aber durch die Anwendung des Theoriengebäudes der Festkörperphysik auf Gläser und amorphe Stoffe erbracht worden. Die amorphen Modifikationen einiger Elemente, wie Se, Si und Ge und einfache Glasbildner, binäre Verbindungen mit definierter Stöchiometrie, z. B. das Kieselglas, wurden erstmals in die festkörperphysikalische Grundlagenforschung einbezogen. Rückwirkend war es auf diesem Wege möglich, die Struktur- und Bindungsverhältnisse in kondensierten Systemen generell präziser zu erfassen und die sich für den kristallinen Zustand ergebenden Konsequenzen schärfer abzugrenzen.

Neue physikalische Effekte und ungewöhnliche Eigenschaften sind zum Teil festgestellt worden. Andere bekannte, vor allem struktur- und bindungstheoretische Zusammenhänge konnten erstmals auf einer Basis verständlich gemacht werden, die den an eine Theorie zu stellenden Ansprüchen gerecht wird. Es handelt sich aber überwiegend um qualitative Aussagen. Der Mangel, auf Berechnungen i. allg. noch verzichten zu müssen, die auch in quantitativer Hinsicht eine befriedigende Übereinstimmung mit dem Experiment ergeben, ist bei dem gegenwärtig erreichten Stand nicht zu übersehen.

Als sehr förderlich für die Entwicklung hat sich in jeder Phase die potentielle praktische Nutzung bestimmter Eigenschaftskombinationen erwiesen, z. B. der Bedarf an elektronenleitenden Oxidgläsern im Zusammenhang mit der Entwicklung der Fernsehaufnahmetechnik gegen Ende der fünfziger Jahre oder die Entdeckung bistabiler Leitfähigkeitszustände an Chalkogenidgläsern, des sog. Schalteffekts von *Ovshinsky*, etwa ab 1963 und die Aussicht einer kostengünstigen großflächigen Realisierung von Solarzellen auf der Basis des amorphen Siliciums ab 1975.

Es ist zu bemerken, daß sich diese Entwicklung im wesentlichen außerhalb der traditionellen Gebiete der Glasforschung vollzieht. Die Resultate der modernen glaschemischen Forschung, die in so bedeutsamen Neuerungen wie der Faseroptik, zahlreichen neuartigen Vitrokeramprodukten, den photochromatischen Gläsern, Lasergläsern oder hochveredelten optischen Gläsern mit speziellen Eigenschaften zum Ausdruck kommen, wurden, wie die Beispiele zeigen, in enger Verbindung mit der Realisierung technisch-praktischer Zielstellungen hervorgebracht. Die theoretischen Grundlagen der Glaswissenschaft sind dadurch zweifellos gleichfalls weiter entwickelt worden. Der entscheidende Fortschritt in der theoretischen Fundierung ist aber gegenwärtig im Rahmen der Festkörperphysik und -chemie zu verzeichnen. Die im regelmäßigen Turnus stattfindenden Tagungen, der „Internationale Glaskongreß" und die „Internationale Konferenz über amorphe und flüssige Halbleiter" lassen die unterschiedliche Akzentuierung unschwer erkennen. Bestrebungen, beide Richtungen zusammenzuführen, kommen z. B. in der Publikationstätigkeit der Zeitschrift „Journal of Non-Crystalline Solids" und in der Reihe der inernationalen Konferenzen zum Thema „Physik der nichtkristallinen Festkörper" zum Ausdruck.

Das vorliegende Buch schließt sich den letzteren Bemühungen an. Es wird in ihm der Versuch unternommen, dem festkörperchemisch orientierten Chemiker und Physiker sowie den in der Glasforschung tätigen Fachkollegen einen Überblick und eine Einführung in den wesentlichen Theorienbestand der Physik und Chemie amorpher und glasartiger anorganischer Festkörper zu vermitteln und dabei die große stoffliche Breite nichtkristalliner Strukturen und die sich von ihnen ableitenden Eigenschaften aufzuzeigen. Es dürfte sich um den ersten Versuch einer systematischen Behandlung amorpher und glasartiger anorganischer Stoffe aus der Sicht der Festkörperchemie handeln. Eine allgemein verständliche Darstellung vor allem der neueren Ergebnisse der Festkörperforschung auf diesem Gebiet wird angestrebt, eine formaltheoretische Abhandlung bestimmter Zusammenhänge also ebenso vermieden wie die breite Behandlung von Befunden aus dem Gebiet der konventionellen Glaschemie, deren Ergebnisse in mehreren Monographien der letzten Jahre zusammengefaßt vorliegen.

Obwohl eine Einschränkung auf für die Glasbildung charakteristische Verbindungen und grundlegende Glasbildungssysteme vorgenommen wurde, hat sich eine relativ umfangreiche Bibliographie ergeben. Sie verdeutlicht den Aufschwung, den die Festkörperchemie und -physik nichtkristalliner Stoffsysteme in der jüngeren Vergangenheit erfahren hat. Die Literaturzitate können nicht den Anspruch auf Vollständigkeit erheben. Sie stellen eine Auswahl dar, die durch die wissenschaftlichen Interessen des Verfassers geprägt und dadurch nicht frei von einer subjektiven Sicht sind.

Das Buch soll die Aufmerksamkeit darauf richten, daß eine umfassende Charakterisierung anorganischer Feststoffsysteme auf die Untersuchung von Festkörperzuständen mit regellosem Aufbau nicht verzichten kann. Der amorphe feste Zustand und der glasartige Zustand mit seiner i. allg. engen Beziehung zur Struktur der Schmelze enthalten eigene Varianten der Realisierung von Aufbauprinzipien anorganischer Stoffe, die über die Kenntnis der entsprechenden kristallinen Zustandsformen hinausführen. Möge das Buch auch in dieser Hinsicht dem interessierten Chemiker Anregungen vermitteln und zur Findung von Ideen beitragen, die die weitere Entwicklung der anorganischen Chemie fördern.

Das Gebiet wurde im *Kollektiv* des *Wissenschaftsbereiches Anorganische Festkörperchemie der Sektion Chemie der Friedrich-Schiller-Universität* in den vergangenen 10 Jahren bearbeitet und durch eine Reihe von Beiträgen mit geprägt. Wesentlichen Anteil, insbesondere bei der Einbeziehung thermochemischer Gesichtspunkte sowie im Aufzeigen von Struktur-Eigenschaftskorrelationen hat *Doz. Dr. D. Linke.* Mein Dank gilt weiterhin der initiativreichen Mitwirkung der Herren *Dr. Burckhardt, Dr. Kaps, Dr. Schirrmeister, Dr. Kahnt, Dr. Voigt* und *Dr. Ludwig.*

Für die bibliographische Bearbeitung danke ich meiner Frau, *Ursula Feltz,* für die sorgfältige Ausführung des Manuskripts Frau *Heike Müller* und für die Anfertigung der Zeichnungen Frau *Steffi Etzold.*

Dem *Akademie-Verlag* gilt mein Dank für das Verständnis bei der Abfassung des Manuskripts und die vorzügliche Ausstattung des Buches.

Jena, Oktober 1981 *Adalbert Feltz*

Inhalt

Verzeichnis der verwendeten Symbole

A	Absorptionsvermögen
a	Bindungsabstand, mittlere Sprunglänge
a_0	Gitterkonstante
a_i	Aktivität
a, b	Konstanten der VAN-DER-WAALSschen Gleichung
a_{krit}	kritischer Abstand für das Auftreten von Elektronendelokalisation
B	spannungsoptische Konstante
C	Kapazität
C_1, C_2	photoelastische Koeffizienten
C_p	Molwärme, Wärmekapazität bei konstantem Druck
ΔC_p	molare Wärmekapazitätsänderung
D	dielektrische Verschiebung
D	Diffusionskoeffizient
d	Schichtdicke
E	Elastizitätsmodul
E	Energie
δE	feldinduzierte Erniedrigung der Potentialbarriere lokalisierter Elektronen
ΔE^*	Aktivierungsenergie der Verdampfung im offenen Vakuum
E_{Aff}	Elektronenaffinität
E_A, E_B	Energie lokalisierter Zustände im Bereich der Leitfähigkeitsbandkante bzw. Valenzbandkante
E_B	experimentell bestimmte Bindungsenergie
E_b	Bindungsenergie als Rechengröße in Abschätzungen
E_C	Energie der Leitfähigkeitsbandkante in kristallinen Halbleitern
E_C	Energie der Beweglichkeitskante im Leitfähigkeitsband von nichtkristallinen Halbleitern
E_D	Aktivierungsenergie der Diffusion
E_D	Gitterdeformationsenergie
E_F	FERMI-Energie
$E_{E,n}, E_{F,p}$	Quasi-FERMI-Energien für Elektronen bzw. Defektelektronen
E_η	Aktivierungsenergie des viskosen Fließens
E_K	Bindungsenergie von Elektronen der K-Schale
E_L	Energie zur Bildung einer Gleichgewichtskonzentration an Leerstellen
ΔE_{lok}	Bereich der lokalisierten Zustände an den Bandrändern
E_{opt}	optische Bandlücke
E_p	Gitterpolarisationsenergie
E_P	Energie des Polaronenzustandes, Polarisationsenergie
E_σ	Aktivierungsenergie der Leitfähigkeit
E_V	Energie der Valenzbandkante in kristallinen Halbleitern
E_V	Energie der Beweglichkeitskante im Valenzband von nichtkristallinen Halbleitern

e	Elementarladung
F	Feldstärke
F_{krit}	kritische Feldstärke für Abweichungen vom OHMschen Gesetz
f', f''	Brennweiten
f_e	Streufaktor des freien Elektrons
f_i	Aktivitätskoeffizient
f_m, f_n	Atomformamplituden bei Röntgenbeugung
f_N	Atomformamplituden bei Neutronenbeugung
G	Torsionsmodul, Schermodul
G	freie Enthalpie
$\bar{G}$	freie Mischungsenthalpie
ΔG_c	molare freie Enthalpie der Dismutation heteronuklearer Bindungen
ΔG_η^*	freie Aktivierungsenthalpie des viskosen Fließens
ΔG_L	molare freie Enthalpie der Leerstellenbildung
ΔG_S	molare freie Schmelzenthalpie
Δg_{kr}	spezifische freie Enthalpie der homogenen Keimbildung
$\Delta g'_{kr}$	spezifische freie Enthalpie der heterogenen Keimbildung
Δg_{max}	maximale freie Enthalpie der homogenen Keimbildung
$\Delta g'_{max}$	maximale freie Enthalpie der heterogenen Keimbildung
$g_m(r)$	Elektronendichtefunktion
$\Delta g_V, \Delta g_0$	Volumen- und Oberflächenanteil von Δg_{kr}
H	magnetische Feldstärke
H	Enthalpie
ΔH_A	molare Standard-Atomisierungsenthalpie
ΔH	Aktivierungsenthalpie des viskosen Fließens
ΔH_{kr}	Kristallisationsenthalpie
ΔH_R	molare Standard-Reaktionsenthalpie
ΔH_L	molare Leerstellenbildungsenthalpie
ΔH_S	molare Schmelzenthalpie
ΔH_V	Verdampfungsenthalpie
h	PLANCKsches Wirkungsquantum
I	Intensität
I	Kernspin
I_A	Ionisierungsenergie
I_1	Photonenstromdichte, die in die Probe eintritt
I_v	stationäre Keimbildungsrate
$I_{v,t}$	nichtstationäre Keimbildungsrate
J	halbe Bandbreite
j	Stromdichte
k	BOLTZMANN-Konstante
k	Wellenzahlvektor
k	Absorptionskonstante
l	mittlere freie Weglänge
M	Molmasse
$\bar{M}$	mittlere Molmasse
M^*	komplexer elektrischer Modul
m_e	Elektronenmasse
m_{eff}	effektive Elektronenmasse
N	Konzentration von Atomen bzw. Baugruppen
N_A	AVOGADROsche Zahl
$N(E)$	Zustandsdichte der Elektronen
$N(W)$	Zustandsdichte der Phononen

N_C, N_V	effektive Zustandsdichte am Rand des Leitfähigkeitsbandes bzw. Valenzbandes
N_t	Zustandsdichte von Haftstellen
n	Konzentration der Elektronen
Δn	Überschußelektronenkonzentration bei Anregung durch Photonen
n_0	Konzentration der Bindungen
n_c	Konzentration homonuklearer Bindungen
$n_{C'}$	Brechzahl bei $\lambda = 643{,}85$ nm
n_D	driftende Trägerdichte
n_D, n_A	Konzentration der Donator- bzw. Akzeptorzentren
n_e	Brechzahl bei $\lambda = 546{,}07$ nm
$n_{F'}$	Brechzahl bei $\lambda = 479{,}99$ nm
P	spezifische Polarisation
P_M	Molpolarisation
$P(E)$	Fermi-Diracsche Verteilungsfunktion
$P_{\lambda F'}$	relative Teildispersion
p	Druck
p	Konzentration der Defektelektronen
Δp	Überschußdefektelektronenkonzentration bei Anregung durch Photonen
q	Abkühlrate, Aufheizrate
q_{krit}	kritische Abkühlgeschwindigkeit
R	Gaskonstante
R	Reflexionsvermögen bei Vielfachreflexion
R	Widerstand
R_H	Hall-Koeffizient
R_M	Molrefraktion
R_m	Massenflußrate bei Verdampfung unter Gleichgewichtsbedingungen
R_m^*	Massenflußrate bei Verdampfung im offenen Vakuum
R_K^*	Kondensationsrate bei Verdampfung im offenen Vakuum
R_V^*	Verdampfungsrate im offenen Vakuum
r	Reflexionsvermögen bei einem einzelnen Reflexionsvorgang
r_{krit}	kritischer Keimradius
r_{mn}	Abstandsvektor von Atompaaren
S	Entropie
S_E	Zug- oder Druckspannung
ΔS_η^*	freie Aktivierungsentropie des viskosen Fließens
S_G	Schubspannung, Scherspannung
ΔS_G	Entropieänderung beim Übergang Glas/Schmelze
ΔS_{konf}	Änderung der Konfigurationsentropie
$\Delta S_{\lambda F}$	Farbabweichung
ΔS_S	molare Schmelzentropie
S_{Th}	Thermokraft, Seebeck-Koeffizient
T	Transmissionsgrad
T	Temperatur
T_0	Transmissionsgrad bei verschwindender Absorption
T_{EW}	dilatometrischer Erweichungspunkt des Glases
T_G	Transformationstemperatur des Glases
$T_{G,\min}$	ideale Glastransformationstemperatur T_2
T_{krit}	kritische Temperatur
T_M	Temperatur der Erweichung eines Glaskörpers unter dem Eigengewicht
T_S	Schmelztemperatur
T_Z	Einfriertemperatur

t_D	Driftzeit
ΔU	Thermospannung
U_A	COULOMB-Wechselwirkungsenergie
U_{eff}	effektive Elektronenkorrelationsenergie
U_{LP}	Elektronenkorrelationsenergie
$u(r)$	gitterperiodisches Potential
u	lineare Kristallwachstumsgeschwindigkeit
$\bar{u}$	mittlere Geschwindigkeit
V	Molvolumen
V_0	Schwankungsbreite der potentiellen Energie von Elektronenbindungszentren
V^*	Aktivierungsvolumen
V_f	freies Volumen
V_{krit}	kritisches Lochvolumen
V_{kr}	kristalliner Volumenanteil im Prozeß der Kristallisation
v	thermische Geschwindigkeit
v_a, v_L	Volumen der Fließeinheiten bzw. der Leerstellen
v_l, v_{tr}	longitudinale bzw. transversale Schallausbreitungsgeschwindigkeit
W	COULOMB-Attraktion zwischen positiv und negativ geladenen Defektzentren
W_D	Schwankung der potentiellen Energie von Polaronenzuständen in nichtkristallinen Festkörpern
X	Elektronegativität
x, x_i, y	Molenbruch
x_L	Molenbruch der Leerstellen
Z	Zustandssumme
z	Zahl der Ladungen eines Ions
z_0	Anzahl der Bausteine auf der Oberfläche kritischer Keime
z_i	Koordinationszahl
α	Absorptionskoeffizient
α	Kraftkonstante der elastischen Gitterdeformation
α	Kondensationskoeffizient nach KNUDSEN
α	Winkeldeformation bei elastischer Scherbeanspruchung eines Körpers
α	thermischer Ausdehnungskoeffizient
α_G	linearer thermischer Ausdehnungskoeffizient des Glases
α_S	linearer thermischer Ausdehnungskoeffizient der Schmelze
$\Delta\alpha$	Änderung des thermischen Ausdehnungskoeffizienten beim Übergang Glas/Schmelze
β	Polarisierbarkeit des Gitters
β	POOLE-FRENKEL-Konstante
β	Quantenausbeute
γ	Temperaturkoeffizient des Bandkanten- bzw. Beweglichkeitskantenabstandes
γ'	Überlappungsfaktor in der Theorie des freien Volumens
Δ	Asymmetrieparameter der Aufspaltung in bindende und antibindende MO-Zustände
$\tan\delta$	innere Reibung
$\tan\delta$	dielektrischer Verlust
ε	Dielektrizitätskonstante $\varepsilon_0\varepsilon_r$
ε_0	Dielektrizitätskonstante des Vakuums
ε_r	relative Dielektrizitätskonstante
ε^*	komplexe Dielektrizitätskonstante
ε'	Realteil der komplexen Dielektrizitätskonstanten
ε''	Imaginärteil der komplexen Dielektrizitätskonstanten
ε_s	statische Dielektrizitätskonstante
ε_∞	optische Dielektrizitätskonstante

ε_ω	Dielektrizitätskonstante unterhalb des Frequenzbereichs der Elektronen- und Atompolarisation
η	dynamische Viskosität, Koeffizient der inneren Reibung
η_S	Konversionskoeffizient in Solarzellen
Θ_D	DEBYE-Temperatur
ϑ	Deformation
ϑ	Randwinkel
ϑ	BRAGGscher Reflexionswinkel
$\varkappa$	adiabatische Kompressibilität
$\Delta\varkappa$	Kompressibilitätsänderung Glas/Schmelze
λ	logarithmisches Dekrement
λ	Wellenlänge
μ	POISSONsche Querkontraktionszahl
μ	Beweglichkeit
μ_D	Driftbeweglichkeit
μ_H	HALL-Beweglichkeit
μ_i	chemisches Potential
μ_n, μ_P	Beweglichkeit der Elektronen bzw. Defektelektronen
ν	Frequenz
$\tilde{\nu}$	Wellenzahl
ν_e	ABBEsche Zahl
ν_k	Anlagerungsfrequenz von Baugruppen an der Oberfläche kritischer Keime
ν_ω	Anlagerungsrate von Baugruppen beim Kristallwachstum
ξ	reziproker Abschirmradius
ϱ	Dichte
$\varrho(r)$	Dichteverteilungsfunktion
σ	spezifische elektrische Leitfähigkeit
σ_D	aus dem Diffusionskoeffizienten berechnete Leitfähigkeit
σ_{Ph}	Photoleitfähigkeit
τ	Relaxationszeit, mittlere Lebensdauer
τ_i	Induktionszeit bei nichtstationärer Keimbildung
$\tau_{n,p}$	Relaxationszeit der Photoleitfähigkeit
τ_σ	Leitfähigkeitsrelaxationszeit
$\varphi(r)$	zwischenmolekulares Potential
$\psi(r)$	BLOCHsche Wellenfunktion
ω	Kreisfrequenz

„Die Glasmacherkunst ist eine der schönsten und edelsten unter den Künsten; und die Wunder, die sie in ihrer Materie und Struktur einschließt, ebenso wie in den verschiedenen Farben, die man bei ihr verwenden kann, erscheinen so schön und so seltsam, daß sie in uns das Verlangen weckten, ihre Grundlagen zu studieren und ihre verborgensten Geheimnisse zu ergründen."

Haudicquer de Blancourt

1 Einleitung

Die Lehre von den Elementen des ARISTOTELES, zwischen Erde, Wasser, Luft und Feuer zu unterscheiden, deren Ursprung sich bis in die wesentlich ältere griechische Naturphilosophie zurückverfolgen läßt, ist heute noch in der allgemein anerkannten Klassifikation der Stoffe nach Aggregatzuständen erkennbar. Dem festen, flüssigen und gasförmigen Zustand wurde in neuerer Zeit das Plasma — man könnte meinen, in Übereinstimmung mit dem aristotelischen System — als eine vierte Zustandsform der stofflichen Materie hinzugefügt.

Die Ergebnisse der Strukturforschung, wie sie in unserem Jahrhundert ermöglicht wurden, lassen noch eine andere Einteilung sinnvoll erscheinen, die weniger von der äußeren Erscheinung ausgeht und die kristallinen Festkörper mit ihrer überwiegend geordneten Struktur von den Stoffen mit ungeordnetem Aufbau abgrenzt.

Betrachtet man das in Abb. 1.1. dargestellte Phasendiagramm eines Elements oder einer reinen definierten Verbindung im Druck- und Temperaturbereich von 0 bis etwa 40 MPa und einigen 1000 K, so wird deutlich, daß das Zustandsfeld der ungeordneten Strukturen das der kristallinen Phasen bei weitem übertrifft. Amorphe Festkörper und Gläser lassen sich bei Erhöhung von Druck und Temperatur unter Bedingungen, die den spontanen Übergang in den kristallinen Zustand hinreichend verzögern, kontinuierlich in eine Schmelze und diese bei Überschreiten der kritischen Temperatur weiter in den Gaszustand überführen. Es ist dagegen nicht möglich, die Grenze zwischen dem geordneten kristallinen und einem der ungeordneten Aggregatzustände zu passieren, ohne daß eine diskontinuierliche Änderung bestimmter Zustandsgrößen eintritt, z. B. des Volumens, der Enthalpie oder der Entropie.

Von GUINIER [*1.1.*] wurde auf diesen Unterschied neuerdings nachdrücklich hingewiesen. Wenngleich reale kondensierte Systeme stets im Bereich zwischen dem Zustand der idealen Ordnung und der vollständigen Unordnung anzusiedeln sind, Gläser und amorphe Festkörper z. B. bei fehlender Fernordnung stets eine bestimmte Nahordnung aufweisen, steht die Bedeutung, die dem Ordnungsgrad, speziell dem Auftreten oder der Abwesenheit von Translationssymmetrie, bei der Beschreibung von Stoffsystemen und deren Phasenbeziehungen zukommt, außer Frage.

Festkörper mit nichtperiodischem Aufbau haben in der wissenschaftlichen Forschung lange Zeit nicht die ihnen gebührende Beachtung gefunden. Obwohl Gläser mit zu den

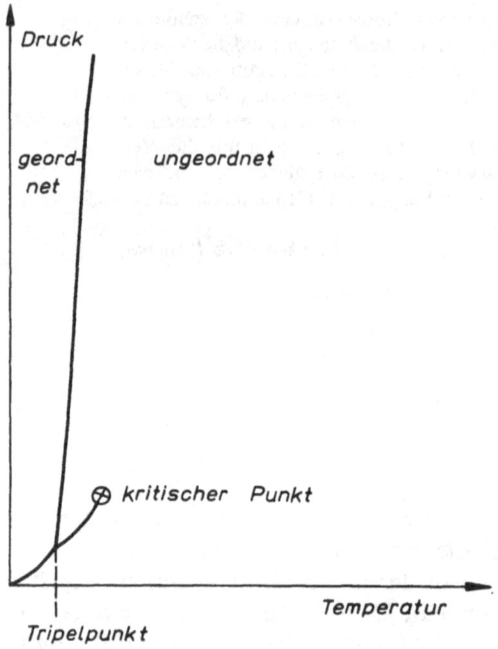

Abb. 1.1. Geordnete und ungeordnete Zustandsformen der stofflichen Materie im p,T-Diagramm.

ältesten Werkstoffen menschlicher Zivilisation gehören, vollzieht sich erst seit wenigen Jahrzehnten eine Entwicklung, die Ansätze zu gültigen Theorien über den amorphen und glasartigen Zustand erkennen läßt. Offenbar ließ die Chemie molekularer Systeme mit ihren Möglichkeiten, wesentliche makroskopische Eigenschaften aus der Molekülstruktur zu erklären und die Reduktion auf eine kleinste Wiederholungseinheit, die bei den makromolekularen kristallinen Stoffen gleichfalls vorgenommen werden kann, den nicht-kristallinen Festkörperzustand auf Grund seiner größeren Komplexität zunächst in den Hintergrund treten. Fortschritte konnten in der jüngsten Vergangenheit durch breite Anwendung theoretischer und experimenteller Methoden der Festkörperphysik und -chemie erzielt werden. Die Ergebnisse sind für die anorganische Chemie teilweise von grundlegender Bedeutung und geeignet, die festkörperchemische Forschung auf dem noch weitgehend unerschlossenen Gebiet der nichtkristallinen Substanzen zu stimulieren.

Als eine der ersten zusammenfassenden Abhandlungen, in denen der Versuch unternommen wurde, den Glaszustand durch ihm eigene Wesensmerkmale im physikalisch-chemischen Sinn zu charakterisieren, ist die Monographie von TAMMANN [1.2] aus dem Jahre 1933 anzusehen. Die Glasbildung als verhinderte Kristallisation zu betrachten und die Frage nach den Ursachen für die häufig sehr stark ausgeprägte Kristallisationshemmung in nichtkristallinen kondensierten Systemen, vermittelte einen Zugang zur thermodynamischen und kinetischen Beschreibung und führte schließlich zu ersten struktur- und bindungstheoretischen Vorstellungen. Mit der Entdeckung der weiten Verbreitung einer mikroheterogenen Gefügestruktur gerade in technisch relevanten glasbildenden Systemen wurde allerdings das Ausmaß der Komplexität erst vollends offenbar.

Zahlreiche Autoren haben an der Ausarbeitung der Grundlagen der Glaschemie und

-physik mitgewirkt. Die Ergebnisse, vor allem Eigenschaftswerte und Ansätze zu ihrer Interpretation, wurden in zahlreichen Werken zusammengefaßt, z. B. von STEVELS [1.3, 4], STANWORTH [1.5], MOREY [1.6], EITEL [1.7], RAWSON [1.8], WEYL-MARBOE [1.9], BARTENEV [1.10], JONES [1.11], DYE [1.12], HOLLOWAY [1.13], DOREMUS [1.14] und MAZURIN [1.15] sowie neuerdings von SCHOLZE [1.16] und VOGEL [1.17].

Die Bücher lassen einerseits die enge Verbindung dieser Entwicklungsrichtung mit praktischen Zielstellungen der Glasherstellung, vor allem das Bestreben erkennen, bestimmte Eigenschaften vorauszusagen, z. B. die Gemengeansätze entsprechend zu berechnen und Angaben über die Schmelzführung bereitzustellen. Andrerseits ist der vorwiegend beschreibende Charakter in den Darlegungen unverkennbar. Die Zusammenhänge werden meistens durch empirische Ansätze erfaßt. Insbesondere die bindungstheoretischen Vorstellungen befinden sich vielfach in einem ausgesprochen ursprünglichen Zustand (vgl. dazu z. B. auch [1.18, 19]), so daß sich vor allem in dieser Hinsicht ein Bedürfnis nach theoretischer Fundierung ergeben hat.

Wesentliche weiterführende Impulse sind aus der bemerkenswerten Verbreiterung der stofflichen Basis glasbildender Systeme und amorpher Festkörperstrukturen hervorgegangen, die vor etwa zweieinhalb Jahrzehnten einsetzte.

Die nichtoxidischen Gläser, Chalkogenidgläser im engeren Sinne mit ihren überwiegend kovalenten Bindungsbeziehungen, wurden von KOLOMIECS und GORJUNOVA [1.20] im Jahre 1955 als Elektronenleiter erkannt, unter anderem von MJULLER [1.21] sowie von BORISOVA [1.22] und DEMBOVSKIJ [1.23] in zahlreichen Systemuntersuchungen beschrieben, während HILTON [1.24] insbesondere auf deren Anwendung als infrarotdurchlässige Medien hingearbeitet hat. Etwa um die gleiche Zeit haben STANWORTH u. M. [1.25] über das Auftreten von Elektronenleitung in Oxidgläsern berichtet, die Übergangsmetallkationen in unterschiedlichen Oxydationsstufen enthalten. Der elektronische Charakter der Leitfähigkeit in diesen vorwiegend durch polare Bindungen zu beschreibenden Gläsern wurde auch in Arbeiten von MACKENZIE [1.26] bewiesen. Schließlich haben sich Darstellung und Untersuchung von Gläsern mit metallischen Eigenschaften, deren Präparation in Form dünner Filme für bestimmte Legierungen bereits 1960 von DUWEZ u. M. [1.27] erstmals beschrieben wurde, etwa seit der Mitte der siebziger Jahre zu einem bedeutenden Zweig der modernen Werkstofforschung entwickelt.

Es liegt auf der Hand, daß die Mannigfaltigkeit amorpher bzw. glasartiger Festkörper, deren Eigenschaften auf ganz unterschiedlichen Struktur- und Bindungsverhältnissen beruhen, die Ausarbeitung einer Theorie der chemischen Bindung glasbildender Systeme auf quantenchemischer Grundlage immer mehr heranreifen ließ. Der Anstoß erfolgte jedoch unabhängig davon und wurde wesentlich durch die vor allem von Mott etwa ab 1949 aufgeworfene Frage nach den Grenzen des Bändermodells kristalliner Festkörper ausglöst. YOFFE und REGEL [1.28] gaben für nichtkristalline, amorphe und flüssige Halbleiter 1960 eine Grenzbedingung an, während ZIMAN [1.29] 1961 die metallische Leitfähigkeit geschmolzener Metalle verständlich machen konnte. Etwa zur gleichen Zeit erfolgten erste physikalische Untersuchungen am amorphen Germanium, wobei hier die Namen von TAUC [1.30] und GRIGOROVICI [1.31] zu nennen sind. 1965 fand die erste Internationale Konferenz über amorphe und flüssige Halbleiter in Prag, zwei Jahre später in Bukarest statt. Die physikalische Forschung auf dem Gebiet der nichtkristallinen Festkörper wurde weiterhin durch die Anwendung des amorphen bzw. glasartigen Selens in der Elektrofotografie stark gefördert. Breite Aufmerksamkeit fand die Beobachtung bistabiler Leitfähigkeitszustände an amorphen Chalkogenidglasschichten und die Propagierung der potentiellen Bedeutung eines derartigen Schalteffekts für die Realisierung bestimmter Bauelementfunktionen durch Ovshinsky [1.32].

Die Ergebnisse dieser vorwiegend von festkörperphysikalischen Initiativen getragenen Entwicklungsrichtung wurden in zahlreichen zusammenfassenden Abhandlungen niedergelegt, 1971 in einer Monographie von Mott und Davis [1.33], die 1979 in einer zweiten, wesentlich erweiterten Auflage erschienen ist, 1973 in einem Buch von Le Comber und Mort [1.34] und 1980 in einem von Brodsky [1.35] herausgegebenen Sammelband. Die Leitlinien der Fragestellungen und Ideen wurden von Mott [1.36, 37] in mehreren Artikeln in eindrucksvoller Weise aufgezeichnet.

Das vorliegende Buch stellt den Versuch einer zusammenfassenden Behandlung wesentlicher Aussagen aus beiden Entwicklungsrichtungen und damit eine möglichst einheitliche Darstellung des Theorienbestandes auf dem Gebiet der amorphen anorganischen Stoffe und Gläser dar. Es wird dabei ein deduktives Vorgehen in dem Sinne angestrebt, daß die Erscheinungen der Bildung und Darstellung amorpher Festkörper und Gläser am Anfang stehen. Die phänomenologisch-thermodynamische und kinetische Beschreibung sowie die struktur- und bindungstheoretische Interpretation des Glaszustandes folgen aufeinander aufbauend nach. Die stofflichen Aspekte werden bewußt mitten hineingestellt zwischen die überwiegend theoretisch angelegten Kapitel, um eine möglichst große Einheit und Geschlossenheit insgesamt zu erreichen.

Einen breiten Raum nehmen die glasbildenden anorganischen Stoffsysteme ein. Dabei wird die in Monographien zur Glaschemie verbreitete Darstellung nach technisch relevanten Glasbildungssystemen nicht aufgegriffen. Die Orientierung bei der Abhandlung der Festkörperstrukturen mit nichtperiodischem Aufbau ist in diesem Buch das Periodensystem. Aus der Gegenüberstellung der verschiedenen kristallinen und amorphen bzw. glasartigen Modifikationen von Elementen und deren Verbindungen folgt, daß unsere Kenntnis über grundlegende anorganische Substanzen im kondensierten Zustand durch die Erforschung der im glasartigen Zustand fixierten Flüssigkeitsstruktur wesentlich ergänzt wird. Im Vordergrund steht die Frage nach den strukturellen und bindungstheoretischen Ursachen, die bei einigen Elementen sowie zahlreichen binären Verbindungen eine zum Teil stark ausgeprägte Tendenz zur Glasbildung hervorrufen, und aus einem solchen Zusammenhang heraus werden ternäre und einige quaternäre Glasbildungssysteme und deren Eigenschaften beschrieben. Dabei wird die Verdeutlichung des gegenwärtigen Standes sowie der Zielpunkte der weiteren Forschung zur Ableitung gültiger Struktur-Eigenschaftskorrelationen in glasbildenden Systemen angestrebt. Bisher dominieren in der Glaschemie empirische Beziehungen zwischen dem Gehalt an bestimmten Stoffkomponenten und den jeweils interessierenden Eigenschaften.

Letzteres trifft in hohem Maße auf die optischen Eigenschaften von Gläsern zu. Sie werden zusammen mit den Ladungstransportphänomenen in einem gesonderten Kapitel behandelt. Der Lokalisation und Delokalisation von Elektronenzuständen nachzugehen, erweist sich am Gegenstand der amorphen bzw. glasartigen Festkörper als ein äußerst interessantes Problem, dessen Bearbeitung in den letzten Jahren das Verständnis der Chemie kondensierter Systeme wesentlich vorangebracht hat. Bekanntlich sind die Kriterien für delokalisierte bzw. lokalisierte Elektronenzustände in der bindungstheoretischen Beschreibung molekularer Systeme gleichfalls von grundlegender Bedeutung. Die Betrachtung strukturbedingter Unterschiede solcher Art ist jedem Chemiker an Molekülen durchaus geläufig. Das für den makromolekularen Festkörperverband analoge Phänomen wird dagegen immer noch weitgehend der Festkörperphysik zugeordnet. Es ist wohl an der Zeit, die Vorteile, die das Bändermodell der Interpretation experimenteller Befunde eröffnet, auch in der Festkörperchemie voll zu nutzen.

Das Buch schließt mit einer kurzgefaßten Behandlung einiger unkonventioneller Anwendungen von Gläsern und amorphen Schichten ab.

Literatur

[1.1] A. GUINIER, Proc. 5th Int. Symp. High Purity Mat. in Science and Technology, Dresden 1980, S. 55

[1.2] G. TAMMANN, *Der Glaszustand*, Verl. L. Voss, Leipzig 1933

[1.3] J. M. STEVELS, The physical properties of glasses, Rec. Trav. chim. Pays-Bas **60**, 85, **62**, 17 (943)

[1.4] J. M. STEVELS, *The structure and the physical properties of glass*, in S. FLÜGGE, *Handbuch der Physik* Bd. XIII, Springer-Verlag Berlin 1962, S. 510

[1.5] J. E. STANWORTH, *Physical properties of glass*, Oxford, Clarendon Press 1950

[1.6] G. W. MOREY, *The properties of glass*, Reinhold, New York 1954

[1.7] W. EITEL, *Silicate Science*, Academic Press, New York 1965 und 1976

[1.8] H. RAWSON, *Inorganic glass-forming systems*, Academic Press, New York 1967

[1.9] W. A. WEYL, *The constitution of glasses. A dynamic interpretation*, Interscience Publishers, New York 1962—67

[1.10] G. M. BARTENEV, *The structure and mechanical properties of inorganic glasses*, Wolters-Nordhoff Publ., Groningen 1970

[1.11] G. O. JONES, *Glass*, Chapman and Hall Ltd., London 1971

[1.12] L. D. PYE, H. J. STEVENS, W. C. LA COURSE (Hrsg.), *Introduction to glass science, Plenum Press*, New York 1972

[1.13] D. G. HOLLOWAY, *The physical properties of glass*, Wykeham Publications Ltd., London 1973

[1.14] R. H. DOREMUS, *Glass science*, John Wiley and Sons, New York, London, Sidney, Toronto 1973

[1.15] O. V. MAZURIN, M. V. STRELCINA, T. P. SHVAJKO-SHVAJKOVSKAJA, *Eigenschaften der Gläser und der glasbildenden Schmelzen*, Band 1 und 2, Verl. Wissenschaft, Leningrad 1973 und 1975

[1.16] H. SCHOLZE, *Glas, Natur, Struktur und Eigenschaften*, Springer-Verlag, Berlin, Heidelberg, New York 1977

[1.17] W. VOGEL, *Glaschemie*, VEB Verlag Deutscher Verlag für Grundstoffindustrie, Leipzig 1979

[1.18] H. WONDRATSCHEK, Strukturchemie des Glases, Glashütten-Handbuch **40**, 1 (1965)

[1.19] H. SCHOLZE, Stand des Wissens über Struktur und Gefüge von Glas, Glastechn. Ber. **42**, 36 (1969)

[1.20] B. T. KOLOMIEC, Vitreous Semiconductors, Phys. Status Solidi **7**, 359 (1964)

[1.21] R. L. MJULLER, *Chemie des Festkörpers und des glasartigen Zustandes*, Verlag der Leningrader Universität 1965, S. 9

[1.22] S. U. BORISOVA, *Chemie der glasartigen Halbleiter*, Verlag der Leningrader Universität 1972

[1.23] S. A. DEMBROVSKIJ, Fiz. khim. Stekla **4**, 522 (1978)

[1.24] A. R. HILTON, J. Non-Cryst. Solids **2**, 26 (1970)

[1.25] E. P. DENTON, H. RAWSON, J. E. STANWORTH, Nature (London) **172**, 1030 (1954)

[1.26] J. D. MACKENZIE, Semiconducting Oxide Glasses, Mod. Aspects of the Vitreous State **3**, 126 (1965)

[1.27] W. KLEMENT, R. H. WILLENS, D. DUWEZ, Nature (London) **187**, 869 (1960)

[1.28] A. F. JOFFE, A. R. REGEL, Progr. Semicond. **4**, 237 (1960)

[1.29] J. M. ZIMAN, Phil. Mag. **6**, 1013 (1961), *Prinzipien der Festkörpertheorie*, Akademie-Verlag, Berlin 1974

[1.30] J. TAUC, A. ABRAHAM, L. PAJASOVA, R. GRIGOROVICI, A. VANCU, Proc. Conf. Phys. Non-Cryst. Solids, North-Holland, Delft 1964, S. 606

[1.31] R. GRIGOROVICI, N. CROITORU, A. DEVENYI, E. TELEMAN, Proc. Int. Conf. Semicond. Phys. Paris 1964, S. 423 Phys. Status Solidi **16**, K143 (1966)

[1.32] S. R. OVSHINSKY, Symmetrical Current Controlling Device, US-Patent 3 271 581 (1966)

[1.33] N. F. MOTT, E. A. DAVIS, *Electronic Processes in Non-Crystalline Materials*, Clarendon Press, Oxford 1971, Second Edition, Oxford 1979

[1.34] *Electronic and Structural Properties of Amorphous Semiconductors, Ed.* P. G. LE COMBER, J. MORT, Academic Press, London 1973

[1.35] *Amorphus Semiconductors, Ed.* M. H. BRODSKY, Springer-Verlag, Berlin, Heidelberg, New York 1979

[1.36] N. F. MOTT, Electrons in Glass, Rev. Modern Phys. **50**, 203 (1978)

[1.37] N. F. MOTT, The origin of some ideas on non-crystalline materials, J. Non-Cryst. Solids **28**, 147 (1978)

2 Der amorphe und glasartige Zustand anorganischer Stoffe

Als „amorph“ im Sinne von „gestaltlos“ oder „beliebige Gestalt annehmend“ bezeichnet man all jene Feststoffe, deren Eigenschaften keine Vorzugsrichtung erkennen lassen, deren Bruch- und Spaltverhalten z. B. durch die Ausbildung willkürlicher Flächen mit oftmals muschelartigem Aussehen gekennzeichnet ist und die weder in kompakter noch in disperser Form kristalline Anteile erkennen lassen. Amorphe Stoffe sind wie Gase und Flüssigkeiten isotrop. Ihre Kennzeichnung beschränkt sich zunächst auf die Feststellung, daß sie nicht kristallin sind.

Die RÖNTGEN-Beugung oder Verfahren der Neutronen- bzw. Elektronenbeugung gestatten eine schärfere Abgrenzung der sog. „röntgenamorphen“ Stoffe von den kristallinen, weisen aber zugleich auf den kontinuierlichen Übergang zwischen den beiden Zustandsformen hin. Je kleiner die Bereiche mit gitterperiodischem Aufbau in einer Substanz sind, umso mehr geht die Beugung an Netzebenenscharen verloren. Anstelle der scharfen diskreten Beugungsmaxima kristalliner Stoffe beobachtet man schließlich lediglich einige verwaschene Interferenzringe. In ihnen gibt sich eine nichtstatistische Häufigkeitsverteilung von Abständen zwischen den Atomen d. h. ein auch im amorphen Zustand noch vorhandener Ordnungsgrad zu erkennen. Durch Umrechnung der in Abhängigkeit vom Winkel aufgenommenen Beugungsintensität in eine radiale Dichte- oder Paarverteilungsfunktion läßt sich die in Gläsern vorhandene Ordnung näher bestimmen.

Auf Grund des Gleichgewichtsabstandes, den die Atome in chemischen Bindungen einnehmen, ist z. B. die Häufigkeit der entsprechenden Paarabstände in amorphen Stoffen ähnlich wie in kristallinen überdurchschnittlich groß, während Werte, die darunter liegen, praktisch nicht vorkommen. Amorphe Stoffe sind daher wie die kristallinen Festkörper im allgemeinen durch bestimmte Nahordnungsbereiche gekennzeichnet. Sie entsprechen häufig den Baugruppen der kristallinen Zustandsformen oder stehen zu diesen doch zumindest strukturchemisch in einer überschaubaren Beziehung. Die Richtungseigenschaften chemischer Bindungen lassen erwarten, daß sich die Nahordnung in der unmittelbaren Umgebung eines beliebig ausgewählten Atoms auf die 2. und 3. Koordinationssphäre in abgeschwächter Form gleichfalls noch auswirkt. Mit zunehmendem Abstand nimmt die Mannigfaltigkeit struktureller Konfigurationen auf Grund einer gewissen Variabilität in den Bindungsabständen, vor allem aber in den Bindungswinkeln und infolge Verdrillung der Baugruppen relativ zueinander auf Grund einer teilweisen Rotation um die Achse chemischer Bindungen rasch zu, geht also quasi in ein Kontinuum von Paarabständen über. Eine Fernordnung wie in Kristallen haben amorphe Stoffe daher nicht. Die Bezeichnungen „amorph“ und „nichtkristallin“ beschreiben den gleichen Sachverhalt, werden also gleichbedeutend verwendet.

Gläser sind nichtkristalline oder amorphe Stoffe. Man grenzt den Begriff des Glaszustandes aber auf solche Festkörper ein, die aus der Schmelze erhalten werden oder die bei ihrer Herstellung nach anderen Verfahren entweder gleichfalls kompakt anfallen bzw. in Gestalt dünner zusammenhängender Filme oder Drähte bzw. Fasern zumindest in zwei oder einer Richtung makroskopische Abmessungen und einen Transformationsbereich aufweisen.

Gläser haben mit den kristallinen Festkörpern zahlreiche Eigenschaften, wie z. B. Formelastizität und Härte, gemeinsam.

In der mehr als 4000jährigen Geschichte der Herstellung von Gläsern für die verschiedensten Gebrauchszwecke haben sich Hochtemperaturverfahren des Einschmelzens anorganischer Stoffgemische mit nachfolgender Erstarrung zum Glas in einem Abkühlprozeß außerordentlich bewährt. Das erklärt, warum in den Definitionen des Glaszustandes die Darstellung aus der Schmelze besonders betont wird. In Anlehnung an die Definition der American Society for Testing Materials heißt es in einer 1971 fixierten Formulierung [2.1]:

„*Glas ist ein anorganisches Schmelzprodukt, das im wesentlichen ohne Kristallisation erstarrt*“.

Abgesehen davon, daß man der großen Gruppe der unter anderem auch technisch bedeutsamen organischen Gläser keineswegs den Charakter glasartiger Festkörper absprechen kann, ist darauf hinzuweisen, daß in den beiden vergangenen Jahrzehnten zahlreiche neue Präparationsverfahren bekannt geworden sind, die unter Umgehung der Schmelze zu amorphen und zugleich glasartigen Zuständen von Elementen und Verbindungen führen. Dadurch ist die Variabilität in den Möglichkeiten der Realisierung derartiger Zustände außerordentlich erweitert worden, was den Erkenntnisfortschritt auf diesem Gebiet stark gefördert hat.

Insbesondere dünne amorphe bzw. glasartige Schichten sind in diesem Zusammenhang breit untersucht worden. Dabei hat sich herausgestellt, daß Unterschiede zu den kompakten Gläsern häufig nur in gradueller Hinsicht bestehen, eine strenge Abgrenzung zwischen amorphen Schichten und kompakten Gläsern also keineswegs gerechtfertigt ist.

Wir schließen uns in diesem Buch der in zahlreichen neueren Abhandlungen vertretenen Auffassung an, amorphe Stoffe unabhängig von ihrer Herstellungsart, sofern sie die für Gläser typische Eigenschaft eines Transformationsbereichs aufweisen, als glasartig zu bezeichnen.

Es sind auch in der älteren Literatur, z. B. zur Beschreibung bestimmter Modifikationen des Phosphors, Arsens und Selens sowohl die Begriffe „amorph“ als auch „glasartig“ nebeneinander verwendet worden. Dem widerspricht nicht die Feststellung, daß die Bezeichnung „amorpher fester Zustand“ eine in bezug auf den „glasartigen Zustand“ eines Stoffes übergeordnete, umfassendere Bedeutung zum Ausdruck bringt. Gläser sind stets amorph, aber nicht alle amorphen Stoffe sind zugleich Gläser. Hochdisperse Pulver, z. B. die zahlreichen Fällungsprodukte aus wäßrigen Lösungen wie bestimmte Hydroxide, Sulfide und Selenide oder Zwischenprodukte bei bestimmten Festkörperreaktionen sowie thermisch instabile Gele können amorph sein, sie sind aber sicher nicht als Gläser zu bezeichnen.

2.1. Methoden der Darstellung amorpher Festkörper und Gläser

Eine amorphe oder glasartige Substanz ist gegenüber den kristallinen Zustandsformen bei gleicher Bruttozusammensetzung stets durch einen größeren Energieinhalt gekennzeichnet.

Schmilzt man einen kristallinen Festkörper, so bleiben die Nahordnungsbereiche als Baugruppen zunächst häufig bestehen. Vielfach kommt es aber beim Übergang in den flüssigen Zustand bereits zu einer rekonstruktiven Strukturänderung in der ersten Koordinationssphäre. Beim Lösen sowie insbesondere bei höherer Temperatur, vor allem in der Gasphase ergeben sich in der Regel im Ergebnis von Abbauprozessen kleinere Einheiten. Die Fernordnung wird bereits beim Schmelzen aufgehoben.

Amorphe bzw. glasartige Festkörper lassen sich dementsprechend in umgekehrter Richtung aus dem flüssigen Aggregatzustand einer Schmelze oder einer Lösung bzw. aus der Gasphase gewinnen, sofern es gelingt, die gitterperiodische Anordnung von Baugruppen, d. h. den Prozeß der Keimbildung und Kristallisation beim Übergang in den festen Zustand zu unterbinden. Die höhere freie Energie der Schmelze, der Lösung oder des Gaszustandes wird zumindest partiell im festen Zustand gespeichert. Man spricht in diesem Zusammenhang auch von einem Einfriervorgang. Andrerseits lassen sich kristalline Festkörper durch Energiezuführung unter Umgehung der flüssigen oder gasförmigen Phase gleichfalls in den amorphen bzw. glasartigen Zustand überführen. Eine Übersicht über unkonventionelle Methoden der Darstellung nichtkristalliner Festkörper geben Secrist und Mackenzie [2.2]. Die verschiedenen Varianten sind in Abb. 2.1., einem Vorschlag von Roy [2.3] und Owen folgend übersichtlich zusammengestellt.

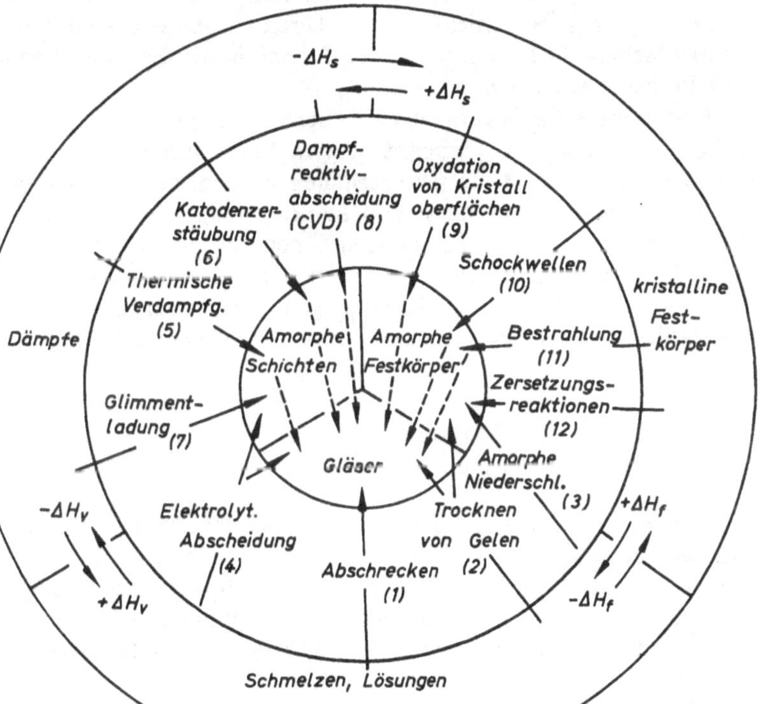

Abb. 2.1. Bildungswege glasartiger und amorpher Festkörper aus Schmelzen bzw. Lösungen, Dämpfen sowie kristallinen Zuständen von Stoffen nach Owen.
Zur näheren Bezeichnung s. Text.

Gläser sind durch hinreichend rasches Abkühlen oder Abschrecken von Schmelzen (*1*) oder auch durch Trocknen von Gelen aus Lösungen (*2*) zugänglich. Fällungsprozesse aus Lösungen führen häufig zu amorphen Niederschlägen (*3*) wie z. B. im Falle des roten amorphen Selens, der Sulfide von As, Sb, Ge, Sn und zahlreicher weiterer Metalle oder der verschiedensten Metallhydroxide. Die elektrolytische Abscheidung bei hoher Stromdichte (*4*) ergibt amorphe Schichten, z. B. amorphes Germanium. Substanzbeispiele der metallischen Gläser wurden auf diesem Wege sogar erstmals erhalten. Bekannt ist hier auch die Darstellung des sog. explosiven Antimons. Geht man von der Gasphase aus, so ist vor allem die thermische Verdampfung und Kondensation im Hochvakuum in ihren verschiedenen Varianten (*5*) sowie die Katodenzerstäubung (*6*) und die Abscheidung amorpher Schichten in der Glimmentladung (*7*) zu nennen. In speziellen Fällen hat hier auch die Dampfreaktivabscheidung (*8*) Bedeutung erlangt, z. B. die Bildung von Kieselglas oder amorpher SiO_2-Schichten durch Hydrolyse von $SiCl_4$ oder durch Pyrolyse von $SiCl_4/O_2$-Gemischen. Kieselglasfilme oder SiO_x-Schichten lassen sich weiterhin durch unmittelbare Oxydation von Si-Einkristallen an der Oberfläche erzeugen (*9*). Kristalline Festkörper gehen z. B. unter der Einwirkung von Schockwellen (*10*) oder durch intensive Bestrahlung (*11*) mittels Neutronen oder Ionen gleichfalls in den amorphen Zustand über. Amorphe Zustandsformen werden häufig auch bei festkörperchemischen Zersetzungsreaktionen durchlaufen (*12*), z. B. bei der Entwässerung von Kaolinit. Schließlich ist darauf zu verweisen, daß die mechanische Bearbeitung kristalliner Festkörper, z. B. Schleifen und Polieren, zu stark fehlgeordneten, weitgehend amorphen Oberflächenschichten führt, deren Kenntnis für die Beherrschung wichtiger technologischer Prozesse bedeutsam ist.

Im Rahmen des vorliegenden Buches erfolgt im wesentlichen eine Eingrenzung auf solche glasartigen bzw. amorphen Festkörper, die kompakt oder in Form gschlossener dünner Filme bis zu einer Dicke von mehreren Mikrometer erhalten werden, deren Zusammensetzung einheitlich und deren Struktur zumindest annähernd homogen und isotrop ist, so daß sich überschaubare Struktur-Eigenschaftskorrelationen nachweisen lassen. Die Pfeile im mittleren Kreis der Abb. 2.1. deuten an, daß sich die amorphen Filme und Schichten je nach den angewandten Präparationsbedingungen bzw. durch nachfolgendes Tempern in eine Form überführen lassen, die den kompakten, z. B. aus der Schmelze erhaltenen Gläsern nahekommt.

2.1.1. *Gläser aus der Schmelze*

Die Aufgabe besteht darin, den homogenen und isotropen Zustand der Schmelze im Prozeß der Abkühlung aufrechtzuerhalten, d. h. Vorgänge der Keimbildung und des Kristallwachstums zu unterbinden. Technisch wird die Abkühlung einer Glasschmelze häufig bereits mit der Formgebung verbunden. Im Bereich unterhalb der Liquidustemperatur durchläuft die Keimbildungsrate und die Kristallwachstumsgeschwindigkeit in unterschiedlichen Temperaturgebieten ein Maximum (vgl. 2.3.1.1., Abb. 2.2.5.).

Die Abkühlungsrate muß also hinreichend groß sein, um zu verhindern, daß in dem besonders kritischen Bereich der Überlappung beider Kurven derartige Ereignisse eintreten. Auf Grund des statistischen Charakters der Keimbildungs- und Kristallisationsvorgänge ist dann trotzdem noch eine Übereinkunft notwendig.

Turnbull [2.4] fordert die vollständige Abwesenheit von Kristallkeimen im Volumen als Bedingung für die Glasbildung. Die kritische Abkühlrate ist in diesem Fall von der

Größe des Schmelzansatzes abhängig. Andere Autoren [2.5] definieren Schmelzprodukte mit maximal einem Kristallkeim pro cm^3 noch als Glas. Von UHLMANN [2.6] wurde ein kristalliner Volumenanteil von 10^{-6} als kritische Grenze vorgeschlagen. Die Glasbildung aus der Schmelze erfordert also Bedingungen, die es gestatten, die Kinetik der Keimbildungs- und Kristallwachstumsprozesse zu unterlaufen. Erfahrungsgemäß ist die Tendenz zur glasartigen Erstarrung von Schmelzen umso stärker ausgeprägt, je größer die Viskosität im Bereich der Liquidustemperatur ist und je steiler die Viskosität mit fallender Temperatur zunimmt. Im Bereich der Transformationstemperatur geht die zunächst noch plastisch verformbare unterkühlte Schmelze in einen Festkörper mit Formelastizität, den Glaszustand über. In bezug auf den kristallinen Zustand ist bereits die unterkühlte Schmelze im thermodynamischen Sinne metastabil. Im Glas liegt dagegen ein eingefrorener Zustand der unterkühlten Schmelze vor.

2.1.1.1. *Oxidgläser*

Die technischen Gebrauchsgläser werden in einem für Verpackung, Haushalt, Bauzwecke, Elektrotechnik und optische Anwendung jeweils breiten Sortiment in großen Industrieanlagen durch Herstellung und Verarbeitung von Schmelzen vorwiegend an der Luft hergestellt. Die technologischen Verfahren sind hoch entwickelt und in Monographien und Handbüchern zur Technologie des Glases ausführlich beschrieben worden [2.7—9].

In wissenschaftlichen Untersuchungen werden die verschiedenartigsten Ofenapparaturen mit direkter oder indirekter Beheizung verwendet. Als problematisch erweist sich häufig die geeignete Wahl des Tiegelmaterials, insbesondere dann, wenn die chemische Resistenz der Edelmetalle, z. B. von Platin, in der Wechselwirkung mit der Schmelze nicht mehr gegeben ist. Oftmals bereitet auch die Flüchtigkeit bestimmter Komponenten und daraus resultierende Konzentrationsgradienten in den Schmelzprodukten beträchtliche Schwierigkeiten. Die sorgfältige Einstellung eines Gleichgewichts in der Schmelze, z. B. durch Austreiben der flüchtigen Komponenten bestimmter Gemengebestandteile (Läuterprozeß) ist für die reproduzierbare Herstellung homogener Gläser ebenso von Bedeutung wie die Beachtung einer möglichen Kontamination zusätzlicher Komponenten durch partielles Auflösen der Tiegelwand oder von Verunreinigungen aus der Umgebung.

Die wichtigsten glasbildenden Oxide und BeF_2 sind in Tab. 2.1. zusammen mit einigen Daten, die das Schmelz- und Transformationsverhalten kennzeichen, angegeben.

Tabelle 2.1. Glasbildende Oxide und BeF_2

	Schmelztemperatur T_S/K	Transformations-temperatur T_G/K	Schmelzenthalpie ΔH_S/kJ · mol^{-1}	Viskosität bei T_S η/dPa · s
SiO_2	1995	1495	8	10^7
GeO_2	1389	853	17,2	$7 \cdot 10^5$
B_2O_3	723	550	23	10^5
P_2O_5	853	537	71	$5 \cdot 10^6$
As_2O_3	585	420	18,7	10^6
BeF_2	823	523	41,2	$>10^6$

Aus ihnen geht durch Kombination untereinander sowie unter Zusatz einer oder mehrerer Metalloxidkomponenten die große Mannigfaltigkeit der technischen Gebrauchsgläser hervor. Da nicht nur Alkali- und Erdalkalioxide, sondern praktisch sämtliche Übergangsmetalloxide einschließlich der weiteren Oxide der Hauptgruppenelemente wie Al_2O_3, Ga_2O_3, Sb_2O_3, Tl_2O, PbO, Bi_2O_3, TeO_2 und sogar Sulfate und Chloride sowie zahlreiche Fluoride in Glasschmelzen eingeführt werden können, ist die Zahl der möglichen Kombinationen außerordentlich groß und die Entwicklung gegenwärtig noch keineswegs abgeschlossen.

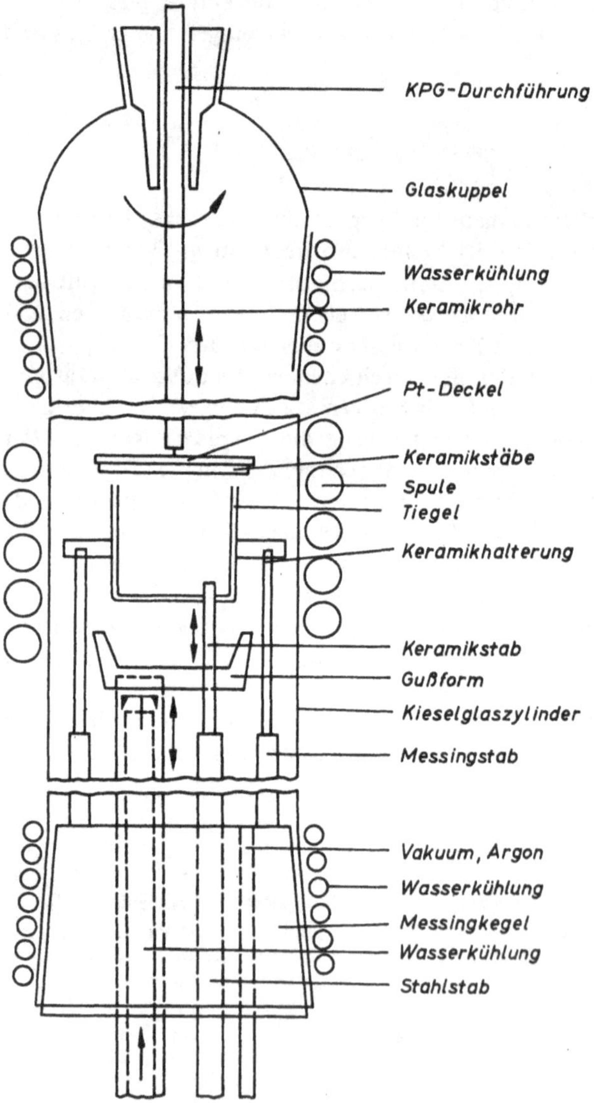

Abb. 2.2. Apparatur zum Schmelzen oxydationsempfindlicher Oxidgläser nach [2.12].
Zur näheren Bezeichnung s. Text.

Dieses umfangreiche Gebiet erfordert eine gesonderte Darstellung. Es wurde bereits in der Einleitung auf entsprechende Werke verwiesen [1.1—5].

Eine Gruppe von Oxidgläsern, über die erstmals 1954 in Arbeiten von Rawson, Stanworth et al. [1.25, 3.11] berichtet wurde, zeichnet sich durch Elektronenleitung aus. Sie enthalten Übergangsmetallkationen in mittleren Oxydationsstufen, z. B. neben Ti^{IV} auch Ti^{III} oder neben V^{V} größere Anteile oder überwiegend V^{IV}. Derartige Schmelzen sind außerordentlich oxydationsempfindlich. Ihre Präparation erfordert den sorgfältigen Ausschluß von Feuchtigkeit, Luftsauerstoff, CO_2 und anderer oxidierend oder reduzierend wirkender Substanzen.

Abb. 2.2. zeigt die wesentlichen Teile eines 70 mm weiten und 600 mm langen Quarzrohres, an dessen Schliffhülsen oben und unten Einsätze mit beweglichen Durchführungen angepaßt sind.

Die Apparatur ist vakuumdicht, so daß eine saubere Argonatmosphäre eingestellt werden kann. Die Schliffe sind zwecks Vermeidung einer thermischen Zersetzung von Dichtungsfett mit einer Wasserkühlung versehen. Die obere Durchführung gestattet das Rühren der Schmelze durch eine Öffnung im Tiegeldeckel und damit zugleich das Abheben des letzteren vor dem Gießen. Der induktiv beheizte Tiegel (90% Pt/10% Rh) faßt 50 ml und ist über zwei seitlich angeschweißte zylindrische Stützen drehbar gelagert. Er läßt sich mit Hilfe eines von unten eingeführten Stabes in eine Schrägstellung kippen, so daß der Inhalt in eine gleichfalls verschiebbar angebrachte wassergekühlte Form entleert werden kann. Auf diesem Wege lassen sich oxydationsempfindliche Glasschmelzen mit bereits im Gemenge vorgegebener mittlerer Oxydationszahl des Übergangsmetallkations reproduzierbar schmelzen und gießen [2.12].

2.1.1.2. *Chalkogenidgläser*

Ausgehend vom glasartigen Selen und der Erschließung des Arsensulfidglases als infrarotdurchlässiges optisches Medium durch Frerichs [2.13] seit etwa 1950 sowie der Entdeckung eines halbleitenden Glases $TlAsSe_2$ bei der Untersuchung des Systems $Tl_2Se \cdot Sb_2Se_3$—$Tl_2Se \cdot As_2Se_3$ durch Gorjunova und Kolomiec [1.20, 2.14] im Jahre 1955 ist in den vergangenen zweieinhalb Jahrzehnten eine außerordentlich breite Palette völlig neuartiger nichtoxidischer Gläser beschrieben worden. Es handelt sich um Sulfide, Selenide und Telluride der Elemente der IV. und V. Hauptgruppe, besonders von Si, Ge, P, As, Sb und deren Kombinationen untereinander sowie mit den Halogenen, Chalkogenen oder Chalkogeniden der Schwermetalle wie Hg, Ga, In, Tl, Sn und Pb. Die mechanische Festigkeit und thermische Stabilität derartiger Gläser ist bedeutend geringer, die thermische Ausdehnung, der Temperaturkoeffizient der Brechzahl und der relative spannungsoptische Koeffizient beträchtlich größer als bei Oxidgläsern. Dafür ist die Transparenz im Infrarot, bedingt durch die größeren Atommassen und kleinere Bindungskraftkonstanten, nach kleineren Wellenzahlen wesentlich erweitert [2.15, 16]. Die Abnahme der mittleren Bindungsenergie, die mit der Zunahme der Atommassen in homologen Reihen des Periodensystems einhergeht, hat zur Folge, daß sich die Bandlücke gegenüber den Oxiden vermindert. Von wenigen Ausnahmen wie dem gelben GeS_2- und roten As_2S_3-Glas abgesehen absorbieren die Chalkogenidgläser im gesamten sichtbaren Spektralbereich, erscheinen also undurchsichtig schwarz. Durch thermische Aktivierung von Ladungsträgern ergibt sich eine zum Teil nicht unbeträchtliche elektrische Leitfähigkeit. Es sind z. B. Gläser mit einer Leitfähigkeit von $10^{-3}\,\Omega^{-1}\,cm^{-1}$ bei 298 K bekannt geworden. Die Chalkogenidgläser stellen daher neben den elektronenleitenden Oxidgläsern eine zweite Gruppe glasartiger Substanzen mit Halbleitereigenschaften dar. Auf Grund des hohen Reflexionsvermögens zeigen sie zum Teil starken Glanz.

Für die Darstellung der Chalkogenidgläser sind als Tiegelmaterial sowohl Gefäße aus Graphit oder glasartigem Kohlenstoff als auch hochschmelzende Oxide, z. B. Kieselglasampullen, geeignet. Die vergleichsweise hohe Gitterenergie führt bei den relativ niedrigen Schmelztemperaturen der Chalkogenide zu einer bedeutend geringeren Tiegelwandkorrosion der SiO_2-Ampullen als es bei Oxidschmelzen der Fall ist. Der beträchtliche Dampfdruck von Chalkogenidschmelzen und die insbesondere bei erhöhter Temperatur ausgeprägte Tendenz, mit Sauerstoff zu reagieren, verlangt wiederum ein Arbeiten im geschlossenen System unter anaeroben Bedingungen. Chalkogenidgläser werden daher durch Schmelzen der entsprechenden Elementgemische in unter Hochvakuum abgeschmolzenen Kieselglasampullen dargestellt. Zur Homogenisierung werden die Ampullen im Ofen rotierend bewegt. Bei fester Anordnung wird häufig auch der Ofen periodisch in eine Schrägstellung gebracht. Das Abschrecken der Schmelzen erfolgt durch Einwerfen der Ampullen in eine Kühlflüssigkeit oder durch Abkühlen außerhalb des Ofens an der freien Atmosphäre bzw. nach einem anderen vorgegebenen Temperaturzeitprogramm. Auf Grund des relativ hohen thermischen Ausdehnungskoeffizienten neigen die Proben zu inneren Spannungen, so daß eine sich anschließende mechanische Bearbeitung die sorgfältige Temperung im Bereich der Transformationstemperatur mit nachfolgender langsamer Abkühlung auf Zimmertemperatur erfordert.

Wichtige glasbildende Chalkogenide sind in Tab. 2.2. zusammengestellt. Das glasartige Selen und einige weitere glasbildende Verbindungen, die den Pnictiden zuzurechnen sind, wurden in die Tab. 2.2. gleichfalls aufgenommen. Man erkennt, daß nur As_2S_3 und allenfalls noch As_2Se_3 am Schmelzpunkt Viskositätswerte aufweisen, die mit denen der Oxide vergleichbar sind (s. Tab. 2.1.). Die anderen Verbindungen sind im Bereich der Unterkühlung durch eine beträchtlich erhöhte Kristallisationstendenz gekennzeichnet.

Tabelle 2.2. Selen, glasbildende Chalkogenide und einige Pnictide

	Schmelztemperatur T_S/K	Transformations-temperatur T_G/K	Schmelzenthalpie ΔH_S/kJ · mol^{-1}	Viskosität bei T_S η/dPa · s
Se	493	305	6,23 ± 0,17	22,1
P_4Se_4	603	455	—	—
As_2S_3	592	447	28,7 ± 1,3	$10^{5,1}$
As_2Se_3	648	445	40,8 ± 1,3	
As_2Te_3	685	380	55,8 ± 1,5	
GeS_2	1123	765		
$GeSe_2$	1013	665		40
$CdAs_2$	894	545		
$CdSiAs_2$		760		
$CdGeP_2$	1073	715		
$CdGeAs_2$	943	655		

2.1.1.3. *Metallische Gläser*

Durch Abschrecken von Schmelzen sind glasartige Metallegierungen erstmals 1960 von Klement, Willens und Duwez [1.27] beschrieben worden. Mit Hilfe der Anwendung ungewöhnlich hoher Abkühlraten gelang die Darstellung eines dünnen glasartigen Films der Zusammensetzung Au_3Si. Inzwischen liegt eine große Mannigfaltigkeit glasartiger Legierungen der Übergangsmetalle T vorwiegend mit Nicht- oder Halbmetallen M vor, deren Zusammensetzung häufig im Bereich T_5M bis T_3M liegt. Darüber hinaus sind noch weitere Gruppen metallischer Gläser bekannt geworden (s. 3.1.1.1.).

Zur Darstellung wurde eine Reihe verschiedener technischer Varianten ausgearbeitet, die es gestatten, Abkühlraten bis 10^{10} K · s^{-1} zu erreichen. Die Zahl der anorganischen Substanzen, die im Ergebnis dieser Entwicklung in den amorphen bzw. glasartigen Zustand überführt werden konnten, ist dadurch außerordentlich vergrößert worden. Insbesondere die Erforschung der auch unter bestimmten Anwendungsaspekten interessanten metallischen Gläser ist durch diese Verfahren stark gefördert worden. Eine Übersicht geben Güntherodt [2.17] sowie Handrich und Kobe [2.18].

Das Spritz-Abschreckverfahren (*splat quenching*) oder die Schießtechnik (*gun technique*) beruht, wie die schematische Zeichnung in Abb. 2.3. a) erkennen läßt, auf der Ausbreitung einer Schockwelle, die sich beim plötzlichen Zerreißen einer Folie im evakuierten Teil der Apparatur ausbreitet. Sie trifft auf die Schmelze und treibt diese durch eine feine Öffnung auf ein gekühltes Substrat, z. B. eine Kupferplatte.

Die Methode ist zuerst von Duwez u. M. [2.17] angewandt und später noch in verschiedenen Varianten beschrieben worden [2.19].

Bei der Kolben- und Amboß-Methode (*piston-and-anvil method*) gelangen Schmelztropfen im freien Fall bzw. nach der Schießtechnik beschleunigt zwischen einen fest stehenden Amboß und einen beweglichen Kolben. Letzterer schlägt mit einer Geschwindigkeit von 2 bis 3 m · s^{-1} auf und preßt den Tropfen jeweils zu einem dünnen Plättchen, s. Abb. 2.3. b), [2.20].

Die Schmelz-Spinnverfahren (*melt-spinning*) haben den Vorteil der kontinuierlichen Herstellung dünner bandartiger Folien [2.21]. Die geschmolzene Legierung tritt unter der Wirkung eines äußeren Gasdrucks aus einer Düse aus und trifft auf ein gekühltes, rasch bewegtes Substrat, z. B. eine rotierende Scheibe — Abb. 2.3. c) —, einen rotierenden Zylinder, Abb. 2.3. d), oder wird zwischen zwei rasch rotierenden Rollen gewalzt (*roller quenching*), s. Abb. 2.3. e), [2.22]. Beim Zentrifugal-Spinnverfahren (*centrifugal spinning*) trifft der Flüssigkeitsstrahl auf die konvexe Fläche im Innern eines sich rasch drehenden Rades, s. Abb. 2.3. f), [2.23]. Die Zentrifugalkräfte gewährleisten einen guten thermischen Kontakt und die gekrümmte Oberfläche zugleich ein schnelles Abheben des Bandes von der Unterlage. Es sind auch Anordnungen beschrieben worden, in denen Festkörper in Stäbchenform unter Verzicht auf Schmelztiegel und Austrittsdüse lediglich an der Kontaktstelle mit einer rotierenden Scheibe oder Walze aufgeschmolzen werden (*melt extraction*, Abb. 2.3. g), [2.18].

Drähte lassen sich z. B. herstellen, indem man einen dünnen Strahl der Schmelze unmittelbar durch eine Kühlflüssigkeit in ein gleichfalls gekühltes Führungsrohr eintreten läßt (*Free jet spinning of wires*, Abb. 2.3. h), [2.21]. Drähte und Bänder metallischer Gläser lassen sich nach derartigen Verfahren z. B. mit einer Rate von 2 km Länge je Minute kontinuierlich herstellen.

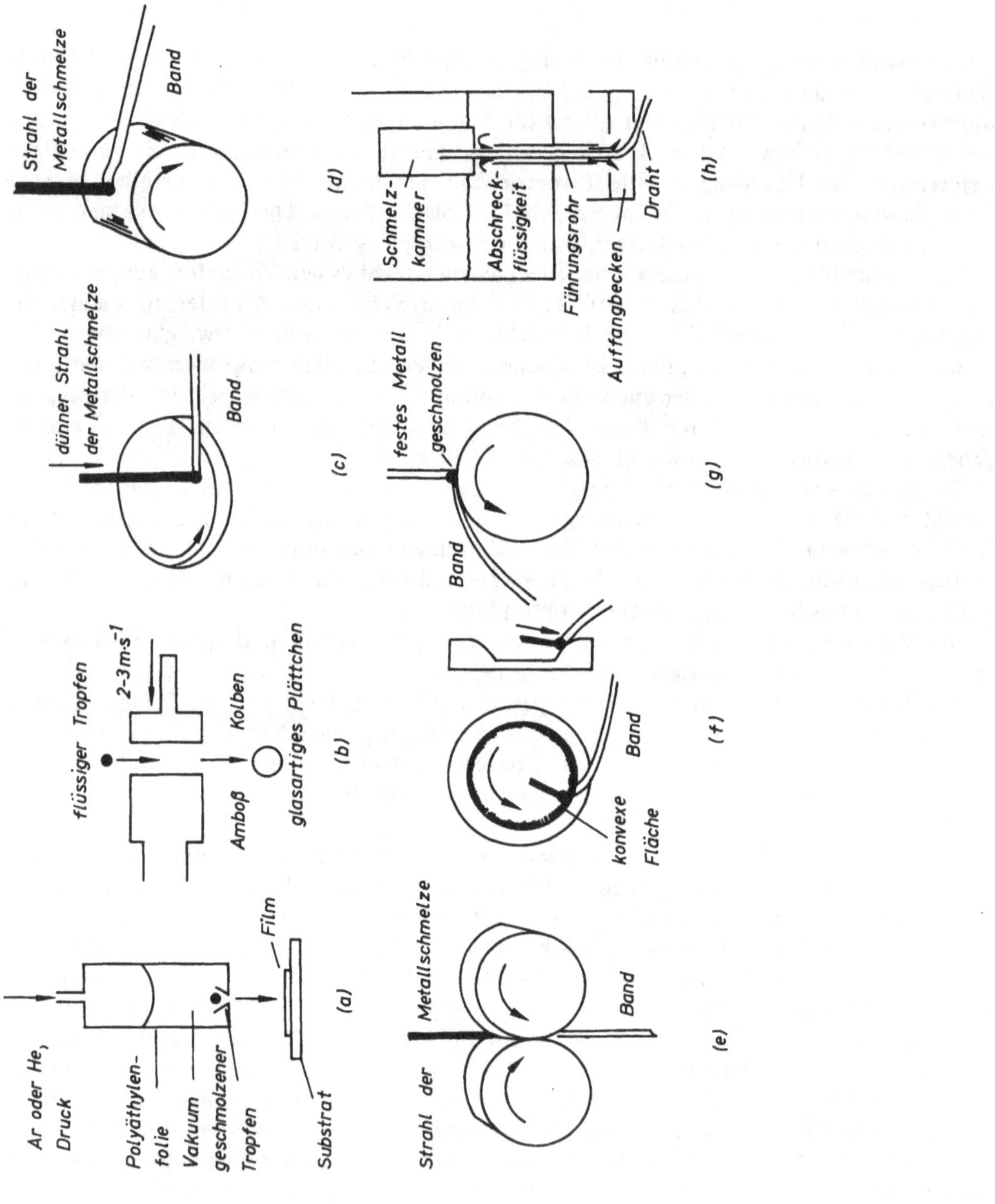

Abb. 2.3. Verfahrensvarianten zur Herstellung metallischer Gläser.
(Zur näheren Bezeichnung s. Text.)

2.1.1.4. *Die Variation der Abkühlrate von Glasschmelzen*

Tabelle 2.3. enthält eine Zusammenstellung von Abkühlraten, wie sie bei der Herstellung von anorganischen Gläsern aus Schmelzen angewandt werden.

Technische und optische Gläser werden je nach den Ansprüchen an Homogenität und Spannungsfreiheit einer besonders sorgfältigen Feinkühlung unterzogen. Dazu dienen speziell konstruierte Kühlöfen, die nach einem bestimmten Programm geregelt werden. Bereits oberhalb der Transformationstemperatur muß die Abkühlung zwecks Vermeidung von Konvektion oder Ausbildung hydrodynamischer Instabilitäten in der Schmelze hinreichend langsam erfolgen. Durch derartige Prozesse würden z. B. Teile der Schmelze aus oberflächennahen Bereichen mit einer stets geringfügig veränderten Zusammensetzung unkontrolliert ins Volumen gelangen und zu optisch inhomogenen Bezirken, z. B. Schlieren, führen, die den Glaskörper für optische Zwecke weitgehend unbrauchbar machen. Um zu gewährleisten, daß der Glaskörper in all seinen Teilbereichen einer annähernd vergleichbaren Temperaturbehandlung unterliegt, sind auch unterhalb der Transformationstemperatur kleine Temperaturgradienten vom Zentrum zur Oberfläche hin, d. h. wiederum möglichst geringe Abkühlraten erforderlich. Schmelzen technischer und optischer Gläser haben demzufolge besonders hohe Anforderungen hinsichtlich ihrer Stabilität gegenüber Rekristallisation zu erfüllen.

Bei Untersuchungen zur Ermittlung der Glasbildungstendenz in bestimmten Stoffsystemen werden größere Abkühlraten verwendet. Die Schmelzansätze sind vielfach kleiner, so daß Verspannungen zunächst unbeschadet in Kauf genommen werden können. Man kühlt die Schmelze vor dem Gießen oder Abschrecken auch in diesen Fällen so weit als möglich herunter. Bei hinreichend hoher Viskosität und entsprechender Geometrie der Gefäße läßt sich die Ausbildung von Konvektionsströmen in der Schmelze weitgehend unterbinden. Spannungen können durch anschließendes Tempern weitgehend ausgeglichen werden. Chalkogenidschmelzen in geschmolzenen Kieselglasampullen erfordern auf Grund des oftmals beträchtlichen Dampfdruckes besondere Sorgfalt. Schreckt man von zu hoher Temperatur ab, verursacht der Druckabfall über der Schmelze nicht selten ein Aufsieden, und man erhält ein schaumartiges oder stark mit Blasen durchsetztes Produkt.

Überläßt man die Schmelze von einigen 10 Gramm der Abkühlung an der Luft, indem man z. B. in eine nicht vorgeheizte Form gießt oder die Ampulle mit der Chalkogenidglasschmelze aus dem Ofen herausnimmt, so ist stets zu beachten, daß die Substanz in der Randzone einer rascheren Abkühlung unterliegt als im Inneren, die Probe also nicht mehr durch eine einheitliche Temperaturvergangenheit gekennzeichnet ist. Man kann allenfalls einen integralen mittleren Wert für die Abkühlrate angeben. Sie hängt von der Wärmekapazität und Wärmeleitfähigkeit des Systems, d. h. sowohl von der Masse und mittleren Molmasse des Schmelzansatzes als auch von der Geometrie der Form, in die die Schmelze gegossen wird, bzw. im Falle von Chalkogenidglasschmelzen von der Gestalt und Wandstärke der Kieselglasgefäße ab.

In Abb. 2.4. ist eine Anordnung zur Bestimmung der Abkühlrate von Chalkogenidschmelzen in zylindrischen Kieselglasampullen angegeben. Abb. 2.4. zeigt auch die zugehörigen Abkühlkurven für Schmelzen von 10 bis 20 g bei einer Wandstärke der Ampulle von etwa 2 mm unter Bedingungen des Abschreckens an der Luft (Kurve *a*) bzw. in einer Eis-Wasser-Mischung (Kurven *b*), im letzteren Fall für verschiedene Temperaturen der Schmelze.

Da für den Einfriervorgang die Geschwindigkeit maßgebend ist, mit der die Probe durch

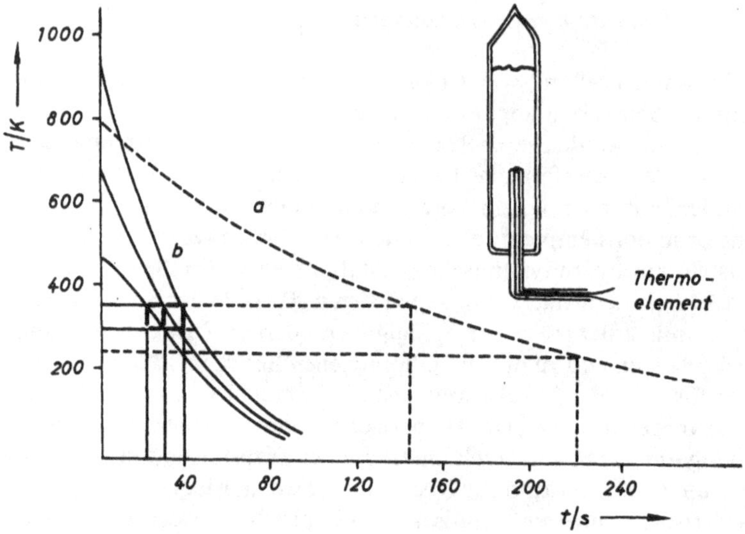

Abb. 2.4. Zur Messung der Abkühlgeschwindigkeit von Chalkogenidglasschmelzen.

den Unterkühlungsbereich, d. h. durch das Temperaturgebiet zwischen Schmelztemperatur T_S und Transformationstemperatur T_G geführt wird, ist es naheliegend, die Abkühlrate zu Vergleichszwecken festzulegen. In Abb. 2.4. wurde der Bereich $T = T_G \pm 50$ K gewählt. Es ergeben sich im Bereich von etwa 300 K Werte von 2 K · s^{-1} beim Abkühlen an der Luft (Kurve *a*) und von 8 bis 10 K · s^{-1} beim Abschrecken in Wasser (Kurven *b*). Für 1-g-Schmelzen und kleine Ampullen geringerer Wandstärke (etwa 0,5 mm) ließen sich Abkühlraten von 35 K · s^{-1} erreichen. Ähnliche Werte werden von CORNET und ROSSIER [2.24] gleichfalls angegeben. Durch Abschrecken in gekühlter konzentrierter Natronlauge oder in Quecksilber lassen sich die Abkühlraten noch um den Faktor 2 bis 3 heraufsetzen.

Tabelle 2.3. Variation der Abkühlrate von Glasschmelzen

Abkühlrate q/K · s^{-1}	Methode
10^{-5}	Tempern großer Teleskopspiegel
etwa 2 · 10^{-4}	Tempern optischer Gläser
10^{-3} bis 10^{-2}	Tempern gewöhnlicher Gläser
1 bis 2	Chalkogenidschmelzen 10—20 g in Quarzampullen (2 mm Wandstärke) an der Luft
8 bis 10	in Wasser von 273 K
35	1 g (0,5 mm Wandstärke der Ampulle in Wasser
etwa 180	0,015 g in dünnwandiger Ampulle in Wasser [2.23]
etwa 10^3	Sprüh-Abschreckung von Schmelzen (*spray cooling*)
10^5 bis 10^6	Schmelzspinnverfahren (*melt spinning*)
10^6 bis 10^7	Kolben- und Amboß-Meohode (*piston and anvil technique*)
10^6 bis 10^{10}	Spritz-Abschreckverfahren (*splat-cooling*)

Eine weitere Erhöhung der Abkühlrate gelingt durch Verminderung der Masse der Schmelzansätze, bzw. indem man die Wärmeableitung durch Weglassen der Schmelzgefäße verbessert, z. B. die Schmelze unmittelbar in Kontakt mit der Kühlflüssigkeit oder einer gekühlten Unterlage bringt.

Beim Sprüh-Abschreckverfahren (*spray cooling*) schmilzt man in einem Quarzrohr, das unten mit einer Öffnung von etwa 100 µm versehen ist [2.25]. Die Schmelze wird unter Anwendung von äußerem Druck in ein intensiv gerührtes Silikonölbad gesprüht. Man erhält glasige Tröpfchen von 100 bis 300 µm Durchmesser.

Die höchsten Abkühlraten lassen sich nach den in 2.1.1.3. beschriebenen Methoden erreichen. Nach DAVIES und HULL [2.26] sind für Metallschmelzen beim Abschrecken in Schichtdicken von 0,15 µm 10^{10} K · s^{-1} erreichbar. Derartige Angaben resultieren aus der Beobachtung hydrodynamischer Strukturen, die sich auf Grund der extremen Nichtgleichgewichtsbedingungen während des Abschreckens in der Schmelze ausbilden [2.18]. SARGEANT und ROY [2.27] konnten mit Hilfe dieser Technik die Oxide V_2O_5, TeO_2, WO_3 und MoO_3 gleichfalls in den glasartigen Zustand überführen. Neuerdings wurde von NASSAU [2.444] über die Darstellung glasartiger Formen von $LiNbO_3$, $KTaO_3$, $Y_3Fe_5O_{12}$, $Li_4CdK(SO_4)_4$ sowie einer Vielzahl weiterer Oxidphasen durch Abschrecken von Schmelzen mit etwa 10^7 K · s^{-1} berichtet.

2.1.2. *Amorphe Festkörper aus Lösungen*

Gelöste Substanzen lassen sich durch Verdampfung des Lösungsmittels, Temperaturänderung oder Zugabe von Fällungsmitteln, z. B. von Flüssigkeiten, die die Löslichkeit infolge Änderung der Polarität oder Donizität herabsetzen oder durch Fällungsreagentien in feste Stoffe überführen. Eine Fällungsreaktion liegt im Falle der katodischen oder anodischen Abscheidung gleichfalls vor.

Erfolgt die Änderung der Zustandsbedingungen hinreichend rasch, so daß sich starke Übersättigungen einstellen, bleibt für die Bildung kristalliner Keime und deren Wachstum oft nicht genügend Zeit, und man erhält auch auf diesem Wege amorphe Stoffe. Dabei werden vielfach kolloiddisperse Zustände durchlaufen. Die Teilchenvergrößerung durch Koagulation ist gehemmt, worauf z. B. die bekannten Schwierigkeiten bei der Filtration von Fällungsprodukten häufig beruhen. In bestimmten Fällen erstarrt die Lösung zu einem Gel, das sich kontinuierlich in einen amorphen festen Stoff überführen läßt. Die Variationsbreite im Verhalten von Substanzen, sich aus ihren Lösungen in nichtkristalliner Form abzuscheiden, ist außerordentlich groß. Neben Beispielen, in denen nur durch rasche Zugabe des Fällungsmittels oder durch Elektrolyse bei hoher Stromdichte amorphe Zustandsformen erhalten werden können, gibt es zahlreiche chemische Substanzen, die aus Lösungen bevorzugt in nichtkristalliner Form hervorgehen (vgl. 3.2.4.2.).

2.1.2.1. *Gläser durch homogene Fällung von Gelen*

Die Vorteile, die eine gemeinsame Fällung von Substanzen, z. B. verschiedener Oxide, Hydroxide bzw. Oxidhydrate, im Hinblick auf eine anschließende festkörperchemische Umsetzung bietet, sind seit langem bekannt. Die Komponenten befinden sich im Fällungsprodukt in sehr engem Kontakt. Oftmals liegt infolge Verbindungs- oder Mischphasenbildung sogar eine molekulardisperse Verteilung vor, so daß sich für den Ablauf der Festkörperreaktion relativ kurze Diffusionsstrecken ergeben. Die Umsetzungen verlaufen in kürzerer Zeit bzw. bei beträchtlich verminderten Temperaturen.

Roy [2.28] machte darauf aufmerksam, diese Möglichkeiten für die Glasherstellung zu nutzen. Dislich [2.29] hat darüber eingehend berichtet und gezeigt, daß man z. B. Lösungen von $Si(OC_2H_5)_4$, $Al(OC_4H_9)_3$, $NaOCH_3$, KOC_2H_5 in Äthanol durch Hydrolyse in ein Gel überführen kann, dessen schrittweiser thermischer Abbau ein Glas ergibt. Temperaturen bis in den Bereich der Transformationstemperatur von etwa 800 K erwiesen sich als ausreichend. Die Eigenschaften stimmen mit dem aus der Schmelze erhaltenen Produkt weitgehend überein. Auf diesem Wege wurden auch Borosilicatgläser erhalten. Die Formgebung erfolgt durch Pressen im T_G-Bereich. Das Temperaturgebiet der maximalen Kristallisationsgeschwindigkeit oder der Auslösung von Phasentrennungserscheinungen (s. 2.3.1.) kann vermieden werden, so daß die Bedingungen für die Herstellung glasartiger Festkörper relativ günstig sind. Neuerdings ist an einer Vielzahl von Systemen über Glasbildung durch Verfestigung von Gelen berichtet worden [2.427—429].

2.1.2.2. *Amorphe Niederschläge*

Die Bildung amorpher Niederschläge ist in der Chemie wäßriger Lösungen weit verbreitet. Ihre Entstehung wird meistens als Störung betrachtet, so daß sich die Aufmerksamkeit darauf richtet, Bedingungen zu ermitteln, die zu stöchiometrischen, gut filtrierbaren, kristallinen Substanzen führen. Kieselsäure, zahlreiche Metallhydroxide bzw. Oxidhydrate und eine Vielzahl basischer Salze fallen bei der Abscheidung, ohne eine definierte chemische Zusammensetzung aufzuweisen, in amorpher Form an. Auf Grund der großen Oberfläche werden andere in der Lösung vorhandene Ionen durch Adsorption bzw. Chemiesorption leicht mitgefällt, was bei analytischen Trennoperationen häufig zu Störungen Anlaß gibt.

Es sind andrerseits Verbindungen mit stöchiometrischer Zusammensetzung bekannt, die bei der Fällung aus wäßriger Lösung stets in amorpher Form anfallen, z. B. die Sulfide As_2S_3, As_2S_5, Sb_2S_3, Sb_2S_5 oder GeS_2. Man kann sie auf Grund ihrer Schwerlöslichkeit und Stöchiometrie zur gravimetrischen Bestimmung von As, Sb oder Ge verwenden. As_2S_5 und Sb_2S_5 sind wie MoS_3, $MoSe_3$, WS_3, WSe_3 und V_2S_5 bisher nur als amorphe Verbindungen bekannt. Ge_2S_3 und Ge_2Se_3 werden aus den Lösungen entsprechender Thio- bzw. Seleno-hypodigermanate gleichfalls als amorphe Niederschläge gefällt, können als glasartige Verbindungen aber auch aus der Schmelze erhalten werden (s. 3.2.2.4., 3.2.2.5. und 3.2.4.).

2.1.2.3. *Elektrolytische Abscheidung amorpher Schichten*

Die Passivierung von Metalloberflächen durch anodische Oxidation ist mit der Bildung dicht haftender, weitgehend amorpher Oxidschichten verbunden, die das Metall vor dem weiteren oxydativen Angriff schützen. Die Dicke beträgt einige 0,1 μm. Von großer praktischer Bedeutung ist die Passivierung des Aluminiums. Transparente amorphe Ta_2O_5-Filme sind bis zu 923 K stabil, bevor Kristallisation einsetzt [2.30].

Durch Elektrolyse mit hoher Stromdichte wurden an der Katode erstmals amorphe Metallegierungen des Phosphors mit Nickel oder Kobalt erhalten [2.31].

TAUC [2.32] berichtet über die Abscheidung amorpher Ge-Schichten durch katodische Reduktion bei der Elektrolyse von $GeCl_4$ in Glycol. Die Schichten sind aber infolge Kontamination von Bestandteilen aus der Lösung stark verunreinigt. Das sog. explosive Antimon entsteht bei der Elektrolyse saurer $SbCl_3$-Lösungen und enthält noch beträchtliche Anteile gebundenes Chlor, stellt also eher ein Antimonsubchlorid dar. Beim Erhitzen erfolgt explosionsartig Dismutation unter Verdampfen von $SbCl_3$. Für eine Darstellung sauberer amorpher Schichten sind die elektrochemischen Methoden weniger geeignet.

2.1.3. *Amorphe Schichten aus der Gasphase*

Die wichtigsten Varianten zur Darstellung amorpher bzw. glasartiger Schichten durch Kondensation von Dämpfen auf geeigneten Unterlagen sind die thermische Verdampfung, die Katodenzerstäubung, die Ausnutzung von Zersetzungsreaktionen in der Glimmentladung und Umsetzungen zwischen verschiedenen gasförmigen Komponenten, deren Produkte sich in fester Form abscheiden. Die Mannigfaltigkeit der einstellbaren Präparationsbedingungen ist außerordentlich groß, so daß sich bereits in einkomponentigen Systemen eine breite Palette unterschiedlicher amorpher Strukturen herstellen läßt. Oftmals wird diese Variation durch Kontamination von Verunreinigungen bzw. den Einbau von Fremdbestandteilen in einer keineswegs immer reproduzierbaren Weise beeinflußt. Der Reinheit der Schichten bzw. deren analytischer Kontrolle kommt dementsprechend eine besondere Bedeutung zu. In zahlreichen Arbeiten der Literatur wurde dieser Gesichtspunkt nicht gebührend beachtet.

Mehrkomponentensysteme verlangen eine sorgfältige Überprüfung der vertikalen und lateralen Homogenität der Schichten. Über die Bildungsmechanismen ist wenig bekannt. Nur für einige einfache Systeme, z. B. einige Elemente oder bestimmte definierte Verbindungen, liegen Untersuchungen zur Kinetik der Verdampfung und zum Mechanismus der Kondensation vor [2.33—35]. Die massenspektrometrische Analyse der Dampfzusammensetzung ergibt selbst in diesen Fällen ein breites Spektrum unterschiedlicher species, so daß die erhaltenen Resultate allenfalls einen integralen Aussagewert haben.

Stoffsysteme, deren Schmelzen eine Tendenz zur glasartigen Erstarrung erkennen lassen, neigen im allgemeinen auch bei der Abscheidung aus der Gasphase zur Ausbildung von Strukturen mit nichtperiodischem Aufbau. Aussagen solcher Art setzen voraus, daß die chemische Zusammensetzung annähernd unverändert erhalten bleibt. Da die Unterdrückung der Bildung wachstumsfähiger Kristallkeime bei diesen Methoden der Darstellung amorpher bzw. glasartiger Substanzen gleichfalls ausschlaggebend ist, wirkt sich eine Substratkühlung förderlich aus. Je größer die Kristallisationstendenz im jeweiligen Stoffsystem ist, bei umso tieferer Temperatur muß die Abscheidung erfolgen. Die größere Entropie des Dampfes und die offenbar extremen Abschreckbedingungen bei der Kondensation auf mit flüssigem Helium gekühlten Unterlagen führen selbst bei Substanzen zur Bildung glasartiger bzw. amorpher Modifikationen, die sich bisher auf anderem Wege nicht in eine solche Zustandsform überführen ließen, z. B. Mg, Zr, Hf, Nb, Ta, Mo, W, Re oder Cd.

2.1.3.1. *Methoden der thermischen Verdampfung im Vakuum*

Die Verdampfung ist ein statistischer Prozeß, der sich im Rahmen der kinetischen Gastheorie beschreiben läßt. Der Gleichgewichtszustand ist durch elastische Kollisionen von Teilchen an der Grenzfläche zwischen der kondensierten und der gasförmigen Phase (Austausch von Wärme) und die Freisetzung und Abscheidung von Teilchen an der Oberfläche gekennzeichnet (Austausch von Arbeit).

Verdampfung unter Gleichgewichtsbedingungen (Knudsen-Bedingungen)

Unter den Bedingungen der Verdampfung aus einer Knudsenzelle bleibt das Gleichgewicht weitgehend erhalten. Die Öffnung im Verdampfer ist im Vergleich zur Oberfläche hinreichend klein. Für die Massenflußrate R_m ergibt sich für ein ideales Gas in einer Richtung die gaskinetische Gleichung

$$R_m = \frac{1}{4}\,\frac{m}{v}\,\bar{u} = \left(\frac{M}{2\pi RT}\right)^{1/2} p \tag{2.1}$$

mit M als Molmasse, $\bar{u}$ als mittlere Geschwindigkeit entsprechend der Maxwell-Boltzmann-Verteilung, $\bar{u} = (8\,RT/\pi M)^{1/2}$, und $(m/v) = Mp/RT$. Die Ermittlung des Massenverlustes in der Zeit gestattet die Bestimmung des Sättigungsdampfdrucks. Bei zusammengesetzten Systemen gilt (2.1.) für die partiellen Massenflußraten R_{mi} und die zugehörigen Partialdrucke p_i, d. h. die Zusammensetzung des Dampfes wird sich mit der Zeit i. allg. ändern.

Verdampfung im freien Vakuum (Langmuir-Bedingungen)

Um größere Substanzmengen in einer gegebenen Zeit verdampfen zu können, verwendet man Quellen mit größeren Öffnungen, offene Tiegel oder Schiffchen, die direkt oder indirekt beheizt werden. Gleichgewichtsbedingungen bestehen jetzt nicht mehr. Der Verdampfungsprozeß wird durch die Rate bestimmt, mit der der Abbau an der Oberfläche der festen oder flüssigen Substanz vor sich geht, d. h. die Kinetik dieser Vorgänge oder sogar der Transport von Wärmeenergie an den Ort des Reaktionsgeschehens wird für den Gesamtverlauf maßgebend. Man verwendet trotzdem Gl. (2.1), modifiziert sie aber durch einen Faktor $\alpha = R_m^*/R_m$, der aus einsichtigen Gründen stets kleiner als 1 sein muß.

$$R_m^* = \alpha \left(\frac{\bar{M}}{2\pi RT}\right)^{1/2} p\,. \tag{2.2}$$

$\bar{M}$ gibt die mittlere Molmasse der Teilchen im Dampfstrahl an, d. h. bei inkongruenter Verdampfung und unterschiedlichen Dampfdrücken der Zersetzungsprodukte sind Fraktionierungseffekte unvermeidlich.

Aus der Temperaturabhängigkeit der Rate der freien Verdampfung ins Vakuum kann man nach

$$R_m^* = A \exp\left(-\Delta E^*/RT\right) \tag{2.3}$$

häufig einen Aktivierungsparameter ΔE^* ermitteln, der nicht die Verdampfungsenthalpie, wohl aber eine integrale Größe zur Kennzeichnung der an der Oberfläche der zu verdampfenden Substanz ablaufenden Abbaureaktionen darstellt.

Bei hinreichend tiefer Substrattemperatur und ausreichendem Abstand zwischen Verdampfer und Substrat lassen sich Effekte der Rückverdampfung von der bereits abgeschiedenen Schicht weitgehend vermeiden. d. h. man kann die experimentell bestimmte Verdampfungsrate R_V^* unter Berücksichtigung des Raumwinkels in eine Kondensationsrate R_K^* umrechnen. Ergibt sich mit der experimentell bestimmten Kondensationsrate Übereinstimmung, wird der gesamte Prozeß in einer derartigen Anordnung einheitlich erfaßt.

Je niedriger die Substrattemperatur ist, umso größer ist die Gefahr der Kontamination von Verunreinigungen, z. B. aus der Umgebung der Verdampferanordnung oder von Restgasen, vor allem aus dem Treibmittel der Pumpen. Außerdem fallen die Schichten in relativ lockerer Form und mitunter porös an, so daß sie sich anschließend im Kontakt mit der Luft rasch verändern. Gestattet es die Transformationstemperatur und der Dampfdruck der glasartigen Filme, so wird man die Kondensation bei einer möglichst hohen Substrattemperatur und möglichst langsam vornehmen. Aufdampfraten von 0,1 bis 0,5 nm $\cdot$ s^{-1} bei 298 K Substrattemperatur gestatten z. B. bei der Verdampfung von Ge_4Se_5Te eine hinreichende Oberflächenbeweglichkeit, so daß sich relativ dichte Filme bilden können. Ihre Eigenschaften entsprechen weitgehend dem kompakten Glas, was auf einen analogen strukturellen Aufbau schließen läßt (s. 3.3.3.2., 4.1.3.6). Für die Darstellung amorpher Ge-Schichten sind ähnliche Abscheidungsraten bei einer Substrattemperatur von 470 K optimal.

Verdampferanordnungen sind in den verschiedensten Varianten beschrieben worden [2.36]. Eine Möglichkeit, wie sie bei der Untersuchung der Verdampfung von glasartigem

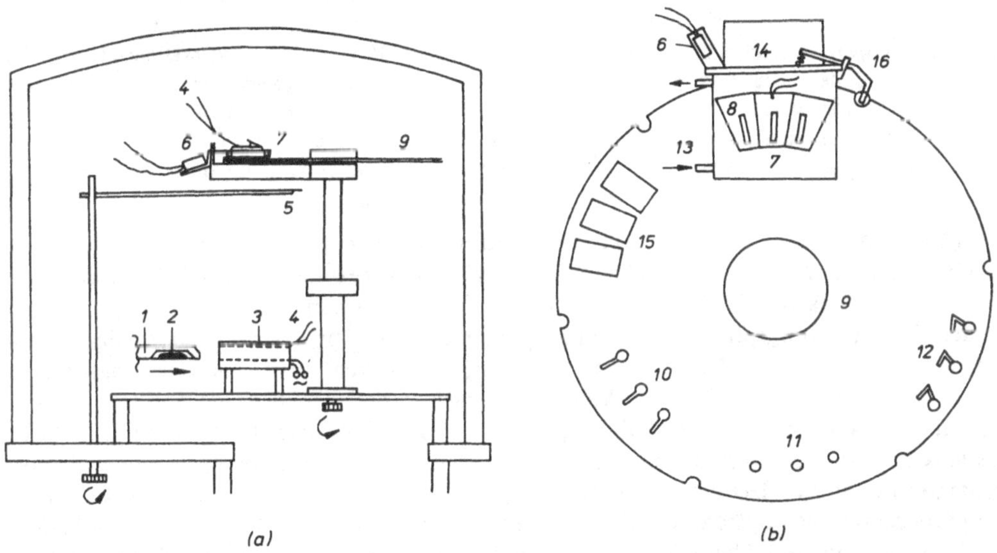

Abb. 2.5. Versuchsaufbau zur Abscheidung amorpher Schichten durch thermische Verdampfung im Vakuum (*a*) mit drehbarer Substrathalterung und Masken (*b*) nach [2.37].

(*1*) — Schiffchen aus Ta-Blech; (*2*) — Substanz; (*3*) — vorgeheizter Cu-Block, in dessen Öffnung (*1*) eingeschoben wird; (*4*) — Stromzuführungen, Thermoelemente; (*5*) Drehbare Dampfstrahlblende; (*6*) — Schwingquarz-Monitor; (*7*) — Feststehender Substratblock mit auswechselbarem Substrathalter (*8*); (*9*) — Drehbarer Teller mit Dünnschichtmasken für Grundkontakt (*10*), Chalkogenidglasschicht (*11*) und Deckkontakt (*12*); (*13*) — Substrattemperierung; (*14*) — Substrathalterung und (*15*) Masken für Analysenschichten; (*16*) — Maskentellerarretierung

Ge_2Se_3 und polykristallinen Gemischen von GeSe und $GeSe_2$ angewandt wurde, zeigt Abb. 2.5a). Der drehbare Substratteller, Abb. 2.5b), hat verschiedene Masken und gestattet die Kontaktierung der Proben im gleichen Vakuumzyklus. Die für die chemische Analyse benötigten Schichten werden zeitlich parallel erhalten [2.37].

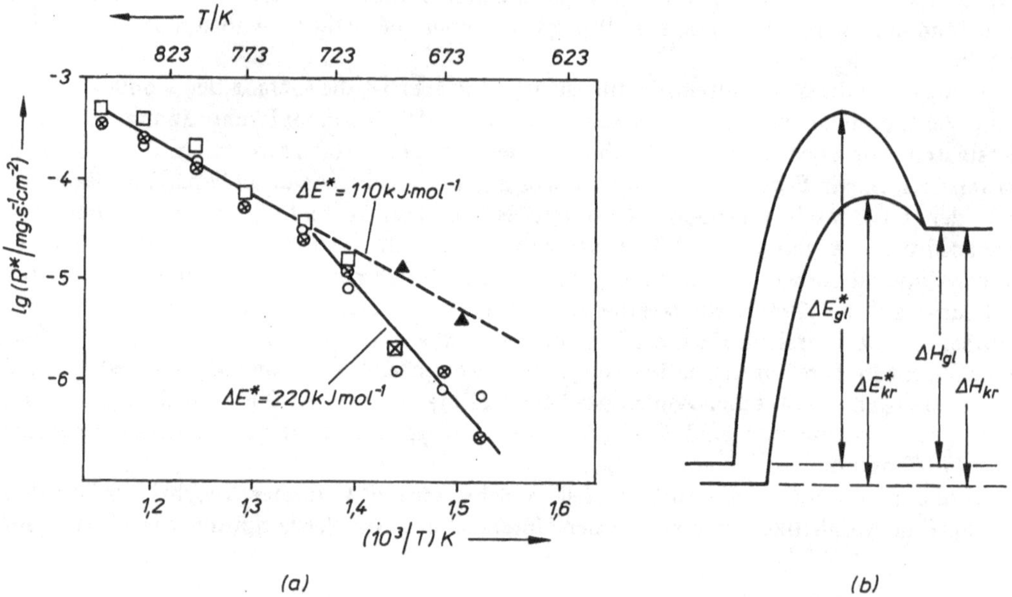

Abb. 2.6. a) Logarithmische Auftragung der Verdampfungsrate R_V^* (○), der Kondensationsrate R_K^* (□) und der nach Kalibrierung mittels Schwingquarz-Monitor gemessenen Abscheidungsrate R_f^* (⊗) gegen die reziproke Temperatur gemäß (*2. 3*) bei der Verdampfung einer unterkühlten Ge_2Se_3-Schmelze bzw. einer äquimolaren $GeSe/GeSe_2$-Mischung (▲).
b) Vergleich der Verdampfungsenthalpien ΔH_v und der Aktivierungsenthalpien ΔE^* kristalliner und glasartiger Zustände: Obwohl $\Delta H_{gl} < \Delta H_{kr}$ ist $\Delta E_{gl}^* > \Delta E_{kr}^*$.

Auftragen der Verdampfungs- und Kondensationsrate R^* gegen die reziproke Temperatur in Abb. 2.6a) führt zu einem zunächst überraschenden Resultat. Obwohl das homogene Ge_2Se_3-Glas — es wurde mit einem mittleren Teilchendurchmesser von 0,3 bis 0,7 mm in den Verdampfungsprozeß eingeführt — gegenüber dem kristallinen $GeSe/GeSe_2$-Gemisch einen größeren Energieinhalt aufweist, ergibt sich für die Aktivierungsenergie der freien Verdampfung der unterkühlten Schmelze (der T_G-Wert beträgt 608 K) ein doppelt so großer Wert wie im Fall des polykristallinen Gemisches [2.38]. Bei etwa 730 K kristallisiert die unterkühlte Schmelze. Unter den Bedingungen einer Gleichgewichtsverdampfung würde letztere im Bereich $T < 730$ K zweifellos die geringere Verdampfungsenthalpie ergeben, und die Sublimationsenthalpie der polykristallinen Substanz wäre größer. Unter den Nichtgleichgewichtsbedingungen der freien Verdampfung bestimmt aber die Kinetik der Abbau- und Reorganisationsprozesse an der Oberfläche oder gar die Zuführungsrate der benötigten Wärmeenergie den zeitlichen Ablauf der Verdampfung. Die Unterschiede sind in Abb. 2.6b) schematisch veranschaulicht.

Im Glas bzw. der unterkühlten Schmelze ist ein in weiten Bereichen intaktes Raumnetz von $Ge_2Se_{6/2}$-Baugruppen anzunehmen (s. 3.2.2.5), im kristallinen Gemisch liegt dagegen ein heterogenes Gefüge der Verbindungen GeSe und $GeSe_2$ mit einem schichtartigen Gitteraufbau in den beiden Substanzen vor. Der Dampf besteht nach massenspektrometrischen Untersuchungen überwiegend aus GeSe- und Se_2-Molekeln [2.38].

$$Ge_2Se_3 \xrightarrow{\text{Kristallisation}} GeSe + GeSe_2$$
$$Ge_2Se_3 \xrightarrow{\text{Verdampfung}} GeSe + Se_2$$
$$GeSe/GeSe_2 \xrightarrow{\text{Verdampfung}} GeSe + Se_2$$

Die Verdampfungsrate R_V^* wird vom langsamsten Schritt des komplexen Reaktionsgeschehens abhängen, das dem Übertritt der Teilchen in die Gasphase unmittelbar vorausgeht. Die Aktivierungsenergie der freien Verdampfung übertrifft häufig die Verdampfungs- oder Sublimationsenthalpie beträchtlich, wenn der flüssige oder glasartige Zustand der betreffenden Substanz eine makromolekulare polymere Struktur aufweist, z. B. auch im Falle des amorphen Arsens, des roten glasigen Phosphors oder des glasartigen und monoklinen As_2O_3 [2.39]. Die freie Verdampfung von glasartigem As_2O_3 ist z. B. durch einen Wert von $\alpha = 2 \cdot 2 \cdot 10^{-6}$ gekennzeichnet [2.40]. GUTZOV [2.41] hebt hervor, daß die sehr niedrigen Verdampfungsraten von Gläsern unter LANGMUIR-Bedingungen mit $10^{-5} < \alpha < 10^{-9}$ für den Glaszustand charakteristisch sind.

Massenspektrometrische Analysen der Dampfzusammensetzung und die sorgfältige Analyse der abgeschiedenen Filme in Abhängigkeit von der Schichtdicke lassen erkennen, daß nur bei der Verdampfung der unterkühlten Ge_2Se_3-Schmelze, d. h. unterhalb der Kristallisationstemperatur, eine weitgehend zeitunabhängige Zusammensetzung erzielt werden kann. GeSe ist im Dampf und in den abgeschiedenen Schichten angereichert, d. h. bei der Zersetzung der $Ge_2Se_{6/2}$-Baugruppen bleibt teilweise $GeSe_2$ zurück. Die Unterschiede im Verdampungsverhalten von GeSe und $GeSe_2$ sind aber bei der Verwendung von glasartigem Ge_2Se_3 weitgehend ausgeglichen. Bei der Verdampfung mehrkomponentiger Systeme im freien Vakuum sind Schmelzen oder Gläser mit ihrer relativ einheitlichen Oberfläche polykristallinen Gemischen verschiedener Substanzen vorzuziehen. Läßt sich hinreichende zeitliche Konstanz der Dampfzusammensetzung erreichen, können selbst bei Abweichungen von der Ausgangszusammensetzung im Verdampfer homogene Schichten erhalten werden. Es ist dazu erforderlich, die Verdampfung abzubrechen, bevor sich die Konzentrationsänderung im Rückstand signifikant auf die Zusammensetzung des Dampfstrahls auszuwirken beginnt. Durch geeignete Wahl der Masse der in den Verdampfer eingeführten Substanz hat man z. B. die Möglichkeit, Fraktionierungseffekte herabzumindern.

Elektronenstrahl- oder Laserstrahlverdampfung bieten in dieser Hinsicht kaum Vorteile. Es gelingt, jedoch mit diesen Methoden, kleine definierte Bereiche einer Substanz zu verdampfen und außerdem besonders hohe lokale Verdampfungstemperaturen zu realisieren, ohne daß Einflüsse der Tiegelwand oder des Materials der Verdampferquelle berücksichtigt zu werden müssen. Zur weitgehenden Eliminierung von Fraktionierungseffekten sind dagegen die Methoden der Flash-Verdampfung geeignet.

Flash-Verdampfung und Plasmastrahl-Verdampfung

Bei der Flash-Verdampfung gelangen kleine Partikel der Substanz, meist durch freien Fall, in eine hoch erhitzte Anordnung, in der sie sehr rasch vollständig verdampfen. Es entsteht ein breites Spektrum von Fragmentierungsprodukten, deren Abscheidung auf dem Substrat zu amorphen Schichten mit einem höheren Fehlordnungsgrad führt. Auf Grund der plötzlichen Verdampfung werden kleine kompakte Teilchen mit dem Dampfstrom leicht mitgerissen und in die amorphe Schicht eingebaut. Um derartige Effekte zu vermeiden und den Aufbau der Schichten aus atomaren bzw. molekularen Bestandteilen des Dampfes zu gewährleisten, stattet man den Verdampfer im Innern mit Prallstegen aus. Der Dampfstrom wird dadurch mehrfach zu einer Änderung seiner Richtung veranlaßt, die Verweilzeit in der Zone hoher Temperatur erhöht und auf diese Weise eine vollständige Verdampfung erreicht. Abb. 2.7 zeigt eine Verdampferanordnung mit indirekter Beheizung eines *U*-förmigen Quarzrohres, das im Innern mit versetzt angeordneten Stegen versehen ist, wie es sich bei der Flash-Verdampfung von Chalkogenidgläsern bewährt hat [2.42].

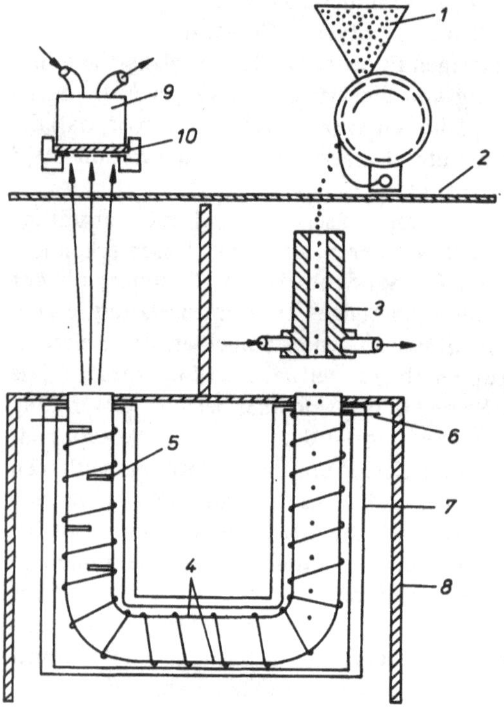

Abb. 2.7. Versuchsanordnung zur Flash-Verdampfung nach [2.42].

(*1*) – Granulierte Substanz mit Dosiervorrichtung; (*2*) – Thermische Abschirmung; (*3*) – Gekühltes Rohr; (*4*) – *U*-Förmiges Kieselglasrohr mit Prallstegen (*5*); (*6*) – Heizwicklung; (*7*) – Thermische Abschirmung; (*8*) – Wärmeschild gekühlt; (*9*) – Gekühlter Substratblock mit Maske (*10*).

Die Plasmastrahl-Verdampfung (*plasma-jet evaporation*) nutzt ein Hochtemperatur-Plasma zur Verdampfung von Substanzpartikeln, die nacheinander in dieses einfallen [2.43]. Es wird dabei sowohl vollständige Verdampfung als auch eine beträchtliche Geschwindigkeit des Dampfstrahls erreicht. Geschwindigkeiten bis zu 20 km $\cdot$ s^{-1} und ein streng ausgerichteter Strahl der zu verdampfenden Substanz lassen sich verwirklichen, indem man aus der Schmelze im Hochvakuum durch Anlegen eines hohen elektrischen Feldes eine Emission ionisierter Partikel herbeiführt [2.44].

2.1.3.2. *Amorphe Schichten durch Katodenzerstäubung*

Bei der Herstellung amorpher Schichten durch Katodenzerstäubung (*sputtering*) wird in einem Inertgas — meist verwendet man Argon — unter vermindertem Druck von 10 bis 10^{-2} Pa eine Gasentladung erzeugt [2.45—47].

Die Ar^+-Ionen werden im Feld beschleunigt und treffen mit hoher Geschwindigkeit auf die Katode auf, die mit der zu verflüchtigenden Substanz belegt ist. Von der Oberfläche des Targets werden sowohl durch thermische Verdampfung als durch unmittelbare Impulsübertragung Atome und kleinere Molekelfragmente abgelöst. Die Energie der Ar^+-Ionen erreicht je nach der angelegten Feldstärke einige hundert bis einige tausend Elektronenvolt, übertrifft also bei weitem die Bindungsenergie der Atome im Festkörperverband [2.36]. Fraktionierungseffekte, wie sie bei der thermischen Verdampfung von Mehrkomponentensystemen auftreten, sollten daher bei dieser Methode weniger in Erscheinung treten.

Die Abtragung beruht auf der hohen thermischen Anregung des Gitters und ist im wesentlichen auf die unmittelbare Umgebung der auftreffenden Ar^+-Ionen lokalisiert. Auf Grund der hohen Energiedichte sind Fraktionierungseffekte weitgehend herabgemindert. Vollständig lassen sich die Dampfdruckunterschiede einzelner Komponenten auch bei dieser Methode nicht ausschließen. Der Stoßmechanismus kommt mit zunehmender Energie der Ar^+-Ionen verstärkt zur Geltung, so daß restliche Fraktionierungserscheinungen mit wachsender angelegter Spannung zurückgehen.

Die abgelöste Substanz besteht zu mehr als 99% aus neutralen Teilchen. Sie scheiden sich in der Randzone der Gasentladung z. B. auf einer entsprechend positionierten Substratunterlage als dünne Schicht ab. Bei geeigneter Kühlung werden dabei auch von kompliziert zusammengesetzten Substanzen amorphe Schichten mit vergleichsweise einheitlicher Bruttozusammensetzung erhalten.

Abbildung 2.8. zeigt je eine typische Anordnung mit zwei und drei Elektroden. Im ersten Fall (*a*) wird durch eine Gleichspannung von 1 bis 15 kV und bei einem Gasdruck von 10 bis 1 Pa zwischen den Elektroden ein Plasma erzeugt. Die Schicht scheidet sich auf der

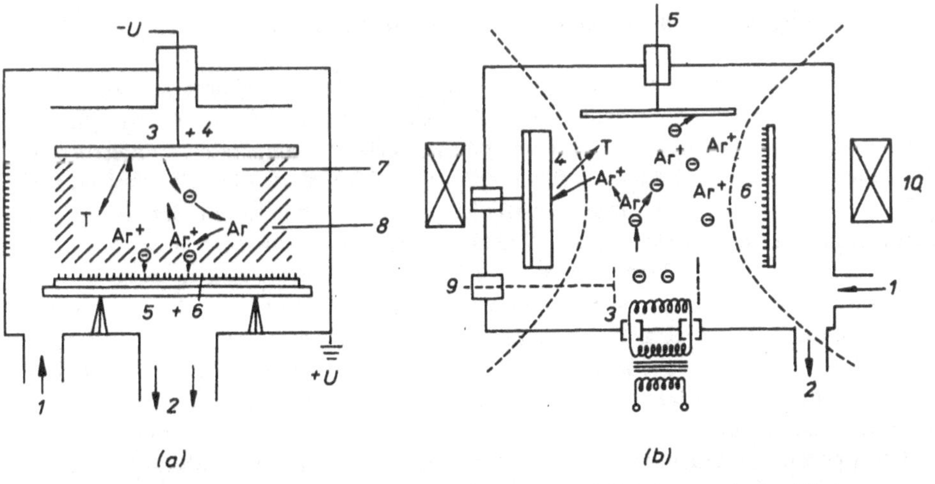

Abb. 2.8. Katodenzerstäubung mit Diodenanordnung (*a*) und Triodenanordnung (*b*).

(*1*) — Gaszuführung; (*2*) — Pumpe; (*3*) — Katode; (*4*) — Target; (*5*) — Anode; (*6*) — abgeschiedene Schicht; (*7*) — Katodendunkelraum; (*8*) — positive Säule; (*9*) — Hilfsanode; (*10*) — Magnetspule und Einschnürung des Plasmas.

Anode ab, die betreffende Substanz unterliegt also zugleich der Einwirkung energiereicher Elektronen. Bei der Triodenanordnung (*b*) werden die Elektronen von einer Anode gesondert aufgefangen. Die Extraktion der Ar^+-Ionen aus der Gasentladungszone kann auch hier im Gleichspannungsfeld von 1 bis 2 kV erfolgen (Gasdruck $5 \cdot 10^{-2}$ bis 1 Pa). Der Kontakt zwischen Plasma und Target bzw. Substrat wird durch ein von außen einwirkendes Magnetfeld herabgemindert.

Bei der Katodenzerstäubung nichtleitender bzw. hochohmiger Substanzen würde sich das Target positiv aufladen und der Gesamtvorgang binnen kurzer Zeit zum Erliegen kommen. Die Zerstäubung von Dielektrika verlangt daher eine periodische Zuführung positiver und negativer Ladungen, was z. B. durch Anlegen von Wechselspannung erreicht werden kann. Frequenzen im Bereich von 10 MHz (*radio frequency sputtering*) haben sich als vorteilhaft erwiesen. Dieser Fall ist in Abb. 2.8. b gezeigt. Abgesehen von den metallischen Gläsern, sind amorphe Filme i. allg. relativ hochohmig, so daß hier die Methoden der Hochfrequenz-Katodenzerstäubung zur Anwendung kommen.

Bei den Chalkogenidgläsern hat die Untersuchung von Schichten, z. B. der relativ komplizierten Zusammensetzung $As_{0,30}Si_{0,12}Ge_{0,10}Te_{0,48}$, die nach dieser Methode reproduzierbar hergestellt werden können, die Erforschung der elektrischen Eigenschaften stark stimuliert (s. 4.1.3.7.). Für die Herstellung von Schichten in Vielkomponentensystemen bei gleichzeitig beträchtlichen Unterschieden im Dampfdruck der Bestandteile sind Zerstäubungsverfahren recht geeignet. In amorphen Si- und Ge-Schichten, die auf dem Wege der Katodenzerstäubung erhalten wurden, sind jedoch beträchtliche Anteile an Argon festgestellt worden, die in die Struktur mit eingebaut werden (s. 3.1.2.3.). Sind an die Schichten sehr hohe Reinheitsanforderungen gestellt, erweist sich die Methode nicht als brauchbar. Der zur Aufrechterhaltung der Entladung erforderliche Gasdruck und die daraus resultierende Kontamination, vor allem auch von Verunreinigungen aus der Umgebung schränken den Reinheitsgrad der abgeschiedenen Schichten oftmals stark ein.

2.1.3.3. *Abscheidung amorpher Schichten in der Glimmentladung*

Die Darstellung amorpher Schichten durch Zersetzung bestimmter gasförmiger Stoffe oder von Gasgemischen in der Glimmentladung (*glow discharge*) ist gleichfalls ein plasmachemisches Verfahren. Derartige Methoden haben in der stoffwandelnden Industrie auch technische Bedeutung erlangt [2.48—50]. Plasmen sind hochionisierte Gase, deren charakteristische Eigenschaften aus dem unterschiedlichen Bewegungsverhalten der Ionen und Elektronen resultieren. In nichtthermischen Plasmen kann die Elektronentemperatur bis zu 4 Größenordnungen über der Temperatur der Ionen und Neutralgasteilchen liegen.

Eine Glimmentladung entsteht, wenn man auf ein Gas in einem geschlossenen Gefäß oder in einem durchströmten Rohr unter vermindertem Druck (etwa 10 Pa) eine Spannung von einigen 100 V einwirken läßt. Die Elektronen- und Ionendichte beträgt etwa 10^{10} cm^{-3}. Die Energie der Elektronen ist mit 1 bis 10 eV etwa 30 bis 300mal größer als die mittlere thermische Energie der Ionen und neutralen Molekeln. Auf Grund der hohen Beweglichkeit der Elektronen werden chemische Bindungen in großer Zahl aufgebrochen und auf diese Weise bei vergleichsweise niedriger Temperatur chemische Reaktionen ausgelöst. In Abb. 2.9. ist jeweils eine Versuchsanordnung mit induktiver und kapazitiver Zuführung der elektrischen Energie dargestellt. Man arbeitet häufig im Bereich von 10 bis

20 W und Frequenzen von 1 bis 100 MHz. Struktur und Eigenschaften der abgeschiedenen Schichten hängen von zahlreichen Parametern wie der Substrattemperatur, dem Röhrendurchmesser und der relativen Position zwischen Substrat und Induktionsspule bzw. den Elektroden ab. Wesentlich ist der Kontakt zwischen Plasma und abgeschiedener Schicht.

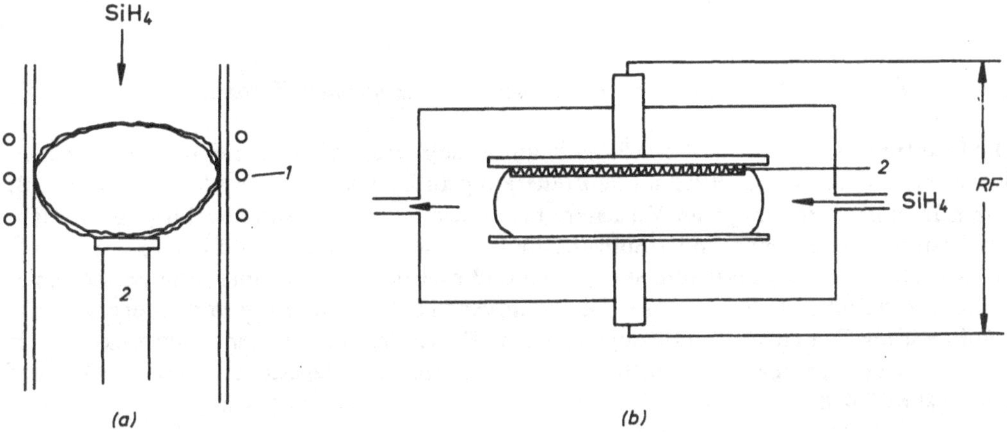

Abb. 2.9. Abscheidung amorpher Schichten durch Zersetzung geeigneter Gase oder Gasgemische, z. B. SiH_4, in der Glimmentladung (*a*) mit induktiver und (*b*) mit kapazitiver Zuführung der Energie. (*1*) — Induktionsspule; (*2*) — temperierbarer Substrathalter.

Man hat auf diesem Wege sowohl Metallschichten hergestellt, z. B. Sn oder Blei aus $Sn(C_2H_5)_4$ bzw. $Pb(C_2H_5)_4$ [2.51], als auch in einer Vielzahl von Arbeiten die Abscheidung dicht haftender amorpher Schichten organischer Polymere beschrieben [2.50]. Von STERLING u. M. [2.52, 53] wurde die Glimmentladung zur Abscheidung amorpher Si- und Ge-Schichten aus SiH_4 bzw. GeH_4 angewandt. Die Schichten enthalten beträchtliche Anteile Si—H- bzw. Ge—H-Bindungen, sind also eher als hochmolekular vernetzte Polycyclosilane und Polycyclogermane aufzufassen. Die reproduzierbare Präparation derartiger Schichten stellt hohe Anforderungen an die genaue Einstellung der genannten Parameter. Das Verfahren hat insofern ein besonderes Interesse gefunden, als sich auf diesem Wege in amorphen Si-Schichten durch sukzessives Zumischen entsprechender Dotiergase wie PH_3 oder B_2H_6 *p,n*-Übergänge realisieren lassen (s. 4.1.3.5. und 5.1.3.).

Mischungen von SiH_4 und N_2O oder die Umsetzung von $Si(OC_2H_5)_4/O_2$-Gemischen in der Glimmentladung ergeben z. B. dünne zusammenhängende glasartige SiO_2-Schichten. $B(OCH_3)_3$ ergibt B_2O_3, und SiH_4/NH_3-Mischungen führen zu amorphem Si_3N_4. Es ist auch über die Abscheidung amorpher Al_2O_3-Schichten mit hoher Durchschlagsfestigkeit aus Al_2Cl_6/O_2-Gemischen in der Glimmentladung berichtet worden. Derartige Systeme stellen bereits Beispiele für die sog. Dampfreaktivabscheidung amorpher Schichten dar.

2.1.3.4. *Dampfreaktivabscheidung*

Bei der Dampfreaktivabscheidung (*Chemical Vapor Deposition, CVD*) nutzt man spontan ablaufende Umsetzungen zwischen verschiedenen Gasen oder die Wandreaktion auf der Substratunterlage zur Auslösung von Reaktionen zwischen den Molekeln gasförmiger

Reaktanten aus. Derartige Methoden beanspruchen im Zusammenhang mit der Züchtung von Einkristallen ein wachsendes Interesse (Gasphasenepitaxie), gestatten aber auch die Darstellung amorpher Stoffe. Am bekanntesten ist die Gewinnung von hochreinem SiO_2 durch Hydrolyse von $SiCl_4$ in der Knallgasflamme und die $SiCl_4/O_2$-Pyrolyse, die zur Abscheidung besonders wasserarmer sehr reiner Kieselglasformen führt, wie sie in der Faseroptik benötigt werden.

2.1.4. *Überführung kristalliner Festkörper in den amorphen Zustand*

Die Überführung kristalliner Festkörper in amorphe Zustandsformen auf nichtthermischem Wege verlangt eine hinreichend starke Einwirkung äußerer Kräfte. Die Atome können z. B. durch Impulsübertragung zum Verlassen ihrer Gleichgewichtspositionen angeregt werden. Bei Festkörperreaktionen findet unter bestimmten Bedingungen häufig bereits ein Abbau der Struktur der Ausgangsstoffe statt, ohne daß sich der Aufbau einer gitterperiodischen Struktur der Endstoffe bereits vollziehen kann. Auch auf diesem Wege sind amorphe Stoffe zumindest als Zwischenzustände zugänglich, z. B. bei der thermischen Entwässerung von Kaolinit oder amorphes $KFe_3O_3(SO_4)_2$ durch Erhitzen von Jarosit $KFe_3(OH)_6(SO_4)_2$ auf etwa 500 K [2.430].

2.1.4.1. *Amorphe Festkörper durch mechanische Bearbeitung*

Über die mechanische Amorphisierung von Quarz durch Schwingmahlung ist von SCHRADER u. M. [2.431] im Ergebnis eingehender Untersuchungen berichtet worden. Aus den ESR-Spektren wurde auf eine hohe Dichte aufgebrochener Bindungen geschlossen und die damit verbundene Erhöhung der chemischen Reaktivität untersucht [2.432, 433]. Kaolin z. B. geht durch intensives Mahlen gleichfalls in den amorphen Zustand über [2.434]. Es ist auch die Modifizierung des Abbindeverhaltens von Zement durch intensive mechanische Aktivierung beschrieben worden [2.436].

Hohe Fehlordnungsdichten, die in oberflächennahen Bereichen bis zu einer Amorphisierung der Struktur führen können, sind schließlich bei jeder mechanischen Beanspruchung fester Werkstoffe in Betracht zu ziehen. Die Ausbildung einer weitgehend fehlgeordneten BEILBY-Schicht bei mechanischem Polieren oder beim Einlaufen von Lagern oder Zahnflanken ist auf Grund der hohen lokalen Energiedichte ohne weiteres verständlich. Die damit verbundenen Phänomene sind dem insbesondere auch für die technische Praxis wichtigen Gebiet der Tribochemie zugeordnet [2.436].

2.1.4.2. *Amorphe Festkörper durch Bestrahlung*

Durch Bestrahlung mit schnellen Neutronen oder Einwirkung hochbeschleunigter Ionen läßt sich die Gitterperiodizität kristalliner Festkörper aufheben, ohne daß eine isotrope Schmelzphase vorher durchlaufen wird.

Die Dichte von Quarz nimmt z. B. bei der Einwirkung von $1{,}5 \cdot 10^{20}$ Neutronen pro cm^2 um 15% auf einen Grenzwert von $2{,}26 \text{ g} \cdot \text{cm}^{-3}$ ab. Die Brechzahl beträgt 1,467. Geht man von Tridymit oder Cristobalit aus, werden ähnliche Werte erhalten [2.54, 55].

Es liegt ein amorpher isotroper Festkörper vor, dessen Eigenschaftswerte sich vom Kieselglas nur wenig unterscheiden. Kieseglas hat eine Dichte von 2,205 g · cm^{-3} und eine Brechzahl von 1,457. Strukturuntersuchungen lassen eine weitgehend vergleichbare Nahordnungsstruktur erkennen [2.56]. Bei geringer Bestrahlungsdosis nimmt die Dichte während des anschließenden Tempers wieder zu, und es erfolgt Rückbildung von kristallinem α-Quarz. Hohe Bestrahlungsdosen führen dagegen im anschließenden Temperprozeß bei 1373 K zum Kieselglas, d. h. die Dichte fällt weiter ab. In gleicher Weise wurde auch Beryll, $Be_3Al_2Si_6O_{18}$, in den Glaszustand umgewandelt.

Die Eindringtiefe geladener Teilchen beschränkt sich auf oberflächennahe Bereiche. Amorphe Ge-Schichten von 60 nm Dicke wurden z. B. durch Beschluß von Ge-Einkristallen mit Sauerstoffionen der Energie von 10^5 eV bei einer Dosis von 10^{15} Ionen pro cm^2 erhalten [2.57].

2.1.4.3. *Erzeugung amorpher Zustände durch Schockwellen*

Von De Carli und Jamieson [2.58] wurde in Experimenten gezeigt, daß sich Quarzeinkristalle in bestimmten Bereichen bereits durch Schockwellen von 360 kbar bei einer Fronttemperatur von maximal 873 K in den amorphen Zustand überführen lassen. Das erhaltene Produkt entspricht mit einer Dichte von 2,22 g · cm^{-3} und einer Brechzahl von 1,46 weitgehend dem Kieselglas. Die Impulsübertragung erfolgt durch Metallplatten, die von einer Explosionswelle getrieben werden. Bei einer Dauer der Schockeinwirkung von 10^{-5} s ist das Ergebnis höchst bemerkenswert. Der Schmelzpunkt von α-Quarz liegt bei etwa 1673 K, die lineare Schmelzrate bei dieser Temperatur beträgt aber auf Grund der hohen Viskosität nur etwa 10^{-8} cm · min^{-1} [2.59]. Ein konventioneller Schmelzmechanismus ist daher sicher nicht in Betracht zu ziehen. Hervorzuheben ist weiterhin, daß das bei der Einwirkung von Schockwellen mit 600 kbar erhaltene amorphe SiO_2 etwa die gleiche Dichte hat wie ein in Experimenten mit 360 kbar anfallendes Produkt. Die dem Kieselglas ähnliche amorphe Zustandsform erscheint nach diesen Untersuchungen neben nach wie vor kristallinen Bereichen der Probe, die unverändert als Quarz vorliegen, wie eine im thermodynamischen Sinn definierbare SiO_2-Modifikation (s. 3.2.2.1.). Charakteristische Merkmale, die das durch Schock-Kompression erhaltene amorphe SiO_2 strukturell kennzeichnen, wurden von Mashimo u. M. [2.438] aufgezeigt.

2.1.4.4. *Reaktionen kristalliner Festkörper unter Bildung von Gläsern*

Eingehend untersucht und von praktischem Interesse ist z. B. die oxydative Behandlung der Oberfläche von Si-Einkristallen im Sauerstoff- oder Wasserdampfstrom bei hoher Temperatur. Nach kinetischen Untersuchungen zum Wachstum der amorphen SiO_2-Schicht konnten diese Prozesse auf eine diffusionsbegrenzte Reaktion zwischen der Si-Einkristalloberfläche und O_2 bzw. H_2O zurückgeführt werden. Die Reaktionsraten ergeben Diffusionskoeffizienten für O_2 und H_2O im Kieselglas, die mit den nach anderen Methoden ermittelten Werten annähernd übereinstimmen [2.60]. Derartige Oberflächenschichten lassen sich z. B. in einem Sauerstoffplasma bei wesentlich niedrigerer Temperatur und damit unter relativ schonenden Bedingungen gleichfalls aufbringen [2.50].

2.2. Thermodynamische Beschreibung des Glaszustandes

Gläser stehen, wie aus den im voranstehenden Kapitel beschriebenen Methoden ihrer Darstellung hervorgeht, zu den isotropen Flüssigkeiten bzw. Schmelzen und Dämpfen in Beziehung. Flüssigkeiten lassen sich sowohl als kondensierte Gase als auch in gewisser Weise als stark fehlgeordnete Festkörper auffassen. Es ist daher naheliegend, bei der Beschreibung des Glaszustandes von der Theorie der Flüssigkeiten auszugehen.

Hinsichtlich der Packungsdichte entsprechen Flüssigkeiten mehr dem Festkörper, der ständige Platzwechsel von Atomen bzw. Baugruppen stellt sie dagegen mehr den Gasen zur Seite. Man verwendet Gitter- oder Zellenmodelle und berücksichtigt das relativ zum Kristall in der Regel größere Volumen, das sog. freie Volumen, indem man die Konfigurationsstatistik freier Plätze im Gitter betrachtet. Die Vorstellungen gehen auf FRENKEL [2.62] und EYRING [2.63] zurück, während ALFREY u. M. [2.64] auf die Anwendung der Theorie des freien Volumens zur Erklärung der glasigen Erstarrung wohl erstmals hingewiesen haben.

In der Nähe des Erstarrungspunktes bzw. im Bereich der Unterkühlung wird der Vergleich mit dem Kristall zumindest in kleinen Bereichen zutreffender sein. Platzwechselvorgänge finden immer noch statt, woraus die fehlende Formstabilität resultiert. Die modellmäßige Erfassung von Assoziationsprozessen, die zu einer Vergrößerung der Strukturbereiche führen, wurde von GUTZOW u. M. [2.65] vorgenommen. Mit zunehmender Temperatur nähert sich die Flüssigkeitsstruktur mehr der von Gasen an, und bei der kritischen Temperatur geht die Flüssigkeit kontinuierlich in den Dampfzustand über. Der Zusammenhang soll hier qualitativ durch die VAN DER WAALS'sche Gleichung, z. B. in ihrer reduzierten Form, veranschaulicht werden.

$$pV = RT + \left(b - \frac{a}{RT}\right) p \, . \tag{2.4}$$

Allgemeiner kann man nach CLAUSIUS schreiben

$$pV = RT + \frac{1}{3} \, \Sigma \, K(r_{ij}) \, r_{ij} \, . \tag{2.5}$$

Der erste Term gibt die kinetische Energie wieder, der zweite die Wechselwirkungsenergie zwischen Atomen bzw. Baugruppen im Abstand r_{ij}. Gleichung 2.5 läßt sich durch Einführung einer radialen Dichteverteilungsfunktion weiter verallgemeinern [2.66].

$$pV = RT - \frac{N_A}{6} \int_0^\infty \frac{\mathrm{d}\varphi(r)}{\mathrm{d}r} \, \varrho(r) \, 4\pi r^3 \, \mathrm{d}r \, . \tag{2.6}$$

Die Beziehung bringt die Bedeutung der Verteilungsfunktion $\varrho(r)$ und des zwischenmolekularen Potentials $\Phi(r)$ zum Ausdruck [2.67].

Zur Beschreibung von Fließ- bzw. Transportprozessen benötigt man noch die Relaxationszeit τ. Man versteht darunter das Zeitinterval, in dem sich das im Moment t vorliegende Bewegungsverhalten eines Atoms oder einer Atomgruppe dem statistischen Mittel weitgehend angeglichen hat, z. B. bis auf den e-ten Teil abgeklungen ist, gegenüber dem Ausgangszustand also ein statistisch unabhängiges Bewegungsverhalten annähernd wieder erreicht ist. Man kann diesen Sachverhalt nach KIRKWOOD [2.68] durch den Autokorrelationskoeffizienten

$$z = \overline{K(t) \cdot K(t + \tau)} \tag{2.7}$$

ausdrücken, der das mittlere skalare Produkt der bei der Zeit t einwirkenden Kräfte $F(t)$ und der nach der Zeit τ immer noch vorhandenen Wirkung dieser Kräfte angibt. Ist $z = 0$, hat das Teilchen keine Erinnerung mehr an den zur Zeit t vorliegenden Bewegungszustand.

Statistisch-thermodynamische Berechnungen sind bisher auf dieser Basis nur für einfachste Systeme möglich gewesen, z. B. Edelgase im Ensemble einiger 100 Atome [2.69]. Relaxationszeiten $\tau > 10^{-8}$ s sind aber bisher in diesem Zusammenhang kaum handhabbar, so daß man in allen praktisch bedeutsamen Fällen auf eine makroskopisch-phänomenologische Beschreibung des flüssigen Zustandes angewiesen ist.

2.2.1. *Das Relaxationszeit-Verhalten im flüssigen und glasartigen Zustand*

Die grundlegenden Beziehungen werden am Beispiel der mechanischen Relaxation eingeführt. Die Strukturrelaxation, obwohl in den durch Druck- und Zugspannungen ausgelösten Effekten implizit enthalten, wird aus didaktischen Gründen in Verbindung mit der thermischen Relaxation veranschaulicht. Es folgt die Behandlung der Temperaturabhängigkeit der Viskosität und der verschiedenen Modelle zu ihrer phänomenologischen Beschreibung. Abschließend wird kurz auf die Methode der Korrelationsspektroskopie eingegangen.

2.2.1.1. *Mechanische Relaxation*

Gläser unterliegen als Festkörper bei der Einwirkung äußerer Kräfte einer elastischen Verformung, z. B. wird die Schub- oder Scherspannung $S_G = K/F$ zu der in Abb. 2.10. angedeuteten Winkeldeformation Anlaß geben.

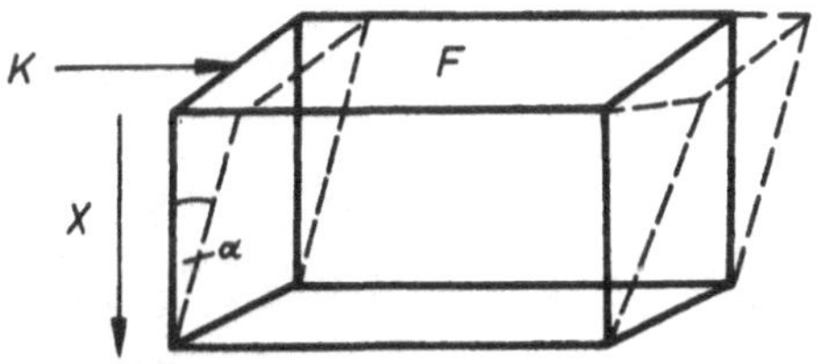

Abb. 2.10. Torsion (Scherung) eines Festkörpers unter der Wirkung der Tangentialspannung $S_G = K/F$.

Der Glaskörper wird in einen Spannungszustand versetzt, der innerhalb der Gültigkeitsgrenzen einer elastischen Beanspruchung bestehen bleibt, d. h. bei Entlastung wird die ursprüngliche Gestalt wieder eingenommen. Mit dem Torsions- oder Schermodul G als der verknüpfenden Eigenschaft ergibt sich die Beziehung $\alpha = (1/G)\, S_G$. G hängt nach

$$E = 2G(1 + \mu)\,, \qquad \varkappa = 3(1 - 2\mu)/E \tag{2.8a}$$

mit dem Elastizitätsmodul $E = (l/\Delta l) \cdot S_E$ und der adiabatischen Kompressibilität $\varkappa$ zusammen. S_E entspricht einer in Richtung der Normalen wirkenden Zug- oder Druckspannung, μ gibt die POISSONsche Querkontraktionszahl $\mu = (\Delta d/d)/(\Delta l/l)$ an und kann z. B.

durch Messung der Longitudinal- und Transversal-Ausbreitungsgeschwindigkeit, v_l und v_{tr}, von Schallwellen auf relativ einfachem Wege bestimmt werden

$$\mu = 0,5\left[1 - \frac{v_{tr}^2}{v_l^2 - v_{tr}^2}\right]. \tag{2.8 b}$$

G ist aus der Dichte ϱ und der transversalen Schallausbreitungsgeschwindigkeit entsprechend $G = \varrho \cdot v_{tr}^2$ zugänglich.

Berücksichtigt man die Zeitabhängigkeit der elastischen Beanspruchung, so folgt

$$\frac{d\alpha}{dt} = \frac{1}{G}\frac{dS_G}{dt}. \qquad \text{(Hookescher Körper)} \tag{2.9}$$

Im Falle einer plastischen Verformung des Glaskörpers, d. h. bei einsetzendem viskosem Fließen ist die Schubspannung S_G dem Gradienten der Geschwindigkeit proportional, mit der sich Schichten in x-Richtung (Abb. 2.10.) gegeneinander verschieben, die verknüpfende Größe ist die dynamische Viskosität.

$$\frac{dv}{dx} = \frac{S_G}{\eta}. \qquad \text{(Newtonsche Flüssigkeit)} \tag{2.10}$$

Faßt man (2.9) und (2.10) zu einer Deformationsrate $d\vartheta/dt$ zusammen, so ergibt sich die Differentialgleichung des Maxwell-Körpers für viskoelastisches Fließverhalten

$$\frac{d\vartheta}{dt} = \frac{1}{G}\frac{dS_G}{dt} + \frac{S_G}{\eta}, \qquad \frac{dS_G}{dt} = G\frac{d\vartheta}{dt} - \frac{S_G}{\eta/G}. \tag{2.11}$$

Die zeitliche Änderung der Scherspannung (dS_G/dt) ist der zeitlichen Änderung der Verformung ($d\vartheta/dt$) proportional. Bei Beteiligung von Fließvorgängen ist die Verzögerung umso stärker, je größer S_G und je kleiner der Quotient η/G ist. Letzterer hat die Bedeutung einer Relaxationszeit, mit der der Körper der äußeren Einwirkung ausweicht, indem er die Schubspannung abbaut.

$$\eta = G \cdot \tau, \qquad \eta = \frac{3}{5\varkappa}\tau \ (\text{für } \mu = 0{,}25). \tag{2.12}$$

Bei konstanter Deformation, $d\vartheta/dt = 0$, gilt

$$\frac{dS_G}{dt} = -\frac{S_G}{\tau}, \qquad S_G = S'_G \exp(-t/\tau), \tag{2.13}$$

d. h. bei $t = \tau$ ist $S_G = S'_G/e$. Hält man die zeitliche Änderung der Deformation $d\vartheta/dt$ konstant aufrecht, so folgt aus (2.11) wieder Gl. (2.10), d. h. es liegt der Fall des stationären Fließens einer Newtonschen Flüssigkeit vor.

Nach Gl. (2.11) ist es also eine Frage der Zeit, die man zur Beobachtung aufwendet, um festzustellen, ob ein Glas oder eine unterkühlte Flüssigkeit vorliegt. Ist die Beobachtungszeit $\Delta t \ll \tau$, kann man den Term S_G/τ vernachlässigen, und es liegt praktisch ein Hookescher Körper vor. Beim Aufschlag eines Körpers mit hinreichender Geschwindigkeit auf eine Flüssigkeit, z. B. Wasser, wäre aber selbst bei Vernachlässigung des Einflusses der Oberflächenspannung die Wirkung einem Aufprall auf Beton durchaus vergleichbar. Ist umgekehrt $\Delta t \gg \tau$, können Gläser und selbst kristalline Festkörper der plastischen Verformung unterliegen.

Man hat den biblischen Text (Buch der Richter, Kapitel 5, Vers 5) aus dem DEBORAH-Lied „. . . *die Berge ergossen sich vor dem Herrn* . . ." in der Weise gedeutet, daß nur ein göttliches Wesen über den erforderlichen Zeitraum verfügen könnte, um derartige Langzeit-Veränderungen zu erfassen und eine sog. Deborah Number DN als Quotient zwischen Relaxationszeit τ und Beobachtungszeit Δt definiert [2.70]. Im Bereich $DN \gg 1$ haben Schmelzen oder Flüssigkeiten die Eigenschaften von Festkörpern, sind also als Gläser anzusprechen, im Bereich $DN \ll 1$ ist die Formstabilität dagegen nicht gegeben. Das Übergangsgebiet, der Transformationsbereich, ist durch einen DN-Wert in der Größenordnung von 1 gekennzeichnet.

DOUGLAS [2.71] gründet darauf eine Definition des Glaszustandes:
„*Ein Glas ist eine Flüssigkeit mit einer Relaxationszeit, die nicht mehr beobachtbar ist*".

KAUZMANN [2.72] formuliert präziser:
„*Im Glaszustand ist die Relaxationszeit einiger Freiheitsgrade im Vergleich mit der Dauer des Experiments groß. Die Transformationstemperatur sollte demzufolge wesentlich von der Art der experimentell bestimmten Eigenschaft, der Dauer des Experiments und davon abhängen, was wir mit langer Zeit meinen*".

Es bleibt also die Frage offen, was man unter „nicht mehr beobachtbar" verstehen will, welche Meßmethode man anwendet, wielange man z. B. eine Schubspannung einwirken läßt und mit welcher Genauigkeit man die einsetzende Verformung bzw. das Abklingen der anliegenden Spannung erfaßt.

Eine häufig angewandte Meßmethode ist die periodische Beanspruchung des zu untersuchenden Glaskörpers, $\vartheta = \vartheta_0 \cos \omega t$. Man mißt z. B. die Dämpfung der Schwingungen eines Torsionspendels oder benutzt Resonanzanordnungen zur Bestimmung des logarithmischen Dekrements λ, aus dem sich die Relaxationszeit τ nach der Beziehung

$$\lambda = \pi/\omega\tau \tag{2.14}$$

und damit bei Kenntnis des Torsionsmoduls G oder der Kompressibilität $\varkappa$ nach (2.12) auch die Viskosität ohne weiteres berechnen läßt.

Verbreitet ist die Auswertung in der komplexen Zahlenebene. S_G, G und ϑ sind dann in (2.11) durch die komplexen Größen S_G^*, G^* und ϑ^* zu ersetzen. Mit dem Ansatz

$$S_G^* = G^* \cdot \vartheta^* \quad \text{und}$$

$$G^* = \frac{\omega\tau}{\omega\tau - i} G \quad \text{sowie} \quad \vartheta^* = \vartheta_0 \, e^{i\omega t} \tag{2.15}$$

ist die Differentialgleichung lösbar. Zerlegung in Real- und Imaginärteil ergibt

$$G^* = G' + iG'' = \frac{\omega^2\tau^2}{1 + \omega^2\tau^2} G + i \frac{\omega\tau}{1 + \omega^2\tau^2} G, \tag{2.16}$$

woraus für den Verlustfaktor

$$\tan \delta = \frac{G''}{G'} \tag{2.17}$$

folgt. $\tan \delta = \lambda/\pi$ bezeichnet man auch als innere Reibung (internal friction). Die Größe ist nicht zu verwechseln mit dem Koeffizienten der inneren Reibung, der Viskosität η.

Durch Messung von λ bzw. $\tan \delta$ ist der Zusammenhang zwischen der Relaxationszeit τ und der Frequenz ω zugänglich, und man kann die Funktionen G'/G und G''/G nach

(2.16) berechnen. Ihre Auftragung gegen lg $\omega\tau$ ergibt im ersteren Fall eine ansteigende S-förmige Kurve mit einem Wendepunkt bei $\omega\tau = 1$ und $G'/G = {}^1/_2$, im letzteren Fall eine glockenförmige Kurve mit einem Maximum von $G''/G = {}^1/_2$ bei $\omega\tau = 1$, d. h. nur wenn durch die Meßfrequenz ein durch die Relaxationszeit τ gekennzeichneter „Fließvorgang" überstrichen wird, kommt es zur Ausbildung eines Wendepunktes bzw. eines Extremwertes in den Kurven. Bei einer Frequenz von 10^{-1} Hz entspricht dieser Bedingung eine Relaxationszeit von 1,6 s, woraus mit einem typischen Wert für G z. B. von 6,24 GPa für As_2S_3 eine Viskosität $\eta = 10^{11}$ dPa · s folgt.

Man mißt bei verschiedenen Frequenzen und variiert die Temperatur, wodurch die innere Reibung in einem großen Bereich unterschiedlicher Relaxationszeiten erfaßt werden kann. Dabei wurde gefunden, daß sich Gläser i. allg. nicht wie einfache MAXWELL-Körper verhalten. Z. B. ergeben sich bei hohen Schubspannungen geringere Viskositäten [2.73], bei sehr geringer Schergeschwindigkeit von 10^{-8} cm/s wurde dagegen ein gewisser Anlaßwert festgestellt [2.74]. Das viskoelastische Verhalten ist also nicht streng linear, d. h. in Gl. (2.13) sind weitere nichtlineare Glieder zu berücksichtigen. Man interpretiert diesen Sachverhalt in der Weise, daß die innere Reibung von Gläsern und deren Schmelzen durch eine Verteilungsfunktion der Relaxationszeit zu beschreiben ist [2.75, 76], die sich mit der Temperatur ändert. Von DE BAST und GILARD [2.76] wurde der Ausdruck

$$S_G = S'_G \exp\left(-\frac{t}{\tau}\right)^b \tag{2.18}$$

anstelle von (2.13) eingeführt. Im Bereich $(t/\tau) \geqq 100$ geht b gegen 1, d. h. es liegt ein einfacher MAXWELL-Körper vor. In einem Viskositätsbereich von 10^{15} dPa · s hat b dagegen einen Wert von etwa 0,5 [2.77, 78]. Für $10^{-3} < (t/\tau) < 10^{-4}$ ergibt sich ein b-Wert von etwa ${}^1/_3$. Die Kurven G'/G und G''/G in Abhängigkeit von lg $\omega\tau$ verlaufen mit abnehmendem b-Wert zunehmend flacher, und für $b = 0{,}1$ ist der Wendepunkt im ersteren und das Maximum im letzteren Fall praktisch nicht mehr vorhanden [2.79]. Ausgehend von der Schmelze läßt sich das Relaxationszeit-Verhalten bis in den Bereich der Transformationstemperatur ($\eta = 10^{13}$ bis 10^{15} dPa · s) im Sinne einer thermodynamischen Interpretation von τ annähernd richtig beschreiben. Nur in diesem Bereich erscheint die Verknüpfung mit dem Autokorrelationskoeffizienten (2.7) sinnvoll.

In die Temperaturabhängigkeit der gemessenen Relaxationszeit geht die Änderung verschiedener Relaxationsprozesse mit unterschiedlichem Gewicht ein, so daß der für die Beschreibung der Temperaturabhängigkeit von Reaktionsabläufen übliche ARRHENIUS-Ansatz

$$\tau = \tau_0 \exp\,[\mathrm{E}\eta/RT] \tag{2.19}$$

allenfalls in engen Temperaturgrenzen gültig sein kann.

Oberhalb der Transformationstemperatur stellt die Messung der mechanischen Relaxation auf Grund der im Schwerefeld einsetzenden Verformung des Probekörpers besondere experimentelle Anforderungen. Man nutzt z. B. Ultraschallmessungen aus [2.80]. Über ein akustisches Dilatometer berichtet CORSARO [2.81]. Für praktische Zwecke ist die Messung der Viskosität oftmals einfacher. Mit Hilfe von Gl. (2.12) läßt sich die Relaxationszeit berechnen. Im Transformationsbereich muß die Probe bei Meßfrequenzen $\nu > 10^{-2}$ Hz als ein elastischer Festkörper erscheinen. Fließ- bzw. Platzwechselprozesse finden im Falle reiner glasbildender Verbindungen unter derartigen Bedingungen praktisch nicht mehr statt, so daß mit entsprechenden Meßeffekten kaum zu rechnen ist. Es zeigt sich aber, daß bereits

Spurenverunreinigungen, z. B. ein gewisser OH-Gruppen- oder Alkalioxidgehalt im Kieselglas weit unterhalb der Transformationstemperatur zu Dämpfungseffekten Anlaß gibt. Dementsprechend zeigen auch die kompliziert zusammengesetzten Gebrauchsgläser ein von der Temperatur abhängiges differenziertes Spektrum der inneren Reibung, das in einer großen Zahl von Arbeiten strukturchemisch interpretiert wurde. Das Strukturgerüst des Glases ist starr, und die Probe verhält sich insgesamt wie ein HOOKEscher Körper. Trotzdem finden im Inneren lokal Platzwechselprozesse statt, z. B. von Alkaliionen zwischen verschiedenen Positionen, die durch Potentialbarrieren getrennt sind (s. 4.1.1.), und offenbar ist partiell auch ein Wechsel zwischen Sauerstoffbrückenbindungen und endständigen Oxidionen in Betracht zu ziehen [2.82]. E_η in Gl. (2.19) ist in diesen Fällen durch die jeweilige Aktivierungsenergie des zugrundeliegenden Vorgangs zu ersetzen. Von BARTENEV u. M. [2.439] ist neuerdings über Relaxationsmechanismen unterhalb der Transformationstemperatur T_G berichtet worden.

Die mechanische Relaxation von Gläsern ist frühzeitig von RÖTGER [2.83], und in der neueren Literatur insbesondere von STEVELS u. M. [2.84] sowie von DAY u. M. [2.85] und TAYLER und RINDONE [2.86] beschrieben worden. Eine gründliche Untersuchung des viskoelastischen Fließverhaltens im T_G-Bereich stellt die Arbeit von PEREZ u. M. [2.448] dar. Zur Messung wurde hier ein Niederfrequenz-Torsionspendel verwendet. Derartige Phänomene wurden an metallischen Gläsern gleichfalls festgestellt [2.87].

2.2.1.2. *Thermische und Strukturrelaxation*

Bei der Abkühlung einer Glasschmelze besteht im Bereich der Unterkühlung noch thermisches Gleichgewicht. Zunächst kann die Neueinstellung der Verteilung der inneren Energie bzw. Enthalpie auf die Freiheitsgrade des Systems der Abkühlrate $q = \mathrm{d}T/\mathrm{d}t$ folgen. Anzahl und Art der aufgebrochenen Bindungen und damit zugleich die Größe der Fließeinheiten sowie deren Translations-, Schwingungs- und Rotationsverhalten ändern sich mit der Temperatur. Insgesamt gehen also mit der Temperaturvariation strukturelle Änderungen in der Schmelze vor sich. Der Begriff Strukturrelaxation macht diesen Zusammenhang anschaulich verständlich.

Unterschreitet die durch derartige Vorgänge begrenzte Reaktionsgeschwindigkeit, mit der das System bei jeder infinitesimalen Temperaturabnahme der neuen Gleichgewichtseinstellung zustrebt, die Abkühlrate, dann ergeben sich Verzögerungen. Das System kann der Abkühlgeschwindigkeit nicht mehr folgen. Es verbleibt also ein höherer Enthalpiebetrag in der Schmelze als nach dem thermodynamischen Gleichgewicht bei der betreffenden Temperatur zu erwarten ist. Die unterkühlte Schmelze ist in bezug auf den kristallinen Zustand metastabil (Abb. 2.11.). Im Transformationsbereich friert die Strukturrelaxation ein. Die unterkühlte Schmelze geht in den Glaszustand über, d. h. Gläser sind auch gegenüber der unterkühlten Schmelze und damit im doppelten Sinne metastabil. Man sagt, Gläser befinden sich im eingefrorenen Zustand einer unterkühlten Schmelze.

Von HAASE [2.88] wurde in Anlehnung an SIMON [2.89], der die Glasbildung mit einem Einfriervorgang vergleicht, die folgende Definition des Glaszustandes vorgeschlagen:

„*Eine eingefrorene unterkühlte Flüssigkeit wird als Glas bezeichnet.*“

Unabhängig von der Herstellungsart kann man nichtkristalline Festkörper unterhalb der Transformationstemperatur in Anlehnung an GUTZOW [2.252]

„*als ein kinetisch eingefrorenes thermodynamisches System*“

betrachten.

Der Vorgang kann durch eine zu (2.11) analoge Differentialgleichung beschrieben werden

$$\frac{\mathrm{d}\Delta H}{\mathrm{d}t} = C_p \frac{\mathrm{d}T}{\mathrm{d}t} - \frac{\Delta H}{\tau}. \tag{2.20}$$

Zerlegt man die Abkühlkurve in eine Folge stufenförmig abfallender Intervalle, in denen T jeweils konstant und damit $(\mathrm{d}T/\mathrm{d}t) = 0$ ist, dann gilt für jeden dieser infinitesimalen Teilbereiche die Beziehung

$$\frac{\mathrm{d}\Delta H}{\mathrm{d}t} = -\frac{\Delta H}{\tau}, \tag{2.21}$$

wobei für die Temperaturabhängigkeit von τ in jeweils bestimmten Grenzen Gl. (2.19) bzw. andere besser angepaßte Beziehungen (vgl. 2.2.1.3.) zu setzen sind.

Mit abnehmender Temperatur nimmt die Relaxationszeit zu, und je nach der angewandten Abkühlgeschwindigkeit wird der Einfriervorgang bei unterschiedlichen Temperaturen festgestellt. Je höher die Abkühlrate, bei umso höherer Temperatur liegt der Transformationsbereich des betreffenden Glases (Abb. 2.11.).

Folglich bestehen bei Gläsern mit verschiedener thermischer Vergangenheit trotz gleicher Zusammensetzung Unterschiede im strukturellen Aufbau. Je nach der thermischen Vorgeschichte werden verschiedene Strukturkonfigurationen bei der betreffenden Temperatur räumlich fixiert. Man bezeichnet die Temperatur, bei der die Flüssigkeitsstruktur festgelegt wird, nach Tool [2.90] auch als fiktive Temperatur bzw. ordnet ihr nach Davies und Jones [2.91] die Bedeutung eines inneren Ordnungsparameters zu. Die Beschreibung des Glaszustandes verlangt also neben der Angabe von Zustandsvariablen wie Druck und Temperatur noch die Hinzunahme mindestans eines weiteren Parameters. In der Hysterese, die sich aus einem Zyklüs von Abkühlen und Aufheizen bei jeweils gleicher Rate ergibt (Abb. 2.11.), kommt die Relaxation zum Ausdruck, mit der die unterkühlte Schmelze in den Glaszustand und das Nichtgleichgewichtssystem des Glases umgekehrt in den Gleichgewichtszustand der Schmelze übergeht.

Der Verlauf der Wärmekapazität ist in Abb. 2.11. gleichfalls angegeben. Mit $H = H(T, t)$ und

$$\frac{\mathrm{d}H}{\mathrm{d}t} = \left(\frac{\partial H}{\partial t}\right)_t + \left(\frac{\partial H}{\partial t}\right)_T \cdot \left(\frac{\partial t}{\partial T}\right) \tag{2.22}$$

läßt sich nach Moynihan u. M. [2.92] unter Verwendung von (2.19) und (2.21) für $(\partial H/\partial t)_{T=T_G}$ die Differenz zwischen der beobachteten Wärmekapazität $(\mathrm{d}H/\mathrm{d}T) = C_p$ und der Wärmekapazität des Glases $(\partial H/\partial T)_t = C_{p,G}$ in folgender Weise ausdrücken:

$$C_p - C_{p,G} = \mp \frac{\Delta H_{T_G}}{|q|\, \tau_{0,T_G}} \exp\left[-E_\eta/RT_G\right] \tag{2.23}$$

(—) Aufheizen; (+) Abkühlen

Unter der Annahme, daß die Abhängigkeit $(C_p - C_{p,G})$ und ΔH_{T_G} von der Aufheiz-(Abkühl)rate q annähernd vernachlässigt werden kann (vgl. Abb. 2.11.), läßt sich ein funktionaler Zusammenhang zwischen q und T_G angeben.

$$\frac{\mathrm{d}\ln|q|}{\mathrm{d}(1/T_G)} \approx -\frac{E_\eta}{R}, \qquad q = q_0 \exp\left[-E_\eta/RT_G\right]. \tag{2.24}$$

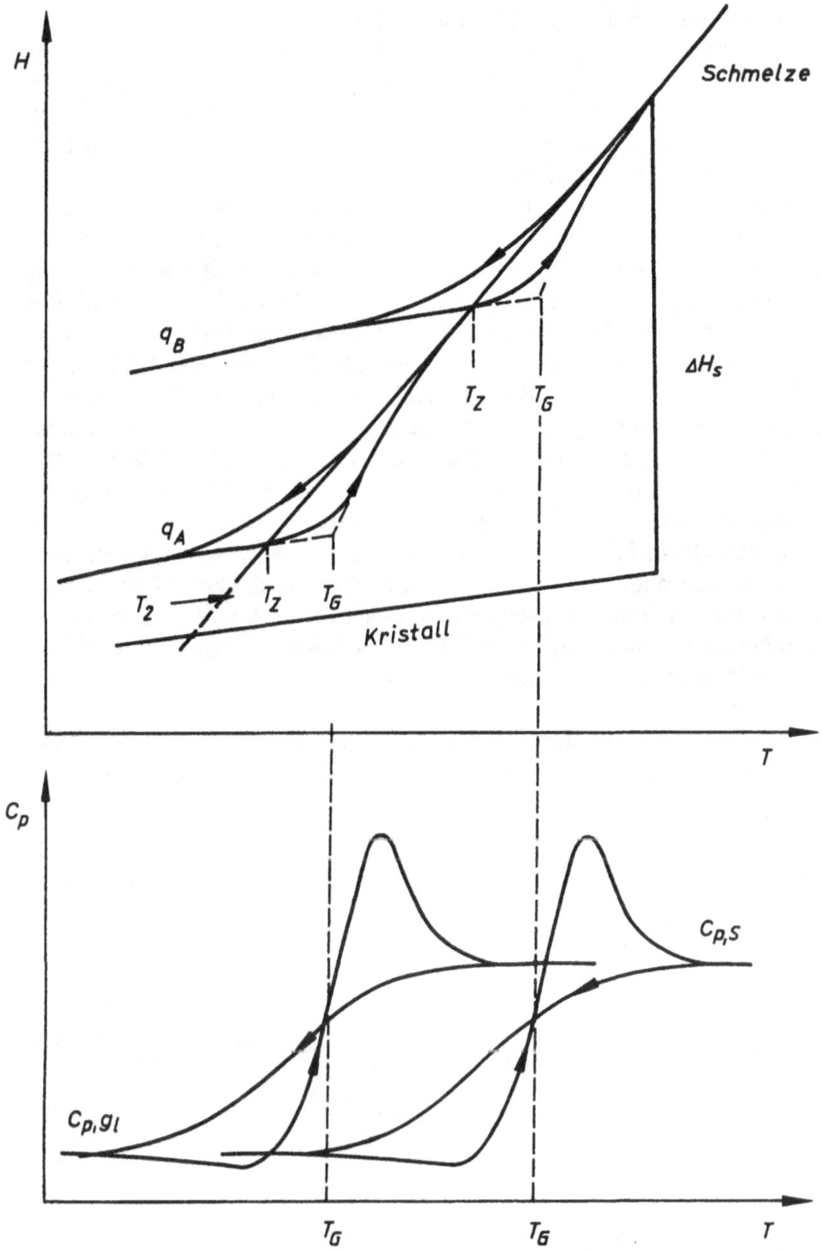

Abb. 2.11. Temperaturabhängigkeit der Enthalpie H und der Wärmekapacität C_p beim Übergang einer Schmelze in den Glaszustand und umgekehrt.

Abkühl- und Aufheizrate q_B > Abkühl- und Aufheizrate q_A; T_G Transformationstemperatur, T_Z Einfriertemperatur, zu T_2 siehe 2.2.3.1.

Die Beziehung entspricht der BARTENEV-Gleichung [2.93, 94]. Sie ist in zahlreichen experimentellen Untersuchungen bestätigt worden. Die Auftragung von ln $|q|$ gegen $1/T$ ergibt Geraden, aus deren Steigung die Aktivierungsenergie des viskosen Fließens im Transformationsbereich in guter Übereinstimmung mit nach anderen Methoden erhaltenen Werten ermittelt wurde, z. B. für As_2Se_3 [2.92, 95], B_2O_3 und weitere Gläser [2.92]. Eine zusammenfassende Darstellung gibt Mazurin [2.79].

Die Effekte der Strukturrelaxation von Glasschmelzen und Gläsern wirken sich in gleicher Weise auch auf andere Eigenschaften, z. B. auf die Dichte bzw. das Molvolumen oder die Molrefraktion aus. Vom MACEDO und NAPOLITANO [2.96] wurde z. B. am B_2O_3-Glas der in Abb. 2.12. dargestellte Befund festgestellt. Die sich bei 583,5 K, d. h. oberhalb des T_G-Wertes im Gleichgewicht befindende Probe weist bei 298 K eine Brechzahl n_D = 1,45337 auf. Anschließendes Erhitzen auf Temperaturen unterhalb 583,5 K und Abschrecken auf Raumtemperatur führt zu den angegebenen Kurvenverläufen. Je höher die Haltetemperatur ist, umso geringer ist erwartungsgemäß die optische Verdichtung, desto rascher erfolgt aber zugleich die Einstellung auf den neuen Endwert („Überkreuz-Versuche", Abb. 2.12.a). Erhitzt man z. B. die 14 h auf 498,6 K gehaltene Probe anschließend auf 543 K, dann bleibt der stets bei 298 K gemessene Wert n_D = 1,4597 nicht etwa unverändert. Man beobachtet zunächst eine Abnahme und erst anschließend eine Einstellung auf die für 543 K charakteristische Brechzahl, s. Abb. 2.12.b). Es folgt daraus zwingend, daß in diesem Fall mindestens zwei Relaxationsprozesse zur Beschreibung des Temperatur-Zeit-Verhaltens des Glases erforderlich sind, ein rascher Vorgang, der mit der Temperaturänderung verbunden ist und eine langsamere Reaktion, die offenbar der Strukturrelaxation entspricht.

Angesichts der hohen Präzision, mit der die Brechzahl von optischen Gläsern einzustellen ist, sind derartige Zusammenhänge für praktische Belange sehr bedeutsam [2.97].

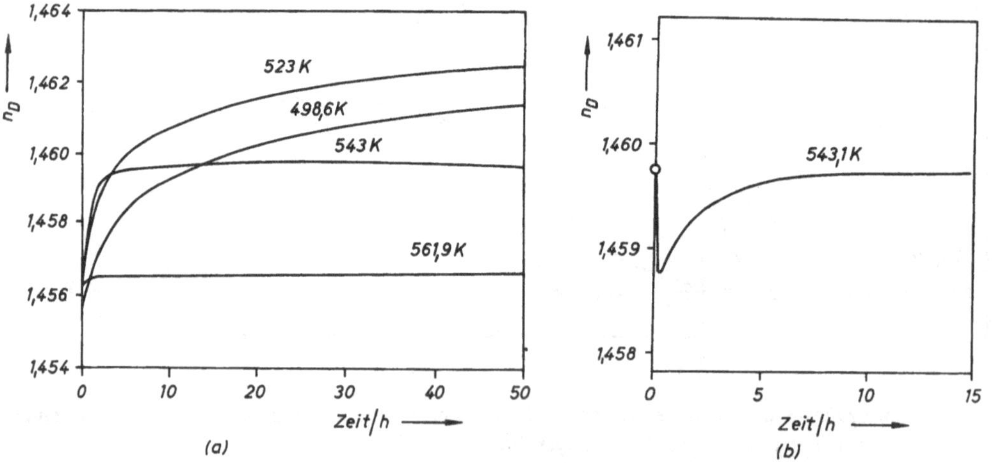

Abb. 2.12 Zeitabhängigkeit der bei 298 K gemessenen Brechzahl des B_2O_3-Glases nach Abschrecken von 583,5 K und anschließendem Tempern bei den angegebenen Temperaturen (*a*) und Brechzahlverlauf (bei 298 K) einer 14 h auf 498,6 K gehaltenen Probe beim Erhitzen auf 543 K (*b*) nach [2.96].

2.2.1.3. *Temperaturabhängigkeit der Viskosität*

Mit (2.12) ergibt sich aus (2.19) die Beziehung

$$\eta = \eta_0 \exp [E_\eta/RT] \tag{2.25}$$

zur Beschreibung der Temperaturabhängigkeit der Viskosität. Die Gleichung gilt mit einem über größere Temperaturbereiche konstanten Wert von E_η nur für nichtassoziierte Flüssigkeiten mit annähernd kugelförmigen Teilchen und nichtgerichteten Bindungen.

In Glasschmelzen liegen dagegen starke Wechselwirkungen zwischen den Baugruppen vor. Größe und Verteilung der sich relativ zueinander verschiebenden Strukturbereiche nehmen auf Grund der wachsenden Zahl gelöster Bindungen mit zunehmender Temperatur ab, wodurch sich die Aktivierungsenergie des viskosen Fließens vermindert [2.98—100]. Ungeachtet dessen kann der ARRHENIUS-Ansatz (2.25) nach ANDRADE [2.101] im Bereich hoher Temperaturen, d. h. bei hinreichend niedriger Viskosität ($E_\eta \ll kT$) durchaus verwendet werden. EYRING [2.102] begründet, daß für das Gebiet sehr hoher Viskosität ($E_\eta \gg kT$) gleichfalls eine näherungsweise Gültigkeit von (2.25) gegeben ist. Im Übergangsgebiet ist — in Abb. 2.13. am deutslichsten für B_2O_3 erkennbar — die Temperaturabhängigkeit von E_η am größten.

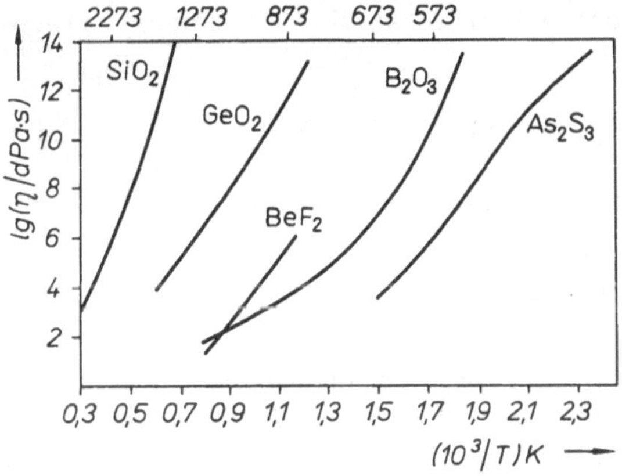

Abb. 2.13. Temperaturabhängigkeit der Viskosität ausgewählter glasbildender Verbindungen.

Nach Frenkel [2.62] beruht das viskose Fließen von Schmelzen auf thermisch aktivierten Sprüngen molekularer Baueinheiten in den jeweils benachbarten Mikrohohlraum. Bei hinreichend hohen Temperaturen und relativ niedrigen Drucken werden solche Hohlräume in ausreichender Zahl und Größe vorhanden sein, bei niedrigen Temperaturen und höheren Drucken müssen sie erst geschaffen werden. Die „Theorie des freien Volumens" geht davon aus, daß sich der zwischen Molekülen oder Teilchenaggregaten lokal vorhandene freie Raum ständig umverteilt und auf Grund thermischer Fluktuationen an einer Stelle unter Bildung eines „Loches" akkumulieren kann, dessen Volumen der am Sprungprozeß beteiligten Einheit nahekommt. Die Wahrscheinlichkeit für die Bildung von „Löchern" und für die Ablösung eines Teilchens von seinen Nachbarn unter Besetzen des angrenzenden Mikrohohlraumes sollten demnach als zwei zu unterscheidende Schritte für das viskose Fließen maßgebend sein.

Man hat daher folgerichtig die Aktivierungsenergie des viskosen Fließens, E_η, in einen

Anteil E_L, der zur Bildung von Leerstellen, sog. freier Volumenanteile in der Schmelze, aufgewendet werden muß und einen weiteren Betrag ΔE_η aufgeteilt, der zur Überwindung der Potentialbarriere beim Übertritt bestimmter Fließeinheiten in alternative Positionen benötigt wird [2.103]. Nach STANWORTH [2.104] gilt bei tiefen Temperaturen

$$\eta = A \exp [E_L/RT] \exp [\Delta E_\eta/RT]$$

während im Bereich höherer Temperaturen E_L gegen 0 geht, da dann genügend freies Volumen vorhanden ist und somit eine Beziehung analog (2.25) zutrifft.

B_2O_3-Schmelzen weisen z. B. im T_G-Bereich eine Aktivierungsenergie von 326 kJ/mol, bei hohen Temperaturen dagegen nur noch von 57 kJ/mol auf. Die Differenz von 269 kJ/mol entspricht gerade etwa der Verdampfungsenthalpie von B_2O_3, $\Delta H_V = 274$ kJ/mol. Derartige Vergleiche haben dazu geführt, die Empfehlung von KAUZMANN [2.72], wonach in nicht-assoziierte Flüssigkeiten die molare Verdampfungsenthalpie als ein Näherungswert für die Lochbildungsenergie zu betrachten ist, auf glasbildende Schmelzen zu übertragen. Die Verdampfungsenthalpie ist ein Maß für die Kohäsionsenergie der Strukturbereiche einer Flüssigkeit. Es erscheint daher physikalisch durchaus sinnvoll, die Bildung von Leerstellen mit der molaren Verdampfungsenthalpie in Beziehung zu setzen. Allerdings weist bereits FRENKEL [2.62] darauf hin, daß für die Mehrzahl der Schmelzen die Lochbildungsenergie viel geringer ist und eher der molaren Schmelzenthalpie nahekommt.

Nach EYRING [2.63, 102] läßt sich die aus der „Theorie der absoluten Reaktionsgeschwindigkeit" ableitbare Beziehung

$$\eta = \frac{N_A h}{V} \exp [\Delta G_\eta^*/RT] = \frac{N_A h}{V} \exp [-\Delta S^*/R] \cdot \exp [\Delta H^*/RT] \tag{2.27}$$

auf der Grundlage eines derartigen Modells in folgende Form bringen:

$$\eta = \left(\frac{N_A}{V}\right)^{2/3} \cdot \frac{2RT}{\beta\, \Delta H_V} (2\pi mkT)^{1/2} \exp [\Delta E_\eta/RT]. \tag{2.28}$$

Darin bedeuten N_A die AVOGADROsche Zahl, V das Molvolumen, ΔH_V die molare Verdampfungsenthalpie, β die Übergangswahrscheinlichkeit und m die Masse der Fließeinheiten.

WEYMANN [2.105] leitet eine ähnliche Gleichung auf statistisch-thermodynamischer Basis ab, ohne von der Theorie der absoluten Reaktionsgeschwindigkeit Gebrauch zu machen.

Eine andere auf MJULLER [2.106, 107] zurückgehende Richtung zur Beschreibung des Fließverhaltens glasbildender Schmelzen ist stärker auf die Einbeziehung strukturchemischer und bindungstheoretischer Vorstellungen orientiert. Nach der von ihm entwickelten Valenztheorie des Glases beruht das viskose Fließen anorganischer Gläser auf dem aktivierten Umschalten kovalenter Brückenbindungen im Glasstrukturgerüst. Die Bedeutung der Brückenbindungen für das viskose Fließen wurde in zahlreichen Arbeiten NEMILOVS [2.108] belegt. MJULLER und NEMILOV interpretieren ΔG_η^* in Gl. (2.27) als freie Bindungsenthalpie ΔG_B^*, die im Prozess des viskosen Fließens aufzuwenden ist. Sie wird bei Gläsern mit dreidimensional vernetzter Struktur im Bereich der Transformationstemperatur annähernd erreicht (s. 2.4.3.1.), liegt aber bei Gläsern mit niedrigerem Vernetzungsgrad weit darunter. Dem Molvolumen $V = V^* \cdot \gamma$ wird die Bedeutung eines Aktivierungsvolumens V^* zugeordnet, wobei der Faktor $\gamma = \exp [-\Delta G_\eta^*(T)/RT]$ die Konfigurationsänderung der Struktur in der Umgebung des betreffenden Platzwechselvorganges wiedergibt.

$$\eta = \frac{N_A h}{V^*} \exp\left[\frac{\Delta G_\eta^* + \Delta G_\eta^*(T)}{RT}\right]. \tag{2.29}$$

$(\partial \Delta G_\eta^* / \partial T)_p = -S_\eta^*$ beschreibt dementsprechend die Aktivierungsentropie bei der jeweiligen Temperatur. Bei Silicatgläsern fällt das aktivierte Volumen nach NEMILOV mit dem Raumbedarf für ein Sauerstoffteilchen, bei Chalkogenidgläsern mit dem Atomvolumen des jeweiligen Chalkogens zusammen [2.109]. Bezüglich der Größe der am Fließprozeß beteiligten Teilchen gibt es bisher sehr unterschiedliche Auffassungen, bei Silicatgläsern Aussagen von einzelnen Sauerstoffionen [2.109] bis zu 1 bis 2 [SiO_4]-Tetraedern [2.110, 111] bzw. der Feststellung, *„daß sich die Glasschmelze beim viskosen Fließen als ganzes bewegt und das Vorhandensein einzelner Fließ-Grundelemente nicht in Betracht kommt“* [2.112].

Die Bildung von Leerstellen wird über die rein phänomenologische Erfassung als freies Volumen in all diesen Fällen in sinnvoller Weise mit der Änderung des Ordnungszustandes in der Schmelze, d. h. mit der Entropieänderung in Verbindung gebracht.

WILLIAMS, LANDEL und FERRY [2.113] stellten empirisch eine unmittelbare Verknüpfung zwischen der Viskosität und dem freien Volumen V_f her.

$$\eta = A' \exp[B/V_f], \; V_f = V_0 \cdot 3\Delta\alpha(T - T_0), \text{ z. B. } T_0 = T_G. \tag{2.30}$$

Unter V_f versteht man den Volumenzuwachs der Schmelze, der über den extrapolierten Wert des Festkörpervolumens bei der betreffenden Temperatur hinausgeht. $\Delta\alpha$ bezeichnet die Differenz der linearen Ausdehnungskoeffizienten. Unterhalb des Transformationsbereichs beruht die Volumenausdehnung auf der zunehmenden Anharmonizität von Gitterschwingungen. Das für die Platzwechselvorgänge erforderliche Volumen V_f ist praktisch noch nicht verfügbar, und viskoses Fließen findet innerhalb der aufgewandten Versuchszeit dementsprechend nicht statt. Oberhalb des T_G-Wertes zeigt die $V(T)$-Kurve dagegen einen steileren Verlauf. Jetzt liegt ein mit zunehmender Temperatur wachsender Anteil des freien Volumens vor, der in der Schmelze Lücken mit einem für die Fließeinheiten erforderlichen Mindestvolumen V_{krit} bildet.

Die Möglichkeit einer solchen Umverteilung des freien Volumens ergibt sich aus dem LENNARD-JONES-Potential, das TURNBULL und COHEN [2.114] ihrem Käfigmodell zugrunde legen. Danach ist das statistische Auftreten einer Lücke mit der Frequenz $\nu = \exp[\gamma' V_{krit}/V_f]$ in der unmittelbaren Umgebung eines durch seine nächsten Nachbarn festgelegten Teilchens erst im Bereich der Transformationstemperatur mit einer nennenswerten Wahrscheinlichkeit zu erwarten. Das Teilchen vermag jetzt annähernd mit der gaskinetischen Geschwindigkeit $v = (3kT/m)^{1/2}$ aus seinem Käfig zu entweichen, und mit der Sprunglänge a, die meist dem mittleren Teilchendurchmesser gleichgesetzt wird, der STOKES-EINSTEIN-Beziehung $D = kT/3\pi a\eta$ und einem Geometriefaktor g (etwa $^1/_6$) ergibt sich aus $D = g \cdot \alpha \cdot v \cdot \nu$

$$\eta = \frac{2(3mkT)^{1/2}}{3\pi a^2} \exp[\gamma' V_{krit}/V_f]. \tag{2.31}$$

V_f ist experimentell durch Differenzbildung zwischen V_S (Volumen der Schmelze) und V_G (extrapolierter Wert des Volumens des Glases) zugänglich (s. Abb. 2.16.*b*). V_{krit} wird als kritisches Lochvolumen bezeichnet (γ' Überlappungsfaktor). Prinzipiell ist eine Diskussion infrage kommender Fließeinheiten auf der Grundlage des in dieser Weise ermittelten kritischen Lochvolumens möglich [2.115, 116]. Derartige Modelle sind auch im Zusammenhang mit der Untersuchung der Viskosität unterkühlter Metallschmelzen verwendet worden [2.117].

Ein weiterer Weg zur Interpretation der empirischen Gleichung (2.30) wurde von ADAM und GIBBS [2.118] aufgezeigt. Die Temperaturabhängigkeit des Relaxationsverhaltens in glasbildenden Schmelzen wird hier in einer statistisch-thermodynamischen Behandlung auf die Variation der Größe von Strukturbereichen zurückgeführt, die sich gerade noch kooperativ in eine andere Strukturkonfiguration umlagern können. Die freie Aktivierungsenthalpie ΔG_{konf}, die für die Überführung derartiger Strukturbezirke in eine andere Anordnung ihrer Bestandteile erforderlich ist, wird mit der Konfigurationsentropie der Schmelze verknüpft.

$$\eta = \eta_0 \exp\left[\Delta G_{\mathrm{konf}}/T\,\Delta S_{\mathrm{konf}}\right]. \tag{2.32}$$

Mit $\Delta S_{\mathrm{konf}} = \Delta C_p(T-T_0)T$ und ΔC_p als annähernd konstanter Differenz zwischen Molwärme der Schmelze und Molwärme des Glases (vgl. 2.2.3.1.) ergibt sich wieder eine zur empirischen Gleichung (2.30) analoge Beziehung. Bei der Erstarrung zum Glas nimmt ΔS_{konf} bis auf sehr kleine Werte ab ($\Delta S_{\mathrm{konf}} \approx 0$). Dem entspricht $T \approx T_0$ in (2.30), d. h. die Viskosität nimmt bei Temperaturen $T \leqq T_G$ rasch extrem hohe Werte an, so daß zwangsläufig ein elastischer Festkörper entstehen muß.

LITOVITZ und MACEDO [2.119] sowie SIMMONS und MACEDO [2.120, 121] kombinieren schließlich die Gleichung nach COHEN und TURNBULL (2.31) mit der von EYRING (2.28) bzw. WEYMANN

$$\eta = A'T \exp\left[\gamma' \frac{V_{\mathrm{krit}}}{V_f} + \frac{\Delta E_\eta}{RT}\right]. \tag{2.33}$$

Mit 4 Parametern ist eine relativ gute Anpassung an experimentelle Werte möglich. Je nachdem, ob die Bildung von freiem Volumen (großer Ausdehnungskoeffizient der Schmelze) oder die mit dem Platzwechselprozeß verbundene thermische Aktivierung überwiegt, wird der erste oder der zweite Term in der Gleichung dominieren.

Die Gleichung zur Beschreibung der Temperaturabhängigkeit der Viskosität von Gläsern und deren Schmelzen, die in der Literatur angegeben werden, sind damit keineswegs erschöpft [2.122—124]. Sie enthalten stets 3 bis 4 Parameter, die experimentell zu bestimmen sind, und die Wiedergabe des beobachteten Kurvenverlaufs ist ja nach dem glasbildenden System und dem untersuchten Temperaturbereich mehr oder weniger zufriedenstellend. Die Übereinstimmung geht aber oft nicht wesentlich über die mit Hilfe der ältesten empirischen Beziehung vorgenommene Anpassung hinaus. Wie der Vergleich mit (2.30) zeigt, entspricht die WILLIAMS-LANDEL-FERRY-Gleichung der gleichfalls empirischen VOGEL-FULCHER-TAMMAN-Gleichung [2.125, 126].

$$\lg \eta = A'' + B'/(T-T_0). \tag{2.34}$$

Beide enthalten 3 experimentell zu ermittelnde Konstanten.

Die verschiedenen Modelle zur Beschreibung der Temperaturabhängigkeit des viskosen Fließens vermitteln Vorstellungen über den physikalischen Gehalt dieser Parameter. Von einer gesicherten theoretischen Grundlage zur Vorausberechnung der Temperaturabhängigkeit der Viskosität kann bisher aber nicht gesprochen werden.

Zur Messung der Viskosität steht eine Vielzahl verschiedener Methoden zur Verfügung (vgl. Angaben in [1.16, 17]). Dabei stellt die Erfassung der Temperaturabhängigkeit über einen großen Temperaturbereich eine anspruchsvolle Aufgabe dar. Aus mindestens 3 Wertepaaren $\eta(T)$ kann man die Konstanten A'', B' und T_0 der VOGEL-FULCHER-TAMMAN (*VLF*)-Gleichung bestimmen. Um das Übergangsgebiet von der unterkühlten Schmelze in den Glaszustand bzw. umgekehrt übereinstimmend zu beschreiben, werden für diese Wertepaare bestimmte Fixpunkte vereinbart.

$\lg \eta = 13{,}0$	Transformationstemperatur (glass transition point)	T_G
$\lg \eta = 7{,}6$	Littletontemperatur (softening point)	T_E
$\lg \eta = 4{,}22$	Einsinktemperatur	T_M

Diese Werte sind an bestimmte Meßmethoden und -bedingungen gebunden, auf deren Details z. B. in den Monographien von SCHOLZE [1.16] und VOGEL [1.17] ausführlich eingegangen wird. Eine neuere Methode wird in [2.127], die Ermittlung extrem hoher Viskositäten von LI und UHLMANN [2.128] beschrieben.

2.2.1.4. *Strukturrelaxation und digitale Korrelationsspektroskopie*

Phänomene der Strukturrelaxation in Glasschmelzen lassen sich oberhalb der Erweichungstemperatur T_E, und zwar in einem Bereich der Relaxationszeit $\tau < 10^{-6}$ s durch Ultraschallmessungen erfassen [2.80, 81], während das Gebiet unterhalb der Transformationstemperatur $\tau > 10^2$ bis 10^3 s durch die Untersuchung der Abhängigkeit verschiedener Eigenschaften von der Temperzeit oder durch mechanische Dämpfungsmessung zugänglich ist. Für das Gebiet dazwischen erweist sich die Methode der Korrelationsspektroskopie als besonders geeignet [2.129, 130].

Thermisch bedingte Dichte- und damit zugleich Brechzahlfluktuationen verlaufen nach dem gleichen Mechanismus wie die Strukturrelaxation. Da derartige Fluktuationen eine Lichtstreuung verursachen, liefert die experimentelle Aufzeichnung der Zeitabhängigkeit der Intensität des Streulichtes Informationen über die Kinetik der Strukturrelaxation. Man mißt das unter einem bestimmten Winkel gestreute Licht eines Laserstrahls mittels SEV und ermittelt auf dem Wege der zeitaufgelösten Registrierung der Streuimpulse (*digital clipped autocorrelator*) eine Autokorrelationsfunktion (vgl. (2.7)), die dem Quadrat der Relaxationsfunktion (2.18) proportional ist [2.131]. Mit derartigen Methoden ist das Relaxationszeit-Verhalten von Glasschmelzen bis in den Bereich der Transformationstemperatur, d. h. in einem für den Prozeß der Glasbildung wesentlichen Temperaturgebiet direkt untersucht worden. MOYNIHAN u. M. [2.132] geben für As_2Se_3 und B_2O_3 sowie für weitere Gläser die entsprechenden Daten an.

Die Kenntnis von Dichtefluktuationen im Glas erweist sich für die Minimierung von Dämpfungsverlusten im Zusammenhang mit der Entwicklung von Gläsern für die Nachrichtenübertragugung als höchst bedeutsam. Als eine Maßzahl für die Eignung von Gläsern zu derartigen Anwendungszwecken wurde das Produkt aus dem T_G-Wert und der adiabatischen Kompressibilität $\varkappa$ erkannt [2.133], $\psi = T_G \cdot \varkappa$.

2.2.2. *Die Transformationstemperatur des Glases*

Als charakteristische Größe zur Kennzeichnung des Übergangs in den Glaszustand beansprucht die experimentelle Bestimmung der Transformationstemperatur sowohl theoretisches wie praktisches Interesse. Es sind auch zahlreiche Korrelationen der T_G-Werte von Gläsern mit anderen thermodynamischen Größen festgestellt und begründet worden. Es hat weiterhin nicht an Versuchen gefehlt, die Glasbildungstendenz von Stoffsystemen mit der Glastransformation zu verbinden.

2.2.2.1. *Methoden zur Bestimmung der Transformationstemperatur*

Viele Eigenschaften des Glases zeigen bei T_G eine Änderung ihrer Temperaturabhängigkeit, so daß mehrere Meßmethoden zur Verfügung stehen. Dem T_G-Wert entspricht definitionsgemäß eine Viskosität von etwa 10^{13} dPa · s. Trägt man lg η gegen die Temperatur auf, ergibt sich im Viskositätsbereich 10^{12} bis 10^{14} dPa · s ein Wendepunkt. Je nach der Abkühlgeschwindigkeit, der das Glas unterzogen wurde, liegt dieser Viskositätsfixpunkt aber bei etwas unterschiedlichen Temperaturen (vgl. 2.2.1.1.). Mit Hilfe des Schubmoduls G kann man nach (2.12) die $\eta = 10^{13}$ dPa · s entsprechende Relaxationszeit berechnen.

Tabelle 2.4. G-Werte und Relaxationszeit für einige glasbildende Verbindungen im Bereich der Transformationstemperatur ($\eta = 10^{13}$ dPa · s)

	Se	As_2S_3	As_2Se_3	Ge_2S_3	Ge_2Se_3	GeS_2	B_2O_3	SiO_2	GeO_2
G/GPa	3,74	6,24	6,87	10,46	8,86	6,06	6,8	30,7	18,7
τ/s	270	160	145	97	113	165	147	32,6	53,4

Die zur Messung verwendeten Aufheiz- und Abkühlraten sollten daher so bemessen sein, daß der Transformationsbereich in einigen Minuten durchlaufen wird. Zu Vergleichszwecken ist aber neben der Vereinbarung einer bestimmten Aufheizrate (i. allg. wird aufheizend gemessen) noch eine Normierung der thermischen Vorbehandlung erforderlich.

Generell werden getemperte Proben verwendet. Man erhitzt nach der Präparation des Glases noch einmal auf Temperaturen oberhalb T_G und kühlt mit 1 K/min bis auf 100 K unterhalb T_G, anschließend schneller ab. Die Aufheizgeschwindigkeit, die bei Messungen in der Regel verwendet wird, beträgt etwa 5 K/min. Das sind Richtwerte. Der Meßfehler für hen T_G-Wert ist selten kleiner als ± 2 K, und da die Raten q gemäß (2.24) mit dem T_G-Wert logarithmisch verknüpft sind, wirken sich kleinere Abweichungen der Meßbedingungen auf das Ergebnis praktisch nicht aus.

Ausdehnungsmessungen

Man mißt die Volumenausdehnung am besten berührungslos interferometrisch. Die durch Reflexion an der Oberfläche eines planparallelen Probekörpers und einer keilförmigen Deckplatte erzeugten Interferenzstreifen wandern beim Aufheizen der in Abb. 2.14. gezeigten Meßanordnung auf Grund der unterschiedlichen Ausdehnung von Probe und Kieselglasring und der dadurch verursachten Änderung des Luftkeils.

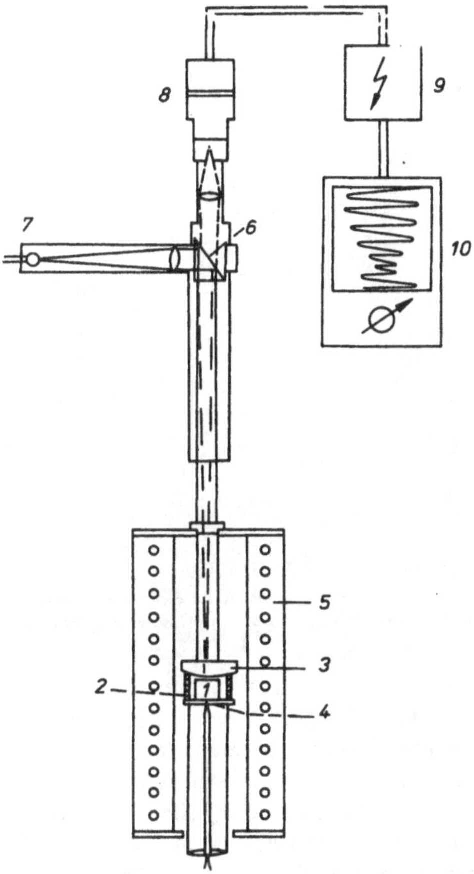

Abb. 2.14. Interferenzdilatometer zur berührungslosen Ausdehnungsmessung.
(*1*) — Probe; (*2*) — Abstandsring; (*3*) — keilförmiger Glaskörper; (*4*) — Thermoelement; (*5*) — Ofen mit zeitlinearer Aufheizung; (*6*) — halbdurchlässiger Spiegel; (*7*) — monochromatische Lichtquelle; (*8*) — SEV; (*9*) — Verstärker; (*10*) — Schreiber.

Die von einem SEV registrierte Interferenzstreifenzahl p ist dann nach $p \cdot \lambda = 2\,\Delta l$ ein Maß für die Längenausdehnung, aus der sich der lineare Ausdehnungskoeffizient des Glases ergibt

$$\alpha_{\Delta T} = \frac{p \cdot \lambda}{2 l_0\,\Delta T} + \alpha_{\text{Kieselglas}}\,. \tag{2.35}$$

In Abb. 2.15. ist die Temperaturabhängigkeit des Volumens der Glasprobe schematisch dargestellt und in Abb. 2.16. a) ein typisches Meßbeispiel für ein Glas der Zusammensetzung Ge_3Se_7 in doppelter Ausführung nach [2.115] angegeben.

Der Ausdehnungsverlauf ist von Rötger [2.134, 135] eingehend untersucht worden. Bei der Abkühlrate q_A ergibt sich die Volumenabnahme entsprechend der in Abb. 2.15. gezeigten Kurve. Beim Aufheizen mit $q_1 \geqq q_A$ wird die durch Relaxationsprozesse bedingte Hysterese (vgl. Abb. 2.11.) beobachtet. Der T_G-Wert (T_{G1}) wird durch Anlegen der Tangenten an die Meßkurve ermittelt. Erst bei der Temperatur T_{EW}, dem dilatometrischen Erweichungspunkt $\eta = 10^{11,3}$ dPa · s, mündet der Verlauf in den Kurventeil

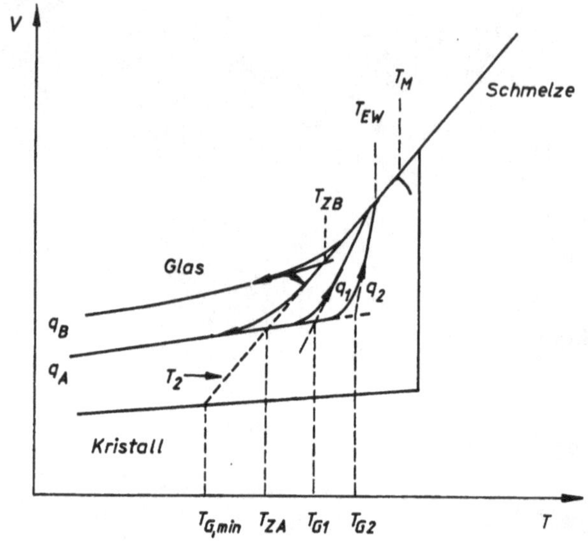

Abb. 2.15. Temperaturabhängigkeit des Volumens im Transformationsbereich der Gläser.
Abkühlrate $q_A \leqq$ Aufheizrate q_1, $q_1 < q_2$, zugehörige T_G-Werte T_{G1}, T_{G2}; T_{Za} Einfriertemperatur für q_A; $q_B \gg q_A$, zugehörige Einfriertemperatur T_{ZB}; T_{EW} dilatometrischer Erweichungspunkt; bei T_M Formveränderung unter dem Eigengewicht der Probe. Zu T_2 und $T_{G\,min}$ siehe 2.2.3.1.

ein, der den Gleichgewichtszustand der unterkühlten Schmelze kennzeichnet. Bei T_M erfolgt Formveränderung unter dem Eigengewicht des Probekörpers. Extrapoliert man den meßbaren Abschnitt des Ausdehnungsverlaufs der unterkühlten Schmelze zwischen T_{EW} und T_M nach niederen Temperaturen bis zum Schnittpunkt mit der Ausdehnungskurve des Glases, dann läßt sich auf diesem Wege die für die Abkühlrate q_A charakteristische Einfriertemperatur T_{ZA} ermitteln. Je größer aber die Aufheizrate während der Messung ist, bei umso höherer Temperatur wird der T_G-Wert gefunden, z. B. für q_2 bei T_{G2}. Man ersieht

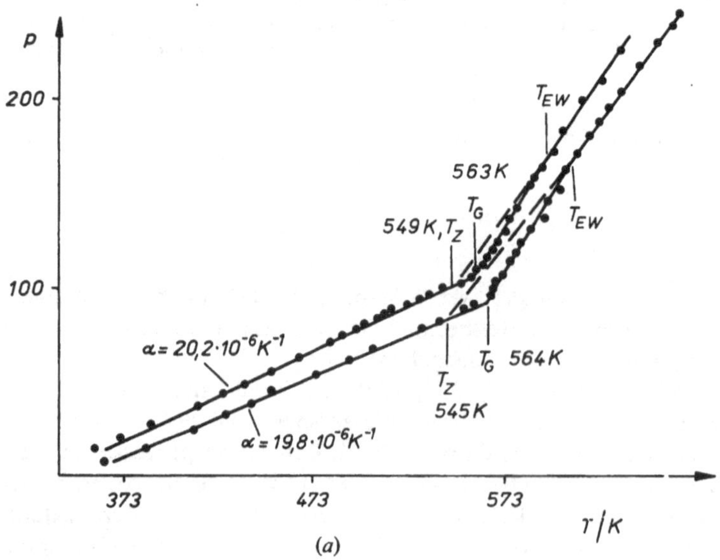

(*a*)

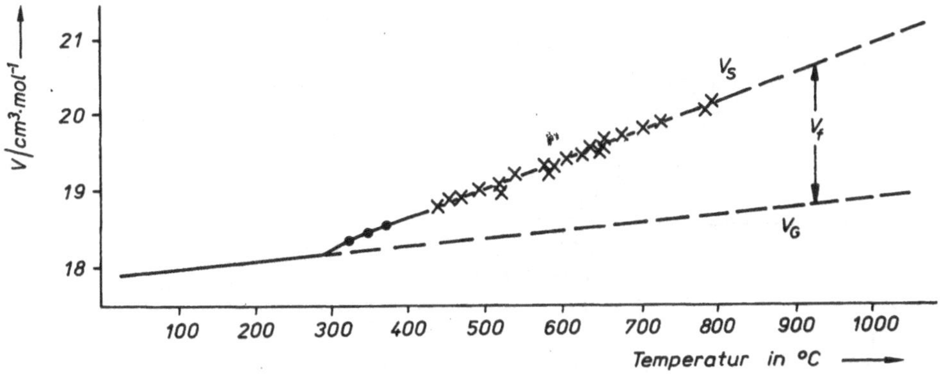

(b)

Abb. 2.16. Interferometrische Ausdehnungsmessung an 2 Probekörpern des Glases Ge_3Se_7.

Aufgetragen ist die Inferenzstreifenzahl $p = 2\Delta l/\lambda$, die in (2.35) eingeht (*a*). Außerdem ist $V(T)$ für $T > T_{EW}$ beim Glas (●) und für die Schmelze (×) dargestellt (*b*), $V_f = V_S - V_G$ bezeichnet das freie Volumen.

daraus, daß die gesamte thermische Vorgeschichte, wie es für ein Nichtgleichgewichtssystem typisch ist, in den Wert der experimentell ermittelten Transformationstemperatur eingeht.

Abbildung 2.15. zeigt auch den Fall einer bei wesentlich höherer Abkühlrate q_B abgeschreckten Glasschmelze. Die Einfriertemperatur T_{ZB} liegt dann bei höherer Temperatur, und der T_G-Wert wird gleichfalls bei höherer Temperatur festgestellt (in Abb. 2.15. nicht eingezeichnet), vorausgesetzt die Aufheizrate der Messung ist $q \geqq q_B$. Heizt man mit der gleichen Rate q_1 auf wie im vorangegangenen Beispiel, d. h. $q_1 < q_B$, dann wird das Volumen vor der Einmündung in die Gleichgewichtskurve zunächst ein Minimum durchlaufen (s. Pfeil in Abb. 2.15.)

Man erkennt in den Abb. 2.15. und 2.16. deutlich den Zuwachs an freiem Volumen oberhalb des T_G-Wertes. Es ist naheliegend, die Zunahme der Beweglichkeit von Teilchen, z. B. die Messung der Ionenleitfähigkeit bei entsprechend zusammengesetzten Gläsern gleichfalls für die Ermittlung des T_G-Wertes mit heranzuziehen [2.136].

DTA- und DSC-Messungen

Wie der Vergleich der Abb. 2.11. und 2.15. zeigt, ergibt sich für die Temperaturabhängigkeit der Enthalpie und des Volumens ein weitgehend analoges Bild. Nach dem bekannten Meßprinzip der Differentialthermoanalyse und der Differentialscanningkalorimetrie kann die Transformationstemperatur und die nachfolgende Kristallisation der Gläser relativ einfach bestimmt werden.

In Abb. 2.17. sind einige DTA-Aufnahmen für glasartiges As_2Se_3 nach [2.137] und in Abb. 2.18. die Änderung der spezifischen Wärme für glasartiges Selen in Abhängigkeit von der Temperzeit nach [2.138] wiedergegeben.

Der Anstieg der Wärmekapazität beim Übergang des Glases in den Zustand der unterkühlten Schmelze gibt sich im DTA-bzw. DSC-Diagramm an einer negativen (endothermen) Abweichung von der Grundlinie zu erkennen. Die Transformationstemperatur wird aus dem Schnittpunkt der Tangenten ermittelt (Abb. 2.17. a). Die durch Relaxationsprozesse bedingte Hysterese führt zu einem scheinbaren Enthalpieeffekt, der umso deutlicher hervortritt, desto mehr sich die bei der Messung angewandte Aufheizgeschwindigkeit von der vorangegangenen Abkühlgeschwindigkeit unterscheidet, d. h. je langsamer das Glas vorher ab-

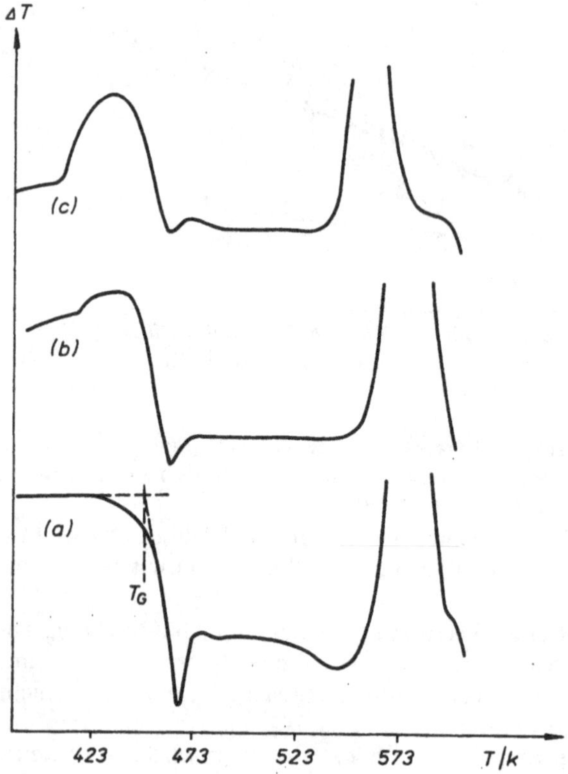

Abb. 2.17. DTA-Aufnahmen von As_2Se_3-Glas in Abhängigkeit von der Abkühlgeschwindigkeit der Schmelze nach [2.137].

(*a*) – $q = 0{,}5\ K\ s^{-1}$; (*b*) – $q = 15\ K\ s^{-1}$; (*c*) – $q = 20\ K\ s^{-1}$ (Aufheizrate $q = 3\ K\ min^{-1}$).

gekühlt bzw. je länger es vor der Messung getempert wurde. In gleicher Weise wirkt sich eine Zunahme der bei der Messung verwendeten Aufheizrate aus. Im Temperaturverlauf der spezifischen Wärme der Abb. 2.18. kommt der gleiche Relaxationseffekt in der zunehmenden Ausbildung einer „scheinbaren Unendlichkeitsstelle" zum Ausdruck (vgl. Abb. 2.11. und 2.2.3.1.).

Unterschreitet die Aufheizrate die Abkühlgeschwindigkeit, dann tritt umgekehrt ein exothermer Enthalpieeffekt in Erscheinung (Kurven *b* und *c* in Abb. 2.17.). Das System geht bei Annäherung an den T_G-Bereich unter Volumenabnahme (vgl. Kurve q_B für $q_1 < q_B$ in Abb. 2.15.) bzw. unter Freisetzung von Enthalpie in die unterkühlte Schmelze über. Derartige Kurvenverläufe sind von Moynihan und Macedo [2.139] auf der Grundlage der allgemeinen Relaxationstheorie analytisch beschrieben worden.

Abb. 2.19. zeigt den Vergleich von DTA-Diagrammen für glasartiges As_2Se_3 aus der Schmelze und eine amorphe As_2Se_3-Schicht, die unmittelbar auf einem zur Messung verwandten Flächenthermoelement abgeschieden wurde [2.140]. Man erkennt, daß die durch Verdampfen von As_2Se_3 erhaltene Schicht gleichfalls einen T_G-Wert aufweist. Daß die Transformationstemperatur bei einer um etwa 10 K höheren Temperatur beobachtet wird, ist auf Grund der höheren Abschreckrate ohne weiteres verständlich. Die amorphe As_2Se_3-Schicht ist nach diesem Befund sicher gleichfalls als Glas anzusprechen.

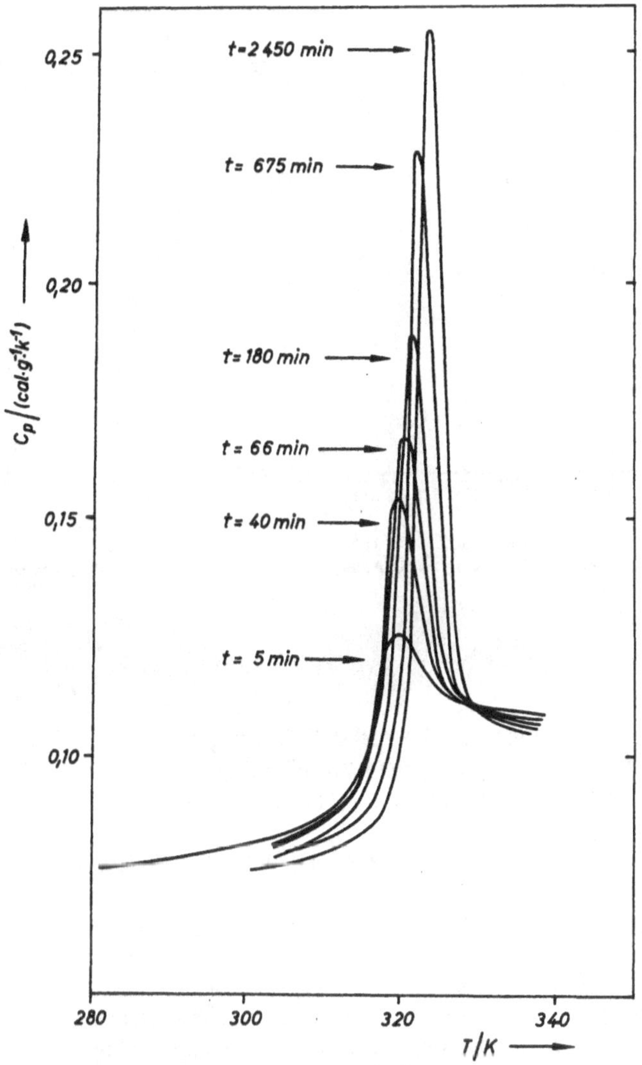

Abb. 2.18. Kurvenverlauf der Wärmekapazität im Transformationsbereich für glasartiges Selen in Abhängigkeit von der Temperzeit bei 300,4 K und jeweils gleicher Meß-Aufheizrate von 20 K min^{-1} nach [2.138].

2.2.2.2. *Transformationstemperatur und thermische Ausdehnung*

Der Ausdehnungskoeffizient α_G der Gläser entspricht häufig etwa dem der Kristalle bei gleicher Zusammensetzung. Im T_G-Bereich wird die Anharmonizität der Gitterschwingungen so groß, daß die elastischen Gitterkräfte praktisch nicht mehr wirken. Je größer der thermische Ausdehnungskoeffizient ist, umso niedriger liegt der T_G-Wert. Nach COENEN [2.141] läßt sich ein Zusammenhang mit den elastischen Konstanten begründen, wobei K als Proportionalitätsfaktor auftritt.

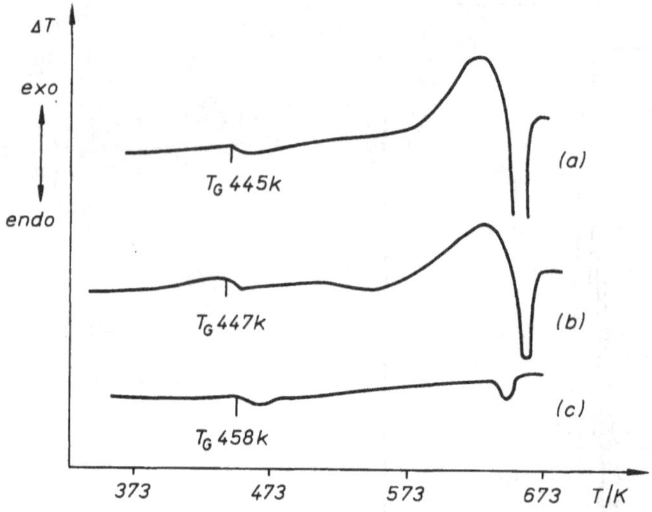

Abb. 2.19. DTA-Kurven von glasartigem As_2Se_3 unterschiedlicher Herstellung.
(*a*) — 62,6 mg granuliertes Glas aus der Schmelze; (*b*) — 130 mg As_2Se_3-Pulver von Aufdampfschichten; (*c*) — 90 mg amorphe Schicht auf Flächenthermoelement als Substratunterlage.

$$\alpha_G T_G = K \cdot 2\mu/3(1-2\mu)\,. \tag{2.36}$$

Die μ-Werte der Gläser liegen in der Regel zwischen 0,2 und 0,33 (niedrigster Wert 0,17 für Kieselglas, höchste Werte 0,39 bis 0,42 bei den glasartigen Metallen, vgl. 2.4.3.5.), so daß bereits für das Produkt $\alpha_G T_G$ zumindest ein Zusammenrücken der Werte vorausgesagt werden kann.

In Tab. 2.5. sind die Ausdehnungskoeffizienten typischer glasbildender Verbindungen und deren Produkte mit der Transformationstemperatur wiedergegeben. Variieren die thermischen Ausdehnungskoeffizienten zwischen dem Kieselglas und dem glasartigen Selen um den Faktor 80, ist der Wertebereich für das Produkt $\alpha_G T_G$ etwa auf den Faktor 15, und läßt man SiO_2 aus der Betrachtung heraus, sogar auf einen Faktor von etwa 3 eingeschränkt. Unter Verwendung von Poisson-Zahlen nach Arbeiten von Kurkjian u. M. [2.61] und Linke [2.327, 343, 351] werden für die Proportionalitätskonstante K in (2.36) die in Tab. 2.5. angegebenen Zahlenwerte erhalten. Sie liegen, sieht man vom Kieselglas ab, in einem bemerkenswert engen Bereich zusammen, ein Befund, der sich nach den Ergebnissen von Coenen [2.141] an Oxidgläsern und organischen Polymeren damit auch für Chalkogenidgläser bei ganz unterschiedlichem Grad der Vernetzung bestätigt [2.437].

Oberhalb T_G führt das Aufbrechen von Bindungen zu einer über den Glaszustand hinausgehenden Konzentration an Leerstellen $x_L = N_L/(N_a + N_L)$ der Größe v_L (N_a Zahl der Atome bzw. Baugruppen der Größe v_a). Die damit verbundene Änderung der freien Enthalpie $\Delta G_L = \Delta H_L - T\,\Delta S_L$ beinhaltet einerseits das mit der Zunahme an freiem Volumen $V_f = N_L v_L$ einhergehende Anwachsen der inneren Energie bei konstantem Druck ΔH_L, andrerseits die Entropieänderung ΔS_L, die, sieht man von dem meist geringen Beitrag der Schwingungsentropieänderung ab, durch die Entropie der Mischung von N_L Leerstellen und N_a-Atomen bzw. Baugruppen gegeben ist. Es sind zwei Wege zur Berechnung der Konfigurationsentropie in der Literatur beschritten worden [2.142, 143].

Tabelle 2.5. Zusammenhang zwischen α_G (300—500 K) und T_G-Werten glasbildender Verbindungen

	SiO_2	BeF_2	GeO_2	GeS_2	Ge_2S_3	$GeSe_2$	Ge_2Se_3	B_2O_3	As_2S_3	As_2Se_3	Se
$\alpha_G \cdot 10^6\ K^{-1}$	0,5	6,8	7,7	12	10,9 ± 0,6	16	12,2 ± 0,3	15	23,9 ± 1,3	21,6 ± 1,4	40
$\alpha_G \cdot T_G \cdot 10^3$	0,75	3,56	6,57	9,18	6,93	10,6	7,48	8,25	10,87	9,61	12,2
μ	0,17		0,214		0,244		0,258	0,273	0,305	0,297	0,329
$K \cdot 10^3$	4,37		26,3		21,8		21,0	20,6	20,85	19,7	18,5

Setzt man ideales Mischungsverhalten voraus, d. h. $v_a \approx v_L$, dann ergibt sich für die Konfigurationsentropie

$$\Delta S_{\text{konf}} = -R\left[\frac{N_L}{N_a}\ln x_L + \ln x_a\right], \tag{2.37}$$

woraus mit der Gleichgewichtsbedingung $(\partial \Delta G/\partial N_L) = 0$

$$N_L = N_a \exp\left[-\Delta H_L/RT\right], \ (N_L/N_a) \approx x_L, \text{ wenn } N_L \ll (N_a + N_L) \tag{2.38}$$

folgt. Berücksichtigt man die unterschiedliche Größe zwischen Leerstellen und Teilchen bzw. Baugruppe oder Fließeinheit, so ergibt sich Gleichung

$$N_L = \frac{N_a v_a}{v_L} \exp\left[-\Delta H_L/RT\right], \ V = N_a v_a \left[1 + \exp\left(-\Delta H_L/RT\right)\right]. \tag{2.39}$$

Für den Ausdehnungskoeffizienten der Schmelze $\alpha_S = \alpha_G + \Delta\alpha$ kann dann mit $V_a = N_a v_a$ die Beziehung

$$\alpha_S = \frac{1}{V}\left(\frac{\partial V}{\partial T}\right)_p = \alpha_G + \frac{V_a}{V}\left(\frac{\Delta H_L}{RT^2}\right)\exp\left[-\Delta H_L/RT\right] = \alpha_G - \frac{1}{T}\cdot\frac{x_L \ln x_L}{1 + x_L} \tag{2.40}$$

angegeben werden. Die Leerstellenkonzentration bei der Temperatur des T_G-Wertes $x_{L,G}$ ist also durch das Produkt $\Delta\alpha \cdot T_G(V_a \approx V_{T_G})$ bestimmt.

$$\Delta\alpha = \alpha_S - \alpha_G = -\frac{1}{T_G}\cdot\frac{x_{L,G}\ln x_{L,G}}{1 + x_{L,G}} = \left(\frac{\Delta H_L}{RT_G^2}\right)\exp\left(-\Delta H_L/RT_G\right). \tag{2.41}$$

Die Leerstellenkonzentration $x_{L,G}$ bei T_G beeinflußt nach diesem Modell die Eigenschaften der Gläser. Die empirische Regel von Simha und Boyer [2.144], wonach für Gläser und Polymere das Produkt

$$\Delta\alpha \cdot T_G \approx \text{const} \tag{2.42}$$

erwartet werden sollte, findet auf diesem Wege eine Erklärung. Mit dem kubischen Ausdehnungskoeffizienten ergibt sich für die Konstante etwa ein Wert von 0,116; dem entspricht ein Molenbruch der Leerstellen $x_L \approx 3{,}6\%$ [2.144, 145]. Nach [2.426] wird die Regel bei As-S-J- und As-S-Tl-Gläsern, deren T_G-Werte innerhalb relativ weiter Grenzen variieren, befriedigend erfüllt. Nach Coenen [2.141] ergebn sich für nichtkristalline Festkörper mit Kettenstruktur, z. B. organische Polymere und Alkaliboratgläser, signifikant andere Werte für das Produkt $\Delta\alpha \cdot T_G$ als für Alumo-borosilicat- und andere Gläser mit dreidimensionaler Vernetzung. Die Untersuchung der Chalkogenidgläser mit unterschiedlichem Vernetzungsgrad führt gleichfalls zu dem Ergebnis, daß mit der Leerstellenkonzentration allein eine glasig erstarrende Schmelze nicht vollständig beschrieben wird [2.437]. Man muß auch die Struktur berücksichtigen.

Es folgt aus Gl. (2.41) eine Proportionalität zwischen dem T_G-Wert und ΔH_L, jener Energie also, die in hochviskosen Schmelzen maßgeblich durch die für die Bildung von Leerstellen bzw. die Erzeugung von freiem Volumen aufzuwendende Arbeit bestimmt wird. Diese Zusammenhänge wurden auch auf glasartig erstarrende Schmelzen von Metallegierungen angewendet [2.117].

Auf die Beziehung zwischen ΔH_L und der Verdampfungsenthalpie ΔH_V wurde bereits hingewiesen (2.2.1.3.). Donald und Davis [2.146] korrelieren für eine Vielzahl metallischer Gläser den T_G-Wert mit der Sublimationsenthalpie.

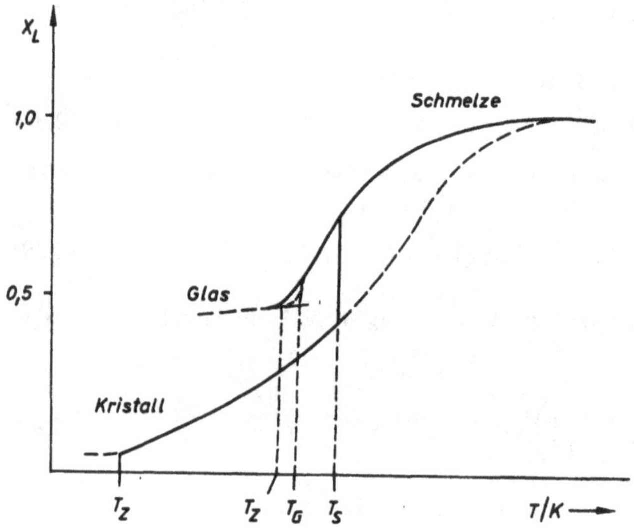

Abb. 2.20. Veranschaulichung des Übergangs von der Schmelze in den kristallinen und glasartigen Zustand anhand der Temperaturabhängigkeit des Molenbruchs der Leerstellen im System.

Die Umstellung von (2.38) mit $x_L = N_L/(N_a + N_L)$ ergibt $x_L = [\exp(\Delta H_L/RT) + 1]^{-1}$ und führt zu der in Abb. 2.20. angegebenen Darstellung der Temperaturabhängigkeit der Leerstellenkonzentration. Bei der Erstarrungstemperatur T_S „friert" ein Teil der Leerstellenkonzentration sprunghaft aus. Sie nimmt dann im kristallinen Zustand weiterhin kontinuierlich ab, und bei hinreichend tiefer Temperatur wird bekanntlich auch in Kristallen bei endlicher Abkühlgeschwindigkeit aus kinetischen Gründen stets eine bestimmte Konzentration an Punktdefekten fixiert. Im Bereich der unterkühlten Schmelze folgt der Verlauf zunächst der Gleichgewichtskurve der Schmelze, bis bei der Einfriertemperatur T_Z eine bestimmte Konzentration an Leerstellen in der Glasstruktur eingefroren wird. Das damit verbundene restliche freie Volumen reicht für Platzwechselvorgänge nicht mehr aus. Oberhalb T_Z bzw. T_G wächst x_L mit der Temperatur steiler an, was dem Zuwachs an freiem Volumen entsprechend den dargelegten Modellvorstellungen entspricht.

Man hat den Glaszustand in diesem Sinne auch als einen Zustand mit stark metastabiler Übersättigung von Frenkel-Fehlordnung gedeutet [2.147].

2.2.2.3. *Transformationstemperatur und Wärmekapazität*

Die Erzeugung von Leerstellen beim Übergang des Glases in den Zustand der unterkühlten Schmelze erhöht den Energiegehalt des Systems, was zu einem sprunghaften Anwachsen der Molwärme Anlaß gibt. Die Verhältnisse sind aus Abb. 2.11. ersichtlich. In Analogie zur Wärmedehnung läßt sich die Molwärme gleichfalls in einen für den Glaszustand charakteristischen Anteil $C_{p,G}$, dessen Betrag im wesentlichen aus dem Phononenspektrum des elastischen Festkörpers resultiert, und einen zweiten Beitrag ΔC_p zerlegen, der auf die Bildung von Leerstellen beim Übergang in die unterkühlte Schmelze zurückgeht.

$$C_p = C_{p,G} + \Delta H_L \left(\frac{\partial x_L}{\partial T}\right)_p = C_{p,G} + \Delta C_p . \tag{2.43}$$

Aus der Kombination von (2.43) mit (2.39) unter der Bedingung $x_L \approx N_L/N_a$ folgt

$$\Delta C_p = R\,\frac{v_a}{v_L}\left(\frac{\Delta H_L}{RT}\right)^2 \exp\left[-\frac{\Delta H_L}{RT}\right] = R\,\frac{v_a}{v_L}\,x_L(\ln x_L)^2 . \tag{2.44}$$

Abbildung 2.21. zeigt eine Reihe von $C_p(T)$-Kurven nach einer Zusammenstellung von Angell [2.148]. Die Größe des C_p-Abfalls im Transformationsbereich ist beträchtlich. Die Abnahme erfolgt in einigen Fällen bis auf die Hälfte des für die Schmelze charakteristischen Wertes.

Ähnlich wie ΔC_p und $\Delta\alpha$ unterliegt auch die Kompressibilität $\varkappa$ im Transformationsbereich einer sprunghaften Änderung um $\Delta\varkappa$.

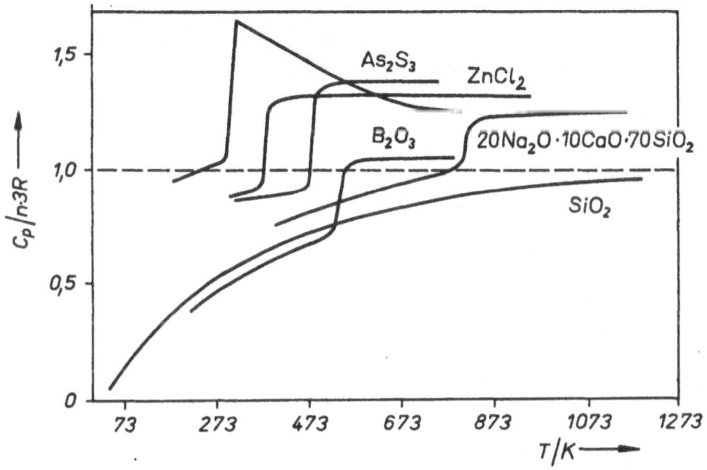

Abb. 2.21. Auf ein mittleres Mol Atome und 3R normierte Wärmekapazität einiger glasbildender Verbindungen in Abhängigkeit von der Temperatur.

2.2.2.4. *Transformationstemperatur und Schmelztemperatur*

Der T_G-Wert und die Schmelztemperatur T_S sind durch eine empirische Regel verknüpft, die von Kauzmann [2.72] erkannt wurde. Sie besagt, daß in glasbildenden Systemen die Beziehung

$$T_G/T_S \approx 2/3 \text{ , reduzierte Transformationstemperatur} \quad (2.45)$$

innerhalb weiter Temperaturgrenzen (100 bis 2000 K) und für eine Vielzahl unterschiedlicher Substanzklassen bei Abschreckraten von 10^{-1} bis 10^2 K · s^{-1} recht gut erfüllt ist. Von GUTZOW [2.149, 111] wurde die KAUZMANN-Regel auf die Theorie des freien Volumens zurückgeführt. Es konnte gezeigt werden, daß näherungsweise die Beziehung

$$T_G/T_S = 1/2 + F \quad (2.46)$$

zu erwarten ist, wobei F eine Funktion der Einfrierviskosität η ist. Unter Abkühlbedingungen von $q \leqq 10^2$ K · s^{-1} ($\eta \approx 10^{13}$ dPa · s) hat F für glasbildende Substanzen den annähernd konstanten Wert von 0,1 bis 0,15. Der Zusammenhang ist für eine Auswahl glasbildender Verbindungen in Abb. 2.22. dargestellt. Kompliziert zusammengesetzte glasbildende Oxidsysteme reihen sich in die einfache Geradengleichung gleichfalls ein [2.151]. Anstelle der Schmelztemperatur T_S ist in diesen Fällen die Liquidustemperatur T_L bei der jeweiligen Zusammensetzung zu verwenden. Die Regel gilt auch für glasartige organische Polymere [2.151]. Für metallische Gläser wurde sie in einer umfangreichen Zusammenstellung von DONALD und DAVIES [2.146] überprüft. Eine Ableitung aus der LINDEMANN-Gleichung $MV^{2/3}\Theta_D^2/T_S = \text{const.}$ mit M Molmasse, V Molvolumen und Θ_D DEBYE-Temperatur begründet KANNO [2.440].

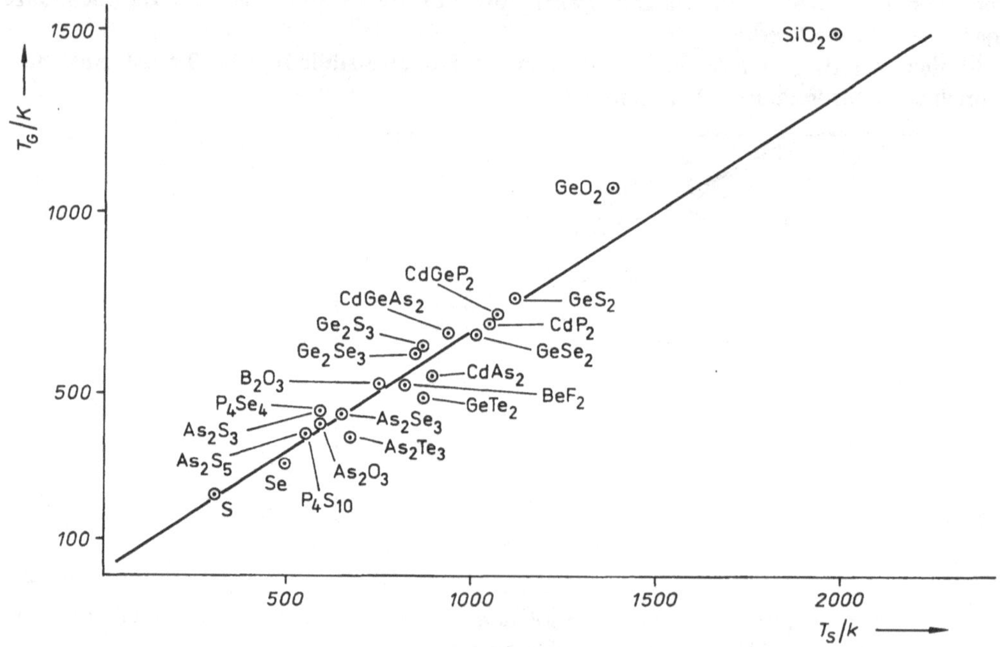

Abb. 2.22. Korrelation zwischen Transformationstemperatur T_G und Schmelztemperatur T_S. Die Steigung der Geraden entspricht der KAUZMANN-Regel (2.45).

Durch Reihenentwicklung von Gl. (2.37) läßt sich nach GUTZOW [2.149] zeigen, daß

$$\Delta S_{\text{konf}} \simeq 3R \exp\left[-\Delta H_L/RT\right] \quad (2.47)$$

im gesamten Bereich der Unterkühlung $0 < T < T_S$ gut erfüllt ist.

Im Falle nichtassoziierender Flüssigkeiten gilt annähernd $\Delta S_{\text{konf}} = \Delta H_S/T_S \approx R$. Aus (2.37) folgt dann $x_L = 0{,}35$, d. h. 35% beträgt beim Schmelzen entsprechender Festkörper der Anteil der Leerstellen N_L relativ zur Zahl der besetzten und unbesetzten Positionen $(N_a + N_L)$. In [2.152] nimmt GUTZOW eine Anpassung dieser stark vereinfachenden Modellvorstellungen an glasbildende Schmelzen vor. Bereits die einfache Theorie gestattet es, einen Zusammenhang zwischen Konfigurationsentropie und KAUZMANN-Regel anzugeben.

Mit der TROUTONschen Regel zur Abschätzung von ΔH_L und der Einführung einer Temperatur $T_0 = T_S/2$, bei der $v_L = 0$ als erfüllt angenommen werden kann, ergibt sich für die Temperaturabhängigkeit der Konfigurationsentropie im Bereich $T_S > T > T_0$

$$\Delta S_{\text{konf}} \simeq \Delta S_S(2T/T_S - 1)\,, \tag{2.48}$$

woraus mit der KAUZMANN-Regel bei der Temperatur $T = T_G$

$$\Delta S_G/\Delta S_S \simeq 1/3 \tag{2.49}$$

folgt. Die Entropieänderung ΔS_G beim Übergang der unterkühlten Schmelze in den Glaszustand beträgt etwa 1/3 der Entropieänderung des kristallinen Erstarrens ΔS_S bei T_S. Das Verhältnis beider Größen ist demnach gleichfalls als annähernd konstant anzusehen.

Da T_G mit der Abkühlgeschwindigkeit q nach (2.24) in einer exponentiellen Beziehung steht, ist also auch für ΔS_G, d. h. für den beim Abschrecken von Schmelzen eingefrorenen Ordnungszustand, ein derartiger Zusammenhang zu erwarten. Abb. 2.23. gibt den Kurvenverlauf nach GUTZOW [2.111] in Abhängigkeit von einem Parameter b wieder, der aus der Theorie folgt und für typische glasbildende Schmelzen einen Wert von 3,5 bis 4,5 hat. Man erkennt hier anschaulich, daß mit zunehmender Abkühlrate q ein wachsender Fehlordnungsgrad im Glas eingefroren wird. Die KAUZMANN-Regel gilt für Systeme mit „normaler" Glasbildungstendenz im Bereich der Abkühlrate $10^{-2} < q < 10\ \text{K} \cdot \text{s}^{-1}$.

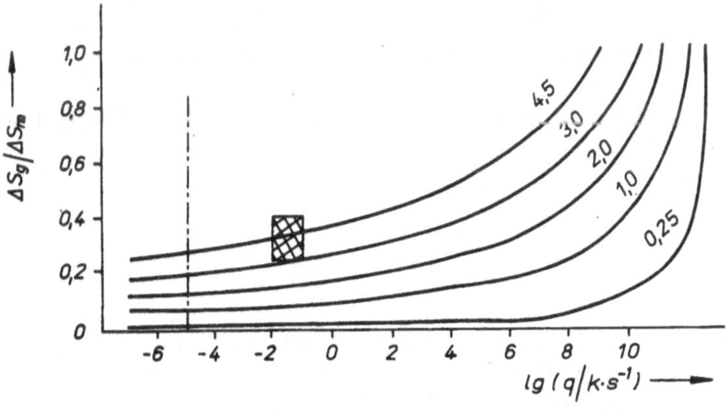

Abb. 2.23. Verhältnis der Änderung der Konfigurationsentropien ΔS_G und ΔS_S bei der glasigen und kristallinen Erstarrung von Schmelzen in Abhängigkeit von der Abkühlrate sowie einem Parameter b, dessen Zahlenwert angegeben ist (nach GUTZOW [2.111]).
Das schraffierte Feld entspricht Substanzen mit ausgeprägter Glasbildungstendenz.

2.2.2.5. *Glasbildungstendenz*

Die Transformationstemperatur kann in gewisser Weise als ein Maß für die thermische Stabilität eines Glases betrachtet werden. Je höher der T_G-Wert ist, in desto weiteren Temperaturgrenzen lassen sich Gläser handhaben, ohne daß Verformung eintritt. Oberhalb der Transformationstemperatur setzt i. allg. Kristallisation ein. Das Beharrungsvermögen, mit dem Glasschmelzen unter bestimmten vergleichbaren Bedingungen in ihrem Zustand verbleiben, Kristallisationsprozesse also nicht stattfinden oder verzögert werden, wird zur Kennzeichnung der Glasbildungstendenz von Schmelzen herangezogen (vgl. 2.3.3.).

Auf Grund der Bedeutung, die der Transformationstemperatur bei der Kennzeichnung des Glaszustands zukommt, hat es andrerseits nicht an Versuchen gefehlt, die Tendenz zur Ausbildung glasartiger Zustände mit der experimentell leicht zugänglichen Größe der Transformationstemperatur zu verknüpfen.

Schmelzen von Stoffen, die sich durch Abkühlraten $10^{-2} < q < 10\ \mathrm{K \cdot s^{-1}}$ nicht in den Glaszustand überführen lassen, ergeben bei Anwendung anderer, z. B. der in 2.1.1.4. beschriebenen Präparationsmethoden oftmals doch Gläser. Dabei wird für das Verhältnis T_G/T_S ein niedrigerer Wert gefunden, was als Ausdruck einer verminderten Glasbildungstendenz zu werten ist, in zahlreichen Fällen der der KAUZMANN-Regel entsprechende Wert aber erreicht [2.146, 151]. Es ist dabei zu berücksichtigen, daß bei den teilweise extrem hohen Abkühlraten die T_G-Werte höher ausfallen bzw. entsprechend 2.2.2.4. eine höhere Konfigurationsentropie eingefroren wird, so daß selbst bei einem experimentell festgestellten Wert von $T_G/T_S = 2/3$ bzw. $\Delta S_G/\Delta S_S = 1/3$ der Betrag in Wirklichkeit niedriger ausfällt, wenn man auf die der KAUZMANN-Regel entsprechenden Abkühlbedingungen umrechnet. Höhere Werte treten in der Zusammenstellung metallischer Gläser nach [2.146] für das Verhältnis T_G/T_S nicht auf, obwohl hier meistens sogar die Kristallisationstemperatur anstelle des T_G-Wertes verwendet wurde. Die Angaben in der Arbeit von DONALD und DAVIES sind daher nicht kritiklos zu übernehmen. Ihre Verwendung zu Vergleichszwecken machte eine Normierung auf eine einheitliche Abkühlgeschwindigkeit oder die Umrechnung der KAUZMANN-Regel auf die bei metallischen Gläsern üblichen hohen Abkühlraten erforderlich. Abweichungen nach kleineren Werten $T_G/T_S < 2/3$ sind deutlich Ausdruck einer verminderten Glasbildungstendenz in den betrachteten Stoffsystemen. Häufig sind Gläser dann nur noch durch Kondensation von Dämpfen auf tief gekühlten Substratunterlagen erhältlich.

Ein weiterer semiempirischer Ansatz zur Beurteilung der Glasbildungstendenz wurde von COHEN und TURNBULL [2.154] angegeben.

Sie definieren eine reduzierte Schmelztemperatur

$$T_{\mathrm{red}} = \frac{RT_S}{\Delta H_v} \tag{2.59}$$

und treffen die Aussage, daß die Glasbildungstendenz mit der Abnahme von T_{red} zunimmt. Je größer die Verdampfungsenthalpie bei T_S und je kleiner die Schmelz- oder Liquidustemperatur ist, um so ausgeprägter ist das Bestreben einer Schmelze, glasartig zu erstarren. Mit $\Delta H_v \approx \Delta H_L$ bedeutet ein kleiner Wert von T_{red} zugleich, daß ΔS_{konf} entsprechend (2.47) klein ist, d. h. Stoffe, deren Konfigurationsentropie sich am Schmelzpunkt nur wenig ändert, sollten bevorzugt glasartig erstarren. Die starken Wechselwirkungen des kristallinen Festkörpers bleiben in glasartig erstarrenden Schmelzen mehr oder weniger bestehen, es werden anteilmäßig nur relativ wenig Bindungen aufgebrochen, d. h. es handelt sich um Schmelzen mit hohem Assoziationsgrad der Baugruppen.

Die Beziehung (2.50) hat sich vor allem in bestimmten Zusammensetzungsreihen glasbildender Stoffsysteme als brauchbar erwiesen. Zum Beispiel findet die erhöhte Glasbildungstendenz im Bereich tief liegender Eutektika (niedrige Schmelz- bzw. Liquidustemperatur) auf dieser Basis eine zwanglose Erklärung. Bei den metallischen Gläsern ist diese Tendenz besonders auffallend (vgl. 3.1.1.1.).

Von MARCUS und TURNBULL [2.155] wurde als ein weiterer Ansatz zur Beschreibung der Glasbildungstendenz von Schmelzlösungen die Abweichung der gemessenen Erstarrungstemperatur T_L vom Erwartungswert $T_{L,\,id}$ einer idealen Lösung vorgeschlagen.

$$\frac{\Delta T}{T_{L,\,id}} = \frac{T_{L,\,id} - T_L}{T_{L,\,id}}, \qquad T_{L,\,id} = \frac{\Delta H_V^A\, T_S^A}{\Delta H_V^A - R \ln (1 - x_B) \cdot T_S^A} \tag{2.51}$$

(ΔH_V^A — molare Schmelzenthalpie des Lösungsmittels, T_S^A — Schmelztemperatur des Lösungsmittels, x_B — Molenbruch der gelösten Komponente).

Zunehmende Werte von $\Delta T/T_{L,\,id}$ sind Ausdruck einer wachsenden Wechselwirkung der gelösten Komponente B mit dem Lösungsmittel A. Die Glasbildungstendenz nimmt in der Richtung zu. Von DONALD und DAVIES [2.146] wurde die Beziehung in vereinfachter Form auf Legierungssysteme ohne Verbindungsbildung angewendet, indem offenbar in Anlehnung an eine Art der VEGARDschen Regel für $T_{L,\,id} = x_A T_S^A + x_B T_S^B$ gesetzt wird. Für $\Delta T/T_{L,\,id} > 0{,}2$ wird bei Abkühlraten $q < 10^7\ \mathrm{K \cdot s^{-1}}$ in metallischen Systemen, deren Eutektika im Bereich A_3B bis A_5B liegen, in der überwiegenden Mehrzahl der Fälle Glasbildung gefunden.

Einen Parameter zur Kennzeichnung der Glasbildungstendenz, der die Transformationstemperatur T_G mit der Temperatur der im Bereich der unterkühlten Schmelze einsetzenden Kristallisation T_K und der Schmelztemperatur T_S verknüpft, definiert HRUBY [2.156].

$$K_G = \frac{T_K - T_G}{T_S - T_K}. \tag{2.52}$$

Je größer die Differenz $T_K - T_G$ und je kleiner das Temperaturintervall $T_S - T_K$ ist, um so stärker ist offenbar die Hemmung von Keimbildungs- und Kristallisationsprozessen, und desto größer ist folglich die Glasbildungstendenz bei der betreffenden Zusammensetzung eines Stoffsystems. Die Werte sind z. B. aus DTA- oder DSC-Messungen auf relativ einfachem Wege experimentell zugänglich.

2.2.3. *Thermodynamische Funktionen und Glasbildung*

Wie aus Abb. 2.11. und 2.15. hervorgeht, besteht zwischen kristalliner und glasartiger Erstarrung von Schmelzen im Temperaturverlauf der Zustandsfunktionen V und H ein grundlegender Unterschied. Volumen und Enthalpie erfahren beim Schmelzen bzw. kristallinen Erstarren eine sprunghafte Änderung.

$$V = \left(\frac{\partial G}{\partial p}\right)_T, \quad H = G - T\left(\frac{\partial G}{\partial T}\right)_p, \quad S = -\left(\frac{\partial G}{\partial T}\right)_p, \quad C_p = T\left(\frac{\partial S}{\partial T}\right)_p. \tag{2.53 a}$$

Die ersten Ableitungen der freien Enthalpie weisen eine derartige Unstetigkeit auf, und die zweiten Ableitungen,

$$\alpha = \frac{1}{V}\left(\frac{\partial^2 G}{\partial p\,\partial T}\right), \quad \varkappa = -\frac{1}{V}\left(\frac{\partial^2 G}{\partial p^2}\right)_T, \quad C_p = -T\left(\frac{\partial^2 G}{\partial T^2}\right)_p \tag{2.53 b}$$

der thermische Ausdehnungskoeffizient α, die Kompressibilität $\varkappa$ und die Molwärme C_p haben bei T_S eine Unendlichkeitsstelle. Man bezeichnet derartige Übergänge nach EHRENFEST als Phasenumwandlungen erster Ordnung.

Bei der Einfriertemperatur T_Z unterkühlter Schmelzen ändern sich V und H bzw. S dagegen nicht sprunghaft. Erst für die 2. Ableitungen von G, d. h. für die Größen α, $\varkappa$ und C_p trifft eine stufenartige Änderung zu (s. Abb. 2.11. für C_p). Ein derartiges Verhalten ist für Phasenumwandlungen zweiter Ordnung charakteristisch. Man hat vom äußeren Erscheinungsbild her den Übergang einer unterkühlten Schmelze in den Glaszustand bzw. den umgekehrten Vorgang diesem Phasenumwandlungstyp zugeordnet, dagegen aber den Einwand erhoben, daß die Glasbildung auf Grund der Temperaturabhängigkeit von Relaxationsprozessen kinetisch bedingt ist und nicht mit den Begriffen der Thermodynamik beschrieben werden kann. Gläser sind eingefrorene Nichtgleichgewichtssysteme. Sie müssen sich daher ihrem Wesen nach von Phasenumwandlungen zweiter Ordnung insofern unterscheiden, als letztere durch das Gleichgewicht zweier Phasen bei jeder Temperatur im Übergangsbereich gekennzeichnet sind. Bei der glasartigen Erstarrung findet aber ein Übergang von einem Gleichgewichts- in einen Nichtgleichgewichtszustand statt.

2.2.3.1. *Das* KAUZMANN-*Paradoxon*

KAUZMANN [2.72] machte darauf aufmerksam, daß der Übergang in den Glaszustand aus zwingenden thermodynamischen Gründen eintreten muß.

Unter der Annahme beliebig langer Wartezeiten zur Einstellung des Gleichgewichts läßt sich in Abb. 2.11. und 2.15. die Kurve der $H(T)$- bzw. $V(T)$-Funktion der unterkühlten Schmelze in einem Gedankenexperiment nach tieferen Temperaturen bis zum Schnittpunkt $T_{G,\min}$ mit der $H(T)$- bzw. $V(T)$-Kurve des kristallinen Zustandes verlängern. Im Schnittpunkt gilt $\Delta H = H_{\text{fl}} - H_{\text{kr}} = 0$, und entsprechend

$$\left[\frac{\partial(H_{\text{fl}} - H_{\text{kr}})}{\partial T}\right]_p = \Delta C_p = T\left[\frac{\partial(S_{\text{fl}} - S_{\text{kr}})}{\partial T}\right]_p \tag{2.54}$$

folgt auch für $\Delta S = 0$. Bei noch niedrigeren Temperaturen wäre ΔS negativ ($S_{\text{fl}} < S_{\text{kr}}$). Es ist aber kaum denkbar, daß die Entropie der Schmelze die des kristallinen Zustandes wesentlich unterschreiten kann. Die Differenzen $H_{\text{fl}} - H_{\text{kr}}$ und $S_{\text{fl}} - S_{\text{kr}}$ sollten daher aus thermodynamischen Gründen bei einer bestimmten Temperatur in einen annähernd konstanten positiven Wert einmünden bzw. im Extremfall allenfalls verschwinden. Im Transformationsbereich wird gerade ein solcher Übergang festgestellt. Die Molwärme der unterkühlten Schmelze nimmt um ΔC_p und ebenso der thermische Ausdehnungskoeffizient und die Kompressibilität um $\Delta\alpha$ bzw. $\Delta\varkappa$ auf Werte ab, die sich von den für den kristallinen Zustand zutreffenden Eigenschaftsparametern nur noch wenig unterscheiden. Die eingefrorene unterkühlte Schmelze weist C_p-, α- und $\varkappa$-Werte auf, die sich um so mehr den entsprechenden Werten des kristallinen Zustandes annähern je langsamer man abkühlt, d. h.

Tabelle 2.6. Ausdehnungskoeffizienten und Molwärme C_p (bezogen auf ein mittleres Mol Atom) einiger kristalliner und glasartiger Verbindungen

Verbindung	$\frac{\alpha_G}{10^{-6}\,K^{-1}}$	$\frac{\alpha_{kr}}{10^{-6}\,K^{-1}}$	$\frac{C_{p,G}}{J \cdot mol^{-1} \cdot K^{-1}}$	$\frac{C_{p,kr}}{J \cdot mol^{-1} \cdot K^{-1}}$
Se	40	74 ($\perp c$), −17,9 ($\parallel c$)	25,63 (300 K)	24,52 (300 K)
As_2S_3	20	—	23,0 (300 K)	—
As_2Se_3	21	—	25,0 (300 K)	24,6 (300 K)
B_2O_3	15,4	—	7,83 (169,4 K)	7,52 (170 K)
SiO_2	0,5	14,2 ($\perp c$), 8,7 ($\parallel c$)	14,58 (298 K)	14,92 (298 K)

die Exzeßgrößen ΔC_p, $\Delta\alpha$ und $\Delta\varkappa$ unterliegen der Relaxation und gehen bei der Ausbildung des Glaszustandes unterhalb des T_G-Wertes gegen Null (vgl. 2.2.1.3.).

Soll die physikalisch wenig sinnvolle Situation $S_{fl} < S_{kr}$ vermieden werden, muß der Übergang in den Glaszustand aus thermodynamischen Gründen zwingend eintreten, was zunächst kaum mit der Erklärung der Glastransformation durch Relaxationsphänomene harmoniert.

Eine Aufklärung des scheinbaren Wiederspruchs wurde in den Arbeiten von GIBBS u. M. herbeigeführt. GIBBS und DI MARZIO [2.157] konnten zeigen, daß in unterkühlten Schmelzen mit Baugruppen bzw. Strukturbereichen hinreichender Asymmetrie und Starrheit bei einer Temperatur $T_2 \leqq T_G$ ein Übergang 2. Ordnung auftreten muß, selbst wenn die Gleichgewichtseinstellung kinetisch nicht gehemmt ist, man also hinreichend lange Wartezeiten bis zur Erreichung des Gleichgewichtszustandes voraussetzen kann. Die Temperatur T_2 weist alle qualitativen Eigenschaften der Transformationstemperatur auf. Ihre untere Grenze entspricht dem Wert $T_{G,\min}$ in Abb. 2.11. bzw. 2.15. Die experimentelle Bestimmung dieses Fixpunktes, den man auch als ideale Glasübergangstemperatur bezeichnet hat, würde allerdings unendlich lange Beobachtungszeiten erfordern.

In Übereinstimmung mit experimentellen Befunden wird in Berechnungen auf der Grundlage eines molekularstatistischen Modells der Nachweis erbracht, daß die Temperatur des Übergangs 2. Ordnung T_2 mit dem T_G-Wert bei genügend langsam ausgeführten Experimenten hinreichend übereinstimmt, so daß sich für beide Vorgänge eine enge Beziehung ergibt. Ein weiteres Ergebnis dieser rein thermodynamischen Betrachtungsweise ist der Schluß auf eine relativ starke Verminderung der Mikrozustände des Systems bei Annäherung an die Temperatur des Phasenübergangs 2. Ordnung, so daß zwangsläufig eine drastische Veränderung in den kinetischen Eigenschaften und damit im Relaxationszeit-Verhalten eintreten muß. Bei Kristallen führt das Fehlordnungsgleichgewicht bei Variation der Temperatur je nach dem Typ der Rückkopplung gleichfalls auf Phasenumwandlungen erster oder höherer Ordnung [2.158].

Die Glastransformation ist in disem Sinne thermodynamisch bedingt, erscheint aber in Experimenten als durch kinetische Faktoren, z. B. das Einfrieren von Relaxationsprozessen, bestimmt, so daß sich das KAUZMANN-Paradoxon in dieser Weise als ein Scheinproblem darstellt. Qualitativ neu ist dabei, daß die Glasbildung thermodynamisch begründet wird und die Relaxationsphänomene als abgeleitete Erscheinungen gewertet werden.

Die Zunahme der Relaxationszeit ist nach ADAM und GIBBS [2.118] eine Folge der Abnahme der Konfigurationsentropie im T_G-Bereich. Die Abmessungen der kooperativen Bezirke, die in sich gerade noch eine Variabilität der strukturellen Konfiguration zulassen, nehmen mit abnehmender Temperatur zu. Der wachsende Mangel an Mannigfaltigkeit in den Strukturkonfigurationen verursacht eine ständige Abnahme an Konfigurationsentropie ΔS_{konf}, die bei einer bestimmten Temperatur T_2, dem Phasenübergang 2. Ordnung, verschwinden würde, könnte man ihn beobachten. Auf dieser Grundlage konnte die empirische Gl. (2.30) bzw. (2.34) nicht nur qualitativ interpretiert, sondern auch bezüglich der Konstanten in befriedigender Übereinstimmung mit experimentellen Werten halbquantitativ erklärt werden. Danach ist die Temperatur T_2, bei der $\Delta S_{\text{konf}} = 0$ wird, in zahlreichen glasbildenden Systemen etwa 50 K unterhalb der Transformationstemperatur T_G anzusetzen (vgl. 2.2.1.3.). Man spricht in diesem Fall auch von einem idealen amorphen Festkörperzustand. Er befindet sich im inneren Gleichgewicht, wird aber bei der Temperatur $T_2 = T_{G,\text{min}}$ erst nach unendlich langen Wartezeiten erreicht, bleibt also ein fiktiver Zustand. Bei $T_G > T_2$ ist der Übergang beobachtbar. Er vollzieht sich unter Ausbildung einer eingefrorenen Flüssigkeitsstruktur, die durch eine geringe restliche Konfigurationsentropie gekennzeichnet ist. Vom „Gleichgewichtszustand" des idealen Glases bei T_2 ist der reale Glaszustand aber bei hinreichend langsamer Abkühlung, wie man annimmt, nur noch wenig entfernt.

Obwohl als das beste theoretische Konzept zur Erklärung der Glastransformation vielfach anerkannt und von Chen [2.159] z. B. auch zur Interpretation der Viskosität unterkühlter Metallschmelzen herangezogen, ist das Entropiemodell von Gibbs nicht unwidersprochen geblieben. Das Verschwinden von ΔS_{konf} bedeutet, daß ein bestimmtes Glas im Bereich $0 < T < T_2$ durch nur einen Ordnungszustand zu beschreiben ist. Gläser können aber nach bisheriger Erfahrung je nach der thermischen Vorgeschichte in verschiedenen Zuständen auftreten.

Goldstein [2.160] weist nach, daß die Differenz der Molwärme ΔC_p zwischen unterkühlter Schmelze und Glas beträchtliche Anteile enthält, die zumindest nicht allein auf eine Änderung der Konfigurationsentropie zurückzuführen sind, z. B. Änderungen der Schwingfrequenzen und der Anharmonizität von Schwingungen mit dem Konfigurationszustand gleichfalls zu berücksichtigen sind. Ein Übergang zweiter Ordnung wird auf dieser Basis selbst bei Abwesenheit von Beiträgen der Konfigurationsentropie begründet. Nach einer molekularstatistischen Behandlung von Kanno [2.441] ist letztere eng mit Translationsbewegungen verbunden und die oberhalb T_2 zu erwartende Transformationstemperatur durchaus kinetisch bedingt.

2.2.3.2. *Die* Prigogine-Defay-*Bedingung*

Aus der unterschiedlichen Steigung der die Temperaturabhängigkeit von Volumen und Enthalpie beschreibenden Kurven (Abb. 2.15., 2.16., 2.11.) sowie der Änderung der Kompressibilität ergibt sich die für die Phasenübergänge zweiter Ordnung charaktersistische Ehrenfestsche Gleichung [2.161].

$$\Pi \equiv \Delta C_p \cdot \Delta\varkappa / TV\,(\Delta\alpha)^2 = 1 \qquad (2.55)$$

$$\frac{\mathrm{d}T_G}{\mathrm{d}p} = \frac{\Delta\varkappa}{\Delta\alpha} = TV\frac{\Delta\alpha}{\Delta C_p}\,.$$

Experimentell findet man die Beziehung bei Gläsern nicht bestätigt: $\mathrm{dT}_G/\mathrm{d}p < \Delta\varkappa/\Delta\alpha$. Gleichung (2.55) geht nach Prigogine und Defay [2.162] zugleich aus dem Konzept der

Thermodynamik irreversibler Prozesse hervor. In einem System mit gegebener Bruttozusammensetzung und n unabhängigen Reaktionen, gibt es n verschiedene innere Parameter, die den Zustand mit bestimmen. Die freie Enthalpie hängt dann sowohl von den äußeren Parametern p, T und x als auch vom Ausmaß ab, mit dem die verschiedenen Reaktionen bereits abgelaufen sind. Ihnen entsprechen z. B. im eingefrorenen Zustand n Ordnungsparameter, die man anschaulich dem jeweiligen Umsetzungsgrad der verschiedenen Prozesse zuordnen kann. Andrerseits werden die gleichzeitig und voneinander unabhängig ablaufenden strukturellen Konfigurationsänderungen bei unterschiedlichen Temperaturen einfrieren, wodurch der Zusammenhang zu den fiktiven Temperaturen von TOOL [2.90] gegeben ist. Daß die inneren Parameter mit dem in 2.2.1.1. angesprochenen Relaxationszeitspektrum korrespondieren, wird dadurch gleichfalls verständlich.

Nach PRIGOGINE und DEFAY gilt Gl. (2.55) nur für den Fall, daß ein Ordnungsparameter zusammen mit p, T und den Konzentrationen x zur Beschreibung des Systems ausreicht. Liegen wie beim Übergang in den Glaszustand mehrere Ordnungsparameter vor, trifft nach DAVIES und JONES [2.91] die Ungleichung

$$\Pi \equiv \Delta C_p \cdot \Delta\varkappa/TV(\Delta\alpha)^2 > 1 \tag{2.56}$$

zu. GUPKA und MOYNIHAN [2.163] finden für glasartiges B_2O_3 $\Pi = 4{,}7$ und für glasartiges Selen $\Pi = 2{,}0$. Es ergeben sich aus den Messungen $\Delta V(\Delta T)$, $\Delta V(\Delta p)$ und $\Delta H(\Delta T)$ jeweils unterschiedliche Relaxationsfunktionen gemäß (2.18), [2.164]. Von HSICH [2.164] wurde das Auftreten mehrerer Ordnungsparameter im Rahmen eines nichtlinearen Modells der Strukturrelaxation am Beispiel des B_2O_3-Glases behandelt. Eine Verallgemeinerung des Modells der Ordnungsparameter unter Einbeziehung der elektrischen Feldstärke als Parameter wurde von LESIKAR und MOYNIHAN [2.442] vorgenommen.

2.2.3.3. *Thermische Eigenschaften bei tiefer Temperatur*

Bereits TAMMANN [1.2] stellte fest, daß die Molwärmen des Glases und der kristallinen Zustandsform der betreffenden Substanz fast gleich sind. Da die Einfriertemperatur T_Z bzw. der T_G-Wert aber stets oberhalb der sog. idealen Glasübergangstemperatur T_2 liegt, wird ein geringer Rest an Konfigurationsentropie ΔS_{konf} bei T_G in der Glasstruktur festgelegt. Am absoluten Nullpunkt sollte die Entropie des Glases demzufolge bei sonst gleichem Verlauf der Temperaturabhängigkeit der Molwärme lediglich um diesen kleinen Betrag größer als null sein.

$$S_{0,G} = \Delta S_{\text{konf},\,T_G} = \int_{T_2}^{T_G} \Delta C_p \, d \ln T\,. \tag{2.57}$$

Dabei entspricht ΔC_p dem Sprung der Molwärme im Transformationsbereich.

Nach der DEBYE-Theorie wird die Temperaturabhängigkeit von C_v in Festkörpern durch die Beziehung

$$C_v = 9R\left[4\left(\frac{T}{\Theta_{gr}}\right)^3 \int_0^{\Theta_{gr}/T} \frac{x^3}{\exp[x-1]}\,\mathrm{d}x - \frac{\Theta_{gr}}{T\exp[(\Theta_{gr}/T)-1]}\right] \tag{2.58}$$

beschrieben, wobei Θ_{gr} die durch die Grenzfrequenz ν_{gr} definierte charakteristische Temperatur $\Theta = h\nu_{gr}/k$ und $x = h\nu/kT$ ist. Für hohe Temperaturen ($T > \Theta_{gr}$) geht

C_v in den klassischen Wert $3R$ über (vgl. Abb. 2.21.), und für tiefe Temperaturen ($T \ll \Theta_{gr}$) strebt C_v gegen Null, wobei sich bei Annäherung an den absoluten Nullpunkt näherungsweise das nach DEBYE benannte T^3-Gesetz $C_v = aT^3$ ergibt. Für Metalle gilt, bedingt durch einen Beitrag des Elektronengases, der sich vor allem bei tiefer Temperatur auswirkt, die Beziehung $C_v = aT^3 + bT$. Die Verknüpfung von C_v mit der der Messung bequemer zugänglichen Größe C_p ist durch

$$C_p - C_v = TV\alpha^2/\varkappa \tag{2.59}$$

gegeben. Entsprechend der allgemeinen Gleichung

$$\Delta S_{osc} = S_T - S_{T=0} = \int_{T=0}^{T} C_p d \ln T \tag{2.60}$$

wird die Schwingungsentropie bei Annäherung an den absoluten Nullpunkt Null.

Für glasartige Festkörper sollte die DEBYEsche Theorie zur Beschreibung der Temperaturabhängigkeit der Molwärme insbesondere im Bereich niedriger Temperaturen gleichfalls zutreffen. Unterhalb 1 K ist die Wellenlänge der im Spektrum dominierenden Phononen größer als 10^4 pm und damit bedeutend größer als Dichtefluktuationen oder gar die aus der aperiodischen Verknüpfung von Baugruppen resultierende mikroskopische Fehlordnung. Dielektrische Gläser lassen dementsprechend die Gültigkeit des T^3-Gesetzes von DEBYE erwarten. Dämpfungsmessungen mit Ultraschallwellen und kalorimetrische Untersuchungen führen aber zu dem überraschenden Ergebnis, daß letzteres nicht bzw. allenfalls in engen Temperaturgrenzen gefunden wird. Eine zusammenfassende Übersicht geben JÄCKLE u. M. [2.165].

Das T^3-Gesetz wird beim kristallinen Selen im Bereich von 8 bis 10 K, von den kristallinen SiO_2-Formen dagegen erst bei 1 bis 2 K erreicht [2.166, 167]. Die Molwärme von Selenglas durchläuft dagegen bei 4 K ein Maximum und weist bei dieser Temperatur einen etwa um den Faktor 10 größeren Wert als im Falle des kristallinen Selens auf [2.166]. Im Kieselglas wird ein breites Maximum bei 50 K und ein weniger intensives bei 5 K gefunden [2.165, 168, 169]. Ihr Auftreten ist auch für andere glasbildende Verbindungen charaktersistisch, z. B. BeF_2 [2.170, 171], GeO_2 und ZnP_2O_6 sowie B_2O_3 und As_2O_3 [2.170] und empfindlich von der thermischen Vorgeschichte abhängig. Man hat diese Effekte thermisch aktivierten Relaxationsprozessen bestimmter Strukturdefekte, z. B. zwei verschiedenen Gleichgewichtspositionen von Brücken-Sauerstoffatomen zugeordnet.

An dieses Gebiet schließt sich nach niedrigen Temperaturen etwa ab 2 K häufig ein Kurvenverlauf an, der zunächst dem DEBYEschen T^3-Gesetz gehorcht, ab 1 K aber bei Gläsern stark nach positiven Werten abweicht. ZELLER und POHL [2.172] stellten fest, daß hier die lineare Beziehung $C_v = AT$ gilt. Dieser Tieftemperaturbereich ist insbesondere von DRANSFELD u. M. [2.173] eingehend untersucht worden. Die spezifische Wärme ist z. B. bei 30 mK für Kieselglas etwa 1000mal größer als für kristallines SiO_2 (Abb. 2.24.), die Wärmeleitfähigkeit bedeutend geringer und T^2 proportional. Die Ultraschalldämpfung ist gegenüber dem kristallinen Zustand beträchtlich und nimmt mit abnehmender Temperatur sogar zu.

Als besonders bemerkenswert ist die Beobachtung einer empfindlichen Amplitudenabhängigkeit der Dämpfung in diesem niedrigen Temperaturgebiet und die weitgehende Zusammensetzungsunabhängigkeit der Erscheinungen zu erwähnen. Ähnliche Effekte

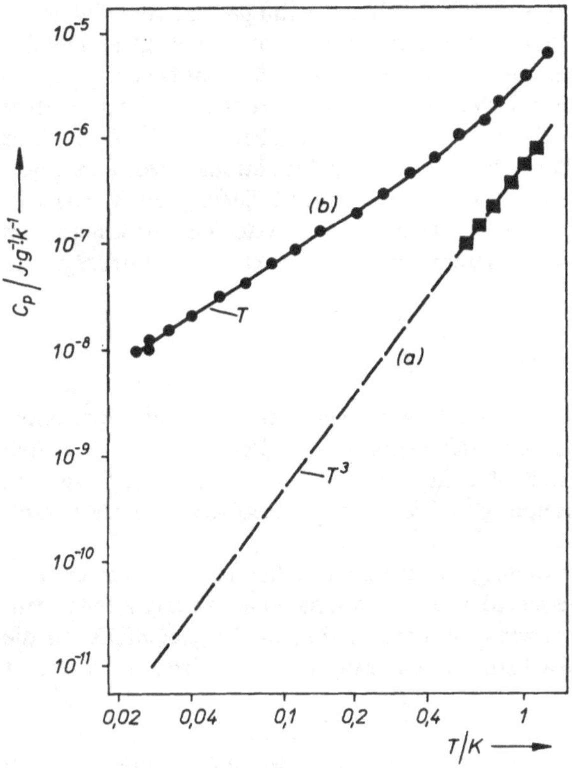

Abb. 2.24. Spezifische Wärme von SiO_2 bei tiefer Temperatur nach [2.173].
(*a*) – Quarz, (*b*) – Kieselglas.

wurden bei der Messung mit elektromagnetischen Wellen festgestellt. Aus der Kopplung der Phänomene wurde auf eine durch zwei Terme zu beschreibende Art von Defekten geschlossen, deren physikalische Natur bisher ungeklärt ist.

Die Universalität dieser für Gläser charakteristischen Tieftemperatureffekte läßt vermuten, daß es sich hierbei um Eigenschaften handelt, die nur dem Glaszustand zu eigen sind und diesen daher kennzeichnen. Der geringe Anteil der Konfigurationsentropie der Schmelze, der bei der glasartigen Erstarrung im Festkörper fixiert wird, läßt es verständlich erscheinen, daß sich Auswirkungen auf bestimmte Eigenschaften erst bei sehr tiefen Temperaturen bemerkbar machen.

2.3. Phasentransformationsprozesse und Glasbildung

Die Bildung von Gläsern aus unterkühlten Schmelzen oder durch Abscheidung von Substanzen aus der Gasphase ist an die Unterdrückung von Kristallisationsprozessen gebunden. Bei hinreichend kleinen Kondensationsraten und entsprechend hoher Temperatur der Substratunterlage bzw. beim Unterschreiten einer kritischen Abkühlgeschwindigkeit der Schmelze oder auch beim Tempern von Gläsern oberhalb der Transformationstemperatur entstehen je nach der Zusammensetzung unterschiedliche kristalline Phasen.

Als Störung im Prozeß der Herstellung von Gläsern hat die Entglasung zunächst einen negativen Aspekt. Die Kenntnis der gesetzmäßigen Beziehungen, die den in glasbildenden Systemen ablaufenden Ordnungsprozessen zugrundeliegen, wird andrerseits bei der gesteuerten Kristallisation zur Erzeugung glaskeramischer Werkstoffe mit speziellen Eigenschaften genutzt. Die Kenntnis der theoretischen Zusammenhänge bildet aber auch die Grundlage für die Ermittlung von Bedingungen, unter denen Phasentransformationsprozesse in unterkühlten Glasschmelzen ausbleiben. Daraus ergibt sich ein weiterer Zugang zur Kennzeichnung des Glaszustandes sowie der Glasbildungstendenz von Stoffsystemen. Die kinetischen Aspekte der Glasbildung treten in diesem Zusammenhang verstärkt in den Vordergrund.

2.3.1. *Ausscheidung von Phasen aus Glasschmelzen*

Unterkühlte Schmelzen glasbildender Verbindungen gehen beim Tempern in eine kristalline Zustandsform der betreffenden Substanz über. Bei Vorliegen von Polymorphie bildet sich in der Regel zunächst eine energiereichere Modifikation aus. Die Phasentransformation verläuft ohne Änderung der Zusammensetzung und kann durch die Gesetze der Kristallisation beschrieben werden.

In Systemen, deren Bruttozusammensetzung außerhalb des Bereichs definierter Verbindungen liegt, weist die sich primär ausscheidende Kristallphase eine andere Zusammensetzung auf. Der Prozeß der Phasentransformation kann in diesem Fall gleichfalls auf die Bildung kristalliner Keime und deren Wachstum aus homogener Schmelze zurückgeführt werden.

Häufig stellt man jedoch fest, daß in zusammengesetzten Systemen der metastabile Zustand der homogenen unterkühlten Schmelze unterhalb einer bestimmten Temperatur in anderer Weise instabil wird. Es treten vor dem Einsetzen von Kristallisationsprozessen Entmischungserscheinungen auf. Sie sind dadurch gekennzeichnet, daß sich z. B. eine flüssige Phase in Form tröpfchenförmiger Entmischungsbezirke ausscheidet. Matrix- und Tröpfchenphase haben unterschiedliche Zusammensetzung. Die Gesetze der Keimbildung und des Wachstums sind in diesem Fall auf die Bildung dieser tröpfchenförmigen Entmischungsbezirke anzuwenden. Die Kristallisation ist diesem Vorgang nachgeordnet. Sie setzt oftmals primär in der Tröpfchenphase oder an der Grenzfläche zwischen Matrix und den sphärischen Ausscheidungen ein.

Schließlich sind in Systemen mit Entmischung im flüssigen Zustand noch jene Zusammensetzungsgebiete gesondert zu betrachten, in denen der Prozeß der Phasentrennung ohne Keimbildung und damit ohne Verzögerung durch bestimmte Hemmungserscheinungen abläuft.

2.3.1.1. *Keimbildung und Kristallwachstum*

Tammann [1.2] erkannte, daß die Kristallisation von Flüssigkeiten bzw. aus Lösungen im wesentlichen durch Vorgänge der Keimbildung und das sich anschließende Kristallwachstum zu beschreiben ist. Ausgehend von vereinfachenden Modellvorstellungen sind die theoretischen Grundlagen in vielfältiger Form an reale Systeme angepaßt und experimentell verifiziert worden. Zusammenfassende Darstellungen sind in zahlreichen Veröffentlichungen erschienen [2.174—180, 2.453].

Homogene stationäre Keimbildung

Für kongruent schmelzende Verbindungen kann die homogene stationäre Keimbildungsrate I_v durch die Zahl der wachstumsfähigen kristallinen Zentren beschrieben werden, die sich je Volumen- und Zeiteinheit in der unterkühlten Schmelze auf Grund thermischer Fluktuationen bilden:

$$I_v = N_K \cdot \Gamma \cdot z_0 \cdot \nu_k \,. \tag{2.61}$$

N_K gibt die Konzentration der Keime mit kritischer Größe pro cm^3 unter Gleichgewichtsbedingungen an, die Größe Γ, auch Zeldovich-Faktor genannt, berücksichtigt den Nichtgleichgewichtszustand des Systems. Die Größe z_0 beschreibt die Anzahl der Bausteine auf der Oberfläche des kritischen Keims und das Produkt $z_0 \nu_k$ die Sprung- oder Anlagerungsrate, mit der sich die Teilchen oder Baugruppen aus der unterkühlten Schmelze auf der Oberfläche der kritischen Keime anordnen und dadurch zu deren Wachstum beitragen.

Die Triebkraft für den Übergang in den kristallinen Zustand resultiert aus der Differenz zwischen der freien Enthalpie der Schmelze G_S und der des Kristalls $G_K: \Delta G_{kr} = G_K - G_S$. Sie tritt erst im Bereich der Unterkühlung $T < T_S$ auf, wird aber nur unter zeitlicher Verzögerung wirksam. Die Ursache liegt darin begründet, daß es sich bei einer derartigen Phasentransformation nicht ausschließlich um einen Volumenprozeß handelt. Die submikroskopischen Keime sind energiereicher als der makroskopische Kristall. Ihre Schmelztemperatur ist auf Grund des relativ hohen Anteils von Teilchen, die in der Oberfläche gebunden sind, erniedrigt und zwar umso mehr, je kleiner die Kristallkeime sind. Man erfaßt diesen Befund, indem man die Differenz der freien Enthalpie eines variablen Ensembles von Teilchen in der Schmelze zur freien Enthalpie der gleichen Teilchenzahl im Volumen des Keimes durch Δg_V und zur freien Enthalpie in der Keimoberfläche Δg_O gesondert betrachtet, d. h. man geht von den molaren zu spezifischen Größen über. Δg_O wirkt der Triebkraft Δg_V, die der im Volumen der Kristallkeime gebundenen Substanz entspricht, entgegen, so daß

$$\Delta g_{kr} = -\Delta g_V + \Delta g_O \tag{2.62}$$

zu setzen ist. Unter der Annahme sphärischer Keime ergibt sich

$$\Delta g_{kr} = -\frac{4\pi}{3} r^3 \, \Delta g_V + 4\pi r^2 \, \Delta g_O \,. \tag{2.63}$$

Der Verlauf dieser Funktion weist bei $r_{krit} = 2\,\Delta g_O/\Delta g_V$ und $\Delta g_{max} = 16\pi\,\Delta g_O^3/3\,\Delta g_V^2$ ein Maximum auf. Im Bereich $r < r_{krit}$ ist der Zerfall der Keime thermodynamisch begünstigt, und erst für $r > r_{krit}$ überwiegt die Wahrscheinlichkeit für ein weiteres Wachstum. r_{krit} gibt daher den kritischen Keimradius, Δg_{max} die maximale freie Keimbildungsenthalpie an, die aus dem Wärmeinhalt der unterkühlten Schmelze mindestens aufzuwenden ist, soll der Phasenübergang stattfinden.

Mit den Näherungen für Δg_V nach Hoffmann [2.181] und für Δg_O nach Turnbull [2.182]

$$\Delta g_V = \frac{\Delta H_S}{V \cdot T_S^2} \, T \, \Delta T \,, \quad \Delta g_O = \beta \, \Delta H_S \, V^{-2/3} N_A^{-1/3} \tag{2.64}$$

erhält man

$$\Delta g_{max} = \frac{16\pi\beta^3 \, \Delta H_S \, T_S^4}{3N_A T^2 (\Delta T)^2}, \qquad r_{krit} = \frac{2\beta V^{1/3} T_S^2}{N_A^{1/3} T \, \Delta T}. \tag{2.65}$$

ΔH_S gibt die molare Schmelzenthalpie, $\Delta T = T_S - T$ die Unterkühlung und β eine Konstante an, die für glasbildende Verbindungen unterschiedlichster Art einen Wert von 0,32 aufweist [2.209]. Lediglich bei Metallen ergeben sich Werte bis zu 0,46. Man erkennt, bei kleiner Unterkühlung ist Δg_{max} sehr groß, und r_{krit} hat gleichfalls einen großen Wert. Die thermodynamische Wahrscheinlichkeit für die Bildung wachstumsfähiger Keime ist also unmittelbar unterhalb der Schmelztemperatur sehr gering, und die erforderliche Wartezeit dementsprechend hoch. Beide Größen nehmen aber mit fallender Temperatur bzw. wachsender Unterkühlung ab und die Gleichgewichtskonzentration der Keime N_K mit kritischer Größe nach folgender Beziehung zu.

$$N_K = N \exp\left[-\Delta g_{max}/kT\right]. \tag{2.66}$$

Die Geschwindigkeitskonstante v_K in Gl. (2.61) kann unter der Annahme, daß der Sprungabstand a dem mittleren Durchmesser der sich auf der Oberfläche der Keime anlagernden Teilchen gleichzusetzen ist, mit dem Diffusionskoeffizienten $D_K = a^2 v_K$ in der Grenzschicht verknüpft werden. Mit der STOKES-EINSTEIN-Beziehung $D = kT/3\pi\eta a$ und $a^3 = \bar{M}/\varrho N_A$ ergibt sich für die homogene Keimbildungsrate

$$I_V = \Gamma \frac{NRT\varrho}{3\pi\bar{M}\eta} \exp\left[-\Delta g_{max}/kT\right] \tag{2.67}$$

bzw. unter Einbeziehung von (2.25)

$$I_V = \Gamma \frac{NRT\varrho}{3\pi\bar{M}\eta_0} \exp\left[-(\Delta g_{max} + E_\eta)/kT\right]. \tag{2.68}$$

Dabei wird die Näherung getroffen, daß der Stofftransport durch die Grenzfläche zwischen Keimoberfläche und Schmelze dem gleichen Mechanismus unterliegt wie im Volumen der unterkühlten Schmelze ($D_K = D$).

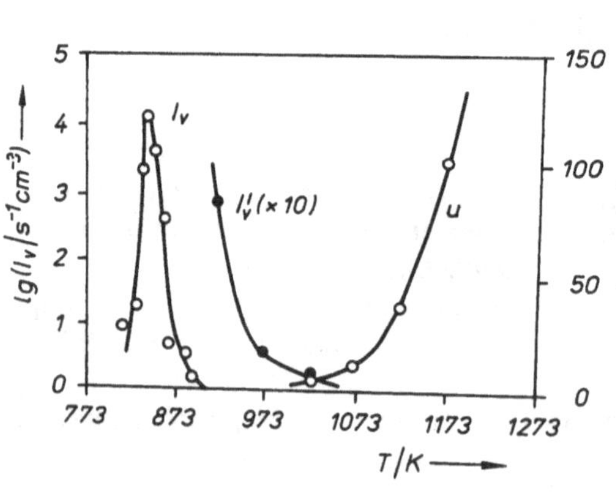

Abb. 2.25. Homogene Keimbildungsrate I_v und Keimbildungsrate I_v' an der Oberfläche der unterkühlten Schmelze sowie die Kristallwachstumsgeschwindigkeit u für ein Glas der Zusammensetzung $(Na_2O)_{21,25}(CaO)_{21,25}(SiO_2)_{57,5}$ nach [2.184].

Der Faktor Γ ergibt sich, wie TOSCHEV und GUTZOW [2.183] angeben, zu

$$\Gamma = \frac{1}{g_K} \sqrt{\frac{\Delta g_{max}}{3\pi kT}} \tag{2.69}$$

und erweist sich damit gleichfalls als temperaturabhängig. g_K gibt die Anzahl der Einheiten im kritischen Keim an.

Bei niedriger Temperatur bzw. starker Unterkühlung nimmt I_V kleine Werte an, die Zunahme von E_η wirkt sich in dieser Richtung verstärkend aus. Ist die Unterkühlung nur gering, wird I_V auf Grund des hohen Wertes von Δg_{max} gleichfalls herabgemindert. Im Bereich mittlerer Unterkühlungen ist demzufolge für die Keimbildungsrate ein Maximum zu erwarten. In Abb. 2.25. ist der experimentell ermittelte Kurvenverlauf für ein Na_2O-CaO-SiO_2-Glas nach STRNAD und DOUGLAS [2.184] angegeben.

Nichtstationäre Keimbildung

Nach den Darlegungen in Kap. 2.2.1. ist in hochviskosen unterkühlten Schmelzen beim Auf- oder Abheizen für alle Erscheinungen und damit auch nach Erreichung einer bestimmten Temperatur in bezug auf die Einstellung einer stationären Keimbildungsrate mit einem Zeitverzug zu rechnen. Anstelle von (2.68) gilt

$$I_{v,t} = I_v \exp\left[-\tau_i/t\right], \tag{2.70}$$

d. h. erst nachdem eine Zeitspanne $t > 5\tau_i$ verstrichen ist, hat $I_{v,t}$ annähernd den zeitunabhängigen Wert I_v erreicht. Von TOSCHEV und GUTZOV [2.183] wurde für die Induktionszeit τ_i die folgende Beziehung abgeleitet

$$\tau_i = 1{,}6\,\frac{\Delta g_0\, \eta a^5 N_A^2 T_S^2}{\Delta H_S^2 (\Delta T)^2} \tag{2.71 a}$$

Es sind auch noch weitere Näherungen vorgeschlagen worden, z. B. von HILLIG [2.185]

$$\tau_i \approx \pi\,\frac{(r_{krit})^2}{16D} = \frac{3\pi^2 M\eta}{RT\varrho} \quad (\text{mit } r_{krit} \simeq 4a) \tag{2.71 b}$$

τ_i ist wie die Relaxationszeit in Gl. (2.12) der Viskosität proportional. Da letztere mit abnehmender Temperatur exponentiell ansteigt, können sich auch für die Induktionszeit extrem hohe Werte ergeben, so daß eine Keimbildung praktisch nicht mehr beobachtet werden kann. Für Kieselglas schätzt UHLMANN [2.186] bei 1573 K eine Induktionszeit $\tau_i = 5 \cdot 10^4$ s ab. Messungen ergaben $\tau = 3 \cdot 10^5$ bis 10^6 s [2.187].

Heterogene Keimbildung

Im allgemeinen wird die homogene Keimbildung im Volumen der unterkühlten Schmelze durch die heterogene Keimbildung überdeckt, die häufig von kaum kontrollierbaren Fremdstoffteilchen, insbesondere von der Oberfläche oder den Kontaktzonen mit der Tiegelwand ausgeht. Maßgebend ist das Benetzungsverhalten zwischen Schmelze, Keimphase und artfremder Unterlage. Der Effekt wird in der in Abb. 2.26. skizzierten Weise durch den Kontaktwinkel ϑ beschrieben, der zwischen $\vartheta = 0°$ (vollständige Benetzung) und $\vartheta = 180°$ (Nichtbenetzung) variieren kann.

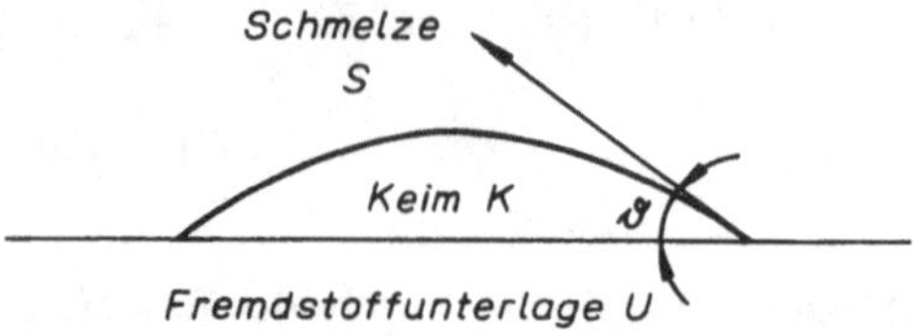

Abb. 2.26. Keimbildung K aus der Schmelze S auf einer Fremdstoffunterlage, ϑ Kontaktwinkel.

Bezeichnet man mit $\Delta g_O(S, K)$, $\Delta g_O(S, U)$ und $\Delta g_O(K, U)$ die Grenzflächenenergien zwischen den angegebenen Phasengrenzen, so läßt sich mit Hilfe der YOUNGschen Randwinkelgleichung die freie molare Enthalpieänderung für heterogene Keimbildung in folgender Weise formulieren:

$$\Delta g'_{\mathrm{kr}} = -\pi r^2(1 - \cos^2 \vartheta)\,\Delta g_O(S, K)\cos\vartheta + 2\pi r^2(1 - \cos\vartheta)\,\Delta g_O(S, K)$$
$$-\frac{\pi}{3} r^3\,(2 + \cos\vartheta)\,(1 - \cos\vartheta)^2\,\Delta g_V\,. \qquad (2.73)$$

Für den kritischen Keimradius folgt $r'_{\mathrm{krit}} = 2\,\Delta g_O(S, K)/\Delta g_V$ und für die maximale Keimbildungsenthalpie

$$\Delta g'_{\max} = \frac{4\pi}{3}\,\frac{\Delta g_O^3(S, K)}{\Delta g_V^2}\cdot(2 + \cos\vartheta)\,(1 - \cos\vartheta)^2 \qquad (2.74)$$

$$\Delta g'_{\max} = \Delta g_{\max}\cdot\frac{(2 + \cos\vartheta)(1 - \cos\vartheta)^2}{4}\,.$$

Wird die Unterlage durch den Keim nicht benetzt ($\vartheta = 180°$), gilt $\Delta g'_{\max} = \Delta g_{\max}$, d. h. es liegt keine Beeinflussung der homogenen Keimbildung durch heterogene Fremdbestandteile vor. Nach YINNON und UHLMANN [2.443] wirken sich heterogene Bestandteile bereits bei Kontaktwinkeln $\vartheta > 100°$ praktisch nicht auf die Rate der homogenen Keimbildung aus. Bei weitgehender Benetzung wird die maximale freie Enthalpieänderung der homogenen Keimbildung dagegen stark erniedrigt und die Auslösung der Kristallisation dadurch gefördert.

Gleichung (2.62) ist noch durch einen dritten Term, die freie molare Enthalpieänderung der elastischen Verzerrung, ΔG_Z, zu ergänzen, die in der gleichen Weise wie ΔG_O auf die Keimbildungsrate hemmend wirkt. Da dieser Beitrag an der Oberfläche weitgehend entfällt, laufen Prozesse der Keimbildung selbst bei Abwesenheit heterogener Partikel aus energetischen Gründen an der Oberfläche bevorzugt ab (vgl. Abb. 2.25.). Dabei ist zwischen homogener und heterogener Keimbildung oft nur schwierig zu unterscheiden.

Kristallisationsgeschwindigkeit

Ausgehend von der Rate I_v, mit der im stationären Fall in der Volumen- und Zeiteinheit wachstumsfähige Keime bereitgestellt werden, wird der weitere Verlauf durch Zeitgesetze des Kristallwachstums zu beschreiben sein. Die lineare Kristallwachstumsgeschwindigkeit u läßt sich als Differenz zwischen der Driftgeschwindigkeit $a \cdot v_W$ aus der Schmelze in Richtung auf die Keim- bzw. Kristalloberfläche und eine Teilchengeschwindigkeit in entgegengesetzter Richtung erfassen, wobei letztere durch die zusätzlich aufzubringende freie Schmelzenthalpie mit bestimmt wird.

$$u = a \cdot \nu_W \,[1 - \exp(-\Delta G_S/RT)]\,\Omega\,. \tag{2.75}$$

Entscheidend ist die Zahl der aktiven Zentren an der Oberfläche, die für die Anlagerung bevorzugt infrage kommen. Dabei ist die Oberflächenwanderung (VOLMER-Diffusion) der auftreffenden Teilchen, ihr Einschwingen in energetisch günstige Positionen zu berücksichtigen. Je nach dem Mechanismus, z. B. ob das normale Modell vorliegt, nach dem alle Plätze an der Oberfläche als Wachstumsplätze fungieren, oder ob zweidimensionales Kristallwachstum oder die Anlagerung an Schraubenversetzungen überwiegt, ergeben sich unterschiedliche Werte und Abhängigkeiten für Ω.

Mit $\nu_W = D_W/a^2$ und der STOKES-EINSTEIN-Beziehung $D = kT/3\pi\eta a$ sowie unter Einbeziehung der Näherung $\Delta G_{kr} \cong \Delta H_S\,\Delta T/T_S$ läßt sich Gl. (2.75) umschreiben,

$$u = \frac{\Omega kT}{3\pi a^2 \eta}\,[1 - \exp(-\Delta H_S\,\Delta T/RTT_S)]\,, \tag{2.76}$$

woraus für kleine Unterkühlungen das lineare Kristallwachstumsgesetz folgt.

$$u = \frac{\Omega\,\Delta H_S}{3\pi a^2 \eta N_A T_S}\,\Delta T\,. \tag{2.77}$$

Die Kristallwachstumsgeschwindigkeit ist der Unterkühlung linear proportional. Gl. (2.76) liegt wie bei der Keimbildung die Annahme zugrunde, daß der Transportmechanismus durch die Grenzfläche zwischen Kristalloberfläche und unterkühlter Schmelze mit dem Platzwechselmechanismus im Volumen der Schmelze vergleichbar ist ($D_W = D$).

Die Kristallisationsgeschwindigkeit u erreicht unterhalb der Schmelztemperatur T_S rasch beträchtliche Werte. Sie durchläuft bereits bei geringerer Unterkühlung ein Maximum als die Keimbildungsrate I_v und fällt im T_G-Bereich wie diese auf verschwindend kleine Werte ab (Abb. 2.25.). Die Lage des Maximums kann unter Berücksichtigung der Temperaturabhängigkeit der Viskosität (vgl. 2.2.1.3.), z. B. unter Verwendung von (2.34) aus Gl. (2.76) ermittelt werden, indem man die erste Ableitung nach der Temperatur Null setzt. Nach SCHOLZE u. M. [2.188] gilt zwischen der Viskosität im Bereich der Schmelztemperatur und der Viskosität der Schmelze im Gebiet der maximalen Kristallisationsgeschwindigkeit angenähert die Beziehung

$$\ln \eta_{T_{max}} - \ln \eta_{T_S} \approx 1\,. \tag{2.78}$$

Abbildung 2.25. zeigt für ein Silikatglas die Temperaturabhängigkeit der Größen I_v und u [2.184]. Man erkennt, daß im Bereich geringerer Unterkühlungen die Kristallisationsgeschwindigkeit ein Maximum anstrebt, die Keimbildungsrate aber noch verschwindend kleine Werte aufweist. Bei Temperaturen mit maximaler Keimbildungshäufigkeit ist andrerseits die Kristallwachstumsrate bereits sehr klein. Im Überlappungsgebiet beider Kurven liegen die günstigsten kinetischen Bedingungen für die Phasentransformation der unterkühlten Schmelze in den kristallinen Zustand vor. Nicht nur geringe Beträge von I_v und u sind demzufolge für die Glasbildungstendenz unterkühlter Schmelzen maßgebend. Eine möglichst geringe Überschneidung der beiden Kurven wirkt sich auf die Unterdrückung der Kristallisation gleichfalls günstig aus.

Zeitgesetze der Kristallisation

Die Differentialgleichungen zur Beschreibung der Zeitabhängigkeit des kristallinen Volumenanteil V_{kr} wurden von AVRAMI [2.189] aufgestellt und gelöst (vgl. auch [2.190]). Man erhält

$$\ln \ln [1/(1 - V_{kr})] = (n + 1) \ln t + \ln (FI_v u^n) \tag{2.79}$$

mit $n = 3$ für sphärisches Wachstum, $n = 2$ für die Ausbildung plättchenförmiger Kristalle und $n = 1$ für die Entstehung von Nadeln. F stellt einen Formfaktor dar. Für die Kristallisation unter Bildung annähernd sphärischer Kristallite folgt die Beziehung

$$V_{kr} = 1 - \exp(-FI_v u^3 t^4) \approx \frac{\pi}{3} I_v u^3 t^4 \qquad (V_{kr} \text{ klein}) . \tag{2.80}$$

Gleichung (2.67) für I_v und Gl. (2.76) für u sind in (2.80) zur Beschreibung der Temperatur- und Zeitabhängigkeit des kristallinen Volumenteils unterkühlter Glasschmelzen einzusetzen.

2.3.1.2. *Phasentrennungserscheinungen*

In zahlreichen zusammengesetzten Systemen erfolgt die Aufhebung des Gleichgewichtszustandes der homogenen Schmelze durch Zerfall in zwei flüssige Phasen. Ein derartiger Prozeß ist sowohl aus energetischen als auch aus entropischen Gründen in unterkühlten Schmelzen gegenüber der Kristallisation oftmals bevorzugt.

Entsprechend der aus der Mischphasenthermodynamik bekannten Wechselbeziehung zwischer freier Enthalpie, Mischungsentropie und Enthalpie ergibt sich bei bevorzugter Wechselwirkung zwischen gleichartigen Teilchen häufig bereits oberhalb der Schmelz- oder Liquidustemperatur ein Zerfall in zwei stabile flüssige Phasen. Das System weist eine Mischungslücke auf, die sich erst oberhalb einer bestimmten Temperatur schließt. Die kritische Temperatur T_{krit} kann nach der Regel von CAILLETET-MATHIAS experimentell ermittelt werden, indem man die Anteile der beiden Phasen bei verschiedenen Temperaturen bestimmt.

Mit abnehmender Temperatur nimmt die Tendenz zur Entmischung auf Grund des i. allg. kleiner werdenden Beitrages, der von der Mischungsentropie herrührt, zu. Für glasbildende Schmelzen, die oberhalb der Liquidustemperatur homogen und stabil sind, deren Verhalten aber durch eine ausgeprägte Neigung zur Unterkühlung gekennzeichnet ist, sind demzufolge zumindest in bestimmten Zusammensetzungsbereichen Entmischungserscheinungen zu erwarten. Liegt die kritische Temperatur unterhalb der Liquiduslinie des betreffenden Systems, spricht man auch von einer verdeckten Mischungslücke. Eine Subliquidusentmischung ist im Phasendiagramm i. allg. am Auftreten eines Wendepunktes im Verlauf der Liquidustemperatur erkennbar.

Wird die Entmischungstendenz erst unterhalb der Transformationstemperatur wirksam, bleiben Phasentrennungserscheinungen auf Grund der in diesem Temperaturbereich weitgehend blockierten Platzwechselvorgänge aus.

Mikroinhomogenitäten im Glas wurden Anfang der fünfziger Jahre im Ergebnis elektronenmikroskopischer Untersuchungen erstmals beschrieben [2.191—194]. In der Folgezeit haben insbesondere VOGEL u. M. [2.195, 196] in einer Vielzahl eindrucksvoller Beispiele die zunächst überraschend große Verbreitung derartiger Entmischungserscheinungen experimentell sichergestellt. In der Praxis der Glasherstellung hat das Phasentrennungsverhalten gleichfalls Bedeutung erlangt und sowohl zu einer besseren Beherrschung der Glasproduktion als auch zur Entwicklung völlig neuer Werkstoffe geführt [2.197, 198]. Neben der Elektronenmikroskopie haben insbesondere die RÖNTGEN-Kleinwinkelstreuung und die Methoden der Lichtstreuung bei der Untersuchung von Mikrophasentrennungserscheinungen Bedeutung erlangt. Die theoretische Beschreibung ist durch Arbeiten von CAHN [2.199] und HILLERT [2.200] sehr gefördert worden. In zahlreichen Übersichtsartikeln wird über das Gebiet der Phasentrennungserscheinungen in unterkühlten glasbildenden Schmelzen zusammenfassend berichtet [2.201—203]. Wesentliche Zusammenhänge sind auch in einer Arbeit von UHLMANN und KOLBECK [2.204] dargestellt.

Typische binäre Systeme glasbildender Verbindungen mit ausgeprägter Entmischungstendenz sind SiO_2-B_2O_3 [2.205], aber auch SiO_2-P_2O_5, B_2O_3-P_2O_5 [1.17] und Al_2O_3-SiO_2 [2.206] oder PbO-B_2O_3 [2.207] sowie die große Mannigfaltigkeit von Kombinationen mit zahlreichen weiteren Metalloxiden.

Thermodynamik der Phasentrennung

Abbildung 2.27. zeigt die Übertragung der GIBBSschen Stabilitätskriterien für binäre Mischphasen auf Glasschmelzen nach CAHN und CHARLES [2.208] für den Fall einer bereits oberhalb der Liquidustemperatur einsetzenden Entmischung.

Bei der Temperatur $T = T_1$ liegt ein homogenes einphasiges System vor. Die freie Enthalpie der Mischung ist durch

$$\bar{G} = (1 - x_2)\,\mu_1^0 + x_2\mu_2^0 + (1 - x_2)\,RT\ln a_1 + x_2RT\ln a_2 \tag{2.81}$$

zu beschreiben, d. h. $\bar{G}(x_2)$ verläuft unterhalb der gestrichelt eingezeichneten Geraden, die μ_1^0 mit μ_2^0 in Abb. 2.27.b verbindet ($0 < a < 1$). Die Kurve ist umso stärker nach unten durchgebogen, je mehr die Aktivitätskoeffizienten von 1 nach kleineren Werten abweichen ($f < 1$) und verläuft flacher für Werte von $f > 1$. In Abb. 2.27.b) soll der Kurvenverlauf dem Fall $f > 1$ entsprechen. Die Krümmung ist im gesamten Mischungsbereich positiv.

$$\left(\frac{\partial^2\bar{G}}{\partial x_2^2}\right)_{p,T} > 0\,. \tag{2.82}$$

Es liegt dann eine homogene stabile Phase vor. Allgemein gilt für ein stabiles Gleichgewicht, daß die partiellen zweiten Ableitungen der Zustandsfunktionen nach einer ihrer charakteristischen Extensitätsvariablen (V, S, x) größer als Null, nach einer der Intensitätsvariablen (p, T) kleiner als Null werden.

Bei der Temperatur $T = T_2 < T_1$ ist das Stabilitätskriterium (2.82) zwischen den beiden Wendepunkten r und s, wo $(\partial^2\bar{G}/\partial x^2) = 0$ wird, nicht erfüllt, s. Abb. 2.27.c). In diesem Bereich zerfällt die homogene Phase auf Grund von $(\partial^2\bar{G}/\partial x^2)_{p,T} > 0$ im Ergebnis stets vorhandener infinitesimaler Konzentrationsschwankungen spontan in zwei Phasen der Zusammensetzung r und s. Der Übergang erfolgt zwingend und verläuft ohne Keimbildung. Man bezeichnet ihn als spinodale Entmischung. Die Gleichgewichtszusammensetzung der

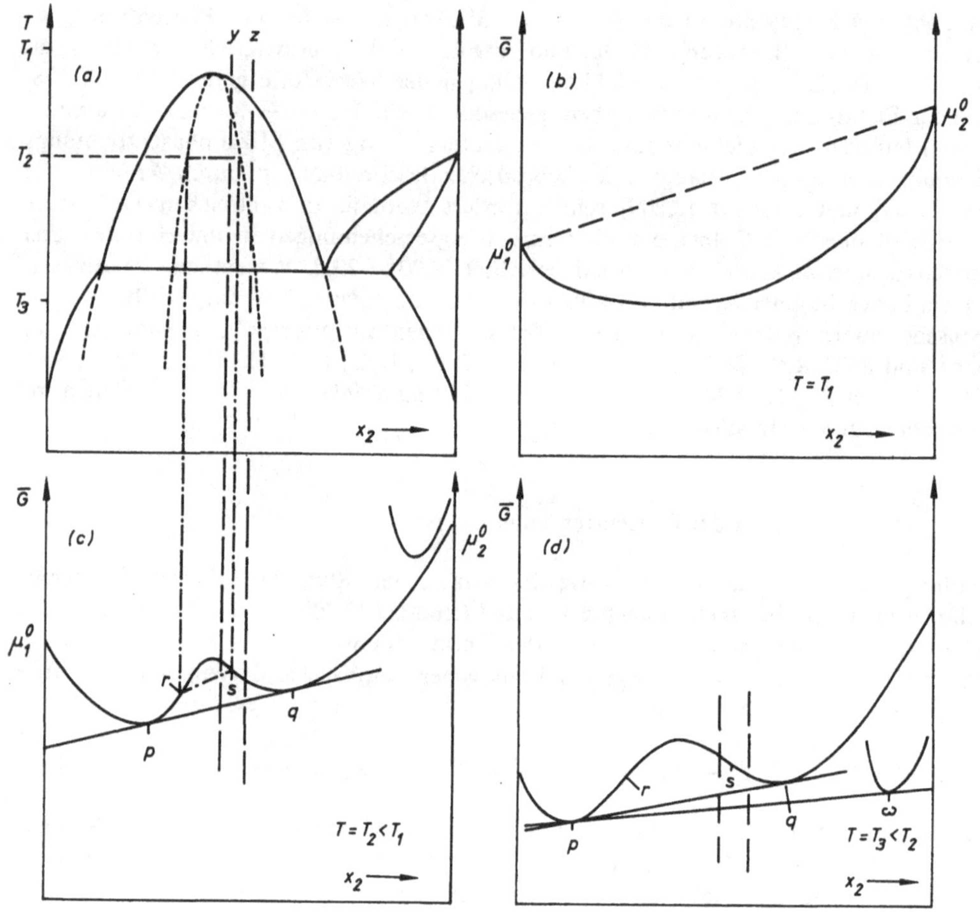

Abb. 2.27. Schematische Darstellung der Abhängigkeit der freien Mischungsenthalpie G vom Molenbruch x_2 in einem quasi-binären System mit Entmischung (*a*) bei den Temperaturen $T = T_1$ — (*b*), $T = T_2 < T_1$ — (*c*) und $T = T_3 < T_2$ — (*d*).

beiden koexistierenden Phasen entspricht allerdings den beiden Minima in der $\bar{G}(x)$-Kurve. Gleichung

$$\left(\frac{\partial \bar{G}}{\partial x_p}\right)_{p,T} = \left(\frac{\partial \bar{G}}{\partial x_q}\right)_{p,T} \tag{2.83}$$

bedeutet gleiche Neigung der Tangenten in den Punkten p und q. Erst bei diesen Zusammensetzungen ist das System stabil. Zwischen p und r bzw. s und q ist (2.82) erfüllt. Die homogene Phase ist in diesen Gebieten existenzfähig, in bezug auf den Zerfall in zwei Phasen mit der Zusammensetzung p und q jedoch metastabil. Hier erfolgt die Phasentrennung unter Keimbildung mit anschließendem Wachstum der Entmischungsbezirke.

Stabilität im Sinne der Existenz von nur einer homogenen Phase liegt also nur in den Bereichen vor, in denen die $\bar{G}(x)$-Kurve gegen die x-Achse konvex verläuft. Zwischen p

und q ist der Verlauf konkav und die Stabilität aufgehoben. Es treten hier zwei metastabile Konzentrationsgebiete zwischen p und r und s und q sowie ein instabiler Bereich in der Mitte zwischen r und s auf. Betrachtet man weitere Temperaturen, so ergibt sich aus der Verknüpfung der verschiedenen Punkte p und q die Gleichgewichtskurve der beiden koexistierenden flüssigen Phasen, Abb. 2.25. a), während der Verlauf der Wendepunkte r und s die punktiert eingezeichnete Spinodale darstellt, die den metastabilen vom instabilen Bereich abgrenzt.

Bei der Temperatur $T = T_3 < T_2$ befindet sich eine kristalline Phase der Zusammensetzung w mit einer homogenen flüssigen Phase im Gleichgewicht, s. Abb. 27. d). Je nach der Kinetik, die der Einstellung eines solchen Gleichgewichts zugrunde liegt, werden sich für die Kristallphase unterschiedliche Morphologien ergeben.

Kinetik der Phasentrennung

Geht man von der Zusammensetzung y in Abb. 2.27. aus, wird beim Abkühlen vor der kristallinen Ausscheidung selbst bei relativ hoher Abkühlgeschwindigkeit ein spontaner Zerfall in zwei flüssige Phasen eintreten, die sich beide weitgehend durchdringen, wobei die Strukturierung um so feiner ausfällt, je höher die Abkühlgeschwindigkeit ist. Bei Vorliegen von Subliquidus-Entmischung und unter der Annahme, daß die Stofftransportprozesse im Bereich der Unterkühlung bei der angewandten Abkühlrate gerade noch der Ausbildung der der Spinodale entsprechenden Zusammensetzungen folgen können, ist im Transformationsbereich bei T_G die Fixierung einer derartigen Durchdringungsstruktur zu erwarten. Das Glas läßt in diesem Fall in elektronenmikroskopischen Aufnahmen eine entsprechende Mikrostrukturierung erkennen.

Es ist aber auch möglich, daß vor der glasartigen Erstarrung oder bei einem nachträglichen Temperprozeß in einer der beiden Phasen Keimbildungsprozesse wirksam werden, die zur Kristallisation, z. B. zur Ausscheidung der Phase w, führen.

Man muß weiterhin berücksichtigen, daß die der Spinodalen entsprechenden Zusammensetzungen nicht dem Gleichgewichtszustand entsprechen. Läßt es die Kinetik der Transportvorgänge in der Schmelze und zwischen den beiden flüssigen Phasen unter den Bedingungen der betreffenden Temperaturführung zu, wird das Zweiphasensystem der den jeweiligen Minima in der $\bar{G}(x_2)$-Kurve entsprechenden Gleichgewichtszusammensetzungen p und q zustreben. Auf dem Wege dorthin bzw. von den Endpunkten p und q, im Falle von Abb. 2.27. d) also von Punkt q, können Keimbildungs- und Kristallisationsprozesse gleichfalls starten.

Liegt der Schmelze die Zusammensetzung z zugrunde, bleibt die spinodale Entmischung aus. Für den metastabilen Bereich verlangt die Thermodynamik im Falle des Zerfalls in zwei flüssige Phasen eine Keimbildungsperiode, an die sich ein diffusionsbestimmter Wachstumsprozeß anschließt. Werden derartige Vorgänge durch eine hinreichend hohe Abkühlrate unterlaufen, können homogene Gläser erhalten werden. Kühlt man genügend langsam ab oder tempert man das Glas nachträglich bei Temperaturen $T \geqq T_G$, bilden sich i. allg. in hoher Dichte (10^{12} bis 10^{16} cm^{-3}) tröpfchenförmige Entmischungsbezirke aus, die sich im elektronenmikroskopischen Bild sichtbar machen lassen. Ihr Wachstum in Abhängigkeit von Temperatur und Zeit ist in einer großen Zahl von Arbeiten untersucht worden, z. B. [1.17, 2.204]. Haben sich die Mikrophasen gebildet, ist der Stoffaustausch mit der Matrix oftmals stark gehemmt, so daß sich bei tieferer Temperatur erneut eine Übersättigung einstellt, die zu sekundärer Entmischung in den Tröpfchen und auch in der

Matrix führen kann. Es sind sogar Beispiele einer mehrstufigen Abfolge derartiger Entmischungsvorgänge bekannt geworden.

Als Alternative zur Mikrophasentrennung besteht für eine Schmelze der Zusammensetzung *z* in Abb. 2.27. die Möglichkeit der unmittelbaren Kristallisation. Die maximale freie Keimbildungsenthalpie ist vor allem maßgebend für den Weg, den das System bei der Stabilisierung in Richtung höherer Ordnungszustände einschlägt. Δg_{max} hängt von der freien Grenzflächenenthalpie Δg_0 ab (2.65), und letztere ist für die Ausbildung tröpfchenförmiger nichtkristalliner Keime zweifellos geringer als im Falle der Bildung kristalliner Zentren. Nach Messungen von HAMMEL [2.210] ist die freie Grenzflächenenthalpie zwischen Schmelze und Tröpfchenphase im Falle des in dieser Arbeit untersuchten Silicatglases um mehr als eine Größenordnung geringer als zwischen Schmelze und kristallinem Keim. Es ist daher ohne weiteres verständlich, daß Phasentrennungserscheinungen gegenüber der Kristallisation bevorzugt ablaufen, in Zusammensetzungsgebieten mit Mischungslücke der Entglasung also vorausgehen.

Abschließend ist im Rahmen dieser kurzgefaßten Darstellung festzustellen, daß es oftmals nicht ohne weiteres möglich ist, den Mechanismus der Mikrophasentrennung in unterkühlten Schmelzen auf dem Wege der Keimbildung von der spinodalen Entmischung abzugrenzen. Die tröpfchenförmigen Entmischungsbezirke unterliegen einem diffusionsbegrenzten Wachstumsprozeß, und aus der Tendenz zur Verminderung der Oberflächenspannung resultiert eine Triebkraft zur Koaleszenz, so daß sich sekundär eine Verbundstruktur ausbilden kann [2.211—213]. Andrerseits wurde beobachtet, daß eine aus der spinodalen Phasentrennung hervorgegangene Mikrostruktur nachträglich in tröpfchenähnliche Entmischungsbezirke übergeht [2.214]. Es sind auch Beispiele aufgezeigt worden, in denen sich je nach der thermischen Vorgeschichte entweder das eine oder das andere Mikrostrukturgefüge herausbildet [2.215, 216].

Der Mechanismus der Frühstadien der Phasentrennung in glasbildenden Schmelzen ist durch Sekundärprozesse vielfach verdeckt. Die experimentelle Überprüfung der vorhandenen theoretischen Ansätze ist daher mit beträchtlichen Schwierigkeiten verbunden und die Kenntnis der eigentlichen Phasenbildungsprozesse demzufolge bisher noch recht unvollständig.

2.3.2. *Kritische Abkühlgeschwindigkeit und Glasbildungstendenz*

Nach den vorangegangenen Darlegungen sind Gläser als eingefrorene unterkühlte Schmelzen im Sinne der Isotropie von Flüssigkeiten homogen oder, falls in Systemen mit Mischungslücke im Prozeß der Abkühlung eine Phasentrennung stattfindet, mikroheterogen aufgebaut. Beide Phasen sind flüssig bzw. bei Unterschreiten der Transformationstemperatur glasartig. Der Glaszustand schließt also sowohl homogene als mikroheterogene Strukturen ein. Die Abgrenzung ist erst durch den Übergang in den kristallinen Zustand gegeben, obwohl die Phasentrennung gegenüber der homogenen Schmelze bereits als ein erster Schritt der Stabilisierung in Richtung höherer Ordnungszustände zu interpretieren ist.

Eine Reihe empirischer Ansätze zur Beschreibung der Glasbildungstendenz von Verbindungen und Stoffsystemen wurde bereits in 2.2.2.5. mitgeteilt. Ein weiterer Zugang zur Erfassung dieser für die Ausbildung amorpher Festkörperzustände wesentlichen Eigenschaft wird durch die gesetzmäßigen Beziehungen vermittelt, die der Kinetik der Bildung kristalliner Keime und deren Wachstum zugrunde liegen. Nach (2.67) ist die homogene

Keimbildungshäufigkeit umso geringer, je größer die Viskosität und desto größer die maximale freie Keimbildungsenthalpie ist. Die binäre Kristallwachstumsgeschwindigkeit hängt nach (2.76) in gleicher Weise von der Viskosität ab. Sie nimmt umso größere Werte an, je größer die Schmelzenthalpie ist.

Die älteste Definition der Glasbildungstendenz geht auf DIETZEL [2.217] zurück. Von ihm wurde der reziproke Wert der linearen Kristallisationsgeschwindigkeit als ein angenähertes Maß für die Glasigkeit eingeführt.

Geeigneter und der kinetischen Beschreibung der Glasbildung besser angepaßt erscheint die kritische Abkühlgeschwindigkeit q_{krit}. Man versteht darunter die Mindestabkühlgeschwindigkeit, bei der gerade noch Glasbildung festgestellt werden kann. Da die Erfassung sehr geringer kristalliner Anteile im Glas keineswegs einfach ist und von der Untersuchungsmethode abhängt, sind für den partiell-kristallinen Zustand nähere Festlegungen zu treffen.

Einen semi-empirischen Näherungsansatz geben SARGEANT und ROY [2.218] an. Sie gehen von der einfachen Annahme aus, daß q_{krit} der Schmelztemperatur T_S direkt und der Relaxationszeit τ und damit der Viskosität η (vgl. 2.12) bei T_S umgekehrt proportional ist.

$$q_{\mathrm{krit}} = \frac{cRT_S^2}{\eta V}\,. \tag{2.84}$$

Die Konstante $c = 2{,}0 \cdot 10^{-6}$ wurde allerdings aus Daten für NaCl abgeleitet, was problematisch erscheint, da q_{krit} für diese Substanz bisher aus experimentellen Untersuchungen nicht bekannt ist. Für eine Reihe verschiedener Oxide wurde auf dieser Basis eine Abschätzung der erforderlichen kritischen Abkühlgeschwindigkeit vorgenommen und eine grobe, aber keineswegs hinreichende Übereinstimmung mit experimentellen Befunden festgestellt.

Nach STEVELS u. M. [2.219] und TURNBULL [2.4] ist die Keimbildungsrate maßgebend. Sie muß von der Abkühlgeschwindigkeit überboten werden. Man berechnet z. B. nach (2.67) die Zeit t_{krit}, in der sich 1 Keim in einem Volumen von 1 cm^3 bilden kann. Für das Zeitintervall Δt, in dem das Gebiet der maximalen Keimbildungsgeschwindigkeit während der Abkühlung durchlaufen wird, gilt dann die Forderung $\Delta t \leqq t_{\mathrm{krit}}$.

UHLMANN [2.6] verwendet dagegen die klassische kinetische Gleichung (2.80) für die Volumenkristallisation. Ein kristalliner Volumenanteil V_{kr} von 10^{-6} wird als gerade noch nachweisbar angesehen. Durch Kombination von (2.80) mit (2.76) und (2.67) sowie (2.65) erhält man eine Beziehung, die es gestattet, die Zeit t (*T*ime) für die *T*ransformation von 10^{-4} Vol-% ($= V_{\mathrm{kr}}$) in den kristallinen Zustand in Abhängigkeit von der Temperatur näherungsweise zu berechnen.

$$t = \frac{9{,}3\eta^4}{kT}\left\{\frac{a^9 V_{\mathrm{kr}}}{\Gamma\Omega^3 N}\left[\exp\frac{16\pi\beta^3\,\Delta H_S\,T_S^4}{3N_A RT^3(\Delta T)^2}\right]\Big/\left[1-\exp\left(-\Delta H_S\Delta T/RTT_S\right)\right]\right\}. \tag{2.85}$$

Voraussetzung ist die Kenntnis der Temperaturabhängigkeit der Viskosität im Bereich der Unterkühlung.

In Abb. 2.28. ist der Verlauf der *TTT*-Kurven für SiO_2 nach UHLMANN [2.6] und für die Glasbildung von Te, Ge, für Ni als ein Metall und eine Metallegierung nach DAVIES [2.220] angegeben. Man erkennt, daß bei geringer Unterkühlung der vorgegebene kristalline Volumenanteil erst nach einer längeren Zeit anfällt, und ebenso ist bei großer Unterkühlung die Kristallisationsrate klein. Die kürzeste Zeit, in der ein Volumenanteil von

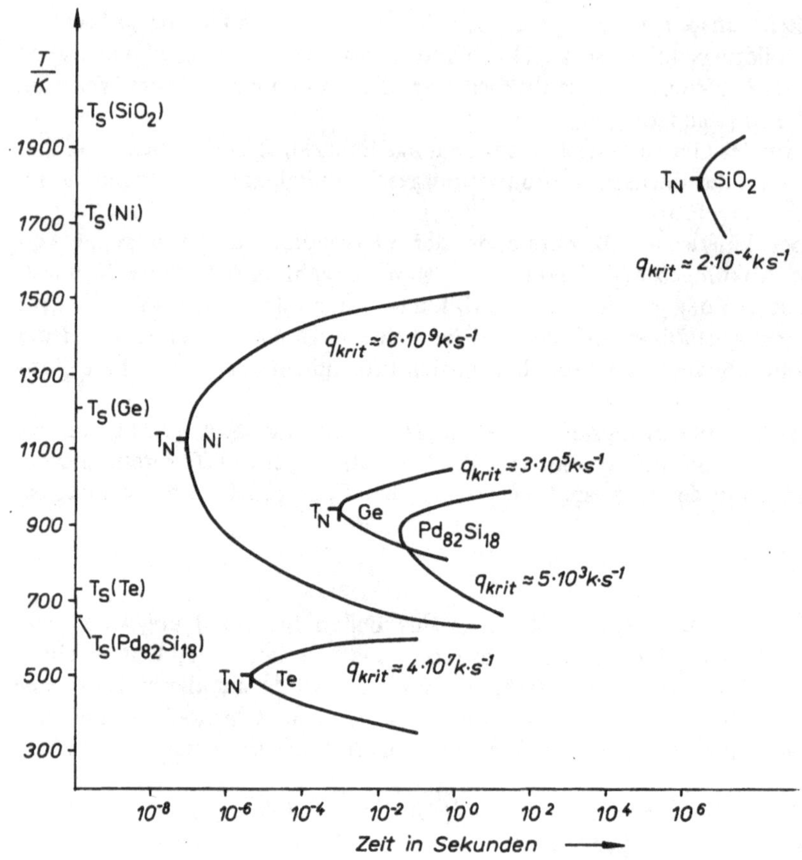

Abb. 2.28. Zeit(*T*ime)-*T*ransformations-*T*emperatur (*TTT*)-Kurven.
Sie entsprechen Zeitintervallen, die bei der betreffenden Unterkühlung $\Delta T = T_S - T$ zur Kristallisation von 10^{-4} Vol.-% führen, T_N, „Nasentemperatur".

10^{-6} kristallisiert, liegt bei der „Nasentemperatur" T_N vor (benannt nach der Form der Kurve). Die kritische Abkühlrate wird dann durch die lineare Abkühlkurve angegeben, die die Berührung der *TTT*-Kurve bei T_N gerade vermeidet und ist durch

$$q_{\text{krit}} = \frac{T_S - T_N}{t_N} \qquad (2.86)$$

zu beschreiben. Die Werte T_N und t_N lassen sich für die aufgeführten Beispiele der Abb. 2.28. entnehmen. T_S ist die Schmelztemperatur. Während die *TTT*-Kurven für SiO_2, Ni und $Pd_{82}Si_{18}$ eine kritische Abkühlrate ergeben, die mit der Erfahrung zumindest grob übereinstimmt (Abweichungen innerhalb einer Größenordnung), liegen die Werte für Te und insbesondere für Ge doch weit ab von den experimentellen Bedingungen, die für die Darstellung glasartiger bzw. amorpher Zustände bei diesen Substanzen erforderlich sind.

VREESWIJK u. M. [2.209] gehen schließlich davon aus, daß in hochviskosen unterkühlten

Schmelzen die Zeit für die Einstellung einer stationären Keimbildungsrate, wie sie UHLMANN verwendet, nicht ausreicht, berücksichtigen also mit (2.70) die nichtstationäre Keimbildung. Unter Verwendung von (2.72) ergibt sich ein Zusammenhang zwischen Keimbildungsrate $I_{v,1}$ und Abkühlrate $q = (T_S - T)/\Delta t = \Delta T/t$

$$I_{v,t} = I_v \exp\left[-\frac{3\pi^2 M\eta q}{RT\,\Delta T\,\varrho}\right]. \tag{2.87}$$

Die Zahl der Keime n_K im Volumen v

$$n_K = v\int_0^t I_{v,t}\,\mathrm{d}t \tag{2.88}$$

wird in Abhängigkeit von der Abkühlgeschwindigkeit $q = \Delta T/\mathrm{d}t$ bestimmt, wobei für die kritische Abkühlrate q_{krit} in diesem Fall das Auftreten eines Keims im Volumen von 1 cm^3 festgelegt wird.

RÜCKENSTEIN und IHM [2.221] verwenden einen ähnlichen Ansatz wie UHLMANN, beziehen sich aber bei der Definition der Glasbildungstendenz auf eine Zeitspanne, die bei gegebener Abkühlgeschwindigkeit bis zum Erreichen der Transformationstemperatur T_G des Glases verstreicht. Als Grenzwert für den Übergang in den bereits als partiell kristallin anzusprechenden Zustand wird hier ein Volumenanteil von 10^{-4} vorgeschlagen.

In Tab. 2.7. sind einige der verschieden definierten kritischen Abkühlgeschwindigkeiten q_{krit} in $K \cdot s^{-1}$ für eine Reihe glasbildender Verbindungen und anderer Substanzen angegeben. Man erkennt aus den weit auseinander liegenden Werten, daß die Grundlagen für eine gültige Bewertung der Glasbildungstendenz von Stoffsystemen bisher keineswegs als geklärt zu betrachten sind. Das gleiche gilt für die *TTT*-Kurven in Abb. 2.28. Die Einordnung in der Temperatur-Zeit-Ebene stimmt nur grob mit der Erfahrung überein.

Tabelle 2.7. Kritische Abkühlgeschwindigkeiten von Substanzen

Verbindung	SARGEANT [2.218]	UHLMANN [2.6]	VREESWIJK u. M. [2.209]	RÜCKENSTEIN, IHM [2.221]
SiO_2	4	$2 \cdot 10^{-4}$	10^{-1}	$1{,}4 \cdot 10^{-3}$
GeO_2	—	$7 \cdot 10^{-2}$	10^{-11}	$1{,}2 \cdot 10^{-3}$
B_2O_3	—	—	10^{-16}	$5{,}2 \cdot 10^{-8}$
P_2O_5	—	—	10^{-23}	$1{,}2 \cdot 10^{-6}$
As_2O_3	—	—	10^{7}	$1{,}3 \cdot 10^{4}$
BeF_2	—	—	10^{-3}	$9{,}5 \cdot 10^{-5}$
Pb	10^{8}	—	10^{10}	$4{,}7 \cdot 10^{8}$

Ansätze zur theoretischen Beschreibung der Bildung nichtkristalliner Zustandsformen von Festkörpern durch Kondensation aus der Gasphase befinden sich erst in den Anfängen. Erste Arbeiten zur Erfassung kinetischer Kriterien für die kristalline oder amorphe bzw. glasartige Abscheidung einer Substanz wurden z. B. von AVRAMOV und GUTZOW [2.445] veröffentlicht.

2.4. Struktur und chemische Bindung in Gläsern und amorphen Festkörpern

Die makroskopische Beschreibung von Erscheinungen der Glasbildung aus thermodynamischer und kinetischer Sicht in dem Bestreben, bis zu mikroskopischen Modellvorstellungen vorzudringen, bedarf noch der Ergänzung durch eine Betrachtungsweise, die von vornherein von den Atomen und Baugruppen und deren geometrischen und energetischen Beziehungen untereinander ausgeht. Die Tendenz zur Ausbildung amorpher bzw. glasartiger Festkörperzustände variiert in außerordentlich weiten Grenzen, so daß die Frage zu stellen ist, welche Struktur- und Bindungsverhältnisse in Stoffsystemen mit ausgeprägter Glasbildungstendenz vorliegen.

Es wird zunächst auf einige grundlegende Methoden der Strukturuntersuchung von Gläsern eingegangen und deren Aussagefähigkeit an ausgewählten Beispielen erläutert. Die Ergebnisse begründen den Aufbau aus Nahordnungsbereichen, die untereinander makromolekular und ohne Fernordnung verknüpft sind. Sie stellen ein wesentliches Strukturmerkmal amorpher bzw. glasartiger Festkörperzustände dar.

Bei den einfachen glasbildenden Verbindungen, den sog. Grundglasbildnern, hat sich die Einführung eines idealen Grenzzustandes der Glasstruktur als zweckmäßig erwiesen. Im realen Glas ist die durch nichtperiodische Verknüpfung von Nahordnungsbereichen gekennzeichnete Struktur durch spezifische Punktdefekte im Sinne einer chemischen Eigenfehlordnung modifiziert. Derartige Modellvorstellungen haben das Verständnis glasartiger Zustände im festkörperchemischen Sinne sehr gefördert.

Vergleichende Messungen makroskopischer Eigenschaften in Abhängigkeit von der Zusammensetzung sind bei Kenntnis der Art der Baugruppen oftmals strukturchemisch interpretierbar. Rückschlüsse auf den strukturellen Aufbau sind jedoch allenfalls durch Kombination verschiedener Untersuchungsmethoden gegeben. Markante Änderungen im Verlauf bestimmter Eigenschaften sind zwar stets Ausdruck von Strukturänderungen im betreffenden Stoffsystem, eine eindeutige Zuordnung ist jedoch ohne Inanspruchnahme weiterer Methoden kaum möglich.

2.4.1. *Grundlegende Methoden der Strukturuntersuchung von nichtkristallinen Festkörpern*

Die Aufhebung der Translationsinvarianz kristalliner Gitter bedeutet, daß die Struktur nicht mehr auf eine kleinste Wiederholungseinheit, die Elementarzelle, zurückgeführt werden kann. Es lassen sich nur noch Wahrscheinlichkeitsaussagen über die Verteilung von Atomen in der Umgebung eines beliebigen Referenzatoms machen. Die Häufigkeit, mit der Abstände zwischen je zwei Atomen in einer Glasprobe auftreten, kann mit Hilfe von Beugungsmethoden ermittelt werden. Sie gestatten Aussagen über die Nahordnung, wenngleich nur für homonukleare Systeme eine eindeutige Bestimmung gegeben ist. Es ist darüber hinaus möglich, auf die nähere Umgebung, d. h. auf die zweite und dritte sowie gegebenenfalls auf noch höhere Koordinationssphären zu schließen und damit gewisse Angaben über die weitere Verknüpfung der Nahordnungsbereiche abzuleiten.

Molekülspektroskopische Methoden, insbesondere die Infrarot- und Ramanspektroskopie, haben sich für die Strukturaufklärung in heteronuklearen glasbildenden Systemen als äußerst wertvoll erwiesen. Die Strukturinformationen beziehen sich vor allem auf die Nahordnungsbereiche selbst und deren Symmetrie.

Eine dritte Gruppe von Methoden nutzt schließlich die Eigenschaften atomarer Bausteine aus, die durch die chemische Umgebung, d. h. Art, Zahl und Anordnung von Bindungspartnern um ein Zentralatom beeinflußt werden. Hierher gehören die Photoelektronenspektroskopie, die Kernresonanz- und MÖSSBAUER-Spektroskopie, für bestimmte Übergangsmetallkationen auch die UV/VIS-Spektroskopie sowie weitere physikalische Methoden der Festkörperanalytik.

Detaillierte Aussagen zum strukturellen Aufbau von Gläsern werden neuerdings in wachsendem Maße auch auf chemisch-präparativem und chemisch-analytischem Wege zugänglich.

2.4.1.1. *Beugungsmethoden*

RÖNTGEN-Beugung

Amorphe Festkörper ergeben wie Flüssigkeiten und Gase bei der Einstrahlung monochromatischer RÖNTGEN-Strahlung ein Beugungsbild, das durch eine Verteilungsfunktion der Streuintensität in Abhängigkeit von der Winkelvariablen $s = 4\pi \sin \vartheta/\lambda$ zu beschreiben ist. Es resultiert aus der Superposition der Wellenzüge, die an sämtlichen Atomen der Probe in eine bestimmte Richtung gebeugt werden und enthält die Information über die Verteilung der Abstände zwischen den streuenden Teilchen in der betreffenden Substanz. Über die Theorie ist in zahlreichen Abhandlungen berichtet worden [2.222–224].

Die Intensitätsfunktion wird durch die DEBYEsche Summenformel erfaßt.

$$I = \sum_m \sum_n f_m(s)\, f_n(s)\, \frac{\sin s r_{mn}}{s r_{mn}}\,. \tag{2.89}$$

Darin bedeuten r_{mn} der Betrag des Abstandsvektors zwischen den Atomen m und n; f_m und f_n sind die Atomformamplituden der Atome m und n.

Liegen in der Probe N gleiche Atome in gleichartiger Umgebung vor, vereinfacht sich Gl. (2.89) zu

$$I = N f^2 \sum_m \frac{\sin s r_{mn}}{s r_{mn}}\,, \tag{2.90}$$

woraus unter Berücksichtigung von $r_{mn} \to 0$, $(\sin s r_{mn})/(s r_{mn}) \to 1$ und mit Einführung der Dichtefunktion $\varrho(r)$

$$I = N f^2 \left[1 + \int_0^\infty 4\pi r^2 \varrho(r)\, \frac{\sin s r}{s r}\, \mathrm{d}r\right] \tag{2.91}$$

folgt. $\varrho(r)$ gibt die Zahl der Atome im Abstand r vom Referenzatom an und $4\pi r^2 \varrho(r)\, \mathrm{d}r$ die Zahl der Atome, die in einer Kugelschale im Abstand r und der Dicke $\mathrm{d}r$ enthalten sind. Mit ϱ_0, der Dichte der untersuchten Probe, ist in

$$I = N f^2 \left\{1 + \int_0^\infty 4\pi r^2 [\varrho(r) - \varrho_0]\, \frac{\sin s r}{s r}\, \mathrm{d}r + \int_0^\infty 4\pi r^2 \varrho_0\, \frac{\sin s r}{s r}\, \mathrm{d}r\right\} \tag{2.92}$$

das zweite Integral in dem bei einer Weitwinkelmessung erfaßten Bereich der s-Werte zu vernachlässigen. Anwendung des FOURIERschen Integraltheorems führt schließlich zu

$$4\pi r^2 \varrho(r) = 4\pi r^2 \varrho_0 + \frac{2r}{\pi} \int\limits_0^\infty s \left(\frac{I}{Nf^2} - 1 \right) \sin sr \, ds\,, \tag{2.93}$$

der „Radialen Dichteverteilungsfunktion" (RDF), die durch Berechnung des Integralausdrucks in den Grenzen gemessener s-Werte ermittelt werden kann. Auf die Konsequenzen, die sich in bezug auf die Schärfe der erhaltenen Strukturaussagen aus der Beschränkung der Integrationsgrenzen ableiten (Abbrucheffekte) und die erforderlichen Korrekturen, die an der gemessenen Intensitätskurve vorzunehmen sind, soll hier nicht näher eingegangen werden.

Abbildung 2.29. zeigt die radiale Dichteverteilungsfunktion für glasartiges Selen nach KREBS und STEFFEN [2.225]. Die mittlere Kurve $4\pi r^2 \varrho_0$ beschreibt die Verteilung, die die Substanz als strukturloses Kontinuum ergeben würde. Sämtliche Abstände zwischen den als punktförmig angenommenen streuenden Teilchen treten in diesem Fall in statistischer Gleichverteilung auf. Die Abweichung der RDF von dieser mittleren Kurve enthält die

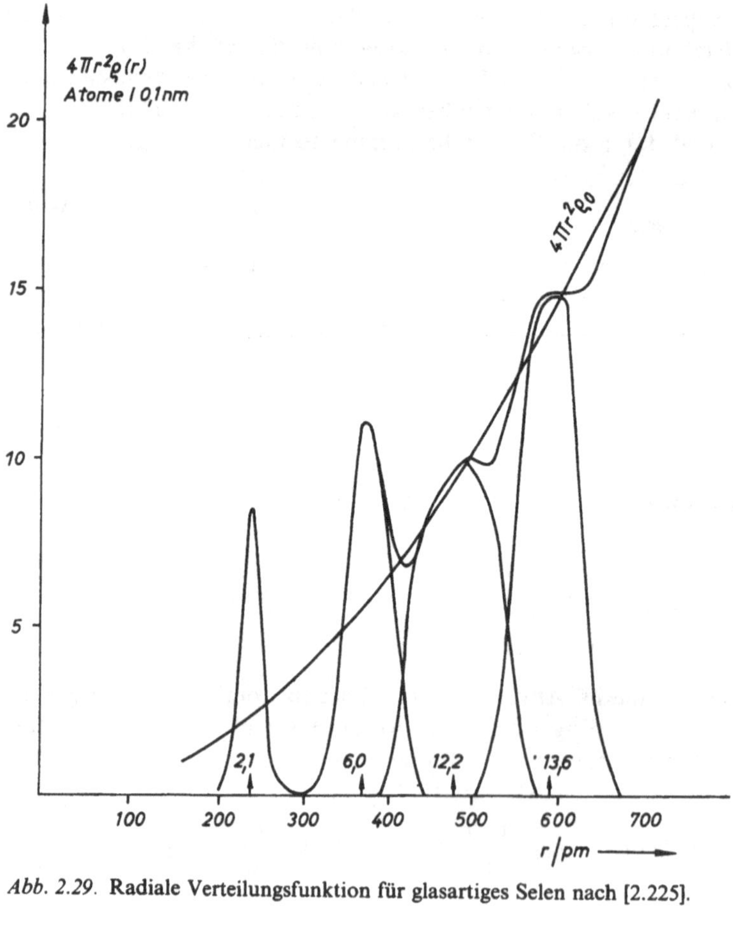

Abb. 2.29. Radiale Verteilungsfunktion für glasartiges Selen nach [2.225].

Strukturinformation. Man erkennt, daß Abstände zwischen zwei Atomen, die kleiner sind als die chemische Bindungslänge, nicht auftreten. Die Integration über die Fläche des ersten Maximums ergibt die Zahl der Teilchen in der ersten Koordinationssphäre, gestattet also Aussagen über die Nahordnungsstruktur. Es handelt sich im vorliegenden Fall um 2 Atome, was auf eine kettenartige Verknüpfung und damit auf eine mit der Struktur des kristallinen Selens vergleichbare Nahordnung schließen läßt. Auch das zweite Maximum ist noch relativ eindeutig interpretierbar. Der Bindungsabstand zwischen einem Se-Atom und den 4 benachbarten Atomen, die im kristallinen Selen 3 Selenketten in der unmittelbaren Umgebung angehören (vgl. 3.1.3.2.), ist im Selenglas auf den van der Waalsschen Abstand aufgeweitet, und dieser fällt zufällig mit den beiden übernächsten Abständen innerhalb der gleichen Kette zusammen, so daß der Fläche insgesamt 6 Atome entsprechen. Die Eindeutigkeit, mit der die weiteren Maxima auf bestimmte Atomanordnungen zurückgeführt werden können, nimmt auf Grund der Mannigfaltigkeit ähnlicher Konfigurationen rasch ab. Die RDF nähert sich dementsprechend mit steigendem Abstand vom Referenzatom immer mehr der mittleren Kurve an.

Für heteronukleare Systeme mit N gleichen Struktureinheiten folgt aus (2.89) Gleichung

$$I = N \sum_p f_p^2 + \sum_m \sum_n^{m \neq n} f_m f_n \frac{\sin sr_{mn}}{sr_{mn}} . \tag{2.94}$$

Die erste Summe ist über alle Atome einer Struktureinheit zu bilden, die zweite entspricht beliebigen Atompaaren in der Probe. Man geht wiederum zu einer kontinuierlichen Verteilung der Atome in der Umgebung eines Referenzatoms über. Unter der plausiblen Annahme, daß die Zahl der Atome m, n in der Kugelschale mit dem Radius r und der Dicke dr, a_m, a_n ist, läßt sich eine gewichtete Dichtefunktion $4\pi r^2 \varrho_m(r)\,\mathrm{d}r = \sum a_m f_m$ definieren, woraus in Verbindung mit obiger Gleichung

$$I = N \left[\sum_m f_m^2 + \sum f_m \int_0^\infty 4\pi r^2 \varrho_m(r) \frac{\sin sr}{sr} \,\mathrm{d}r \right] \tag{2.95}$$

folgt. In diesem Ausdruck hängen sowohl $\varrho_m(r)$ als auch f_m von s ab, so daß die Fouriertransformation zunächst noch nicht vorgenommen werden kann.

Die aus verschiedenartigen Atomen aufgebauten Substanzen erfordern also die Einführung einer Näherung. Sie kann auf Grund der sehr ähnlichen s-Abhängigkeit der Atomformamplituden im Falle nicht zu verschiedener Ordnungszahlen gefunden werden. Man ordnet allen Atomen ein Vielfaches des Streufaktors des freien Elektrons als Atomformamplitude zu. Die Proportionalitätsfaktoren haben dann die Bedeutung effektiver Elektronenzahlen der Atome

$$f_m(s) = K_m f_e(s) \tag{2.96}$$

und die atomare Dichteverteilungsfunktion $\varrho_m(r)$ kann durch eine Elektronendichtefunktion $g_m(r)$ ersetzt werden

$$\varrho_m(r) = f_e g_m(r) . \tag{2.97}$$

Mit Einführung einer mittleren Elektronendichte g_0 und unter Vernachlässigung des Kleinwinkelanteils der Streuung erhält man

$$\frac{I}{N} - \sum_n f_m^2 = 4\pi f_e^2 \int_0^\infty \sum_m K_m[g_m(r) - g_0]\, r^2 \frac{\sin sr}{sr}\, \mathrm{d}r\,, \tag{2.98}$$

woraus durch Anwendung des FOURIERschen Integraltheorems

$$4\pi r^2 \sum_m K_m g_m(r) = 4\pi r^2 g_0 \sum_m K_m + \frac{2r}{\pi} \int_0^\infty s \frac{\frac{I}{N} - \sum f_m^2}{f_e^2} \sin sr\, \mathrm{d}s \tag{2.99}$$

folgt. Die RDF ergibt sich im Rahmen der hier gewählten Näherung als eine Darstellung e^2/r in Abhängigkeit vom Abstand r.

Abbildung 2.30. zeigt die RDF des Kieselglases nach ZICKERT u. M. [2.226] (Kurve *c*) zusammen mit einer aus experimentellen Untersuchungen von MOZZI und WARREN [2.227] berechneten (Kurve *b*) und der aus dem statistischen Netzwerkmodell von BELL und DEAN [2.228] (Kurve *a*) abgeleiteten radialen Elektronendichteverteilungsfunktion. Die ältere Messung von WARREN, KRUTTER und MORNINGSTAR [2.229] ist in Abb. 2.30. d) zum Vergleich mit angegeben. Sie weist ein geringeres Auflösungsvermögen auf, erbrachte aber in dieser Form frühzeitig eine experimentelle Stütze für das von ZACHARIASEN [2.230] vorgeschlagene Netzwerkmodell der Glasstruktur.

Das erste Maximum entspricht mit 161 pm dem Si-O-Bindungsabstand und mit der zugehörigen Fläche der Elektronendichte der $[SiO_4]$-Nahordnungsbereiche, die der Struktur des Glases als tetraedrische Baugruppen zugrunde liegen. Das zweite Maximum ist überwiegend dem O-O-Abstand entlang der Tetraederkanten und das dritte dem Si-Si-Abstand benachbarter Tetraeder zuzuordnen. Es wurde daraus eine Verteilung des Bindungswinkels am Brückensauerstoffatom zwischen 120 und 180° mit einem Maximum bei 144° abgeleitet [2.227].

Man konstruiert Strukturmodelle und variiert die Konfiguration der Baugruppen, bis eine weitgehende Anpassung der RDF des Modells an die experimentelle RDF erreicht ist. Dabei ist zu beachten, daß die Mannigfaltigkeit struktureller Konfigurationen, die sich nur geringfügig voneinander unterscheiden, mit zunehmendem Wert des Abstandsvektors r rasch anwächst, das Kriterium der Eindeutigkeit bei dem derzeitig erreichbaren Auflösungsvermögen für größere Strukturbereiche also nicht gegeben ist.

Es darf weiterhin nicht übersehen werden, daß sich die Interpretation der RDF des Kieselglases auf zusätzliche Informationen stützt. Si-Si- und O-O-Bindungen sind aus chemisch plausiblen Gründen auszuschließen. In heteronuklearen Systemen, z. B. in metallischen Gläsern, sind bereits bei nur zwei verschiedenen Atomarten *A* und *B* zur Ermittlung der Paarverteilungen *A-A*, *A-B* und *B-B* drei unabhängige Beugungsexperimente erforderlich [2.231]. Die Neutronenbeugung und in gewissen Grenzen auch die Elektronenbeugung sind daher Untersuchungsmethoden, die eine wesentliche Ergänzung zur Röntgenbeugung darstellen.

Neutronenbeugung

Die Beugung von Neutronen erfolgt an den Atomkernen, deren geometrische Abmessungen weit unterhalb der Neutronenwellenlänge liegen. Die Beugungsintensität ist sphärisch symmetrisch, d. h. die Atomformamplituden f_N sind unabhängig vom Beugungswinkel, was die Auswertung vereinfacht. Man verwendet Neutronen der Wellenlänge 0,07 nm oder

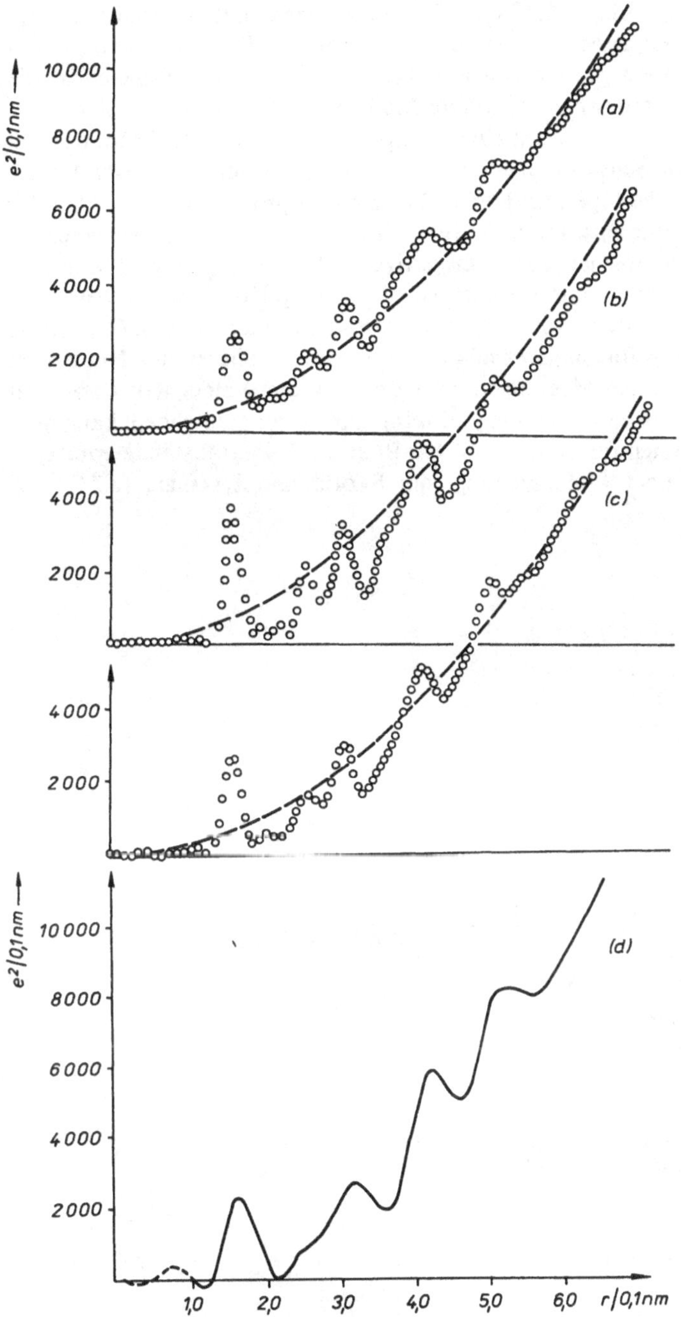

Abb. 2.30. Radiale Verteilungsfunktion für Kieselglas.

(*a*) – nach Modell von Bell und Dean [2.228] berechnet in [2.226], (*b*) und (*c*) – experimentell ermittelte Kurven nach [2.227] und [2.226], (*d*) – RDF nach [2.229].

thermische Neutronen der Wellenlänge 0,12 nm. Der Streuquerschnitt ist relativ gering. Es sind demzufolge größere Meßproben als bei der Aufnahme von RÖNTGEN-Streukurven erforderlich. Abmessungen von einigen cm erweisen sich als ausreichend. Zugleich ist die zur Aufnahme von Neutronenstreukurven benötigte Meßzeit relativ lang.

Insgesamt lassen die Atomformamplituden eine geringe Zunahme mit der Ordnungszahl entsprechend $Z^{1/3}$ erkennen. Die Schwankungen von Element zu Element, sowie die Unterschiede zwischen verschiedenen Isotopen sind aber häufig ausgesprochen groß, so daß der Beitrag der Kernarten zur Streuintensität, z. B. durch Variation der Isotopenzusammensetzung der Probe, gut erkannt werden kann. Derartige Untersuchungen sind sehr aufwendig und bisher nur in Einzelfällen durchgeführt worden [2.232]. Kombinierte RÖNTGEN- und Neutronenbeugungsexperimente wurden an der glasartigen Metallegierung $Co_{83,4}P_{16,6}$ vorgenommen, Man kann das Auflösungsvermögen auch mittels polarisierter Neutronen heraufsetzen. Aus drei unabhängigen Messungen, z. B. der Aufnahme einer RÖNTGEN- und einer Neutronen-Streukurve sowie einer Beugung mittels polarisierter Neutronen, kann man die partialen Interferenzfunktionen für die Co-Co-, Co-P- und P-P-Paarabstände ermitteln. Sie sind in Abb. 2.31. nach einer Untersuchung von SADOC und DIXMIER, [2.233] angegeben.

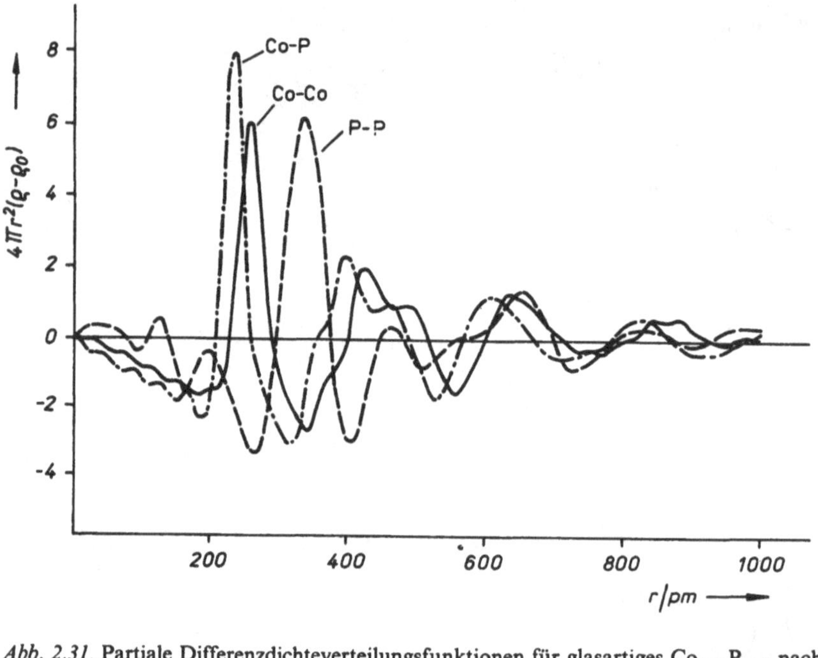

Abb. 2.31. Partiale Differenzdichteverteilungsfunktionen für glasartiges $Co_{83,4}P_{16,6}$ nach [2.233].

Eine Übersicht zu den Methoden und neueren Anwendungen der Neutronenbeugung unter Einbeziehung amorpher und glasartiger Festkörper ist in [2.234, 235] enthalten. WRIGHT [2.449] berichtet über Neutronenbeugungsmessungen zum Studium nichtkristalliner magnetischer Festkörper.

Elektronenbeugung

Elektronen werden bedeutend stärker bei der Wechselwirkung mit Stoffen gestreut als RÖNTGEN-Quanten. Die Anwendung der Methode beschränkt sich daher auf dünne Filme im Bereich 0,01 bis 0,1 µm. Die Winkelabhängigkeit der Beugungsintensität ist stärker als bei RÖNTGEN-Strahlen. Während die Atomformamplituden im letzteren Fall etwa dem Quadrat der Ordnungszahl Z^2, proportional sind, wird im Bereich kleiner Ordnungszahlen bei der Elektronenbeugung etwa $Z^{1/3}$ befolgt. Es ist daher möglich, leichte Atome neben schwereren durch Elektronenbeugung mit größerer Empfindlichkeit zu erfassen, als es mittels Röntgenstrahlung möglich ist.

Die Methode ist in zahlreichen Arbeiten zur Strukturuntersuchung amorpher Filme verwendet worden (vgl. Kap. 3.).

EXAFS-Methode

SAYERS, LYTLE und STERN [2.236] haben eine weitere Methode zur Strukturuntersuchung amorpher Festkörper erschlossen. Sie konnten die seit langem bekannte Feinstruktur der *K*-Absorptionskante von RÖNTGEN-Strahlung als einen Struktureffekt der Umgebung des betreffenden Atoms interpretieren [2.236, 237]. Bezeichnet man den Absorptionskoeffizienten mit α und die Dicke der Probe mit x, so zeigt $\alpha x = \ln (I_0/I)$ auf der energiereichen Seite der Absorptionskante periodische Änderungen (*E*xtended *X*-ray *A*bsorption *F*ine *S*tructure), die zu der Anordnung von Atomen in der unmittelbaren Umgebung des

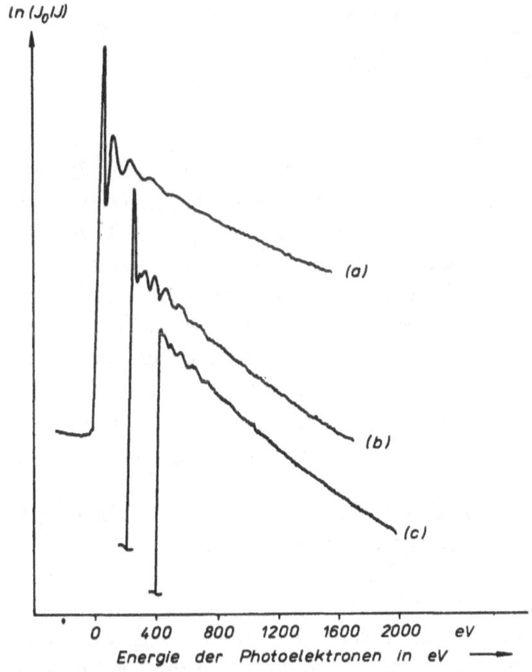

Abb. 2.32. EXAFS – Spektrum von glasartigem GeO_2 (*a*) und amorphem GeSe (*b*), jeweils ausgehend vom Ge-Atom und beim amorphen GeSe ausgehend vom Se-Atom (*c*) nach [2.236].

absorbierenden Atoms in Beziehung stehen. Es handelt sich um eine besondere Art der Elektronenbeugung, die dadurch gekennzeichnet ist, daß ein Photoelektron der Energie $E = h\nu - E_K$ (E_K = Bindungsenergie des *K*-Elektrons) aus dem jeweiligen Atom emittiert wird, in dem das Absorptionsereignis stattfindet. Die Elektronenwelle interferiert mit einer Teilwelle, die durch Beugung an den Atomen der nächsten Umgebung entsteht, und da diese Interferenz im Bereich des Ursprungs der Emission wirksam wird, ist eine partielle Überlappung mit der Wellenfunktion des Ausgangszustandes gegeben. Je nach der Wellenzahl des Photoelektrons unterliegt die Matrix der Dipolmomentänderung und damit die Übergangswahrscheinlichkeit einer entsprechenden Variation, worauf die Oscillation des Absorptionskoeffizienten nach dieser Interpretation beruhen.

In Abb. 2.32. sind die EXAFS-Spektren für glasartiges GeO_2 und für amorphes GeSe, im letzteren Fall sowohl die Kantenabsorption von Ge als auch von Se angegeben [2.236]. Das Spektrum setzt jeweils bei $E = 0$ ($E_K = h\nu$) ein, kann also für jede Atomart getrennt aufgenommen werden. Der analytische Ausdruck zur Beschreibung des oscillierenden Verlaufs des RÖNTGEN-Absorptionskoeffizienten läßt sich für eine FOURIER-Transformation aufbereiten. Bindungsabstände und Koordinationszahl der ersten Koordinationssphäre können auf diesem Wege für jede Atomart gesondert ermittelt werden. Im glasartigen As_2Se_3 und $GeSe_2$ ergibt sich für das Selen annähernd die Koordinationszahl 2, während die As- und Ge-Atome die Koordinationszahlen 3 bzw. 4 aufweisen [2.239]. Die Methode hat sich besonders bei der Untersuchung der bisher weitgehend ungeklärten Strukturverhältnisse in metallischen Gläsern bewährt [2.240]. An Natriumsilicatgläsern führte die Anwendung der EXAFS-Spektroskopie kürzlich zu dem bemerkenswerten Ergebnis, daß auch für die Na^+-Ionen eine relativ definierte Nahordnung zutrifft [2.446].

2.4.1.2. *Infrarot- und* RAMAN-*Spektroskopie*

Beide Methoden erfassen das Schwingungsspektrum der zu untersuchenden Substanz. Die Absorption elektromagnetischer Strahlung im Infrarot beruht bekanntlich auf der Anregung von Schwingungsübergängen, die mit einer Dipolmomentänderung verbunden sind. In der RAMAN-Spektroskopie wird dagegen kurzwelligere Strahlung zur Anregung verwendet, in modernen Meßanordnungen eine bestimmte Laserfrequenz im sichtbaren Spektralbereich. Das eingestrahlte Licht wird teilweise mit einer um den Betrag der angeregten Schwingungsfrequenz verminderten Frequenz (STOKESsche Verschiebung), teilweise infolge Wechselwirkung mit thermischen Schwingungen mit einer entsprechend erhöhten Frequenz (Anti-STOKESsche Verschiebung) seitlich gestreut. Für den RAMAN-Effekt ist eine mit dem Schwingungsvorgang verbundene Änderung der Polarisierbarkeit maßgebend. Aus dem unterschiedlichen Anregungsmechanismus resultieren verschiedene Auswahlregeln, so daß sich beide Methoden ergänzen.

In Molekülen sind die Freiheitsgrade des schwingenden Systems $F = 3N - 6$ begrenzt, das Bewegungsverhalten kann für die verschiedenen Symmetrien mit Hilfe der Gruppentheorie beschrieben und durch Vergleich mit den beobachteten Spektren eine Entscheidung zugunsten einer bestimmten Struktur herbeigeführt werden. In makromolekularen Festkörpern, z. B. in Kristallen liegen dagegen quasi-kontinuierliche Schwingungsspektren vor, deren Struktur durch die Gitterperiodizität und die Kristallsymmetrie bestimmt ist. Gläser nehmen, wie am Anfang von Kap. 2. ausgeführt wurde, in gewisser Hinsicht eine Zwischenstellung zwischen den kristallinen Festkörpern mit makromolekularer Struktur und

Substanzen mit molekularer Konstitution ein. Die Beschreibung der Schwingungsspektren von Gläsern und amorphen Stoffen hat daher sowohl die Theorie der Gitterschwingungen kristalliner Festkörper als molekulare Modelle zu berücksichtigen.

Das Gittermodell der Schwingungsspektren nichtkristalliner Festkörper

Nach der klassischen Theorie von BORN und von KARMAN ist das periodische Gitter eines Kristalls als ein unendlich ausgedehntes diskontinuierliches System von $n\,N$ Massenpunkten zu betrachten. Dabei gibt n die Zahl der Atome in der kleinsten Wiederholungseinheit an, die nicht mit der üblichen Elementarzelle übereinstimmen muß (diese ist durch bestimmte Konventionen festgelegt), deren Symmetrie, die sog. Faktorgruppe, aber zur kristallographischen Punktgruppe stets isomorph ist. Es ergeben sich $3nN$-3 Fundamentalschwingungen, die sich bestimmten Frequenzbändern, sog. Dispersionszweigen, mit jeweils N Einzelschwingungen zuordnen lassen.

Im Rahmen der Näherung eines elastischen Kraftansatzes kann das Bewegungsverhalten der Atome eines Kristallgitters als Überlagerung von nicht untereinander gekoppelten ebenen Wellen beschrieben werden. In einer solchen Welle schwingen identische Atome verschiedener Elementarzellen, d. h. die Teilchen der n primitiven Subgitter jeweils mit gleicher Frequenz und mit einer durch die Wellenlänge λ bzw. $k = 2\pi/\lambda$ vorgegebenen Phasenverschiebung (k = Wellenzahlvektor).

Für ein aus $n = 2$ verschiedenen Atomen bestehendes Gitter ergibt die Lösung der Bewegungsgleichungen bei zunächst ausschließlicher Betrachtung von Longitudinalschwingungen den in Abb. 2.33. a) gezeigten Dispersionsverlauf.

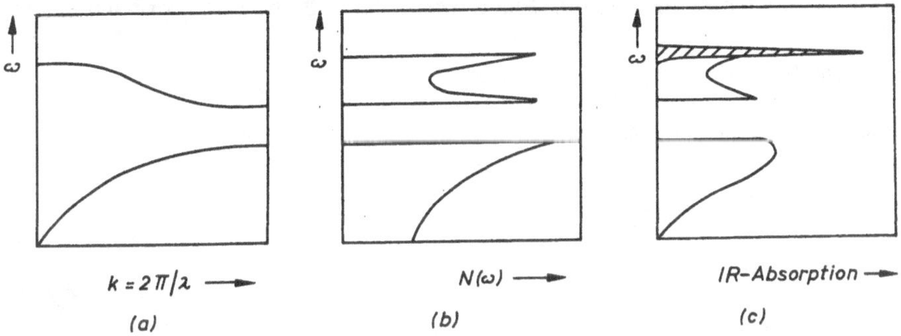

Abb. 2.33. Schematische Darstellung der Gitterschwingungen einer zweiatomigen Kette nach [2.247].
(*a*) – optischer und akustischer Zweig; (*b*) – Zustandsdichteverteilung der Schwingungen; (*c*) – IR-Absorption im schraffierten Bereich.

Man erkennt 2 Dispersionszweige, die durch ein nicht vorkommendes (verbotenes) Frequenzband getrennt sind. Die Frequenzen bei $k = 0$ ($\lambda = \infty$) werden als Grenzfrequenzen bezeichnet. Im unteren Zweig ist für $k = 0$ zugleich $\omega = 0$. Sämtliche Atome des Gitters bewegen sich mit gleicher Phase und Amplitude in die gleiche Richtung, es liegt also eine Translation vor. Im Bereich $k > 0$ ist die Phasenverschiebung von Atom zu Atom nicht mehr exakt null. Es ergeben sich elastische Wellen niedriger Frequenz, deren Wellenlänge groß gegenüber der Größe der Elementarzelle sind. Der Dispersionszweig heißt daher der akustische Zweig.

Im oberen Zweig entspricht $k = 0$ die höchste im Gitter überhaupt vorkommende Eigenfrequenz. Sie wird nur durch die Massen und die Kraftkonstante bestimmt. Es schwingen die beiden verschiedenartigen Atome der Elementarzelle exakt gegenphasig, wobei der Schwerpunkt jeder Zelle ruht, und alle Zellen wegen $\lambda = \infty$ starr miteinander gekoppelt sind, d. h. die beiden primitiven Teilgitter verschiedenartiger Atome schwingen gegeneinander. In polaren Kristallen ist mit der Anregung einer solchen Schwingung eine zeitliche Änderung des Dipolmoments verbunden. Der Dispersionszweig wird daher als optischer Zweig und die entsprechenden Eigenwellen als optische Schwingungen bezeichnet.

In Abb. 33.b) ist der Verlauf der Zustandsdichte $N(\omega)$ zur Beschreibung der Frequenzverteilung der Schwingungen angegeben. Man erkennt, daß die Zustandsdichte an den Rändern der Frequenzbänder besonders hoch ist und steil gegen null abfällt.

Läßt man die Bewegung der Atome in den drei Raumrichtungen zu, d. h. bezieht man auch Transversalwellen in die Betrachtung ein, so ergeben sich 2 weitere akustische Zweige mit jeweils $N - 1$ Schwingungen. Für $k = 0$ liegt wiederum Translation in eine der beiden weiteren Raumrichtungen vor. Insgesamt resultieren also 3 akustische Zweige, ein longitudinaler und zwei transversale, mit $3(N - 1)$ Fundamentalschwingungen. Analog verdreifacht sich auch die Zahl der optischen Zweige, von denen $3(n - 1)$ mit $3N(n - 1)$ Schwingungen existieren, und zwar $N(n - 1)$ longitudinale und $2N(n - 1)$ transversale. Das Kristallgitter weist also $3N(n - 1) + 3N - 3 = 3nN - 3$ Fundamentalschwingungen auf.

Für das Beispiel einer aus zwei verschiedenen Atomen bestehenden kristallinen Substanz ergeben sich 3 akustische und 3 optische Zweige. Diese sind bei kubischer Symmetrie, z. B. im NaCl-Gitter, jeweils entartet. Die kleinste Wiederholungseinheit ist in diesem Fall die rhomboedrische Zelle ($n = 2$). Entscheidend ist nun die Auswahlregel, daß praktisch nur solche Schwingungen durch elektromagnetische Strahlung angeregt werden, in denen kristallographisch äquivalente Teilchen in Phase schwingen, d. h. man beobachtet im

Tabelle 2.8. Schwingungsbanden von α-Quarz und Kieselglas

Rasse	α-Quarz $\tilde{\nu}$/cm^{-1}	Kieselglas, $\tilde{\nu}$/cm^{-1}	
		ber.	beob.
A_1	207	273	275
A_1	356	385	377
A_1	464	485	490
A_1	1084	1152	1100
A_2	364	308	?
A_2	495	503	?
A_2	778	772	800
A_2	1080	1199	1190
E	394	282	?
E	401	374	370
E	450	480	490
E	509	589	610
E	795	672	660
E	807	792	792
E	1072	948	950
E	1231	1134	1060
E	1235	—	

IR-Spektrum gerade die Grenzfrequenzen der optischen Zweige. Im IR-Spektrum von NaCl tritt nur eine intensitätsstarke Absorptionsbande auf. Diese ist in Abb. 33.c) eingezeichnet. RAMAN-Banden indizieren gleichfalls Grenzfrequenzen optischer Zweige. Schwingungsanregungen im akustischen Zweig werden durch die BRILLOUIN-Streuung erfaßt.

Im α-Quarz befinden sich 3 Formeleinheiten SiO_2 in der kleinsten Wiederholungseinheit. Es ergeben sich 3 akustische Zweige und 24 optische Zweige ($n = 9$), die jeweils bei $k = 0$ eine IR- bzw. ramanaktive Absorptionsbande erwarten lassen. Aus der Klassifikation nach den Symmetrieelementen der Faktorgruppe D_3 folgt 4 A_1 (Ra), 4 A_2 (IR) + 8 E (IR + Ra), d. h. insgesamt jeweils 12 Banden sollten im IR- und RAMAN-Spektrum auftreten, von denen 8 in beiden etwa bei den gleichen Wellenzahlen zu erwarten sind.

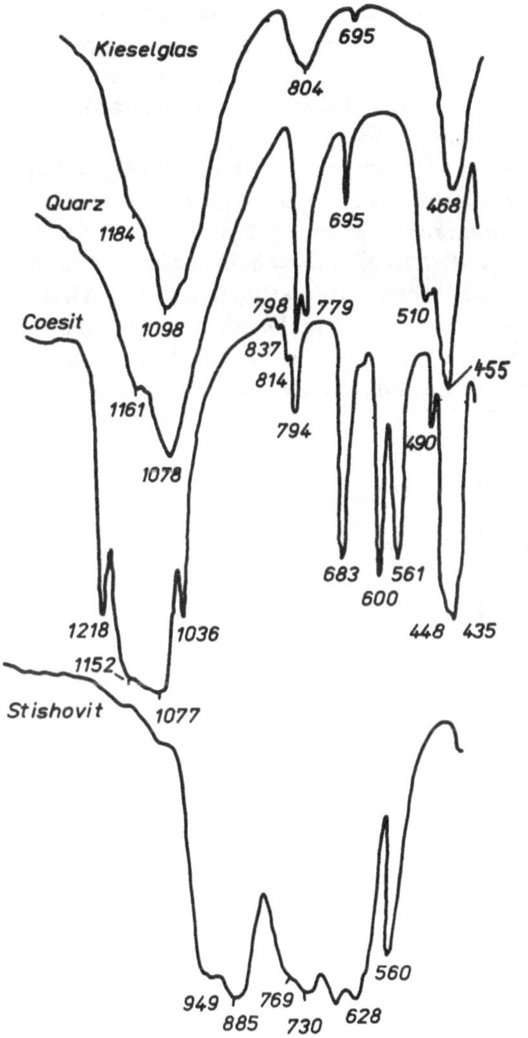

Abb. 2.34. IR-Spektrum von Kieselglas und verschiedenen kristallinen SiO_2-Modifikationen nach [2.246].

Tabelle 2.8. gibt die beobachteten Schwingungsbanden von α-Quarz mit entsprechender Zuordnung nach einer Zusammenstellung von WONG und ANGELL [2.241] wieder. Die von SU und BOCK [2.242] für Kieselglas berechneten Werte sind gleichfalls aufgeführt und experimentellen Werten nach SIMON [2.243] gegenübergestellt. Die Frequenzverteilung für ein ausgedehntes Netzwerk von $[SiO_4]$-Tetraedern wurde auch von BELL u. M. [2.244] berechnet. Obwohl Unterschiede zwischen glasartigem und kristallinem SiO_2 nicht zu übersehen sind, erscheint die Beschreibung der Schwingungsspektren des Kieselglases mit Hilfe eines kristallinen Modells nach diesem Vergleich, gerechtfertigt. Es hat den Anschein, als ob im Kieselglas ein bis zur Aufhebung der Fernordnung „verwackeltes" Gitter von kristallinem SiO_2 vorliegt, in dem die tetraedrischen $[SiO_4]$-Baugruppen als Nahordnungsbereiche unverändert vorliegen.

Insbesondere die im mittleren Infrarot auftretenden Hauptbanden lassen eine weitgehende Korrespondenz erkennen. Aus dem Vergleich der Spektren in Abb. 2.34. kann sicher der Schluß gezogen werden, daß im Kieselglas weder eine dem Stishovit noch eine dem Coesit analoge Struktur vorliegt [2.245, 246]. Das Spektrum entspricht weitgehend dem kristallinen Quarz, Tridymit oder Cristobalit und ist offenbar für die tetraedrischen Nahordnungsbereiche der $[SiO_4]$-Baugruppen repräsentativ.

Größere Unterschiede zwischen kristallinem und glasartigem SiO_2 ergeben sich im langwelligeren Spektralbereich. Die Auswahlregel, die die Schwingungsanregung im wesentlichen auf den Bereich der Grenzfrequenz einschränkt, ist an die Translationssymmetrie des Gitters gebunden. Bricht diese zusammen, werden sämtliche Schwingungen, die mit Dipolmomentänderungen verbunden sind, optisch aktiv. Die Verbreiterung der Absorptionsbanden im Kieselglas ist ein Ausdruck derartiger Einflüsse. Deutlicher treten die sich aus der Aufhebung der Gitterperiodizität ergebenden Konsequenzen im fernen Infrarot hervor. Abb. 2.35. zeigt den Verlauf von $\tan \delta = \alpha\lambda/2\pi n$ (mit α = Absorptionskoeffizient

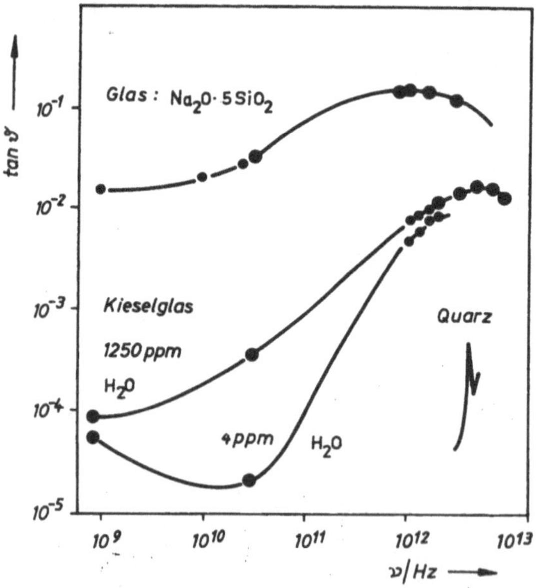

Abb. 2.35. Absorption von Quarz und Kieselglas sowie einem Natriumsilicatglas im Mikrowellenbereich, dargestellt in Einheiten dielektrischer Verluste tan ϑ nach [2.247].

und n = Brechzahl, vgl. 4.2.1.) für Quarz und Kieselglas mit verschiedenen Zusätzen nach AMRHEIN [2.247]. Im Kieselglas ist das gesamte Band der langwelligen Schwingungen, vgl. Abb. 33. c), optisch anregbar. Die Absorption ist zwar auf Grund geringer Dipolmomentänderungen nur relativ klein. Geringe Fremdzusätze, z. B. H_2O oder Na_2O, können aber die Absorption des Kieselglases gerade im langwelligen Spektralbereich empfindlich beeinflussen.

Das molekulare Modell der Schwingungsspektren von Gläsern

Tabelle 2.9. verdeutlicht am Beispiel kristalliner und glasartiger Formen von SiO_2, daß die nach dem Gittermodell interpretierbaren Grenzfrequenzen optisch aktiver Schwingungen zugleich zu den Schwinungsspektren isolierter tetraedrischer Molekülionen des Siliciums oder neutraler Teilchen mit vergleichbarer Struktur und Bindung in enger Beziehung stehen.

Man erkennt, daß insbesondere die beiden Valenzschwingungen ν_s und ν_d der Rasse A_1 bzw. F_2 im Spektrum von α-Quarz und Kieselglas mit den entsprechenden Banden des SiO_4^{4-}-Anions und sogar der SiF_4-Molekel recht gut übereinstimmen. Zwischen den Deformationsschwingungen δ_d der Rasse F_2 und E der gebundenen [SiO_4]-Baugruppen und der der Anionen SiO_4^{4-} besteht gleichfalls eine gute Korrespondenz. Daß im α-Quarz sowie im Kieselglas die entarteten Banden teilweise symmetriebedingt aufspalten, entspricht der Erwartung.

Tabelle 2.9. Schwingungsbanden von [SiX_4]-Baugruppen der Symmetrie T_d in cm^{-1}

Zuordnung	α-Quarz	Kieselglas			SiO_4^{4-}	SiF_4
		IR [2.241]	IR [2.248]	Ra [2.249]	[2.250]	
F_2 ν_d (SiX) (IR + Ra)	1161, 1078 } *st*	1184, 1098 } *st*	1068, 1087 } *st*	1055 *s*	1050	1010
A_1 ν_s (SiX) (Ra)	800 *s*	804 *s*	815 *m*	800 *m*	800	800
F_2 δ_d (XSiX) (IR + Ra)	695 *s*	695 *ss*		605 *st*	625	390
E δ_d (XSiX) (Ra)	510, 455 } *st*	468	475	490, 435 } *sst*	500	268

Qualitative Intensitätsangaben: *sst* — sehr stark, *st* — stark, *m* — mittel, *s* — schwach, *ss* — sehr schwach

Aus der engen Beziehung zwischen den Schwingungsspektren von Molekülen oder Molekülionen und den Spektren glasartiger Festkörper, die die gleichen oder analoge Baugruppen als Nahordnungsbereiche enthalten, wurde die Berechtigung einer molekularen Näherung zur Beschreibung des Schwingungsverhaltens abgeleitet. Im Sinne des Valenzkraftmodells vermitteln die Spektren ein Abbild der inneren Schwingungen von Baugruppen. Diese enthalten ein Zentralatom höherer Koordinationszahl, das von einer entsprechenden Zahl von Ligandatomen umgeben ist. Die Bindungsenergie ist vor allem in derartigen Einheiten lokalisiert, die Wechselwirkung zwischen ihnen nachgeordnet und die Kopplung der Fundamentalschwingungen dieser Nahordnungsbereiche in Gläsern gegenüber dem kristallinen Zustand auf Grund der fehlenden Gitterperiodizität herabgesetzt. Es liegt auf der Hand, die Infrarot- und RAMAN-Spektren von Gläsern im Rahmen eines solchen Modells für die Ermittlung der Nahordnungsstruktur heranzuziehen.

Von Austin und Garbett [2.251] sowie Lucovsky und Martin [2.252] wurde das molekulare Modell auf die Interpretation der Spektren von Chalkogenidgläsern übertragen und insbesondere von letzteren die Nahordnung in zahlreichen glasbildenden Verbindungen und davon abgeleiteten Glasbildungssystemen aufgeklärt. Durch Vergleich der Spektren der kristallinen und glasartigen Form von As_2S_3, As_2Se_3, As_2Te_3 und GeS_2, $GeSe_2$ sowie amorphem $GeTe_2$ lassen sich bei gleichzeitiger Einbeziehung der Molekülspektren der Arsen(III)- und Germanium(IV)-Halogenide eindeutige Aussagen über die Konstitution der Nahordnungsbereiche in derartigen Gläsern machen [2.253], (vgl. 3.2.2.6. und 3.3.5.2.). Im amorphen Si und Ge oder im amorphen As lassen sich molekulare Baugruppen nicht definieren. Die Atome haben überwiegend die gleiche Koordinationszahl. Das molekulare Modell ist daher in diesen Fällen nicht ohne weiteres anwendbar.

Unterscheiden sich die Massen der in den Nahordnungsbereichen der Glasstruktur verbundenen Atome etwa um den Faktor 2 oder mehr oder ist die Bindung zu bestimmten Atomen in der ersten Koordinationssphäre durch einen höheren Bindungsgrad zu beschreiben, ergibt sich aus dem molekularen Modell noch eine weitere Näherung. Entsprechend den Goubeauschen Regeln lassen sich die Fundamentalschwingungen in diesem Fall auf charakteristische Valenz- und Deformationsschwingungen zurückführen, die dadurch gekennzeichnet sind, daß die periodische Bewegung im wesentlichen auf die leichteren Atome entfällt. Es wird davon in der vergleichenden Molekülspektroskopie zur Indizierung bestimmter Bindungen und charakteristischer Gruppen, z. B. von O-H- oder Si-H-Bindungen, aber auch von Oxidverunreinigungen in Chalkogenidgläsern vielfach Gebrauch gemacht (vgl. 4.2.1.2.).

Es ist schließlich darauf hinzuweisen, daß die Betrachtungsweise des molekularen Modells bereits von Tarte [2.254] als Konzept der separaten bzw. unabhängigen Schwingungen in die molekülspektroskopische Untersuchung der Kationenkoordination von Gläsern eingeführt wurde. Weitere Übersichtsarbeiten, die die Ergebnisse der Untersuchung von Oxidgläsern zusammenfassend behandeln, wurden von Wong und Angell [2.241] sowie von Neuroth [2.255] veröffentlicht. Mit Boratgläsern hat sich besonders Konijnendyk [2.256] befaßt. Einen zusammenfassenden Bericht, der die Bedeutung molekülspektroskopischer Methoden bei der Strukturaufklärung von Boratgläsern eindrucksvoll hervortreten läßt, gibt Griscom [2.257]. Weiterführende Untersuchungen und Modellrechnungen an Gläsern vom Kieselglastyp SiO_2, GeO_2 und BeF_2 werden durch Arbeiten von Galeener [2.258] belegt. Dabei wird vom umfassenderen Gittermodell ausgegangen und die defektinduzierte Anregung von Schwingungen in die Analyse einbezogen, von Vergleichen im Sinne des molekularen Modells aber gleichfalls Gebrauch gemacht.

2.4.1.3. *Weitere festkörperanalytische Methoden*

Photoelektronenspektroskopie

Mit annähernd vergleichbarer Universalität wie die vorstehend beschriebenen Methoden kann die Photoelektronenspektroskopie eingesetzt werden, für die von Siegbahn [2.259] auch die Bezeichnung ESCA-Methode (*E*lectron *S*pectroscopy for *C*hemical *A*nalysis) eingeführt wurde. Je nach der Art der Anregung unterscheidet man die Röntgen-Photoelektronenspektroskopie XPS (*X*-ray-induced *P*hotoelectron *S*pectroscopy) von der UV-Photoelektronenspektroskopie UPS (*UV*-induced *P*hotoelectron *S*pectroscopy).

Bei der XPS, der ESCA-Methode im engeren Sinne, wird die zu untersuchende Probe im Hochvakuum charakteristischer RÖNTGEN-Strahlung ausgesetzt und die kinetische Energie der emittierten Elektronen $E_k + \Phi_s = h\nu - E_b$ gemessen. Die Bindungsenergie E_b von Rumpfelektronen in bestimmten Niveaus können auf diesem Wege für die verschiedenen Atome bestimmt werden. Φ_s beschreibt eine Gerätefunktion, die insbesondere bei dielektrischen Substanzen zu berücksichtigen ist, z. B. durch innere Kalibrierung eliminiert werden kann, indem man die Probe mit Kohlenstoff bedampft und das C 1*s*-Niveau mit 285,0 eV als Bezugswert verwendet. Die Bindungsenergie von Elektronen in bestimmten Niveaus des Atomrumpfes hängt z. B. vom Oxydationszustand ab, wird aber auch durch den Charakter der chemischen Bindung mit den benachbarten Atomen, beeinflußt. Änderungen in der chemischen Umgebung bewirken demzufolge Änderungen in der energetischen Lage des betreffenden Niveaus und sind im ESCA-Spektrum erkennbar. Die Methode hat darüber hinaus die Ermittlung der Zustandsverteilung im Valenzband von Festkörpern experimentell erschlossen.

Über die ESCA-Spektroskopie ist in zahlreichen Monographien und Übersichtsartikeln [3.260—262] berichtet worden. Durch die Möglichkeit der Unterscheidung zwischen Brückensauerstoffatomen und solchen mit Trennstellenfunktion ist die Einsicht in strukturelle Zusammenhänge bei Silicat-, Phosphat- und Alumosilicatgläsern ganz wesentlich erweitert und vertieft worden [2.447], (s. 2.4.2.6.). Eine Anwendung auf Chalkogenidgläser stellt z. B. die Arbeit von HAFF u. M. [2.263] dar.

Kernresonanz (NMR)-Spektoskopie

Das Energieniveau von Atomkernen mit einem magnetischen Moment $\mu = g_k \mu_k I$ spaltet im Magnetfeld bekanntlich in $2I + 1$ äquidistante Terme im Abstand $\Delta E = g_k \mu_k H$ auf, wobei H die magnetische Feldstärke, g_k den Kern-g-Faktor, μ_k das Kernmagneton und I den Kernspin angeben. Übergänge zwischen den ZEEMAN-Niveaus werden durch Hochfrequenzfelder im MHz-Bereich bei bestimmten Resonanzfrequenzen hervorgerufen. Die Abschirmung des äußeren Magnetfeldes durch die Umgebung am Kernort eines bestimmten Atoms wird relativ zu bestimmten Referenzsubstanzen als chemische Verschiebung erfaßt. Nach entsprechender Kalibrierung lassen sich aus der Feldstärke H, bei der eine bestimmte Kernresonanz auftritt (Messung bei konstanter Frequenz), Rückschlüsse auf die chemische Umgebung und die Art der Wechselwirkung mit benachbarten Atomen ziehen.

Die Methode ist in der Glasstrukturforschung auf die Elemente B, H, Li, Be, O, F, Na, Al, Si, P, Sc, Se, Cd, Sn, Te, V, Cs, Tl und Pb angewandt worden. Eine Übersicht gibt BRAY [2.264]. Von BRAY u. M. [2.265—268] wurde die Leistungsfähigkeit der Methode in zahlreichen Arbeiten über Boratgläser aufgezeigt und aus der Erfassung der Änderung der Sauerstoffkoordination am Bor unter Einbeziehung kristalliner Vergleichssubstanzen strukturelle Aussagen abgeleitet. Bei der Strukturaufklärung von Silicatgläsern erweist sich die Si^{29}-NMR-Spektroskopie vor allem in Verbindung mit chemischen Methoden der Anionenanalyse immer mehr als ein unschätzbares Hilfsmittel der Strukturaufklärung [2.269—271].

MÖSSBAUER-Spektroskopie

Der MÖSSBAUER-Effekt beruht auf der rückstoßfreien Absorption von γ-Quanten durch Atomkerne, die geeignete Anregungszustände aufweisen. Es handelt sich um Isomerenübergänge, deren Niveaus nur um etwa $E = 10^4$ bis 10^5 eV über dem Grundzustand liegen, wobei die mittlere Lebensdauer $10^{-7} > \tau > 10^{-10}$ s beträgt und die natürliche Linienbreite Γ nach der Unschärferelation dementsprechend klein ist. Sie weist für wichtige MÖSSBAUER-Kerne Werte von etwa 10^{-6} bis 10^{-9} eV auf, woraus sich gemäß $v = \Gamma \cdot c/E$ für die Dopplerverschiebung um den Betrag einer Linienbreite Geschwindigkeiten im Bereich von mm · s^{-1} ergeben.

Als Strahlungsquelle dienen radioaktive Isotope mit für experimentelle Untersuchungen geeigneter Halbwertszeit, bei deren Umwandlung der für die Messung benötigte Isomerenübergang durchlaufen wird. So entsteht z. B. der 14,4 keV-Zustand von Fe^{57} im Ergebnis des β-Zerfalls von Co^{57} (Halbwertszeit 270 Tage) oder der 24,0 keV-Zustand von Sn^{119} im Zuge der Isomerenumwandlung von Sn^{119m}, die von einem langlebigen 89 keV-Zustand ausgeht (Halbwertszeit 245 Tage).

Liegen die Kerne in der zu untersuchenden Substanz in der gleichen chemischen Umgebung vor wie in der Quelle, erfolgt im Rahmen des Anteils der rückstoßfreien Emission und Absorption ein Resonanzübergang in der Probe. Bei ungleicher Umgebung müssen Quelle oder Absorber relativ zueinander bewegt werden, um unter Ausnutzung des

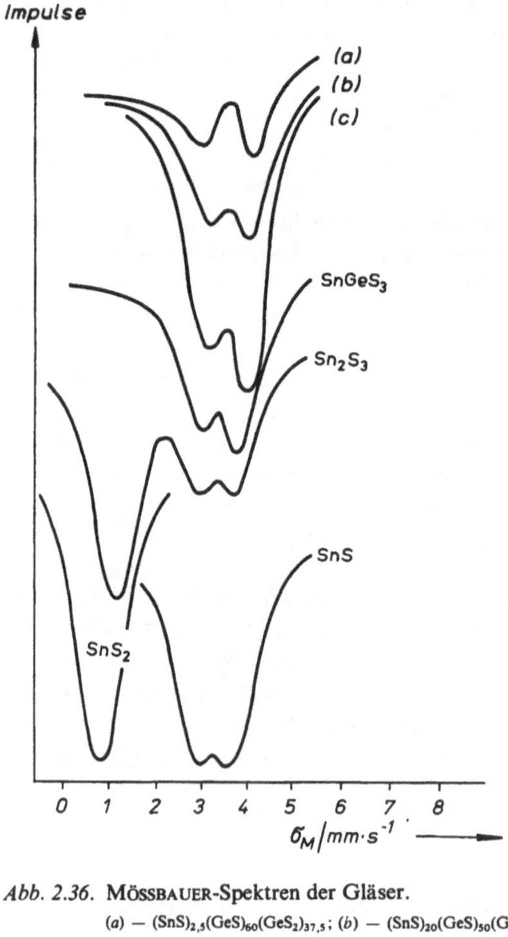

Abb. 2.36. MÖSSBAUER-Spektren der Gläser.

(*a*) — $(SnS)_{2,5}(GeS)_{60}(GeS_2)_{37,5}$; (*b*) — $(SnS)_{20}(GeS)_{50}(GeS_2)_{30}$; (*c*) — $(SnS)_{35}(GeS)_{35}(GeS_2)_{30}$ sowie von Vergleichssubstanzen nach [2.272].

Dopplereffekts die Resonanzabsorption herbeizuführen, d. h. die Information über die Struktur der Umgebung des betreffenden Kerns wird wiederum durch eine chemische Verschiebung erfaßt.

Die Beeinflussung der Termlage der Kernniveaus durch die chemische Bindung resultiert aus der endlichen und unterschiedlichen Ausdehnung der Kernzustände im Grund- und angeregten Zustand und der nicht verschwindenden Wahrscheinlichkeitsdichte für Elektronen, insbesondere für *s*-Elektronen, am Kernort. Strukturkonfigurationen, die eine nichtsphärische Symmetrie des lokalen elektrischen Feldes erzeugen, ergeben bei Kernen mit halbzahligem Spin I eine Quadrupolaufspaltung in $I + {}^1/_2$ Komponenten. Für Sn^{119} mit $I = {}^3/_2$ im angeregten Zustand folgt daraus eine Aufspaltung in zwei Teilbanden. Diese sind z. B. für Sn(II)-Verbindungen auf Grund der asymmetrischen Struktur der Baugruppen charakteristisch.

Abbildung 2.36. zeigt am Beispiel von Gläsern des Systems SnS-GeS-GeS_2 und einiger kristalliner Vergleichssubstanzen bekannter Struktur, von welcher Art die Strukturaussagen sind, die mit Hilfe der Mößbauerspektroskopie erzielt werden können. Im vorliegenden Fall wurde auf eine mit der Verbindung $SnGeS_3$ vergleichbare Nahordnung geschlossen, in der die Sn^{II}-Atome von 5 S-Atomen in einer tetragonal-pyramidalen Konfiguration umgeben sind [2.272]. Eine zusammenfassende Darstellung der Anwendung der Mössbauer-Spektroskopie auf Sb, Sn und Fe enthaltende Gläser geben Taneja u. M. [2.273] sowie Wong und Angell [2.274]. Weitere dem Mößbauereffekt zugängliche Kerne sind Ni^{61}, Zn^{67}, Te^{125}, J^{127}, Isotope von Os, Ir, W, Re, Hg sowie zahlreicher Seltener Erdmetalle [2.275].

UV/VIS-Spektroskopie

Elektronenanregungsspektren im sichtbaren Spektralbereich und nahen Ultraviolett sind insbesondere von Gläsern mit Übergangsmetallkationen, vielfach auch in Verbindung mit magnetischen Messungen zur Ermittlung der Sauerstoffkoordination herangezogen worden. Theoretische Grundlage der Spektreninterpretation bildet die Kristallfeld- und Ligandenfeldtheorie. Die ältere Literatur wurde von Juza [2.276] zusammenfassend behandelt. Wesentliche neuere Beiträge zur Strukturuntersuchung von Gläsern mit Hilfe der UV/VIS-Spektroskopie wurden von Gitter veröffentlicht [2.277]. Zur strukturellen Interpretation der Elektronenabsorptionsspektren glasbildender Verbindungen im UV-Bereich s. Kap. 4.2.1.3.

2.4.1.4. *Chemische Methoden der Konstitutionsaufklärung von Gläsern*

Durch sinnvolle Übertragung von Arbeitstechniken der Polymerenchemie konnten in den zurückliegenden Jahren bei der Strukturaufklärung anorganischer Gläser wesentliche Fortschritte erzielt werden. Durch Einwirkung bestimmter Lösungsmittel, gegebenenfalls unter Zusatz geeigneter Reaktionspartner, lassen sich mitunter molekulare Einheiten oder gar die Nahordnungsbereiche selbst unter schonenden Bedingungen in Lösung bringen und aus der analytischen Aufarbeitung Rückschlüsse auf die Struktur ziehen. Voraussetzung ist, daß die im Glas vorliegende molekulare Struktur unverändert in den Lösungszustand überführt werden kann. Ist die Auflösung mit einer chemischen Reaktion verbunden, muß ein überschaubarer strukturchemischer Zusammenhang zwischen den Endprodukten und den betreffenden Bestandteilen im Glas erkennbar sein. Lassen sich Bedingungen ermitteln, die die Einhaltung derartiger Voraussetzungen gewährleisten, sind die chemischen Methoden den physikalischen insofern überlegen, als sie auch über größere Strukturbereiche zu eindeutigen Aussagen führen können.

Am bekanntesten ist das Beispiel der Alkaliphosphatgläser, für die THILO u. M. [2.278] und VAN WAZER [2.279] in zahlreichen Arbeiten den strukturellen Aufbau erschlossen haben. Man löst das Glas, z. B. „GRAHAMsches Salz" $NaPO_3$ oder Gläser mit einem Verhältnis Na:P $\leqq$ 1,25 unter sorgfältig kontrollierten Bedingungen in Wasser auf, fällt die Polyphosphate mit Aceton und isoliert durch fraktionierte Fällung mit bestimmten Kationen spezielle Anionen, z. B. mit $[Co(NH_3)_6]Cl_3$ in Aceton das Penta- und Hexacyclophosphation $(PO_3)_5^{5-}$ und $(PO_3)_6^{6-}$. Sie sind zu 0,5 bzw. 0,8 % am Aufbau des $NaPO_3$-Glases beteiligt und präparativ bisher nur auf diesem Wege zugänglich [2.281]. Hat man eine hinreichend große Auswahl verschiedener Poly- und Cyclophosphate als Vergleichssubstanzen zur Verfügung, lassen sich die im Polymerengemisch des Glases bzw. der Lösung enthaltenen species auf dem Papierchromatogramm qualitativ erkennen und auf photometrischem Wege bzw. mit Hilfe radiochemischer Methoden auch quantitativ bestimmen [2.282].

Mit der Anionenkonstitution glasbildender Silicatschmelzen haben sich MASSON [2.283] und BALTA u. a. [2.284] eingehend befaßt. Als experimentell zugänglicher Zusammenhang wird die Molenbruchabhängigkeit der Aktivität bestimmter Oxide in Silicatschmelzen mit bestimmten Modellen der Anionenverteilung, z. B. der ausschließlich linearen Kondensation von $[SiO_4]$-Baugruppen oder unter Berücksichtigung von Kettenverzweigung, erkannt. Lösungsexperimente müssen zur Aufrechterhaltung der im Glas vorliegenden Verteilung der Anionenkonstitution die Aufspaltung von Si-O-Si-Brückenbindungen vermeiden. Zwei bedeutende Methoden sind in diesem Zusammenhang bekannt geworden.

Durch Umsetzung mit $(CH_3)_3SiCl$, $(CH_3)_3SiNR_2$ oder $[(CH_3)_3Si]_2N\text{-}COCH_3$ lassen sich die Anionen kristalliner Silicate und Gläser ohne wesentliche Nebenreaktion in die relativ stabilen Trimethylsilylester überführen. [2.285—287]. Die Auftrennung erfolgt gaschromatographisch. Es konnte auf diesem Wege, vor allem durch Kombination mit der ^{29}Si-NMR-Spektroskopie auch ein bedeutender Fortschritt in der Erkenntnis der in wäßriger Lösung ablaufenden Kondensationsreaktionen von Kieselsäuren erzielt werden [2.269—271].

Die zweite Methode betrifft die direkte Auflösung. In HCl oder H_2SO_4 lösen sich Silicate mit relativ niedrigem Polymerisationsgrad hinreichend schnell auf. Die Bedingungen für eine möglichst geringe Abwandlung im Prozeß des Auflösens lassen sich dadurch optimieren, daß man von Silicaten mit definierter Anionenstruktur ausgeht und den Anteil an Nebenprodukten quantitativ ermittelt. Bei einem pH-Wert von 3 sind verdünnte Silicatlösungen innerhalb von Stunden und Tagen stabil [2.288]. Über die papierchromatographische Untersuchung derartiger Lösungen haben WIEKER und HOEBBEL [2.289] berichtet. Es wurde auch eine kinetische Methode zur quantitativen Bestimmung bestimmter Silicationen in wäßriger Lösung ausgearbeitet [2.290]. Dabei wird aus dem Zeitgesetz für die hydrolytische Bildung von Orthokieselsäure, die mittels Molybdat als $SiMo_{12}O_{40}^{4-}$ photometrisch indiziert werden kann, auf den Typ des kondensierten Silications und seine Konzentration in der Lösung geschlossen.

Im Bereich der nichtoxidischen Gläser sind chemische Methoden bisher nur vereinzelt angewendet worden. Durch Umsetzung von glasartigem Ge_2S_3 und Ge_2Se_3 mit Na_2S bzw. Na_2Se in H_2O oder CH_3OH bei 298 K wurden die Verbindungen $Na_6Ge_2S_6$ und $Na_6Ge_2Se_6$ erhalten. Die Konstitution der Anionen wurde molekülspektroskopisch [2.291] und durch Bromspaltung unter Bildung von Na_3GeS_3Br und Na_3GeSe_3Br [2.292] sichergestellt. Sie enthalten eine Ge-Ge-Bindung, sind demnach als Hexathio-bzw. Hexaselenohypodigermanate anzusprechen. Bei dieser Reaktion werden die Nahordnungsbereiche $Ge_2S_{6/2}$ und $Ge_2Se_{6/2}$ aus ihrer dreidimensionalen Verknüpfung im Glas herausgelöst und in sechsfach negativ geladene Ionen überführt, die sich in Verbindung mit geeigneten Kationen isolieren lassen. Radialverteilungsmessungen erbringen bei diesen Gläsern sogar in bezug auf die erste Koordinationssphäre nicht die erforderliche Eindeutigkeit (s. 3.2.2.4.).

Es ist zu bemerken, daß bei diesen für die Konstitutionsaufklärung von Gläsern wesentlichen Untersuchungen zugleich neue anorganische Verbindungen erschlossen wurden, die offenbar auf relativ einfachem Wege zugänglich sind, wenn man glasartige Formen bestimmter Stoffe in die Synthese als Reaktionspartner einsetzt.

Mit welcher Sorgfalt die beim Abbau der Glasstruktur infolge Auflösens infrage kommenden Reaktionsmöglichkeiten zu beachten sind, zeigt das glasartige Selen. Die Lösungsversuche in CS_2 von Briegleb [2.293] sind nahezu 5 Jahrzehnte als experimentelle Stütze für die Annahme eines beträchtlichen Anteils an Se_8-Molekeln im Glas anerkannt worden, ohne zu berücksichtigen, daß entsprechend konfigurierte Se_8-Ketten in Gegenwart eines Lösungsmittels durchaus unter Depolymerisation in ringförmige Moleküle übergehen können (s. 3.1.3.2.).

2.4.2. *Strukturtheorien der Glasbildung*

Nach den Ergebnissen der in 2.4.1. beschriebenen Untersuchungsmethoden basiert die Struktur glasartiger und amorpher Festkörper auf der heute gesicherten Erkenntnis einer Nahordnung. Die Bindungseigenschaften der Atome bewirken die Ausbildung definierter Baugruppen bestimmter Symmetrie, die häufig mit den Nahordnungsbereichen übereinstimmen, die man bereits aus der Strukturanalyse kristalliner Zustandsformen der betreffenden Verbindungen kennt. Selbst wenn eine solche Vergleichsmöglichkeit entfällt, können die Nahordnungsbereiche nichtkristalliner Festkörper und das Motiv ihrer Verknüpfung i. allg. erkannt werden.

Weitgehend ungeklärt und daher Gegenstand gegenwärtiger Glasstrukturforschung sind hauptsächlich zwei Problemkreise. Die Art der Statistik der Konfigurationen von Baueinheiten über größere Strukturbereiche ist bisher durch quantitative Angaben nicht in gültiger Weise belegt. Die mit den zur Verfügung stehenden Untersuchungsmethoden erhaltenen Aussagen sind mehrdeutig. So stehen sich nicht selten bei ein und derselben glasbildenden Verbindung verschiedene Netzwerkmodelle mit kontinuierlicher regelloser Orientierung der Nahordnungsbereiche gegenüber. Netzwerkmodelle können aber auch eine gewisse Mittelbereichsordnung aufweisen. Eine Sonderstellung nehmen die Clustermodelle ein.

Der zweite Fragenkreis bezieht sich einerseit auf die Möglichkeit einer partiellen Abwandlung in der Verknüpfung der Baugruppen, ohne daß sich deren Konstitution ändert. Die Mitbeteiligung von über gemeinsame Kanten verbundenen Baugruppen in einer überwiegend durch Eckenverknüpfung bestimmten Raumnetzstruktur kann z. B. als topologische Fehlordnung aufgefaßt werden. Andrerseits ist eine Modifizierung der Nahordnungsbereiche im Sinne einer konstutionellen Fehlordnung in Betracht zu ziehen, wie sie z. B. durch Dismutation von Baugruppen oder Aufspaltung von Bindungen im Prozeß des viskosen Fließens zustande kommen kann.

Beide Fehlordnungstypen sind ihrem Wesen nach Punktdefekte und können bei homogener Verteilung als Eigenfehlordnung eines idealen Grenzzustandes der betreffenden Glasstruktur interpretiert werden. Einkomponentengläser, z. B. Elemente oder die einfachen glasbildenden Verbindungen mit definierter Stöchiometrie sind durch eine bestimmte Art von Nahordnungsbereichen gekennzeichnet. Es sind dann bereits die folgenden Fehlordnungstypen zu unterscheiden:

a) Dichteschwankungen als eingefrorene thermische Fluktuationen
b) Geometrische Fehlordnung als fehlende Fernordnung
c) Eigenfehlordnung im Bereich der Nahordnung
   — Topologische Fehlordnung
   — Konstitutionelle Fehlordnung der Nahordnungsbereiche

2.4.2.1. *Prototypen glasbildender Verbindungen*

Die Nahordnungsbereiche und ihre Symmetrie sind für die wichtigsten glasbildenden Substanzen mit definierter Zusammensetzung in Tab. 2.10. zusammengestellt. Man bezeichnet sie auch als Glasbildner. Die Koordinationszahlen sind rechts oben in eckigen Klammern angegeben, die Dimensionalität der makromolekularen, praktisch „unendlichen" Verknüpfung durch entsprechende Bezeichnung vor den allgemeinen Formeln.

Tabelle 2.10. Nahordnungsbereiche typischer Glasbildner

Formeltyp Vernetzungsgrad	Baugruppen	Idealisierte Symmetrie	Glasbildner
${}^{1}_{\infty}X^{[2]}$	$XX_{2/2}$	C_{2v}	Se, S
${}^{2}_{\infty}M_2^{[3]}X_3^{[2]}$	$MX_{3/2}$	C_{3v}	As_2O_3, As_2S_3, As_2Se_3, As_2Te_3
${}^{2}_{\infty}M_2^{[3]}X_3^{[2]}X_2$	$XMX_{3/2}$	C_{3v}	P_2O_5
${}^{2}_{\infty}M_2^{[3]}X_3^{[2]}$	$MX_{3/2}$	D_{3h}	B_2O_3
${}^{3}_{\infty}M^{[4]}X_2^{[2]}$	$MX_{4/2}$	T_d	SiO_2, BeF_2, GeO_2, GeS_2, $GeSe_2$, $GeTe_2$
${}^{3}_{\infty}M_2^{[4]}X_3^{[2]}$	$M_2X_{6/2}$	D_{3d}	Ge_2S_3, Ge_2Se_3

Mit Ausnahme von BeF_2 handelt es sich um Oxide und Chalkogenide. Die Chalkogenatome sind zweibindig und gehören als Brückenliganden jeweils zwei benachbarten Baugruppen gemeinsam an. Sie können sich auch mit sich selbst verbinden und wie im Falle des Selens und Schwefels makromolekulare Kettenpolymere ausbilden, die glasartig erstarren. Obwohl die Ketten vielfach gewinkelt sind und sich makroskopisch keine Verzugsrichtung erkennen läßt, spricht man von eindimensionaler Vernetzung und ordnet der Struktur einen Vernetzungsgrad von 1 zu.

Eine zweidimensional unendliche Vernetzung von Baugruppen liegt in den Arsenchalkogeniden sowie im P_2O_5 und B_2O_3 vor. Auch hier kann man nach Röntgenbefunden allenfalls lokal ebene Bereiche in Betracht ziehen. Die Schichten sind stark gefaltet, so daß sich makroskopisch Isotropie ergibt. Der Vernetzungsgrad beträgt 2.

Eine Raumnetzstruktur mit dreidimensionaler Vernetzung der Nahordnungsbereiche liegt schließlich in Gläsern und amorphen Stoffen vom Formeltyp MX_2 vor. Die Nahordnungsbereiche haben die Symmetrie T_d, sind also mit der CH_4-, SiF_4- oder

$GeCl_4$-Molekel vergleichbar (vgl. 2.4.1.2.). Eine Raumnetzstruktur mit C_2H_6- oder Ge_2Cl_6-analogen Nahordnungsbereichen konnte erstmals bei den glasbildenden Verbindungen Ge_2S_3 und Ge_2Se_3 aufgefunden werden (s. 3.2.2.4., 3.2.2.5.). Eine Zusammenstellung verschiedener Typen der Nahordnung unter Einbeziehung der metallischen Gläser wurde von MESSMER u. M. [2.454] gegeben.

2.4.2.2. *Das Netzwerkmodell der Glasbildner*

Die Ausbildung von Strukturnetzwerken ergibt sich nach den Befunden zur Nahordnung und in Verbindung mit der in glasbildenden Einkomponentensystemen stets realisierbaren Homogenität als eine naheliegende Schlußfolgerung. Es ist daher sinnvoll, nach Gemeinsamkeiten zu fragen, um die strukturchemischen Voraussetzungen allgemein zu erfassen, die die Ausbildung glasartiger oder amorpher Festkörperzustände begünstigen.

Eine Antwort wurde von ZACHARIASEN [2.230] für glasbildende Oxide mit der Netzwerkhypothese bereits vor etwa einem halben Jahrhundert gegeben. Er tritt in dieser Arbeit dem älteren Kristallitmodell von LEBEDEV aus dem Jahre 1921 entgegen, für das RANDALL u. a. [2.294] eine experimentelle Stütze gegeben hatten, indem sie das Röntgenbeugungsmuster auf cristobalitähnliche Bezirke zurückführen zu können glaubten. Bekannt war, daß sich der Energieinhalt glasartiger und kristalliner Formen einer Substanz nicht wesentlich unterscheidet. Es wurde daraus auf vergleichbare Nahordnungsbereiche geschlossen. Das Ausbleiben einer Fernordnung, das eigentliche Merkmal glasartiger und amorpher Festkörperzustände, ist nach ZACHARIASEN in Oxiden MO_x an die folgenden strukturchemischen Gegebenheiten gebunden:

Jedes O-Atom hat die Koordinationszahl 2, verknüpft also nicht mehr als 2 Atome M in der Glasstruktur. Die Zahl der O-Atome, die ein Atom M koordinieren, sollte klein sein. Die Koordinationszahlen 3 und 4 sind nach Tab. 2.10. offenbar begünstigt. Die Nahordnungsbereiche bestehen aus MO_y-Koordinationspolyedern, die über gemeinsame Ecken verknüpft sind, nicht über gemeinsame Kanten oder gar Flächen. In dreidimensionalen Netzwerken müssen die Nahordnungsbereiche mindestens über drei gemeinsame Polyederecken untereinander verbunden sein.

Die Regeln sind auf nichtoxidische glasbildende Verbindungen ohne weiteres übertragbar. Sie können in der angegebenen Ausschließlichkeit jedoch nicht aufrechterhalten werden. So ist z. B. in den Sulfid- und Selenid-Gläsern des Arsens und Germaniums wie As_2S_3, As_2Se_3, GeS_2 und $GeSe_2$ die Mitbeteiligung kantenverknüpfter Baugruppen am Aufbau der Glasstruktur durchaus in Betracht zu ziehen (s. 3.2.1.4., 3.2.1.5., 3.2.2.4., 3.2.2.5.). Dabei ist zu beachten, daß derartige Abweichungen, die man als topologische Fehlordnung bezeichnen kann, eine Abnahme des Vernetzungsgrades bedingen. In den amorphen Zustandsformen der Monochalkogenide des Germaniums ist ebenso wie in zahlreichen zusammengesetzten Oxidgläsern für die Chalkogenatome zumindest partiell auch die Koordinationszahl 3 anzunehmen, so daß auch das Kriterium der Koordinationszahl 2 für die Brückenatome nicht uneingeschränkt gilt (vgl. auch Glasartiges Arsen, 3.1.2.5.).

Insgesamt haben sich die Regeln von ZACHARIASEN in der Tendenzaussage aber als richtig erwiesen und bei späteren Strukturuntersuchungen bestätigt. 1935 stellten WARREN u. M. [2.229] fest, daß das RÖNTGEN-Beugungsdiagramm von Kieselglas am besten mit der Vorstellung eines kontinuierlichen regellosen Netzwerkes zu vereinbaren ist. Die grundlegende und auch heute noch in wesentlichen Zügen gültige Strukturtheorie des Glases ist daher mit den Namen von Zachariasen und Warren bleibend verbunden.

Die Regeln nach ZACHARIASEN geben eigentlich nur die geometrischen oder sterisch günstigen Voraussetzungen wieder, die erfüllt sein sollten, um die Ausbildung einer großen Variationsbreite energetisch annähernd äquivalenter struktureller Konfigurationen zu ermöglichen, aus deren Gleichverteilung der Festkörper ohne Fernordnung hervorgeht. Im Kieselglas resultiert diese Mannigfaltigkeit aus der Variabilität des Bindungswinkels am Sauerstoff-Brückenatom und der weitgehend freien Drehbarkeit um die Si-O-Bindung, d. h. aus der Konformationsstatistik. Die Winkel und insbesondere die Bindungsabstände innerhalb der Tetraeder bleiben dagegen weitgehend unverändert. In Abb. 2.37. sind die Variationsmöglichkeiten für zwei miteinander verbundene $[SiO_4]$-Tetraeder skizziert, deren weitere Verknüpfung zu einem Raumnetz mit regelloser kontinuierlicher Verteilung aller möglichen Konfigurationen führt. Die Mannigfaltigkeit der Konfigurationen ist das Resultat der Konformationsstatistik, die durch Ausbildung entsprechender Bindungsbeziehungen zwischen den Baugruppen festgelegt wird.

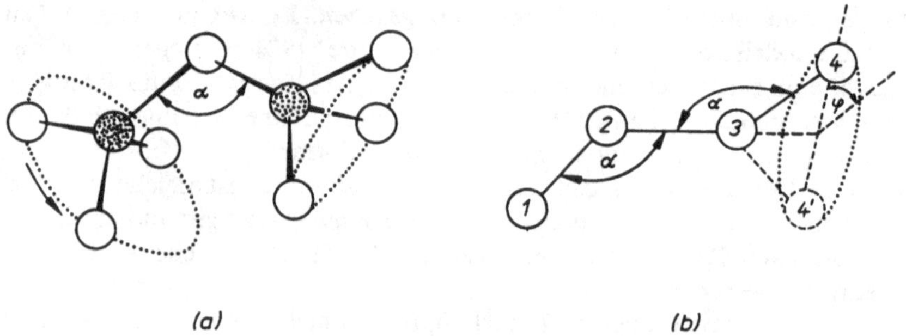

Abb. 2.37. Nahordnungsstruktur und Variabilität der Bindungs- und Diederwinkel im Kieselglas (*a*) und glasartigen Selen (*b*).

Von BELL und DEAN [2.228] wurde eine derartige Struktur für das Kieselglas modelliert. Selbstverständlich gibt es je nach dem Betrag oder der Verteilungsfunktion des Winkels α am Sauerstoff-Brückenatom beliebig viele derartige Netzwerkmodelle. Im vorliegenden Fall ist der Bindungswinkel am Sauerstoff nach experimentellen Befunden durch eine Variation von 120 bis 180° mit einem Häufigkeitsmaximum bei etwa 150° zu beschreiben [2.228]. Eine derartige Struktur bezeichnet man als Idealstruktur der betreffenden glasartigen Verbindung und in einem solchen Sinn ist die bekannte Darstellung der Struktur des Kieselglases im Vergleich zu einer der kristallinen Modifikationen, wie sie in Abb. 2.38. wiedergegeben ist, zu verstehen.

In Abb. 2.37. ist die Nahordnung für eine Se-Kette des glasartigen Selens gleichfalls angegeben. Bindungsabstände und Winkel in einer $SeSe_{2/2}$-Gruppierung stimmen etwa mit dem kristallinen Selen überein. Mit den Atomen 1, 2 und 3 ist eine Ebene vorgegeben. Die Mannigfaltigkeit unterschiedlicher Kettenkonfigurationen folgt also erst aus den Einstellmöglichkeiten des Diederwinkels φ zwischen dem 4. Se-Atom und den 3 anderen in der Ebene bzw. zwischen den durch die Atome 1, 2, 3 und 2, 3, 4 aufgespannten beiden Ebenen. Nach MALAURANT und DIXMIER [2.295] sind alle Diederwinkel zwischen 0 und 90° gleich wahrscheinlich, d. h. es besteht innerhalb der Kette ungehinderte Drehbarkeit um die Se-Se-Bindung. Neuere Untersuchungen mit Hilfe der ESCA-Methode ergeben jedoch Hinweise, daß der Diederwinkel auf Grund des Hybridisierungszustandes der Se-Atome

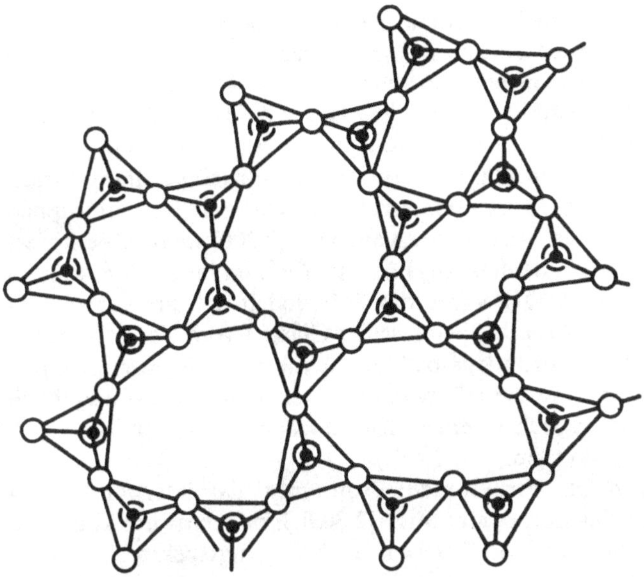

Abb. 2.38. Projektion eines Ausschnitts der kontinuierlichen regellosen Netzwerkstruktur des Kieselglases in die Ebene.

bis auf kleinere Abweichungen erhalten bleibt (s. 3.1.3.2.), die Variation sich also im wesentlichen auf eine statistische Gleichverteilung zweier alternativer Positionen des 4. Se-Atoms zu den 3 anderen in der Ebene beschränkt. Es handelt sich auch in diesem Fall um eine Konformationsstatistik. Es ist also stets erforderlich anzugeben, auf welche Baugruppen oder Konformationseinstellungen sich die Statistik bezieht, von der die Rede ist. Die Problematik einer gesicherten Beurteilung von Abstandsbeziehungen, die über die erste und zweite Koordinationssphäre hinausgehen, wird besonders deutlich, wenn man beachtet, daß erst die cis- oder trans-Position des 4. Se-Atoms in der Kette darüber entscheidet, ob es zu einem Ringschluß, d. h. zur Bildung eines Se_8-Moleküls kommen kann oder nicht. Die Ringbildung ist mit einer cis-Einstellung noch keineswegs zwingend gegeben (s. Abb. 3.20.). Aus den nur noch schwach ausgeprägten höheren Maxima der RDF des Se-Glases eindeutige Schlußfolgerungen über einen Anteil gelöster Se_8-Molekeln zu ziehen, ist gegenwärtig kaum möglich. Zwischenzeitlich wurde eine beträchtliche Präsenz von Se_8-Molekeln im glasartigen Se angenommen [2.293]. Naturgemäß wird die Anwendbarkeit des Netzwerkbegriffs auf glasartiges Selen dadurch grundsätzlich infrage gestellt.

Das Beispiel des Se-Glases zeigt, wie schwierig es ist, die Strukturbereiche experimentell zu bestimmen, auf die sich die statistische Gleichverteilung von Anordnungsmöglichkeiten bezieht, aus der die Isotropie glasartiger und amorpher Festkörper hervorgeht. Eine partielle Bevorzugung einer bestimmten Konformation, in Abb. 2.37. z. B. eine Orientierung der Tetraeder wie sie im α-Quarz, β-Quarz, Tridymit oder Cristobalit vorliegt, führt sofort zu Deutungen der Netzwerkstruktur des Kieselglases, die auf größere Einheiten zurückgreifen, wie sie für die kristallinen Modifikationen repräsentativ sind [2.297, 298]. Die extreme Ausprägung derartiger Strukturvorstellungen stellt das Kristallitmodell dar, dessen Gültigkeit für die Mehrzahl glasbildender Substanzen jedoch aus heutiger Sicht ausgeschlossen werden kann. Kristallite haben im Kieselglas nur nach unvollständigem Aufschmelzen von Quarzkristallen eine reale Bedeutung, sind aber für den Glaszustand wie eingehende neuere

Untersuchungen ergeben haben [2.299], nicht typisch. Nach MOZZI und WARREN [2.227] ist ein Netzwerk mit Bevorzugung einer bestimmten Konfiguration der tetraedrischen Baugruppen über größere Bereiche hinweg nicht anzunehmen. Die Untersuchungen zur Modellierung einer statistischen Netzwerkstruktur des Kieselglases nach BELL und DEAN [2.228] befinden sich mit den experimentellen Befunden in Übereinstimmung.

Netzwerkmodelle mit kontinuierlicher regelloser Verknüpfung von Nahordnungsbereichen stellen bisher auch die besten Näherungen zur Strukturbeschreibung des amorphen Si und Ge dar. Sie sind nach der grundlegenden Arbeit von POLK [2.300] vielfach verifiziert und in verschiedener Weise an experimentell zugängliche Größen angepaßt worden (s. 3.1.2.3.). Von GREAVES und DAVIS [2.301] wurde das Polkmodell mit gleichem Erfolg auf das amorphe As übertragen (s. 3.1.2.5.). In metallischen Gläsern vom Formeltyp A_4B liegt nach POLK [2.302] gleichfalls eine Nahordnungsstruktur vor, die dadurch gekennzeichnet ist, daß die kleineren B-Atome vorwiegend die relativ häufig vorkommenden 8- und 9fach koordinierten Lücken besetzen, wie sie sich in einer BERNALschen Flüssigkeit statistisch dicht gepackter sphärischer A-Teilchen ergeben (s. 3.1.1.).

Eine zusammenfassende Übersicht zur Struktur der Prototypen glasbildender Verbindungen und halbleitender amorpher Festkörper gibt MOSS [2.303]. Eine relativ umfangreiche Auswertung der Literatur, die vor allem auch die Ergebnisse schwingungsspektroskopischer Untersuchungen einschließt, befindet sich bei CONNEL und LUCOVSKY [2.304]. Neuere weiterführende Betrachtungen zur Netzwerktopologie glasbildender Systeme wurden von PHILLIPS [2.305] veröffentlicht. Ausgehend vom KAUZMANN-Theorem (vgl. 2.2.3.1.) und gestützt auf eine häufig anzutreffende bemerkenswerte Intensität des ersten Beugungsmaximums in den Streukurven bei kleinen Winkeln sowie auf Grund von molekülspektroskopischen Befunden wird hier eine Mittelbereichsordnung in den Strukturnetzwerken vor allem der Chalkogenidgläser begründet, die sich über Gebiete von 150 bis 300 pm erstrecken soll [2.450]. Über eine systematische Klassifizierung amorpher Festkörperstrukturen auf der Basis geometrischer Transformationen berichten WRIGHT u. M. [2.451].

2.4.2.3. *Clustermodelle*

Clustermodelle gehen von der physikalisch plausiblen Vorstellung aus, daß sich beim Abkühlen von Schmelzen oder im Prozeß der Bildung amorpher Stoffe auf anderem Wege niedermolekulare Strukturkonfigurationen als energetisch bevorzugt erweisen können, die auf Grund besonderer Symmetrieverhältnisse weder als Kristallkeime wirken können, noch ein kontinuierliches weiteres Wachstum zu einem Festkörper ohne Fernordnung gestatten. Eine derartige Situation liegt bei fünfzähliger Symmetrie vor, wie sie sich z. B. herausbilden kann, wenn Atome oder Baugruppen mit tetraedrischen Bindungen ausschließlich in eclipsed-Konformation untereinander verbunden sind (Abb. 2.39.). Die Tetraederwinkeldeformation ist im Fall ebener Fünfringe mit 108° nur relativ gering und der Energiegehalt mit einem wachstumsfähigen, aus Sechsringen bestehenden Cluster vermutlich vergleichbar. Von jedem Atom geht radial eine weitere Bindung aus, an die sich aber nur unter stärkerer Verzerrung weitere Atome unter Vergrößerung des Clusters anlagern können. Allenfalls in einer Dimension läßt sich der Raum durch Anbau weiterer Dodekaeder lückenlos ausfüllen. Eine Verknüpfung von Sechsringen in der Wannenform führt gleichfalls zu fünfzähliger Symmetrie.

Fügt man zwischen jeweils zwei Si- oder Ge-Atome in Abb. 2.39. ein O-Atom ein,

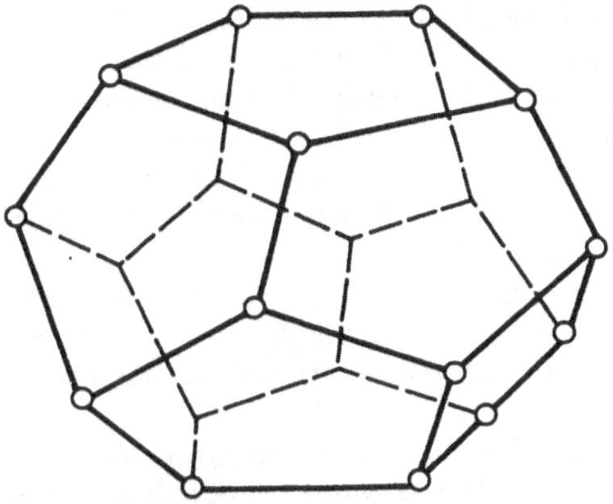

Abb. 2.39. Cluster aus 20 Si- oder Ge-Atomen, der auf Grund fünfzähliger Symmetrie nicht als wachstumsfähiger Keim fungieren kann.

ergibt sich ein für amorphe SiO_2- oder GeO_2-Formen charakteristischer Cluster mit fünfzähliger Symmetrie. TILTON [2.306] bezeichnet derartige Strukturgebilde als Vitronen. Sie schließen einen diskontinuierlichen Aufbau ein, da sie nur bei Verknüpfung über Strukturbereiche mit in anderer Weise regellos orientierten Baugruppen zu einem kompakten glasartigen Festkörper vernetzbar sind. Das Modell wurde von ROBINSON [2.307] weiterentwickelt. In Anlehnung an Überlegungen von BERNAL [2.308] zur Struktur einatomiger Flüssigkeiten werden zylindrische Cluster mit einem Durchmesser von etwa 3 nm abgeschätzt, die eine etwa dichte Packung bilden und durch Bindungen miteinander verknüpft sind. Nachdem sich die in elektronenmikroskopischen Untersuchungen festgestellten Inhomogenitäten der etwa gleichen Größenordnung als Schmelzrelikte oder Fehldeutungen erwiesen haben, ist man in neueren Arbeiten geneigt, die Unterschiede zwischen berechneter und experimentell gefundener Radialverteilungskurve in der Weise zu deuten, daß dem kontinuierlichen regellosen Netzwerkmodell des Kieselglases ein größerer Wahrheitsgehalt zukommt als Clustermodellen [2.309].

GRIGOROVICI bezeichnet Ge-Cluster der in Abb. 2.39. angegebenen Art als Amorphonen und erreicht in einer Arbeit mit MANAILA [2.310] auf dieser Basis eine weitgehende Annäherung an die experimentelle RDF des amorphen Germaniums [1.31]. Im Rahmen des kontinuierlichen statistischen Netzwerkmodells nach POLK konnte jedoch eine noch bessere Übereinstimmung erzielt werden (s. 3.1.2.3.). Clustermodelle werden aber immer wieder in der Literatur als Alternative zum Netzwerkmodell begründet [2.311].

2.4.2.4. *Chemische Bindung und Glasbildung*

Die strukturchemischen Voraussetzungen der Glasbildung stellen sich als eine Einheit energetischer Wechselwirkungen und sterischer Faktoren dar. Die chemische Bindung bestimmt insofern die Glasbildungstendenz einer Substanz als sie Baugruppen hinreichender Asymmetrie oder solcher Beschaffenheit hervorbringt, die eine große Mannigfaltigkeit konformativer Einstellungen sterisch ermöglichen. Aus diesem Grund erweisen sich Nahordnungsbereiche mit kleinen Koordinationszahlen, z. B. 3 oder 4, für die Glasbildung als günstig. Für oktaedrische Baugruppen (Koordinationszahl 6) ist die Variabilität des

Bindungswinkels am verknüpfenden Brückenatom bereits weitgehend eingeschränkt, so daß Verbindungen wie TiO_2 oder SnO_2 bereits nicht mehr in glasartigen Zustandsformen auftreten. Entscheidend ist die Möglichkeit zur Ausbildung einer Vielzahl struktureller Konfigurationen, die energetisch gleichwertig sind oder sich nur wenig voneinander unterscheiden. Verbindungen, in denen die Bindungsbeziehungen zur Ausbildung von Nahordnungsbereichen führen, die derartige geometrische Eigenschaften aufweisen, zeichnen sich durch eine ausgeprägte Glasbildungstendenz aus.

Ein solcher Zusammenhang impliziert eine hinreichende Starrheit der Baugruppen. Glasbildner sind demzufolge durch gerichtete Bindungen in den Nahordnungsbereichen gekennzeichnet. Kovalente Bindungsanteile erweisen sich als ein unverzichtbares Kriterium glasbildender Substanzen.

Ist die Asymmetrie der molekularen Einheiten nur hinreichend ausgeprägt, ist selbst in organischen Flüssigkeiten, wie im Falle des Isopentans, Isopropylbenzols oder Methanols Glasbildung möglich [2.312]. Die Formelastizität des glasartigen Festkörpers beruht bei diesen Substanzen auf VAN DER WAALSscher Wechselwirkung oder wie im Fall der Alkohole auch auf der Beteiligung von Wasserstoff-Brückenbindungen. Selbst Wasser erstarrt bei ausreichend rascher Abkühlgeschwindigkeit zu einer glasartigen Modifikation (T_G 135 K) [2.312, 313].

In metallischen Gläsern, z. B. vom Formeltyp A_4B, sind es die kovalenten Bindungen, die von den kleineren B-Atomen in den 8- und 9zähligen Lücken ausgehen, die die Struktur der BERNALschen Flüssigkeit der A-Atome stabilisieren. Die glasbildenden Oxide grenzen sich von den überwiegend durch heteropolare Bindungsbeziehungen zu beschreibenden Metalloxiden durch einen erhöhten Kovalenzgrad ihrer chemischen Bindung ab. Geht man schließlich zu den Chalkogenidgläsern über, tritt die Polarität immer mehr in den Hintergrund, und im glasartigen Selen oder Arsen bestimmen ebenso wie im amorphen Silicium oder Germanium homöopolare Bindungen die Struktur.

Es gibt in der Literatur zahlreiche Versuche, die Glasbildung auf bestimmte Parameter der chemischen Bindung zurückzuführen. Dabei wird auf die Berücksichtigung der quantitativ nicht ohne weiteres erfaßbaren sterischen Aspekte verzichtet. All diese Ansätze sind daher sehr unvollkommen und allenfalls zur Klassifikation bestimmter Gruppen glasbildender Substanzen geeignet.

SMEKAL [2.314] machte auf die Rolle gemischter Bindungen im Zusammenhang mit der Glasbildung aufmerksam, während Stanworth [2.315] das Kriterium einer bestimmten Elektronegativitätsdifferenz einführte. Für die glasbildenden Oxide von B, Si, P, Ge und As ergibt sich ein Wert von 1,8 bis 2,1. Für die Antimonoxide und SnO_2 liegt die Elektronegativitätsdifferenz aber gleichfalls in diesem Bereich. Für BeF_2 läßt sich ein Ionenbindungsanteil von 80%, für As_2S_3 von nur 5% abschätzen, und beide Verbindungen sind in gleicher Weise ausgezeichnete Glasbildner. SUN [2.316] unternimmt den Versuch, die Glasbildungstendenz der Oxide mit der Bindungsenergie zu korrelieren, ohne eine eindeutige Abgrenzung erzielen zu können, und die Verknüpfung der Einfachbindungsenergien mit der Schmelztemperatur der jeweiligen Substanz nach RAWSON [1.8] führt gleichfalls nicht weiter.

Im Bereich der glasbildenden Oxidsysteme relativ fest eingebürgert hat sich das Feldstärkekonzept nach DIETZEL [2.317]. Er setzt für die elektrostatische Wechselwirkungsenergie U_A in grober Näherung $U_A = z_1 z_2 e^2/a$, woraus für die Feldstärke $F = z_1 z_2 e/a^2$ folgt. Betrachtet man nur Oxide, so ist neben der Elementarladung e auch z_2 konstant, so daß für die Maßzahl der „Feldstärke“ nach DIETZEL die Angabe von z/a^2 ausreicht

(z — Ladung des Kations, a — Bindungsabstand). Für die typischen glasbildenden Oxide ergeben sich mittlere Werte zwischen 1 und 2 (a in ANGSTRÖM-Einheiten).

Auf einen gewissen Zusammenhang zwischen Glasbildung und der Zahl der p-Elektronen in der Valenzschale der Atome verweist WINTER [2.318]. Verbindungen mit bevorzugter Glasbildung enthalten zumindest partiell Elemente mit 2 bis 4 p-Elektronen. Betrachtet man einerseits B_2O_3 oder BeF_2, Verbindungen, für die das Kriterium allenfalls für die Brückenatome in Anspruch genommen werden kann, oder andrerseits Sauerstoff oder Tellur, so erscheint eine solche Konzeption gleichfalls kaum haltbar. Neuere Vorstellungen zur konstitutionellen Eigenfehlordnung knüpfen allerdings an die Rolle der nichtbindenden p-Elektronenpaare im Gesamtensemble der Strukturkonfiguration des Glases an (s. 2.5.2.).

2.4.2.5. *Ideale Glasstruktur und Eigenfehlordnung*

Die kontinuierliche regellose Verknüpfung von Baugruppen in einem bezüglich der räumlichen Konfiguration zwar variablen, nach Festlegung sämtlicher Bindungen aber starren Strukturgerüst, bezeichnet man auch als Idealstruktur des betreffenden nichtkristallinen Festkörpers. Betrachtet man z. B. die in Tab. 2.10. aufgeführten Verbindungen, deren Schmelzen kontinuierlich in einem als Einfriervorgang zu beschreibenden Prozeß in den Glaszustand übergehen, so ergibt sich die Frage nach den Ursachen für die oberhalb der Transformationstemperatur bestehende Flexibilität. Welche chemischen Bindungen werden aufgebrochen oder umgelagert, wenn Gläser in den Zustand der unterkühlten Schmelze übergehen, bzw. in umgekehrter Richtung während des Einfriervorgangs im Nichtgleichgewichtszustand des glasartigen Festkörpers fixiert? Da die Fluidität einer Flüssigkeit eine hinreichende Depolymerisation verlangt, sind die im Glaszustand eingefrorenen thermischen Dichtefluktuationen gleichfalls ein unmittelbarer Ausdruck der Elementarschritte des viskosen Fließens.

Die phänomenologische Beschreibung der Fließvorgänge unterkühlter Schmelzen wurde in 2.2.1.3. behandelt. Mechanistische Vorstellungen sind wenig entwickelt, da experimentell nur schwierig überprüfbar. Allenfalls die Theorie der Aktivierung und Umlagerung kovalenter Bindungen von MJULLER [2.106] vermittelt gewisse Ansatzpunkte für eine strukturchemische Interpretation.

Die Reduzierung des Fließverhaltens auf eine Verminderung des Vernetzungsgrades, z. B. durch „Abrollen" von Ketten unter Ringbildung oder auf Übergangszustände, in denen zwischenzeitlich kantenverknüpfte Baugruppen auftreten, erweist sich als nicht ausreichend. Ausgehend von einer idealen Netzwerkstruktur setzt zwar eine topologische Fehlordnung solcher Art den Grad der Vernetzung herab. Sie ist aber zugleich mit der Ausbildung größerer starrer Struktureinheiten verbunden, deren Variabilität die Konfigurationsmöglichkeiten der Verknüpfung einschränkt. GeS_2 und $GeSe_2$ weisen auf Grund eines Anteils von 50% kantenverknüpfter tetraedrischer Baugruppen in der Kristallstruktur ein Schichtengitter auf. Die Kristallisationstendenz ihrer Schmelzen ist gegenüber GeO_2 und SiO_2 drastisch erhöht (s. 3.2.2.4 u. 5.). Im SiS_2 mit ausschließlicher Kantenverknüpfung der $[SiS_4]$-Tetraeder ergeben sich starre lineare Makromoleküle. Glasbildung wird in diesem Fall verständlicher Weise nicht mehr gefunden.

Will man das Zustandekommen des viskosen Fließens in Übereinstimmung mit der Theorie der chemischen Bindung und unter Beachtung energetischer Aspekte beschreiben, ist die Anwesenheit einer bestimmten Gleichgewichtskonzentration aufgebrochener

Bindungen, d. h. eine teilweise konstitutionelle Veränderung der Nahordnungsbereiche in Betracht zu ziehen.

Die Aufspaltung von Bindungen erfolgt in Systemen, an deren Aufbau Atome mit nichtbindenden, sog. freien Elektronenpaaren beteiligt sind, wohl stets bevorzugt in der Weise, daß das Elektronenpaar der betreffenden Bindung an einem der Fragmente verbleibt, d. h. heterolytisch. Es entsteht ein positiv und ein negativ geladenes Defektzentrum. Der für die Bindungsspaltung erforderliche Energiebetrag muß nicht voll aufgewendet werden, da die Koordinationslücke in einem gleitenden Übergang von einem nichtbindenden Elektronenpaar von Atomen aus der Nachbarschaft ausgefüllt wird. Die Zahl der Bindungen bleibt insgesamt erhalten. Die *p*-Bindungsfunktionen von Brückensauerstoff- oder Chalkogenatomen aus der Umgebung gewährleisten eine solche Stabilisierung (Abb. 2.40., 41.). Die positiv und negativ geladenen Defektzentren sind daher in der unterkühlten Schmelze mit einer der jeweiligen Temperatur entsprechenden Gleichgewichtskonzentration n_c anzunehmen, die durch die freie Enthalpie der jeweiligen Fehlstellenbildungsreaktion entsprechend Gl. (2.102) bestimmt ist (vgl. 2.5.2.). Eine der Temperatur $T = T_G$ zuzuordnende Konzentration an Defektzentren wird im Prozeß der glasartigen Erstarrung eingefroren. Derartige Zentren liegen also auch im Glaszustand vor, da es ganz unwahrscheinlich ist, daß sich alle aufgebrochenen Bindungen bei der Verfestigung der unterkühlten Schmelze wieder zu intakten Einheiten im Sinne der idealen Glasstruktur zusammenfügen können. Homogene Gläser stöchiometrischer Zusammensetzung weisen daher neben Dichteschwankungen und einer je nach der Definition des idealen Glaszustandes verschiedenen topologischen Fehlordnung noch eine konstitutionelle Fehlordnung auf, die durch positiv und negativ geladene Defektzentren gekennzeichnet ist. Dabei wird wie bei der Punktfehlordnung der Kristalle diejenige Fehlstellenart überwiegen, deren Bildungsreaktion durch eine möglichst geringe Änderung der freien Enthalpie ausgezeichnet ist.

Für Kieselglas und glasartiges Selen ergeben sich daraus die in Abb. 2.40., 2.41. dargestellten Punktdefekte als die wahrscheinlichsten Fehlordnungszentren. An bestimmten Stellen des Strukturgerüstes wird die Si-O-Bindung durch die thermische Bewegung so weit polarisiert, daß die Ausbildung einer Bindungsbeziehung zu einem benachbarten Brückensauerstoffatom energetisch begünstigt ist. Es entsteht auf diese Weise eine $[O(SiO_{3/3})_3]^+$-Struktureinheit mit dem Zentrum der positiven Ladung am Sauerstoffatom

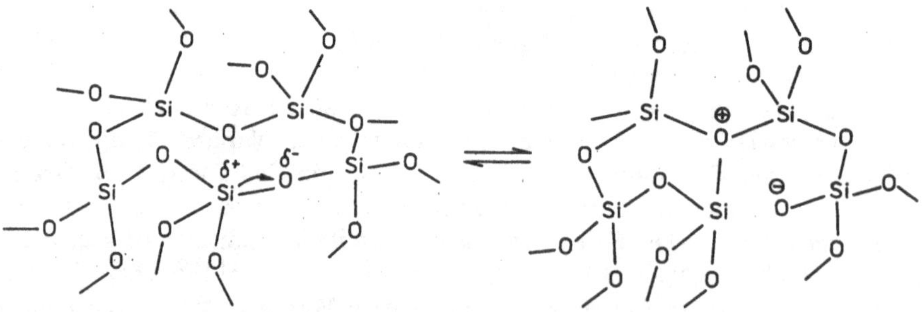

$$2\,SiO_{4/2} + O(SiO_{3/2})_2 \rightleftharpoons \overset{\oplus}{O}(SiO_{3/2})_3 + SiO_{3/2}\,O^{\ominus}$$

Abb. 2.40. Konstitutionelle Eigenfehlordnung des Kieselglases.

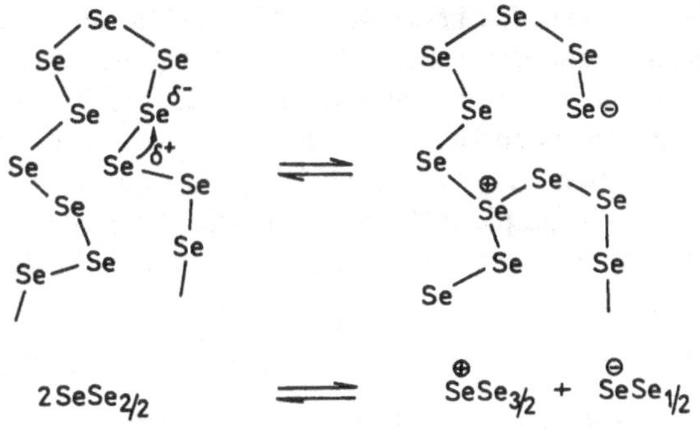

Abb. 2.41. Konstitutionelle Eigenfehlordnung des glasartigen Selens.

und eine $SiO_{3/2}O^-$-Gruppierung mit einem endständigen negativ geladenen Sauerstoffteilchen. Von LUCOVSKY [2.319] wurde die Existenz derartiger Zentren im Kieselglas durch IR- und ramanspektroskopische Untersuchungen sichergestellt und eine Konzentration von etwa 10^{19} cm^{-3} abgeschätzt.

Der Gesichtspunkt der gemischten Bindungen von SMEKAL [2.314] erscheint in diesem Rahmen als eine Tendenz zur Bindungsisometrie, zu der kovalente Bindungen im Bereich der Hauptgruppenelemente auf der rechten Seite des Periodensystems häufig neigen. Die bekannten Beschreibungen der Si-O-Bindung durch einen Ionenbindungsanteil von etwa 50% stellen nicht den entscheidenden Aspekt dar, denn im amorphen Selen liegen derartige Defektzentren in vergleichbarer Konzentration gleichfalls vor (s. 3.1.3.2.). Das in Abb. 2.41. dargestellte Gleichgewicht im geschmolzenen Selen entspricht der in der Chemie der Nichtmetalle geläufigen Eigendissoziation, z. B. $2\,H_2O \rightleftharpoons H_3O^+ + OH^-$, $3\,Br_2 \rightleftharpoons Br_3^+ + Br_3^-$ oder $3\,J_2 \rightleftharpoons J_3^+ + J_3^-$. PCl_3F_2 und PBr_3F_2 existieren schließlich sowohl in einer kovalenten Form in Gestalt trigonal-bipyramidaler Moleküle als in einer heteropolaren Modifikation $[PCl_4]^+[PF_6]^-$ und $[PBr_4]^+[PF_6]^-$. Es sind insbesondere durch Arbeiten von KOLDITZ u. M. [2.321] noch eine Vielzahl weiterer Verbindungen dieses Typs bekannt geworden.

Die durch die Ausbildung positiv und negativ geladener Defektzentren gekennzeichnete Eigenfehlordnung glasbildender Verbindungen wird in Kap. 2.5.2. eingehender behandelt. Sie erscheint bereits auf Grund von qualitativen Erwägungen, wie sie sich aus den Struktur- und Bindungsverhältnissen in Verbindung mit den im Prozeß des viskosen Fließens ablaufenden Vorgängen ableiten lassen, als ausgesprochen naheliegend. Anzahl und Art der kovalenten Bindungsbeziehungen bleiben sowohl in den unpolaren als auch den polaren Zustandsformen bestehen.

Als eine weitere Möglichkeit der Bildung von Defektzentren im Sinne der Eigenfehlordnung ist in heteronuklearen Bindungssystemen die partielle Ausbildung von Element-Elementbindungen in Betracht zu ziehen. Ihre Abschätzung soll auf thermochemischer Basis unter Verwendung der mittleren molaren Bindungsenergien E_B vorgenommen werden.

Man ermittelt diese Werte entweder nach MJULLER [2.322], indem man die Standard-Atomisierungsenthalpie ΔH_A der betreffenden Verbindung durch die Zahl der in der betreffenden Formeleinheit enthaltenen Bindungen dividiert oder im Falle unbekannter Struktur bzw. nicht eindeutig definierbarer Koordinationszahlen aus der Differenz der Elektronegativitäten X nach PAULIG [2.323]:

$$E_{M-X} = 0{,}5(E_{M-M} + E_{X-X}) + 100(X_M - X_X)^2 - 6{,}5(X_M - X_X)^4 \,.$$

E_{M-M} und E_{X-X} ergeben sich für die betreffenden Elemente M und X als Quotient aus deren molarer Standard-Atomisierungsenthalpie und deren Bindigkeit. Die Atomisierungsenthalpien der Elemente $\Delta H_{A,i}$ lassen sich der Literatur entnehmen [2.323—326]. Für Verbindungen, z. B. die in Tab. 2.10. angegebenen, sind bei der Berechnung nach MJULLER die molaren Standardreaktionsenthalpien ΔH_R zu berücksichtigen, und schließlich ist für den Glaszustand die Kristallisationsenthalpie ΔH_{kr} mit in Betracht zu ziehen. LINKE [2.327] hat sich eingehend mit den thermochemischen Befunden glasbildender Systeme befaßt. Entsprechend der Gleichung

$$\Delta H_A = \Sigma x_i \, \Delta H_{A,i} - \Delta H_R + \Delta H_{kr} \,. \tag{2.100}$$

ergeben sich für die Atomisierungsenthalpie ΔH_A von glasartigem Se, As_2S_3 und $GeSe_2$ die folgenden Werte:

$$\begin{aligned} &Se: && \Delta H_A = +227 \pm \ 0 - 3 = +224 \text{ kJ/mol} \\ &As_{0,4}S_{0,6}: && \Delta H_A = +289 + 31 - 3 = +317 \text{ kJ/mol} \\ &Ge_{0,33}Se_{0,67}: && \Delta H_A = +277 + 30 - 6 = +301 \text{ kJ/mol} \end{aligned}$$

Pro $GeSe_{4/2}$-Einheit z. B. beträgt die Atomisierungsenthalpie $\Delta H_A = 903$ kJ/mol und die mittlere molare Bindungsenergie $E_{Ge-Se} = 0{,}75 \cdot 301 = 226 \approx 225$ kJ/mol. Die in Tab. 2.11. angegebenen Werte wurden auf diesem Wege berechnet. Der Fehler wird auf 10 kJ/mol geschätzt, die Werte daher auf „5" oder „0" gerundet. ΔH_{kr} wurde unter Verwendung von $\Delta H_{kr} = 0{,}4 \, \Delta H_S$ abgeschätzt (ΔH_S, molare Schmelzenthalpie).

Tabelle 2.11. Mittlere molare Bindungsenergien E_B nach [2.327] in kJ/mol

Bindung	E_B	Bindung	E_B	Bindung	E_B
S—S	280	Ge—Ge	185	Ge—S	265
Se—Se	225	P—S	270	Ge—Se	225
Te—Te	195	P—Se	240	Ge—Te	200
S—Se	255	As—S	260	Si—Te	220
Se—Te	220	As—Se	230	P—O	425 (für P_4O_6)
P—P	225	As—Te	205	As—O	335
As—As	200	Sb—S	260	Si—O	465
Sb—Sb	175	Sb—Se	230	Ge—O	355
Si—Si	225	Sb—Te	195	B—O	520

Stellt man zur Beurteilung der thermochemischen Stabilität von $M—X$-Bindungen Bilanzen entsprechend

$$\begin{aligned} 2\,M{-}X &\rightleftarrows M{-}M + X{-}X \quad \text{auf, z. B.} \\ -35 \text{ kJ/mol} + 2\,Ge{-}Se &\rightleftarrows Ge{-}Ge + Se{-}Se \\ (2\,GeSe_{4/2} &\rightleftarrows Ge_2Se_{6/2} + Se_{2/2}) \quad \text{oder} \\ -15 \text{ kJ/mol} + 2\,As{-}Te &\rightleftarrows As{-}As + Te{-}Te \\ (2\,AsTe_{3/2} &\rightleftarrows As_2Te_{4/2} + Te_{2/2})\,, \end{aligned} \tag{2.101}$$

dann ergibt sich in allen Fällen gegenüber der äquivalenten Mischung von M-M- und X-X-Bindungen eine Begünstigung der M-X-Bindungen. Dabei werden Entropiebeiträge vernachlässigt, die für die Gleichgewichtslage maßgebende freie Bildungsenthalpie also durch die Bildungsenthalpie ersetzt. Außerdem ist zu beachten, daß in der thermochemischen Bilanz von (2.101) die im Bereich der Transformationstemperatur geltenden

Enthalpiebeiträge zu verwenden sind, hier aber die für 298 K zutreffenden Werte zugrunde gelegt wurden. Es handelt sich also um eine grobe Abschätzung.

Strukturmodelle, die von einer statistischen Gleichverteilung aller möglichen Bindungen ausgehen, negieren Unterschiede der Bindungsenergie. Sie wurden zur Interpretation experimenteller Radialverteilungskurven häufig mit herangezogen, treffen aber auf Grund der Gleichgewichtslage von (2.101) wahrscheinlich nicht zu. Sieht man von der Unschärfe ab, die der zunächst nicht näher angebbare Entropiebeitrag mit sich bringt, ergibt sich für die in Tab. 2.10. angegebenen Nahordnungsbereiche in Übereinstimmung mit der experimentellen Beobachtung aus energetischen Gründen eine Bildungstendenz. Allerdings sind die Energiebeträge bei Seleniden und Telluriden, wie die Beispiele zeigen, nur noch relativ gering, so daß man z. B. am Schmelzpunkt von $GeSe_2$ bei 1013 K und selbst im Bereich der Transformationstemperatur von 665 K mit einer partiellen Bildung von Ge-Ge-Bindungen und Se-Se-Bindungen zu rechnen hat.

Für die Anzahl der Bindungen n_0 pro cm^3 läßt sich die allgemeine Gleichung

$$n_0 = (\varrho/\bar{M})\,\Sigma\, x_i N_A z_i/2 \tag{2.102a}$$

angeben mit $\bar{M}$, der Molmasse eines mittleren Atoms, x_i, dem Molenbruch der jeweiligen Elementkomponente, N_A, der AVOGADROschen Zahl, z_i, der jeweiligen Koordinationszahl und der Dichte ϱ. Setzt man entsprechend der Massenwirkungsbeziehung

$$n_c = n_0 \exp\left(-\Delta G_c/2RT\right) \qquad (n_c \ll n_0)\,, \tag{2.102b}$$

z. B. im Fall der $GeSe_2$-Schmelze im Rahmen der getroffenen Näherung $\Delta G_c = 35$ kJ/mol, so ergibt sich für $T = T_G = 665$ K und damit zugleich für den Glaszustand eine Dichte von $2 \cdot 10^{21}$ Ge-Ge- und Se-Se-Bindungen pro cm^3, d. h. etwa 4% der Gesamtzahl der Bindungen liegen als *M-M-* und *X-X-*Bindungen vor. Die Berücksichtigung des Entropiebeitrages würde die Dichte homonuklearer Bindungen eher vergrößern als verkleinern. In der gleichen Richtung sollte sich eine mit zunehmender Temperatur zu erwartende Abnahme der Reaktionsenthalpie auswirken. Die Abschätzung stellt also vermutlich einen unteren Grenzwert dar. Sie zeigt, daß in Glasschmelzen von Substanzen mittlerer bzw. relativ geringer Bindungsenergie mit derartigen Abwandlungen in den Nahordnungsbereichen der idealen Glasstruktur neben der Ausbildung positiv und negativ geladener Defektzentren gleichfalls zu rechnen ist.

2.4.2.6. *Zur Struktur kombinierter glasbildender Systeme*

Die große stoffliche Breite glasbildender Systeme beruht auf den Kombinationsmöglichkeiten der verschiedenen Glasbildner untereinander sowie auf der Variabilität der Zusammensetzung, die aus der Einbeziehung zahlreicher weiterer Oxide bzw. Chalkogenide resultiert. Die Mannigfaltigkeit möglicher Strukturen erfährt dadurch eine außerordentlich große Erweiterung, so daß eine systematische Behandlung, wie sie für die glasbildenden Verbindungen angestrebt wurde, kaum noch vorgenommen werden kann.

Zunächst ist darauf hinzuweisen, daß bereits Substanzen mit definierter Zusammensetzung und Struktur während des Schmelzens in eine Mischung verschiedener Verbindungen übergehen können, so daß bereits in diesem einfachsten Fall mit Erscheinungen zu rechnen ist, wie sie für Mischphasen charakteristisch sind. Im MADRELLschen Salz, $NaPO_3$, liegt z. B. wie im Wollastonit, $CaSiO_3$, eine unendlich ausgedehnte Helix tetraedrischer Baugruppen in der Identitätsperiode 3 vor. In der Schmelze unterliegt der strukturelle Aufbau einer weitgehenden Umgruppierung. In der glasartig erstarrten Schmelze wurden Cyclophosphate bis $n = 7$ nachgewiesen. Kettensilicate bilden neben cyclischen Anionen auch zwei- und dreidimensional vernetzte Baugruppen neben niedermolekularen Einheiten aus (s. [2.283]).

Zusätze von Metalloxiden zu den glasbildenden Oxiden bzw. von Metallchalkogeniden zu den typischen Chalkogenid-Glasbildnern modifizieren die Netzwerkstruktur. Die Oxid- bzw. Chalkogenidionen spalten die Brückenbindungen nukleophil unter Bildung endständiger negativ geladener Sauerstoff- bzw. Chalkogenatome auf, die die eingeführten Metallionen vorrangig koordinieren. Diese Wechselwirkungen haben zunächst vorwiegend den Charakter elektrostatischer Bindungen, d. h. das Netzwerk wird unterbrochen und der Vernetzungsgrad durch derartige Zusätze schrittweise abgebaut. Die mit den Metallionen wechselwirkenden endständigen Sauerstoff- bzw. Chalkogenteilchen heißen dementsprechend Trennstellenatome. In Abb. 2.42. ist ein in dieser Weise modifiziertes Strukturnetzwerk schematisch gezeigt.

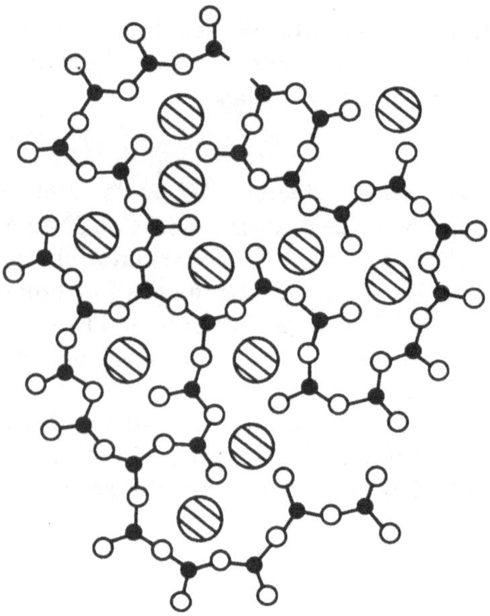

Abb. 2.42. Schematische Darstellung eines durch eine Netzwerkwandlerkomponente modifizierten Strukturnetzwerks.

Man bezeichnet die sog. Glasbildner in einem solchen Zusammenhang auch als Netzwerkbildner und die modifizierenden Zusatzkomponenten als Netzwerkwandler. Nach dem DIETZELschen Feldstärkekonzept kommen den Netzwerkwandlern Feldstärkeparameter zwischen 0,1 und etwa 0,4 zu.

Die Glaseigenschaften werden durch den Einbau von Netzwerkwandlern wesentlich beeinflußt. Bedingt durch die Einfügung von weniger gerichteten Bindungen fällt das Strukturgerüst in sich zu einer dichteren Packung zusammen. Das Molvolumen nimmt demzufolge ab. Die Transformationstemperatur fällt auf Grund des sich vermindernden Vernetzungsgrades gleichfalls ab. Die negativ geladenen Trennstellenatome erhöhen die

Polarisierbarkeit und damit die Anharmonizität der Gitterschwingungen. Der thermische Ausdehnungskoeffizient nimmt daher zu.

Je größer der Gehalt an Netzwerkwandler-Komponenten im Glas ist, desto höher ist die Konzentration an Trennstellenatomen und damit das Angebot an koordinationsfähigen Liganden. Außerdem überläßt die zunehmende Absättigung der Elektroplilie des Netzwerkbildners die nichtbindenden Elektronenpaare immer mehr der Polarisation durch die Kationen.

Bezieht man sich dabei auf ein bestimmtes Kation, das Gläsern in geringer Konzentration ohne nennenswerte Änderung der Struktur und Bindungsverhältnisse zugesetzt werden kann, dessen Absorptionsspektrum aber hinreichend empfindlich von der Donizität der Oxidliganden beeinflußt wird, so läßt sich ohne weiteres ein Parametersystem aufstellen, das die Charakterisierung von Gläsern im Rahmen eines Säure-Basen-Konzepts gestattet. Der spektroskopische ${}^1S_0 \rightarrow {}^3P_1$-Übergang der 6 s^2-Elektronen von Tl^+-, Pb^{2+} oder Bi^{3+}-Kationen, der im freien Pb^{2+}-Ion z. B. bei 60700 cm^{-1} liegt, erfährt eine umso größere langwellige Verschiebung, je größer die Polarisierbarkeit der Sauerstoffteilchen im Glas ist. Im CaO tritt die entsprechende Bande bei 29700 cm^{-1} auf, die Verschiebung beträgt also 31000 cm^{-1}. Von DUFFY und INGRAM [2.328] wurde der optische Basizitätsparameter

$$\lambda_{Pb(II)} = (\tilde{\nu}_{Pb^{2+}, frei} - \tilde{\nu}_{Pb^{2+}, Glas})/31000$$

definiert. Für $\lambda_{Pb(II), CaO}$ ergibt sich der Wert 1. Die Basizitätsparameter von Gläsern sind dann stets kleiner als 1.

Mit wachsendem Gehalt an Netzwerkwandlerkationen werden die kovalenten Bindungsanteile der Metall-Sauerstoff- bzw. Metall-Chalkogenbindung zunehmend wirksam, so daß die entsprechenden Koordinationspolyeder als Nahordnungsbereiche gemeinsam mit den verbleibenden Anionen Struktur und Eigenschaften des Glases bestimmen (vgl. 2.4.1.3.). Die Existenz von Gläsern mit hohem Metalloxid- oder Metallchalkogenidgehalt kann auf diese Weise plausibel erklärt werden. Mit nur 40 mol% SiO_2 ist in einem Glas $(Na_2O)_{15}(K_2O)_{15}(CaO)_{15}(BaO)_{15}(SiO_2)_{40}$ nach TRAP und STEVELS [2.329] mit der allgemeinen Formel $M_3Si_2O_7$ ein zusammenhängendes Netzwerk von Silicatanionen nicht mehr gegeben, d. h. die Metall-Sauerstoff-Koordinationspolyeder sind für die Ausbildung einer stabilen Glasstruktur maßgebend geworden. Der geringere Kovalenzgrad in den M-O-Bindungen und die daraus resultierende relativ hohe Fluidität der Schmelzen verursacht eine ausgeprägte Neigung zur Kristallisation. Dieser Tendenz wirkt die Gegenwart mehrerer verschiedenartiger Metalloxide mit unterschiedlicher Koordinationszahl und jeweils etwas anderen Bindungsabständen durch Erhöhung der Konfigurationsentropie entgegen.

Die Glasbildungstendenz nimmt mit dem Einbau von Netzwerkwandlern auf Grund der Zunahme struktureller Konfigurationsmöglichkeiten generell zu und erreicht im Bereich eutektischer Zusammensetzungen häufig ein Maximum. Die Liquidustemperatur T_L fällt ab und damit auch die entsprechend (2.59) definierte reduzierte Temperatur. Andrerseits können bereits kleine Zusätze die Viskosität von Netzwerkbildnern drastisch reduzieren, so daß Kristallisationsprozesse zunächst stark gefördert werden, die Glasbildungstendenz also entsprechend 2.3.2. eingeschränkt ist.

Die Verteilung der Trennstellenatome und damit auch die der Kationen erfolgt im Netzwerk häufig nicht kontinuierlich, weil es aus der Bilanz energetischer und entropischer Faktoren vorteilhaft sein kann, daß das Strukturgerüst des Netzwerkbildners in bestimmten Bereichen weitgehend abgebaut, in anderen Bezirken dagegen nahezu unverändert erhalten bleibt. In solchen Fällen findet mitunter bereits in der Schmelze eine Flüssig-Flüssig-Entmischung statt, oder es ist eine verdeckte Mischungslücke zu verzeichnen (s. 2.3.1.2.). Der Verlauf der Liquidustemperatur läßt dann einen Wendepunkt erkennen. Erst bei weiterem Zusatz von Netzwerkwandlern kommt es im Bereich niedrig schmelzender eutektischer Zusammensetzungen, wo mehrere kristalline Phasen mit einer homogenen Schmelze im Gleichgewicht stehen, zur vollen Ausprägung einer erhöhten Glasbildungstendenz im Sinne der Bildung eines homogenen Glases. Das Auftreten einer Mischungslücke im Bereich niedrig schmelzender Eutektika ist in glasbildenden Systemen aber gleichfalls ohne weiteres denkbar.

2.4.2.7. *Mögliche Kriterien für eine strukturchemische Interpretation der Phasentrennung*

Die Maxime „similia similibus solvuntur" ist ein allgemein bewährtes Prinzip. Trotzdem ist es nicht leicht zu sagen, welche Faktoren die „Ähnlichkeit" von miteinander mischbaren Substanzen bestimmen und welche Struktur- und Bindungsbeziehungen in Stoffsystemen zu den in 2.3.1.2. beschriebenen Phasentrennungserscheinungen führen [2.343].

Bei unpolaren, niedrigmolekularen Stoffen wird die Wechselwirkung, wie sie in der Bildung homogener Mischungen zum Ausdruck kommt, gewöhnlich durch die sog. „spezifische Kohäsionsenergie" $\Delta H_V/V$ beschrieben. Hildebrand [2.330] gibt für den „Löslichkeitsparameter" $L = (\Delta H_V/V)^{1/2}$ an. Dabei ist ΔH_V die molare Verdampfungsenthalpie und V das Molvolumen je Formeleinheit. Unpolare Flüssigkeiten mit ähnlichen L-Werten sollten sich in allen Verhältnissen mischen, während bei großen Differenzen Mischungslücken zu erwarten sind. Bei polaren Substanzen kommen Anziehungskräfte zwischen ungleichen Atomen hinzu. Für diesen Fall gibt Mott [2.331] einen modifizierten Ausdruck für L an.

Berechnet man die L-Werte für Substanzen, die als Komponenten glasbildender Systeme infrage kommen, so stimmt das erwartete Mischungsverhalten mit dem Experiment meist nicht überein. Die Struktureinheiten von Glasschmelzen sind stark assoziiert, so daß die Verdampfung mit Depolymerisationsprozessen, oft auch Zersetzungsreaktionen verbunden ist. Die Verdampfungsenthalpie ΔH_V entspricht in diesen Fällen nicht mehr der Kohäsionsenergie in den Schmelzen von Gläsern.

Zur Beurteilung der „Ähnlichkeit" von Schmelzen im Temperaturgebiet nahe der Schmelztemperatur ist die Schmelzentropie ΔS_S besser geeignet. Es wurde auch die Bildung des Quotienten aus der Schmelz- und Atomisierungsenthalpie $\Delta H_S/\Delta H_A$ für die Erfassung des Ausmaßes von Änderungen in der Kohäsionsenergie herangezogen [2.332—333]. Verändert sich die Koordinationszahl und damit der Bindungstyp beim Schmelzen, ergeben sich relativ große Werte sowohl für ΔS_S als für $\Delta H_S/\Delta H_A$.

Von Linke [2.335] wurden die Werte für zahlreiche Chalkogenide und ihnen zugrundeliegender Elemente zusammengestellt. Er gelangt dabei zu den folgenden Fallunterscheidungen:

— Die Komponenten sind im kristallinen Zustand einander „ähnlich". Die ΔS_S-Werte unterscheiden sich wenig. Hier bleibt die Ähnlichkeit auch bei den Schmelzen erhalten, d. h. es sollte Mischbarkeit erfolgen. Beispiele hierfür sind die Systeme Sb_2S_3-Sn_2Se_3, As_2S_3-As_2Se_3, S_8-P_4S_{10}, SiO_2-GeO_2.

— Die Substanzen haben ähnliche ΔS_S-Werte, sind aber im kristallinen Zustand recht verschieden, z. B. in Bindungspolarität und Vernetzungsgrad. In diesen Fällen bleiben die Unterschiede auch beim Übergang zum schmelzflüssigen Zustand weitgehend erhalten. Mischbarkeit ist nicht zu erwarten. Beispiele sind die Systeme Sn-SnS, S_8-TlS_2, Tl-Tl_2Se.

— Die Substanzen sind weder im kristallinen Zustand noch in den ΔS_S-Werten ähnlich. Hier bewirkt der Schmelzvorgang entweder eine Annäherung im Charakter der Stoffe, d. h. es tritt wie im Fall der Systeme Ge-GeTe oder Te-As_2Te_3 Mischbarkeit auf oder es erfolgt eine weitere Differenzierung unter Ausbildung einer Mischungslücke, wie sie in den Systemen SiO_2-B_2O_3, SiO_2-P_2O_5, S_8-Sb_2S_3, Pb-PbSe oder Sb-SnS auftritt.

2.4.3. *Struktur-Eigenschaftskorrelationen*

Die Untersuchung von Zusammenhängen zwischen makroskopischen Eigenschaften und bestimmten Struktur- und Bindungsparametern stellt ein bewährtes Prinzip der Klassifikation chemischer Verbindungen dar. Dabei ist selbst in homologen Reihen, in denen sich eine überschaubare Änderung von Struktur- und Bindungsgröße angeben läßt, die Beziehung zu einer bestimmten Eigenschaft der betreffenden Stoffgruppe nicht unmittelbar gegeben. Im allgemeinen treten mehrere Wechselbeziehungen auf, die das Verhalten häufig sogar gegenläufig beeinflussen. Eine eindeutige strukturchemische Interpretation von Eigenschaftsverläufen in Substanzreihen ist daher oftmals nur auf der Basis einer vorangehenden Strukturaufklärung möglich. Ist der strukturelle Zusammenhang, bei Mischkristallbildung z. B. die VEGARDsche Regel, erkannt worden, kann die stetige Dichteänderung in der betreffenden Reihe umgekehrt als eine Indikation für die Ausbildung fester Lösungen angesehen werden. Abweichungen vom idealen Mischungsverhalten weisen auf strukturelle Änderungen im System hin. Worin diese im Detail bestehen, kann ohne Zuhilfenahme weiterer Untersuchungsmethoden i. allg. jedoch nicht angegeben werden.

In glasbildenden Systemen stellt die Untersuchung der Eigenschaften in Probenreihen mit bestimmter Zusammensetzungsvariation ein wertvolles Hilfsmittel der Charakterisierung dar. Die Auswahl der miteinander zu vergleichenden Proben erfolgt dabei in der Weise, daß man von glasbildenden Verbindungen bekannter Struktur ausgeht. Die Eigenschaftsänderungen lassen sich dann häufig in gewissen Grenzen auf der Grundlage plausibler Annahmen über das strukturchemische Verhalten der am Aufbau des Systems beteiligten Atome und Baugruppen interpretieren.

Aus der nahezu unbegrenzten Mannigfaltigkeit möglicher Struktur-Eigenschaftskorrelationen sollen an dieser Stelle das Molvolumen, die Viskosität, der T_G-Wert, die thermische Ausdehnung und die elastischen Konstanten herausgegriffen und der Zusammenhang zur Struktur der Gläser aufgezeigt werden. Auf Beziehungen zwischen Glasstruktur und elektrischer Leitfähigkeit oder zur Dielektrizitätskonstanten wird in Kap. 3. an geeigneter Stelle eingegangen.

2.4.3.1. *Strukturabhängigkeit des Molvolumens*

Die Dichte von Gläsern ist nach verschiedenen Methoden, z. B. pyknometrisch, hinreichend genau meßbar. Sie hängt von der Kühlgeschwindigkeit im T_G-Bereich ab. Mit 100 K · min^{-1} abgekühlte Proben weisen im Bereich der Chalkogenidgläser um 1 bis 2%

kleinere Werte auf als nach dem Abkühlen mit 3 bis 4 $k \cdot h^{-1}$, was bei vergleichenden Untersuchungen zu beachten ist.

Um den Masseneinfluß zu eliminieren, geht man im Zusammenhang mit Strukturbetrachtungen zum Molvolumen über. Die Umrechnung der Dichte ϱ in das Molvolumen V kann unter Verwendung verschiedener Formeleinheiten erfolgen, je nachdem, welche Einheiten für den Probenvergleich in einer Reihe zweckmäßig sind. Für glasbildende Verbindungen wie $GeSe_2$ kann V z. B. auf die $GeSe_{4/2}$-Nahordnungsbereiche oder auf ein mittleres Mol Atome $Ge_{0,33}Se_{0,67}$ bezogen werden. In kombinierten glasbildenden Systemen ist das mittlere Molvolumen $\bar{V} = \bar{M}/\varrho$ stets mit der mittleren Molmasse $\bar{M} = \Sigma x_i M_i$ zu verknüpfen, wobei für M_i wiederum die Molmassen bestimmter Baueinheiten oder die Atommassen mit entsprechend anderen Molenbrüchen zu setzen sind.

Die Zerlegung in Inkremente entsprechend $\bar{V} = \Sigma x_i V_i$ ist auf Grund allgemeiner Erfahrungen der Mischphasenthermodynamik wenig sinnvoll. Ideales Verhalten kann ohnehin nur erwartet werden, wenn die Komponenten ähnliche Volumina beanspruchen, zugleich aus Struktureinheiten ähnlicher Gestalt aufgebaut sind und sich mit vernachlässigbar geringer Mischungsenthalpie vermischen.

In bestimmten Grenzfällen ist eine strukturchemische Interpretation der Änderung des mittleren Molvolumens bei geeigneter Auswahl der Zusammensetzung der zu vergleichenden Proben trotzdem möglich. Lassen sich für die atomaren Bestandteile des Systems annähernd vergleichbare Wirkungsradien angeben, kann unter Beachtung der i. allg. negativen Mischungsenthalpie an binären Systemen auf Struktureffekte geschlossen werden. In Systemen höherer Ordnung erweist sich die paarweise gegenseitige Substitution bestimmter Atome mit vergleichbaren strukturchemischen Eigenschaften unter Konstanthalten der Molenbrüche aller anderen Teilchen z. B. zum Zweck der Überprüfung einer isomorphen Vertretbarkeit als vorteilhaft. Werden schließlich in einer Probenreihe Kationen mit relativ kleinen Wirkungsradien eingebaut, so daß ihre Einfügung in Lücken zwischen den volumenbestimmenden größeren Teilchen (Anionen und gegebenenfalls Kationen) angenommen werden kann, empfiehlt es sich, das gemessene Molvolumen $\bar{V}$ entsprechend $\bar{V}_R = \bar{V}/\Sigma x_{R,i}$ ausschließlich den die Raumausfüllung bestimmenden größeren Atomen bzw. Ionen mit den Molenbrüchen x_R zuzuordnen.

Auf Grund der Stellung im Periodensystem und der relativ geringen Elektronegativitätsdifferenz können beispielsweise in den Glasbildungssystemen Ge_xSe_{1-x} und As_xSe_{1-x} annähernd vergleichbare atomare Wirkungsradien angenommen werden. Entsprechend der Bildung von $GeSe_{4/2}$- bzw. $AsSe_{3/2}$-Nahordnungsbereichen, die die Selenketten vernetzen, nimmt das mittlere atomare Molvolumen der Gläser beim Einbau von Ge- bzw. As-Atomen in Selen erwartungsgemäß ab (negative Mischungsenthalpie). In der Reihe der As-Se-Gläser ist die Zusammensetzung As_2Se_3 ($x = 0{,}4$) durch ein Minimum gekennzeichnet (Abb. 3.32). Im System Ge_xSe_{1-x} nimmt das mittlere atomare Molvolumen dagegen nur bis zur Zusammensetzung $GeSe_4$ ($x = 0{,}2$) ab, um anschließend wieder anzusteigen (Abb. 3.40.). Die glasbildende Verbindung $GeSe_2$ ist hier durch ein Maximum des Molvolumens ausgezeichnet. Die dreidimensionale Verknüpfung der sperrigen tetraedrischen Baugruppen führt stets zu einer relativ aufgelockerten Struktur (vgl. auch Abb. 2.38.).

Netzwerkwandler setzen das mittlere atomare Molvolumen auf Grund der Unterbrechung der Netzwerkstruktur durch den Einbau von Trennstellen mit zunächst weitgehend ungerichteten polaren Bindungsbeziehungen zu den Kationen herab. Die Struktur kann sich zu einer dichteren Packung zusammenfügen.

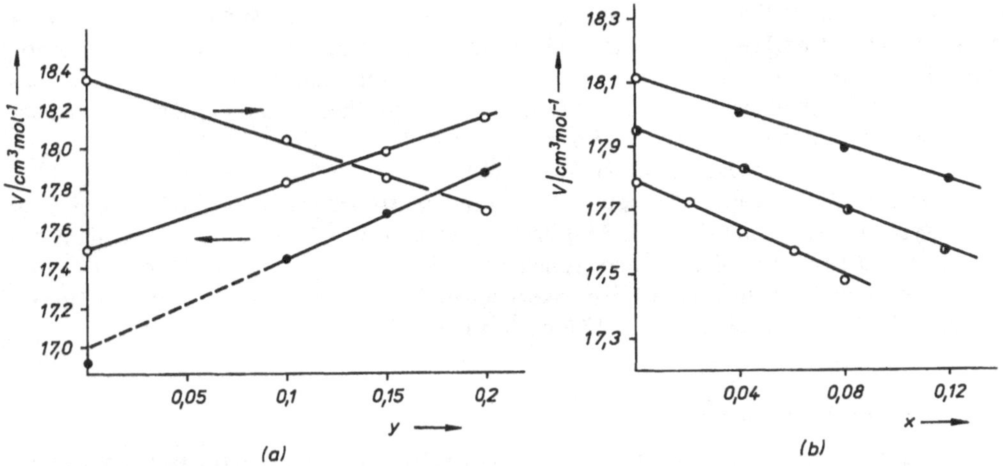

Abb. 2.43. a) Mittleres atomares Molvolumen V (○) und Transformationstemperatur T_G (○) der Gläser $Ge_{0,4}Se_{0,6-y}Te_y$ für $y = 0$ (608 K), $y = 0,1$ (593 K), $y = 0,15$ (583 K), $y = 0,2$ (575 K) und Molvolumen der Gläser $As_{0,4}Se_{0,6-y}Te_y$ (●)
b) Molvolumen V der Gläser $Ge_{0,4-x}Sn_xSe_{0,5}Te_{0,1}$ (○); $Ge_{0,4-x}Sn_xSe_{0,45}Te_{0,15}$ (◑); $Ge_{0,4-x}Sn_xSe_{0,4}Te_{0,2}$ (●)

Abbildung 2.43. zeigt als Beispiel eine paarweise Substitution von Ge- und Sn-Atomen sowie von Se- und Te-Atomen in Gläsern der Reihe $Ge_{0,4-x}Sn_xSe_{0,6-y}Te_y$ [2.336]. Die Zusammensetzung entspricht stets der allgemeinen Formel M_2X_3, d. h. für $x = 0$ und $y = 0$ liegt das dreidimensionale Strukturnetzwerk des Ge_2Se_3-Glases vor. Substituiert man bei konstantem Ge- und Sn-Gehalt (x = konstant) Se durch Te, ergeben sich ansteigende Geraden, für $x = 0$ z. B. der in Abb. 2.43. a) gezeigte Verlauf. Die Steigung kann als die Differenz der Wirkungsvolumina der Te- und Se-Atome aufgefaßt werden. Offenbar vermag Tellur die Se-Atome in der Struktur des Ge_2Se_3-Glases unter Aufrechterhaltung der Koordinationszahl 2 isomorph zu ersetzen. Zum Vergleich ist das Molvolumen der Gläser der Reihe $As_{0,4}Se_{0,6-y}Te_y$ mit eingezeichnet. Trotz der hier nur zweidimensionalen Verknüpfung der Nahordnungsbereiche ist das mittlere atomare Molvolumen generell kleiner, was wiederum als Struktureffekt zu deuten ist. Bei dreidimensionaler Vernetzung von Nahordnungsbereichen mit gerichteten Bindungen ist der effektive Raumerfüllungsgrad geringer, das Leervolumen zwischen den Baugruppen also größer.

In Abb. 2.43. b) ist das Molvolumen bei jeweils konstanter Se- und Te-Konzentration in Abhängigkeit vom Sn-Gehalt aufgetragen. Bei der Substitution von Ge durch Sn nimmt $\bar{V}$ in den Reihen ($y = 0,1$; $0,15$; $0,2$) ab. Nimmt man für die Gläser $Ge_{0,4-x}Sn_x$-$Se_{0,6-y}$ einen Aufbau entsprechend der Formulierung $(SnSe_{1-z}Te_z)_x(GeSe_{1-z}Te_z)_{1/5-x}$-$(GeSe_{2-2z}Te_{2z})_{1/5}$ mit $z = 5y/3$ an, dann sollte auch hier eine Zunahme zu erwarten sein. In den kristallinen Systemen SnSe-GeSe und SnTe-GeTe liegt lückenlose Mischkristallbildung vor [2.337]. In glasartig erstarrten Schmelzen sollte sich im Falle der durch GeX und SnX modifizierten Struktur eines GeX_2-Netzwerkes erst recht eine isomorphe Vertretbarkeit der beiden Monochalkogenide ergeben. Der Unterschied in den Wirkungsradien von Ge und Sn müßte sich dann in einem Anwachsen des mittleren atomaren Molvolumens zu erkennen geben. Der beobachtete Abfall zeigt, daß sich GeSe und SnSe bzw. GeTe und SnTe im Glas nicht isomorph verhalten. Die Komproportionierung von

GeX und GeX_2 unter Bildung von $Ge_2X_{6/2}$-Nahordnungsbereichen ist damit ohne weiteres vereinbar. Die Zinn(II)-chalkogenide bilden im Sinne einer Netzwerkwandlerfunktion eigene Strukturpolyeder aus, was die Abnahme des mittleren atomaren Molvolumens ebenso wie das Absinken der Transformationstemperatur erklärt [2.336]. Der Aufbau der Gläser ist dementsprechend durch die Formel $(SnSe_{1-z}Te_z)_x(Ge_2Se_{3-3z}Te_{3z})_{1/5-x}(GeSe_{2-2z}$-$Te_{2z})_x$ mit $z = 5y/3$ zu beschreiben (vgl. 3.3.6.4.).

Ein Beispiel für die Vernachlässigung der Raumbeanspruchung kleinerer Kationen liegt in den Systemen K_2O-SiO_2-TiO_2 [2.338] und K_2O-SiO_2-VO_2 [2.339] vor. Ordnet man das gemessene mittlere Molvolumen den Teilchen vergleichbarer Größe, d. h. den K^+ und O^{2-}-Ionen zu und rechnet gemäß der angegebenen Beziehung auf 1 Mol um, ergibt sich für sämtliche Gläser ein Wert $\bar{V}_R = 12{,}7\ cm^3/mol \pm 2\%$ [2.339].

2.4.3.2. *Strukturabhängigkeit der Viskosität*

Gestützt auf die „Valenztheorie des Glases" von MJULLER [2.106, 107] wurden Versuche einer strukturellen Deutung des Viskositätsverlaufs von Gläsern insbesondere von NEMILOV [2.108, 340] vorgenommen. Grundlage bildet Gl. (2.29) in Kap. 2.2.1.2. Es wird die Zusammensetzungsabhängigkeit der freien Aktivierungsenthalpie des viskosen Fließens ΔG_η^* in einem geeignet normierten Temperaturgebiet im Bereich der Erweichungstemperatur des Glases, d. h. dort, wo sich der Temperaturverlauf der Viskosität gemäß Abb. 2.13. ändert, untersucht, die Aktivierungsentropie $s_\eta^* = (\partial G^*/\partial T)_p$ berechnet und gegen die Zusammensetzung aufgetragen.

Abb. 2.44. gibt für einen Ausschnitt der Glasbildungsbereiche Ge_xSe_{1-x} und As_xSe_{1-x} die Zusammensetzungsabhängigkeit der Aktivierungsentropie wieder.

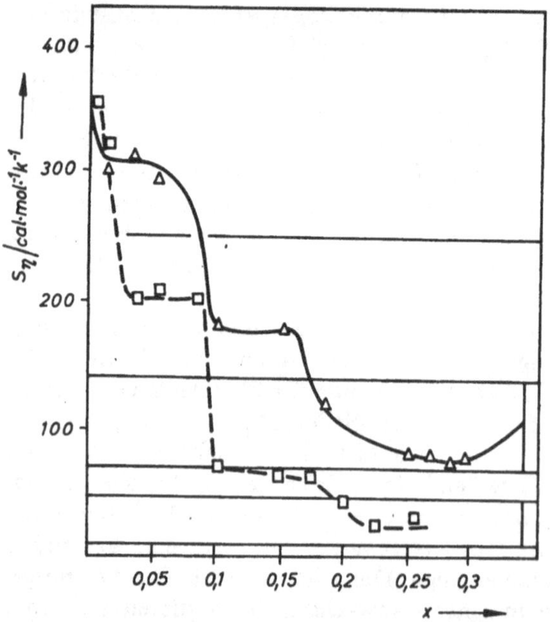

Abb. 2.44. Aktivierungsentropie des viskosen Fließens in Abhängigkeit vom Molenbruch x für Glasschmelzen der Systeme Ge_xSe_{1-x} (△) und As_xSe_{1-x} (□) nach [2.340].

Der Verlauf ist bisher nicht im Detail strukturell deutbar. Bemerkenswert ist der unterschiedliche Abfall im Bereich kleiner As- und Ge-Zusätze, eine Stufe zwischen 10 und 15 mol-% und die Ausbildung eines Minimums im Umfeld der Zusammensetzung $AsSe_3$ und $GeSe_4$.

Über neuere Viskositätsmessungen an Silicatgläsern und deren strukturelle Deutung berichtet ŠAŠEK [2.341]. Er geht gleichfalls von den MJULLERschen Vorstellungen aus und weist für $\lg \eta$ und die Konzentration der Netzwerkwandlerkationen eine umgekehrte Proportinoalität nach. Zwischen der freien Aktivierungsenthalpie ΔG^* und dem DIETZELschen Feldstärkeparameter ergibt sich ein linearer Zusammenhang.

2.4.3.3. *Transformationstemperatur und Struktur der Gläser*

Will man strukturelle Einflüsse auf den T_G-Wert erfassen, sind die in 2.2.2. beschriebene Normierung der thermischen Vorgeschichte der Gläser sowie die Meßbedingungen zu beachten.

Allgemein kann man feststellen, daß die T_G-Werte umso höher sind, je stärker der Zusammenhalt zwischen den kinetischen Einheiten ist. Die energetische Wechselwirkung wird aber im Prozeß des viskosen Fließens, wie die Darlegungen in Kap. 2.2.1.3., 2.2.2. und 2.2.3. gezeigt haben, durch entropische Effekte maßgeblich mitbestimmt.

In kristallinen Stoffen mit isostrukturellem Aufbau ist zwischen der Gitterenergie und der Schmelztemperatur durchaus eine gewisse Proportionalität erkennbar, was auf Gemeinsamkeiten in den Bindungseigenschaften, Koordinationszahlen und Verknüpfungsprinzipien der Baugruppen, also im wesentlichen auf die Nahordnung zurückgeführt werden kann. Bei Gläsern sollten sich daher, obwohl im Bereich der Transformationstemperatur zunächst nur die schwächsten Bindungen aufgebrochen bzw. umgelagert werden, ähnliche Beziehungen erwarten lassen. Von LINKE [2.327, 343] wurde vorgeschlagen, hierfür die molare Atomisierungsenthalpie heranzuziehen (s. 2.4.2.5.).

Die molare Atomisierungsenthalpie ΔH_A von glasartigen Festkörpern mit überwiegend kovalenten Bindungen kann nach Gl. (2.100) auf Seite 110 aus den Werten $\Delta H_{A,i}$ für die Elemente, der molaren Standardreaktionsenthalpie ΔH_R, in die die Bildungsenthalpie kristalliner Verbindungen, die das System aufbauen sowie deren meist zu vernachlässigende Mischungsenthalpie eingehen und der Kristallisationsenthalpie ΔH_{kr} berechnet werden: $\Delta H_A = \Sigma x_i \Delta H_{Ai} + |\Delta H_R| - |\Delta H_{kr}|$. Wie die dort angegebenen Rechenbeispiele zeigen, liegt ΔH_{kr} in der Größenordnung einiger Prozent der Enthalpiebilanz insgesamt. Auch aus energetischer Sicht erweist sich also die Nahordnung und nicht der die fehlende Fernordnung berücksichtigende Energieterm ΔH_{kr} als maßgebend für die chemische Bindung in Gläsern. Es ist daher ohne weiteres verständlich, daß zahlreiche Glaseigenschaften zur Nahordnungsstruktur in enger Beziehung stehen. Selbst die Bildungsenthalpie ΔH_R der dem System zugrundeliegenden Verbindungen macht bei Chalkogenidgläsern nur 5 bis 15% von ΔH_A aus, so daß in nullter Näherung versuchsweise von der mittleren molaren Atomisierungsenthalpie der kristallinen Elemente ausgegangen werden kann.

Bei Oxidgläsern ist es auf Grund der erhöhten Bindungspolarität und der dadurch bedingten relativ hohen Beträge der Bildungsenthalpie der Oxide günstiger, die Berechnung von ΔH_A nicht auf den Elementen, sondern auf den binären Verbindungen aufzubauen, das betreffende Glas also von vornherein entsprechend der in der Glaschemie üblichen Schreibweise als eine Mischung verschiedener Oxide aufzufassen. Die molaren Standard-

Atomisierungsenthalpien für die einzelnen Oxide sind in der Regel tabelliert [2.342]. Sie lassen sich aus der molaren Standard-Bildungsenthalpie der Oxide, der molaren Standard-Atomisierungsenthalpie des betreffenden Metalls und der Dissoziationsenergie von molekularem Sauerstoff berechnen. ΔH_{kr} beträgt auch für Oxidgläser nur etwa 1 % der

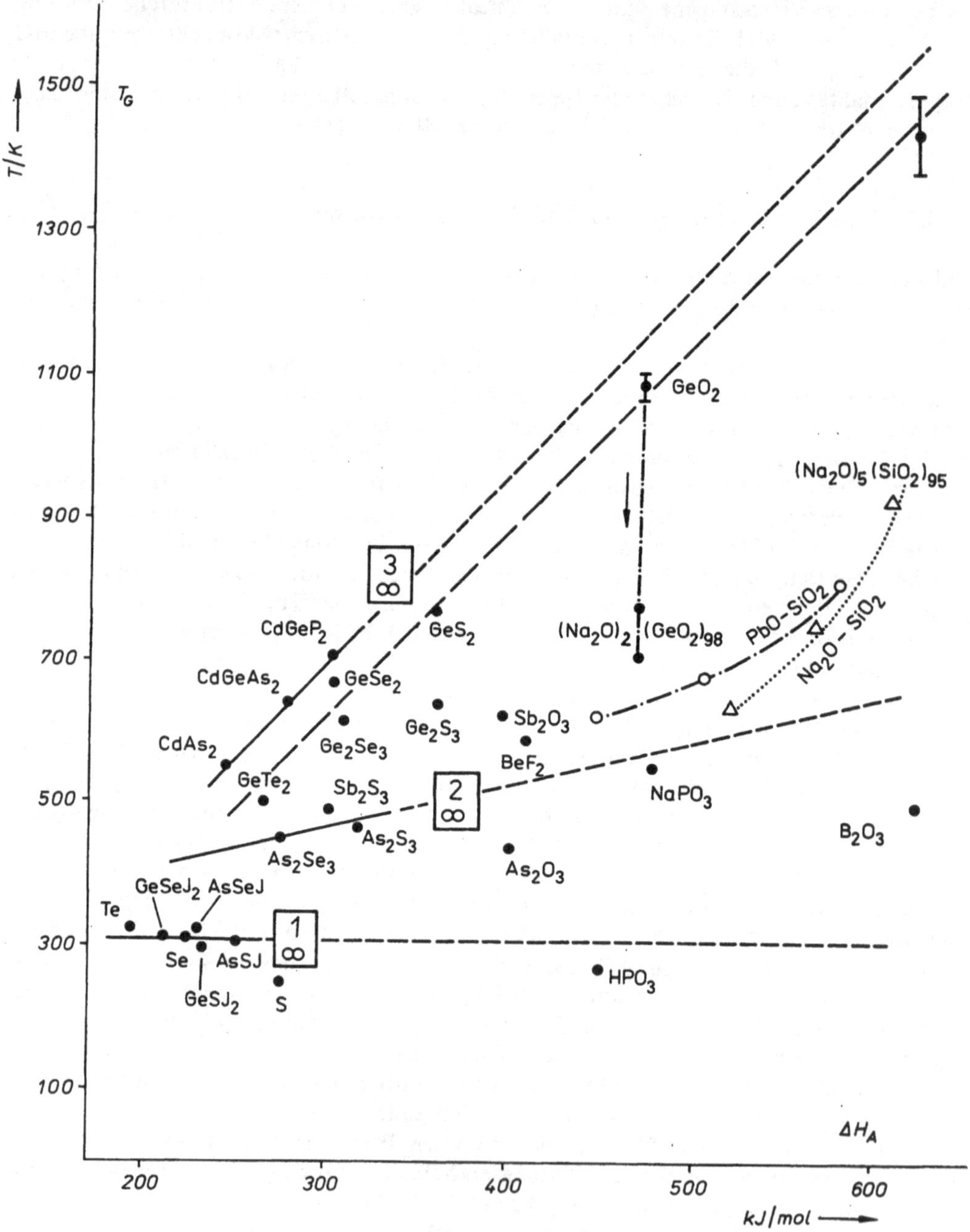

Abb. 2.45. T_G-Werte von Gläsern in Abhängigkeit von der Atomisierungsenthalpie ΔH_A nach [2.327, 343].

Atomisierungsenthalpie, kann also vernachlässigt werden. ΔH_R in Gl. (2.100) enthält in diesem Fall die molaren Standardreaktionsenthalpien der Oxidkomponenten für die Bildung ternärer oder quaternärer Verbindungen sowie die bei deren Mischung umgesetzte Mischungsenthalpie.

Die Werte wurden von LINKE [2.343] für glasbildende Verbindungen und zahlreiche Systeme mit mehreren Komponenten tabelliert. In Abb. 2.45. sind die T_G-Werte gegen die mittlere molare Atomisierungsenthalpie ΔH_A in einer Näherung aufgetragen, die die molaren Standardreaktionsenthalpien ΔH_R der binären Verbindungen bzw. bei Oxigläsern die entsprechender ternärer Verbindungen berücksichtigt.

Die höchsten T_G-Werte kommen jeweils den Gläsern mit einer dreidimensionalen Vernetzung der Baugruppen zu. Die in der diamantähnlichen Chalkopyritstruktur kristallisierenden Verbindungen $CdGeAs_2$ und $CdGeP_2$ sowie Kieselglas und GeO_2 gehören dazu. In den zuerst genannten Substanzen sind alle Atome tetraedrisch koordiniert. Im SiO_2 und GeO_2 erfolgt dagegen ebenso wie in den Verbindungen GeS_2 und $GeSe_2$ eine Verknüpfung über zweibindige Chalkogenatome. Bemerkenswert ist, daß sich $GeTe_2$ als bisher nur im glasartigen Zustand bekannte Verbindung in diesen Zusammenhang gleichfalls einfügt. Bei dreidimensional vernetzten Festkörpern hängt das Schmelzen wie auch die Glastransformation und das viskose Fließen notwendig mit einer sehr weitgehenden Aktivierung von Bindungen zusammen und damit von ihrer Festigkeit ab. Mit 241 ± 5 kJ je mol stimmt beispielsweise die Aktivierungsenergie des viskosen Fließens von $GeSe_2$-Schmelzen gut mit der mittleren molaren Bindungsenergie E_{Ge-Se} = 225 kJ/mol überein [2.344] (s. Tab. 2.11.), während in Se-reichen Schmelzen nur ein Wert von 40 bis 50 kJ/mol, der weit unterhalb der Se-Se-Bindungsenergie liegt, festgestellt wird.

Mittlere Vernetzungsgrade werden durch die Gerade „2^∞" repräsentiert. Die Prototypen glasbildender Verbindungen mit einer zweidimensional unendlichen Verknüpfung der Nahordnungsbereiche gehören hierher. Bemerkenswert ist, daß das BeF_2-Glas, dem eine dem Kieselglas analoge Struktur zuzuordnen ist, sich etwa in diesen Bereich einordnet. Eine zweidimensional vernetzte Struktur würde eine Kantenverknüpfung der tetraedrischen $[BeF_4]$-Baugruppen von etwa 50% verlangen, was bisher durch Strukturuntersuchungen nicht belegt ist (s. 3.2.3.1.). Vermutlich ist zur Erklärung dieses Befundes vor allem die geringere Bindungsenergie der Halogen-Brückenbindung in Betracht zu ziehen, wodurch sich das BeF_2-Glas von den Oxid- und Chalkogenidgläsern qualitativ unterscheidet.

Durch Netzwerkwandlerkomponenten modifizierte glasbildende Oxide ordnen sich zwischen den Geraden ein. Der Vernetzungsgrad ist hier nicht ohne weiteres angebbar, da die Metallionen-Sauerstoffkoordinationspolyeder bei hoher molarer Konzentration am Strukturgerüst des Glases selbst teilhaben (vgl. 2.4.2.6.). Obwohl im $NaPO_3$-Glas eine eindimensionale Verknüpfung der $[PO_4]$-Baugruppen gegeben ist, reiht sich die Substanz auf Grund derartiger Ursachen scheinbar in die Gruppe der Gläser mit zweidimensionaler Vernetzung ein.

In gleicher Weise faßt die Gerade „1∞" solche Gläser zusammen, deren wesentliches Strukturmotiv Ketten sind, neben den Chalkogenen S, Se und Te z. B. einige Chalkogenanaloga wie AsXJ und $GeXJ_2$ mit X = S, Se (s. 3.3.2.) und HPO_3.

In eindrucksvoller Weise wird schließlich der Struktureinfluß auf die Transformationstemperatur der Gläser durch die in Abb. 2.46. wiedergegebenen Probenreihen demonstriert. Das Bild ist einer Arbeit von LINKE [2.327, 343, 344] entnommen.

DEMBOVSKIJ [2.345] geht noch einen Schritt weiter, indem er die T_G-Werte auf eine mittlere Koordinationazahl $Z = \Sigma x_i z_i$ bezieht und darauf hinweist, daß in der Reihe der

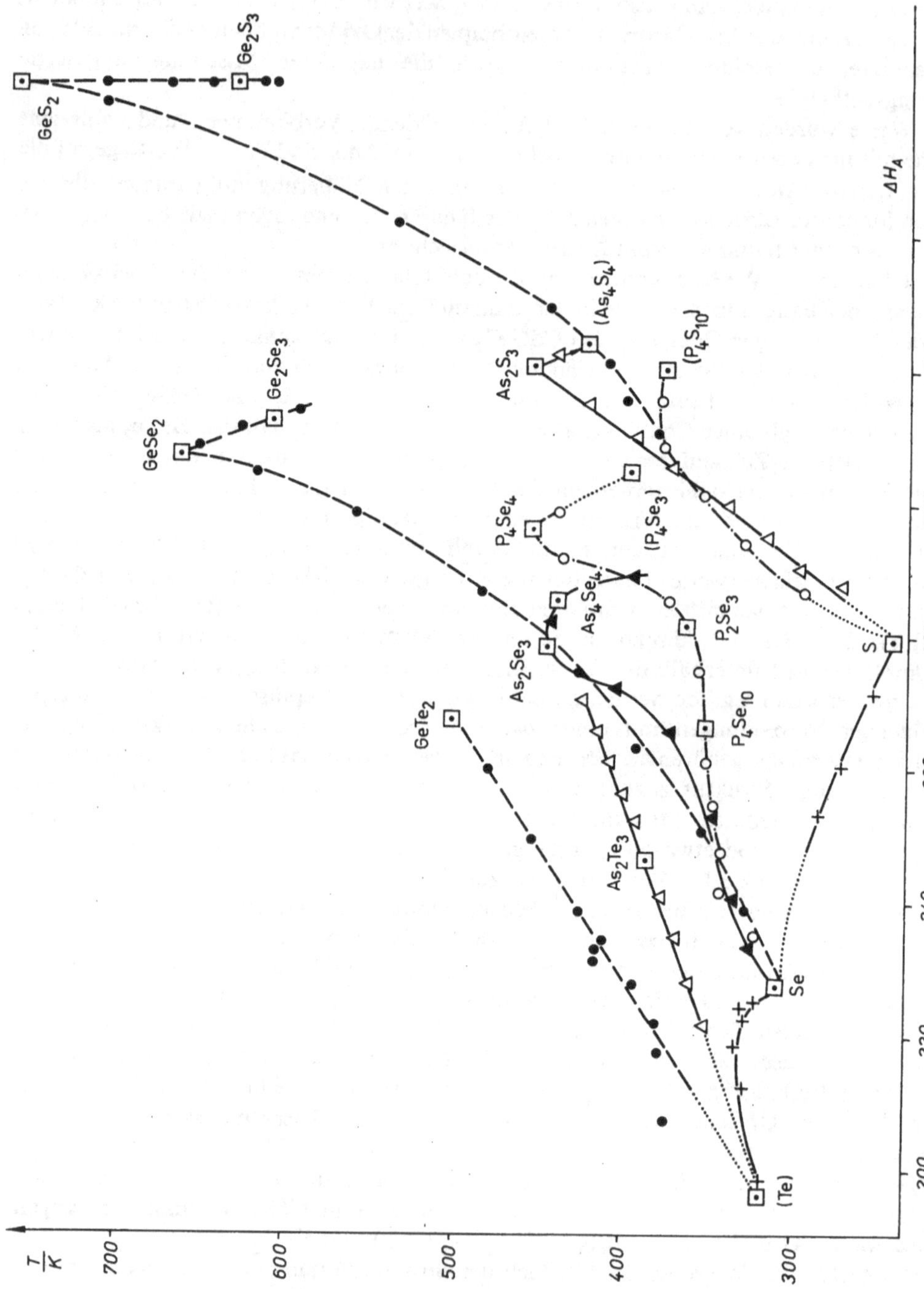

Abb. 2.46. T_G-Werte typischer Chalkogenid-Glasbildungssysteme in Abhängigkeit von der Atomisierungsenthalpie nach LINKE.

Chalkogenidgläser die Regel $T_G/z \approx 423 \pm 10$ K annähernd erfüllt ist. BERKES [2.346] korreliert die T_G-Werte mit der Zahl der in der Glasprobe vorhandenen Bindungen $\Sigma x_i z_i/2$, die auf ein Mol Atome bezogen wird, und macht auf Abweichungen in Richtung auf eine höhere Koordination in den Systemen As_xSe_{1-x} und Bi_xSe_{1-x} im Bereich kleiner Molenbrüche $x < 0{,}15$ aufmerksam.

2.4.3.4. *Strukturabhängigkeit der thermischen Ausdehnung*

Die Bestimmung des Längenausdehnungskoeffizienten α kann mit Hilfe des in Abb. 2.14. skizzierten Dilatometers vorgenommen werden. Bei einer dynamischen, aufheizend ausgeführten Messung ist mit besonderer Sorgfalt darauf zu achten, daß die Probentemperatur dem gemessenen Temperaturzeitverlauf stets folgen kann. Das Thermoelement ist also geeignet zu positionieren und eine hinreichend große isotherme innere Ofenfläche zu gewährleisten. Als weitere Fehlermöglichkeit geht entsprechend Gl. (2.35) die Längenmessung l_0 des Probenkörpers in die Bestimmung von α ein. Vorteilhaft ist die Überprüfung der Zuverlässigkeit des Dilatometers durch Messung einer Standardprobe mit bekanntem Ausdehnungskoeffizienten, z. B. von einem Titannormal.

Die thermische Ausdehnung resultiert aus der Anharmonizität der Gitterschwingungen. Im Ansatz für die potentielle Energie $V(x) = bx^2 - cx^3$ gibt b den elastischen Anteil der rücktreibenden Kräfte an (harmonische Oszillationen), während c als ein Maß für die Anharmonizität angesehen werden kann. Erst durch den zweiten Term kommt ein Ausdehnungseffekt zustande. Für die Temperaturabhängigkeit der mittleren Verrückung als einer dem thermischen Ausdehnungskoeffizienten proportionalen Größe ergibt sich

$$\alpha \sim \frac{dx}{dT} = \frac{3kc}{4b^2} \quad (k = \text{BOLTZMANN-Konstante})\,. \tag{2.103}$$

Eine Schwächung der elastischen Gitterkräfte, etwa durch Abnahme des Vernetzungsgrades, läßt zugleich eine Erhöhung des relativen Beitrages des Anharmonizitätsterms erwarten. Mit abnehmenden b-Werten und ansteigenden c-Werten sollte der thermische Ausdehnungskoeffizient dementsprechend zunehmen.

Die Berücksichtigung weiterer Glieder in der Reihentwicklung des obigen Ansatzes für die potentielle Energie schließt die Temperaturabhängigkeit von α ein, die über größere Temperaturbereiche nicht vernachlässigt werden kann. Zu Vergleichszwecken im Zusammenhang mit der Diskussion von Strukturfragen empfiehlt es sich daher, ausgehend vom T_G-Wert stets auf das gleiche Temperaturintervall von 100 oder 200 K unterhalb T_G zu normieren. Für die in den Tab. 2.5. und 2.6. angegebenen Werte trifft letzteres nicht zu. Aus praktischen Gründen werden die x-Werte unabhängig vom T_G-Wert auf gleiche Temperaturintervalle bezogen, die die Raumtemperatur einbeziehen.

Die niedrigsten Ausdehnungskoeffizienten weisen, wie aus Tab. 2.5. hervorgeht, die glasbildenden Verbindungen mit dreidimensionaler Vernetzung der Nahordnungsbereiche auf, mittlere Werte ergeben sich für Gläser mit zweidimensionaler Verknüpfung der Baugruppen, während das glasartige Selen durch einen besonders hohen Wert ausgezeichnet ist. Ausgehend von den Netzwerkbildnern, z. B. den in Tab. 2.10. aufgeführten glasbildenden Substanzen, setzen Zusätze von Netzwerkwandlerkomponenten den thermischen Ausdehnungskoeffizienten in Übereinstimmung mit obigen Vorstellungen herauf.

Letzteres ist aber nur unter der Voraussetzung zutreffend, daß sich keine anderen Struktureffekte als die Unterbrechung des Netzwerkes durch Bindungen größerer Polarität ergeben. Führt die Zugabe eines Metalloxids, wie im Falle zahlreicher Boratgläser, zu einer Erhöhung der Koordinationszahl an den netzwerkbildenden Baugruppen, so wird zunächst eine Abnahme des thermischen Ausdehnungskoeffizienten festgestellt.

B_2O_3-, Al_2O_3- und TiO_2-Zusätze können den strukturauflockernden Effekt von Netzwerkwandlerkomponenten weitgehend kompensieren [2.347]. Einbau von TiO_2 in Kieselglas führt sogar zu Gläsern mit negativer Ausdehnung [2.348, 349]. Auf die Ausnutzung derartiger Abhängigkeiten konnte sich die Entwicklung von Gläsern mit verschwindend geringer thermischer Ausdehnung stützen.

Die typische Indikation einer Strukturänderung mittels Ausdehnungsmessungen zeigt Abb. 2.47. für Gläser des Systems PbSe-GeSe-$GeSe_2$ [2.350]. Die Probenreihen I und II, $(PbSe)_x(GeSe)_{0,7-x}(GeSe_2)_{0,3}$ und $(PbSe)_x(GeSe)_{0,65-x}(GeSe_2)_{0,35}$, (vgl. 3.3.6.4.) durchlaufen gerade bei $x = 0,3$, d. h. bei einem äquimolaren Verhältnis zwischen den Komponenten GeSe und $GeSe_2$, ein Minimum. Die Ausdehnungskoeffizienten der Reihe III $(PbSe)_a(Ge_2Se_3)_{1-a}$ bilden die Talsohle. Weder das Molvolumen noch die Transformationstemperatur zeigen einen vergleichbaren Verlauf. Lediglich die Kurven der spezifischen Leitfähigkeit lassen bei einem Molverhältnis GeSe/$GeSe_2$ = 1 gleichfalls eine Diskontinuität erkennen [2.350].

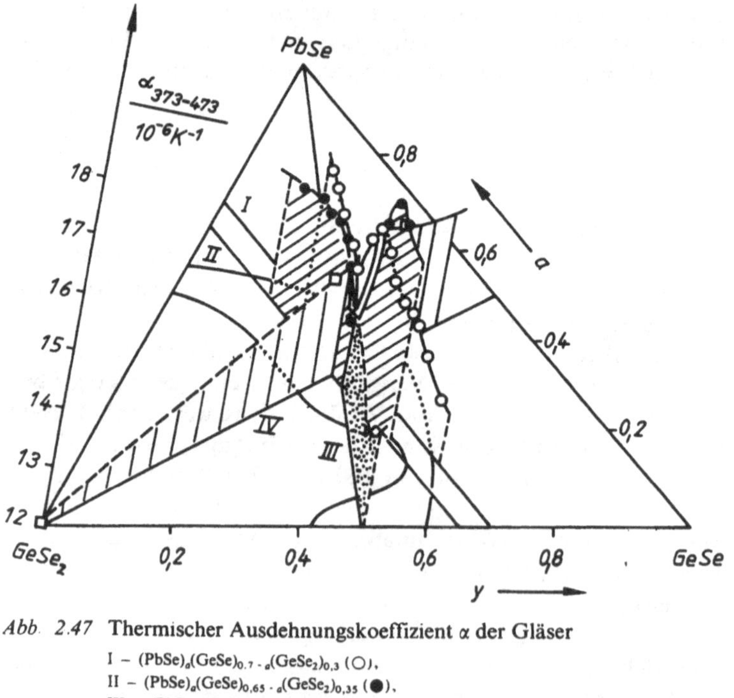

Abb. 2.47 Thermischer Ausdehnungskoeffizient α der Gläser

I – $(PbSe)_a(GeSe)_{0,7-a}(GeSe_2)_{0,3}$ (○),
II – $(PbSe)_a(GeSe)_{0,65-a}(GeSe_2)_{0,35}$ (●),
III – $(PbSe)_a(GeSe)_{0,5-0,5a}(GeSe_2)_{0,5-0,5a}$ (×),
IV – $(PbSe)_a(GeSe)_a(GeSe_2)_{1-2a}$ (□) nach [2.350].

2.4.3.5. *Glasstruktur und elastische Konstanten*

Die elastischen Eigenschaften von Gläsern werden vorteilhaft durch akustische Messungen ermittelt. Der Energietransport bei der Ausbreitung von Schallwellen erfolgt wie bei kristallinen Festkörpern in Form von Longitudinal- und Transversalschwingungen. Bindungsfestigkeit, Packungsdichte, Koordinationszahl und Vernetzung der Baugruppen sollten sich auf die Schallausbreitung in ähnlicher Weise auswirken wie auf die Transformationstemperatur. Der Zusammenhang zwischen Longitudinal- und Transversal-Ausbreitungsgeschwindigkeit, v_l und v_{tr}, und dem Elastizitätsmodul E, dem Torsionsmodul G und der Kompressibilität $\varkappa$ sowie der POISSONschen Querkontraktionszahl μ wurde bereits im Kap. 2.2.1.1. in Gln. 2.8a und 2.8b angegeben. Aus den Grenzen $0 < \mu < 0{,}5$ folgt $E/2 > G > E/3$.

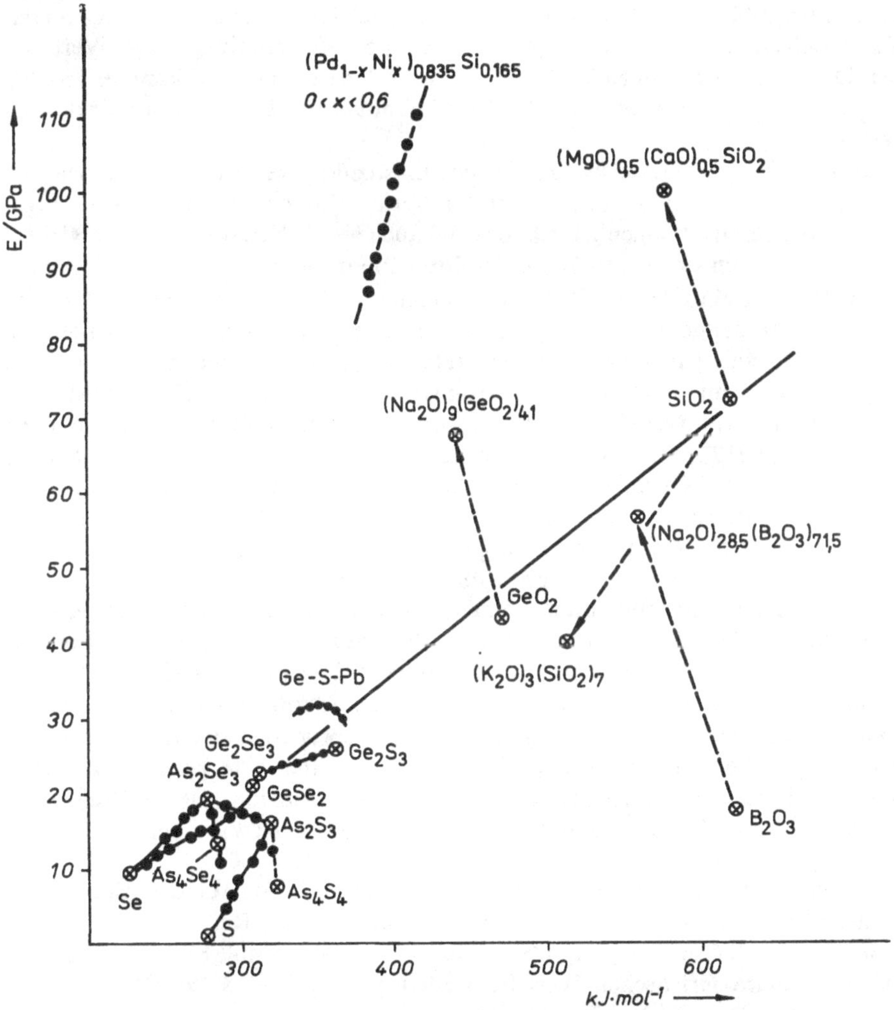

Abb. 2.48. Elastizitätsmodul von Gläsern in Abhängigkeit von der Atomisierungsenthalpie.

In Abb. 2.48. ist der Elastizitätsmodul für einige wichtige glasbildende Verbindungen und Systeme gegen die mittlere molare Atomisierungsenthalpie ΔH_A aufgetragen. Die Angaben über Chalkogenidgläser sind Arbeiten von LINKE [2.351, 327, 343] entnommen. Daten für Se finden sich auch bei SOGA u. M. [2.352] und für As_2S_3 und As_2Se_3 bei THOMPSON u. M. [2.353]. Man erkennt, daß der Elastizitätsmodul E in den Reihen As_xS_{1-x}, As_xSe_{1-x} und Ge_xSe_{1-x} mit zunehmendem Vernetzungsgrad entsprechend abnehmender relativer Dehnung $\Delta l/l$ erwartungsgemäß ansteigt. $E = (l/\Delta l) \cdot S_E$. Chalkogenidgläser in Systemen höherer Ordnung ergeben gleichfalls Werte, die in diesem Bereich liegen, z. B. $Ge_{0,2}As_{0,3}Se_{0,5}$ mit $E = 17{,}6$ GPa ($\mu = 0{,}28$) und $Ge_{0,1}Si_{0,12}As_{0,3}Te_{0,48}$ mit $E = 21{,}8$ GPa ($\mu = 0{,}27$) [2.354].

Für die Verbindungen $GeSe_2$, GeO_2 und SiO_2 mit dreidimensionaler Verknüpfung der tetraedrischen Nahordnungsbereiche deutet sich wie in Abb. 2.45. für die Transformationstemperatur ein annähernd linearer Zusammenhang an. Die zunehmende Bindungsenergie läßt den Elastizitätsmodul beim glasartigen GeO_2 auf 43,3 GPa und für das Kieselglas auf 72 GPa ansteigen. Bemerkenswert ist der mit 17,5 GPa relativ geringe Wert des B_2O_3-Glases. Der gegenüber dem SiO_2-Glas verringerte Vernetzungsgrad kann angesichts der für $GeSe_2$ und As_2Se_3 vergleichbaren E-Werte kaum als eine befriedigende Erklärung betrachtet werden.

Alkalioxide setzen als Netzwerkwandler die Elastizität des Kieselglases, wie zu erwarten, herab [2.80, 3.55]. In Abb. 2.48. ist der Verlauf für Kaliumsilicatgläser eingetragen. Erdalkalioxidzusätze können jedoch, obwohl auch sie als Netzwerkwandler wirken, auf Grund des Anstiegs im COULOMB-Anteil der Gitterenergie eine beträchtliche Zunahme hervorrufen [2.356]. Für ein Glas der Zusammensetzung 0,5 MgO · 0,5 CaO · SiO_2 ergibt sich z. B. ein Elastizitätsmodul von 99,1 GPa. Netzwerkwandlerzusätze bewirken im B_2O_3-Glas gleichfalls eine Zunahme des Elastizitätsmoduls, was auf die Ausbildung von Nahordnungsbereichen mit tetraedrisch koordiniertem Bor zurückgeführt wird. Ein Boratglas mit einem Na_2O-Gehalt von 28,5 mol% Na_2O weist bereits einen E-Wert von 56,5 GPa auf [2.357]. Ein ähnliches Verhalten zeigen auch Gläser des Systems Na_2O-GeO_2. Hier wurde auf Grund der strukturchemischen Eigenschaften des vierwertigen Germaniums die partielle Ausbildung von oktaedrischen $[GeO_6]$-Koordinationspolyedern in Betracht gezogen. Für ein Natriumgermanatglas mit 18 mol% Na_2O ergibt sich ein Wert von $E = 67{,}5$ GPa. Die Daten sind in Abb. 2.48. mit eingetragen.

Die POISSONsche Querkontraktionszahl μ reagiert auf Strukturänderungen gegenläufig zum Elastizitätsmodul. Sie fällt bei zunehmender Vernetzung der Struktureinheiten des Glases ab. Bei Kieselglas wird mit $\mu = 0{,}17$ ein unterer Grenzwert für Gläser erreicht. Er zeigt entsprechend der Begriffsbestimmung von μ als Quotient aus relativer Querkontraktion und relativer Längsdilatation, daß bei Zugbeanspruchung eine Kieselglasprobe wegen der allseitigen Verknüpfung der $[SiO_4]$-Baugruppen nur eine geringe Querkontraktion erfährt. Kleine μ-Werte entsprechen einer hohen Elastizität. Obere Grenzwerte werden für Gläser mit POISSON-Zahlen von $\mu = 0{,}39$—$0{,}42$ bei den glasartigen Metallen erreicht [2.358—360].

Metallische Gläser sollten demnach durch relativ niedrige Werte für den Elastizitätsmodul gekennzeichnet sein. Wie aus der in Abb. 2.48. angegebenen Reihe $(Pd_{1-x}Ni_x)_{0,835}$-$Si_{0,165}$ mit $0 < x < 0{,}6$ hervorgeht, übertreffen die E-Werte mit 87,8 bis 110 GPa den für Kieselglas charakteristischen Wert bei weitem [2.361]. Für Gläser $(Pd_{1-x}Ni_x)_{0,8}$-$P_{0,2}$, $(Pd_{1-x}Fe_x)_{0,8}P_{0,2}(Pt_{1-x}Ni_x)_{0,75}P_{0,25}$ ergibt sich eine analoge Abhängigkeit. Das ist vermutlich auf die hohe Packungsdichte der Gitterbausteine in Metallen zurückzuführen.

Die T_G-Werte ändern sich in den Reihen demgegenüber nur wenig. Nicht nur die Bindungsenergie und der Vernetzungsgrad gehen also in die elastischen Eigenschaften der Gläser ein, sondern zugleich auch die Raumerfüllung. Ein derartiger Einfluß deutet sich in den vergleichsweise hohen Elastizitätswerten für die Reihe der PbS-GeS-GeS_2-Gläser offenbar gleichfalls an. Möglicherweise resultiert der überraschend niedrige Elastizitätsmodul für das glasartige B_2O_3 aus einer gegenüber dem Kieselglas noch geringeren Raumerfüllung der atomaren Bestandteile. Bezieht man das mittlere atomare Molvolumen auf den Gehalt an Sauerstoffteilchen, ergibt sich aber für beide Substanzen annähernd der gleiche Wert, für Kieselglas $V_R = 13{,}5\ \mathrm{cm^3 \cdot mol^{-1}}$ und für B_2O_3-Glas $V_R = 12{,}7\ \mathrm{cm^3 \cdot mol^{-1}}$.

2.5. Elektronenzustände in nichtkristallinen Festkörpern

Die Strukturen amorpher Festkörper und Gläser sind sowohl das Resultat des allgemeinen Gleichgewichts- und Stabilitätsprinzips der Thermodynamik, wonach Systeme stets einem Minimum der freien Enthalpie zustreben, als auch durch kinetische Faktoren bestimmt, wobei letztere vor allem den Bildungsprozeß betreffen. Die Konstitution ergibt sich aus der Wechselwirkung von Bindungsfunktionen der am Aufbau beteiligten Atome. Dabei verkörpert die Nahordnungsstruktur mit ihrer oft engen Beziehung zum kristallinen Zustand den maßgebenden Anteil der energetischen Wechselwirkung. Die regellose Verknüpfung der Nahordnungsbereiche, die die nichtkristallinen Festkörper bis zu einem gewissen Grad den gleichfalls isotropen Flüssigkeiten und Gasen zur Seite stellt, erweist sich aus energetischer Sicht als eine relativ geringfügige Störgröße. Es ist daher folgerichtig, daß Ansätze zur bindungstheoretischen Beschreibung des Glaszustandes auf Modelle kristalliner Festkörper zurückgreifen. Die Grundlage bildet entsprechend der kollektiven Wechselwirkung in kondensierten Systemen das Bändermodell.

Stellt man sich z. B. in einem Gedankenexperiment einen aus N_A-Atomen bestehenden Körper mit sehr großem Abstand zwischen den Atomen vor, dann ist das System in bezug auf jeden atomaren Elektronenterm N_A-fach entartet. Bei Annäherung ist infolge Aufhebung der Entartung die Ausbildung einer Abfolge erlaubter und verbotener Bereiche für die Elektronenenergien zu erwarten, ohne daß Kristallinität vorausgesetzt werden muß.

Die Beschreibung der Elektronenzustände in kristallinen Festkörpern im Rahmen des Bändermodells nach Bloch, Peierls und Wilson erklärt die Existenz quasifreier Elektronen in Metallen und das Auftreten einer Bandlücke zwischen Valenz- und Leitfähigkeitsband in Isolatoren und Halbleitern. Die Ausbildung delokalisierter Elektronenzustände ist nach dieser Theorie an die Translationsinvarianz des Gitters, d. h. an die periodische Anordnung von Elementarzellen und damit an das Vorhandensein einer Fernordnung gebunden. In der Blochschen Näherung wird die Wellenfunktion zur Beschreibung des Bewegungsverhaltens eines Elektrons im gitterperiodischen Potential durch Linearkombination von N_A gleichartigen Bindungsfunktionen kristallographisch äquivalenter Atome erhalten. Im Ergebnis der Austauschwechselwirkung gehen aus ihr N_A Bandzustände hervor, die von Elektronen paarweise besetzt werden können. Die der betreffenden Wellenfunktion entsprechende Wahrscheinlichkeitsdichte hat in jeder Gitterzelle den gleichen Betrag. Die Delokalisation ist also von vornherein im Ansatz enthalten. Unter Beachtung der Gittersymmetrie sowie der Symmetrieeigenschaften der

Atomfunktionen ergibt sich aus dem Spektrum diskreter Energieterme der Atome auf diese Weise eine Festkörperstruktur der Elektronenzustände, die durch erlaubte und verbotene Energiebänder gekennzeichnet ist. Die BRILLOUINsche Näherung betrachtet die Beugung von Elektronenwellen an Netzebenenscharen und leitet die Existenz erlaubter und verbotener Energiezonen aus der BRAGGschen Reflexionsbedingung ab.

In amorphen Festkörpern und Gläsern sind auf Grund der fehlenden Gitterperiodizität Netzebenscharen nicht vorhanden. Gläser ergeben keine BRAGG-Reflexionen (vgl. 2.4.1.1.). Es ist daher die Frage zu stellen, inwieweit die Konzeption des Bändermodells für die Interpretation der Elektronenzustände in nichtkristallinen Festkörpern als eine tragfähige Ausgangsbasis angesehen werden kann. Dem steht die allgemeine Erfahrung gegenüber, daß Gläser gewöhnlich wie die ihnen zugrundeliegenden kristallinen Verbindungen für bestimmte Wellenlängenbereiche optisch transparent sind, Oxidgläser im sichtbaren, Chalkogenidgläser im infraroten Spektralbereich. Letztere zeigen halbleitende Eigenschaften, und in den glasartigen Metallen wird sogar trotz fehlender Fernordnung metallische Leitfähigkeit festgestellt. Angesichts der relativ geringen Energieunterschiede zwischen kristallinen und glasartigen Festkörperzuständen können diese Befunde kaum anders als durch die Annahme erklärt werden, daß das Bändermodell auch bei regelloser Verknüpfung von Nahordnungsbereichen seine Gültigkeit in wesentlichen Zügen beibehält.

Wie ist dann aber der Zusammenhang zwischen der Verteilung der Energieeigenwerte und der räumlichen Struktur in Bindungssystemen mit nichtperiodischem Aufbau zu erfassen und in welcher Weise wirkt sich die Nahordnung auf die Bandstruktur aus? Es steht weiterhin zweifelsfrei fest, daß der hohe Fehlordnungsgrad in amorphen Festkörpern und Gläsern zu einer hohen Dichte lokalisierter Elektronenzustände führen muß. Es ergibt sich daraus die Frage nach den Bedingungen für die Elektronenlokalisation und in welcher Weise der Übergang von delokalisierten zu lokalisierten Elektronenzuständen zu beschreiben ist.

Im Zusammenhang mit den Bestrebungen einer bindungstheoretischen Interpretation von Struktur und Eigenschaften nichtkristalliner Festkörper hat das Bändermodell gegenüber seiner ursprünglichen Fassung eine wesentliche Verschärfung erfahren. Die Grenzen des Bandbildes in kristallinen Festkörpern wurden herausgebildet und die Fragestellung nach den Bedingungen für die Aufhebung der Elektronendelokalisation mit dem allgemein zu beobachtenden Übergang vom metallischen Zustand zum Isolator verknüpft. Diese Entwicklung ist in den vergangenen Jahrzehnten wesentlich durch die Ideen von N. F. MOTT geprägt worden. Ihm wurde 1977 gemeinsam mit P. W. ANDERSON und VAN VLECK der Nobelpreis für Physik zuerkannt.

2.5.1. *Bandzustände und Elektronenlokalisation in Festkörpern*

Es wird zunächst auf grundlegende Aussagen des Bändermodells kristalliner Festkörper eingegangen. Aus den Grenzen des Bandbildes ergibt sich bereits für den kristallinen Zustand unter bestimmten Bedingungen Elektronenlokalisation. Hochdotierte und partiell kompensierte Halbleiter erweisen sich als die einfachsten Modellsysteme für Festkörper mit statistischer Schwankung der potentiellen Energie atomarer Bindungszentren. Die Übertragung auf amorphe Festkörper und Gläser führt in Übereinstimmung mit experimentellen Befunden zu einem qualitativen Verständnis des Übergangs von delokalisierten Elektronenzuständen in den Energiebändern zu lokalisierten Zentren an den Bandrändern und Defektzuständen in der Bandlücke.

2.5.1.1. *Grundlegende Aussagen des Bändermodells*

Das Bändermodell ergibt sich aus Näherungsverfahren, die eine Übertragung der von Hund und Mulliken entwickelten MO-Methode auf das Riesenmolekül des Kristalls darstellen. Es wird das Bewegungsverhalten eines Elektrons im starren, gitterperiodischen Potential aller N_A-Atomrümpfe untersucht, wobei die Kraftwirkungen sämtlicher anderen Elektronen lediglich als Abschirmung der Felder der Atomrümpfe berücksichtigt werden. Zwei vereinfachende Grundannahmen sind im Bändermodell enthalten: Die adiabatische Approximation sieht von einer Mitbewegung der Atomkerne ab, und interelektronische Wechselwirkungen werden in der Einelektronennäherung vernachlässigt.

Die BLOCHsche Wellenfunktion wird durch Linearkombination von N_A gleichartigen Atomfunktionen erhalten:

$$\psi(r) = \frac{1}{\sqrt{N_A}} u(r)\, e^{ikr} \quad \text{bzw.} \quad \psi(x) = \frac{1}{\sqrt{N_A}} u(x)\, e^{ikx} \tag{2.104}$$

im eindimensionalen Fall. Sie stellt ebene Wellen dar, deren Amplitude im Takt des gitterperiodischen Potentials $u(r)$ bzw. $u(x)$ moduliert ist [2.362]. Für k ergibt sich aus der Gitterperiodizität im Grundgebiet $x = \pm a_0 N_A/2$

$$k = \frac{2\pi}{a_0}\frac{n}{N_A} \; (n = 0, \pm 1, \pm 2 \ldots \pm N_A/2)\,, \; -\frac{\pi}{a_0} < k < +\frac{\pi}{a_0}\,, \tag{2.105}$$

wobei a_0 die Gitterkonstante bezeichnet. Aus der Lösung der SCHRÖDINGER-Gleichung im Rahmen einer Störungsrechnung folgt für den eindimensionalen Fall die Energieformel

$$E = E_{At} + C + J \cos ka_0 \tag{2.106}$$

mit E_{At}, der Energie der ungestörten atomaren Terme und C, einem Energiebeitrag, der der verstärkten COULOMB-Attraktion Rechnung trägt, der das Elektron im Feld sämtlicher Atomrümpfe unterliegt. Entsprechend den in (2.105) angegebenen Grenzen auf der k-Skala gruppieren sich sämtliche Energiewerte um $E_{At} + C$ mit der Bandbreite 2 J (Abb. 2.49.).

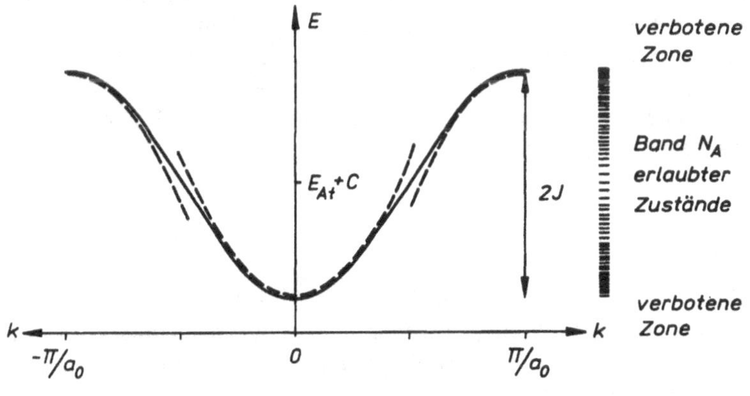

Abb. 2.49. Die Kurve $E(k)$ beschreibt ein Energieband delokalisierter Elektronenzustände entsprechend Gl. (2.106).

Die Abweichungen von den Parabeln veranschaulichen den Einfluß des gitterperiodischen Potentials auf das freie Elektronengas.

Letztere erreicht umso größere Werte, je größer die Überlappung der Wellenfunktionen, je geringer die effektive Kernladungszahl Z_{eff} und desto kleiner der Abstand a_0 ist. Für $k = 0$ und $\pm\pi/a$ ergeben sich an den Bandrändern reelle Wellenfunktionen. Sie entsprechen stehenden ebenen Elektronenwellen. Insgesamt sind es N_A Zustände, die von Elektronen unter Beachtung der Fermistatistik paarweise besetzt werden können. Die Zustandsdichte $N(E)$ gibt die Zahl der pro Volumen- und Energieeinheit besetzbaren Elektronenzustände an. Sie weist nach Abb. 2.49. an den Bandrändern Maxima und in der Bandmitte ein Minimum auf. Das ist eine Besonderheit des eindimensionalen Gitters und im dreidimensionalen Fall i. allg. umgekehrt. An den Bandrändern fällt die Zustandsdichte in perfekten Kristallen stets steil auf den Wert null ab.

Um die Begriffsbildungen der klassischen Theorie des Elektronengases weiterhin verwenden zu können, macht man von einer weiteren Näherung Gebrauch. Man approximiert den $E(k)$-Verlauf der Abb. 2.49. durch Parabeln, was an den Bandrändern innerhalb gewisser Grenzen gerechtfertigt erscheint. Nach dem Potentialtopfmodell von SOMMERFELD ergibt sich für die kinetische Energie des freien Elektronengases unter Berücksichtigung der Wellennatur des Elektrons und der Randbedingung $2a_0 = n_z\lambda$ mit n_z als Laufzahl die Energieformel

$$E = \frac{h^2 \cdot n^2}{8ma_0^2} = \frac{\hbar^2 k^2}{2m_e}, \quad \text{und für die Krümmung} \quad \frac{d^2E}{dk^2} = \frac{\hbar^2}{m_e}, \tag{2.107}$$

woraus in Verbindung mit (2.106) für $k = 0$

$$\frac{1}{m_{eff}} = \frac{Ja_0^2}{\hbar^2} \tag{2.108}$$

folgt. Für die Beweglichkeit steht in diesem Fall der Ausdruck

$$\mu = \frac{e}{m_{eff}} \cdot \frac{l}{v} = \frac{eJa_0^2 l}{\hbar^2 v}. \tag{2.109}$$

Die Elektronenmasse ist an den Bandrändern von dem die Bandbreite bestimmenden Parameter J abhängig und daher durch einen Effektiv-Wert zu ersetzen. Große Bandbreiten bedingen an den Bandrändern große Krümmungen und dementsprechend geringe effektive Elektronenmassen. In gleicher Weise hängt die Beweglichkeit μ nicht mehr nur von der mittleren freien Weglänge l und der Geschwindigkeit v, sondern auch von der Bandbreite ab.

Für den Verlauf der Zustandsdichte $N(E)$ kann aus dem Modell des dreidimensionalen Potentialtopfes nach SOMMERFELD in einfacher Weise die Beziehung

$$N(E) = \frac{\pi}{4}\left(\frac{8m_e}{h^2}\right)^{3/2} E^{1/2} \tag{2.110}$$

abgeleitet werden, so daß im Rahmen einer solchen Näherung (für m_e ist m_{eff} zu setzen, und m_{eff} wird als annähernd energieunabhängig angenommen) mit einem quadratischen Abfall der Zustandsdichte in den Bändern kristalliner Festkörper gerechnet werden kann.

Die Besetzung der Zustände unterliegt dem PAULI-Prinzip, folgt also der FERMI-DIRACschen Verteilungsfunktion $P(E) = \{\exp[(E - E_F)/kT] + 1\}^{-1}$, so daß sich für die Anzahl der Elektronen in der Volumeneinheit bei Metallen

$$n = \int_0^{E_F} P(E)\, N(E)\, \mathrm{d}E = \frac{\pi}{2}\left(\frac{8m_{\mathrm{eff}}}{h^2}\right)^{3/2} \int_0^{E_F} \frac{E^{1/2}\, \mathrm{d}E}{\exp\left[(E - E_F)/kT\right] + 1} = \frac{\pi}{3}\left(\frac{8m_{\mathrm{eff}}E}{h^2}\right)^{3/2} \qquad (2.111)$$

ergibt. Ihre Geschwindigkeit im Bereich der FERMI-Energie beträgt $v_F = (\hbar/m_{\mathrm{eff}})(3\pi^2 n)^{1/3}$ und liegt in der Größenordnung von 10^8 cm · s^{-1}.

Für Halbleiter und Isolatoren ist das Integral in Gl. (2.111) gleichfalls zu lösen. Auf Grund der Bandlücke ist aber bei nicht zu hoher Temperatur nur ein relativ geringer Anteil der Zustände oberhalb der Leitfähigkeitsbandkante E_C besetzt bzw. unterhalb der Valenzbandkante E_V unbesetzt, so daß das Entartungskriterium der FERMI-Statistik nicht gegeben ist: $(E - E_F)$ ist groß, $+1$ im Nenner kann vernachlässigt werden, d. h. man kann mit der BOLZMANN-Statistik rechnen. Führt man noch als Bezugspunkt für die kinetische Energie der Elektronen im Leitfähigkeitsband die potentielle Energie der Bandkante E_C ein, indem man E durch $E - E_C$ ersetzt, so folgt

$$n = \frac{\pi}{2}\left(\frac{8m_{\mathrm{eff}}}{h^2}\right)^{3/2} \int_{E_C}^{\infty} (E - E_C)^{1/2} \exp\left[-(E - E_F)/kT\right] \mathrm{d}E \qquad (2.112)$$

$$n = 2(2\pi m_{\mathrm{eff}} kT/h^2)^{3/2}\, e^{-\frac{E_C - E_F}{kT}} = N_C\, e^{-\frac{E_C - E_F}{kT}}. \qquad (2.112\,\mathrm{a})$$

Für die Defektelektronenkonzentration p am oberen Rand des Valenzbandes mit der potentiellen Energie E_V erhält man analog

$$p = 2(2\pi m_{\mathrm{eff}} kT/h^2)^{3/2}\, e^{-\frac{E_F - E_V}{kT}} = N_V\, e^{-\frac{E_F - E_V}{kT}}. \qquad (2.112\,\mathrm{b})$$

Dabei bezeichnen N_C und N die effektive Zustandsdichte an den Bandrändern. Nur unter der Voraussetzung vergleichbarer Bandkrümmung (Bandbreite) an den Rändern von Valenz- und Leitfähigkeitsband kann davon ausgegangen werden, daß die effektiven Massen der Elektronen und Löcher annähernd übereinstimmen. Aus der Gleichsetzung $n = p$ (Eigenhalbleiter) folgt dann $E_C - E_F = E_F - E_V$ und für $E_F = (E_C + E_V)/2$, d. h. die FERMI-Energie liegt gerade in der Mitte zwischen Valenz- und Leitfähigkeitsband

$$n = p = (N_C N_V)^{1/2}\, e^{-\frac{E_C - E_V}{2kT}}. \qquad (2.113)$$

Die Beziehung ist auch aus der Anwendung des Massenwirkungsgesetzes auf den in Abb. 2.50.a) skizzierten Prozeß der Elektronen-Loch-Paarbildung sofort angebbar. N_V besetzte und N_C unbesetzte Zustände bilden über die Bandlücke $(E_C - E_V) = RT \ln K$ hinweg unter Bildung von n Elektronen und p Löchern ein Gleichgewicht.

$$np = N_C N_V\, e^{-\frac{E_C - E_V}{kT}}. \qquad (2.114)$$

Gleichsetzen der Generationsrate g mit der Rekombinationsrate $w = r \cdot n \cdot p$ führt, da $n \cdot p = g/r = \mathrm{const}$, zum gleichen Ergebnis.

Realkristalle weisen auf Grund der Majorität bestimmter Fehlordnungstypen innerhalb der Bandlücke unterhalb von E_C oder oberhalb von E_V eine bestimmte Dichte von lokalisierten Elektronenzuständen auf, die als Donatoren bzw. Akzeptoren fungieren.

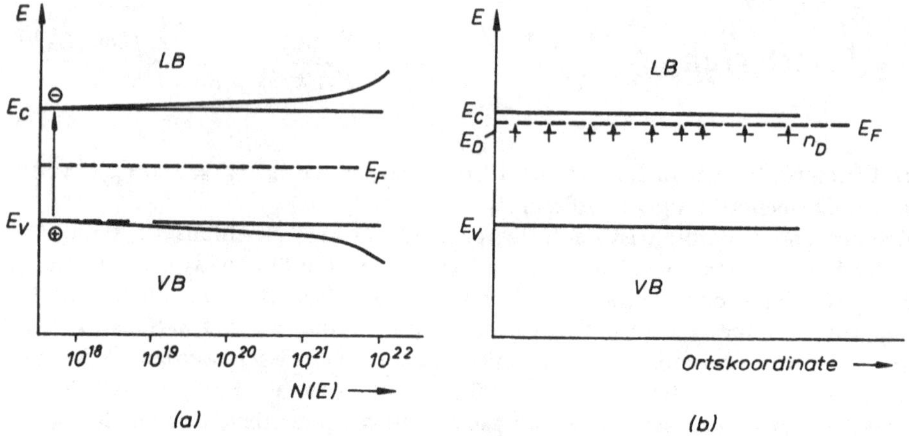

Abb. 2.50. Schematische Darstellung des Zustandsdichteverlaufs $N(E)$ im Bereich des Valenzbandes (VB) und des Leitfähigkeitsbandes (*LB*) im Fall des Eigenhalbleiters (*a*) und Veranschaulichung der Energiezustände eines *n*-Halbleiters in der Auftragung gegen eine Ortskoordinate (*b*).

Geeignete Fremdverunreinigungen ergeben qualitativ vergleichbare Wirkungen. Wie im Fall der Abb. 2.50. b) für n_D Donatorzentren gezeigt, liegt die FERMI-Energie E_F bei hinreichender Besetzungsreserve in der Mitte zwischen E_C und E_D:

$$n = (n_D N_C/2)^{1/2}\, e^{-\frac{E_C - E_D}{2kT}} . \tag{2.115 a}$$

Für die Bildung von Defektelektronen im Valenzband durch Besetzung von Akzeptoren folgt analog

$$p = (n_A N_V/2)^{1/2}\, e^{-\frac{E_A - E_V}{2kT}} . \tag{2.115 b}$$

Erst bei Annäherung an den Zustand der vollständigen Entleerung der Donatoren bzw. vollständigen Besetzung der Akzeptoren (Störstellenerschöpfung) verschiebt sich die Fermienergie wieder in Richtung auf die Mitte der Bandlücke.

2.5.1.2. *Grenzen des Bändermodells kristalliner Festkörper*

Die Berücksichtigung der in der Einelektronennäherung vernachlässigten interelektronischen Wechselwirkung führt nach MOTT zu Kriterien der Elektronenlokalisation und damit unter bestimmten Bedingungen zur Aufhebung der Delokalisation von Elektronenzuständen in Kristallen. Aus dem Zusammenhang zwischen Beweglichkeit, Bandbreite und mittlerer freier Weglänge gemäß (2.109) folgt nach JOFFE und REGEL gleichfalls eine Begrenzung des Bandbildes. Von ANDERSON wurde schließlich eine Bedingung angegeben, die den Übergang von Bandzuständen in lokalisierte Zustände unter dem Einfluß einer statistischen Schwankung der potentiellen Energie der wechselwirkenden Bindungszentren beschreibt.

Die Berücksichtigung der zweiten grundlegenden Vereinfachung, die dem Bändermodell zugrunde liegt, die Einbeziehung einer Mitbewegung der Gitterumgebung bei der Betrachtung von Elektronenzuständen, ergibt eine Lokalisation von Ladungen in sog. Polaronenzuständen.

MOTT-Übergang

Nach dem Bändermodell von BLOCH und WILSON sollte bei der Dilatation eines kristallinen Festkörpers selbst bei sehr großen Abständen auf Grund der unendlichen radialen Ausdehnung atomarer Wellenfunktionen eine endliche Bandlücke und für den Fall, daß z. B. jedes Atom ein Valenzelektron beisteuert, metallische Leitfähigkeit erwartet werden. Die Bandbreite nimmt extrem geringe Werte an, die effektive Elektronenmasse am Bandrand wird sehr groß, und trotzdem sollen sich die Elektronenwellen ungehindert ausbreiten können.

Eine solche Situation ist physikalisch absurd, die Schlußfolgerungen aus dem Bändermodell also falsch. Bereits von WIGNER [2.363] wurde darauf hingewiesen, daß das Elektronengas auf Grund der interelektronischen Wechselwirkung bei geringer Dichte der Zustände „kristallisiert" (e^2/r_{12} größer als die aus der Bandbreite $2J$ resultierende Energieabsenkung). MOTT [2.364—366] machte darauf aufmerksam, daß die Ausbildung von Bandzuständen aus N_A einfach besetzten Atomfunktionen in periodischer Anordnung die Doppelbesetzung von Elektronenzuständen im statistischen Mittel einschließt. Dabei wird die interelektronische Abstoßung U_{LP}, die sog. Elektronenkorrelationsenergie wirksam, die gerade der Differenz zwischen Ionisierungsenergie I_A und Elektronenaffinität E_{Aff} entspricht (beim Na z. B. 5 eV),

$$U_{LP} = I_A - E_{Aff} \tag{2.116}$$

woraus sich für das System eine gegenüber dem Zustand lokalisierter Elektronen höhere Energie ableitet. Im Bändermodell wird diese Wechselwirkung vernachlässigt und daher selbst bei sehr großen Abständen noch metallische Leitfähigkeit vorausgesagt. In Wirklichkeit fällt die Leitfähigkeit einwertiger Metalle wie die der zweiwertigen bereits bei endlichen Abständen bei Annäherung an den absoluten Nullpunkt auf null ab (Abb. 2.51.), im letzteren Fall auf Grund der Aufhebung der Bänderüberlappung und der damit verbundenen Ausbildung einer verbotenen Zone. Bei einwertigen Metallen ist dagegen der positive Wert der Elektronen-Korrelationsenergie für den Metall-Isolator-Übergang verantwortlich.

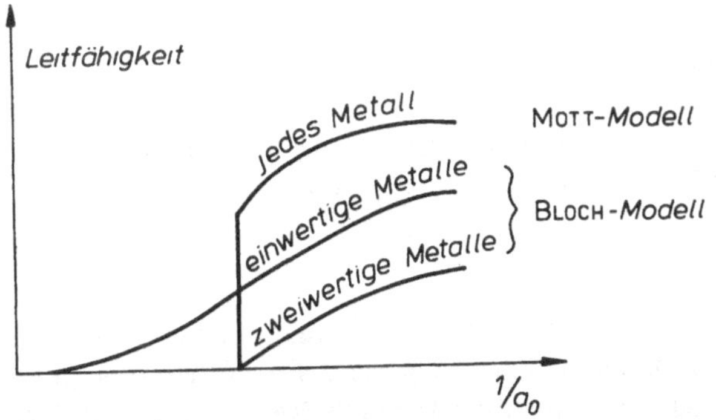

Abb. 2.51 Schematische Darstellung der Abhängigkeit der elektrischen Leitfähigkeit vom reziproken Gitterabstand der Elektronenbindungszentren

Der Übergang ist nach MOTT [2.367, 368] vom diskontinuierlichen Typ (1. Ordnung). Bei der Abschätzung des Abstandes, bei dem der Wechsel von lokalisierten zu delokalisierten Elektronenzuständen eintritt, geht man vom COULOMB-Potential $V(r) = -e^2/r$, dem das Elektron an seinem Bindungszentrum unterliegt und der mit abnehmender Gitterkonstanten a_0 anwachsenden Abschirmung durch die Elektronen benachbarter Zentren aus. Mit dem Abschirmfaktor $\exp(-\xi r)$ ergibt sich ein Ansatz, der der Beschreibung der Wechselwirkung in verdünnten Lösungen starker Elektrolyte im Rahmen der DEBYE-HÜCKELschen Theorie vergleichbar ist.

$$V(r) = \left(-\frac{e^2}{r}\right)\exp(-\xi r), \qquad \xi^2 = \frac{16\pi^2 e^2 m_e n^{1/3}}{\hbar^2}. \tag{2.117}$$

Wird der Abschirmradius ξ^{-1} kleiner als der „Radius" $r_0 = \hbar^2/me^2$ des auf einer wasserstoffähnlichen Bahn umlaufenden Elektrons, dann ist eine Bindung auf Grund der weitgehenden Abschirmung der COULOMB-Attraktion durch Elektronen aus der Umgebung nicht mehr gegeben. Es folgt daraus für den Abstand a_0, auf den die Zentren im periodischen Gitter zusammenzuführen sind, um Elektronendelokalisation hervorzubringen, ein Grenzwert, der etwa dem Vierfachen des BOHRschen Radius r_0 entspricht.

$$a_0 = n^{-1/3} \leqq 4r_0\,. \tag{2.118}$$

Derartige Zusammenhänge sind z. B. bei den Isolator-Metall-Übergängen der Übergangsmetalloxide und -chalkogenide in einer Vielzahl von Arbeiten experimentell verifiziert worden [2.369]. In den meisten Fällen ist der durch Druck- oder Temperaturerhöhung induzierte Übergang jedoch mit einer Phasenumwandlung, d. h. mit einer Veränderung der Gittersymmetrie verbunden, so daß der ungestörte MOTT-Übergang nicht ohne weiteres beobachtet werden kann. Ein Beispiel scheint in der Mischkristallreihe $(V_{1-x}Cr_x)_2O_3$ vorzuliegen [2.370]. Allerdings sind hier die V^{III}-Atome, die die Ladungsträger beisteuern, im Gitter statistisch verteilt, befinden sich also nicht in einer periodischen Anordnung. Analoge Einschränkungen gelten für den Übergang zur Störbandleitung in hoch dotierten Si- und Ge-Einkristallen. Bei hinreichend kleinem mittleren Abstand zwischen den Donatorzentren in Abb. 2.50. b) ist die Ausbildung von Bandzuständen ohne weiteres verständlich (vgl. Abb. 2.52.). Die Leitfähigkeit weist in diesem Fall im Bereich des absoluten Nullpunktes hohe Werte auf, obwohl eine gitterperiodische Anordnung der Zentren nicht gegeben ist. Dabei wurde eine befriedigende Übereinstimmung mit Gl. (2.118) für den Grenzwert des Übergangs festgestellt [2.365, 368, 371, 372].

Kriterium von JOFFE und REGEL

In Gl. (2.109) läßt sich in der Formel für die Beweglichkeit die mittlere thermische Geschwindigkeit $v = (2kT/m_{eff})^{1/2}$ einführen (BOLTZMANN-Statistik).

$$\mu = \frac{ela_0}{\hbar}\left(\frac{J}{2kT}\right)^{1/2}. \tag{2.119}$$

Gibt man als untere Grenze einer noch sinnvoll erscheinenden Bandbreite $J \approx kT$ vor und macht weiterhin von der plausiblen Annahme Gebrauch, daß die mittlere freie Weglänge l im Sinne der Ausbildung delokalisierter Bandzustände mindestens in der Größenordnung der Gitterkonstanten a_0 liegen muß ($l \approx a_0$), ergeben sich für die Beweglichkeit μ Werte im Bereich 1 bis 5 $cm^2/V \cdot s$. Bei noch kleineren Beweglichkeiten sind nicht nur die

Grenzen des Bandbildes überschritten, der Begriff der mittleren freien Weglänge l verliert gleichfalls seinen physikalischen Sinn.

Auf eine derartige Begrenzung des Bändermodells haben JOFFE und REGEL [1.28] erstmals hingewiesen. Bedingt durch Sreuprozesse an Gitterschwingungen, Kristallbaufehlern und Verunreinigungen ist die BLOCHsche Wellenfunktion (2.104), die an und für sich eine unendliche räumliche Ausdehnung aufweist, im Realkristall auf ein durch die mittlere freie Weglänge zu beschreibendes Volumen l^3 beschränkt. Die Streuprozesse bedingen eine Unschärfe in den k-Zahlen. Δk ist proportional l^{-1}, $\Delta k/k$ aber sicher nicht größer als 1. Daraus folgt

$$lk \gtrsim 1\,, \qquad k = \frac{2\pi}{\lambda}\,. \tag{2.120}$$

Bei Unterschreiten dieser Grenzbedingung muß Elektronenlokalisation eintreten [2.373, 374]. Eine solche Situation ist vor allem dann zu erwarten, wenn die Überlappung gering ist, die Bänder also schmal sind, oder im Bereich abnehmender Zustandsdichte an den Bandrändern in nichtkristallinen Festkörpern zu berücksichtigen, wo die mittlere Weglänge durch den hohen Fehlordnungsgrad stark herabgemindert ist.

ANDERSON-Übergang

ANDERSON [2.375] untersuchte 1958 in einer theoretischen Arbeit das Problem einer dreidimensionalen periodischen Anordnung von Einelektronenbindungszentren, deren potentielle Energie über einen Bereich V_0 statistisch verteilt ist, die aber im Fall identischer potentieller Energien bei einem mittleren Wert zu einer Bandbreite $2J$ Anlaß geben. Er konnte einen kritischen Grenzwert für das Verhältnis

$$V_0/2J < 3 \text{ bis } 5 \tag{2.121}$$

ableiten, wobei der Betrag vom Gittertyp, insbesondere der Koordinationszahl, abhängt und zeigen, daß eine statistische Fehlordnung in dreidimensionalen Gittern innerhalb bestimmter Grenzen mit der Ausbildung von Bandzuständen verträglich ist. Bei Überschreiten des Grenzwertes erfolgt zwingend Elektronenlokalisation. Diese Arbeit hat sich für die Theorie der nichtkristallinen Halbleiter als grundlegend erwiesen.

Der Isolator-Metall-Übergang nach ANDERSON (vgl. auch [2.376]) findet z. B. in dotierten und partiell kompensierten Si- und Ge-Einkristallen seine physikalische Realisierung [2.377, 378]. Die experimentellen Befunde wurden maßgeblich von FRITZSCHE u. M. [2.425] erarbeitet. Wie die schematische Darstellung der Abb. 2.52. erkennen läßt, führt die mittlere Dotierung eines Si-Einkristalls durch Donatoren, z. B. etwa 10^{15} P-Atome pro cm^3, bei tiefer Temperatur zur Besetzung der Zentren durch Elektronen.

Es liegt bei Annäherung an den absoluten Nullpunkt ein Isolator vor, die Ausbildung eines sog. Störleitungsbandes bleibt auf Grund nicht hinreichender Zustandsdichte und der interlektronischen Abstoßung, die dadurch überwiegt, aus, s. Abb. 2.52.a). Partielle Kompensation der Donatoren durch den Einbau von Akzeptoren, z. B. von Al-Atomen, erzeugt im Bereich der Donatoren freie Plätze, wodurch die interelektronische Abstoßung herabgemindert wird. Es liegen jetzt positiv und negativ geladene Zentren nebeneinander vor, Abb. 2.52.b), deren COULOMB-Attraktion auf Grund der unregelmäßigen Verteilung im Kristallgitter eine statistische Schwankung der potentiellen Energie der Zentren beiderlei Vorzeichens hervorruft. Der Ladungstransport im Bereich der Donatoren erfolgt zwischen

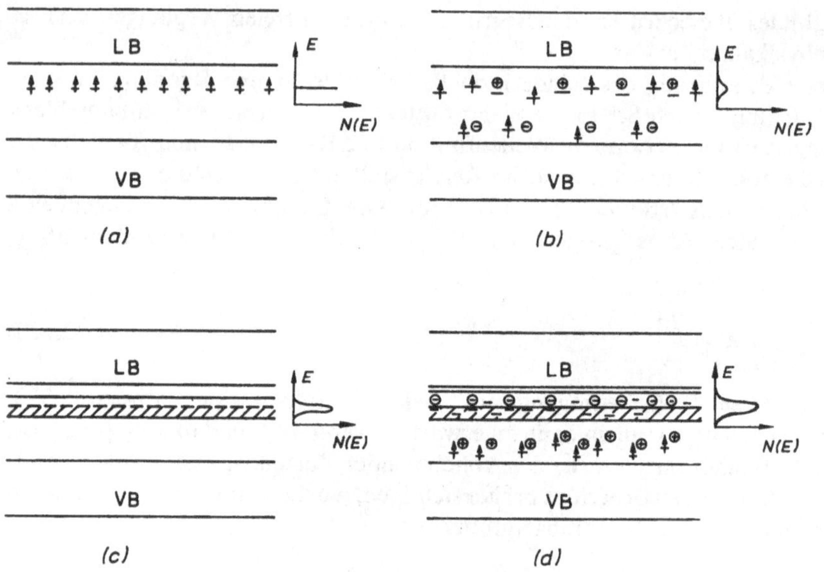

Abb. 2.52. Veranschaulichung des ANDERSON-Übergangs in dotiertem und partiell kompensiertem Silicium. (*a*) — $n_D \approx 10^{15}$ P/cm^{-3}, Elektronenlokalisation bei tiefer Temperatur; (*b*) — partielle Kompensation durch Al, $V_0/2J > 3$ bis 5; (*c*) — $n_D > 3 \cdot 10^{18}$ P/cm^3, Störbandleitung; (*d*) — partielle Kompensation, $V_0/2J < 3$ bis 5.

benachbarten Plätzen durch Elektronensprünge (vgl. 4.1.2., 4.1.3.), ohne daß die interelektronische Abstoßung aufgebracht werden muß. Die Leitfähigkeit nimmt bei Kompensation daher zu. Trotzdem bleibt der Kristall am absoluten Nullpunkt ein Isolator, da der Grenzwert $V_0/2J$ offenbar noch überschritten ist. Bei einer Donatorkonzentration $n_D > 3 \cdot 10^{18}$ cm^{-3} beobachtet man dagegen am absoluten Nullpunkt nicht verschwindende Leitfähigkeit, Abb. 2.52. c). Es liegt also metallisches Verhalten im Sinne einer Störbandleitung vor. Diese bleibt bei einem mit der Darstellung in Abb. 2.52. b) vergleichbaren- Kompensationsgrad erhalten, s. Abb. 2.52. d). Bei der höheren Zustandsdichte wird also der für den ANDERSON-Übergang charakteristische Grenzwert unterschritten, und selbst bei statistischer Schwankung der potentiellen Energie der Bindungszentren sind, wie das Beispiel zeigt, ausgedehnte Bandzustände möglich (vgl. auch [2.374, 375]).

Auf diesem Wege läßt sich im Wirtsgitter eines kristallinen Festkörpers ein fehlgeordnetes System von Bindungszentren mit identischer Umgebung oder zumindest vergleichbarer Nahordnung realisieren, das wesentliche Merkmale amorpher bzw. glasartiger Festkörper aufweist. Der geometrischen Fehlordnung bei Gläsern und amorphen Stoffen entspricht eine variable potentielle Energie der einzelnen Baugruppen, die mit der statistischen Schwankung der Energieterme der Donatoren oder Akzeptoren in *n*- bzw. *p*-dotierten und partiell kompensierten Halbleitern vergleichbar ist.

Entscheidend ist der damit erbrachte Nachweis, daß die Ausbildung von Bandzuständen in Halbleitern selbst bei fehlender Fernordnung physikalisch real ist.

Polaronenzustände

In unpolaren Kristallen wie Si oder Ge ist ein an sein Donatorzentrum gebundenes Elektron durch eine große radiale Ausdehnung gekennzeichnet. Mit $\varepsilon = 16$ für Ge läßt sich in einer einfachen Abschätzung zeigen, daß sich 3/4 der Ladung eines *s*-Elektrons über 925 Ge-Atome in der Umgebung ausdehnt [2.362]. Letzteres trifft für tief liegende Zentren mit stark gebundenen Elektronen, insbesondere in polaren Gittern, z. B. für *F*-Zentren, aber auch in Halbleitern mit schmalen Bändern, z. B. zahlreichen Übergangsmetalloxiden, nicht zu. Beschränkt sich die radiale Ausdehnung eines lokalisierten Elektronenzustandes auf wenige benachbarte Atome, kann die Verzerrung, mit der die Gitterumgebung auf die Präsenz der betreffenden Ladung reagiert, nicht mehr vernachlässigt werden. Die Wellenfunktion des Elektrons koppelt mit einer Gitterwelle des Phononenspektrums, woraus eine Stabilisierung des lokalisierten Elektronenzustandes resultiert. Auf seinem Weg von einem Bindungszentrum zu einem anderen nimmt die Ladung die Gitterpolarisation mit. Man definiert daher ein neues Quasiteilchen, das Polaron, und bezeichnet seine Energieterme als Polaronenzustände [2.379, 380].

Nach Mott und Gurney [2.381] wird die Erniedrigung der potentiellen Energie des lokalisierten Elektrons zum Polaronenzustand aus dem Unterschied zwischen der optischen Dielektrizitätskonstante ε_∞ (starres Gitter) und der statischen oder Niederfrequenz-DK ε_s abgeleitet, wobei letztere die Gitterschwingungen mit erfaßt. Mit dem Radius r_p in der Größenordnung der Gitterkonstanten ergibt sich für die Energieabsenkung

$$V_p(r_p) = -\frac{e^2}{r_p}\left(\frac{1}{\varepsilon_\infty} - \frac{1}{\varepsilon_s}\right) \qquad r < r_p \tag{2.121}$$

und für den Abfall des zusätzlich geschaffenen Potentialwalls im Bereich $r > r_p$

$$V_p(r) = -\frac{e^2}{r}\left(\frac{1}{\varepsilon_\infty} - \frac{1}{\varepsilon_s}\right). \tag{2.122}$$

Der Verlauf ist in Abb. 2.53. a) dargestellt.

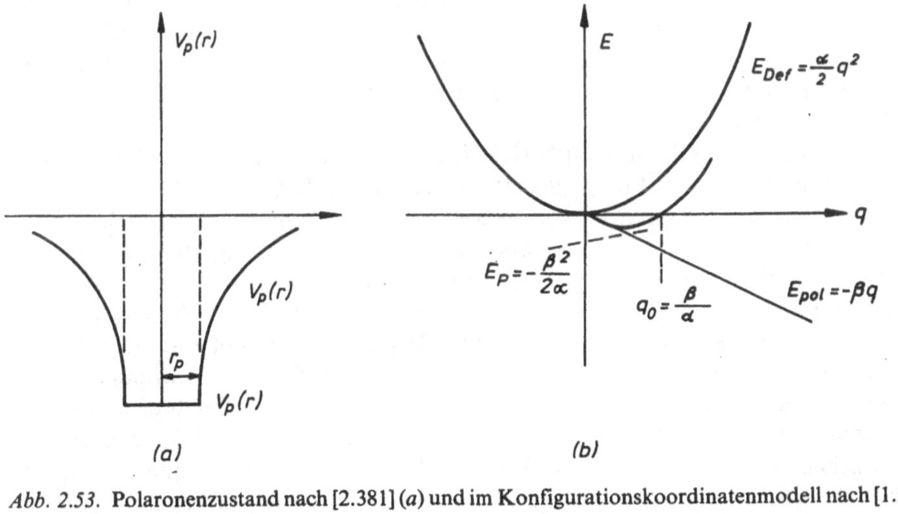

Abb. 2.53. Polaronenzustand nach [2.381] (*a*) und im Konfigurationskoordinatenmodell nach [1.33, 2.379] (*b*).

Nach dem Konfigurationskoordinatenmodell [1.33, 2.379] läßt sich die mit der Ausbildung eines Polaronenzustandes verbundene Energiestabilisierung in der in Abb. 2.53. b) skizzierten Weise beschreiben. Die Gesamtenergie E_{ges} ergibt sich aus der Summe der gegen die elastischen Gitterkräfte zu leistenden Deformationsenergie $E_{Def} = \frac{1}{2}\alpha q^2$ und der Polarisationsenergie $E_{Pol} = \beta q$.

Im Minimum der Funktion

$$E_{ges} = \frac{1}{2}\alpha q^2 - \beta q \tag{2.123}$$

hat die Konfigurationskoordinate den Wert $q_0 = \beta/\alpha$, woraus für die Energieerniedrigung des Elektrons im Polaronenzustand

$$E_P = -\frac{\beta^2}{2\alpha} = -\frac{e^2}{r_p}\left(\frac{1}{\varepsilon_\infty} - \frac{1}{\varepsilon_s}\right) \tag{2.124}$$

folgt. Um diesen Betrag wird die Energie lokalisierter Elektronen auf Grund der Kopplung mit den Phononen des Gitters erniedrigt. Er ist um so höher, je größer die durch β ausgedrückte Polarisierbarkeit der Gitterumgebung und desto geringer die die elastische Beanspruchung beschreibende Kraftkonstante α ist.

Ist der aus der Bandaufspaltung von Elektronenzuständen gleicher energetischer Lage resultierende Energiegewinn kleiner als die mit der Ausbildung von Polaronenzuständen verbundene Energieabsenkung, wird die Elektronenlokalisation bevorzugt. Es kann also nicht in jedem Fall von der dem Bändermodell zugrundeliegenden adiabatischen Approximation ausgegangen werden.

2.5.1.3. *Bändermodell nichtkristalliner Festkörper*

Unter den im vorangegangenen Kapitel beschriebenen Bedingungen wird bereits in kristallinen Gittern die Ausbildung von Bandzuständen unterbunden. Andrerseits zeigt das Beispiel der Störbandleitung, daß eine statistische Verteilung identischer Bindungszentren auf kristallographisch äquivalenten Plätzen bei hinreichender Zustandsdichte Elektronendelokalisation ermöglicht. Nach Anderson ist sogar eine statistische Schwankung der potentiellen Energie derartiger Zentren innerhalb bestimmter Grenzen mit der Formierung von Energiebändern verträglich.

Nach Mott [2.368, 382, 383] und Cohen [2.384] gestattet die in Gläsern und amorphen Festkörpern vorhandene Nahordnung gleichfalls die Ausbildung von Bandzuständen. In Bereichen abnehmender Zustandsdichte (abnehmender Überlappung), z. B. an den Bandrändern erfolgt aber auf Grund des Anderson-Kriteriums (2.121) zwingend ein Übergang in lokalisierte Zustände. Bereits Gubanov [2.385] und Banyai [2.386] hatten die Vermutung ausgesprochen, daß die Bandränder in nichtkristallinen Festkörpern durch lokalisierte Elektronenzustände gekennzeichnet sind. Die Zustandsdichte fällt also nicht wie in Kristallen steil ab, s. Abb. 2.50.a). Entsprechend der geometrischen Fehlordnung, wie sie in den Netzwerkstrukturen amorpher Elemente und glasbildender Verbindungen vorliegt und der sich daraus ergebenden Schwankung der potentiellen Energie sind die Bandränder unscharf. Sie gehen in Richtung der Bandlücke in Lokalterme abnehmender Zustandsdichte über. In nichtkristallinen Festkörpern weisen die Bänder demzufolge, wie in Abb. 2.54.a) gezeigt, sog. „Schwänze“ (tails) lokalisierter Zustände auf.

Die Grenze zwischen den delokalisierten und lokalisierten Elektronenzuständen ist mit E_C und E_V markiert. Bei Besetzung von Zuständen oberhalb E_C sollte am absoluten Null-

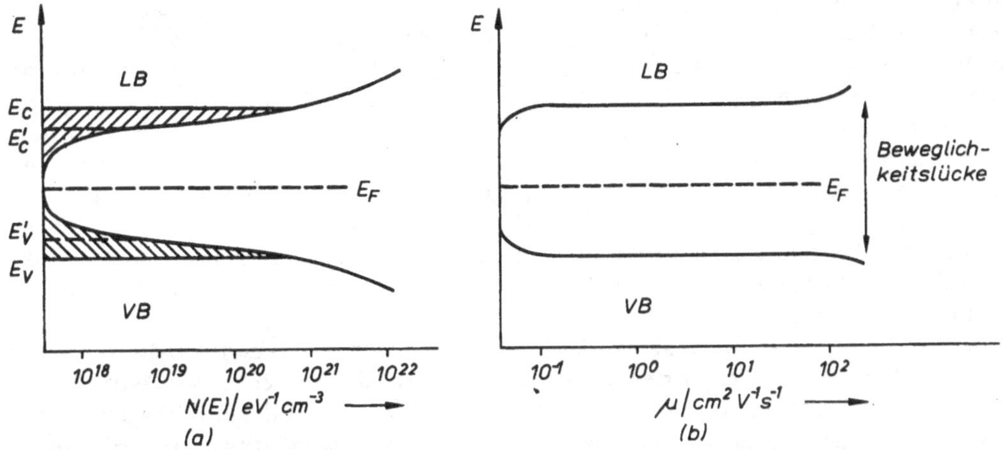

Abb. 2.54. Verlauf der Zustandsdichte $N(E)$ in nichtkristallinen Halbleitern (*a*).
Die Lage der Bandkanten für die zugehörige kristalline Zustandsform ist mit E'_C und E'_V bezeichnet; (*b*) — Verlauf der Beweglichkeitskanten.

punkt nichtverschwindende Leitfähigkeit, unterhalb von E_C dagegen ein Isolator erwartet werden. Entsprechendes gilt für E_V. Bei E_C bzw. E_V unterliegt daher die Beweglichkeit μ einer sprunghaften Änderung, Abb. 2.54.b). Ihre Definition im Sinne von Gl. (2.109) bzw. (2.119) verliert im Bereich der Elektronenlokalisation ihre Gültigkeit. Sie ist im Rahmen von Elektronensprungmodellen neu zu erfassen (vgl. 4.1.2., 4.1.3.).

Von Cohen, Fritzsche und Ovshinsky [2.387] wurde der Begriff der Beweglichkeitskante in die Theorie der nichtkristallinen Halbleiter eingeführt.

Abbildung 2.54.a) stellt den typischen Verlauf der Zustandsdichte in Abhängigkeit von der Energie für einen im Sinne von Abschnitt 2.4.2.5. idealen amorphen bzw. glasartigen Festkörper dar. Im Falle eines kontinuierlichen regellosen Netzwerkes von miteinander verbundenen Si- oder Ge-Atomen, deren sämtliche Bindungen abgesättigt sind, wäre die energetische Struktur im Bereich der Valenzelektronen und der oberhalb der Beweglichkeitslücke liegenden Leitfähigkeitszustände in dieser Weise zu beschreiben. Für glasbildende Oxide und Chalkogenide ist die Darstellung gleichfalls repräsentativ. Dabei ist aber zu beachten, daß das Valenzband von den bindungsmäßig nicht direkt beanspruchten Elektronenpaaren der Brückenatome gebildet wird (*lone pair band*).

Die Struktur der Gläser und amorphen Festkörper ist durch die geometrische Fehlordnung eines regellosen kontinuierlichen Netzwerkes miteinander verknüpfter Nahordnungsbereiche und einer davon gegebenenfalls abgrenzbaren topologischen Eigenfehlordnung (vgl. 2.4.2.) noch nicht vollständig beschrieben. Es sind darüber hinaus verschiedene Arten einer konstitutionellen Fehlordnung der Nahordnungsbereiche möglich (vgl. 2.4.2.5.). Aufgebrochene Bindungen und strukturell abgewandelte Formen der typischen Baugruppen können ein Spektrum verschiedener Defektzentren ergeben, deren Häufigkeit der Abstufung der freien Enthalpie der Bildungsreaktion der jeweiligen Zentrenart folgt. Sie wirken als Donatoren oder Akzeptoren und sind in bestimmter Verteilung im Bereich der Beweglichkeitslücke zu erwarten. Der Übergang zum realen Glas verlangt also noch eine entsprechende Ergänzung bzw. Veränderung des in Abb. 2.54.a) gezeigten Bänderschemas.

Zahlreiche Eigenschaften, wie die beträchtliche Spindichte im amorphen Si und Ge oder das Lumineszenzverhalten (vgl. 4.2.2.), vor allem aber verschiedene Ladungstransportphänomene (vgl. 4.1.3.) lassen auf eine hohe Dichte lokalisierter Zustände in der Beweglichkeitslücke schließen [2.388—390]. Aus den Messungen ergeben sich Werte in der Größenordnung von 10^{17} bis 10^{20} $cm^{-3}eV^{-1}$. Von KOLOMIEC u. M. [2.391] wurde darauf hingewiesen, daß die elektrische Leitfähigkeit glasartiger Halbleiter von geringfügigen Änderungen der Zusammensetzung oder von Fremdverunreinigungen in der Regel kaum beeinflußt wird. Zusätze bis zu 10^{19} cm^{-3} wirken sich oftmals weder auf den Wert der Leitfähigkeit noch auf ihre Temperaturabhängigkeit aus. Von FRITZSCHE [2.392] wurde darin ein gewichtiges Argument für die Fixierung des FERMI-Niveaus etwa in der Mitte der Beweglichkeitslücke erkannt. Bedingt durch die hohe Dichte lokalisierter Zustände sollte die FERMI-Energie ähnlich wie in dotierten und kompensierten kristallinen Halbleitern festgelegt sein.

Diese experimentellen Befunde wurden von MOTT, COHEN, FRITZSCHE und OVSHINSKY zu einem Modell der lokalisierten Zustände in der Bandlücke verdichtet (MOTT-CFO-Modell). Nach MOTT [2.368] kann die relative Unempfindlichkeit der Leitfähigkeitseigenschaften amorpher Halbleiter gegenüber Fremdzusätzen dadurch erklärt werden, daß in Gläsern die Valenzanforderungen sämtlicher Atome erfüllt werden. Während z. B. das Wirtsgitter des kristallinen Si den als Donatoren isomorph eingebauten P-Atomen die Koordinationszahl 4 aufprägt, ist in amorphen bzw. glasartigen Halbleitern in diesem Fall für den Bindungszustand mit der niedrigsten Energie die Koordinationszahl 3 zu erwarten. Derartige Zentren wirken nicht mehr als flache Donatoren.

Das CFO-Modell [2.387] geht darüber hinaus. Die konstitutionelle Fehlordnung der Nahordnungsbereiche erhöht die Dichte und die Höhe bzw. Tiefe der aus dem Valenz- und Leitfähigkeitsband hervorgehenden lokalisierten Zustände beträchtlich. Die Bandausläufer dehnen sich daher bis weit in die Beweglichkeitslücke hinein aus, so daß in der Mitte eine teilweise Überlappung zustande kommt. Da hier die aus dem Leitfähigkeitsband hervorgehenden unbesetzten Zentren energetisch tiefer liegen als die paarweise besetzten des Valenzbandes, ist eine Umverteilung der Elektronen zu erwarten, und es kommt, wie in Abb. 2.55. verdeutlicht, im Bereich des FERMI-Niveaus zur Ausbildung einer entsprechenden Dichte positiv und negativ geladener Zentren, die auf Grund ihrer weitreichenden COULOMB-Wechselwirkung eine beträchtliche Fluktuation der potentiellen Energie implizieren und die FERMI-Energie festlegen.

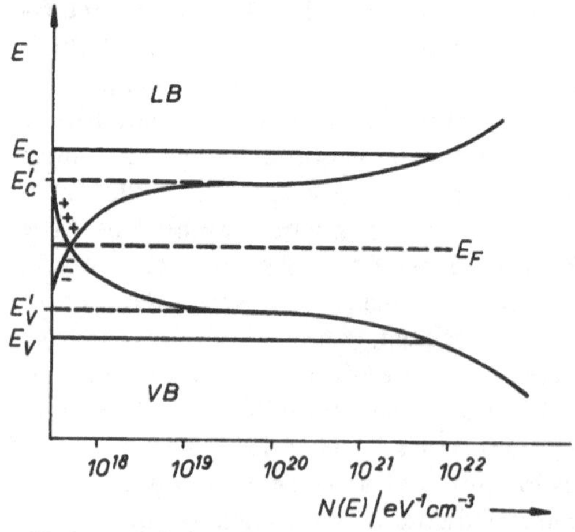

Abb. 2.55. Geladene Defektzentren in der Beweglichkeitslücke nach dem CFO-Modell.

Das CFO-Modell gestattet die Erklärung zahlreicher Phänomene, läßt aber zugleich Fragen offen. Mit der hohen Dichte positiv und negativ geladener Zentren sollte eine entsprechend hohe Konzentration an ungepaarten Elektronen einhergehen. Eine paarweise Besetzung unter Bildung zweifach negativ und zweifach positiv geladener Zentren sollte jedoch auf Grund der interelektronischen Abstoßung, des positiven Wertes der Elektronen-Korrelationsenergie U_{LP} (vgl. 2.5.1.2., MOTT-Übergang), i. allg. nicht zustande kommen. ESR-Messungen von AGARWAL [2.393] zeigen aber, daß die Spindichte in Chalkogenidgläsern sicher kleiner als 10^{15} cm^{-3} ist. Erst beim Belichten bildet sich nach BISHOP u. M. [2.394] eine photo-induzierte Spindichte von 10^{17} bis 10^{19} cm^{-3} und eine bei tiefer Temperatur beobachtbare optische Absorptionsbande aus (vgl. 4.2.2.2.). Im amorphen Si und Ge treten dagegen je nach den Präparationsbedingungen Konzentrationen ungepaarter Elektronen bis zu 10^{20} cm^{-3} auf. Die Existenz einfach positiv und negativ geladener Defektzentren läßt weiterhin einen bei tiefer Temperatur meßbaren Beitrag zur Leitfähigkeit erwarten, der, wie in dotierten und partiell kompensierten Halbleitern, durch Elektronensprungsprozesse zu beschreiben ist [1.33, 2.371]. Ein solcher Leitfähigkeitsbeitrag wurde bei Chalkogenidgläsern wiederum nicht gefunden, wohl aber z. B. am amorphen Ge festgestellt.

Sämtliche Befunde sprechen dafür, daß es sich bei den lokalisierten Elektronenzuständen in der Beweglichkeitslücke um definierte Niveaus mit einer entsprechenden Häufigkeitsverteilung im Bereich bestimmter Energien und nicht um eine kontinuierliche Verteilung, wie nach dem CFO-Modell angenommen, handelt.

Die Erklärung dieser Unterschiede ist in Verbindung mit einer strukturchemischen und bindungstheoretischen Interpretation der Defektzentren ermöglicht worden, die zu einer wesentlichen Vertiefung der Kenntnisse über den strukturellen Aufbau von Gläsern und amorphen Festkörpern geführt hat.

2.5.2. *Eigenfehlordnung und geladene Defektzentren in nichtkristallinen Systemen*

Ein wesentlicher Impuls ging wiederum von ANDERSON [2.395] aus. Er wies in einer Arbeit aus dem Jahre 1975 darauf hin, daß die Elektronen-Korrelationsenergie U_{LP}, deren Wert, betrachtet man die interelektronische Wechselwirkung bei der Besetzung äquivalenter Einelektronenzustände im isolierten System, stets positiv ist (vgl. 2.5.1.2.), unter Berücksichtigung der Polarisierbarkeit der Gitterumgebung auch negative Werte annehmen kann. Es ergibt sich für die effektive Korrelationsenergie U_{eff} eine Beziehung, die der Stabilisierung von Elektronenzuständen im Polaronenbild (2.5.1.2.) analog ist.

$$U_{eff} = U_{LP} - \beta^2/2\alpha \,. \tag{2.125}$$

Ist die effektive Korrelationsenergie U_{eff} negativ und dem Betrag nach größer als kT, sollte die Besetzung gleichartiger lokalisierter Elektronenzustände in kondensierten Systemen bevorzugt in der Weise erfolgen, daß die eine Hälfte der Bindungszentren unbesetzt bleibt und dadurch eine positive Ladung erhält, während die andere Hälfte infolge Doppelbesetzung eine negative Ladung annimmt. Der in kondensierten Systemen weit verbreitete Diagmagnetismus findet damit eine zwanglose Erklärung. Der lineare Verlauf der Molwärme von Gläsern bei tiefer Temperatur (vgl. 2.2.3.3.) konnte auf diese Weise gleichfalls verständlich gemacht werden.

Von STREET und MOTT [2.396] wurden diese Vorstellungen zur Interpretation experimenteller Befunde herangezogen, die den Nachweis lokalisierter Elektronenzustände in der Beweglichkeitslücke nichtkristalliner Festkörper betreffen und ein Modell der geladenen unabgesättigten Bindungen (*Charged Dangling Bonds*) aufgestellt (SM-Modell).

Kastner, Adler und Fritzsche [2.397] betrachten spezifische Bindungsfunktionen der am Aufbau beteiligten Atome sowie deren Wechselwirkung in einem Schema von Zweizentren-Molekülorbitalen. Die Zuordnung bestimmter relativer Energien zu den verschiedenen Besetzungszuständen ermöglicht eine Abschätzung, welche Konfigurationen jeweils energetisch bevorzugt sind. Mit dem Valenzwechsel-Modell (*Valence Alternation Model*) wurden erstmals chemisch plausible Vorstellungen über die Struktur der für viele Eigenschaften der Gläser und amorphen Festkörper wesentlichen Defektzentren bereitgestellt (KAF-Modell).

Beide Modelle beschreiben bis auf Details, die vor allem die Art des Herangehens betreffen, den gleichen Sachverhalt. Die wesentlichen Aussagen sollen zusammenfassend unter der gemeinsamen Bezeichnung „Modell der geladenen Defektzentren" beschrieben werden.

Bemerkenswert ist schließlich, daß sich die konstitutionelle Eigenfehlordnung derartiger nichtkristalliner Systeme in die Reihe so bekannter Erscheinungen wie der Eigendissoziation und Redoxdisproportionierung anorganischer Systeme zwanglos einordnen läßt [2.398]. Der Zusammenhang kann bis hin zu den Fällen der Bindungsisomerie, der Existenz kovalenter und heteropolarer Zustandsformen bei ein und derselben Verbindung, aufgezeigt werden.

2.5.2.1. *Unterscheidung zweier Stoffklassen nach dem Vorzeichen der effektiven Elektronen-Korrelationsenergie*

Für das Auftreten negativer Werte der effektiven Elektronen-Korrelationsenergie U_{eff} ($\beta^2/2\alpha > U_{LP}$) erweist sich die Wechselwirkung der unbesetzten, positiv geladenen Zentren, wie sie bei der heterolytischen Aufspaltung von Bindungen gebildet werden, mit jeweils einem freien Elektronenpaar (*lone pair*) benachbarter Atome im Sinne der in 2.4.2.5. behandelten Ausbildung von Bindungsbeziehungen als entscheidend (s. Abb. 2.40. und 2.41.). Die Chalkogene und glasbildenden Chalkogenide und Oxide mit ihrem nichtbindenden freien p-Elektronenpaar am verknüpfenden Brückenatom sind potentiell in der Lage, einen derartigen Stabilisierungseffekt zu bewirken. Diese Eigenschaft ist offenbar über die glasbildenden Substanzen hinaus für alle kondensierten Systeme von Bedeutung, an deren Aufbau Atome mit freien p-Elektronenpaaren beteiligt sind.

Sie lassen sich von einer zweiten Stoffklasse abgrenzen, in der sämtliche Valenzelektronen der Atome in die Ausbildung kovalenter Bindungen einbezogen sind. Hierher gehören z. B. die diamantähnlichen Halbleiter wie Si und Ge, die $A^{III}B^{V}$-Verbindungen oder $CdGeAs_2$. Die Wechselwirkung entfällt, und dementsprechend ist eine positive Korrelationsenergie zu verzeichnen.

Eine Zwischenstellung nehmen die Pnictide Sb, As, P, sowie die $A^{IV}B^{VI}$-Verbindungen, z. B. die Germaniummonochalkogenide ein, deren Kristallstrukturen durch die Beanspruchung sämtlicher p-Bindungsfunktionen gekennzeichnet sind. Die Atome verfügen noch jeweils über ein s-Elektronenpaar, das aber auf Grund der stärkeren Bindung (geringeren Nucleophilie) nur vergleichsweise gering zur Wechselwirkung mit der Koordinationslücke an einem positiv geladenen Bindungszentrum befähigt ist. Je nach den Bedingungen wird sich hier eine positive oder negative Korrelationsenergie ergeben.

Die Auswirkungen des Vorzeichens der Elektronen-Korrelationsenergie auf die Besetzungsstatistik einer bestimmten Zentrenart in der Beweglichkeitslücke wurde von ADLER und YOFFA [2.399, 400] untersucht.

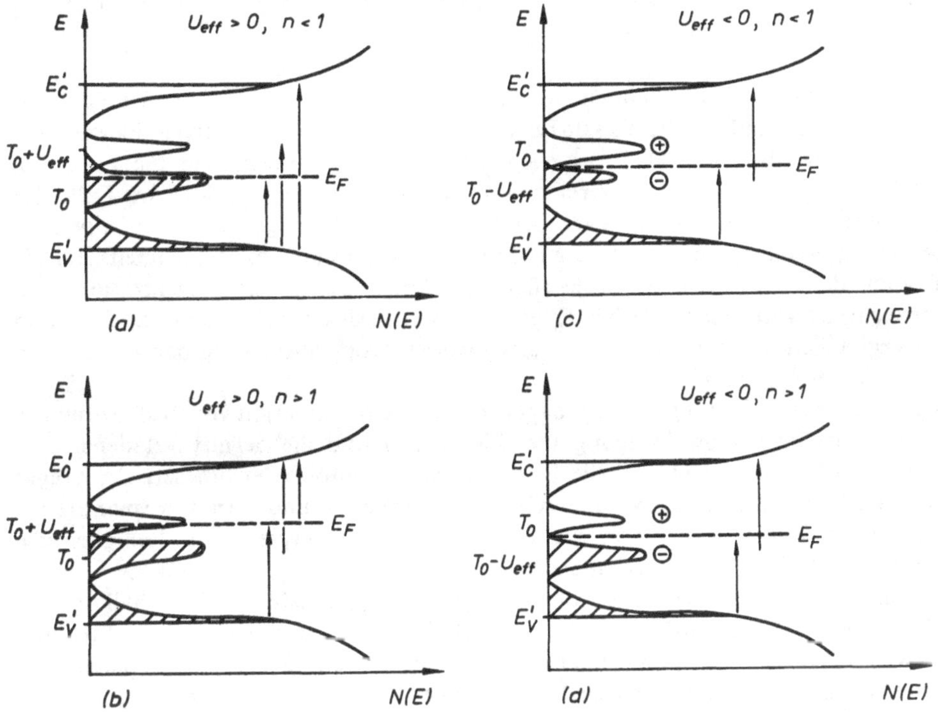

Abb. 2.56. Besetzungsabhängige energetische Lage von Defektzentren in Substanzen mit positiver (*a*, *b*) und negativer effektiver Elektronen-Korrelationsenergie (*c*, *d*) nach [2.399, 400].
Die Pfeile entsprechen optischen Übergängen.

Entsprechend dem in Abb. 2.56. skizzierten Energieschema ergeben sich für N_0 lokalisierte Zustände der Energie T_0 bei Nichtbesetzung ($E = 0$), Einfachbesetzung ($E = T_0$) und Doppelbesetzung ($E = 2T_0 + U_{eff}$) für die Besetzungszahlen n_i und den Entartungsfaktor g_i die folgenden Parameter:

n_i	E_i	g_i
0	0	1
1	T_0	2
2	$2T_0 + U_{eff}$	1

woraus in Verbindung mit $U_i = E_i - n_i \cdot E_{F_i}$ für die Zustandssumme $Z = \left[\sum_i g_i \exp(-U_i/kT\right]^{N_0}$ der Ausdruck

$$Z = \{1 + 2\exp[-(T_0 - E_F)/kT] + \exp[-(2T_0 + U_{eff} - 2E_F)/kT]\}^{N_0} \quad (2.126)$$

folgt (E_F bezeichnet die FERMI-Energie). Durch Berechnung der mittleren Zahl der Elektronen pro Defektzentrum $n = N/N_0$ entsprechend $n(E_F, T) = (kT/N_0)\,(\partial \ln Z/\partial E_F)_T$ erhält man unter der Bedingung $|U_{eff}| \gg kT$ im Falle

$$U_{eff} < 0 \quad E_F = T_0 - \frac{1}{2}\,U_{eff} - \frac{1}{2}\,kT \ln (2n^{-1} - 1)\,,\ \text{und für} \qquad (2.127\,a)$$

$$U_{eff} > 0 \quad E_F = T_0 - kT \ln [2(n-1)/(2-n)],\ 0 < n < 1 \qquad (2.127\,b)$$
$$E_F = T_0 + U_{eff} + kT \ln [2(n-1)/(2-n)]\,,\ 1 < n < 2$$

Die Variation von n läßt erkennen, daß sich E_F in (2.127a) z. B. in den Grenzen $1/3 < n < 5/3$ kaum ändert, die FERMI-Energie im Ergebnis der negativen Elektronen-Korrelationsenergie also tatsächlich festgelegt ist. Weitere Argumente für die Fixierung der FERMI-Energie ergeben sich aus Arbeiten von MOTT u. M. [2.377, 401]. Im Falle der positiven Korrelationsenergie ist dagegen bereits in den Grenzen $2/3 < n < 4/3$ eine sehr starke besetzungsabhängige Änderung der Lage des FERMI-Niveaus zu verzeichnen. Hat die Konzentration der Elektronen n (ausgedrückt als Anteil der Defektkonzentration) den Wert 1 erreicht, sind die Zustände bei T_0 gerade jeweils mit einem Elektron besetzt, und für $n > 1$ ergibt sich in Verbindung mit der teilweisen Doppelbesetzung der Zentren ein Sprung von E_F um U_{eff}, s. Abb. 2.56. b).

Bei negativer Korrelationsenergie liegt dagegen eine andere Situation vor. Auf Grund der bevorzugten paarweisen Unterbringung von Elektronen sind die negativ geladenen Zustände bei $T_0 - U_{eff}$ stets voll und die Zustände bei T_0 infolge Nichtbesetzung Träger einer positiven Ladung. Innerhalb weiter Grenzen zwischen 0 und 2 (mit Ausnahme für n nahe 0 oder nahe 2) ändert sich die Lage der FERMI-Energie nicht. Lediglich die Peakflächen in Abb. 2.56. c) und d) unterscheiden sich.

Der Leitungstyp ist von der Lage von T_0 und von U_{eff} abhängig. Bei Chalkogenidgläsern überwiegt i. allg. die p-Leitung (s. 4.1.3.1.). Elektronensprungleitung durch Übergänge zwischen lokalisierten Elektronenzuständen im Bereich des FERMI-Niveaus wird nicht gefunden. Das Fehlen paramagnetischer Zentren ist gleichfalls ohne weiteres verständlich. Strahlungseinwirkung mit einer Frequenz, die etwa der Beweglichkeitslücke entspricht, läßt aber bei tiefer Temperatur eine entsprechende Dichte ungepaarter Spins hervortreten, die beim Tempern oder bei der Einwirkung entsprechend langwelliger Strahlung wieder gelöscht werden kann (vgl. 4.2.2.). Das Lumineszenzspektrum von Chalkogenidgläsern ist schließlich durch eine ausgeprägte STOKESsche Verschiebung gekennzeichnet, was im Sinne von Gl. (2.124) bzw. (2.125) auf eine starke Elektronen-Phononen-Kopplung schließen läßt [2.396].

Dagegen ist die Leitfähigkeit in amorphen Stoffen vom Typ des Germaniums ($U_{eff} > 0$) bei Raumtemperatur und darunter durch Elektronensprungprozesse zwischen lokalisierten Elektronenzuständen im Bereich der FERMI-Energie zu beschreiben. Es überwiegt i. allg. die n-Leitung, und in Übereinstimmung mit der Erwartung wird eine hohe Dichte paramagnetischer Zentren gefunden. Lumineszenzbanden werden im Spektrum von Substanzen dieser Stoffklasse bei Einstrahlung im Bereich der Bandlücke nicht festgestellt.

2.5.2.2. *Das Modell der geladenen Defektzentren*

STREET und MOTT [2.396] gehen, gestützt auf die Hypothese von ANDERSON [2.395], von der plausiblen Annahme aus, daß die heterolytische Aufspaltung von Bindungen unter Bildung positiv und negativ geladener Defekte gegenüber der homolytischen Bindungsspaltung, die zu Zentren mit ungepaarten Spins führt, in Chalkogenidgläsern auf Grund der in Abb. 2.40., 2.41. skizzierten Wechselwirkung mit dem p-Elektronenpaar eines benachbarten Chalkogen-Brückenatoms energetisch bevorzugt ist (SM-Modell). Die angegebene Donator-Akzeptor-Wechselwirkung unter Polarisation und elastischer Verformung der Gitterumgebung stellt die bindungstheoretische Interpretation der negativen Korrelationsenergie dar.

Der Zusammenhang ist in Abb. 2.52. am Beispiel des Selens dargestellt. Es bildet sich ein mit einem F-Zentrum oder Polaron vergleichbarer Bindungszustand aus. Die Rolle der s-Elektronenpaare wird vernachlässigt. Die aus der Wechselwirkung mit dem p-Elektronenpaar resultierende Termaufspaltung läßt den doppelt besetzten bindenden Zustand tief in das von den nichtbindenden p-Elektronenpaaren aufgespannte Valenzband absinken, während der antibindende Zustand als ein für die Konfiguration repräsentativer D^+-Term innerhalb der Bandlücke unterhalb des Leitfähigkeitsbandes in Erscheinung tritt, s. Abb. 2.57. a).

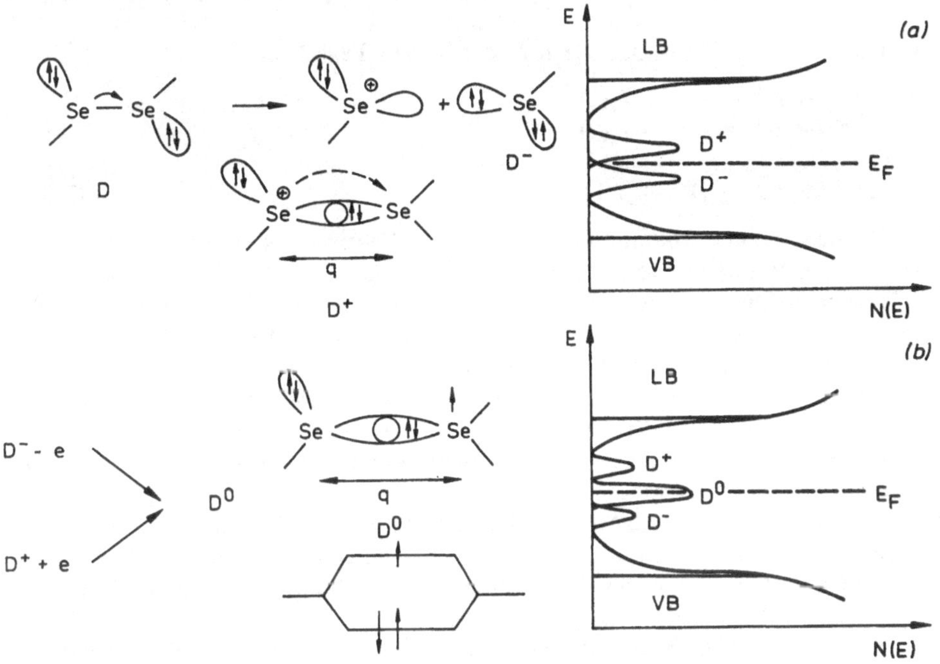

Abb 2.57. Bildung geladener Defektzentren D^+ und D^- im Ergebnis einer heterolytischen Aufspaltung von Bindungen am Beispiel des Selens (a) und Erzeugung metastabiler neutraler Zentren D^0 durch Anregung von Elektronen (b).

Der D^--Term verfügt bereits über eine voll besetzte Valenzschale, bildet also keine zusätzliche Bindung aus und wird auf Grund des positiven Wertes der Korrelationsenergie U_{LP} aus dem Valenzband in die Bandlücke angehoben. Die Gitterpolarisation in der Umgebung eines D^--Zentrums wird als vernachlässigbar gering angesehen. Umso größer ist der mit dem D^+-Zentrum verbundene Polarisationseffekt. Der antibindende Zustand wird durch die Wirkung des Gliedes $\beta^2/2\alpha$ in Gl. (2.125) energetisch weit stärker destabilisiert als der D^--Zustand. Der energetische Abstand zwischen den D^+- und D^--Zentren entspricht gerade dem Betrag der negativen Korrelationsenergie U_{eff}.

Spaltet man z. B. durch optische Anregung aus einem D^--Zentrum ein Elektron durch Überführung ins Leitfähigkeitsband ab, so bildet sich ein neutrales D^0-Zentrum, das gleichfalls durch eine Bindungsbeziehung zu einem benachbarten *p*-Elektronenpaar gekennzeichnet ist s. Abb. 2.57.b). Der antibindende Zustand der D^+-Konfiguration ist jetzt einfach besetzt, die Wechselwirkung insgesamt abgeschwächt, so daß der Term tiefer, etwa in der Mitte zwischen den D^+- und D^--Zentren liegt. Die gleiche Konfiguration geht aus der Anregung eines Elektrons aus dem Valenzband in ein D^+-Zentrum hervor. Die STOKESsche Verschiebung der Lumineszenzspektren findet in der unterschiedlichen Polarisation der Gitterumgebung, wie sie z. B. von einem D^-- und einem D^0-Zentrum ausgeht, eine natürliche Erklärung. Die D^0-Bindungszustände sind aber auf Grund der in derartigen Bindungssystemen wirksamen negativen Korrelationsenergie instabil und daher nur bei tiefer Temperatur erfaßbar. Sie können z. B. eingefroren werden und als photoinduziertes ESR-Signal oder am Auftreten einer entsprechenden Absorptionsbande erkannt werden (4.2.2.).

Betrachtet man die Ionisierungsenergien I_A der beiden Teilschritte,

$$\begin{array}{ll} \text{a)} & D^- \rightarrow D^0 + e \quad + I_A(1) \\ \text{b)} & D^0 \rightarrow D^+ + e \quad + I_A(2) \\ \hline \text{c)} & 2D^0 \rightleftarrows D^+ + D^- - [I_A(1) - I_A(2)] \end{array} \tag{2.128}$$

dann folgt für die spontane Bildung von D^+- und D^--Zentren aus D^0-Zentren mit einem Wert für die thermodynamische Gleichgewichtskonstante $K > 1$ die Bedingung $I_A(1) > I_A(2)$. Eine solche Abfolge der Ionisierungsstufen tritt in isolierten atomaren oder molekularen Bindungssystemen, z. B. bei der Ionisierung von Teilchen im Vakuum nicht auf. Sie ist ein typisches Merkmal bestimmter kondensierter Systeme und stellt das Ergebnis einer starken Wechselwirkung des betreffenden Bindungszustandes mit der Umgebung dar (vgl. 2.5.2.3.). Die zweite Ionisierungsenergie $I_A(2)$ ist auf Grund der energetischen Stabilisierung der D^+-Zentren durch die Wechselwirkung mit einem benachbarten Se-Atom so weit herabgemindert, daß sich ein kleinerer Wert ergibt als für $I_A(1)$. Für die Ladungstransporteigenschaften folgt daraus die wichtige Schlußfolgerung, daß die Abspaltung von 2 Elektronen durch Doppelanregung eines D^--Zentrums gegenüber der Generation von Elektronen auf dem Wege der Einzelanregung verschiedener Zentren energetisch bevorzugt ist (vgl. 4.1.3.5. Abb. 4.21.), [2.401—404].

Zur Abschätzung der Gleichgewichtslage in Systemen mit kovalenten Bindungen, die partiell positiv und negativ geladene Defektzentren ausbilden, kann z. B. ein einfacher Kreisprozeß herangezogen werden. Die einzelnen Schritte sind für glasartiges Selen im folgenden aufgeführt:

$$\begin{array}{llll} \text{a)} & 6\,\mathrm{Se}_f & \rightarrow 6\,\mathrm{Se}_g & + 6\,\Delta H_A;\ \text{Atomisierungsenthalpie } \Delta H_A \\ \text{b)} & \mathrm{Se}_g & \rightarrow \mathrm{Se}_g^+ & + e + I_A;\ \text{Ionisierungsenergie } I_A \\ \text{c)} & \mathrm{Se}_g + e & \rightarrow \mathrm{Se}_g^- & - E_{\mathrm{Aff}};\ \text{Elektronenaffinität } E_{\mathrm{Aff}} \\ \text{d)} & \mathrm{Se}_g^+ + 3\,\mathrm{Se}_g & \rightarrow \mathrm{Se}_{4,g}^+ & - 3\,E_b^+;\ \text{Se—Se-Bindungsenergie } E_b^+,\ E_b' \\ \text{e)} & \mathrm{Se}_g^- + \mathrm{Se}_g & \rightarrow \mathrm{Se}_{2,g}^- & - E_b^-; \\ \text{f)} & \mathrm{Se}_{4,g}^+ + \mathrm{Se}_{2,g}^- & \rightarrow \mathrm{Se}_4^+\mathrm{Se}_{2,f}^- & - \frac{4}{2}\Delta H_A - W;\ \text{COLOUMB-Attraktion } W \\ \hline \end{array}$$

g) $6\,Se_f \rightleftarrows Se_4^+Se_{2,f}^- + 4\,\Delta H_A - 3E_b^+ - E_b^- + I_A - E_{Aff} - W$

h) $6\,Se_f \rightleftarrows Se_4Se_{2,f}^- + I_A - E_{Aff}$ (2.129)

Die Enthalpiedifferenz zwischen dem kristallinen und glasartigen Zustand bedeutet nur eine relativ kleine Korrektur am Betrag der viel größeren Atomisierungsenthalpie ΔH_A (vgl. 2.4.2.5.) (für Se 225 kJ/mol) und kann daher vernachlässigt werden. Das Fehlordnungsgleichgewicht gilt auch für die Bildung von Punktdefekten im kristallinen Selen. Die Reaktionen (2.129d) und (e) entsprechen der Bildung von D^+- und D^--Zentren durch Knüpfen kovalenter Bindungen zu den nächst benachbarten Se-Atomen, während (f) die weitere Einbindung zur ideal verdünnten festen (glasartig erstarrten) Lösung beschreibt. W trägt dabei einer gegebenenfalls zu berücksichtigenden COULOMB-Attraktion Rechnung. Im Rahmen der Näherung $\Delta H_A \approx E_b^+ \approx E_b^-$ und unter Vernachlässigung von W (für 10^{18} D^+- und D^--Zentren ergibt sich in Se mit $\varepsilon_r = 6{,}15$ bei kontinuierlicher Verteilung $W = 0{,}03$ eV) bleibt auf der rechten Seite nur $I_A - E_{Aff}$ stehen, nach (2.116) gerade die Korrelationsenergie U_{LP}.

Wendet man das Massenwirkungsgesetz an, so ergibt sich in Analogie zu (2.102)

$$[D^+][D^-] = n_0^2 \exp(-U_{LP}/RT)\ ; \quad [D^+], [D^-] \ll n_0 \tag{2.130}$$

mit $n_0 = N_A \cdot \varrho/M$ als der Konzentration der Baugruppen, die in das betrachtete Gleichgewicht eingehen, entsprechend der Gleichung in Abb. 2.41. z. B. $SeSe_{2/2}$-Baugruppen (für M ist dann die Molmasse dieser Einheiten zu verwenden). Im Rahmen einer Näherung, die entropische Effekte vernachlässigt ($\Delta G^0 = \Delta H^0 = U_{LP}$), wird die Konzentration der Defektzentren maßgeblich durch den positiven Wert der Korrelationsenergie U_{LP} bestimmt. Bei der Temperatur $T = T_G$ wird eine dem Gleichgewicht entsprechende Konzentration derartiger Zentren in der Glasstruktur fixiert.

Eine sinnvolle numerische Abschätzung von U_{LP} nach (2.129) ist nicht möglich, da die Energiebeträge teilweise nicht zugänglich sind. Die (2.129h) zugrundeliegende Näherung ist dagegen zu grob. Mit $I_A = 9{,}752$ eV und $E_A = 2{,}0201$ eV für freie Se-Atome ergibt sich für die Differenz beider Beträge im Selen mit $\varepsilon_r = 6{,}15$ ein zu kleiner Betrag, bzw. die Defektkonzentration fällt zu groß aus. Man geht daher umgekehrt vor und berechnet U_{LP} aus der experimentell ermittelten Zentrendichte. Mit $[D^+] = [D^-] = 10^{18}\ cm^{-3}$ im Se-Glas folgt aus (2.130) für U_{LP} ein Wert von etwa 0,5 eV. Für As_2S_3 und As_2Se_3 wurden Werte von 0,7 bis 0,8 eV angegeben [2.405].

KASTNER, ADLER und FRITZSCHE [2.397] bezeichnen die D^+- und D^--Zentren als Valenzwechselpaare (*Valence Alternation Pairs*). Im KAF-Modell werden die Chalkogenatome durch C, die Elemente der 5. Hauptgruppe durch P und die der vierten durch T gekennzeichnet. Die Koordinationszahl wird durch eine entsprechende Ziffer als Index rechts unten und der Ladungszustand mit +, — oder 0 rechts oben angegeben.

Für die Chalkogene, z. B. Selen, ergibt sich unter Beschränkung auf die Valenzschale des betrachteten Atoms aus der Wechselwirkung der p-Orbitale mit entsprechenden Bindungsfunktionen von Se-Atomen in der ersten Koordinationssphäre das in Abb. 2.58. wiedergegebene Schema. E_b bezeichnet die aus der Bildung kovalenter Bindungen resultierende Energieabsenkung, die bei der Besetzung des bindenden Zustandes durch ein p-Elektron des betrachteten Atoms frei wird (das andere wird vom Bindungspartner in der jeweiligen Konfiguration beigesteuert), Δ einen aus der Asymmetrie der Aufspaltung (Wirkung des sog. Überlappungsintegrals, vgl. [2.406]) hervorgehenden Energiebetrag. U_{LP} bezeichnet die Korrelationsenergie, die in der Termlage des C_1^--Zustandes (D^--Zentrum) positiv eingeht. Das Modell unterscheidet sich insofern vom Ansatz nach STREET und MOTT [2.396] als letztere die Gitterpolarisation in Anlehnung an ANDERSON entsprechend Gl. (2.125) berücksichtigen. Im KAF-Modell wird dagegen die Wechselwirkung zwischen einem C_1^+- und einem C_2^0-Bindungszentrum als so stark angenommen, daß sich im C_3^+-Zentrum drei gleichwertige kovalente Bindungen ausbilden. Der Energiebeitrag $\beta^2/2\alpha$, der die Korrelationsenergie negativ werden läßt, ist darin enthalten.

Für die Formulierung von Gl. (2.129 g) folgt

$$2C_2^0 \rightleftharpoons C_3^+ + C_1^- + U_{LP} . \qquad (2.131\,a)$$

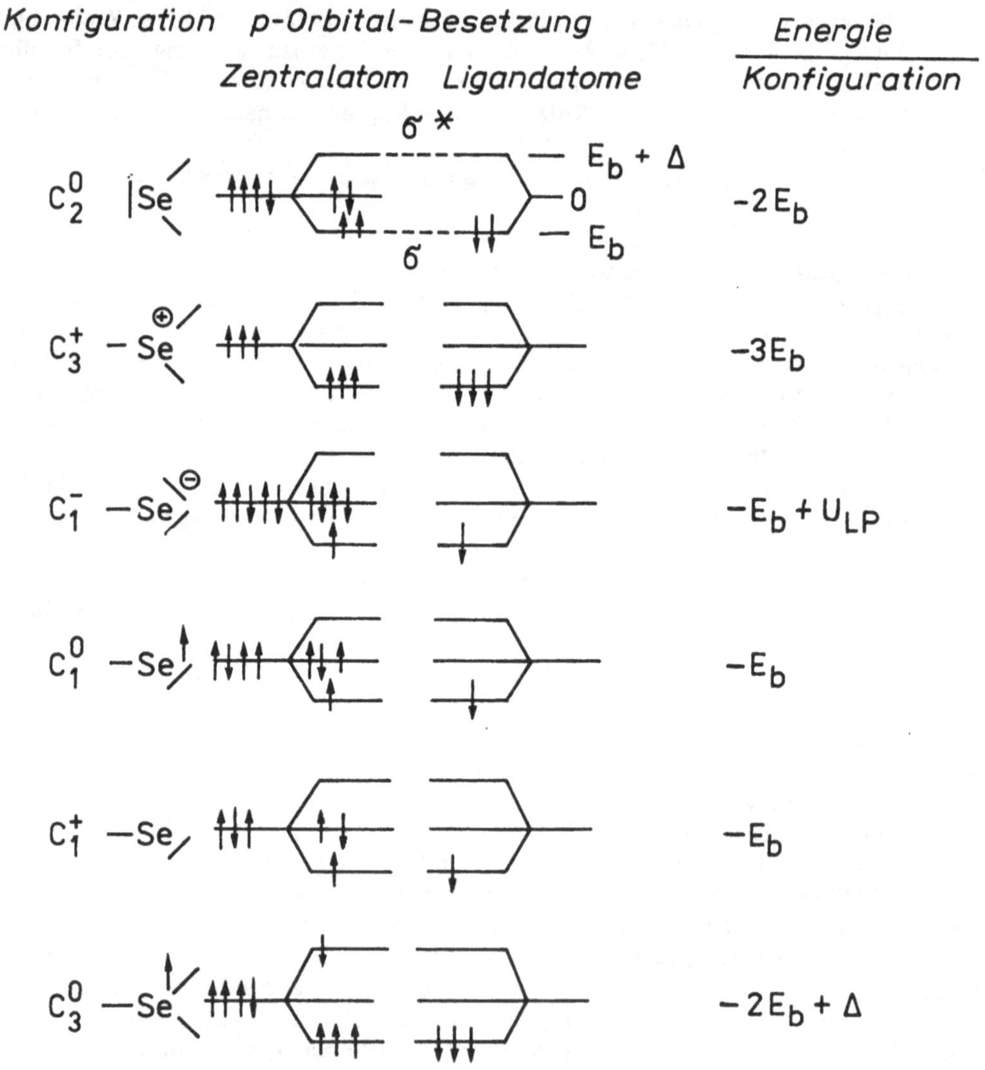

Abb. 2.58. Energieterm-Schema zur Beschreibung möglicher Bindungszustände von Se-Atomen im kondensierten Aggregatzustand nach [2.397].

Das Gleichgewicht liegt entsprechend des positiven Wertes von U_{LP} weitgehend auf der linken Seite. Für

$$2C_3^0 \rightleftharpoons C_3^+ + C_1^- + (U_{LP} - 2\Delta) \qquad (2.131\,b)$$

entsprechend (2.128c) ergibt sich dagegen ein exothermer Verlauf, denn 2Δ ist sicher größer als U_{LP}.

Das Gleichgewicht (2.131b) bzw. (2.128c) führt zu einer bevorzugten paarweisen Besetzung von Einelektronenzuständen, wenn $(U_{LP} - 2\Delta)$ negative Werte annimmt, denn die Gleichgewichtskonstante ist dann größer als 1. Bleibt $U_{LP} > 2\Delta$, liegt das Gleichgewicht auf der Seite der einfach besetzten Zentren mit ungepaartem Spin. Die effektive Elektronen-Korrelationsenergie $U_{eff} = U_{LP} - 2\Delta$ ist für die Gleichgewichtslage maßgebend. Es folgt daraus eine Beziehung zwischen der Polarisationsenergie nach dem Ansatz von Anderson $E_P = \beta^2/2\alpha$ (Gl. 2.125) und der aus dem Beitrag des sog. Überlappungsintegrals resultierenden Asymmetrie der Aufspaltung in ein bindendes und antibindendes Molekülorbital, die die Bindungsbeziehung zwischen dem positiv geladenen Zentrum und einem p-Elektronenpaar wiedergibt: $\Delta = \beta^2/4\alpha$.

In Se enthaltenden Gläsern wurde für Δ ein Wert von etwa 1 eV abgeschätzt [2.405, 407]. C_3^0-Zentren treten in Chalkogenidgläsern praktisch nicht auf, da $2\Delta > U_{LP}$ und U_{eff} dadurch negativ ist, was das Fehlen paramagnetischer Eigenschaften erklärt.

Es ist schließlich noch darauf hinzuweisen, daß die Coulomb-Wechselwirkung zwischen Akzeptoren und Donatoren in kristallinen Halbleitern zu gebundenen Paaren führen kann [2.408]. Die Gleichgewichte (2.130a) und (2.130b) können sich dadurch noch etwas zugunsten der positiv und negativ geladenen Defektzentren verschieben. Allerdings wirkt die Mischungsentropie im Bereich der Einfriertemperatur diesem Prozeß entgegen. Nach einer Abschätzung [2.405] ist mit einer vergleichbaren Konzentration statistisch verteilter Valenzwechselpaare (*VAP*) und benachbarter Valenzwechselpaare (*Intimate Valence Alternation Pairs, IVAP*) zu rechnen. Die Energiebilanz in den Gln. (2.131a) und (2.131b) ist also noch durch die Größe W aus (2.129), die die Coulombattraktion der Zentren berücksichtigt, zu ergänzen. Experimentell wurde z. B. aus der Unabhängigkeit der Lumineszenzspektren von äußeren elektrischen oder magnetischen Feldern auf das Vorliegen derartiger Dipolzentren geschlossen [2.408].

2.5.2.3. *Kovalente und polare Bindungszustände in kondensierten chemischen Systemen und Redoxdisproportionierung*

Halogene und Interhalogenverbindungen

Die partielle Bildung positiv und negativ geladener Ionen im geschmolzenen Selen, wie sie in den Abb. 2.41. und 2.57. veranschaulicht und in den vorangegangenen Abschnitten, gestützt auf zahlreiche experimentelle Befunde, theoretisch begründet wurde, kann auch durch ein Eigendissoziationsgleichgewicht beschrieben werden.

$$n\,\mathrm{Se_{fl}} \rightleftharpoons \frac{n}{6}\,\mathrm{Se}^+_{4,\mathrm{solv}} + \frac{n}{6}\,\mathrm{Se}^-_{2,\mathrm{solv}}\,. \qquad (2.132)$$

Die durch den Index „solv." zum Ausdruck gebrachte Wechselwirkung mit den Atomen des in diesem Fall gleichartigen Lösungsmittels entspricht der Ausbildung kovalenter Bindungen.

Ein analoges Gleichgewicht ist z. B. aus der Messung der Ionenleitfähigkeit im geschmolzenen Jod seit langem bekannt [2.409, 410]. Jod schmilzt unter dem eigenen Dampfdruck bei 386,7 K, und die spezifische Leitfähigkeit beträgt bei 413 K $1{,}7 \cdot 10^{-4}\ \Omega^{-1}$ cm^{-1}, was auf ein Dissoziationsgleichgewicht

$$3\,J_{2,\,fl} \rightleftarrows J^{+}_{3,\,solv} + J^{-}_{3,\,solv} + U'_{LP} \tag{2.133}$$

zurückgeführt wurde [2.411]. Die schwächeren zwischenmolekularen Kräfte ermöglichen hier eine hinreichende Beweglichkeit, so daß bereits aus der Ionenleitfähigkeit auf die Präzenz geladener Defektzentren geschlossen werden kann. Das J^+-Ion neigt auf Grund seiner elektrophilen Eigenschaften stark zur Solvatation. Es weist die charakteristische Koordinationszahl 2 auf. Zahlreiche Verbindungen mit dem $[J(pyr)_2]^+$-Kation sind z. B. bekannt. Für das Zustandekommen einer partiellen Eigendissoziation in Jodschmelzen ist in Anlehnung an die Verhältnisse im geschmolzenen Selen eine starke Donator-Akzeptor-Wechselwirkung zu einer J_2-Molekel verantwortlich. J_3^+-Kationen liegen z. B. in der salzartigen Verbindung $J_3^+[AlCl_4]^-$ [2.412] oder in wasserfreier H_2SO_4 gelöst vor [2.413]. Raman-Spektren und Kernquadrupolresonanzspektroskopie ergeben ein gewinkeltes Molekülkation mit einem Bindungswinkel von 97°. Der damit verbundene Energiegewinn reicht mehr als aus, um die interelektronische Abstoßung U_{LP}, die im Ergebnis der heterolytischen Bindungsspaltung im J^--Ion wirksam wird, zu kompensieren. Die effektive Korrelationsenergie U_{eff} wird also auch hier einen negativen Wert annehmen. Bemerkenswert ist, daß das J^--Ion gleichfalls eine zwar nur schwache, aber dennoch stabile Bindungsbeziehung zu einer J_2-Molekel ausbildet. Der Zuwachs an negativer Ladung verteilt sich hier auf 3 Atome. U_{LP} ist daher vermutlich herabgemindert und das Gleichgewicht dadurch stärker nach der rechten Seite verlagert als im Falle des Selens ($U'_{LP} < U_{LP}$). In gleicher Richtung wirkt die Bindungsenergie zwischen dem J^--Ion und der J_2-Molekel begünstigend auf die Ausbildung polarer Bindungszustände. Das J_3^--Ion ist aus der Chemie wäßriger Lösungen seit langem bekannt. Seine Bildungstendenz wirft die Frage auf, inwieweit ähnliche Bindungsbeziehungen zur Stabilisierung der D^-- bzw. C_1^--Zentren in Se-Schmelzen gleichfalls beitragen. Bisher wurden derartige Wechselwirkungen vernachlässigt (vgl. 2.5.2.2.). Das J_3^--Ion ist linear gebaut. Mit insgesamt 16 *p*-Elektronen und 3 *s*-Elektronenpaaren entfallen unter Berücksichtigung von 2 kovalenten Bindungen mehr als 8 Valenzelektronen auf ein Atom. Von den 9 *p*-Bindungsfunktionen werden 3 zur Ausbildung von zwei σ-Bindungen verwendet. Ohne Beanspruchung von *d*-Bindungsfunktionen läßt sich die chemische Bindung auf eine lineare Dreizentren-Vierelektronenbindung zurückführen (Abb. 2.59., unten), die zu einer geringen Termabsenkung um den Betrag E'_b führt. Die restlichen $6 \times 2 = 12$ Elektronen besetzten an den Jodatomen je zwei nichtbindende *p*-Orbitale. Von den 4 die Molekülorbitale besetzenden Elektronen sind nur zwei bindend. Die Bindungen sind demzufolge schwächer als eine normale Zweizentren-Zweielektronenbindung ($E'_b < E_b$). Die Bindungsenergie der Jodmolekel-E_b und die schwache Wechselwirkungsenergie, die bei der Bindung an ein I^--Ion frei wird, ergibt die Energie-$2E'_b$ der beiden Bindungen des Dreizentren-Vierelektronenbindungssystems, die um U'_{LP} vermindert ist. Die beiden Elektronen im nichtbindenden Molekülorbital befinden sich, wie Abb. 2.59. im unteren Teil erkennen läßt, überwiegend im Bereich der beiden endständigen J-Atome, so daß sie als partiell negativ geladen angesehen werden können (Verteilung der negativen Ladung, daher $U'_{LP} < U_{LP}$). Eine Valenzbindungsbeschreibung der Bindungsverhältnisse im J_3^+-Ion verlangt eine Aufweitung der Valenzschale am zentralen Jodatom zu sp_3d-Hybridorbitalen. Dabei

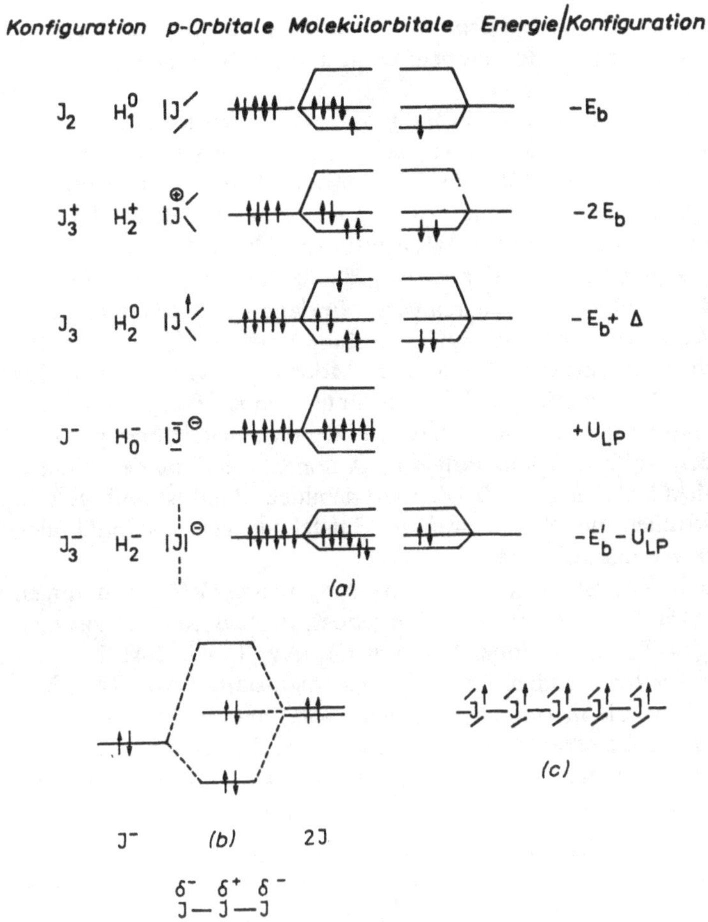

Abb. 2.59. Energieterm-Schema zur Beschreibung von Bindungszuständen der Halogene, wie sie z. B. im Zusammenhang mit der Eigendissoziation von Jodschmelzen zu erwarten sind nach [2.398].

wird das *s*-Elektronenpaar in die chemische Bindung einbezogen, was auf Grund des bei schweren Atomen relativ großen Energieunterschiedes zu den *p*-Bindungsfunktionen problematisch erscheint.

Für die Valenzwechselpaare von Halogenen läßt sich ein zu Abb. 2.58. analoges Schema aufstellen [2.398], (Abb. 2.59.).

Die Lage des Gleichgewichts (2.133) wird durch

$$3H_1^0 \rightleftarrows H_2^+ + H_2^- + U'_{LP} - 2E'_b + E_b \tag{2.134}$$

beschrieben. Gegenüber den einfach besetzten Zuständen $J_3 = H_2^0$ ist die Bildung positiv und negativ geladener Zentren wie im Selen auf Grund der insgesamt negativen effektiven Korrelationsenergie begünstigt.

$$2H_2^0 \rightleftarrows H_2^+ + H_2^- + U'_{LP} - 2E_b' - 2\Delta\,. \tag{2.135}$$

Die H_2^0-Zentren können sich aber offenbar auch untereinander in der Weise verbinden, daß aus den einfach besetzten antibindenden Zuständen eine Bandaufspaltung hervorgeht. (Abb. 2.59.c) Die damit verbundene Energieabsenkung kann den Betrag $-(2E'_b + 2\Delta - U'_{LP})$ offenbar so weitgehend kompensieren, daß der H_2^0-Bindungszustand stabil wird (vergl. z. B. [2.452]).

Die tiefdunkelblaue Einlagerungsverbindung von Jod in α-Dextrinkristallen oder anderen Verbindungen mit schlauchartigen Hohlräumen vergleichbarer Abmessungen enthalten Jodketten mit Abständen von etwa 306 pm (266 pm in der J_2-Molekel; Jod-Stärkereaktion), [2.414]. Die Kettenlänge hängt von der Kationenart ab, die zusammen mit den Polyjodid-Anionen eingebaut werden. In Verbindung mit Cd^{2+}-Ionen sind es z. B. J_5^--Ionen, die untereinander in Wechselwirkung stehen [2.153]. Hier ist der H_2^0-Besetzungszustand offenbar ähnlich wie der C_3^0-Zustand in Tellurschmelzen realisiert. Entlang der Jodketten, deren Zusammenhalt z. B. durch Wechselwirkung von pd_{z^2}-Hybridfunktionen beschrieben werden kann, ergibt sich metallische Leitfähigkeit. Nach dem Modell des eindimensionalen Elektronengases von KUHN [2.415] wurde die Struktur unter Einbeziehung sämtlicher 7 Valenzelektronen des Jods interpretiert. Das Modell der geladenen Defektzentren gestattet eine zwanglose Erklärung des Auftretens von Polyjodid-Anionen. Das aus den einfach besetzten antibindenden Molekülorbitalen der H_2^0-Zentren gebildete Band ist halb gefüllt, kann also noch weitere Elektronen aufnehmen, was die Entstehung von Polyjodidionen unterschiedlicher Kettenlänge verständlich erscheinen läßt.

Die Eigenleitfähigkeit des Broms ist nach älteren Messungen um Größenordnungen geringer als die des Jods [2.416]. Br_3^+-Kationen wurden jedoch in stark sauren Lösungsmitteln sicher nachgewiesen (2.417]. Cl_3^+-Kationen liegen im $Cl_3^+[AsF_6]^-$ vor [2.418].

In der Reihe der Interhalogenverbindungen tritt die Eigendissoziation, wie Tab. 2.12 erkennen läßt, verstärkt auf. Über die thermodynamischen Daten zu derartigen Systemen ist bisher wenig bekannt. Versuche, die Phänomene der Eigendissoziation durch die Donizität der Molekeln der betreffenden Flüssigkeit zu erfassen, wurde von MAYER und GUTMANN [2.419] unternommen.

Tabelle 2.12. Eigendissoziation der Halogene und einiger Interhalogenverbindungen nach [2.420]

Verbindung	$\frac{T_S}{K}$	$\frac{T_K}{K}$	$\frac{\sigma}{\Omega^{-1}cm^{-1}}$	Dissoziationsgleichgewicht
Cl_2	172	238,5	10^{-16} (203 K)	$2\,Cl_2 \rightleftarrows Cl_3^+ + Cl^-$
Br_2	265,9	331,9	$7{,}9 \cdot 10^{-14}$ (267,6 K)	$3\,Br_2 \rightleftarrows Br_3^+ + Br_3^-$
J_2	386,7	457,5	$1{,}7 \cdot 10^{-4}$ (bei 413 K)	$3\,J_2 \rightleftarrows J_3^+ + J_3^-$
α-JCl	300,3	373	$4{,}4 \cdot 10^{-3}$	$3\,JCl \rightleftarrows J_2Cl^+ + JCl_2^-$
JF_5	282,7	371	$1{,}6 \cdot 10^{-5}$	$2\,JF_5 \rightleftarrows JF_4^+ + JF_6^-$
BrF_3	281,9	400,7	$8{,}1 \cdot 10^{-3}$ (bei T_S)	$3\,BrF_3 \rightleftarrows Br_2F_5^+ + BrF_4^-$

Eigendissoziationsgleichgewichte polarer Flüssigkeiten und Systeme mit Bindungsisomerie

Die bei den Halogenen und Interhalogenverbindungen vorliegenden Gleichgewichte einer partiellen Eigendissoziation liegen in zahlreichen polaren Lösungsmitteln gleichfalls vor.

Tabelle 2.13. Eigendissoziation einiger polarer Lösungsmittel

Verbindung	$\frac{T_S}{K}$	$\frac{T_K}{\mathrm{K}}$	$\frac{\Delta H_S}{\mathrm{kJ \cdot mol^{-1}}}$	ε	$\frac{\sigma}{\Omega^{-1}\,\mathrm{cm}^{-1}}$	Dissoziationsgleichgewicht
H_2O	273,1	373,1	6,01	81,7	$4 \cdot 10^{-8}$ (bei 291 K)	$2\,H_2O \rightleftarrows H_3O^+ + OH^-$
NH_3	239,8	195,4	5,65	22	$5 \cdot 10^{-11}$ (bei 240 K)	$2\,NH_3 \rightleftarrows NH_4^+ + NH_2^-$
CH_3COOH	391,2	289,8	11,72	6	$5 \cdot 10^{-7}$ (bei 298 K)	$2\,CH_3COOH \rightleftarrows CH_3CO_2H_2^+ + CH_3COO^-$
HF	292,6	190,1	4,58	83,5	$1{,}4 \cdot 10^{-5}$	$2\,HF \rightleftarrows H_2F^+ + HF_2^-$
SO_2	262,9	200,4	7,36	12,35	$4 \cdot 10^{-8}$ (bei 263 K)	$3\,SO_2 \rightleftarrows S_2O_3^{2+} + SO_3^{2-}$

Allgemein bekannt ist das Ionenprodukt des Wassers. Die Abspaltung eines Protons aus der Wassermolekel ist nach dem Modell der geladenen Defektzentren dadurch begünstigt, daß im H_3O^+ bzw. $H_9O_4^+$-Ion eine starke Stabilisierung vorliegt. Die Zahl der Bindungen bleibt in der Gesamtbilanz auch hier erhalten. Die partielle Bildung von H_3O^+ und OH^--Ionen kann demnach als konstitutionelle Eigenfehlordnung des Wassers aufgefaßt werden.

In Tab. 2.13. sind die Dissoziationsgleichgewichte einiger wichtiger polarer Lösungsmittel zusammengestellt. Das Gleichgewicht liegt hier stets wie beim Wasser weitgehend auf der Seite der undissoziierten Moleküle, und bei der Zerlegung in Teilschritte analog (2.128) ergibt sich in diesem Fall für die Abfolge der freien Enthalpien eine normale Abstufung in dem Sinne, daß der erste Schritt der dissoziativen Abspaltung eines geladenen Teilchens, z. B. eines Protons, mit einer geringeren Enthalpieänderung verbunden ist als der zweite ($\Delta G_1 < \Delta G_2$).

$\Delta G_1 > \Delta G_2$ lautet die allgemeine Bedingung für Vorgänge, die unter Dismutation ablaufen, in denen eine mittlere Oxydationsstufe z. B. unter Bildung positiv und negativ geladener Bindungszustände disproportioniert. Typische Beispiele aus dem Bereich der Ionenübertragungsreaktionen sind in der Literatur gleichfalls bekannt.

Zahlreiche Halogenide der Elemente der 5. Hauptgruppe bilden neben einer kovalenten Modifikation auch eine polare Zustandsform mit einer Ionenbeziehung aus. Von KOLDITZ [2.321, 421] wurden derartige Valenzwechselvorgänge als Bindungsisomerie bezeichnet. Beim Tropyliumchlorid und -bromid, C_7H_7X, ist das Auftreten einer flüssigen kovalenten Form neben einer festen salzartigen Form $[C_7H_7]^+X^-$ gleichfalls beschrieben worden [2.422]. PCl_5 liegt z. B. im festen Zustand als $[PCl_4]^+[PCl_6]^-$, in CCl_4 gelöst jedoch in Form von Molekeln mit trigonal-bipyramidaler Struktur vor. In polaren Lösungsmitteln wie CH_3CN treten gleichfalls $[PCl_4]^+$-Kationen neben $[PCl_6]^-$-Anionen auf. Bei der Umsetzung von PCl_5 und PBr_5 mit AsF_3 wurden die Verbindungen $[PCl_4]^+[PF_6]^-$ und $[PBr_4]^+[PF_6]^-$ erhalten [2.423, 424]. Im kovalenten Bindungszustand sind diese Substanzen als PCl_2F_3 und PBr_2F_3 bekannt. PCl_4F lagert sich spontan in einer langsam verlaufenden Reaktion in $[PCl_4]^+[PCl_4F_2]^-$ um [2.150].

Derartige Bindungssysteme lassen insofern eine Beziehung zu den Eigendissoziationsgleichgewichten erkennen als die Anzahl der kovalenten Bindungen in beiden Zustandsformen erhalten bleibt.

$$2\,PX_5 \rightleftarrows [PX_4]^+ + [PX_6]^- \,. \qquad (2.136)$$

Die mit der heterolytischen Aufspaltung einer P-X-Bindung verbundene interelektronische Abstoßung U_{LP} wird nur bedingt wirksam, da sich der Wechsel in einem gleitenden Übergang vollzieht und die negative Ladung über ein größeres Molekülanion

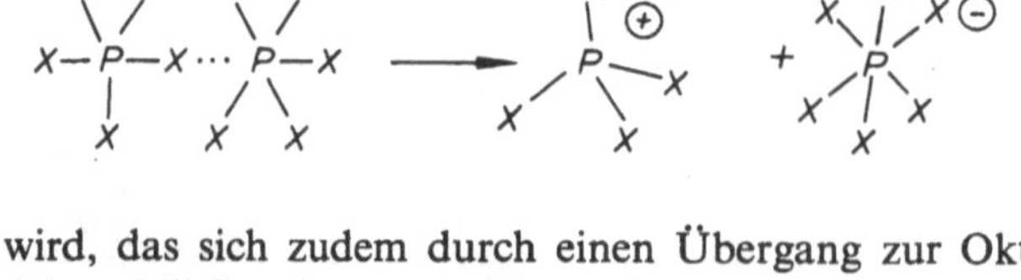

verteilt wird, das sich zudem durch einen Übergang zur Oktaedersymmetrie stabilisiert. Gleichzeitig stabilisiert sich das Kation durch Umlagerung zu einem tetraedrischen Teilchen. Zweifellos tragen COULOMB-Wechselwirkungen und die mit der Umwandlung verbundene Freisetzung der Kristallisationsenthalpie mit dazu bei, daß in diesen Fällen der polare

Bindungszustand bevorzugt ist, das Gleichgewicht also auf der Seite der geladenen Zentren bzw. der ihnen entsprechenden Baugruppen liegt.

Der Lösungsmitteleinfluß erweist sich mitunter bereits als ausreichend, um die Gleichgewichtslage, wie im Falle des PCl_5, umzukehren. Man erkennt auch daran mit besonderer Deutlichkeit, daß die Ausbildung polarer oder kovalenter Bindungszustände in chemischen Systemen von der Art der zwischenmolekularen Wechselwirkung abhängt.

Formuliert man analog zu (2.128) Teilreaktionen, z. B. für die Umwandlung von PCl_5 in $[PCl_4]^+[PCl_6]^-$ bei der Zugabe von CH_3CN zu einer Lösung von Phosphor(V)-chlorid in CCl_4

$$\begin{aligned}
&(a)\ [PCl_6]^- \rightleftarrows PCl_5 + Cl^- + \Delta G_1\\
&(b)\ PCl_5 \rightleftarrows [PCl_4]^+ + Cl^- + \Delta G_2\\
\hline
&(c)\ 2\,PCl_5 \rightleftarrows [PCl_4]^+ + [PCl_6]^- - (\Delta G_1 - \Delta G_2)
\end{aligned} \qquad (2.137)$$

dann gilt auch hier analog zum Ionisierungspotential in (2.128) $\Delta G_1 > \Delta G_2$ als Bedingung für die spontane Umwandlung (thermodynamische Gleichgewichskonstante $K > 1$).

Redoxdisproportionierungen

Disproportionierungsreaktionen sind durch den spotanen Übergang einer Substanz aus einer mittleren Oxydationsstufe „redox" in eine niedere „red" und eine höhere „ox" gekennzeichnet

$$\begin{aligned}
&(a)\ \text{red} \rightleftarrows \text{redox} + n_1 e + \Delta G_1^0\\
&(b)\ \text{redox} \rightleftarrows \text{ox} + n_2 e + \Delta G_2^0\\
\hline
&(c)\ 2\,\text{redox} \rightleftarrows \text{red} + \text{ox} + (n_2 - n_1)\,e - (\Delta G_1 - \Delta G_2).
\end{aligned} \qquad (2.138)$$

Wiederum lautet die Bedingung $\Delta G_1^0 > \Delta G_2^0$ bzw. für das elektrochemische Standardpotential $E_{01} > E_{02}$. Ist diese Forderung erfüllt, erfolgt spontan Disproportionierung. Für $E_{02} > E_{01}$ stellt dagegen die mittlere Oxydationsstufe „redox" die für das System stabile Zustandsform dar.

Man findet diese Zusammenhänge in Tabellen der elektrochemischen Standardpotentiale E_0 bestätigt, z. B. für Fe_f/Fe^{2+} = $-0{,}44$ V, Fe^{2+}/Fe^{3+} = $+0{,}77$ V oder Sn_f/Sn^{2+} = $-0{,}24$ V, Sn^{2+}/Sn^{4+} = $+0{,}15$ V. Die Oxydationsstufe +2 des Eisens und Zinns ist in wäßriger Lösung beständig. Eine Disproportionierung findet nicht statt.

Für Kupfer ergibt sich dagegen die Abfolge Cu_f/Cu^+ = 0,52 V, Cu^+/Cu^{2+} = 0,18 V. Cu^+-Ionen sind in wäßriger Lösung nicht beständig. Sie disproportionieren unter Abscheidung von metallischem Kupfer und Bildung von Cu^{2+}-Ionen, es sei denn, man erreicht durch Komplexbildung, z. B. als $[Cu(CN)_4]^{3-}$, eine Stabilisierung der mittleren Oxydationsstufe. Cu^I-Ionen haben eine abgeschlossene d^{10}-Valenzelektronenkonfiguration und Cu^{II}-Ionen ein ungepaartes Elektron. Die Verhältnisse sind scheinbar umgekehrt als nach dem ANDERSON-Konzept zu erwarten. Tatsächlich unterstreicht auch dieses Beispiel die Rolle der chemischen Umgebung, der „Polarisierbarkeit" des Mediums, bei der Realisierung bestimmter Elektronenzustände an Bindungszentren.

Weitere typische Beispiele sind in der Chemie des einwertigen Quecksilbers anzutreffen, den mittleren Oxydationsstufen des Mangans, z. B. der Disproportionierung von MnO_4^{2-} zu MnO_2 und MnO_4^- oder das redoxamphotere Verhalten von H_2O_2.

Der enge innere Zusammenhang zu den Eigendissoziationsgleichgewichten der Chalkogene und Halogene tritt besonders deutlich hervor, wenn man die Disproportionierung der Halogene, z. B. von Chlor, in Wasser betrachtet:

$$\begin{array}{ll}\text{(a)} & Cl^- \rightleftarrows 1/2\,Cl_2 + e\,, \quad E_{01} = 1{,}39\ \mathrm{V} \\ \text{(b)} & 1/2\,Cl_2 + 2\,H_2O \rightleftarrows HOCl + H_3O^+ + e\,, \quad E_{02} = 1{,}59\ \mathrm{V} \\ \hline \text{(c)} & Cl_2 + 2\,H_2O \rightleftarrows HOCl + Cl^- + H_3O^+\,. \end{array} \tag{2.139}$$

Mit $(E_{01} - E_{02}) = 0{,}059 \lg K_s$ ergibt sich für die Gleichgewichtskonstante der Umsetzung (2.139c) ein Wert von $K_s = 10^{-3,39}$, d. h. Cl_2 liegt in einer wäßrigen Lösung überwiegend als hydralisierte Molekel vor. Aus der Kombination von Gl. (2.139c) mit dem Dissoziationsgleichgewicht der unterchlorigen Säure ($K_D = 10^{-7,25}$) resultiert unter Berücksichtigung des Ionenprodukts des Wassers Gleichung

$$Cl_2 + 2\,OH^- \rightleftarrows ClO' + Cl' + H_2O \tag{2.140}$$

mit $K_b = K_s \cdot K_D \cdot K_W^{-2} = 10^{17,3}$. Cl_2 disproportioniert im alkalischen Milieu vollständig in ClO^- und Cl^-. Durch den Zusatz von Basen wird die Polarisierbarkeit der wäßrigen Lösung drastisch erhöht, so daß der Energiegewinn, der aus der Stabilisierung des Cl^+-Zustandes durch Verbindung mit einem Oxidion resultiert, die Gleichgewichtslage auf die Seite der Disproportionierungsprodukte des Chlors verschiebt, oder man kann auch sagen, daß die effektive Elektronenkorrelationsenergie erst bei hinreichender Polarisierbarkeit der Umgebung einen negativen Wert annimmt. In stark saurer Lösung überwiegt der positive Wert von U_{LP} in Gl. (2.139c), und die mittlere, in diesem Fall ungeladene Oxydationsstufe erweist sich als stabiler.

Für gleiche Konzentrationen von Cl_2, HOCl und Cl^- folgt aus

$$K_s = \frac{[HOCl]\,[H_3O^+]\,[Cl^-]}{[Cl_2]} = 10^{-3,39}$$

mit einer Totalkonzentration von z. B. C = 0,1 mol Chlor pro Liter ($[Cl_2] = [HOCl] = [Cl^-] = 0{,}05$) für $K_s = 0{,}05\,[H_3O^+]$. Nach dem Modell der geladenen Defektzentren ergibt sich auf diese Weise, daß bei einem pH-Wert von 2,1 in einer 0,1 molaren wäßrigen Cl_2-Lösung die Konzentration der kovalenten und polaren Bindungszustände der Cl-species den gleichen Wert annimmt, $U_{eff} = 0$ und damit $U_{LP} = \beta^2/2\alpha$ ist.

Aus der organischen Chemie sind gleichfalls Beispiele, bekannt, z. B. die Dismutation der Aldehyde. Erst im alkalischen Milien läuft die Cannizarrosche Reaktion unter Bildung von Alkohol und Salz der betreffenden Carbonsäure ab.

Literatur

[2.1] DIN 1259. *Glas. Begriffe für Glasarten*, Juli 1971
[2.2] D. R. Secrist, J. D. Maekenzie, Modern Aspects of the Vitreous State Vol. **3**, 149 (1956)
[2.3] R. Roy, J. Non-Cryst. Solids **3**, 33 (1970)
[2.4] D. Turnbull, Contemp. Phys. **10**, 473 (1969)
[2.5] K. A. Jackson, in *Nucleation Phenomena*. Amer. Chem. Soc., Washington, 1966, S. 37
[2.6] D. R. Uhlmann, J. Non-Cryst. Solids **7**, 337 (1972)

[2.7] H. SALMANG, *Die Glasfabrikation*, Springer-Verlag, Berlin, Göttingen, Heidelberg, 1957
[2.8] J. J. KITAIGORODSKY, *Technologie des Glases*, Verlag Technik, Berlin 1959
[2.9] H. JEBSEN-MARWEDEL, *Glastechnische Fabrikationsfehler*, Springer-Verlag, 1959
[2.10] F H TOOLEY, *Handbook of Glass Manufacture*, Vol II, Ogden Publ. Comp. 1961
[2.11] P. L. BAYNTON, H. RAWSON, J. E. STANWORTH, Nature (London) **178**, 910 (1956)
[2.12] R. WOLLENHAUPT, Dissertation A, Friedrich-Schiller-Universität Jena 1979
[2.13] R. FRERICHS, Phys. Rev. **78**, 643 (1950)
[2.14] N A GORJUNOVA, B. T. KOLOMIEC, Zh. Tekhn. Fiz. **25**, 984 (1955), Izv. Akad. Nauk SSSR, Ser. Fiz. **20**, 1496 (1956)
[2.15] A. R. HILTON, C. E. JONES, M. BRAU, Phys. Chem. Glass. **7**, 105 (1966)
[2.16] A. FELTZ, D. LINKE, B. VOIGT, Z. Chem. **20**, 81 (1980)
[2.17] H.-J. GÜNTHERODT, Festkörperprobleme (Adv. Solid State Phys.) XVII, 25 (1977)
[2.18] K. HANDRICH, S. KOBE, *Amorphe Ferro- und Ferrimagnetica*, Akademie-Verlag, Berlin 1980
[2.19] P. DUWEZ, R. H. WILLENS, Trans. Met. Soc. AIME, **227**, 362 (1963)
[2.20] P. PIETROKOWSKY, Rev. Sci. Instr. **34**, 445 (1963)
[2.21] S. KAVESH, Proc. 1976 ASM Seminar on Metallic Glasses, Niagara Falls, N.Y. 1976, ASM, Metals Park, Ohio 1977
[2.22] H. S. CHEN, D. E. POLK, J. Non-Cryst. Solids **15**, 174 (1974)
[2.23] H. S. CHEN, C. E. MILLER, Mater. Res. Bull, **11**, 49 (1976)
[2.24] J. CORNET, D. ROSSIER, J. Non-Cryst. Solids **12**, 61 (1973)
[2.25] J. P. DE NEUFVILLE, J. Non-Cryst. Solids **8—10**, 85 (1972)
[2.26] H. A. DAVIES, J. B. HULL, J. Mater, Sc. **9**, 707 (1974)
[2.27] P. T. SARJEANT, R. ROY, J. Amer. Ceram. Soc. **50**, 500 (1967)
[2.28] R. ROY, J. Amer. Ceram. Soc, **52**, 344 (1969)
[2.29] H. DISLICH, Angew. Chem. **83**, 428 (1971)
[2.30] L. YOUNG, *Anodic. Oxide Films*, Academic Press, London New York 1961
[2.31] A. BRENNER, D. E. COUCH, E. K. WILLIAMS, J. Res. Nat. Bur. Stand. **44**, 109 (1950)
[2.32] J. TAUC, A. ABRAHAM, R. ZALLEN, M. SLADE, J. Non-Cryst. Solids **4**, 279 (1970)
[2.33] G. ZINSMEISTER, Vacuum **16**, 529 (1965); Thin Solid Films **2**, 497 (1968), **4**, 363 (1969), **7**, 51 (1971), Vakuum-Technik **22**, 85 (1973)
[2.34] N. J. SHEVCHIK, J. Non-Cryst. Solids **12**, 141 (1973)
[2.35] I. GUTZOW, I. AVRAMOV, J. Non-Cryst. Solids **16**, 128 (1974), Thin Solid Films **85**, 203 (1981)
[2.36] L. I. MAISSEL, Physics of Thin Films, New York **3**, 61 (1966)
[2.37] Ch. KAPS, Dissertation A, Univ. Jena 1978
[2.38] A. FELTZ, Ch. KAPS, Thin solid Films **70**, 117, 175 (1980)
[2.39] G. A. SOMORJAI, J. E. LESTER, Solid State Chem. **4**, 1 (1967)
[2.40] A. B. BESTUL, D. H. BLACKBURN, J. Chem. Phys. **33**, 1274 (1960)
[2.41] I. GUTZOW, Z. Phys. Chem. (Frankfurt/Main) **81**, 195 (1972)
[2.42] H. KAHNT, Dissertation, Universität Jena 1981
[2.43] S. DAVIS, M. FISCHER, B. C. GIESSEN, D. POLK, Proc. 3rd Int. Conf. on Rapidly Quenched Metals, Brighton 1978, zitiert nach H.-J GÜNTHERODT u. M., *Electrons in Disordered Metals and at Metallic Sufaces, Edit* P. PHARISEAU, B. L. GYORFFY, L. SCHEIRE, Plenum Publ. Corp., 1979
[2.44] R. CLAMPITT, M. G. SCOTT, K. L. AITHEN, L. GOWLAND, ibid.
[2.45] L. HOLLAND, Electronic Components **1970**, S. 11
[2.46] H. R. KOENIG, L. I. MAISSEL, IBM J. Res. Dev. **14**, 168 (1970)
[2.47] P. R. STUART, Vacuum **19**, 507
[2.48] J. R. HOLLAHAN, A. T BELL, *Technique and Application of Plasma Chemistry*, Wiley, New York 1974
[2.49] F K. MC TAGGART, *Plasma Chemistry in Electrical Discharges*, Elsevier, New York 1967
[2.50] H. DROST, *Plasmachemie*, Akademie-Verlag, Berlin 1978
[2.51] W. W. BUŠIN, S. W. LITWIŠKO, W. A. PISTOLKORS, Ukrain. Chem. Zeitschr. USSR **35**, 987 (1969)

[2.52] H F Sterling, R. C G. Swann, Solid State Electron. **8**, 653 (1965)
[2.53] R. C. Chittick, J. H. Alexander, H. F. Sterling, J Electrochem. Soc. **116**, 77 (1969)
[2.54] W. Primak, Phys. Rev. **110**, 1240 (1958)
[2.55] M. Wittels, F A. Sherril, Phys. Rev. **93**, 1117 (1954)
[2.56] I. Simon, J Amer. Ceram. Soc. **40**, 150 (1957)
[2.57] J R Parsons, Phil. Mag. **12**, 1159 (1965)
[2.58] P. S. De Carli, J C Jamieson, J Chem. Phys. **31**, 1675 (1959)
[2.59] N. G. Ainslie, J. D. Mackenzie, D. Turnbull, J Phys. Chem. **65**, 1718 (1961)
[2.60] R. H. Doremus, Proc. XIth Inter. Congr. Glass Prag 1977 Vol I, 263
[2.61] C. R. Kurkjian, J. T. Krause, J. Amer. Ceram. Soc. **49**, 134 (1966)
[2.62] J I. Frenkel, *Kinetische Theorie der Flüssigkeiten*, Verlag der Akademie der Wiss. USSR, 1959, S. 108, 207
[2.63] S. Glastone, K. J. Laidler, H. Eyring, *Die Theorie der Ratenprozesse*, Mc Graw-Hill Book Co., New York 1941
[2.64] T. Alfrey, G. Goldfinger, H. Mark, J. Appl. Phys. **14**, 701 (1943)
[2.65] I Gutzow, I. Konstantinow, R. Kaischew, Commun. Dept. Chem. Bulg. Acad. Sci. **5**, 433 (1972)
[2.66] J. A. Pryde, The Liquid State, Hutchinson 1966
[2.67] R. W. Douglas, J. Non-Cryst, Solids **14**, 1 (1974)
[2.68] J G. Kirkwood, J Chem. Phys. **14**, 180 (1946)
[2.69] I. R. Macdonald, K. Singer, Quart. Rev. **24**, 238 (1970)
[2.70] J. M. Stevels, J. Non-Cryst. Solids **6**, 307 (1971)
[2.71] R. W. Douglas, *Non-Cryst. Solids, Hrsg.* V. D. Frechette, Wiley and Sons Inc., New York/London 1960, S. 374
[2.72] W. Kauzmann, Chem. Rev. **43**, 219 (1948)
[2.73] J. H. Li, D. R. Uhlmann, J. Non-Cryst. Solids **3**, 127 (1970)
[2.74] Ch. W Cornelisse, T. J. M. Visser, H. N. Stein, J. M. Stevels, J. Non-Cryst. Solids **1**, 150 (1969)
[2.75] H. Rötger, Silikattechnik **10**, 524 (1959)
[2.76] J. De Bast, P Gilard, C. R. Rech. Trav. Cent. Techn. Sci. Ind Belge du Verre N32 (1965), N 36 (1969)
[2.77] J. De Bast, P. Gilard, Phys. Chem. Glass **4**, 117 (1963)
[2.78] C. R. Kurkjian, ibid. **4**, 128 (1963)
[2.79] O. V. Mazurin, Proc. 11 th Inter. Congr. Glass, Prag 1977 Survey Papers I, S. 129, J. Non-Cryst. Solids **25**, 129 (1977)
[2.80] E. Deeg, Glastechn. Ber. **31**, (1958), 85, 124, 229
[2.81] R. D Corsaro, Phys. Chem. Glass **17**, 13 (1976), J. Amer. Ceram. Soc. **59**, 115 (1976)
[2.82] J M Stevels, Non-Cryst Solids, 4th Inter Conf The Physics of Non-Cryst. Solids 1976, Ed. G. H. Frischat, Trans Tech Publications, 1977, S. 18
[2.83] H Rötger, Glastechn. Ber **19**, 192 (1941), J. Non-Cryst. Solids **14**, 201 (1974)
[2.84] H. M. J. M. Van Ass, J. M. Stevels, J. Non-Cryst. Solids **14**, 27, 131 (1974)
[2.85] J E. Shelby, D. E. Day, J. Amer Ceram. Soc. **52**, 169 (1969) E. H Verstegen, D E. Day, J Non-Cryst. Solids **14**, 142 (1974)
[2.86] T D. Taylor, G. E. Rindone, J. Non-Cryst. Solids **14**, 157 (1974)
[2.87] S. Tyagi, A. E. Lord, J Non-Cryst. Solids **30**, 273 (1979)
[2.88] R. Haase, *Thermodynamik der Mischphasen*, Springer Verlag, Berlin 1956, S. 306
[2.89] F Simon, Ergebn. exakt Naturwissenschaften **9**, 222 (1930)
[2.90] A. Q. Tool, J. Amer Ceram. Soc. **29**, 240 (1946)
[2.91] R. D. Davies, G. O. Jones, Adv. Physics **2**, 370 (1953)
[2.92] C. T Moynihan, A. J Eastreal, J. Wilder, J. Tucker, J Phys. Chem. **78**, 2673 (1974)
[2.93] G M. Bartenev, Dokl. Akad. Nauk SSSR **76**, 227 (1951)

[2.94] G M. Bartenev, D. S. Sanditov, I. W. Rasumovskaja, I. A. Lukjanov, Silikattechnik **23**, 155 (1972)
[2.95] B. T. Kolomiec, V M Ljubin, V P Schilo, Izvest. Akad. Nauk SSSR Neorg. Mater **7**, 858 (1971)
[2.96] P. B. Macedo, A. Napolitano, J. Amer. Ceram. Soc. **53**, 148 (1970), J. Res. Nat. Bur. Stand. **71 A** 231 (1967)
[2.97] H R. Lillie, H. N Ritland, J. Amer. Ceram. Soc. **37**, 466 (1954)
[2.98] W. Holzmüller, Z. phys. Chem. **303**, 163 (1954)
[2.99] E. Jenckel, Z. phys. Chem. A **184**, 309 (1939)
[2.100] T. A. Litovitz, P. B. Macedo, *Physics of Non-Cryst. Solids*, North-Holland Publ. Co., Amsterdam 1965, S. 229
[2.101] E. N. Andrade, Phil. Mag. **17**, 497, 698 (1934)
[2.102] H Eyring, J. Chem. Phys. **4**, 283 (1936)
[2.103] R W Douglas, J. Soc. Glass Technol. **33**, 138 (1949)
[2.104] J E. Stanworth, ibid **32**, 20 (1948)
[2.105] H. D. Weymann, Kolloid-Z. Z. Polym. **181**, 131 (1962)
[2.106] R. L. Mjuller, Zh. Prikl. Khim. **28**, 1077 (1955)
[2.107] R. L. Mjuller, in *Glasbildende Zustände*, Verl. Akad. Nauk SSSR, Moskau 1960, S. 61
[2.108] C. V Nemilov, Fiz. Tverd. Tela **6**, 1375 (1964)
[2.109] C. V Nemilov, *Erfolge der Rheologie der Polymere*, Verl. Chemie, Moskau 1970, S. 241
[2.110] S. Kumar, Phys. Chem. Glass, **4**, 106 (1963)
[2.111] I. Gutzow, Fiz. Khim. Stekla **1**, 431 (1975)
[2.112] L. Šašek, Proc. 11 th Int. Congr. Glass, Prag 1977, Bd I, 203
[2.113] M L. Williams, R. F Landel, J. D Ferry, J. Amer. Chem. Soc. **77**, 3701 (1955); J. Phys. Chem. **59**, 95 (1955)
[2.114] D Turnbull, M. H. Cohen. J. Chem. Phys. **34**, 120 (1961)
[2.115] A Feltz, Z. anorg. allg. Chem. **412**, 20 (1975)
[2.116] R. N. Haward, J. Macromol. Sci.-Revs. Macromol. Chem. C4 (2), 191 (1970)
[2.117] P. Ramachandrarao, B. Cantor, R. W. Cahn, J Non-Cryst. Solids **24**, 109 (1977); J. Mater Sci. **12**, 2488 (1977)
[2.118] G. Adam, J. H. Gibbs, J Chem. Phys. **43**, 139 (1965)
[2.119] T. A. Litovitz, P B. Macedo, J Chem. Phys. **42**, 245 (1965)
[2.120] H. Tweer, J. H. Simmons, P B. Macedo, J Chem. Phys. **54**, 1952 (1971)
[2.121] J H Simmons, P B. Macedo, J Res. Nat Bur Stand. **A 75**, 175 (1971)
[2.122] W Oldekop, Glastechn. Ber. **30**, 8 (1957)
[2.123] W Holzmüller, Z. physik. Chem. **203**, 163 (1954)
[2.124] L. Boesch, A. Napolitano, P. B. Macedo, J. Amer Ceram Soc. **53**, 148 (1970)
[2.125] H Vogel, Physik, Z. **22**, 645 (1921)
[2.126] G. Tammann, G Hesse, Z. anorg. allg. Chem. **156**, 245 (1926)
[2.127] S. T Gulati, E. H. Fontana, A. Plummer, Phys. Chem. Glass **17**, 114 (1976)
[2.128] J. H. Li, D. R. Uhlmann, J. Non-Cryst. Solids **1**, 339 (1969)
[2.129] J. A. Bucaro, H. D Dardy, R. D. Corsaro, J. Appl. Phys. **46**, 741 (1975)
[2.130] C Demoulin, C J Montrose, N Ostrowsky, Phys. Rev **A 9**, 1740 (1974)
[2.131] C. C. Lai, P. B. Macedo, C J Montrose, J Amer Ceram. Soc. **58**, 121 (1975)
[2.132] C T Moynihan, P B. Macedo, C. J Montrose, P K. Gupta, M. A. De Bolt, J F. Dill, B. E. Dom, P W Drake, A J Easteal, P B. Eltermann, R P Moeller, H. Sasate, J A Wilder, Technical Report 5, N00014-75-C-8056, NR 22-007, Vitreous State Lab., Catholic Univ America, Washington
[2.133] N L. Laberge, P K. Gupta, P. B. Macedo, J. Non-Cryst. Solids **17**, 61 (1975)
[2.134] H Rötger, Silikattechnik **20**, 404 (1969)
[2.135] H. Rötger, *Amorphous Materials*, Proc. 3rd Int. Conf Phys. Non-Cryst. Solids, Ed.: R. W. Douglas, B. Ellis, Sheffield 1970, J. Wiley, London 1972, S. 125

[2.136] B. MEISSNER, H MEISSNEROVA, L. ŠAŠEK, Glastechn. Ber **46**, 240 (1973)
[2.137] W LUDWIG, J. Therm. Anal. **8**, 75 (1975)
[2.138] R. B. STEPHENS, J. Non-Cryst. Solids **20**, 75 (1976)
[2.139] C. T. MOYNIHAN, P. B. MACEDO, J Phys. Chem. **75**, 3379 (1971)
[2.140] W LUDWIG, Proc. 6 th Int. Conf. Thermal Analysis. Birkhäuser-Verlag, Stuttgart 1980, S. 293
[2.141] M. COENEN, Glastechn. Ber. **50**, 74 (1977)
[2.142] N HIRAI, H. EYRING, J Appl. Phys, **29**, 810 (1958) J. Polym. Sci. **37**, 51 (1959)
[2.143] J. I. FRENKEL, *Kinetic Theory of Liquids*, Dover Publ., New York 1955, S. 93
[2.144] R. SIMHA, R. F BOYER, J Chem. Phys. **37**, 1003 (1962)
[2.145] A. EISENBERG, S. SAITO, J Chem. Phys. **45**, 1673 (1966)
[2.146] I. W DONALD, H. A. DAVIES, J. Non-Cryst. Solids **30**, 77 (1978)
[2.147] B. ECKSTEIN, Glastechn. Ber. **36**, 323 (1963)
[2.148] C. A. ANGELL, J. Amer Ceram. Soc. **51**, 117 (1968)
[2.149] I. GUTZOW, wie [2.135] S. 159
[2.150] L. KOLDITZ, Z. anorg. allg. Chem. **293**, 147 (1957)
[2.151] S. SAKKA, J D. MACKENZIE, J. Non-Cryst. Solids **6**, 145 (1971)
[2.152] I GUTZOW, Commun. Dept. Chem. Bulg. Akad. Sc. **11**, 764 (1978)
[2.153] W SAENGER, Angew. Chem. **92**, 343 (1980)
[2.154] M H COHEN, D TURNBULL, Nature **189**, 131 (1961)
[2.155] M MARCUS, D. TURNBULL, Natur, Sc Eng. **23**, 211 (1976)
[2.156] A HRUBY, Czech. J Phys. **B 22**, 1187 (1972)
[2.157] H. GIBBS, E. A DI MARZIO, J. Chem. Phys. **28**, 373 (1958)
[2.158] B. ECKSTEIN, Zeitschr Krist. **128**, 273 (1969), J Non-Cryst. Solids **4**, 366 (1970)
[2.159] H S. CHEN, J Non-Cryst. Solids 22, 135 (1976)
[2.160] M. GOLDSTEIN, J. Chem. Phys. **64**, 4767 (1976), **67**, 2246 (1977)
[2.161] I. P. BASAROW, *Thermodynamik*, VEB Deutscher Verl. Wiss., Berlin 1964, S. 177
[2.162] I. PRIGOGINE, R. DEFAY, *Chemical Thermodynamics*, London 1954, S. 297
[2.163] K GUPTA, C T MOYNIHAN, J Chem. Phys. Phys. **65**, (10), 4136 (1976)
[2.164] C. T. MOYNIHAN, P K GUPTA, J Non-Cryst. Solids **29**, 143 1978 H. S.-J HSICH, J Amer Ceram. Soc. **60**, 485 (1977)
[2.165] J. JÄCKLE, L. PICHE, W ARNOLD, S. HUNKLINGER, J. Non-Cryst. Solids **20**, 365 (1976)
[2.166] M. MEISSNER, D WOBIG, *The Physics of Selenium and Tellurium*, *Ed* E GERLACH, P GROSSE, Springer Verl., Berlin 1979, S. 68
[2.167] A. J. LEADBETTER, Phys. Chem. Glass **9**, 1 (1968)
[2.168] O L. ANDERSON, H E. BÖMMEL, J. Amer Ceram. Soc. **38**, **125** (1955)
[2.169] O. L. ANDERSON, J. Phys. Chem. Solids **12**, 41 (1959)
[2.170] J. T. KRAUSE, C. R. KURKJIAN, J Amer Ceram. Soc. **51**, 226 (1968)
[2.171] A. J. LEADBETTER, K. E. WYCHERLEY, Phys. Chem. Glass **12**, 41 (1971)
[2.172] R. C. ZETTER, R. O POHL, Phys. Rev **B4**, 2029 (1971)
[2.173] S. HUNKLINGER, H. SUSSNER, K. DRANSFELD, Festkörperprobleme XVI, 267 (1976), S. Hunklinger, XVII, 1 (1977); K. DRANSFELD, S. HUNKLINGER, wie [2.390], S. 155
[2.174] R L. THAKUR, B. K DE SARKAR, B. C BASAK, *Bibliography on glass-ceramics (1961–1970)*, Calcutta, Central Glass and Ceramic Research Institute 1974
[2.175] L. L. HENCH, S. W FREIMAN (*Hrsg.*), *Advances in Nucleation and Crystallization in Glasses*, Columbus (Ohio), The American Ceramic Society 1971
[2.176] E. A. PORAI-KOSHITS (Hrsg.), *The Structure of Glass*, Vol. 1–8, New York, Consultants Bureau 1958–1973
[2.177] C. C. BERGERON, *General Aspects of the Crystallization of Glass in Introduction to Glass Science*, Plenum Press, New York 1972
[2.178] J. J HAMMEL, *Nucleation in Glass, in Advances in Nucleation and Crystallization in Glasses*, Columbus (Ohio), The American Ceramic Society 1971

[2.179] J A. PRINS (Hrsg.), *Physics of Non-Cryst Solids*, Proc. Inter. Conf. Delft 1964, North-Holland Publ. Comp., Amsterdam 1965
[2.180] D TURNBULL, Thermodynamics and Kinetics of Formation of the Glass State and Initial Devitrification, in [2.179]
[2.181] J. D HOFFMANN, J. Chem. Phys. **29**, 1192 (1958)
[2.182] D TURNBULL, J. Appl. Phys. **21**, 1022 (1950)
[2.183] S. TOSCHEV, I. GUTZOW, Kristall und Technik **7**, 43 (1972)
[2.184] Z. STRNAD, R. W DOUGLAS, Phys. Chem. Glass, **14**, 33 (1973)
[2.185] W B. HILLIG, Proc. 6th Inter Symp. React. Solids, Schenectady 1968, Wiley-Interscience, New York 1968, S. 639
[2.186] D R. UHLMANN, in *Kinetics of Reactions in Ionic Systems*, T J GRAY, V D FRECHETTE (*Hrsg.*), Plenum Press, New York 1969, S. 172
[2.187] V K. LEKO, L. A. KOMAROVA, Izvest. Akad. Nauk, Neorg. Mater **11**, 1753 (1975)
[2.188] K.-A KUMM, H SCHOLZE, Tonind.-Ztg. **93**, 332, 360 (1969)
[2.189] M AWRAMI, J Chem. Phys. **7**, 1103 (1939), **8**, 212 (1940), **9**, 177 (1941)
[2.190] S. W FREIMAN, L. L Hench, J Amer. Ceram. Soc. **52**, 111 (1969)
[2.191] G. SLAYTER, J Amer. Ceram. Soc. Bull. **31**, 276 (1952)
[2.192] A. E. PREBUS, G. W MICHENER, Ind. Engng. Chem. **16**, 147 (1954)
[2.193] W. J SELJUBSKY, Glass u. Keram. SSSR **11**, 19 (1954)
[2.194] F. OBERLIES, Naturwissenschaften **43**, 224 (1956)
[2.195] W VOGEL, K. GERTH, Glastechn. Ber **31**, 15 (1958); Silikattechnik **9**, 353, 495 (1958)
[2.196] W. VOGEL, *Struktur u. Kristallisation der Gläser*, VEB Deutscher Verl. für Grundstoffindustrie, Leipzig 1965
[2.197] S. D STOOKEY, Glastechn. Ber **32 K**, 1 (1959)
[2.198] E. HEIDENREICH, R. EHRT, W VOGEL, Proc. XI th Inter. Congr. Glass, Prag 1977, Bd. 2, 1 (1977)
[2.199] J W CAHN, Acta metall. **9**, 795, **10**, 179 (1962)
[2.200] M HILLERT, Acta metall. **9**, 525 (1961)
[2.201] J ZARZYCKI, Discuss. Farad. Soc. **50**, 122 (1970)
[2.202] R. J. CHARLES, Bull. Amer Ceram. Soc. **52**, 673 (1973)
[2.203] P F. JAMES, J. Mater Sc. **10**, 1802 (1975)
[2.204] D R UHLMANN, A. G KOLBECK, Phys. Chem. Glass **17**, 146 (1976)
[2.205] R. J CHARLES, F E. WAGSTATT, J Amer Ceram. Soc. **51**, 16 (1968)
[2.206] J. F Mc DOWELL, G H. BEALL, ibid. **52**, 17 (1969)
[2.207] J. H SIMMONS, J Amer Ceram. Soc. **56**, 284 (1973)
[2.208] J W CAHN, R. J CHARLES, Phys. Chem. Glass. **6**, 181 (1965)
[2.209] J C A. VREESWIJK, R. G. GROSSINK, J. M STEVELS, J. Non-Cryst. Solids **16**, 15 (1974)
[2.210] J. J HAMMEL, J. Chem. Phys. **46**, 2234 (1967)
[2.211] G. R. SRINIVASAN, J. TWEER, P B. MACEDO, A. SARKAR, W HALLER, J. Non-Cryst. Solids **6**, 221 (1971)
[2.212] T P. SEWARD, D R. UHLMANN, D. TURNBULL, J Amer. Ceram. Soc. **51**, 634, 278 (1968)
[2.213] P F JAMES, P. W Mc MILLAN, Phys. Chem. Glass. **11**, 59 (1970)
[2.214] D G BURNETT, R. W. DOUGLAS, Phys. Chem. Glass. **11**, 125 (1970)
[2.215] T H ELMER, M E CARRIER, G B. CARRIER, E J KORDA, J Amer Ceram. Soc. **53**, 171 (1970)
[2.216] H. REISS, Ber Bunsenges. Phys. Chem. **79**, 943 (1975)
[2.217] A. DIETZEL, Glastechn. Ber **22**, 41, 81, 212 (1948)
[2.218] P T SARGEANT, R. ROY, Mat. Res. Bull. **3**, 265 (1968)
[2.219] R. J H. GELSING, H N STEIN, J M STEVELS, Phys. Chem. Glass. **7**, 185 (1967)
[2.220] H. A. DAVIES, Phys. Chem. Glass. **17**, 159 (1976)
[2.221] E. RUCKENSTEIN, S. K. IHM, J. Chem. Soc. **72**, 764 (1976)
[2.222] D. DEBYE, Ann. Phys. **46**, 809 (1915)
[2.223] H P KLUG, L. E. ALEXANDER, *X-ray Diffraction Procedures*, J. Wiley, New York 1974

[2.224] B. E. WARREN, *X-ray Diffraction Reading*, Addison-Wesley, 1969
[2.225] H KREBS, R. STEFFEN, Z. anorg. allg. Chem. **327**, 224 (1964)
[2.226] K. ZICKERT, H. STEIL, C GEIK, G HERMS, G. BECHERER, Kristall und Technik **14**, 1147 (1979)
[2.227] R. L. MOZZI, B. E. WARREN, J Appl. Cryst. **2**, 164 (1969)
[2.228] R. J. BELL, P DEAN, Phil. Mag. **25**, 1381 (1972)
[2.229] B. E. WARREN, H KRUTTER, O MORNINGSTAR, J. Amer Ceram. Soc. **19**, 202 (1936)
[2.230] W. H ZACHARIASEN, J Amer Chem. Soc. **54**, 3841 (1932)
[2.231] D T. KEATING, J. Appl. Phys. **39**, 923 (1963)
[2.232] J. E. ENDERBY, D M NORTH, P A. Egelstaff, Phil. Mag. **14**, 961 (1966)
[2.233] J F SADOC, J. DIXMIER, Mater Sc. Eng. **23**, 187 (1976)
[2.234] C N J. WAGNER, J. Non-Cryst. Solids **31**, 1 (1978)
[2.235] S. STEEB, P. LAMPARTER, Z. Metallk **70**, 660 (1979)
[2.236] D E SAYERS, F W LYTLE, E. A STERN, J Non-Cryst Solids **8—10**, 401 (1972)
[2.237] E. A STERN, Phys. Rev **B. 10**, 3027 (1974)
[2.238] F W LYTLE, D E. SAYERS, E. A. STERN, Phys. Rev. **B 11**, 4825, 4836 (1975)
[2.239] D. E. SAYERS, F W. LYTLE, E. A. STERN, Proc. 5th Int. Conf Amorph. Liquid Semicond., Garmisch-Partenkirchen 1973, Taylor-Francis London 1974, 403
[2.240] T. M. HAYES, J Non-Cryst. Solids **31**, 57 (1978)
[2.241] J. WONG, C A. ANGELL, Appl. Spectr Rev **4**, 155 (1971)
[2.242] J. BOCK, G.-J SU, J. Amer. Ceram. Soc. **53**, 69 (1970)
[2.243] J SIMON, *Modern Aspects of the Vitreous State*, Butterworth, London 1960, S. 138
[2.244] R. J. BELL, N F. BIRD, P DEAN, J Phys. C (Solid State Phys.) **1**, 299 (1968)
[2.245] R. J. P. LYON, Nature **196**, 266 (1962)
[2.246] J ZARZYCKI, Proc. Int Conf Phys. Non-Cryst Solids, Delft 1964, Editor J A. Prins, North-Holland Publ. Comp. Amsterdam 1965, S. 525
[2.247] E.-M. AMRHEIN, Glastechn. Ber **43**, 1 (1970)
[2.248] J. R. FERRARO, M H MANGHNANI, A. QUATTROCHI, Phys. Chem. Glass. **13**, 116 (1972)
[2.249] M HASS, J Phys. Chem. Solids **31**, 415 (1970)
[2.250] K. NAKAMOTO, *Infrared Spectra of Inorganic and Coordination Compounds*, J Wiley, New York 1963
[2.251] I. G AUSTIN, E. S. GARBETT, Phil. Mag. **23** (1971)
[2.252] G. LUCOVSKY, R. MARTIN, J Non-Cryst. Solids **8—10**, 185 (1972)
[2.253] G. LUCOVSKY, wie [2.239] Vol. 2, S. 1099
[2.254] P TARTE, wie [2.246] S. 549
[2.255] N. NEUROTH, Glastechn. Ber **41**, 243 (1968)
[2.256] W. L. KONIJNENDIJK, Philips Res. Repts. Suppl. **1**, (1975) W L. KONIJNENDIJK, J M STEVELS, J. Non-Cryst. Solids **18**, 307 (1975)
[2.257] D. L. GRISCOM, Mat. Sci. Res. **12**, 11 (1977)
[2.258] F L GALEENER, Phys. Rev B19, 4292 (1979), F L GALEENER, P N SEN, ibid. 17, 1928 (1978)
[2.259] K. SIEGBAHN et al., ESCA (Atomic, Molecular and Solid State Structure Studied by Means of Electron Spectroscopy), Uppsala 1967, ESCA Applied to Free Molecules Amsterdam, London 1969
[2.260] C. NORDLING, Angew Chem. **84**, 144 (1972)
[2.261] A. MEISEL, G. LEONHARDT, Z. Chem. **18**, 294 (1978)
[2.262] D. A. SHIRLEY, *Electron Spectroscopy*, North-Holland Publ. Comp., Amsterdam 1972
[2.263] B. A HATT, J A. SAVAGE, J R. BOSNELL, R. M WAGHORNE, wie [2.239], Vol **1**, 412 (1974)
[2.264] P. J. BRAY in [1 17] S. 81, The Physics of Non-Cryst. Solids, 4th Inter. Conf Clausthal-Zellerfeld 1976, Edit. G. H FRISCHAT, Trans Tech. Publications, S. 65
[2.265] P J BRAY, J O EDWARDS, J G O'KEEFE, V F ROSS, I TATSUZAKI, J Chem. Phys. **35**, 435 (1961)
[2.266] P. J BRAY, J. G O'KEEFE, Phys. Chem. Glass. **4**, 37 (1963)
[2.267] H. M. KRIZ, P J. BRAY, J. Non-Cryst. Solids **6**, 27 (1971)
[2.268] K. S. KIM, P J. BRAY, Phys. Chem. Glass. **15**, 47 (1974)

[2.269] D. Hoebbel, G. Garzo, G. Engelhardt, H. Janeke, P. Franke, W. Wieker, Z. anorg. allg. Chem. **424**, 115 (1976)
[2.270] G. Engelhardt, W. Altenburg, D. Hoebbel, W. Wieker, Z. anorg. allg. Chem. **437**, 249 (1977)
[2.271] D. Hoebbel, G. Garzo, G. Engelhardt, A. Till, Z. anorg. allg. Chem. **450**, 5 (1979)
[2.272] A. Feltz, E. Schlenzig, D. Arnold, Z. anorg. allg. Chem. **403**, 243 (1974)
[2.273] S. P. Taneja, C. W. Kimball, J. C. Shaffer, nach C. A. 43 320 n (1974)
[2.274] J. Wong, C. A. Angell, Appl. Spectr. Rev. **4**, 97 (1970)
[2.275] R. H. Herber, Progr. Inorg. Chem. **8**, 1 (1967)
[2.276] R. Juza, H. Seidel, J. Tiedemann, Angew. Chem. **78**, 41 (1966)
[2.277] M. Gitter, W. Vogel, Proc. Ist Otto-Schott-Kolloquium Jena 1978, Wiss. Zeitschr. Friedrich-Schiller-Universität Mathem.-Naturwiss. Reihe **28**, 307 (1979)
[2.278] E. Thilo, G. Schulz, E.-M. Wichmann, Z. anorg. allg. Chem. **272**, 182 (1953)
[2.279] J. R. van Wazer, J. Amer. Chem. Soc. **72**, 644 (1952)
[2.280] A. E. R. Westman, R. Beatty, J. Amer. Ceram. Soc. **49**, 63 (1966)
[2.281] E. Thilo, U. Schülke, Z. anorg. allg. Chem. **341**, 293 (1965)
[2.282] W. Wieker, Z. Elektrochem., Ber. Bunsenges. Phys. Chem. **64**, 1047 (1960)
[2.283] C. R. Masson, Proc. XIth Int. Congr. Glass. Prag 1977, Survey Papers **Vol 1**, S. 3
[2.284] P. Balta, E. Balta, V. Ceausescu, J. Non-Cryst. Solids **20**, 323 (1976)
[2.285] C. W. Lentz, Inorg. Chem. **3**, 574 (1964)
[2.286] K. E. Kolb, K. W. Hansen, J. Amer. Ceram. Soc. **48**, 439 (1965)
[2.287] C. R. Masson, J. Chem. Soc. A **1970**, 2683; **1971**, 686
[2.288] W. Wieker, Z. anorg. allg. Chem. **360**, 307 (1968)
[2.289] W. Wieker, D. Hoebbel, Z. anorg. allg. Chem. **366**, 139 (1969)
[2.290] E. Thilo, W. Wieker, H. Stade, Z. anorg. allg. Chem. **340**, 261 (1965)
[2.291] A. Feltz, G. Pfaff, Z. anorg. allg. Chem. **442**, 41 (1978)
[2.292] A. Feltz, G. Pfaff, Z. anorg. allg. Chem. **467**, 211 (1980)
[2.293] G. Briegleb, Z. Phys. Chem. A **144**, 321 (1929)
[2.294] J. T. Randall, H. P. Rooksby, B. S. Cooper, Z. Krist. **75**, 196 (1930)
[2.295] J. C. Malaurent, J. Dixmier, Proc. Conf. Structure of Non-Cryst. Mat.; Cambridge 1976, S. 49
[2.296] J. Robertson, Phil. Mag. **34**, 13 (1976)
[2.297] L. Cartz, Z. Kristallogr. **120**, 241 (1964)
[2.298] J. Konnert, J. Karle, Trans ACA **10**, 29 (1974)
[2.299] T. P. Seward, D. R. Uhlmann, Proc. 3rd Intr. Conf. Phys. Non-Cryst. Solids 1970, J. Wiley London 1972, S. 327
[2.300] D. E. Polk, J. Non-Cryst. Solids **5**, 365 (1971)
[2.301] G. N. Greaves, E. A. Davis, Phil. Mag. **29**, 1201 (1974)
[2.302] D. E. Polk, Acta Metall. **20**, 485 (1972)
[2.303] S. C. Moss, wie [2.239] Vol. **1**, 17 (1974)
[2.304] G. A. N. Connell, G. Lucovsky, J. Non-Cryst. Solids **31**, 123 (1978)
[2.305] J. C. Phillips, J. Non-Cryst. Solids **34**, 153 (1979)
[2.306] L. W. Tilton, J. Res. Nat. Bur. Stand. **59**, 139 (1957)
[2.307] H. A. Robinson, J. Phys. Chem. Solids **26**, 209 (1965)
[2.308] J. D. Bernal, Nature **183**, 141 (1959); **185**, 68 (1960)
[2.309] H. Steil, Dissertation A, Wilh.-Pieck-Univ. Rostock 1979
[2.310] R. Grigorovici, Thin Solid Films **9**, 1 (1971)
[2.311] C. H. L. Goodman, wie [2.295], 197
[2.312] H. Suga, S. Seki, J. Non-Cryst. Solids **16**, 171 (1974)
[2.313] M. Sugisaki, H. Suga, S. Seki, Bull. Chem. Soc. Japan **41**, 2591 (1968), Physics of Ice, Plenum Press New York 1969, 329
[2.314] A. Smekal, Glastechn. Ber. **22**, 278 (1949)
[2.315] J. E. Stanworth, J. Soc. Glass Technol. **32**, 366 (1948)

[2.316] K. H. SUN, J. Amer. Ceram. Soc. **30**, 277 (1947).
[2.317] A. DIETZEL, Z. Elektrochem. **48**, 9 (1942)
[2.318] A. WINTER, J. Amer. Ceram. Soc. **40**, 54 (1957)
[2.319] G. LUCOVSKY, Phil. Mag. **39**, 513 (1979)
[2.320] G. JANDER, *Die Chemie in wasserähnlichen Lösungsmitteln*, Springer-Verlag 1949, S. 192—208
[2.321] L. KOLDITZ, Advanc. Inorg. Chem. Radiochem. **7**, 1 (1965)
[2.322] R. L. MJULLER, *Festkörperchemie*, *Hrsg.* S. U. BORISOVA, Verlag LGU, Leningrad 1965, S. 9
[2.323] L. PAULING, *Die Natur der Chemischen Bindung*, Verlag Chemie, Weinheim 1962, S. 94
[2.324] V. S. URUSOV, *Energetische Kristallchemie*, Verlag Nauka, Moskau 1975
[2.325] R. E. HONIG, D. A. KRAMER, RCA-Rev. **30**, 285 (1969)
[2.326] V. N. KONTRATJEVA, *Chemische Bindungsenergie, Ionisierungspotentiale und Elektronenaffinität*, Verlag Nauka, Moskau 1974
[2.327] D. LINKE, Proc. XIth Int. Congr. Glass., Prag 1977, Vol. I, 149
[2.328] J. A. DUFFY, M. D. INFRAM, J. Non-Cryst. Solids **21**, 373 (1976)
[2.329] H. J. L. TRAP, J. M. STEVELS, Glastechn. Ber. **32 K**, 31 (1959)
[2.330] J. H. HILDEBRAND, R. L. SCOTT, *The Solubility of Nonelectrolytes*, Dover Publ. Inc, New York 1964
[2.331] B. W. MOTT, Phil. Mag. **8**, Ser 2, 259 (1957)
[2.332] V. P. SHUSE, A. I. SCHELECH, Fiz. tverd. tel. **7**, 1775 (1965)
[2.333] M. B. MEYERS, E. J. FELTY, J. Electrochem. Soc. **117**, 818 (1970)
[2.334] R. BLACHNIK, Habilitationsschrift, Univ. Clausthal BRD, 1972
[2.335] D. LINKE, Proc. Inter. Conf. Amorph. Semicond. Balatonfüred 1976, Verl. Ungar. Akad. Wiss. Budapest, 1977
[2.336] A. FELTZ, B. KÜNZEL, I. LINKE, Z. anorg. allg. Chem. **437**, 237 (1977)
[2.337] H. KREBS, D. LANGNER, Z. anorg. allg. Chem. **334**, 37 (1964)
[2.338] B. V. RAO, Phys. Chem. Glass. **4**, 22 (1963)
[2.339] A. FELTZ, I. LINKE, Z. anorg. allg. Chem. **415**, 156 (1975)
[2.340] S. V. NEMILOV, Zh. Prikl. Khim. **37**, 293 (1964); Izvest. Akad. Nauk, Ser. Fiz. **28**, 1283 (1964)
[2.341] L. Šašek, wie [2.327], S. 203
[2.342] H. A. APPEN, V. B. GLUSCHKOVA, S. S. KAJALOVA, Izvest. Akad. Nauk, Neorg. Mater. **1**, 576 (1965)
[2.343] D. LINKE, Dissertation B. Friedrich-Schiller-Univ. Jena 1978
[2.344] D. LINKE, Proc. Amorph. Semicond. Pardubice 1978, S. 57
[2.345] S. A. DEMBOVSKIJ, Phys. Chem. Glass. **10**, 73 (1969)
[2.346] J. S. BERKES, wie [2.82], S. 405
[2.347] H. SCHOLZE, wie [1,16], S. 147
[2.348] P. C. SCHULTZ, H. T. SMYTH, *Amorphous Materials*, Proc. 3rd. Inter. Conf. Phys. Non-Cryst. Solids, Sheffield 1970, Wiley-Interscience, London 1972, S. 453
[2.349] G. A. PAVLOVA, A. N. AMATUNI, Izvest. Akad. Nauk, Neorg. Mater. **11**, 1443 (1976)
[2.350] A. FELTZ, L. SENF, Z. anorg. allg. Chem. **444**, 195 (1978)
[2.351] D. LINKE, G. EBERHARDT, wie [2.277], S. 339
[2.352] N. SOGA, M. KUNUGI, R. OTA, J. Phys. Chem. Solids **34**, 2143 (1973)
[2.353] J. C. THOMPSON, K. E. BAILEY, J. Non-Cryst. Solids **27**, 161 (1978)
[2.354] J. M. FARLEY, G. A. SAUNDERS, J. Non-Cryst. Solids **18**, 417 (1975)
[2.355] E. I. KOZLOVSKAJA, *The Structure of Glass*, Vol 1—8, *Hrsg.* PORAI-KOSHITS, Consultants Bureau, New York 1958, Vol. 2, S. 299
[2.356] N. SOGA, H. YAMANAKA, C. HISAMOTO, M. KUNUGI, J. Non-Cryst. Solids **22**, 67 (1976)
[2.357] I. FANDERLIK, M. SKRIVAN, wie [2.355], Vol. 6, S. 145
[2.358] M. DUTOIT, H. S. CHEN, Appl. Phys. Lett. **23**, 357 (1973)
[2.359] R. MADDIN, T. MASUMOTO, Mater. Sci. Eng. **9**, 153 (1972)
[2.360] H. J. LEAMY, H. S. CHEN, T. T. WANG, Metallurg. Trans. **3**, 699 (1972)
[2.361] H. S. CHEN, J. T. KRAUSE, E. COLEMAN, J. Non-Cryst. Solids **18**, 157 (1975)

[2.362] E. Spenke, *Elektron. Halbleiter*, Springer-Verlag, 1965
[2.363] E Wigner, Trans. Faraday Soc. **34**, 678 (1938)
[2.364] N. F Mott, Proc. Phys. Soc. (London) **A 62**, 416 (1949)
[2.365] N. F. Mott, Canad. J. Phys. **34**, 1356 (1956)
[2.366] N. F. Mott, Rev. Mod. Phys. **40**, 677 (1968)
[2.367] N. F. Mott, Phil. Mag. **6**, 287 (1961) ·
[2.368] N. F. Mott, Advan. Phys. **16**, 49 (1967)
[2.369] N F. Mott, Phil. Mag. **20**, 1 (1969)
[2.370] D. B. Mc Whan, J P Reimeika, Phys. Rev **B 2**, 3734 (1970)
[2.371] N. F Mott, W. D. Twose, Advan. Phys. **10**, 107 (1961)
[2.372] M. N. Alexander, D. F Holcomb, Rev Mod. Phys. **40**, 815 (1968)
[2.373] N. F. Mott, Contemp. Phys. **10**, 125 (1969)
[2.374] N F. Mott, Festkörperprobleme IX, 21 (1969)
[2.375] P. W Anderson, Phys. Rev **109**, 1492 (1958)
[2.376] P. W. Anderson, Rev. Modern Phy. **50**, 191 (1978)
[2.377] N. F Mott, Phil. Mag. **34**, 1101 (1976)
[2.378] N. F. Mott, E. A. Davis, Phil. Mag. **17**, 1269 (1968)
[2.379] P. Gerthsen, E. Kauer, H. G. Reik, Festkörperprobleme IX, 1 (1966)
[2.380] A. J Bosman, H. J. Daal, Advan. Phys. **19**, 1 (1970)
[2.381] N F. Mott, R. W Gurney, *Electronic Processes in Ionic Crystals*, Clarendon Press, Oxford 1940, S. 116
[2.382] N F. Mott, Phil. Mag. **19**, 835 (1969)
[2.383] N F Mott, R. S. Allgaier, Physica Status Solidi **21**, 343 (1967)
[2.384] M. H. Cohen, J. Non-Cryst. Solids **2**, 432 (1970); **4**, 391 (1970)
[2.385] A. I. Gubanov, *Quantum Electron Theory of Amorphous Conductors*, Consultants Bureau, New York 1965
[2.386] L. Banyai, *Physique des Semiconducteurs, Ed.* M Hulin, Dunod, Paris, S. 417
[2.387] M. H Cohen, H. Fritzsche, S. Ovshinsky, Phys. Rev. Lett. **22**, 1065 (1969)
[2.388] W. E. Spear, wie [2.239] Bd. 1, S. 1
[2.389] W. Brenig, ibid., S. 31
[2.390] H. Fritzsche, Proc 7th Int. Conf Amorph. Liqu. Semicond Edinburgh 1977, University Edinburgh, S. 3
[2.391] A. M Andriesh, B. T. Kolomiec, Fiz. Tverd. Tel. **6**, 2652 (1965)
[2.392] H. Fritzsche, in [1.34], S. 56
[2.393] S. C. Agarwal, Phys. Rev **B 7**, 685 (1973)
[2.394] S. G Bishop, U. Strom, P C. Taylor, Phys. Rev. Lett, **34**, 1346 (1975); **36**, 543 (1976)
[2.395] P. W Anderson, Phys. Rev. Lett. **34**, 953 (1975)
[2.396] R. A. Street, N. F. Mott, Phys. Rev. Lett. **35**, 1293 (1975)
[2.397] M. Kastner, D. Adler, H. Fritzsche, Phys. Rev. Lett. **37**, 1504 (1976)
[2.398] A. Feltz, J Non-Cryst. Solids **45**, 355 (1981)
[2.399] E. J. Yoffa, D. Adler, Phys. Rev. **B 12**, 2260 (1975)
[2.400] D. Adler, E. J. Yoffa, Phys. Rev. Lett. **36**, 1197 (1976); Canad. J. Chem. **55**, 1920 (1977)
[2.401] N. F. Mott, E. A. Davis, R. A. Street, Phil. Mag. **32**, 961 (1975)
[2.402] N. F. Mott, R. A. Street, Phil. Mag. **36**, 33 (1977)
[2.403] N. F. Mott, Rev. Phys. Appl. **12**, 619 (1977)
[2.404] N. F. Mott, wie [2,82], S. 3
[2.405] M. Kastner, H. Fritzsche, Phil. Mag. **37**, 199 (1978)
[2.406] C. W N Cumber, *Wave Mechanics for Chemists*, Heinemann Educational Books Ltd., London 1966
[2.407] M Kastner, J. Non-Cryst. Solids **31**, 223 (1978)
[2.408] M. Kastner, S. J Hudgens, Phil. Mag. **37**, 665 (1978)
[2.409] M. Rabinowitsch, Z. physikal. Chem. **119**, 59 (1926)

[2.410] W. A. Plotnikov, J. A. Fialkov, W. P. Tschalig, Z. physikal. Chem. **A 172**, 304 (1935)
[2.411] L. F. Andrieth, J. L. Kleinberg, *Non-Aqueous Solvents*, J. Wiley, New York 1953, S. 251
[2.412] D. J. Merryman, P. A. Edwards, J. D. Corbett, R. E. Mc Carley, Chem. Comm. **1972**, 779
[2.413] R. J. Gillespie, M. Morton, J. M. Sowa, Advan. Raman Spectr. **1**, 530 (1972)
[2.414] F. Cramer, Chem. Ber. **84**, 855 (1951); Naturwissenschaften **39**, 256 (1952)
[2.415] H. Kuhn, Z. Electrochemie **53**, 165 (1949)
[2.416] F. Exner, Ann. d. Phys. **15**, 412 (1882)
[2.417] R. J. Gillespie, J. Passmore, Advan. Inorg. Chem. Radiochem. **17**, 54 (1975)
[2.418] R. J. Gillespie, M. J. Morton, Inorg. Chem. **9**, 811 (1970)
[2.419] V. Mayer, V. Gutmann, Advanc. Inorg. Chem. Radiochem. **17**, 189 (1975)
[2.420] Landold-Börnstein, *Eigenschaften der Materie in ihren Aggregatzuständen*, 7. Teil, *Elektr. Eigenschaften II*, Springer-Verlag, 1960
[2.421] L. Kolditz, *Halogen Chemistry* Vol 2, *Ed.* V. Gutmann, Academic Press, London 1967, S. 115
[2.422] W. von Eggers Doering, H. Krauch, Angew. Chem. **68**, 661 (1956)
[2.423] L. Kolditz, Z. anorg. allg. Chem. **284**, 144 (1956)
[2.424] L. Kolditz, A. Feltz, Z. anorg. allg. Chem. **293**, 155 (1957)
[2.425] H. Fritzsche, Phys. Rev. **115**, 386 (1959); **119**, 1899 (1960); **125**, 1552 (1962)
[2.426] S. Suzuki, H. Sakamuya, M. Imaoka, Yogyo-Kyokai-Shi **79**, 299 (1971)
[2.427] T. Furukawa, W. B. White, J. Non-Cryst. Solids **38**, **39**, 87 (1980)
[2.428] R. Puyane, P. F. James, H. Rawson, J. Non-Cryst. Solids **41**, 105 (1980)
[2.429] S. Sakka, K. Kamiya, J. Non-Cryst. Solids **42**, 403 (1980)
[2.430] A. Martin, Z. anorg. allg. Chem., im Druck
[2.431] R. Schrader, W. Dusdorf, Kristall u. Technik **1**, 59 (1966)
[2.432] R. Schrader, R. Wissing, H. Kobsch, Z. anorg. allg. Chem. **305**, 191 (1965)
[2.433] U. Voland, R. Schrader, H. Schneider, Z. anorg. allg. Chem. **368**, 317 (1969)
[2.434] R. Schrader, H.-J. Kutzer, B. Hoffmann, Tonind.-Ztg. **94**, 410 (1970)
[2.435] G. Knape, W. Kölling, H. Schumann, Silikattechnik **18**, 388 (1967)
[2.436] P.-A. Thiessen, K. Meyer, G. Heinicke, Tribochemie
[2.437] A. Feltz, G. Fink, unveröffentlicht
[2.438] T. Mashimo, K. Nishii, T. Soma, A. Sawaoka, Phys. Chem. Minerals. **5**, 367 (1980)
[2.439] G. M. Bartenev, N. N. Scheglova, J. Non-Cryst. Solids **37**, 285 (1980)
[2.440] H. Kanno, J. Non-Cryst. Solids **44**, 409 (1981)
[2.441] H. Kanno, J. Non-Cryst. Solids **37**, 203 (1980)
[2.442] A. V. Lesikar, C. T. Moynihan, J. Chem. Phys. **73**, 1932 (1980)
[2.443] H. Yinnon, D. R. Uhlmann, J. Non-Cryst. Solids **44**, 37 (1981)
[2.444] K. Nassau, J. Non-Cryst. Solids **42**, 423 (1980)
[2.445] J. Avramov, I. Gutzow, Materials Chemistry **5**, 315 (1980)
[2.446] G. N. Greaves, Proc. IX. Inter. Conf. Amorph. Liqu. Semicond., Grenoble 1981, J. de Physique Colloque C4, Suppl. n⁰ 10, **42**, 225 (1981)
[2.447] R. Brückner, H.-U. Chun, H. Goretzki, M. Sammet, J. Non-Cryst. Solids **42**, 49 (1980)
[2.448] J. Perez, B. Duperray, D. Lefevre, J. Non-Cryst. Solids **44**, 113 (1981)
[2.449] A. C. Wright, J. Non-Cryst. Solids **40**, 325 (1980)
[2.450] J. C. Phillips, J. Non-Cryst. Solids **43**, 37 (1981)
[2.451] A. C. Wright, G. Etherington, J. A. E. Desa, R. N. Sinclair, G. A. N. Connell, J. C. Mikkelsen, J. Non-Cryst. Solids **49**, 63 (1982)
[2.452] J. H. Perlstein, Angew. Chem. **89**, 534 (1977)
[2.453] J. Gutzov, Contemp. Phys. **21**, 121 (1980)
[2.454] R. P. Messmer, J. Wong, J. Non-Cryst. Solids **45**, 1 (1981)

3 Amorphe und glasbildende Stoffsysteme

Die im Glaszustand oder in amorpher Form vorliegenden Festkörper sind, wie im voranstehenden Kapitel gezeigt wurde, durch bestimmte Struktur- und Bindungsverhältnisse gekennzeichnet, die das Ausbleiben eines gitterperiodischen Aufbaus im Bildungsprozeß derartige Stoffe verständlich erscheinen lassen. Die Elemente des Periodensystems bilden selbst vielfach nichtkristalline Zustandsformen aus. Ihre Kombinationen ergeben glasbildende Verbindungen und führen zu der Mannigfaltigkeit von Feststoffsystemen mit aperiodischem Gitteraufbau. Einige wesentliche Zusammenhänge zwischen makroskopischen Eigenschaften und der Struktur dieser Substanzen sollen in diesem Kapitel dargestellt werden.

Die metallischen Gläser, obwohl bezüglich der stofflichen Zusammensetzung überwiegend Legierungen bzw. intermetallische Phasen, werden in die Behandlung der nichtkristallinen Modifikationen der Elemente einbezogen. Es folgen die binären und ternären Verbindungen mit den zugehörigen Glasbildungssystemen. Die als Glasbildner bekannten Oxide und Fluoride werden mit aufgenommen, nicht aber die große Variationsbreite der sich von ihnen ableitenden Gläser. Zu diesen Systemen wird auf bereits vorhandene zusammenfassende Abhandlungen und Monographien verwiesen [1.3—1.17].

3.1. Nichtkristalline Zustandsformen von Elementen und Legierungen

Amorphe Modifikationen sind von einigen Elementen, z. B. von Bor, Phosphor, Arsen, Antimon und Selen bereits seit langem bekannt. Untersuchungen zur Aufklärung ihrer Struktur-Eigenschaftsbeziehungen haben erst relativ spät eingesetzt. Durch Anwendung neuartiger präparativer Methoden, der Kondensation von Dämpfen auf tief gekühlten Substraten im Hochvakuum, der Katodenzerstäubung oder durch extrem rasches Abschrecken von Schmelzen (s. 2.1.1.3., 2.1.1.4. und 2.1.3.) hat sich die Zahl der Elemente, die in glasartiger oder amorpher Form dargestellt werden können, stark vergrößert.

Auf dem Wege der Abscheidung von Metalldämpfen auf mit flüssigem He gekühlten Unterlagen sind offenbar zunächst Bi, Ga und eine Legierung von Sn mit 10% Cu in glasartiger Form erhalten worden [3.1]. Zr, Hf, V, Nb, Ta, Cr, Mo, W, Re, Fe, Ni und Al kamen später hinzu. Von Takayama [3.2] wird z. B. die in Abb. 3.1. gezeigte Übersicht angegeben, aus der hervorgeht, von welchen Elementen des Periodensystems bisher glasartige bzw. amorphe Formen bekannt sind. Bereits durch geringste Spurenverunreini-

Li	Be											B* ▲● ■p	C* ▲ ●	N	O	F	Ne
Na	Mg ▲											Al ▲ ●	Si* ▲p ●	P* ▲x ■p ●	S* x	Cl	Ar
K	Ca	Sc	Ti ●	V* ▲●	Cr* ●▲	Mn ▲p ●	Fe* ▲p ●	Co ▲p ●x	Ni* ▲x ■p ●	Cu ▲ ●	Zn	Ga* ▲ ●	Ge* ▲ ●	As* ▲	Se* ▲	Br	Kr
Rb	Sr	Y ●	Zr* ▲	Nb* ▲	Mo* ▲	Tc	Ru	Rh ●	Pd ● p	Ag ▲ ●	Cd ▲	In ●	Sn ▲ ●	Sb ●	Te* ▲ ●	J	Xe
Cs	Ba	La ●	Hf* ▲	Ta* ▲	W* ▲	Re* ▲	Os	Ir	Pt ●	Au ▲ ●	Hg	Tl ●	Pb ●	Bi* ▲ ●	Po ·	At	Rn

Abb. 3.1 Elemente des Periodensystems, die in amorphen bzw. glasartigen Zustandsformen erhalten wurden [3.1].

(▲) – durch Verdampfung und Kondensation auf ggf gekühlten Substraten, (■) – Abscheidung im Ergebnis chemischer Reaktionen, (●) – extrem hohe Abkühlraten, (×) – elektrolytische Abscheidung, (*p*) – Plasmastrahl-Verdampfung, (*) – in reiner Form.

gungen wird aber die Ausbildung amorpher Zustände oftmals stark gefördert, mitunter aber auch Keimbildung und Kristallisation initiiert, so daß der Gesichtspunkt der Reinheit der Substanzen bei derartigen Angaben zu beachten ist.

3.1.1. *Metallische Gläser*

Ausgehend von der von Klement, Willens und Duwez [1.27] entwickelten Spritz-Abschrecktechnik (*splet quenching*) und deren erstmaliger Erprobung bei der Darstellung des Glases Au_3Si, ist eine breite Palette verschiedenartiger Methoden ausgearbeitet worden, die die kontinuierliche Herstellung metallischer Gläser in Form von Drähten und dünnen Bändern gestatten. Die wichtigsten Varianten sind in Abb. 2.3. auf Seite 16 dargestellt.

Von Davies [2.220] wurde über die Darstellung glasartiger Nickelfolien in Anwesenheit von Sauerstoffspuren bei Anwendung von Abschreckraten bis zu 10^{10} K · s^{-1} berichtet. Bei den meist untersuchten eutektischen Legierungen erweisen sich Abschreckraten von 10^6 K · s^{-1}, im Falle bestimmter Pd-Cu-Si, Pd-NiP- oder Pt-Ni-P-Gläser sogar Abkühlgeschwindigkeiten 10^2 K · s^{-1} als ausreichend [3.4]. Kompakte Proben von 1 bis 3 mm Durchmesser sind auf diesem Wege zugänglich.

Über die große Mannigfaltigkeit verschiedener Elementkombinationen, deren Schmelzen unter derartigen Bedingungen glasartig erstarren bzw. die sich durch Verdampfung und Kondensation auf gekühlten Unterlagen oder durch Katodenzerstäubung in den amorphen Zustand überführen lassen, ist in mehreren Übersichtsarbeiten zusammenfassend berichtet worden [2.17, 18, 3.2, 5–8]. Eine Darstellung neuerer Resultate der Forschung über metallische Gläser vermittelt die von Guntherodt und Beck herausgegebenen Monographie Glassy Metals [3.784].

3.1.1.1. *Verschiedene Gruppen metallischer Gläser*

Eine große Gruppe glasartig erstarrender Legierungen stellen Kombinationen von Übergangsmetallen *T* mit Elementen *M* wie Be, B, C, Si, Ge, Sn, P, As, Sb oder Te dar, wobei die Zusammensetzung i. allg. im Bereich T_5M bis T_3M, meist in der Nähe von T_4M liegt. Im Phasendiagramm ist die Zusammensetzung mit der größten Glasbildungstendenz häufig mit einem tief liegenden Eutektikum verbunden, z. B. in den Systemen Au-Si und Pd-Si die Zusammensetzung $Au_{81}Si_{19}$ (T_S 643 K) bzw. $Pd_{82}Si_{18}$ (T_S 943 K) [3.9] oder im Fe-B-System $Fe_{83}B_{17}$ (T_S 1400 K) [3.10].

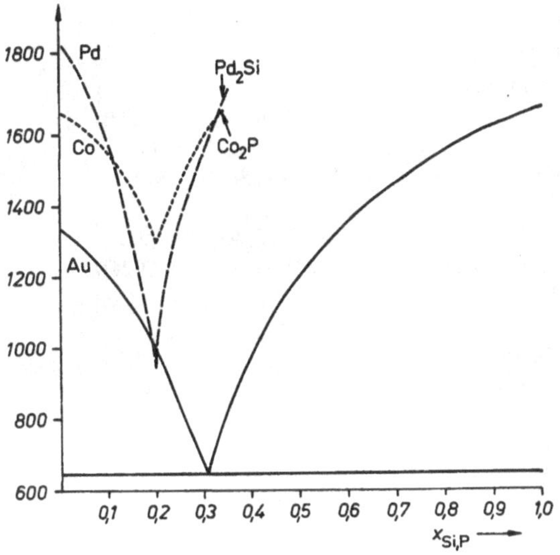

Abb. 3.2. Tiefliegende Eutektika in den binären Systemen Au—Si (————), Co—P (········), Pd—Si (– – – –).

In Abb. 3.2. ist das Phasendiagramm Au-Si, Co-P und Pd-Si angegeben. Eine Auswahl derartiger Gläser ist in Tab. 3.1. zusammen mit einigen Zusammensetzungen aus ternären und quaternären Systemen zusammengestellt, sie leiten sich von den eutektisch erstarrenden binären Kombinationen ab. In den ternären Systemen ergeben sich entlang eutektischer Linien häufig Substitutionsreihen, und in den quaternären Gläsern ist die Variabilität in der Zusammensetzung noch größer.

Es gibt aber auch zahlreiche Beispiele, in denen die Glasbildung keineswegs an eutektische Zusammensetzungen gebunden ist. Kongruent schmelzende intermetallische Phasen können unter den genannten Abschreckbedingungen gleichfalls in den Glaszustand überführt werden. Allerdings liegt auch in diesen Fällen die Schmelztemperatur bedeutend unter der der reinen Komponenten. In diese Gruppe gehören metallische Gläser von Übergangsmetallen der 1. und 8. Nebengruppe mit im Periodensystem weiter links stehenden Elementen, z. B. Ni_3Nb_2, Cu_3Zr_2 oder Rh_9Ta_{11} [3.11].

Metallische Gläser mit Actiniden- und Lanthanidenelementen als Legierungsbestandteil lassen sich schließlich zu einer dritten Gruppe zusammenfassen, z. B. U_7Fe_3, U_7Cr_3 [3.8], Gd_2Co [3.12] oder La_7Al_3 und Ce_7Al_3 [3.8].

Metallische Legierungen von Hauptgruppenelementen sind gleichfalls zugänglich, z. B. Ca_7Mg_3 [3.8].

Tabelle 3.1. Metallische Gläser
(Die T_G-Werte sind in Klammern in Kelvingraden, falls nicht anders zitiert, nach [2.146] angegeben; die Zusammensetzung in Molprozent)

Binäre Gläser	Ternäre Gläser	Quaternäre Gläser
$Au_{81}Si_{19}$ (290) [1.27]	$Au_{77}Ge_{14}Si_9$ (295 [3.15])	
$Au_{73}Ge_{27}$ (290)	$Pd_{77}Au_5Si_{18}$ (650 [3.16])	
$Pd_{82}Si_{18}$ (670 [3.14])	$Pd_{77}Cu_6Si_{17}$ (635 [3.17])	
	$Pd_{80}Si_{16}Sb_3$ (650 [3.18])	
$Pd_{81}P_{19}$ (615)	$Pd_{60}Fe_{20}P_{20}$ (617 [2.361])	
$Ni_{80}P_{20}$ (607 [2.361])	$Ni_{80}Si_8B_{12}$ (670)	
	$Ni_{40}Pd_{40}P_{20}$ (587 [2.361])	
	$Ni_{22}Pd_{62}Si_{16}$ (690 [3.19])	
$Ni_{75}P_{26}$ [3.20]	$Ni_{75}Si_8B_{17}$ (777)	$Ni_{75}P_{16}B_6Al_3$ (691 [3.23])
	$Ni_{75}P_{15}B_{10}$ [3.21]	$Ni_{68}Cr_{10}Si_{10}B_{12}$ (772)
$Co_{75}P_{25}$ [3.22]	$Co_{75}Si_{15}B_{10}$ (780)	$Ni_{68}Nb_{10}Si_{10}B_{12}$ (849)
$Fe_{83}P_{17}$ (520 [3.23])	$Fe_{83}B_2P_{15}$ (600 [3.23])	
$Fe_{83}B_{17}$ (630 [3.23])	$Fe_{81}Cr_2B_{17}$ (759)	$Fe_{75}P_{15}C_6Al_4$ (713 [3.26])
(674 [3.24])	$Fe_{80}P_{13}C_7$ (700 [3.23] [3.25])	$Fe_{75}P_{16}B_6Al_3$ (693 [3.26])
	$Fe_{79}Si_{10}B_{11}$ (813)	$Fe_{40}Ni_{40}P_{14}B_6$ (663 [3.26])
	$Fe_{75}P_{15}C_{10}$ [3.27]	
$Ti_{80}Si_{20}$ (867)	$Ti_{40}Ni_{40}Si_{20}$ (> 1000)	
	$Ti_{62}Ni_{30}B_8$ (775)	
	$Ti_{72}Fe_{12}Si_6$ (850)	
$Ni_{60}Nb_{40}$ (970)		
$Cu_{57}Zr_{43}$ (740 [3.23])		
$Cu_{50}Zr_{50}$ (680)		
$Gd_{67}Co_{33}$ (250 [3.26])		

Zur Beschreibung der Glasbildungstendenz in den Legierungssystemen sind die in Kap. 2. behandelten theoretischen Konzepte herangezogen worden [3.5, 6]. Die reduzierte Transformationstemperatur $T_{G,\mathrm{red}} = T_G/T_S$ (vgl. 2.2.2.4., Gl. 2.45) liegt bei den metallischen Gläsern im Bereich $0{,}45 < T_{G,\mathrm{red}} < 0{,}67$, was in Übereinstimmung mit Abschätzungen aus der Theorie der Keimbildung Abkühlraten bis zu 10^6 K · s^{-1} erfordert. In der Gruppe vom T_4M-Typ bewirkt die Erhöhung der M-Konzentration in den engen Grenzen, in denen Gläser erhalten werden können, i. allg. eine geringfügige Zunahme der T_G-Werte. Offenbar kommt darin ein durch die zunehmende Ausbildung der Nahordnungsstruktur bedingter Anstieg der Viskosität zum Ausdruck. Der entscheidende Beitrag zur Erfüllung der Bedingung $T_{G,\mathrm{red}} \gg 0{,}45$ resultiert aber aus der Abnahme der Liquidustemperatur T_S. Die Glasbildungstendenz, wie sie sich in der kritischen Abkühlrate q_{krit} ausdrückt, erreicht im Bereich der tiefliegenden Eutektika ihre größten Werte (vgl. 2.2.2.5. und 2.3.2.).

Starke T-M-Wechselwirkungen, relativ hohe Reaktionsenthalpien bei der Bildung der Schmelze und niedrige Kristallisationstemperaturen sind demzufolge kennzeichnend für derartige Systeme. Die Ermittlung einer relativen Maßzahl für die Glasbildungstendenz aus der Differenz zwischen der für ideales Mischungsverhalten berechneten und der gemessenen Liquidustemperatur (vgl. 2.2.2.5., Gl. 2.51) ist gleichfalls zur Erkundung von Kombinationen verwendet worden, die eine glasartige Erstarrung der Schmelze unter den genannten Bedingungen erwarten lassen. Unter Beachtung der Gültigkeitsgrenzen derartiger Beziehungen ist auf dieser Basis neuerdings eine Vielzahl metallischer Gläser vorausgesagt worden [2.146, 3.13].

3.1.1.2. *Struktur der metallischen Gläser*

Versuche, die Struktur der metallischen Gläser auf kristallitähnliche Bereiche zurückzuführen, die durch ungeordnete Zwischenschichten miteinander verknüpft sind, ergeben keine Übereinstimmung mit den experimentellen Befunden von Beugungsmessungen [3.28].

Die Dichte ist in der Regel nur um etwa 2% kleiner als für die kristalline Phase. Die Radialverteilungskurven ergeben eine weitgehende Übereinstimmung mit der jeweiligen Schmelze.

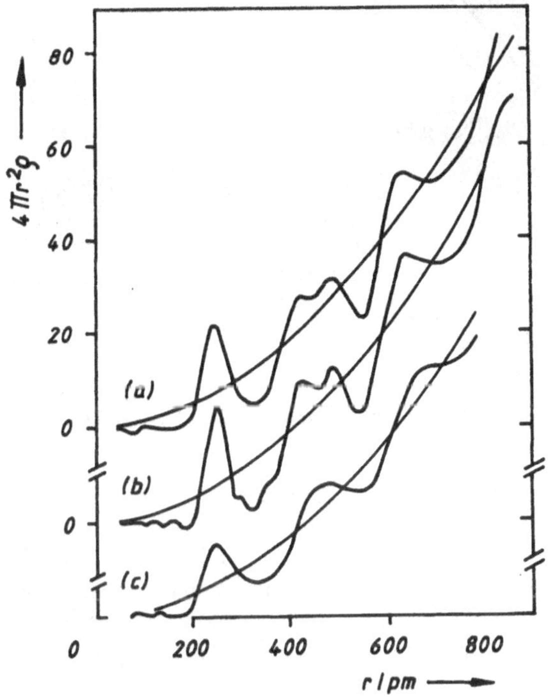

Abb. 3.3. Radialverteilungsfunktionen für (*a*) amorphes Co, (*b*) amorphes $Co_{78}P_{22}$ und (*c*) flüssiges Co nach [3.34].

In Abb. 3.3. ist der Verlauf für amorphes und flüssiges Kobalt sowie für die glasartig erstarrte Legierung $Co_{78}P_{22}$ gezeigt [3.29]. Wie aus Abb. 3.4. hervorgeht, stimmen die radialen Verteilungskurven für metallische Gläser unterschiedlicher Zusammensetzung gleichfalls weitgehend überein [2.234], was auf vergleichbare Struktur- und Bindungsverhältnisse schließen läßt.

Bewährt haben sich Modelle, die auf einer dichten stochastischen Packung (DSP) starrer Kugeln basieren (*dense random packing of hard spheres, DRPHS*) [3.30, 31]. Sie gehen auf

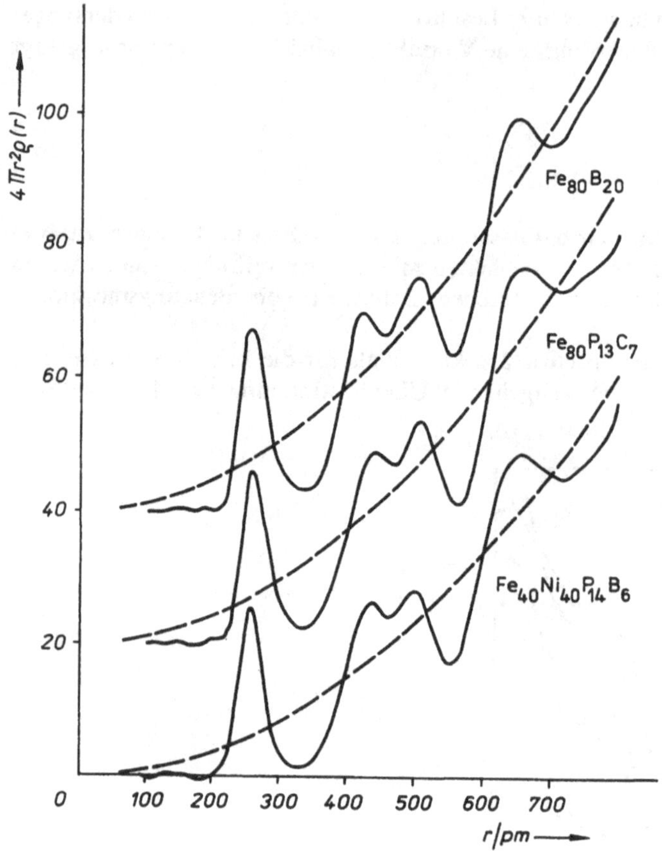

Abb. 3.4. Radialverteilungskurven metallischer Gläser unterschiedlicher Zusammensetzung nach [2.234].

das BERNALsche Strukturmodell einatomiger Flüssigkeiten zurück [2.308]. Es ergeben sich mittlere Koordinationszahlen zwischen 11 und 13. Eine der zahlreichen Abwandlungen (eine Übersicht gibt unter anderem HANDRICH [2.18]) stellt das BENNETT-Modell dar, nach dem zu einem Anfangscluster aus 3 Atomen ein weiteres Teilchen jeweils in der Weise hinzugefügt wird, daß sich ein dreifacher Kontakt zu den bereits vorhandenen ausbildet [3.32]. Dabei sind die Stellen an der Oberfläche bevorzugt, die dem Schwerpunkt des Clusters am nächsten liegen.

Eine BERNALsche Flüssigkeit kann aus den in Abb. 3.5. dargestellten Polyedern aufgebaut werden, wobei die Anordnungen (c) bis (e) nur in amorphen Strukturen auftreten. Ihr Anteil beträgt 21%. Nach POLK [2.302, 3.33] werden die M-Atome gerade in die Lücken dieser Polyeder eingebaut und die Struktur der Schmelze dadurch stabilisiert, was die häufig relativ tief schmelzenden Eutektika in der Nähe der Zusammensetzung T_4M und die in diesem Gebiet erhöhte Glasbildungstendenz erklärt [3.29]. Beugungsmessungen weisen gleichfalls darauf hin, daß eine statistische Gleichverteilung von Paarabständen T-T, M-M und T-M nicht vorliegt. Die in Abb. 2.31. auf Seite 86 wiedergegebenen partiellen RDF lassen deutlich die unterschiedliche Umgebung der Co- und P-Atome im amorphen Co_4P erkennen [2.233]. Der relativ große Wert der P-P-

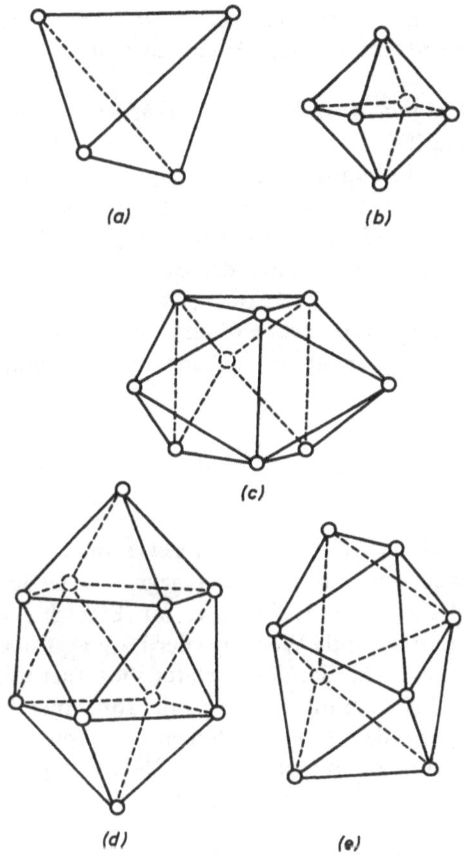

Abb. 3.5 Strukturpolyeder einer BERNALschen Flüssigkeit.

Abstände spricht nicht für das Vorliegen entsprechender Bindungsbeziehungen. Für die Koordinationszahl des P-Atoms ergibt sich ein Wert von etwa 9.

Für die Ausfüllung tetraedrischer Lücken, obwohl mit den experimentellen Befunden der Radialverteilungsmethode offenbar gleichfalls verträglich [3.34], sind die Wirkungsradien der *M*-Komponente vielfach zu groß. Ni-Nb-Gläser sind durch eine besonders hohe thermische Stabilität ausgezeichnet (Tab. 3.1.). Die Bestandteile sind echte Metalle, und der Glasbildungsbereich erstreckt sich über ein Konzentrationsgebiet von 23 bis 66 mol% Nb [3.35]. Das Beispiel zeigt, daß eine Erklärung der Glasbildungstendenz durch die Annahme einer Besetzung von Lücken in der Struktur von Metallschmelzen durch *M*-Atome zu einfach ist. In Pd-Si-Cu-Gläsern erweisen sich die partiellen Molvolumina von Si und Cu als zusammensetzungsabhängig [3.36]. Weniger das Ausfüllen von Lücken in der regellosen Packung von Atomen einer Metallschmelze als vielmehr die Ausbildung von Bindungsbeziehungen und die damit verbundene Formierung definierter Nahordnungsbereiche ist vermutlich für den strukturellen Aufbau der metallischen Gläser maßgebend. Über neuere Ergebnisse der Strukturaufklärung berichtet CARGILL [3.37], (vgl. auch [3.784]).

EXAFS-Messungen an glasartigen Pd_4Ge-Schichten zeigen Nahordnungsbereiche an, in denen das Ge-Atom die Koordinationszahl 8 bis 9 aufweist, ein Wert, der wiederum gut mit den größeren Lücken in einer BERNALschen Flüssigkeit, nicht aber mit dem Konzept der Besetzung von Tetraederlücken übereinstimmt [3.38]. Ge-Ge-Abstände werden auch in diesem System vermieden.

Bindungstheoretische Vorstellungen zur bevorzugten Ausbildung von T-M-Wechselwirkungen stehen noch weitgehend aus. NAGEL und TAUC [3.39] machten darauf aufmerksam, daß diejenige Zusammensetzung sich für die Glasbildung jeweils als optimal erweisen könnte, bei der die Minima der Zustandsdichte der Elektronen gerade mit der Fermienergie zusammenfallen, so daß der isotrope flüssige Zustand eine geringere Energie aufweist als der zugehörige kristalline. Die tief liegende Schmelztemperatur des Eutektikums wäre dann Ausdruck einer besonderen Stabilität der Flüssigkeitsstruktur und der Übergang zu Zusammensetzungsgebieten mit erhöhter Kristallisationstendenz ähnlich zu interpretieren wie z. B. die Abfolge der HUME-ROTHERY-Phasen in den bekannten Legierungssystemen.

3.1.1.3. *Eigenschaften metallischer Gläser*

Die elektrische Leitfähigkeit der Metalle ist bekanntlich durch Streuprozesse an Kristallbaufehlern und Phononen begrenzt. Im kristallinen Zustand überwiegt der letztere Einfluß. Entsprechend der hohen Geschwindigkeit der Elektronen im Bereich der FERMI-Energie (vgl. 2.5.1.1., Gl. 2.111) kann die mittlere freie Weglänge der Ladungsträger z. B. zwischen 10^{-6} und 10^{-1} cm variieren und bei der Temperatur des flüssigen Heliums sogar 10 cm erreichen. Die Leitfähigkeit nimmt folglich mit abnehmender Temperatur zu. Auf Grund der fehlenden Gitterperiodizität und des hohen Fehlordnungsgrades beträgt die mittlere freie Weglänge der Ladungen in metallischen Gläsern dagegen nur etwa 10^{-7} cm. Die Leitfähigkeit ist dementsprechend herabgesetzt und der Temperaturkoeffizient bedeutend geringer.

Der enge innere Zusammenhang zwischen Metallschmelze und Glaszustand ist auch in bezug auf die elektrischen Eigenschaften gegeben [3.8, 40]. Je nach der Zusammensetzung beobachtet man positive oder negative Temperaturkoeffizienten der Leitfähigkeit, wie z. B. im System $Pd_{0,5-0,5x}Ni_{0,5-x}P_x$ [3.41]. Temperaturabhängige Widerstände lassen sich auf dieser Basis darstellen. Auf Grund der stark verminderten mittleren freien Weglängen treten bei metallischen Gläsern nur Supraleiter vom Typ II auf. Es sind supraleitende Gläser mit Sprungtemperaturen bis zu 4,7 K beschrieben worden [3.42, 43]. Der HALL-Koeffizient ist offenbar infolge des verminderten Widerstandes um den Faktor 100 größer als für kristalline Metalle.

Ferromagnetismus in amorphen Festkörpern wurde von GUBANOV [3.44] vorausgesagt und kurz darauf an Gläsern des Au-Co-Systems experimentell nachgewiesen [3.45]. Zuvor war ferromagnetisches Verhalten aber bereits an elektrolytisch abgeschiedenen amorphen Co-P-Filmen beschrieben worden [2.31]. In Gläsern, an deren Aufbau Elemente der Seltenen Erden beteiligt sind, ist das magnetische Moment an die tief liegenden 4*f*-Niveaus gebunden und der Magnetismus dementsprechend weitgehend unabhängig von der Struktur. Bei den Übergangsmetallen der 3*d*-Reihe werden dagegen teilweise beträchtliche Änderungen in den magnetischen Eigenschaften beim Übergang vom glasartigen in den kristallinen Zustand festgestellt. In der letzteren Gruppe sind die Koerzitivfeldstärken gering, im Fall der Kombination mit Seltenen Erdmetallen auf Grund der mit den *f*-Orbitalen verbundenen Anisotropie jedoch beträchtlich.

Verlustarme Domänenwandverschiebungen auf Grund niedriger Koerzitivfeldstärken, hohe Permeabilität und verminderte Leitfähigkeit in Verbindung mit hoher Korrosionsfestigkeit kennzeichnen bestimmte metallische Gläser wie $Fe_{80}B_{20}$, $Fe_{82}B_{12}Si_6$, $Fe_{40}P_{14}B_6$, $Fe_{29}Ni_{49}P_{14}B_6Si_{12}$ oder $Fe_{78}Mo_2B_{20}$ als für elektrotechnische Anwendungen interessante neue Werkstoffe, z. B. für Transformatorkerne [3.46, 47]. Die Korrosionsfestigkeit ist bei glasartig erstarrten Fe- und Ni-Legierungen mit einem Gehalt von mehr als 8% Cr, Mo oder W besonders hoch [2.48]. Häufig werden magnetische Anisotropien in größeren Dimensionen beobachtet, z. B. in amorphen Filmen von Legierungen der Seltenen Erdmetalle mit Übergangsmetallen sog. magnetische Blasen, die relativ einheitliche Abmessungen in der Größenordnung von 10 nm aufweisen [3.49]. Speicherdichten von mehr als 10^9 bit/cm^2 erscheinen in derartigen Schichten erreichbar.

Die Zugfestigkeit der metallischen Gläser ist mit $^1/_{10}$ bis $^1/_5$ des theoretisch zu erwartenden Wertes bedeutend größer als die der kristallinen Metalle bei vergleichbarer Zusammensetzung [3.50]. Die mechanischen Eigenschaften und elastischen Konstanten wurden in zahlreichen Arbeiten beschrieben [2.22, 361, 3.19, 23, 51, 52].

Im Gegensatz zu den Oxid- und Chalkogenidgläsern sind metallische Gläser im Bereich $T < T_G$ häufig plastisch verformbar, jedoch durch mechanische Bearbeitung wiederum nicht aushärtbar, wie es z. B. für Metalle im kristallinen Zustand vielfach gegeben ist. Nicht alle metallischen Gläser sind duktil. Sie werden häufig beim Tempern bereits weit unterhalb der Kristallisationstemperatur brüchig. Die Strukturrelaxation (vgl. 2.2.1.2.), die sich darin zu erkennen gibt, beeinflußt auch zahlreiche andere Eigenschaften und ist Gegenstand der weiteren Forschung [3.53, 54].

Bei Überschreiten der Transformationstemperatur setzt in der Regel rasch Kristallisation ein. Die Kinetik der Kristallisation ist auch unter dem Aspekt einer vorgelagerten Phasentrennung an entsprechenden Systemen untersucht worden [3.16, 55, 56].

3.1.2. *Amorphe nichtmetallische Elemente*

3.1.2.1. *Bor*

Modifikationen

Elementares Bor ist in reiner Form erstmals in den 50er Jahren erhalten worden. Die unter Normalbedingungen thermodynamisch stabile Modifikation ist das β-rhomboedrische Bor. Die Darstellung erfolgt durch Kristallisation aus der Schmelze. Einkristalle von 30 cm Länge und 1 cm Dicke wurden in einer Reinheit von 99,99% 1958 nach dem Zonenschmelzverfahren gezüchtet [3.57].

Die α-rhomboedrische Modifikation erhält man durch Pyrolyse von reinsten Borhalogeniden in H_2-Atmosphäre an heißen Tantaldrähten im Temperaturbereich 1173 bis 1773 K [3.58, 59]. Die gelbroten Kristalle sind dabei in eine Schicht von amorphem Bor eingelagert, das schwarz, glasig und undurchsichtig ist. Amberger [3.60] berichtet in diesem Zusammenhang über die gleichzeitige Abscheidung einer tetragonalen Modifikation II. Zusätze von CH_4, $SiBr_4$, N_2, PBr_3 oder $AlBr_3$ zum Synthesegas induzieren, wenn die Elemente C, Si, N, P oder Al in Spuren eingebaut werden, das β-rhomboedrische Gitter, bei starkem Fremdatomeinbau jedoch die Bildung der tetragonalen Form I. Letztere ist mit dem 1943 von Laubengayer [3.61] erhaltenen kristallinen Bor identisch, das aber nicht, wie ursprünglich angenommen, als Bormodifikation, sondern als Einlagerungsverbindung $(B_{12})_4B_2C_2$ oder $(B_{12})_4B_2N_2$ anzusprechen ist. Nimmt die Konzentration an C-Atomen weiter zu, gelangt man schließlich zur Struktur der verschiedenen Borcarbide, z. B. $B_{13}C_2$. WÖHLER [3.62] hatte vermutlich Boride AlB_2, AlB_{10}, AlB_{12} und $Al(B_{12})_2C_4$ in Händen.

Außer auf dem Wege der Pyrolyse kann reines amorphes Bor auch nach der Spritz-Abschrecktechnik (*splat quenching*) aus der Schmelze erhalten werden [3.63]. Amorphes Bor wird z. B. in der Kernreaktortechnik zur Neutronenabsorption verwendet.

Die Dichte des β-rhomboedrischen Bors beträgt 2,35 g · cm^{-3}, die der α-rhomboedrischen Modifikation 2,46 g · cm^{-3}. Der niedrige Dampfdruck von 0,05 Pa bei 2187 K, der hohe Schmelzpunkt von etwa 2450 K und die große Sublimationsenthalpie von 554 kJ · mol^{-1} sowie die beträchtliche Härte von 11 (in der MOHS-Skala mit dem Wert 15 für Diamant) beruhen auf starken chemischen Bindungen in allen drei Raumrichtungen des Kristallgitters.

Struktur

Die charakteristische Baueinheit in den beiden Bormodifikationen mit bisher bekannter Struktur ist das Ikosaeder, (s. Abb. 3.6. a).

Jedes Boratom ist an 5 andere gleichwertig gebunden. Sie bilden ein regelmäßiges Fünfeck. Man kann das Ikosaeder als ein fünfeckiges Antiprisma auffassen, dem oben und unten durch je ein weitere Boratom Pyramidenspitzen aufgesetzt sind oder durch zwei ineinandergestellte trigonale Antiprismen (Oktaeder) unterschiedlicher Größe beschreiben, (s. Abb. 3.6. a).

Im α-rhomboedrischen Bor sind die B_{12}-Ikosaeder in einer annähernd kubisch flächenzentrierten Packung aneinandergefügt (Rhomboederwinkel 58.06°, a_0 = 505,7 pm) (Abb. 3.6. b). Der Zusammenhalt in den Schichten senkrecht zur (111)-Richtung erfolgt durch Dreizentren-Zweielektronenbindungen, Abb. 3.6. c), die durch die Boratome an den Ecken des größeren trigonalen Antiprimas vermittelt werden (sog. äquatoriale oder *e*-Ecken), je Ikosaeder also durch 6 · 2/3 = 4 Elektronen. Für die Wechselwirkung zwischen den Schichten sind dagegen normale kovalente Zweielektronenbindungen in den Translationsrichtungen der rhomboedrischen Zelle verantwortlich, die von den Boratomen des kleineren trigonalen Antiprismas ausgehen (sog. rhomboedrische oder *r*-Ecken), je Ikosaeder also 6 Elektronen. Die von den 12 · 3 = 36 Valenzelektronen verbleibenden 26 besetzen 13 bindende Molekülorbitale, wie sie sich für ein B_{12}-Ikosaeder aus der MO-Theorie ergeben [3.64].

Die Baueinheit des β-rhomboedrischen Bor ist in Abb. 3.7. angegeben.

Sie entspricht einem 60-Ecken-Polyeder, wie es z. B. durch die Nahtstellen eines heute gebräuchlichen Fußballs beschrieben wird. 12 reguläre Fünfecke und 20 reguläre Sechsecke mit je gleicher Kantenlänge sind auf der Oberfläche verbunden. Im Innern des aus 60 Boratomen bestehenden Polyeders befinden sich 24 weitere Atome. 12 davon ergänzen die Fünfecke in radialer Richtung zu fünfseitigen Pyramiden. Sie sind ihrerseits mit den Eckpunkten eines B_{12}-Ikosaeders in der Mitte verbunden. Derartige B_{84}-Einheiten besetzen die Eckpunkte einer rhomboedrischen Elementarzelle mit a = 1014,5 pm und α = 65° 17′, in der noch mindestens 21 weitere B-Atome untergebracht sind, 20 in Lücken über den Sechsecken der B_{84}-Einheiten und vermutlich ein Boratom in der Mitte der Zelle [3.65, 66].

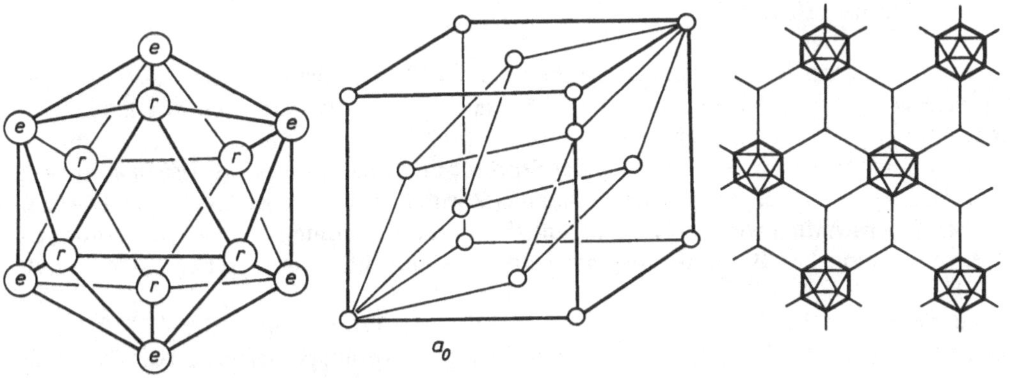

(a) (b) (c)

Abb. 3.6. Struktur der α-rhomboedrischen Modifikation von Bor.
(a) — B_{12} — Ikosaeder; (b) — Packung der Ikosaeder nach (a) in der rhomboedrischen Elementarzelle; (c) — Dreizentren-Zweielektronenbindungen zwischen den Ikosaedern in den Schichten ⊥ (111), die von den B-Atomen in e-Position ausgehen.

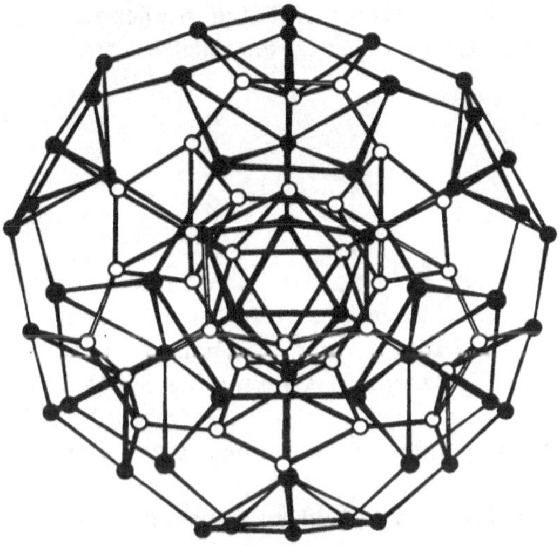

Abb. 3.7. B_{84}-Baueinheit der β-rhomboedrischen Bor-Modifikation.

Die dem sog. tetragonalen Bor I zugeschriebene Kristallstruktur, wie man sie vielfach noch in Lehrbüchern angegeben findet, enthält zusätzlich Fremdatome. Im $(B_{12})_4B_2N_2$ sind 4 Ikosaeder über 2 N-Atome in Tetraederkonfiguration und 2 weitere B-Atome je Elementarzelleneinheit zu einem dreidimensionalen Raumnetz verknüpft [3.67].

Die Radialverteilungskurve des amorphen Bors stimmt mit der der kristallinen Modifikationen weitgehend überein [3.68]. Die Gitterperiodizität setzt angesichts der Größe der Elementarzellen im α-rhomboedrischen und erst recht im β-rhomboedrischen Bor bei Abstandswerten ein, die bereits jenseits des Auflösungsvermögens von Beugungsverfahren liegen. Es liegt hier ein typisches Substanzbeispiel für die in 2.4.1.1. angesprochene Begrenzung der Aussagekraft dieser Methoden vor. Nach den Ergebnissen der modernen Borchemie muß man annehmen, daß ein breit gefächertes Spektrum von Fragmenten der B_{12}-Ikosaeder am Aufbau von amorphem Bor beteiligt ist.

Eigenschaften

Die aus der komplizierten Struktur resultierende Größe der Elementarzelle läßt erwarten, daß eine weitgehende Übereinstimmung der Eigenschaften zwischen den kristallinen Zustandsformen und dem amorphen Bor gegeben ist. Man hat sogar umgekehrt versucht, die Modellvorstellungen zur Beschreibung der Struktur und Bindungsverhältnisse in amorphen bzw. glasartigen Festkörpern auf die kristallinen Bormodifikationen zu übertragen. Die elektrischen Eigenschaften wie Leitfähigkeit und Thermokraft konnten z. B. für β-rhomboedrisches und amorphes Bor auf einer solchen Basis einheitlich interpretiert werden [3.69 bis 71].

Die elektrische Leitfähigkeit folgt im Gebiet tiefer Temperaturen dem $T^{-1/4}$-Gesetz nach MOTT (vgl. 4.1.3.1.), beruht also auf Elektronensprungprozessen zwischen lokalisierten Zuständen im Bereich der FERMI-Energie. Für die Zentrendichte ergibt sich ein Wert von etwa 10^{18} cm^{-3}. Oberhalb 600 K mündet die Leitfähigkeitskurve in den Eigenleitungsbereich ein. Die Aktivierungsenergie beträgt beim amorphen Bor 0,65 eV, beim β-rhomboedrischen 0,70 eV. Unter der Annahme, daß die Fermi-Energie in der Mitte der Bandlücke fixiert ist, läßt sich die Breite der letzteren aus derartigen Messungen zu etwa 1,3 bis 1,4 eV abschätzen. Die Absorptionskante zeigt sowohl für amorphes als auch für β-rhomboedrisches Bor im Bereich $0{,}5 < h\nu < 0{,}9$ eV einen exponentiellen Verlauf.

3.1.2.2. *Kohlenstoff*

Kristalline Modifikationen

Die vielfältigen Erscheinungsformen des elementaren Kohlenstoffs bestehen bekanntlich größtenteils aus Graphit. Sie weisen einen unterschiedlichen Reinheits- und Dispersitätsgrad auf. Reiner Graphit hat eine Dichte von 2,266 g · cm^{-3}. Diamant hat mit 3,514 g · cm^{-3} eine bedeutend größere Dichte. Trotzdem ist Graphit bei 300 K und Normaldruck um 0,29 kJ · mol^{-1} stabiler. Die Atomisierungsenthalpie von Graphit beträgt bei 300 K 71,8 kJ · mol^{-1}, der Schmelzpunkt unter Normaldruck etwa 4100 K [3.72].

Im Graphit sind die Kohlenstoffatome in regelmäßigen sechsseitigen Ringen angeordnet, die zu ebenen Schichten verknüpft sind. Jedes Atom ist von 3 anderen im Abstand von 141,8 pm umgeben. Der Bindungswinkel beträgt 120°. Die Struktur kann durch ein zweidimensionales Gerüst von σ-Bindungen beschrieben werden, wie es sich durch Ausbildung von Bindungsbeziehungen zwischen sp^2-Hybridorbitalen ergibt. Das je Kohlenstoffatom verbleibende Elektron hat nur oberhalb und unterhalb der Ebene der wabenartig vernetzten Atome eine endliche Wahrscheinlichkeitsdichte (π-Elektronen). Es ist weitgehend delokalisiert, woraus die hohe metallähnliche Leitfähigkeit des Graphits resultiert. Sie beträgt parallel zu den Schichten etwa 2 Ω^{-1} cm^{-1}, senkrecht dazu jedoch nur 10^{-4} Ω^{-1} $\times cm^{-1}$. Die Schichten sind in hexagonaler Folge *ABAB* im Abstand von 335,4 pm übereinandergestapelt, können aber auch in der Folge *ABCABC* bzw. einer der unendlich vielen Kombinationen dieser beiden Grenzfälle (rhomboedrischer Graphit) angeordnet sein. Über Graphitformen mit einer in diesem Sinne statistischen Verteilung der relativen Positionen der Schichten zueinander ist von HALL [3.73] berichtet worden.

Auf Grund des relativ großen Abstandes zwischen den Schichten sind die Bindungskräfte relativ schwach, was die makroskopisch geringe Härte erklärt. Innerhalb der Schichten liegen dagegen sehr starke Bindungskräfte vor. Fasern aus Graphitkohlenstoff erreichen eine Zugfestigkeit von 100 GPa (*E*-Modul etwa 1 TPa). An haarfeinen Einkristallen, sog. Kohlenstoff-Whiskern, sind Werte von 20 GPa gemessen worden (*E*-Modul 700 GPa) [3.74].

Im Diamantgitter ist der Valenzzustand der C-Atome durch 4 symmetrieäquivalente sp^3-Hybridorbitale gekennzeichnet. Aus ihrer Wechselwirkung resultiert ein dreidimensionales Gerüst von σ-Bindungen, das für die außerordentliche Härte dieser Kohlenstoffmodifikation verantwortlich ist. Der Bindungsabstand beträgt 154,45 pm, der Bindungswinkel 109° 28'. Diamant ist ein Isolator mit einer Breite der verbotenen Zone von 5,3 eV. Die Struktur ist durch ein kubisch flächenzentriertes Gitter, in dem die Mitten der Achtelwürfel alternierend durch 4 weitere C-Atome besetzt sind, bzw. durch zwei ineinandergestellte kubisch flächenzentrierte Gitter zu beschreiben, die in Richtung der Würfeldiagonale um $^1/_4$ gegeneinander versetzt sind. Das Gitter kann, wie aus Abb. 3.8. hervorgeht, als eine dreidimensionale Vernetzung von Cyclohexanringen in der Sesselform (*staggered*-Konformation) aufgefaßt werden. Die *ABC*-Folge der den jeweiligen Teilgittern entsprechenden C-Atome (Zinkblendetyp, Abb. 3.8a) kann auch hier in eine *AB*-Folge (Wurtzittyp, Abb. 3.8.b) bzw. eine der mannigfachen Kombinationen beider Typen überführt werden.

Im Wurtzitgitter liegt ein Teil der Cyclohexanringe in der Wannenform (*eclipsed*-Konformation) vor. Vom SiC sind mehr als 140 verschiedene Stapelvarianten solcher Art beschrieben worden [3.75]. Über die dem Wurtzitgitter analoge Modofikation, den sog. hexagonalen Diamant, wird in der Literatur gleichfalls berichtet [3.76, 77]. Es ist anzunehmen, daß eine solche Art der topologischen Fehlordnung auch in den nach speziellen Verfahren darstellbaren amorphen Diamantfilmen vorliegt [3.78].

Eine weitere farblose Kohlenstoffmodifikation stellt das Carbin dar [3.79, 80]. Die

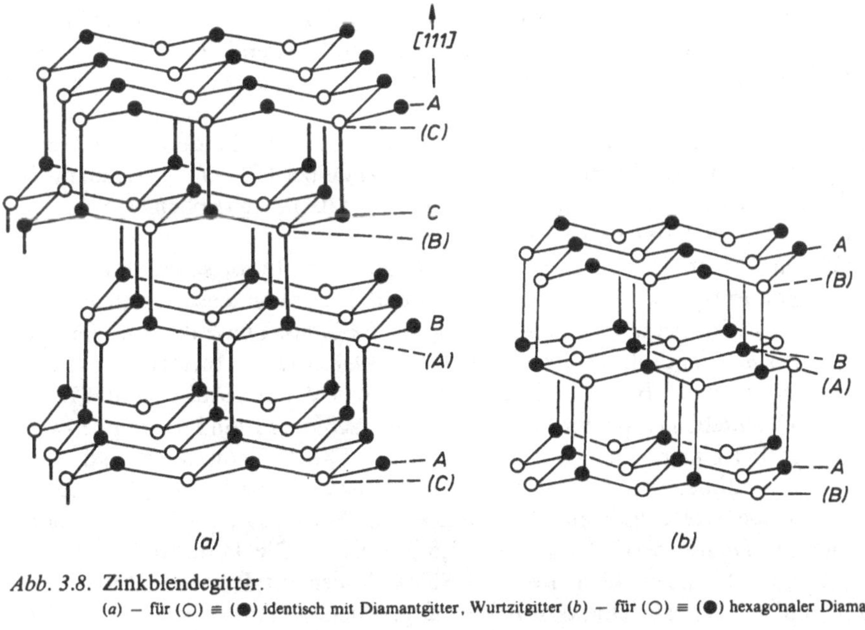

Abb. 3.8. Zinkblendegitter.
(*a*) – für (○) ≡ (●) identisch mit Diamantgitter, Wurtzitgitter (*b*) – für (○) ≡ (●) hexagonaler Diamant.

C-Atome sind hier zu starren linearen Ketten verbunden, wobei zwischen zwei Formen, je nachdem, ob kumulierte Doppelbindungen oder alternierend Einfach- und Dreifachbindungen vorliegen, unterschieden wird:

$$=C=C=C=C=C=C=$$
$$-C{\equiv}C-C{\equiv}C-C{\equiv}C- \,.$$

Carbin fällt bei der oxydativen Verknüpfung von C_2H_2 mittels CuCl oder bei der Dehydrochlorierung von Polyvinylidenchlorid durch Na/NH_3 zunächst amorph an und kann durch Erhitzen im Vakuum in die kristalline Form überführt werden. Die Darstellung durch Sublimation von pyrolytischem Graphit wurde gleichfalls beschrieben [3.81]. Man hat diese Formen des Kohlenstoffs auch aus Graphitanteilen in Gneisen des Nördlinger Ries präpariert [3.82]. Neuere Ergebnisse weisen darauf hin, daß Carbin geochemisch weit verbreitet ist, stets aber nur in geringen Anteilen mit Graphit gemeinsam vorkommt.

Amorpher und glasartiger Kohlenstoff

Die zahlreichen Arten des sogenannten amorphen Kohlenstoffs, wie z. B. Holzkohle oder Ruß, sind mikrokristalline Formen des Graphits. Amorphe Kohlenstoffilme, wie man sie nach verschiedenen Aufdampf- bzw. Abscheidungstechniken erhält, lassen nach Strukturuntersuchungen sowohl diamantähnliche als graphitähnliche Nahordnungsbereiche erkennen, wobei letztere offenbar überwiegen [3.83, 84]. Eine statistische Verteilung liegt nicht vor. Elektronenbeugungsmessungen weisen auf lokale Ordnungsbereiche in Abmessungen von 1 nm mit graphitanaloger Struktur und fehlgeordneter Schichtfolge hin. Diese Strukturbereiche sind durch Atome in Konfigurationen verknüpft, wie sie im Diamantgitter und seinen verschiedenen Abwandlungen auftreten. Für amorphe C-Schichten trifft demnach ein Kristallitmodell zur Beschreibung der Struktur zu (vgl. 2.4.2.2.).

Das Absorptionsspektrum befindet sich mit einer derartigen Struktur in Übereinstimmung [3.85], ebenso die elektrische Leitfähigkeit [3.86]. Die Filme sind dunkel in der Farbe und die Leitfähigkeit ist stark anisotrop, z. B. $30\ \Omega^{-1}\ cm^{-1}$ lateral und $10^{-4}\ \Omega^{-1}\ cm^{-1}$ senkrecht zur Schichtebene. ESR-Messungen ergeben entsprechend der erwartungsgemäß positiven Korrelationsenergie eine Spindichte von $3 \cdot 10^{19}\ cm^{-3}$ [3.87]. Das Raman-Spektrum von amorphem Kohlenstoff ist durch eine dominierende Bande bei $1500\ cm^{-1}$ gekennzeichnet [3.88]. Graphiteinkristalle ergeben eine Bande bei $1575\ cm^{-1}$, Diamant bei $1332\ cm^{-1}$. Dieser Befund weist gleichfalls darauf hin, daß in amorphen C-Schichten überwiegend graphitanaloge Bereiche vorliegen.

Glasartiger Kolenstoff ist ein technisches Produkt, das durch Pyrolyse dreidimensional vernetzter organischer Polymere, z. B. aus Phenol- und Furankondensationsprodukten, erhalten wird [3.90]. Es wird bei der Carbonisierung keine flüssige Phase durchlaufen. Der Graphitierungsprozeß ist kinetisch gehemmt. Die Graphit-Kristallite bleiben selbst beim Erhitzen auf 3100 K klein, z. B. auf Abmessungen von 490 nm parallel und 310 nm senkrecht zu den Schichtebenen beschränkt [3.89]. Der Schichtabstand beträgt 344 pm gegenüber 335,4 pm bei einem gut geordneten Graphit. Die Schichtpakete sind durch einen hohen Anteil dreidimensional vernetzender Kohlenstoffatome verknüpft, wodurch die Isotropie, die große Härte und ein den üblichen Gläsern analoges Bruchverhalten zustande kommt. Die Dichte beträgt nur etwa $1{,}5\ g \cdot cm^{-3}$. Die Permeabilität für He ist mit $10^{-11}\ cm^2 \cdot s^{-1}$ trotzdem klein und mit Silicatgläsern vergleichbar. Porendurchmesser von 136 nm wurden als charakteristisch angegeben. Offenbar sind nur wenige

Poren von außen zugänglich, was zugleich die hohe Korrosionsbeständigkeit erklärt. Die spezifische Leitfähigkeit beträgt etwa 0,02 Ω^{-1} cm^{-1} [3.74]. Strukturuntersuchungen bestätigen den Aufbau aus mikrokristallinen graphitähnlichen Domänen, die in Bereiche mit dreidimensionaler Verknüpfung und zugleich aperiodischer Anordnung der Kohlenstoffatome eingebettet sind [3.91].

3.1.2.3. *Silicium, Germanium und abgeleitete Systeme*

Kristalline Modifikationen

Die Elemente kristallisieren im Diamantgitter (Si I und Ge I). Die Bindungsabstände betragen 235 bzw. 245 pm, die Dichte 2,328 bzw. 5,323 g · cm^{-3} und für den optischen Bandkantenabstand ergeben sich Werte von 1,12 bzw. 0,78 eV.

Unter einem Druck von 15 GPa hat Si eine mit Al vergleichbare spezifische Leitfähigkeit. Es liegt dann als Metall vor, und die Struktur entspricht dem Gitter des weißen Zinn. Die Dichte ist um 23%, die Bindungsabstände um etwa 6% vergrößert. Man bezeichnet diese Hochdruckmodifikation als Si II. Die analoge Form des Germaniums, das Ge II, entsteht bereits unter einem Druck von 12 GPa [3.92, 93]. Die Volumenkontraktion beträgt hier 21%, und der mittlere Bindungsabstand ist in Verbindung mit der Zunahme der Koordinationszahl auf 6 um etwa 8% vergrößert. In beiden Fällen ist diese Zustandsform unter Normaldruck nicht stabil.

Nach Aufhebung der Druckeinwirkung geht aus dem Si II eine kubisch raumzentrierte Struktur mit einer Dichte von 2,55 g · cm^{-3} und 16 Atomen in der Elementarzelle (a = 663,6 ± 0,005 pm) als Si III hervor. Die Si-Atome haben wieder die Koordinationszahl 4 angenommen. Die Tetraederwinkel betragen 99° und 108°, die Bindungsabstände sind in Richtung der trigonalen Achse auf 230 ± 1 pm verkürzt, im übrigen auf 239 ± 1 pm aufgeweitet. Die größere Dichte kommt in den kleineren Abständen zu den übernächsten Nachbarn — 345 gegenüber 384 pm im Si I — deutlich zum Ausdruck. Ist im Diamantgitter jedes Atom Bestandteil von 12 verschiedenen Sechsringen, s. Abb. 3.8.a), so ist die im Si II vorliegende Konfiguration der Atome dadurch gekennzeichnet, daß neben einer verminderten Zahl von Sechsringen jetzt auch Achtringe auftreten. Die spezifische Leitfähigkeit ist gegenüber der Hochdruckmodifikation nur um den Faktor 10 bis 100 verringert. Erhitzt man Si III auf 500—900 K, dann bildet sich eine dem Wurtzgitter, Abb. 3.8.b), entsprechende Struktur aus. Die Dichte beträgt 2,33 g · cm^{-3}, und die spezifische Leitfähigkeit von 10^{-4} Ω^{-1} cm^{-1} nimmt mit zunehmender Temperatur wie im Si I steil ab.

Beim Germanium wird durch Entlastung aus dem Hochdruckzustand Ge II eine tetragonale Phase Ge III mit a = 593 ± 1, c = 698 ± 1 pm und 12 Atomen in der Elementarzelle erhalten. Mit 5,91 g · cm^{-3} ist die Dichte von Ge III um 11% größer als die von Ge I. Die Bindungsabstände sind mit 248 bis 249 pm geringfügig aufgeweitet, die Verzerrung der Tetraederwinkel ist jedoch beträchtlich. Die übernächsten Abstände betragen 381 pm gegenüber 400 pm im kubischen Germanium. Im Ge III treten neben Sechsringen auch Fünf- und Siebenringe auf.

Wendet man höhere Drucke an und entspannt bei hinreichend niedriger Temperatur, dann ist beim Germanium die dem Si III entsprechende Modifikation gleichfalls zugänglich. Man hat diese Form auch als Ge IV bezeichnet. Eine weitere Modifikation, das allo-Ge, wurde durch eine topotaktische Festkörperreaktion aus Li_7Ge_{12} erhalten, indem man Li durch Einwirkung von H_2O oder Benzophenon eliminiert [3.807].

Struktur der Schmelze

Si schmilzt bei 1686 K, Ge bei 1231,6 K. Die elektrische Leitfähigkeit nimmt beim Übergang in den flüssigen Zustand in beiden Fällen sprunghaft zu, im Fall des Siliciums etwa um den Faktor 30, beim Germanium etwa um den Faktor 15 auf Werte um $10^4\ \Omega^{-1}\text{cm}^{-1}$, wie sie für geschmolzene Metalle charakteristisch sind [1.28]. Beide Elemente zeigen auch in bezug auf den Verlauf der Dichte am Schmelzpunkt ein anomales Verhalten. Die Schmelze der Elemente weist gegenüber dem kristallinen Zustand ein um 8% kleineres Molvolumen auf, und der Erstarrungspunkt nimmt wie beim Wasser mit zunehmendem Druck ab und zwar um etwa 3 K/100 MPa.

RÖNTGEN-Radialverteilungsuntersuchungen ergeben für Ge-Schmelzen eine Koordinationszahl von etwa 6 mit einer dem weißen Zinn vergleichbaren Nahordnungsstruktur [3.94, 95]. Versuche, den isotropen Zustand der Schmelze bei Raumtemperatur zu fixieren, erfordern extrem hohe Abkühlraten. Im Zusammenhang mit der Darstellung amorpher Ge-Filme aus der Schmelze wurden Abschreckraten von $10^{10}\ \text{K} \cdot \text{s}^{-1}$ angegeben [2.26], für den strukturellen Aufbau aber nicht die erwartete Ähnlichkeit mit der Schmelze gefunden. Erst bei 965 K tritt Kristallisation ein. Elektronenbeugungsmessungen weisen auf eine weitgehende Analogie mit der Struktur des amorphen Germaniums hin, wie man es bei der Abscheidung aus der Gasphase nach verschiedenen Verfahren, durch Elektrolyse oder bei Ionenimplantationsexperimenten erhält.

Amorphe Formen des Siliciums und Germaniums

Amorphes Silicium und Germanium sind durch Verdampfung und Kondensation der Elemente im Hochvakuum oder durch Katodenzerstäubung im Argonplasma zugänglich. Je nach dem angewandten Verfahren und den experimentellen Bedingungen, z. B. der Abscheidungsrate, der Substrattemperatur, einer nachfolgenden Temperaturbehandlung oder dem Restgasdruck in der Apparatur, werden dabei amorphe Schichten mit stark divergierenden Eigenschaften erhalten. Eine Zusammenfassung der älteren Literatur mit ihren sich zum Teil stark widersprechenden Angaben gibt BIENENSTOCK [3.96].

Eigenschaften amorpher Ge-Filme, die im Ultrahochvakuum präpariert wurden, sind von YOFFE u. M. [3.97] beschrieben worden. Die Reproduzierbarkeit der Schichten ist um so besser, je geringer der Restgasdruck, je kleiner die Abscheidungsrate und je höher die Substrattemperatur ist. Offenbar wird die Ausbildung einer bestimmten metastabilen amorphen Struktur durch eine hinreichende Oberflächenbeweglichkeit der Atome begünstigt. Die Substrattemperatur ist durch die Kristallisationstemperatur der amorphen Substanzen begrenzt. Die kritische Keimbildungstemperatur für Oberflächenkristallisation liegt beim reinen amorphen Ge etwa bei 653 K [3.98], für amorphes Si zwischen 770 und 870 K. Die Kristallisationsenthalpie des amorphen Ge wird in der Literatur mit zwei voneinander abweichenden Werten 11 kJ $\cdot$ mol^{-1} bzw. 16 kJ $\cdot$ mol^{-1} angegeben. Glastransformationstemperaturen werden bei den amorphen Formen beider Elemente nicht beobachtet.

Als eine weitere Forderung bei der Darstellung amorpher Schichten von Si und Ge wurde das möglichst senkrechte Auftreffen des Dampfstrahls auf die Unterlage, d. h. ein möglichst großer Abstand zwischen Verdampfer und Substrat, erkannt. Der Eintrittswinkel beeinflußt wohl das Ausmaß, mit dem sich beim Schichtwachstum Hohlräume ausbilden. Auf Abmessungen von 70 bis 2000 pm wurde aus Elektronen-Kleinwinkelbeugungsmessungen geschlossen, z. B. wurden langgestreckte Kavitäten senkrecht zur Schichtebene nachgewiesen [3.99]. Anteil und Form hängen aber stark von den Präparationsbedingungen ab. Dichteunterschiede und eine jeweils variable Konzentration an ungepaarten Elektronen, unabgesättigter Bindungen (*dangling bonds*) als Defektzentren, die z. B. an der inneren Oberfläche derartiger Hohlräume lokalisiert sind, werden auf diese Weise erklärt.

Es ist auch verständlich, daß Spurenverunreinigungen, z. B. die Kontamination von Sauerstoff, die im ESR-Spektrum meßbare Spindichte sowie die von ihr abhängenden elektrischen Transporteigenschaften empfindlich beeinflussen. Durch Katodenzerstäubung abgeschiedene Ge-Schichten enthalten selbst bei Substrattemperaturen von 625 K 1,8 mol% Ar eingeschlossen [3.96, 100].

Hohe Abscheidungstemperaturen, niedrige Abscheidungsraten und extrem saubere Bedingungen, wie sie praktisch nur durch Verdampfung im Ultrahochvakuum realisiert werden können, ergeben bei Beachtung geometrischer Faktoren in der Verdampfer-Substrat-Anordnung einheitliche amorphe Si- und Ge-Schichten, deren Eigenschaften sich bei einer nachfolgenden Temperung nicht mehr wesentlich ändern.

Durch elektrolytische Abscheidung, z. B. aus einer Lösung von $GeCl_4$ in Propylenglycol, lassen sich amorphe Ge-Schichten gleichfalls gewinnen [2.32, 3.101].

Es ist noch ein weiter Weg zur Darstellung definierter Formen des amorphen Si und Ge beschritten worden. Ihm liegt die Überlegung zugrunde, die ungepaarten Elektronen unabgesättigter Bindungen durch Zugabe bestimmter Zusätze während oder im Anschluß an die Präparation in chemischen Bindungen festzulegen und die hohe und empfindlich beeinflußbare Dichte lokalisierter Zustände auf diese Weise drastisch zu reduzieren [3.102]. Über die Verdampfung von Si in Anwesenheit kleiner Sauerstoffdrucke ist in zahlreichen Arbeiten berichtet worden. CONNELL u. M. [3.103] setzten dem Argonplasma bei der Katodenzerstäubung von Si einige Prozent H_2 zu.

Als besonders erfolgreich hat sich die von SPEAR u. M. [3.104, 105] erstmals breit angewandte Methode der Zersetzung von SiH_4 in der Glimmentladung erwiesen. Die Produkte enthalten 5—50 mol% Wasserstoff, stellen also kein reines Silicium mehr dar, sondern sind vielmehr als makromolekular vernetzte Poly-Cyclosilane zu bezeichnen [3.104—108]. Die Zusammensetzung derartiger Filme hängt von der Art der Entladung, der Entladungsleistung, dem SiH_4-Partialdruck und der SiH_4-Durchflußrate sowie von der Substrattemperatur ab. Im allgemeinen nimmt der H-Gehalt mit zunehmender Substrattemperatur ab, 470 bis 670 K sind üblich.

Die den Transport von Ladungen begrenzende Wirkung der Lokalterme ist durch Absättigung aufgebrochener Bindungen, wie sie im reinen amorphen Si in hoher Dichte vorliegen, weitgehend aufgehoben. Es ist dadurch möglich, das Leitfähigkeitsverhalten derartiger Schichten durch Dotierung mittels geeigneter Donatoren und Akzeptoren in definierter Weise zu modifizieren. Setzt man dem der Einwirkung der Glimmentladung ausgesetzten SiH_4-Strom nacheinander z. B. PH_3 und B_2H_6 zu, so lassen sich auf diesem Wege *pn*-Übergänge in den amorphen SiH_x-Schichten realisieren, die für großflächige Bauelemente, z. B. eine potentiell mögliche Anwendung in Solarzellen, ein beträchtliches Interesse gefunden haben [3.109, 110], (vgl. 4.1.3.5. und 5.1.3.).

Die Bearbeitung des Gebietes hat dementsprechend insbesondere auch in präparativ-chemischer Hinsicht in den letzten Jahren einen starken Aufschwung erfahren [3.111]. Offenbar mit dem Ziel der Erhöhung der Langzeitstabilität bei gleichzeitiger Verbesserung der Energieausbeute sind die Möglichkeiten der partiellen oder vollständigen Substitution der H-Atome durch andere Fremdatome, z. B. durch O oder F, gleichfalls eingehend untersucht worden [3.112—114]. Ausführliche Angaben über den Zusammenhang zwischen Präparationsbedingungen und Eigenschaften werden in [3.785] mitgeteilt.

Struktur des amorphen Siliciums und Germaniums

Auf Grund der guten Vergleichsmöglichkeiten mit entsprechenden Struktur-Eigenschaftsbeziehungen der kristallinen Elemente wurde dem amorphen Si und Ge seit jeher die Rolle von Schlüsselsubstanzen zuerkannt, deren Erforschung einen grundlegenden Fortschritt im Verständnis der amorphen bzw. glasartigen Halbleiter herbeiführen sollte. Der Strukturaufklärung ist daher in der Literatur eine große Zahl von Arbeiten gewidmet.

RÖNTGEN-, Elektronen- und Neutronenbeugungsmessungen ergeben für die durch Verdampfung oder Katodenzerstäubung bzw. elektrolytische Abscheidung hergestellten amorphen Elemente Radialverteilungskurven, die in ihrem Verlauf ein relativ einheitliches Bild erkennen lassen [2.303, 3.116—118, 807]. Selbst bei Bestrahlung mit energiereichen Ge-Ionen entsteht aus dem kubischen Germanium eine amorphe Form, die sich strukturell von den amorphen Schichten kaum unterscheidet. Es kann daraus auf eine relativ einheitliche metastabile Gleichgewichtskonfiguration der Atome in den amorphen Zustandsformen beider Elemente geschlossen werden.

In Abb. 3.9. a) ist die RDF für kristallines und amorphes Si nach [3.119] wiedergegeben. Das erste und zweite Maximum bei $r_1 = r_0 = 235$ pm und $r_2 = (8/3)^{1/2} \cdot 235 = 384$ pm stimmt für beide Formen überein. Bezüglich der Koordinationszahl ergibt sich für die erste Sphäre gleichfalls in beiden Fällen ein Wert von 4 und für die zweite ein Wert von 12. Unterschiede treten im weiteren Verlauf auf. Das dritte Maximum ist in der RDF des amorphen Si praktisch nicht vorhanden. Abbildung 3.9. b) zeigt den analogen experimentellen Befund für amorphes Ge nach [3.120]. Zum Vergleich sind die Kurven, wie sie sich aus verschiedenen Netzwerkmodellen ergeben, mit eingezeichnet [3.121—123]. Abbildung 3.9. b) ist einer Arbeit von CONNELL und LUCOVSKY [2.304] entnommen.

Amorphe Ge-Schichten, die durch Katodenzerstäubung oder elektrolytische Abscheidung erhalten wurden, weisen in der radialen Dichteverteilung einen weitgehend übereinstimmenden Kurvenverlauf auf [3.117]. Mit $r_1 = 246 \pm 1$ pm und $r_2 = 400 \pm 4$ pm stimmt die Nahordnung in erster und zweiter Sphäre auch hier mit den Angaben für kristallines Ge überein.

Kristallitmodelle gestatten im Unterschied zum amorphen Kohlenstoff keine befriedigende Wiedergabe der experimentellen Ergebnisse von Beugungsmessungen. Clustermodelle (s. 2.4.2.3.) wurden gleichfalls wiederholt zur Interpretation herangezogen [2.310, 3.124, 125].

Ein kontinuierliches regelloses dreidimensionales Netzwerkmodell wurde von POLK [2.300] vorgeschlagen und unter Beachtung bestimmter Kontinuumsbedingungen aus 440 Atomen aufgebaut und vermessen. Mit nahezu konstanten Si-Si-Bindungslängen, einer mittleren Abweichung der Bindungswinkel um $\pm 10°$ (maximal $\pm 20°$) und beliebiger Einstellbarkeit der Diederwinkel ergibt sich eine Raumnetzstruktur, in der die Atome 6 und 5gliedrige Ringe im Verhältnis von etwa 4 zu 1 ausbilden, wobei eine Dichte von etwa $97 \pm 2\%$ des Wertes der kristallinen kubischen Modifikation erreicht wird [3.126]. Die experimentelle Streukurve bzw. die aus ihr berechnete Radialverteilungskurve stimmt bezüglich der Lage der weiteren Maxima recht zufriedenstellend mit dem POLK-Modell überein. Offenbar werden die der 3. Koordinationssphäre der kristallinen Formen entsprechenden Paarabstände durch den Anteil weitgehend planarer Fünfringe in der Struktur

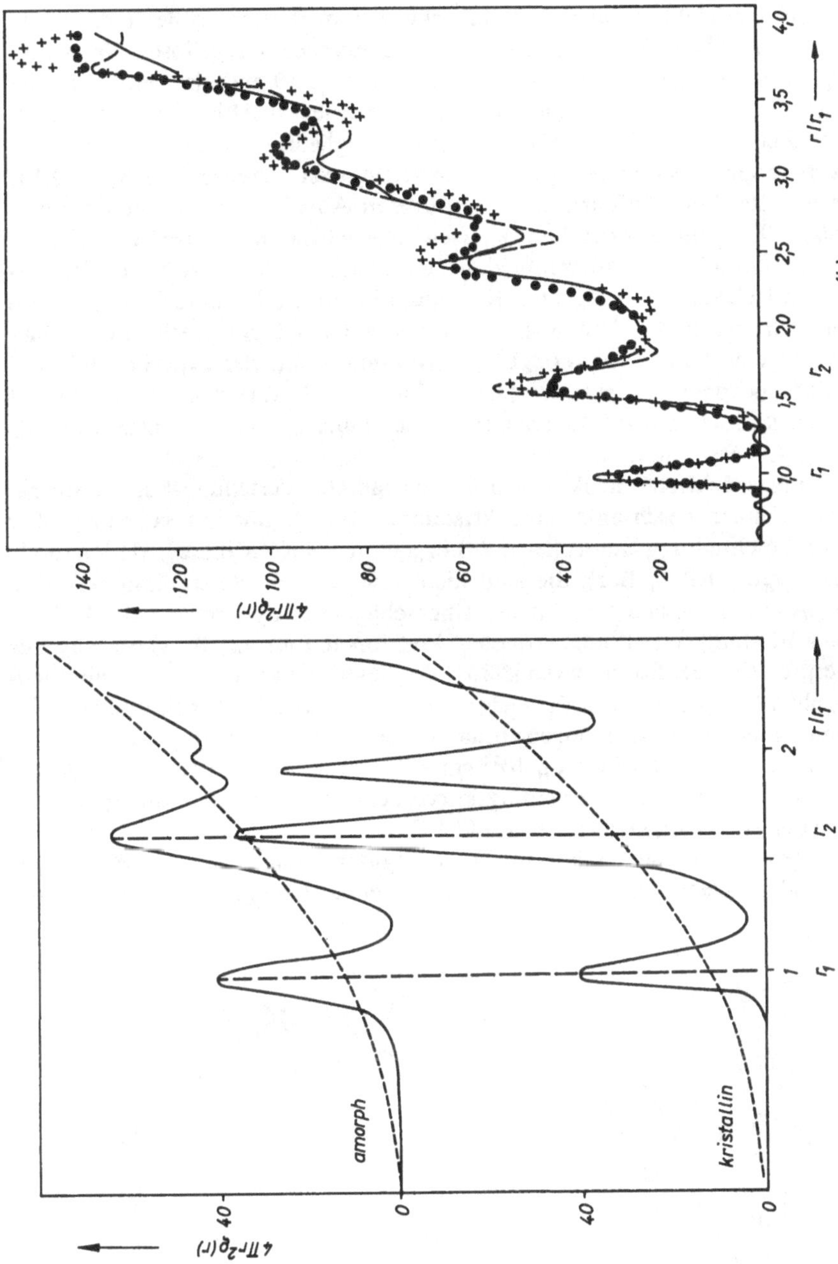

Abb. 3.9 RDF des kristallinen und amorphen Si (*a*) nach [3.119] und für amorphes Ge (*b*) (die ausgezogene Kurve entspricht dem Experiment) nach [2.304].

der amorphen Elemente stark herabgemindert. Das Modell wurde auf 519 Atome erweitert und durch Optimierungsrechnungen in Richtung auf eine noch bessere Anpassung der Flächen verfeinert [3.127].

Die bekannte Mehrdeutigkeit radialer Verteilungskurven im Bereich größerer Abstände läßt dazu verschiedene Möglichkeiten offen. Ein kontinuierliches regelloses Netzwerk, das 5-, 6- und 7gliedrige Ringe etwa im Verhältnis 4 zu 9 zu 10 enthält, beschreibt die experimentelle RDF in gleicher Weise und führt z. B. zu der in Abb. 3.9. b) gezeigten Annäherung (gestrichelte Kurve) [3.122, 128]. Ein nur aus 6gliedrigen Ringen bestehendes regelloses Netzwerk ergibt aber kaum größere Abweichungen (Kreuze in Abb. 3.9. b)) [3.121]. Aus der schrittweisen Einführung eines größeren Anteils ungeradzahliger Ringe folgt der in Abb. 3.9. b) mit ausgefüllten Kreisen angegebene Kurvenverlauf, [3.123]. TEMKIN [3.129] weist darauf hin, daß weniger die Ringstatistik als vielmehr die Diederwinkelverteilung maßgebend ist. Staggered-Konfigurationen sind wahrscheinlicher als eclipsed-Anordnungen. Auch die dem Kristallgitter von Ge III entsprechende Radialverteilungskurve läßt eine bemerkenswerte Übereinstimmung mit der experimentell vermittelten Kurve des amorphen Ge erkennen [3.130]. Eine dem 3. Maximum in der Radialverteilungskurve der kubischen Struktur entsprechende Häufung von Paarabständen tritt in dieser kristallinen Ge-Modifikation nicht auf.

Da sich die substanzspezifische Strukturinformation radialer Verteilungskurven auf ein relativ begrenztes Volumen beschränkt, sind kristalline Modelle mit hinreichend großer Elementarzelle zur Beschreibung amorpher Festkörper im Rahmen dieser Meßmethode gleichfalls geeignet (vgl. 3.1.2.1., Bor). Sie sind nicht mit den sog. Kristallitmodellen zu verwechseln. Ein in eine kubische Begrenzung eingeschlossenes System von 64 Atomen mit tetraedrischen Bindungen auf ungeordneten Positionen führt z. B. gleichfalls zur erfolgreichen Interpretation der Streukurven [3.131]. In diesem Sinne sind auch Fehlstellenmodelle des amorphen Ge einzuordnen, die ausgehend von der Diamantstruktur eine hohe Konzentration von Mono- und Divakanzen in das Gitter einführen [3.132], (Abb. 3.10.). Schraubenversetzungen in einer Dichte von 10^{14} cm^{-2} heben die Gitterperiodizität gleichfalls weitgehend auf, und die Radialverteilungskurve der amorphen Struktur entspricht in guter Näherung dem experimentellen Verlauf [3.133].

Abbildung 3.10. zeigt, daß eine Vakanz im Diamantgitter 4 unabgesättigte Bindungen (*dangling bonds*) und zugleich relativ große Ringe erzeugt. Unregelmäßige Netzwerk-

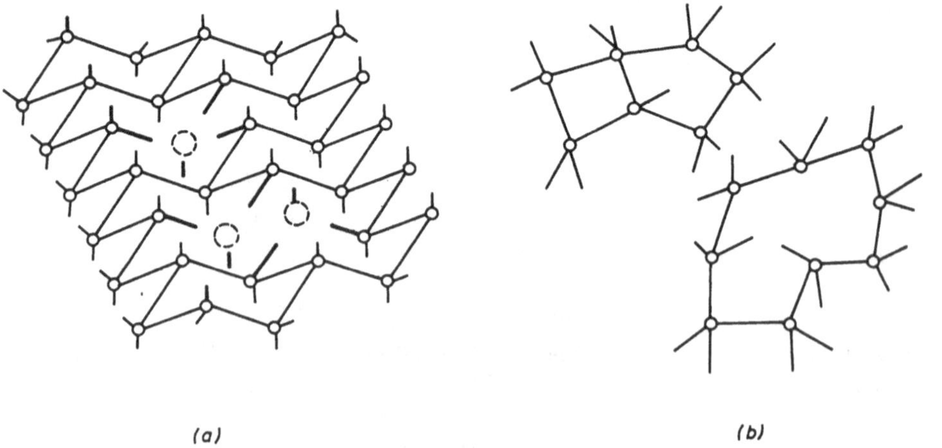

(a) (b)

Abb. 3.10. Vakanzen im Gitter des kristallinen Si oder Ge mit großen Ringweiten und unabgesättigten Bindungen (*a*) und Ringweiten im amorphen Si bzw. Ge (*b*).

modelle ergeben kleinere Ringe und gestatten isolierte unabgesättigte Bindungen. Sie lassen eine große Mannigfaltigkeit struktureller Konfigurationen in der Umgebung einzelner isolierter Zentren mit einem ungepaarten Elektron zu.

Strukturuntersuchungen an Wasserstoff enthaltendem amorphen Silicium liegen z. B. von SCHÜLKE [3.786] und GOTTMAN [3.787] vor.

Eigenschaften amorpher Si- und Ge-Schichten

Die Eigenschaften der beiden amorphen Elemente werden maßgeblich durch die hohe Defektzentrendichte im Bereich der Bandlücke bestimmt [3.134]. Sehr reine durch Verdampfung hergestellte Schichten enthalten nach ESR-spektroskopischen Untersuchungen 10^{19} bis 10^{20} paramagnetische Zentren je cm^3 [3.135], d. h. auf 10^3 Si-Atome entfällt etwa eine unabgesättigte Bindung. Derartige Defekte treten an der inneren Oberfläche herstellungsbedingter Kavitäten gehäuft auf, sind chemisch sehr reaktiv und z. B. für die Kontamination von Fremdatomen während der Präparation oder danach verantwortlich.

Amorphe Si-Schichten, die durch Zersetzung von SiH_4 in der Glimmentladung erhalten wurden, weisen dagegen eine um 3 bis 4 Größenordnungen geringere Spindichte auf. Die Defektzentren sind jetzt durch Si-H-Bindungen abgesättigt und die Intensität des ESR-Signals wird bis unter die Nachweisgrenze herabgemindert. Erhitzen auf Temperaturen bis unterhalb der Kristallisationstemperatur führt zu einer weitgehenden Eliminierung des Wasserstoffs. Umgekehrt kann an durch Aufdampfen im Hochvakuum erhaltenen amorphen Schichten die Absättigung der „dangling bonds" durch nascierenden Wasserstoff nachträglich vorgenommen werden. Sowohl im ESR-Spektrum als auch durch IR-Spektroskopie lassen sich derartige festkörperchemische Umsetzungen recht gut verfolgen [3.135, 136]. Alterungsprozesse und der Einfluß von Spurenverunreinigungen verschiedenster Art sind in zahlreichen Arbeiten untersucht worden.

Die elektrische Leitfähigkeit amorpher Si- und Ge-Schichten wird bei tiefer Temperatur bis in den Bereich der Raumtemperatur durch Elektronensprungprozesse in der Nähe der FERMI-Energie bestimmt, wobei das MOTTsche $T^{-1/4}$-Gesetz gilt (vgl. 4.1.3.1.). Der Transportmechanismus hängt von der Defektzentrendichte ab und wird dementsprechend von den Präparationsbedingungen und der nachfolgenden Temperung stark beeinflußt [3.137 bis 140]. Erst bei höherer Temperatur ergeben sich Übergänge in Bandzustände. Man findet in diesem Bereich für amorphes Ge eine Aktivierungsenergie von 0,55 eV, für amorphes Si von 0,75 eV [3.138]. In der Glimmentladung durch Zersetzung von SiH_4 hergestellte Si-Schichten weisen dagegen bereits bei Raumtemperatur eine bis zu 6 Größenordnungen kleinere elektrische Leitfähigkeit auf, aus deren Temperaturabhängigkeit gleichfalls die Aktivierungsenergie $E_A = 0{,}75$ eV folgt. Unter der Annahme, daß die FERMI-Energie etwa in der Mitte der Bandlücke fixiert ist, läßt sich daraus ein Abstand der Beweglichkeitskanten zwischen Valenz- und Leitfähigkeitsband von 1,10 eV für amorphes Ge bzw. von 1,50 eV für amorphes Si abschätzen. Gegenüber dem Bandkantenabstand der kristallinen Formen von 0,78 bzw. 1,12 eV ist die Aktivierungsgröße im amorphen Zustand nicht unbeträchtlich vergrößert (Beweglichkeitslücke, vgl. Abb. 2.54.).

Die amorphen Systeme Si-C, Si-Ge und Ge-Sn

Amorphe Schichten sind nach den gleichen Verfahren zugänglich, wie sie für amorphes Si und Ge beschrieben wurden. Beugungsmessungen sowie optische, elektrische und spektroskopische Untersuchungen ergeben übereinstimmend eine tetraedrische Nahordnung. Dabei treten jedoch neben den heteronuklearen Bindungen zugleich auch Bindungen zwischen gleichartigen Atomen auf. Der Fehlordungsgrad ist also entsprechend größer als bei den reinen Elementen. Die z. B. in der Vielzahl kristalliner SiC-Modifikationen ausschließlich vorhandenen Si-C-Bindungen [3.141] sind in der amorphen Form teilweise durch Si-Si- und C-C-Bindungen ersetzt. Der geometrischen und topologischen Fehlordnung (vgl. 2.4.2.) ist zusätzlich eine konstitutionelle Fehlordnung überlagert [3.142]. Ramanspektroskopische Untersuchungen weisen darüber hinaus auf die Präsenz graphitähnlicher Bereiche hin [3.143]. Abscheidung in der Glimmentladung aus Gemischen von SiH_4 und C_2H_4 führt zu relativ einheitlichen Schichten, deren Photolumineszenz im sichtbaren Spektralbereich von praktischem Interesse ist [3.146].

Über amorphe Ge-Si-Legierungen berichtet LANNIN [3.144], über amorphe Substanzen im System $Ge_{1-x}Sn_x$ $(0 < x < 0{,}5)$ TEMKIN [3.145]. Etwa die Hälfte der Bindungen verknüpft in diesen beiden Systemen gleichartige Atome. Der Vergleich mit amorphen Zustandsformen analoger $A^{III}B^{V}$-Verbindungen läßt eine weitgehende Übereinstimmung in den Radialverteilungskurven erkennen [3.147].

Amorphe $A^{III}B^{V}$- und $A^{II}B^{VI}$-Verbindungen

Die sehr weitreichende Übereinstimmung in den Radialverteilungskurven amorpher Schichten von Ge, GaAs und GaP sowie von GeSn, InSb und GaSb ist insofern bemerkenswert, als die Bindungsverhältnisse in den binären $A^{III}B^{V}$-Verbindungen eine Ladungsübertragung zum Metallatom einschließen, die erst durch die Elektronegativitätsdifferenz der beiden Bindungspartner einen gewissen Ausgleich erfährt. Ungeradzahlige Ringe in einem kontinuierlichen regellosen Netzwerk von der Art des Polkmodells haben zwingend die Ausbildung homonuklearer Bindungen zur Folge. Die enge Beziehung im strukturellen Aufbau tritt bei einem Vergleich der RÖNTGEN-Streukurven von amorphem GeSi und GaP besonders deutlich hervor. Ga-Ga- und P-P-Bindungen sind strukturchemisch durchaus plausibel, und die gegenüber Ga-P-Bindungen geringere Bindungsenergie wirkt sich in der Gesamtenergiebilanz sicher nur geringfügig aus. Die Elektronenstruktur von Atomen in derartigen „wrong bonds" muß sich aber von den übrigen Matrixatomen markant unterscheiden. Ramanspektren weisen auf die Anwesenheit derartiger „wrong bonds" hin [3.148]. Andrerseits ist gezeigt worden, daß die Modellierung der Struktur von amorphem Ge keineswegs an die Ausbildung ungeradzahliger Ringe gebunden ist. CONNELL und TEMKIN [3.149] weisen nach, daß sich die Radialverteilungskurven amorpher $A^{III}B^{V}$-Verbindungen durch kontinuierliche Netzwerkmodelle, die nur geradzahlige Ringe enthalten, besser wiedergeben lassen. Über die optischen und elektrischen Eigenschaften von amorphen GaP- und GaAs-Schichten wird in mehreren Arbeiten berichtet [3.150—152].

Einen Überblick über amorphe Filme von $A^{II}B^{VI}$-Verbindungen, z. B. von ZnSe, CdTe und ZnTe, vermittelt die Publikation von BRODIE [3.153]. Die tetraedrische Nahordnungsstruktur bleibt auch in dieser Gruppe von Substanzen bestehen.

$A^{II}B^{IV}C_2^{V}$-Verbindungen und abgeleitete Glasbildungssysteme

Ternäre Halbleiter vom $A^{II}B^{IV}C_2^{V}$-Typ sind auf ihre festkörperphysikalischen Eigenschaften hin breit untersucht worden [3.154]. Sie kristallisieren im Gitter des Chalkopyrits $CuFeS_2$, gehören also gleichfalls dem Diamantgittertyp an.

Die Verbindungen $CdGeAs_2$ und $CdGeP_2$ sind durch Abschrecken ihrer Schmelzen (Abkühlrate $q \approx 50\ K \cdot s^{-1}$) als kompakte Gläser mit T_G-Werten von 660 bzw. 720 K darstellbar [3.155]. Im glasartigen $CdSiAs_2$ erreicht die Transformationstemperatur einen Wert von 760 K [3.156], nach [3.163] von 703 K. Es sind auch die Eigenschaften in den Reihen $CdGe(As_xP_{1-x})_2$ [3.157], $CdSi_xGe_{1-x}As_2$ [3.158], $CdSn_xGe_{1-x}As_2$ [3.159] und $CdPb_xGe_{1-x}As_2$ [3.160] untersucht worden. Die ternären Gläser sind jeweils Bestandteil eines mehr oder weniger ausgedehnten Glasbildungsgebiets, das sich bis in den Bereich der binären Verbindungen $CdAs_2$ und CdP_2 erstreckt. Beide Substanzen wurden gleichfalls in glasartiger Form erhalten [3.161]. Die Nahordnung im kristallinen Zustand ist auch hier durch tetraedrische Baugruppen gekennzeichnet. Neben $[CdAs_4]$- liegen $[AsAs_2Cd_2]$-Baugruppen mit As-As-Bindungen vor. Wie bei den Verbindungen vom Diamantgittertyp entfallen auf jedes Atom im Mittel 4 Valenzelektronen (GRIMM-SOMMERFELDsche Regel). $CdAs_2$ bildet z. B. entsprechend der allgemeinen Formel CdM_xAs_2 mit M = Ge, Si, Tl, In, Al, Sb, Mg oder Ga in relativ weiten Grenzen Gläser [3.162]. Der Glasbildungsbereich für das System Cd-Ge-As ist nach [3.163] in Abb. 3.11. angegeben. Bemerkenswert ist, daß die Gläser eine größere Dichte aufweisen als die Substanzen im kristallinen Zustand, z. B. glasartiges $CdGeAs_2$ 5,72 $g \cdot cm^{-3}$ gegenüber 5,61 $g \cdot cm^{-3}$ für den Kristall [3.161].

Die Strukturaufklärung mittels Radialverteilungsuntersuchungen stellt entsprechend der größeren Mannigfaltigkeit möglicher Atomverknüpfungen bei ternären Gläsern ein

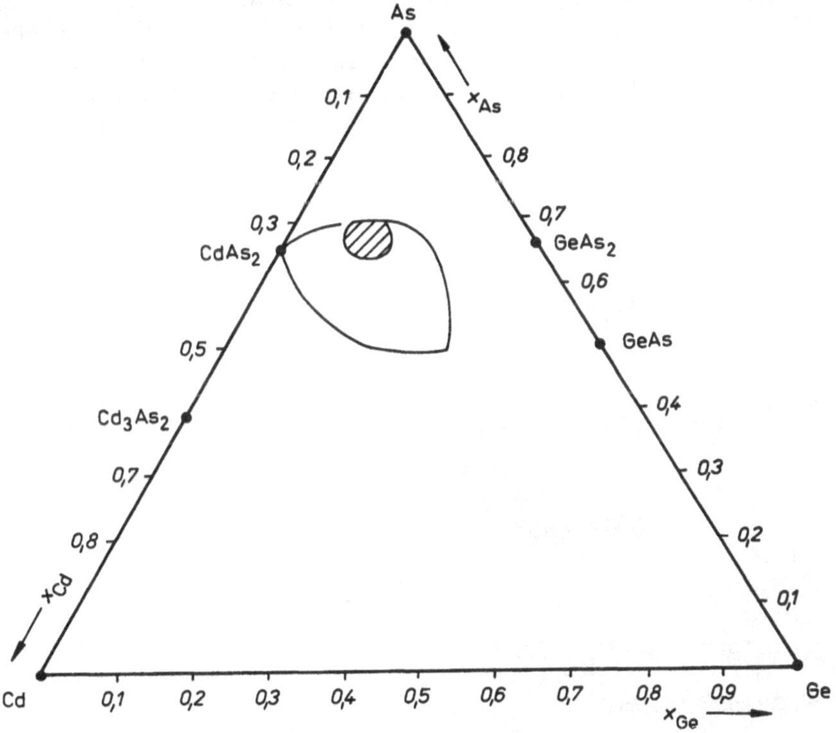

Abb. 3.11. Cd-Ge-As-Glasbildungsbereich nach [3.163] für Abkühlgeschwindigkeiten im Bereich von $10^2\ K \cdot s^{-1}$ und 1 bis 10 $K \cdot s^{-1}$ (schraffierter Bereich).

noch weit schwierigeres Problem dar als z. B. bei den amorphen Formen der $A^{III}B^{V}$-Verbindungen. Von POPESCU, MANAILA und GRIGOROVICI [3.164] wurde zwischen verschiedenen Modellen zugunsten einer unregelmäßig aufgebauten Raumnetzstruktur entschieden, in der geradzahlige Ringe vorherrschen, die sog. „wrong bonds" also wie im Kristallgitter weitgehend vermieden werden.

3.1.2.4. *Phosphor*

Kristalline Modifikationen

Farbloser Phosphor besteht aus tetraederförmigen P_4-Molekeln, die oberhalb des niedrigen Schmelzpunktes von 317,2 K unverändert vorliegen. Die Dichte beträgt 1,82 g · cm^{-3}. In CS_2 ist farbloser Phosphor leicht löslich. Der P-P-Bindungsabstand beträgt 221 pm, der Bindungswinkel 60°, was die Instabilität dieser Modifikation verständlich erscheinen läßt. Oberhalb 453 K tritt Polymerisation ein, und es entsteht in einer kinetisch stark gehemmten Festkörperreaktion über amorphe Zwischenstufen der violettstichig-rote oder Hittorfsche Phosphor. Kristalle werden erst nach längerem Erhitzen auf etwa 770 K erhalten.

Der Hittorfsche Phosphor enthält 84 Atome in der monoklinen Elementarzelle (ϱ = 2,36 g · cm^{-3}): a = 919, b = 913, c = 225,5 pm, β = 106,1° [3.165]. Die mittleren Atomabstände betragen 221,9 und 346 pm, der mittlere Bindungswinkel 100,9°.

Die in Abb. 3.12. wiedergegebene Struktur baut sich nach Krebs aus zwei Grundbausteinen auf, einer P_8-Gruppe, in der die Atome wie im Realgar angeordnet sind und einer P_9-Gruppe. Beide sind abwechselnd über je 2 weitere P-Atome linear verknüpft, so daß sich unendlich lange röhrenförmige Gebilde mit fünfeckigem Querschnitt ergeben, s.

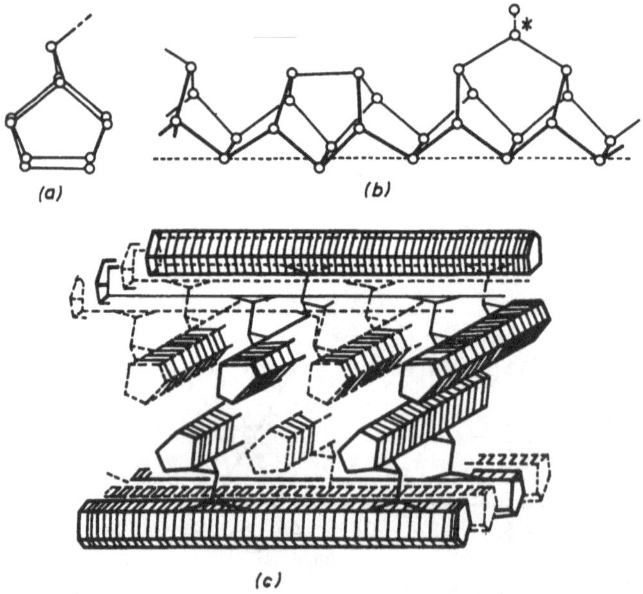

Abb. 3 12. Kristallstruktur des HITTORFschen Phosphors nach KREBS [3.165].

Abb. 3.12. a, b). Die Röhren liegen in Schichten parallel zueinander. Je 2 solcher Schichten sind über das in der P_9-Gruppe markierte Atom so miteinander verbunden, daß die Röhrenrichtung einen Winkel von 89,6° bilden, s. Abb. 3.12. c). Der Abstand zwischen den verknüpfenden Atomen in den P_9-Einheiten bedingt, daß sich zwei derartige Doppelschichten ineinanderfügen, ohne direkt miteinander verbunden zu sein. Der Zusammenhalt zwischen den Doppelschichten beruht auf van der Waalsschen Bindungskräften.

Der Hittorfsche Phosphor ist dementsprechend wie Glimmer spaltbar. Ursache für die außerordentlich verwickelte Struktur dieser kristallinen Modifikation ist offenbar das Bestreben, den normalen Valenzwinkel von etwa 100° für jedes Atom zu realisieren. Oberhalb 870 K tritt Depolymerisation unter Bildung von P_4-Molekeln ein. Der Schmelzpunkt wird mit 893 K angegeben.

Die bis zu einer Temperatur von 823 K thermodynamisch stabile Modifikation ist der schwarze Phosphor. Er entsteht durch Erhitzen von weißem Phosphor auf 470 K unter einem Druck von 1,2 GPa oder unter Normaldruck durch Erhitzen auf 500 bis 640 K in Gegenwart von Hg als Katalysator und einem Kristallkeim von schwarzem Phosphor. Die Dichte beträgt 2,69 g · cm^{-3}. Die rhombische Elementarzelle mit den Abmessungen $a = 331{,}4$, $b = 437{,}6$ und $c = 1048$ pm entspricht einem Schichtengitter [3.166], das aus dem NaCl-Gitter bzw. bei Besetzung der Positionen mit identischen Teilchen aus einem kubisch primitiven Gitter in der in Abb. 3.13. a) skizzierten Weise hervorgeht. Die gewinkelten Doppelschichten ergeben sich, wenn man die Atomlagen in einer der [100]-Richtungen des NaCl-Gitters paarweise zusammenfaßt und entsprechende Abweichungen von der Orthogonalität in den Winkeln φ_1 und φ_2 zuläßt. Die Schichten bestehen aus

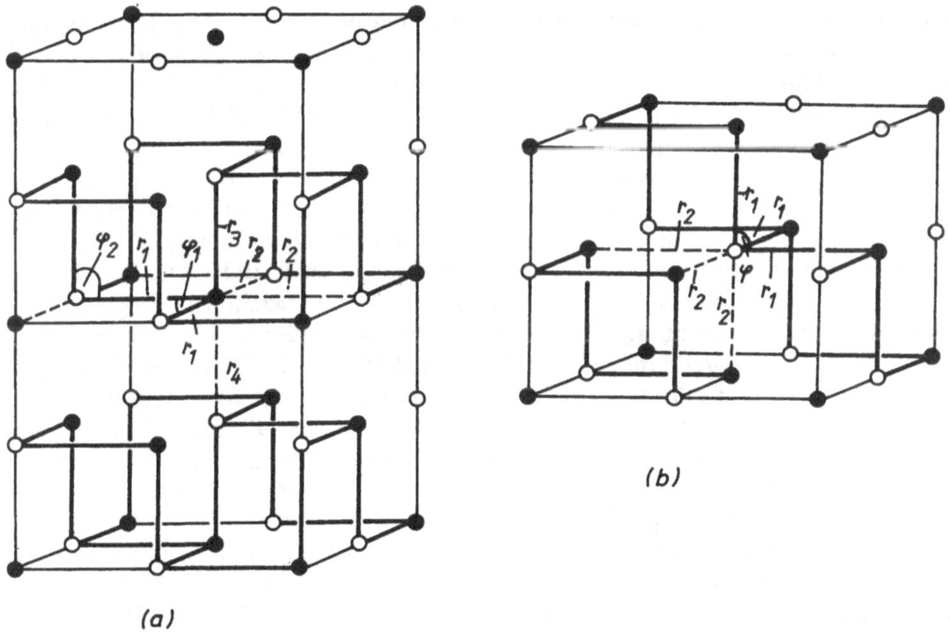

Abb. 3.13. (*a*)-Kristallstruktur des rhombischen schwarzen Phosphors.
$r_1 = 222{,}4$ pm, $r_2 = 331{,}4$ pm, $r_3 = 224{,}4$ pm, $r_4 = 359{,}2$ pm. $\varphi_1 = 96°\,34'$, $\varphi_2 = 102°\,9'$ Man erkennt die Schichten in (100)-Richtung. (*b*) – Kristallstruktur des rhomboedrischen Phosphors, $r_1 = 213$ pm, $r_2 = 327$ pm, $\varphi = 104°\,30'$, Schichten in (111)-Richtung.

miteinander verbundenen Sechsringen. Der VAN DER WAALSsche Abstand r_4 zwischen den Schichten ist größer als einer der Abstände innerhalb der Doppelschichten. Die Kristalle sehen daher so schuppig aus wie Graphit. Schwarzer Phosphor ist metallisch leitend. Die Leitfähigkeit bei Raumtemperatur beträgt 0,5 $\Omega^{-1}cm^{-1}$ mit einer Breite der Bandlücke von etwa 0,33 eV.

Unter einem Druck von 83 kbar bildet sich aus dem schwarzen Phosphor noch eine weitere kristalline Modifikation, deren Struktur dem Gitter des rhomboedrischen Arsens entspricht [3.167]. Sie läßt sich gleichfalls aus dem NaCl-Gitter bzw., da es sich um identische Teilchen handelt, aus dem kubisch primitiven Gitter ableiten. Die Lagen der Atome sind hier in einer der [111]-Richtungen paarweise zu Doppelschichten zusammengefaßt, so daß sich 3 kürzere Bindungsabstände r_1 und 3 längere r_2 ergeben. Der Bindungswinkel innerhalb der Schichten beträgt 104,5°. Sie stellen gleichfalls eine zweidimensionale Verknüpfung cyclohexan-analoger Sechsringe dar.

Druckerhöhung auf 11,1 GPa führt ausgehend vom rhomboedrischen Phosphor reversibel zu einem kubisch primitiven Gitter mit identischen Bindungsabständen von 237,7 pm ($r_1 = r_2$) in den drei Raumrichtungen und Valenzwinkeln von 90° [3.167]. Es handelt sich um die hochsymmetrische Struktur des α-Poloniums, die unter derartigen Bedingungen selbst beim Phosphor ausgebildet werden kann.

Amorpher Phosphor

Amorpher roter Phosphor kann z. B. durch dreitägiges Tempern von weißem Phosphor bei 667 K erhalten werden. Die Radialverteilungskurve wurde von KREBS und GRUBER [3.168] sowie von DAVIS u. M. [3.180] aufgenommen und interpretiert. Das 1. Maximum liegt bei $r_1 = 224$ pm bzw. 231 pm und ergibt die Koordinationszahl 3, entspricht also der für elementaren Phosphor charakteristischen Nahordnung. Ein zweites Maximum bei 348 pm (nach [3.180] bei 362 pm) resultiert aus dem Abstand übernächster Atome. Die für die zweite Koordinationssphäre gefundene mittlere Koordinationszahl von 7,7 wurde von Krebs und Gruber in der Weise interpretiert, daß in diesem Abstandsbereich eine größere Anzahl Atome zum Bezugsatom in Beziehung steht als im schwarzen Phosphor. Der durch Umwandlung der farblosen Modifikation erhaltene rote amorphe Phosphor weist demnach vermutlich verschiedene Fragmentstrukturen, unter anderem auch röhrenförmige Baugruppen des violetten Phosphors auf, wie sie für die kristallinen Polyphosphide der Metalle in Strukturanalysen erkannt wurden [3.169]. Die in der Verbindung $HgPbP_{14}$ vorliegenden mittleren P-P-Abstände von 430, 520 und 600 pm [3.170] entsprechen z. B. in guter Näherung den in der Radialverteilungskurve von amorphem roten Phosphor auftretenden höheren Maxima bei $r_3 = 428$, $r_4 = 518$ und $r_5 = 590$ pm. Für einen im Niederdruck-Wasserstoffplasma durch chemischen Transport abgeschiedenen amorphen Phosphor wurde aus Radialverteilungsuntersuchungen auf eine mit schwarzen Phosphor verwandte Sturktur geschlossen [3.171], ($r_1 = 232$ pm, $r_2 = 352$ pm).

Den Wasserstoff enthaltenden Formen des amorphen Siliciums sind hochkondensierte amorphe Polyphosphine zur Seite zu stellen, wie sie sich beim Belichten von P_2H_4 oder bei der Abscheidung von amorphem Phosphor durch Zersetzung von PH_3 in der Glimmentladung bilden.

Unterwirft man eine Mischung von Phosphordampf und Stickstoff der Glimmentladung, scheiden sich amorphe Phosphornitride, unter anderem P_3N_5, von bisher unbekannter Struktur ab [3.172].

3.1.2.5. *Arsen*

Kristalline Modifikationen

Arsen tritt neben der gelben, sehr instabilen Form, deren Struktur in Analogie zum farblosen Phosphor durch As_4-Molekeln gekennzeichnet ist (Dichte 2,07 g · cm^{-3}), in einer rhombischen Modifikation auf (Dichte 5,54 g · cm^{-3}), deren schichtenartiger Aufbau der Struktur von schwarzem Phsophor entspricht, s. Abb. 3.13.a): $a = 365$, $b = 447$, $c = 1100$ pm [3.173]. Die Bindungsabstände in den Doppelschichten betragen 248 und 249 pm, die Valenzwinkel 94,1° und 98,5° und der Abstand zwischen den Schichten 356 pm. Aus der Temperaturabhängigkeit der Leitfähigkeit ergibt sich für die Aktivierungsenergie ein Wert von 0,15 eV. Die Modifikation kann durch Erhitzen von rhomboedrischem Arsen auf 370 K in Gegenwart von Hg als Katalysator erhalten werden. Bei 520 K erfolgt umgekehrt Umwandlung in die unter Normalbedingungen stabile Zustandsform, das rhomboedrische Arsen (Dichte 5,72 g · cm^{-3}): $a = 413{,}1$ pm, $\alpha = 54°\ 10'$, s. Abb. 3.13. b). Die Bindungsabstände r_1 in den Doppelschichten liegen hier bei 251 pm, der Valenzwinkel beträgt 97°. In der zweiten Koordinationssphäre befinden sich 6 Atome im Abstand von 376 pm, die der gleichen Doppelschicht wie das Bezugsatom angehören. Zwischen den Schichten hat der Abstand nächstbenachbarter Atome einen Wert $r_2 = 315$ pm. Rhomboedrisches Arsen zeigt metallische Leitfähigkeit ($\sigma = 3 \cdot 10^4\ \Omega^{-1}cm^{-1}$ bei 300 K). Unter hohem Druck lassen sich die Elemente As, Sb und Bi in eine bei tiefer Temperatur supraleitende Form überführen, deren Struktur durch eine kubisch dichteste Packung zu beschreiben ist [3.174].

Amorphes Arsen

Kompaktes amorphes Arsen ist durch Sublimation in den kalten Teil eines unter Vakuum abgeschmolzenen Quarzrohres oder durch Zersetzung von AsH_3 zugänglich [3.175, 176]. Es werden dabei Produkte relativ unterschiedlicher Dichte erhalten. Die Tendenz des rhomboedrischen Arsens, an der Luft bereits bei Zimmertemperatur relativ rasch oberflächlich mit Sauerstoff zu reagieren, ist in der amorphen Form stark herabgemindert. Glasartiges bzw. amorphes Arsen wird nach dem Sublimationsverfahren in Gegenwart eines geringen H_2-Partialdruckes technisch hergestellt. Die Dichte beträgt in der Regel 4,7 g · cm^{-3}. Der Restwasserstoffgehalt unterschreitet die Nachweisgrenze im IR-Spektrum, und metallische Verunreinigungen sind auf die Werte herabgesetzt, die unterhalb des ppm-Bereichs liegen.

Amorphe As-Schichten lassen sich nach verschiedenen Aufdampfverfahren, durch Katodenzerstäubung oder Zersetzung von AsH_3 in der Glimmentladung darstellen. Ihre Eigenschaften variieren wie bei den amorphen Si- und Ge-Schichten je nach den Darstellungsbedingungen und den während der Präparation bzw. im anschließenden Kontakt mit der Luft eingeschleppten Verunreinigungen [3.176]. Abscheidung auf beheizten Substraten, z. B. bei 400 K in der Glimmentladung, wirkt sich günstig aus. Die Eigenschaften liegen dann etwa im Bereich des kompakten Materials. Die H-Kontamination ist offenbar auf Grund der exotherm verlaufenden Zersetzung von AsH_3 weit geringer als bei amorphen Si-Schichten, die durch Abscheidung in der Glimmentladung aus SiH_4-Argon-Mischungen hergestellt wurden.

Die Kristallisationstemperatur des kompakten Arsens liegt bei etwa 600 K, für amorphe

Filme werden Werte um 520 K angegeben. Die Kristallisationsenthalpie beträgt 5,98 ± 0,13 kJ · mol^{-1}.

Struktur des amorphen Arsens

RÖNTGEN-Beugungs- und Neutronenbeugungsmessungen führen in den radialen Atomverteilungskurven zu der nachstehend aufgeführten Abfolge von Maxima (Anzahl der Atome in Klammern):

1. Max.		2. Max.		3. Max.		4. Max.		
249 pm	(3,0)	378 pm	(10)	462 pm	(6,3)	576 pm	(19)	[2.225]
245 pm	(3,2)	375 pm	(10,2)	475 pm	(4,7)	565 pm	(17)	[3.178]

Die Radialverteilungskurven nach KREBS und STEFFEN [2.225] sind in Abb. 3.14. für zwei amorphe As-Proben mit etwas unterschiedlicher Dichte angegeben.

Wie der Vergleich der dem 1. und 2. Maximum entsprechenden Paarabstände mit den Bindungslängen und den Abständen zu den übernächsten Nachbarn in den kristallinen As-Modifikationen zeigt, ergibt sich mit der amorphen Zustandsform in bezug auf die Nahordnung eine weitgehende Übereinstimmung. Die Bindungsabstände innerhalb der ersten Koordinationssphäre sind im amorphen Arsen gegenüber der rhomboedrischen Modifikation etwas verkürzt und entsprechen mehr dem rhombischen Arsen. Das 2. Maximum fällt mit den 6 übernächsten Nachbarn innerhalb der Doppelschicht des rhombischen As zusammen. Ihm sind aber noch mindestens 3 weitere Atome zuzuordnen. So wurde der Schluß gezogen, daß der Schichtabstand von 315 pm — in dieser Distance sind nach der Radialverteilungskurve nur wenige Atome anzutreffen — auf etwa den VAN DER WAALSschen Abstand aufgeweitet ist [3.179]. Es ist dazu aber zu bemerken, daß man ausgehend vom rhombischen Arsen den experimentellen Befund in gleicher Weise plausibel erklären kann [3.178]. Kristallitmodelle sind nicht zuletzt deshalb wiederholt zur Interpretation herangezogen worden, weil in den Streukurven bei kleinen Winkelbeträgen ein scharf ausgebildetes Beugungsmaximum gefunden wird, wie es für Substanzen mit schichtartig ausgebildeten Strukturbereichen charakteristisch ist.

Ein kontinuierliches Netzwerkmodell mit dreidimensionaler regelloser Verknüpfung von $[AsAs_{3/3}]$-Nahordnungsbereichen wurde in Anlehnung an das Modell, das POLK [2.300] für amorphes Si und Ge beschrieben hat, von GREAVES und DAVIS [2.301] vorgeschlagen. Der Aufbau der aus 533 As-Atomen bestehenden Netzwerkstruktur führt zwangsläufig zu einer gegenüber den kristallinen As-Formen um etwa 10 bis 20% geringeren Dichte, was mit experimentellen Werten übereinstimmt. Es ergeben sich zahlreiche Hohlräume unterschiedlicher Größe und eine breite Verteilung von Ringen verschiedener Weite. Sie enthalten 4 bis 15 As-Atome. Am häufigsten sind 5-, 7- und 6-gliedrige Ringe. Die Bindungswinkel variieren um etwa 10°, die Diederwinkel sind etwa gleichverteilt mit einer Bevorzugung von staggered — gegenüber eclipsed — Konfigurationen. Das in der Streukurve im Bereich kleiner Beugungswinkel beobachtete Maximum bei etwa 100 pm auf der k-Skala entspricht einem Abstand von 600 bis 700 pm ($2\pi/k$). Es läßt sich nach GREAVES und DAVIS aus der weitmaschigen Struktur des kontinuierlichen regellosen Netzwerks im Sinne einer gewissen Schichtung von Strukturbereichen erklären, wird also nicht

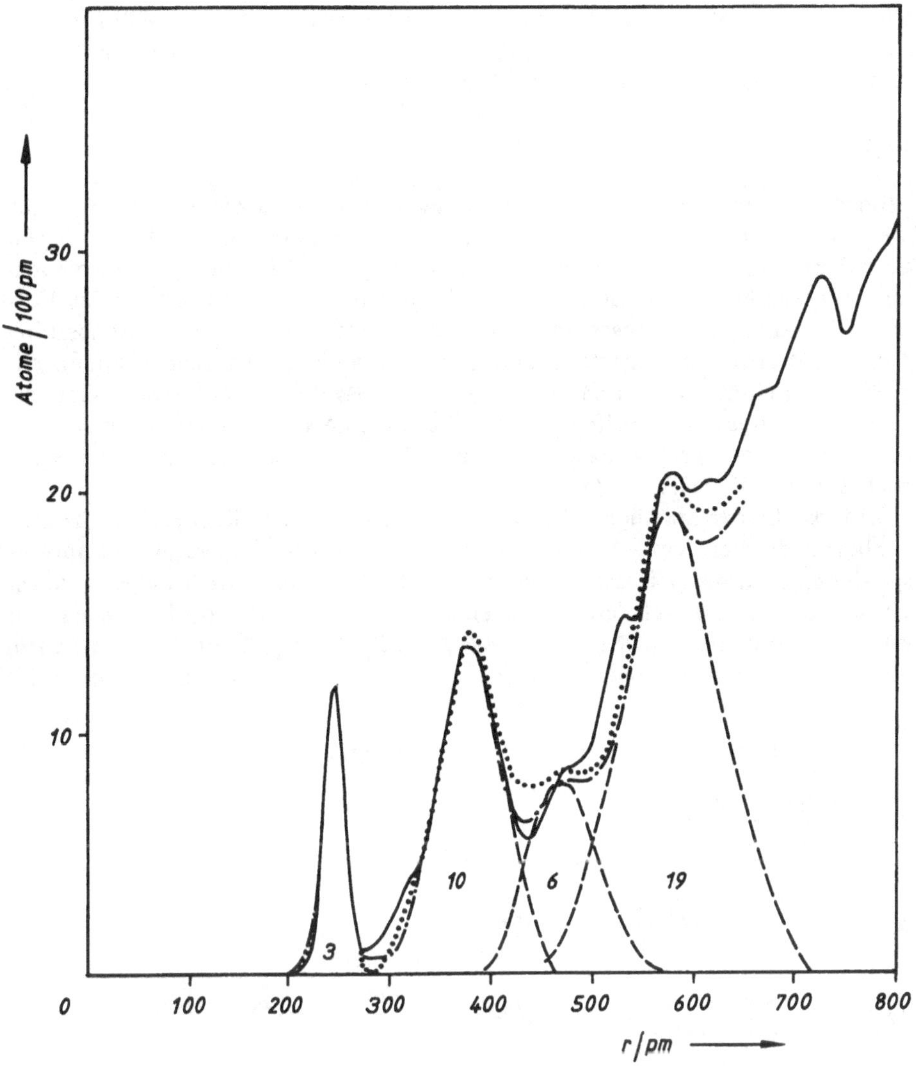

Abb. 3.14 RDF des amorphen Arsens von 2 Proben mit etwas unterschiedlicher Dichte (— · — · — · —, · · · · · · ·) nach [2.225] und Vergleich mit der RDF eines kontinuierlichen regellosen Netzwerkmodels nach [3.180].

als eine unzweideutige Indikation für eine schichtartige Verknüpfung angesehen. Das Modell wurde durch eine computergestützte Optimierung im Hinblick auf die Ermittlung des Energieminimums verfeinert [3.180]. Es ergibt sich dann eine Dichte von 4,7 g · cm^{-3}. Die daraus resultierende Radialverteilungskurve ist in Abb. 3.14. den experimentell erhaltenen Kurven gegenübergestellt. Es ist dazu aber zu bemerken, daß ein Netzwerkmodell, das nur geradzahlige Ringe enthält, den experimentellen Befund gleichfalls in befriedigender Weise zu beschreiben gestattet [3.176].

Im IR-Spektrum ist amorphes As durch zwei Hauptbanden bei 230 cm^{-1} und 130 cm^{-1}

gekennzeichnet, die der Valenz- und Deformationsschwingung der $[AsAs_{3/3}]$-Nahordnungsbereiche zuzuordnen sind [3.181]. Im RAMAN-Spektrum wird eine Bande bei 220 cm^{-1} und eine zweite breitere zwischen 60 und 150 cm^{-1} beobachtet [3.182].

Eigenfehlordnung des amorphen Arsens

Über die geometrische und topologische Fehlordnung hinaus, wie sie die Netzwerkstruktur kennzeichnen, ist für das amorphe Arsen noch eine konstitutionelle Eigenfehlordnung in Betracht zu ziehen. Auf Grund der Stellung im Periodensystem zwischen den Elementen mit tetraedrischen Bindungen wie Si oder Ge und den Chalkogenen kann über das Vorzeichen der effektiven Korrelationsenergie (vgl. 2.5.2.) und damit über die Ausbildung neutraler Defektzentren mit ungepaarten Elektronen (homolytisch aufgetrennte Bindungen) oder die größere Stabilität positiv und negativ geladener Baufehler (Valenzwechselpaare) von vornherein keine Aussage getroffen werden. Die Stabilitätsverhältnisse lassen sich für die Elemente der 5. Hauptgruppe nach einem zu Abb. 2.58. und Abb. 2.59. analogen Schema abschätzen [2.405, 3.176, 3.183].

In Abb. 3.15. ist die der jeweiligen Konfiguration entsprechende Energie, wie sie sich aus der Termbesetzung nach dem KAF-Modell (vgl. 2.5.2.2.) ergibt, dargestellt. Der normalen $[AsAs_{3/3}]$-Konfiguration $_pP_3^0$, den As-Atomen mit einer homolytisch aufgespaltenen Bindung $_pP_2^0$ und dem negativ geladenen Brücken-Arsenatom $_pP_2^-$ (Pseudochalkogenatom) ist das vierfach koordinierte positiv geladene $As^+As_{4/3}$-Zentrum $_{sp}P_4^+$ zur Seite zu stellen, dessen Formierung die Einbeziehung des *s*-Elektronenpaares und damit die Aufbringung

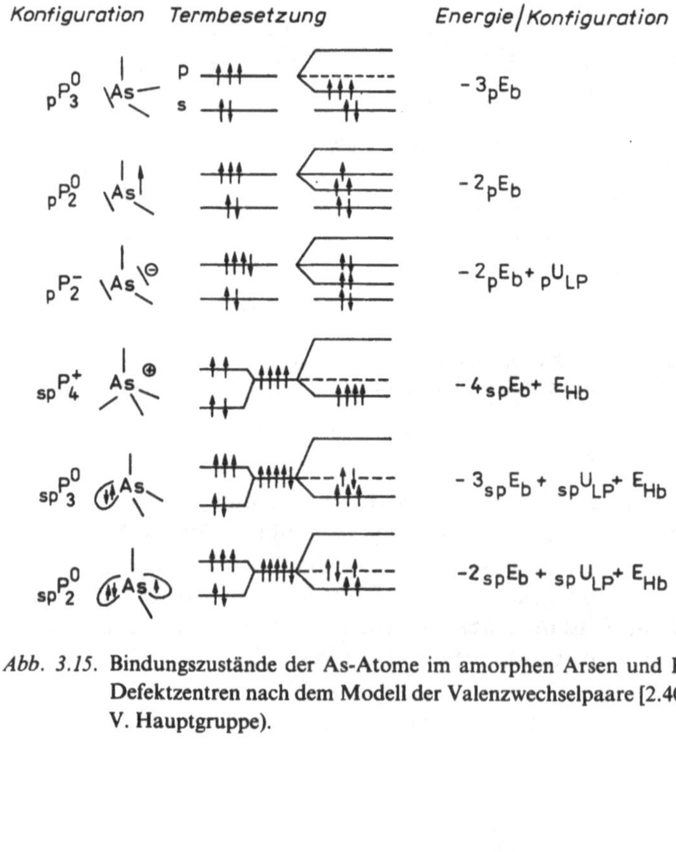

Abb. 3.15. Bindungszustände der As-Atome im amorphen Arsen und Begründung der wahrscheinlichsten Defektzentren nach dem Modell der Valenzwechselpaare [2.405] (P von Pnictide für Elemente der V. Hauptgruppe).

der Hybridisierungsenergie E_{Hb} erfordert. Es ist hier also zwischen *p*-Orbitalen (Index *p*) und hybridisierten sp^3-Bindungsfunktionen (Index *sp*) zu unterscheiden.

Für die Reaktion

$$2\ \mathrm{AsAs}_{3/3} \rightleftarrows \mathrm{AsAs}_{4/3} + \mathrm{AsAs}_{2/3} + \Delta H_b \tag{3.1}$$

$$2\ {}_pP_3^0 \rightleftarrows {}_{sp}P_4^+ + {}_pP_2^- + E_{Hb} + {}_pU_{LP} - 4({}_{sp}E_b - {}_pE_b)$$

ergibt sich eine positive Energiebilanz mit ${}_pE_b = 2{,}1$ eV nach Tab. 2.11., ${}_{sp}E_b = (4/3) \cdot {}_p\mathrm{E}_b = 2{,}8$ eV nach Pauling [2.323], $E_{Hb} = 7{,}5$ eV aus der *s*-*p*-Termaufspaltung im As nach ESCA-Messungen [3.184] und ${}_pU_{LP} \approx 0{,}7$ eV, d. h. das Gleichgewicht liegt praktisch vollständig auf der linken Seite ($\Delta H_b \approx +5{,}7$ eV).

Es ist aber zu berücksichtigen, daß der natürliche Bindungswinkel am Arsen (vgl. Kristallstrukturdaten) auf Grund der Netzwerktopologie in zahlreichen Fällen, im Extremfall bis annähernd auf den Tetraederwinkel aufgeweitet sein kann, so daß sich für den Ausgangszustand ${}_{sp}P_3^0$ bereits eine beträchtliche Destabilisierung (um $E_{Hb} + {}_{sp}U_{LP}$) ergibt. Die Reaktion

$$2\ {}_{sp}P_3^0 \rightleftarrows {}_{sp}P_4^+ + {}_pP_2^- + {}_pU_{LP} - 2\ {}_{sp}U_{LP} - E_{Hb} + 2\ {}_{sp}E_b - 2\ {}_pE_b \tag{3.2}$$

ist in Verbindung mit den obigen Zahlenwerten exotherm. Es genügt bereits eine wesentlich geringere Verzerrung (Winkelaufweitung), um im amorphen As auf dieser Basis positiv und negativ geladene Defektzentren zu ermöglichen. Gegenüber neutralen Defekten mit ungepaarten Elektronen sind die Valenzwechselpaare allerdings wiederum instabil. Die Reaktion

$$2\ {}_pP_2^0 \rightleftharpoons {}_{sp}P_4^+ + {}_pP_2^- + {}_pU_{LP} + E_{Hb} + 2\ {}_pE_b - \mathrm{A}\ {}_{sp}E_b \tag{3.3}$$

ist mit etwa 1,2 eV endotherm. Die paramagnetischen Zentren ${}_pP_2^0$ sollten daher im amorphen As stabil sein. Quantenchemische Rechnungen stützen eine solche Voraussage [3.185].

Bezieht man im Fall von (3.3) gleichfalls eine verzerrungsbedingte Destabilisierung der Terme an bestimmten Stellen des Netzwerks in die Betrachtung ein (z. B. partieller Übergang in Richtung auf den ${}_{sp}P_2^0$-Zustand), ergibt sich für die Valenzwechselpaare eine größere Stabilität.

Je größer die Hybridisierungstendenz der Atome ist, desto mehr sollten die geladenen Defektzentren begünstigt sein. Im amorphen Phosphor ist daher im Rahmen der Eigenfehlordnung ein größerer relativer Anteil an geladenen Defektzentren zu erwarten, während im amorphen Antimon *p*-Bindungsfunktionen mit ungepaarten Elektronen überwiegen [3.186].

Eigenschaften des amorphen Arsens

Auf Grund des beträchtlichen Energieunterschieds zwischen *s*- und *p*-Bindungsfunktionen befindet sich das *s*-Elektronenpaar wie bei den Chalkogenen, z. B. dem Selen, unterhalb der Kante des von den *p*-Zuständen gebildeten Valenzbandes. In den Chalkogenen bilden die nichtbindenden *p*-Elektronenpaare das Valenzband. Diese sind beim Arsen in die Ausbildung von Bindungen einbezogen, als freie Elektronenpaare also nicht vorhanden. Für die optische Absorption im Bereich der Band- oder Beweglichkeitslücke sind dementsprechend Übergänge zwischen bindenden und antibindenden *p*-Zuständen zu erwarten. Letztere bilden das Leitfähigkeitsband.

Die aus optischen Messungen ermittelte Bandlücke des kompakten amorphen Arsens liegt bei 1,4 eV [3.176, 187], für amorphe Schichten bei 1,1 eV. Das Absorptionsspektrum des rhomboedrischen Arsens weist im gleichen Bereich ein Minimum auf. Bedingt durch die Wechselwirkung der Doppelschichten untereinander (r_2 = 315 pm) kommt aber in der kristallinen Form eine Überlappung zwischen Valenz- und Leitfähigkeitsband zustande, und die daraus resultierende Elektronendelokalisation läßt den Absorptionskoeffizienten mit abnehmender Wellenzahl erneut ansteigen [3.188]. Im amorphen As sind diese Bindungen praktisch nicht vorhanden (r_2 = 378 pm), woraus die Ausbildung einer für Isolatoren und Halbleiter typischen Bandlücke resultiert (vgl. Abb. 4.42b).

Die elektrische Leitfähigkeit des kompakten amorphen As ist folglich gegenüber dem rhomboedrischen As bei Raumtemperatur um etwa 13 Größenordnungen erniedrigt ($\sigma = 10^{-9}\ \Omega^{-1}\text{cm}^{-1}$). Die Aktivierungsenergie beträgt 0,81 eV und ist damit etwas größer als die Hälfte der aus optischen Messungen ermittelten Breite der Bandlücke. Wenig unterhalb 298 K ist ein Übergang zu einem flacheren Verlauf zu verzeichnen, in dem die Aktivierungsenergie einen Wert von 0,50 eV aufweist [3.189]. Es kommt darin ein Wechsel im Ladungstransportmechanismus zum Ausdruck. Im Gebiet der geringeren Aktivierungsenergie erfolgt der Transport vorwiegend im Bereich der lokalisierten Zustände am Bandrand.

Amorphes Arsen läßt im ESR-Spektrum eine gegenüber dem amorphen Si oder Ge weit geringere Konzentration homolytisch aufgebrochener Bindungen (dangling bonds) erkennen. Die Angaben variieren zwischen 10^{15} und 10^{17} cm^{-3} bei 4,2 K. Ihre Konzentration nimmt aber bei ansteigender Temperatur mit einer Aktivierungsenergie von 10 bis 30 meV zu und erreicht bei 300 K 10^{18} cm^{-3}. Die Temperaturabhängigkeit des Gleichgewichts (3.3) wurde als Erklärung für diesen Befund herangezogen [3.190, 191]. Auch aus dem Auftreten von Lumineszenzbanden beim Belichten und der dabei in Analogie zu den Chalkogenidgläsern beobachteten Stokesschen Verschiebung wurde auf das Vorliegen geladener Defektzentren im amorphen Arsen geschlossen.

Über die Modifizierung der Eigenschaften durch gezielten Dotierung wurde in der Literatur gleichfalls berichtet [3.176]. Angaben zur Kristallisationskinetik und Kristallisationsenthalpie befinden sich in [3.192].

3.1.2.6. *Antimon*

Antimon tritt unter Normalbedingungen in einer dem rhomboedrischen Arsen entsprechenden Struktur auf, vgl. Abb. 3.13. b): r_1 = 290,8 pm, r_2 = 335,5 pm. Der Bindungswinkel $\varphi = 95° 35'$ ist dem für *p*-Bindungen charakteristischen Valenzwinkel von 90° bereits weiter angenähert. Unter einem Druck von 85 kbar geht Antimon in einen für reine *p*-Bindungen charakteristischen Bindungszustand über. Die Unterschiede in den Bindungsabständen haben sich ausgeglichen: $r_1 = r_2$ = 296 pm, $\varphi = 90°$.

Das gelbe Antimon besteht aus einem amorphen Netzwerk von Sb-Atomen, in denen ein Teil der Bindungen durch Wasserstoff abgesättigt ist [3.193]. Es ist durch Einleiten von O_2 in flüssiges SbH_3 bei 183 K zugänglich. Bei höherer Temperatur, insbesondere unter Einwirkung von Licht, bildet sich monotrop eine schwarze, gleichfalls amorphe Zustandsform. Das gelbe Antimon entspricht also nicht wie früher angenommen, dem gelben As oder farblosen P, sondern den schwach gefärbten hochkondensierten Polyarsinen bzw. Polyphosphinen mit unterschiedlichem Wasserstoffgehalt.

Radialverteilungsuntersuchungen am geschmolzenen Antimon ergeben eine Nahordnung, die auf eine Verminderung des Valenzwinkels auf 90° schließen läßt [2.225]. Die mittlere Koordinationszahl beträgt etwa 6, d. h. es liegt eine dem kubisch primitiven Gitter entsprechende Nahordnungsstruktur vor [3.194]. Über die Dichte und Viskosität von Sb-Schmelzen wird in [3.195] berichtet.

Durch Katodenzerstäubung abgeschiedene amorphe Sb-Schichten zeigen eine elektrische Leitfähigkeit, die durch Elektronensprungprozesse nach dem MOTTschen $T^{-1/4}$-Gesetz beschrieben werden kann [3.196]. Es wurde daraus auf eine überwiegende Präsenz von neutralen Defekten ${}_pP_2^0$ mit ungepaarten Elektronen geschlossen [3.186]. Bereits bei Zimmertemperatur erfolgt Kristallisation.

Das sog. explosive amorphe Antimon wird durch Elektrolyse sauer Antimon(III)-halogenid-Lösungen bei hoher Stromdichte erhalten (vgl. 2.1.2.3.). Die Substanz ist als ein Subhalogenid und der spontan einsetzende, stark exotherme Übergang in die kristalline Form als Disproportionierung aufzufassen, die unter Verdampfung beträchtlicher Anteile SbX_3 verläuft (X = Cl, Br oder J) [3.197].

3.1.3. *Glasbildung der Chalkogene*

Die Strukturchemie der Elemente Schwefel, Selen und Tellur ist durch die Ausbildung kovalenter Bindungen zu jeweils zwei benachbarten Atomen gekennzeichnet. Es ergeben sich kettenförmige Polymere verschiedenen Polymerisationsgrades, für die auf Grund der regellosen Orientierung der von 180° abweichenden Valenzwinkel eine große Mannigfaltigkeit unterschiedlicher Strukturkonfigurationen besteht, bzw. bei cyclischer Verknüpfung ringförmige Molekeln, deren Gliederzahl zunächst gleichfalls keiner Beschränkung unterliegt. Bei den schwereren Homologen, insbesondere beim Tellur, nehmen die Bindungsbeziehungen zwischen den Ketten zunehmend Einfluß auf die sich ausbildende Struktur, und im α-Polonium ist schließlich ein dreidimensionales System äquivalenter orthogonaler Bindungen mit der Koordinationszahl 6 für jedes Po-Atom erreicht. Die Hybridisierung der *s*- und *p*-Bindungsfunktionen nimmt mit steigender Atommasse in den Gruppen des Periodensystems ab. Für die Struktur des α-Po sind demzufolge ausschließlich die Symmetrieeigenschaften der *p*-Orbitale bestimmend.

3.1.3.1. *Schwefel*

Über die Allotropie des Schwefels ist wiederholt in zusammenfassenden Abhandlungen, insbesondere von SCHMIDT [3.198] und MEYER [3.199—201] berichtet worden, so daß an dieser Stelle auf eine umfassende Darstellung verzichtet werden kann. Die Eigenschaften und die Variabilität von S-S-Bindungen ist auch in Arbeiten von STEUDEL [3.202] aufgezeigt und der gegenwärtige Stand in Übersichtsarbeiten [3.788] dargestellt worden.

Neben dem bekannten S_8-Schwefel, für den bisher drei verschiedene Kristallstrukturen gesichert sind, kann gegenwärtig auf 15 weitere kristalline Modifikationen mit bekannter Struktur, insgesamt auf 19 gut charakterisierte Zustandsformen verwiesen werden, von denen die meisten durch einen molekularen Aufbau aus Schwefelringen, z. B. S_6, S_7, S_9, S_{10}, S_{11}, S_{12}, S_{18} und S_{20} gekennzeichnet sind. Auf die Anwesenheit von Ringen mit noch größerer Gliederzahl (bis S_{34}) wurde aus der Analyse von S-Schmelzen

geschlossen [3.203, 789]. Das Gemisch der niedermolekularen Schwefelformen mit Ausnahme von S_8 wird auch als π-Schwefel bezeichnet.
Polycatenaschwefel, auch plastischer oder μ-Schwefel genannt, wird durch Abschrecken von S-Schmelzen erhalten, die auf mehr als 432,5 K erhitzt wurden, indem man die verbleibenden Anteile ringförmiger Molekeln mit CS_2 extrahiert. Er ist von faserförmiger Struktur und erreicht beim Strecken eine gewisse Kristallinität [3.204]. Es wird angenommen, daß die helixartigen Ketten etwa 10 S-Atome in 3 Identitätsperioden enthalten. Die S-S-Bindungslänge wird mit 206,6 pm, der S-S-S-Bindungswinkel mit 106° und der S-S-S-S-Diederwinkel mit 85,3° angegeben. In S-Ringmolekeln hinreichender Größe, z. B. S_{12}, S_{18} und S_{20}, werden etwa die gleichen Bindungsparameter gefunden. Die Dichte des plastischen Schwefels beträgt 2,01 g · cm^{-3}. Polycatenaschwefel enthält aber stets noch Anteile ringförmiger Molekeln.

Am Erstarrungspunkt nach der Gleichgewichtseinstellung bei 388,3 K besteht die Schmelze aus 0,6% S_6, 2,8% S_7, 1,5% S_x ($x > 12$) und 95,1% S_8 [3.789]. Bei 423 K wurde auf einen Anteil von 10% Ringschwefel mit anderer Gliederzahl als 8 geschlossen [3.788]. Bei 432,5 K steigt die Viskosität der Schmelze um mehr als 5 Größenordnungen sprunghaft an, woraus eine Erhöhung der mittleren Kettenlänge auf 10^5 S-Atome abgeschätzt wurde. Mit weiter ansteigender Temperatur nimmt die Konzentration an $S\mu$ bis auf etwa 55% bei 533 K zu, die Viskosität aber bereits ab 460 K von ihrem Maximalwert von 932 dPa · s wieder ab, und bei 717,7 K ist der Siedepunkt erreicht (Abb. 3.19.). Flüssiger Schwefel stellt ein kompliziertes Gleichgewicht zahlreicher molekularer Struktureinheiten und polymerer Ketten dar, wobei sich je nach der Temperatur unterschiedliche Verteilungen einstellen. Beim Abschrecken der Schwefelschmelze werden demzufolge je nach der Ausgangstemperatur und der angewandten Abkühlrate Produkte des plastischen Schwefels mit unterschiedlicher molekularer Struktur erhalten. Kühlt man die Schmelze rasch auf unter 243 K ab, so erhält man den Polycatenaschwefel in glasartiger Form. Die Transformationstemperatur erweist sich erwartungsgemäß als stark abhängig von der thermischen Vorbehandlung und der angewandten Abkühlgeschwindigkeit. Die Angaben variieren zwischen 230 und 250 K. Unter hohem Druck ist Schwefel auch in einer metallisch leitenden Modifikation erhalten worden, die bei einer Sprungtemperatur von 10 K in den supraleitenden Zustand übergeht [3.206].

S-Se-Mischungen

Über gemischte Ringformen Se_nS_{8-n}, z. B. SeS_7, Se_2S_6, Se_3S_5 und Se_2S_5 oder Se_2S_{10} ist verschiedentlich in der Literatur berichtet worden [3.207—211]. Beim Selen ist die helexartige Kettenstruktur die stabilere Form, so daß sich die Frage ergibt, bei welchem Se-Gehalt die ringförmigen Molekeln spontan polymerisieren. Im Phasendiagramm deutet sich bei der Zusammensetzung Se_4S_6 ein schwach ausgebildetes Eutektikum an [3.212, 213]. Nach röntgenographischen Untersuchungen von WEISS [3.214] kristallisieren Substanzen mit der Zusammensetzung $Se_{5,1}S_{2,9}$, $Se_{3,3}S_{4,7}$ und $Se_{4,7}S_{3,3}$ in der Struktur der bekannten Modifikationen des S_8-Schwefels, sind also als Mischkristalle aus einer Reihe von Einzelkomponenten der allgemeinen Zusammensetzung Se_nS_{8-n} zu beschreiben.

Se-reiche Schmelzen Se_xS_{1-x} sind hochviskos und erstarren in weiten Grenzen ihrer Zusammensetzung glasartig. Die T_G-Werte nehmen mit wachsendem S-Gehalt linear ab und erreichen bei etwa $x = 0,7$ 273 K [3.215]. Über elektrische Transportphänomene an Se-S-Gläsern berichten SCHOTTMILLER u. M. [3.216].

S-Te-Mischungen

Versuche zur Herstellung von S-Te-Verbindungen sind vielfach beschrieben worden. TeS_2 soll unterhalb 253 K beständig sein [3.217]. Die tiefroten Kristalle, die bei der Umsetzung von H_2S mit $TeCl_4$ in geringer Ausbeute erhalten wurden, erweisen sich nach röntgenographischen Untersuchungen von WEISS [3.218] als Mischkristalle von S_8, TeS_7 und Te_2S_6.

3.1.3.2. *Selen*

Struktur und Eigenschaften des Selens sind in neuerer Zeit mehrfach in Monographien und Übersichtsartikeln zusammenfassend behandelt worden (vgl. z. B. [3.219—221]). Das Element tritt in mehreren allotropen Formen auf, von denen nur das trigonale graue Selen bis zum Schmelzpunkt thermodynamisch stabil ist. Eine Übersicht über nichtkristalline Formen des Selens gibt ANDONOV [3.205].

Kristalline Modifikationen

Selen bildet 3 metastabile, monokline Modifikationen von roter Farbe. Die α- und β-Form sind bereits seit langem bekannt. Über die γ-Form haben FOSS u. M. [3.790] berichtet. Sie bestehen aus Se_8-Molekeln, die die in Abb. 3.16.c) gezeigte kronenähnliche Gestalt haben. Die zwischenatomaren Abstände unterscheiden sich etwas voneinander [3.222, 790]. Der Se-Se-Bindungsabstand beträgt 232 bzw. 233 bis 234 pm, der Bindungswinkel ϑ in der α-Form 105,9°, der Diederwinkel φ 101,0° (Abb. 3.16. b).

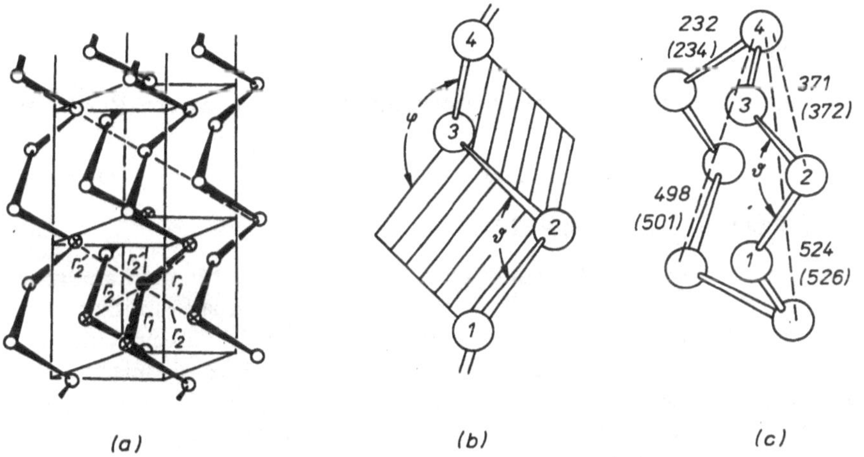

Abb. 3.16. Struktur kristalliner Se-Modifikationen.

(*a*) — trigonales Se, r_1 = 237,3 pm, r_2 = 342,6 pm; (*b*) — trans-Konfiguration der Se-Kette mit Bindungswinkel ϑ und Diederwinkel φ; (*c*) — Kronenstruktur der Se_8-Molekel von monoklinem α- und β-Se.

Jeweils 4 Se_8-Molekeln sind in der monoklinen Elementarzelle des α- und β-Se enthalten, 8 in der des γ-Se. Im Fall des α-monoklinen Se liegen die folgenden Gitterparameter vor: $a = 905{,}4$ pm, $b = 908{,}3$ pm, $c = 1160$ pm, $\beta = 90{,}81°$. Die Dichte beträgt 4,39 g · cm^{-3}. Die Formen sind aus Lösungen in CS_2 zugänglich. Bei der langsamen Kristallisation wird das α-monokline Selen, beim raschen Verdampfen des Lösungsmittels die β-Modifikation erhalten. α-monoklines Selen schmilzt bei etwa 417 K, wandelt sich aber ebenso wie die β-Form bereits oberhalb 373 K spontan in trigonales Selen um. Wie Abb. 3.16.c) erkennen läßt, liegt in den Se_8-Ringen am Se-Atom 4 eine cis-Verknüpfung vor. Diese klappt bei der Phasenumwandlung unter Ringaufspaltung in eine trans-Konfiguration um, s. Abb. 3.16. b).

Der strukturelle Aufbau des trigonalen Selens ist aus Abb. 3.16. a) ersichtlich [3.223]. Schraubenförmige Ketten mit der Identitätsperiode 3 sind zu einem Gitter trigonaler Symmetrie mit den Elementarzellabmessungen $a = 436{,}8$ und $c = 495{,}8$ pm zusammengefügt. Der Se-Se-Bindungsabstand r_1 beträgt 237,3 pm, der Abstand zum übernächsten Nachbaratom innerhalb der Selenkette 372 pm und der Bindungswinkel $\vartheta = 103{,}1°$. Für den Diederwinkel φ, der die Verdrillung der Kette beschreibt, ergibt sich ein Wert von 100,6°. Er hat damit nahezu den gleichen Betrag wie in der Se_8-Molekel. Der Abstand r_2 zwischen dem in Abb. 3.16. a) markierten Aufatom und vier weiteren Nachbaratomen, die drei helixartigen Se-Ketten in der unmittelbaren Umgebung angehören, beträgt 342,6 pm. Eine Beziehung zum kubischen Gitter des α-Poloniums mit 6 gleich langen Bindungsabständen ist unverkennbar.

Trigonales Selen hat eine Dichte von $4{,}819\ g \cdot cm^{-3}$ (298 K). Der Ausdehnungskoeffizient und die Molwärme sind in Tab. 2.6. angegeben. Die Schmelzenthalpie beträgt $6{,}23 \pm 0{,}17\ kJ \cdot mol^{-1}$ [3.224]. Für die elektrische Leitfähigkeit werden unterschiedliche Werte in der Literatur mitgeteilt, 10^{-5} bis $10^{-6}\ \Omega^{-1}cm^{-1}$ von STUKE in [3.220] und $10^{-10}\ \Omega^{-1}cm^{-1}$ in [3.225] bei 298 K. Unter hohem Druck bilden Se und Te die dem α-Po entsprechende kubische Struktur aus, wobei als Sprungtemperatur für den Übergang in den supraleitenden Zustand 6,7 K (13 GPa) bzw. 3,3 K (5,6 GPa) festgestellt wurden [3.226, 227].

Amorphes Selen

Durch reduktive Fällung von Se aus sauren Selenitlösungen, z. B. nach den Reaktionsgleichungen

$$H_2SeO_3 + N_2H_4 \rightarrow Se + 3\,H_2O + N_2 \tag{3.4}$$

$$H_2SeO_3 + 2\,SO_2 + H_2O \rightarrow Se + 2\,H_2SO_4\,, \tag{3.5}$$

oder durch Abschrecken von Se-Dampf auf etwa 85 K kann das Element in roter amorpher Form erhalten werden ($\varrho \doteq 4{,}27\ g \cdot cm^{-3}$). Über den strukturellen Aufbau ist bisher wenig bekannt. Die Löslichkeit in CS_2 kann nach neueren Untersuchungen nicht als ein schlüssiger Beweis für das Vorliegen molekularer Einheiten angesehen werden. Die Enthalpieänderung beim Übergang in trigonales Selen beträgt bei 298 K $12{,}5 \pm 1{,}7\ kJ \cdot mol^{-1}$. Sie ist damit um den Faktor 2,5 größer als der bei der Rekristallisation von glasartigem Selen freiwerdende Enthalpiebetrag. Es wäre z. B. denkbar, daß der größere Energieinhalt aus einem hohen Gehalt verspannter Konfigurationen in den polymeren Se-Ketten resultiert, z. B. cis-Verknüpfungen mit deformierten Diederwinkeln, die den Ringschluß zu Se_8-Molekeln in Verbindung mit der Einwirkung eines Lösungsmittels zwanglos gestatten. Aus der Schwefelchemie ist das „Abrollen" von S-Ketten unter Abspaltung von S_8-Einheiten seit langem bekannt.

Erhitzt man rotes amorphes Se, dann beobachtet man bereits bei 310 K eine endotherme Umwandlung, und es entsteht das schwarze amorphe Se. Der Enthalpieumsatz

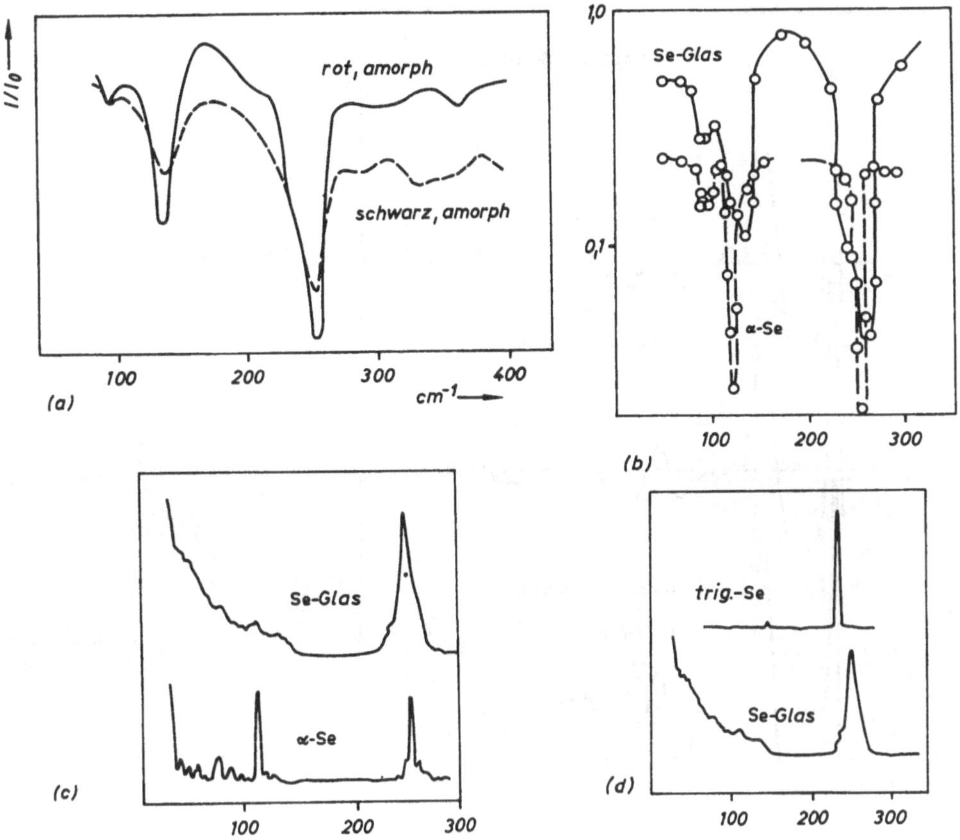

Abb. 3 17 Schwingungsspektren der Se-Modifikationen.

(*a*) – IR-Spektrum von rotem und schwarzem amorphen Se [3.230], (*b*) – IR-Spektrum von glasartigem Se und monoklinem α-Se, (*c*) – RAMAN-Spektrum von Se-Glas und α-Se, (*d*) – RAMAN-Spektrum von trigonalem Se im Vergleich zum Se-Glas nach [3.233].

beträgt etwa 0,4 kJ · mol^{-1} [3.228, 229]. Die Struktur ist bisher nicht aufgeklärt. Das IR-Spektrum der beiden amorphen Formen ist in Abb. 3.17.a) angegeben und läßt eine weitgehende Übereinstimmung erkennen [3.230].

Aufdampfen im Vakuum führt zu amorphen Se-Schichten, die im Zusammenhang mit ihrer breiten Verwendung in der Elektrophotographie eingehend untersucht wurden. Amorphe Se-Aufdampfschichten lösen sich vollständig in CS_2. Sie sind bei nicht zu großer Schichtdicke rot durchscheinend.

Se-Dampf weist eine recht komplexe Zusammensetzung auf. Neben Se_8-, Se_2- und Se_7-Molekeln treten im Bereich um 600 K überwiegend Se_6- und Se_5-Teilchen auf [3.231]. Die letzteren sind bis zu 1000 K mit weitgehend gleichbleibender Konzentration an der Zusammensetzung beteiligt. Gleichzeitig wächst der Anteil an Se_2- und Se_3-Molekeln mit steigender Temperatur auf Kosten der größeren Teilchen an. Je nach den angewandten Verdampfungs- und Kondensationsbedingungen wie Quellentemperatur, Aufdampfrate und Substrattemperatur werden dementsprechend amorphe Schichten erhalten, die einen unterschiedlichen Aufbau erwarten lassen. Der weitgehende Ausschluß einer Kontamination von Verunreinigungen ist dabei zu beachten. Spurenverunreinigungen können die in allen

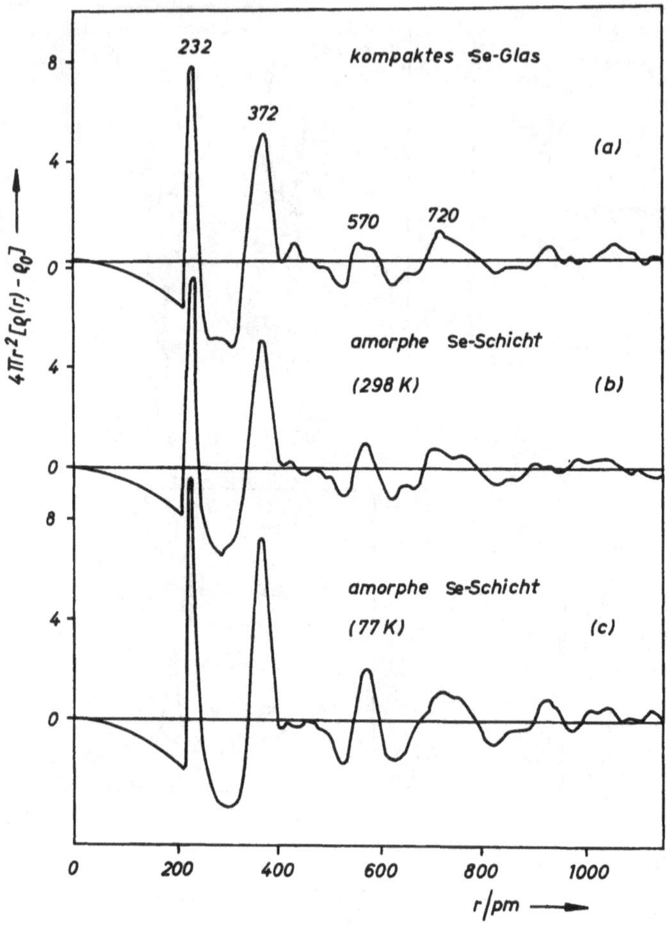

Abb. 3.18. Differenz-Radialverteilungskurven von glasartigem Selen (*a*) und zwei bei unterschiedlicher Temperatur abgeschiedenen amorphen Se-Schichten (*b*) und (*c*) nach [3.232].

Formen des amorphen Se vorhandene Tendenz zur Kristallisation hemmen oder fördern, und oftmals ist es nicht einfach, die Bildung mikrokristalliner Einschlüsse unter den Bedingungen einer Messung zu unterbinden.

Abbildung 3.18. zeigt die Differenz-Radialverteilungskurven entsprechend Gl. (2.93) (vgl. auch Abb. 2.29.) für kompaktes glasartiges Selen und zwei bei unterschiedlicher Substrattemperatur abgeschiedene amorphe Schichten nach KAPLOW u. M. [3.232]. Die Übereinstimmung ist bemerkenswert und läßt wie beim amorphen Si und Ge auf eine von den Darstellungsbedingungen weitgehend unabhängige Gleichgewichtskonfiguration in der räumlichen Anordnung der Nahordnungsbereiche in den amorphen Strukturen schließen. In Abb. 3.17. b)—c) sind die IR-Spektren von glasartigem Se und kristallinem roten α-Se sowie die RAMAN-Spektren des Selenglases und der beiden kristallinen Modifikationen nach ZALLEN und LUCOVSKY [3.233] vergleichend gegenübergestellt. Die weitgehende Übereinstimmung der Nahordnungsstruktur sämtlicher Zustandsformen des Selens ist nach den in Abb. 3.17. und 3.18. dargestellten experimentellen Befunden unverkennbar. In der Ähnlichkeit der Radialverteilungskurven kommt andrerseits die begrenzte Aussagefähigkeit von Beugungsmethoden bei der Erfassung feinerer Strukturunterschiede zum Ausdruck.

Die enge Beziehung zwischen dem IR-Spektrum von glasartigem und monoklinem α-Se, Abb. 3.17b), wurde zunächst als Bestätigung der aus Lösungsversuchen geschlossenen Annahme einer beträchtlichen Präsenz von Se_8-Molekeln im Se-Glas angesehen [3.234] (vgl. 2.4.1.4. [2.293]). Erst neuerdings wurde berücksichtigt, daß Kettensegmente mit cis-Konfiguration und gegebenenfalls leicht deformierten Bindungswinkeln ein vergleichbares Schwingungsverhalten ergeben können. Isolierte Se-Ringe und Ketten lassen den gleichen Wert für die Valenzschwingungsfrequenz erwarten [3.235]. Infolge der Wechselwirkung zwischen benachbarten Ketten ist diese im trigonalen Selen von 256 auf 237 cm^{-1} herabgemindert, im glasartigen Selen aber auf Grund der weitgehenden Aufhebung dieser Bindungsbeziehungen auf den für die Se_8-Molekel charakteristischen Wert angehoben. Man darf daher die beobachtete Übereinstimmung nicht ohne weiteres als einen spektroskopischen Nachweis von Se_8-Molekeln werten.

Se-Schmelzen

Trigonales Se schmiltz bei 490 K. Die Dichte fällt sprunghaft von 4,70 auf 4,01 $g \cdot cm^{-3}$ und bei Temperaturerhöhung weiterhin monoton ab [3.236]. Die Temperaturabhängigkeit der elektrischen Leitfähigkeit läßt am Schmelzpunkt gleichfalls eine Diskontinuität erkennen [1.28]. Der Sprung hängt stark vom Leitfähigkeitswert im festen Zustand und dieser vom Gehalt an Verunreinigungen ab. Die Abnahme beträgt für reines Selen etwa eine halbe Größenordnung. Für die elektrische Leitfähigkeit von Se-Schmelzen bei 490 K findet man einen Wert von $4 \cdot 10^{-9}\ \Omega^{-1}\ cm^{-1}$ angegeben [3.225]. Es überwiegt die *p*-Leitung. Für die thermische Aktivierungsenergie ergibt sich ein Wert von 2,31 eV. Erst oberhalb 1570 K erreicht Se im Bereich überkritischer Drucke metallische Leitfähigkeit [3.237].

Die Struktur der Schmelze von Selen ist häufig im Zusammenhang mit der Aufklärung der in Schwefelschmelzen vorliegenden Struktur- und Bindungsverhältnisse untersucht worden, obwohl die Elemente vom Standpunkt der thermodynamischen Stabilität ihrer Zustandsformen zu unterscheiden sind. Beim Selen stellt die Kettenstruktur des trigonalen Se die stabile Form dar, und die Ausbildung metastabiler Se_8-Molekeln bei der höheren Temperatur der Schmelze ist ohne weiteres denkbar. Beim Schwefel tritt dagegen die Kettenstruktur als metastabile Form in Erscheinung.

Abbildung 3.19. zeigt die Temperaturabhängigkeit der Viskosität η und der Polymerisation P (angegeben in Einheiten von 8 Atomen) für S- und Se-Schmelzen nach Eisenberg und Tobolsky [3.238, 239].

Das Einsetzen der Polymerisation der ringförmigen Molekeln der S-Schmelze bei 432,5 K ist mit einem Anstieg der Viskosität um 5 Größenordnungen verbunden. Oberhalb dieser Umwandlungstemperatur nimmt die Viskosität mit sich vermindernder mittlerer Anzahl von S-Einheiten P je Fließeinheit wieder ab. Selen hat am Schmelzpunkt eine Viskosität von etwa 25 dPa · s, die sich bis zum Siedepunkt bei 958 K auf 10^{-2} dPa · s erniedrigt.

Überträgt man die für S-Schmelzen gültige Interpretation auf Se-Schmelzen, dann sollte die mittlere Kettenlänge im Bereich der Unterkühlung weiter anwachsen. Die scheinbare Aktivierungsenergie des viskosen Fließens vergrößert sich bis in den Temperaturbereich der glasartigen Erstarrung bei etwa 303 bis 313 K nahezu um den Faktor 10, was auf eine

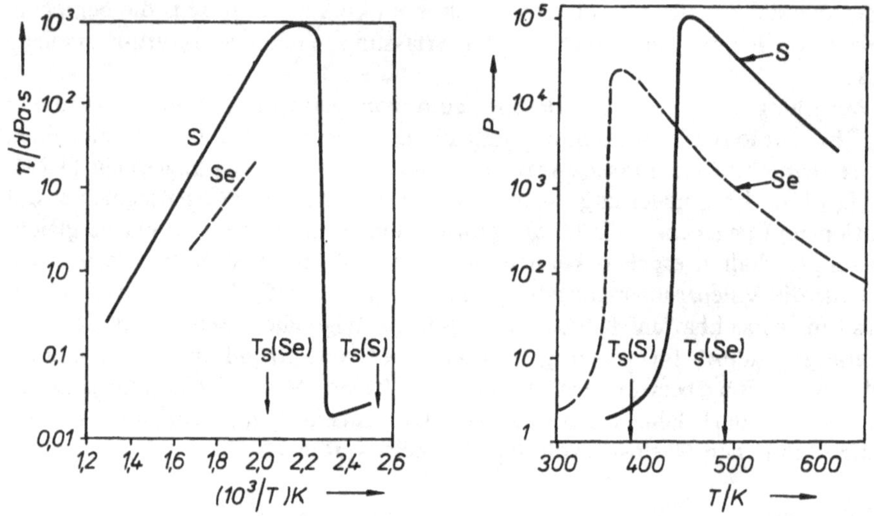

Abb. 3.19. Temperaturabhängigkeit der Viskosität η und der Polymerisation P für S- und Se-Schmelzen nach [3.238, 239].

mit fallender Temperatur zunehmende Größe der Fließeinheiten zurückgeführt wurde [3.240]. Die der Polymerisation der S-Schmelze analoge Umwandlungstemperatur ist nach Eisenberg u. M. [3.238, 239] in Se-Schmelzen bei 350 K und damit unterhalb des Schmelzpunktes in einem Bereich hoher Viskosität zu erwarten. Ein entsprechender Viskositätsabfall wurde aber bisher nicht beobachtet. Zur Berechnung des Ring-Kettengleichgewichts in Se-Schmelzen wurden Ergebnisse von Briegleb [2.293] herangezogen, der je nach der Abkühlrate, mit der die Schmelze von 490 K abgeschreckt wurde, bis zu 40% des erhaltenen Glases in CS_2 lösen konnte. Dieser Anteil soll bei 700 K noch 18% betragen. Dabei wurde vorausgesetzt, daß das sich lösende Selen im Glas bereits in Form von Se_8-Molekeln vorliegt. Von Kettensegmenten entsprechender Konfiguration sollte aber gleichfalls eine Abspaltung von Se_8-Einheiten möglich sein. Die allgemein anerkannten und in Lehrbüchern verbreiteten Aussagen zur Struktur von Se-Schmelzen sind daher in Zweifel zu ziehen und vermutlich zu korrigieren.

Gegen die Annahme derartig hoher Anteile von Se_8-Molekeln in Se-Schmelzen und den durch Abschrecken erhaltenen Gläsern sprechen eine Reihe weiterer experimenteller Befunde. Die Konzentration an Se_8-Molekeln sollte sich beim Vergleich von Schmelzen, die auf 495 bzw. 675 K erhitzt wurden, nach den Angaben von Briegleb etwa um den Faktor 2 unterscheiden. Die IR-Spektren entsprechend präparierter Gläser zeigen aber praktisch keinen Unterschied [3.241]. Das IR-Spektrum wird nach der Extraktion mit CS_2 nahezu unverändert beobachtet [3.230]. Bemerkenswert ist die Feststellung, daß glasartiges Selen nur unter der Einwirkung von Licht der Energie $>2{,}3$ eV in CS_2 in Lösung geht [3.242]. Briegleb macht dazu keine Angaben. Schließlich konnte Lucovsky [3.242] die Molekülspektren des kompakten glasartigen Selens auch unter der Annahme einer Kettenstruktur interpretieren, die durch eine unregelmäßige Abfolge von cis- und trans-Verknüpfungen gekennzeichnet ist. Ein Ausschnitt aus einer derartigen Kette ist in Abb. 3.20 skizziert.

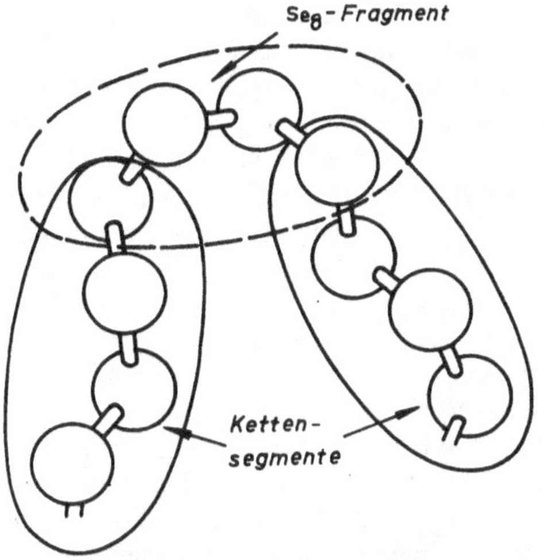

Abb. 3.20. Bereiche mit cis- und trans-Verknüpfung in der Kettenstruktur des glasartigen Selens.

Glasartiges Selen

In Form relativ großer kompakter Proben ist die glasartige Modifikation bei hinreichendem Ausschluß kristallisationsfördernder Verunreinigungen durch Abkühlen von Schmelzen außerhalb der Ofenapparatur (Abkühlrate $q_{\text{krit}} \geqq$ etwa 20 K · min^{-1}) relativ einfach zugänglich. Für die Transformationstemperatur ergibt sich an derartigen Proben ein Wert von 303,2 K. Die Dichte beträgt 4,285 g · cm^{-3} bei 298 K, der thermische Ausdehnungskoeffizient $\alpha_{<T_G} = 4{,}0 \cdot 10^{-5}$ K^{-1} und $\alpha_{>T_G} = 15 \cdot 10^{-5}$ K^{-1}. Elastizitäts- und Schubmodul weisen die Werte $E = 10{,}2$ TPa bzw. $G = 3{,}7$ TPa auf, die Kompressibilität $\varkappa = 1{,}04$ TPa^{-1} [3.220]. Die Druck-Volumen-Temperatur-Beziehungen im flüssigen und glasartigen Selen wurden eingehend untersucht. Bei Druckerhöhung auf 200 MPa erhöht sich der T_G-Wert auf 318 K [3.243].

Zur Strukturaufklärung sind die Methoden der Röntgen- und Neutronenbeugung in einer Vielzahl von Arbeiten herangezogen worden [2.225, 295, 3.232, 244—247, 249—255]. Unabhängig von den Darstellungsbedingungen ergeben sich für Gläser und Schmelzen übereinstimmende Aussagen zur Nahordnung. Die Radialverteilungskurve, Abb. 2.29 und 3.18.a), weist bei 232 pm ein Maximum auf, dessen Fläche der Koordinationszahl 2 entspricht, d. h. jedes Se-Atom ist wie in den kristallen Modifikationen bei etwa gleichem Bindungsabstand mit zwei benachbarten Atomen verbunden. Das zweite Maximum bei 372 pm entspricht dem Abstand zu den beiden übernächsten Atomen in den Ketten bzw. Ringen der kristallinen Se-Modifikationen (Abb. 3.16.). Seine Fläche ergibt aber nicht 2 sondern 6 Atome. Offenbar ist der Abstand zu den 4 Se-Atomen, die im trigonalen Selen 3 benachbarten Ketten angehören, von 342,6 pm auf den van der Waalschen Abstand von 372 pm aufgeweitet. Dieser Wert stimmt zufällig mit der Distance zu den beiden übernächsten Nachbarn innerhalb einer Se-Kette überein.

Bezüglich der weiteren, nur relativ unscharf ausgebildeten Maxima bei 570 und 720 pm sind die Radialverteilungskurven mehrdeutig. Wie der Vergleich mit Abb. 3.16. zeigt, entspricht dem Häufigkeitsmaximum bei 570 pm kein Paarabstand in einer der kristallinen Se-Modifikationen. Weder bei 500 noch bei 525 pm wird eine über die mittlere Kurve hinausgehende Häufigkeit beobachtet. Kristallitmodelle treffen daher sicher nicht zu. Modelle mit deformierten Se_8-Ringen [3.132], Mischungen molekularer Se_8-Einheiten und größerer Ringe mit Se-Ketten [3.245, 247, 2.225] oder eine aus Se_6-Molekeln bestehende Struktur [3.244, 256] geben die experimentellen Kurven im Bereich größerer Abstände vom Aufatom nur zum Teil richtig wieder. Es ist aber auch über Strukturmodelle, in denen die Se-Ketten überwiegen, immer wieder berichtet worden [3.246, 249, 250, 251, 254, 255]. Der Unterschied zwischen Se_8-Ringen und Se-Ketten sollte sich erst in der 4. Koordinationssphäre auswirken. Das Fehlen einer größeren Häufigkeit von Paarabständen im Bereich 500 bis 525 pm führte in Anlehnung an das Modell von POLK [2.300] zur Annahme einer Kettenstruktur, in der der Diederwinkel jede beliebige Einstellung annehmen kann [2.295, 3.253—255]. Die Übereinstimmung der für eine aus 200 Atomen bestehende Kette berechneten Radialverteilungskurve mit dem Experiment ist relativ gut [3.253, 2.295]. ROBERTSON [2.296] schließt dagegen nach den RÖNTGEN- und UV-Photoelektronenspektren eine breite Variation des Diederwinkels in den Ketten des glasartigen Selens aus energetischen Gründen aus. Aus dem *s,p*-Hybridisierungsgrad der Valenzorbitale folgt für einen Diederwinkel von 102° ein Energieminimum, das auch auf die Struktur der Schmelze Einfluß nehmen sollte. Es wird daher eine statistische Verteilung von cis- und trans-Einstellungen zwischen dem 3. und 4. Se-Atom (vgl. Abb. 2.38.) und allen weiteren Atomen der Kette angenommen, so daß sich hieraus eine unregelmäßige Folge von Konfigurationen ergibt, wie sie in Abb. 3.20. für einen Kettenausschnitt dargestellt ist. Radialverteilungsmessungen befinden sich mit diesem Modell in Übereinstimmung [3.254].

Ausgehend von diesen Strukturinformationen über den Aufbau des glasartigen Selens sind Bandstrukturberechnungen durchgeführt worden, die zu einer befriedigenden Interpretation experimenteller ESCA-Werte geführt haben [3.258, 259].

Über die Eigenfehlordnung in Se-Schmelzen und die Art der Punktdefekte, die sich aus dem Strukturgerüst eindimensional vernetzter Nahordnungsbereiche im glasartigen Selen ableiten, ist bereits in 2.4.2.5. und 2.5.2. berichtet worden. Sie beeinflussen vor allem die elektrischen Eigenschaften des Se-Glases und können aus den Photolumineszenzspektren sowie an einer bei tiefer Temperatur durch Bestrahlung induzierten Spindichte und dem Auftreten einer entsprechenden Absorptionsbande erkannt werden (vgl. 4.2.2.2.).

Quantenchemische Rechnungen zu den im glasartigen Selen auftretenden Defektzuständen liegen in der Literatur gleichfalls vor [3.260].

Eigenschaften des glasartigen Selens

Kompaktes Se-Glas ist in reiner Form bei Raumtemperatur ein extrem hochohmiger Halbleiter ($\sigma \leqq 10^{-16}\ \Omega^{-1}\ \text{cm}^{-1}$). Die quasistatische Dielektrizitätskonstante beträgt 6,15 ± 0,06 [3.261]. Für die thermische Aktivierungsenergie ergibt sich aus Leitfähigkeits- und Thermokraftmessungen übereinstimmend ein Wert von 1,0 bis 1,15 eV. Glaszustand und Schmelze werden in weiten Temperaturgrenzen einheitlich durch einen linearen Verlauf der Abhängigkeit lg σ von $1/T$ beschrieben [3.262, 263]. Driftbeweglichkeitsmessungen ergeben $6 \cdot 10^{-3}\ \text{cm}^2\ \text{V}^{-1} \cdot \text{s}^{-1}$ für Elektronen und $10^{-1}\ \text{cm}^2\ \text{V}^{-1} \cdot \text{s}^{-1}$ für Defekteletronen [3.262, 264, 265, 394]. Für die Beweglichkeit wurde eine geringe thermische Aktivierungsenergie von 0,16 bzw. 0,3 eV festgestellt. Es dominiert also im glasartigen Selen die Defektelektronenleitung (vgl. 4.1.3.4.). Ladungstransport durch Elektronensprungprozesse zwischen lokalisierten Zuständen im Bereich der FERMI-Energie entsprechend dem $T^{-1/4}$-Gesetz nach MOTT wird nicht gefunden. Im Unterschied zum amorphen Arsen wird selbst unter Druckeinwirkung beim glasartigen Selen ein solcher Effekt nicht beobachtet [3.266]. Die elektrische Leitfähigkeit des Se-Glases ist durch bestimmte Verunreinigungen, z. B. Oxid- oder Halogenidspuren, Alkalimetall- oder Schwermetallzusätze empfindlich beeinflußbar (vgl. 4.1.3.5.).

Die optische Bandlücke ist mit 2 eV gegenüber dem trigonalen Selen kurzwellig verschoben und etwas kleiner als der doppelte Betrag der aus Leitfähigkeitsmessungen ermittelten thermischen Aktivierungsenergie [3.267]. Amorphe Se-Schichten wurden bezüglich ihrer optischen Bandlücke von ANDIERE u. M. [3.268] charakterisiert.

Glasartiges Selen ist auch im Hinblick auf das Relaxationszeit-Verhalten wiederholt untersucht worden [2.138, 3.269] (vgl. 2.2.1.2. und 2.2.2.1.). Mit der Kristallisationskinetik befassen sich Arbeiten von KAWARADA u. M. [3.270] und ANDIERE u. M. [3.271], (vgl. 2.3.1.1.).

3.1.3.3. *Tellur*

Tellur kristallisiert im gleichen Strukturtyp wie das trigonale Selen, s. Abb. 3.16.a), [3.223]. Die helixartigen Ketten mit Te-Te-Bindungsabständen von 287,8 pm sind zu einem Gitter mit den Elementarzellabmessungen $a = 445{,}1$ und $c = 592{,}6$ pm zusammengefügt. Der Bindungswinkel ϑ beträgt 101,8°, der Diederwinkel φ zwischen 3 Te-Atomen in der Ebene und einem vierten etwa 100°. Jedes Te-Atom ist außer von zwei Bindungspartnern innerhalb einer Kette von 4 weiteren im Abstand von 349 pm umgeben, die 3 Ketten in unmittelbarer Nachbarschaft angehören. Die Bindungsbeziehungen zwischen den Ketten sind nur noch etwa um den Faktor 2 schwächer als die Bindungen innerhalb der Ketten. Die Dichte beträgt 6,25 g $\cdot$ cm^{-3} (298 K), die spezifische elektrische Leitfähigkeit bei Raumtemperatur etwa 2 Ω^{-1} cm^{-1}. Für die Bandlücke ergibt sich aus elektrischen und optischen Messungen übereinstimmend ein Wert von 0,33 eV [3.267]. Unter normalem Druck schmilzt Tellur bei 725 K, der Siedepunkt liegt bei 1663 K.

Am Schmelzpunkt nimmt die Dichte sprunghaft von 6,21 auf 5,770 g ° cm^{-3} ab [3.226, 272]. Sowohl nach höherer Temperatur als auch in Richtung niedrigerer Temperaturen im Bereich der unterkühlten Schmelze fällt die Dichte weiter ab, so daß der Kurvenverlauf eine Dichteanomalie erkennen läßt. Die spezifische Leitfähigkeit nimmt abweichend vom Selen beim Übergang in den geschmolzenen Zustand trotz der Dichteabnahme von etwa 180 auf 1800 Ω^{-1} cm^{-1} zu [1.28, 33]. Der Temperaturkoeffizient ist zunächst positiv. Die Aktivierungsenergie der Leitfähigkeit beträgt bei Te-Schmelzen 0,5 eV [3.273]. Die Leitfähigkeit steigt aber mit steigender Temperatur zunehmend flacher an, erreicht bei 1173 K ein Maximum von etwa 3000 Ω^{-1} cm^{-1}, um bei weiterer Temperaturerhöhung abzunehmen.

Neutronenbeugungsmessungen an geschmolzenem Tellur wurden von TOURAND u. M. [3.274], RÖNTGEN-Beugungsuntersuchungen von WOBST u. M. [3.275] ausgeführt. Im Temperaturbereich um 870 K liegen die beiden ersten Maxima der Radialverteilungskurve bei 297 und 381 pm, wobei die Flächen jeweils der Koordinationszahl 3 entsprechen. Ein drittes deutlich ausgeprägtes Häufigkeitsmaximum wird bei 452 pm gefunden. Wie der Vergleich der Paarabstände erkennen läßt, unterscheidet sich die Nahordnung von flüssigem Tellur oberhalb der Schmelztemperatur von der im kristallinen Zustand vorliegenden Koordination. Zwei kürzeren und vier längeren Bindungsabständen im Kristallgitter stehen in der Schmelze drei nähere und drei etwas weiter entfernte Bindungspartner gegenüber. Die im Bereich der unterkühlten Schmelze beobachtete Anomalie in der Temperaturabhängigkeit der Dichte kann demnach offenbar als eine partielle Umwandlung in Richtung auf eine Flüssigkeitsstruktur verstanden werden, die bereits mehr den im Kristallgitter vorliegenden Koordinationsverhältnissen entspricht.

Die Struktur des geschmolzenen Tellurs steht zu der im rhomboedrischen Arsen vorliegenden Atomanordnung in enger Beziehung. Die drei *p*-Bindungsfunktionen bestimmen maßgeblich die Wechselwirkung zu jeweils 3 nächstbenachbarten und 3 etwas weiter entfernten Atomen. Es bilden sich in dieser Weise lokal schichtartige Strukturbereiche aus, die zu benachbarten Schichtabschnitten in einer Bindungsbeziehung stehen. Der Valenzzustand der meisten Te-Atome in der Schmelze ist dann in Analogie zu der in 2.4.2.5. und 2.5.2. eingeführten Formulierung der Bindungszustände in geschmolzenen Chalkogenen (vgl. Abb. 2.58.) durch C_3^0 bzw. D^0 zu beschreiben. Der s^2p^4-Zustand der Atome im kristallinen Tellur, der zur Ausbildung von zwei kovalenten Bindungen mit vorwiegend *p*-Charakter und damit zur Kettenstruktur führt, geht in der Schmelze in einen s^2p^3-Bindungszustand mit 3 kovalenten *p*-Bindungen über, d. h. es entsteht eine Verknüpfung von Te^+-Atomen mit jeweils einem Elektron im antibindenden Zustand der $TeTe_{3/2}$-Zentren. Das je Te-Atom abgespaltene Elektron ist in dem aus den antibindenden Zuständen hervorgehenden Leitfähigkeitsband weitgehend delokalisiert und verursacht den hohen Wert der elektrischen Leitfähigkeit. Bei Temperaturen um 1970 K entspricht das erste Maximum der Radialverteilungskurve bei 307 pm annähernd der Koordinationszahl 6, wobei sich das zweite Maximum weitgehend zurückgebildet hat. Es wird also bei höherer Temperatur ein Ausgleich der Bindungen verwirklicht und eine Annäherung an die Struktur des α-Poloniums erreicht.

Der mit dem Schmelzen von Tellur verbundene Strukturwechsel kommt in dem gegenüber Selen deutlich größeren Wert der Schmelzentropie gleichfalls zum Ausdruck (Te 24,3 $J \cdot mol^{-1} K^{-1}$, Se 12,6 $J \cdot mol^{-1} K^{-1}$), [3.274]. Neutronenspektroskopische Untersuchungen ergeben ein gegenüber dem kristallinen Tellur völlig verändertes Schwingungsspektrum [3.276].

Die Viskosität von Te-Schmelzen ist offenbar auf Grund der partiellen Delokalisation der Valenzelektronen so stark erniedrigt, daß die Überführung in den Glaszustand nur bei extrem hohen Abkühlgeschwindigkeiten gerade noch erreicht werden kann. Abkühlraten von 10^{10} $K \cdot s^{-1}$ sind erforderlich, um dünne amorphe Te-Schichten zu erhalten [2.26]. Der T_G-Wert beträgt 285 K [2.146]. Amorphe Schichten sind auch durch Kondensation von Te-Dämpfen auf gekühlten Unterlagen bei 77 K zugänglich. Die auf den Bereich der Raumtemperatur extrapolierte Leitfähigkeit beträgt etwa $10^{-4}\ \Omega^{-1}\ cm^{-1}$, die thermische Aktivierungsenergie 0,44 eV [3.267]. Die Schichten sind nur bis zu etwa 200 K reversibel vermeßbar. Oberhalb dieser Temperatur setzt bereits Kristallisation ein. Zwischen 77 und 170 K wurde ein durch Elektronensprungprozesse verursachter Ladungstransport entsprechend dem $T^{-1/4}$-Gesetz nach Mott (vgl. 4.1.3.1.) festgestellt. Die Aktivierungsenergie beträgt 0,046 eV [3.277].

Te-Se-Mischungen

Feste Lösungen der beiden Elemente zeigen ein nahezu ideales Schmelzverhalten. Es besteht lückenlose Mischkristallbildung [3.278—280]. Es ist aber auch über Abweichungen von der Vegardschen Regel berichtet worden [3.281].

Setzt man einer Te-Schmelze Se zu, dann verschiebt sich das Dichtemaximum in der

Reihe Te_xSe_{1-x} nach höheren Temperaturen [3.236]. Mit dem anomalen Dichteverlauf geht eine entsprechende Leitfähigkeitsänderung einher [3.221, 231]. Im Temperaturbereich, in dem die Nahordnung der Schmelze mehr dem Selen bzw. dem kristallinen Te nahekommt, liegt eine höhere Aktivierungsenergie vor.

Eine Schmelze der Zusammensetzung $Te_{0,5}Se_{0,5}$ weist mit $E_\eta = 51{,}9\ kJ \cdot mol^{-1}$ bis zum Einsetzen der Strukturumwandlung bei 973 K noch etwa die gleiche Aktivierungsenergie des viskosen Fließens auf wie geschmolzenes Selen ($E_\eta = 58{,}2\ kJ \cdot mol^{-1}$), [3.283, 284]. Für Se-reiche Schmelzen wurde auf eine Mischung von helixartigen Ketten, in denen die Se-Atome statistisch durch Tellur substituiert sind, mit Te_2Se_6-Ringen geschlossen [3.275, 285, 288].

Kompakte Te_xSe_{1-x}-Gläser lassen sich durch Abschrecken von Schmelzansätzen von 10 bis etwa 50 g in Kieselglasampullen erhalten, indem man diese in Wasser einwirft. Bis zu einem Gehalt von 15 mol-% Te sind Gläser auf diesem Wege zugänglich. Mit Hilfe des „Sprüh-Abschreckverfahrens" sind Gläser bis zu etwa 40 mol-% Te erhalten worden [3.286]. Durch Katodenzerstäubung sind noch bis zu einem Gehalt von etwa 67 mol-% Te amorphe Schichten darstellbar. Die T_G-Werte steigen bis zur Zusammensetzung $Se_{0,5}Te_{0,5}$ auf etwa 330 K an. Die Gläser lehnen sich in ihren Eigenschaften weitgehend an das glasartige Selen an. Über Relaxationsphänomene in Se-Te-Gläsern wurde von UHLMANN u. M. [3.287] berichtet.

3.2. Binäre glasbildende Verbindungen und Systeme

3.2.1. *Bortrioxid und die Oxide und Chalkogenidsysteme des Phosphors, Arsens und Antimons*

Die Gläser sind durch trigonale $MX_{3/2}$-Nahordnungsbereiche gekennzeichnet, die über gemeinsame Chalkogenatome raumnetzartig bzw. bei Vorliegen von Kantenverknüpfung teilweise auch zu Ketten und molekularen Baueinheiten verknüpft sind.

3.2.1.1. *Bortrioxid*

Modifikationen

B_2O_3 ist erst relativ spät durch Dehydratation von HBO_2 in kristalliner Form erhalten worden [3.289]. Einkristalle lassen sich durch langsames Abkühlen von Schmelzen unter einem Druck von 1 bis maximal 2 GPa darstellen [3.290, 291]. Die Verbindung schmilzt bei 748 K. Der Phasenübergang ist mit einer Schmelzentropie von 30 $J \cdot mol^{-1}\ K^{-1}$ verbunden. Nach dem Zustandsdiagramm erhöht sich der Schmelzpunkt mit zunehmendem Druck beträchtlich. Im Bereich höherer Liquidustemperaturen liegen offenbar auf Grund der geringeren Viskosität günstigere Bedingungen für die Keimbildung und das Wachstum von B_2O_3-Kristallen vor.

Strukturuntersuchungen ergeben eine hexagonale Elementarzelle in den Abmessungen $a = 433{,}6$ und $c = 834{,}0$ pm mit 3 Formeleinheiten in der Wiederholungseinheit. Die

Dichte beträgt 2,56 g · cm^{-3}. Das Kristallgitter stellt eine relativ aufgelockerte Raumnetzstruktur miteinander verbundener trigonaler $BO_{3/2}$-Nahordnungsbereiche dar. Der mittlere B-O-Bindungsabstand beträgt 137,2 pm. Es liegen unendlich ausgedehnte planare Bänder oder Ketten ähnlich wie im $LiBO_2$ vor. Die $(BO_2)^-$-Ketten weisen an den in Abb. 3.21. markierten O-Atomen eine negative Ladung auf. Im kristallinen B_2O_3 sind dagegen auch diese O-Atome Brückenliganden. Sie verknüpfen die parallel angeordneten Bänder einer Schicht mit einer benachbarten Schicht, in der die Bänder zu den ersteren annähernd senkrecht verlaufen, zu einem dreidimensionalen Raumnetz [3.291].

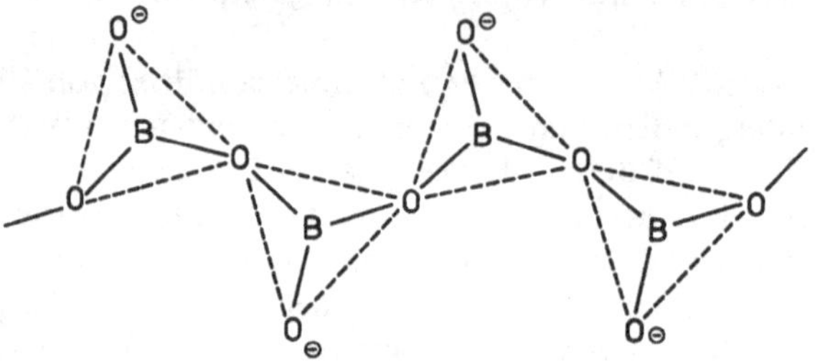

$^1_\infty BO_2^-$

Abb 3.21 $^1_\infty BO_2^-$-Kette der $LiBO_2$-Struktur zur Veranschaulichung der Struktur von kristallinem B_3O_3.

Unter einem Druck von mehr als 20 kbar wandelt sich B_2O_3 in eine zweite kristalline Modifikation mit wesentlich höherer Dichte um (ϱ = 3,11 g · cm^{-3}) [3.292, 293]. Im orthorhombischen Gitter dieser Zustandsform sind die B-Atome vierfach und die O-Atome teilweise dreifach koordiniert.

B_2O_3-Schmelzen sind z. B. durch Entwässern von H_3BO_3 unter schrittweiser Temperaturerhöhung zugänglich. Sie erstarren selbst bei sehr langsamer Abkühlung glasartig und weisen stets noch einen Restwassergehalt auf, der in Form von OH-Gruppen gebunden ist. Die Dichte variiert je nach der Konzentration von OH-Gruppen zwischen 1,81 und 1,86 g · cm^{-3}. Die Transformationstemperatur beträgt 530 K.

Struktur des B_2O_3-Glases

Der Dichteunterschied zwischen kristallinem und glasartigem B_2O_3 und der relativ hohe Betrag der Schmelzentropie lassen darauf schließen, daß mit dem Übergang in den flüssigen Zustand wesentliche Strukturveränderungen einhergehen. Die Kristallisation ist offenbar an eine weitgehende Umgruppierung von Baugruppen gebunden, und auf Grund der Viskosität der Schmelze ist dieser Vorgang stark gehemmt. Gegenüber Kieselglasschmelzen ist die Viskosität aber bedeutend geringer. Bei etwa vergleichbaren Werten der mittleren Bindungsenergie für die Si-O- und B-O-Bindung von 444 bzw. 460 kJ · mol^{-1} unterscheiden sich die Viskositäten beider Schmelzen z. B. bei 1533 K um den Faktor $10^{-11,6}$ [3.294]. Über die Struktur des B_2O_3-Glases ist in den Arbeiten von Krogh-Moe [3.295] und Griscom [2.257] zusammenfassend berichtet worden.

NMR-spektroskopische Untersuchungen belegen das Vorliegen von trigonal-ebenen $[BO_3]$-Baueinheiten im B_2O_3-Glas [3.296—298]. Sie schließen die Anwesenheit einer größeren Konzentration tetraedrisch koordinierter Boratome aus. Im Raman-Spektrum ist das Glas durch eine intensitätsstarke Bande ν_1 bei 806 cm^{-1} gekennzeichnet. Sie entspricht der totalsymmetrischen Valenzschwingung der $BO_{3/2}$-Nahordnungsbereiche. Die antisymmetrische Valenzschwingung ν_3 wird als eine Bandengruppe zwischen 1250 und 1430 cm^{-1} sowohl im IR- als auch im RAMAN-Spektrum beobachtet. Auch die Deformationsschwingung $\nu_4 = 740\ cm^{-1}$ tritt im IR- und RAMAN-Spektrum auf. Die die $[BO_3]$-Ebene verbiegende Deformationsschwingung ν_2 ist dagegen nur im IR-Spektrum in einem vergleichbaren Wellenzahlbereich zu erwarten. Die Analyse der Aufspaltungen im Schwingungsspektrum ergab bereits frühzeitig Hinweise auf das Vorliegen von Boroxolringen im Glas [3.299], deren strukturbestimmende Präsenz nach neueren Untersuchungen [3.808] als gesichert angesehen werden kann.

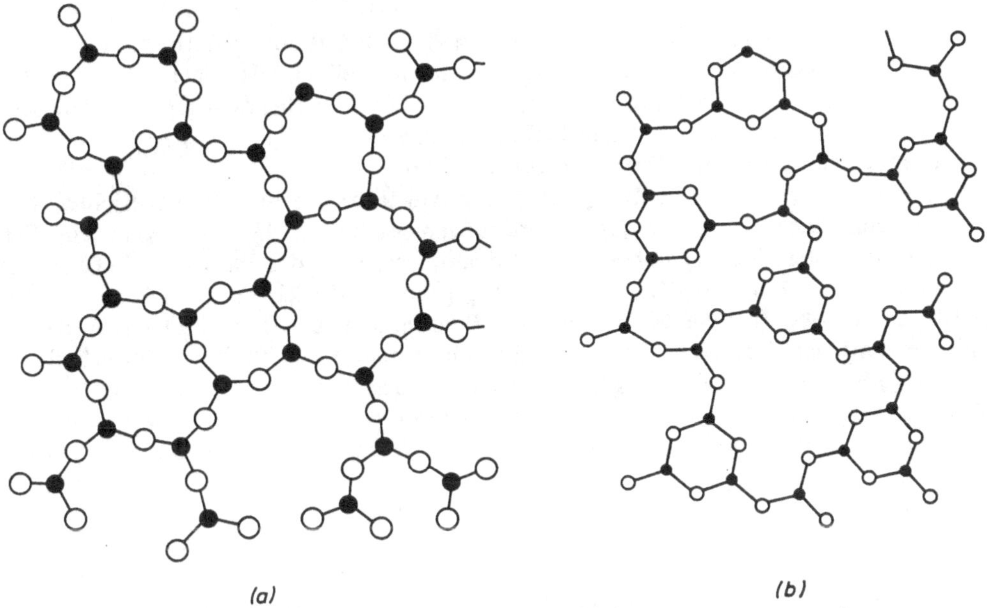

Abb. 3.22. Projektion der Netzwerkstruktur des B_2O_3-Glases mit statischer Verknüpfung von $BO_{3/2}$-Baugruppen (*a*) und bevorzugter Bildung von Boroxolringen (*b*).

Die Radialverteilungskurve konnte unter der Annahme trigonalebener $[BO_3]$-Einheiten mit einem B-O-Bindungsabstand von 137 pm und einem O-O-Paarabstand von 237 pm zumindest in bezug auf die ersten beiden Maxima befriedigend interpretiert werden. Ein kontinuierliches unregelmäßiges Netzwerk von miteinander verknüpften $BO_{3/2}$-Baugruppen wurde zunächst zur Strukturbeschreibung herangezogen [2.229], (s. Abb. 3.22. a). Die Radialverteilungskurve läßt aber bis zu etwa 600 pm eine deutliche Strukturierung erkennen. MOZZI und WARREN [3.301] zeigten, daß sich der weitere Verlauf der Radialverteilungskurve durch eine regellose dreidimensionale Verknüpfung von Boroxolringen, wie sie in Abb. 3.22. b) in der ebenen Projektion schematisch dargestellt ist, gut beschreiben läßt. Ein derartiges Strukturmotiv wurde z. B. in der kristallinen Verbindung $Cs_2O \cdot 9\ B_2O_3$ gleichfalls festgestellt [3.302]. ELLIOT [3.303] hat nachgewiesen, daß sich die experimentelle *RDF* durch ein unregelmäßiges Netzwerk von $BO_{3/2}$-Baugruppen gleichfalls wiedergeben läßt. Dabei wurde das Strukturmodell des amorphen Arsens von GREAVES und DAVIS [2.301] zugrundegelegt, die trigonal-pyramidalen $[AsAs_3]$-Einheiten in der in Abb. 3.23. skizzierten Weise durch $[BO_3]$-Einheiten ersetzt und die Radialverteilungskurve

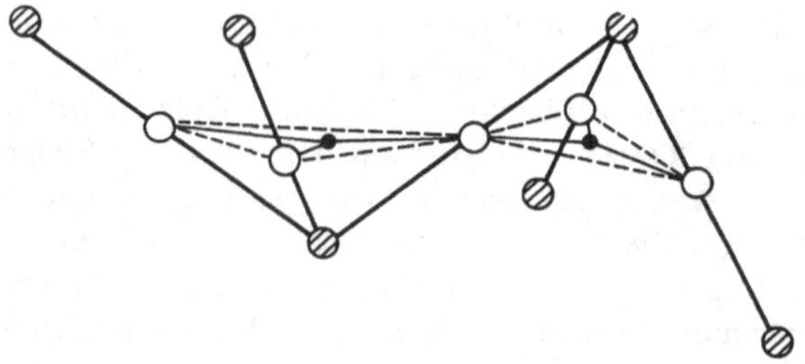

Abb. 3.23. Ableitung eines Strukturmodells für glasartiges B_2O_3 aus der Struktur des amorphen Arsens nach [3.303].

einer aus 533 B-Atomen und 866 O-Atomen bestehenden Raumnetzstruktur berechnet. Neuere Modellrechnungen stützen das statistische Modell [3.791]. Bell u. M. [3.792] gelangen dagegen zu der Schlußfolgerung, daß ein kontinuierliches regelloses Netzwerk von Boroxolringen die experimentellen Befunde am besten wiedergibt, was auch in neueren Neutronenbeugungsmessungen bestätigt wurde [3.809].

Über das viskose Fließen in B_2O_3-Schmelzen wurde bereits in 2.2.1.3. berichtet. Der Kurvenverlauf über nahezu 9 Größenordnungen ist in [3.793] wiedergegeben. Der beträchtliche Unterschied zwischen der Aktivierungsenergie des viskosen Fließens von SiO_2- und B_2O_3-Schmelzen (710 kJ · mol^{-1} gegenüber 310 kJ · mol^{-1}) bei etwa vergleichbaren Werten für die Si-O- und B-O-Bindungsenergie (Tab. 2.11.) läßt darauf schließen, daß der Platzwechselmechanismus mit einem Koordinationszahlwechsel am B-Atom verbunden ist. Die stark acide Funktion des koordinativ ungesättigten Bors läßt die partielle Bildung dreibindiger O- und vierbindiger B-Atome recht wahrscheinlich erscheinen. Derartige Konfigurationen sollten unter Verschiebung der Baugruppen wieder normale B-O-B-Bindungen ergeben (Abb. 3.24.). Bedingt durch den gleitenden Übergang ist die zur Aufspaltung der Bindungen benötigte Energie wesentlich herabgemindert. Ein ähnlicher Mechanismus war bereits für Kieselglasschmelzen diskutiert worden. Er wird im Fall des B_2O_3-Glases durch den Lewis-Säure-Charakter der $[BO_3]$-Baugruppen bei gleichzeitiger Präsenz basischer Elektronenpaare an den Sauerstoff-Brückenatomen begünstigt.

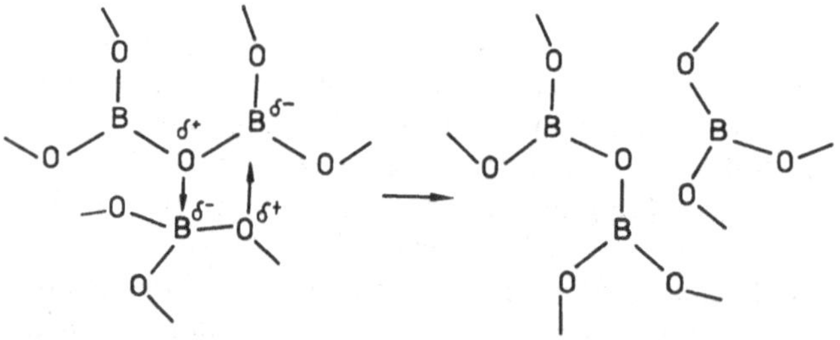

Abb. 3.24. Fließmechanismus in B_2O_3-Schmelzen.

3.2.1.2. *Oxide des Phosphors, Arsens, Antimons*

Phosphoroxide

P_4O_6 liegt in der Urotropinstruktur vor s. Abb. 3.25. a), und schmilzt bei 296,9 K unter Bildung einer farblosen Flüssigkeit, die oberhalb 483 K unter Bildung von rotem

Phosphor und einem Oxid der mittleren Zusammensetzung PO_2 disproportioniert. Die sich von der P_4O_6-Molekel ableitenden Phosphoroxide P_4O_7, P_4O_8 und P_4O_9 sind gleichfalls beschrieben worden [3.304, 794] Phosphor(V)-oxid stellt das Endprodukt der Oxydation dar. Neben der Modifikation P_4O_{10} mit molekularer Struktur sind noch zwei polymere Zustandsformen und eine glasartige Form bekannt.

Im P_4O_{10} ist an die 4 P-Atome der P_4O_6-Molekel jeweils ein weiteres O-Atom gebunden, s. Abb. 3.25.b). Die rhomboedrische Elementarzelle mit $a = 744$ pm und $\alpha = 87°$ enthält 2 Formeleinheiten. Die Dichte beträgt 2,30 g $\cdot$ cm^{-3}. P_4O_{10} schmilzt unter dem eigenen Dampfdruck bei 693 K und sublimiert unter Normaldruck bereits bei 632 K. Die Verbindung entsteht stets bei der Sublimation der verschiedenen Phosphor(V)-oxid-Formen, ist aber auf Grund der ausgeprägten Hygroskopzität nur unter extremem Ausschluß von Feuchtigkeit beständig. Festes P_4O_{10} wandelt sich unter dem Einfluß stets vorhandener Wasserspuren langsam in eine hochpolymere Zustandsform mit dreidimensionaler Vernetzung der $O{=}PO_{3/2}$-Baugruppen um.

Die Umwandlung läßt sich durch Temperaturerhöhung stark beschleunigen. P_4O_{10}-Schmelzen polymerisieren dementsprechend rasch zu einem Glas, aus dem sich eine kristalline Form mit Raumnetzstruktur z. B. bei 700 K ausscheidet. Die rhombische Elementarzelle mit den Gitterparametern $a = 1630$ pm, $b = 814$ pm und $c = 526$ pm enthält 8 Formeleinheiten P_2O_5 und weist eine Dichte von 2,72 g $\cdot$ cm^{-3} auf [3.305]. Erhitzt man diese Modifikation auf 393 K, dann entsteht innerhalb eines Monats eine weitere schwer flüchtige Form. Sie hat die Gitterparameter $a = 923$ pm, $b = 718$ pm und $c = 494$ pm, enthält 4 Formeleinheiten P_2O_5 in der Elementarzelle und ist durch ein Schichtengitter gekennzeichnet [3.306]. Die hochviskose Schmelze erstarrt zu einem Glas mit einer Dichte von 2,37 g $\cdot$ cm^{-3} bei Raumtemperatur.

Glasartiges P_2O_5 ist wie die kristallinen Formen stark hygroskopisch. Der Polymerisationsgrad und dementsprechend auch die Transformationstemperatur und andere Eigenschaften werden maßgeblich durch den Gehalt an OH-Gruppen bestimmt. In den IR-Spektren findet man die C_{3v}-Symmetrie der $O{=}PO_{3/2}$-Nahordnungsbereiche bestätigt [2.241]. Das Raman-Spektrum wurde gleichfalls beschrieben [3.308] und aus einem

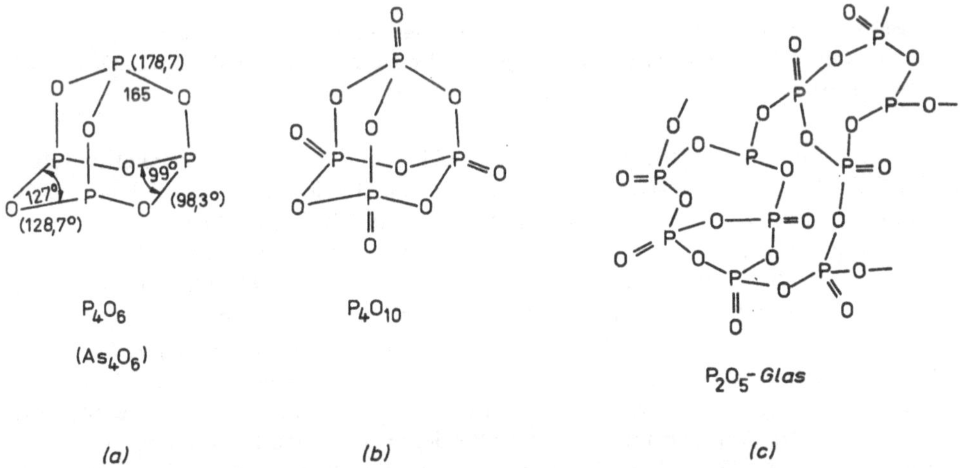

Abb. 3.25. Strukturen von P_4O_6, As_4O_6 (*a*), P_4O_{10} (*b*) und glasartigem P_2O_5 (*c*).

Vergleich mit POF_3 auf die Zuordnung der Banden geschlossen. Der P=O-Doppelbindung entspricht eine Absorptionsbande von etwa 1390 cm^{-1}.

Arsen(III)-oxid

Arsen(III)-oxid kristallisiert als Arsenolith in einem kubischen Gitter von As_4O_6-Molekeln, dessen Bindungsparameter in Abb. 3.25. a) in Klammern gesetzt angegeben sind [3.309]. Die Elementarzelle mit a = 1107,4 pm enthält 8 As_4O_6-Einheiten. Die Dichte beträgt 3,86 g · cm^{-3}. Oberhalb 240 K wandelt sich Arsenolith in Claudetit, eine makromolekulare Zustandsform, um, die durch ein Schichtengitter gekennzeichnet ist. Die Umwandlung ist kinetisch stark gehemmt und erfolgt im allgemeinen erst bei höherer Temperatur, am günstigsten unter hydrothermalen Bedingungen. Claudetit I kristallisiert monoklin mit den Gitterparametern a = 525 pm, b = 129,9 pm, c = 453 pm, β = 93,88° und 4 As_2O_3-Einheiten in der Elementarzelle. Die Dichte beträgt 4,23 g · cm^{-3}. Trigonale $AsO_{3/2}$-Nahordnungsbereiche mit dem As-Atom an der Spitze sind über gemeinsame Ecken (O-Atome) in der in Abb. 3.26. a) skizzierten Weise zu stark gewellten Schichten verknüpft. Die As-O-Abstände betragen 172 bis 181 pm (Mittelwert 177,2 pm).

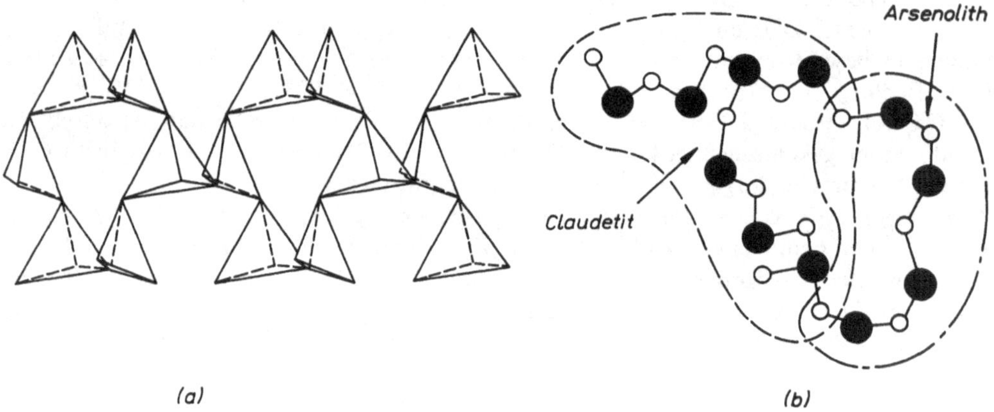

Abb. 3.26. Schichtgitter von Claudetit (*a*) und Strukturbereiche, die eine mit Arsenolith und Claudetit vergleichbare Konfiguration der Baugruppen in der Netzwerkstruktur des As_2O_3-Glases aufweisen (*b*) nach [3.316].

Die As-O-As-Winkel liegen zwischen 123,3 und 134,6° und die O-As-O-Winkel zwischen 89,7 und 103,3°. Weitere As-O-Abstände folgen erst im Bereich oberhalb 280 pm, O-O-Paarabstände ergeben sich aber bereits zwischen 250 und 275 pm. Alle Atomabstände zwischen den gewellten As_2O_3-Schichten sind größer als 300 pm [3.310]. Claudetit schmilzt bei 585 K. Nach Pertlik [3.307] existiert noch eine Modifikation Claudetit II mit alternierender Orientierung der $AsO_{3/2}$-Baugruppen in den Schichten.

Sowohl durch Abschrecken der Schmelze als durch Kondensation von As_4O_6-Dämpfen oberhalb 583 K erhält man glasartiges As_2O_3 [3.311]. Die Dichte des Glases beträgt 3,75 g · cm^{-3}. In Gegenwart von Luftfeuchtigkeit tritt bereits bei Raumtemperatur Kristallisation ein. Die Transformationstemperatur liegt je nach den Darstellungsbedingungen zwischen 423 und 473 K. Die Viskosität der unterkühlten Schmelze ist im Bereich von 600 bis 700 K mit der von B_2O_3-Schmelzen vergleichbar [3.312].

Radialverteilungsuntersuchungen ergeben in Übereinstimmung mit früheren Messungen eine regellose kontinuierliche Netzwerkstruktur von $AsO_{3/2}$-Nahordnungsbereichen, die sich aus der Struktur des Claudetit ableiten [3.313]. EXAFS-Messungen stimmen damit überein [3.314]. Die Schwingungsspektren lassen sowohl Strukturbereiche, die dem Claudetit ähnlich sind, als auch As_4O_6-Fragmente erkennen, ohne daß daraus auf die Einlagerung von As_4O_6-Molekeln geschlossen werden kann [3.315]. Die beiden kristallinen Modifikationen unterscheiden sich in der Konfiguration der $AsO_{3/2}$-Baugruppen zueinander. In der As_4O_6-Molekel haben die Diederwinkel in der Abfolge der As-O-Bindungen stets etwa den gleichen Wert und den gleichen Drehsinn, im Claudetit dagegen unterscheiden sie sich im Vorzeichen sowie in ihrem Betrag. LUCOVSKY und GALEENER [3.316] weisen nach, daß in einem kontinuierlichen regellosen Netzwerk beide Konfigurationen ohne weiteres nebeneinander auftreten können, Abbildung 3.26. b, und das RAMAN-Spektrum ohne die Annahme isolierter molekularer As_4O_6-Einheiten in der Glasstruktur erklärt werden kann. Auf analoge Verhältnisse beim glasartigen Selen wurde bereits hingewiesen. Computer gestützte Modellrechnungen zur Ermittlung der Zustandsdichte der Schwingungen in Abhängigkeit von der Wellenzahl bestätigen das Auftreten von Bindungswinkeln, wie sie von den kristallinen Modifikationen her bekannt sind, begründen aber zugleich eine gewisse Mittelbereichsordnung [3.797].

Arsen(V)-oxid

As_2O_5 ist in amorpher Form durch Entwässern von Arsensäure über P_2O_5 zugänglich, geht aber beim Erhitzen auf Temperaturen von 873 K bereits unter O_2-Abspaltung in As_2O_3 über. Die Einkristallzüchtung gelang im Autoklaven, indem man wasserfreies As_2O_5 mehrere Wochen unter erhöhtem Sauerstoffdruck auf eine Temperatur von 873 K erhitzte. Die Struktur stellt ein dreidimensionales Raumnetz von $[AsO_6]$-Oktaedern und $[AsO_4]$-Tetraedern dar, die über gemeinsame O-Atome eckenverknüpft sind [3.317], ist also durch die Formel $[AsO_{6/2}][AsO_{4/2}]$ bzw. $^{3}_{\infty}As^{[6]}As^{[4]}O_5^{[2]}$ zu beschreiben. Die tetraedrischen Positionen des Arsens können in lückenloser Folge durch P-Atome, die oktaedrischen durch Sb-Atome ersetzt werden [3.318].

Antimonoxide

Antimon(III)-oxid tritt wie die analoge Arsenverbindung in einer kubischen Sb_4O_6-Form (Senarmontit), vgl. Abb. 2.25. a), und als rhombischer Valentinit mit einer aus Doppelketten bestehenden Bandstruktur auf (Abb. 3.27.). Die Valenzwinkel am Sb-Atom betragen 81,93 und 99°. Der Phasenumwandlungspunkt liegt bei 879 K [3.319], der Schmelzpunkt bei 929 K.

Sb_2O_3 läßt sich nur unter Anwendung extremer Abkühlraten in den Zustand eines homogenen Glases überführen. Die Radialverteilungskurve wurde von einem Glas aufgenommen, das neben 95 mol% Sb_2O_3 5 mol% B_2O_3 enthielt. Unter der Annahme einer vom Valentinit abgeleiteten Struktur konnte sie in befriedigender Übereinstimmung mit dem Experiment interpretiert werden [3.320].

Von den Antimon(III,V)-Sauerstoffverbindungen ist eine Vielzahl verschiedener Zustandsformen beschrieben worden. Eine Übersicht geben RUMPEL u. M. [3.321].

Kristallines Sb_2O_5 ist wie As_2O_5 unter erhöhtem Sauerstoffdruck darstellbar [3.322]. Die Struktur besteht aus einem dreidimensionalen Gerüst ecken- und kantenverknüpfter Okta-

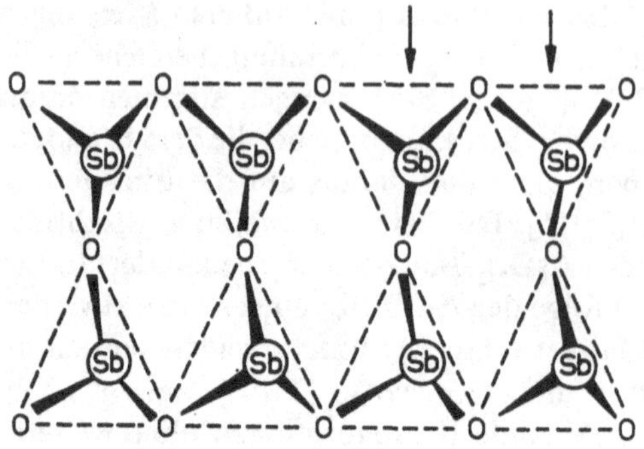

Abb. 3.27. Bandstruktur von Sb_2O_3 (Valentinit).

eder und ist den sog. Blockstrukturen zuzuordnen, die sich vom ReO_3-Typ bzw. vom Rutilgitter ableiten lassen. Sb_2O_5 ist mit B-Nb_2O_5 isotyp und kann durch die Formel $[SbO_{6/3}][SbO_{6/2}]$ oder $^{3}_{\infty}Sb_2^{[6]}O_2^{[3]}O_3^{[2]}$ beschrieben werden.

3.2.1.3. *Phosphorsulfide und Phosphorselenide*

Die Chemie der P-S- und P-Se-Verbindungen ist durch eine ausgeprägte Tendenz zur Ausbildung molekularer Strukturen gekennzeichnet. Die mittlere molare Bindungsenergie der P-P-Bindung beträgt 225 kJ · mol^{-1}, die der P-S-Bindung 270 und die der P-Se-Bindung 240 kJ · mol^{-1} (vgl. Tab. 2.11.). Die Werte unterscheiden sich nicht wesentlich voneinander, so daß das Auftreten von P-P- neben P-S- bzw. P-Se-Bindungen in zahlreichen Phosphorsulfiden und -seleniden verständlich erscheint. Definierte P-Te-Verbindungen sind bisher nicht bekannt.

P-S- und P-Se-Verbindungen

Die seit langem bekannten Verbindungen P_4S_{10}, P_4S_7 und P_4S_3 sind im Phasendiagramm durch kongruentes Schmelzverhalten, P_4S_9, P_4S_5 und P_4S_4 dagegen durch inkongruentes Schmelzen gekennzeichnet [3.323, 324]. Die Molekelstrukturen einiger Verbindungen sind in Abb. 3.28. angegeben.

Das Phasendiagramm P-Se wurde auf der P-reichen Seite bis zur inkongruent schmelzenden Verbindung P_4Se_3 von ROBINSON und SCOTT [3.325] aufgenommen und der zum P_4S_3 isostrukturelle Aufbau durch RÖNTGEN-Strukturanalyse [3.326] und schwingungsspektroskopisch bewiesen [3.327]. Nach MONTELL und VINCENT [3.300, 328] treten im Phasendiagramm außerdem die kongruent schmelzenden Verbindungen P_4Se_{10} und P_4Se_4 auf. Bis zu einem Gehalt von 50 mol% P ist die Kristallisation der Schmelze aber stark gehemmt, so daß die den S-reichen Verbindungen P_4S_{10}, P_4S_9, P_4S_7 und P_4S_5 analogen Phosphorselenide bisher kaum als gesichert angesehen werden können. Glasartiges P_4Se_4 kann durch kurzzeitiges Erhitzen auf 583 K und anschließendes Tempern relativ leicht in den kristallinen Zustand überführt werden [3.324]. Die braune Verbindung weist bei 573 K einen Phasenumwandlungspunkt auf und schmilzt bei 603 K. Auf die mit dem P_4S_4 analoge Struktur (Abb. 3.28.) wurde aus den Massenspektren geschlossen [3.329]. P_4S_4 tritt auch in einer Modifikation auf, deren Struktur dem Realgar entspricht

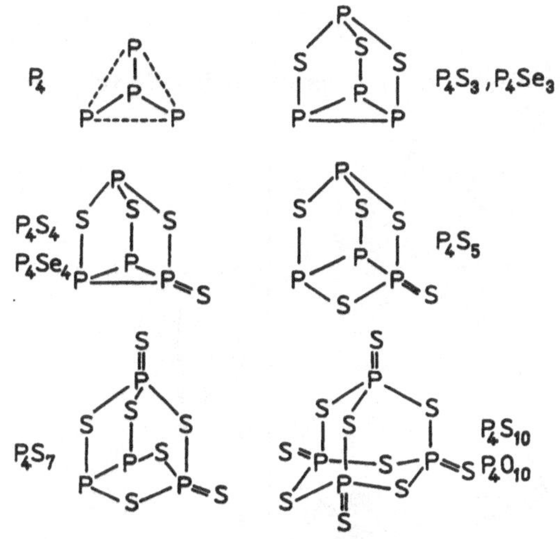

Abb. 3.28. Strukturen der Phosphorsulfide und -selenide.

[3.795]. Über die Schwingungsspektren von P_4S_5 und P_4S_7 wurde kürzlich berichtet [3.796]. P_4Se_3 soll durch Umsetzung von P_4Se_3 mit Br_2 darstellbar sein [3.330], wurde im Phasendiagramm bisher aber nicht nachgewiesen.

Die für die Phosphorsulfide und -selenide charakteristischen Käfigstrukturen leiten sich von der P_4-Molekel des weißen Phosphors ab. Selbst bei der Zusammensetzung P_4S_7 bleibt noch eine P-P-Bindung bestehen, und erst im P_4S_{10} ist die der Urotropin- bzw. Adamantanstruktur analoge Struktur ausgebildet, wie sie auch den Aufbau von P_4O_{10} kennzeichnet.

P-S- und P-Se-Gläser

Im System P_xS_{1-x} lassen sich in den Grenzen $0{,}05 < x < 0{,}25$ gelbe, thermisch wenig stabile Gläser erhalten [3.331, 332]. Ihre Haltbarkeit an der Luft ist sehr begrenzt. Sie hydrolysieren rasch unter H_2S-Entwicklung. Nach Röntgenuntersuchungen von Soklakov und Zdanov [3.333] bildet der Phosphor bei kleinen Phosphorgehalten Brücken zwischen Schwefelketten. Bei höheren Phosphorgehalten werden die polymeren Phosphor-Schwefelstrukturen zugunsten von P_4S_{10}-Molekeln abgebaut, so daß die Schmelzen selbst beim Abschrecken in Wasser kristallin erstarren.

Gläser des Systems P_xSe_{1-x} sind in kompakter Form in den Grenzen $0 < x < 0{,}52$ darstellbar [3.331, 333, 334]. Ihre chemische Beständigkeit ist bis zu $x = 0{,}2$ ähnlich der von As-Se-Gläsern, bei höheren Phosphorgehalten jedoch deutlich schlechter, wie der Geruch solcher Proben nach H_2Se anzeigt. Die Glasbildungsgrenzen beziehen sich auf Schmelzansätze von 10 g, die der Abkühlung an der Luft überlassen wurden (Abkühlgeschwindigkeit etwa $2\ K \cdot s^{-1}$). Die Gläser sind im Bereich $x > 0{,}4$ dunkelrot und im gesamten Glasbildungsgebiet homogen. Hinweise auf Phasentrennungserscheinungen in der Literatur konnten nicht bestätigt werden.

Eigenschaften von P-S- und P-Se-Gläsern

Die Zusammensetzungsabhängigkeit der Transformationstemperatur und des Molvolumens ist in Abb. 3.29. angegeben [3.331].

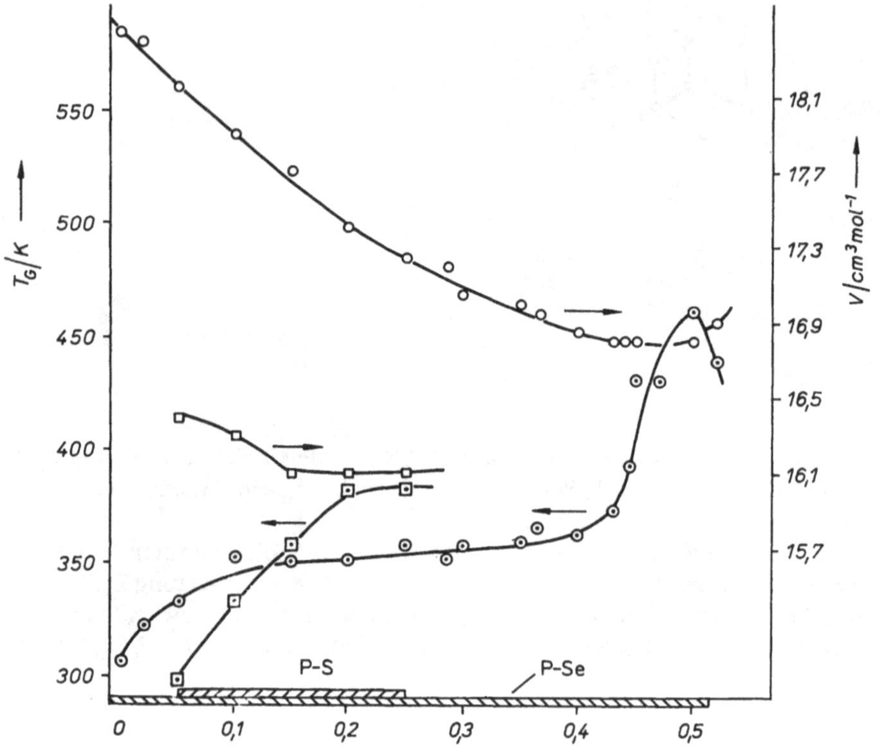

Abb. 3.29. Glasbildungsbereiche der Systeme P_xS_{1-x} und P_xSe_{1-x}
T_G-Werte (⊙) und Molvolumen (○) der P-Se-Gläser, T_G-Werte (⊡) und Molvolumen (□) der P-S-Gläser in Abhängigkeit vom Molenbruch x.

Im Bereich $0{,}1 < x < 0{,}4$ erweist sich der T_G-Wert als weitgehend konzentrationsunabhängig. Das Maximum bei $x = 0{,}5$ und das sich in der Molvolumenkurve andeutende Minimum läßt für die glasartige Zustandsform der Verbindung P_4Se_4 auf einen höheren Vernetzungsgrad schließen. Die Struktur ist bisher unbekannt.

Die spezifische Leitfähigkeit der P-Se-Gläser ist mit Werten um 10^{-15} bis $10^{-16}\,\Omega^{-1}\,cm^{-1}$ bei Raumtemperatur wie für glasartiges Selen sehr gering. Als vergleichbar konzentrationsabhängig erweist ist die Dielektrizitätskonstante [3.335].

3.2.1.4. *Arsensulfide und Glasbildung im System As-S*

In amorpher Form ist As_2S_3 als ein aus sauren wäßrigen Lösungen fällbarer Niederschlag allgemein bekannt. Die glasartige Erstarrung von As_2S_3-Schmelzen wurde 1870 erstmals beschrieben [3.336].

Arsensulfide

Als Auripigment kommt As_2S_3 in kristalliner Form in der Natur vor. Das Mineral ist vermutlich hydrothermalen Ursprungs.

Durch Tempern der unterkühlten Schmelze oder auf dem Wege des Gasphasentransports sind As_2S_3-Kristalle nur schwierig darstellbar. 2500 Stunden waren für eine Kristallisation bei etwa 530 K erforderlich [3.337]. Nach Bohac u. M. [3.338] lassen sich Einkristalle auf hydrothermalem Wege gewinnen.

As_2S_3 bildet ein monoklines Schichtengitter mit den Gitterkonstanten $a = 1147{,}5 \pm 0{,}5$ pm, $b = 957{,}7 \pm 0{,}4$ pm, $c = 425{,}6 \pm 0{,}2$ pm, $\beta = 90° \, 23' \pm 5$ und 4 Formeleinheiten in der Elementarzelle [3.339].

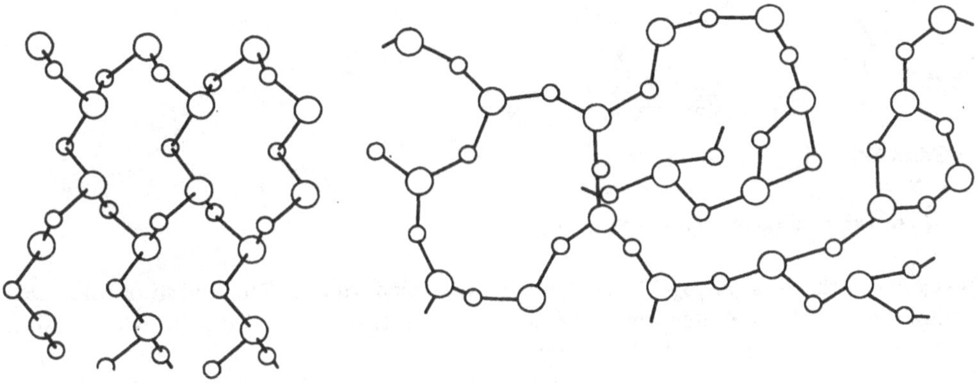

(a) (b)

Abb. 3.30. Schichtengitter von kristallinem As_2S_3 (*a*) mit Blick in Richtung der *b*-Achse und regellose Netzwerkstruktur des As_2S_3-Glases (*b*).

Wie Abb. 3.30.a) erkennen läßt, sind trigonale $[AsS_3]$-Baugruppen über Schwefelbrückenatome zu einem zweidimensional unendlich ausgedehnten Netzwerk gewellter zwölfgliedriger Ringe verknüpft. Das Strukturmotiv entspricht damit dem Claudetit, s. Abb. 2.26.a). Man kann die Struktur auch durch helixartige Ketten in Richtung der *c*-Achse beschreiben, die alternierend aus As- und S-Atomen bestehen und durch zusätzliche S-Atome zwischen den As-Atomen benachbarter Ketten zu Schichten verbunden sind. Die As-S-Bindungsabstände sind mit Werten zwischen 224,3 und 229,2 pm relativ ausgeglichen. Die Formel $^{2}_{\infty}As_2^{[3]}S_3^{[2]}$ bringt den Vernetzungsgrad und die Koordinationszahlen der Atome zum Ausdruck. Der Schmelzpunkt von As_2S_3 hängt sehr deutlich von der Aufheizgeschwindigkeit ab und liegt bei etwa 592 K.

Im Phasendiagramm nach Jonker [3.340] tritt Realgar As_4S_4 als eine weitere kongruent schmelzende Verbindung auf (Schmelzpunkt 594 K). Nach Hruby [3.341] erfolgt inkongruentes Schmelzen bei 578 K, während Blachnik u. M. [3.363] die älteren Angaben im wesentlichen bestätigen. Das As-S-Phasendiagramm ist in Abb. 3.32. zusammen mit dem Glasbildungsgebiet und der Zusammensetzungsabhängigkeit einiger Glaseigenschaften angegeben. Für As_4S_3 wird ein gesondertes Dystektikum gefunden. Bei höheren As-Gehalten steigt die Liquidustemperatur steil an. Sie geht im Bereich $0{,}7 < x < 0{,}9$ oberhalb 1000 K in einen horizontalen Verlauf über, worin sich eine Mischungslücke zu erkennen gibt [3.363].

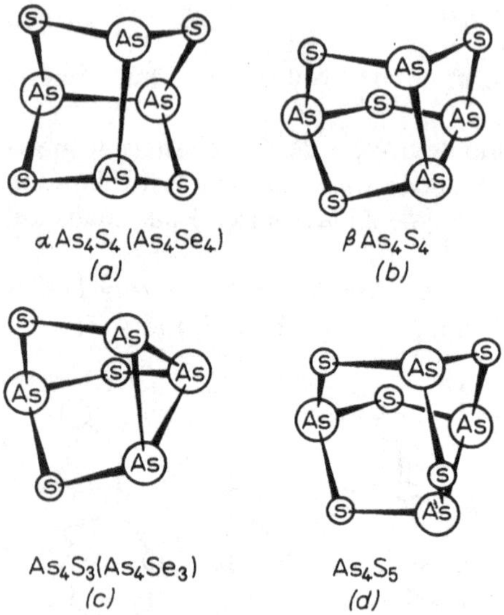

Abb. 3.31. Arsensulfide mit molekularer Struktur.

Realgar besteht aus As_4S_4-Molekeln, die man sich durch Ringschluß infolge cis-Verknüpfung der As-S-Ketten im Unterschied zur trans-Verknüpfung in Abb. 3.30. a) entstanden denken kann. Im As_2S_3 weisen die Ketten eine trans-Konfiguration auf. Die verknüpfenden zusätzlichen S-Atome fehlen im Realgar, und so sättigen sich die As-Atome unter paarweiser Ausbildung von As-As-Bindungen untereinander ab. Die tetraedrische Anordnung der As-Atome und die annähernd quadratisch-planare Lage der S-Atome in der Molekel ist aus Abb. 3.31. a) ersichtlich [3.339, 342]. Durch Vereinigung von As- und S-Dampf oder rasches Abkühlen einer As_4S_4-Schmelze wurde eine vom α-Realgar zu unterscheidende β-Modifikation erhalten [3.343—345], deren Struktur Abb. 3.31. b) entspricht [3.346].

Die Strukturen von α- und β-Realgar unterscheiden sich also vom analogen Phosphorsulfid P_4S_4 (Abb. 3.28.), wobei von letzterem auch eine dem Realgar entsprechende Modifikation bekannt ist. Die Verbindungen P_4S_3 und As_4S_3 sind dagegen isotyp, s. Abb. 3.31. c), [3.347]. As_4S_3 kommt als Dimorphit auch in der Natur vor. Die Verwandtschaft der niederen Phosphor- und Arsensulfide tritt schließlich in der Bildung der Verbindung $P_2As_2S_3$ besonders deutlich hervor [3.348]. Von Whitfield [3.349] wurde As_4S_5 als ein weiteres definiertes Arsensulfid beschrieben. Die molekulare Struktur ist aus Abb. 3.31. d) ersichtlich. Ein beträchtlicher Unterschied zur Struktur von P_4S_5 mit drei aneinandergebundenen P-Atomen und einem terminalen S-Atom ist hier zu verzeichnen (Abb. 3.28.). Die thermodynamischen Daten von As_2S_3, As_4S_4 und As_4S_3 wurden von Blachnik u. M. [3.363] mitgeteilt.

As_2S_5 ist bisher lediglich als amorphe Verbindung, z. B. durch Eintropfen einer Thioarsenatlösung in überschüssige Salzsäure erhalten worden. Schwingungs- und photoelektronenspektroskopische Untersuchungen sowie die Radialverteilungskurve weisen nach Diemann [3.350] auf $S{=}AsS_{3/2}$-Nahordnungsbereiche hin. Jedes As-Atom ist mit drei verbrückenden S-Atomen im Abstand von 230 pm und einem endständigen S-Atom im Abstand von 212 pm verbunden. Aus dem Vergleich der IR- und Ramanspektren von

P_4S_{10} und $Ge_4S_{10}^{4-}$-Ionen wurde für gefälltes As_2S_5 auf eine analoge Struktur geschlossen. Es ist aber in Anlehnung an die Verhältnisse im glasartigen Selen (vgl. 3.1.3.2.) und As_2O_3-Glas (vgl. 3.2.1.2.) darauf hinzuweisen, daß sich bestimmte Konfigurationen, wie sie für eine molekulare As_4S_{10}-Struktur zutreffen, durchaus auch in einem polymeren Netzwerk ausbilden können. Die Unlöslichkeit von As_2S_5 und die Reaktionsbedingungen bei der Fällung lassen eher auf einen makromolekularen Aufbau schließen.

Arsensulfidgläser

Die Glasbildung im System As_xS_{1-x} ist von TSUCHIHASHI und KAWAMOTO [3.351] und MYERS und FELTY [3.215] eingehend untersucht worden. Für Schmelzansätze von einigen 10 g und Abkühlraten von 2 K · s^{-1} erhält man in den in Abb. 3.32 angegebenen Grenzen $0,05 < x < 0,45$ homogene Gläser.

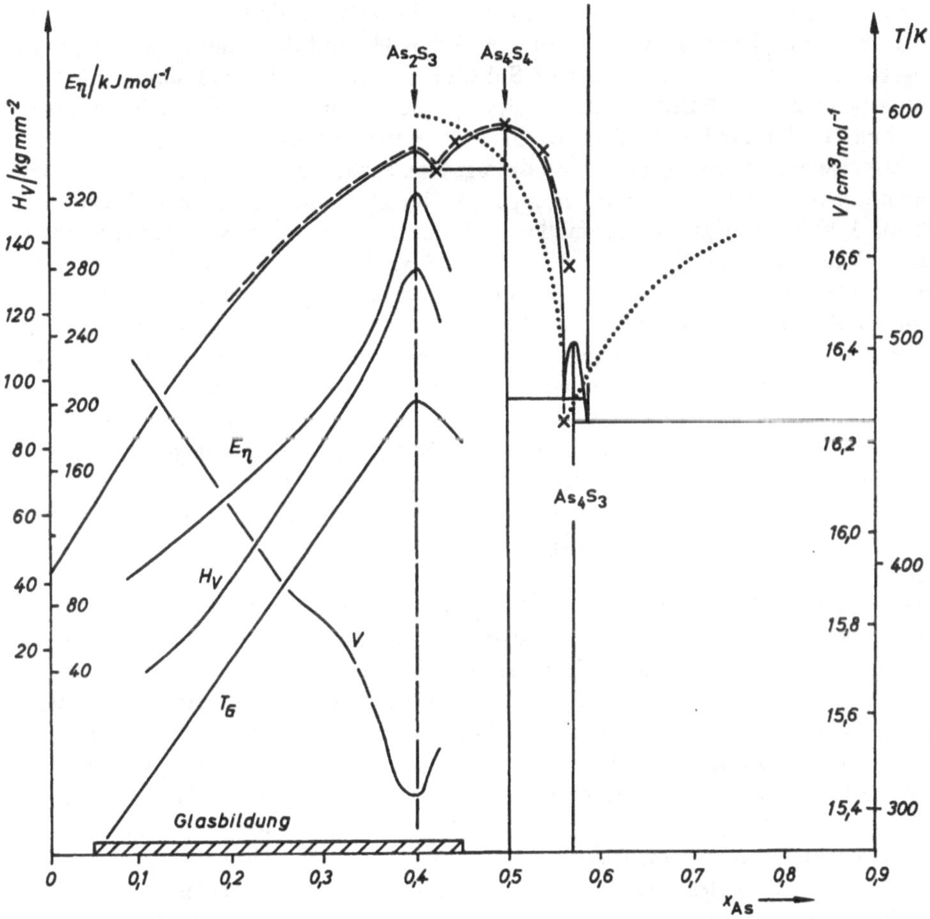

Abb. 3.32. Phasendiagramm nach [3.363] (ausgezogene Linie) und [3.340] (gestrichene Linie) sowie Glasbildungsbereich im System As_xS_{1-x} und Abhängigkeit der Transformationstemperatur T_G, der Aktivierungsenergie des viskosen Fließens E, der Mikrohärte H_V und des Molvolumens V von Molenbruch x.

Für $x = 0{,}05$ ergibt sich eine Transformationstemperatur von etwa 273 K, d. h. im Bereich einer solchen Zusammensetzung neigen glasartig erstarrte Schmelzen bei Raumtemperatur zur spontanen Kristallisation. Dabei scheidet sich Schwefel aus. Die in der Schwefelschmelze vorliegenden Kettenfragmente und Ringe werden beim Einbau von Arsen unter Ausbildung von $AsS_{3/2}$-Baugruppen verknüpft. Auf derartige Nahordnungsbereiche im Glas wurde aus röntgen- und IR-spektroskopischen Untersuchungen durch Vergleich mit kristallinem As_2S_3 geschlossen [3.352, 353]. Bis zur Zusammensetzung As_2S_{10} enthalten die Gläser Anteile extrahierbaren Schwefels. Nach schwingungsspektroskopischen Befunden sollen S_8-Molekeln sogar bis zu einer Zusammensetzung $As_{0,35}S_{0,65}$ in den Gläsern vorliegen [3.354, 355]. Je größer der As-Gehalt ist, umso kürzer sind im Mittel die Schwefelketten zwischen den $[AsS_3]$-Nahordnungsbereichen. Eine Gleichverteilung liegt nach den Molekülspektren nicht vor. Offenbar ist die Ausbildung längerer S-Ketten und ggf. auch von Ringen neben Strukturbereichen miteinander verbundener $AsS_{3/2}$-Nahordnungsbereiche begünstigt. Es ist aber zu bemerken, daß sich die IR- und RAMAN-Spektren von glasartigem As_2S_5 aus der Schmelze und dem amorphen Fällungsprodukt weitgehend gleichen. Für letztere Substanz wurde ein Aufbau aus $S{=}AsS_{3/2}$-Nahordnungsbereichen in Betracht gezogen [3.350]. Die Ausbildung analoger Baugruppen in As_2S_5-Schmelzen konnte bisher nicht mit Sicherheit ausgeschlossen werden.

Bei der Zusammensetzung As_2S_3 ($x = 0{,}4$) liegt eine Struktur vor, in der die Einheiten über zweibindige Schwefelatome unmittelbar, im Unterschied zur kristallinen Form aber, wie in Abb. 3.30. b) gezeigt, unregelmäßig und unter Ausbildung von Ringen unterschiedlicher Weite miteinander verbunden sind [3.356]. Die Häufigkeit übernächster Nachbarn, wie sie nach der im Kristallgitter vorliegenden Konfiguration zu erwarten ist, wird in der Radialverteilungskurve des As_2S_3-Glases nicht festgestellt, woraus auf eine beträchtliche Faltung der Schichten und damit auf eine räumliche Netzwerkstruktur geschlossen wurde [3.357]. Andrerseits weist ein ausgeprägtes Beugungsmaximum bei kleinen Winkelbeträgen der RÖNTGEN-Streukurve darauf hin, daß in kleinen Bezirken eine gewisse Parallelität in der Anordnung von Schichtfragmenten gegeben ist. Der mittlere Abstand zwischen den Schichten wäre bei einer derartigen Interpretation von 480 pm für kristallines As_2S_3 auf 519 pm aufgeweitet [3.352]. Der Dichteunterschied zwischen dem kristallinen As_2S_3 ($\varrho = 3{,}46\ g \cdot cm^{-3}$) und dem As_2S_3-Glas ($\varrho = 3{,}17\ g \cdot cm^{-3}$) beträgt etwa 8 %.

In Abb. 3.32. ist die Zusammensetzungsabhängigkeit für einige Glaseigenschaften in der Reihe As_xS_{1-x} dargestellt. Sowohl die Transformationstemperatur T_G [3.215], die Aktivierungsenergie des viskosen Fließens E_η [3.352, 358, 359] als auch die VICKERS-HÄRTE H_V [3.351] und das Molvolumen V [3.351, 359] ergeben für $x = 0{,}4$ Extremwerte. As_2S_3 hebt sich, wie die Kurven zeigen, in den makroskopischen Eigenschaften als glasbildende Verbindung aus der Reihe der Gläser As_xS_{1-x} heraus. Die Aktivierungsenergie des viskosen Fließens erreicht und überschreitet den Wert der mittleren molaren Bindungsenergie der As-S-Bindung (260 kJ · mol^{-1}, vgl. Tab. 2.11.), bleibt aber in schwefelreichen Schmelzen weit hinter dem für S-S-Bindungen charakteristischen Wert von 280 kJ · mol^{-1} zurück, was den Einfluß des Vernetzungsgrades auf das viskose Fließen unterstreicht und zugleich auf die Komplexität derartiger Prozesse in stark assoziierten Flüssigkeiten hinweist. Neuere sorgfältige Viskositätsmessungen liegen von POHL u. BRÖCKNER [3.810] vor.

Unterschreitet der S-Gehalt die Zusammensetzung As_2S_3 ($x < 0{,}4$), so nehmen der T_G-Wert, die Aktivierungsenergie E_η und die Mikrohärte H_V wieder ab, und das mittlere atomare Molvolumen zu, was sowohl auf die Ausbildung energetisch weniger stabiler

As-As-Bindungen (200 kJ · mol^{-1}), z. B. von $As_2S_{4/2}$-Baugruppen, als auf die Tendenz zur Bildung molekularer Struktureinheiten mit zyklischer Verknüpfung der As- und S-Atome zurückgeführt werden kann (Abb. 3.31.). Die Gläser neigen zur Entmischung [3.360]. Die Glasbildungsgrenze hängt empfindlich von der Abkühlgeschwindigkeit und der Reinheit der Schmelze ab. Während TSUCHIHASHI und KAWAMOTO [3.352] die Präparation von Gläsern bis zur Zusammensetzung des Realgar mitteilen, grenzen MARUNO und NODA [3.361] den Glasbildungsbereich auf das Gebiet $x \leqq 0{,}45$ ein, was etwa der Zusammensetzung As_4S_5 entspricht. Bei höherem Arsengehalt werden infolge Mikrophasentrennung bereits keine homogenen Schmelzprodukte mehr erhalten. Es scheidet sich die kristalline β-Modifikation von As_4S_4 aus [3.362].

Glasartiges As_2S_3

As_2S_3 wird auf Grund der ausgeprägten Glasbildungstendenz wie Selen oder B_2O_3 als der Prototyp eines Glasbildners betrachtet. Der T_G-Wert beträgt 463 ± 5 K. Die Verknüpfung der trigonal-pyramidalen $AsS_{3/2}$-Nahordnungsbereiche führt auf Grund der cis- und trans-Einstellmöglichkeiten und der Variabilität der Diederwinkel in den As-S-Ketten wie beim As_2O_3-Glas zu einem kontinuierlichen regellosen räumlichen Strukturnetzwerk.

Die Fundamentalschwingungen der Baugruppen lassen sich zwanglos mit entsprechenden Banden der IR- und RAMAN-Spektren von $AsCl_3$ korrelieren (Punktgruppe C_{3v}). Durch Multiplikation mit einem konstanten Faktor können die Spektren ineinander überführt werden. Es kann daraus auf weitgehend vergleichbare Struktur und Bindungsverhältnisse geschlossen werden [2.352].

Das erste Maximum in der aus Röntgen- und Neutronenbeugungsmessungen ermittelten Radialverteilungskurve liegt bei 228 pm und stimmt mit dem As-S-Bindungsabstand im kristallinen As_2S_3 überein [3.364]. Unklarheit herrscht aber bereits bezüglich der Konfiguration in zweiter Sphäre, z. B. inwieweit neben der Eckenverknüpfung der $AsS_{3/2}$-Einheiten auch eine Kantenverknüpfung zu berücksichtigen ist. Von BERTOLUZZA u. M. [3.362] wurde aus den RAMAN-Spektren auf eine Mitbeteiligung von kantenverknüpften Baugruppen an der Struktur des Glases geschlossen, d. h. die zwar dreidimensionale, in mikroskopischen Bezirken aber doch flächenhafte Vernetzung soll im As_2S_3-Glas durch Bereiche mit Kettenstruktur aufgelockert sein, s. Abb. 3.30.b.). Eine Modellierung der Struktur wurde neuerdings von ITOH u. M. [3.811] vorgenommen.

Weitere Abwandlungen des Strukturnetzwerks ergeben sich aus den Möglichkeiten einer konstitutionellen Eigenfehlordnung. In Anlehnung an den in 2.4.2.5. und 2.5.2. behandelten Sachverhalt ist für eine As_2S_3-Schmelze das folgende Fehlordnungsgleichgewicht in Betracht zu ziehen:

$$4\,AsS_{3/2} \rightleftarrows [S(AsS_{2/2})_3]^+ + AsS_{2/2}S^- + U_{LP}\,. \qquad (3.6)$$

Die heterolytische Aufspaltung einer As-S-Bindung unter Bildung eines endständigen S-Atoms mit negativer Ladung wird durch die Wechselwirkung der Koordinationslücke am As-Atom mit einem Brücken-Schwefelatom $S(AsS_{2/2})_2$ energetisch begünstigt (negative effektive Korrelationsenergie). Der positive Energiebetrag U_{LP} bestimmt nach diesem Konzept die Gleichgewichtslage und entsprechend Gl. (2.130) die Konzentration an geladenen Defektzentren. Wie die Bilanz einer Dismutation von As-S-Bindungen unter Bildung von As-As- und S-S-Bindungen (vgl. 2.4.2.5.)

$$\begin{array}{llll} 2\,AsS_{3/2} & \rightleftarrows As_2S_{4/2} & + S_{2/2} & \\ 2\,\text{As-S} & \text{As-As} & + \text{S-S} & \\ -2\cdot 260 & -200 & -280\,\text{kJ/mol} & \end{array} \tag{3.7}$$

erkennen läßt, sind die ersteren gegenüber den Element-Element-Bindungen nur um etwa 40 kJ · mol^{-1} stabiler (0,4 eV). Nach Gl. (2.102) und im Rahmen der dort getroffenen Näherung mit $n_0 = (\Sigma x_i N_A z_{i/2})\varrho/M$ Bindungen pro cm^3 errechnet sich für As_2S_3 bei der Transformationstemperatur von 463 K eine Gleichgewichtskonzentration an homonuklearen Bindungen von $2{,}7 \cdot 10^{20}\ cm^{-3}$.

Nach EWEN und OWEN [3.355, 365] treten in den RAMAN-Spektren von glasartigem As_2S_3 schwache Banden bei 231 cm^{-1} und 490 cm^{-1} auf, die einer geringen Konzentration von As-As- und S-S-Bindungen zuzuordnen sind. Die Bande bei 231 cm^{-1} verschwindet z. B. bei geringen S-Zusätzen, wobei die Bande bei 490 cm^{-1} eine Verstärkung erfährt. Umgekehrt nimmt die schwache Absorption bei 231 cm^{-1} bei größerem As-Gehalt ($x > 0{,}4$) stetig zu, und die Bande bei 490 cm^{-1} wird nicht mehr beobachtet.

Bei Anwesenheit von S-S-Bindungen im As_2S_3-Glas bzw. in Gläsern mit S-Überschuß ist ggf. deren heterolytische Aufspaltung unter Bildung von $[AsS_{4/2}]^+$-Defektzentren und negativ geladenen endständigen Schwefelatomen gleichfalls zu berücksichtigen.

$$AsS_{3/2} + S_{2/2} \rightleftarrows [AsS_{4/2}]^+ + {}^-S_{1/2}\,. \tag{3.8}$$

Lumineszenzspektren weisen zweifelsfrei auf die Anwesenheit geladener Defektzentren im As_2S_3-Glas hin [3.366] (vgl. 4.2.2.).

Die optische und elektrische Bandlücke des kompakten As_2S_3-Glases ist in der Literatur mehrfach mitgeteilt worden. Eine Übersicht geben BOBB u. M. [3.367]. Aus Absorptionsmessungen ergibt sich ein Wert von 2,32 bis 2,4 eV. Die thermische Aktivierungsenergie aus Leitfähigkeitsmessungen beträgt mit 1,1 bis 1,2 eV etwas weniger als die Hälfte. Die quasistatische Dielektrizitätskonstante ε_r wurde zu 7,9 ermittelt (298 K).

Amorphe As_2S_3-Schichten

Im Zusammenhang mit photochemischen Untersuchungen haben amorphe Aufdampfschichten des Arsensulfids Interesse gefunden. Struktur und Eigenschaften derartiger Filme unterscheiden sich deutlich vom kompakten Glas, wobei das Tempern der Schichten einen Angleich an die durch Abkühlen einer As_2S_3-Schmelze fixierte Struktur erkennen läßt. Die Röntgenstreukurven der Arsensulfidfilme weisen ein intensiveres und schärferes erstes Beugungsmaximum auf, das zunächst widersprüchlich gedeutet wurde. APLING und LEADBETTER [3.364, 368] vermuteten anfangs eine gegenüber dem kompakten Glas stärker ausgeprägte Schichtstruktur, während DE NEUFVILLE u. M. [3.369] auf das Vorliegen molekularer As_4S_6-Einheiten schlossen, deren Durchmesser zu dem beobachteten Beugungsmaximum Anlaß geben sollte. Elektronenbeugungsmessungen hatten bereits früher den Hinweis auf As_4S_6-Molekeln im Dampf über einer As_2S_3-Schmelze ergeben [3.370]. Nach dem Phasendiagramm [3.340] verdampft As_2S_3 kongruent, und die Bildung derartiger Molekeln im Sinne einer Depolymerisation der Schmelze mit einer dem Arsenolith analogen Urotropinstruktur erscheint zunächst durchaus naheliegend.

Neuere Dampfdruckmessungen stellen jedoch die Präsenz von As_4S_6-Molekeln im Dampf über As_2S_3 infrage [3.571]. RAMAN-Untersuchungen zeigen die Anwesenheit von As_4S_4- nicht aber von As_4S_3-Molekeln an [3.372]. In den Massenspektren wurden $[As_4S_6]^+$-Molekülionen nicht, wohl aber $[As_4S_5]^+$-Teilchen gefunden und letztere als Fragmentierungsprodukte von As_4S_6 aufgefaßt [3.373]. As_4S_5 ist aber eine definierte Verbindung mit molekularem Aufbau, so daß die Bildung derartiger Einheiten im Zusammenhang mit dem offenbar doch unter Zersetzung ablaufenden Verdampfungsprozeß von As_2S_3 erfolgen kann. Neuere massenspektrometrische Untersuchungen stützen wiederum die Annahme von As_4S_6-Molekeln im Dampf [3.374].

APLING u. M. [3.375] leiten aus der Analyse der RÖNTGEN-Streukurven von amorphen Aufdampfschichten des Arsensulfids eine gegenüber dem kompakten Glas vergrößerte Unordnung ab. Danach entstehen die Filme aus einer Mischung molekularer Arsensulfide, die während der Kondensation polymerisieren und einen schichtartigen Aufbau ergeben. Nach DANIEL u. M. [3.376] dominieren As_4S_4-Molekeln im Dampf, und auf den Anteil der Polymerisation derartiger Baugruppen kann bisher selbst aus der Kombination von RÖNTGEN- und Neutronenbeugung nicht ohne weiteres geschlossen werden.

3.2.1.5. *Arsenselenide und Glasbildung im System As-Se*

Arsenselenide

Zum Phasendiagramm des Systems As_xSe_{1-x} teilen DEMBOVSKIJ und LUŽNAJA [3.377] erste Angaben mit. Die umfassendere Untersuchung von MYERS und FELTY [3.215] wurde durch neuere Messungen im wesentlichen bestätigt [3.363]. Das Phasendiagramm ist zusam-

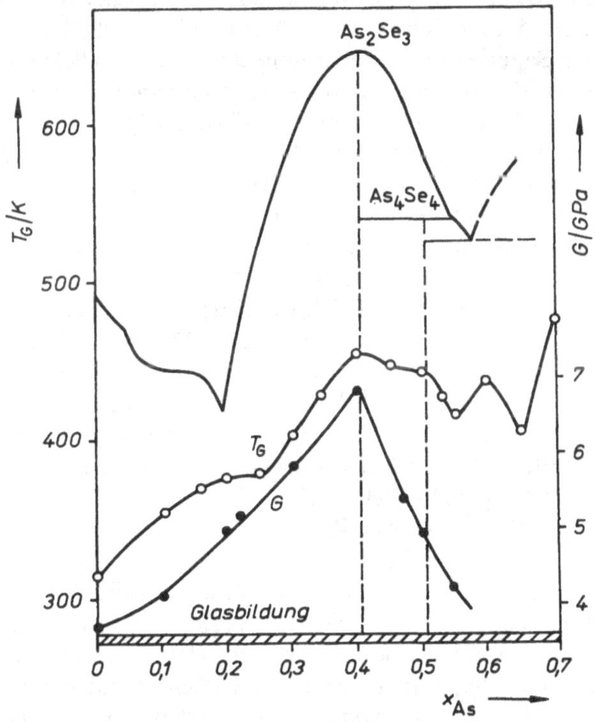

Abb. 3.33. Phasendiagramm und Glasbildungsbereich im System As_xSe_{1-x} und Abhängigkeit der Transformationstemperatur T_G (○) und des Schermoduls G (●) vom Molenbruch x.

men mit der Transformationstemperatur T_G und der Zusammensetzungsabhängigkeit des Schermoduls G der Gläser, letztere Daten nach [3.378], in Abb. 3.33. angegeben.

As_2Se_3 kristallisiert in einem zur Struktur von As_2S_3 isotypen Schichtengitter (Abb. 3.30.) mit den Gitterparametern a = 1205,3 pm, b = 989,0 pm, c = 427,7 pm und β = 90° 28′ [3.379—381]. Die As-Se-Bindungsabstände in den helixartigen Ketten parallel zur c-Achse sind mit 236 und 237 pm merklich kürzer als die Bindungen zu den Se-Atomen, die die Ketten zu Schichten verknüpfen. Die As-Se-Bindungslänge beträgt hier 247 pm. As_2S_3 und As_2Se_3 sind erwartungsgemäß isomorph. Mischkristalle $As_2(Se_{1-x}S_x)_3$ wurden in den Grenzen $0 < x < 0{,}5$ von SMITH u. M. [3.382] mittels RÖNTGEN- und Neutronenbeugung untersucht, dabei aber eine nichtstatistische Verteilung der S- und Se-Atome auf den Chalkogengitterplätzen festgestellt. Die S-Atome substituieren bevorzugt die Se-Atome in den As-Se-Ketten mit den kürzeren As-Se-Bindungsabständen. As_2Se_3 schmilzt bei 648 K. Die Dichte beträgt 4,825 g · cm^{-3} und ist nur um etwa 4% größer als die des As_2Se_3-Glases (ϱ = 4,60 g · cm^{-3}).

Eine weitere kristalline Phase im System As_xSe_{1-x} stellt das der α-Modifikation von Realgar, vgl. Abb. 3.31. a), analoge Arsenselenid As_4Se_4 dar [3.381, 383]. Die Verbindung schmilzt inkongruent bei 550 K. Die dem Dimorphit As_4S_3 entsprechende Substanz As_4Se_3 wurde durch Sublimation einer amorphen Probe erhalten [3.384].

Arsenselenidgläser

Der in Abb. 3.33. angegebene Glasbildungsbereich erstreckt sich im Vergleich zum analogen System As-S bis zu größeren Molenbrüchen As. Offenbar wirkt sich die am inkongruenten Schmelzverhalten von As_4Se_4 erkennbare Zersetzung der As-reichen Selenide auf die Glasbildungstendenz begünstigend aus. Bei Verwendung hochreiner Elemente konnten Schmelzen von 10 bis 50 g in Quarzampullen durch Abkühlen an der Luft ($q \approx 4$ K · s^{-1} im Bereich der Transformationstemperatur) bis zu einem Gehalt von 70 mol-% As in kompakter Form in den glasartigen Zustand überführt werden [3.385].

Im Gegensatz zum As-S-System lassen sich die Gläser durch Tempern zur Kristallisation bringen. Lediglich im Bereich des Eutektikums in den Grenzen $0{,}15 < x < 0{,}23$ erfordert die Auslösung der Kristallisation die Anwendung von Druck [3.386]. Glasartiges As_2Se_3 weist einen T_G-Wert von 447 ± 4 K auf und kristallisiert bereits bei einer Aufheizrate von 2 K · min^{-1}, d. h. unter DTA-Meßbedingungen. Die Kinetik der Kristallisation von glasartigem As_2Se_3 wurde untersucht [3.387]. Die Molwärme der kristallinen Verbindung beträgt bei 400 K 126,3 J · mol^{-1} K^{-1} [3.363], die des As_2Se_3-Glases wurde mit 125 J · mol^{-1} K^{-1} angegeben [3.387]. Beide Werte stimmen also annähernd überein. Oberhalb des T_G-Wertes im Bereich der unterkühlten Schmelze wurde dagegen ein Wert von 200 J · mol^{-1} K^{-1} festgestellt (vgl. 2.2.3.1., Tab. 2.6.).

Die Struktur der Gläser im System As_xSe_{1-x} ist nach RÖNTGEN- und Neutronenbeugungsmessungen im Bereich $x \leqq 0{,}4$ mit dem Aufbau der Arsensulfidgläser analoger Zusammensetzung weitgehend vergleichbar [3.364]. Das kompakte Glas und die As_2Se_3-Schmelze ergeben annähernd übereinstimmende Radialverteilungskurven [3.388, 389]. Das der Nahordnung entsprechende erste Maximum wird bei 243 pm gefunden, liegt also bei einem mittleren Wert der im kristallinen As_2Se_3 vorhandenen As-Se-Bindungsabstände. Seine Fläche führt zu einer mittleren Koordinationszahl von 2,4, was mit dem Erwartungswert (0,4 · 3 + 0,6 · 2) übereinstimmt. Die RÖNTGEN-Streukurve weist bei kleinen Winkelwerten ein ausgeprägtes Beugungsmaximum auf, woraus auf eine gewisse Parallelorientierung bestimmter Mikrobereiche der stark gefalteten Schichten geschlossen wurde. Durch ESCA-Messungen wird die zweidimensionale Verknüpfung von $AsSe_{3/2}$-Nahordnungsbereichen (vgl. Abb. 3.30.) gleichfalls belegt [3.390].

Die Fundamentalschwingungen der $[AsSe_3]$-Baugruppen stimmen für kristallines und glasartiges As_2Se_3 nahezu überein [3.391] und lassen sich zu den entsprechenden Banden der IR- und RAMAN-Spektren von $AsBr_3$ in Beziehung setzen [2.252]. Die Korrespondenz mit der Struktur des Arsensulfides wird auch dadurch belegt, daß sich die Spektren durch Multiplikation mit einem Faktor von 0,71 ineinander überführen lassen [3.392]. Auch in der Konzentrationsabhängigkeit des Realteils der Dielektrizitätskonstanten spiegelt sich die Formierung der $AsSe_{3/2}$-Nahordnungsbereiche und deren Schwingungsverhalten in der Reihe der As_xSe_{1-x}-Gläser wider.

In Abb. 3.34. ist die DK sowie das Molvolumen über dem Molenbruch As aufgetragen. Die DK von glasartigem As_2Se_3 beträgt 10,2 ± 0,1. Die Molpolarisation P_M ist gleichfalls

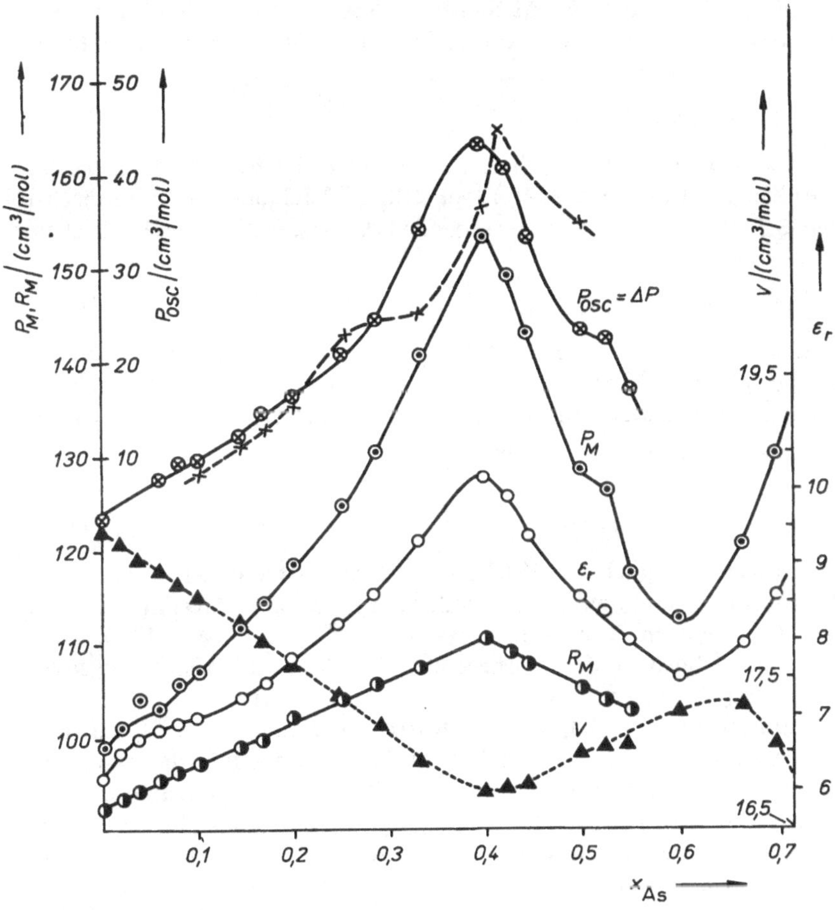

Abb. 3.34. Dielektrizitätskonstante ε_r (○), Molvolumen V (▲), Molpolarisation P_M und die durch Subtraktion der Molrefraktion (berechnet aus ε_∞) ermittelte Größe ΔP_V (⊗), die mit den aus dem IR-Spektrum der Gläser As_xSe_{1-x} nach [3.393] abgeschätzten Werten (×) korrespondiert.

angegeben, und durch Subtraktion der aus der Brechzahl berechneten Molrefraktion, die die Elektronenpolarisation berücksichtigt, wurde die Kurve ΔP_V ermittelt, die im wesentlichen nur noch den Beitrag enthalten sollte, den die IR-aktiven Schwingungen zur dielektrischen Polarisation beisteuern. Unter Verwendung der von VAŠKO [3.393] angegebenen Oszillatorstärken konnte der aus DK-Messungen erhaltene Kurvenverlauf im wesentlichen auf die Fundamentalschwingungen der [$AsSe_3$]-Baugruppen zurückgeführt werden [3.385].

Die Änderung im Anstieg der Kurve bei der Zusammensetzung $AsSe_3$ läßt vermuten, daß im Bereich $x < 0{,}25$ As-Se-As-Brückenbindungen nicht oder nur in untergeordnetem Maße auftreten. Im $AsSe_3$-Glas wären die Nahordnungsbereiche dann vorwiegend unter Ausbildung von As-Se-Se-As-Bindungen verknüpft, und erst im Gebiet $0{,}25 < x < 0{,}4$ käme es zur Herausbildung einer Netzwerkstruktur mit der für As_2Se_3 charakteristischen Verbrückung der Baugruppen durch jeweils ein zweibindiges Se-Atom. Ein solcher Ordnungsgrad verleiht der nichtkristallinen Substanz $AsSe_3$ Merkmale einer glasbildenden Verbindung mit definierter Struktur (vgl. 3.2.4.).

As_2Se_3 ist wie As_2S_3 in der Reihe der As-S-Gläser (Abb. 3.32.) durch Extremwerte in den Eigenschaftskurven gekennzeichnet (Abb. 3.33., 34.). Für die Eigenfehlordnung ist in Analogie zu Gl. (3.6) das Gleichgewicht

$$4\,AsSe_{3/2} \rightleftarrows [Se(AsSe_{2/2})_3]^+ + AsSe_{2/2}Se^- + U_{LP} \tag{3.9}$$

in Betracht zu ziehen. In Schmelzen mit großem Se-Überschuß bleibt vermutlich die für glasartiges Selen charakteristische Defektstruktur (vgl. 2.4.2.5., 2.5.2. und 4.1.3.5.) zunächst unverändert erhalten [3.394]. Die Gl. (3.8) entsprechende Bildungsreaktion von Fehlstellen, z. B.

$$2\,AsSeSe_{2/2} \rightleftarrows [AsSe_{4/2}]^+ + AsSe_{2/2}Se^-\,, \tag{3.10}$$

d. h. die Substitution von $[SeSe_{3/2}]^+$ — durch $[AsSe_{4/2}]^+$ — Zentren sollte auf Grund der Promotionsenergie, die mit der Einbeziehung des *s*-Elektronenpaares aufzubringen ist, energetisch noch weniger begünstigt sein als im As-S-System. Demgegenüber ist die Dismutation von As-Se-Bindungen entsprechend (3.7)

$$\begin{array}{lll} 2\,\text{As-Se} \rightleftarrows & \text{As-As} & + \text{Se-Se} \\ -2\cdot 230 & -200 & -225\ \text{kJ/mol} \end{array} \tag{3.11}$$

verstärkt zu berücksichtigen. Lediglich um 35 kJ/mol sind As-Se-Bindungen stabiler, und die Berechnung der Anzahl der homonuklearen Bindungen je cm^3 ergibt nach (2.102) mit $n_0 = (\Sigma x_i N_A z_{i/2})\varrho/M$ Bindungen insgesamt $n_c = 4 \cdot 10^{20}\ cm^{-3}$ bei 447 K. Eine Klassifikation der im glasartigen As_2Se_3 vorliegenden Defekte wird von VANDERBILT u. M. [3.798] theoretisch begründet.

Höhere As-Konzentrationen ($x > 0{,}4$) sind im RAMAN-Spektrum mit dem Auftreten zweier neuer Banden bei 220 und 155 cm^{-1} verbunden, die im Spektrum des amorphen Arsens gleichfalls gefunden werden [3.355]. Offenbar verläuft die Dismutation unter Zusammenlagerung mehrerer As-Atome, wobei sich Strukturfragmente des amorphen As ausbilden, die über Se-Brückenatome im Glas gebunden sind. Die Beobachtung, daß die Verbindung As_4Se_4 als Glas in den Kurven der Abb. 3.34. kaum in Erscheinung tritt, läßt auf einen derartigen Verlauf der Zersetzung in der Schmelze schließen. Ob das Minimum bei der Zusammensetzung As_3Se_2 einer definierten Nahordnungsstruktur entspricht, kann aus der Verfolgung makroskopischer Eigenschaften allein nicht erschlossen werden.

Die optische Bandlücke nimmt beim Einbau von Arsen in Selen auf einen Wert von 1,73 eV (300 K) für glasartiges As_2Se_3 ab. Mit zunehmendem As-Gehalt erfolgt wieder ein Anstieg [3.395, 396]. Es wird wie bei der Molvolumenkurve ein Minimum durchlaufen. Andere Autoren geben einen Wert von 1,8 eV an [3.267]. Kristallines As_2Se_3 weist einen Bandkantenabstand von 2,0 eV auf [3.397].

Für die elektrische Leitfähigkeit des As_2Se_3-Glases ergibt sich bei Raumtemperatur ein Wert von $3 \cdot 10^{-13}\,\Omega^{-1}\,cm^{-1}$ mit einer Aktivierungsenergie von 0,91 eV, was etwa der Hälfte der optischen Bandlücke entspricht. Sowohl nach höherer als auch niedrigerer As-Konzentration im Bereich $\Delta x = \pm 0{,}1$ fällt die Leitfähigkeit um mehr als eine halbe Größenordnung ab, was im wesentlichen auf eine Änderung der Beweglichkeit zurückgeführt wurde [3.395] (vgl. 4.1.3.1.). Es wird nur *p*-Leitung beobachtet. Die Beweglichkeit der Ladungsträger liegt bei 298 K in der Größenordnung von $10^{-6}\,cm^2 \cdot V^{-1}\,s^{-1}$. Die elektrischen Eigenschaften von glasartigem As_2Se_3 sind in [3.398, 399] zusammenfassend behandelt worden.

Amorphe Arsenselenidschichten

Auf dem Wege der Verdampfung im Vakuum lassen sich im gesamten Bereich des Systems As_xSe_{1-x} $(0 < x < 1)$ amorphe Substanzen darstellen. Ihre Struktur weicht nach Röntgen-Beugungsuntersuchungen wie bei den amorphen Arsensulfidschichten beträchtlich von der des kompakten, aus der Schmelze gewonnenen Glases ab. Die Massenspektren zeigen eine dissoziative Verdampfung an. Neben As_4Se_3- und wenig As_4Se_4-Molekeln werden Fragmente wie As_3Se und As_2Se_2 neben As_4 und Se_2 beim Verdampfen von As_2Se_3 und As_2Se_5 in vergleichbarer Verteilung festgestellt. As_4Se_4 geht unter Bildung von As_4Se_3 und Se_2- sowie As_4-Molekeln in die Gasphase über [3.400].

3.2.1.6. *As_2Te_3 und Glasbildung im System As-Te*

Nach dem Phasendiagramm tritt im System As_xTe_{1-x} lediglich die Verbindung As_2Te_3 als kristalline Phase auf [3.401], (Abb. 3.35). Die Glasbildungstendenz ist gegenüber dem As-Se-System stark herabgemindert. Innerhalb des Systems beobachtet man eine relative Zunahme im Bereich von 50 mol-% As, obwohl eine dem Realgar analoge As-Te-Verbindung bisher nicht bekannt ist. As_2Te_3 ist nur noch bei Anwendung von Abkühlraten von mindestens $180\ K \cdot s^{-1}$ in glasartiger Form darstellbar. Die Verhältnisse sind in dieser Hinsicht umgekehrt als im As-S-System.

Kristallines As_2Te_3 weist eine vom As_2Se_3 und As_2S_3 abweichende Struktur auf [3.402, 403]. Die Te-Atome bilden eine annähernd hexagonal dichte Packung, in deren Lücken sich die As-Atome mit den Koordinationszahlen 6 und 3 in der Weise einfügen, daß es zur Ausbildung von Bändern kommt, in denen $[AsTe_6]$- und $[AsTe_3]$-Koordinationspolyeder miteinander verknüpft sind. Jedes Te-Atom ist dabei von 3 oder 2 As-Atomen umgeben. Die As-Te-Bindungsabstände betragen 286 bzw. 275 pm, der kürzeste Abstand von Te-Te- und As-As-Paaren 405 und 401 pm.

Die in Abb. 3.35. angegebenen Glasbildungsgrenzen $0{,}48 < x < 0{,}58$ beziehen sich nach [3.404] auf eine Abkühlrate $q \approx 2\ K \cdot s^{-1}$, nach [2.24] sind jedoch mindestens $10\ K \cdot s^{-1}$ erforderlich.

Bei Anwendung einer Abkühlgeschwindigkeit von $180\ K \cdot s^{-1}$ sind Gläser im

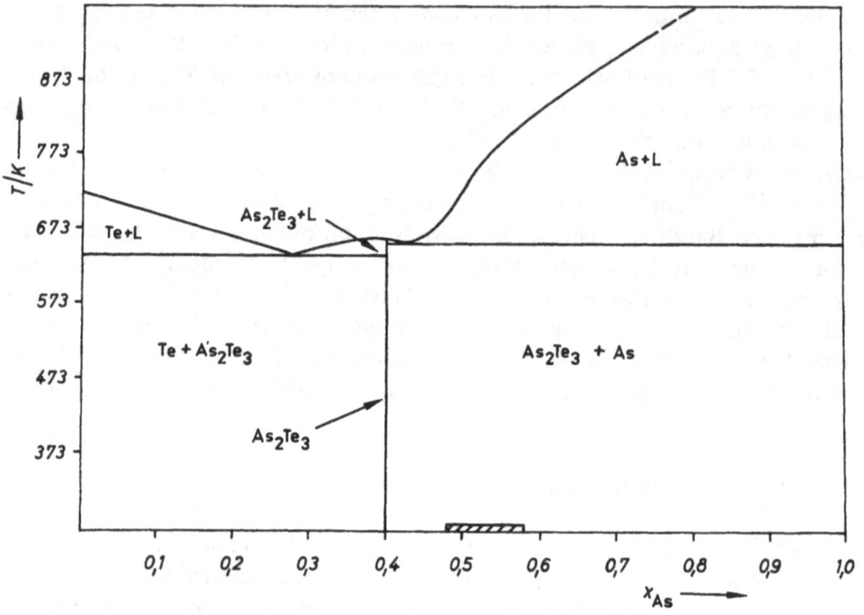

Abb. 3.35. Phasendiagramm und Glasbildungsbereich im System As_xTe_{1-x}.

Bereich $0{,}2 < x < 0{,}7$ darstellbar. Die Angaben zur Transformationstemperatur von glasartigem As_2Te_3 schwanken zwischen 379 und 389 K [2.24, 3.406, 407]. Die Dichte des Glases ist mit 5,53 g · cm^{-3} im Vergleich zum kristallinen As_2Te_3 mit 6,23 g · cm^{-3} stärker vermindert als im Fall der homologen Verbindungen As_2Se_3 und As_2S_3, was auf größere Strukturunterschiede schließen läßt.

Röntgen-Beugungsmessungen ergeben für glasartiges As_2Te_3 eine kontinuierliche regellose Netzwerkstruktur, in der trigonale $AsTe_{3/2}$-Nahordnungsbereiche überwiegen, d. h. einen zu den Gläsern As_2Se_3 und As_2S_3 analogen Aufbau [3.408, 409]. Neutronenbeugungsmessungen an As_2Te_3-Schmelzen lassen eine weitgehende Übereinstimmung der RDF mit dem Glas erkennen [3.410]. Das der ersten Koordinationssphäre entsprechende erste Maximum in der RDF wird bei 266 pm gefunden, der As-Te-Bindungsabstand ist also im As_2Te_3-Glas gegenüber der kristallinen Form deutlich verkürzt, was auf eine verstärkte Ausbildung kovalenter Bindungsbeziehungen hinweist. Die Glasstruktur wird durch schwingungsspektroskopische Untersuchungen bestätigt [2.252, 353]. Die antisymmetrische Valenzschwingungsfrequenz der $[AsX_3]$-Baugruppen (X = S, Se, Te) in den Gläsern As_2X_3 ergibt mit der entsprechenden Fundamentalschwingung der molekularen Verbindungen $AsCl_3$, $AsBr_3$ und AsJ_3 eine lineare Korrelation (Abb. 3.45.). Die glasartige Form von As_2Te_3 fügt sich also auch nach diesem Befund in die Reihe der homologen Verbindungen ein. Untersuchungen zur Kristallisationskinetik liegen von Johnson u. M. [3.411] vor.

Für die Eigenfehlordnung sind in Anlehnung an Gl. (2.9) $[Te(AsTe_{2/2})_3]^+$-Defektzentren und endständige negativ geladene Te-Atome $AsTe_{2/2}Te^-$ in Betracht zu ziehen, vor allem aber eine verstärkte Dismutation von As-Te-Bindungen. Mit den Werten von Tab. 2.11. ergibt sich für As-Te-Bindungen nach einer Bilanz gemäß Gl. (2.102) gegenüber der äquimolaren Mischung von As-As- und Te-Te-Bindungen nur eine um 15 kJ/mol größere

Stabilität. Es muß daher mit einer beträchtlichen konstitutionellen Eigenfehlordnung im glasartigen As_2Te_3 gerechnet werden (etwa 10%).

Im Zusammensetzungsgebiet $x > 0,4$ sollten sich As-As-Bindungen vermehrt ausbilden und die bereits im As-Se-System erkennbare Tendenz zur Formierung von Strukturkonfigurationen des amorphen Arsens (3.355) verstärkt zum Tragen kommen. Zweifellos beruht der in Abb. 3.35. angegebene Glasbildungsbereich gleichfalls auf der Mitbeteiligung von Strukturfragmenten des amorphen Arsens am strukturellen Aufbau der Gläser. Über die Nahordnungsstruktur derartiger Gläser ist bisher wenig bekannt.

Kristallines As_2Te_3 weist bei Raumtemperatur eine relativ hohe Leitfähigkeit von $0,4\,\Omega^{-1}cm^{-1}$ mit einer Aktivierungsenergie von 0,03 eV auf. Sie wurde als Störstellenleitung interpretiert. Erst oberhalb 500 K ergibt sich die aus der Eigenleitung bestimmbare Breite der verbotenen Zone von 0,45 eV [3.412]. Die elektrische Leitfähigkeit des As_2Te_3-Glases ist wiederholt untersucht worden [3.407, 413, 414]. Sie beträgt bei Raumtemperatur etwa $5 \cdot 10^{-5}\,\Omega^{-1}cm^{-1}$ mit einer thermischen Aktivierungsenergie $E_\sigma = 0,42$ eV, die sich mit abnehmender Temperatur nur geringfügig vermindert. Es handelt sich um einen *p*-Leiter. An einem Glas der Zusammensetzung AsTe ($x = 0,5$) wurde bei tiefer Temperatur ein Abbiegen der Kurven in Richtung auf wesentlich kleinere Werte der Aktivierungsenergie beobachtet [3.396]. Die optische Bandlücke von glasartigem As_2Te_3 beträgt 0,87 eV [3.413].

Bei der Verdampfung dissoziiert As_2Te_3 vollständig unter Abspaltung von As_4-Molekeln und starker Anreicherung von Te im Rückstand [3.415]. Durch Kathodenzerstäubung erhaltene amorphe As_2Te_3-Schichten zeigen in bezug auf die optische Bandlücke eine relativ gute Übereinstimmung mit dem kompakten Glas [3.412, 416, 417]. Auch die thermische Aktivierungsenergie der Leitfähigkeit weicht kaum ab, dafür aber der Absolutwert der Gleichstromleitfähigkeit. Tempern bei Raumtemperatur führt zu einem weitgehenden Ausgleich. Die ursprünglich vorhandene Spindichte verschwindet dabei gleichfalls [3.418].

3.2.1.7. *Amorphe Antimonsulfide und -selenide*

Die Sturktur von Sb_2S_3 und Sb_2Se_3 ist durch Doppelketten gekennzeichnet, die in der in Abb. 3.36. skizzierten Weise zu einem Band miteinander verbunden sind.

Im Phasendiagramm Sb_xS_{1-x} treten beiderseits der Zusammensetzung Sb_2S_3 ausgedehnte Entmischungsgebiete auf [3.419]. Im System Sb_xSe_{1-x} deutet sich im Bereich $x < 0,4$ durch einen Wendepunkt im Verlauf der Liquidustemperatur eine verdeckte Mischungslücke an, während in den Grenzen $0,54 < x < 0,85$ auch in diesem Fall bereits in der Schmelze ein Zerfall in zwei Phasen stattfindet [3.420]. Die durch Fällung aus wäßriger Lösung zugänglichen amorphen Verbindungen Sb_2S_5 und Sb_2Se_3 (vgl. 3.2.4.2.) sind im Phasendiagramm nicht erkennbar.

Mittels konventioneller Abkühlgeschwindigkeiten sind Gläser in den Systemen Sb-S und Sb-Se nicht darstellbar. Die elektrischen und optischen Eigenschaften amorpher Sb_2S_3- und Sb_2Se_3-Filme wurden dagegen mehrfach untersucht, z. B. [3.421]. Neutronenbeugungsmessungen an Sb_2Se_3-Schmelzen lassen auf eine mit der kristallinen Substanz vergleichbare Nahordnung schließen [3.422].

Nach dem Spritz-Abschreckverfahren (vgl. 2.1.1.3. und Tab. 2.3.) konnte Sb_2Se_3 aus der Schmelze in Form dünner glasartiger Filme erhalten und bezüglich einiger seiner Eigenschaften charakterisiert werden [3.423]. Kompaktes Sb_2S_3-Glas ist nach [3.424] in Ansätzen von 1,5 bis 2 g durch Abschrecken in Eiswasser erhältlich ($q \approx 250\ K \cdot s^{-1}$). Nach

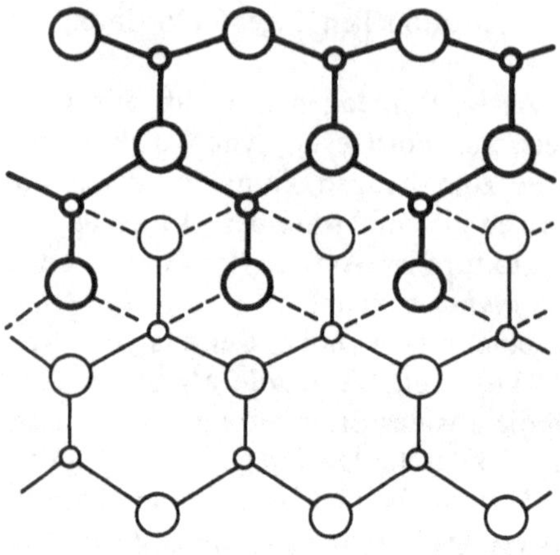

Abb. 3.36. Doppelbandstruktur von Sb_2S_3 und Sb_2Se_3.
○ – S, Se, o – Sb.

CERVINKA und HRUBY [3.546] liegt im glasartigen Sb_2S_3 und Sb_2Se_3 eine mit den Arsenchalkogeniden vergleichbare Nahordnung vor.

3.2.2. *Oxide und Chalkogenidsysteme des Siliciums und Germaniums*

Neben dem Kieselglas und den sich von ihm ableitenden Silicatgläsern haben vor allem glasbildende Systeme mit GeO_2 und neuerdings auch Gläser auf der Basis der Germaniumchalkogenide Bedeutung erlangt. Die Sulfide und Selenide des Siliziums sind auf Grund ihrer ausgeprägten Hydrolysetendenz im Zusammenhang mit der Darstellung von Gläsern von untergeordnetem Interesse.

3.2.2.1. *Kieselglas und das amorphe System SiO_{2-a}*

Das Phasendiagramm Si_xO_{1-x} stellt in den Grenzen $0 < x < 0{,}33$ ein heterogenes System dar, läßt aber auch nahezu im gesamten Konzentrationsbereich $0{,}33 < x < 1{,}0$ selbst bei Temperaturen oberhalb 1973 K in der Schmelze eine Mischungslücke erkennen [3.425]. Lediglich durch Abscheidung aus der Gasphase unter Bedingungen, die das Einfrieren von Nichtgleichgewichtszuständen gestatten, sind homogene amorphe Festkörper SiO_{2-a} in diesem Gebiet zugänglich. Das Sliziumdioxid stellt in weiten Temperatur- und Druckgrenzen die einzige thermodynamisch stabile Verbindung des Si-O-Systems dar. Als Kombination der beiden häufigsten Elemente in unserem Lebensraum, der Erdkruste, beansprucht SiO_2 seit jeher sowohl in theoretischer Hinsicht als auch in der Praxis große Aufmerksamkeit.

Siliciumdioxid

Modifikationen mit unter Normaldruck stabilen Existenzgebieten sind bekanntlich Cristobalit, Tridymit und Quarz. Darüber hinaus ist eine Vielzahl weiterer Zustandsformen beschrieben worden, die teilweise unter hohem Druck und hoher Temperatur erhalten werden (eine Zusammenstellung ist z. B. in [3.426] angegeben). Am bekanntesten sind Coesit und Stishovit. Mit Ausnahme der letzteren Hochdruckmodifikation, in der das Siliciumdioxid eine dem Rutil analoge Struktur aufweist, stellen die Baugruppen stets $[SiO_4]$-Tetraeder dar. Sie sind über zweibindige O-Atome in der Regel über gemeinsame Ecken raumnetzartig verknüpft, gelegentlich auch über gemeinsame Kanten, wie z. B. in der dem SiS_2 analogen Zustandsform. Auf Grund der Variabilität des Bindungswinkels am Sauerstoff-Brückenatom besteht eine Mannigfaltigkeit verschiedener Konfigurationen mit unterschiedlicher Orientierung der Tetraeder relativ zueinander, worin sich die SiO_2-Modifikationen im wesentlichen voneinander unterscheiden.

α-Quarz wandelt sich bei 846 K in β-Quarz, letzterer bei 1143 K in β-Tridymit und dieser bei 1743 K in β-Cristobalit um. Metastabiler β-Tridymit geht bei 393 bis 443 K in die α-Form und β-Cristobalit bei 473 bis 548 K in α-Cristobalit über. β-Cristobalit schmilzt bei 1983 K. Sämtliche Phasenumwandlungen sind kinetisch stark gehemmt und dementsprechend bereits durch Spurenverunreinigungen katalytisch beeinflußbar. Der Bindungswinkel am Sauerstoff beträgt im α-Quarz 143°, im α-Cristobalit 150° und im β-Cristobalit 152°.

SiO_2 verdampft dissoziativ unter Abspaltung von Sauerstoff und Bildung der im Gaszustand stabilen SiO-Molekel. Mit CO_2 isostere SiO_2-Molekeln wurden als metastabile Gebilde mit Hilfe der Matrixisolationstechnik nachgewiesen [3.427]. Die Stabilität von festem SiO_2 resultiert demnach wesentlich aus der Gitterenergie, die im Ergebnis der dreidimensionalen makromolekularen Verknüpfung tetraedrischer $SiO_{4/2}$-Nahordnungsbereiche freigesetzt wird. Die Schmelzenthalpie stellt mit etwa 8 kJ/mol im Vergleich zur Bildungsenthalpie insgesamt — für die Atomisierungsenthalpie ergibt sich ein Wert von 1857 kJ/mol — nur einen vergleichsweise geringen Energiebetrag dar. Die bindungstheoretische Beschreibung der kristallinen Zustandsformen und der glasartig erstarrten Kieselglasschmelze kann daher in guter Näherung unter einheitlichen Gesichtspunkten vorgenommen werden.

Die chemische Bindung in den $SiO_{4/2}$-Baugruppen basiert auf sp^3-Hybridfunktionen am Si, die Verknüpfung auf der Wechselwirkung mit Bindungsfunktionen am Sauerstoff-Brückenatom, deren Hybridisierungszustand entsprechend dem festgestellten Bindungswinkel zwischen sp und sp^2 einzuordnen ist. Es handelt sich um kovalente Bindungen, die entsprechend der Elektronegativitätsdifferenz der Bindungspartner polarisiert sind. Nach Pauling ist für die Si-O-Bindung ein Ionenbindungsanteil von 50% anzunehmen. Die Argumentation mit Ionenradien ist angesichts dieser Situation sicher nicht für eine Wiedergabe der realen Verhältnisse geeignet und sollte vermieden werden. Die Tetraedersymmetrie ist mit einem Bindungswinkel von 109,5° am Si in den Baugruppen unabhängig von der Zustandsform gegeben. Der Si-O-Bindungsabstand beträgt 161,5 pm. Von Baur [3.428] wurde die Konstanz der Bindungsparameter in einer Auswertung der Strukturen von 314 verschiedenen Substanzen unter Einbeziehung zahlreicher Silicate überprüft.

Darstellung von Kieselglas

Je nach den Ausgangsstoffen und dem angewandten technischen Verfahren werden Kieselgläser mit unterschiedlichem Verunreinigungsgehalt erhalten, deren Eigenschaften sich z. T. nicht unwesentlich voneinander unterscheiden.

Aus Bergkristall durch elektrische Heizung im Vakuum oder unter Inertbedingungen erschmolzenes Kieselglas ist nahezu frei von OH-Gruppen, enthält aber bis zu 100 ppm Metalloxid-Verunreinigungen. Schmelzen in der Knallgasflamme führt zu einem OH-

Gruppengehalt bis zu 300 ppm. Synthetische Kieselgläser sind in bezug auf einen Spurengehalt verschiedener Metalloxide sehr rein und durch Gasphasenhydrolyse aus $SiCl_4$ zugänglich, weisen aber bei Anwendung von Knallgas eine OH-Gruppenkonzentration bis zu 1200 ppm und zusätzlich 100 ppm Cl auf. Die Zersetzung von $SiCl_4$ unter SiO_2-Abscheidung in der Plasmaflamme führt zwar zu wasserärmerem Kieselglas, der Cl-Gehalt kann aber noch höher liegen, z. B. 240 ppm betragen. Der Einfluß der thermischen Vorbehandlung auf die Dichte des Kieselglases läßt je nach dem OH-Gruppengehalt beträchtliche Unterschiede erkennen [3.429]. Das Relaxationszeitverhalten hängt verständlicherweise gleichfalls vom OH-Gruppengehalt ab [3.436].

Als Diffusionsmasken, Passivierungs- und Isolatorschichten kommt dem Kieselglas auch in der Halbleitertechnik wachsende Bedeutung zu. Sie werden entweder durch thermische Oxydation [3.430], (vgl. 2.1.4.3.), Abscheidung der amorphen SiO_2-Schicht auf der Substratoberfläche durch eine Gasphasenreaktion (*CVD*, vgl. 2.1.3.4.) oder durch Aufdampfen bzw. mittels Katodenzerstäubung erhalten (2.1.3.1., 2.1.3.2.), [3.431, 432]. In der Technologie der Herstellung von Lichtleitern beruht die Abscheidung von SiO_2 auf der Ausnutzung des Pyrolysegleichgewichts von $SiCl_4/O_2$-Mischungen.

Struktur des Kieselglases

Die relativ starren tetraedrischen $SiO_{4/2}$-Baugruppen ergeben bereits in den kristallinen SiO_2-Modifikationen eine ausgesprochen weiträumige Struktur. Quarz hat eine Dichte von 2,65 $g \cdot cm^{-3}$, Cristobalit von 2,32 $g \cdot cm^{-3}$, Stishovit aber von 4,35 $g \cdot cm^{-3}$. Im letzteren Fall läßt sich der Struktur annähernd eine hexagonal dichte Packung von Sauerstoffteilchen zugrundelegen. Die Dichte des Kieselglases liegt dagegen je nach der thermischen Vorgeschichte zwischen 2,20 und 2,22 $g \cdot cm^{-3}$. Der damit verbundene hohe Anteil an stofflich nicht ausgefüllten Hohlräumen läßt eine beträchtliche Löslichkeit und Beweglichkeit eingelagerter Fremdatome erwarten. Die experimentell ermittelte Löslichkeit von He oder Ne stimmt mit der z. B. im β-Cristobalitgitter vorhandenen Leerstellenkonzentration von $2{,}34 \cdot 10^{22}$ cm^{-3} befriedigend überein [3.433].

Der aus Beugungsmessungen erschlossene Aufbau des Kieselglases wurde bereits in 2.4.1.1. im Zusammenhang mit Abb. 2.30. sowie in 2.4.2.2. in Verbindung mit Abb. 2.37. und 2.38. behandelt. Ein kontinuierliches regelloses Netzwerk dreidimensional verknüpfter $SiO_{4/2}$-Nahordnungsbereiche mit beliebiger Diederwinkeleinstellung erweist sich nach [2.226—229, 399] als die beste Approximation experimenteller Radialverteilungskurven. Ansichten über einen höheren Ordnungsgrad in Mikrobereichen sind aber immer wieder geäußert worden. Neuerdings ist aus hochauflösenden elektronenmikroskopischen Untersuchungen auf Strukturbereiche mit einem mittleren Durchmesser von 170 pm geschlossen worden, die einen kristallitähnlichen Ordnungsgrad aufweisen [3.434]. Auch HÜBNER u. M. [3.435] gelangen ausgehend von einem semiempirischen Ansatz zur Beschreibung der chemischen Bindung im SiO_2 auf der Grundlage des Ionizitätskonzepts zu einem Modell der Mittelbereichsordnung, das die nichtperiodische Verknüpfung zufällig orientierter metastabiler Submikrokristallite begrenzter Fernordnung einschließt. Der molekülspektroskopische Beweis für die in kristallinen und glasartigen Zustandsformen übereinstimmende Nahordnung ist aus Tab. 2.8. und 2.9. sowie aus Abb. 2.34. in 2.4.1.2. ersichtlich. Die Verfolgung der Intensität bestimmter Ramanfrequenzen in Abhängigkeit von der thermischen Vorgeschichte wurde auch zur Erfassung von Effekten der Strukturrelaxation herangezogen [3.436].

Die Elektronenstruktur des Kieselglases ist in einer Vielzahl von Arbeiten, in den letzten Jahren vor allem mit Hilfe der ESCA-Methode untersucht worden. Eine zusammenfassende Darstellung der experimentellen Befunde unter Einbeziehung von Bandstrukturberechnungen gibt GRISCOM [3.437]. Die Breite des Valenzbandes beträgt etwa 10 bis 11,5 eV und resultiert im wesentlichen aus den $2p$-Orbitalen der O-Atome. Für die optische Bandlücke ergibt sich aus Photoleitfähigkeitsmessungen ein oberer Grenzwert von 9,0 eV. Sie ist im α-Quarz etwa 0,4 eV größer als im Kieselglas. Für Kieselglas sollte dementsprechend eine Transparenz bis weit ins Vakuum-UV (etwa 8,3 eV $\triangleq$ 151 nm) erwartet werden. In der Praxis wird die Durchlässigkeit jedoch in der Regel durch Streueffekte und Defektzentren, die als Farbzentren wirken können, auf eine Wellenlänge von 250 nm begrenzt. In sehr reinen Kieselgläsern ist eine Reintransmission von nahezu 100% bis zu 200 nm erreicht worden.

Defektzentren im Kieselglas

Die Vielfalt der in Kieselgläsern auftretenden Defektzentren ist in der Literatur mit Hilfe optisch-spektroskopischer Methoden breit untersucht worden. Neben Fremdverunreinigungen verschiedenster Art und Fehlstellen, die durch Einwirkung entsprechend energiereicher Strahlung erzeugt werden — solche Zentren zeigen ein charakteristisches ESR-Spektrum —, ergeben sich in sehr reinen Kieselgläsern Defekte, die auf eine Eigenfehlordnung im Sinne einer partiellen konstitutionellen Abwandlung der $SiO_{4/2}$-Nahordnungsbereiche zurückzuführen sind (vgl. 2.4.2.5., Abb. 2.40.). Eine zusammenfassende Übersicht vermittelt GREAVES [3.438].

Die Interpretation der sog. E^+-Zentren durch homolytische Aufspaltung bestimmter Si-O-Bindungen hat sich unter dem Gesichtspunkt, daß auch in glasartigen Festkörpern Punktdefekte mit der niedrigsten freien Enthalpie ihrer jeweiligen Bildungsreaktion überwiegen, nicht als richtig erwiesen. Kieselglas ist wie As_2S_3-Glas diamagnetisch, und die Lumineszenzspektren beider Verbindungen lassen sich einheitlich beschreiben [3.439]. Ordnet man den sp^3-Hybridbindungen in den tetraedrischen Baugruppen jeweils den Energiebetrag E_b' und den Bindungen am dreibindigen O-Atom den Betrag E_b zu, dann ergibt sich gemäß

$$\begin{array}{llll} 4\,SiO_{4/2} \rightleftarrows & [O(SiO_{3/2})_3]^+ & + & SiO_{3/2}O^- \\ -16E_b' & -3E_b - 9E_b' & & -3E_b' + U_{LP} \end{array} \tag{3.11}$$

(vgl. Abb. 2.40.) eine Gleichgewichtslage, nach der die Bildung intakter $SiO_{4/2}$-Baugruppen mit der exothermen Bildungsenthalpie $3(E_b' - E_b) + U_{LP}$ verbunden ist (vgl. 2.4.2.5.). Die Anzahl der σ-Bindungen bleibt bei dieser Fehlstellenbildungsreaktion erhalten (vgl. 2.5.2.3.). Sie enthalten den Hauptanteil der Bindungsenergie. Aus der mittleren molaren Atomisierungsenthalpie von 619 kJ $\cdot$ mol^{-1} folgt für die Si-O-Bindung ein Energiebetrag von 4,8 eV pro mol. Unter der Annahme, daß $E_b' \approx E_b$, ist lediglich die interelektronische Abstoßung U_{LP} (Elektronenkorrelationsenergie) bei der Bildung der geladenen Defektzentren aufzuwenden, und das ist weitaus weniger als bei den von GREAVES [3.440] angenommenen $[SiO_{3/2}]^+$- und $SiO_{3/2}O^-$-Zentren, die die Zuführung der für eine heterolytische Bindungsspaltung benötigten Energie erfordern. Durch molekülspektroskopische Untersuchungen von LUCOVSKY [3.319] wurde die Anwesenheit der C_3^+- und C_1^--Zentren gemäß

Gl. (3.11) in einer Dichte von etwa $3 \cdot 10^{19}$ cm^{-3} im Kieselglas auch experimentell gestützt. Für U_{LP} ergibt sich daraus entsprechend Gl. (2.130) ein Wert von 2,0 eV.

Die Ladungstransporteigenschaften in amorphen SiO_2-Filmen, z. B. die unterschiedliche Beweglichkeit von 20 bis 40 cm^2 V^{-1} s^{-1} für Defektelektronen konnte auf der Basis derartiger geladener Zentren gleichfalls befriedigend erklärt werden [3.441]. Die Valenzwechselpaare sind danach überwiegend als eng benachbart anzunehmen [3.442], d. h. sie treten als Dipole in Erscheinung. Bestrahlung führt zu zwei ESR-Signalen sowie zum Auftreten von zwei Absorptionsbanden bei 2 eV und 5,8 eV, wobei letztere dem E'-Zentrum entspricht [3.443]:

$$SiO_{3/2}O^- + [O(SiO_{3/2})_3]^+ \xrightarrow{h\nu} SiO_{3/2}O\uparrow + O(SiO_{3/2})_2 + \uparrow SiO_{3/2}(E') \qquad (3.12)$$

Die starke STOKESsche Verschiebung von 5,8 auf 2,7 eV die das Lumineszenzspektrum der E'-Zentren kennzeichnet und die geringe Verlagerung der zweiten Bande von 2,0 auf 1,8 eV sind nach dem in Gl. (3.12) formulierten Vorgang ohne weiteres plausibel.

Über eine andere Art von Eigendefekten des amorphen SiO_2, die über die Punktfehlordnung hinausgehen und bereits in die Gruppe der makroskopischen Baufehler einzuordnen ist, berichtet REVESZ [3.444]. Es handelt sich um Bezirke höherer Ordnung, die sich auf Grund topotaktischer Wirkungen der Si-Unterlage bei der Bildung amorpher SiO_2-Schichten durch Oxydation orientiert ausbilden. Sie werden als sog. Kanalfehler bezeichnet. Mit der Diffusion von Sauerstoff im Kieselglas befassen sich WILLIAMS [3.445] und DOREMUS [3.446].

Fremdverunreinigungen, z. B. Metalloxide wie Na_2O, modifizieren das Muster der Eigenfehlordnungszentren im Kieselglas

$$SiO_{3/2}O^- + [O(SiO_{3/2})_3]^+ + Na_2O \rightarrow 2\,SiO_{3/2}O^- + 2\,Na^+ \qquad (3.13)$$

In gleicher Weise führt der Einbau von Wasser zu einem Abbau der C_3^+-Zentren unter Bildung von Si-OH-Gruppen [3.447—449]. Bei der Einwirkung von H_2 entstehen erst oberhalb 773 K Si-H- und Si-OH-Bindungen [449, 450]. Über Unterschiede des ESR-Spektrums im wasserfreien und OH-Gruppen enthaltenden Kieselglas wird in [3.451] berichtet.

Eigenschaften des Kieselglases

Kieselglas gehört bekanntlich zu den chemisch und mechanisch außerordentlich stabilen anorganischen Werkstoffen. Die Transformationstemperatur T_G, bei der die Viskosität 10^{13} dPa · s erreicht, liegt bei 1495 K, aber erst im Bereich von 2000 K ist Kieselglas verarbeitbar.

Der Elastizitätsmodul E weist den hohen Wert von 72 GPa auf (vgl. Abb. 2.48.), und die Kompressibilität $\varkappa$ beträgt bei Raumtemperatur 0,027 GPa^{-1}, woraus sich für die POISSONsche Zahl der relativ niedrige Wert $\mu = 0{,}176$ ergibt (Gl. 2.8a in 2.2.1.1.). Im Unterschied zu den meisten Festkörpern und auch zum α-Quarz nehmen die $\varkappa$-Werte bei Druckerhöhung zunächst bis auf 0,036 GPa^{-1} zu, um erst oberhalb 4 GPa abzufallen, d. h. hydrostatischer Druck erhöht zunächst die Verformbarkeit, ein Effekt, der zweifellos mit der aufgelockerten Struktur des Kieselglases zusammenhängt. Die Kurve der Temperaturabhängigkeit der Kompressibilität zeigt bei 60 K ein Maximum, und der negative thermische Ausdehnungskoeffizient durchläuft im Bereich vergleichbarer Temperatur ein

Minimum. Er hat bei 200 K den Wert Null und erreicht erst ab 400 K einen annähernd temperaturunabhängigen Wert von $2 \cdot 10^{-6}$ K^{-1}. Mit Modellbetrachtungen zur Interpretation dieser Anomalien des Kieselglases befaßt sich VUKCEVICH [3.452].

Es gibt eine umfangreiche Literatur zum Relaxations-Zeitverhalten von Kieselgläsern [3.453], und es ist auch die Modifizierung der Eigenschaften durch Druck- oder Strahlungseinwirkung immer wieder untersucht worden [3.454, 455].

Siliciumoxide mit vermindertem Sauerstoffgehalt

Die Substanzen sind als metastabile Polymerisationsprodukte bei der Gasphasenabscheidung von SiO bzw. SiO/O_2-Mischungen oder gemischten Si/SiO-Dämpfen zugänglich. Man erhält optisch homogene Filme. Erst durch Tempern bei hinreichend hoher Temperatur erfolgt entsprechend den Befunden des Phasendiagrammes Zerfall in Si und SiO_2.

Aus den bis zu 26 eV gemessenen optischen Spektren wurde für amorphe SiO_{2-a}-Schichten auf eine kontinuierliche regellose Verteilung von Nahordnungsbereichen geschlossen, die alle möglichen Kombinationen der tetraedrischen Koordination von Si-Atomen durch andere Si- und/oder O-Atome darstellen. Dabei wird den O-Atomen die Koordinationszahl 2 zugrundegelegt [3.456]. In der Formulierung von Baugruppen $[Si(Si_yO_{4-y})]$ $(0 < y < 4)$ kommt die Annahme eines kontinuierlichen Übergangs zwischen der Struktur des amorphen Siliciums und der des Kieselglases zum Ausdruck. ESCA-Messungen und semiempirische Rechnungen stützen ein solches Strukturmodell [3.457, 458], und von TEMKIN [3.459] wurde die Konsistenz der experimentellen Radialverteilungskurve mit Modellrechnungen aufgezeigt, die von einer statistischen Verteilung von $[SiSi_4]$-, $[SiSi_3O]$-, $[SiSi_2O_2]$-, $[SiSiO_3]$- und $[SiO_4]$-Baugruppen ausgehen. Elektronenbeugungsmessungen stehen damit gleichfalls in Einklang [3.460].

Si_3N_4

Siliciumnitrid [3.461] ist gleichfalls in amorpher Form abscheidbar, z. B. durch Dampfreaktivabscheidung (*CVD*) aus NH_3 und $SiCl_4$ in H_2 als Trägergas [3.462]. Im Zusammenhang mit Ladungsspeichereffekten in amorphen Si_3N_4-Schichten sind auch an diesem Material Vorstellungen zur Wirkung geladener Defektzentren entwickelt worden [3.463]. RAMAN- und IR-Spektren der verschiedenen Si_3N_4-Formen findet man in [3.799] beschrieben.

3.2.2.2. *Siliciumchalkogenide*

Kristalline Verbindungen

Der Übergang vom SiO_2 zum SiS_2 ist bekanntlich mit der durchgängigen Ausbildung einer Kantenverknüpfung der tetraedrischen $SiS_{4/2}$-Nahordnungsbereiche verbunden. Es liegen makromolekulare starre Moleküle mit spiranartiger Struktur vor. Die freie Drehbarkeit um die Chalkogenbrückenbindungen ist aufgehoben, so daß sich die zur Glasbildung erforderliche Mannigfaltigkeit struktureller Konfigurationen nicht mehr ausbilden kann. Eine Glasbildungstendenz ist demzufolge bei diesen Stoffen nicht mehr feststellbar. Beim

Selen z. B. ist dagegen diese Variabilität bei gleichfalls eindimensionaler Verknüpfung gegeben.

Der Si-S-Bindungsabstand beträgt 214 pm. Die alternierend aus Si- und S-Atomen bestehenden Vierringe sind gespannt. Der Bindungswinkel am S-Atom beträgt 80°, der am Si-Atom 100°. Im Zusammenhang mit der gegenüber der Si-S-Bindung um etwa 30% größeren Bindungsenergie der Si-O-Bindung ist die ausgeprägte Hydrolysetendenz der Verbindungen ohne weiteres verständlich.

SiS_2 und $SiSe_2$ verdampfen wie SiO_2 unter Zersetzung. Über die Verbindungen SiS und SiSe wurde von EMONS u. M. [3.464] zusammenfassend berichtet.

Im Si-Te-System tritt nur die Verbindung Si_2Te_3 als definierte Substanz auf [3.465—467]. Sie kristallisiert trigonal mit den Gitterparametern $a = 743{,}0$ pm und $c = 1348{,}2$ pm und ist sowohl durch Züchtung aus der Gasphase als auch nach der BRIDGMAN-Technik in einkristalliner Form zugänglich. Die RÖNTGEN-Strukturanalyse ergibt ein Schichtengitter, in dem $Si_2Te_{6/2}$-Baugruppen mit paarweise aneinander gebundenen Si-Atomen über gemeinsame Te-Atome verknüpft sind [3.468]. Der Si-Si-Bindungsabstand beträgt etwa 230 pm. Über die IR- und RAMAN-Spektren wird in [3.469] berichtet. Als sechsfach negativ geladene Anionen mit einem Si-Si-Bindungsabstand von 240 pm wurden die Baugruppen von DITTMAR [3.470] in der Verbindung $K_6Si_2Te_6$ nachgewiesen.

Glasbildung im System Si-Te

Schmelzen der Reihe Si_xTe_{1-x} erstarren in Ansätzen von etwa 20 g in kompakter Form in den Grenzen $0{,}15 < x < 0{,}23$ glasartig, wenn man die Ampullen durch Einwerfen in Wasser abschreckt (Abkühlrate etwa 8 Ks^{-1}), [3.471]. Bei einer Abkühlrate von 180 $K \cdot s^{-1}$ wird von CORNET [3.472] zwischen $x = 0{,}10$ und $x = 0{,}22$, von ANDREEV [3.473] bei 250 $K \cdot s^{-1}$ zwischen 10 und 27,5 mol% Si Glasbildung festgestellt. SAVAGE [3.474] gibt die Grenzen $0{,}15 < x < 0{,}20$ an.

Das Phasendiagramm Si-Te wurde von BAILEY [3.466] aufgenommen. Die Verbindung Si_2Te_3 ($x = 0{,}4$) schmilzt inkongruent bei 1165 K. Bei einem Molenbruch von $x = 0{,}17$ bis 0,18, d. h. weitgehend auf der Te-reichen Seite befindet sich ähnlich wie im System Ge-Te ein Eutektikum, dessen Schmelztemperatur mit 682 K relativ tief liegt. In diesem Zusammensetzungsbereich erreicht die Viskosität der Schmelzen hinreichen hohe Werte, so daß glasartige Erstarrung unter den angegebenen Bedingungen möglich ist.

Die tiefroten Si_2Te_3-Kristalle (Bandkantenabstand etwa 2,0 eV) sind an der Luft zwar beständiger als die Si-S- und Si-Se-Verbindungen, unterliegen aber gleichfalls langsam der Hydrolyse, wobei sich an der Oberfläche infolge Oxydation ein schwarzer Belag von Tellur bildet. Die Te-reicheren Gläser sind chemisch relativ beständig und an der Atmosphäre beliebig lange haltbar.

Radialverteilungsmessungen an Si-Te-Gläsern ließen sich durch Annahme der Koordinationszahl 4 für die Si- und einer Koordinationationszahl von 2 für die Te-Atome interpretieren [3.475]. Die T_G-Werte variieren zwischen 373 und 443 K und nehmen mit wachsendem Si-Gehalt zu. Für die elektrische Leitfähigkeit ergeben sich bei Raumtemperatur Werte von etwa $4 \cdot 10^{-5}\ \Omega^{-1}cm^{-1}$.

Untersuchungen zum Verdampfungsverhalten von Si-Te-Verbindungen liegen in der Literatur gleichfalls vor [3.467]. SiTe ist offenbar nur in der Gasphase existent.

3.2.2.3. *Germaniumdioxid und Glasbildung im System GeO-GeO_2*

Kristalline Modifikationen

Die unter Normalbedingungen stabile Zustandsform von GeO_2 weist eine dem Rutil analoge Struktur auf. Die Ge-O-Bindungsabstände betragen 187—191 pm in den [GeO_6]-Oktaedern, die so angeordnet sind, daß sich eine annähernd hexagonal dichte Packung von Sauerstoffionen ergibt. Die Symmetrie des Gitters ist tetragonal $a_0 = 439{,}5$ pm, $c_0 = 286{,}0$ pm. Die Dichte beträgt $6{,}277 \text{ g} \cdot \text{cm}^{-3}$.

Bei 1322 K erfolgt langsame Umwandlung in eine Hochtemperaturform, die bis zum Schmelzpunkt bei 1389 K stabil ist. Die Struktur dieser Modifikation leitet sich vom β-Quarz ab. Sie wandelt sich im metastabilen Gebiet unterhalb 1293 K in eine dem α-Quarz entsprechende Zustandsform um, die bei Raumtemperatur beliebig lange haltbar ist. Mit einem mittleren Ge-O-Bindungsabstand von 165 pm und Winkelwerten zwischen 106,3 und 113,1° am Ge-Atom ergibt sich für die [GeO_4]-Baugruppen eine Abweichung von der regulären Tetraedersymmetrie. α-GeO_2 hat eine Dichte von $4{,}28 \text{ g} \cdot \text{cm}^{-3}$ und ist in 1 Liter Wasser bei 298 K zu 4,53 g kolloidal löslich, was als ein Hinweis auf den koordinativ ungesättigten Charakter der Ge-Atome in den Struktureinheiten betrachtet werden kann.

Glasartiges GeO_2

Die hochviskose Schmelze erstarrt selbst bei relativ langsamer Abkühlung zu einem Glas mit einer Dichte von $3{,}62 \pm 0{,}02 \text{ g} \cdot \text{cm}^{-3}$. Die Transformationstemperatur beträgt 823 K. Bei 973 K erfolgt Kristallisation unter Bildung von α-GeO_2. Die Schmelzenthalpie wird mit $17{,}2 \text{ kJ} \cdot \text{mol}^{-1}$ [3.476] (vgl. Tab. 2.1.) und die Kristallisationsenthalpie mit $12{,}2 \text{ kJ} \cdot \text{mol}^{-1}$ angegeben [3.477].

Die Struktur des Glases ist dem Kieselglas analog, besteht also aus einer dreidimensionalen regellosen Verknüpfung von $GeO_{4/2}$-Nahordnungsbereichen. Für den Ge-O-Bindungsabstand wurde ein mittlerer Wert von 174 pm ermittelt, und für den mittleren Winkel am Brückensauerstoffatom ergibt sich ein Wert von 133° [3.478, 479]. Über vergleichende EXAFS-Untersuchungen am glasartigen GeO_2 und $ZnCl_2$ berichten WONG und LYTLE [3.800]. Die IR-Spektren stimmen mit einem derartigen Strukturmodell überein [3.480].

Die Modifizierung der Struktur des GeO_2-Glases durch Metalloxidzusätze mit Netzwerkwandlerfunktion, z. B. von Na_2O, ist zunächst mit einer Zunahme der Dichte und erst nach Durchlaufen eines Maximums mit einer Abnahme verbunden, was in der Literatur wiederholt als Hinweis auf einen Wechsel der Koordinationszahl von 4 nach 6 angesehen wurde. In einer Untersuchung des Zusammenhangs zwischen Dichte, Viskosität und der im RAMAN-Spektrum erkennbaren Nahordnungsstruktur von glasartig erstarrten GeO_2- und Na_2O-GeO_2-Schmelzen in Abhängigkeit vom Druck bis zu 1,5 GPa ist eine solche Interpretation in Zweifel gezogen worden [3.481]. Neuere molekülspektroskopische Untersuchungen an Na_2O-GeO_2-Gläsern und EXAFS-Messungen haben ergeben, daß die Ge-Atome in diesem Systemen doch vierfach und sechsfach koordiniert sind [3.801, 802].

Untersuchungen zur Defektstruktur liegen aus Thermolumineszenzmessungen vor [3.482]. Die optische Bandlücke beträgt nach Photoleitfähigkeitsmessungen etwa 5 eV

[3.483]. Bestrahlung bei tiefer Temperatur führt wie beim Kieselglas zu zwei getrennten ESR-Signalen.

Für die Eigenfehlordnung ist eine zu Gl. (3.11) analoge Bildungsreaktion anzunehmen. Ramanspektroskopische Untersuchungen von LUCOVSKY [2.319] lassen auf eine Dichte der Defektzentren von etwa 10^{19} cm^{-3} schließen, woraus die Korrelationsenergie U_{LP} in gleicher Weise wie beim SiO_2 berechnet werden kann. Man erhält für U_{LP} 1,2 eV.

Glasbildung im System GeO-GeO_2

GeO_2-Schmelzen spalten in sauerstoffreier Atmosphäre einen mit steigender Temperatur zunehmenden Anteil Sauerstoff ab. Es bilden sich bei 1673 K in Stickstoff etwa 10^{18} Defektzentren, die zu einer charakteristischen Absorptionsbande bei 245 nm Anlaß geben. Aus der Intensität dieser Bande wurde die Konzentration der Defektzentren abgeschätzt. Längeres Halten bei 1423 K an der Luft führt zu einer Verminderung der Defektkonzentration auf etwa 10^{15} cm^{-3}. Von VERGANO und UHLMANN [3.477] wurde der Einfluß der Zentrendichte auf die Kinetik der Kristallisation sowie auf den Verlauf des Einschmelzens von GeO_2 untersucht.

Aus zwei $\uparrow GeO_{3/2}$-Fragmenten mit je einem ungepaarten Elektron, wie man sie sich im Ergebnis einer Eliminierung des O-Atoms einer Brückenbindung entstanden denken kann, können z. B. $Ge_2O_{6/2}$-Nahordnungsbereiche mit einer Ge-Ge-Bindung oder positiv und negativ geladene Defektzentren $[O(GeO_{3/2})_3]^+$ und $GeO_{3/2}^-$ hervorgehen. Letztere enthalten zweiwertiges Germanium. Eine Abschätzung unter Verwendung der aus den Atomisierungsenthalpien abgeleiteten Bindungsenergien (Tab. 2.11.) gemäß

$$\begin{array}{llll} 2\,GeO_{4/2} & \rightleftarrows Ge_2O_{6/2} & +\ 1/2\,O_2 & \\ -\,8\cdot 353 & -\,6\cdot 353 & -\,249{,}2\ \mathrm{kJ/mol} & \\ & -\quad 185 & & \end{array} \tag{3.14}$$

und

$$\begin{array}{lllll} 4\,GeO_{4/2} & \rightleftarrows [|GeO_{3/2}]^- & +\ [O(GeO_{3/2})_3]^+ & +\ 1/2\,O_2 \\ -\,16\cdot 353 & -\,3\cdot 353 & -\,12\cdot 353 & -\,249{,}2\ \mathrm{kJ/mol} \end{array} \tag{3.15}$$

ergibt für (3.14) 272 kJ/mol und für (3.15) 104 kJ/mol, d. h. die Bildung geladener Zentren erscheint auch hier als relativ bevorzugt. Es ist aber zu bemerken, daß GeO_2-Schmelzen mit vermindertem Sauerstoffgehalt ein ESR-Signal ergeben, was auf eine Mitbeteiligung von $\uparrow GeO_{3/2}$-Zentren im Spektrum der verschiedenen Defekte schließen läßt [3.504]. Daß sich GeO als Komponente der Glasbildung strukturchemisch in einer GeO_2-Schmelze völlig anders verhält als ein typisches Netzwerkwandleroxid wie Na_2O, wurde durch Viskositätsmessungen belegt [3.484]. Na_2O-Zusätze führen zu einer steilen Abnahme der Aktivierungsenergie des viskosen Fließens, in der Reihe GeO_{2-a} erfolgt dagegen mit zunehmendem Wert von a eine allmähliche, etwa lineare Verminderung.

Einschmelzen von Ge/GeO_2-Mischungen in Graphittiegeln unter Argon führt bei langsamer Abkühlung bis zu einer Zusammensetzung von $GeO_{1,8}$, bei Anwendung extrem hoher Abkühlraten, z. B. nach Abb. 2.3.e), bis zur Bruttoformel $GeO_{1,6}$ zu homogenen Gläsern [3.485]. Amorphe Germaniumschichten mit noch höherem Ge-Gehalt sind auf dem Wege der Verdampfung zugänglich. $GeO_{1,6}$ entspricht formelmäßig $(GeO)_2(GeO_2)_3$, aber nur bis zur Zusammensetzung $(GeO)_1(GeO_2)_3$ läßt sich die Struktur nach Gl. (3.15) durch

Bildung der angegebenen geladenen Zentren beschreiben: $[|GeO_{3/2}]^-$ $[O(GeO_{3/2})_3]^+$. Bei höherem Ge-Gehalt müßten die noch vorhandenen Sauerstoff-Brückenatome teilweise gleichfalls dreibindig werden und damit eine positive Ladung annehmen. Es ist anzunehmen, daß das System durch Komproportionierung ausweicht und im Sinne von Gl. (3.14) teilweise $Ge_2O_{6\,2}$-Nahordnungsbereiche ausbildet: $GeO_{1,6} = (Ge_2O_{6/2})_2(GeO_{4/2})$.

In den Konzentrationsgrenzen GeO-$GeO_{1,85}$ unterliegen die Gläser beim Tempern bei 673 K der Phasentrennung, wobei eine Verfärbung nach tiefschwarz beobachtet wird. Es scheiden sich amorphe Ge-Bezirke (5 bis 10 nm) aus [3.486]. Die Phasentrennung ist mit einer Redoxdisproportionierung verbunden und läßt einen spinodalen Mechanismus erkennen (vgl. 2.3.1.2.).

3.2.2.4. *Glasbildung der Germaniumsulfide und die Verbindung Ge_2S_3*

Kristalline Germaniumsulfide

Über die Fällung von GeS_2 als einer farblosen in salzsaurer Lösung schwerlöslichen Substanz wird bereits von WINKLER [3.487] im Zusammenhang mit der Entdeckung des Germaniums berichtet.

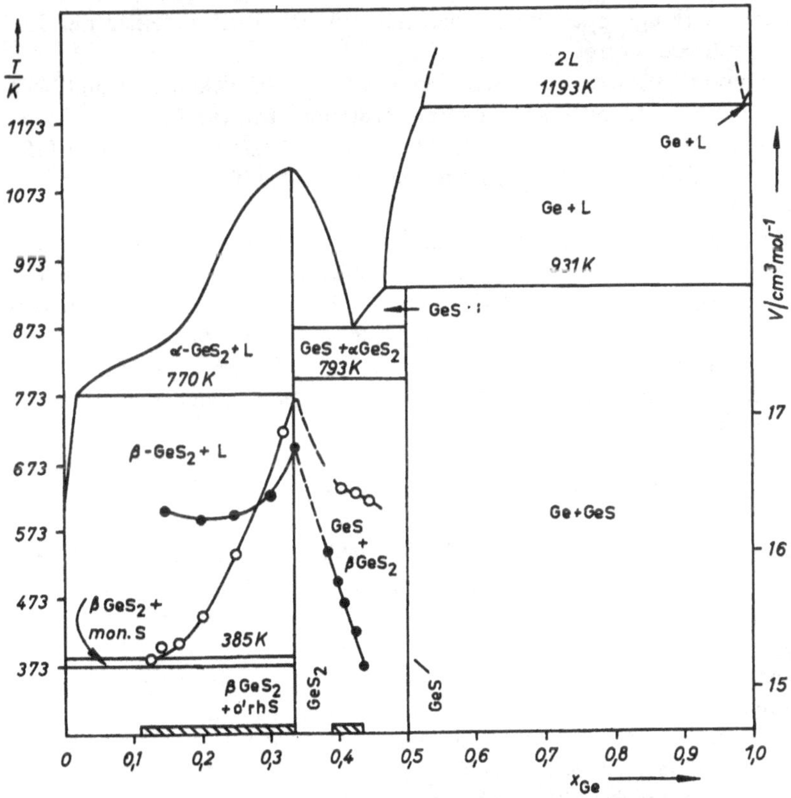

Abb. 3.37. Phasendiagramm und Glasbildungsbereich im System Ge_x - S_{1-x}.
Molvolumen V (●) und T_G-Werte (○) in Abhängigkeit vom Molenbruch x.

Die Phasenbeziehungen im System Ge_xS_{1-x} haben VIAENE und MOH [3.488] eingehend untersucht (Abb. 3.37.). Danach bilden die Verbindungen GeS_2 und GeS bei der Zusammensetzung $x = 0{,}425$ bzw. 64,7 mol% GeS ein Eutektikum mit dem Schmelzpunkt von 870 K.

GeS_2 tritt in mehreren Modifikationen auf. Die Hochtemperaturform (α-GeS_2) schmilzt kongruent bei 1123 K und kristallisiert mit den Gitterkonstanten $a = 687{,}5$ pm, $b = 2205$ pm, $c = 680{,}9$ pm und $\beta = 120{,}45°$ in einem Schichtengitter ($\varrho = 2{,}935$ g · cm^{-3}) [3.489]. Die verzerrt tetraedrischen [GeS_4]-Baugruppen mit Ge-S-Bindungslängen von 217 bis 229 pm sind über gemeinsame S-Atome jeweils zur Hälfte ecken- und kantenverknüpft. Die Tetraederwinkel in den [GeS_4]-Baugruppen haben Werte zwischen 99,8 und 117,6°, die Winkel am S-Brückenatom zwischen 99,8 und 102,8°. Die Struktur nimmt eine Zwischenstellung ein zwischen dem SiS_2-Typ (Kantenverknüpfung) und der Vernetzung der Baugruppen, wie sie im Quarzgittertyp und auch in der Tieftemperaturmodifikation (β-GeS_2) vorliegt.

Die Struktur ist hier durch eine dreidimensionale Vernetzung eckenverknüpfter [GeS_4]-Baugruppen gekennzeichnet ($\varrho = 2{,}99$ g · cm^{-3} [3.490, 491]: $a = 687{,}5$ pm, $b = 2255$ pm, $c = 680{,}9$ pm, $\beta = 120{,}45°$). Die Ge-S-Bindungsabstände liegen zwischen 219 und 223 pm. Die Bindungswinkel am S-Brückenatom sind mit 82,1 bis 102,2° kleiner als die an den O-Brückenatomen in einer der SiO_2-Modifikationen, so daß sich bezüglich der Konfiguration der tetraedrischen Baugruppen keine Identität mit der Struktur einer der Zustandsformen des Siliciumdioxids ergibt.

Von den Hochdruckmodifikationen ist γ-GeS_2 bei 873 K und Drücken $p \geqq 300$ MPa stabil [3.488], nicht aber identisch mit einer weiteren Zustandsform, die bei 1173 K und 3 GPa hergestellt wurde [3.491]. SHIMADA u. M. [3.492] erhalten letztere bereits bei 1 GPa und 673 K und berichten außerdem über noch eine neuartige Modifikation, die sich bei 7 GPa und 773 K bilden soll.

GeS ist eine graue bis schwarze Substanz mit metallischem Glanz, die ein dunkelbraunes bis rotes Pulver liefert und bei 931 ± 4 K inkongruent schmilzt. Die Struktur entspricht dem Gittertyp des schwarzen Phosphors [3.493], vgl. Abb. 3.13. a). Die Strukturverfeinerung [3.494] ergab die Gitterparameter $a = 1047{,}0$ pm, $b = 429{,}7$ pm, $c = 364{,}1$ pm mit drei Ge-S-Bindungsabständen von 244,1 pm in den [GeS_3]-Baugruppen, 327 pm zu den beiden übernächsten S-Atomen innerhalb der gewellten Schichten und von 327,8 pm zu einem S-Atom der benachbarten Schicht.

Glasartiges GeS_2 und Gläser im System GeS_2-Schwefel

Der Glasbildungsbereich im System Ge_xS_{1-x} ist in Abb. 3.37. angegeben [3.495]. Germanium setzt sich mit Schwefel zu GeS_2 um, und die $GeS_{4/2}$-Nahordnungsbereiche verknüpfen raumnetzartig die in der Schmelze vorliegenden Schwefelketten. Bis zur Zusammensetzung GeS_{4-5} ($0{,}17 < x < 0{,}20$) läßt sich aus dem zerstoßenen Glas mittels CS_2 S_8-Schwefel extrahieren, was in Analogie zum As-S-System auf eine ungleichmäßige Verteilung der Bindungen schließen läßt. Offenbar liegen S-reichere und GeS_2-reichere Strukturbezirke nebeneinander vor. Der Wendepunkt im Verlauf der Liquidustemperatur weist in diesem Bereich auf eine verdeckte Mischungslücke hin [3.488].

Die Transformationstemperatur der Gläser nimmt mit wachsendem Molenbruch an Ge zu, ebenso die Mikrohärte nach VICKERS, H_V, der thermische Ausdehnungskoeffizient α jedoch von etwa $9 \cdot 10^{-5}$ K^{-1} für glasartigen Schwefel auf $1{,}2 \cdot 10^{-5}$ für GeS_2-Glas ab

[3.496]. In Abb. 3.37. sind die T_G-Werte gemeinsam mit dem mittleren atomaren Molvolumen in Abhängigkeit von der Zusammensetzung aufgetragen. Mit 768 K weist glasartiges GeS_2 die von allen bisher bekannten nichtoxidischen Chalkogenidgläsern höchste Transformationstemperatur auf. Im Unterschied zum As-S-System nimmt das Molvolumen beim Einbau von Ge nicht ab sondern zu, um bei der Zusammensetzung GeS_2 ein Maximum zu durchlaufen. Das mittlere atomare Molvolumen des GeS_2-Glases ist um 10% größer als im Falle des As_2S_3-Glases, was auf eine geringere Packungsdichte hinweist. Die Dichte beträgt 2,717 g · cm^{-3}. Über die Temperatur- und Druckabhängigkeit der elastischen Konstanten von glasartigem GeS_2 wird in [3.497] berichtet (vgl. Tab. 2.4.).

Die Kristallisationsneigung von GeS_2-Schmelzen ist beträchtlich. Sie hängt empfindlich von Spurenverunreinigungen sowie insbesondere von der Anwesenheit kleiner GeS-Anteile ab. Nach VOIGT [3.498] beträgt die kritische Abkühlrate q_{krit} im Bereich der Transformationstemperatur 17 K · s^{-1} (Abschrecken von 10 g-Schmelzen in Wasser). Schmelzen der Zusammensetzung $GeS_{2,06}$ kann man dagegen in Ansätzen von 50 bis 100 g durch Abkühlen an der Luft (q_{krit} etwa 3 K · s^{-1}) in den Glaszustand überführen. Andrerseits sind bei der Zusammensetzung $GeS_{1,94}$ bereits 40 K · s^{-1} erforderlich (Abschrecken von 2 g-Schmelzen in Wasser). Erst bei höherer GeS-Konzentration, wenn die im Umfeld von GeS_2 relativ hohe Liquidustemperatur hinreichend abgefallen ist und die Viskosität im Bereich der jetzt wesentlich niedriger einsetzenden Primärkristallisation entsprechend hohe Werte erreicht hat, ergeben sich in den Grenzen $0{,}392 < x < 0{,}435$ bzw. für $(GeS)_y(GeS_2)_{1-y}$ entsprechend $0{,}45 < y < 0{,}70$ wieder günstigere Bedingungen für eine glasartige Erstarrung (q_{krit} etwa 8 K · s^{-1}). Im Bereich des Eutektikums GeS/GeS_2 liegt also ein zweites Gebiet mit einer ausgeprägten Tendenz zur Glasbildung vor.

Die Struktur des goldgelben, gut bearbeitbaren GeS_2-Glases ist nach RÖNTGEN-Beugungsmessungen [3.552] und molekülspektroskopischen Untersuchungen [3.499] durch tetraedrische $GeS_{4/2}$-Nahordnungsbereiche gekennzeichnet, die über zweibindige S-Brückenatome zu einem dreidimensionalen Raumnetz verknüpft sind. Der mittlere Wert der im ersten Maximum der Radialverteilungskurve erfaßten Ge-S-Abstände beträgt 224 pm und entspricht damit in guter Näherung den in den kristallinen GeS_2-Modifikationen festgestellten Bindungslängen. Die strukturelle Interpretation der weiteren Maxima läßt auf einen Aufbau aus ecken- und kantenverknüpften $[GeS_4]$-Einheiten schließen [3.500]. In gleicher Weise ist das Auftreten von 2 Banden im Bereich der totalsymmetrischen Valenzschwingung der tetraedrischen Baugruppen im RAMAN-Spektrum von α-GeS_2 und glasartigem GeS_2 gedeutet worden [3.501, 502, 540].

Die Mitbeteiligung kantenverknüpfter Baugruppen am strukturellen Aufbau des GeS_2-Glases ist aber zugleich mit einer Abnahme des mittleren Vernetzungsgrades verbunden. Bemerkenswert ist in diesem Zusammenhang die lineare Korrelation der T_G-Werte der Gläser MX_2 mit der Atomisierungsenthalpie in Abb. 2.45. (2.4.3.3.), die sich von der der Gläser As_2X_3 mit zweidimensionaler Vernetzung deutlich unterscheidet. In den T_G-Wert als der Temperatur, bei der innerhalb einer normierten Beobachtungszeit eine plastische Verformung (viskoses Fließen) beobachtet werden kann, geht die für die Aufspaltung einer hinreichenden Anzahl Bindungen erforderliche Energie maßgeblich ein (vgl. 2.2.2.). Offenbar wird ein solcher Zusammenhang durch eine Abnahme des mittleren Vernetzungsgrades infolge partieller Kantenverknüpfung der tetraedrischen Baugruppen zunächst wenig beeinflußt, solange nur insgesamt ein dreidimensionales Strukturgerüst bestehen bleibt.

Die optische Bandlücke des GeS_2-Glases beträgt etwa 2,7 eV.

Eigenfehlordnung des GeS_2-Glases

Weitere Abwandlungen des Strukturnetzwerks sind durch die Möglichkeiten einer konstitutionellen Eigenfehlordnung gegeben. In Anlehnung an den in 2.4.2.5. und 2.5.2. behandelten Sachverhalt ist in einer stöchiometrischen GeS_2-Schmelze aus energetischen Gründen wie im Fall des Kieselglases und der anderen glasbildenden Chalkogenide zunächst die folgende Bildungsreaktion von Defektzentren in Betracht zu ziehen.

$$4\,GeS_{4/2} \rightleftarrows GeS_{3/2}S^- + [S(GeS_{3/2})_3]^+ + U_{LP} \qquad (3.16)$$

Mit der Annahme, daß die Ge-S-Bindungsenergien in den species auf der linken und rechten Seite von Gl. (3.16) etwa den gleichen Wert aufweisen, sind die intakten $GeS_{4/2}$-Baugruppen gegenüber den geladenen Defektzentren energetisch nur um den Betrag der Elektronenkorrelationsenergie U_{LP} begünstigt. Durch Vergleich mit anderen Chalkogenidgläsern läßt sich ein Wert von 0,8 bis 1 eV abschätzen, woraus nach Gl. (2.130) auf eine Dichte geladener Zentren von etwa 10^{18} cm^{-3} geschlossen werden kann.

Es ist weiterhin zu beachten, daß GeS_2 am Schmelzpunkt bereits einen beträchtlichen Zersetzungsdampfdruck aufweist, die Tendenz zur Chalkogenabspaltung gegenüber GeO_2-Schmelzen also verstärkt ist. Selbst in unter Vakuum verschlossenen Quarzampullen liegt ein bestimmtes Leervolumen vor, das verdampfte Substanzanteile mit erhöhtem S-Gehalt aufnimmt, d. h. S ist in der GeS_2-Schmelze geringfügig abgereichert.

Nach einem zu (3.15) analogen Gleichgewicht

$$\begin{array}{llll} 4\,GeS_{4/2} & \rightleftarrows [|GeS_{3/2}]^- & + [S(GeS_{3/2})_3]^+ & + 1/2\,S_2 \\ -16\cdot 265 & -3\cdot 265 & -12\cdot 265 & -212{,}7 \end{array} \qquad (3.17)$$

und einer entsprechenden energetischen Abschätzung sind die $GeS_{4/2}$-Baugruppen durch einen Enthalpiebetrag von etwa 52 kJ/mol begünstigt. Etwa 10^{19} bis 10^{20} Defekte sollten nach (3.17) bei 1123 K am Schmelzpunkt von GeS_2 vorliegen, eine Konzentration, die physikalisch sinnvoll erscheint und die Näherung, die auch hier mit der Vernachlässigung entropischer Effekte getroffen wurde, in gewisser Weise rechtfertigt.

Die Dismutation von Ge-S-Bindungen unter Bildung von Ge-Ge- und S-S-Bindungen ist mit 65 kJ/mol endotherm

$$\begin{array}{lll} 2\,Ge\text{-}S & \rightleftarrows Ge\text{-}Ge & + S\text{-}S \\ -2\cdot 265 & -185 & -280\ kJ/mol\,, \end{array} \qquad (3.18)$$

woraus sich nach (2.102) am T_G-Wert des GeS_2-Glases eine Dichte von $3\cdot 10^{20}$ homonuklearen Bindungen pro cm^3 abschätzen läßt.

Germaniumsulfidgläser gehören zu den wenigen Chalkogenidgläsern, die als glasartig erstarrte Schmelzen bereits im unbelichteten Zustand bei Raumtemperatur ein ESR-Signal aufweisen, so daß auch die Anwesenheit von Zentren mit ungepaarten Elektronen anzunehmen ist [3.504]. Es wurde für glasartiges GeS_2 eine Dichte von 10^{16} cm^{-3} gefunden [3.503]. Diese erweist sich als abhängig von den Präparationsbedingungen, z. B. nimmt sie infolge Kontamination von Verunreinigungen aus der Wand der Kieselglasampullen mit zunehmender Schmelzzeit ab [3.504]. Der Stabilisierungseffekt, der die Bildung derartiger paramagnetischer Zentren gegenüber den geladenen Defektzentren begünstigt, ist bisher nicht geklärt. Von WATANABE u. M. [3.590] wird auf Grund des im GeS_2-Glas auffallend flachen Verlaufs der Absorptionskante auf einen besonders hohen Grad der geometrischen

Fehlordnung geschlossen. Aus der partiellen Überlappung der Zustandsdichte der positiv und negativ geladenen Zentren soll sich für die Einfachbesetzung der Defektzentren teilweise eine energetische Bevorzugung ableiten. Im Bereich $x < 0,33$ schließt sich der für GeS_2-Glas charakteristischen Resonanzlinie eine Reihe weiterer Absorptionsstellen an, die einem ungepaarten Elektron an S-Ketten unterschiedlicher Länge zugeordnet wurden [3.505]. Im Bereich $x > 0,33$, z. B. im Spektrum des Glases Ge_2S_3 tritt das am GeS_2-Glas festgestellte ESR-Signal weitgehend unverändert auf, kann aber jetzt durch Tempern zum Verschwinden gebracht werden, um bei UV-Bestrahlung erneut aufzutreten [3.504].

Die selbst bei hochreinen GeS_2-Schmelzen ausgeprägte Kristallisationstendenz, die bereits durch minimale S-Zusätze stark herabgesetzt werden kann, läßt darauf schließen, daß bei der hohen Temperatur (>1123 K) eine partielle Dissoziation stattfindet und der Keimbildungsvorgang durch den daraus resultierenden Gehalt an Germanium(II) bzw. an Ge-Ge-Bindungen oder von $\uparrow GeS_{3/2}$-Radikalen stark gefördert wird.

GeS-GeS_2-Gläser

Die Struktur der Gläser $(GeS)_y(GeS_2)_{1-y}$ in den Grenzen $0,45 < y < 0,70$ war lange Zeit umstritten. Der Vorschlag von Kawamoto und Tsuchihashi [3.495], der GeS-Komponente eine Netzwerkwandlerfunktion zuzuordnen, schließt Ge-S-Bindungsabstände ein, die nicht kleiner sein sollten als im kristallinen GeS. Die Lage des ersten Maximums in den Radialverteilungskurven läßt eine solche Deutung nicht zu [3.552]. Der Vorschlag von Červinka und Hruby [3.506], dem S-Atom eine mit dem Molenbruch y wachsende mittlere Koordinationszahl bis zu einem Wert von 4 für amorphes GeS zuzuschreiben, ist aus bindungstheoretischen Gründen abzulehnen. Rowland u. M. [3.552] finden mit den Koordinationszahlen 4 für Ge und 2 für S und der Annahme einer statistischen Gleichverteilung von Ge-Ge-, Ge-S- und S-S-Bindungen, d. h. bei Negierung einer bevorzugten Bildung von Ge-S-Bindungen, gute Übereinstimmung mit der Fläche des ersten Maximums, weisen jedoch auf die Mehrdeutigkeit von Radialverteilungsmessungen hin. Die IR- und Raman-Spektren ließen sich nach diesem Strukturvorschlag nicht interpretieren. Durch Anwendung des von Philipp [3.456] für amorphe Filme Si_xO_{1-x} vorgeschlagenen Modells, d. h. der Annahme einer statistischen Verteilung von $[(S_3Ge)_nGeS_{4-n}]$-Einheiten $(0 < n < 4)$. gelangten Lucovsky u. M. [3.507] gleichfalls nicht zu einer befriedigenden Deutung der spektroskopischen Befunde.

Feltz u. M. [3.508, 509] wiesen aus der Äquivalenz der Ge-Atome im ESCA-Spektrum eines Ge_2S_3-Glases auf den naheliegenden Schluß einer höheren chemischen Ordnung hin. Ge-S-Bindungen sind energetisch bevorzugt, d. h. das Gleichgewicht (3.18) sollte weitgehend zugunsten der Ge-S-Bindungen verschoben sein und die Bildung von Ge-Ge-Bindungen nur unter dem Zwang eines Chalkogendefizits ($x > 0,33$) erfolgen. S-S-Bindungen neben Ge-Ge-Bindungen sind demnach kaum zu erwarten. Die sich daraus ergebende Schlußfolgerung verlangt, daß die Gläser bis zu einem äquimolaren Verhältnis von GeS und GeS_2 ($0,33 < x < 0,40$) entsprechend der Formel $(Ge_2S_{6/2})_z(GeS_{4/2})_{1-z}$ mit $z = (3x - 1)/(1 - 2x)$ aus $GeS_{4/2}$- und $Ge_2S_{6/2}$-Nahordnungsbereichen aufgebaut sind. Die Raumnetzstruktur bleibt im wesentlichen erhalten. Die Tetraeder „schieben" sich in der in Abb. 3.38. skizzierten Weise in zunehmender Zahl ineinander, was die Abnahme des mittleren atomaren Molvolumens erklärt (vgl. Abb. 3.37.). Bei der Zusammensetzung Ge_2S_3 besteht die Glasstruktur dann offenbar überwiegend aus $Ge_2S_{6/2}$-Baugruppen, die jeweils eine Ge-Ge-Bindung enthalten und über zweibindige S-Atome raumnetzartig ver-

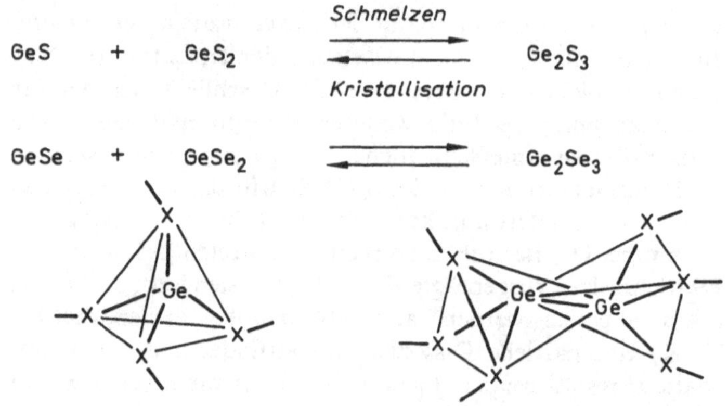

Abb. 3.38. Komproportionierung von GeS und GeS_2 bzw. GeSe und $GeSe_2$ unter Bildung von $Ge_2X_{6/2}$-Baugruppen in der Schmelze und Disproportionierung bei der Kristallisation.

knüpft sind. Die T_G-Kurve weist an dieser Stelle eine Diskontinuität auf [3.510]. Im Kristallgitter von GaS sind analoge, $Ga_2S_{6/3}$-Baugruppen über dreibindige S-Atome zu einem Schichtengitter verbunden [3.511, 512].

Im Bereich $0{,}40 < x < 0{,}4285$, d. h. bis zur Glasbildungsgrenze ist in Weiterführung eines solchen Strukturprinzips entsprechend der Formel $(Ge_3S_{8/2})_z(Ge_2S_{6/2})_{1-z}$ mit $z = (5x - 2)/1 - 2x)$ die Bildung von $Ge_3S_{8/2}$-Einheiten anzunehmen. Es bleibt dabei unklar, bis zu welcher Gliederzahl sich das den Alkenen und gegebenenfalls auch Cycloalkanen entsprechende Strukturmotiv der Nahordnungsbereiche fortsetzt. Außerdem ist die Dismutation der $Ge_nS_{(2n+2)/2}$-Baugruppen in solche mit größerem und kleinerem Wert von n, d. h. die Bildung von $GeS_{4/2}$-Einheiten und Baugruppen mit einer entsprechend größeren Anzahl an Ge-Ge-Bindungen in Betracht zu ziehen, z. B.

$$2\,Ge_nS_{(2n+2)/2} \rightleftarrows GeS_{4/2} + Ge_{(2n-1)}S_{4n/2}\,. \qquad (3.19)$$

In Verbindung mit der rasch zunehmenden Anzahl strukturisomerer Verknüpfungen der Ge-Atome läßt sich daraus für große Werte von n bzw. Annäherung von x an 0,5 eine unendlich große Mannigfaltigkeit von Nahordnungsbereichen ableiten. Es ist anzunehmen, daß die Struktur mit den Koordinationszahlen 4 für Ge und 2 für S außerdem durch Nahordnungsbereiche und Strukturfragmente mit der Koordinationszahl 3 für beide Atomarten, wie sie in den amorphen Formen des Phosphors und Arsens auftreten, durchsetzt ist. Für amorphes GeS und GeSe wurde aus EXAFS- und ESCA-Messungen auf die Koordinationszahl 3 für die Ge- und Chalkogenatome geschlossen [3.803].

In den Grenzen der Darstellbarkeit kompakter Gläser aus der Schmelze sind Nahordnungsbereiche $Ge_nS_{(2n+2)/2}$ recht wahrscheinlich und durch die Aussage von Radialverteilungsuntersuchungen sowie vor allem durch die IR- und RAMAN-Spektren der Gläser gestützt. Die Molekülspektren konnten auf der Grundlage eines solchen Modells zwanglos erklärt werden [3.353, 513].

Ge_2S_3 als glasartige Verbindung

Ge_2S_3 weist in der dreidimensionalen Verknüpfung von $Ge_2S_{6/2}$-Nahordnungsbereichen wesentliche Merkmale einer definierten Verbindung auf. Als eine Art chemischer Konstitutionsbeweis kann die Umsetzung des Glases Ge_2S_3 mit Na_2S in methanolischer Lösung angesehen werden [3.514, 2.291]

$$Ge_2S_3 + 3Na_2S \xrightarrow{CH_3OH} Na_6Ge_2S_6 \cdot 4CH_3OH . \tag{3.20}$$

In Analogie zur Bildung von Thiogermanaten(IV) aus GeS_2 und löslichen Sulfiden werden unter nucleophiler Aufspaltung der S-Brückenbindungen die $[Ge_2S_6]$-Baugruppen aus der Struktur des Glases herausgelöst und in sechsfach negativ geladene Anionen überführt. Ihre Konstitution folgt aus dem molekülspektroskopischen Vergleich mit Si_2Cl_6 und den Anionen $P_2S_6^{4-}$ sowie der Spaltung durch Brom, die die Verbindung Na_3GeS_3Br ergibt [2.292].

$$Na_6Ge_2S_6 + Br_2 \rightarrow 2\,Na_3GeS_3Br . \tag{3.21}$$

$Na_6Ge_2S_6$ ist daher als das Na-salz der Hexathiohypodigermaniumsäure anzusprechen. Tropft man die wäßrige oder methanolische Lösung von $Na_6Ge_2S_6$ in Salzsäure ein, so scheidet sich ein dem As_2S_3 vergleichbarer gelber, schwerlöslicher Niderschlag Ge_2S_3 als amorphe Verbindung ab.

Als amorphes Sublimat wurde Ge_2S_3 im Zusammenhang mit der unter Zersetzung ablaufenden Verdampfung von GeS_2 bereits früher beschrieben [3.517, 518]. Versuche, eine kristalline Substanz dieser Zusammensetzung zu isolieren, sind mehrfach unternommen worden, blieben jedoch ohne Erfolg. Beim Tempern der glasartigen bzw. amorphen Formen von Ge_2S_3 tritt in Übereinstimmung mit dem Phasendiagramm stets Zersetzung ein, die auch als Disproportionierung betrachtet werden kann, denn es bildet sich ein heterogenes Gefüge von GeS und GeS_2 aus (Abb. 3.38.). Das Einschmelzen verläuft umgekehrt im Sinne einer Komproportionierung unter Bildung der für die Schmelze und den Glaszustand charakteristischen Baugruppen $Ge_nS_{(2n+2)/2}$. Bei einem äquimolaren Gemisch von GeS und GeS_2 wird Ge_2S_3 als homogenes Glas erhalten, das auf Grund der vorliegenden Nahordnungsstruktur als eine definierte Verbindung anzusprechen ist, deren Existenz aber bisher nur in der aperiodischen Verknüpfung der Baugruppen nachgewiesen werden konnte (vgl. 3.2.4.).

Die Eigenfehlordnung, die sich von der kontinuierlichen regellosen Netzwerkstruktur des Ge_2S_3-Glases ableitet, wird im nachfolgenden Kapitel am Beispiel der Germaniumselenidgläser behandelt.

3.2.2.5. *Glasbildung der Germaniumselenide und die Verbindung Ge_2Se_3*

Über das Phasendiagramm des Systems Ge_xSe_{1-x} ist mehrfach berichtet worden [3.519 bis 524]. Die in Abb. 3.39. wiedergegebene Darstellung vereinigt Angaben von mehreren Autoren. Das mittlere Eutektikum wird bei einem Molenbruch $x = 0{,}43$ bzw. entsprechend der Formel $(GeSe)_y(GeSe_2)_{1-y}$ bei $y = 0{,}673$ gefunden. Die eutektische Schmelztemperatur beträgt 846 K [3.524].

Kristalline Germaniumselenide

$GeSe_2$ ist eine gelbe Verbindung, die bei 1013 K schmilzt und in einem zur Struktur von α-GeS_2 analogen Schichtengitter mit den Gitterparametern $a = 701{,}7$ pm, $b = 1679{,}7$ pm,

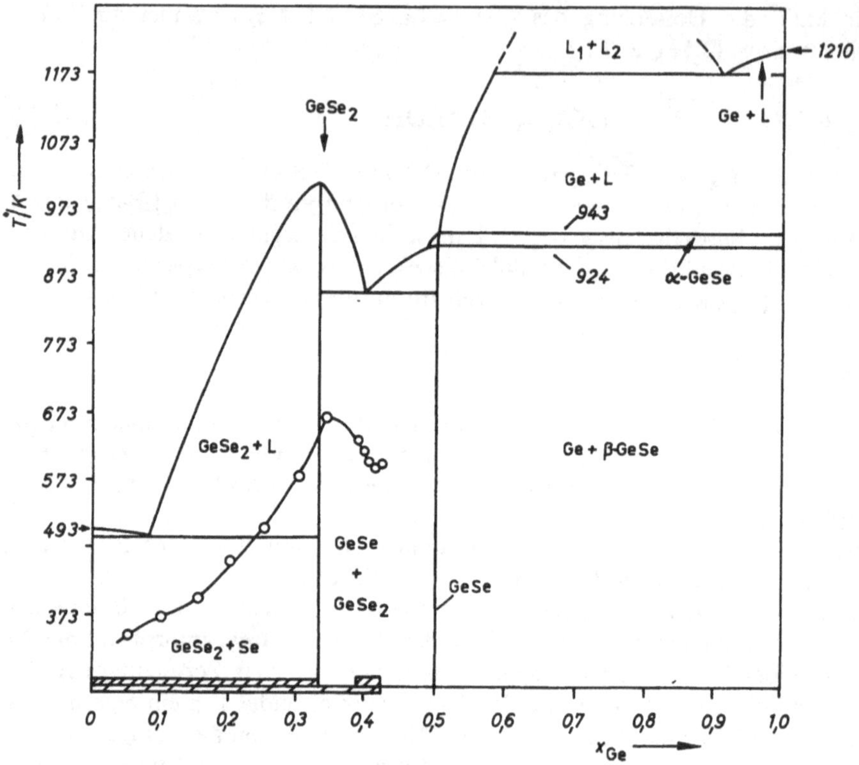

Abb. 3.39. Phasendiagramm und Glasbildungsbereich im System Ge_xSe_{1-x}, T_G-Werte (○) in Abhängigkeit vom Molenbruch x.

c = 1183,2 pm und β = 90,66° kristallisiert (ϱ = 4,39 g · cm^{-3}), [3.525]. Die Tetraederwinkel in den $GeSe_{4/2}$-Baugruppen betragen 94,5 bis 116,0°, die Bindungslängen liegen zwischen 233,7 und 236,9 pm und die Bindungswinkel Ge-Se-Ge zwischen 80,2 und 100,1°. Über weitere kristalline Modifikationen, die unter Druck erhalten wurden, berichten SHIMADA u. M. [3.492].

GeSe ist eine schwarze Substanz mit starkem Glanz, deren Struktur sich wie beim GeS vom Gittertyp des schwarzen Phosphors ableitet [3.526, 527]. Den Gitterparametern a = 438,8 pm, b = 1082,5 pm, c = 383,3 pm entsprechen Ge-Se-Bindungsabstände von 257,4 pm und zweimal von 256,4 pm sowie drei weitere von 331,6 bis 336,7 pm. Nach QUENEZ u. M. [3.524] weist GeSe eine geringe Phasenbreite auf, die bei 873 K etwa $x = \pm 0{,}005$ erreicht. Je nach Stöchiometrieabweichung variiert der reversible Phasenwechsel vom β- zum α-GeSe zwischen 876 und 900 K. Der inkongruente Schmelzpunkt wird mit 924 K angegeben, bei 934 K aber noch ein weiterer Enthalpieeffekt gefunden, der als Monotektikum gedeutet wurde. Nach WIEDEMEIER u. M. [3.528] erfolgt die Umwandlung von β- in α-GeSe bei 924 K, der inkongruente Schmelzpunkt liegt bei 943 K. Die Struktur der Hochtemperaturform α-GeSe entspricht dem unverzerrten NaCl-Gittertyp.

Glasartiges $GeSe_2$ und Glasbildung im System Ge-Se

Ausgehend vom Selen erstarren Schmelzen des Systems Ge_xSe_{1-x} in einem relativ weiten Bereich ihrer Zusammensetzung glasartig. Es werden wie im analogen Ge-S-System zwei Glasbildungsgebiete und zwar in den Grenzen $0 < x < 0{,}33$ und $0{,}388 < x < 0{,}417$ bzw. für $(GeSe)_y(GeSe_2)_{1-y}$ in den Grenzen $0{,}419 < y < 0{,}60$ festgestellt [3.529, 530], wenn man Ansätze von 20 bis 30 g mit etwa 2 K · s^{-1} im Bereich der Transformationstemperatur abkühlt. Schreckt man Schmelzen von etwa 0,5 g in kleinen dünnwandigen Quarzampullen durch Einwerfen in Wasser ab (Abkühlrate etwa 30—35 K s^{-1}), werden Proben im gesamten Bereich $0 < x < 0{,}42$ in glasartiger Form erhalten. Die Glasbildungsgrenzen sind in Abb. 3.39. angegeben.

Die in der Literatur z. T. widersprüchlichen Angaben zum Glasbildungsgebiet im Teilsystem Se-$GeSe_2$ resultieren vermutlich aus dem Einfluß von Fremdverunreinigungen. Von VOIGT [3.531] wurde gezeigt, daß hochreine $GeSe_2$-Schmelzen von etwa 20 g beim Abkühlen an der Luft frei von kristallinen Ausscheidungen glasartig erstarren. Über ein Glas der Zusammensetzung Ge_2Se_3 wurde bereits früher berichtet [3.532]. Das GeSe-$GeSe_2$-Glasbildungsgebiet ist von PAZIN u. M. [3.533] gleichfalls beschrieben worden.

Nach RÖNTGEN- und Neutronenbeugungsmessungen liegt im glasartigen $GeSe_2$ ein zum GeS_2-Glas analoger Aufbau vor [3.534—536]. Mit einem mittleren Ge-Se-Bindungsabstand von 236,5 pm, wie er sich aus dem ersten Maximum der Radialverteilungskurve ergibt und einer mittleren Koordinationszahl von 2,62 $(0{,}33 \cdot 4 + 0{,}67 \cdot 2)$ liegt gute Übereinstimmung mit der für kristallines $GeSe_2$ charakteristischen Nahordnung vor. Neutronenbeugungsmessungen an $GeSe_2$-Schmelzen zeigen bei 1044 K ein im wesentlichen unverändertes Strukturbild [3.389].

Die in den IR- und RAMAN-Spektren der Gläser auftretenden Fundamentalschwingungen lassen sich z. B. durch Vergleich mit dem Schwingungsspektrum von $GeBr_4$ gleichfalls tetraedrischen Baugruppen zuordnen [2.253, 3.538, 539]. Die totalsymmetrische Valenzschwingung stellt in den Spektren wie im Fall des glasartigen GeS_2 eine Doppelbande dar, was in der Literatur zu widerspruchsvollen Deutungen Anlaß gegeben hat [3.538, 540—543]. Die Aufspaltung tritt mit einer etwas geringeren Wellenzahldifferenz im kristallinen $GeSe_2$ gleichfalls auf und wird auf die Präsenz ecken- und kantenverknüpfter $GeSe_{4/2}$-Baugruppen im Glas zurückgeführt. Die daraus resultierende Abnahme des mittleren Vernetzungsgrades der Gläser könnte in Mikrobezirken zu einer gewissen Parallelorientierung von Strukturbereichen mit zweidimensionaler Verknüpfung der Baugruppen führen und die anomal scharfe Ausprägung des ersten Beugungsmaximums in der Streukurve erklären [3.389, 501, 540]. Andrerseits ist zu bemerken, daß sich das $GeSe_2$-Glas in die für Gläser mit dreidimensionaler Vernetzung charakteristische Korrelation zwischen T_G-Wert und Atomisierungsenthalpie zwanglos einfügt (Abb. 2.45.), der Anteil von Strukturbereichen mit kantenverknüpften Baugruppen demzufolge also nicht allzu hoch zu veranschlagen ist.

Entsprechend den in 2.4.2.5. und 2.5.2. dargelegten Zusammenhängen und in Analogie zu den glasbildenden Chalkogeniden des Arsens und der Gläser des Formeltyps $MX_2(SiO_2, GeO_2, GeS_2)$ ist für glasartiges $GeSe_2$ gleichfalls eine Eigenfehlordnung unter Bildung geladener Defektzentren zu erwarten. Für die Bildungsreaktion ergibt sich ein Gl. (3.16) entsprechendes Gleichgewicht

$$4\, GeSe_{4/2} \rightleftarrows GeSe_{3/2}Se^- + [Se(GeSe_{3/2})_3]^+ + U_{LP}\,. \tag{3.22}$$

Auf Grund des relativ geringen Se-Dampfdruckes über einer $GeSe_2$-Schmelze ist eine zu Gl. (3.17) analoge Bildung von Defektzentren vermutlich weniger relevant als im Fall des GeS_2-Glases. Umso größere Beachtung beansprucht jedoch nach 2.4.2.5. eine zu Gl. (3.18) analoge Dismutation von Ge-Se-Bindungen (2.107). ESR-Signale zeigen Germaniumselenidgläser nach bisherigen Untersuchungen nicht.

Eigenschaften der Ge-Se-Gläser

In Abb. 3.40 ist die Zusammensetzungsabhängigkeit des mittleren atomaren Molvolumens V, der quasistatischen Dielektrizitätskonstanten ε_r und der aus beiden Größen nach der Beziehung $P_V = (\varepsilon_r - 1)V$ berechneten Molpolarisation dargestellt. Subtraktion der aus den Brechzahlwerten ermittelten Molrefraktion ergibt die Kurve ΔP, die nach Ergebnissen analoger Untersuchungen an Gläsern As_xSe_{1-x} als ein Beitrag des Schwingungsspektrums zum Realteil der DK interpretiert werden kann (vgl. Abb. 3.34).

Man erkennt, daß die glasbildende Verbindung $GeSe_2$ wie im Fall des GeS_2 durch ein Maximum in der Molvolumenkurve wie auch in der T_G-Kurve (Abb. 3.39.) gekennzeichnet ist. Die Transformationstemperatur erreicht den für ein Chalkogenidglas relativ hohen Wert von 665 K und die Dichte des $GeSe_2$-Glases ist mit 4,22 g · cm^{-3} nur um 4% kleiner als die der kristallinen Form. Die dielektrischen Eigenschaften zeigen im Bereich dieser Zusammensetzung einen diskontinuierlichen Verlauf.

Bemerkenswert ist ein offenbar strukturspezifischer Beitrag zur DK, der sich in der Reihe der Gläser Ge_xSe_{1-x} im Bereich $x = 0{,}2$ in einer positiven Abweichung der ΔP-Kurve vom linearen Verlauf bemerkbar macht [3.385]. Ausgehend vom glasartigen Selen, in dem die Schwingungen vergleichsweise wenig zur Molpolarisation beitragen ($\varepsilon_r = 6{,}15$, $n^2 = 5{,}95$), nehmen die ΔP-Werte mit ansteigender Konzentration der $GeSe_{4/2}$-Nahordnungsbereiche linear zu. Dieser Zusammenhang wird von einem zusätzlichen Beitrag überlagert, der offensichtlich mit einer charakteristischen Verknüpfung der Struktureinheiten korreliert, die bei der Zusammensetzung $GeSe_4$ ihre deutlichste Ausprägung erfährt. Das schraffiert eingezeichnete Maximum erhält man durch Subtraktion der dem linearen Verlauf entsprechenden Werte von der ΔP-Kurve. Es ergibt sich gerade für den Molenbruch $x = 0{,}2$ ein Extremwert.

Die Molvolumenkurve läßt bei dieser Zusammensetzung ein Minimum erkennen [3.530, 544, 545], und für den Verlauf des Ausdehnungskoeffizienten ergibt sich ein Wendepunkt [3.545]. In der T_G-Kurve deutet sich bei $x = 0{,}2$ gleichfalls eine Stufe an (Abb. 3.39.). Die steile Zunahme der Temperatur bei der ein Viskositätswert von etwa 10^{13} dPa · s erreicht wird, ist auf Grund der vernetzenden Wirkung der $GeSe_{4/2}$-Baugruppen ohne weiteres verständlich [2.340]. Als Fließeinheit ergibt sich für Se-$GeSe_2$-Schmelzen im Rahmen der Theorie des freien Volumens das Se-Atom, d. h. die Fluidität resultiert im wesentlichen aus der gleitenden Verschiebung derartiger Teilchen bzw. dem Lösen und Neuknüpfen entsprechender Bindungen [3.547, 548, 2.115]. Glazov u. M. [3.659] finden in der Abhängigkeit der kinematischen Viskosität von der Zusammensetzung der Schmelzen für $x = 0{,}33$ ein Maximum, das mit zunehmender Temperatur flacher wird. Ein weiteres breites Viskositätsmaximum wird bei $x = 0{,}2$ gefunden. Es tritt umso deutlicher hervor, je niedriger die Temperatur der Schmelze ist. Ruska u. M. [3.550] begründen aus Dichtemessungen der Schmelze und einer im Umfeld der Zusammensetzung $GeSe_2$ festgestellten Anomalie in der Temperaturabhängigkeit eine bei etwa 1073 K einsetzende Strukturänderung der Nahordnungsbereiche, die insgesamt mit einer größeren Raumerfüllung

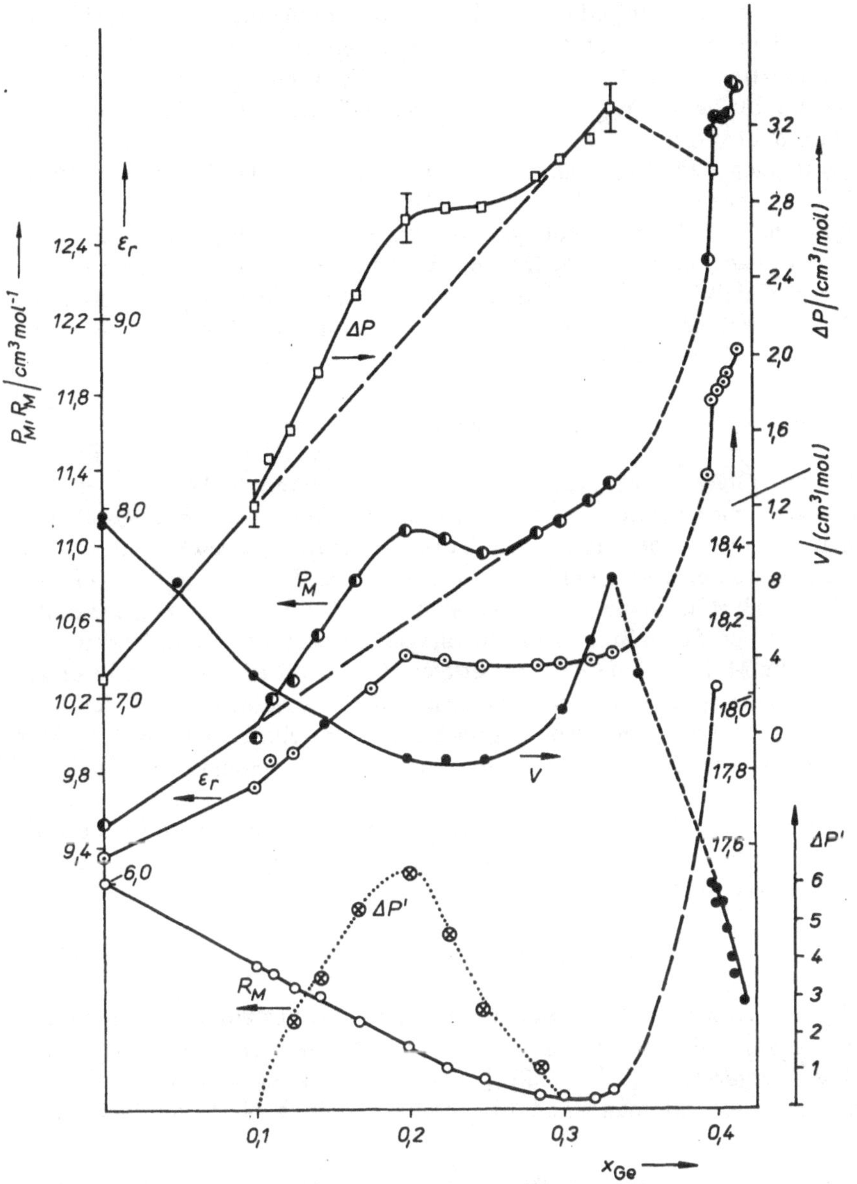

Abb. 3.40. Zusammensetzungsabhängigkeit des Molvolumens V, der DK ε_r, der Molpolarisation P_M und der Molrefraktion R_M sowie von $\Delta P = P_M - R_M$ in der Reihe der Gläser Ge_xSe_{1-x}.
(···) Differenzbildung innerhalb der ΔP-Kurve.

verbunden sein soll. Auch die Zusammensetzungsabhängigkeit der elastischen Konstanten und deren Druckabhängigkeit wurde untersucht [3.545]. Glasartiges $GeSe_2$ weist einen Elastizitätsmodul von 27,5 GPa und einen Schubmodul von 11 GPa auf. Die optische Bandlücke beträgt 2,25 eV [3.564] und für die elektrische Leitfähigkeit ergibt sich ein Wert von 10^{-15} bis $10^{-16}\,\Omega^{-1}\,cm^{-1}$ bei 298 K mit einer Aktivierungsenergie E_σ von etwa 2 eV.

Neben $GeSe_2$ zeichnet sich ein Glas mit der Zusammensetzung $GeSe_4$ nach dem Verlauf der in Abb. 3.40. dargestellten Kurven gleichfalls als eine definierte Verbindung aus. Die RAMAN-Spektren geben nach TRONC u. M. [3.513] den Hinweis, daß die unmittelbare Verknüpfung der $GeSe_{4/2}$-Baugruppen über Se-Brückenatome im Unterschied zu den Ge-S-Gläsern analoger Zusammensetzung solange vermieden wird als es der Ge-Gehalt gestattet. Nach Radialverteilungsmessungen ist ein Glas der Zusammensetzung $GeSe_4$ durch $GeSe_4$-Tetraeder zu beschreiben, die über Se-Se-Brückenbindungen raumnetzartig verknüpft sind [3.562]. Der Bindungswinkel an den Se-Atomen ermöglicht dabei offenbar eine dichtere Packung der tetraedrischen Baugruppen als im glasartigen $GeSe_2$. Es wäre z. B. denkbar, daß bestimmte Kippschwingungen der beiderseitig an Ge-Atome gebundene Se-Se-Brückenbindungen den zusätzlichen Beitrag zur Molpolarisation verursachen.

GeSe-$GeSe_2$-Gläser und die Verbindung Ge_2Se_3

Für die Struktur der Gläser $(GeSe)_y(GeSe_2)_{1-y}$ in den Grenzen $0{,}419 < y < 0{,}60$ wurde nach ESCA-Messungen aus der vergleichbaren chemischen Umgebung der Ge-Atome auf eine Raumnetzstruktur mit der allgemeinen Formel $Ge_nSe_{(2n+2)/2}$ geschlossen [3.509]. Die Viskositätswerte der Schmelzen durchlaufen im Bereich der Zusammensetzung Ge_2Se_3 ein flaches Maximum [3.549]. Ge-Se-Bindungen sollten nach Gl. (2.101) gegenüber der Koexistenz von Ge-Ge und Se-Se-Bindungungen energetisch begünstigt sein, letztere also nur in untergeordnetem Maße in den Gläsern auftreten. Für $n = 2$ bzw. $y = 0{,}5$ resultiert daraus ein Aufbau aus $Ge_2Se_{6/2}$-Nahordnungsbereichen, deren dreidimensionale Verknüpfung über zweibindige Se-Atome zu einer kontinuierlichen regellosen Netzwerkstruktur führt. In der Struktur von GaSe sind $Ga_2Se_{6/3}$-Baugruppen über dreibindige Se-Atome zu einem Schichtengitter verbunden [3.551].

Als ein chemischer Beweis für die Bildungstendenz derartiger Baugruppen ist die Darstellung der Verbindung $Na_6Ge_2Se_6$ durch Umsetzung von glasartigem Ge_2Se_3 mit Na_2Se in CH_3OH anzusehen, vgl. (3.20)

$$Ge_2Se_3 + 3\,Na_2Se \xrightarrow{CH_3OH} Na_6Ge_2Se_6 \cdot 4\,CH_3OH\,. \tag{3.23}$$

Nach molekülspektroskopischen Untersuchungen enthält die Substanz sechsfach negativ geladener Ionen $Ge_2Se_6^{6-}$, die bei der Umsetzung mit Na_2Se aus den $Ge_2Se_{6/2}$-Baugruppen des Glases hervorgehen [3.514, 2.291]. Durch Einwirkung von Brom wird die Ge-Ge-Bindung gespalten, und man kann die rote Verbindung Na_3GeSe_3Br erhalten [2.292].

$$Na_6Ge_2Se_6 + Br_2 \rightarrow 2\,Na_3GeSe_3Br\,. \tag{3.24}$$

Tropft man die wäßrige oder methanolische Lösung von $Na_6Ge_2Se_6$ in Salzsäure ein, so scheidet sich ein schwerlösliches, orangegelbes Selenid des formal dreiwertigen Germaniums als amorphe Verbindung Ge_2Se_3 ab.

Die Kenntnis der Struktur des Ge_2Se_3-Glases stützt sich weiterhin auf die Aussage der IR- und RAMAN-Spektren [3.513], die gleichfalls das Vorliegen von $Ge_2Se_{6/2}$-Nahordnungsbereichen belegen. Ge_2Se_3 stellt auf Grund seiner charakteristischen Nahordnungsstruktur wie Ge_2S_3 eine definierte Verbindung dar, deren Existenz offenbar an den amorphen bzw. glasartigen Zustand gebunden ist. Beim Tempern erfolgt Zersetzung unter

Disproportionierung (vgl. Abb. 3.38.). GeSe und $GeSe_2$ liegen dann in Übereinstimmung mit dem Phasendiagramm als heterogenes Gefüge nebeneinander vor. Das Schmelzen der äquimolaren Mischung von GeSe und $GeSe_2$ ist aber mit einer Komproportionierung verbunden, und durch Überführung in den Glaszustand kann die für Ge_2Se_3 charakteristische Struktur der Schmelze fixiert werden.

In den Grenzen $0 < y < 0,5$ sind die Gläser $(GeSe)_y(GeSe_2)_{1-y}$ demnach durch ein Raumnetz miteinander verbundener $GeSe_{4/2}$- und $Ge_2Se_{6/2}$-Baugruppen zu beschreiben. Die Abnahme des mittleren atomaren Molvolumens resultiert, wie bei den analogen Gläsern des Ge-S-Systems, aus einer gegenseitigen Durchdringung der tetraedrischen Baugruppen (vgl. Abb. 3.38.).

Die Transformationstemperatur fällt mit wachsendem Gehalt an $Ge_2Se_{6/2}$-Baugruppen gleichfalls ab. Wie die in Abb. 3.41. enthaltenen Angaben erkennen lassen, ist beim Übergang von den Gläsern GeS_2 bzw. $GeSe_2$ zu den Gläsern Ge_2S_3 und Ge_2Se_3 jeweils nicht nur eine Abnahme sondern zugleich ein Angleich der T_G-Werte zu verzeichnen.

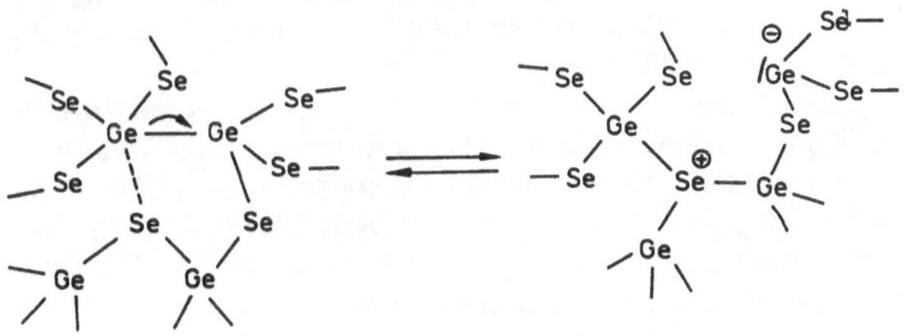

Bindungsenergien

Ge-S : $265\ kJ\cdot mol^{-1}$

Ge-Se : $230\ kJ\cdot mol^{-1}$

Ge-Ge : $185\ kJ\cdot mol^{-1}$

Glastransformationstemperatur T_G

GeS_2:	765 K	Ge_2S_3:	636 K
$GeSe_2$:	663 K	Ge_2Se_3:	613 K

Abb. 3.41. Eigenfehlordnung in den glasartigen Verbindungen Ge_2S_3 und Ge_2Se_3 und zum Mechanismus des viskosen Fließens.

Geht man davon aus, daß im glasartigen GeS_2 und $GeSe_2$ das Einsetzen des viskosen Fließens im Transformationsbereich an die gleitende Verschiebung von Ge-S- bzw. Ge-Se-Bindungen im Sinne von Abb. 2.40. gebunden ist, so führt der Unterschied in den Bindungsenergien offenbar zu der Differenz von etwa 100 K im T_G-Wert. Die Annäherung der T_G-Werte bei den glasartigen Verbindungen Ge_2S_3 und Ge_2Se_3 bis auf etwa 20 K läßt die Aufspaltung von Ge-Ge-Bindungen vermuten. Mit 185 kJ/mol sind Ge-Ge-Bindungen in beiden Gläsern als die schwächsten Stellen im Netzwerk der Glasstruktur anzusprechen. Unter der Annahme einer heterolytischen Aufspaltung ist dabei eine Wechselwirkung der Elektronenpaarlücke am Ge-Atom mit der Oxydationsstufe +4 und dem freien Elektronenpaar eines benachbarten Se-Brückenatoms in Betracht zu ziehen, so daß es zur Ausbildung eines positiv geladenen $[Se(GeSe_{3/2})_3]^+$-Zentrums kommt, während das negative geladene Zentrum $[Se_{3/2}Ge|]^-$ ein Ge-Atom in der Oxydationsstufe +2 enthält.

$$3\,Ge_2Se_{6/2} \rightleftarrows [Se_{3/2}GeSe(Ge_2Se_{5/2})_2]^+ + [|GeSe_{3/2}]^- \qquad (3.25)$$

Bei dieser Bildungsreaktion von Defektzentren, die in analoger Weise für glasartiges Ge_2S_3 anzunehmen ist, wird eine Ge-Ge-Bindung (185 kJ · mol^{-1}) in eine Ge-Se-Bindung (230 kJ · mol^{-1}) überführt. Die Elektronenkorrelationsenergie U_{LP} (etwa 50 kJ · mol^{-1}) wird also um 45 kJ · mol^{-1} vermindert, so daß in diesem Fall verstärkt mit der Bildung derartiger Defektzentren zu rechnen ist.

Das viskose Fließen hat man sich in Ge_2S_3- und Ge_2Se_3-Schmelzen als einen ständigen Wechsel von Disproportionierung und Komproportionierung vorzustellen. Schreckt man die Schmelzen ab, wird die für die Transformations- bzw. Einfriertemperatur zutreffende Gleichgewichtskonzentration positiv und negativ geladener Punktdefekte fixiert, und es liegt die für ein Netzwerk von $Ge_2Se_{6/2}$- bzw. $Ge_2S_{6/2}$-Nahordnungsbereichen charakteristische Eigenfehlordnung vor. Über die Gleichgewichtslage kann bisher wenig ausgesagt werden. Einige Prozent bis zu einigen 10% disproportionierter Bereiche erscheinen denkbar. Der Nachweis im Ergebnis von Strukturuntersuchungen steht bisher aus. Lediglich Leitfähigkeitsmessungen lassen auf einen relativ hohen Anteil der Eigenfehlordnung im Sinne von Gl. (3.25) schließen (vgl. Abb. 4.22).

Die Struktur der Gläser $(GeSe)_y(GeSe_2)_{1-y}$ im Bereich $y > 0{,}5$ ist vermutlich in zunehmendem Maße durch die Koordinationszahlen 3 für beide Atomarten zu beschreiben, d. h. analog zum amorphen Arsen [3.803, 804]. Während LUCOVSKY u. M. [3.513, 353] aus den IR- und RAMAN-Spektren auf eine Fortsetzung der homologen Reihe $Ge_nSe_{(2n+2)/2}$ mit $n > 2$ schließen, finden KAWAMURA u. M. [3.553] in den RAMAN-Spektren Hinweise darauf, daß weitere Anteile GeSe nicht unter Komproportionierung in das Netzwerk der Glasstruktur aufgenommen werden, sondern mit den für kristallines GeSe charakteristischen $GeSe_{3/3}$-Nahordnungsbereichen in den Strukturverband eintreten.

Amorphe Germaniumselenidschichten

Struktur und Eigenschaften amorpher Schichten des Systems Ge_xSe_{1-x} bzw. $(GeSe)_y$-$(GeSe_2)_{1-y}$ sind mehrfach untersucht worden. $GeSe_2$ verdampft dissoziativ unter Bildung von GeSe- und Se_2-Molekeln [3.554, 555]. Bei der Verdampfung von Ge_2Se_3 unter den Bedingungen des freien Vakuums wurde eine starke Zusammensetzungsänderung festgestellt (von $y = 0{,}5$ auf $y = 0{,}8$ bis 0,9 in der Schicht), [2.38]. GeSe verdampft dagegen unzersetzt [3.556, 557].

Für amorphe $GeSe_2$-Schichten ergeben EXAFS-Messungen eine mit dem kompakten $GeSe_2$-Glas vergleichbare Struktur [2.239].

Elektronenbeugungsmessungen an aufgedampften amorphen $GeSe_2$-Filmen stützen gleichfalls die für diese Substanz charakteristische Nahordnung [3.558]. Andrerseits wird ein Modell mit statistischer Verteilung von Ge-Ge-, Ge-Se- und Se-Se-Bindungen herangezogen, in das sich amorphe GeSe-Schichten gleichfalls einfügen. Den Ge-Atomen wird dabei stets die Koordinationszahl 4 und den Se-Atomen die Koordinationszahl 2 zugeordnet. Der aus der Lage des ersten Maximums in der Radialverteilungskurve ermittelte mittlere Ge-Se-Bindungsabstand ist mit 238 pm gegenüber dem kürzesten Ge-Se-Bindungsabstand im kristallinen GeSe wesentlich verkürzt, stimmt aber annähernd mit dem für $GeSe_2$ charakteristischen Wert (237 pm) überein. Das IR-Spektrum läßt gleichfalls den Unterschied im Aufbau der Nahordnungsbereiche zwischen kristallinem und amorphen GeSe erkennen [3.559]. EXAFS-Messungen weisen jedoch darauf hin, daß das von BELLS

u. M. [3.560] vorgeschlagene kovalente Modell mit statistischer Bindungsverteilung nicht zutrifft. BIENENSTOCK [3.561] führt bindungstheoretische Argumente an, die die Bindungsverkürzung im amorphen GeSe auf der Grundlage von $GeSe_{3/3}$-Baugruppen mit den Koordinationszahlen 3 für Ge und Se plausibel erscheinen lassen (vgl. auch [3.803, 804].

3.2.2.6. *Glasbildung im System Ge-Te und die Verbindungen $GeTe_4$ und $GeTe_2$*

Kristallines GeTe und Phasendiagramm

Im Phasendiagramm des Systems Ge-Te ist lediglich GeTe als definierte kristalline Verbindung erkennbar [3.565]. Sie schmilzt konkruent bei 997 K [3.566] und kristallisiert als α-GeTe im Gittertyp der rhomboedrischen Arsens mit den Parametern $a = 596$ pm und $\alpha = 88.27°$ für die vierfache vom NaCl-Gittertyp abgeleitete Elementarzelle [3.567]. Es liegen also 3 kürzere Ge-Te-Bindungsabstände von 300 pm innerhalb der gewellten Doppelschichten und drei weitere zwischen ihnen vor (vgl. Abb. 3.13.).

α-GeTe weist eine Phasenbreite auf, wobei die Ge-Gitterplätze in den Grenzen $Ge_{0,995}Te$ bis $Ge_{0,915}Te$ unterbesetzt sein können. Bei Erhöhung der Temperatur erfolgt ein Ausgleich der unterschiedlichen Bindungsabstände, wobei der Winkel der oben geschilderten Elementarzelle sich einem Wert von 90° (Rhomboederwinkel 60°) annähert. Bei 703 K bzw. bei 673 K auf der Te-reichen Seite des Homogenitätsgebiets ist die unverzerrte NaCl-Struktur, das β-GeTe, erreicht. Die β-Form ist durch eine Phasenbreite von $Ge_{1,035}Te$ bis $Ge_{0,923}Te$ gekennzeichnet und bis zum Schmelzpunkt stabil. Im Bereich $Ge_{0,97}Te$ bis $Ge_{0,931}Te$ tritt unterhalb 638 K noch eine γ-Modifikation auf, deren Struktur dem GeS-Gitter bzw. dem Strukturtyp des schwarzen Phosphors entspricht [3.566, 568].

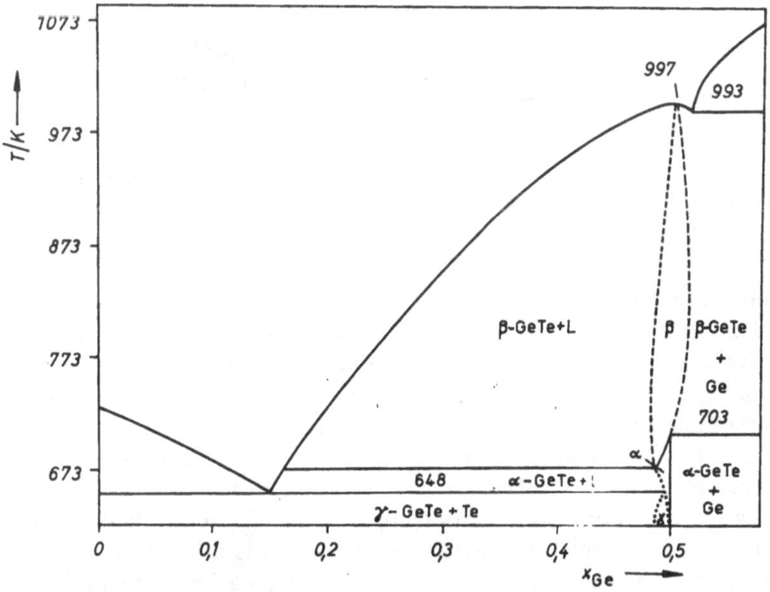

Abb. 3.42. Phasendiagramm Ge_xTe_{1-x}, Glasbildung bei $x = 0,15$ entsprechend Ge_3Te_{17}.

Die γ-Form wurde offenbar auch bei der Kristallisation von GeTe unter Druck erhalten.

Das in Abb. 3.42. angegebene Phasendiagramm des Systems Ge_xTe_{1-x} faßt die Resultate mehrerer Autoren zusammen [3.566, 568, 569, 472]. Mit Tellur bildet GeTe bei der Zusammensetzung Ge_3Te_{17} ($x = 0{,}15$) ein Eutektikum (Schmelzpunkt 648 K). Nach CORNET [3.569] entspricht das Eutektikum einem Molenbruch $x = 0{,}18$, und es wird gerade bei dieser Zusammensetzung ein Maximum der Glasbildungstendenz festgestellt ($q_{krit} \approx 2\ K \cdot s^{-1}$).

Ge-Te-Gläser und amorphe Schichten

Bei einer Abkühlgeschwindigkeit von $180\ K \cdot s^{-1}$ ergeben sich in der Reihe Ge_xTe_{1-x} Glasbildungsgrenzen von $0{,}12 < x < 0{,}22$, unter Anwendung der Spritzabschreck-Technik bei einer Abkühlgeschwindigkeit von etwa $10^5\ K \cdot s^{-1}$ (2.1.1.3.) aber die Werte $0{,}10 < x < 0{,}25$. SARRACH u. M. [3.286] finden für Proben, die nach dem Sprühabschreckverfahren (2.1.1.4.) hergestellt wurden, ähnliche Glasbildungsgrenzen. Mittels Katodenzerstäubung sind amorphe Schichten im Bereich $0{,}05 < x < 1$ darstellbar.

Das Eutektikum wird in den Phasendiagrammen Te-haltiger binärer Systeme häufig im Bereich von etwa 20 mol % der Zweitkomponente festgestellt. In zahlreichen Fällen lassen sich derartige Schmelzen durch Abschrecken in den Glaszustand überführen [3.569, 570]. Bereits kleine Zusätze dritter Komponenten genügen, um die im Bereich der eutektischen Zusammensetzung vorliegende Kristallisationsneigung der Schmelzen weiter herabzusetzen. Stets lassen die Glasbildungsbereiche wie z. B. in den ternären Systemen Ge-Te-J (3.3.2.), Ge-Te-Se (3.3.3.2.), Ge-Te-P (3.3.5.5.), Ge-Te-As (3.3.5.4.) oder Ge-Te-Si (3.3.4.4.) eine enge Beziehung zum Eutektikum des binären Ge-Te-Systems erkennen. Für die Kombination Ge-Te-Hg wurde gleichfalls ein kleines Glasbildungsgebiet festgestellt [3.771].

RÖNTGEN- und Neutronenbeugungsmessungen zeigen eine vom kristallinen GeTe zu unterscheidende Struktur an, sind aber in bezug auf verschiedene Strukturmodelle, die vorgeschlagen wurden, mehrdeutig [3.572, 560].

Die beiden ersten Maxima der RDF liegen bei 265 pm (Neutronenbeugung) bzw. 275 pm (RÖNTGEN-Beugung) und das zweite bei 420 pm. Die Summe der Kovalenzradien (Ge 122 pm, Te 132 pm) stimmt mit dem mittleren Abstandswert des ersten Maximas relativ gut überein, was auf einem höheren Kovalenzgrad der Ge-Te-Bindungen im Glas hinweist. Von BIENENSTOCK [3.561] wurde darauf aufmerksam gemacht, daß die Annahme einer dem kristallinem GeTe analogen Nahordnung gleichfalls in Betracht zu ziehen ist. Die Abstandsverkürzung in den Ge-Te-Bindungen könnte z. B. auf der Abnahme der Wechselwirkung zwischen den Schichten beruhen. Das Anwachsen des Kovalenzgrades der Ge-Te-Bindungen ist an der Absenkung der Bindungsenergie der Ge $3d^{5/2}$-Rumpfelektronen um etwa 1 eV im ESCA-Spektrum gleichfalls experimentell feststellbar, und auch aus der Verschiebung der Ge K_α-RÖNTGEN-Absorptionskante ersichtlich, wie sich bei einem Vergleich von kristallinem GeTe mit amorphen Ge_xTe_{1-x}-Schichten herausstellt [3.573]. Beugungsmessungen an einem Glas der Zusammensetzung $Ge_{0,17}Te_{0,83}$ sind sowohl nach Modellen mit den Koordinationszahlen 4 und 2 für Ge bzw. Te als auch durch einen Strukturvorschlag deutbar, in dem Ge-Atome von 3 Te-Atomen umgeben sind und im Mittel eines der letzteren zugleich von 2 weiteren Te-Atomen koordiniert ist [3.574]. Die unregelmäßige Verknüpfung derartiger Nahordnungsbereiche, — Abb. 3.43.a) — ergibt z. B. ein Strukturnetzwerk mit einer mittleren Koordinationszahl $z = \Sigma x_i z_i = (0{,}167 \cdot 3 + 0{,}167 \cdot 3 + 0{,}67 \cdot 2) = 2{,}33$. Mit $GeTe_5$ entspricht die Zusammensetzung etwa dem Eutektikum. Die von NICOTERA u. M. [3.575] im Bereich der Schmelze bei etwa 673 K festgestellte Erhöhung der Koordinationszahl von 2,43 auf 3,25 läßt darauf schließen, daß zumindest bei höherer Temperatur die nach 3.43a) oder b) noch zweibindigen Te-Atome in die für Tellur im flüssigen Zustand charakteristische Koordinationszahl 3 gleichfalls übergehen: $z = (0{,}167 \cdot 4 + 0{,}167 \cdot 3 + 0{,}67 \cdot 3) = 3{,}17$.

Die metastabilen Verbindungen $GeTe_4$ und $GeTe_2$

Die Dichte des Glases $Ge_{0,175}Te_{0,825}$ beträgt 5,26 g · cm^{-3}, die der Schmelze bei 673 K aber 5,87 g · cm^{-3}. Folgerichtig nimmt die elektrische Leitfähigkeit in diesem Temperaturgebiet um 1,5 Größenordnungen auf $3{,}4 \cdot 10^4\ \Omega^{-1}\ cm^{-1}$ zu [3.576].

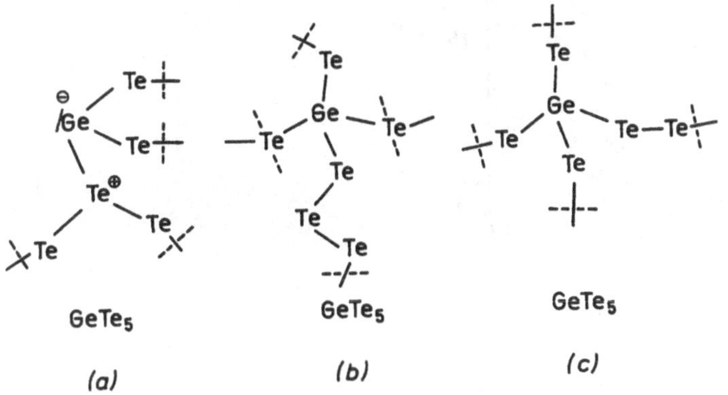

Abb. 3.43. Verschiedene Varianten der Nahordnung von Ge-Te-Gläsern im Bereich des Eutektikums.

Als ein begründeter Hinweis, daß Schmelzen im Unterkühlungsbereich bzw. Gläser im Umfeld der eutektischen Zusammensetzung überwiegend Nahordnungsbereiche der in Abb. 3.43.c) gezeigten Art enthalten, kann der Nachweis einer kristallinen Phase der Zusammensetzung $GeTe_4$ angesehen werden [3.577]. Tempern eines derartigen Glases bei 453 K führt zu einer kristallinen Substanz, deren RÖNTGEN-Diagramm mit 8 Formeleinheiten in der Elementarzelle kubisch indiziert wurde. Bei höherer Temperatur erfolgt Zerfall in GeTe und Te entsprechend dem Phasendiagramm. Die von DE NEUFVILLE u. M. [3.578] mitgeteilte Beobachtung, daß Te-Kristallite in amorphen Filmen im Bereich $x \leqq 0{,}2$ weiterwachsen, oberhalb $x = 0{,}3$ aber zunächst aufgelöst werden, ist mit der Bildung von $GeTe_4$ gleichfalls ohne weiteres zu erklären. Es handelt sich offenbar um eine metastabile Verbindung. Obwohl die weitere strukturelle Charakterisierung noch aussteht, erscheint die Existenz der Verbindung $GeTe_4$ auch nach den Hinweisen auf die Existenz einer glasartigen Verbindung $GeSe_4$ durchaus plausibel.

Abb. 3.44 gibt die Zusammensetzungsabhängigkeit einiger Eigenschaften der glasartigen bzw. amorphen Substanzen der Reihe Ge_xTe_{1-x} nach DE NEUFVILLE [2.25, 4.144] wieder.

Der T_G-Wert zeigt bei der Zusammensetzung $GeTe_2$ mit 498 K ein ausgeprägtes Maximum. Er fügt sich in die für dreidimensional vernetzte Gläser charakteristische Korrelation der Transformationstemperatur mit der Atomisierungsenthalpie der Abb. 2.45. zwanglos ein, was auf eine mit anderen Glasbildnern vom Formeltyp MX_2 vergleichbare

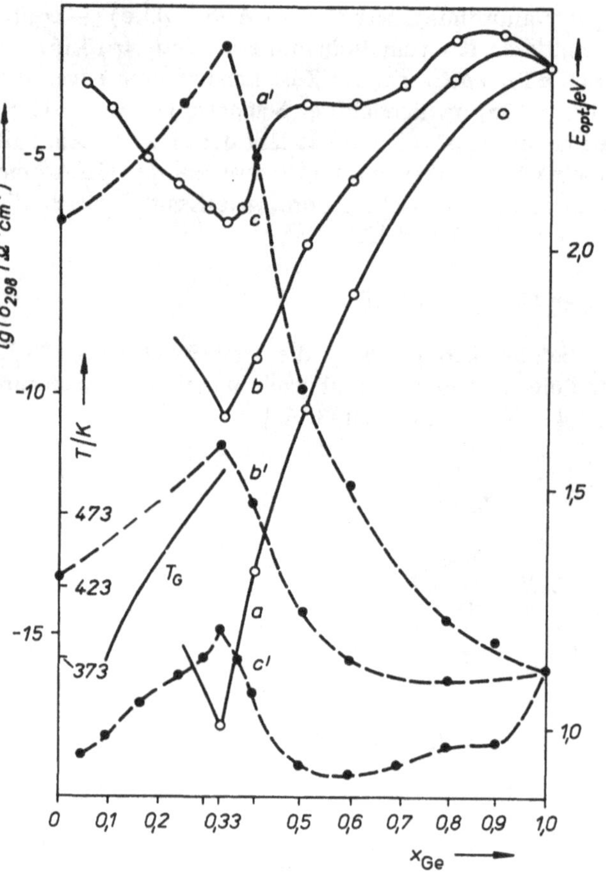

Abb. 3.44. Elektrische Leitfähigkeit bei 298 K (○) und optische Bandlücke E_{opt} ($\alpha = 10^4$ cm^{-1}) (●) für amorphe Schichten $Ge_x(Te_{1-y}Se_y)_{1-x}$ mit $y = 1(a, a')$, $y = 0{,}5(b,b')y = 0(c, c')$ nach [2.25, 4.144].

Struktur schließen läßt. Der optische Bandkantenabstand durchläuft bei der Zusammensetzung $GeTe_2$ ein Maximum und die elektrische Leitfähigkeit ein Minimum. Wie der entsprechende Verlauf in den Reihen $Ge_x(Te_{1-y}Se_y)_{1-x}$ mit $y = 0; 0{,}5; 1$ in Abb. 3.44. zeigt, erscheint die isostrukturelle Vertretbarkeit von Se und Te in den Reihen weitgehend gegeben, vgl. auch Abb. 2.43. a).

Nach LUCOVSKY [2.253] führt die Ähnlichkeit der IR- und RAMAN-Spektren von amorphem $GeTe_2$ und GeJ_4 gemeinsam mit den Paaren $GeSe_2$-$GeBr_4$ und GeS_2-$GeCl_4$ zur Aufstellung einer homologen Reihe, in der die Quotienten der Wellenzahlen bestimmter Schwingungsbanden einen konstanten Wert aufweisen. In Abb. 3.45. ist die Schwingungsbande $\nu_3(F_2)$ für die Nahordnungsbereiche $GeX_{4/2}$ (X = S, Se, Te) bzw. die Molekelverbindungen GeY_4 (Y = Cl, Br, J) gemeinsam mit der entsprechenden Schwingungsbande $\nu_3(E)$ der Gläser mit Baugruppen $AsX_{3/2}$ und der der Molekeln AsY_3 aufgetragen.

Es kann nach diesen Ergebnissen kaum ein Zweifel bestehen, daß die Verbindung $GeTe_2$ in amorpher Form existiert. Sie ist in kristalliner Form, wie auch aus dem Phasendiagramm hervorgeht, bisher nicht gefaßt worden. Bei der Rekristallisation erfolgt Zersetzung unter Bildung von kristallinem GeTe und Tellur.

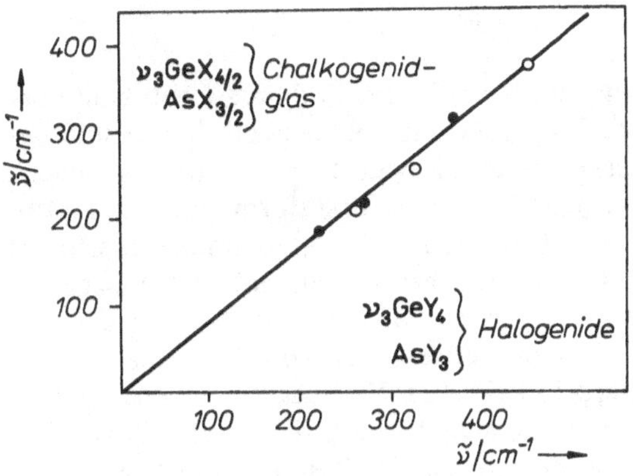

Abb. 3.45. Valenzschwingungsfrequenz ν_3 der Baugruppen $GeX_{4/2}$ und GeY_4 (○) sowie $AsX_{3/2}$ und AsY_3 (●) mit X/Y = S/Cl, Se/Br, Te/J.

Elektronenbeugungsmessungen an amorphen $GeTe_2$-Schichten stehen mit der Annahme einer Raumnetzstruktur ecken- und kantenverknüpfter $GeTe_{4/2}$-Baugruppen in Einklang, wurden aber auf der Grundlage eines Modells mit statistischer Gleichverteilung von Ge-Ge-, Ge-Te- und Te-Te-Bindungen interpretiert [3.580]. FISHER u. M. [3.581] schließen gleichfalls ein Modell mit der Koordinationszahl 3 für Ge und Te aus. Neutronenbeugungsmessungen stützen dagegen die Koordinationszahlen 3 für Ge und Te [3.583]. Für die Eigenfehlordnung ergibt sich nach den Darlegungen der vorangegangenen Kapitel ein breites Spektrum verschiedenartiger Defekte.

Inwieweit bei der Zusammensetzung Ge_2Te_3 (x = 0,4) die Ausbildung definierter Nahordnungsbereiche $Ge_2Te_{6/2}$ gleichfalls verwirklicht ist, kann auf Grund der Mehrdeutigkeit experimenteller Befunde gegenwärtig nicht entschieden werden. Die Existenz derartiger Baugruppen in Gestalt sechsfach negativ geladener Anionen $Ge_2Te_6^{2-}$ in der Verbindung $K_6Ge_2Te_6$ wurde durch RÖNTGEN-Strukturanalyse gesichert [3.582].

Vergleichende Untersuchungen an amorphen und kristallinen Schichten der Zusammensetzung GeTe sind in zahlreichen weiteren Arbeiten beschrieben worden [3.584, 585]. Sie belegen den Strukturunterschied zwischen den beiden Formen, ohne daß bisher eine gültige Entscheidung zugunsten eines bestimmten vorherrschenden Strukturmotivs für die amorphe Modifikation getroffen werden konnte. Neutronenbeugungsmessungen an GeTe-Schmelzen zeigen, daß für den flüssigen Zustand eine von den bisher bekannten kristallinen und amorphen Formen abweichende Nahordnungsstruktur infrage kommt [3.410].

3.2.3. *Glasbildende binäre Fluoride*

$ZnCl_2$ und BeF_2 sind als glasbildende Halogenide bereits seit langem bekannt. Eine Neutronenbeugungsuntersuchung des $ZnCl_2$-Glases liegt von DESA u. M. [3.812] vor. Die Eignung von ZrF_4, AlF_3, HfF_4 und PbF_2 als Glasbildnerkomponenten ist erst neuerdings untersucht worden. Eine Übersicht vermitteln BALDWIN u. M. [3.805]. Gläser auf der Basis von CaF_2 in Verbindung mit AlF_3 und weiteren Erdalkalifluoriden sind in der jüngsten Zeit gleichfalls erschlossen worden [3.373].

3.2.3.1. *Berylliumfluorid*

BeF_2 ist strukturchemisch mit SiO_2 nahe verwandt. Dem Quarz, Tridymit, Cristobalit oder Coesit analoge Modifikationen werden beim BeF_2 gleichfalls festgestellt. Auf Grund des abgeschwächten Coulombanteils der chemischen Bindung liegt der Schmelzpunkt jedoch bedeutend niedriger (823 K gegenüber 1983 K beim SiO_2). Die Transformationstemperatur des reinen BeF_2-Glases beträgt 523 K [3.586]. Der thermische Ausdehnungskoeffizient wird mit $6{,}8 \cdot 10^{-6}\ K^{-1}$, die Dielektrizitätskonstante bei 10^6 Hz mit 9,7 angegeben. Glasartiges BeF_2 hat eine Dichte von $1{,}982\ g \cdot cm^{-3}$. Diese Eigenschaftswerte gelten für ein BeF_2-Glas, das durch Destillation unter Verwendung von Graphittiegeln in HF/H_2-Atmosphäre unter vermindertem Druck bei 1123 K einem Reinigungsprozeß unterzogen wurde. In den meisten Arbeiten wird lediglich die thermische Zersetzung von $(NH_4)_2BeF_4$ verwendet, NH_4F also bei der entsprechenden Temperatur der Schmelze verflüchtigt.

Die Handhabung von BeF_2-Schmelzen ist auf Grund der Hygroskopizität und Reaktivität gegenüber den meisten Tiegelmaterialien experimentell außerordentlich anspruchsvoll. Die Toxizität verlangt ein Arbeiten in geschlossenen Anlagen. Ungeachtet dessen gewinnen BeF_2-Gläser für bestimmte Anwendungszwecke zunehmend an Bedeutung. Der Transmissionsbereich erstreckt sich von 150 bis etwa 4000 nm. Mit einer Brechzahl $n_d = 1{,}27$ und einer Abbezahl $\nu_d = 107$ zeichnet sich glasartiges BeF_2 durch eine extreme optische Lage im n/ν-Diagramm aus (vgl. Abb. 4.51).

Der sehr geringe nichtlineare Beitrag zur Brechzahl läßt BeF_2-Gläser insbesondere für Anwendungen in der Lasertechnik geeignet erscheinen [3.587]. Durch Kombination mit Alkali- und Erdalkalifluoriden, PbF_2, AlF_3 sowie Fluoriden der Seltenen Erdmetalle ist eine große Mannigfaltigkeit neuer Glasbildungssysteme erschlossen worden [1.17].

Die Struktur des BeF_2-Glases ist durch eine dreidimensionale Verknüpfung von $BeF_{4/2}$-Baugruppen über gemeinsame Ecken gekennzeichnet. RÖNTGEN-Beugungsmessungen ergeben eine Radialverteilungskurve mit Maxima bei 150, 255 und 490 pm, die den Be-F-Bindungsabständen in den $[BeF_4]$-Baugruppen (kristallines BeF_2 weist in der Cristobalitform einen Be-F-Abstandswert von 150 pm auf), den F-F-Paarabständen innerhalb der Tetraeder und der Be-F-Distanz in zweiter Koordinationssphäre entsprechen [3.588]. Die Befunde der RDF schließen einen größeren Anteil kantenverknüpfter Baugruppen im Strukturgerüst des Glases aus. Neutronenbeugungsmessungen lassen neben einem Häufigkeitsmaximum von Be-F-Bindungsabständen bei 154 pm und von F-F-Distanzen bei 256 pm auch die Be-Be-Paarabstände bei 309 pm schwach hervortreten [3.589]. Für den Bindungswinkel am F-Brückenatom ergibt sich ein Mittelwert von 146°. Das Schwingungsspektrum von BeF_2 wurde gleichfalls in der Literatur beschrieben [2.244].

3.2.3.2. *Gläser auf der Basis von ZrF_4*

Kristallines ZrF_4 stellt ein dreidimensionales Strukturnetzwerk von $[ZrF_8]$-Baugruppen dar, deren geometrische Gestalt durch ein tetragonales Antiprisma wiederzugeben ist [3.591]. Die dreidimensionale Vernetzung kommt in der Formel $\overset{3}{\infty}$ $ZrF_{8/2}$ zum Ausdruck. Die $ZrF_{8/2}$-Nahordnungsbereiche sind über gemeinsame F-Atome eckenverknüpft. Es ist damit ein wesentliches Strukturmerkmal zahlreicher glasbildender anorganischer Stoffsysteme erfüllt, so daß ZrF_4 zumindest als Komponente von Gläsern geeignet erscheint.

Es sind inzwischen zahlreiche ternäre und quaternäre Fluoridgläser erschlossen worden, in denen ZrF_4 als Glasbildner fungiert, z. B. BaF_2-LaF_3-ZrF_4 [3.592, 593] und BaF_2-NdF_3-ZrF_4 oder BaF_2-ThF_4-ZrF_4 [3.594].

3.2.4. *Binäre nichtkristalline Verbindungen*

Wie die in Tab. 3.2. angegebene Zusammenstellung erkennen läßt, gibt es neben den glasbildenden bzw. amorph anfallenden Verbindungen mit Zuordnung zu kristallinen Modifikationen auch zahlreiche Substanzen mit definierter Zusammensetzung, die in einem unter Gleichgewichtsbedingungen aufgenommenen Phasendiagramm nicht in Erscheinung treten. Innerhalb der letzteren Gruppe sind Verbindungen, die sowohl durch Fällung als amorphe Niederschläge als auch aus der Schmelze und damit als Glas oder aus der Gasphase in Form amorpher Filme zugänglich sind, zu unterscheiden von solchen Substanzen, die ausschließlich im Ergebnis bestimmter chemischer Reaktionen erhalten werden können.

Tabelle 3.2. Binäre nichtkristalline anorganische Verbindungen

Verbindung	Fällung aus Lösungen, Zersetzung von Thio- oder Selenosalzen	In krist. Form bekannt	Im Phasendiagramm nachweisbar	Als kompaktes Glas bekannt	Als amorphe Schicht bekannt
GeS_2	+	+	+	+	+
$GeSe_2$	+	+	+	+	+
$GeSe_4$		—	—	+	+
$GeTe_2$		—	—	—	+
$GeTe_4$	—	+	—	+	+
As_2S_3	+	+	+	+	+
As_2Se_3		+	+	+	+
$AsSe_3$		—	—	+	+
As_2Te_3	—	+	+	+	—
Sb_2S_3	+	+	+	+	+
Sb_2Se_3	+	+	+	+	+
Sb_2S_5	+	—	—	—	—
Sb_2Se_5		—	—	—	—
As_2S_5	+	—	—	+	+
Ge_2S_3	+	—	—	+	+
Ge_2Se_3	+	—	—	+	+
V_2S_5	+	—	—	—	—
MoS_3	+	—	—	—	—
$MoSe_3$	+	—	—	—	—
WS_3	+	—	—	—	—
WSe_3	+	—	—	—	—
Re_2S_7	$H_2S + ReO_7$	—	—	—	—
RuS_2	$RuCl_3 + NH_4HS$	+	+	—	—
Fe_2S_3	$FeCl_3 + Na_2S \cdot 9\,H_2O$				

3.2.4.1. *Glasbildende Verbindungen und die Struktur der Schmelze*

Die in den vorangegangenen Kapiteln behandelten binären Systeme sind i. allg. durch die Bildung bestimmter Prototypen glasbildender Verbindungen (vgl. Tab. 2.10.) gekennzeichnet, deren Struktur zu den kristallinen Formen der betreffenden Substanz in enger Beziehung steht: SiO_2, GeO_2, GeS_2, $GeSe_2$, As_2S_3, As_2Te_3. Die Untersuchung der Glasstruktur vermittelt einen Zugang zur Struktur der Schmelze. Es wird eine weitgehende Übereinstimmung festgestellt. Lediglich beim kristallinen As_2Te_3 liegt ein Strukturmotiv vor, das sich in die zugehörige homologe Reihe nicht einfügt. Die Verbindungen geben sich durch ein Maximum oder eine Diskontinuität (verdecktes Maximum) im Verlauf der Liquidustemperatur zu erkennen und sind damit als solche im Phasendiagramm ausgewiesen.

Darüber hinaus kann aus der Zusammensetzungsabhängigkeit bestimmter Glaseigenschaften und deren Korrelation untereinander oder mit anderen Größen in bestimmten Zusammensetzungsgebieten auf die Ausbildung einer Nahordnungsstruktur in der Schmelze geschlossen werden, ohne daß sich ein derartiger Ordnungszustand zugleich auf den Verlauf der Liquids- und/oder Solidustemperatur auswirken muß. Homogene kristalline Phasen bilden sich in diesen Fällen nicht. Eine Ausnahme stellt offenbar $GeTe_4$ dar, eine Verbindung, die sich als metastabile Substanz zunächst bildet, bevor Zerfall in eine heterogene Mischung von GeTe und Te eintritt. Auf Grund der fehlenden Vergleichsmöglichkeiten mit kristallinen Zustandsformen sind die Aussagen zur Struktur häufig unsicher, wie z. B. bei den Gläsern $AsSe_3$ und $GeSe_4$. Die Nahordnungsstruktur $GeTe_{4/2}$ einer $GeTe_2$-Schmelze oder amorphen Schicht gleicher Zusammensetzung kann jedoch nach den experimentellen Befunden als gesichert gelten, obwohl sich aus dem Phasendiagramm keine Hinweise auf die Existenz einer solchen Verbindung ergeben.

Von besonderem Interesse sind Rückschlüsse auf die Flüssigkeitsstruktur im Bereich eutektischer Zusammensetzungen. Die Glasbildungstendenz weist gerade in diesen Gebieten häufig ein Maximum auf (vgl. 2.2.2.5. und 2.3.2.). Sowohl die glasbildenden Verbindungen $GeSe_4$ und $GeTe_4$ als auch Ge_2S_3 und Ge_2Se_3 befinden sich bezüglich ihrer Zusammensetzung in der Nähe der entsprechenden Eutektika. Eutektische Zusammensetzungsbereiche werden aber allgemein gerade als die Verneinung der Ausbildung einer einheitlichen definierten Verbindung begriffen.

Man kann den konstanten Schmelzpunkt einer eutektischen Mischung andrerseits durchaus auf den isothermen Ablauf einer Festkörperreaktion zurückführen, bei der sich die Komponenten des heterogenen Gefüges zu einer neuen Verbindung vereinigen, für die eine regellose Anordnung von Nahordnungsbereichen in der Schmelze zutrifft. Es ist ohne weiteres vorstellbar, daß sich für die aperiodische Packung von Baugruppen, z. B. aus Symmetriegründen und zugleich aus energetischer Sicht eine relativ hohe thermodynamische Stabilität ergeben kann. Das System verharrt daher bis zu relativ tiefen Temperaturen in diesem Zustand. Erst unterhalb der eutektischen Schmelztemperatur erfolgt Zerfall in zwei oder mehrere verschiedene kristalline Phasen. So gesehen, können tief schmelzende Eutektika als ein Hinweis auf die Ausbildung einer relativ geordnete Flüssigkeitsstruktur mit definierten Nahordnungsbereichen aufgefaßt werden. Die eutektische Temperatur erscheint dann als der für die flüssige Verbindung charakteristische Zersetzungspunkt. Die tief liegenden Eutektika der metallischen Systeme mit Glasbildung (vgl. Abb. 3.2.) lassen gleichfalls auf eine Flüssigkeitsstruktur mit Verbindungscharakter schließen (vgl. 3.1.1.2.).

Als besonders problematisch erscheint die Strukturaufklärung in all den Fällen, in denen sich weder aus der Korrelation zwischen der Zusammensetzung und irgendeiner Eigenschaft oder durch Vergleich mit analogen Substanzen Anhaltspunkte ergeben und die direkten Methoden, z. B. molekülspektroskopische Untersuchungen oder Beugungsmessungen mehrdeutig sind. Offenbar liegt im glasartigen As_2S_5 eine solche Situation vor (vgl. 3.2.1.4.). Die Verbindung ist wie Sb_2S_5 als amorpher Niederschlag fällbar und gehört zusammen mit zahlreichen weiteren Sulfiden und Seleniden zu den seit langem bekannten „einfachen" anorganischen Verbindungen.

3.2.4.2. *Amorphe Verbindungen*

Zu den amorphen Verbindungen, die nur durch Fällung mit H_2S bzw. aus ihren Thio- bzw. Selenosalzlösungen oder z. B. durch thermische Zersetzung der entsprechenden Ammoniumsalze zugänglich sind, gehören neben Sb_2S_5 und Sb_2Se_5 zahlreiche Übergangsmetallchalkogenide (Tab. 3.2.).

Entgegen früheren Annahmen liegen in den Substanzen definierte Verbindungen vor. Röntgen-Radialverteilungsmessungen am MoS_3, $MoSe_3$ und WS_3 führten zunächst zur Annahme von Nahordnungsbereichen, in denen 3 Mo- bzw. W-Atome wie in einem Metallcluster über Chalkogenatome verbunden sind [3.595]. Analoge Untersuchungen mit höherem Auflösungsvermögen unter Einbeziehung von ESCA-Messungen gestatten, die Substanzen bezüglich ihrer Nahordnungsstruktur in die Reihe der kristallinen Chalkogenide MX_3 (M = Ti, Zr, Hf, Th, Nb, Ta, X = S, Se, Te) einzuordnen [3.596]. In ihnen sind die M-Atome trigonal-prismatisch von 6 X-Atomen umgeben und die Baueinheiten über jeweils 3 Chalkogenatome zu starren Säulen verknüpft: $\frac{1}{\infty}$ $MX_{6/2}$. Zwischen den Prismensäulen bestehen weitere Bindungsbeziehungen [3.597]. Die amorphe Struktur resultiert offenbar aus der stochastischen Verteilung von Disulfidgruppen in den $MX_{6/2}$-Koordinationspolyedern [3.806]. Die Verbindungen weisen auf Grund ihrer amorphen Struktur eine große Oberfläche auf und sind als Katoden in elektrochemischen Li-Zellen auf der Basis nichtwäßriger Lösungsmittel von potentiellem Interesse. Bis zu 3,8 Li-Atome werden pro MoS_3-Einheit reversibel aufgenommen, woraus eine hohe Energiedichte resultiert [3.598].

Amorphes V_2S_5 wurde gleichfalls strukturanalytisch untersucht [3.599]. Bemerkenswert ist die Bildung von amorphem RuS_2 aus $RuCl_3$ und NH_4HS in 2-Methoxyethyl-ether, eine Substanz, in der das Ruthenium zweiwertig vorliegt. Oberhalb 623 K setzt Kristallisation ein unter Bildung des Pyrit-Gittertyps [3.600]. Über EXAFS-Messungen am amorphen Eisen(III)sulfid berichtet Diemann [3.601].

3.3. Ternäre glasbildende Chalkogenidsysteme

Die große Mannigfaltigkeit möglicher Kombinationen verlangt eine Eingrenzung auf wesentliche Systeme. Oxidchalkogenidgläser und Chalkogenidgläser mit Halogenen als Drittkomponente werden vorangestellt, wobei bezüglich der für moderne Optikentwicklungen bedeutsamen Oxidfluoridgläser auf Literaturzitate verwiesen wird [3.602—604].

Die ternären Chalkogenidgläser werden in drei Gruppen abgehandelt, nach Gläsern mit zwei verschiedenen Chalkogenkomponenten, zwei Elementen der gleichen Hauptgruppe und einem Chalkogen und Kombinationen von je einem infrage kommenden Element der 4., 5. und 6. Hauptgruppe. Die Darlegungen sind überwiegend durch eine beschreibende Darstellung gekennzeichnet. Eine Rückführung makroskopischer Eigenschaften auf Vorgänge im mikroskopischen Bereich ist auf Grund der strukturchemischen Komplexität in derartigen Stoffsystemen bisher kaum gegeben.

3.3.1. *Oxidchalkogenidgläser*

Auf Grund der im allgemeinen wenig ausgeprägten kristallchemischen Verwandtschaft zwischen Oxiden und Sulfiden sind Oxidchalkogenidgläser generell von nachgeordneter Bedeutung. In pyrometallurgischen Prozessen wird die vielfach ausgedehnte Mischungslücke in Oxidchalkogenidsystemen zur Trennung ausgenutzt, wenngleich die Restlöslichkeit der einen Phase in der anderen nicht selten gerade für die Wirtschaftlichkeit eines Verfahrens ausschlaggebend ist.

Andrerseits ist unverkennbar, daß Oxidchalkogenidsysteme bisher weitaus weniger systematisch untersucht wurden. Welch hochsymmetrische Strukturen hier möglich sind, zeigt z. B. das Polyanion $Sn_{10}O_4S_{20}^{8-}$, in dem 10 eckenverknüpfte $[SnS_4]$-Tetraeder zu einem größeren tetraedrischen Anion verbunden sind, in dessen 4 Oktaederlücken sich die Sauerstoffionen einfügen [3.605].

Zu den Oxidchalkogenidsystemen gehören auch die Steilkantenanlauffarbgläser, die z. B. einige zehntel Prozent CdS oder CdSe in einem Grundglas zunächst homogen gelöst enthalten. Beim anschließenden Tempern erfolgt feindisperse Ausscheidung, wobei die Absorptionskante aus dem UV- in den sichtbaren Spektralbereich wandert und sich auf einen für den Dotanden charakteristischen Wert einstellt [1.9, 3.606].

In den Systemen Na_2S-B_2O_3 und Na_2S-SiO_2 ist bis zu einem Gehalt von 40 bzw. etwa 50 mol% Na_2S Glasbildung möglich [3.607]. Der Ursprung der teilweise auftretende Färbungen wird auf verschiedene Polysulfidionen zurückgeführt [3.608].

Untersuchungen zum Einbau von Oxiden in Arsenchalkogenidgläser, z. B. von Sb_2O_3 oder PbO in As_2S_3-As_2Se_3-Gläser wurden bereits frühzeitig von Schilo und Kolomiec [3.609] durchgeführt. Eine Übersicht mit Angaben über weitere Systeme, z. B. As_2S_3-As_2Se_3 mit HgO oder CuO, As_2Se_3-$GeSe_2$-HgO, As_2Se_3-Sb_2Se_3-Sb_2O_3, As_2Se_3-$AsTe_3$-CuO und As_2Se_3-As_2Te_3-Sb_2O_3 gibt Kolomiec [3.610]. Die elektrischen Eigenschaften von Gläsern As_2Se_3-As_2O_3, As_2Se_3-SeO_2, As_2Se_3-CuO, As_2Se_3-CdO und As_2Se_3-V_2O_5 wurden von Minami u. M. [3.611, 612] untersucht.

3.3.2. *Halogenhaltige Chalkogenidgläser*

Von den insgesamt 18 ternären Kombinationen, die sich aus den jeweils drei verschiedenen Arsen- und Germaniumchalkogenidsystemen durch Hinzunahme von Chlor, Brom oder Jod ableiten, sind vor allem die Arsensulfidhalogenide und die Jod enthaltenden Systeme auf ihr Glasbildungsverhalten hin untersucht worden. Antimonchalkogenide bilden mit Halogenen gleichfalls Gläser. Hier hat das System Sb-S-J offenbar im Zusammenhang mit den ferroelektrischen Eigenschaften von SbSJ ein Interesse gefunden.

Bei der Substitution von Chalkogenatomen durch Halogene wird der mittlere Vernetzungsgrad der Gläser herabgesetzt, so daß sich die Transformationstemperatur stark erniedrigt. Man erhält Schmelzen, die teilweise erst unterhalb Raumtemperatur glasartig erstarren. Es ergeben sich ausgedehnte Glasbildungsgebiete:

As-S-Cl ,	bis 10 mol% Cl ,	$T_G \approx 410$ K	[3.613]
As-S-Br ,	bis 50 mol% Br ,	$T_G \approx 213$ K	[3.614]
As-S-J ,	bis 30 mol% J ,	$T_G \approx 256$ K	[3.615]
Ge-S-J ,	bis 50 mol% J ,	$T_G < 298$ K	[3.616]
As-Se-J ,	bis 40 mol% J ,	$T_G < 298$ K	[1.22, 3.617]
Ge-Se-J ,	bis 50 mol% J ,	$T_G < 298$ K	[3.618] .

Formal lassen sich die Verbindungen AsXY, z. B. AsSJ und $GeXY_2$, z. B. $GeSJ_2$, mit den zweibindigen Gruppierungen -AsJ- und GeJ_2- als Pseudochalkogenkomponenten auffassen, wodurch die ausgedehnten Glasbildungsgebiete, die derartige Zusammensetzungen in der Regel einschließen, eine zwanglose Erklärung finden.

3.3.2.1. *As-Te-J- und Ge-Te-J-Gläser*

Abbildung 3.46. zeigt die Glasbildungsgrenzen in den beiden ternären Systemen, wie sie durch Anwendung einer Abkühlrate von etwa 10 K · s^{-1} festgestellt werden. Man erkennt

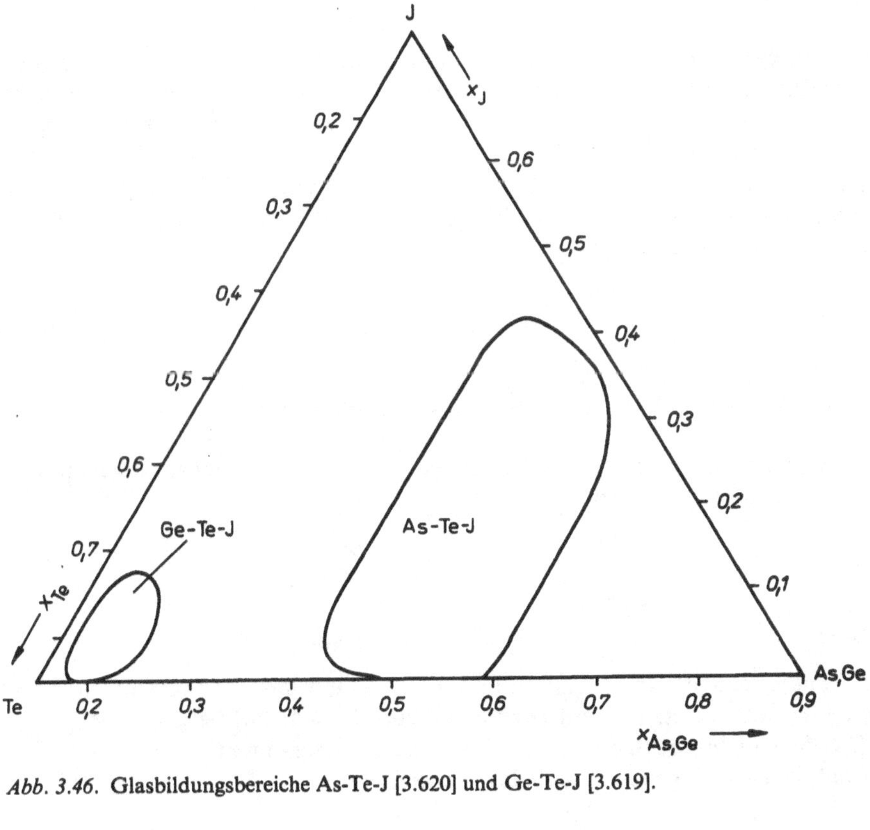

Abb. 3.46. Glasbildungsbereiche As-Te-J [3.620] und Ge-Te-J [3.619].

die kristallisationshemmende Wirkung der Jodzusätze. Ausgehend von den Zusammensetzungsgebieten mit erhöhter Glasbildungstendenz in den binären Systemen As-Te (3.2.1.6.) und Ge-Te (3.2.2.6.) werden mit Jod als Drittkomponente in den eingerahmten Feldern Gläser erhalten. Die T_G-Werte im Ge-Te-J-System betragen etwa 393 K [3.619]. Im As-Te-J-System werden erst oberhalb 30 mol% J T_G-Werte <373 K gemessen [3.620].

Die Gläser sind insbesondere auf Grund ihrer elektrischen Eigenschaften näher untersucht worden. Die Leitfähigkeit erreicht in Te-reichen und J-armen Glasproben Werte von $3 \cdot 10^{-3}\,\Omega^{-1}\,\text{cm}^{-1}$ bei 298 K, wobei die thermische Aktivierungsenergie 0,36 eV beträgt [3.614, 620]. Der SEEBECK-Koeffizient erreicht Werte bis zu 4,3 mV/K [3.621].

An As-Te-J-Gläsern wurde frühzeitig nichtlineares Strom-Spannungsverhalten mit einem sich im Bereich hoher Feldstärken anschließenden Schalteffekt festgestellt. Dabei wird ein Übergang vom hochohmigen halbleitenden in einen niederohmigen Zustand beobachtet [3.614, 621], (vgl. 4.1.3.7.).

Die Leitfähigkeit der Ge-Te-J-Gläser ist trotz des größeren Te-Gehalts geringer. Sie liegt bei Raumtemperatur in der Größenordnung von $10^{-6}\,\Omega^{-1}\,\text{cm}^{-1}$ ($E_\sigma = 0{,}95$ eV).

3.3.2.2. *SbSJ*

SbSJ ist ein hochohmiger ferroelektrischer Halbleiter mit einem Phasenumwandlungspunkt von 292,3 K. Die Dielektrizitätskonstante hat im paraelektrischen Zustand wenig oberhalb der Umwandlungstemperatur einen Wert von etwa 10^4. Das Zustandsdiagramm Sb_2S_3-SbJ_3 wurde von RJASANTSEV u. M. [3.622] aufgenommen. Der Glasbildungsbereich bezieht die Verbindung SbSJ nicht ein [3.623]. Es ist auch über Glasbildung im quaternären System Ge-Sb-S-J berichtet worden [3.624]. Ein Glas der Zusammensetzung SbSJ · GeS_2 hat z. B. einen T_G-Wert von 523 K.

3.3.3. *Ternäre Chalkogenidgläser mit zwei verschiedenen Chalkogenkomponenten*

Aus den in 3.2. behandelten binären Sulfid-, Selenid- und Telluridsystemen ergeben sich die folgenden ternären Kombinationen:

P-S-Se	P-S-Te	P-Se-Te
As-S-Se	**As-S-Te**	**As-Se-Te**
Si-S-Se	Si-S-Te	Si-Se-Te
Ge-S-Se	**Ge-S-Te**	**Ge-Se-Te**

Die Si oder P enthaltenden Gläser wurden bisher auf Grund ihrer geringen chemischen Beständigkeit wenig untersucht. Phasenbeziehungen zum System P-S-Se geben MONTELL und VINCENT [3.625] in mehreren Schnitten an. Die ternären Arsen- und Germaniumchalkogenidsysteme sind dagegen eingehend bearbeitet worden.

3.3.3.1. *Glasbildung und Eigenschaften in den Systemen As-S-Se, As-S-Te und As-Se-Te*

Glasbildungsbereiche

In Abb. 3.47. sind die Glasbildungsbereiche As-Se-S [3.215] und As-Se-Te [3.626] wiedergegeben. Sie gelten für eine Abkühlrate von etwa 10 K · s^{-1}. As-S-Te-Gläser sind gleichfalls untersucht worden [3.627]. Das Glasbildungsgebiet ist auf Grund von Phasentrennungserscheinungen auf Zusammensetzungen mit hohem As_2S_3-Anteil eingeschränkt.

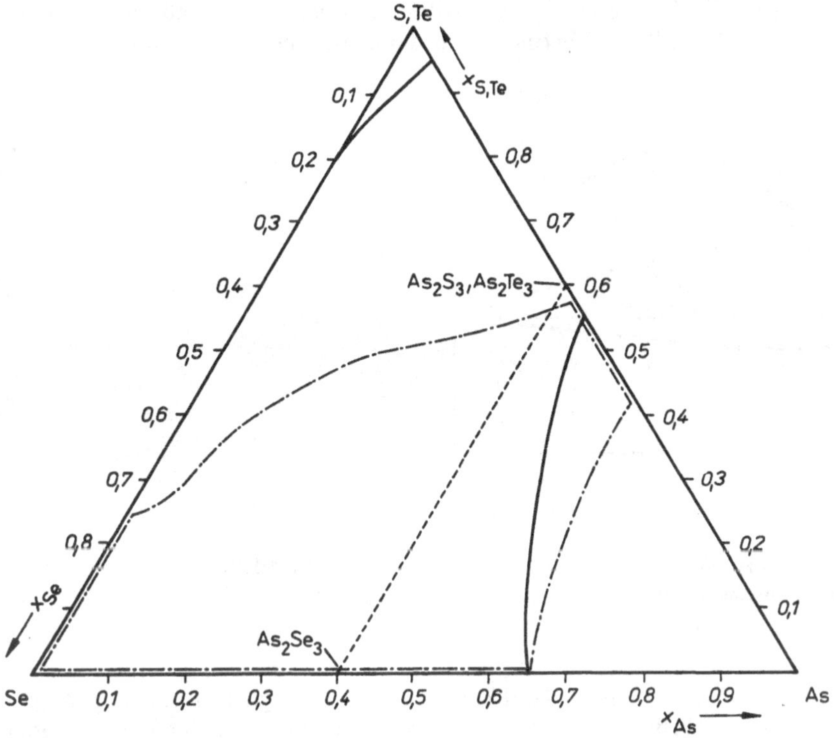

Abb. 3.47. Glasbildungsbereiche in den Systemen As-S-Se und As-Se-Te.

Struktur der Gläser

Für den strukturellen Aufbau der Gläser ist die Annahme von Nahordnungsbereichen naheliegend, wie sie für die binären Arsenchalkogenidsysteme in 3.2.1.4. bis 3.2.1.6. diskutiert wurden. Die Transformationstemperaturen steigen mit wachsendem As-Gehalt auf Gund der zunehmenden Vernetzung durch $AsSe_{3/2}$- und $AsTe_{3/2}$-Baugruppen an und erreichen in den Reihen $(As_2Se_3)_y(As_2S_3)_{1-y}$ und $(As_2Te_3)_y(As_2Se_3)_{1-y}$ Maximalwerte, um bei weiterer Erhöhung der As-Konzentration wieder abzufallen [3.626, 628], d. h. etwa entlang der in Abb. 3.47. eingezeichneten Linie weisen die Gläser den höchsten T_G-Wert auf. Für As-S-Te-Gläser wurden T_G-Werte und Ausdehnungskoeffizienten von Minami u. M. [3.629] in Abhängigkeit von der Zusammensetzung angegeben.

Auf Grund der weitreichenden Isomorphiebeziehungen in gemischten Chalkogenidsystemen, z. B. auch der Elemente S_xSe_{1-x} (3.1.3.1.) und Te_xSe_{1-x} (3.1.3.3.), wird man davon ausgehen können, daß sich die Chalkogenatome in Strukturbereichen mit kettenartiger Verknüpfung gegenseitig in annähernd statistischer Verteilung vertreten. Im System As_2S_3-As_2Se_3 liegt nach Šukov u. M. [3.630] lückenlose Mischkristallbildung vor. Nach Röntgen- und Neutronenbeugungsmessungen, die Smith u. M. [3.382] an $As_2(S_xSe_{1-x})_3$-Einkristallen im Bereich $0 < x < 0{,}5$ durchgeführt haben, ist die Mischkristallbildung jedoch durch eine bevorzugte Substitution von Se-Atomen durch S-Atome in den As-Se-Ketten mit den kürzeren Bindungsabständen gekennzeichnet, d. h. es ist hier eine über die statistische Mischung hinausgehende Wechselwirkung vorhanden. Die geringe negative Abweichung der mittleren Molvolumina von der Additivität nach Abb. 3.48. in der Reihe der Gläser $(As_2S_3)_{1-y}(As_2Se_3)_y$ [2.343] befindet sich damit in Übereinstimmung.

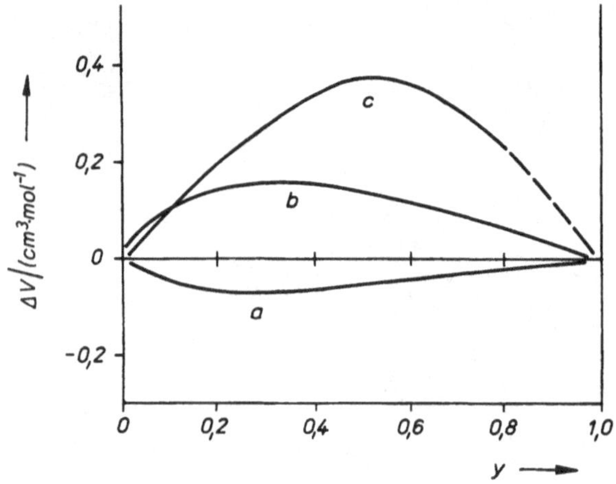

Abb. 3.48. Abweichungen des mittleren atomaren Molvolumens ΔV von der Additivität der Molvolumina der Komponenten in den Reihen (*a*) — $(As_2S_3)_{1-y}(As_2Se_3)_y$ und (*b*) — $(Ge_2S_3)_{1-y}(Ge_2Se_3)_y$ nach [2.343] und (*c*) — $(As_2Se_3)_{1-y}(As_2Te_3)_y$ nach [1.22].

Im System $(As_2Te_3)_y(As_2Se_3)_{1-y}$ zeigt das Phasendiagramm ausgehend von den in verschiedenen Gittertypen kristallisierenden reinen Verbindungen nur bis zu einem bestimmten Gehalt der jeweils anderen Komponente Mischkristallbildung. Im mittleren Bereich liegt eine breite Mischungslücke vor [3.631]. Die Schmelzen und Gläser sind homogen und lassen keine Phasentrennung erkennen. Ihre aus der Dichte berechneten Molvolumina ergeben jedoch die für Systeme mit Mischungslücke typische positive Abweichung von der Additivität [2.343]. Der in Abb. 3.48. angegebene Kurvenverlauf weist darauf hin, daß hier die $AsSe_{3/2}$- und $AsTe_{3/2}$-Baugruppen zumindest teilweise in Gestalt größerer Assoziate nebeneinander vorliegen, Baugruppen mit gemischten Chalkogenatomen also statistisch unterrepräsentiert sind.

Die IR-Reflexionsspektren der Gläser $(As_2S_3)_{1-y}(As_2Se_3)_y$ enthalten die für As-S-Schwingungen charakteristische Bande bei 310 cm^{-1} neben der für As-Se-Bindungen typischen Bande bei 220 cm^{-1} [2.253]. Es handelt sich um die antisymmetrische Valenzschwingung $\nu_3(E)$ der $AsX_{3/2}$-Baugruppen. Die Oszillatorstärke variiert in beiden Fällen linear mit dem Molenbruch. In den IR-Reflexionsspektren der Gläser $(As_2Te_3)_y(As_2Se_3)_{1-y}$ treten die entsprechenden Banden bei 184 cm^{-1} und 218 cm^{-1} auf [2.353].

Eigenschaften

Angaben zur Temperaturabhängigkeit der Viskosität der Gläser und Schmelzen liegen in der Literatur für das System As-Se-Te [3.626] sowie für die Reihen As_2Te_3-As_2Se_3 [1.20] und As_2S_3-As_2Se_3 [3.637] vor. Die Änderung der elastischen Eigenschaften mit der Zusammensetzung findet man für die letztere Reihe in [3.633] angegeben. Von CORNET [3.626] wurde im As-Se-Te-Glasbildungssystem auch der thermische Ausdehnungskoeffizient an einer Vielzahl verschiedener Gläser gemessen.

Breite Aufmerksamkeit haben die optischen sowie insbesondere die elektrischen Eigenschaften der Gläser gefunden. KOLOMIEC [1.20] und EDMOND [3.634] geben für beide Reihen die Änderung des optischen Bandkantenabstandes in Abhängigkeit von der Zusammensetzung an. Ausgehend von dem im sichtbaren Spektralbereich transparenten roten As_2S_3-Glas erfährt die Bandlücke mit wachsendem As_2Se_3-Gehalt eine langwellige Verschiebung, und beim Einbau von As_2Te_3 in glasartiges As_2Se_3 wird bei der Zusammensetzung $(As_2Te_3)_{0,75}(As_2Se_3)_{0,25}$ das Maximum der Photoleitfähigkeit bei etwa 1 eV gefunden [1.20].

Die elektrische Leitfähigkeit ist in den Reihen $As_{0,4}S_{0,6-x}Se_x$ und $As_{0,4}Se_{0,6-x}Te_x$ wiederholt untersucht worden [3.628, 634, 635]. Umfangreiche Messungen zur Gleich- und teilweise zur Wechselstromleitfähigkeit von As-Se-Te-Gläsern wurden von OWEN und ROBERTSON [3.636] sowie von MINAMI u. M. [3.637] vorgenommen.

In Abb. 3.49. sind die Werte der thermischen Aktivierungsenergie E_σ zusammen mit den DK-Werten ε_r und der Molpolarisation P_V sowie die mittleren atomaren Molvolumina V nach [3.261] in Abhängigkeit von der Zusammensetzung aufgetragen.

Man erkennt, daß sich mit der Einführung der schweren Chalkogene der Bandkantenabstand verringert. Im gesamten Bereich der As-Se-Te-Glasbildung überstreicht die Gleichstromleitfähigkeit ein Intervall von 11 Größenordnungen. Te-reiche Gläser haben daher als

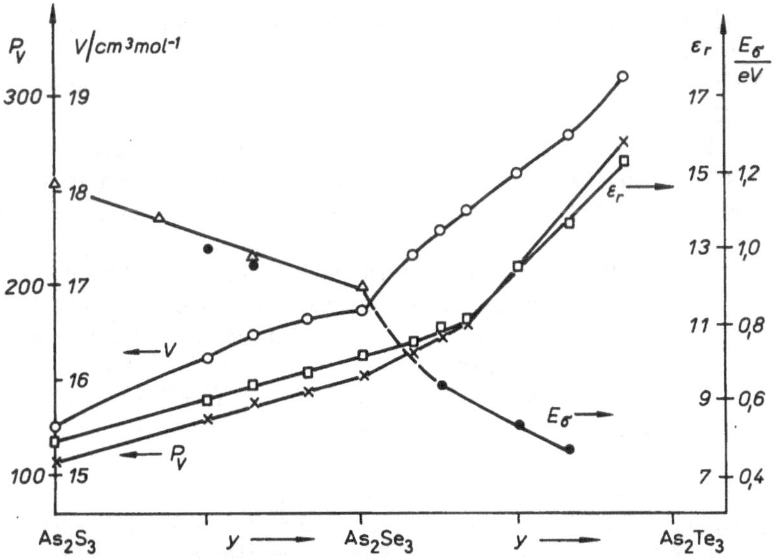

Abb. 3.49. Aktivierungsenergie der Leitfähigkeit E_σ, Dielektrizitätskonstante ε_r, Molpolarisation P_V und Molvolumen in den Glasbildungssystemen $(As_2Se_3)_y\,(As_2S_3)_{1-y}$ und $(As_2Te_3)_y\,(As_2Se_3)_{1-y}$.

Modellsubstanzen zur Untersuchung grundlegender Zusammenhänge des Ladungstransports in Chalkogenidgläsern ein besonderes Interesse gefunden. Leitfähigkeitsmessungen lassen sich hier auch auf tiefe Temperaturen ausdehnen (vgl. 4.1.3.1.).

Hulls und McMillan [3.638] fanden sowohl an Se-Te- als auch an As-Te-Gläsern im Bereich tiefer Temperaturen einen Übergang zu kleineren Werten der thermischen Aktivierungsenergie, was als ein Wechsel von der Bandleitung zu einem überwiegend durch Elektronensprungprozesse in den Bandausläufern zu beschreibenden Ladungstransport erklärt werden kann. Hall-Effektmessungen wurden gleichfalls in dieser Weise interpretiert [3.639]. Thermokraft-Untersuchungen liegen in der Literatur gleichfalls vor [3.640]. Nach Driftbeweglichkeitsmessungen ist μ_p in As-Se-Te-Gläsern um etwa eine Zehnerpotenz größer als μ_n [3.641].

3.3.3.2. *Glasbildung und Eigenschaften in den Systemen Ge-S-Se, Ge-S-Te und Ge-Se-Te*

Ge-S-Se-Gläser

Im System Ge-S-Se ist die Ausdehnung des Glasbildungsgebietes auf Grund der in 3.2.2.4. und 3.2.2.5. beschriebenen Struktur- und Bindungsverhältnisse relativ einfach zu übersehen. Für den strukturellen Aufbau der Gläser ist eine weitgehend isomorphe Vertretbarkeit der Baugruppen zu erwarten. $GeS_{4/2}$- und $GeSe_{4/2}$-Nahordnungsbereiche bzw. die durch Chalkogenaustausch entstehenden Baugruppen mit verschiedenen Chalkogenatomen sollten durch Chalkogenketten unterschiedlicher Länge verbrückt sein und in der Reihe $(GeS_2)_y(GeSe_2)_{1-y}$ in unmittelbarer Verknüpfung untereinander eine Raumnetzstruktur ausbilden.

IR-Reflexionsspektren von Lucovsky u. M. [3.642] lassen die Überlagerung der für $GeS_{4/2}$- und $GeSe_{4/2}$-Baugruppen charakteristischen Banden bei 367 cm^{-1} (ν_3, F_2) und 160 cm^{-1} (ν_2, E) bzw. 254 cm^{-1} (ν_3, F_2) und 100 cm^{-1} (ν_2, E) erkennen. Für Struktureinheiten mit verschiedenen Chalkogenatomen in der ersten Koordinationssphäre zerfällt die antisymmetrische Valenzschwingung in eine für Ge-S- und eine für Ge-Se-Bindungen charakteristische Bande. Die Oszillatorstärke ändert sich mit dem Molenbruch etwa linear. Ob für die Ge-S- und Ge-Se-Bindungen statistische Gleichverteilung besteht oder $GeS_{4/2}$- und $GeSe_{4/2}$-Baugruppen nebeneinander vorliegen bzw. inwieweit bestimmte gemischte Baugruppen eine partielle Bevorzugung erfahren, läßt sich aus den Molekülspektren allein nicht ableiten.

Im Glasbildungsgebiet mit S- bzw. Se-Überschuß ist zu beachten, daß Proben der Zusammensetzung $GeSe_4$ einen relativ hohen Ordnungsgrad aufweisen (vgl. 3.2.2.4.), während im GeS_4-Glas S-Ketten unterschiedlicher Länge mit Strukturbereichen koexistieren, in denen mehrere $GeS_{4/2}$-Baugruppen miteinander verknüpft sind (vgl. 3.2.2.3.). In der Reihe $(GeS_4)_y(GeSe_4)_{1-y}$ sollte die Tendenz zur Separation mit fallendem Molenbruch y abnehmen und sich ein Übergang zu größerer Einheitlichkeit im strukturellen Aufbau der ternären Gläser ergeben.

Erhöht man den Ge-Gehalt über die Zusammensetzung Ge(S, Se)$_2$ hinaus, wird die Kristallisationsneigung der Schmelzen stark gefördert. Diese Beobachtung gilt für die beiden begrenzenden binären Systeme Ge_xS_{1-x} und Ge_xSe_{1-x}, wurde aber offenbar für die ternäre Kombination im Bereich $x > 0{,}33$ bisher noch nicht überprüft, so daß die Frage offen ist, ob z. B. in der Mitte des Glasbildungsbereichs eine Verbindung zum zweiten Glasbildungsgebiet besteht, das sich etwa um die Probenreihe $(Ge_2S_3)_y(Ge_2Se_3)_{1-y}$ ($x = 0{,}4$) erstreckt. Für diese Gläser ist die Annahme einer Raumnetzstruktur dreidimensional vernetzter $Ge_2S_{6/2}$- und $Ge_2Se_{6/2}$-Baugruppen bzw. entsprechender Einheiten mit verschiedenen Chalkogenatomen begründet worden (3.2.2.4. und 3.2.2.5.). Die Kurve der mittleren atomaren Molvolumina zeigt in der Reihe der Gläser $(Ge_2S_3)_y(Ge_2Se_3)_{1-y}$ eine geringe positive Abweichung von der Additivität [2.343]. Die Transformationstemperaturen unterscheiden sich für die Endgläser nur um etwa 20 °C und ergeben etwa einen linearen Zusammenhang.

Ge-S-Te-Gläser

Das Phasendiagramm des ternären Systems wurde von Maneglier-Lacordaire u. M. [3.643] aufgenommen. Die Kombinationen GeS-GeTe und GeS_2-GeTe ergeben einfache eutektische Systeme, und bei der Zusammensetzung $(GeTe)_{0,328}(GeS)_{0,10}(GeS_2)_{0,572}$ wird ein bei 807 K schmelzendes Eutektikum gefunden. Nach Brau [3.644] sind in diesem Bereich homogene Gläser zugänglich. Eine sorgfältige Bestimmung der Glasbildungsgrenzen steht in diesem System bisher noch aus.

Ge-Se-Te-Gläser

Das Phasendiagramm des ternären Systems ist von Bordas u. M. [3.645] untersucht worden. Die Kombination $GeSe_2$-GeTe ist durch ein einfaches eutektisches Schmelzverhalten gekennzeichnet. GeSe und GeTe bilden in weiten Konzentrationsgrenzen Mischkristalle, wobei sich jeweils die eine Komponente im Kristallgitter der anderen löst und sich im mittleren Konzentrationsbereich unterhalb des Eutektikums mit abnehmender Temperatur eine Mischungslücke ergibt [3.646].

Im Unterschied zum GeS_2-Te-System, für das homogene Löslichkeit in der Schmelze und ein auf der Te-reichen Seite liegendes Eutektikum festgestellt wurde [3.643], tritt im System $GeSe_2$-Te bereits in der Schmelze ein breites Entmischungsgebiet auf [3.645, 647, 648]. Ein ternäres Eutektikum E_1 im Bereich hohen Te-Gehalts entspricht der Zusammensetzung $Ge_{0,19}Se_{0,09}Te_{0,72}$ (Schmelzpunkt 633 K). Ein zweites E_2 liegt bei der Zusammensetzung $Ge_{0,44}Se_{0,4}Te_{0,16}$ bzw. $(GeTe)_{0,364}(GeSe)_{0,364}(GeSe_2)_{0,172}$ mit einem Schmelzpunkt von 751 K im Feld der Kombinationen der binären Verbindungen. Beide sind durch eine Linie minimaler Liquidustemperatur miteinander verbunden. Der Glasbildungsbereich folgt etwa dieser eutektischen Linie (Abb. 3.50.). Ein zweites Glasbildungsgebiet befindet sich auf der chalkogenreichen Seite. Beide sind durch Schmelzen des pseudobinären Systems $GeSe_2$-Te getrennt, die bei hohem $GeSe_2$-Gehalt stark zur Kristallisation neigen und zwischen 28 und 86 mol% Te in zwei flüssige Phasen zerfallen.

Der Glasbildungsbereich ist in Abb. 3.50. nach den Angaben verschiedener Autoren [3.286, 649] dargestellt. Die Eutektika E der beiden binären Systeme GeTe-Te und GeSe-$GeSe_2$ sind zusammen mit denen des ternären Systems E_1 und E_2 gleichfalls eingetragen. Die Glasbildungsgrenzen nach [3.286, 652] beziehen sich auf das Abschrecken von 1 g-Schmelzen in Eiswasser (Abkühlrate etwa $35\ K \cdot s^{-1}$). Kompakte Gläser in Ansätzen von einigen 10 g sind bei einer Abkühlrate von etwa $2\ K \cdot s^{-1}$ nach [3.649, 650] darstellbar. Man läßt die Ampullen dazu außerhalb des Ofens an der Luft abkühlen.

Die thermischen Eigenschaften der Gläser sind in der Literatur eingehend beschrieben worden. Umfangreiche Angaben zur Transformationstemperatur und zum Kristallisations-

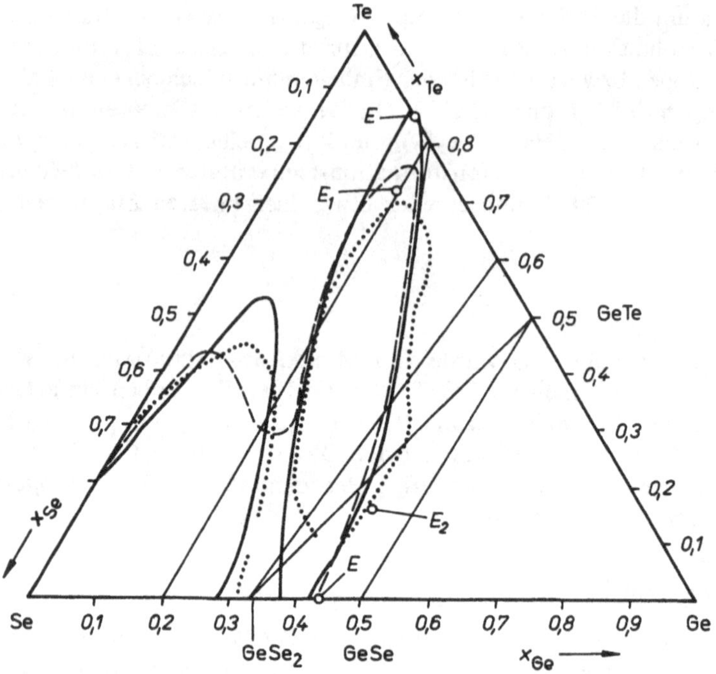

Abb. 3.50. Glasbildungsbereich im System Ge-Se-Te nach [3.286] (– – –), [3.652] (· · ·) und [3.649] (———), (E) – Eutektika in den binären Systemen GeTe-Te und GeSe-$GeSe_2$; (E_1, E_2) – Eutektika im ternären System (die Linie $GeSe_2$–„$GeTe_2$" (x = 0,67) ist nicht korrekt gezeichnet).

verhalten liegen in der Arbeit von SARRACH u. M. [3.286] vor. Auf die experimentellen Befunde zum Nachweis von $GeTe_{4/2}$-Nahordnungsbereichen in amorphen Schichten der Zusammensetzung $GeTe_2$ durch Untersuchung der Eigenschaften von Gläsern der Reihe $Ge_x(Te_{1-y}Se_y)_{1-x}$ wurde in 3.3.2.6. bereits eingegangen. Man hat danach anzunehmen, daß sich untereinander verknüpfte Chalkogenatome wie im Ge-Se-System erst im Bereich $x < 0{,}33$ am strukturellen Aufbau stärker beteiligen, d. h. auf der Verbindungsgeraden $(GeTe_2)_y(GeSe_2)_{1-y}$ der Abb. 3.50. bestehen die Gläser vermutlich überwiegend aus $GeTe_{4/2}$- und $GeSe_{4/2}$-Baugruppen bzw. den durch Austausch entstehenden Einheiten mit verschiedenen Chalkogenatomen. Der in den Gläsern der Zusammensetzung $GeSe_4$ und $GeTe_4$ festgestellte Ordnungszustand (vgl. 3.3.2.5. und 3.3.2.6.) gestattet in der Reihe $(GeTe_4)_y$ $(GeSe_4)_{1-y}$ in weiten Grenzen die Löslichkeit der einen Komponente in der anderen (Abb. 3.50.). In der Mitte tritt aber, wie Abb. 3.50. erkennen läßt, eine Mischungslücke auf, in der das System in kristalline Phasen zerfällt.

Keimbildung und Kristallisationsverhalten sind an Ge-Se-Te-Gläsern mit hohem Gehalt an Chalkogenen, insbesondere im Bereich des GeTe/Te Eutektikums, z. B. bei der Zusammensetzung $Ge_{0,2}Se_{0,4}Te_{0,4}$ [3.653] oder $Ge_{0,15}Se_{0,04}Te_{0,81}$ [3.652], sowohl an kompakten Proben als auch an amorphen Schichten im Zusammenhang mit der Beobachtung bistabiler Leitfähigkeitszustände untersucht worden (vgl. 4.1.3.7.). Über amorphe Ge-Se-Te Aufdampfschichten wird im Zusammenhang mit dem Ladungstransportverhalten im Bereich hoher Feldstärken berichtet (vgl. 4.1.3.6.).

3.3.4. *Ternäre Chalkogenidgläser mit zwei verschiedenen Elementen der 5. oder der 4. Hauptgruppe*

Aus der in 3.2. beschriebenen binären Sulfid-, Selenid- und Telluridsystemen leiten sich die folgenden ternären Kombinationen ab:

P-As-S	**P-As-Se**	P-As-Te
P-Sb-S	**P-Sb-Se**	P-Sb-Te
As-Sb-S	**As-Sb-Se**	As-Sb-Te
Si-Ge-S	Si-Ge-Se	**Si-Ge-Te**

Auf Grund der wenig ausgeprägten Glasbildungstendenz sind die Systeme P-As-Te, P-Sb-Te und As-Sb-Te von untergeordneter Bedeutung. Bei den Kombinationen mit Si und Ge treten dagegen die Sulfide und Selenide infolge Hydrolyseempfindlichkeit der Schmelzprodukte in den Hintergrund.

3.3.4.1. *P-As-S- und P-As-Se-Gläser*

Eine gründliche Untersuchung der Struktur-Eigenschaftsbeziehungen steht für diese Systeme aus. Über Glasbildung wurde gelegentlich berichtet [3.248, 563]. Nach Blachnik u. M. [3.257] sind P-As-Se-Gläser bis zu einer Zusammensetzung P_2As_2Se aus der Schmelze darstellbar. In dieser Arbeit werden die T_G-Werte von Gläsern in den Reihen $(P_{0,5}As_{0,5})_xS_{1-x}$ und $(P_{0,5}As_{0,5})Se_{1-x}$ sowie P_4Se_4-As_2Se_3 und P_4Se_3-As_2Se_3 mitgeteilt. Leitfähigkeitsdaten und Angaben zur Dichte und Mikrohärte von P-As-Se-Gläsern wurden von Borisova u. M. [3.177] veröffentlicht.

Die Käfigstrukturen der Phosphor- und Arsensulfide und -selenide (vgl. Abb. 3.28. und 3.31.) lassen die Bildung gemischter Verbindungen erwarten. Ein Beispiel dazu stellt die Verbindung $P_2As_2S_3$ dar. Sie wurde aus P_4S_3-As_2S_3-Schmelzen isoliert [3.348]. Die Struktur entspricht dem Aufbau der P_4S_3-Molekel mit einer As-As-Bindung. Eine P-P-Bindung liegt nicht vor (vgl. 3.2.1.3., 3.2.1.4.).

3.3.4.2. *P-Sb-Se-Gläser*

Der hohe Dampfdruck von P-S-Schmelzen bei den für ein Aufschmelzen von Sb_2S_3 erforderlichen Temperaturen grenzt die Darstellbarkeit von P-Sb-S-Gläsern auf relativ geringe Sb-Gehalte ein. Diese reichen für eine wesentliche Verbesserung der in binären Phosphorsulfidgläsern geringen thermischen und chemischen Beständigkeit nicht aus.

Glasbildung und Eigenschaften im System P-Sb-Se wurden von Linke [3.405] beschrieben. Wie aus Abb. 3.51.) hervorgeht, lassen sich entlang der Linie P_4Se_{10}-Sb_2Se_3 bis zu etwa 25 mol% P unter Bildung homogener Gläser einbauen (Abkühlrate etwa $2\ K \cdot s^{-1}$). Im P-reicheren Gebiet scheiden sich unter den Abkühlbedingungen niedere Phosphorselenide aus der Gasphase an der Ampullenwand ab, so daß die Glasbildungsgrenze hier nur unter Vorbehalt angegeben werden kann. Die Produkte der Primärkristallisation wurden im Diagramm mit ausgewiesen. Der Glasbildungsbereich ist wesentlich kleiner als im homologen As-Sb-Se-System.

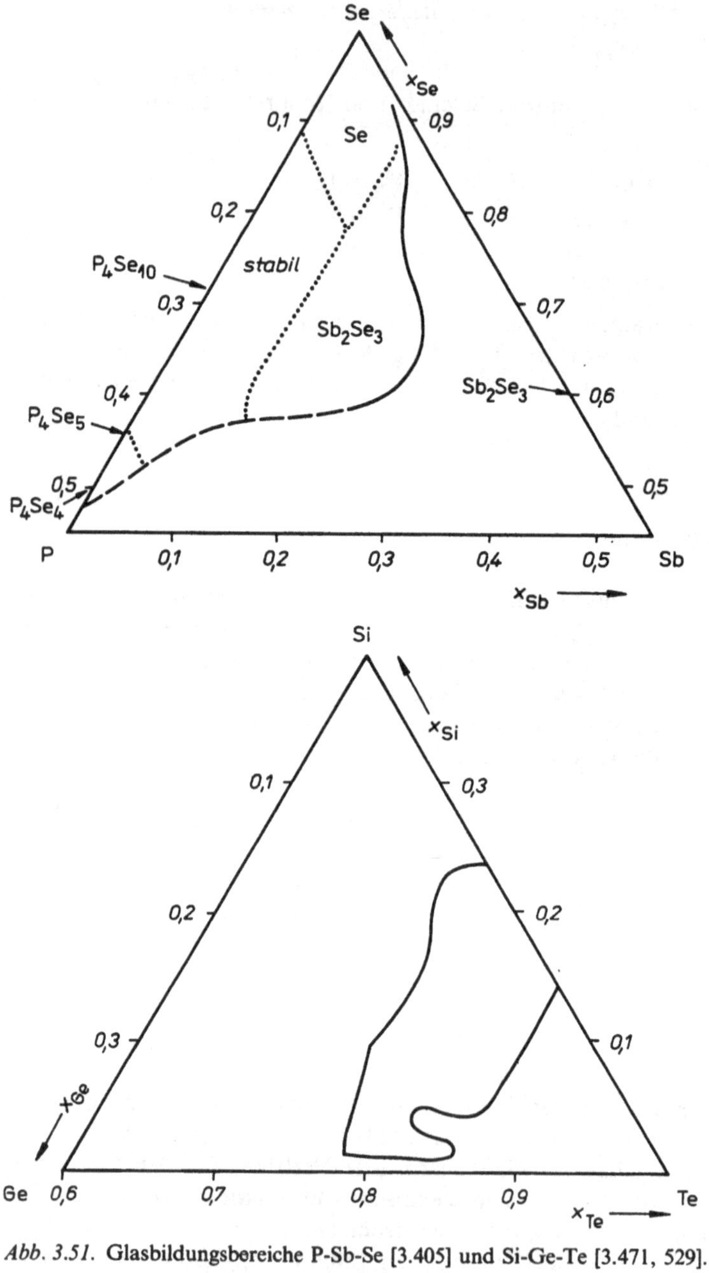

Abb. 3.51. Glasbildungsbereiche P-Sb-Se [3.405] und Si-Ge-Te [3.471, 529].

3.3.4.3. *As-Sb-S- und As-Sb-Se-Gläser*

Im System As-Sb-S hat der Glasbildungsbereich entlang der Verbindungsgeraden $(Sb_2S_3)_y(As_2S_3)_{1-y}$ seine größte Ausdehnung ($y \leqq 0{,}62$) [3.515]. Die Linie bildet zugleich etwa die Glasbildungsgrenze. Die Transformationstemperatur der Gläser steigt mit zunehmendem Sb_2S_3-Gehalt nur geringfügig an, der thermische Ausdehnungskoeffizient fällt dagegen etwas ab.

Die Eigenschaften von As-Sb-Se-Gläsern wurden gleichfalls überwiegend innerhalb der Probenreihe $(Sb_2Se_3)_y(As_2Se_3)_{1-y}$ untersucht. Die Glasbildungsgrenze wird mit $y = 0{,}45$ bis 0,5 angegeben [3.516]. Die thermische Aktivierungsenergie der Leitfähigkeit nimmt von 0,93 eV für As_2Se_3 auf 0,72 eV für ein Glas der Zusammensetzung $(As, Sb)_2Se_3$ ab. Die Werte korrespondieren mit dem aus Absorptionsmessungen ermittelten optischen Bandkantenabstand. Die T_G-Werte bleiben in der Reihe nahezu unverändert [3.562].

3.3.4.4. *Gläser im System Si-Ge-Te*

Wie aus Abb. 3.51.) ersichtlich, erstreckt sich der Glasbildungsbereich erwartungsgemäß zwischen den Glasbildungsgebieten der beiden in 3.2.2.2. und 3.2.2.6. beschriebenen binären Systeme [3.471, 529]. Auf Grund des eutektischen Schmelzverhaltens, das zahlreiche binäre Te-Legierungen im Bereich von etwa 80 mol% Te aufweisen, ist zu vermuten, daß die Glasbildung durch relativ niedrige Liquidustemperaturen entlang einer eutektischen Linie zwischen den beiden binären Systemen begünstigt wird. Die T_G-Werte fallen ausgehend von den Si-reichsten Gläsern des Si-Te-Systems mit zunehmendem Ge-Gehalt ab.

3.3.5. *Ternäre Chalkogenidgläser aus je einem Element der 4., 5. und 6. Hauptgruppe*

Die Verbindung der in 3.2.1.3. bis 3.2.1.7. beschriebenen binären Chalkogenidsysteme der Elemente der 5. Hauptgruppe mit den in 3.2.2.2. und 3.2.2.4. bis 3.2.2.6. behandelten Chalkogenidsystemen des Siliciums und Germaniums führt zu einer Reihe ternärer Elementkombinationen, die in zum Teil weit gesteckten Konzentrationsgrenzen stabile Gläser bilden. Das folgende Schema gibt dazu eine Übersicht:

		S	Se	Te
	P	Si-P-S	Si-P-Se	**Si-P-Te**
Si	As	Si-As-S	Si-As-Se	**Si-As-Te**
	Sb	Si-Sb-S	Si-Sb-Se	Si-Sb-Te
	P	**Ge-P-S**	**Ge-P-Se**	**Ge-P-Te**
Ge	As	**Ge-As-S**	**Ge-As-Se**	**Ge-As-Te**
	Sb	**Ge-Sb-S**	**Ge-Sb-Se**	Ge-Sb-Te

Die Vereinigung der Siliciumsulfide und -selenide mit Phosphor- oder Arsensulfiden bzw. -seleniden liefert wiederum Schmelzprodukte, die stark zur Hydrolyse neigen. Die Voraussetzungen zur Glasbildung sind auf Grund der großen Temperaturunterschiede im Schmelzverhalten der binären Verbindungen wenig günstig. Angaben zu den Glasbildungsbereichen Si-Sb-S und Si-Sb-Se liegen von HILTON u. M. [3.651] vor. Si-Sb-Te- und Ge-Sb-Te-Schmelzen ergeben unter den üblichen Abkühlbedingungen keine Gläser.

3.3.5.1. *Glasbildung in den Systemen Ge-P-S und Ge-P-Se*

Die Glasbildungsbereiche sind in Abb. 52. a) und b) angegeben. Ihre Untersuchung wurde erstmals von HILTON u. M. [3.651] im Zusammenhang mit der Erschließung neuer infrarotdurchlässiger Gläser möglichst hoher thermischer Stabilität aufgegriffen. Die relativ großen Werte der mittleren molaren Bindungsenergien, die die Verbindungen in diesen Systemen aufweisen lassen hohe Transformationstemperaturen erwarten. Für Gläser in dem in Abb. 52. a) markierten Bereich werden Werte bis zu 753 K angegeben.

Die Ausdehnung der Glasbildungsbereiche, wie sie von Hilton [3.651] für das Ge-P-S-System und von BORISOVA [1.22] sowie RADAUTSAN u. M. [3.654] für das System Ge-P-Se mitgeteilt werden, konnten nicht bestätigt werden. Schmelzen, deren P-Gehalt über die Zusammensetzung der Reihen GeS_2-P_4S_3 bzw. $GeSe_2$-P_4Se_3 hinausgeht, entwickeln in den unter Vakuum abgeschmolzenen Ampullen einen beträchtlichen Dampfdruck niederer Phosphorchalkogenide. Letztere scheiden sich beim Abkühlen auf dem kompakten Schmelzkörper sowie an der Innenwand ab, und beim Öffnen der Ampulle erfolgt spontane Entzündung, so daß einheitliche Gläser mit definierter Zusammensetzung in diesem Gebiet nicht ohne weiteres zugänglich sind. Über Phasenbeziehungen im Ge-P-S-System wurde von VINOGRADOVA [3.655] in den Reihen GeS_2-P_4S_3, GeS_2-P_4S_7 und GeS_2-P_4S_{10} berichtet. Ternäre Verbindungen wurden dabei nicht festgestellt.

Eine sorgfältige Bestimmung des Ge-P-Se-Glasbildungsbereichs wurde von LINKE u. M. [2.343, 3.656] für Ansätze von etwa 10 g und Abkühlraten von etwa $2\ K \cdot min^{-1}$ vorgenommen, s. Abb. 52. b). Die dem Schnitt $GeSe_2$-P_4Se_3 entsprechende Linie fällt mit der Grenze der Bildung homogener Gläser annähernd zusammen.

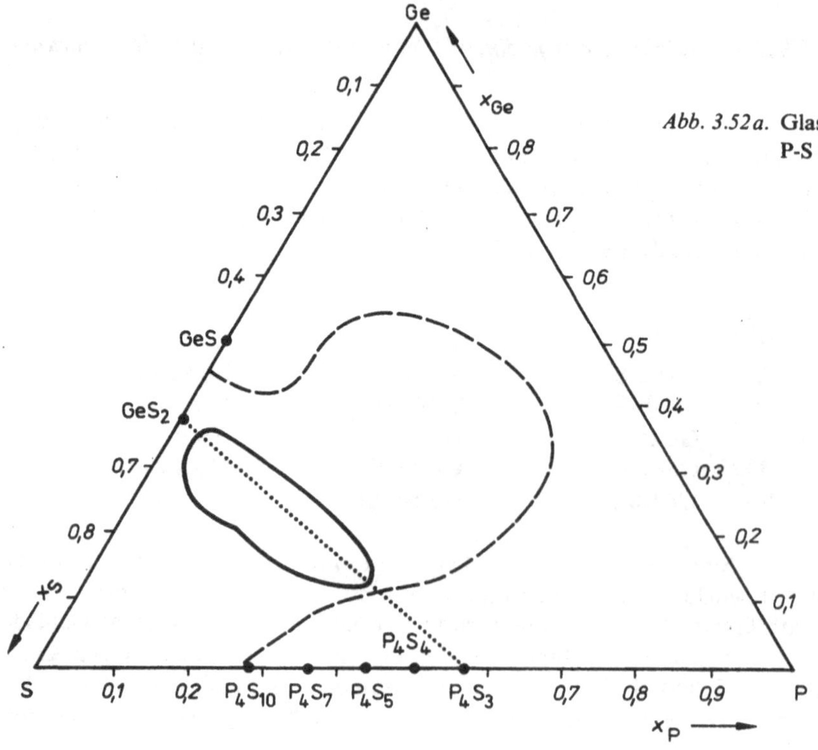

Abb. 3.52a. Glasbildungsbereich Ge-P-S nach [3.651].

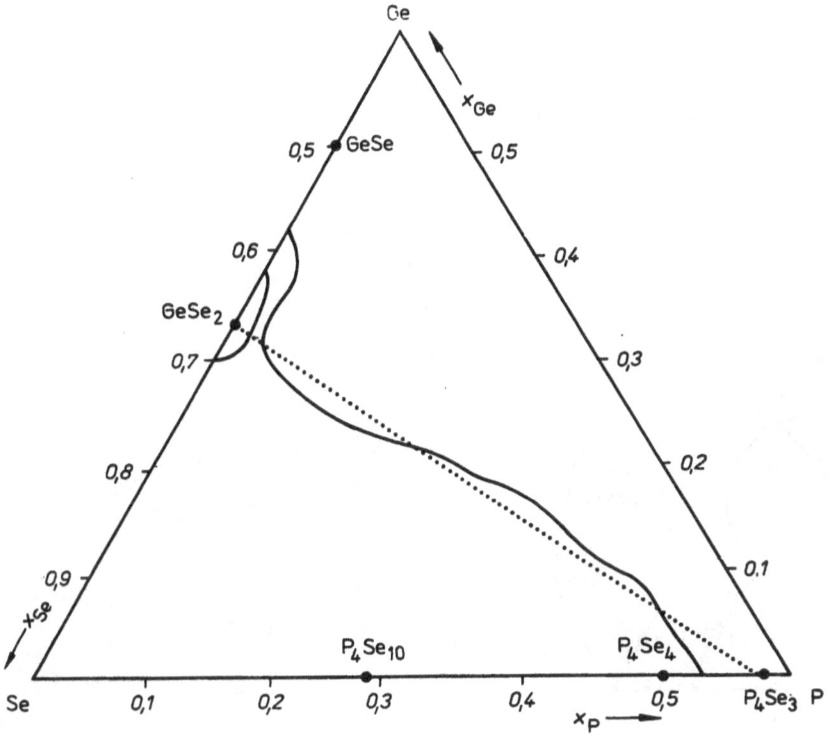

Abb. 3.52b. Glasbildungsbereich Ge-P-Se nach [3.656].

Die Molvolumina der Ge-P-Se-Gläser folgen der in den Systemen P_xSe_{1-x} und Ge_xSe_{1-x} gefundenen Abhängigkeit (vgl. Abb. 3.29. und 3.40.). Sie durchlaufen ein Minimum, das sich zwischen den Zusammensetzungen $GeSe_4$ und P_4Se_4 erstreckt [3.656]. Analog ergibt sich für die T_G-Werte im ternären System eine gekrümmte Fläche, in der die Transformationstemperaturen ausgehend von den niedrigen Werten Se-reicher Gläser Ge_xSe_{1-x} und P_xSe_{1-x} mit zunehmendem Gehalt an $GeSe_{4/2}$-Baugruppen steil ansteigen. Transmissionsspektren wurden für den IR-Bereich von verschiedenen Autoren beschrieben [3.651, 656, 657]. Die Gläser sind hochohmige Halbleiter. Die aus Leitfähigkeitsmessungen ermittelte thermische Aktivierungsenergie liegt zwischen 0,8 und 0,95 eV.

3.3.5.2. *Glasbildung und Eigenschaften in den Systemen Ge-As-S und Ge-As-Se*

Glasbildungsbereiche

Glasbildung wurde in diesen Systemen mehrfach beschrieben. Die Ergebnisse sind oftmals nicht konsistent, da offenbar unterschiedliche Bedingungen angewandt und der Einfluß von Verunreinigungen nicht immer hinreichend berücksichtigt wurde. Ge-As-Se-Gläser sind für infrarotoptische Anwendungen (vgl. 4.2.1.2. und 5.2.) sowie in Verbindung mit photoinduzierten Strukturänderungen von Interesse (vgl. 4.2.4.1. und 5.3.1.).

Die Glasbildungsbereiche sind in Abb. 53.a) und b) dargestellt.

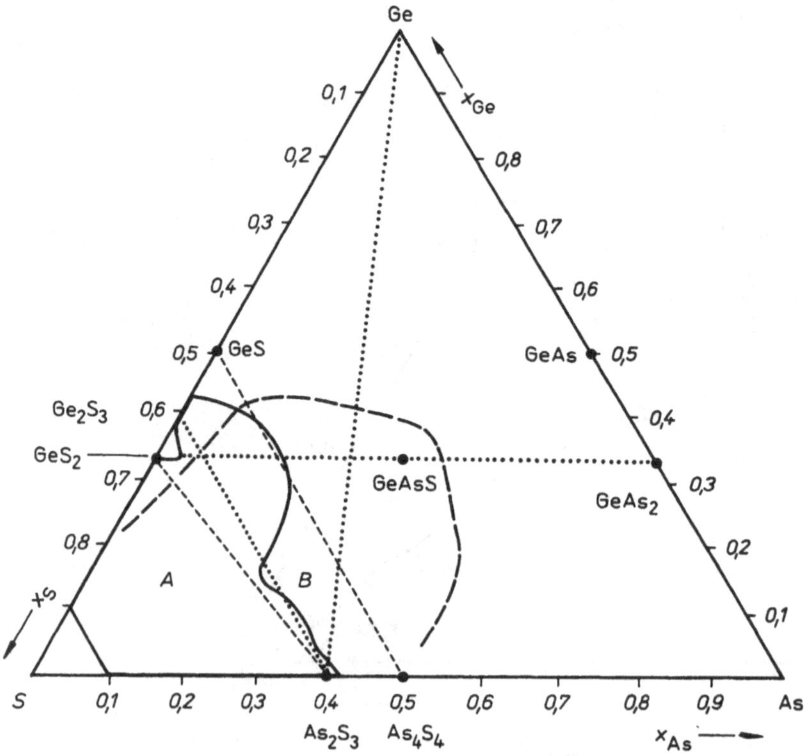

Abb. 3.53a. Glasbildungsbereich Ge-As-S nach [3.662].

Die eingezeichneten Linien verbinden die Glasbildungsgebiete in den begrenzenden binären Systemen. Definierte Phasen wurden in die Diagramme gleichfalls eingetragen. Als ternäre Verbindungen wurden von VINOGRADOVA und DEMBOVSKIJ [3.658] GeAsS und GeAsSe und von PACHALI u. M. [3.659] die Verbindung $GeAs_4Se$ erkannt. Der von MJULLER u. M. [3.660] publizierte Glasbildungsbereich im System Ge-As-S — Abb. 53. a) — konnte nicht bestätigt werden. ANDREICHIN, GRIGOROVICI u. M. [3.661] erhielten zwar in der Reihe $As_2S_3Ge_n$ größtenteils homogene Gläser, stellten jedoch im Bereich von 5 bis 10 mol% Ge Phasentrennungserscheinungen fest. Nach Untersuchungen von EBERHARDT [3.662] ergibt sich für 50 g-Ansätze beim Abkühlen an der Luft außerhalb des Ofens (Abkühlrate etwa 2 K · s^{-1}) der in Abb. 53. a) angegebene Glasbildungsbereich.

Ge-As-Se-Schmelzen erstarren unter analogen Bedingungen in den in Abb. 53.b) eingezeichneten Konzentrationsgrenzen glasartig. Die Literaturangaben stimmen hier besser überein [3.663—666]. Im Diagramm ist der von NEMILOV [3.664] mitgeteilte Glasbildungsbereich wiedergegeben.

Glasstruktur

Für den strukturellen Aufbau der Gläser sind je nach Zusammensetzung ganz unterschiedliche Nahordnungsbereiche zu erwarten. Relativ überschaubar sind die Verhältnisse im Bereich *A*. Nach Kenntnis der für die binären Gläser charakteristischen Baugruppen sollte die Konstitution im Gebiet S-As_2S_3-GeS_2 bzw. Se-As_2Se_3-$GeSe_2$ durch eine Mischung von

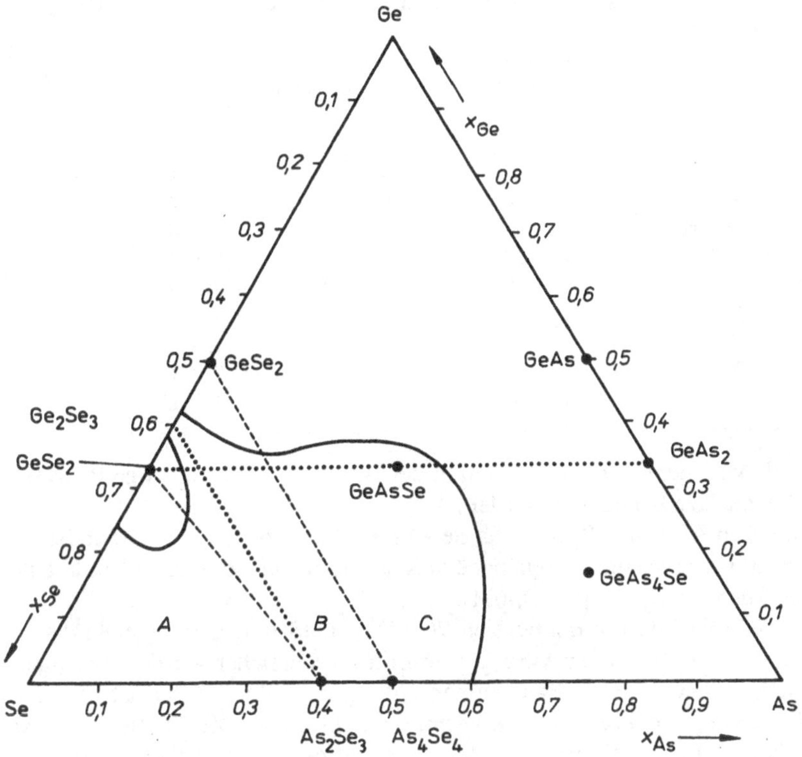

Abb. 3.53b. Glasbildungsbereich Ge-As-Se nach [3.664].

$AsX_{3/2}$- und $GeX_{4/2}$-Einheiten beschrieben werden können, die entweder unmittelbar oder über kettenförmig verknüpfte Chalkogenatome miteinander verbunden sind. Die IR- und RAMAN-Spektren der pseudobinären Gläser $(As_2S_3)_y(GeS_2)_{1-y}$ und $(As_2Se_3)_y$-$(GeSe_2)_{1-y}$ entsprechen erwartungsgemäß der Überlagerung der Schwingungsspektren der trigonalen und tetraedrischen Baugruppen [3.642, 668]. Von LUCOVSKY u. M. [3.669] wurden die Fundamentalschwingungen A_1 und F_2 bzw. E nach einem Valenzkraftmodell berechnet. Die Wellenzahlen sind in Tab. 3.3. den experimentell gefundenen Werten gegenübergestellt.

Der Bereich B ist durch die Verbindungen As_2S_3-As_4S_4-GeS-GeS_2 bzw. As_2Se_3-As_4Se_4-GeSe-$GeSe_2$ begrenzt. Bereits für die pseudobinären Arsen- und Germaniumchalkogenidsysteme liegen widersprüchliche Interpretationen experimenteller Befunde in der Literatur vor. Bei den ternären Kombinationen sind zusätzlich Redoxreaktionen in Betracht zu ziehen, über deren Art und Gleichgewichtslage bisher kaum eine Aussage getroffen werden kann. Chemisch plausibel ist, daß Verbindungen mit niederen Oxydationsstufen des Germaniums die As-Verbindungen reduzieren können. Bis zu welchem Grade derartige Reaktionen ablaufen und welche Nahordnungsbereiche im Gleichgewicht der Schmelze nebeneinander vorliegen, ist bisher weitgehend unbekannt.

RAMAN-Spektren von Gläsern As_2Se_{3-n} hatten bereits bei relativ kleinen n-Werten auf Nahordnungsbereiche $AsAs_{3/3}$, wie sie für das amorphe Arsen charakteristisch sind,

Tabelle 3.3. Berechnete und beobachtete Schwingungsbanden in der Reihe der Gläser $(As_2S_3)_y(GeS_2)_{1-y}$ und $(As_2Se_3)_y(GeSe_2)_{1-y}$ nach [3.669]

Struktur-einheit	Symme-trie	Auswahlregel	Wellenzahl, ber.	Wellenzahl, beob.	
				IR	R
$GeS_{4/2}$	A_1	R(P)	ν_1 342		345 (P)
	F_2	IR,R(D)	ν_3 367	367	374, 408 (D)
$GeSe_{4/2}$	A_1	R(P)	ν_1 200		201, 219 (P)
	F_2	IR,R(D)	ν_3 248	254	248, 267 (D)
$AsS_{3/2}$	A_1	R(P)	ν_1 345		345 (P)
	E	IR,R(D)	ν_3 310	310	310 (D)
$AsSe_{3/2}$	A_1	R(P)	ν_1 230		239 (P)
	E	IR,R(D)	ν_3 217	217	225 (D)

schließen lassen [3.355]. Man geht sicher nicht fehl in der Annahme, daß derartige Prozesse durch GeS- bzw. GeSe-Zusätze begünstigt werden.

Setzt man Glasschmelzen As_2S_3-As_4S_4 oder As_2Se_3-As_4Se_4 SnS bzw. SnSe zu, dann ist im MÖSSBAUER-Spektrum nur vierwertiges Zinn nachweisbar. Erst bei höherem Gehalt tritt neben Sn(IV) zugleich auch Sn(II) auf [3.670, 671].

Als Komponenten der Glasbildung im Bereich *B* sollten GeS und GeSe gleichfalls in dieser Weise wirken, d. h. den $AsS_{3/2}$- oder $AsSe_{3/2}$-Nahordnungsbereichen würde Chalkogen unter Bildung von $GeS_{4/2}$- bzw. $GeSe_{4/2}$-Baugruppen entzogen werden. Damit ist zwangsläufig die Bildung As-reicher Strukturelemente verbunden. In diesem Zusammenhang ist auf das ausgeprägte Minimum im Verlauf der Molpolarisation der As_xSe_{1-x}-Gläser bei der Zusammensetzung As_3Se_2 in Abb. 3.34. zu verweisen. Derartige Schlußfolgerungen werden durch Untersuchungen von ANDREICHEN und GRIGOROVICI [3.661] an Gläsern der Reihe $As_2Se_3Ge_n$ gestützt. Ramanspektroskopische Untersuchungen führen zum gleichen Resultat [3.672].

Es ist schließlich zu beachten, daß das Arsen auch als Bindungspartner für das Germanium in Frage kommt. Im System Ge-As-Se sind stabile Gläser bekannt, deren Zusammensetzung relativ weit über das als Bereich *B* markierte Gebiet hinausgeht. Im Bereich *C* ist eine stabile Netzwerkstruktur nur noch vorstellbar, wenn sich auch Ge-As-Bindungen am Aufbau des Glases beteiligen. Bemerkenswert ist, daß sich nach RÖNTGEN-Beugungsmessungen [3.673, 674] für ein Glas der Zusammensetzung $GeAs_2Se_2$ die gleiche mittlere Koordinationszahl von etwa 2,5 ergibt wie für Ge_3Se_7. Für Gläser der Zusammensetzung $Ge_2As_3Se_5$ wurde sogar eine mittlere Koordinationszahl von nur 2,2 festgestellt. Bei 893 K, d. h. im Bereich der Schmelze liegt noch die gleiche Nahordnungsstruktur vor, und erst bei etwa 1043 K deutet sich ein Übergang zu einer höheren Koordinationszahl an. Für die glasartige Form der Verbindungen GeAsS und GeAsSe wurde aus dem ersten Maximum der Radialverteilungskurve eine mittlere Koordinationszahl von 3,7 bzw. 3,6 berechnet [3.675]. Die Struktur von kristallinem GeAsSe entspricht dem Typ des roten HgI_2 [3.667].

Eigenschaften der Gläser und Schmelzen

Viskositätsmessungen im System Ge-As-Se liegen von NEMILOV [3.676] sowie von FISCHER und KREBS [3.677] vor. Im Gebiet von 970—1070 K durchläuft die Dichtekurve von

Schmelzen, deren Zusammensetzung im Bereich *C* der Abb. 3.53. b) liegt, ein Minimum [3.678]. Die spezifische elektrische Leitfähigkeit wächst jetzt steiler an und geht ab $10^3\ \Omega^{-1}cm^{-1}$ in einen Verlauf geringerer Temperaturabhängigkeit über [3.666]. In Schmelzen der Zusammensetzung $Ge_9As_6Se_5$ und $Ge_{11}As_6Se_3$ ist die Strukturänderung im Bereich von etwa 1023 K mit einem sprunghaften Übergang zu metallischer Leitfähigkeit verbunden. Es wird hier gleichfalls eine Dichteanomalie festgestellt. Die Nahordnungsbereiche gruppieren sich unter Erhöhung der Koordinationszahl um, so daß eine Überlappung der Bänder zustande kommt. Die Viskosität ist in diesen metallisch leitenden Schmelzen um 3 bis 4 Größenordnungen herabgesetzt.

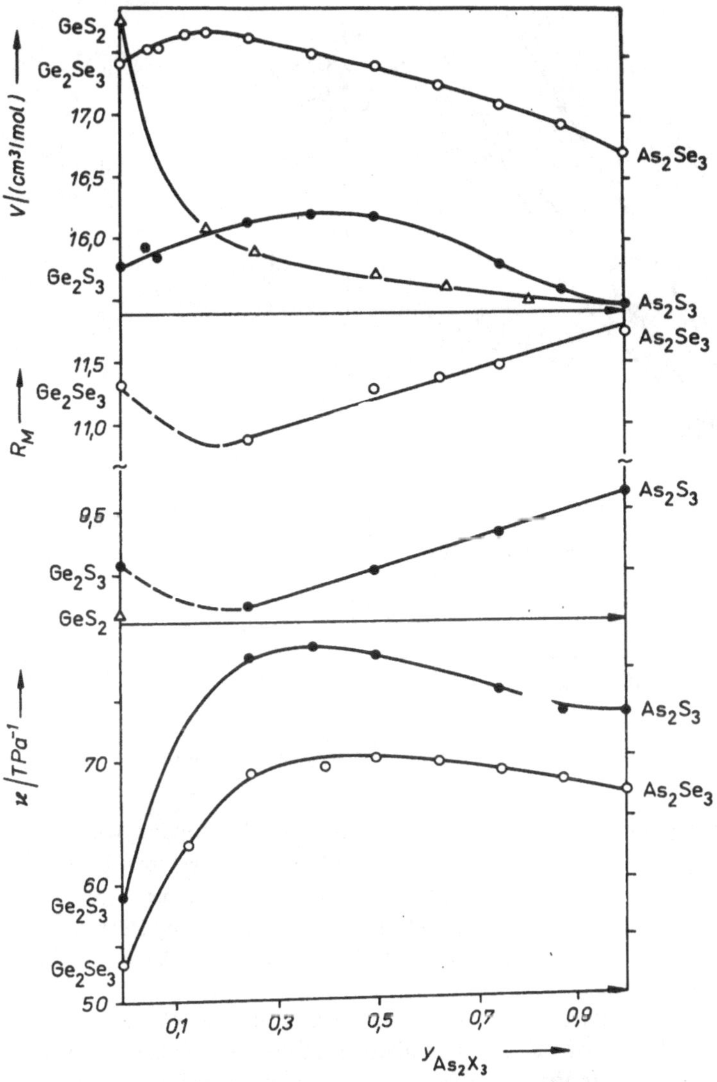

Abb. 3.54a. Molvolumen *V*, Molrefraktion R_M und Kompressibilität $\varkappa$ in Reihen von Gläsern $(As_2S_3)_y$-$(Ge_2S_3)_{1-y}$ und $(As_2Se_3)_y(Ge_2Se_3)_{1-y}$.

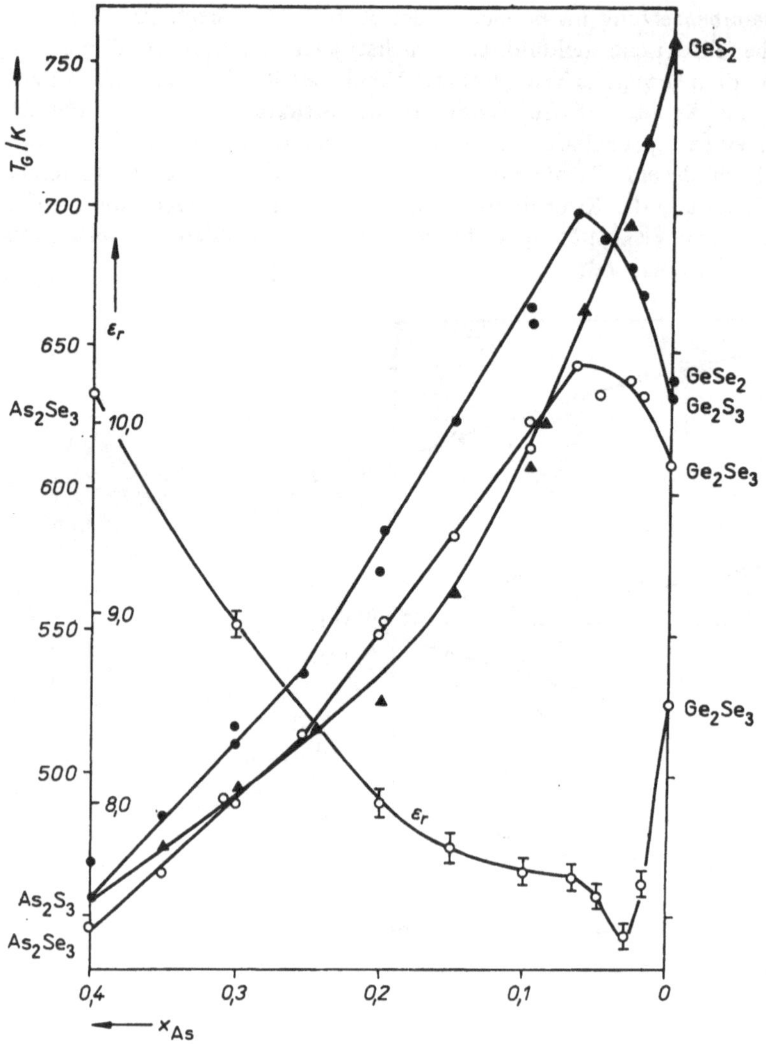

Abb. 3.54b. ε_r und T_G-Werte für Gläser der Reihe As_2Se_3-Ge_2Se_3 und T_G-Werte im System As_2S_3-Ge_2S_3 sowie As_2S_3-GeS_2.

Die Zusammensetzungsabhängigkeit des mittleren atomaren Molvolumens wurde in zahlreichen Arbeiten untersucht [3.660, 661, 679]. Für die Gläser im System Ge-As-Se teilen Webber und Savage [3.679] darüber hinaus umfangreiche Angaben zur Brechzahl, zur Vickers-Härte und den elastischen Konstanten sowie zur Viskosität im Bereich der Transformationstemperatur und die T_G-Werte selbst mit. Das thermische Ausdehnungsverhalten wird hier gleichfalls eingehend beschrieben. Bemerkenswert ist, daß die Transformationstemperatur im Umfeld der glasartig erstarrenden Verbindung GeAsSe (Bereich *C*) den relativ hohen Wert von mehr als 673 K erreicht. Der Glaszustand erfährt durch die Ausbildung von Ge-As-Bindungen offenbar eine beträchtliche Stabilisierung. Die elastischen Konstanten der Ge-As-Se-Gläser auch von Frischat u. M. [3.680] angegeben.

In Abb. 3.54. a) ist der Verlauf des mittleren atomaren Molvolumens, der Molrefraktion und der Volumenkompressibibilität in den Reihen Ge_2S_3-As_2S_3 und Ge_2Se_3-As_2Se_3 dargestellt.

Die Molvolumina der GeS_2-As_2S_3-Gläser wurden gleichfalls eingezeichnet. Strukturchemisch ist der steile Abfall des Molvolumens beim Übergang vom GeS_2- zum As_2S_3-Glas ohne weiteres verständlich. Die Abweichungen von der Linearität in den Reihen Ge_2X_3-As_2X_3 sind unter der Annahme von Redoxreaktionen interpretierbar, in deren Ergebnis aus den $Ge_2X_{6/2}$-Baugruppen $GeX_{4/2}$-Einheiten hervorgehen, z. B.

$$Ge_2S_3 + As_2S_3 \rightleftarrows 2\,GeS_2 + 1/2\,As_4S_4 \qquad (3.26)$$

$$5\,Ge_2Se_3 + 3\,As_2Se_3 \rightleftarrows 10\,GeSe_2 + 2\,As_3Se_2\,. \qquad (3.27)$$

Die Volumenabnahme beim Übergang vom glasartigen As_2X_3 zu chalkogenärmeren Zusammensetzungen (vgl. Abb. 3.32, 34.) wird durch einen Zuwachs an mittlerem atomaren Molvolumen infolge Bildung von GeX_2-Anteilen auf Kosten von Ge_2X_3 überkompensiert (vgl. Abb. 3.37., 40.). Für das Molvolumen und die Kompressibilität ist danach eine positive Abweichung von der Linearität, für die Molrefraktion eine negative Abweichung zu erwarten.

Der in Abb. 3.54. b) gezeigte Verlauf der T_G-Werte in den Reihen Ge_2S_3-As_2S_3, Ge_2Se_3-As_2Se_3 und GeS_2-As_2S_3 läßt gleichfalls darauf schließen, daß GeS_2- bzw. $GeSe_2$-Anteile in der Glasschmelze gebildet werden. Das Maximum entspricht der Zusammensetzung

$$5\,Ge_2S_3 + As_2S_3 = 8\,GeS_2 + 2\,GeAsS \qquad (3.28\,a)$$

$$5\,Ge_2Se_3 + As_2Se_3 = 8\,GeSe_2 + 2\,GeAsSe\,. \qquad (3.28\,b)$$

Erst bei noch größerem Ge_2X_3-Anteil bleiben offenbar die Ge-Ge-Bindungen in den $Ge_2X_{6/2}$-Baugruppen bestehen und die T_G-Werte nehmen auf den für glasartiges Ge_2S_3 und Ge_2Se_3 charakteristischen Betrag ab.

3.3.5.3. *Glasbildung und Eigenschaften in den Systemen Ge-Sb-S und Ge-Sb-Se*

Gegenüber den homologen Ge-As-S- und Ge-As-Se-Gläsern sind die Glasbildungsbereiche in den Systemen Ge-Sb-S und Ge-Sb-Se stark eingeschränkt. Ge-Sb-Bindungen bilden sich offenbar nicht aus. Die breiten Mischungslücken des Sb-S-Systems beeinflussen in weiten Konzentrationsgrenzen das Schmelzverhalten von Ge-Sb-S-Mischungen. Ge-Sb-Se-Gläser werden als IR-durchlässige optische Medien angewendet (vgl. 5.2.).

Glasbildungsbereiche und Struktur

Das Zusammensetzungsgebiet, in dem Ge-Sb-S-Schmelzen in Ansätzen von etwa 10 g bei einer Abkühlgeschwindigkeit von etwa $2\,K \cdot s^{-1}$ homogen glasartig erstarren, ist aus Abb. 55. a) nach Angaben von LINKE u. M. [3.681] ersichtlich.

Es reicht nur wenig über die Verbindungsgerade Sb_2S_3-GeS hinaus und ist mit dem Glasbildungsbereich im Teilsystem GeS-GeS_2, nicht aber mit dem der GeS_2-S-Gläser verbunden. Erst bei hinreichend hohem Sb_2S_3-Gehalt wird die Kristallisationsneigung von GeS_2 ausreichend unterdrückt, so daß auch Sb_2S_3-GeS_2-S-Gläser in einem begrenzten

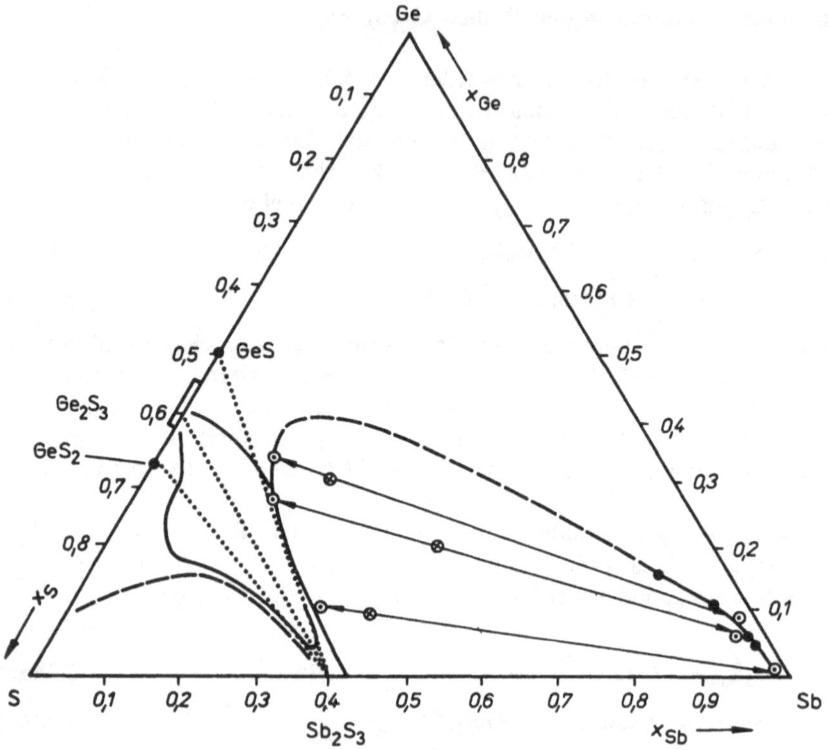

Abb. 3.55a. Glasbildungsbereich im System Ge-Sb-S nach [3.681].

Gebiet in kompakter und homogener Form zugänglich sind. Größtenteils liegt die Zusammensetzung der Gläser im Bereich der Kombination der drei binären Sulfide GeS-GeS_2-Sb_2S_3, und die größte Ausdehnung ergibt sich in Richtung auf die Verbindung Sb_2S_3. Bei entsprechend hohem S-Gehalt koexistiert die glasige Phase im Subsystem GeS_2-Sb_2S_3-S mit einer schwefelreichen Deckschicht, im Teilsystem GeS-Sb_2S_3-Sb mit einem kristallinen Bodenkörper sehr hohen Antimongehalts. Die beiden Entmischungsgebiete korrespondieren mit den beiden Mischungslücken im Sb-S-System. In den Übergangsgebieten zur Zone homogener Glasbildung wurde licht- und elektronenmikroskopisch Mikrophasentrennung festgestellt.

Für das System Ge-Sb-Se ergibt sich der in Abb. 55. b) dargestellte Glasbildungsbereich [3.682—684].

Haisty u. M. [3.685] stellten mit kleineren Ansätzen durch Abschrecken der Schmelzen in Wasser einen größeren Glasbildungsbereich fest. Entmischungserscheinungen wurden nicht beobachtet. Im Bereich Sb_2Se_3-Se des Phasendiagramms Sb-Se ist die Entmischungstendenz gegenüber dem Sb-S-System weitgehend zurückgedrängt. Sb_2Se_3-$GeSe_2$-Se-Schmelzen erstarren daher im Unterschied zum analogen Sulfidsystem in weiten Konzentrationsgrenzen glasartig.

Bei E_1 weist das System Sb_2Se_3-$GeSe_2$ ein Eutektikum auf [3.686]. Auf der gegenüberliegenden Kante Sb_2Se_3-$GeSe$ befindet sich bei E_2 gleichfalls ein Eutektikum. Es wird von Sb_2Se_3 und $Ge_4Sb_2Se_7$, einer bei 723 K peritektisch schmelzenden Verbindung, gebildet. Auf der dritten Seite des pseudoternären Systems der binären Verbindungen entspricht

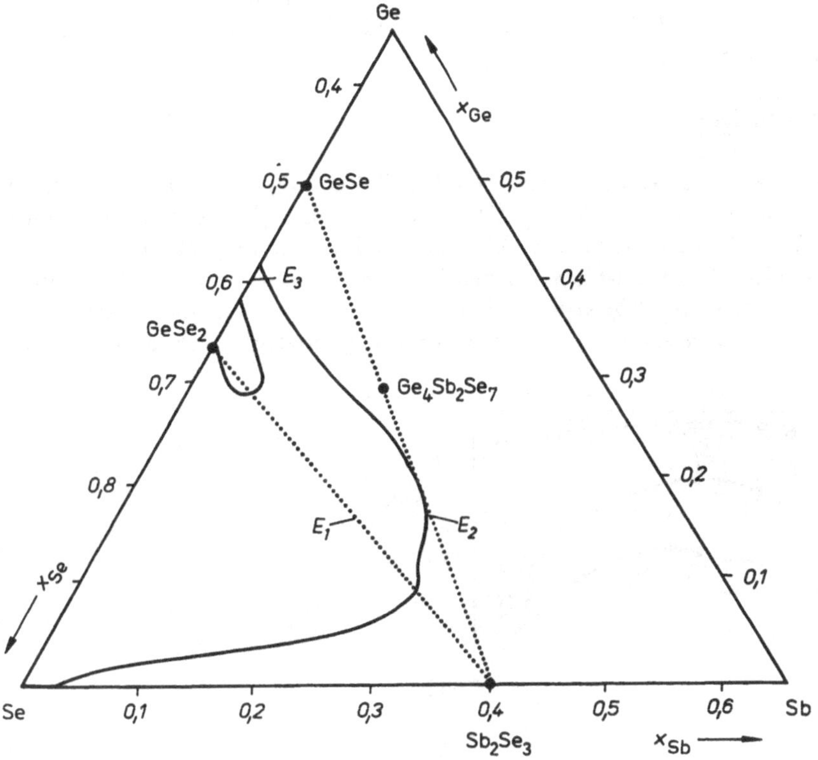

Abb. 3.55b. Glasbildungsbereich im System Ge-Sb-Se nach [3.684].

das Eutektikum E_3 einem Molverhältnis $GeSe:GeSe_2 = 0{,}673$. $GeSe/GeSe_2$-Gläser sind dadurch gekennzeichnet, daß in der Schmelze eine Komproportionierung unter Bildung von Nahordnungsbereichen $Ge_nSe_{(2n+2)/2}$ mit Ge-Ge-Bindungen stattfindet, deren raumnetzartige Verknüpfung zu einer hohen Viskosität der Schmelze Anlaß gibt (vgl. 3.2.2.5.). Die Glasbildung wird dadurch in Verbindung mit Sb_2Se_3-Zusätzen begünstigt.

Die Begrenzung des Glasbildungsbereichs durch die Gerade Sb_2S_3-GeS bzw. Sb_2Se_3-GeSe weist darauf hin, daß die in den analogen arsenhaltigen Gläsern festgestellten Redoxbeziehungen in den Systemen Sb-Ge-S und Sb-Ge-Se verstärkt wirken. Ein Glas der Zusammensetzung Sb_2S_3/Ge_2S_3 rekristallisiert bei 360 °C unter röntgenographisch nachweisbarer Ausscheidung von Antimon

$$Sb_2S_3 + 3\,Ge_2S_3 \rightarrow 6\,GeS_2 + 2\,Sb - 94\,kJ \cdot mol^{-1}\,. \tag{3.29}$$

Für den strukturellen Aufbau der Gläser sind neben $GeS_{4/2}$- und $Ge_2S_{6/2}$-Baugruppen oder höheren Gliedern der Reihe $Ge_nS_{(2n+2)/2}$ bzw. $GeS_{3/3}$-Nahordnungsbereichen die für Sb_2S_3 charakteristischen Einheiten der Doppelbandstruktur und $SbS_{3/2}$-Baugruppen in Betracht zu ziehen. Außerdem ist mit der Anwesenheit von Strukturbereichen zu rechnen, die durch partielle Reduktion von Sb_2S_3 gebildet werden, z. B.

$$Sb_2S_3 + 2\,GeS \rightarrow Sb_2S_2 + Ge_2S_3\,. \tag{3.30}$$

Für die Gläser im System Ge-Sb-Se gelten analoge Überlegungen, wenngleich thermochemische Abschätzungen eine Gl. (3.30) entsprechende Redoxreaktion energetisch weniger begünstigt erscheinen lassen [3.687]. Die Verbindung $Ge_4Sb_2Se_7$ ist vermutlich als ein Ge^{II}/Sb^{III}-Selenid anzusprechen.

Eigenschaften der Gläser

Die Molvolumina $V = \Sigma\, x_i M_i/\varrho$ der Ge-Sb-S-Gläser ergeben in der Reihe $(Sb_2S_3)_y(Ge_2S_3)_{1-y}$, bezogen auf ein Mol Teilchen in dem durch die Zusammensetzung bestimmten Ge/Sb/S-Verhältnis, die in Abb. 3.56. dargestellte Abhängigkeit [3.681].

Langsamer abgekühlte Proben weisen bei gleichzeitiger Herabsetzung des Meßfehlers auf 0,01 $cm^3 \cdot mol^{-1}$ um 1 bis 1,5% kleinere Werte auf [3.687]. Für Ge-Sb-Se-Gläser wird gleichfalls eine positive, insgesamt aber doch wesentlich geringere Abweichung von der

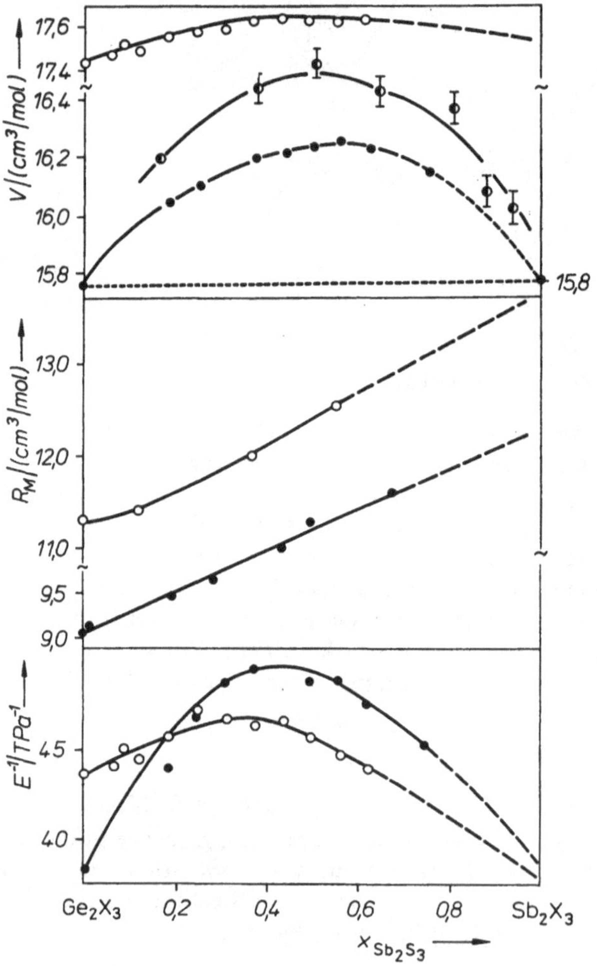

Abb. 3.56. Reziproker Elastizitätsmodul, Molfraktion und Molvolumen der Gläser der Systeme Ge_2Se_3-Sb_2Se_3 (○) und Ge_2S_3-Sb_2S_3 (●), gekühlt mit 3—4 K/h und (◑) mit 100 K/min.

Additivität gefunden (vgl. auch Abb. 3.48.), [3.684]. Wie der Vergleich mit Abb. 3.54. zeigt, sind die positiven Abweichungen bedeutend kleiner als in den analogen Reihen As_2S_3-Ge_2S_3 und As_2Se_3-Ge_2Se_3. Hier konnte die Volumenzunahme in den Mischungen auf die Bildung von $GeS_{4/2}$- bzw. $GeSe_{4/2}$-Nahordnungsbereichen, die einen größeren Raumbedarf beanspruchen, zurückgeführt werden. Es ist naheliegend, für die Sb-haltigen Systeme, zumindest im Fall der Sulfidgläser, gleichfalls auf einen partiellen Ablauf von Redoxreaktionen in der Schmelze zu schließen. Auch die Werte des reziproken Elastizitätsmoduls zeigen, wie aus Abb. 56 hervorgeht, in den Probenreihen der Gläser Sb_2S_3-Ge_2S_3 und Sb_2Se_3-Ge_2Se_3 eine ausgeprägte Abweichung nach positiven Werten.

Die Transformationstemperaturen der Ge-Sb-S-Gläser liegen im Bereich von 473 bis 623 K [3.681, 688], die VICKERS-Mikrohärten zwischen 150 und 300 kp/mm². Beide Größen ergeben mit der mittleren molaren Atomisierungsenthalpie der Gläser lineare Beziehungen. Zum Glasbildungsbereich Ge-Sb-Se liegen gleichfalls umfangreiche Messungen der Transformationstemperatur vor [3.684, 689, 690]. Die T_G-Werte erreichen im Gebiet stabiler Glasbildung, in dem Schmelzen selbst in Ansätzen von mehreren kg glasartig erstarren, z. B. bei der Zusammensetzung $(Sb_2Se_3)_3(Ge_2Se_3)_7$, etwa 563 K. Werte für den thermischen Ausdehnungskoeffizienten wurden von SAVAGE u. M. [3.691] mitgeteilt.

Von FRUMAR u. M. wurde die Zusammensetzungsabhängigkeit der Absorptionskante an zahlreichen Ge-Sb-S-Gläsern [3.688, 692] sowie von Ge-Sb-Se-Gläsern [3.693, 694] gemessen und dabei zugleich teilweise die Änderung mit der Temperatur erfaßt.

Die thermische Aktivierungsenergie der Gleichspannungsleitfähigkeit ist an Gläsern des Ge-Sb-S-Systems [3.688] sowie insbesondere an Ge-Sb-Se-Gläsern in mehreren Arbeiten ermittelt worden [3.537, 695—697]. Leitfähigkeitsmessungen an Ge-Sb-Se-Schmelzen lassen mit ansteigender Temperatur einen Übergang zu metallischer Leitfähigkeit erkennen [3.179].

3.3.5.4. *Ge-P-Te- und Ge-As-Te-Gläser*

Das relativ breite Glasbildungsgebiet, das im System As-Te nur bei hinreichend hoher Abkühlgeschwindigkeit festgestellt wird (Abb. 3.35.), führt bei Zusätzen von Ge als Drittkomponente bereits bei wesentlich langsamerer Abkühlung zu kompakten homogenen Gläsern. Auf Grund der relativ großen Atommassen und verminderter Bindungskraftkonstanten ist für die Gläser eine spektrale Durchlässigkeit zu erwarten, die sich bis weit in den infraroten Bereich hinein erstreckt (vgl. Abb. 4.37.).

Darüber hinaus sind Ge-As-Te-Gläser im Zusammenhang mit der Beobachtung bistabiler Leitfähigkeitszustände vielfach untersucht worden. Ge-P-Te-Gläser haben bisher offenbar auf Grund der nur geringen Ausdehnung des Glasbildungsbereichs wenig Beachtung gefunden.

Abbildung 3.57. zeigt die Glasbildung in den Systemen Ge-As-Te und Ge-P-Te für Schmelzansätze von 10 bis 20 g bei einer Abkühlrate von etwa $5\,K \cdot s^{-1}$ in der Nähe der Transformationstemperatur.

Nach Untersuchungen von Hilton [3.698] und KREBS u. M. [3.699] besteht der As-Ge-Te-Glasbildungsbereich aus zwei Teilen. Diese lassen eine Beziehung zu den beiden Glasbildungsgebieten des As-Te-Systems erkennen. Sie sind durch Schmelzzusammensetzungen voneinander getrennt, die offenbar auf Grund der in der Verbindung As_2Te_3 vorliegenden Struktur- und Bindungsverhältnisse eine verstärkte Tendenz zur kristallinen Erstarrung

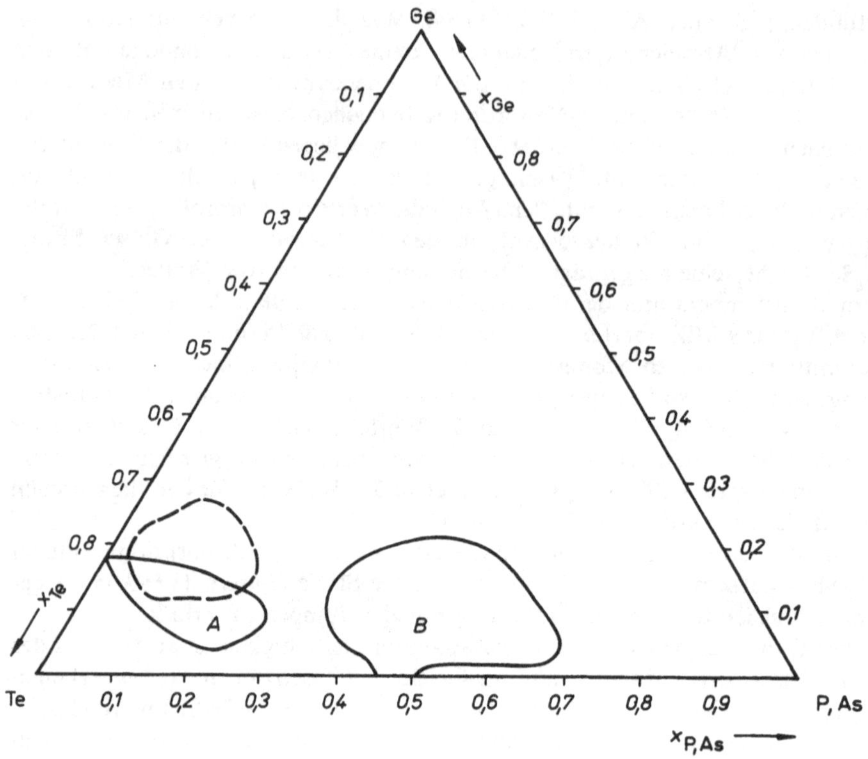

Abb. 3.57. Glasbildungsbereiche As-Ge-Te (———) und P-Ge-Te (– – –).

aufweisen. Die Angaben zur Glasbildung von SAVAGE und NIELSEN [3.700] und PANUS u. M. [3.701, 702] sind unzureichend und treffen sicher nicht zu. Der Ge-P-Te-Glasbildungsbereich läßt sich wie der Bereich A im Ge-As-Te-System dem Eutektikum GeTe-Te zuordnen.

Für den Aufbau der Gläser sind im Bereich *A* $GeTe_{4/2}$- und $AsTe_{3/2}$-Nahordnungsbereiche sowie kettenförmig verknüpfte zweibindige Te-Atome anzunehmen. Strukturuntersuchungen liegen an den ternären Gläsern bisher nicht vor. Die Zusammensetzung von Gläsern des Bereichs *B* läßt wie im analogen Ge-As-Se-System auf die Mitbeteiligung von Ge-As-Bindungen schließen.

Auf Strukturänderungen in der Schmelze weisen Messungen der Temperaturabhängigkeit der Leitfähigkeit hin [3.702]. Sie belegen, daß Proben mit glasartiger Erstarrung durch gerichtete Bindungen und kleinere Koordinationszahlen gekennzeichnet sind. In diesem Fall erreicht die Viskosität der Schmelze hinreichend hohe Werte, um Keimbildung und Kristallwachstum unter den angewandten Abkühlbedingungen zu unterdrücken.

Die T_G-Werte der Gläser liegen im Bereich von 408 bis 543 K. Die optische Transparenz erstreckt sich bis in einen Wellenlängenbereich von 20 µm, die Reflexionsverluste sind bei Brechzahlen von 3,4 bis 3,5 relativ hoch. Die elektrische Leitfähigkeit erreicht bei 298 K Werte von 10^{-5} bis $10^{-4}\ \Omega^{-1}\ cm^{-1}$ [3.701, 703]. Je nach Temperaturbereich ist zwischen Bandleitung und Ladungstransport in den Bandausläufern zu unterscheiden [3.704].

3.3.5.5. *Si-P-Te- und Si-As-Te-Gläser*

Die Einführung von Si anstelle von Ge läßt für die ternären Gläser auf Te-Basis eine beträchtliche Erhöhung der Transformationstemperatur erwarten. Mit dem Ziel, infrarotdurchlässige Gläser erhöhter thermischer Stabilität zu erhalten, wurden die Systeme bereits frühzeitig in die Untersuchungen einbezogen. In Kombination mit Te sind Si enthaltende Chalkogenidgläser chemisch wesentlich stabiler als in Verbindung mit Se oder S.

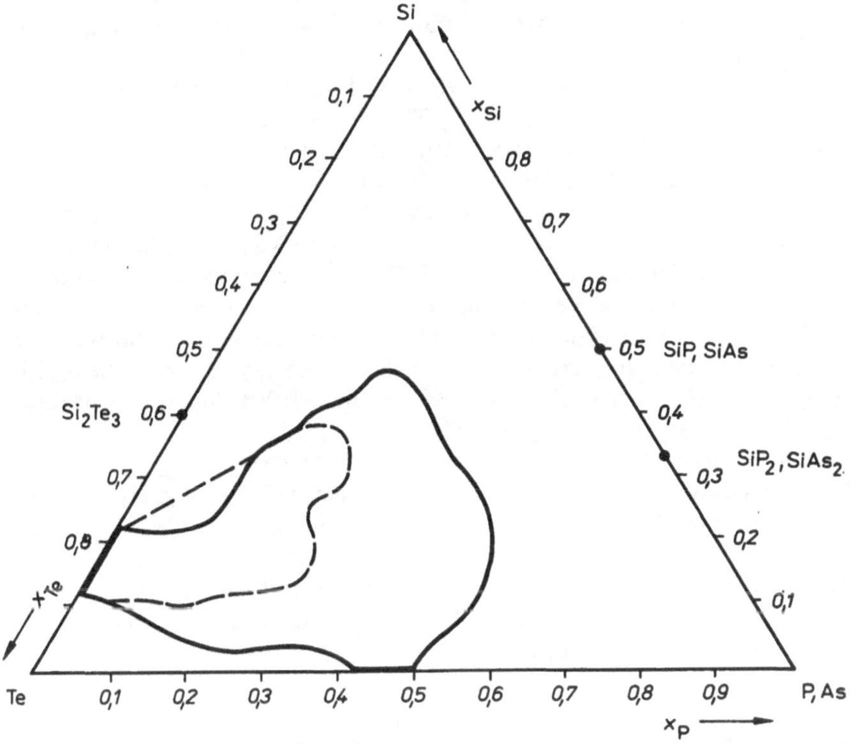

Abb. 3.58. Glasbildungsbereiche As-Si-Te (——) und P-Si-Te (– – –).

In Abb. 3.58. sind die Glasbildungsbereiche nach Angaben von Hilton u. M. [3.651] für analoge Darstellungsbedingungen eingezeichnet, wie sie im vorangegangenen Abschnitt für Ge-P-Te- und Ge-As-Te-Gläser beschrieben wurden. Savage und Nielsen [3.700] teilen gleichfalls eine Ausdehnung des As-Si-Te-Glasbildungsgebiets bis zu einer Zusammensetzung $Si_9As_5Te_6$ bzw. $Si_2As_5Te_3$ mit. Si-P-Te-Gläser sind nur etwa bis zu einem P-Gehalt von 20 mol% und 35 mol% Si darstellbar [3.651]. Die Transformationstemperatur erreicht maximal Werte um 475 K. Für As-Si-Te-Gläser werden dagegen T_G-Werte bis zu 625 K erhalten. Die von Hilton [3.705] angegebenen Erweichungstemperaturen liegen, bedingt durch die angewandte Meßmethode, um etwa 50 K zu hoch. Bemerkenswert ist der gegenüber dem System Ge-As-Te beträchtlich erweiterte Glasbildungsbereich.

Die Dichte und Parameter der Gleichspannungsleitfähigkeit wurden für As-Si-Te-Gläser erstmals von Panus u. M. [3.706] bestimmt. Eingehendere Untersuchungen liegen von Nagels u. M. [3.707] vor. Aus der Temperaturabhängigkeit der Leitfähigkeit und der

Thermo-EMK wurde auf einen durch Bandzustände vermittelten Ladungsträgertransport und einen Beitrag der Hoppingleitfähigkeit von Defektelektronen geschlossen.

3.3.6. *Ternäre Chalkogenidgläser mit Metallchalkogeniden als Netzwerkwandler*

In Analogie zu der großen stofflichen Variationsbreite, die sich aus der Kombination glasbildender Oxide mit verschiedenen Metalloxiden ableitet, ergeben sich aus der Verbindung der Sulfide, Selenide und teilweise auch der Telluride des Arsens und Germaniums mit entsprechenden Metallchalkogeniden zahlreiche neue Gläser.

Über Glasbildung von GeS_2 mit verschiedenen Alkalisulfiden berichten IMAOKA [3.708] und PLUMAT [3.709]. Auch Kombinationen mit As_2S_3, Tl_2S, Ag_2S, ZnS, CdS und PbS werden angegeben. Außer mit Tl_2S und Na_2S werden nur relativ kleine Glasbildungsgebiete gefunden. Von den Erdalkalichalkogeniden ist z. B. nur BaS in GeS_2-Schmelzen bis zu etwa 10 mol% unter glasartiger Erstarrung löslich [3.710]. Relativ ausgedehnte Glasbildungsgebiete werden in den Systemen GeS_2-La_2S_3 und GeS_2-Ga_2S_3 sowie in der ternären Kombination beider Systeme beschrieben [3.711]. Übergangsmetallchalkogenide neigen dagegen weder selbst noch in Verbindung mit anderen Komponenten zur Glasbildung [3.710, 712]. Ihre hohe Schmelztemperatur und zugleich geringe Basizität setzt die Löslichkeit in Schmelzen typischer glasbildender Chalkogenide stark herab. Lediglich für Manganchalkogenide, z. B. im System Mn-Ge-Se, ist eine Mitbeteiligung am strukturellen Aufbau von Chalkogenidgläsern belegt [3.713].

Einen breiten Raum nehmen in der Literatur Tl-enthaltende Gläser ein. Die systhematische Untersuchung der Glasbildung in Systemen mit Schwermetallen, z. B. von Ag, Hg, Sn oder Pb in Germaniumchalkogenidschmelzen ergab, daß die Kombination mit GeS-GeS_2 bzw. GeSe-$GeSe_2$ Gläser mit besonders hoher Konzentration an Schwermetallchalkogeniden darzustellen gestattet [3.714]. Warum sich von den Chalkogeniden der Elemente der ersten Nebengruppe das Ag_2S und aus der zweiten die Quecksilberchalkogenide in dieser Hinsicht besonders auszeichnen, ist bisher ungeklärt.

3.3.6.1. *Natrium-thiogermanatgläser und -thioarsenatgläser*

Glasbildung und Eigenschaften sind in diesen Systemen im Zusammenhang mit Zielstellungen untersucht worden, die die Entwicklung von Festkörpern mit hoher Ionenleitfähigkeit betreffen. Mit zunehmendem Na_2S-Gehalt steigt die Hydrolyseempfindlichkeit der Gläser stark an.

Der Glasbildungsbereich im System $(Na_2S)_x(GeS_2)_{1-x}$ ist durch die Grenzen $0 < x < 0{,}6$ belegt [3.715]. Im Phasendiagramm sind die Verbindungen Na_4GeS_4 und Na_2GeS_3 durch inkongruente Schmelzpunkte und $Na_4Ge_4S_{10}$ durch einen kongruenten Schmelzpunkt gekennzeichnet [3.716]. Das $Ge_4S_{10}^{4-}$-Anion weist eine zum P_4S_{10} analoge Struktur auf [3.717, 718]. Im Na_2GeS_3 liegt dagegen eine polymere, dem Enstatit vergleichbare Kettenstruktur vor, was die Tendenz zur glasartigen Erstarrung verständlich erscheinen läßt. Die Ionenleitfähigkeit der Gläser erreicht Werte von $5 \cdot 10^{-6}\ \Omega^{-1}\ cm^{-1}$ bei 298 K und ist durch eine Aktivierungsenergie von 0,44 eV gekennzeichnet [3.715]. Über vergleichende Untersuchungen in den Systemen Na_2S-SiS_2, Na_2S-GeS_2, Na_2S-P_2S_5 und Li_2S-GeS_2 und die Ursachen der gegenüber Oxidgläsern gleicher Zusammensetzung erhöhten Ionenleitfähigkeit wird in

[3.719] berichtet. Li_2GeS_3 bildet ein Glas mit der bisher größten Ionenleitfähigkeit in einem nichtkristallinen Festkörper ($4 \cdot 10^{-5}\ \Omega^{-1}\ cm^{-1}$ bei 293 K).

Im System $(Na_2S)_x(AsS_{3/2})_{1-x}$ ist die Ausdehnung des Glasbildungsgebietes mit $0 < x < 0{,}1$ beträchtlich vermindert, es werden demzufolge wesentlich kleinere Leitfähigkeitswerte festgestellt [3.720]. As_2S_5-Schmelzen neigen bereits bei geringen Na_2S-Zusätzen zur Kristallisation. Im Na_3AsS_3 liegt eine aufgefüllte $NaClO_3$-Struktur vor [3.721], im $NaAsS_2$ ebenso wie im $NaAsSe_2$ eine Kettenstruktur [3.722].

3.3.6.2. *Cu und Ag enthaltende Chalkogenidgläser*

Über Glasbildung im System Cu-As-Se ist mehrfach im Zusammenhang mit der Untersuchung bistabiler Leitfähigkeitszustände berichtet worden [3.723], (vgl. 4.1.3.7.). Der Glasbildungsbereich dehnt sich in der Reihe $Cu_x(As_{0,4}Se_{0,6})_{1-x}$ bis zu einem Wert von $x = 0{,}35$ aus. Zusätze von 2,4 mol% Cu erniedrigen die Leitfähigkeit von $5{,}6 \cdot 10^{-13}$ auf $5{,}8 \cdot 10^{-11}\ \Omega^{-1}\ cm^{-1}$, wobei die Aktivierungsenergie von 0,86 eV auf 0,73 eV abnimmt [3.724]. Als kristalline ternäre Verbindungen, deren Struktur sich vom Zinkblende- bzw. Wutzitgitter ableitet, treten in diesem System Cu_3AsSe_4 und $CuAsSe_2$ auf [3.725]. RÖNTGEN-Beugungs- und EXAFS-Messungen lassen für Cu^{I}-Atome die Koordinationszahl 4 und für Se je nach Zusammensetzung eine Variation der Werte zwischen 2 und 4

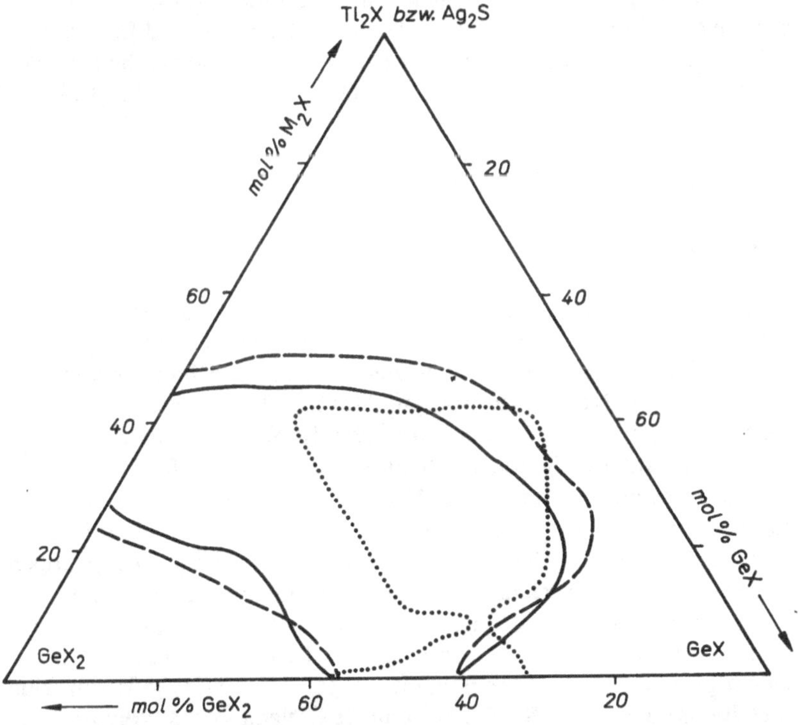

Abb. 3.59. Glasbildungsbereiche Ag_2S-GeS-GeS_2 [3.730] (·····), Tl_2S-GeS-GeS_2 [3.743] (——) und Tl_2Se-GeSe-$GeSe_2$ [3.744] (– – –).

erkennen [3.726]. As ist dreibindig und im Bereich verminderten Se-Gehalts treten auch As-As-Bindungen auf. Über Cu enthaltende Arsensulfid- und Germaniumchalkogenidgläser liegen bisher nur wenige Angaben in der Literatur vor.

In Kombinationen mit Silber dominieren dagegen die Sulfidsysteme. Im System Ag-As-S findet man in den Reihen As_2S_3-Ag und As_2S_3-Ag_2S Gläser bis zu einem Gehalt von 40 mol% Ag angegeben [3.727], in [3.728] wird aber ein wesentlich eingeschränkter Glasbildungsbereich mitgeteilt. Er schließt die Verbindung $AgAsS_2$ ein und dehnt sich gleichfalls bis zu etwa 40 mol% Ag aus. Die Verbindung Ag_3AsS_3 (Proustit) liegt erwartungsgemäß nicht im Bereich der Glasbildung.

Das Glasbildungsgebiet Ag_2S-GeS-GeS_2 nach [3.729] unterscheidet sich von den in Abb. 3.59 wiedergegebenen Grenzen [3.730].

Kombinationen Ag_2S/GeS_2 erstarren aus der Schmelze nicht ohne weiteres glasartig. Im Argyrodit Ag_8GeS_6 wurde Ge erstmals aufgefunden. Ag_2GeS_3 kristallisiert in einer Variante des Wurtzitgitters [3.731], wodurch das Ausbleiben von Glasbildung eine Erklärung findet. Erst in Verbindung mit GeS bilden Ag_2S-GeS_2-Schmelzen stabile Gläser. Ein Glas der Zusammensetzung $(Ag_2S)_4(Ge_2S_3)_3$ weist z. B. den hohen Gehalt von etwa 30 mol% Ag auf. Im System Ag-Ge-Se konnten demgegenüber bei den unter üblichen Laborbedingungen zugänglichen Abschreckbedingungen keine glasartig erstarrten Schmelzen erhalten werden.

Im System $(Ag_2S)_y(P_2S_5)_{1-y}$ sind in den Grenzen $0{,}45 < y < 0{,}55$ gleichfalls Gläser mit hohem Ag^+-Gehalt zugänglich [3.732].

Leitfähigkeits- und Überführungsmessungen belegen, daß der Ladungstransport praktisch ausschließlich durch die relativ leicht beweglichen Ag^+-Ionen vermittelt wird [3.732, 733]. In den Ag_2S-GeS-GeS_2- und Ag_2S-As_2S_3-Gläsern mit dem höchsten Silbergehalt werden bei 293 K Leitfähigkeitswerte von $3 \cdot 10^{-4}$ bzw. $9 \cdot 10^{-5}\ \Omega^{-1}\ cm^{-1}$ festgestellt [3.733].

3.3.6.3. *Tl und Ga enthaltende Chalkogenidgläser*

Die Systeme Tl-S, Tl-Se und Tl-Te

Im System Tl_xS_{1-x} liegen in den Bereichen $0{,}05 < x < 0{,}27$ und $0{,}69 < x < 0{,}90$ in der Schmelze Entmischungsgebiete vor [3.734]. Tl_2S schmilzt konkruent, Tl_4S_3, TlS, Tl_2S_3 und Tl_2S_5 schmelzen inkongruent. Die letztere Verbindung bildet bereits bei 423 K eine homogene Schmelze. Nach Cervinka u. Hruby [3.735] sind im Bereich TlS bis $TlS_{2,5}$ kompakte Gläser bei Abkühlraten von etwa $10\ K \cdot s^{-1}$ darstellbar.

Tl-Se-Schmelzen entmischen auf der Se-reichen Seite in den Grenzen $0 < x < 0{,}23$ gleichfalls. Als definierte Substanzen treten die Verbindungen Tl_2Se und TlSe auf [3.736]. TlS und TlSe sind entsprechend der Formel $Tl^I[Tl^{III}X_2]$ (X:S oder Se) durch eine Kettenstruktur zu beschreiben, in der verzerrt tetraedrische $Tl^{III}X_{4/2}$-Baugruppen über gemeinsame Kanten spiranartig verknüpft sind (Motiv analog zu SiS_2). Die IR-spektroskopische Untersuchung glasartiger Tl_xSe_{1-x}-Proben, die nach [3.737] durch Abschrecken von Schmelzen nach der Kolben- und Amboß-Technik — Abb. 2.3. b) — im Bereich $x < 0{,}30$ zugänglich sind (Abschreckrate $> 10^3\ K \cdot s^{-1}$), läßt auf eine Verknüpfung derartiger Baugruppen über Se-Ketten schließen. Nach [3.738] können kompakte Glasproben im Bereich $0 < x < 0{,}33$ durch Einwerfen dünnwandiger Kieselglasampullen mit kleinen Schmelzansätzen (1070 K) in Wasser (Abkühlrate etwa $10\ K \cdot s^{-1}$)

dargestellt werden. Amorphes TlSe ist auch durch Fällung von Thalliumsalzlösungen mittels Selenosulfat bei 273 K zugänglich [3.739].

Amorphe Tl_xTe_{1-x}-Schichten können durch Aufdampfen in weiten Konzentrationsgrenzen erhalten werden. Die Leitfähigkeit weist bei den Zusammensetzungen Tl_2Te, Tl_5Te_3, Tl_3Te_2, TlTe, Tl_2Te_3, $TlTe_2$, Tl_2Te_5, $TlTe_3$, Tl_2Te_7 jeweils ein Minimum von bis zu $10^{-8}\ \Omega^{-1}\ cm^{-1}$, in den dazwischen liegenden Bereichen jedoch Maxima bis zu $10^2\ \Omega^{-1}\ cm^{-1}$ auf [3.740, 741]. Von der Vielzahl beschriebener kristalliner Phasen sind die Verbindungen Tl_2Te, TlTe und Tl_2Te_3 als gesichert anzusehen [3.742].

Tl_2S-GeS-GeS_2- und Tl_2Se-GeSe-$GeSe_2$-Gläser

Nimmt man zu den Systemen Tl-S und Tl-Se Germanium als dritte Komponente hinzu, ergeben sich in weiten Konzentrationsgrenzen zweiphasige Schmelzprodukte [2.343, 3.743, 744], in den Bereichen Tl_2S-GeS-GeS_2 und Tl_2Se-GeSe-$GeSe_2$ jedoch homogene Gläser. Die Glasbildungsbereiche sind in Abb. 3.59. angegeben.

Glasbildung in den Systemen Tl-As-S, Tl-As-Se und Tl-As-Te

Dem ausgedehnten Glasbildungsgebiet Tl-As-S nach [3.745] mit einem maximalen Tl-Gehalt von etwa 55 mol% steht ein wesentlich eingeschränkter Bereich gegenüber, wie ihn Kawamoto u. M. [3.728] angegeben. Homogene Gläser sind in der Reihe $(Tl_2S)_y(As_2S_3)_{1-y}$ offenbar in den Grenzen $0 < y < 0{,}68$, d. h. etwa bis zur Zusammensetzung $Tl_4As_2S_5$, darstellbar [3.728, 746]. Es handelt sich um hochohmige Gläser, deren T_G-Werte teilweise unter 370 K liegen. Über die Verbindungen $TlAsS_2$, $TlAsSe_2$ und $TlAsTe_2$ und deren Eigenschaften im kristallinen und glasartigen Zustand wird von Dembrovskij u. M. [3.747] berichtet. Ausdehnungskoeffizienten und T_G-Werte werden auch in [3.615] mitgeteilt.

Entsprechend der gegenüber dem As-S-System erweiterten Glasbildung im As-Se-System sind in der Kombination mit Tl Gläser zugänglich, deren Zusammensetzung ausgehend von der Geraden $(Tl_2Se)_y(As_2Se_3)_{1-y}$ sowohl nach höherer als auch nach niedrigerer As-Konzentration in relativ weiten Grenzen variiert werden kann [3.745]. Im Phasendiagramm Tl_2Se-As_2Se_3 sind die ternären Verbindungen $TlAsSe_2$ und Tl_3AsSe_3 als definierte Substanzen ausgewiesen [3.748].

Die elektrische Leitfähigkeit nimmt mit ansteigendem Tl_2Se-Gehalt von 10^{-13} auf etwa $10^{-7}\ \Omega^{-1}\ cm^{-1}$ bei 293 K für glasartiges $TlAsSe_2$ zu [1.20, 22]. In der Reihe $Tl_aAs_2Se_3$ untersuchte Strunk [3.749] die elektrische Leitfähigkeit und Thermo-EMK der Gläser ($0 < a < 1{,}99$). Der Ladungstransport beruht auf Defektelektronen. Die Aktivierungsenergie fällt bei den Leitfähigkeitsmessungen höher aus als bei den Thermo-EMK-Messungen und nimmt in beiden Fällen etwa linear auf Werte $<0{,}5$ eV ab. Optische Eigenschaften der Gläser werden in [3.750] mitgeteilt (s. auch [1.33] und [1.22]).

Glasartiges $TlAsTe_2$ hat einen T_G-Wert von 338 K. Die elektrische Leitfähigkeit erreicht bei Raumtemperatur einen Wert von $3 \cdot 10^{-3}\ \Omega^{-1}\ cm^{-1}$ [3.747]. Die Aktivierungsenergie beträgt 0,25 eV und biegt im Bereich von 165 K nach kleineren Werten ab [3.751]. Die Thermo-EMK zeigt gleichfalls eine exponentielle Abhängigkeit von der reziproken Temperatur. Die Aktivierungsenergie beträgt hierbei 0,13 eV. Im Unterschied zu den meisten anderen Chalkogenidgläsern ergibt sich für den Seebeck- und Hall-Koeffizienten das gleiche und zwar ein positives Vorzeichen. Die optische Bandlücke hat bei 300 K einen Wert von 0,62 eV.

Bei Untersuchungen im System $Tl_2Se \cdot Sb_2Se_3$-$Tl_2Se \cdot As_2Se_3$ wurden von GORJUNOVA und KOLOMIEC [2.14] 1955 die glasartigen Chalkogenid-Halbleiter erstmals aufgefunden und bei der Substitution von As_2Se_3 durch As_2Te_3 wurde in der Reihe $Tl_2Se \cdot As_2Se_3$-$Tl_2Se \cdot As_2Te_3$ im gesamten Bereich Glasbildung festgestellt [1.20]. Dielektrische Verlustmessungen in einem Frequenzbereich von 10^9 bis 10^{14} Herz an Glasproben der Zusammensetzung $Tl_2Se \cdot As_2Te_3$ werden von BISHOP u. M. [3.752] mitgeteilt.

Die Systeme Ga-Ge-S und Ga-Ge-Se

Das in den Verbindungen GaS, GaSe und GaTe vorliegende Schichtengitter ist durch $Ga_2X_{6/3}$-Nahordnungsbereiche mit Ga-Ga-Bindung gekennzeichnet [3.511, 551, 753]. Das Glasbildungsverhalten von GaS in Verbindung mit den Komponenten GeS und GeS_2, die in der Schmelze $Ge_nS_{(2n+2)/2}$-Baugruppen, für $n = 2$ z. B. $Ge_2S_{6/2}$-Einheiten ausbilden, ist untersucht worden [3.754]. Zu erwartende Redoxgleichgewichte lassen eine breite Variation in den Nahordnungsbereichen erwarten. Mischungen von GeS_2 und Ga_2S_3 ergeben ein einfaches eutektisches System [3.755].

Phasenbeziehungen im ternären System Ga-Ge-Se sind in [3.756] beschrieben. Über die Bildung von Gläsern wird gleichfalls berichtet [3.757].

3.3.6.4. *Sn und Pb enthaltende Germaniumchalkogenidgläser*

Ausgehend von den Struktur- und Bindungsverhältnissen in GeS-GeS_2- und GeSe-$GeSe_2$-Gläsern beansprucht die Abwandlung durch schrittweise Substitution der Germaniummonochalkogenid-Komponente durch SnS bzw. SnSe und PbS oder PbSe ein besonderes Interesse. Zinn-thiogermanat-, Blei-thiogermanat- und Blei-selenogermanatgläser lassen sich bis zu einem überraschend hohen Schwermetallgehalt darstellen, im System SnS-GeS-GeS_2 bis zu 47,5 mol% SnS [2.272, 3.508] und in den Systemen PbS-GeS-GeS_2 und PbSe-GeSe-$GeSe_2$ bis zu 57 mol% PbS bzw. 54 mol% PbSe [3.758, 2.350]. Die Glasbildungsbereiche sind in Abb. 3.60, angegeben.

Eine Ähnlichkeit zu den Glasbildungsgebieten in den analogen Systemen mit Tl_2S bzw. Tl_2Se anstelle von PbS oder PbSe ist unverkennbar (vgl. Abb. 3.59.). Im System SnSe-GeSe-$GeSe_2$ wurde dagegen bei Anwendung konventioneller Abkühlgeschwindigkeiten keine Glasbildung gefunden. SnS bildet mit GeS_2 die ternäre Verbindung $SnGeS_3$, die bei 880 K inkongruent schmilzt [3.759]. Die Kristallstruktur ist durch kettenförmig verknüpfte $[GeS_4]$-Baugruppen zu beschreiben, deren S-Atome die Sn^{II}-Atome unter Ausbildung tetragonal-pyramidaler Koordinationspolyeder mit der Koordinationszahl 5 umgeben [3.760, 761]. SnSe-$GeSe_2$-Mischungen stellen dagegen ein einfaches eutektisches System dar [3.762].

Insgesamt erweisen sich GeS-GeS_2 und GeSe-$GeSe_2$-Mischungen in Verbindung mit Schwermetallsulfiden und -seleniden gegenüber GeS_2 und $GeSe_2$ als die besseren Glasbildner, was im Sinne einer strukturchemischen Interpretation des Glasbildungsverhaltens derartiges Schmelzen auf die Ausbildung von $Ge_nX_{(2n+2)/2}$-Nahordnungsbereichen zurückgeführt werden kann.

Das mittlere atomare Molvolumen und die Transformationstemperatur vermindern sich beim Einbau von SnS oder PbS in GeS-GeS_2-Gläser, was in den Reihen $(MS)_y(GeS)_{0,7-y}$-$(GeS_2)_{0,3}$ und $(MS)_y(GeS)_{0,65-y}(GeS_2)_{0,35}$ gezeigt wurde (M = Sn, Pb) [3.714, 763]. Für

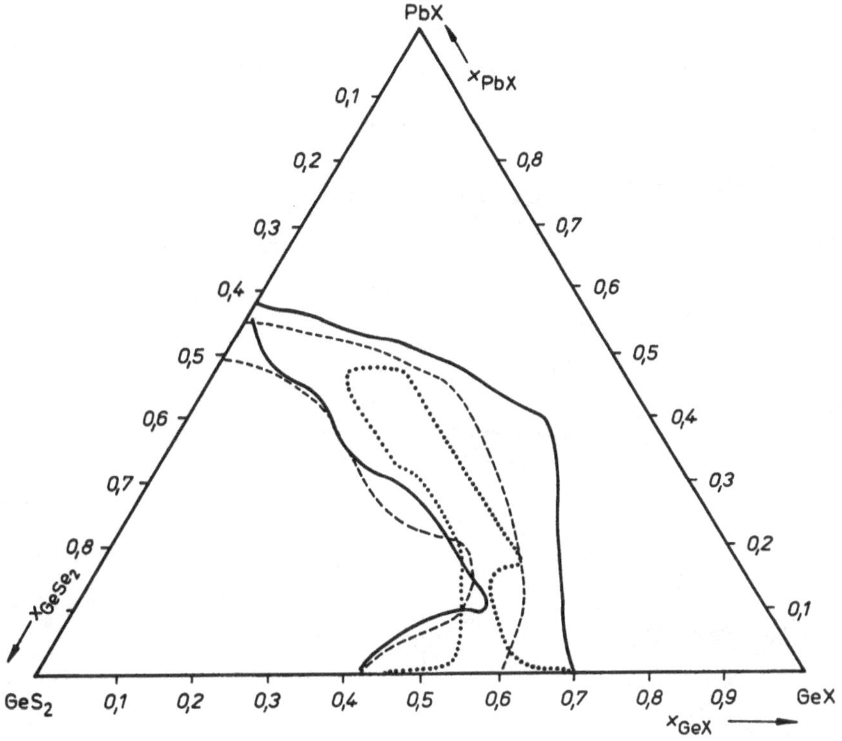

Abb. 3.60. Glasbildungsbereiche SnS-GeS-GeS_2 [2.272] (·····), PbSe-GeSe-$GeSe_2$ [2.350] (– – –) und PbS-GeS-GeS_2 [3.758] (——).

Gläser im System PbSe-GeSe-$GeSe_2$ sind die Kurvenverläufe in den Reihen $(PbSe)_y(GeSe)_{0,65-y}(GeSe_2)_{0,35}$(I), $(PbSe)_y(Ge_2Se_3)_{0,5-0,5y}$(III), $(PbSe)_y(GeSe)_{0,7-y}$-$(GeSe_2)_{0,3}$(II), $(PbSe)_y(GeSe)_y(GeSe_2)_{1-2y}$(IV) in Abb. 3.61. dargestellt [2.350].

Der steile Abfall des Molvolumens und der T_G-Werte, tritt in Reihe III besonders deutlich hervor. Offenbar wird PbSe in das relativ weiträumige Strukturgerüst miteinander verbundener $[Ge_2Se_6]$-Baugruppen als Netzwerkwandler eingebaut. Die Pb^{II}-Ionen finden zunächst in den Hohlräumen Platz. Erst bei höherer Konzentration macht sich deren Raumbeanspruchung bzw. die der von ihnen formierten Strukturpolyrder in einem Anstieg bemerkbar.

$GeSe_2$ weist den größten Betrag für das mittlere atomare Molvolumen auf. Die Abnahme in der Reihe der Gläser $(GeSe)_y(GeSe_2)_{1-y}$ (vgl. Abb. 3.40.) ist ohne weiteres verständlich, da man die Baugruppen $Ge_2Se_{6/2}$ und $Ge_3Se_{8/2}$ als sich durchdringende Tetraeder auffassen kann [3.509, 510]. In der Reihe IV wird dieser Effekt durch die Netzwerkwandlerfunktion von PbSe noch verstärkt. Entsprechend $(PbSe)_y(GeSe_2)_{1-3y}$-$(Ge_2Se_3)_y$ für $y \leqq 1/3$ und $(PbSe)_y(Ge_2Se_3)_{2-5y}(Ge_3Se_4)_{3y-1}$ für $y \geqq 1/3$ beobachtet man hier eine Abnahme des Molvolumens um etwa 10%. In den Reihen I und II ersetzt Pb^{II} formal Ge^{II}, ohne daß sich der Selengehalt ändert. Mit zunehmendem PbSe-Einbau erhöht sich der Anteil der netzwerkbildenden Baugruppen, die eine größere relative Raumbeanspruchung aufweisen. Die Kurven durchlaufen ein Minimum, wobei der

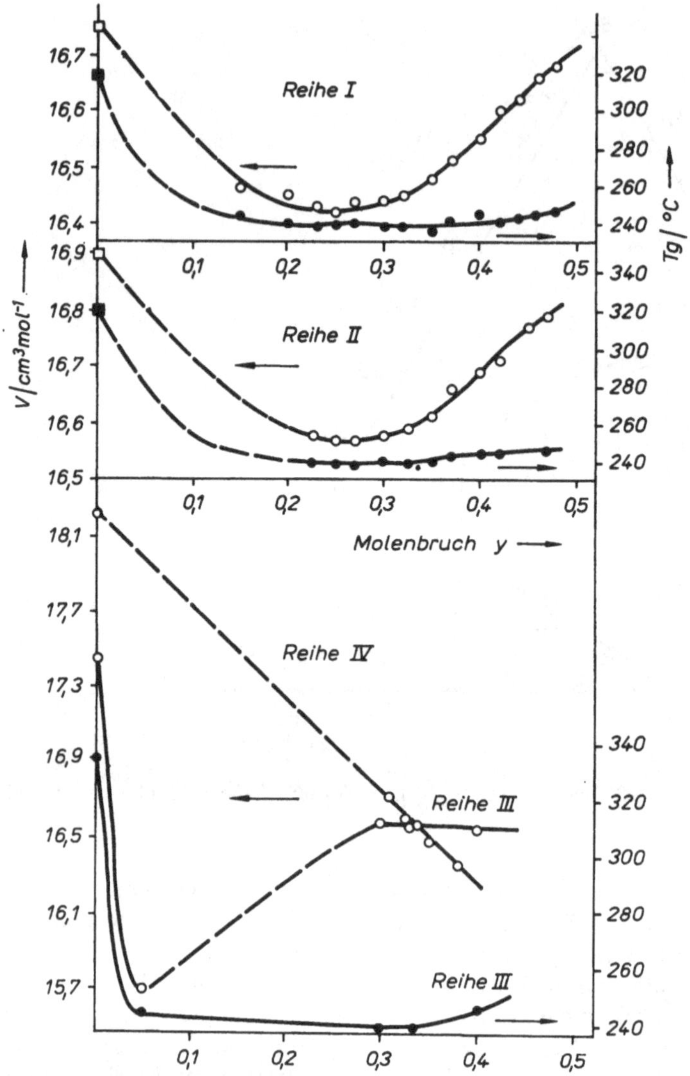

Abb. 3.61. Zusammensetzungsabhängigkeit des mittleren atomaren Molvolumens (○) und der T_G-Werte (●) von Gläsern in den Reihen

I — $(PbSe)_y(GeSe)_{0,65-y}(GeSe_2)_{0,35}$

II — $(PbSe)_y(GeSe)_{0,7-y}(GeSe_2)_{0,3}$

III — $(PbSe)_y(Ge_2Se_3)_{0,5-0,5y}$

IV — $(PbSe)_y(GeSe)_y(GeSe_2)_{1-2y}$

Anstieg sowohl auf den Platzbedarf der Pb^{II}-Ionen als auch auf den Übergang von $Ge_3Se_{8/2}$- zu $Ge_2Se_{6/2}$- und von letzteren zu $GeSe_{4/2}$ Baugruppen zurückgeführt werden kann.

Die Transformationstemperatur der Gläser erweist sich nach einem durch kleine PbSe-Zusätze verursachten Abfall als weitgehend konzentrationsunabhängig. Offenbar wird in diesem Bereich die mit der Aufspaltung der Ge-Se-Ge-Brückenbindungen verbundene

Auflockerung durch die strukturverfestigende Wirkung ausgeglichen, die von den Blei-Selenkoordinationspolyedern ausgeht.

Der Verlauf des Ausdehnungskoeffizienten in den genannten Reihen wurde bereits in Abb. 2.47. auf Seite 124 mitgeteilt. Die Darstellung läßt auf markante Strukturveränderungen schließen, die mit der Variation der Zusammensetzung einhergehen. Den niedrigsten α-Wert weisen die Gläser $GeSe_2$ und Ge_2Se_3 auf. In Übereinstimmung mit der Netzwerkwandlerfunktion von PbSe beobachtet man in den Reihen zunächst eine Zunahme von α. In den Reihen I und II wird ein Maximum durchlaufen, und bei der Zusammensetzung $y = 0{,}4$, d. h. bei einem äquimolaren Gehalt von GeSe und $GeSe_2$ liegt ein Minimum vor, an das sich bei weiterer Erhöhung des PbSe-Gehalts bis zur Glasbildungsgrenze ein steiler Anstieg anschließt. Reihe IV durchquert das „Tal" gleichfalls. Innerhalb der Reihe III liegen die α-Werte dagegen in der „Talsohle". Es ist naheliegend, die Abnahme des thermischen Ausdehnungskoeffizienten im mittleren Bereich der Reihe I und II als eine Strukturverfestigung zu deuten. Das mittlere atomare Molvolumen nimmt in diesem Gebiet bereits zu, und die Beteiligung der Blei-Selenkoordinationspolyeder am Strukturgerüst des Glases macht sich dementsprechend bemerkbar.

Die Kristallchemie der Pb^{II}-thiosilicate, -selenosilicate und -thiogermanate ist durch variable Koordinationszahlen gekennzeichnet. Im Pb_2SiSe_4 liegen deutlich 3 kürzere Pb-Se-Bindungen im Abstand von 290 bis 300 pm vor, wobei die Koordination durch 4 weitere Se-Atome zu 7 ergänzt wird. Eine zweite Gruppe von Pb^{II}-Atomen bildet 5 Pb-Se-Bindungen mit Abständen von 300 bis 310 pm aus [3.764]. In der Struktur von Pb_2GeS_4 mit den Koordinationszahlen 6 und 7 für die Pb^{II}-Atome treten gleichfalls 3 verkürzte Pb-S-Bindungsabstände auf [3.765]. Auch die analoge Se-Verbindung Pb_2GeSe_4 ist existent [3.766]. Sie schmilzt inkongruent bei 863 K. In den Verbindungen $PbGeS_3$ und $SnGeS_3$ liegt für die Metallatome, die Koordinationszahl 5 vor [3.760, 761]. Mößbauer-spektroskopische Untersuchungen an Gläsern des Systems SnS-GeS-GeS_2 lassen darauf schließen, daß sich für die Sn^{II}-Atome bei hoher Konzentration eine mit kristallinem $SnGeS_3$ vergleichbare Nahordnung ausbildet (vgl. 2.4.1.3., Abb. 2.36.). Bei kleinerem Gehalt beobachtet man eine ausgeprägte Quadrupolaufspaltung, was auf eine niedrigere Koordination und stärkere Asymmetrie der Bindungen hinweist.

Die strukturellen Befunde rechtfertigen die Annahme, daß die Wechselwirkung von PbSe mit dem Netzwerkbildner zunächst mit der Ausbildung von [$PbSe_3$]-Baugruppen einhergeht: Aufspaltung der Ge-Se-Ge-Brückenbindungen durch PbSe unter Bildung von jeweils zwei Pb-Se-Ge-Bindungen und koordinative Einbeziehung eines weiteren Se-Atoms aus einer benachbarten Ge-Se-Ge-Bindung. Die Möglichkeit zur Realisierung weiterer Bindungsbeziehungen mit größeren Pb-Se-Bindungsabständen ist dabei ohne weiteres gegeben. Der thermische Ausdehnungskoeffizient nimmt in diesem Bereich zu. In dem sich anschließenden Gebiet fallender α-Werte ist dann eine Koordinationszahlerhöhung auf 5 in Anlehnung an die bei SnS-GeS-GeS_2-Gläsern festgestellten Verhältnisse plausibel.

Die festigkeitsbestimmenden elastischen Gitterkräfte werden infolge Zunahme der mittleren Zahl an Bindungen erhöht, und der thermische Ausdehnungskoeffizient α dadurch vermindert. Nach Durchlaufen des Minimums nimmt der thermische Ausdehnungskoeffizient dann ausgehend von den neuen Struktur- und Bindungsverhältnissen in den Reihen I und II wieder zu. Das vorgeschlagene Strukturmodell befindet sich mit Ergebnissen von Radialverteilungsuntersuchungen, die ROWLAND u. M. [3.767] an PbSe-GeSe-$GeSe_2$-Gläsern durchgeführt haben, in Übereinstimmung. Es wurde ein mittlerer Pb-Se-Bindungsabstand von 300 pm gefunden. Für die Koordinationszahl der Pb^{II}-Atome ergeben sich Werte zwischen 3 und 5.

Bemerkenswert ist, daß das Minimum der α-Werte stets bei einem Molverhältnis $GeSe:GeSe_2 = 1$ gefunden wird. Es wurde daraus die Schlußfolgerung gezogen, daß bei dieser Zusammensetzung eine Verbindung mit eigenständiger Struktur vorliegt. Es läßt sich beim langsamen Abkühlen der Schmelze eine kristalline metastabile Phase fassen, deren Zusammensetzung der Formel $PbGe_2Se_4$ nahekommt. Sie wandelt sich beim Tempern unter Abscheidung von $GeSe_2$ und Bildung einer weiteren Verbindung mit eigenem Röntgendiagramm monotrop um.

Die Ergebnisse elektrischer Leitfähigkeitsmessungen sind in Abb. 3.62. wiedergegeben.

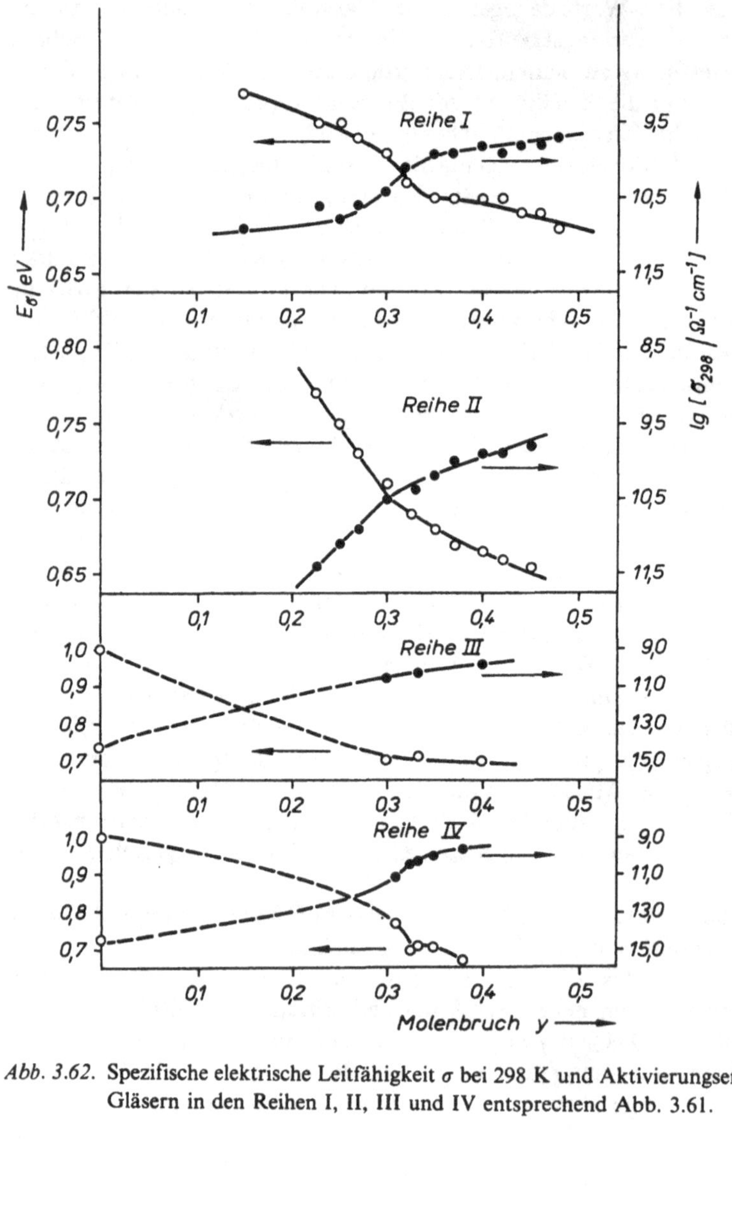

Abb. 3.62. Spezifische elektrische Leitfähigkeit σ bei 298 K und Aktivierungsenergie von $PbSe-GeSe-GeSe_2$-Gläsern in den Reihen I, II, III und IV entsprechend Abb. 3.61.

Die Leitfähigkeit nimmt mit zunehmendem Einbau von PbSe zu und die thermische Aktivierungsenergie ab. Beide Größen ändern sich gegenläufig. Ungeachtet der beträchtlichen Variation der Pb^{II}-Konzentration ergeben sich für die in den Reihen I und II zusammengefaßten Glasproben übereinstimmende σ_0-Werte: $\lg \sigma_0 = 2{,}0 \pm 0{,}2$ für Reihe I und $\lg \sigma_0 = 1{,}4 \pm 0{,}2$ für Reihe II. Es ist bemerkenswert, daß der relativ geringe Unterschied im Gehalt an $GeSe_2$ (in Molprozent Atome ausgedrückt beträgt der Unterschied 0,94% Se) eine solche Differenz im σ_0-Wert hervorruft.

In beiden Reihen wird im mittleren Bereich ein Übergang in einen flacheren Kurvenverlauf festgestellt. Wie aus Abb. 3.62. hervorgeht, fällt in der Reihe II die Knickstelle mit dem Minimum des thermischen Ausdehnungskoeffizienten zusammen. Die bereits diskutierte Erhöhung der Koordinationszahl von 3 auf 5 muß eine geringfügige Zunahme des mittleren Pb-Se-Bindungsabstandes in den Koordinationspolyedern zur Folge haben, was die weniger steile Abnahme der thermischen Aktivierungsenergie im zweiten Teil der Kurven (hoher PbSe-Gehalt) verständlich erscheinen läßt.

3.3.6.5. *Hg-enthaltende Germaniumchalkogenidgläser*

Quecksilberverbindungen sind auf Grund ihrer Flüchtigkeit bisher nur vereinzelt als Komponenten von Oxidglasschmelzen eingesetzt worden, z. B. gelang STRICKLER und ROY [3.768] die Darstellung von Borosilicatgläsern mit bis zu 65 mol% HgO unter Druck. Hg

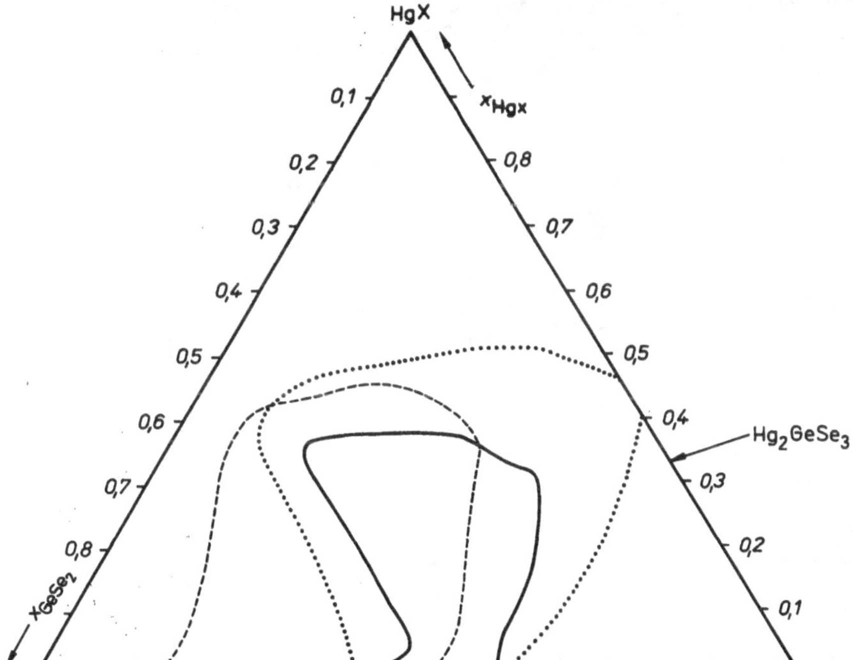

Abb. 3.63. Glasbildungsbereiche HgSe-GeSe-$GeSe_2$ (·····), HgTe-GeSe-$GeSe_2$ (——) und HgTe-GeTe-$GeSe_2$ (– – –) nach [3.571, 771].

enthaltende Schmelzen nichtoxidischer Systeme, z. B. der glasbildenden Chalkogenide des Arsens und Germaniums, lassen auf Grund der gegenüber HgO vergleichsweise größeren thermischen Stabilität von HgS, HgSe und HgTe eine geringere Zersetzungsneigung erwarten.

Nach SCHILO [3.769] sind in den Systemen $(HgS)_y(As_2S_3)_{1-y}$ und $(HgSe)_y(As_2Se_3)_{1-y}$ bis zu Moleinbrüchen $x \leqq 0{,}33$ bzw. 0,18 Gläser zugänglich. Über den Einbau von Hg in As_2Se_3 entsprechend $Hg_x(As_2Se_3)_{1-x}$ berichtet DOJNIKOV [3.770] ($x \leqq 0{,}286$). Im System HgS-GeS-GeS_2 sind Gläser gleichfalls darstellbar, der Hg-Dampfdruck bei der erforderlichen Schmelztemperatur in der Kieselglasampulle ist jedoch beträchtlich [3.710]. In den Systemen HgSe-GeSe-$GeSe_2$ [3.571], HgTe-GeSe-$GeSe_2$ und HgTe-GeTe-$GeSe_2$ können dagegen in relativ weiten Konzentrationsgrenzen Gläser erhalten werden [3.771, 714, 763]. Die Glasbildungsbereiche sind in Abb. 3.63. für Abkühlraten von etwa $2\ K \cdot s^{-1}$ angegeben. Bezogen auf die binären Verbindungen enthalten die Gläser bis zu 50 mol% HgSe.

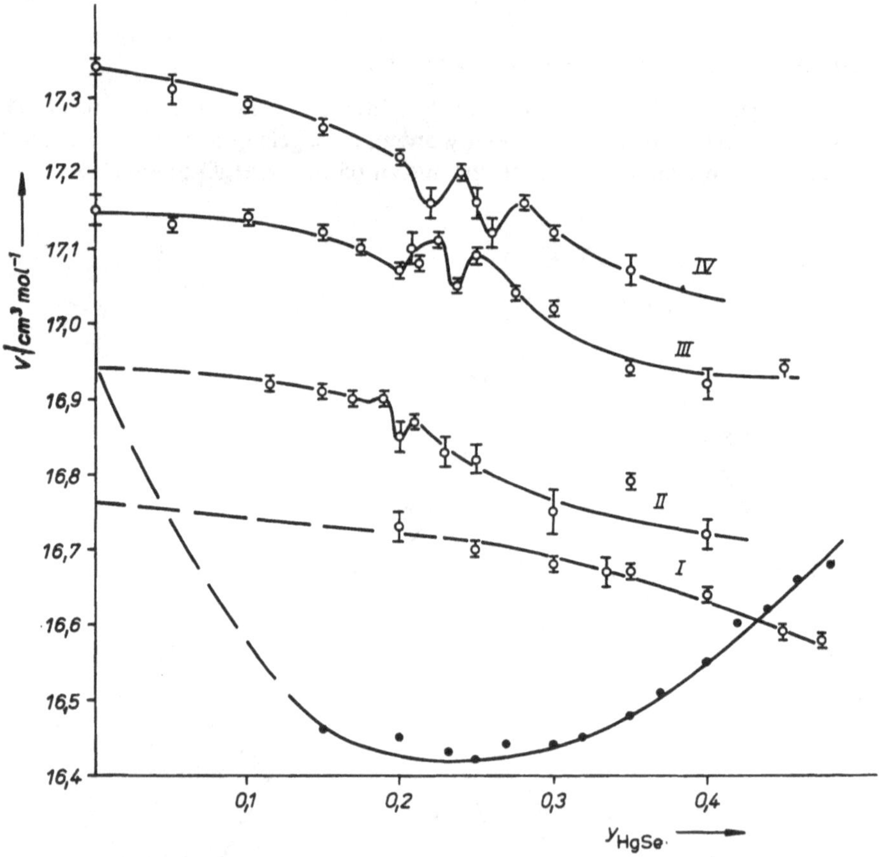

Abb. 3.64. Zusammensetzungsabhängigkeit des mittleren atomaren Molvolumens von HgSe-GeSe-$GeSe_2$-Gläsern in den Reihen (○)
I — $(HgSe)_y(GeSe)_{0,8-y}(GeSe_2)_{0,2}$
II — $(HgSe)_y(GeSe)_{0,7-y}(GeSe_2)_{0,3}$
III — $(HgSe)_y(GeSe)_{0,6-y}(GeSe_2)_{0,4}$
IV — $(HgSe)_y(GeSe)_{0,55-y}(GeSe_2)_{0,45}$
und für (II) mit PbSe anstelle von HgSe (●)

Der Glasbildungsbereich ist größer als im analogen System der Blei-selenogermanatgläser und in Richtung auf die Kante der binären Kombinationen der Monochalkogenide des Quecksilbers und Germaniums orientiert. Daß sich aus Mischungen HgSe-GeSe, HgTe-GeSe oder HgSe-GeTe in bestimmten Konzentrationsgrenzen Gläser erschmelzen lassen, weist auf Redoxgleichgewichte hin, in deren Ergebnis neben niederen Oxydationsstufen des Quecksilbers $GeSe_2$-Anteile gebildet werden. Die Schmelzprodukte sind homogen und enthalten bei richtiger Temperaturführung keine Anteile metallischen Quecksilbers.

Die Transformationstemperatur fällt mit ansteigender HgSe-Konzentration abweichend von Befunden bei den Blei-selenogermanatgläsern im wesentlichen linear ab, in der Reihe $(HgSe)_y(GeSe)_{0,6-y}(GeSe_2)_{0,4}$ z. B. von 597 K ($y = 0$) auf 503 K ($y = 0{,}45$). Für das mittlere atomare Molvolumen ergibt sich ein annähernd vergleichbares Bild. Die Abfolge in den 4 Probenreihen

$(HgSe)_y(GeSe)_{0,8-y}(GeSe_2)_{0,2}$(I), $(HgSe)_y(GeSe)_{0,6-y}(GeSe_2)_{0,4}$(III)
$(HgSe)_y(GeSe)_{0,7-y}(GeSe_2)_{0,3}$(II), $(HgSe)_y(GeSe)_{0,55-y}(GeSe_2)_{0,45}$(IV)

in Abb. 3.64. läßt erkennen, daß der vom strukturellen Aufbau der Germaniumselenidgläser herrührende Einfluß dominiert. Wie der Vergleich der Probenreihen II für HgSe und PbSe enthaltende Gläser zeigt, ist die Abnahme hier viel geringer. In der Reihe $(MSe)_y(Ge_2Se_3)_{0,5-0,5y}$ ruft z. B. ein PbSe-Gehalt von $y = 0{,}05$ (M = Pb) eine Abnahme des Molvolumens von 17,44 auf 15,7 $cm^3 \cdot mol^{-1}$ hervor, ein Molenbruch HgSe von $y = 0{,}05$ (M = Hg) bewirkt dagegen nur eine Verminderung auf 17,36 $cm^3 \cdot mol^{-1}$. Von einer Netzwerkwandlerfunktion des HgSe kann daher kaum gesprochen werden.

Im Bereich mittlerer Zusammensetzung zeigen die Kurven der Abb. 3.64. einen nichtmonotonen Verlauf. Die Glasbildungstendenz, ausgedrückt in einem Gl. (2.52) entsprechenden Parameter, erweist sich in diesem Gebiet als am größten. Beiderseits der Extremwerte lassen die Kurvenzüge eine entgegengesetzte Krümmung erkennen. Bei Annäherung an die mittleren HgSe-Konzentrationen kehrt sich die Volumenänderung von beiden Seiten her kommend zunächst um, und dann „kippt" die Struktur in die jeweils andere Konfiguration. Offenbar existieren im Glasbildungsgebiet zwei Bereiche mit unterschiedlichem strukturellen Aufbau. Eine solche Unterteilung ist aus den dielektrischen Eigenschaften der Gläser gleichfalls ersichtlich [3.771].

In Abb. 3.65. sind die Leitfähigkeitsdaten für Gläser der Probenreihe $(MSe)_y(Ge_2Se_3)_{0,5-0,5y}$ (M = Pb oder Hg) dargestellt. Nimmt die Aktivierungsenergie im System $PbSe\text{-}Ge_2Se_3$ mit wachsendem PbSe-Gehalt von 1,0 auf 0,7 eV ab und die spezifische Leitfähigkeit um 4 Größenordnungen zu, so bleiben die entsprechenden Werte in der Abfolge der Gläser $HgSe\text{-}Ge_2Se_3$ nahezu unverändert.

Für die Probenreihe III ergibt sich ein mit diesem Befund weitgehend übereinstimmendes Bild (Abb. 3.66.). Die Leitfähigkeit fällt zunächst um mehr als eine Größenordnung ab. Sie erreicht bei einem Gehalt von 23,75 mol% HgSe und bei 35 mol% HgSe erneut ein Minimum von $-\lg \sigma_{298} = 14{,}8$ bis 14,9. Selbst das Glas mit der Zusammensetzung $(HgSe)_{0,4}(GeSe)_{0,2}(GeSe_2)_{0,4}$ bzw. $(HgSe)_{0,4}(Ge_2Se_3)_{0,2}(GeSe_2)_{0,2}$ hat nur eine geringfügig höhere Leitfähigkeit als die Probe $(GeSe)_{0,6}(GeSe_2)_{0,4}$ am Ausgangspunkt der Reihe. Die thermische Aktivierungsenergie variiert zwischen 1,0 und etwa 0,9 eV. Demgegenüber hat ein Glas der Zusammensetzung $(PbSe)_{0,4}(GeSe)_{0,25}(GeSe_2)_{0,35}$ eine spezifische Leitfähigkeit von $-\lg \sigma_{298} = 9{,}9$ und eine Aktivierungsenergie von 0,67 eV.

Wie aus Abb. 3.66. hervorgeht, ändern sich $-\lg \sigma_{298}$ und E_σ bis zu einem gewissen Grad gegenläufig. Eine quantitativ bewertbare Korrelation wie bei den Bleiseleno-

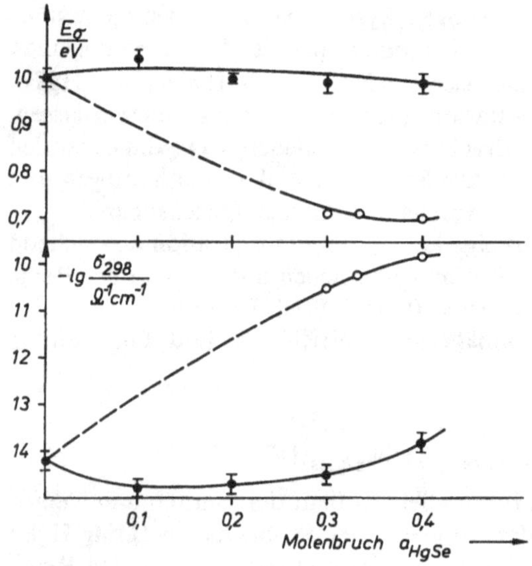

Abb. 3.65. Zusammensetzungsabhängigkeit der spezifischen elektrischen Leitfähigkeit σ bei 298 K und der Aktivierungsenergie E_σ für Gläser der Reihe $(MSe)_y(Ge_2Se_3)_{0,5-0,5y}$ mit (○) für M = Pb und (●) für M = Hg.

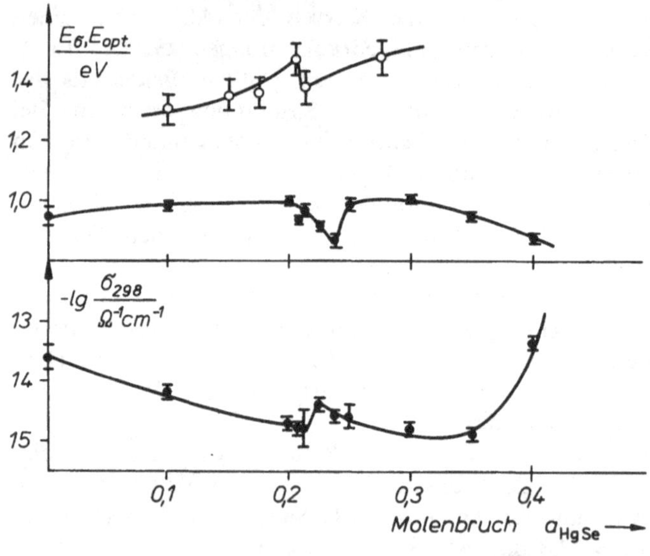

Abb. 3.66. Thermische Aktivierungsenergie E_σ (●) und aus optischen Messungen ermittelte Breite der Bandlücke (○) sowie die σ_{298}-Werte der Gläser der Probenreihe III in Abb. 3.64.

germanat-Gläsern [2.350] ließ sich jedoch nicht feststellen. Im Verlauf der lg σ- und E_σ-Kurve deuten sich wie bei der Konzentrationsabhängigkeit der Molvolumina zwei Bereiche unterschiedlicher Struktur im Glasbildungsgebiet an. Man erkennt auch hier zwei Kurvenzüge, in deren Schnittbereich sich im Falle der Aktivierungsenergie ein

Minimum und für die spezifische Leitfähigkeit ein Maximum ergibt. Die Abhängigkeit der spezifischen Leitfähigkeit von der HgSe-Konzentration und der Struktur der Gläser ist aber um Größenordnungen geringer als im Glassystem PbSe-GeSe-$GeSe_2$. Die Leitfähigkeitsparameter verbleiben annähernd im Bereich der für Germaniumselenidgläser charakteristischen Werte.

Das hohe Leitvermögen von HgSe mit etwa $10^3\ \Omega^{-1}\ cm^{-1}$ und einer Aktivierungsenergie von 0,1 eV ist an das Zinkblendegitter gebunden. Die Hochdruckmodifikation entspricht der Struktur des roten Zinnober und hat eine um 6 Größenordnungen geringere elektrische Leitfähigkeit [3.772]. In der Schmelze von HgSe liegt nach Joffe und Regel [1.28] gleichfalls eine im wesentlichen durch die Koordinationszahl 2 bzw. 2 + 4 zu beschreibende Nahordnung vor. Am Schmelzpunkt von 963 K fällt die Leitfähigkeit um eine Größenordnung auf $10\ \Omega^{-1}\ cm^{-1}$ ab. Für den Bandkanten- bzw. Beweglichkeitskantenabstand der Schmelze werden 2,3 eV angegeben.

Die Annahme kleiner Koordinationszahlen ist mit der relativ geringen Abnahme des Molvolumens (Abb. 3.64.) gut vereinbar. Kleine Koordinationszahl, z. B. von 2 für die Hg^{2+}-Kationen, bedeutet aber zugleich eine starke Einschränkung der Netzwerkwandlerfunktion von HgSe in Germaniumselenidgläsern. Die Bildung homogener Gläser im Bereich HgSe-$GeSe_2$-Se befindet sich damit gleichfalls in Einklang (vgl. Abb. 3.70.).

3.3.7. *Einige quaternäre Chalkogenidglasbildungssysteme*

Die Kombination von 4 Elementkomponenten ermöglicht eine Variation der stofflichen Zusammensetzung, die über die der ternären Glasbildungssysteme weit hinausgeht. Eine systematische Darstellung kann daher nicht angestrebt werden. Die Untersuchungen sind noch sehr unvollständig. In einigen Fällen bilden ternäre Systeme, die sich durch ein großes Glasbildungsgebiet und die Bildung besonders stabiler Gläser auszeichnen, die Ausgangsbasis.

In Ge-As-Se-Gläsern konnten bis zu 10 mol% Sn oder Pb eingebaut werden [3.773]. Über Glasbildung und Kristallisationsverhalten im System $As_2S_3Ge_xTe_y$ wird in [3.774] berichtet, während Mackowski u. M. [3.775, 776] die thermischen, elektrischen und optischen Eigenschaften in der Reihe $As_2GeS_{3-x}Te_x$ untersuchen. Ge-As-Se-Te-Gläser sind gleichfalls mehrfach beschrieben worden. Leitfähigkeits- und Thermo-EMK-Messungen wurden von Green u. M. [3.777] in der Reihe $(As_{0,744}Ge_{0,256})_{1-x}(Se_{0,197}Te_{0,803})_x$ durchgeführt. In Ge-Sb-Se-Gläsern kann Se bis zu etwa 25 mol% durch Te ersetzt werden [3.778]. Auf die Entdeckung der Stoffklasse der halbleitenden Chalkogenidgläser durch Gorjunova und Kolomiec [2.14] bei Untersuchungen in den Substanzreihen $Tl_2Se \cdot Sb_2Se_3$ — $Tl_2Se \cdot As_2Se_3$ und $Tl_2Se \cdot As_2Se_3$ — $Tl_2Se \cdot As_2Te_3$ ist bereits hingewiesen worden (vgl. 3.3.6.3.).

Von den Sn, Pb oder Hg enthaltenden Germaniumselenidgläsern leiten sich bei Hinzunahme von Te als vierte Elementkomponente gleichfalls ausgedehnte Glasbildungsgebiete ab.

Eine Schlüsselrolle bei der Aufklärung des bistabilen Leitfähigkeitsverhaltens von Chalkogenidgläsern hat sich für bestimmte Zusammensetzungen von As-Ge-Se-Te-Gläsern ergeben.

3.3.7.1. *Glasbildung und Eigenschaften in den Systemen Ge-Sn-Se-Te und Ge-Pb-Se-Te*

Für die Sn enthaltenden Gläser ist der Glasbildungsbereich in Abb. 3.67. dargestellt [2.336]. Der wechselseitige Einfluß der paarweise homologen Elemente Ge, Sn und Se, Te wurde in den Reihen $Ge_{0,4-x}Sn_xSe_{0,6-y}Te_y$, untersucht. Dabei entsprechen die Zusammensetzungen stets der allgemeinen Formel M_2X_3 (M = Ge + Sn, X = Se + Te).

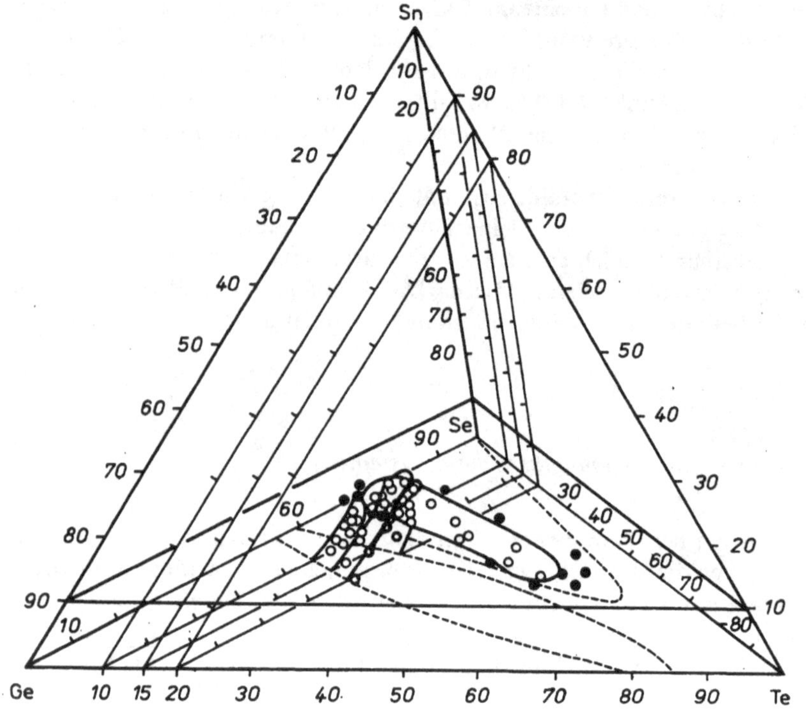

Abb. 3.67. Glasbildungsbereich Ge-Sn-Se-Te mit 3 Schnittebenen bei jeweils 10,15 und 20 mol% Te.

Mit der bereits diskutierten Änderung des mittleren atomaren Molvolumens (vgl. Abb. 2.43.) wird unter Verwendung bekannter kristallchemischer Beziehungen schlüssig bewiesen, daß sich die Monoselenide von Ge und Sn im Glas nicht isomorph vertreten. Die Bindung von GeSe im Netzwerk von $Ge_2Se_{6/2}$-Baugruppen infolge Komproportionierung mit $GeSe_2$ und die Wirkung von SnSe als Netzwerkwandler werden dadurch gestützt (vgl. Abb. 2.43.) Se und Te substituieren sich dagegen im Strukturgerüst des Glases gegenseitig (vgl. Abb. 2.43).

Leitfähigkeitsmessungen ergeben in den Reihen die nachfolgend aufgeführten Änderungen:

$y = 0{,}1$; $0{,}02 < x < 0{,}08$; $11{,}6 > -\lg \sigma_{298} > 9{,}3$; $0{,}75 > E_\sigma > 0{,}63$ eV
$y = 0{,}15$; $0 < x < 0{,}12$; $12{,}4 > -\lg \sigma_{298} > 7{,}0$; $0{,}82 > E_\sigma > 0{,}49$ eV
$y = 0{,}2$; $0 < x < 0{,}12$; $11{,}3 > -\lg \sigma_{298} > 6{,}6$; $0{,}78 > E_\sigma > 0{,}53$ eV.

Der σ_0-Wert in der Beziehung $\lg \sigma = \lg \sigma_0 - E_\sigma/kT$ beträgt für alle Gläser weitgehend zusammensetzungsunabhängig $\lg \sigma_0 = 1{,}3 \pm 0{,}2$.

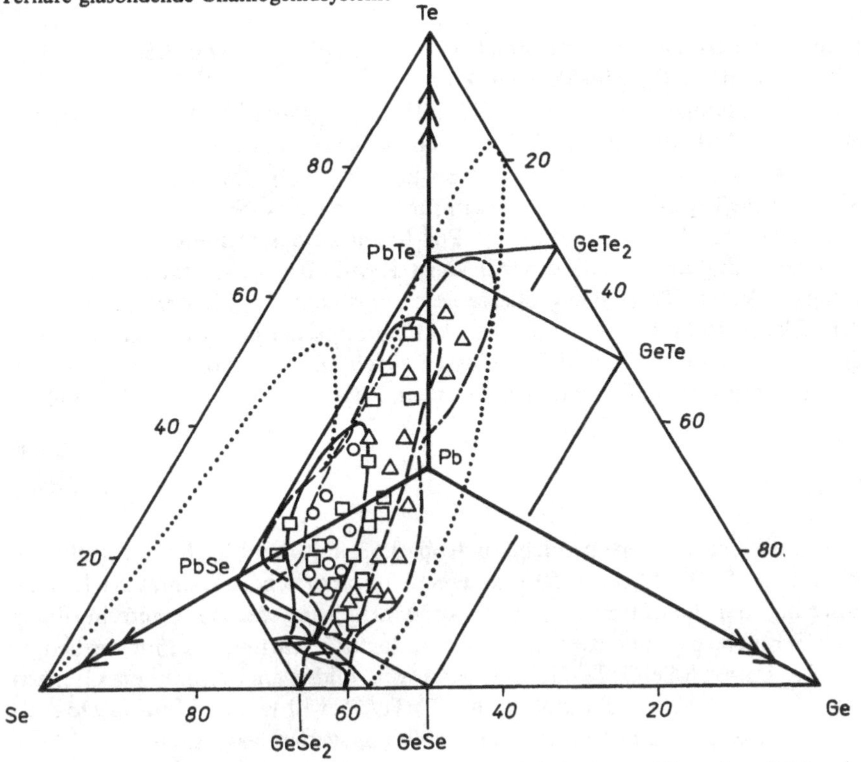

Abb. 3.68. Glasbildungsbereich Ge-Pb-Se-Te mit den Schnittebenen Pb = 0 mol% (······), Pb = 10 mol% (△), Pb = 15 mol% (□) und Pb = 20 mol% (○).

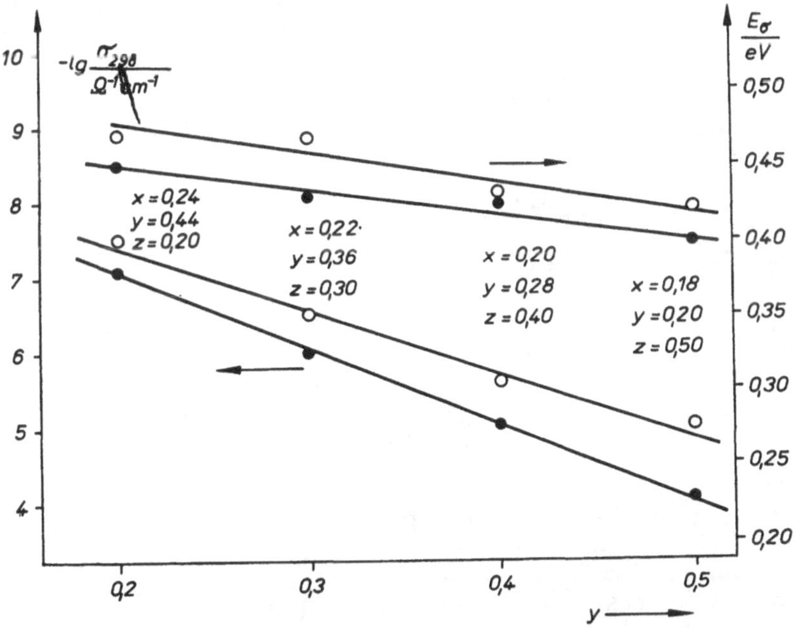

Abb. 3.69. Vergleich der elektrischen Leitfähigkeit σ_{298} und der Aktivierungsenergie von Ge-Sn-Se-Te- (●) und Ge-Pb-Se-Te-Gläsern (○) analoger Zusammensetzung.

Den Glasbildungsbereich Ge-Pb-Se-Te in den Ebenen Ge-Se-Te (vgl. Abb. 3.50.), Ge-Pb_{10}-Se-Te, Ge-Pb_{15}-Se-Te und Ge-Pb_{20}-Se-Te zeigt Abb. 3.68.

Es ergeben sich hier analoge Beziehungen [3.779]. Bemerkenswert ist, daß der Vergleich Pb und Sn enthaltender Gläser bei im übrigen identischer Zusammensetzung bezüglich der Leitfähigkeit stets zugunsten der Gläser mit Sn ausfällt. Abb. 3.69 zeigt die σ-Werte für 4 Proben $M_{0,12}Ge_xSe_yTe_z$ mit je 3 Wertetripeln für x, y, z (M = Sn oder Pb).

Ungeachtet des größeren Wirkungsradius der Pb^{II}-Ionen ist das mittlere atomare Molvolumen mit den Se enthaltenden Gläsern bei sonst identischer Zusammensetzung vergleichbar oder sogar kleiner. Trotz der größeren Packungsdichte ist die Leitfähigkeit der Pb enthaltender Gläser stets kleiner und die Aktivierungsenergie etwas größer. Die elektrischen Eigenschaften von SnTe und PbTe lassen gleichfalls einen solchen Unterschied erkennen. Die Bandlücke von SnTe beträgt 0,26 eV und die von PbTe 0,31 eV [3.780].

3.3.7.2. *Hg-Ge-Se-Te-Gläser*

Abb. 3.70. vereinigt die Glasbildungsbereiche in Abb. 3.63. mit den Glasbildungsgebieten HgSe-$GeSe_2$-Se und Ge-Se-Te (Abb. 3.50.) zu einem tetraedrischen Diagramm [3.571]. Aus der Orientierung der Schnittebenen und der Markierung der Grenzen in ihnen kann die Lage der Schmelzzusammensetzungen, die glasartig erstarren, erkannt werden.

HgSe-HgTe-GeSe- bzw. HgSe-GeTe-GeSe-Mischungen bilden in bestimmten Grenzen gleichfalls Gläser. In der Nähe des Eutektikums GeTe/Te wurde mit Hg-Zusätzen als Drittkomponente gleichfalls ein eng begrenztes Glasbildungsgebiet festgestellt.

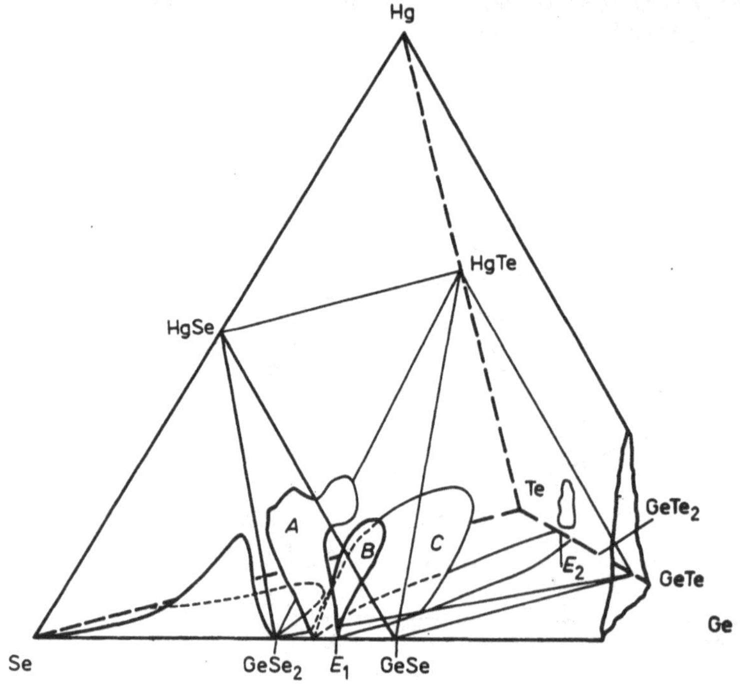

Abb. 3.70. Glasbildungsbereich im System Hg-Ge-Se-Te mit Schnittebenen entsprechend Abb. 3.63.

3.3.7.3. *As-Ge-Si-Te-Gläser*

Wie das Glasbildungsgebiet in der Schnittebene $As_xGe_ySi_zTe_{0,5}$ der Abb. 3.71 erkennen läßt [3.471, 529], verbindet der Glasbildungsbereich im Inneren des dargestellten Tetraeders die Gläser in den begrenzenden ternären Systemen Ge-As-Te (Abb. 3.57.) Ge-Si-Te (Abb. 3.51.) und Si-As-Te (Abb. 3.58.). Vom SAVAGE [3.781] wurde die Schnittebene $As_xGe_yTe_zSi_{0,1}$ untersucht.

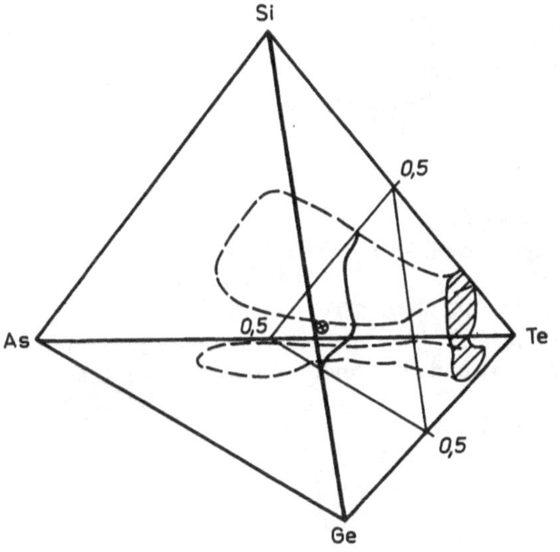

Abb. 3.71. Glasbildungsbereich As-Ge-Si-Te.
⊗ $As_{0,3}Si_{0,12}Ge_{0,1}Te_{0,48}$.

Der markierte Punkt kennzeichnet ein Glas mit der Zusammensetzung $As_{0,3}Ge_{0,1}Si_{0,12}Te_{0,48}$, dessen elektrische Eigenschaften vor allem in Form dünner Schichten sehr eingehend untersucht wurden (vgl. 4.1.3.7.). Im Umfeld dieser Zusammensetzung lassen sich Gläser und unterkühlte Schmelzen durch Tempern nicht ohne weiteres in den kristallinen Zustand überführen. Selbst nach wochenlangem Tempern liegt der nichtkristalline Zustand äußerlich unverändert vor. Derartige Gläser sind also bezüglich struktureller Veränderungen sehr stabil, was für bestimmte Anwendungen von besonderem Wert ist. Die Transformationstemperatur liegt bei etwa 510 K und erreicht im Si-As-Te-System den für Telluridgläser relativ hohen Wert von 590 K.

Die elektrische Leitfähigkeit des Glases $As_{0,3}Si_{0,1}Ge_{0,12}Te_{0,48}$ beträgt bei 298 K $4 \cdot 10^{-8}\ \Omega^{-1}\ cm^{-1}$, die thermische Aktivierungsenergie $E_\sigma = 0{,}68$ eV [3.751]. Die optische Bandlücke wurde mit 1,14 eV angegeben [3.782, 783].

Literatur

[3.1] W. BUCKEL, R. HILSCH, Z. Phys. **138**, 109 (1954)
R. HILSCH, Non-Crystalline Solids, Hrsg. V. D. Frechette, Wiley, New York 1960, S. 348
[3.2] S. TAKAYAMA, J. Mater. Sc. **11**, 164 (1976)
[3.3] H. A. DAVIES, B. G. LEWIS, Scripta Metall. **9**, 1107 (1975)

[3.4] H. S. CHEN, Acta Metall. **22**, 1505 (1974)
[3.5] P. CHAUDHARI, D. TURNBULL, Science **199**, 11 (1978)
[3.6] H. A. DAVIES, Phys. Chem. Glass. **17**, 159 (1976)
[3.7] H. WARLIMONT, Z. Metallkunde **69**, 212 (1978)
[3.8] H. J. GÜNTHERODT, H. BECK, P. OELHAFEN, K. P. ACKERMANN, M. LIARD, M. MÜLLER, H. U. KÜNZI, H. RUDIN, K. AGYCMAN, *Electrons in Disordered Metals and at Metallic Surfaces*, Plenum Publ. Corp., 1979, S. 501
[3.9] M. HANSEN *Der Aufbau der Zweistofflegierungen*, Springer-Verlag, Berlin 1936
[3.10] H. A. DAVIES, Rev. Chim. Miner. **16**, 349 (1979)
[3.11] R. RAY, B. C. GIESSEN, N. J. GRANT, Scripta Metall. **2**, 357 (1968)
[3.12] S. R. HERD, P. CHAUDHARI, Phys. Status Solidi (a) **18**, 603 (1978)
[3.13] H. J. VIND NIELSEN, J. Non-Cryst. Solids **33**, 285 (1979)
[3.14] P. DUWEZ, R. H. WILLENS, R. C. CREWDSON, J. Appl. Physics **36**, 2267 (1965)
[3.15] H. S. CHEN, D. TURNBULL, J. Chem. Phys. **48**, 2560 (1968)
[3.16] C. P. CHOU, D. TURNBULL, J. Non-Cryst. Solids **17**, 169 (1975)
[3.17] H. S. CHEN, D. TURNBULL, Acta Metall. **17**, 1021 (1971)
[3.18] M. A. MARCUS, J. Non-Cryst. Solids **30**, 317 (1979)
[3.19] H. S. CHEN, J. T. KRAUSE, E. COLEMAN, Scripta Metall. **9**, 787 (1975)
[3.20] M. BARMATZ, H. S. CHEN, Phys. Rev. **B 9**, 4073 (1974)
[3.21] K. YAMANCHI, Y. NAKAGAWA, Jap. J. Appl. Phys. **10**, 1730 (1971)
[3.22] O. L. ANDERSON, Physical Acoustic **3 B**, 43 (1965)
[3.23] H. S. CHEN, Proc. Conf. The Structure Non-Cryst. Mat., Cambridge 1976, S. 79
[3.24] J. L. Walter, Mat. Sci. Eng. **39**, 95 (1979)
[3.25] P. DUWEZ, S. C. H. LIN, J. Appl. Phys. **38**, 4096 (1967)
[3.26] D. E. POLK, H. S. CHEN, J. Non-Cryst. Solids **15**, 165 (1974)
[3.27] P. K. RASTOGI, P. DUWEZ, J. Non-Cryst. Solids **5**, 1 (1970)
[3.28] G. S. CARGILL, J. Appl. Phys. **41**, 12 (1970)
[3.29] P. K. LEUNG, J. G. WRIGHT, Phil. Mag. **30**, 995 (1974)
[3.30] G. S. CARGILL, J. Appl. Phys. **41**, 2249 (1970)
[3.31] J. L. Finney, Proc. Roy. Soc. (London) **A 319**, 479 (1970)
[3.32] C. H. BENNETT, J. Appl. Phys. **43**, 2727 (1972)
[3.33] D. E. POLK, Scripta Met. **4**, 117 (1970)
[3.34] G. S. CARGILL, S. KIRKPATRICK, AJP Conf. Proc. Structure and Exitations of Amorphous Solids, New York 1976, S. 339
[3.35] R. C. RUHL, B. C. GIESSEN, M. COHEN, N. J. GRANT, Acta Metall. **15**, 1693 (1967)
[3.36] H. S. CHEN, B. K. PARK, Acta Metall. **21** 395 (1973)
[3.37] G. S. CARGILL, *Rapidly Quenched Metals*, M. J. T., Cambridge 1976, S. 293
[3.38] T. M. HAYES, J. W. ALLEN, J. TAUC, B. C. GIESSEN, J. J. HAUSER, Phys. Rev. Lett. **40**, 1282 (1978)
[3.39] S. R. NAGEL, J. TAUC, Phys. Rev. Lett. **35**, 380 (1975)
[3.40] R. MÜLLER, H. J. GÜNTHERODT, H. U. KÜNZI, M. LIARD, M. MÜLLER, H. RUDIN wie [2.82], S. 212
[3.41] B. Y. BOUCHER, J. Non-Cryst. Solids **7**, 277 (1972)
[3.42] W. L. JOHNSON, S. J. POON, P. DUWEZ, Phys. Rev. **11 B**, 150 (1975) J. Appl. Phys. **46**, 1787 (1975)
[3.43] K. TOGANO, K. TACHIKAWA, Phys. Lett. **54 A**, 205 (1975)
[3.44] A. I. GUBANOV, Fiz. Tverd. Tel. **2**, 468 (1960)
[3.45] S. MADER, A. S. NOWICK, Appl. Phys. Lett. **7**, 57 (1965)
[3.46] T. EGAMI, P. J. FLANDERS, C. D. GRAHAM, Appl. Phys. Lett. **26**, 128 (1975)
[3.47] H. FUJIMORI, T. MASUMOTO, Y. OBI, M. KIKUCHI, Jap. J. Appl. Phys. **13**, 1889 (1974)
[3.48] M. NAKA, K. HASHIMOTO, T. MASUMOTO, J. Non-Cryst. Solids **29**, 61 (1978)
[3.49] J. G. WRIGHT, 7th Int. Colloqu. Magnetic Thin Films, Regensburg 1975
[3.50] C. A. PAMPILLO, J. Mater. Sci. **10**, 1194 (1975)
[3.51] H. S. CHEN, H. J. LEAMY, M. BARMATZ, J. Non-Cryst. Solids **444** (1971)

[3.52] T. Soshiroda, M. Koiwa, T. Masumoto, J. Non-Cryst. Solids **22**, 173 (1976)
[3.53] Y. Waseda, W. A. Miller, Physica Status Solidi (a) **49**, K 31 (1978)
[3.54] A. L. Greer, J. A. Leake, J. Non-Cryst. Solids **33**, 291 (1979)
[3.55] B. G. Bagley, E. M. Vogel, J. Non-Cryst. Solids **18**, 29 (1979)
[3.56] M. A. Marcus, J. Non-Cryst. Solids **30**, 317 (1979)
[3.57] W. Borchert, W. Dietz, H. Kölker, Z. Angew. Phys. **29**, 277 (1970)
[3.58] L. V. Mc Carty, D. R. Carpenter, J. Electrochem. Soc. **107**, 38 (1960)
[3.59] E. Amberger, W. Dietz, Z. anorg. allg. Chem. **332**, 113 (1964)
[3.60] E. Amberger, Angew. Chem. **83**, 893 (1971)
[3.61] A. W. Laubengayer, D. T. Hurd, A. E. Newkirk, J. L. Hoard, J. Amer. Chem. Soc. **65**, 1924 (1943)
[3.62] F. Wöhler, Liebigs Ann. Chem. **141**, 268 (1867)
[3.63] F. Galasso, R. Vaslet, J. Pinto, Appl. Phys. Lett. **8**, 131 (1966)
[3.64] B. F. Decker, J. S. Kasper, Acta Crystallogr. **12**, 503 (1959)
[3.65] J. L. Hoard, D. B. Sullenger, C. H. L. Kennard, R. E. Hughes, J. Solid State Chem. **1**, 268 (1970)
[3.66] D. Geist, R. Kloss, H. Follner, Acta Crystallogr. **B 26**, 1800 (1970)
[3.67] G. Will, K. Ploog, Nature **251**, 406 (1974)
[3.68] A. R. Badzian, Mater. Res. Bull. **2**, 987 (1967)
[3.69] W. Borchert, W. Dietz, H. Herrmann, Z. angew. Physik **19**, 485 (1965)
[3.70] H. Werheit, Festkörperprobleme X, 189 (1970)
[3.71] A. A. Berezin, O. A. Golikova, M. M. Kazanin, T. Khomidov, D. N. Mirlin, A. V. Petrov, A. S. Umarov, V. K. Zaitsev, J. Non-Cryst. Solids **16**, 237 (1974)
[3.72] F. P. Bundy, J. Chem. Phys. **38**, 618, 631 (1963)
[3.73] C. E. Hall, J. Appl. Phys. **19**, 271 (1948)
[3.74] O. Vohler, P. L. Reiser, R. Martina, D. Overhoff, Angew. Chem. **82**, 401 (1970)
[3.75] E. Parthe, *Crystal Chemistry of Tetrahedral Structures*, Gordon and Breach, Science Publ., New York/London 1964
[3.76] R. E. Hanneman, H. M. Strong, F. P. Bundy, Science **155**, 955 (1967)
[3.77] F. P. Bundy, J. S. Kasper, J. Chem. Phys. **46**, 3437 (1967)
[3.78] S. Aisenberg, R. Chabot, J. Appl. Phys. **42**, 2953 (1971)
[3.79] V. I. Kasatochkin, V. V. Korchak, J. P. Kudrjavcev, A. M. Sladkov, J. E. Sternberg, Carbon **11**, 70 (1973)
[3.80] W. W. Kopšak, J. P. Kudrjavcev, A. M. Sladkov, Vestn. Akad. Nauk SSSR, 1978, 70
[3.81] A. G. Whittaker, P. L. Kintner, Science **165**, 589 (1969)
[3.82] A. E. Goresy, G. Donney, Science **161**, 363 (1968)
[3.83] J. Kakinoki, K. Katada, I. Haiowa, T. Ino, Acta crystallogr. **13**, 171 (1960)
[3.84] B. T. Boiko, L. S. Palatnik, A. S. Derevjancenko, Soviet Phys. Dokl. **13**, 237 (1968)
[3.85] R. Grigorovici, A. Devenyi, A. Gheorghiu, A. Belu, J. Non-Cryst. Solids **8—10**, 793 (1972)
[3.86] E. M. Hamilton, J. A. Cross, C. J. Adkins, wie [2.239], S. 1225
[3.87] N. Wada, P. J. Gaczi, S. A. Solin, J. Non-Cryst. Solids **35/36**, 543 (1980)
[3.88] J. E. Smith, Bull. Amer. Phys. Soc. **17**, 136 (1972)
[3.89] D. F. R. Mildner, J. M. Carpenter, ibid. S. 463
[3.90] T. Noda, M. Inagaki, S. Yamada, J. Non-Cryst. Solids **1**, 285 (1969)
[3.91] B. J. Stenhouse, P. J. Grout, J. Non-Cryst. Solids **27**, 247 (1978)
[3.92] R. H. Wentorf, J. S. Kasper, Science 139, 338 (1963); J. C. Jamieson, ibid. **139**, 762 (1963)
[3.93] J. S. Kasper, S. M. Richards, Acta Crystallogr. **17**, 752 (1964)
[3.94] H. Krebs, V. B. Lazarev, L. Winkler, Z. anorg. allg. Chem. **352**, 277 (1967)
[3.95] S. P. Isherwood, B. R. Orton, J. Non-Cryst. Solids **8—10**, 691 (1972)
[3.96] A. Bienenstock, wie [2.239], S. 49
[3.97] P. J. Elliott, A. D. Yoffe, ibid. Vol. 2, 1139; P. Viscor, A. D. Yoffe, J. Non-Cryst. Solids **35/36**, 409 (1980)
[3.98] A. Barna, P. B. Barna, J. F. Pocza, J. Non-Cryst. Solids **8—10** 36 (1972)

[3.99] G. S. Cargill III, Phys. Rev. Lett. **28**, 1372 (1972)
[3.100] R. J. Temkin, G. A. N. Connell, W. Paul, wie [2.239], S. 533
[3.101] D. L. Camphausen, G. A. N. Connell, W. Paul, J. Non-Cryst. Solids **8—10**, 223 (1972)
[3.102] P. G. Le Comber, R. J. Loveland, W. E. Spear, R. A. Vaughan, wie [2.239], S. 245
[3.103] G. A. N. Connell, J. R. Pawlik, Phys. Rev. **B 13**, 787 (1976)
[3.104] W. E. Spear, P. G. Le Comber, Solid State Commun. **17**, 1193 (1975)
[3.105] W. E. Spear, P. G. Le Comber, S. Kinmond, M. H. Brodsky, Appl. Phys. Lett, **28**, 105 (1976)
[3.106] A. Triska, D. Demieson, H. Fritzsche, Bull. Amer. Phys. Soc. **20**, 392 (1975)
[3.107] M. H. Brodsky, M. A. Frisch, J. F. Ziegler, W. A. Lanford, Appl. Phys. Lett, **30**, 561 (1977)
[3.108] P. J. Zanzucchi, C. R. Wronski, D. E. Carlson, J. Appl. Phys. **48**, 5227 (1977)
[3.109] P. G. Le Comber, W. E. Spear, *Doped Amorphous Semiconductors* in Topics in Appl. Phys. 36 — *Amorphous Semiconductors — Ed.* M. H. Brodsky, S. 251
[3.110] D. E. Carlson, C. R. Wronski, ibid. S. 287
[3.111] Proc. 8th Internat. Conf. Amorph. Liqu. Semicond. Cambridge (Ma.) 1979, J. Non-Cryst. Solids **35, 36**
[3.112] W. Y. Ching, J. Non-Cryst. Solids **35/36**, 61 (1980)
[3.113] A. Madan, S. R. Ovshinsky, ibid. 171, (1980)
[3.114] J. C. Knight, R. A. Street, G. Lucovsky, ibid. 279 (1980)
[3.115] J. F. Graczyk, P. Chaudhari, Phys. Status Solidi (b) **58**, 163 (1973)
[3.116] J. F. Graczyk, P. Chaudhari, Appl. Phys. Lett. **32**, 466 (1978)
[3.117] N. J. Shevchik, W. Paul, J. Non-Cryst. Solids **8—10**, 381 (1972)
[3.118] W. J. Kinney, J. Non-Cryst. Solids **21**, 275 (1976)
[3.119] S. C. Moss, J. F. Graczyk, Phys. Rev. Lett. **23**, 1167 (1969)
[3.120] R. J. Temkin, W. Paul, G. A. N. Connell, Advances Phys. **22**, 581 (1973)
[3.121] G. A. N. Connell, R. J. Temkin, Phys. Rev. **B 9**, 5323 (1974)
[3.122] P. Steinhardt, R. Alben, D. Weaire, J. Non-Cryst. Solids **15**, 199 (1974)
[3.123] D. Beeman, B. L. Bobbs, Phys. Rev. **B 12**, 1399 (1975)
[3.124] R. Grigorovici, J. Non-Cryst. Solids **1**, 303 (1969)
[3.125] R. Grigorovici, R. Manaila, J. Non-Cryst. Solids **1**, 371 (1969)
[3.126] D. Turnbull, D. E. Polk, J. Non-Cryst. Solids **8—10**, 19 (1972)
[3.127] D. E. Polk, D. S. Boudreaux, Phys. Rev. Lett. **31**, 92 (1973)
[3.128] J. F. Graczyk, P. Chaudhari, ibid. **17**, 299 (1975)
[3.129] R. J. Temkin, J. Non-Cryst. Solids **28**, 23 (1978)
[3.130] D. Henderson, F. Herman, I. B. Ortenburger, wie [2.239], S. 991
[3.131] D. Henderson, F. Herman, J. Non-Cryst. Solids **8—10**, 359 (1972)
[3.132] J. F. Graczyk, Phys. Status Solidi (a) **46**, 611 (1978)
[3.133] H. Koizumi, T. Ninomiya, J. Phys. Soc. Jap. **44**, 898 (1978)
[3.134] E. A. Davis and I. Solomon in *Amorphous Semiconductors Ed.* M. H. Brodsky, Springer-Verlag, 1979, S. 41 und 189
[3.135] P. A. Thomas, M. H. Brodsky, D. Kaplan, D. Lepine, Phys. Rev. **B 18**, 3059 (1978)
[3.136] D. Kaplan, N. Sol, G. Velasco, P. A. Thomas, Appl. Phys. Lett. **33**, 440 (1978)
[3.137] J. I. Pankove, M. A. Lampert, M. L. Tarng, ibid. **32**, 439 (1978)
[3.138] H. Mell, wie [2.239], S. 203
[3.139] W. Beyer, J. Stuke, wie [2.239], S. 251
[3.140] U. Voget-Grote, J. Stuke, H. Wagner, Proc. Conf. Structure and Excitation Amorph. Solids, Williamsburg 1976, A. I. P. New York, S. 91
[3.141] P. T. B. Shaffer, Acta Crystallogr. **B 25**, 477 (1969)
[3.142] E. A. Fagen, wie [2.239], S. 601
[3.143] J. Tejeda, N. J. Shevchik, M. Cardona, wie [2.239], S. 557
[3.144] J. S. Lannin, wie [2.239], S. 1245
[3.145] G. A. N. Connell, R. J. Temkin, W. Paul, wie [2.239], S. 1201
[3.146] D. Engemann, R. Fischer, J. Knecht, Appl. Phys. Lett. **32** 567 (1978)

[3.147] N. J. SHEVCHIK, W. PAUL, J. Non-Cryst. Solids **13**, 1 (1973/74)

[3.148] M. WHIL, M. CARDONA, J. TAUC, J. Non-Cryst. Solids **8—10**, 172 (1972)

[3.149] G. A. N. CONNELL, R. J. TEMKIN, Proc. Int. Conf. Tetrahedr. Bonded Amorph. Semicond. Yorktown Heights, NY 1974, 192

[3.150] D. A. YATES, C. M. PENCHINA, wie [2.239], S. 617

[3.151] A. GHEORGHIU, M.-L. THEYE, wie [2.390], S. 462

[3.152] W. PAUL, T. D. MOUSTAKAS, D. A. ANDERSON, E. FREEMAN, wie [2.390], S. 467

[3.153] D. E. BRODIE, wie [2.390], S. 472

[3.154] R. C. SMITH, J. de Physique **36**, C 3—89 (1975)

[3.155] A. A. VAIPOLIN, N. A. GORJUNOVA, E. O. OSMANOV, Y. V. RUD, Dokl. Akad. Nauk SSSR **160**, 633 (1965)

[3.156] S. U. BORISOVA, E. V. SCHKOLNIKOV, E. J. JAREMBASCH, Izv. Akad. Nauk, Neorg. Mater. **6**, 383 (1970)

[3.157] Z. U. BORISOVA, N. A. GORJUNOVA, N. I. KOUZOVA, E. O. OSMANOV, Y. V. RUD, Fiz. Techn. Poluprov. **2**, 1548 (1968)

[3.158] V. V. AKSENOV, V. M. PETROV, F. F. CHARACHORIN, Izv. Akad. Nauk SSSR, Neorg. Mater. **8**, 1152 (1972)

[3.159] O. UEMURA, T. SATOW, Phys. Status Solidi (a) **40**, 303 (1977)

[3.160] T. SATOW, O. UEMURA, S. WATANABE, ibid. **44**, 731 (1977)

[3.161] N. A. GORJUNOVA, G. S. KUZMENKO, E. O. OSMANOV, Mater. Sci. Eng. **7**, 54 (1971)

[3.162] L. CERVINKA, A. HRUBY, M. MATYAS, T. SIMECEK, J. SKACHA, L. STOURAC, J. TAUC, V. VORLICEK, P. HÖSCHL, J. Non-Cryst. Solids **4**, 258 (1970)

[3.163] A. HRUBY, J. HOUSEROVA, Czech. J. Phys. **B 22**, 89, 861 (1972)

[3.164] M. POPESCU, R. MANAILA, R. GRIGOROVICI, J. Non-Cryst. Solids **23**, 229 (1977)

[3.165] H. THURN, H. KREBS, Angew. Chem. **78**, 1101 (1966)

[3.166] A. BROWN, S. RUNDQUIST, Acta Crystallogr. **19**, 684 (1965)

[3.167] J. C. JAMIESON, Science **139**, 1291 (1963)

[3.168] H. KREBS, H. U. GRUBER, Z. Naturforsch. A **22**, 96 (1967)

[3.169] H.-G. v. SCHNERING, *Catenation of Phosphorus Atoms* in *Homoatomic Rings, Chains and Macromolecules of Main-Group Elements, Ed.* A. L. RHEINGOLD, Elsevier, New York 1977, S. 317

[3.170] H. KREBS, T. LUDWIG, Z. anorg. allg. Chem. **294**, 257 (1958)

[3.171] H. U. BEYELER, S. VEPREK, Phil. Mag. **41**, 327 (1980)

[3.172] Dissertation P. OSTERTAG, Sektion Chemie der TU Dresden 1972

[3.173] P. M. SMITH, A. J. LEADBETTER, A. J. APLING, Phil. Mag. **31**, **57** (1975)

[3.174] C. REALE, Vacuum **28**, 1 (1978)

[3.175] H. STÖHR, Z. anorg. allg. Chem. **242**, 138 (1939)

[3.176] G. N. GREAVES, S. R. ELLIOTT, E. A. DAVIS, Adv. Phys. **28**, 49 (1979)

[3.177] S. U. BORISOVA, Z. A. KRYLOVA, Zh. Prikl. Khim. **40**, 61 (1967)

[3.178] R. BELLISENT, G. TOURAND, J. de Physique **37**, 1423 (1976) Proc. VIth Inter. Conf. Amorph. Liqu. Semicond. Leningrad 1975, Structure and Properties of Non-Cryst. Semicond., S. 160

[3.179] H. KREBS, Festkörperprobleme IX, 1 (1969)

[3.180] E. A. DAVIS, S. R. ELLIOTT, G. N. GREAVES, D. P. JONES, Proc. Conf. Structure of Non-Crystalline Materials, Taylor and Francis, London 1977, S. 205

[3.181] G. LUCOVSKY, J. C. Knights, Phys. Rev. **B 10**, 4324 (1974)

[3.182] J. S. LANNIN, Phys. Rev. **B 15**, 3863 (1977)

[3.183] S. R. ELLIOTT, E. A. DAVIS, J. Non-Cryst. Solids **35**, **36**, 849 (1980)

[3.184] L. LEY, R. A. POLLAK, S. P. KOWALCZYK, R. MCFEELY, D. A. SHIRLEY, Phys. Rev. **B 8**, 641 (1973)

[3.185] J. ROBERTSON, zitiert nach [3.183]

[3.186] S. R. ELLIOTT, E. A. DAVIS, J. Phys. C, Solid State Phys. **12**, 2577 (1979)

[3.187] G. N. GREAVES, E. A. DAVIS, Phil. Mag. **34**, 265 (1976)

[3.188] C. RAISIN, G. LEVEQUE, J. ROBIN, Solid State Commun. **14**, 723 (1974)

[3.189] E. MYTILINEOU, E. A. DAVIS, Proc. VIIth Inter. Conf. Amorph. Liqu. Semicond. Edinburgh 1977, S. 632

[3.190] P. C. TAYLOR, E. J. FRIEBELE, S. G. BISHOP, Solid. State Commun. **28**, 247 (1978)

[3.191] P. C. TAYLOR, U. STROM, S. G. BISHOP, Phys. Rev. **18**, 511 (1978)

[3.192] E. MYTILINEOU, E. A. DAVIS, J. Non-Cryst. Solids **35**, **36**, 883 (1980)

[3.193] H. KREBS, Angew. Chem. **65**, 293 (1953)

[3.194] F. M. AYMERICH, A. DELUMAS, Phys. Status Solidi (a) **31**, 165 (1975)

[3.195] A. F. CRAWLEY, D. R. KIFF, Metall. Trans. **3**, 157 (1972)

[3.196] J. J. HAUSER, F. J. DI SALVO, R. S. HUTTON, Phil. Mag. **35**, 1557 (1977)

[3.197] A. DELUNAS, F. AYMERICH, Phys. Status Solidi (a) **46**, 703 (1978)

[3.198] M. SCHMIDT, Angew. Chem. **85**, 474 (1973)

[3.199] B. MEYER, Chem. Rev. **76**, 367 (1976)

[3.200] B. MEYER, Advan. Inorg. Chem. Radiochem. **18**, 287 (1976)

[3.201] B. MEYER, *Sulfur, Energy and Environment*, Elsevier Scientific Publishing Comp., Amsterdam/Oxford/New York 1977

[3.202] R. STEUDEL, Angew. Chem. **87**, 683 (1975)

[3.203] R. STEUDEL, H.-J. MÄUSLE, Angew. Chem. **91**, 165 (1979)

[3.204] J. DONOHUE, *The Structures of the Elements*, Wiley, New York 1974

[3.205] P. ANDONOV, J. Non-Cryst. Solids **47**, 297 (1982)

[3.206] E. N. JAKAVLEV, Pizma JETP **28**, 369, 390 (1978)

[3.207] R. COOPER, J. V. CULKA, J. inorg. nucl. Chem. **32**, 1857 (1970)

[3.208] B. MEYER, K. SPITZER, J. Phys. Chem. **76**, 2274 (1972)

[3.209] J. WEISS, M. PUPP, Angew. Chem. **82**, 447 (1970)

[3.210] J. WEISS, W. BACHTLER, Z. Naturforsch. **B 28**, 523 (1973)

[3.211] C. CALVO, R. J. GILLESPIE, J. E. VEKRIS, H. N. NG, Acta Crystallograph. **B 34**, 911 (1978)

[3.212] W. E. RINGER, Z. anorg. allg. Chem. **32**, 183 (1902)

[3.213] L. LOSANA, Gazz. Chim. Ital. **53**, 396 (1923)

[3.214] J. WEISS, Z. anorg. allg. Chem. **435**, 113 (1977)

[3.215] M. B. MYERS, E. J. FELTY, Mat. Res. Bull. **2**, 535 (1967)

[3.216] J. SCHOTTMILLER, M. TABAK, G. LUCOVSKY, A. WARD, J. Non-Cryst. Solids **4**, 80 (1970)

[3.217] A. M. HAGEMANN, J. Amer. Chem. Soc. **41**, 339 (1919)

[3.218] M. PUPP, J. WEISS, Z. anorg. allg. Chem. **440**, 31 (1978)

[3.219] *Physics of Selenium and Tellurium, Hrgb.* W. C. COOPER, Pergamon Press, Inc., Oxford 1969

[3.220] *Selenium, Ed.* R. A. ZHIGARO, W. C. COOPER, Van Nostrand-Reinhold, New York 1974

[3.221] *The Physics of Selenium and Tellurium, Hrgb.* E. GERLACH, P. GROSSE, Springer-Series in Solid-State Science 13, Springer-Verlag, 1979

[3.222] P. UNGER, P. CHERIN, in [3.219], S. 223

[3.223] H. KREBS, *Grundzüge der anorg. Kristallchemie*, F.-Enke-Verlag, Stuttgart 1968

[3.224] C. T. MOYNIHAN, U. E. SCHNAUS, Mat. Sci, Eng. **6**, 227 (1970) S. S. CHANG, A. B. BESTUL, J. Chem. Thermodynamics **6**, 325 (1974)

[3.225] F. ECKHART, Ann. Physik **14**, 233 (1954)

[3.226] J. WITTIG, Phys. Rev. Letters **15**, 159 (1965)

[3.227] D. R. MC CANN, L. CARTZ, J. Chem. Phys. 56, 2552 (1972)

[3.228] G. GATTOW, G. HEINRICH, Z. anorg. allg. Chem. **331**, 275 (1964)

[3.229] H. GOBRECHT, G. WILLERS, D. WOBIG, J. Phys. Chem. Solids **31**, 2145 (1970)

[3.230] M. KAWARADA, Y. NISHINA, Sci. Rep. RITU **26 A**, 101 (1976) Jap. J. Appl. Phys. **14**, 1519 (1975)

[3.231] W. C. COOPER, R. A. WESTBURY, in [3.220], S. 87

[3.232] R. KAPLOW, T. A. ROWE, B. L. AVERBACH, Phys. Rev. 168, 1068 (1968)

[3.233] R. ZALLEN, G. LUCOVSKY, in [3.220], S. 167

[3.234] G. LUCOVSKY, A. MOORADIAN, W. TAYLOR, G. B. WRIGHT, R. C. KEEZER, Solid State Commun. **5**, 113 (1967)

[3.235] R. M. MARTIN, G. LUCOVSKY, K. HELLIWELL, Phys. Rev. **B 13**, 1383 (1976)

[3.236] H. Thurn, J. Ruska, J. Non-Cryst. Solids **22**, 331 (1976)
[3.237] H. Hoshino, R. W. Schmutzler, W. W. Warren, F. Hensel, Phil. Mag. **33**, 255 (1976)
[3.238] A. V. Tobolsky, A. Eisenberg, J. Amer. Chem. Soc. **81**, 780 (1959)
[3.239] A. Eisenberg, A. V. Tobolsky, J. Polymer. Sci. **46**, 19 (1960) **61**, 483 (1962)
[3.240] M. Cukierman, D. R. Uhlmann, J. Non-Cryst. Solids **12**, 199 (1973)
[3.241] B. C. Keezer, G. Lucovsky, R. M. Martin, Bull. Am Phys. Soc. **20**, 323 (1975)
[3.242] G. Lucovsky, in [3.221], S. 178
[3.243] J. I. Berg, R. Simha, J. Non-Cryst. Solids **22**, 1 (1976)
[3.244] H. Hendus, Z. Phys. **119**, 265 (1942)
[3.245] H. Krebs, F. Schultze-Gebhardt, Acta Crystallogr. **8**, 412 (1955)
[3.246] H. Richter, G. Gommel, Z. Naturforsch. A **12**, 996 (1957)
[3.247] A. I. Andrejewskij, I. D. Nabitovič, Y. V. Voločuk, Kristallografiya **7**, 865 (1962)
[3.248] Gorjunova, B. T. Kolomiec, Zh. tekh. Fiz. **28**, 1922 (1958)
[3.249] E. H. Henninger, R. C. Buschert, L. Heaton, J. Chem. Phys. **46**, 586 (1967)
[3.250] G. Breitling, H. Richter, Mater. Res. Bull. **4**, 19 (1969)
[3.251] H. Richter, J. Non-Cryst. Solids **8—10**, 388 (1972)
[3.252] F. Y. Hansen, T. S. Knudsen, J. Chem. Phys. **62**, 1556 (1975)
[3.253] J. C. Malaurant, J. Dixmier, Phys. Status Solidi (a) **43**, K 61 (1977)
[3.254] M. Long, P. Galison, R. Alben, G. A. N. Connell, Phys. Rev. B **13**, 1821 (1976)
[3.255] P. E. Meek, Phil. Mag. **33**, 897 (1976)
[3.256] H. Richter, F. Herre, Z. Naturforsch. A **13**, 874 (1958)
[3.257] R. Blachnik, A. Hoppe, J. Non-Cryst. Solids **34**, 191 (1979)
[3.258] P. Nielsen, wie [2.239], S. 639
[3.259] A. Vaidyanathan, S. S. Mitra, Y. F. Tsai, Phys. Rev. B. **21**, 2475 (1980)
[3.260] D. Vanderbilt, J. D. Joannopoulos, Phys. Rev. Lett. **42**, 1012 (1979)
[3.261] A. Feltz, H. Aust, J. Non-Cryst. Solids **51**, 395 (1982)
[3.262] J. L. Hartke, Phys. Rev. **125**, 1177 (1962)
[3.263] A. E. Owen, Contemp. Phys. **11**, 227, 257 (1970)
[3.264] W. E. Spear, J. Non-Cryst. Solids **1**, 197 (1969)
[3.265] J. Schottmiller, M. Tabak, G. Lucovsky, A. Ward, J. Non-Cryst. Solids **4**, 80 (1970)
[3.266] F. K. Dolezalek, W. E. Spear, J. Non-Cryst. Solids **4**, 97 (1970)
[3.267] J. Stuke, Festkörperprobleme IX, 46 (1969)
[3.268] J. D. Andiere, C. Mazieres, J. C. Carballes, J. Non-Cryst. Solids **27**, 411 (1978)
[3.269] M. Matsuura, K. Suzuki, J. Mater. Sc. **14**, 395 (1979)
[3.270] M. Kawarada, Y. Nishina, Jap. Appl. Phys. **16**, 1525, 1531 (1977)
[3.271] J. P. Andiere, C. Mazieres, J. C. Carballes, J. Non-Cryst. Solids **34**, 37 (1979)
[3.272] V. M. Glazov, S. N. Chiševskaja, N. N. Glagoleva, *Liquid semiconductors*, Plenum Press, New York 1969, S. 324
[3.273] J. C. Perron, J. Non-Cryst. Solids **8—10**, 272 (1972)
[3.274] G. Tourand, B. Cabane, M. Brenil, J. Non-Cryst. Solids **8—10** 676 (1972)
[3.275] W. Hoyer, E. Thomas, M. Wobst, Proceed. VI th Internat. Conf. Amorph. Liqu. Semicond., Struktur und Eigenschaften nichtkristalliner Halbleiter, Verlag Wissenschaft, Leningrad 1976, S. 405
[3.276] A. Axmann, W. Gissler, A. Kollmar, T. Springer, Faraday-Discussion 1970/71
[3.277] A. M. Phahle, Thin Solid Films **61**, L21 (1979)
[3.278] G. Pellini, G. Vio, Atti Reale Accad. Lincei, Rend. **15**, 46 (1906)
[3.279] H. P. D. Lanyon, E. F. Hockings, Phys. Status Sol. **17**, K 185 (1966)
[3.280] E. Grison, J. Chem. Phys. **19**, 1109 (1951)
[3.281] T. P. Smorodina, Sov. Phys. Solid State **2**, 807 (1960)
[3.282] F. Mahdjuri, wie [2.239], S. 1295
[3.283] M. Fischer, H. Krebs, Glastechn. Ber. **47**, 42 (1974)
[3.284] J. F. Rialland, J. C. Perron, wie [3.275] S. 371

[3.285] A. T. Ward, J. Phys. Chem. **23**, 4110 (1970)
[3.286] D. J. Sarrach, J. P. De Neufville, W. L. Haworth, J. Non-Cryst. Solids **22**, 245 (1976)
[3.287] G. C. Das, M. B. Bever, D. R. Uhlmann, J. Non-Cryst. Solids **7**, 251 (1972)
[3.288] R. Bellissent, G. Tourand, J. Non-Cryst. Solids **35**, **36**, 1221 (1980)
[3.289] F. C. Kracek, G. W. Morey, H. E. Merwin, Amer. J. Sci. **35 A**, 143 (1938)
[3.290] J. D. Mackenzie, W. F. Claussen, J. Amer. Ceram. Soc. **44**, 79 (1961)
[3.291] G. E. Gurr, P. W. Montgomery, C. D. Knutson, B. T. Gorres, Acta Crystallogr. B **26**, 906 (1970)
[3.292] F. Dachille, R. Roy, J. Amer. Ceram. Soc. **42**, 78 (1959)
[3.293] C. T. Prewitt, R. D. Shannon, Acta Crystallogr. B **24**, 869 (1968)
[3.294] K. Fajans, S. W. Barber, J. Amer. Chem. Soc. **74**, 2761 (1952)
[3.295] J. Krogh-Moe, J. Non-Cryst. Solids **1**, 269 (1969)
[3.296] H. M. Kritz, P. J. Bray, J. Non-Cryst. Solids **6**, 27 (1971)
[3.297] A. H. Silver, P. J. Bray, J. Chem. Phys. **29**, 984 (1958)
[3.298] L. C. Snyder, G. E. Peterson, C. R. Kurkjian, J. Chem. Phys. **64**, 1569 (1976)
[3.299] J. Goubeau, H. Keller, Z. anorg. allg. Chem. **272**, 303 (1953)
[3.300] Y. Montell, H. Vincent, Bull. Soc. Chim. Fr. 1975, 1029
[3.301] R. L. Mozzi, B. E. Warren, J. Appl. Cryst. **3**, 251 (1970)
[3.302] S. R. Elliott, Phil. Mag. B **37**, 435 (1978)
[3.303] J. Krogh-Moe, M. Ihara, Acta Crystallogr. **23**, 427 (1967)
[3.304] D. Heinz, Z. anorg. allg. Chem. **336**, 137 (1965)
[3.305] H. C. J. de Decker, Rec. Trav. Chim. Pays-Bas **60**, 413 (1941)
[3.306] C. H. Mac Gillavry, H. C. J. de Decker, L. M. Nijland, Nature **164**, 448 (1949)
[3.307] F. Pertlik, Monatsh. Chem. **106**, 755 (1975)
[3.308] F. L. Galeener, J. C. Mikkelsen, Solid State Commun. **30**, 505 (1979)
[3.309] F. Pertlik, Czech. J. Physics B **28**, 170 (1978)
[3.310] F. Pertlik, Monatsh. Chem. **109**, 277 (1978)
[3.311] I. N. Stranski, G. Wolff, Z. Naturforsch. A **4**, 23 (1949)
[3.312] I. Karutz, I. N. Stranski, Z. anorg. allg. Chem. **292**, 330 (1957)
[3.313] M. Imaoka, H. Hasegawa, Phys. Chem. Glass **21**, 67 (1980)
[3.314] S. J. Gurman, R. F. Pettifer, Phil. Mag. **40**, 345 (1979)
[3.315] F. L. Galeener, G. Lucovsky, R. H. Geils, Phys. Rev. B **19**, 4251 (1979)
[3.316] G. Lucovsky, F. L. Galeener, J. Non-Cryst. Solids **35**, **36**, 1209 (1980); **37**, 53 (1980)
[3.317] M. Jansen, Z. anorg. allg. Chem. **441**, 5 (1978); Z. Naturforsch. **34b**, 10 (1979)
[3.318] A. Winkler, E. Thilo, Z. anorg. allg. Chem. **339**, 71 (1965) **350**, 320 (1967)
[3.319] W. B. White, F. Dachille, R. Roy, Z. Kristallogr. **125**, 450 (1967)
[3.320] H. Hasegawa, M. Sone, M. Imaoka, Phys. Chem. Glass. **19**, 28 (1978)
[3.321] H. Rumpel, W. Berndt, K. Adam, E. Schwarzmann, Z. Naturforsch. **B 33**, 39 (1978)
[3.322] M. Jansen, Acta Crystallogr. **B 35**, 539 (1979) Angew. Chem. **90**, 141 (1978)
[3.323] H. Vincent, Bull. Soc. Chim. Fr. 1972, 4517
[3.324] R. Blachnik, A. Hoppe, Z. anorg. allg. Chem. **457**, 91 (1979)
[3.325] P. L. Robinson, W. E. Scott, Z. anorg. allg. Chem. **210**, 57 (1933)
[3.326] E. Kenlen, A. Vos, Acta Crystallogr. **12**, 323 (1959)
[3.327] V. A. Maroni, R. V. Schablaske, J. Inorg. Nucl. Chem. **33**, 3182 (1971)
[3.328] Y. Montell, H. Vincent, J. Inorg. Nucl. Chem. **37**, 2053 (1975)
[3.329] Y. Montell, H. Vincent, Z. anorg. allg. Chem. **416**, 181 (1975)
[3.330] G. J. Penney, G. M. Sheldrick, J. Chem. Soc. A 1971, 245
[3.331] F. Heyder, D. Linke, Z. Chem. **13**, 480 (1973)
[3.332] Y. Montell, H. Vincent, Z. anorg. allg. Chem. **428**, 259 (1977)
[3.333] A. I. Soklakov, G. S. Zdanov, zitiert nach A. C. Wright: *The Structure of Amorphous Solids by X-Ray and Neutron-Diffraction in* W. Hoppe, R. Mason: *Advances in Structure Research by Diffraction Methods*, Vol. 5, Verlag Vieweg, Braunschweig 1974, S. 70

[3.334] Z. U. Borisova, B. E. Kasatchin, E. I. Kim, Izv. Akad. Nauk SSSR, Neorg. Mater. **9**, 822 (1973)
[3.335] E. I. Kim, M. S. Gutenev, I. V. Viktorovskij, L. A. Baidakov, Zh. Prikl. Khim. **2**, 281 (1975)
[3.336] C. Schultz-Sellack, Ann. Phys. Chem. 139, 182 (1870)
[3.337] G. G. Gospodinov, A. S. Pašinkin, Izv. Akad. Nauk SSSR, Neorg. Mater. **10**, 2074 (1974)
[3.338] P. Bohac, A. Della Casa, A. Gäumann, Krist. u. Techn. **9**, 237 (1974)
[3.339] D. J. E. Mullen, W. Nowacki, Z. Kristallogr. **136**, 48 (1972)
[3.340] W. P. Jonker, Z. anorg. allg. Chem. **62**, 89 (1909)
[3.341] A. Hruby, J. Non-Cryst. Solids **28**, 139 (1978)
[3.342] T. Ito, N. Morimoto, R. Sadanaga, Acta crystallogr. **5**, 775 (1952)
[3.343] S. Marunos, Jap. J. appl. Phys. **7**, 1434 (1968)
[3.344] B. A. Strathdee, L. M. Pidgeon, Canad. Mining Met. Bull. **54**, 883 (1961)
[3.345] C. B. Street, J. Inorg. Nucl. Chem. **32**, 3769 (1970)
[3.346] A. Kutoglu, Z. anorg. allg. Chem. **419**, 176 (1976)
[3.347] H. J. Whitfield, J. Chem. Soc. (A) (1970) 1800; J. Chem. Soc. Dalton Trans. (1973) 1737
[3.348] A.-M. Leiva, E. Fluck, H. Müller, G. Wallenwein, Z. anorg. allg. Chem. **409**, 215 (1974)
[3.349] H. J. Whitfield, J. Chem. Soc. Dalton Trans. (1973) 1740
[3.350] E. Diemann, Rev. Chim. Miner. **16**, 237 (1979)
[3.351] S. Tsuchihashi, Y. Kawamoto, K. Adachi, J. Ceram. Assoc. Japan **76**, 101 (1968); J. Non-Cryst. Solids **5**, 286 (1971)
[3.352] S. Tsuchihashi, Y. Kawamoto, Yogyo-Kyokai-Shi **77**, 35 (1969)
[3.353] G. Lucovsky, F. L. Galeener, R. H. Geils, R. C. Keezer, wie [3.180], S. 127
[3.354] A. T. Ward, Adv. in Chem. **110**, 163 (1972)
[3.355] P. J. S. Ewen, M. J. Sik, A. E. Owen, wie [3, 180] S. 231; Solid State Commun. **33**, 1067 (1980)
[3.356] E. A. Porai-Koshits, A. A. Vaipolin, Fiz. tverd. tela **5**, 246 (1963)
[3.357] R. Grigorovici, *The Structure of Amorphous Semiconductors* in [1, 34], S. 219
[3.358] G. S. Vinogradova, S. A. Dembovskij, T. H. Kusmina, A. P. Tschernov, Zh. Neorg. Khim **12**, 3240 (1967)
[3.359] S. V. Nemilov, Fiz. Khim. Stekla **5**, 398 (1979)
[3.360] R. L. Mjuller, Z. U. Borisova, O. V. Ilinskaja, Zh. Prikl. Khim. **34**, 664 (1971)
[3.361] S. Maruno, M. Noda, J. Non-Cryst. Solids **7**, 1 (1972)
[3.362] A. Bertoluzza, C. Fagnano, P. Monti, G. Semerano, J. Non-Cryst. Solids **29**, 49 (1978)
[3.363] R. Blachnik, A. Hoppe, U. Wickel, Z. anorg. allg. Chem. **463**, 78 (1980)
[3.364] A. J. Leadbetter, A. J. Apling, J. Non-Cryst. Solids **15**, 250 (1974)
[3.365] P. J. S. Ewen, A. E. Owen, J. Non-Cryst. Solids **35**, **36**, 1191 (1980)
[3.366] M. A. Bösch, J. Shah, Phys. Lett. **74** A, 446 (1979); Solid State Commun. **31**, 769 (1979)
[3.367] L. C. Bobb, K. Kramer, H. H. Byer, J. Non-Cryst. Solids **21**, 441 (1976)
[3.368] A. J. Apling, A. J. Leadbetter, wie [2.239], S. 457
[3.369] J. P. de Neufville, S. C. Moss, S. R. Ovshinsky, J. Non-Cryst. Solids **13**, 191 (1974)
[3.370] C. S. Lu, J. Donohue, J. Amer. Chem. Soc. **66**, 818 (1944)
[3.371] K. C. Mills, *Thermodynamic Data for Inorganic Sulphides Selenides and Tellurides*, Butterworth, London 1974, S. 131
[3.372] S. A. Solin, G. N. Papatheodorou, Phys. Rev. **B 15**, 2084 (1977)
[3.373] D. Ehrt, C. Erdmann, W. Vogel, Z. Chem. **23**, 37 (1983)
[3.374] M. Janai, P. S. Rudman, A. Mandelbaum, J. Non-Cryst. Solids **27**, 67 (1978)
[3.375] A. J. Apling, A. J. Leadbetter, A. C. Wright, J. Non-Cryst. Solids **23**, 369 (1977)
[3.376] M. F. Daniel, A. J. Leadbetter, A. C. Wright, R. N. Sinclair, J. Non-Cryst. Solids **32**, 271 (1979)
[3.377] S. A. Dembovskij, N. Lužnaja, Zh. Neorg. Khim. **9**, 389, 660 (1964)
[3.378] A. P. Černov, S. A. Dembovskij, Čistov. Izvest. Akad. Nauk SSSR, Neorgan. Mater. **4**, 1658 (1968)

[3.379] A. A. Vaipolin, Kristallografija **10**, 596 (1965)
[3.380] M. Kitao, N. Asakura, S. Yamada, Jap. J. appl. Phys. **8**, 499 (1968)
[3.381] A. L. Renninger, B. L. Averbach, Acta Crystallogr. **B 29**, 1583 (1973)
[3.382] B. A. Smith, N. Cowlam, A. M. Shamah, Phil. Mag. **B 39**, 111 (1979)
[3.383] P. Goldstein, A. Paton, Acta crystallogr. **B 30**, 915 (1974)
[3.384] T. J. Bastow, H. J. Whitefield, J. Chem. Soc. Dalton Trans. **1977**, 959
[3.385] A. Feltz, H. Aust, J. Non-Cryst. Solids **55**, 179 (1983)
[3.386] N. V. Timofeeva, G. Z. Vinogradova, E. M. Feklichev, T. V. Semenenko, S. A. Dembovskij, Y. A. Kalašinokov, Zh. Neorg. Khim. **15**, 3391 (1970)
[3.387] D. D. Thornburg, R. I. Johnson, J. Non-Cryst. Solids **17**, 2 (1975)
[3.388] Y. Sagara, O. Uemura, S. Okuyama, T. Satow, Phys. Status Solidi (a) **31**, K 33 (1975)
[3.389] O. Uemura, Y. Sagara, D. Muno, T. Satow, J. Non-Cryst. Solids **30**, 155 (1978)
[3.390] K. S. Liang, J. Non-Cryst. Solids **18**, 197 (1975)
[3.391] T. Arai, S. Komiya, K. Kudo, J. Non-Cryst. Solids **18**, 289 (1975)
[3.392] R. Zallen, M. L. Slade, Phys. Rev. **B 9**, 1627 (1974)
[3.393] A. Vasko, K. Kieslich, wie [2.390], S. 105
[3.394] A. E. Owen, W. E. Spear, Phys. Chem. Glass **17**, 174 (1976)
[3.395] F. D. Fisher, J. M. Marshall, A. E. Owen, Phil. Mag. **33**, 261 (1976)
[3.396] K. Hulls, P. W. Mc Millan, J, Non-Cryst. Solids **15**, 357 (1974)
[3.397] H. L. Althaus, G. Weiser, S. Nagel, Phys. Status Solidi (b) **87**, 117 (1978)
[3.398] G. Pfister, P. C. Taylor, J. Non-Cryst. Solids **35**, **36**, 793 (1980)
[3.399] A. R. Melnyk, J. Non-Cryst. Solids **35**, **36**, 837 (1980)
[3.400] A. J. Leadbetter, A. J. Apling, M. F. Daniel, J. Non-Cryst. Solids **21**, 47 (1976)
[3.401] J. R. Eifert, E. A. Peretti, J. Mater. Sc. **3**, 293 (1968)
[3.402] Ch. W. Spencer, J. Metals 7, AIME Trans. **203**, 144 (1955)
[3.403] G. J. Carron, Acta Crystallogr. **16**, 338 (1963)
[3.404] P. R. Ensner, L. R. Durden, L. H. Slack, J. Amer. Ceram. Soc. **55**, 43 (1972)
[3.405] D. Linke, H. Hey, Z. Chem. **16**, 413 (1976)
[3.406] A. Hruby, L. Stourac, Mater. Res. Bull. **6**, 465 (1971)
[3.407] C. H. Seager, R. K. Quinn, J. Non-Cryst. Solids **17**, 386 (1975)
[3.408] J. Cornet, D. Rossier, J. Non-Cryst. Solids **12**, 85 (1973)
[3.409] J. R. Fitzpatrick, C. Maghrabi, Phys. Chem. Glasses **12**, 105 (1971)
[3.410] O. Uemura, Y. Sagara, M. Tsushima, T. Kamikawa, T. Satow, J. Non-Cryst. Solids **33**, 71 (1979)
[3.411] R. T. Johnson, R. K. Quinn, J. A. Borders, J. Non-Cryst. Solids **15**, 289 (1974)
[3.412] N. S. Platakis, IBM Technical Report 02.769 (1977)
[3.413] L. Stourac, A. Abraham, A. Hruby, M. Zavetova, J. Non-Cryst. Solids **8—10**, 353 (1972)
[3.414] D. Brasen, J. Non-Cryst. Solids 11, 131 (1972)
[3.415] D. A. Northrop, Nat. Res. Bull. **7**, 147 (1972)
[3.416] K. Weiser, M. H. Brodsky, Phys. Rev. **B 1**, 791 (1970)
[3.417] H. K. Rockstad, J. Non-Cryst. Solids **2**, 192 (1970)
[3.418] J. J. Hauser, F. J. Di Salvo, R. S. Hutton, Phil. Mag. **35**, 1557 (1977)
[3.419] F. M. Jaeger, H. S. van Kloosler, Z. anorg. Chem. **78**, 246 (1912)
[3.420] G. M. Ortová, J. J. Kozina, V. G. Korolenko, Vestn. Leningr. Univ. Fiz. Khim. **4**, 90 (1973)
[3.421] C. Wood, Z. Hurych, J. C. Shaffer, J. Non-Cryst. Solids **8—10**, 209 (1972), **11**, 153 (1972)
[3.422] T. Satow, O. Uemura, S. Akaike, J. Non-Cryst. Solids **29**, 215 (1978)
[3.423] D. Brasen, J. Non-Cryst. Solids **15**, 395 (1974)
[3.424] B. T. Melech, S. V. Maslova, M. S. Ablova, T. B. Šukova, A. A. Andreev, Fiz. Khim. Stekla **2**, 189 (1976)
[3.425] R. E. Johnson, A. Muan, J. Amer. Ceram. Soc. **51**, 430 (1968)
[3.426] K. Hübner, Phys. Status Solidi (a) **40**, 487 (1977)

[3.427] H. SCHNÖCKEL, Angew. Chem. **90**, 638 (1978)
[3.428] W. H. BAUR, Acta Crystallogr. **B 34**, 1751 (1978)
[3.429] R. BRÜCKNER, J. Non-Cryst. Solids **5**, 281 (1971)
[3.430] B. E. DEAL, A. S. GROVE, J. Appl. Phys. **36**, 3770 (1965)
[3.431] A. H. AGAJANIAN, Solid-State Techn. **20**, 36 (1977)
[3.432] G. L. SCHNABLE, W. KERN u. a., J. Electrochem. Soc. **122**, 1092 (1975)
[3.433] J. F. SHACKELFORD, J. S. MASARYK, J. Non-Cryst. Solids **30**, 127 (1978)
[3.434] Y. BANDO, K. ISHIZUKA, J. Non-Cryst. Solids **33**, 375 (1979)
[3.435] K. HÜBNER, A. LEHMANN, Phys. Status Solidi (a) **46**, 451 (1978)
[3.436] J. C. MIKKELSEN, F. L. GALEENER, J. Non-Cryst. Solids, **37**, 71 (1980)
[3.437] D. L. GRISCOM, J. Non-Cryst. Solids **24**, 155 (1977)
[3.438] G. N. GREAVES, Phil. Mag. **B 37**, 447 (1978)
[3.439] C. M. GEE, M. KASTNER, Phys. Rev. Lett. **42**, 1765 (1979)
[3.440] G. N. GREAVES, J. Non-Cryst. Solids **32**, 295 (1979)
[3.441] G. LUCOVSKY, Phil. Mag. **39**, 531 (1979)
[3.442] G. LUCOVSKY, J. Non-Cryst. Solids **35, 36**, 825 (1980)
[3.443] G. LUCOVSKY, Phil. Mag. **41**, 457 (1980)
[3.444] A. G. REVESZ, Phys. Status Solidi (a) **57**, 235, 657 (1980) **58**, 107 (1980)
[3.445] E. L. WILLIAMS, J. Amer. Ceram. Soc. **48**, 190 (1965)
[3.446] R. H. DOREMUS, wie [2.60], S. 261
[3.447] C. M. HARTWIG, L. A. RAHN, J. Chem. Phys. **67**, 4260 (1977)
[3.448] G. H. A. M. VAN DER STEEN, H. VAN DEN BOOM, J. Non-Cryst. Solids **23**, 279 (1977)
[3.449] F. SHACKELFORD, J. Non-Cryst. Solids **21**, 55 (1976)
[3.450] G. H. A. M. VAN DER STEEN, wie [2.82], S. 486
[3.451] M. STAPELBROEK, D. L. GRISCOM, E. J. FRIEBELE, G. H. SIGEL, J. Non-Cryst. Solids **32**, 313 (1979)
[3.452] M. R. VUKCEVICH, J. Non-Cryst. Solids **11**, 25 (1972)
[3.453] S. Y. HSICH, C. J. MONTROSE, P. B. MACEDO, J. Non-Cryst. Solids **6**, 37 (1971)
[3.454] A. G. REVESZ, J. Non-Cryst. Solids **7**, 77 (1972)
[3.455] P. H. GASKELL, D. W. JOHNSON, J. Non-Cryst. Solids **20**, 153, 171 (1976)
[3.456] H. R. PHILIPP, J. Non-Cryst. Solids **8—10**, 627 (1972)
[3.457] G. HOLLINGER, J. TOUSSET, T. M. DUC, AIP-Conf. Proc. **20**, 102 (1974)
[3.458] K. HÜBNER, Phys. Status Solidi (a) **52**, 541 (1979)
[3.459] R. J. TEMKIN, J. Non-Cryst. Solids **17**, 215 (1975)
[3.460] C. F. GEORGE, P. D'ANTONIO, J. Non-Cryst. Solids **34**, 323 (1979)
[3.461] E. FITZER, D. HEGEN, Angew. Chem, **91**, 316 (1979)
[3.462] T. AIYMA, T. FUKUNAGA, K. NICHARA, T. HIRAI, K. SUZUKI, J. Non-Cryst. Solids **33**, 131 (1979)
[3.463] C. T. KIRK, J. Appl. Phys. **50**, 4190 (1979)
[3.464] H. H. EMONS, P. HELLMOLD, S. MÖHLENRICH, Z. Chem. **15**, 249 (1975)
[3.465] J. VENNIK, R. CALLAERTS, C. R. Acad. Sci. **260**, 496 (1965)
[3.466] L. G. BAILEY, J. Phys. Chem. Solids **27**, 1593 (1966)
[3.467] R. F. BREBRICK, J. Chem. Phys. **49**, 2584 (1968)
[3.468] K. PLOOG, W. STETTER, A. NOWITZKI, E. SCHÖNHERR, Mater. Res. Bull. **11**, 1147 (1976)
[3.469] U. ZWICK, K. H. RIEDER, Z. Physik **B 25**, 319 (1976)
[3.470] G. DITTMAR, Acta Crystallogr. **B 34**, 2390 (1978)
[3.471] A. FELTZ, W. MAUL, I. SCHÖNFELD, Z. anorg. allg. Chem. **396**, 103 (1973)
[3.472] J. CORNET, wie [3.275], S. 72
[3.473] A. A. ANDREEV, M. S. ABLOVA, B. T. MELEK, F. S. NASREDINOV, P. P. SEREGIN, E. TURAEV, wie [2.390], S. 44
[3.474] J. A. SAVAGE, J. Non-Cryst. Solids **11**, 121 (1972)
[3.475] G. E. A. BARTSCH, H. BROMME, T. JUST, J. Non-Cryst. Solids **18**, 65 (1975)

[3.476] G. R. NEWNS, R. HANKS, J. Chem. Soc. (A) **1966**, 954
[3.477] P. J. VERGANO, D. R. UHLMANN, Phys. Chem. Glass **11**, 30, 39 (1970)
[3.478] A. J. LEADBETTER, A. C. WRIGHT, J. Non-Cryst. Solids **7**, 37 (1972)
[3.479] P. P. BONDOT, Acta Crystallogr. **A 30**, 470 (1974)
[3.480] B. T.-K. CHEN, G.-J. SU, Phys. Chem. Glass, **12**, 33 (1971)
[3.481] S. K. SHARMA, D. VIRGO, I. KUSHIRO, J. Non-Cryst. Solids **33**, 235 (1979)
[3.482] H. BÖHM, Phys. Chem. Glass, **11**, 177 (1970)
[3.483] H. F. BÖHM, J. Non-Cryst. Solids **7**, 192 (1972)
[3.484] J. P. DE NEUFVILLE, C. H. DRUMMOND, D. TURNBULL, Phys. Chem. Glass. **11**, 186 (1970)
[3.485] J. P. DE NEUFVILLE, D. TURNBULL, Discuss Farad. Soc. **50**, 182 (1970)
[3.486] C. H. DRUMMOND, D. TURNBULL, J. Non-Cryst. Solids **17**, 19 (1975)
[3.487] Cl. WINKLER, Ber. Deutsch. Chem. Ges. **19**, 210 (1886)
[3.488] W. VIAENE, G. H. MOH, Neues Jahrb. Mineral., Monatsh., (1970), 283; Neues Jahrb. Mineral. Abh. **119**, 113 (1973)
[3.489] G. DITTMAR, H. SCHÄFER, Acta Crystallogr. **B 31**, 2060 (1975), **B 32**, 1188 (1976)
[3.490] W. H. ZACHARIASEN, J. Chem. Phys. **4**, 618 (1936)
[3.491] C. T. PREWITT, H. S. YOUNG, Science **149**, 535 (1965)
[3.492] M. SHIMADA, F. DACHILLE, Inorg. Chem. **16**, 2094 (1977)
[3.493] W. H. ZACHARIASEN, Phys. Rev. **40**, 917 (1932)
[3.494] G. BISSERT, K.-F. HESSE, Acta Crystallogr. **B 34**, 1322 (1978)
[3.495] Y. KAWAMOTO, S. TSUCHIHASHI, J. Amer. Ceram. Soc. **52**, 626 (1969)
[3.496] Y. KAWAMOTO, S. TSUCHIHASHI, J. Amer. Ceram. Soc. **54**, 131 (1971), 526 (1971)
[3.497] R. OTA, M. KUNUGI, J. Phys. Chem. Solids **38**, 9 (1977)
[3.498] B. VOIGT, Z. anorg. allg. Chem. **447**, 153 (1978)
[3.499] G. LUCOVSKY, J. P. DE NEUFVILLE, F. L. GALEENER, Phys. Rev. **B 9**, 1591 (1974)
[3.500] A. FELTZ, M. POHLE, G. HERMS, H. STEIL, J. Non-Cryst. Solids, im Druck
[3.501] R. J. NEMANICH, S. A. SOLIN, Solid State Commun. **21**, 273 (1977)
[3.502] P. M. BRIDENBAUGH, G. P. ESPINOSA, J. E. GRIFFITHS, J. C. PHILLIPS, J. P. REMEIKA, Phys. Rev. **B 20**, 4140 (1979)
[3.503] K. ARAI, H. NAMIKAWA, Solid State Commun. **13**, 1167 (1973)
[3.504] B. VOIGT, A. FELTZ, B. SCHRÖDER, Z. Chem. **18**, 77 (1978)
[3.505] V. ČERNY, M. FRUMAR, J. Non-Cryst. Solids **33**, 23 (1979)
[3.506] L. CERVINKA, A. HRUBY, wie [2.239], S. 431
[3.507] G. LUCOVSKY, F. L. GALEENER, R. C. KEEZER, R. H. GEILS, H. A. SIX, Phys. Rev. **B 10**, 5134 (1974)
[3.508] A. FELTZ, B. VOIGT, E. SCHLENZIG, wie [2.239], S. 261
[3.509] A. FELTZ, B. VOIGT, W. BURCKHARDT, L. SENF, G. LEONHARDT, wie [3.275], S. 88
[3.510] A. FELTZ, W. BURKHARDT, L. SENF, B. VOIGT, K. ZICKMÜLLER, Z. anorg. allg. Chem. **435**, 172 (1977)
[3.511] H. HAHN, G. FRANK, Z. anorg. allg. Chem. **278**, 340 (1955)
[3.512] A. KUHN, A. CHEVY, Acta Crystallogr. **B 32**, 983 (1976)
[3.513] G. LUCOVSKY, R. J. NEMANICH, F. L. GALEENER, wie [2.390], S. 130
[3.514] A. FELTZ, K. ZICKMÜLLER, G. PFAFF, wie [2.390], S. 125
[3.515] I. KAWAMOTO, S. TSUCHIHASHI, Yogyo-Kyokai-Shi **77**, 328 (1969) **79**, 264 (1971)
[3.516] N. S. PLATAKIS, V. SADAGOPAN, H. C. GATOS, J. Electrochem. Soc. 116, 1436 (1969)
[3.517] H. SPANDAU, F. KLANBERG, Z. anorg. allg. Chem. **295**, 291 (1958)
[3.518] O. STEPHAN, Dissertation Braunschweig 1971
[3.519] LIU-ZJUN-CHUA, A. S. PAŠINKIN, Dokl. Akad. Nauk SSSR **146**, 1092 (1962)
[3.520] S. A. DEMBOVSKIJ, G. S. VINOGRADOVA, A. S. PAŠINKIN, Zh. Neorg. Khim 10, 1657 (1965)
[3.521] G. S. VINOGRADOVA, S. A. DEMBOVSKIJ, N. B. ŽIVKOVA, Zh. Neorg. Khim **13**, 2029 (1968)
[3.522] S. G. KARBANOV, V. P. ZLOMANOV, A. V. NOVOSELOVA, Vestn. Mosk. Univ., Khim **23**, 96 (1968)

[3.523] L. Ross, M. Bourgon, Canad. J. Chem. **47**, 2555 (1969)
[3.524] P. Quenez, P. Khodadad, R. Ceolin, Bull. Soc. Chim, France **1**, 117 (1972)
[3.525] G. Dittmar, H. Schäfer, Acta Crystallogr. **B 32**, 2726 (1976)
[3.526] D. S. Kyriakos, T. S. Karakostas, N. A. Economou, J. Cryst. Growth **35**, 223 (1976)
[3.527] H. Wiedemeier, H. G. v. Schnering, Z. Kristallogr. **148**, 295 (1978)
[3.528] H. Wiedemeier, P. A. Siemers, Z. anorg. allg. Chem. **411**, 90 (1974)
[3.529] A. Feltz, H. J. Büttner, F. J. Lippmann, W. Maul, J. Non-Cryst. Solids **8—10**, 64 (1972)
[3.530] A. Feltz, F. J. Lippmann, Z. anorg. allg. Chem. **398**, 157 (1973)
[3.531] B. Voigt, unveröffentlicht
[3.532] G. B. Avtikjan, L. A. Baidakov, Z. P. Strachov, Izv. Akad. Nauk SSSR, Neorg. Mater. Ser. Khim. **5**, 1667 (1969)
[3.533] A. V. Pazin, A. A. Obrazcov, Z. U. Borisova, ibid. **8**, 247 (1972)
[3.534] T. Satow, O. Uemura, Y. Sagara, J. Jap. Inst. Metals **37**, 1348 (1973)
[3.535] Y. G. Poltavcev, V. M. Pozdnajakova, Izv. Akad. Nauk, Neorg. Mater. **9**, 766 (1973)
[3.536] O. Uemura, Y. Sagara, T. Satow, Phys. Status Solodi (à) **32**, K 91 (1975)
[3.537] A. Giridhar, P. S. L. Narasimhan, S. Mahadevan, J. Non-Cryst. Solids **37**, 165 (1980)
[3.538] N. Kumagai, J. Shirafuji, Y. Inuishi, J. Phys. Soc. Jap. **42**, 1261 (1977)
[3.539] P. N. Sen, M. F. Thorpe, Phys. Rev. **B 15**, 4030 (1977)
[3.540] R. J. Nemanich, Phys. Rev. **B 16**, 1655 (1977)
[3.541] Z. V. Popovic, P. M. Nikolic, Solid State Commun. **27**, 561 (1978)
[3.542] G. J. Ball, J. M. Chamberlain, J. Non-Cryst. Solids **29**, 239 (1978)
[3.543] P. Tronc, M. Bensoussan, A. Brenac, C. Sebenne, Phys. Rev. **B 8**, 5947 (1973); Solid State Commun. **24**, 79 (1977)
[3.544] R. Azoulay, H. Thibirge, A. Brenac, J. Non-Cryst. Solids **18**, 33 (1975)
[3.545] R. Ota, T. Yamate, N. Soga, M. Kunugi, J. Non-Cryst. Solids **29**, 67 (1978)
[3.546] L. Červinka, A. Hrubý, J. Non-Cryst. Solids **48**, 231 (1982)
[3.547] A. Laugier, G. Chaussemy, J. Fornazero, J. Non-Cryst. Solids **23**, 419 (1977)
[3.548] G. Chaussemy, J. Fornazero, A. Laugier, Rev. Phys. Appl. **12**, 687 (1977)
[3.549] V. M. Glazov, O. V. Situlina, Dokl. Akad. Nauk SSSR **187**, 799 (1969)
[3.550] J. Ruska, H. Thurn, J. Non-Cryst. Solids **22**, 277 (1976)
[3.551] A. Kuhn, A. Chevy, R. Chevalier, Phys. Status Solidi (a) **31**, 469 (1975)
[3.552] S. C. Rowland, S. Narasimhan, A. Bienenstock, J. Appl. Phys. **43**, 2741 (1972)
[3.553] H. Kawamura, M. Matsumura, Solid State Commun. **32**, 83 (1979)
[3.554] Liu-Zjun-Chua, A. S. Pašnikin, A. V. Novoselova, Zh. Neorg. Khim. **7**, 2159 (1962)
[3.555] E. A. Irene, Dissertation-Abstracts, Physic. Chem. 5753-B **B 33** (12, Pt. 1), 753 (1973)
[3.556] R. F. Barrow, W. Jewous, Proc. Phys. Soc. **52**, 534 (1940)
[3.557] E. A. Irene, H. Wiedemeier, Z. anorg. allg. Chem. **411**, 182 (1975)
[3.558] O. Uemura, Y. Sagara, T. Satow, Phys. Status Solidi (a) **26**, 99 (1974)
[3.559] J. M. Chamberlain, S. S. Sirbegovic, P. M. Nikolic, J. Phys. C: Solid State Phys. **7**, L 150 (1974)
[3.560] F. Betts, A. Bienenstock, S. R. Ovshinsky, J. Non-Cryst. Solids **4**, 554 (1970)
[3.561] A. Bienenstock, J. Non-Cryst. Solids **11**, 447 (1973)
[3.562] J. C. Malaurent, J. Dixmier, J. Non-Cryst. Solids **35**, **36**, 1227 (1980)
[3.563] E. A. Egorova, V. F. Kokorina, Optiko-mechanic. promysl. **1**, 33 (1963)
[3.564] M. Bensoussan, Rev. Physique Appl. **12**, 753 (1977)
[3.565] W. Klemm, G. Frischmuth, Z. anorg. allg. Chem. **218**, 249 (1934)
[3.566] B. Legendre, C. Souleau, C. R. Acad. Sci. Ser. C 1977, 315
[3.567] K. Schubert, H. Fricke, Z. Metallkunde **44**, 457 (1953); Z. Naturf. **69**, 781 (1951)
[3.568] S. G. Karbanov, W. P. Zlomanov, A. W. Novoselova, Izv. Akad. Nauk SSSR, Neorg. Mater. **5**, 1171 (1969)
[3.569] J. Cornet, Ann. Chim. **10**, 239 (1975)

[3.570] A. A. ANDREEV, M. S. ABLOVA, B. T. MELEK, F. S. NASREDINOV, P. P. SEREGIN, E. TURAEV, wie [2.390], S. 44
[3.571] A. FELTZ, W. BURCKHARDT, Z. anorg. allg. Chem. **461**, 35 (1980)
[3.572] A. BIENENSTOCK, F. BETTS, S. R. OVSHINSKY, J. Non-Cryst. Solids **2**, 347 (1970)
[3.573] F. BETTS, A. BIENENSTOCK, C. W. BATES, J. Non-Cryst. Solids **8—10**, 364 (1972)
[3.574] F. BETTS, A. BIENENSTOCK, D. T. KEATING, J. P. DE NEUFVILLE J. Non-Cryst. Solids **7**, 417 (1972)
[3.575] E. NICOTERA, M. CORCHIA, G. DE GIORGI, F. VILLA, M. ANTONINI, J. Non-Cryst. Solids **11**, 417 (1973)
[3.576] Y. NAKAMURA, M. NUMATA, H. HOSHINO, M. SHIMOGI, J. Non-Cryst. Solids **17**, 259 (1975)
[3.577] A. G. MOORE, C. MAGHRABI, J. M. PARKER, J. Mater. Science **13**, 1127 (1978)
[3.578] A. DE NEUFVILLE, P. GERARD, J. DEVENYI, J. Non-Cryst. Solids **22**, 77 (1976)
[3.579] Z. V. POPOVIC, P. M. NIKOLIC, Solid-State Commun. **27**, 561 (1978)
[3.580] D. B. DOVE, J. CHANG, B. MOLNAR, J. Non-Cryst. Solids **8—10** 376 (1972)
[3.581] G. B. FISHER, J. TAUC, wie [2.239], S. 1259
[3.582] G. DITTMAR, Z. anorg. allg. Chem. **453**, 68 (1978)
[3.583] S. J. PICKARD, Y. P. SHARMA, J. P. DE NEUFVILLE, J. Non-Cryst. Solids **34**, 183 (1979)
[3.584] G. B. FISHER, I. LINDAU, B. A. ORLOVSKI, W. E. SPICER, Y. VERHELLE, wie [2, 239], S. 621
[3.585] C. G. RIBBING, E. KÄLLNE, wie [2.239], S. 823
[3.586] C. M. BALDWIN, J. D. MACKENZIE, J. Non-Cryst. Solids **31**, 441 (1979); **40**, 135 (1980)
[3.587] C. F. CLINE, M. J. WEBER, Proc. I Int. Otto-Schott-Kolloquium, Wiss. Zeitschr. der Friedrich-Schiller-Universität, Mathemat.-Naturwissenschaftl. Reihe **28**, 351 (1979)
[3.588] J. ZARZYCKI, Phys. Chem. Glass. **12**, 97 (1971)
[3.589] A. J. LEADBETTER, A. C. WRIGHT, J. Non-Cryst. Solids **7**, 156 (1972)
[3.590] I. WATANABE, M. ISHIKAWA, T. SHIMIZU, J. Phys. Soc. Jap. **45**, 1603 (1978)
[3.591] B. R. BURBANK, F. N. BENSEY, U.S. Atomic Energy Commun. K.-1280 (1956)
[3.592] A. LECOQ, M. POULAIN, J. Non-Cryst. Solids **34**, 101 (1979)
[3.593] M. POULAIN, J. LUCAS, P. BRUN, Mat. Res. Bull. **10**, 243 (1975)
[3.594] J. LUCAS, M. CHANTHANASHINI, M. POULAIN, M. POULAIN, J. Non-Cryst. Solids **27**, 273 (1978)
[3.595] E. DIEMANN, Z. anorg. allg. Chem. **432**, 127 (1977)
[3.596] K. S. LIANG, J. P. DE NEUFVILLE, A. J. JACOBSON, R. R. CHIANELLI, J. Non-Cryst. Solids **35**, **36**, 1249 (1980)
[3.597] S. FURNSETH, L. BRATTAS, A. KJEKSHUS, Acta Chem. Scand. **A 29** 623 (1975)
[3.598] A. J. JACOBSON, R. R. CHIANELLI, S. M. RICH, M. S. WHITTINGHAM, Mat. Res. Bull. **14**, 1437 (1979)
[3.599] E. DIEMANN, A. MÜLLER, Z. anorg. allg. Chem. **444**, 181 (1978)
[3.600] J. D. PASSARETTI, R. C. COLLINS, A. WOLD, Mat. Res. Bull. **14**, 1167 (1979)
[3.601] E. DIEMANN, Z. anorg. allg. Chem. **461**, 201 (1980)
[3.602] K. S. EVSTROPJEV, G. T. PETROVSKIJ, V. D. CHALILEV, IX. Int. Glaskongr., Versailles 1971, Sammelband S. 485
[3.603] V. D. CHALILEV, J. P. WASYLAK, J. G. IGITJANJAN, P. H. OGANESJAV, M. A. PEGOSJAN, XI. Int. Glaskongr. Prag 1977, Vol I, 133
[3.604] E. HEIDENREICH, Th. KITTEL, K. GERTH, D. EHRT, H. BÜRGER, W. VOGEL, DDR-WP CO3c 219 030
[3.605] W. SCHIWY, B. KREBS, Angew. Chem. **87**, 451 (1975)
[3.606] A. REHFELD, R. KATZSCHMANN, Silikattechnik **29**, 298 (1978)
[3.607] T. HANAKA, N. SOGA, M. KUNUGI, J. Non-Cryst. Solids **21**, 65 (1976)
[3.608] A. A. AHMED, T. M. EL-SHAMY, N. A. SHARAF, J. Non-Cryst. Solids 33, 159 (1979)
[3.609] B. N. SCHILO, B. T. KOLOMIEC, Izvest. Akad. Nauk SSSR, Ser. chim. **28**, 1285 (1964)
[3.610] B. T. KOLOMIEC, Soviet, Sc. Rev. **1970**, 22
[3.611] T. MINAMI, N. FUJIKAWA, M. HATTORI, M. TANAKA, Yogyo Kyokai Shi **82**, 597 (1974)
[3.612] T. MINAMI, M. HIBINO, M. TANAKA, J. Non-Cryst. Solids **15**, 141 (1974)

[3.613] W. Deeg, M. Hobashy, R. D. Loutfi, Sprechsaal **100**, 757 (1967) 5070

[3.614] D. Pearson, W. R. Northover, J. F. Dewald, W. F. Peck, Adv. Glass Technol. VI. Congr. Glass, Washington D. C. 1962, Plenum Press New York 1962, S. 357

[3.615] S. Suzuki, H. Sakamura, M. Imaoka, Yogyo Kyokai Shi **79**, 301 (1971)

[3.616] S. A. Dembovskij, V. V. Kirilenko, J. A. Buslaev, Izvest. Akad. Nauk SSSR, Neorg. Mater. **7**, 328 (1971)

[3.617] Z. A. Munir, L. M. Fuke, E. Kay, J. Non-Cryst. Solids **12**, 435 (1973)

[3.618] S. A. Dembovskij, N. N. Popova, Izvest. Akad. Nauk SSSR, Neorg. Mater. **6**, 138 (1970)

[3.619] A. Feltz, H.-J. Büttner, Z. Chem. **12**, 393 (1972)

[3.620] R. K. Quinn, R. T. Johnson, J. Non-Cryst. Solids **7**, 53 (1972)

[3.621] D. L. Eaton, J. Amer. Ceram. Soc. **47**, 554 (1964)

[3.622] A. A. Rjasantsev, L. M. Warecha, B. A. Pozoukin, V. A. Ljachovicaja, A. A. Novoselova, Izvest. Akad. Nauk Neorg. Mat. **5**, 1206 (1969)

[3.623] I. D. Turjanica, B. M. Koperles, Izv. Akad. Nauk, Neorg. Mater. **9**, 851 (1973)

[3.624] I. D. Turjanitsa, I. M. Miholinec, B. M. Koperles, I. F. Kopinets, J. Non-Cryst. Solids **11**, 173 (1972)

[3.625] Y. Montell, H. Vincent, Bull. Soc. Chim, Fr. **1975**, 1025

[3.626] J. Cornet, J. Schneider, wie [2, 82], S. 397

[3.627] T. Minami, A. Yoshida, M. Tanaka, J. Non-Cryst. Solids **7**, 328 (1972)

[3.628] A. A. Obrascov, S. U. Borisova, Izv. Akad. Nauk SSSR, Neorg. Mater. 6, 1247, 1417 (1970)

[3.629] T. Minami, H. Hattori, M. Tanaka, Yogyo-Kyokai-Shi **78**, 101 (1970)

[3.630] E. G. Šujov, O. I. Džaparidse, S. A. Dembovskij, N. P. Popova, Izv. Akad. Nauk SSSR, Neorg. Mater. **10**, 1886 (1974)

[3.631] Chvorostenko, S. A. Dembovskij, Zh. Neorg. Khim. **15**, 1705 (1970)

[3.632] I. A. Domorad, L. P. Kisnicenko, Izv. Akad. Nauk SSSR, Ser. Fiz. Mat. **4**, 99 (1963), **5**, 87 (1963)

[3.633] I. A. Domorjad, B. T. Kolomiec, Izv. Akad. Nauk SSSR, Neorg. Mater. **7**, 1620 (1971)

[3.634] Edmond, J. Non-Cryst. Solids **1**, 39 (1968)

[3.635] L. A. Baidakov, S. U. Borisova, W. W. Ipatjewa, Vestn. Leningr. Univ. Fiz. Khim. (1962) 90

[3.636] A. E. Owen, J. M. Robertson, J. Non-Cryst. Solids **2**, 40 (1970)

[3.637] T. Minami, A. Yoshida, M. Tanaka, Yogyo-Kyokai-Shi **78**, 299 (1970)

[3.638] K. Hulls, P. W. Mc Millan, J. Non-Cryst. Solids **15** 357 (1974)

[3.639] E. Mytilineou, M. Roilos, Phil Mag. **37**, 387 (1978)

[3.640] S. Mahadevan, K. J. Rao, J. Non-Cryst. Solids **34**, 53 (1979)

[3.641] T. Takahashi, J. Non-Cryst. Solids **34**, 307 (1979)

[3.642] G. Lucovsky, R. C. Keezer, H. A. Six, R. H. Geils, wie [3.275], S. 296

[3.643] S. Maneglier-Lacordaire, J. Rivet, P. Khodadad, J. Flahaut, Bull. Soc. Chim. Fr. **1973**, 1930

[3.644] M. J. Brau, US-Patent 3 371 211 (1968)

[3.645] S. Bordas, N. Clavaguera, M. Geli, J. Casas-Vazquez, M. T. Clavaguera-Mora, Thermal. Anal., Proc. 5th ICTA Conf., Kyoto 1977, ed. M. Chihara, Samyo Shoppan Boeki Co. Inc. Tokyo 1977, S. 14

[3.646] L. E. Šelimova, N. H. Abrikosov, V. V. Ždanova, V. V. Šuzov, Izv. Akad. Nauk SSSR, Neorg. Mater. **2**, 2103 (1966)

[3.647] A. A. Obrazcov, Izv. Akad. Nauk SSSR, Neorg. Mater. **8**, 374 (1972)

[3.648] S. Bordas, M. Geli, J. Casas-Vazquez, N. Clavaguera, M. T. Clavaguera-Mora, Rev. Phys. Appl. **12**, 677 (1977)

[3.649] A. V. Pazin, A. A. Obrazcov, Z. U. Borisova, Izv. Akad. Nauk SSSR, Neorg. Mater. **8**, 247 (1972)

[3.650] M. Noda, S. Maruno, Yogyo-Kyokai-Shi **82**, 56 (1974)

[3.651] A. R. Hilton, C. E. Jones, M. Brau, Infrared Physics **4**, 213 (1964)

[3.652] J. WIEDER, S. ARONSON, J. Non-Cryst. Solids **33**, 405 (1979)
[3.653] D. J. SARRACH, J. P. DE NEUFVILLE, W. L. HAWORTH, J. Non-Cryst. Solids, **27**, 193 (1978)
[3.654] S. I. RADAUTSAN, R. A. RASTJANKO, R. J. LJALIKOVA, W. G. KOLOSKOVA, Izvest. Akad. Nauk, Neorg. Mat. **11**, 1508 (1975)
[3.655] G. S. VINOGRADOVA, N. G. MAIŠWILI, Zh. Neorg. Khim **24**, 1067 (1979)
[3.656] F. HEYDER, Dissertation A, Friedrich-Schiller-Universität Jena, 1978
[3.657] K. OE, Y. TOYOSHIMA, H. Nagai, J. Non-Cryst. Solids **20**, 405 (1976)
[3.658] G. S. VINOGRADOVA, S. A. DEMBOVSKIJ, Zh. Neorg. Khim. **16**, 2036 (1971)
[3.659] K. E. PACHALI, J. RUSKA, H. THURN, Inorg. Chem. **15**, 991 (1976)
[3.660] R. L. MJULLER, G. M. ORLOVA, V. N. TIMOFEEVA, Vestn. Leningr. Univ. Khim, **17**, 146 (1962)
[3.661] R. ANDREICHIN, M. NIKIFOROVA, E. SKORDEVA, L. YURUKOVA, R. GRIGOROVICI, R. MANILA, M. POPESCU, A. VANCU, J. Non-Cryst. Solids **20**, 101 (1976)
[3.662] G. EBERHARDT, Dissertation A. Friedrich-Schiller-Universität Jena 1979
[3.663] L. G. AIO, V. F. KOKORINA, Optiko-mekhan. promyshl. **1961** (6), 48, **1963** (2), 36
[3.664] S. V. NEMILOV, Zh. Prikl. Khim, **37**, 1699 (1964)
[3.665] J. A. SAVAGE, S. NIELSEN, Phys. Chem. Glass. **5**, 82 (1964)
[3.666] H. KREBS, R. W. HAISTY, J. Non-Cryst. Solids **1**, 427 (1969)
[3.667] F. HULLIGER, T. SIEGRIST, Mat. Res. Bull. **16**, 1245 (1981)
[3.668] R. J. NEMANICH, S. A. SOLIN, G. LUCOVSKY, wie [3.175], S. 518
[3.669] G. LUCOVSKY, R. J. NEMANICH, S. A. SOLIN, R. C. KEEZER, Solid State Commun. **17**, 1567 (1975)
[3.670] P. P. SERJEGIN, L. N. VASSILJEV, A. A. PRONKIN, Izv. Akad. Nauk SSSR, Neorg. Mater. **8**, 376 (1972)
[3.671] A. P. BATIJAROV, L. N. VASSILJEV, ibid. **11**, 741 (1975)
[3.672] M. GICHTER, W. PILZ, Phys. Status Solidi (b) **93**, 641 (1979) **94**, K81 (1979)
[3.673] H. KREBS, H. WELTE, J. Solid State Chem. **2**, 182 (1970)
[3.674] J. KREBS, F. ACKERMANN, Glastechn. Ber. **45**, 213 (1972)
[3.675] J. G. POLTAVCEV, W. M. POSDNJAKOVA, Izv. Akad. Nauk SSSR, Neorg. Mater. **10**, 1932 (1974)
[3.676] S. V. NEMILOV, Zh. Prikl. Khim, **37**, 1452, 1690 (1964)
[3.677] M. FISCHER, H. KREBS, Glastechn. Ber. **47**, 42 (1974)
[3.678] H. KREBS, J. RUSKA, J. Non-Cryst. Solids **16**, 329 (1974)
[3.679] P. J. WEBBER, J. A. SAVAGE, J. Non-Cryst. Solids **20**, 271 (1976)
[3.680] U. TILLE, G. H. FRISCHAT, K. J. Leers, wie [2.82], S. 631
[3.681] D. LINKE, I. BÖCKEL, Z. anorg. allg. Chem. **419**, 97 (1976)
[3.682] S. U. BORISOVA, A. W. PAZIN, *Khim. Tverd. Tela*, Leningrad 1965, S. 98
[3.683] M. J. BRAU, R. E. JOHNSON, R. J. PATTERSON, US-Patent 3360649 (1967)
[3.684] D. LINKE, F. HEYDER, Z. anorg. allg. Chem. **425**, 155 (1976)
[3.685] R. W. HAISTY, H. KREBS, Angew. Chem. **80**, 999 (1968) J. Non-Cryst. Solids **1**, 399 (1969)
[3.686] G. M. ORLOVA, I. I. KOSHINA, V. G. KOROLENKO, Vestn. Leningr. Univ. Fiz. Khim. Nr. 4 (1), 90 (1973)
[3.687] D. LINKE, G. EBERHARDT, Z. anorg. allg. Chem. **442**, 263 (1978)
[3.688] M. FRUMAR, H. TICHA, M. BURES, L. KOUDELKA, Z. Chem. **15**, 199 (1975)
[3.689] A. V. PAZIN, Z. U. BORISOVA, Izv. Akad. Nauk SSSR, Neorg. Mater. **8**, 242 (1972)
[3.690] M. FRUMAR, L. KOUDELKA, P. TOMISKA, H. TICHA, Z. Chem. **12**, 25 (1972)
[3.691] J. A. SAVAGE, P. J. WEBBER, A. M. PITT, J. Mater, Sc. **13**, 859 (1978)
[3.692] H. TICHA, L. TICHY, M. FRUMAR, Phys. Status Solidi (a) **54**, K 163 (1979)
[3.693] M. FRUMAR, H. TICHA, J. KLIKORKA, P. TOMISKA, J. Non-Cryst. Solids **13**, 173 (1973)
[3.694] H. TICHA, M. FRUMAR, J. Non-Cryst. Solids **16**, 110 (1974)
[3.695] A. V. PAZIN, Z. U. BORISOVA, Izv. Akad. Nauk SSSR, Neorg. Mater. **5**, 1903 (1969)
[3.696] Z. U. BORISOVA, *Chimija stekloobraznych poluprovodnikov*, S. 145, Verl. Leningr. Univ., Leningrad 1972
[3.697] A. V. PAZIN, Izv. Akad. Nauk SSSR, Neorg. Mater. **14**, 411 (1978)

[3.698] A. R. Hilton, C. E. Jones, M. Brau, Infrared Physics **6**, 183 (1966)
[3.699] H. Krebs, P. Fischer, Discuss. Farad. Soc. **50**, 35 (1970)
[3.700] J. A. Savage, S. Nielsen, Phys. Chem. Glass. **7**, 56 (1966)
[3.701] V. R. Panus, Z. U. Borisova, Zh. Prikl. Khim. **39**, 987 (1966) **40**, 998 (1967)
[3.702] V. R. Panus, Vestn. Leningr. Univ. Fiz. Khim. **24**, 135 (1969)
[3.703] C. H. Seager, D. Emin, R. K. Quinn, Phys. Rev, **B 8**, 4746 (1973)
[3.704] O. S. Panwar, M. Radhakrishna, K. K. Srivastava, K. N. Lakshminarayan, J. Non-Cryst. Solids 33, 411 (1979)
[3.705] A. R. Hilton, M. Brau, Infrared Physics **3**, 69 (1963)
[3.706] V. P. Panus, S. U. Borisova, T. T. Alekseeva, Zh. Prikl. Khim. **41**, 2759 (1968)
[3.707] P. Nagels, R. Callaerts, M. Denayer, wie [2.239], S. 867
[3.708] M. Imaoka, T. Yamazaki, Seisan Keukyn **19**, 261 (1967)
[3.709] E. R. Plumat, J. Amer. Ceram. Soc. **51**, 499 (1968)
[3.710] B. Voigt, Dissertation A, Friedrich-Schiller-Universität Jena 1974
[3.711] A. M. Lozach, S. Barnier, M. Guillard, P. Besancon, J. Flahaut, Ann. Chim. **9**, 127 (1974)
[3.712] A. R. Hilton, Texas-Instruments-Report 08-67-18 (1967)
[3.713] A. R. Hilton, US-Patent 3 511 672 (1970)
[3.714] A. Feltz, W. Burckhardt, L. Senf, B. Künzel, wie [3.175], S. 24 AIP Conf. Proc. Struct. Excit. Amorph, Solids Williamsburg, Americ. Inst. Phys. 1976
[3.715] B. Barrau, A. Kone, M. Ribes, J.-L. Souquet, C. R. Acad. Sci. Ser. C., **287**, 43 (1978)
[3.716] J. Olivier-Fourcade, E. Phillipot, M. Ribes, M. Maurin, Rev. Chim. Minerale **9**, 757 (1972)
[3.717] B. Krebs, S. Pohl, Z. Naturforsch. **26b**, 853 (1971)
[3.718] A. Müller, B. N. Cyvin, S. J. Cyvin, Spectrochem. Acta **32 A**, 67 (1976)
[3.719] M. Ribes, B. Barrau, J. L. Souquet, J. Non-Cryst. Solids **38**, **39** 271 (1980)
[3.720] A. Feltz, M. Höland, unveröffentlicht
[3.721] H. Sommer, R. Hoppe, Z. anorg. allg. Chem. **430**, 199 (1977)
[3.722] B. Eisenmann, H. Schäfer, ibid. **456**, 87 (1979)
[3.723] Y. Asahara, T. Izumitani, J. Non-Cryst. Solids **11**, 407 (1973) Jap. J. Appl. Phys. **11**, 109 (1972)
[3.724] B. T. Kolomiec, T. Y. Rukljadev, V. P. Šilo, J. Non-Cryst. Solids **5**, 389 (1971)
[3.725] J. Savan, I. I. Košina, G. U. Orlova, M. Binder, Izvest. Akad. Nauk SSSR, Neorg. Mater. **5**, 492 (1969)
[3.726] S. Hunter, A. Bienenstock, wie [3.175], S. 151 und wie [2.239], S. 79
[3.727] S. Maruno, M. Noda, T. Yamada, Yogyo-Kyokai-Shi **81**, 445 (1973)
[3.728] Y. Kawamoto, M. Agata, S. Tsuchihashi, Yogyo-Kyokai-Shi **82**, 46 (1974)
[3.729] Y. Kawamoto, N. Nagura, S. Tsuchihashi, J. Amer. Ceram. Soc. **56**, 189 (1973)
[3.730] A. Feltz, Ch. Thieme, Z. Chem. **14**, 33 (1974)
[3.731] A. Nagel, K.-J. Range, Z. Naturforsch. **33b**, 1461 (1978)
[3.732] Y. Kawamoto, M. Nishida, J. Non-Cryst. Solids **20**, 393 (1976)
[3.733] Y. Kawamoto, N. Nagura, S. Tsuchihashi, J. Amer. Ceram. Soc. **57**, 489 (1974)
[3.734] S. Kabre, M. Guittard, J. Flahaut, C. R. Acad. Sci, Ser. C, **278**, 1043 (1974)
[3.735] L. Červinka, A. Hruby, J. Non-Cryst. Solids **30**, 191 (1978)
[3.736] A. Tausend, D. Wobig, Z. Phys. Chem. (Frankfurt/M.) **96**, 199 (1975)
[3.737] J. Zirke, C. Dromer, A. Tausend, D. Wobig, J. Non-Cryst. Solids **24**, 283 (1977)
[3.738] L. Červinka, A. Hruby, J. Non-Cryst. Solids **34**, 275 (1979)
[3.739] M. J. Mangalam, K. N. Rao, N. Rangarajan, M. I. A. Siddiqui, C. V. Suryanarayama, Jap. J. Appl. Phys. **8**, 1258 (1969)
[3.740] M. Paesler, Phys. Rev. **B 13**, 5578 (1976)
[3.741] R. P. Ferrier, J. M. Prado, M. R. Anseau, J. Non-Cryst. Solids **8—10**, 798 (1972)
[3.742] J. Robertson, Phil. Mag. **B 39**, 501 (1979)
[3.743] D. Linke, VIII. Arbeitstagung Elektronenmikroskopie, Berlin 1975, Kurzreferate Vorträge, S. 257

[3.744] D. Linke, M. Gitter, F. Krug, Z. anorg. allg. Chem. **444**, 217 (1978)

[3.745] S. S. Flaschen, A. D. Pearson, W. Northover, J. Amer. Ceram. Soc. **43**, 274 (1960)

[3.746] B. T. Kolomiec, W. P. Šilo, Steklo i Keramika **20**, 10 (1963)

[3.747] S. A. Dembovskij, Izvest. Akad. Nauk SSSR, Neorg. Mater. **4**, 1920 (1968); Vinogradova, S. A. Dembovskij, Zh. Neorg. Khim. **15**, 1949 (1970)

[3.748] S. A. Dembovskij, W. W. Kirilenko, A. S. Chvorostenko, Zh. Neorg. Khim. **14**, 2561 (1961)

[3.749] R. Strunk, J. Non-Cryst. Solids **12**, 168 (1973)

[3.750] I. V. Viktorovskij, L. A. Baidakov, Izvest. Akad. Nauk SSSR, Neorg. Mater. **7**, 508 (1971)

[3.751] P. Nagels, R. Callaerts, M. Denayer, R. de Coninck, J. Non-Cryst. Solids **4**, 295 (1970)

[3.752] S. G. Bishop, P. C. Taylor, D. L. Mitchell, J. Non-Cryst. Solids **5**, 351 (1971)

[3.753] P. M. Julien-Pouzol, S. Jaulmes, M. Guittard, F. Atapini, Acta Crystallogr. **B 35**, 2848 (1979)

[3.754] A. Feltz, A. Krautwald, Z. Chem. **19**, 18 (1979)

[3.755] A.-M. Loireau-Lozac'h, M. Guittard, Ann. Chim. 101 (1975)

[3.756] C. Thiebault, L. Guen, R. Eholie, J. Flahaut, Bull. Soc. Chim. France **1975**, 967

[3.757] R. Ollitraut-Fichet, R. Eholie, J. Rivet, J. Flahaut, Ann. Chim. **31** (1977)

[3.758] A. Feltz, B. Voigt, Z. anorg. allg. Chemie **403**, 61 (1974)

[3.759] A. Feltz, W. Ludwig, R. Seiss, Kristall u. Techn. **13**, 405 (1978)

[3.760] J. Fenner, D. Mootz, Naturwissenschaften **61**, 127 (1974) Z. anorg. allg. Chem. **427**, 123 (1976)

[3.761] M. Ribes, J. O. Fourcade, E. Philippot, M. Maurin, Acta Crystallogr. **B 30**, 1391 (1974)

[3.762] M. M. Lamine, P. Khodadad, C. R. Acad. Sci, Ser. C, **278**, 243 (1974)

[3.763] A. Feltz, W. Burckhardt, L. Senf, B. Voigt, wie [2.60], Bd I, S. 389

[3.764] J. E. Iglesias, H. Steinfink, J. Solid, State Chem. **6**, 93 (1973)

[3.765] K. Susa, H. Steinfink, ibid. **3**, 75 (1971)

[3.766] A. Feltz, W. Ludwig, L. Senf, C. Simon, Krist. u. Techn. **15**, 895 (1980)

[3.767] S. C. Rowland, F. Ritland, D. Haferburns, A. Bienenstock, wie [2.390], S. 134

[3.768] D. W. Strickler, R. Roy, J. Mater. Sc. **6**, 200 (1971)

[3.769] V. P. Šilo, Dissertation Leningrad 1967

[3.770] L. J. Dojnikov, Z. U. Borisova, Khim. tverd. tela **1965**, 93

[3.771] A. Feltz, W. Burckhardt, J. Non-Cryst. Solids **41**, 301 (1980)

[3.772] J. A. Kafalas, H. C. Gatos, M. C. Lavine, M. D. Banus, J. Phys. Chem. Solids **23**, 1541 (1962)

[3.773] A. M. Efimov, V. F. Kokorina, Opt. Tekh. Prom. **36**, 43 (1969)

[3.774] G. I. Artamanova, O. K. Botvinkin, Zh. Neorg. Khim. **15**, 3388 (1970)

[3.775] J. M. Mackowski, P. Kumurdian, J. Touset, Thin Solid Films **34**, 55 (1976)

[3.776] G. Hollinger, P. Kumurdian, J. M. Mackowskij, P. Petrosa, L. Porte, Tran Minh Duc, J. Elektron. Spectr. Rel. Phen. **5**, 237 (1974)

[3.777] M. Green, N. A. Radjy, Phil. Mag. **39**, 65 (1979)

[3.778] S. Bordas, J. Sasas-Vazqzez, N. Clavaguera, M. T. Clavaguera-Mora, Thermochim. Acta **28**, 387 (1979)

[3.779] A. Feltz, G. Kley, I. Linke, J. Non-Cryst. Solids **33**, 299 (1979)

[3.780] R. Dalven, Infrared Physics **9**, 141 (1969)

[3.781] J. A. Savage, J. Mater. Sc. **7**, 64 (1972)

[3.782] M. Kumeda, Y. Jinno, M. Suzuki, T. Shimizu, Jap. J. Appl. Phys. **15**, 201 (1976)

[3.783] M. Suzuki, H. Ohdaira, T. Matsumi, M. Kumeda, T. Shimizu, Jap. J. Appl. Phys. **16**, 221 (1977)

[3.784] Glassy Metals I, Topics in Applied Physics Vol. 46, Ed. H.-J. Güntherodt, H. Beck, Springer-Verlag Berlin/Heidelberg/New York 1981

[3.785] Proc. IX. Int. Conf. Amorph. Liqu. Semicond., Grenoble 1981

[3.786] W. Schölke, Phil. Mag. **B 43**, 451 (1981)

[3.787] L. Guttmann, Phys. Review **B 23**, 1866 (1981)
[3.788] R. Steudel, Topics in Current Chemistry Vol. **102**, 149, Springer Verlag, 1982
[3.789] R. Steudel, Z. anorg. allg. Chem. **478**, 139, 156, 177 (1981)
[3.790] O. Foss, V. Janickis, J. Chem. Soc. Chem. Comm. 1977, 834
[3.791] T. F. Soules, J. Chem. Phys. **73**, 4032 (1980)
[3.792] R. J. Bell, A. Carnevale, Phil. Mag. **B 43**, 389 (1981)
[3.793] J. C. Phillips, J. Non-Cryst. Solids **44**, 17 (1981)
[3.794] M. Jansen, M. Voss, Angew. Chem. **93**, 120 (1981)
[3.795] P. C. Minshall, G. M. Sheldrick, Acta Crystallogr. **B 34**, 1326 (1978)
[3.796] W. Bues, M. Somer, W. Brockner, Z. anorg. allg. Chem. **476**, 153 (1981)
[3.797] D. Beeman, R. Lynds, M. R. Anderson, J. Non-Cryst. Solids **42**, 61 (1980)
[3.798] D. Vanderbilt, J. D. Joannopoulos, Phys. Rev. **B 23**, 2596 (1981)
[3.799] N. Wada, S. A. Solin, J. Wong, S. Prochazka, J. Non-Cryst. Solids **43**, 7 (1981)
[3.800] J. Wong, F. W. Lytle, J. Non-Cryst. Solids **37**, 273 (1980); J. Non-Cryst. Solids **49**, 103 (1982)
[3.801] S. Sakka, K. Kamiya, Rev. Chim. Minérale 16, 293 (1979)
[3.802] A. D. Cox, P. W. Mc Millan, J. Non-Cryst. Solids **44**, 257 (1981)
[3.803] H. Oyanagi, K. Tanaka, S. Hosoya, S. Minomora, wie [2.446], S. 221
[3.804] E. P. O'Reilly, J. Robertson, M. J. Kelly, Solid State Commun. **38**, 565 (1981)
[3.805] C. M. Baldwin, R. M. Almeida, J. D. Mackenzie, J. Non-Chryst. Solids **43**, 309 (1981)
[3.806] K. S. Liang, S. P. Cramer, D. C. Johnston, C. H. Chang, A. J. Jacobson, J. P. deNeufville, R. R. Chianelli, J. Non-Cryst. Solids **42**, 345 (1980)
[3.807] G. Etherington, A. C. Wright, J. T. Wenzel, J. C. Dore, J. H. Clarke, R. N. Sinclaire, J. Non-Cryst. Solids **48**, 265 (1982)
[3.808] C. F. Windisch, W. M. Risen, J. Non-Cryst. Solids **48**, 325 (1982)
[3.809] P. A. V. Johnson, A. C. Wright, R. N. Sinclair, J. Non-Cryst. Solids **50**, 281 (1982)
[3.810] K. D. Pohl, R. Brückner, Phys. Chem. Glass. **22**, 150 (1981)
[3.811] S. Itoh, T. Fujiwara, M. Okazaki, J. Non-Cryst. Solids **50**, 49 (1982)
[3.812] J. A. E. Desa, A. C. Wright, J. Wong, R. N. Sinclair, J. Non-Cryst. Solids **51**, 57 (1982)

4 Elektrische Leitfähigkeit und optische Eigenschaften von Gläsern und amorphen Festkörpern

Ladungstransportphänomene und die bei der Wechselwirkung mit elektromagnetischer Strahlung auftretenden Effekte sind besonders geeignet, um Aussagen über den Bindungszustand der Atome und Baugruppen in nichtkristallinen Festkörpern zu erhalten. Bei der Behandlung von Struktur-Eigenschaftsbeziehungen in Kap. 3. war bereits verdeutlicht worden, daß die Klassifikation anorganischer Stoffe nach dem Typ und der Größenordnung der elektrischen Leitfähigkeit oder dem Wellenlängenbereich der optischen Transparenz auf amorphe oder glasartige Zustandsformen von Substanzen gleichfalls angewendet werden kann.

Der hohe Unordnungsgrad ist mit einer beträchtlichen Leerstellenkonzentration und Defektzentrendichte verbunden, woraus sich günstige Voraussetzungen für thermisch aktivierte Platzwechselvorgänge ableiten. Spurengehalte einwertiger Kationen reichen z. B. bereits aus, um den Widerstand praktisch nichtleitender glasbildender Verbindungen beträchtlich herabzusetzen. Zusätze in Form von Alkalioxiden bzw. Alkalichalkogeniden bei Chalkogenidgläsern verursachen eine Auflockerung der Netzwerkstruktur, wodurch die für derartige Gläser charakteristische Ionenleitfähigkeit begünstigt wird.

Für zwei- und höherwertige Kationen ist die Beweglichkeit auf Grund der stärkeren COULOMB-Wechselwirkung mit den im Netzwerk fixierten negativen Ladungen um Größenordnungen geringer, so daß sich auf dieser Basis extrem hochohmige Gläser darstellen lassen. Letzteres trifft für zahlreiche optisch transparente Oxidgläser und vielfach auch auf Sulfidgläser zu. Ihre optische Bandlücke liegt im hinreichend kurzwelligen Spektralgebiet, so daß eine thermische Anregung elektronischer Ladungsträger noch nicht wirksam wird.

Ausgehend von Gläsern, die den Strom nicht leiten, sind elektronenleitende nichtkristalline Festkörper im wesentlichen auf zwei Wegen zugänglich, entweder dadurch, daß man einem isolierenden Grundglas Komponenten zusetzt, deren Elektronenzustände im Bereich der Bandlücke liegen, was beispielsweise auf Oxidgläser mit Zusätzen an Übergangsmetalloxiden zutrifft, oder durch Herabsetzung der Bandlücke, indem man Elemente oder Elementkombinationen mit geringer Bindungsenergie und Bindungspolarität verwendet. Im erstgenannten Fall gelangt man zu den elektronenleitenden Oxidgläsern, im zweiten zu den typischen Halbleiterelementen der IV. und V. Hauptgruppe des Periodensystems und deren amorphen Zustandsformen und zu den Chalkogenidgläsern.

Bei den metallischen Gläsern kommt es schließlich zur Überlappung von Valenz- und Leitfähigkeitsband. Die Bandlücke verschwindet, und die Beschreibung des Ladungstransports lehnt sich eng an die Behandlung der elektrischen Leitfähigkeit von Metallschmelzen an.

4.1. Transport elektrischer Ladungen in nichtkristallinen Festkörpern

Im Gültigkeitsbereich des OHMschen Gesetzes ergibt sich die spezifische elektrische Leitfähigkeit σ als eine die Stromdichte j mit der Feldstärke F verknüpfende Eigenschaftsgröße:

$$j = \sigma F . \tag{4.1}$$

Sie kann als Produkt von Ladungsträgerdichte n und Beweglichkeit μ interpretiert werden

$$\sigma = ne\mu . \tag{4.2}$$

Die Temperaturabhängigkeit folgt bei nichtmetallischen Festkörpern in mehr oder weniger weiten Intervallen einer ARRHENIUS-Beziehung, wie sie von RASCH und HINRICHSEN [4.1] als empirische Gleichung angegeben wurde

$$\sigma = \sigma_0 \exp\left(-E_\sigma/RT\right) . \tag{4.3}$$

Gleichung (4.3) kann z. B. überwiegend durch eine exponentielle Temperaturabhängigkeit der Ladungsträgerdichte n oder p bestimmt sein, wie sie sich nach Gl. (2.112) bzw. (2.113) oder (2.115) für den Transport in Bandzuständen ergibt — die Beweglichkeit weist in diesem Fall nur eine geringe Temperaturabhängigkeit auf —, oder der Ladungstransport entspricht im wesentlichen einem Sprungmechanismus zwischen lokalisierten Zentren, d. h. die für den Stromtransport infrage kommende Ladungsträgerdichte ist im Festkörper annähernd als konstant anzusetzen, und die Beweglichkeit unterliegt der thermischen Aktivierung. Dabei sind je nach der Art der Ladungsträger, z. B. ob Ionen- oder Elektronenleitung vorliegt, und je nach den Ursachen der Elektronenlokalisation (vgl. 2.5.1.2.) Besonderheiten zu beachten, die von der stofflichen Zusammensetzung und dem strukturellen Aufbau der glasartigen bzw. amorphen Festkörper abhängen.

Zeitabhängige Prozesse, mit denen der nichtkristalline Festkörper auf ein äußeres elektrisches Feld reagiert, machen sich bei Gleichstrommessungen in einem Driften der Leitfähigkeitswerte bemerkbar, wobei oftmals erst nach längerer Zeit ein konstanter Endwert erreicht wird. Messungen im elektrischen Wechselfeld gestatten eine Variation der Meßbedingungen innerhalb weiter Frequenzgrenzen. Meßdaten zwischen 10^{-6} bis 10^{16} Hz liegen in der Literatur vor.

Es ist auf diesem Wege möglich, über die Kinetik von Ladungstransportvorgängen und Ladungsverschiebungen Aufschluß zu erhalten und aus den festgestellten Resonanzfrequenzen auf bestimmte Relaxationsmechanismen zu schließen. In einer zur mechanischen Relaxation (vgl. 2.2.1.1.) analogen Ableitung ergibt sich für die Zeitabhängigkeit der dielektrischen Verschiebung $D = \varepsilon_0 F + P = \varepsilon_0 \varepsilon_r F = \varepsilon F$ eine Gl. (2.11) entsprechende Differentialgleichung (P — Polarisation)

$$\varepsilon_0 \frac{\mathrm{d}F}{\mathrm{d}t} = \frac{1}{\varepsilon_r} \frac{\mathrm{d}D}{\mathrm{d}t} - \frac{F}{\varepsilon_r/\sigma} . \tag{4.4}$$

In Verbindung mit der Dielektrizitätskonstante des freien Raumes, ε_0, enthält ε_r/σ die Zeitkonstante τ, der die Bedeutung einer Relaxationszeit zugeordnet werden kann: $\varepsilon_r/\sigma = \tau/\varepsilon_0$. Wie in (2.11) geht in Gl. (4.4) gleichfalls eine „elastische" und eine die „inelastische" Beanspruchung des Materials beschreibende Eigenschaftsgröße (Transportgröße) ein. Mit $D = \text{const}$ bzw. $(\mathrm{d}D/\mathrm{d}t) = 0$ folgt

$$F = F' \exp(-t/\tau)\,, \tag{4.5}$$

die Feldstärke eines mit einer hochohmigen Substanz (Dielektrikum) gefüllten Kondensators klingt auf Grund der Verzögerung in den Ladungstransportprozessen mit einer Zeitkonstante ab. Die Relaxationszeit τ kann z. B. durch Messung des logarithmischen Dekrements λ nach Gl. (2.14) bestimmt werden, indem man die Dämpfung des angelegten Feldes mißt.

Im allgemeinen folgt der zeitliche Abfall der Feldstärke nicht einem einfachen Exponentialansatz, und man ist veranlaßt, eine Verteilungsfunktion von Relaxationszeiten entsprechend

$$F(t) = F' \int_0^\infty g(\tau) \exp(-t/\tau)\, \mathrm{d}\tau \tag{4.6a}$$

anzunehmen. Der Sachverhalt wird in Anlehnung an Gl. (2.18) durch den Ausdruck

$$F(t) = F' \exp(-t/\tau)^b \tag{4.6b}$$

empirisch gleichfalls erfaßt.

In der komplexen Schreibweise sind F, D und ε_r in (4.4) durch die komplexen Größen F^*, D^* und ε^* zu ersetzen. Mit dem Ansatz

$$D^* = \varepsilon_0 \varepsilon^* F^* \text{ und } F^* = F_0\, e^{i\omega t} \text{ sowie } \frac{1}{\varepsilon^*} = \frac{\omega\tau}{\omega\tau - i} \cdot \frac{1}{\varepsilon_\omega} \tag{4.7}$$

ist die Differentialgleichung (4.4) lösbar. Durch Einführung von ε_ω entsprechend

$$\varepsilon = \varepsilon_\infty + \varepsilon_0 \varepsilon_\omega \tag{4.8}$$

wird der Eliminierung eines Beitrages ε_∞ Rechnung getragen, der bis in den GHz-Bereich frequenzunabhängig ist und der Verschiebungspolarisation (Elektronen- und Atom- bzw. Ionenpolarisation) entspricht.

Von Macedo, Moynihan u. Bose [4.2] wurde für $\frac{1}{\varepsilon^*}$ der elektrische Modul M^* eingeführt. Zerlegung in Real- und Imaginärteil ergibt

$$M^* = \frac{\varepsilon'}{\varepsilon'^2 + \varepsilon''^2} + \frac{i\varepsilon''}{\varepsilon'^2 + \varepsilon''^2} = M' + iM'' \tag{4.9a}$$

bzw.

$$M^* = \frac{\omega^2\tau^2}{1 + \omega^2\tau^2} M + i \frac{\omega\tau}{1 + \omega^2\tau^2} M = M' + iM''\,, \tag{4.9b}$$

woraus für den Verlustfaktor

$$\tan\delta = \frac{M''}{M'} = \frac{\varepsilon''}{\varepsilon'} \tag{4.10}$$

folgt. Der Realteil der DK, ε', beschreibt die „elastische", verlustfreie Reaktion des stofflichen Mediums auf das von außen einwirkende Wechselfeld, der Imaginärteil, ε'', dagegen die mit Energiedissipation verbundenen Prozesse, die mit der Leitfähigkeit

$$\sigma(\omega) = \varepsilon_0 \omega \varepsilon'' = \varepsilon_0 \varepsilon' \omega \tan\delta = \frac{\varepsilon_0 \varepsilon'}{\tau} \tag{4.11}$$

verknüpft sind.

Subtrahiert man von der an die Definition von ε_ω entsprechend (4.8) gebundene Größe ε'' den im Grenzbereich niedriger Frequenzen erfaßbaren Beitrag der Gleichspannungsleitfähigkeit $\sigma(0)/\omega\varepsilon_0$, so repräsentiert die Dispersion des verbleibenden Teils der komplexen DK die dielektrische Relaxation

$$\varepsilon_p^* = \varepsilon' - i(\varepsilon'' - \sigma(0)/\omega\varepsilon_0)\,, \tag{4.12}$$

wie sie im einfachsten Fall für ein Ensemble gleichartiger Dipole, die sich im thermischen Gleichgewicht befinden, von Debye untersucht wurde [4.3]:

$$\varepsilon_p^* = \varepsilon' - i\varepsilon'' = \varepsilon_2 + (\varepsilon_1 - \varepsilon_2)\frac{1}{1 + i\omega\tau} = \varepsilon_2 + (\varepsilon_1 - \varepsilon_2)\left[\frac{1}{1 + \omega^2\tau^2} - \frac{i\omega\tau}{1 + \omega^2\tau^2}\right] \tag{4.13}$$

mit $\varepsilon_1 = \lim \varepsilon'$ $(\omega\tau \ll 1)$ und $\varepsilon_0 = \lim \varepsilon'$ $(\omega\tau \gg 1)$. τ bezeichnet die dielektrische Relaxationszeit. In praktischen Fällen trifft auch hier eine Verteilungsfunktion der Relaxationszeit zu. Permanente molekulare Dipole, paarweise auftretende geladene Defektzentren, die ineinander umwandelbar sind, aber auch Platzwechselvorgänge von Elektronen, Polaronen oder Ionen, wie sie in Sprungmechanismen auftreten, können zur dielektrischen Polarisation beitragen.

Zu den grundlegenden Voraussetzungen für die Ermittlung repräsentativer Leitfähigkeitsparameter von Feststoffen gehört neben der Eliminierung von Einflüssen der Meßperepherie (ungünstige *RC*-Kombinationen können Relaxationsprozesse der Probe vortäuschen) die Ausschaltung von Grenzflächenphänomenen im Bereich der Kontakte am Meßobjekt. Blockierende Elektroden ergeben bei Gleichstrommessungen Widerstandswerte, die um Größenordnungen über dem für die kompakte Probe charakteristischen Wert liegen können. Insbesondere bei ionenleitenden Substanzen sind Polarisationseffekte und die mögliche Ausbildung von Raumladungen an den Kontaktelektroden zu beachten.

In extrem hochohmigen Substanzen kann sich selbst bei Gewährleistung ohmscher Kontakte ein bestimmter Leitfähigkeitswert auf Grund der dielektrischen Relaxation in der Probe nur zeitlich verzögert einstellen. Daß Meßobjekt stellt einen Kondensator der Kapazität C in Kombination mit einem Widerstand R dar. Es gilt

$$\tau = RC = \frac{\varepsilon_0\varepsilon_r}{\sigma} \tag{4.14}$$

woraus z. B. mit $\varepsilon_r = 8$ und $\sigma = 10^{-15}\ \Omega^{-1}\text{cm}^{-1}$ eine Relaxationszeit $\tau = 708$ s und damit eine Einstellzeit 5τ von etwa einer Stunde folgt ($\varepsilon_0 = 8{,}854 \cdot 10^{-14}$ As/V · cm). Für Probendicken $L = 1$ mm und Kontaktflächen von 10 mm im Durchmesser ($F = 0{,}79\ \text{mm}^2$) sind bei einer angelegten Spannung von $U = 10$ V zugleich auch die Meßgrenzen handelsüblicher Schwingkondensatorelektrometer erreicht ($\approx 10^{-13}$ A). Mit einer angenommenen Beweglichkeit von etwa $1\ \text{cm}^2 \cdot \text{V}^{-1}\text{s}^{-1}$ folgt aus einer spezifischen Leitfähigkeit von $10^{-15}\ \Omega^{-1}\text{cm}^{-1}$ nach Gl. (4.2) der sehr geringe Betrag von 6300 Ladungsträgern pro cm^3.

Leitfähigkeitsmessungen sind also außerordentlich empfindlich. Die Dichte der Bindungszentren liegt in der Größenordnung von $10^{22}\ \text{cm}^{-3}$. Die strukturelle Interpretation von Meßwerten ist daher bei extrem hochohmigen halbleitenden Substanzen äußerst unsicher, und allenfalls in Kombination mit anderen Untersuchungsmethoden oder durch Vergleich von Proben in homologen Reihen können Korrelationen mit strukturellen Befunden aufgezeigt werden.

Es ist noch darauf hinzuweisen, daß eine gegebenfalls auftretende Oberflächenleitfähigkeit gleichfalls unbedingt ausgeschaltet werden muß. Das Messen im Hochvakkum oder das Aufbringen eines geerdeten Ringkontaktes ist in solchen Fällen geboten.

4.1.1. *Ionenleitende Gläser*

Die Ionenleitfähgikeit von Gläsern ist in der Literatur in einer großen Anzahl von Arbeiten beschrieben worden. Zusammenfassende Darstellungen sind in [4.4—6] gegeben.

In Metallionen enthaltenden Gläsern wird der Elektrizitätstransport überwiegend von den netzwerkändernden Kationen getragen. Die Überführungszahlen der Alkaliionen oder anderer einwertiger Kationen sind praktisch gleich Eins. Zweiwertige Kationen setzen die Beweglichkeit der Alkaliionen stark herab.

Gleichspannungsmessungen erfolgen entweder unter Verwendung unpolarisierbarer Elektroden, z. B. von Elektrolytlösungen, Salzschmelzen oder Amalgamen, wobei zur Überwindung von Potentialbarrieren in der Grenzschicht hinreichend hohe Spannungen erforderlich sind, ohne daß bereits spannungsabhängige Leitfähigkeitseffekte wirksam werden, oder man mißt mit blockierenden Elektroden, z. B. Pt-Kontakten, bei so geringen Stromdichten, daß bei der hohen Belegungsdichte der Oberflächen eine Verarmung

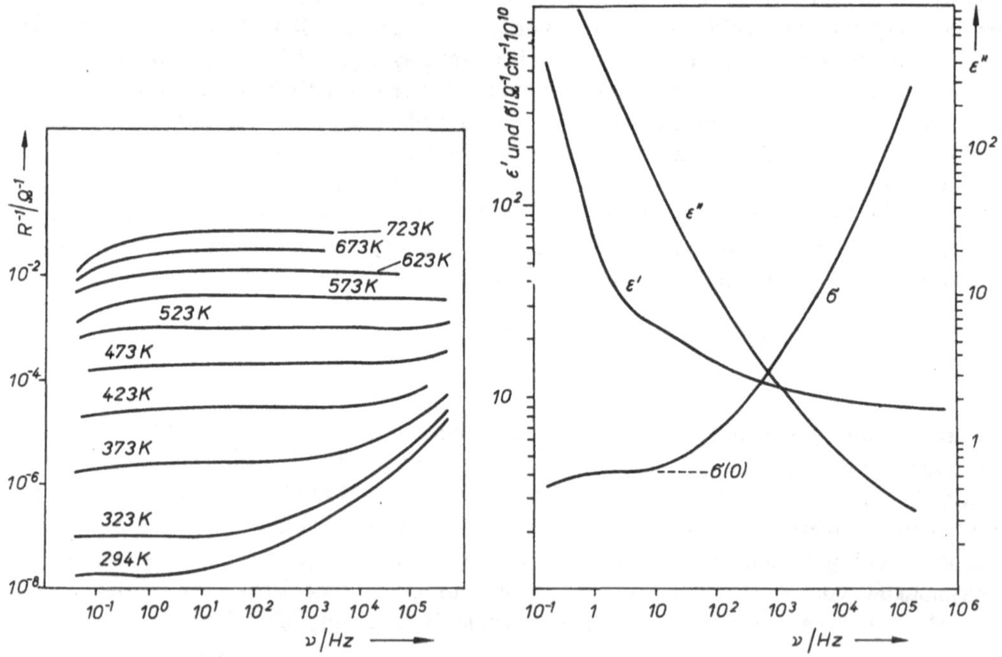

Abb. 4.1. (*a*)-Frequenzabhängigkeit der elektrischen Leitfähigkeit für ein Glas der Zusammensetzung $(Li_2O)_6$ $(SiO_2)_{19}$ bei verschiedenen Temperaturen nach [4.7], $A = 5{,}44\ cm^2$, $L = 2{,}01$ mm.
(*b*) – Frequenzabhängigkeit der Leitfähigkeit σ, sowie von ε' und ε'' für ein Glas der Zusammensetzung $Na_2Si_3O_7$ bei 293,8 K nach [4.8].

bzw. Anreicherung anfangs unberücksichtigt bleiben kann. In hochohmigen Substanzen sind aber die Einstellzeiten entsprechend (4.14) hoch, so daß man Wechselstrommessungen bevorzugt. Sowohl der Realteil der komplexen DK ε' als auch der Imaginärteil ε'', und damit zugleich die spezifische Leitfähigkeit sind auf diesem Wege experimentell zugänglich.

In Abb. 4.1. ist die Frequenzabhängigkeit der Leitfähigkeit für die Gläser $(Li_2O)_6(SiO_2)_{19}$ nach [4.7] und $Na_2Si_3O_7$ nach [4.8] dargestellt.

Im Bereich niedriger Frequenzen liegt ein der Gleichspannungsleitfähigkeit entsprechender Wert vor. Im Abbiegen der Kurven nach kleineren Werten gibt sich die Elektrodenpolarisation zu erkennen. Nur bei hinreichend niedriger Temperatur, d. h. bei entsprechend hohen Widerständen tritt diese bei Frequenzen von 1 bis 0,1 Hz praktisch nicht in Erscheinung, d. h. die Gleichspannungsleitfähigkeit kann unmittelbar abgelesen werden. In der ε'-Kurve von Abb.4.1.b) deutet sich im Bereich des Leitfähigkeitsplateaus der σ-Kurve eine Schulter an, worin die Annäherung an einen Grenzwert der Niederfrequenz-Dielektrizitätskonstante von etwa 20 bis 30 für das betreffende Glas zum Ausdruck kommt. Der steile Anstieg des Realteils der DK nach niederen Frequenzen resultiert aus der Elektrodenpolarisation. An den frequenzunabhängigen Bereich der elektrischen Leitfähigkeit schließt sich nach höheren Frequenzen ein Gebiet an, in dem die σ-Werte zunehmen. Der Anstieg setzt bei umso niedrigeren Frequenzen ein, je tiefer die Temperatur ist.

4.1.1.1. *Gleichstrom-Ionenleitfähigkeit*

Die Gleichstrom-Ionenleitfähigkeit der Gläser kann durch Wanderung von Kationen zwischen besetzten und unbesetzten Plätzen, die in der Glasstruktur regellos verteilt sind, beschrieben werden. Nach Frenkel [4.9] treten die für die Leitung in Betracht kommenden Ionen aus ihren Lagen in Zwischengitterplätze über und werden dadurch zu wanderungsfähigen freien Ionen. Gleichzeitig wird ihre früher besetzte Position frei, woraus die Möglichkeit zur Lochleitung folt. Mjuller [4.10] faßte die Bildung freier Ionen als einen Dissoziationsvorgang auf. Nach Charles [4.11] ist die Zahl der durch Alkaliionen besetzbaren Stellen auf Grund der lockeren Raumerfüllung von vornherein größer als die Zahl der Alkaliionen selbst, so daß die Ionenwanderung im wesentlichen durch einen Leerstellenmechanismus zu beschreiben ist. Nach Lengyel und Boksay [4.12] trifft letzterer Mechanismus zu. Sowohl die zu überwindenden Energiebarrieren als auch die potentielle Energie an den Plätzen selbst unterliegt Schwankungen. Nur der statistisch seltene Fall unterbrochener Strompfade zwischen den Kontaktelektroden trägt zur stationären Gleichspannungsleitfähigkeit bei. Es ist vielfach versucht worden, die nichtkristalline Festkörperstruktur mit dem stochastischen Verlauf eines sprunghaften Transports von Ladungen in Gläsern zu verknüpfen, um auf diesem Wege den Grad der Durchlässigkeit abzuschätzen (Perkolationsmodelle).

Bezeichnet man mit N_I die Gesamtzahl der Plätze im Volumen V, die durch eine bestimmte Kationenart, z. B. Na^+- oder Li^+-Ionen, in Verbindung mit thermisch aktivierten Platzwechselprozessen besetzt werden kann, und führt man mit w die Wahrscheinlichkeit für deren Besetzung ein, dann ist die Ladungsträgerdichte n durch $n = N_I w/V$ gegeben. Mit der Wahrscheinlichkeit $(1 - w)$ für das Vorliegen vakanter Positionen im Sprungabstand a und der Sprungwahrscheinlichkeit ν (Platzwechselfrequenz) gilt für den Diffusionskoeffizienten der Ausdruck

$$D = a^2(1 - w)\nu = a^2(1 - w)\nu_0 \exp(-E_\sigma/kT), \tag{4.15}$$

wobei ν_0 eine mittlere Phononenfrequenz angibt. Nach der NERNST-EINSTEINschen Beziehung $\mu = eD/kT$ ist der Diffusionskoeffizient mit der Beweglichkeit verknüpft, woraus in Verbindung mit Gl. (4.1) für die spezifische Leitfähigkeit

$$\sigma = \frac{n(1 - w)\, e^2 a^2 \nu_0}{kT} \exp(-E_\sigma/kT) = \frac{ne^2 D}{kT} \tag{4.16}$$

folgt. Die Ionenleitfähigkeit ist der Ladungsträgerdichte n, der Wahrscheinlichkeit $(1 - w)$, mit der in der Glasstruktur unbesetzte Kationenplätze vorliegen — eine Größe die qualitativ dem Auflockerungsgrad des Netzwerks zugeordnet werden kann — und dem Quadrat des bei den Ionensprüngen zurückgelegten Weges a proportional. Sie hängt weiterhin exponentiell von der reziproken absoluten Temperatur ab. Da die verschiedenen Größen im präexponentiellen Faktor bei einer bestimmten Glasprobe gegeben sind und der Temperatureinfluß innerhalb eines entsprechend begrenzten Meßintervalls gering ist, wird die empirische Gleichung (4.3) durch einen derartigen Sprungmechanismus in der Regel in befriedigender Weise beschrieben. Trägt man $\lg \sigma$ oder besser $\lg(\sigma T)$ gegen $1/T$ auf, ergeben sich Geraden, aus deren Steigung die Aktivierungsenergie der Gleichstrom-Ionenleitfähigkeit bestimmt werden kann. Für die Gläser $(Li_2O)_6(SiO_2)_{19}$ und $Na_2Si_3O_7$ wurden Werte von 0,683 bzw. 0,65 eV gefunden [4.8, 4.7].

Bei der Ableitung von (4.16) wurde vorausgesetzt, daß die Ionenwanderung im elektrischen Feld dem gleichen Mechanismus unterliegt wie die Selbstdiffusion. Im allgemeinen fällt die aus dem Diffusionskoeffizienten berechnete Leitfähigkeit σ_D kleiner aus, was durch Einführung des Korrelationsfaktors f berücksichtigt wird

$$\sigma_D = f\sigma . \tag{4.17}$$

Aus $f < 1$ kann man schließen, daß die Diffusionsschritte nicht statistisch unabhängig von vorangegangenen Platzwechselprozessen erfolgen. Für das Glas $Na_2Si_3O_7$ wurde bei 573 K für f ein Wert von 0,5 gefunden [4.13]. Umfangreiche Angaben zur Diffusion in Gläsern findet man bei FRISCHAT [4.14] zusammengestellt.

Betrachtet man die Abhängigkeit von der Ladungsträgerdichte, ergibt sich bei den extrem hochohmig glasbildenden Oxiden und Chalkogeniden ein starker Einfluß von Spurenverunreinigungen, vor allem an Alkalioxiden, auf die Leitfähigkeit. Ein Kieselglas mit nur 0,04 ppm Na^+-Ionen hat bei 573 K einen Widerstand von 10^{13} Ωcm, bei einem Na^+-Gehalt von 20 ppm jedoch nur noch von $5 \cdot 10^9$ Ωcm [4.15]. Ähnliche Befunde wurden für durch Na_2O dotiertes B_2O_3-Glas festgestellt [4.16].

Geht man zu größeren Konzentrationen über, wie sie z. B. im Bereich der konventionellen binären Alkalisilicatgläser vorliegen, ergibt die doppelt logarithmische Auftragung von σ gegen n aufsteigende Geraden, die mit zunehmender Temperatur flacher verlaufen: $\sigma \sim n^b$. Die Leitfähigkeit nimmt mit zunehmender Trägerdichte zu. Gleichzeitig ändert sich auf Grund der Netzwerk modifizierenden Wirkung der Alkalioxidzusätze aber auch die Beweglichkeit. Die verschiedenen Einflüsse wie die Variation des Sprungabstandes, der Wahrscheinlichkeit $(1 - w)$ für vakante Plätze oder die Änderung der mittleren Phononenfrequenz ν_0 sind getrennt nur schwierig erfaßbar. Die Aktivierungsenergie E_σ nimmt mit zunehmendem Gehalt an Trennstellensauerstoffatomen ab.

Vergleicht man verschiedene Alkalikationen bei gleicher Glaszusammensetzung in ihrem Ladungstranportverhalten, so ergeben sich nur relative geringfügige Unterschiede. Li^+-

Ionen können sich auf Grund des geringen Wirkungsradius im Strukturgerüst des Glases relativ ungehindert fortbewegen, sind aber im Ergebnis einer relativ starken COULOMB-Wechselwirkung zu den negativ geladenen endständigen Sauerstoffteilchen vergleichsweise stark an ihre Gitterpositionen gebunden. K^+-Ionen weisen dagegen einen größeren Ionenradius auf und sind in der Glasstruktur schwächer gebunden. Im allgemeinen nimmt die Leitfähigkeit mit abnehmendem Wirkungsradius der Alkaliionen etwas zu, z. B. in Silicatsystemen von K^+- zu Li^+-Ionen enthaltenden Gläsern. Die höchste Ionenleitfähigkeit ergeben Ag^+-Ionen. Die Darstellbarkeit der entsprechenden Oxidgläser im offenen System (ohne Anwendung hoher O_2-Drucke) ist allerdings auf relativ niedrig schmelzende Systeme, z. B. Silberphosphatgläser oder Silberboratgläser beschränkt.

Untersucht man den Einfluß der Netzwerkbildnerkomponente auf die Ionenleitfähigkeit der Gläser, so ergibt sich in der Reihe der Silicat-, Germanat- und Phosphatgläser bei gleichem Na_2O-Gehalt eine Abnahme, beim Übergang zu analogen glasbildenden Sulfidsystemen aber generell eine Zunahme. Die höhere Leitfähigkeit der Sulfidgläser kann durch die schwächere COULOMB-Wechselwirkung erklärt werden, der die Alkali- oder Silberionen im Strukturgerüst eines Thiosilicat-, Thiophosphat- oder Thiogermanatglases unterliegen. Außerdem läßt die größere Polarisierbarkeit auf flachere Potentialbarrieren zwischen besetzten und freien Kationenplätzen schließen, was zu einer Erniedrigung der Aktivierungsenergie Anlaß gibt. Der hohe Fehlordnungsgrad und die damit verbundene Kationenbeweglichkeit läßt die ionenleitenden Gläser als Festelektrolyte geeignet erscheinen.

Gläser als Festelektrolyte

Anforderungen der Energiespeicherung, des wachsenden Bedarfs an leistungsfähigen Batterien geringer Masse, der Miniaturisierung und zunehmenden Anwendung leistungsarmer elektronischer Bauelemente haben in den letzten Jahren zu einer breiten Forschung auf dem Gebiet der Festelektrolyte geführt [4.17, 18]. Sieht man von den sog. superionenleitenden Substanzen ab (vor allem Silberverbindungen zeigen oberhalb einer bestimmten Temperatur ein derartiges Verhalten [4.19—21]), sind β-Aluminiumoxid $NaAl_{11}O_{17}$ ($\sigma = 5 \cdot 10^{-3}\ \Omega^{-1}cm^{-1}$) und Li_3N ($\sigma = 2 \cdot 10^{-3}\ \Omega^{-1}cm^{-1}$ bei 298 K) als die besten Kationeneleiter bekannt. Als ein sehr guter Anionenleiter wurde $PbSnF_4$ ($\sigma_{300\,K} \approx 10^{-3}\ \Omega^{-1}cm^{-1}$) beschrieben [4.22].

Gläser haben den Vorteil der Isotropie, und die mit dem Vorliegen von Korngrenzen verbundenen Unsicherheiten polykristalliner Systeme treten praktisch nicht auf. Ausgehend von den Oxidgläsern sind vor allem zwei Wege zur Optimierung der Ionenleitfähigkeit nichtkristalliner Festkörper beschritten worden: Die Erhöhung der Kationenbeweglichkeit durch den Übergang zu Chalkogenidsystemen mit hohem Alkalimetall- oder Silbergehalt und die Auflockerung der Netzwerkstruktur von Oxidgläsern durch den Einbau von Salzen mit relativ raumbeanspruchenden Anionen. Hohe Abkühlraten zur Darstellung unkonventioneller Gläser (vgl. 2.1.1.3.) z. B. von $LiNbO_3$ ($\sigma = 10^{-5}\ \Omega^{-1}cm^{-1}$ bei 298 K), sind in diesem Zusammenhang gleichfalls angewendet worden.

In Tab. 4.1. sind einige Daten nach Angaben von RAVAINE [4.23] und anderen Autoren zusammengestellt. Es handelt sich um Systeme, deren Glasbildungsbereiche in 3.3.6.1. teilweise bereits behandelt wurden. Neben Na_2SiS_3 weist vor allem Li_2GeS_3 den für Gläser bemerkenswert hohen Leitfähigkeitswert von etwa $4 \cdot 10^{-5}\ \Omega^{-1}cm^{-1}$ bei 298 K auf.

Noch höhere Werte werden in der in Tab. 4.2. zusammengestellten Gruppe ionenleitender Gläser erreicht.

Tabelle 4.1. Vergleich ionenleitender Oxid- und Chalkogenidgläser

Glaszusammensetzung	$\sigma/\Omega^{-1}cm^{-1}$ bei 298 K	E_σ/eV
$AgPO_3$	$4{,}5 \cdot 10^{-7}$ [4.23]	0,52
$NaPO_3$	$5{,}6 \cdot 10^{-11}$ [4.23]	0,82
$AgPS_3$	$8 \cdot 10^{-6}$ [4.23]	0,41
	$5 \cdot 10^{-6}$ [3.732, 733]	
$NaPS_3$	$5{,}7 \cdot 10^{-8}$ [4.23]	0,54
	$3{,}9 \cdot 10^{-6}$ [3.719]	0,54
Na_2SiS_3	$1{,}1 \cdot 10^{-5}$ [4.23, 719]	0,43
$Na_2Ge_2S_5$	$1{,}0 \cdot 10^{-8}$ [3.719]	0,54
Na_2GeS_3	$1{,}0 \cdot 10^{-6}$ [3.719]	0,51
	$5{,}0 \cdot 10^{-5}$ [4.24, 3.715]	0,51
	$2{,}9 \cdot 10^{-7}$ [4.23]	0,59
$Na_6Ge_2S_7$	$7{,}3 \cdot 10^{-6}$ [3.719]	
Na_2SiO_3	$2 \cdot 10^{-7}$ [4.23]	0,64
Na_2GeO_3	$2{,}3 \cdot 10^{-8}$ [4.23]	0,69
$AgAsS_2$	$2 \cdot 10^{-7}$ [3.732, 733]	
$Ag_6Ge_7S_{13}$	$2{,}5 \cdot 10^{-6}$ [3.732, 733]	
$Li_6Ge_7S_{17}$	$4{,}4 \cdot 10^{-7}$ [3.719]	0,63
Li_2GeS_3	$4{,}0 \cdot 10^{-5}$ [3.719]	0,51

Tabelle 4.2. Ionenleitende Gläser ungewöhnlicher Zusammensetzung

Glaszusammensetzung	σ/Ω^{-1} cm^{-1} bei 298 K	E_σ/eV
$LiPO_3$	$2 \cdot 10^{-9}$	0,7
$(LiPO_3)_3(LiF)_2$	$2 \cdot 10^{-8}$	0,63
$(LiPO_3)_3(LiCl)_2$	$8{,}9 \cdot 10^{-8}$	0,64
$(LiPO_3)_3(LiBr)_2$	$7{,}7 \cdot 10^{-7}$	0,55
$(LiPO_3)_7(Li_2SO_4)_3$	$1{,}5 \cdot 10^{-7}$ [4.23]	0,60
$B_2O_3(Li_2O)_{0,57}$	$6{,}3 \cdot 10^{-11}$	0,73
$B_2O_3(Li_2O)_{0,57}(LiCl)_{0,86}$	$3{,}2 \cdot 10^{-6}$	0,46
$Li_2Si_2O_5$	$3{,}2 \cdot 10^{-9}$	0,66
$Li_2Si_2O_5(Li_2SO_4)_{0,4}$	$1{,}3 \cdot 10^{-8}$	0,66
$Li_2O-SiO_2-Li_2SO_4$(Li/Si $\leqq$ 2,2)	$\leqq 10^{-5}$ (bei 363 K) [4.25]	
$AgPO_3-AgSO_4$	$\leqq 4 \cdot 10^{-6}$ [4.26]	
$LiPO_3-Li_2SO_4$	$\leqq 10^{-7}$	
$AgPO_3-AgCl$	$\leqq 10^{-4}$	
$AgPO_3-AgBr$	$\leqq 10^{-3}$ [4.27]	
$AgPO_3-AgJ$	$\leqq 10^{-2}$	
$AgPO_3(MJ_2)_{0,19}$ (M: Pb oder Cd)	$\leqq 10^{-2}$ [4.27]	
Ag_2MoO_4-AgJ	$\leqq 10^{-2}$ [4.28]	
$Ag_7J_4AsO_4$	$\sim 10^{-2}$ [4.29]	
$Ag_6J_4B_2O_4$	$\sim 2 \cdot 10^{-2}$ [4.30]	

Bedingt durch Zusätze bestimmter Salze ist die Kationenkonzentration in diesen Gläsern besonders hoch und das Strukturgerüst durch den homogenen Einbau größerer Anionen aufgeweitet.

In den Systemen $AgX-Ag_2O-P_2O_5$ (X: Cl, Br oder J) sind auch die Glasbildungsbereiche ermittelt worden [4.31]. Man erkennt, daß die Leitfähigkeit mit wachsendem Wirkungsradius der zusätzlich eingebauten Anionen zunimmt. Auf der Basis silberhaltiger Gläser konnte die für β-Aluminiumoxid charakteristische hohe Ionenleitfähigkeit erreicht und teilweise übertroffen werden.

4.1.1.2. *Wechselstrom-Ionenleitfähigkeit*

Wie aus den in Abb. 4.1. angegebenen Darstellungen hervorgeht, setzt oberhalb einer bestimmten Frequenz ein Anstieg der Leitfähigkeit ein. Dabei gilt für eine große Zahl von Substanzen unterschiedlichster Zusammensetzung und Struktur die Beziehung

$$\sigma(\omega) \sim \omega^n \quad n \leqq 1\,, \tag{4.18}$$

worauf insbesondere von JONSCHER [4.32] hingewiesen wurde. Der Exponent n erreicht i. allg. erst im Bereich hoher Frequenzen einen konstanten Endwert zwischen 0,8 und 1. ε'' wird dann entsprechend (4.11) annähernd frequenzunabhängig. Im gesamten Übergangsgebiet fällt ε'' monoton ab, was als Relaxation der bei kleinen Frequenzen vorherrschenden Gleichstromleitfähigkeit interpretiert werden kann. Letztere beansprucht ununterbrochene Perkolationspfade zwischen den Elektroden. Je höher die Frequenz ist, umso mehr tragen Ladungsverschiebungen über kürzere Abstandsbereiche zur Wechselstromleitfähigkeit bei, und bei hohen Frequenzen wird $\sigma(\omega)$ überwiegend durch Ionensprünge zwischen zwei Zentren bestimmt. Die Wechselstromleitfähigkeit steigt dann mit der Frequenz gemäß (4.11) weiterhin linear an.

Es ist auch ohne weiteres verständlich, daß Ionenverschiebungen im kontinuierlichen Strukturgerüst eines Glases, in dem die potentielle Energie der Kationenpositionen einer nicht unbeträchtlichen Schwankung unterliegt (Abb. 4.2.), an besonders hohen Potentialbarrieren einen Ladungsstau hervorrufen, dessen Auf- und Abbau mit einem Beitrag zum Realteil der komplexen DK verbunden ist. Bei hohen Frequenzen steht diesem Prozeß nicht mehr die erforderliche Zeit zur Verfügung. ε' fällt daher, wie aus Abb. 4.1.b) ersichtlich, im Sinne von Gl. 4.13 von ε_1 auf ε_2 ab.

Ordnet man die Frequenzabhängigkeit von ε'' einer Leitfähigkeitsrelaxation zu, ist anstelle von Gl. (4.11) die Beziehung

$$\sigma(0) = \frac{\varepsilon_0 \varepsilon'}{\tau_\sigma} \tag{4.19}$$

zu setzen, wobei τ_σ der Leitfähigkeitsrelaxationszeit entspricht [4.2, 7]. Die Auswertung der Messungen nach (4.9) erfordert die Annahme eines Spektrums verschiedener Relaxationszeiten, was mit dem Modell fluktuierender Potentialbarrieren (Abb. 4.2.) konsistent ist.

Aus der Temperaturabhängigkeit gemäß

$$\bar{\tau}_\sigma = \bar{\tau}_\sigma(0) \exp\left(E_\sigma/kT\right) \tag{4.20}$$

wurde für die Aktivierungsenergie der gleiche Wert erhalten wie nach Gleichung (4.3) [4.7] ($\bar{\tau}_\sigma$, mittlere Relaxationszeit). Von MACEDO, MOYNIHAN und BOSE [4.2] wurde auch

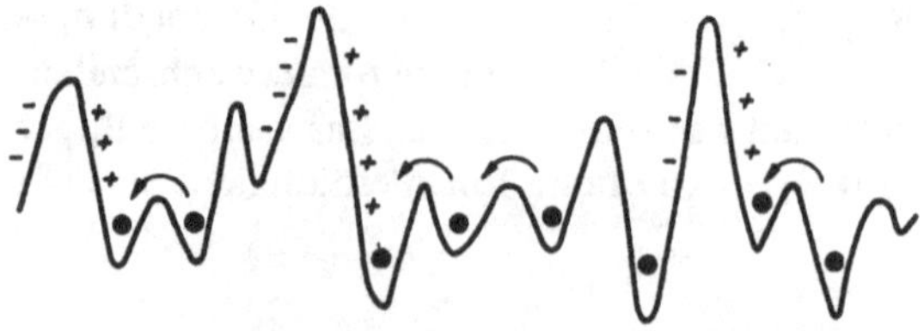

Abb. 4.2. Schematische Darstellung fluktuierender Potentialbarrieren in einem Glas und Beitrag der Ionenleitung zum Realteil der Dielektrizitätskonstanten ε'.

gezeigt, daß die Einführung einer Verteilung verschiedener Relaxationszeiten der Leitfähigkeit die Frequenzabhängigkeit von ε' und σ zwingend zur Folge hat. Der Einfluß der thermischen Vorgeschichte auf die Leitfähigkeitsrelaxation in Alkalisilicatgläsern wurde von Boesch und Moynihan [4.33] untersucht.

4.1.1.3. *Mischalkali-Effekt*

In Gläsern mit zwei verschiedenen Alkaliionen zeigen die mit der Kationenbeweglichkeit verbundenen Transportgrößen wie der Diffusionskoeffizient und die elektrische Leitfähigkeit, darüber hinaus aber auch die Viskosität der Schmelzen, ein ausgeprägtes nichtlineares Verhalten. In Abb. 4.3. ist die Zusammensetzungsabhängigkeit des spezifischen

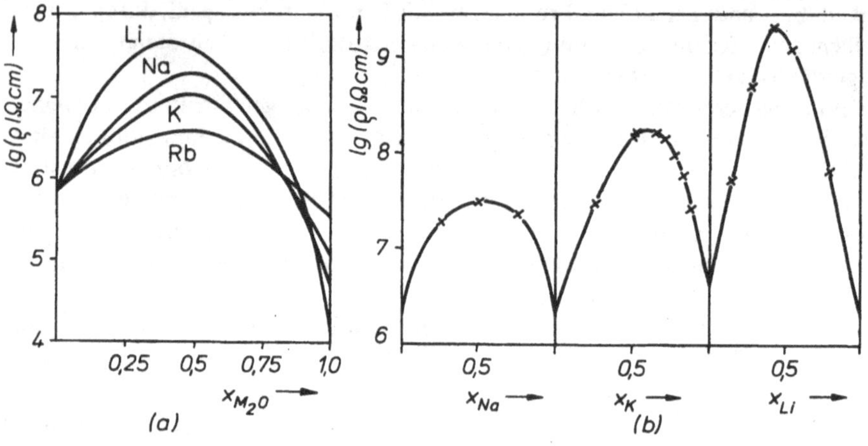

Abb. 4.3. Mischalkali-Effekt der elektrischen Leitfähigkeit von Alkalisilicatgläsern mit den Kationenpaaren Cs^+-Li^+, Na^+, K^+, Rb^+ nach [4.34] (*a*) und von Li^+/Na^+-, Na^+/K^+- und K^+/Li^+-Kombinationen nach [4.35] (*b*).

Widerstandes für eine Reihe binärer Kombinationen von Alkalisilicatgläsern nach Hakim und Uhlmann [4.34] und Lengyel und Boksay [4.35] angegeben.

Es treten bei etwa vergleichbaren Anteilen ausgeprägte Widerstandsmaxima auf, die umso größer ausfallen, desto mehr sich die Ionenradien in den Kationenpaaren unterscheiden. Sowohl im σ_0-Wert als auch in der Aktivierungsenergie E_σ der Gl. (4.3) und 4.16) tritt dieser Effekt in Erscheinung [4.36]. Er wird auch in anderen Systemen, z. B. Alkaliboratgläsern, beobachtet und nimmt mit zunehmender Temperatur ab.

Zusammenfassende Arbeiten, die zugleich Ansätze zur Interpretation dieses unerwarteten Verhaltens behandeln, sind in [4.37, 38] angegeben. Der Mischalkalieffekt wurde mittels statistischer Berechnungen erfaßt [4.39]. Beide Diffusionskoeffizienten nehmen mit steigendem Anteil des jeweils anderen Kations um bis zu 4 Zehnerpotenzen ab, während die Aktivierungsenergien auf mehr als den doppelten Wert ansteigen. Offenbar besteht eine Wechselwirkung zwischen den verschiedenen Kationen, die deren Beweglichkeit stark herabsetzt.

Die elektrodynamische Theorie von HENDRIKSON und BRAY [4.40] geht von einer wechselseitigen Beeinflussung der in der Umgebung negativ geladener Sauerstoffteilchen schwingenden Kationen aus und gestattet die Berechnung einer Dipol-Dipol-Wechselwirkungsenergie W, um deren Betrag sich die Aktivierungsenergie der Beweglichkeit in Gl. (4.16) erhöht. Das Modell wurde zu einer kooperativen Theorie der Zusammensetzungsabhängigkeit thermisch aktivierter Prozesse in Oxidgläsern mit verschiedenen Alkalikationen weiterentwickelt [4.41] und erweist sich als der derzeitig beste theoretische Ansatz für ein Verständnis des Mischalkali-Effektes. Bemerkenswert ist in diesem Zusammenhang die Beobachtung, daß in Gläsern M_2^IO-Al_2O_3-SiO_2 der Mischalkali-Effekt bei einem Molverhältnis $M^I:Al = 1$ unterbleibt [4.42]. Mit Relaxationsphänomenen in gemischten Alkalisilicatgläsern befassen sich Arbeiten von NAMIKAWA [4.43].

4.1.1.4. *Gläser mit extrem hohem Widerstand*

Im Unterschied zu den einwertigen Kationen ist die Beweglichkeit zweiwertiger Kationen in Oxidgläsern unterhalb der Transformationstemperatur generell um Größenordnungen geringer und insbesondere die der Erdalkaliionen extrem niedrig [4.44—46]. Darüber hinaus vermögen mehrwertige Kationen die Beweglichkeit von Alkaliionen weitgehend zu blockieren. Die Leitfähigkeit eines Glases $(Na_2O)_{0,1}(BaO)_{0,2}(SiO_2)_{0,7}$ ist gegenüber einem Glas der Zusammensetzung $(Na_2O)_{0,3}(SiO_2)_{0,7}$ um mehr als 6 Größenordnungen vermindert. In einem Glas der Zusammensetzung $Ca_2Si_3O_8$ beträgt die elektrische Leitfähigkeit bei 500 K unabhängig vom Gehalt an Na^+-Verunreinigungen zwischen 35 ppm und 1,3 mol% Na_2O unverändert $10^{-13}\ \Omega^{-1}\ cm^{-1}$ [4.47]. In Abb. 4.4. sind einige weitere Beispiele nach einer Arbeit von MACKENZIE [4.48] angegeben.

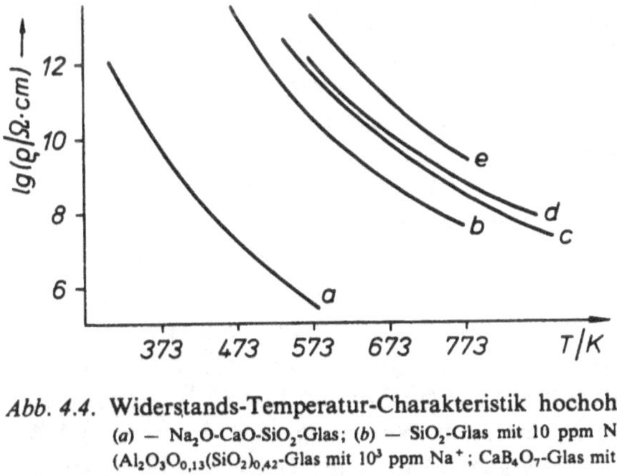

Abb. 4.4. Widerstands-Temperatur-Charakteristik hochohmiger Oxidgläser nach [4.48].
(*a*) — Na_2O-CaO-SiO_2-Glas; (*b*) — SiO_2-Glas mit 10 ppm Na^+; (*c*) — $Ca_2Si_3O_8$-Glas mit 200 ppm Na^+; (*d*) — $(CaO)_{0,43}$-$(Al_2O_3O_{0,13}(SiO_2)_{0,42}$-Glas mit 10^3 ppm Na^+; CaB_4O_7-Glas mit $5 \cdot 10^4$ ppm Na.

SrO- und BaO-Zusätze ergeben gleichfalls extrem hochohmige Gläser. MgO ist dagegen weniger wirksam, da hier offenbar bereits die Tendenz zum Einbau als Netzwerkbildner zum Tragen kommt und die blockierende Wirkung auf Alkaliionen dadurch herabgemindert ist. Derartige Erklärungen sind auf Grund der komplizierten Wechselwirkungen, wie sie im Mischalkalieffekt zum Ausdruck kommen, sicher zu einfach. Der Einfluß von zweiwertigen Ionen sowie von Oxiden mit höherer Wertigkeit der Kationen auf die Leitfähigkeit von Natriumsilicatgläsern ist auch von LENGYEL u. M. [4.49] sowie von MAZURIN u. M. [4.46] in zahlreichen Arbeiten untersucht worden.

Für Gläser mit besonders niedriger Dielektrizitätskonstante ($3{,}5 < \varepsilon_r < 5{,}4$) wurden Zusammensetzungen mit 80 mol% B_2O_3 und etwa gleichen Molanteilen Al_2O_3 und Erdalkalioxid vorgeschlagen [4.50].

4.1.2. *Elektronenleitende Oxidgläser*

Die gesetzmäßigen Änderungen der elektrischen Eigenschaften kristalliner Übergangsmetalloxide der allgemeinen Formel MO(NaCl-Gittertyp), M_2O_3 (Korundgittertyp) und MO_2 (Rutiltyp) können aus der Wechselwirkung partiell besetzter *d*-Elektronenzustände verstanden werden, die an der Ausbildung von σ-Bindungen nicht teilhaben und die entweder unmittelbar oder durch Vermittlung der *p*-Elektronenpaare an den Sauerstoffionen erfolgt. Je größer die räumliche Ausdehnung der *d*-Orbitale ist, umso größer wird die Bandbreite $2\,J$ (vgl. 2.5.1.1. Abb. 2.49.). In horizontalen Reihen isostruktureller Oxide von Übergangsmetallen findet man im Periodensystem auf der linken Seite Substanzen mit metallischer Leitfähigkeit (kleine effektive Kernladungszahl, großer Radialanteil der Wellenfunktion). In vertikalen Reihen nimmt die Tendenz zur Ausbildung delokalisierter Elektronenzustände mit zunehmender Atommasse gleichfalls zu. Selbst im ReO_3 liegt bekanntlich metallische Leitfähigkeit vor.

Entlang einer Grenzlinie, die etwa von links oben (Vanadinoxide) nach rechts unten (Platinoxide) verläuft, beobachtet man einen sprunghaften Wechsel, bei dem die metallische Leitfähigkeit aufgehoben wird. Man gelangt zu teilweise bereits relativ hochohmigen halbleitenden Substanzen, in denen der Ladungstransport im wesentlichen durch eine thermisch aktivierte Beweglichkeit und damit durch einen Sprungmechanismus zu beschreiben ist. Die Ursache für einen derartigen Metall-Isolator-Übergang ist durch die Ausbildung von Polaronen-Zuständen gegeben (vgl. 2.5.1.2.). Im Ergebnis der Wechselwirkung mit der Gitterumgebung (Phononenspektrum) erfahren die an einem Bindungszentrum, z. B. in einem Übergangsmetallkation, lokalisierten Elektronen eine energetische Stabilisierung. Der Effekt wird bei Unterschreiten einer kritischen Bandbreite wirksam.

Oxide wie VO_2, V_2O_3 oder Ti_2O_3 treten oberhalb einer bestimmten Temperatur in einer metallisch leitenden Zustandsform auf. Sie wandeln sich unter Symmetrieerniedrigung in eine halbleitende bzw. isolierende Modifikation um, wobei die Leitfähigkeit um mehrere Größenordnungen sprunghaft abfällt. Die mit dem Modifikationswechsel verbundene Symmetrieänderung induziert oftmals die Ausbildung einer Bandlücke, so daß der Übergang auch im Rahmen des Bändermodells interpretiert werden kann. In jedem Fall sind die Bänder jedoch schmal und die Beweglichkeiten entsprechend der hohen Bandkrümmung sehr klein, so daß die Beschreibung des Ladungstransportverhaltens durch Wechselwirkung zwischen lokalisierten Elektronenzuständen zur besseren Näherung wird. Im grünen Nickeloxid entspricht das Absorptionsspektrum weitgehend dem des $[Ni(H_2O)_6]^{2+}$-Kations.

Elektronenübergänge finden also praktisch nur innerhalb des Termsystems der *d*-Elektronenzustände statt (Ligandenfeldspektrum), die elektrische Leitfähigkeit liegt im Bereich von $10^{-16}\ \Omega^{-1}\ cm^{-1}$ bei 298 K. Die gleichfalls im NaCl-Gitter kristallisierende Verbindung TiO ist dagegen ein metallischer Leiter ($\sigma = 10^4\ \Omega^{-1}\ cm^{-1}$).

Ein zweiter wesentlicher Einfluß, dem die Elektronenleitung in Übergangsmetalloxiden unterliegt, resultiert aus der Austauschwechselwirkung, wie sie im Fall unterschiedlicher Oxydationsstufen des gleichen Kations auf kristallographisch äquivalenten Plätzen wirksam wird. Kationendefekte erhöhen die Leitfähigkeit von NiO um mehrere Größenordnungen, da sie die Bildung dreiwertiger Nickelkationen einschließen. In der Reihe $Li_xNi_x^{III}Ni_{1-2x}^{II}O$ sind bereits $5 \cdot 10^{-3}\%$ ($x = 5 \cdot 10^{-5}$) ausreichend, um einen Anstieg der Leitfähigkeit um 10 Größenordnungen herbeizuführen und für $x = 0{,}1$ wird ein Wert $\sigma \approx 10\ \Omega^{-1}\ cm^{-1}$ erreicht [4.51, 52].

In elektronenleitenden Oxidgläsern, an deren Aufbau Übergangsmetallkationen beteiligt sind, kann man die für die kristallinen Übergangsmetalloxide charakteristischen Zusammenhänge in abgeschwächter Form gleichfalls erkennen. Metallisch leitende Oxidgläser sind bisher nicht bekannt. Da die Übergangsmetalloxide selbst nicht ohne weiteres in glasartiger Form zugänglich sind, muß man Netzwerkbildner und auch Netzwerkwandlerkomponenten zusetzen. Dabei ist zu beachten, daß die Elektronenleitfähigkeit nicht durch Beiträge der Ionenleitfähigkeit verdeckt wird. Alkalifreie Systeme oder Zusätze, die die Beweglichkeit der Alkalikationen wie in den in 4.1.1.4. angeführten Gläsern unterbinden, sind zur Darstellung elektronenleitender Gläser geeignet.

In Abb. 4.5. sind die Leitfähigkeitskurven für die paarweise homologen Gläser der Reihe $(BaO)_x(K_2O)_{0,25-x}(SiO_2)_{0,5}(MO_2)_{0,25}$ ($M = V^{IV}$ oder Ti^{IV}) angegeben [4.53]. Zunächst überwiegt die Ionenleitfähigkeit. Das d_1-Elektron in den Gläsern, die VO_2 enthalten, wirkt sich auf die makroskopischen Eigenschaften, sieht man von der intensiven Lichtabsorption ab, praktisch nicht aus. Mit zunehmender Substitution von K_2O durch BaO nimmt die Ionenleitfähigkeit ab, im Bereich $x > 0{,}15$ der Ladungstransport in den VO_2 enthaltenden Gläsern aber wieder zu, während er in den von *d*-Elektronen freien optisch transparenten Gläsern auf der Basis von TiO_2 weiterhin auf schließlich nicht mehr meßbare sehr kleine Werte abfällt. Erst nach hinreichender Blockierung der Ionenleitfähigkeit tritt die Elektronenleitung der Gläser deutlich hervor [4.54.].

Je größer die Konzentration der Kationen mit teilweiser Besetzung der *d*-Elektronenzustände ist, desto geringer ist der mittlere Abstand und umso günstiger sind die Voraussetzungen für einen Platzwechsel elektronischer Ladungen. Zusätze von Titan- und Vanadin-Oxiden sind für die Darstellung elektronenleitender Oxidgläser besonders vorteilhaft, da sich hier hohe Konzentrationen an Übergangsmetallkationen in kompakten Gläsern realisieren lassen und die radiale Ausdehnung der *d*-Orbitale günstige Wechselwirkungsbedingungen ergibt. Das Kriterium der gemischten Oxidationsstufen kann in diesen Systemen gleichfalls erfüllt werden. Aber auch in Gläsern, die Eisen-, Kobalt- oder Manganoxide enthalten, wurde eine z. T. nicht unbeträchtliche Elektronenleitung festgestellt.

Denton, Rawson und Stanworth [1.25] stellten erstmals an Gläsern des Systems VO_2-V_2O_5-P_2O_5 das Auftreten von Elektronenleitung fest. Spezifische Leitfähigkeiten von $10^{-4}\ \Omega^{-1}\ cm^{-1}$ konnten erreicht werden. Tab. 4.3. enthält eine Übersicht zu wesentlichen Systemen halbleitender Oxidgläser. Weitere Zusammenstellungen sind in Arbeiten von Mackenzie [4.48] und Murawski u. M. [4.70] enthalten.

Den zur Darstellung homogener Glasproben mit definierter Zusammensetzung erforderlichen Bedingungen wurde in der Literatur oftmals nicht die gebührende Beachtung

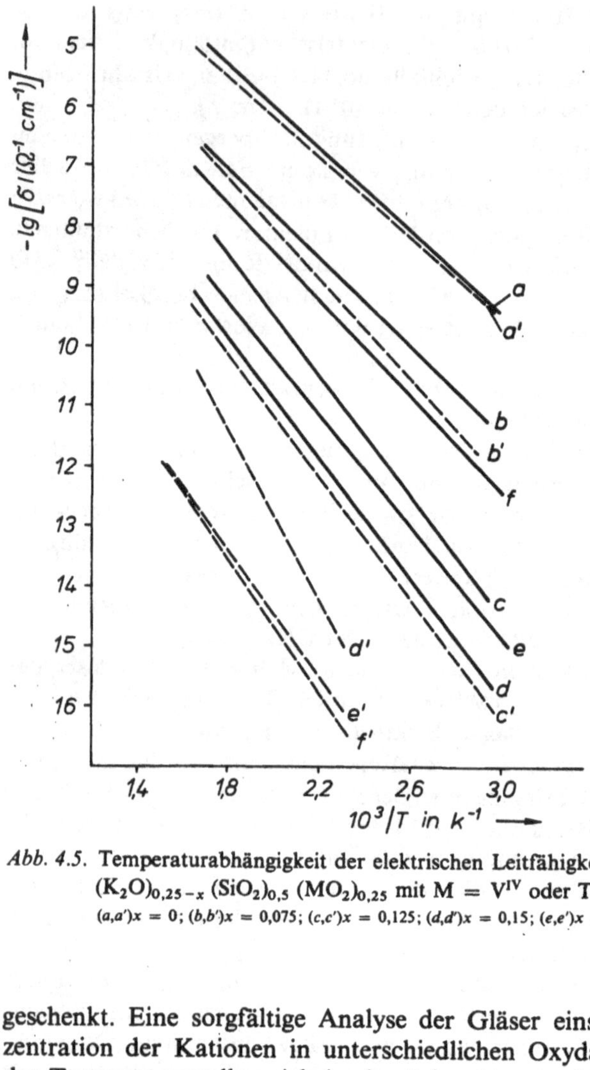

Abb. 4.5. Temperaturabhängigkeit der elektrischen Leitfähigkeit der paarweise homologen Gläser $(BaO)_x$-$(K_2O)_{0,25-x}$ $(SiO_2)_{0,5}$ $(MO_2)_{0,25}$ mit M = V^{IV} oder Ti^{IV}.
(a,a')x = 0; (b,b')x = 0,075; (c,c')x = 0,125; (d,d')x = 0,15; (e,e')x = 0,175; (f,f')x = 0,25.

geschenkt. Eine sorgfältige Analyse der Gläser einschließlich der Ermittlung der Konzentration der Kationen in unterschiedlichen Oxydationsstufen ist unerläßlich. Je nach der Temperatur stellen sich in der Schmelze verschiedene Molverhältnisse ein. Der O_2-Partialdruck bestimmt die jeweilige Lage des Redoxgleichgewichts mit. Vor allem aber sind die in der Schmelze vorliegenden Aziditäts-Basizitätsverhältnisse maßgebend. Letztere unterliegen bei der Verdampfung bestimmter Komponenten einer Änderung, womit nicht nur eine Konzentrationszunahme der Übergangsmetallkationen sondern zugleich eine Verschiebung im Molverhältnis der verschiedenen Oxydationsstufen einhergeht. Entscheidend für die Darstellung homogener Glasproben ist die Gleichgewichtseinstellung in der Schmelze. Zusätze an Reduktionsmitteln zur Variation der mittleren Oxydationsstufe des Übergangsmetallkations erweisen sich als wenig zweckmäßig.

Will man den Gang bestimmter Eigenschaften in Abhängigkeit von der Zusammensetzung untersuchen, um gegebenenfalls aus der Änderung der Leitfähigkeitsparameter auf den Einfluß der Glasstruktur schließen zu können, ergeben sich gleichfalls Schwierigkeiten. Es ist keineswegs einfach, isostrukturelle Reihen aufzubauen.

Tabelle 4.3. Systeme elektronenleitender Oxidgläser

System	Leitfähigkeit (Ω^{-1} cm^{-1}) und Aktivierungsenergie (eV)	Eigenschaften	Literatur
$(V_2O_a)_x(P_2O_5)_{1-x}$	$10^{-4,3}$; 0,38; $x = 0{,}1$ (298 K)	σ (=)	[1.25]
		σ (=)	[4.55]
		NMR	[4.56]
	10^{-4}; 0,32; $x = 0{,}1$ (298 K)	TEMK (—)	[4.57]
		σ (=, ~)	
	$x = 0{,}2$	σ (~)	[4.58]
$(BaO)_x(P_2O_5)_{0,4-x}(V_2O_a)_{0,6}$	$10^{-5,5}$; $x = 0{,}2$; $a = 4{,}8$	σ (=)	[4.59]
$(GeO_2)_x(P_4O_{10})_y(V_2O_5)_z$	$10^{-3,2}$; $x = y = 0{,}025$ $z = 0{,}95$	σ (=) TEMK (—) HALL-Effekt	[4.60]
$MnO—Al_2O_3—SiO_2$	$\leqq 10^{-11}$	Oberfl. Leitf. 10^{-9}	[4.61]
$(P_2O_5)_{0,45}(FeO_a)_{0,55}$	$10^{-9,2}$ (298 K); 0,65 $a = 1{,}24$	TEMK (+), $a = 1{,}24$ TEMK (—) $a = 1{,}24$	[4.62]
$PbO—B_2O_3—Fe_2O_3$	$\leqq 10^{-4,5}$ (573 K)		[4.63]
$(MnO)_{0,53}(B_2O_3)_{0,47}$	$10^{-7,5}$ (543 K)		[4.64]
$(CoO)_{0,3}(CaO)_{0,23}(B_2O_3)_{0,47}$	$10^{-6,5}$ (623 K); 1 eV		
$(BaSiB_2O_6)_{1-x}(TiO_{2-y})_x$	10^{-8} (423 K); $x = 0{,}30$; $y = 0{,}016$		[4.65]
$(PO_{2,5})_{0,47}(TiO_{2-y})_{0,53}$	$10^{-8,3}$ (573 K) $y = 0{,}01$		[4.66]

TEMK = Thermospannungsmessung

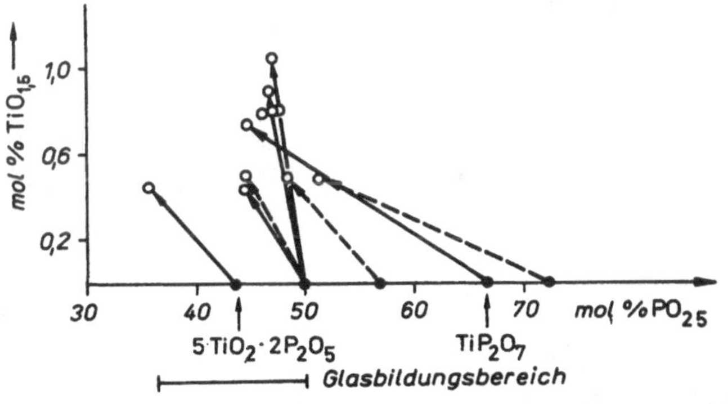

Abb. 4.6. Definierte kristalline Titan(IV)-phosphate und Glasbildungsbereich im System TiO_2-P_2O_5. (●) — Zusammensetzung der Ausgangsgemische; (○) — Zusammensetzung und Ti^{III}-Gehalt nach dem Schmelzen.

Abb. 4.6 läßt erkennen, wie beträchtlich die Zusammensetzungsänderungen beim Erschmelzen von Gläsern des Systems $(PO_{2,5})_x(TiO_2)_{1-x}$ sind (1600 K, 4 Stunden), [4.66]. Die Ausgangsmischungen wurden naßchemisch auf dem Wege der homogenen Fällung präpariert und vor dem Einlegen in den Schmelztiegel durch längeres Erhitzen auf

1100 K wasserfrei gemacht. Die Gläser sind tief blauschwarz, obwohl der Titan(III)-Gehalt gering ist. Höhere Ti^{III}-Konzentrationen lassen sich auf diesem Wege nicht verwirklichen, da P_2O_5 unter Bildung niederer Phosphoroxide sowie von elementarem Phosphor in der Schmelze reduziert wird.

Noch ausgeprägter ist die Abhängigkeit der mittleren Oxydationsstufe des Übergangsmetallkations von der Zusammensetzung im System $(PO_{2,5})_x(VO_{2\pm a})_{1-x}$ [4.67]. Abb. 4.7. verdeutlicht, daß im Bereich $x \leqq 0{,}55$ unabhängig davon, ob man von P_2O_5/VO_2- oder P_2O_5/V_2O_5 Mischungen ausgeht, beim Schmelzen an der Luft stets Gläser des Systems P_2O_5-V_2O_5-VO_2 erhalten werden, wobei der V^{IV}-Gehalt mit zunehmendem P_2O_5-Gehalt abnimmt. Im Bereich $x \geqq 0{,}6$ liegen P_2O_5-VO_2-V_2O_3-Gläser vor. Auf Grund der bei hoher Temperatur unvermeidbaren Verdampfungsverluste ist es relativ schwierig, Vanadinphosphatgläser zu erhalten, in denen das Vanadin ausschließlich in der Oxydationsstufe +4 vorkommt. Außerdem ist die Möglichkeit einer partiellen Disproportionierung, d. h. die teilweise Koexistenz von V^{III} neben V^V in den Schmelzprodukten in Betracht zu ziehen [4.68].

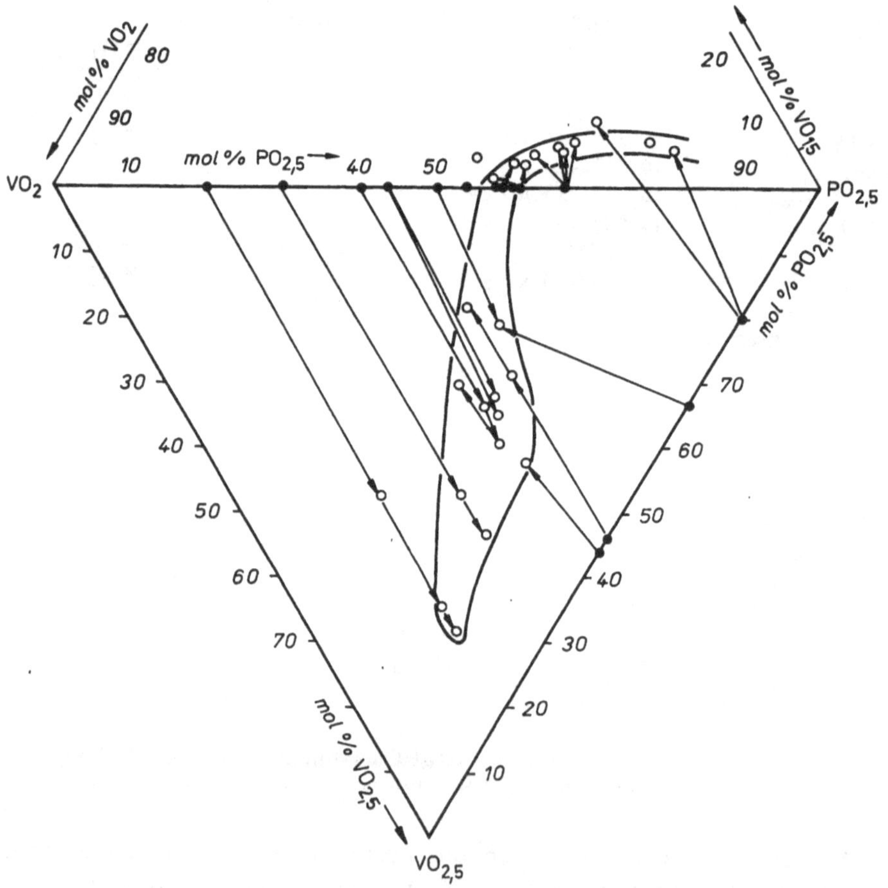

Abb. 4.7. Gläser im System VO_2-$VO_{2,5}$-$PO_{2,5}$ und $VO_{1,5}$-VO_2-$PO_{2,5}$ (○) ausgehend von $VO_{2,5}/PO_{2,5}$- und $VO_2/PO_{2,5}$-Mischungen (●).

4.1.2.1. *Ladungstransportmechanismus*

Der elektronische Charakter der Leitfähigkeit folgt nach MACKENZIE [4.48] aus 4 voneinander unabhängigen Untersuchungsmethoden:

a) Gleichstrommessungen ergeben eine zeitunabhängige Leitfähigkeit. Galvanische Polarisationseffekte, wie sie auf Grund von Elektrolyseerscheinungen bei ionenleitenden Gläsern auftreten, werden nicht festgestellt.
b) Ionenleitende Gläser lassen als Festelektrolyte eine von der Differenz des Sauerstoffpartialdrucks an den Elektroden abhängige Potentialdifferenz erwarten. Ein solcher Effekt wird bei elektronenleitenden Oxidgläsern auf Grund des inneren Ladungsausgleichs nicht gefunden.
c) Der Widerstand hochohmiger und allenfalls ionenleitender Gläser wird beim Einbau von Übergangsmetalloxiden um mehrere Größenordnungen vermindert. Die elektrische Leitfähigkeit korreliert nicht mehr mit dem aus Diffusionsmessungen berechneten Wert (NERNST-EINSTEIN-Beziehung). Die Aktivierungsenergie ist gleichfalls beträchtlich erniedrigt.
d) Die Ionenbeweglichkeit nimmt in Gläsern mit zunehmendem Druck ab, die der Elektronen dagegen umgekehrt zu, da die Wechselwirkung der Bindungsfunktionen bei wachsender Verdichtung begünstigt wird [4.71].

Thermospannungsmessungen (*TEMK*) ergeben stets eine weitgehende Temperaturunabhängigkeit [4.48, 57, 62, 69]. Die Ladungsträgerdichte ist daher in den Gläsern näherungsweise als konstant anzusetzen, und die exponentielle Abhängigkeit der Leitfähigkeit von der reziproken Temperatur resultiert überwiegend aus der thermischen Aktivierung der Beweglichkeit (vgl. 4.1.1.1.). Betrag und Vorzeichen der Thermospannung variieren mit der mittleren Oxydationszahl des Übergangsmetallkations. Bei geringen Anteilen der niederen Oxydationsstufe wird der Ladungstransport durch Elektronen, im Fall einer Minorität von Kationen in der höheren Oxydationsstufe dagegen umgekehrt ewartungsgemäß durch Defektelektronen bestimmt.

Im Sinne eines Elektronensprungmodells kann die Leitfähigkeit durch einen zu Gl. (4.16) analogen Ausdruck beschrieben werden. Führt man für n die in 4.1.1.1. angegebene Beziehung $n = N_I w/V$ ein (N_I-Gesamtanzahl der Plätze in der Probe = Zahl der Vanadinatome, w-Wahrscheinlichkeit für deren Besetzung durch ein Elektron = V^{IV}) und macht man weiterhin von dem Verhältnis $N_I/V = n_I/a^3$ Gebrauch (n_I-Anzahl der im Sprungvolumen a^3 vorhandenen Vanadinatome), so ergibt sich aus Gl. (4.16) die Beziehung

$$\sigma = \frac{n_J v_0 e^2}{a \cdot k \cdot T} \cdot w(1 - w) \exp(-E_\sigma/kT) . \tag{4.21}$$

E_σ bezeichnet die Aktivierungsenergie der Elektronensprünge zwischen hinreichend benachbarten Bindungszentren, z. B. einem V^{IV}- und einem V^{V}-Atom. Der Bindungszustand der Ladungen ist durch die Wechselwirkung mit der Gitterumgebung entsprechend Abb. 2.53. im Polaronenbild zu beschreiben. Die potentielle Energie der Terme ist nach (2.124) um den Betrag der Polarisationsenergie $E_P = -\beta^2/2\alpha$ stabilisiert, und außerdem ist noch die aus der geometrischen Fehlordnung (fehlende Fernordnung) resultierende Potentialfluktuation W_D zu berücksichtigen. Nach MOTT und AUSTIN [1.33, 4.72—74] (vgl. auch OWEN [3.263]) ist eine hohe Wahrscheinlichkeit für den Ladungsübergang dann gegeben, wenn der Energieunterschied zwischen den durch unterschiedliche Oxydationsstufen gekennzeichneten Polaronenzuständen bis auf den Betrag von W_D durch Phononen annähernd ausgeglichen wird. Aus dem Konfigurationskoordinatenmodell folgt dann die Mindestenergie

$$E_\sigma = \frac{1}{2} E_p + \frac{1}{2} W_D + \frac{W_D^2}{8E_p} \tag{4.22}$$

für Platzwechselvorgänge des Elektrons, woraus sich mit $E_p \gg W_D$

$$E_\sigma = \frac{\beta^2}{4\alpha} + \frac{1}{2} W_D \tag{4.23}$$

ergibt, E_σ nimmt demnach umso größere Werte an, je größer die der Polarisierbarkeit proportionale Größe β ist. Hohe Gitterelastizität bzw. große Werte der Kraftkonstante α wirken diesem Effekt entgegen.

Gleichung (4.21) gilt für den adiabatischen Fall, der dadurch gekennzeichnet ist, daß während einer Zeitperiode in der Größenordnung von 10^{-12} s, in der ein Zustand vergleichbarer Energie zwischen benachbarten Zentren besteht, mehrere Platzwechselvorgänge in beiden Richtungen vonstatten gehen.

Ist die Wahrscheinlichkeit für den Elektronenübergang in der Periode einer geeigneten Gitterschwingung klein, so trifft die sog. nichtadiabatische Näherung zu. In die Sprungwahrscheinlichkeit $\nu = \nu_0 [\exp(-E_\sigma/kT)] p_2$ geht in diesem Fall noch ein zweiter Wahrscheinlichkeitsfaktor p_2 ein, der dem jetzt seltenen Ereignis eines Platzwechselprozesses während des Zeitintervalls energetischer Vergleichbarkeit der wechselwirkenden Zentren Rechnung trägt. Im adiabatischen Fall ist $p_2 = 1$. Von HOLSTEIN [4.107] wurde für p_2 der Ausdruck

$$p_2 = (\hbar\nu_0)^{-1}(\pi/E_\sigma \cdot kT)^{1/2} J^2 \tag{4.24}$$

abgeleitet, wobei J ein Maß für den Grad der Überlappung der Wellenfunktionen darstellt.

Nach MOTT [1.33] kann für p_2 im Bereich $T > \Theta/2$ (Θ = DEBYE-Temperatur) näherungsweise der Überlappungsfaktor e^{-2ca}, der den Abfall der Wellenfunktion des lokalisierten Elektrons innerhalb des Sprungabstandes a wiedergibt, eingesetzt werden.

$$\sigma = \frac{n_J \nu_0 e^2}{a\,k\,T} w(1 - w) \exp(-2ca) \cdot \exp(-E_\sigma/kT)\,. \tag{4.25}$$

Durch Gl. (4.25) ist die Verknüpfung von Diffusionsterm, Überlappungsfaktor und BOLTZMANN-Term mit der Leitfähigkeit gegeben.

Je höher die Konzentration an Übergangsmetallkationen im Glas, d. h. je geringer der mittlere Abstand a zwischen den Bindungszentren ist, umso höher ist die elektrische Leitfähigkeit. Bei Zusammensetzungsänderungen werden aber in der Regel zugleich die in E_σ eingehenden Größen mit verändert. Abgesehen von einem Wechsel im Verteilungsmuster verschiedener Koordinationspolyeder der Übergangsmetallkationen mit Oxidliganden, ist die Variation der Polarisierbarkeit, vor allem der Oxidionen zu beachten, wenn man den Gehalt an Netzwerkbildner- und/oder Netzwerkwandlerkomponenten verändert und dadurch z. B. die Gitterenergie beeinflußt. Die Abhängigkeit des Anteils verschiedener Oxydationsstufen am Gesamtgehalt der Übergangsmetallkationen und damit des Produkts $w(1 - w)$ in Gl. (4.24) von der Zusammensetzung wurde bereits angesprochen.

In Eisenoxid enthaltenden Gläsern wird das Maximum der Leitfähigkeit erwartungs-

gemäß bei etwa vergleichbarer Konzentration an Fe^{II}- und Fe^{III}-Kationen gefunden [4.62, 70], in einem Vanadiumoxidglas mit 10 mol% P_2O_5 dagegen im Bereich von $V^{IV}/(V^{IV} + V^{V}) = 0{,}1$ [4.57, 70] und in Gläsern $(BaO)_x(P_2O_5)_{0,4-x}(V_2O_a)_{0,6}$ (vgl. Tab. 4.3.) bei einem Wert von 0,2 ($x = 0{,}2$), [4.59]. Die Abweichungen vom äquimolaren Verhältnis wurden durch die Annahme erklärt, daß die Vanadin(V)-Sauerstoffkoordinationspolyeder mit Netzwerkbildnerfunktion nicht oder nur partiell am Ladungstransport beteiligt sind [4.57]. NMR-Messungen belegen gleichfalls das Vorliegen von mindestens zwei verschiedenen Nahordnungsbereichen, die sich in ihrer Struktur deutlich voneinander unterscheiden [4.56].
Oxidgläser mit bei Raumtemperatur relativ hoher Elektronenleitung, z. B. Vanadiumphosphatgläser, gestatten die Messung der elektrischen Leitfähigkeit bis zu relativ tiefer Temperatur [4.57, 75—77]. Abb. 4.8. zeigt Leitfähigkeitskurven nach Untersuchungen von Greaves [4.77]. Im Temperaturbereich $T < \Theta/2$ fällt E_σ auf Grund der Abnahme geeigneter Phonomenfrequenzen, wie sie zur Kompensation der mit dem Polaronenzustand verbundenen Stabilisierungsenergie erforderlich sind, sukzessive auf $W_D/2$ ab [1.33, 4.72]. Die aus der geometrischen Fehlordnung resultierenden Potentialbarrieren erweisen sich schließlich gleichfalls als zu hoch, um noch einen Platzwechsel von Elektronen zwischen benachbarten Bindungszentren zu ermöglichen.

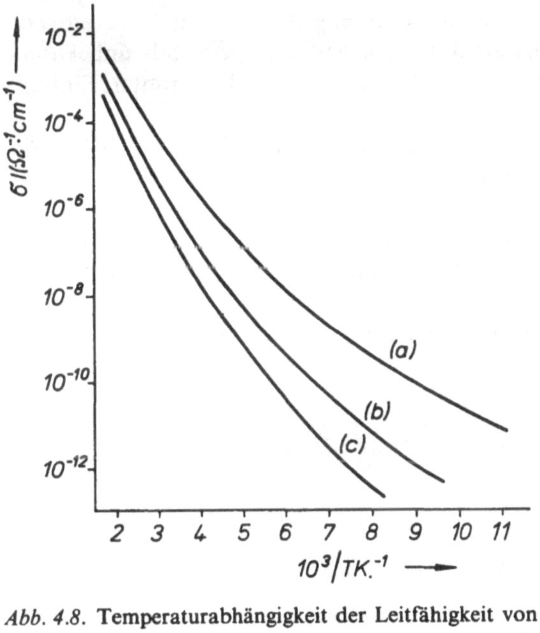

Abb. 4.8. Temperaturabhängigkeit der Leitfähigkeit von Vanadinphosphatgläsern V_2O_{5-a}-P_2O_5 mit (*a*) — 80 mol%, (*b*) — 70 mol%, (*c*) — 60 mol% V_2O_5 im Gemenge der eingesetzten Mischung nach [4.77].

Von Mott [1.33, 4.72] wurde gezeigt, daß man in diesem Fall Elektronensprünge in einem größeren Abstandsbereich la in Rechnung setzen kann ($l > 1$). Es stehen dann l^3 mal mehr Plätze zur Auswahl und man kann erwarten, daß sich darunter einige befinden, deren potentielle Energie mit der des besetzten Lokalterms zufällig annähernd übereinstimmt. Mit W_D/l^3 für die Energiedifferenz ergibt sich die Sprungwahrscheinlichkeit zu

$$\nu = \nu_0 \exp(-2ca) \cdot \exp(-W_D/l^3kT)$$

woraus das bekannte $T^{-1/4}$-Gesetz

$$\nu = \nu_0 \exp[-\text{const}\,(ca)^{3/4}(W_D/kT^{1/4})] \quad \text{bzw.} \qquad (4.26)$$
$$\sigma = \sigma_0 \exp(-B/T^{1/4})$$

abgeleitet werden kann (*variable range hopping*). Der Kurvenverlauf in Abb. 4.8. wird durch Gl. (4.26) bis zu tiefer Temperatur in befriedigender Weise wiedergegeben.

Messungen der Wechselstromleitfähigkeit bestätigen gleichfalls einen Polaronensprungmechanismus, der den Ladungstransport in elektronenleitenden Oxidgläsern zu beschreiben gestattet [4.57, 58].

4.1.2.2. *Leitfähigkeit von Oxidgläsern mit vergleichbarer Struktur*

Die Mannigfaltigkeit in der Ausbildung verschiedener Nahordnungsbereiche, die Konfigurationsstatistik und die mit Zusammensetzungsänderungen verbundene Strukturvariation erschweren die Korrelation struktureller Befunde mit Eigenschaftsgrößen, wie der elektrischen Leitfähigkeit, in Glasbildungssystemen, die aus mehreren Oxidkomponenten aufgebaut sind. In Probenreihen, in denen isostrukturelle Beziehungen vorausgesetzt werden können, bleiben zwar die Details des strukturellen Aufbaus gleichfalls unbekannt, durch eine gewisse innere Normierung kann aber die Auswertung bestimmter Einflußfaktoren gesondert erfaßt werden.

Wie durch Untersuchungen in den Systemen K_2O-SiO_2-MO_2 [4.78], BaO-SiO_2-MO_2 [4.79] und BaO-K_2O-SiO_2-MO_2 [4.53] (M = Ti oder V) gezeigt wurde, können die aus der Kristallchemie bekannten, keineswegs uneingeschränkt gültigen, insgesamt aber doch weitreichenden Isotypie- und Isomorphiebeziehungen der kristallinen Titan(IV)- und Vanadium(IV)-Oxidsysteme auch auf Gläser ausgedehnt werden. Hält man den SiO_2- und VO_2-Gehalt konstant und substituiert man in einem BaO-SiO_2-VO_2-Glas bestimmter Zusammensetzung schrittweise die Ba^{2+}-Ionen durch 2 K^+-Ionen oder 2/3 La^{3+}-Ionen, z. B. in den Reihen

A $(BaO)_{0,25-y}(M_zO)_y(VO_2)_{0,25}(SiO_2)_{0,5}$
$M_zO = K_2O: 0 < y < 0{,}1 : M_zO = La_{0,67}O: 0 < y < 0{,}05$

B $(BaO)_{0,33-y}(M_zO)_y(VO_2)_{0,22}(SiO_2)_{0,45}$
$M_zO = La_{0,67}O: 0 < y < 0{,}125$

C $(BaO)_{0,35-y}(M_zO)_y(VO_2)_{0,25}(SiO_2)_{0,4}$
$M_zO = K_2O: 0 < y < 0{,}1 : M_zO = La_{0,67}O: 0 < y < 0{,}175$,

so sollten sich die Strukturänderungen angesichts der vergleichbaren Wirkungsradien der Kationen (K^+ 133 pm, Ba^{2+} 135 pm, La^{3+} 115 pm) in Grenzen halten.

Die Darstellung der Gläser erfordert den Ausschluß von Luft und Feuchtigkeit. Schmelzen und Gießen müssen daher unter Inertbedingungen vorgenommen werden, wozu sich die in Abb. 2.2 angegebene Apparatur eignet. Die mittlere Oxydationsstufe des Vanadiums in den Gläsern ergibt nach analytischen Bestimmungen Werte zwischen 4,00 und 4,01 [4.80].

Wie aus den in Abb. 4.9. angegebenen Kurven hervorgeht, ändert sich die elektrische Leitfähigkeit in den Reihen *A* und *C* mit der Variation der Feldstärke in der Umgebung

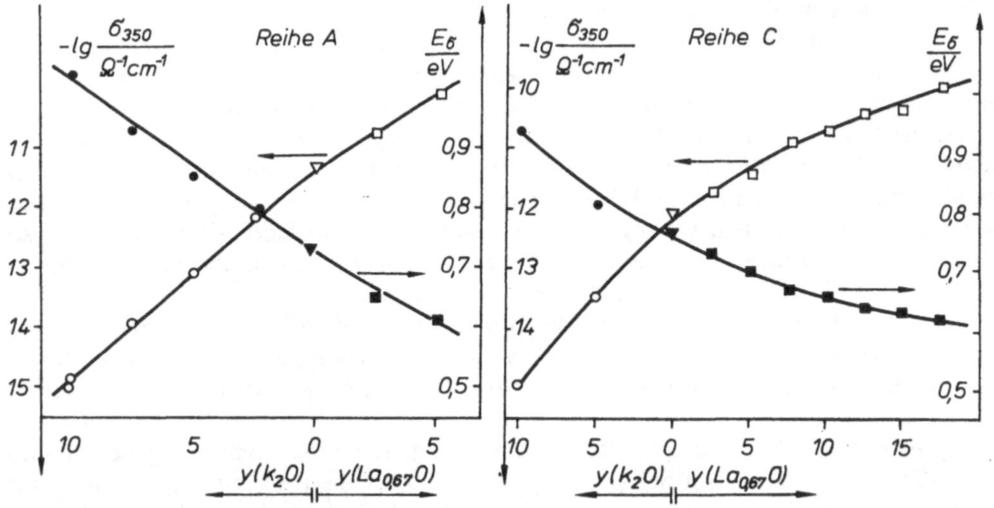

Abb. 4.9. Zusammensetzungsabhängigkeit der elektrischen Leitfähigkeit bei 350 K sowie der Aktivierungsenergie in den im Text angegebenen Substitutionsreihen *A* und *C*.

der Vanadium-Sauerstoffkoordinationspolyeder infolge unterschiedlicher Ladung der Kationen um etwa 5 Größenordnungen. Der mittlere Abstand der Vanadiumatome bleibt, wie Dichtemessungen erkennen lassen, weitgehend erhalten. Ionenleitfähigkeit tritt in den angewandten Konzentrationsgrenzen nicht auf. Trägt man lg $(\sigma \cdot a)$ bei konstanter Temperatur gegen die Aktivierungsenergie E_σ auf, ergeben sich Geraden, aus deren Anstieg gemäß (4.24) die BOLTZMANN-Konstante in guter Übereinstimmung mit dem theoretischen Wert folgt.

Die Chemie des vierwertigen Vandiums in Oxosystemen ist weitgehend durch die hohe Bildungstendenz des VO^{2+}-Kations und sein koordinationschemisches Verhalten bestimmt [4.81]. Es bilden sich bevorzugt Komplexe mit der Koordinationszahl 5 oder 6 und der Symmetrie C_{4v}. In der mit dem Fresnoit $Ba_2TiOSi_2O_7$ isostrukturellen Verbindung $Ba_2VOSi_2O_7$ sind die V^{IV}-Atome von 5 Oxidliganden in tetragonal-pyramidaler Anordnung umgeben [4.82]. Das Reflexionsspektrum weist neben den in Abb. 4.10. angegebenen Ligandenfeldübergängen einen charge-transfer Übergang auf, der der Anregung eines π-Elektrons der im Oxovanadium(IV)-Kation enthaltenen Mehrfachbindung in das d_{xy}-Orbital am Vanadium entspricht. Vergleicht man mit der aus der Schmelze glasartig erstarrten Form von $Ba_2VOSi_2O_7$, so resultiert ein weitgehend kontinuierliches Spektrum, was auf eine nicht unbeträchtliche Verzerrung der Koordinationspolyeder um das vierwertige Vanadium schließen läßt. Insbesondere die charge-transfer-Bande erweist sich als stark abhängig von Kristallfeldeinflüssen aus der Umgebung der Koordinationspolyeder [4.83]. EPR-Messungen an VO_2 enthaltenden Gläsern belegen die Koordinationszahl 5 am Vanadium mit annähernd tetragonal-pyramidaler Konfiguration der Oxidliganden [4.84, 85].

Für den geringen Vanadium(V)-Gehalt darf sicher eine vergleichbare Nahordnung angenommen werden. Im kristallinen V_2O_5 sind VO^{3+}-Gruppen über drei- und zweibindige Oxidionen schichtartig verknüpft, so daß sich für das Vanadium gleichfalls die Koordinationszahl 5 ergibt [4.86].

Offenbar werden die Oxidliganden in der Koordinationssphäre der Vanadiumionen in den Gläsern durch die Kationen umso mehr beansprucht, je größer ihre Ladung ist. Die Bindungsenergie nimmt zu und die Verschiebbarkeit der Sauerstoffionen im Polaronensprungmechanismus dementsprechend ab. Die Atom- bzw. Ionenpolarisation der Oxidionen ist reduziert, die Absenkung des $^2b_2$-Terms also infolge verminderter Polarisation der umgebenden Sauerstoffliganden für das d_{xy}-Elektron geringer als bei kleinerer Feldstärke der Kationen, d. h. wenn mehr K^+-Ionen in der Umgebung eingefügt sind. Man kann auch sagen, die „Selbsteingrabung" des im d_{xy}-Orbital gebundenen Elektrons ist umso ausgeprägter, je „weicher" die Oxidliganden in der Umgebung sind, und umso größer ist folglich die thermische Aktivierungsenergie der Leitfähigkeit.

Im Oxovanadium(V)-Komplex sind die Bindungsabstände zwischen Zentralatom und Liganden verkürzt, das Termsystem durch den kugelsymmetrischen Feldanteil daher in der in Abb. 4.10. skizzierten Weise stärker destabilisiert als im Oxovanadium(IV)-Komplex.

Die Ligandenfeldaufspaltung ist dagegen im Oxovanadium(V)-Komplex größer, so daß der d_{xy}-Term gegenüber dem Schwerpunkt des Termsystems tiefer zu liegen kommt als im Oxovanadium(IV)-Komplex. Der durch den kugelsymmetrischen Feldanteil hervorgerufene Destabilisierungseffekt ist aber größer als die durch Ligandenfeldaufspaltung

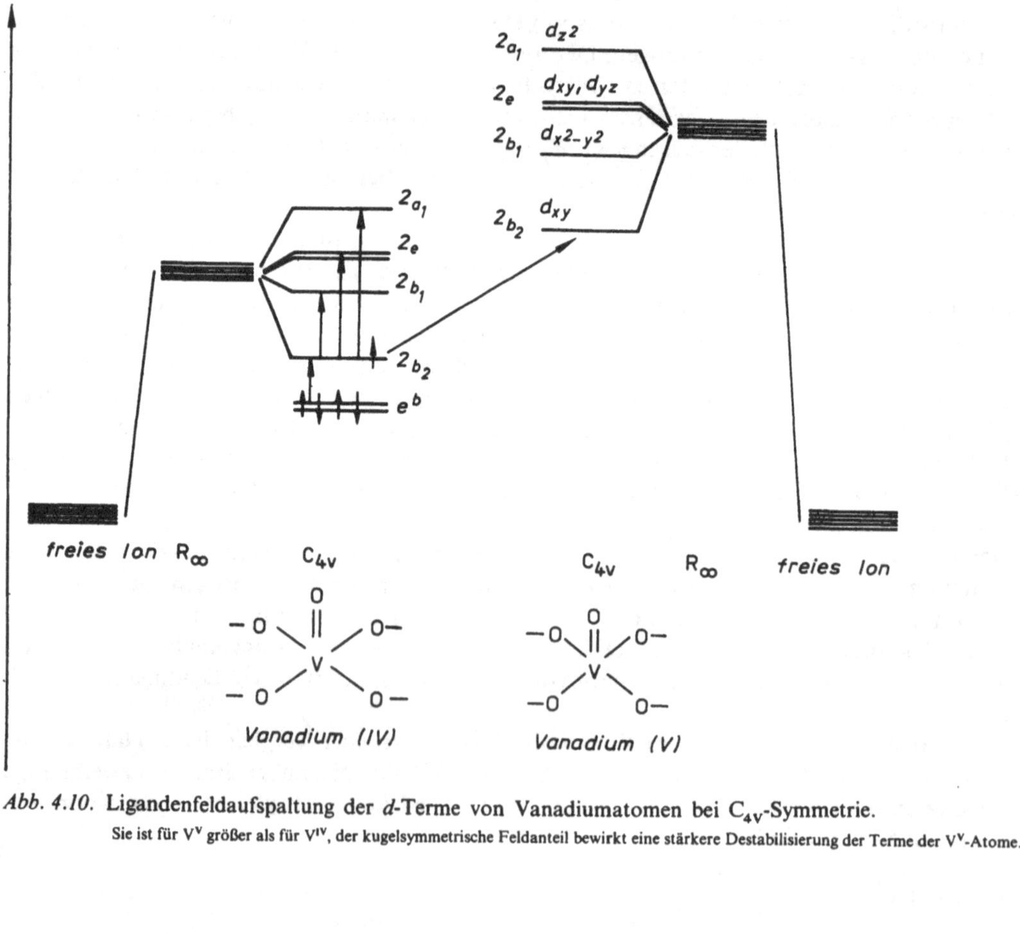

Abb. 4.10. Ligandenfeldaufspaltung der *d*-Terme von Vanadiumatomen bei C_{4V}-Symmetrie.
Sie ist für V^V größer als für V^{IV}, der kugelsymmetrische Feldanteil bewirkt eine stärkere Destabilisierung der Terme der V^V-Atome.

verursachte Stabilisierung, so daß der d_{xy}-Term im Oxovanadium(V)-Komplex sicher höher liegt als im Oxavanadium(IV)-Komplex.

Beim Übertritt eines Ladungsträgers von einem V^{IV}- zu einem V^{V}-Bindungszentrum vergrößert sich der Bindungsabstand zwischen Zentralatom und Ligandsystem, was mit der als „Selbsteingrabung" bezeichneten Stabilisierung des Polaronenzustandes gleichbedeutend ist. Der d_{xy}-Term wird abgesenkt. Es ist qualitativ verständlich, daß die Differenz der Energie des e_{xy}-Terms zwischen V^{IV}- und V^{V}-Bindungszentren umso geringer ist, je geringer die Polarisierbarkeit der Oxidionen in der Koordinationssphäre ist.

Durch Ermittlung der Molpolarisation P_M aus DK-Messungen und Eliminierung des Anteils der Molrefraktion R_M (aus Brechzahlmessungen der homologen TiO_2 enthaltenden Gläser) erhält man die Ionenpolarisation $P_1 = (4\pi/3)N_A \, \Sigma x_i p_i$ der am Aufbau des Glases beteiligten Teilchen. Da in der Molenbruchzusammensetzung der Gläser die Sauerstoffionen überwiegen und für O, Si und V in den Reihen praktisch keine Änderung eintritt, ist es naheliegend, die Ionenpolarisation P_I der Glasproben zur Sauerstoffionenpolarisation p_O in eine lineare Proportionalitätsbeziehung zu setzen. Letztere Größe ist entsprechend $p_0 = m \cdot \beta$ mit der Polarisierbarkeit β aus dem Konfigurationskoordinatenmodell verknüpft. Mit $\beta = n_p \cdot P_I$ (n_p = Konstante) ergibt sich aus (4.23) für E_σ Gleichung

$$E_\sigma = \frac{n_p^2 P_J^2}{4\alpha k T} + \frac{1}{2} W_D \,. \qquad (4.27)$$

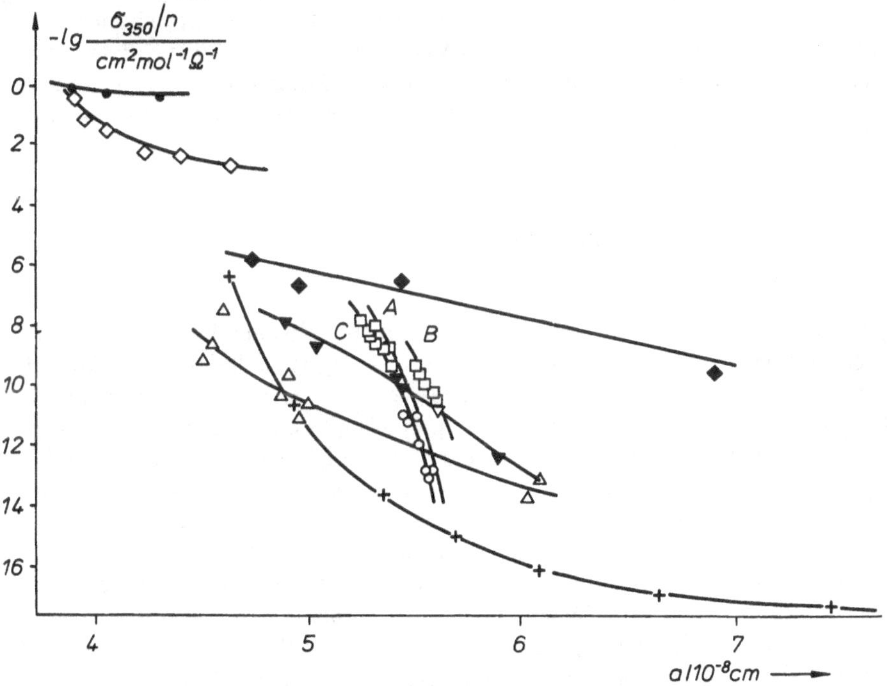

Abb. 4.11. Abhängigkeit der auf die Ladungsträgerkonzentration normierten Leitfähigkeit vom mittleren Abstand a zwischen den Vanadium-Atomen in den Glasbildungssystemen VO_2-V_2O_5-P_2O_5 (●) und (◇) [4.58], CaO-VO_2-V_2O_5-P_2O_5 (◆) bzw. B_2O_3 (△) [4.87], BaO-VO_2-V_2O_5-Al_2O_3-B_2O_3 (+) [4.88], BaO-VO_2-SiO_2 (▼) [4.79] und den Reihen A, B, C dieses Kapitels.

Sowohl bei der Auftragung von E_σ gegen P_I^2 als auch bei der Darstellung von lg $(\sigma \cdot a)$ bei konstanter Temperatur gegen P_I^2, wurden Geraden erhalten [4.82]. Die Beeinflussung der elektrischen Leitfähigkeit durch die Polarisierbarkeit der Sauerstoffionen in der Umgebung der Vanadium-Bindungszentren wird damit aus DK-Messungen unabhängig bestätigt.

Abbildung 4.11. faßt die Leitfähigkeitsdaten mehrerer Vandiumoxid enthaltender Glasbildungssysteme zusammen. Um Vergleichbarkeit zu ermöglichen, wurden die Leitfähigkeitswerte auf die Ladungsträgerkonzentration n in Mol/cm^3 normiert. Sie haben den Charakter von Beweglichkeitsgrößen.

In den Systemen VO_2-V_2O_5 [4.58, 77], CaO-VO_2-V_2O_5-P_2O_5 bzw. B_2O_3 [4.87] und BaO-Al_2O_3-VO_2-V_2O_5-B_2O_3 [4.88] ändert sich neben der Variation des Abstandes zugleich das Verhältnis V^{IV} zu V^V. Man erkennt, daß dieser Einfluß allenfalls die Variation der Leitfähigkeitswerte um eine Größenordnung hervorruft. Der dominierende Einfluß geht von der Änderung der Polarisierbarkeit der Oxidionen aus wie aus dem Kurvenverlauf in den Probenreihen A, B und C hervorgeht.

Die Bedeutung, die der Polarisierbarkeit der Sauerstoffionen im Leitfähigkeitsmechanismus elektronenleitender Oxidgläser zukommt, erwähnt bereits MUNAKATA [4.89]. Von KENNEDY und MACKENZIE [4.87] wurde der Unterschied in der Leitfähigkeit von Borat- und Phosphatgläsern bei vergleichbarem Gehalt am Vanadium(IV) und Vanadium(V) gleichfalls auf die unterschiedliche Polarisierbarkeit der Sauerstoffionen in beiden Glasbildungssystemen zurückgeführt. MOTT [4.72] vermutet in der Polarisation der Umgebung der lokalisierten Ladungsträger den bedeutendsten Beitrag zur Aktivierungsenergie der Beweglichkeit. Diese Annahme wird durch eine weitgehend unverfälschte Erfassung des Zusammenhangs zwischen elektrischer Leitfähigkeit und Polarisierbarkeit der in den Gläsern enthaltenen Oxidionen durch das Studium der elektrischen Eigenschaften in isostrukturellen Reihen bestätigt.

4.1.3. *Elektronenleitung in Gläsern und amorphen Festkörpern mit Bindungen geringer Polarität*

Die in Kap. 3. beschriebenen amorphen Zustandsformen halbleitender Elemente, z. B. von B, Si, Ge, As oder Se und die glasbildenden Verbindungen zahlreicher Chalkogenide sowie die ternären und quaternären Glasbildungssysteme, die sich von ihnen ableiten, sind dadurch gekennzeichnet, daß die Bandlücke hinreichend herabgemindert ist, um eine thermische Ladungsträgergeneration zu ermöglichen. In 2.5.1.3. wurde begründet, daß die Fehlordnung zur Ausbildung lokalisierter Elektronenzustände an den Bandrändern führt. Mit Hilfe des Lokalisierungskriteriums nach ANDERSON (2.121) konnte der Übergang zu delokalisierten Elektronenzuständen im Bereich höherer Zustandsdichten im Bandinnern für Festkörper ohne Fernordnung verständlich gemacht werden, und aus einem derartigen Zusammenhang heraus wurde von MOTT [4.90] die Existenz einer Beweglichkeitskante begründet. Das in Abb. 4.12. angezeigte Intervall $E_C - E_V$ wirkt als Pseudo-Bandlücke. Man bezeichnet es auch als Beweglichkeitslücke (vgl. Abb. 2.54.). Von COHEN [2.384] wurde im Bereich E_C und E_V auf eine weniger abrupte Änderung der Beweglichkeit geschlossen. Unterhalb E_C bzw. oberhalb E_V fällt die Zustandsdichte in einem relativ schmalen Energiebereich ΔE_{lok} von einigen 0,1 eV in lokalisierten Zuständen auf sehr kleine Werte ab.

Innerhalb der Beweglichkeitslücke gibt die konstitutionelle Eigenfehlordnung zu einer hohen Dichte positiv und negativ geladener Defektzentren sowie gegebenenfalls zu weiteren Fehlstellen Anlaß. Die partielle Entstehung homonuklearer Bindungen, wie sie bei den binären glasbildenden Verbindungen beschrieben wurde, sollte z. B. zur Ausbildung ungeladener lokalisierter Zustände in der Beweglichkeitslücke führen. Ein erstes Modell mit Häufigkeitsmaxima von Donatoren und Akzeptoren oberhalb und unterhalb der FERMI-Energie wurde von MARSHALL und OWEN vorgeschlagen [4.91]. Durch die ab 1975 insbesondere aus Lumineszenz-, Photoleitfähigkeits- und Driftbeweglichkeitsmessungen abgeleiteten Aussagen wurden diese Vorstellungen bestätigt, und teilweise konnte eine erste Zuordnung bestimmter Baugruppen und Bindungszustände zu den aus physikalischen Messungen ermittelten Lokaltermgruppen vorgenommen werden (vgl. 2.5.2.).

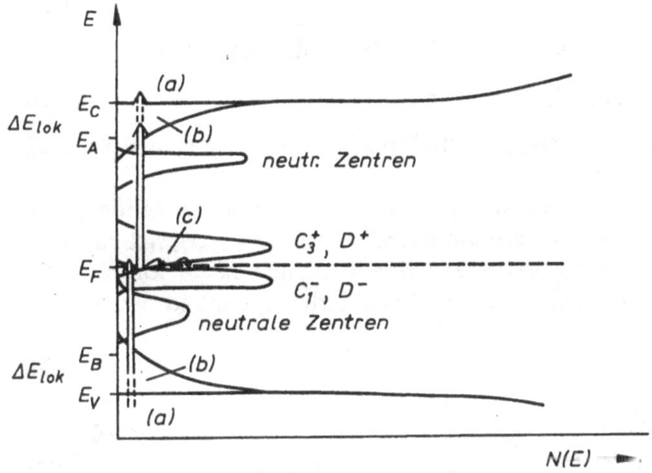

Abb. 4.12. Schematische Darstellung der Zustandsdichteverteilung in glasartigen Halbleitern mit unpolaren bzw. Bindungen geringer Polarität.

Die neutralen Zentren an den Bandrändern entsprechen der partiellen Bildung homonuklearer Bindungen. 3 Beiträge der Leitfähigkeit sind zu unterscheiden: Anregung in Bandzustände (*a*), Anregung in lokalisierte Zustände im Bereich ΔE_{lok} (*b*) und Elektronensprungleitung im Bereich der FERMI-Energie (*c*).

Für den Ladungstransport ergeben sich aus dem strukturellen Aufbau nichtkristalliner Festkörper verschiedene Beiträge, die nach ihrem Mechanismus zu unterscheiden sind und die je nach der Art der nichtkristallinen Substanz und dem betrachteten Temperaturbereich das makroskopische Leitfähigkeitsverhalten bestimmen:

a) Transport in Bandzuständen oberhalb E_C bzw. unterhalb E_V; der mit der Nahordnung verbundene Ordnungsgrad kommt im Vorhandensein delokalisierter Elektronenzustände zum Ausdruck.
b) Elektronenwanderungen in den Bandausläufern unterhalb E_C bzw. oberhalb E_V, in Abb. 4.12. im Bereich ΔE_{lok}; die geometrische Fehlordnung (fehlende Fernordnung) und mittelbar auch die topologische und konstitutionelle Punktfehlordnung verursachen an den Bandrändern die Entstehung lokalisierter Zustände, die teilweise tief in die Beweglichkeitslücke hineinragen.
c) Platzwechselvorgänge von Elektronen zwischen lokalisierten Zuständen innerhalb der Beweglichkeitslücke im Bereich der FERMI-Energie, wobei für die strukturell zu unter-

scheidenden Defektzentren die verschiedenen Varianten der konstitutionellen Eigenfehlordnung sowie Fremdverunreinigungen maßgebend sind.

Die drei verschiedenen Bereiche im Energiespektrum nichtkristalliner Festkörper, die für einen Ladungstransport infrage kommen, sind aus Abb. 4.12. ersichtlich.

Die Leitfähigkeit kann dementsprechend durch den folgenden Ansatz beschrieben werden [1.33, 4.92, 93]:

$$\sigma = C_1 \exp(-\Delta E_\sigma/kT) + C_2 \exp[-(\Delta E_1 + \Delta W_1)/kT] + C_3 \exp(-\Delta W_2/kT)\,. \tag{4.28}$$

Unter Berücksichtigung der aus spektroskopischen Messungen ermittelten Temperaturabhängigkeit der optischen Bandlücke (vgl. 4.2.1.4.) ist für ΔE_σ

$$\Delta E_\sigma = E_\sigma - \gamma T \tag{4.29}$$

zu setzen, woraus für den Ladungstransport in Bandzuständen die Beziehung

$$\sigma_1 = C_1 \exp(\gamma/k) \cdot \exp(-E_\sigma/kT) = \sigma_{01} \exp(-E_\sigma/kT) \tag{4.30}$$

mit $\sigma_{01} = e \cdot N_{eff} \cdot \mu_{01} \cdot \exp(\gamma/k)$ folgt (N_{eff} = effektive Zustandsdichte im Bereich E_C bzw. E_V), vgl. (2.112).

In nichtkristallinen Festkörpern ist i. allg. $\mu_{01} \leqq 5\ \mathrm{cm^2\ V^{-1}s^{-1}}$ und die mittlere freie Weglänge dementsprechend mit den zwischenatomaren Abständen vergleichbar (vgl. 2.5.1.2.). In einem solchen Fall ist die Ausbreitung in Bandzuständen nach Cohen [2.384] durch eine diffusionsartige Bewegung (Brownschen Molekularbewegung) zu beschreiben.

$$\mu_{01} = \frac{1}{6}\frac{ea^2}{kT}\,\nu_{el}\,. \tag{4.31}$$

Die Platzwechselfrequenz der Elektronen ν_{el} liegt in der Größenordnung von $10^{15}\ \mathrm{s^{-1}}$. Mit einem Wert für γ von etwa 2 bis $8 \cdot 10^{-4}\ \mathrm{eV \cdot K^{-1}}$ [1.33, 4.93], $\mu_0 \approx 5\ \mathrm{cm^2V^{-1}s^{-1}}$ und $N_{eff} \approx 10^{19}\ \mathrm{cm^{-3}}$ erhält man für σ_{01} Werte, die in der Größenordnung von $10^3\ \Omega^{-1}\ \mathrm{cm^{-1}}$ liegen.

Erfolgt der Ladungstransport überwiegend in den Bandausläufern im Bereich $E < E_C$ (z. B. bei E_A) bzw. $E > E_V$ (z. B. bei E_B), liegen thermisch aktivierte Elektronensprünge vor, und die Beweglichkeit μ_2 kann in diesem Fall durch eine zu (4.24) analoge Beziehung wiedergegeben werden ($\nu_0 = \nu_{Ph}/6$):

$$\mu_2 = \frac{1}{6}\,\nu_{Ph}\,\frac{ea^2}{kT}\,e^{-2ca} \exp(-\Delta W_1/kT) = \mu_{02} \exp(-\Delta W_1/kT)\,. \tag{4.32}$$

Da ν_{Ph} in der Größenordnung von $10^{12}\ \mathrm{s^{-1}}$ liegt, fällt die Beweglichkeit im Bereich E_C bzw. E_V um den Faktor 10^3 ab (Beweglichkeitskante). Für den entsprechenden Beitrag zur Leitfähigkeit gilt

$$\sigma_2 = eN_T\mu_{02} \exp(-\Delta W_1/kT)\, e^{\gamma/k} \cdot \exp(-E_1/k/T)\,. \tag{4.33}$$

Mit $a \approx 1$ nm und $e^{-2ca} \approx 1$ läßt sich für μ_{02} ein Wert von $10^{-2}\ \mathrm{cm^2V^{-1}s^{-1}}$ abschätzen, und aus der Annahme einer Zustandsdichte $N_T \approx 10^{19}\ \mathrm{cm^{-3}}$ im Bereich E_A bzw. E_B folgt für $\sigma_{02} = c_2 e^{\gamma/k} = e \cdot N_T \cdot \mu_{02} \cdot e^{\gamma/k}$ ein Wert von etwa $0{,}5\ \Omega^{-1}\mathrm{cm^{-1}}$.

Aus $E_\sigma > E_1$ und $\sigma_{01} > \sigma_{02}$ ergibt sich im Bereich hinreichend tiefer Temperaturen $\sigma_1 < \sigma_2$, d. h. bei Vorliegen ausgeprägter Bandausläufer beruht der Ladungstransport bei tieferer Temperatur überwiegend auf Elektronensprüngen zwischen lokalisierten Zuständen. Bei hoher Temperatur dominiert dagegen die Bandleitung. Die Leitfähigkeit stellt einen integralen Wert über alle Zustände im Bereich ΔE_{lok} dar. Legt man eine lineare Zustandsdichteverteilung zugrunde, gilt nach [4.93]

$$\sigma_2 = \sigma_{02} \frac{kT}{\Delta E_{\text{lok}}} C_{02} \exp\left[-(E_1 + \Delta W_1)/kT\right] \quad \text{mit} \tag{4.34}$$

$$C_{02} = 1 - \exp(-\Delta E_{\text{lok}}/kT)[1 + (\Delta E_{\text{lok}}/kT)] \, .$$

Eine lineare Beziehung beim Auftragen von $\ln \sigma$ gegen $1/T$ kann in diesem Fall nicht erwartet werden. Die mit σ_2 verbundenen Effekte sind aber gegenüber σ_1 vergleichsweise klein und oftmals in Leitfähigkeitsmessungen nicht ohne weiteres experimentell erfaßbar.

Der dritte Beitrag in Gl. (4.28) entspricht Elektronensprüngen zwischen lokalisierten Zuständen im Bereich der FERMI-Energie, wie sie in hoch dotierten und partiell kompensierten Halbleitern gleichfalls festgestellt wurden (vgl. Abb. 2.52.). Mit der Sprungwahrscheinlichkeit $p = \nu_{Ph} \exp(2ca - \Delta W_2/kT)$ ergibt sich nach MOTT [2.382] unter Verwendung der NERNST-EINSTEIN-Relation $\mu = eD/kT$ und $D = (1/6)pa^2$ eine zu (4.24) bzw. (4.32) analoge Beziehung

$$\sigma_3 = \frac{1}{6} e^2 a^2 \nu_{Ph} N(E_F) \exp(-2ca) \cdot \exp(-\Delta W_2/kT) \tag{4.35}$$

$$= \sigma_{03} \exp(-\Delta W_2/kT) \, ,$$

wobei $N(E_F)$ die Zustandsdichte der Defektzentren im Bereich der FERMI-Energie ist und $N(E_F)kT$ die Zahl der Elektronen, die zur Leitfähigkeit beitragen, bezeichnet.

Der Faktor $\exp(-2ca - \Delta W_2/kT)$ hat für benachbarte Zentren nicht seinen Maximalwert. Die Ermittlung des wahrscheinlichsten Sprungabstandes führt zum $T^{-1/4}$-Gesetz nach MOTT [1.33, 4.72, 93] (vgl. 4.1.2.1.).

$$\sigma_3 = \frac{e^2 \nu_{Ph} N(E_F)}{6} \left[\frac{9}{8\pi c N(E_F)\, kT}\right]^{1/2} \exp\left(-\frac{A}{T^{1/4}}\right) \tag{4.36}$$

mit $A = 2{,}1[c^3/kN(E_F)]^{1/4}$. Eine Übersicht zur Anwendung der Theorie der Elektronensprungleitung mit variablem Abstand (variable range hopping) und ihrer Grenzen wurde von OVERHOF [4.94] gegeben.

Nach Untersuchungen von EMIN [4.95, 96] ist bei der Interpretation von Leitfähigkeitsphänomenen kovalenter nichtkristalliner Festkörper die Bildung von Polaronenzuständen gleichfalls zu berücksichtigen (vgl. 2.5.1.2. und 4.1.2.1.).

4.1.3.1. *Ladungstransporteigenschaften von Chalkogenidgläsern*

Gleichstromleitfähigkeit

Die Ladungstransporteigenschaften der in Kap. 3. beschriebenen Chalkogenidgläser sind in einer großen Anzahl von Arbeiten untersucht worden. Dabei wurde in relativ weiten Temperaturgrenzen eine annähernd lineare Abhängigkeit $\ln \sigma$ von der reziproken Temperatur festgestellt [1.20, 3.267, 263, 636, 4.92]. Die Ausdehnung der Messungen nach tiefen

Temperaturen ist begrenzt, da extrem niedrige Leitfähigkeitswerte erreicht werden. Je höher die Leitfähgikeit eines Glases ist, bis zu umso tieferer Temperatur läßt sich die Temperaturabhängigkeit erfassen. Die Bevorzugung von Te enthaltenden Gläsern wird dadurch verständlich. Höheren Temperaturen ist bei $T = T_G$ infolge Verformung oder Kristallisation der Probe eine Grenze gesetzt. An zahlreichen Beispielen wurde aber gezeigt, daß der Kurvenverlauf in der Schmelze oberhalb der Liquidustemperatur ohne erkennbare Diskontinuität eine Fortsetzung erfährt [3.267, 636].

In Abb. 4.13. ist eine Auswahl von Leitfähigkeitskurven aus verschiedenen Glasbildungssystemen zusammengestellt. Die Aktivierungsenergien unterscheiden sich. Sie nehmen mit zunehmendem Gehalt an schweren Atomen entsprechend der Verminderung der optischen Bandlücke und folglich auch der Beweglichkeitslücke ab. Die σ_0-Werte fallen dagegen in einem relativ engen Bereich zusammen.

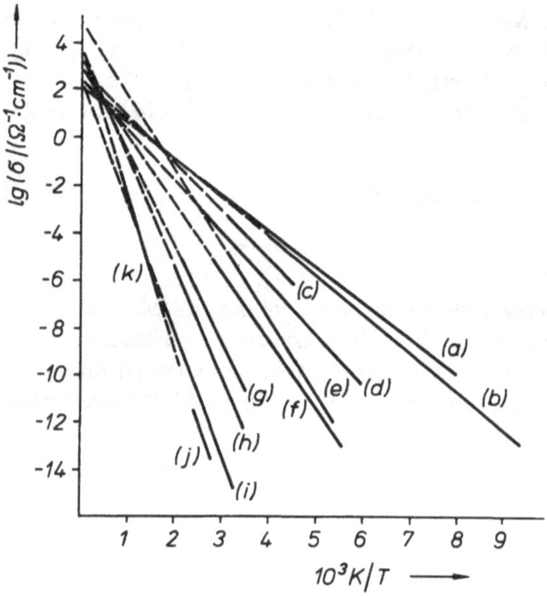

Abb. 4.13 Temperaturabhängigkeit der elektrischen Leitfähigkeit halbleitender Gläser und amorpher Schichten.
(*a*) – GeTe, (*b*) – $Tl_2As_2SeTe_3$, (*c*) – As_2Te_3, (*d*) – $As_{10}Se_3Te_{12}$, (*e*) – $CdGeAs_2$, (*f*) – $Tl_2As_2Se_3$, (*g*) – $As_6Sb_4Se_{15}$, (*h*) – As_2Se_3, (*i*) – Ge_2Se_3, (*j*) – As_2S_3, (*k*) – Se.

Trägt man entsprechend (4.3) bzw. (4.28) den für eine bestimmte Temperatur geltenden lgσ-Wert gegen die Aktivierungsenergie auf, ergibt sich das in Abb. 4.14. gezeigte Bild. die σ_0-Werte nichtkristalliner kovalenter Halbleiter liegen in der Regel im Bereich von 10^2 bis $10^4\ \Omega^{-1}\mathrm{cm}^{-1}$ und damit im Größenordnungsbereich typischer Halbleiterkristalle. Beachtet man weiterhin, daß die Aktivierungsenergie bei den meisten Gläsern etwa dem halben Betrag der aus spektroskopischen Messungen ermittelten optischen Bandlücke entspricht, so ist nach dem äußeren Erscheinungsbild die Indikation für den Typ eines Eigenhalbleiters gegeben und die Fermi-Energie etwa in der Mitte der Beweglichkeitslücke anzunehmen.

Eigenleitung bedeutet im Fall kristalliner Halbleiter, daß die Leitfähigkeit in dem betreffenden Temperatubereich durch Fremdzusätze oder Störstellen praktisch nicht beein-

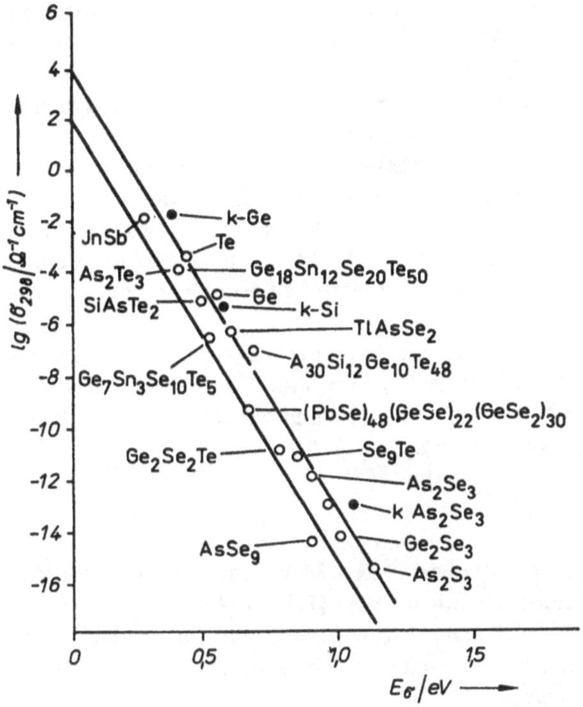

Abb. 4 14. Beziehung zwischen Leitfähigkeit bei 298 K und Aktivierungsenergie bei amorphen Halbleitern (●) kristalline Substanzen.

flußt wird. Die Temperaturunabhängigkeit der FERMI-Energie bleibt bestehen, solange $n = p$ gilt und die effektiven Massen von n und p vergleichbar sind. Bei einer Aktivierungsenergie von 0,5 eV und einer Leitfähigkeit von $10^{-15}\,\Omega^{-1}\text{cm}^{-1}$ bei 140 K (Kurve in Abb. 4.13.) ergeben sich unter der Annahme einer Beweglichkeit von $1\ \text{cm}^2\text{V}^{-1} \cdot \text{s}^{-1}$ etwa 10^3 Ladungsträger pro cm^3. Die Zugehörigkeit eines solchen Meßpunktes zum Kurvenverlauf der Eigenleitfähgikeit würde bedeuten, daß weniger als $5 \cdot 10^2$ Donatoren oder Akzeptoren in der Beweglichkeitslücke vorliegen.

Gläser enthalten aber eine hohe Defektzentrenkonzentration, die zu bestimmten Häufigkeitsmaxima im Verlauf der Zustandsdichte innerhalb der Beweglichkeitslücke Anlaß gibt. Insbesondere aus Feldeffektmessungen folgt unzweideutig die Existenz eines für jede amorphe Substanz charakteristischen Spektrums lokalisierter Zustände in der Beweglichkeitslücke [4.92, 97]. Die Temperaturunabhängigkeit der FERMI-Energie, wie sie innerhalb weiter Temperaturgrenzen zu verzeichnen ist, resultiert demnach aus der spezifischen Art und der Energieverteilung der Defektzentren in der Beweglichkeitslücke. Paare miteinander korrespondierender positiv und negativ geladener Defekte, die beiderseits der FERMI-Energie zu lokalisierenden Zuständen hinreichender Dichte führen, erweisen sich als geeignet, das elektrische Verhalten nichtkristalliner kovalenter Halbleiter widerspruchsfrei zu interpretieren.

Nicht eine thermisch angeregte Ladungsträgergeneration zwischen E_C und E_V mit $E_F \cong (E_C - E_V)/2$ bestimmt also das Leitfähigkeitsverhalten, sondern Anregungsprozesse von Elektronen aus besetzten Zuständen am oberen Rand des Valenzbandes in freie Lokalterme im Bereich bzw. oberhalb der FERMI-Energie. Dabei kommt es zur Bildung von Defektelektronen. Hinreichend bewegliche Elektronen können durch thermische Anregung aus den Zentren unterhalb der FERMI-Energie in Bandzustände bei E_C entstehen. Je nachdem, welcher der beiden Anregungsvorgänge statistisch überwiegt, handelt es sich um Defektelektronenleiter oder um Elektronenleiter. E_σ in (4.30) ist also durch $E_C - E_F$ bzw. $E_F - E_V$ zu ersetzen, und im Falle eines überwiegenden Ladungstransports in den Bandausläufern gilt analog zu (4.33) für $E_1 = E_A - E_F$ bzw. $E_F - E_B$. I. allg. ist bei den halbleitenden Chalkogenidgläsern $(E_C - E_F) > (E_F - E_V)$ bzw. $(E_A - E_F) > (E_F - E_B)$, d. h. die FERMI-Energie befindet sich nicht exakt in der Mitte der Beweglichkeitslücke, sondern etwas zum Valenzband hin verschoben. Ein Vorherrschen von Defektelektronenleitung ist damit verbunden.

Die Pfeile in Abb. 4.12. deuten den in 2.5.2.2. begründeten Befund der negativen effektiven Korrelationsenergie an. Nach (2.128) ist $I_A(1) > I_A(2)$, d. h. die Zweifachionisation eines D^-- oder eines D^+-Zentrums ist energetisch günstiger als die einfache Aktivierung je eines Ladungsträgers aus zwei Zentren.

SEEBECK-Effekt

Die Majorität der Defektelektronen bei der überwiegenden Mehrzahl der Chalkogenidgläser ist vor allem durch Thermospannungsmessungen belegt [1.33, 3.267, 4.92]. Die Thermokraft (Thermo-EMK oder SEEBECK-Koeffizient) S_{Th} wird aus der Thermospannung ΔV ermittelt, die sich an den Kontakten einstellt, wenn zwischen diesen die Temperaturdifferenz ΔT besteht: $\Delta V = S_{Th} \cdot \Delta T$. Gleichung

$$S_{Th} = \pm \frac{k}{e}\left(\frac{E_S}{kT} + A\right) \tag{4.37}$$

ist bei Halbleitern relativ allgemein gültig. Mit einem positiven Vorzeichen für S_{Th} folgt für den Fall der Bandleitung

$$S_{Th}(1) = \frac{k}{e}\left(\frac{E_F - E_V}{kT} - \frac{\gamma}{k} + 1\right). \tag{4.38}$$

Die Abhängigkeit zwischen S_{Th} und der reziproken Temperatur ergibt für E_S häufig einen kleineren Wert als die Darstellung von $\ln \sigma$ in Abhängigkeit von der reziproken Temperatur, was auf einen Beitrag thermisch aktivierter Sprungprozesse zur Leitfähigkeit zurückgeführt wurde, der bei Thermospannungsmessungen praktisch nicht mit erfaßt wird [4.92, 93]. Andrerseits hat dieser Befund zur Interpretation der Gleichstronleitfähigkeit auf der Grundlage des Polaronensprungmodells Anlaß gegeben [4.93] (vgl. 4.1.2.1.).

Mit $\Delta E = \Delta E_\sigma = E_\sigma - \gamma T = E_F - E_V - \gamma T$ besteht nach Gleichung (4.29) die Möglichkeit einer unabhängigen Bestimmung des Temperaturkoeffizienten der optischen Bandlücke. Geht der Ladungstransport im Bereich hinreichend tiefer Temperatur in einen im wesentlichen durch Sprungprozesse in den Bandausläufern bestimmten Mechanismus über, ist in Gl. (4.38) für $E_F - E_V$ die Energiedifferenz $E_F - E_B$ einzusetzen

$$S_{Th}(2) = \frac{k}{e}\left(\frac{E_F - E_B}{kT} - \frac{\gamma}{k} + 1\right). \tag{4.39}$$

Auf Grund der geringeren Beweglichkeit fällt der SEEBECK-Koeffizient im Übergangsbereich von $S_{Th}(1)$ auf $S_{Th}(2)$ ab, um in der Auftragung gegen $1/T$ im weiteren Verlauf mit geringerer Steigung zuzunehmen. Der Zusammenhang ist aus der schematischen Darstellung nach Mott [1.33, 4.93, 98] in Abb. 4.15. ersichtlich.

Nach Messungen von Owen und Robertson [3.636] wird der der Bandleitung entsprechende Kurvenverlauf $S_{Fh}(1)$ bei den Gläsern As_2Se_3, $2\,As_2Se_3 \cdot As_2Te_3$ und $As_2Se_3 \cdot 2\,As_2Te_3$ erst im Temperaturbereich der Schmelze erreicht. Im glasartigen Zustand wird dagegen durch Seebeck-Effekt-Messungen häufig allenfalls nur der Übergangsbereich erfaßt, in dem die Steigung der $S_{Fh}(T)$-Kurve, wie aus Abb. 4.15. hervorgeht, kleiner ausfallen muß als in den σ_1 und σ_2 entsprechenden Bereichen. Der Anstieg E_S kann also nicht ohne weiteres zu einem Vergleich mit anderen Größen herangezogen werden.

Der Wechsel im Mechanismus läßt in der Leitfähigkeitskurve nach niedrigeren Temperaturen gleichfalls einen Übergang zu kleineren Aktivierungsenergien erwarten. Es ist aber oftmals schwierig, eine solche Änderung signifikant nachzuweisen. An Gläsern, deren

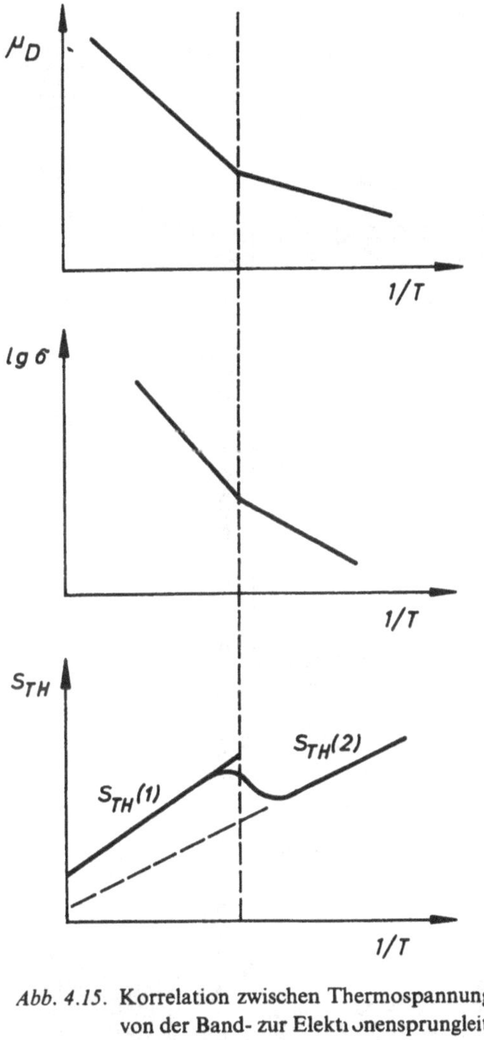

Abb. 4.15. Korrelation zwischen Thermospannung S_{Th}, lg σ und der Driftbeweglichkeit μ_D beim Übergang von der Band- zur Elektronensprungleitung in den Bandausläufern mit abnehmender Temperatur nach [4.98].

Tabelle 4.4. Leitfähigkeitsparameter von typischen Chalkogenidgläsern

Glas	$\frac{\sigma_{01}}{\Omega^{-1}\,\mathrm{cm}^{-1}}$	$\frac{E_\sigma = E_F - E_V}{\mathrm{eV}}$	$\frac{\sigma_{02}}{\Omega^{-1}\,\mathrm{cm}^{-1}}$	$\frac{E_1 = E_F - E_B}{\mathrm{eV}}$	$\frac{E_S}{\mathrm{eV}}$	$\frac{\Delta W_1}{\mathrm{eV}}$	Literatur
Se	10^4	1,13	—	—	1,15		[1.33, 4.100]
As*	$8 \cdot 10^4$	0,81	13	0,50	0,50	0,098	[3.189]
$TlAsTe_2$	$1{,}2 \cdot 10^3$	0,285	1,1	0,165			[4.105]
$TlAsTe_{1,5}Se_{0,5}$	$2{,}5 \cdot 10^3$	0,355	33	0,280			[4.105]
As_2Se_3		1,2; 1,06	$1{,}5 \cdot 10^3$	0,91	0,60	0,31	[3.267, 407]
	$1{,}5 \cdot 10^4$	0,99	$2 \cdot 10^2$	0,78		0,09	[3.639]
As_2Te_3			$1{,}5 \cdot 10^3$	0,42 (330 K)	0,25	0,17	[3.407]
				0,38 (130 K)		0,13	
				0,46 (> 230 K)	0,25		
					(<210 K)		[4.101]
				0,44	0,30		[4.102]
$AsTe_{1,5}Si_{0,025}$	3200	0,46	90	0,383			[3.707]
$AsTe_{1,5}Si_{0,44}$	3200	0,615	70	0,515			
AsTe				0,44	0,25	0,19	[3.703]
As_5Te_9J				0,36	0,32	0,04	[3.411]
$As_5Te_3J_2$				0,45	0,27	0,18	[3.703]
$AsTe_{16}Ge_3$				0,43	0,24	0,19	[3.703]
Ge_2Se_3*	$5{,}6 \cdot 10^3$	1,16	0,59	0,89			
Ge_2Se_2Te*	$9{,}2 \cdot 10^2$	0,86	0,0023	0,56			[4.106]
$CdAs_2$	$7{,}5 \cdot 10^4$	0,67	$4{,}8 \cdot 10^2$	0,453			[4.114]

* In diesen Gläsern wurde ein Überwiegen der Elektronenleitung festgestellt.

Leitfähigkeit bis zu hinreichend tiefen Temperaturen mit der erforderlichen Präzision gemessen werden kann, wurde in zahlreichen Fällen ein Abknicken in einen flacheren Kurvenverlauf festgestellt. Unter Zuhilfenahme von Thermo-EMK-Messungen kann dann eine Zerlegung der Aktivierungsenergie entsprechend Gl. (4.28) in die Anteile $E_\sigma = E_F - E_V$, $E_1 = E_F - E_B$ und ΔW_1 vorgenommen werden. Beiträge des Anteils σ_3 werden bei kompakten Chalkogenidgläsern nicht beobachtet.

In Tab. 4.4. sind die Leitfähigkeitsdaten einiger Gläser zusammengestellt.

Man erkennt, daß sich die experimentellen Werte in einer Reihe von Fällen zwanglos in das Konzept zweier Beiträge zur Leitfähigkeit $\sigma = \sigma_1 + \sigma_2$ einfügen. Beim As_2Se_3- und As_2Te_3-Glas folgt aus Thermo-EMK-Messungen, daß die Leitfähigkeit überwiegend in den Bandausläufern stattfindet. Der Wert für den präexponentiellen Faktor fällt hierfür aber wesentlich zu groß aus. Emin u. M. [4.96] sowie Seager u. M. [3.407, 703] deuten den Ladungstransportmechanismus in Gläsern der Systeme As-Te, Ge-As-Te und As-Te-J im Rahmen des Polaronensprungmodells (vgl. 4.1.2.1.). Danach resultiert die Temperaturabhängigkeit der Leitfähigkeit im wesentlichen aus der thermischen Aktivierung der Beweglichkeit, wobei sich für den präexponentiellen Faktor σ_{02} ein Wert von 10^2 bis $10^3\ \Omega^{-1}\mathrm{cm}^{-1}$ ergibt [3.636]. Der bei tiefer Temperatur festgestellte Übergang in einen flacheren Verlauf der Leitfähigkeitskurve, wie er z. B. bei den Gläsern $As_5Te_3J_2$ und AsTe beobachtet wurde [3.703] deutet dann offenbar auf einen Wechsel vom adiabatischen zum nichtadiabatischen Grenzfall der Polaronensprungleitung hin (vgl. 4.1.2.1.). Andrerseits ist das Leitfähigkeitsverhalten von Gläsern des Systems $AsTe_{1,5}Si_x$ sowie im Fall des wichtigen Modellglases $As_{3,0}Ge_{1,0}Si_{1,2}Te_{4,8}$ von Nagels u. M. [3.707, 4.93] auf der Basis von Gl. (4.28) nach dem Modell von Mott und Davis [1.33] interpretiert worden.

Amorphes Arsen ist ein Elektronenleiter, der Seebeck-Effekt weist ein negatives Vorzeichen auf. In Gläsern des Systems Ge_xSe_{1-x}, z. B. für die glasartige Verbindung Ge_2Se_3, wurde aus Driftbeweglichkeitsmessungen (vgl. 4.1.3.4.) gleichfalls auf Elektronenleitung geschlossen [4.143]. Auch in Ge-Se-Te-Gläsern überwiegt offenbar der Ladungstransport durch Elektronen [4.144]. Durch den Einbau von Bi in Gläser der Systeme Bi-Ge-Se und Bi-Ge-Se-Te wird die Dominanz der Elektronenleitung gegenüber der Defektelektronenleitung noch verstärkt [4.145, 146]. $(E_F - E_V)$ bzw. $(E_F - E_B)$ ist in Tab. 4.4. bzw. in den Gln. (4.30), 4.34), 4.38) und 4.39) in diesen Fällen durch $(E_C - E_F)$ bzw. $(E_A - E_F)$ zu ersetzen.

Hall-Effekt

Im Magnetfeld H_H, das senkrecht zur Richtung der Stromdichte liegt, entsteht in elektronenleitenden Festkörpern ein zu H_H und j_σ senkrechtes elektrisches Feld F_H. Die verknüpfende Eigenschaftsgröße ist der Hall-Koeffizient R_H.

$$R_H = F_H/j_\sigma H_H = -\frac{r_H}{ne} \quad \text{bzw.} \quad \frac{r_H}{pe}\,. \tag{4.40}$$

Die Ermittlung des Vorzeichens der Ladungsträger ist bei unipolarer Leitung (Majorität eines Ladungsträgertyps) auf diesem Wege möglich. Bei Kenntnis des Streufaktors r_H ist zugleich die Ladungsträgerdichte zugänglich. Aus

$$\mu_H = |R_H|\sigma = |r_H|\mu \tag{4.41}$$

ergibt sich die HALL-Beweglichkeit μ_H. Sie ist um den Faktor r_H größer als die der Leitfähigkeit zugrunde liegende Beweglichkeit. r_H ist für kristalline Leiter nicht sehr viel größer als eins.

In nichtkristallinen Halbleitern ist die Beweglichkeit dagegen bedeutend herabgesetzt und die mittlere freie Weglänge liegt im Bereich der zwischenatomaren Abstände, so daß Voraussagen über den Streumechanismus im Rahmen herkömmlicher Modelle nicht gegeben sind. Für Chalkogenidgläser ist ein negativer HALL-Koeffizient charakteristisch, was angesichts des positiven Vorzeichens des SEEBECK-Koeffizienten zunächst überraschend ist und als eine für glasartige Halbleiter typische Anomalie gewertet wurde [1.20, 4.111, 112]. Das Glas $TlAsTe_2$ stellt eine der wenigen Ausnahmen dar, in denen das Vorzeichen des SEEBECK- und des HALL-Koeffizienten übereinstimmt [3.751]. Auch im glasartigen Arsen ist der HALL-Koeffizient positiv, der SEEBECK-Koeffizient dafür aber negativ [3.189].

Von FRIEDMAN [4.109] wurde für den Bandleitungsfall die Beziehung

$$\mu_H = \frac{4\pi}{3} \frac{ea^2}{\hbar} a^2 J N_{\text{eff}} \frac{\bar{z}}{z}$$

abgleitet, in der J den Energiebetrag des Überlappungsintegrals zwischen benachbarten Bindungszentren, N_{eff} die Zustandsdichte im Bereich E_C bzw. E_V, z die Koordinationszahl und $\bar{z}$ die Anzahl der wechselwirkenden Zentren bezeichnet. Für das Verhältnis zur Beweglichkeit der Leitfähigkeit gilt

$$\frac{\mu_H}{\mu} = \frac{kT}{J} \tag{4.43}$$

woraus mit $J \approx 1$ eV für μ_H ein Wert von etwa 10^{-1} cm^{2}V^{-1}s^{-1} folgt, d. h. μ_H ist in glasartigen Halbleitern sicher nicht größer als 1/10 der Beweglichkeit der Leitfähigkeit in Bandzuständen. Für eine Konfiguration von drei wechselwirkenden Zentren ergibt sich nach der FRIEDMANschen Theorie für R_H ein negatives Vorzeichen, selbst wenn die Leitfähigkeit auf Defektelektronen beruht. Die Anomalie zwischen SEEBECK-Effekt und HALL-Effekt wurde auf diese Weise erstmals erklärt [4.109]. Eine analoge Aussage konnte für die Hallbeweglichkeit im Polaronensprungmechanismus von HOLSTEIN [4.110] gleichfalls begründet werden.

Sowohl die nach (4.42) zu erwartende Temperaturunabhängigkeit der HALL-Beweglichkeit als auch der Betrag von 10^{-1} cm^{2}V^{-1}s^{-1} wurde zumindest größenordnungsmäßig an zahlreichen Gläsern und Schmelzen der Systeme As-Se-Te [4.111] Ge-As-Te [4.112] und Tl-As-Se-Te [4.111, 113] durch experimentelle Messungen bestätigt. Eine Zusammenstellung von Werten ist in [4.92] angegeben. Die glasbildenden Arsenchalkogenide [3.639], As-Te-, As-Te-J- und Ge-As-Te-Gläser [4.92] zeigen im Bereich tiefer Temperaturen eine Abnahme der HALL-Beweglichkeit. In der Reihe As_2Se_3-As_2Te_3 durchläuft sowohl die Aktivierungsenergie der HALL-Beweglichkeit als auch der Wert von μ_H selbst bei etwa 50 mol% ein Minimum [3.639]. Für die Gläser $AsTe_{1,5}Si_x$ und $As_{0,30}Si_{0,12}Ge_{0,10}Te_{0,48}$ [3.707] ergibt die Auftragung von μ_H gegen $1/T$ Geraden. Offenbar kommt in der Abnahme von μ_H mit der reziproken Temperatur der Übergang von der Bandleitung zum Ladungstransport in den Bandausläufern zum Ausdruck.

4.1.3.2. *Leitfähigkeitseigenschaften des amorphen Siliciums und Germaniums und verwandter Systeme*

In 2.5.2.1. wurde begründet, daß in nichtkristallinen Festkörpern mit positiver effektiver Korrelationsenergie neutrale Defektzentren überwiegen, die durch je ein ungepaartes Elektron gekennzeichnet sind (homolytisch aufgespaltene Bindungen). Auf Grund der Fehlordnung und der damit verbundenen Schwankung der potentiellen Energie kann sich im Bereich der Überlappung der Zustandsdichteverteilung bei E_F (vgl. Abb. 2.56.) auch in diesem Fall eine bestimmte Konzentration geladener Defektzentren ergeben. Diese ist der Dichte der neutralen paramagnetischen Zentren aber nachgeordnet.

Nur in Ausnahmefällen gelingt in dieser Stoffklasse die Herstellung kompakter Proben durch Abschrecken von Schmelzen. Bei Leitfähigkeitsmessungen an dünnen Schichten, die nach einem der in 2.1.3. beschriebenen Verfahren zugänglich sind, sind neben präparationsbedingten Unterschieden und Temperatureffekten vor allem auch nichtohmsche Beiträge zur Leitfähigkeit zu beachten, die sich auf Grund der relativ hohen Feldstärke bereits bei Meßspannungen von einigen Volt ergeben können.

Die Literatur zum Leitfähigkeitsverhalten des amorphen Si und Ge bis 1973 wurde von Mell [3.138], Beyer und Stuke [3.139] und Fritzsche [4.92] zusammengefaßt. Weiterhin wurde von Stuke [4.115] über die Ladungstranporteigenschaften des amorphen Si berichtet. Von Hirosé u. M. [4.117] wurden die elektrischen Eigenschaften des amorphen Ge gleichfalls untersucht.

Der Seebeck-Koeffizient ist in dieser Gruppe amorpher Halbleiter in der Regel negativ. Der Kurvenverlauf ist im Bereich höherer Temperaturen relativ kompliziert, und bei hohen Abscheidungsraten ergeben sich für amorphe Ge-Schichten auch positive Werte [3.139, 267]. Die Thermo-EMK nimmt für Ge bei $T < 270$ K und für Si bei $T < 430$ K auf verschwindend kleine Werte ab. Typische Leitfähigkeitskurven sind in Abb. 4.16. angegeben. Die Werte unterscheiden sich beträchtlich je nach den Herstellungsbedingungen. Je höher die Temperatur des Temperns ist, bis zu umso höheren Temperaturen sind die amorphen Schichten vermeßbar. Dabei sinken die Leitfähigkeitskurven nach kleineren Werten ab und münden bei hoher Temperatur in einen steileren Verlauf ein, der offenbar dem Ladungstransport in Bandzuständen entspricht.

Die durch ESR-Messungen bestimmbare Spindichte nimmt beim Tempern gleichfalls ab, so daß eine Korrelation mit der Verminderung der Leitfähigkeit gegeben ist [4.115]. Der flachere Kurvenverlauf im Bereich tiefer Temperaturen kann, wie aus Abb. 4.17. hervorgeht, in befriedigender Weise durch Elektronensprungprozesse nach dem Mottschen $T^{-1/4}$-Gesetz entsprechend Gl. (4.36) beschrieben werden. Messungen an im Ultrahochvakuum aufgedampften amorphen Ge-Schichten liegen von Viscor und Yoffe [4.118] vor. Wird die Schichtdicke mit dem mittleren Sprungabstand vergleichbar, geht die Mottsche Beziehung (4.36) zur Beschreibung der Leitfähigkeit in eine $T^{-1/3}$-Abhängigkeit über.

Davis und Mott [4.119] ordnen die Leitfähigkeit des amorphen Ge im Temperaturbereich $T > 300$ K einem Ladungstransport in lokalisierten Zuständen am unteren Rand des Leitfähigkeitsbandes zu, wobei sich die Energieniveaus, die den Transport vermitteln, beim Tempern in Richtung auf delokalisierte Elektronenzustände bei E_C verschieben [1.33]. σ_0-Werte von $10^3\ \Omega^{-1}\mathrm{cm}^{-1}$ werden erreicht. Unterhalb 300 K erfolgt ein Übergang zur Elektronensprungleitung zwischen lokalisierten Zuständen im Bereich der Fermi-Energie. Es ist aber kaum anzunehmen, daß der Elektronensprungmechanismus mit variablem Abstand bereits bei Temperaturen $T > 200$ K wirksam wird. Von Grünewald und

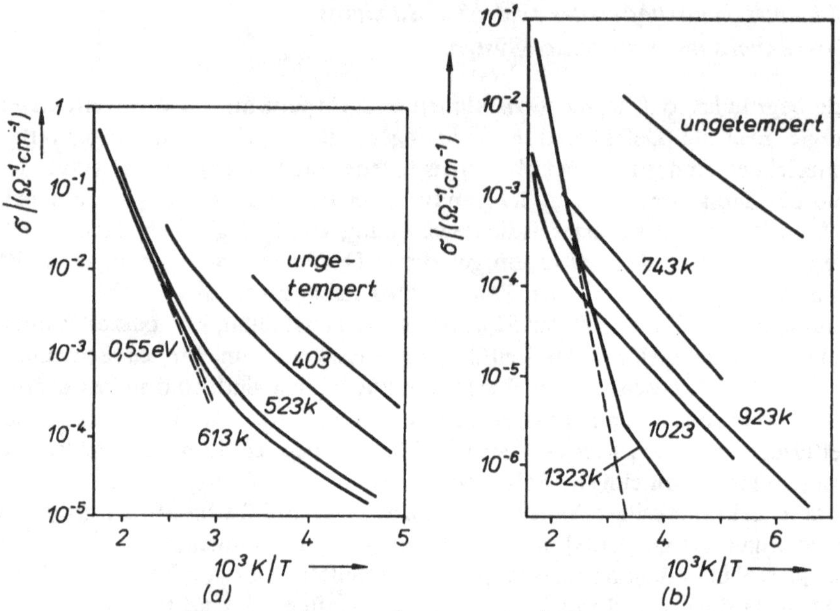

Abb. 4.16. (*a*) — Elektrische Leitfähigkeit amorpher Ge-Schichten, hergestellt durch thermische Verdampfung, Substrattemperatur: 313 K; mit zunehmender Tempertemperatur nimmt die Leitfähigkeit ab.
(*b*) — Elektrische Leitfähigkeit amorpher Si-Schichten, hergestellt durch Elektronenstrahlverdampfung, die verschiedenen Tempertemperaturen sind an den Kurven angegeben.

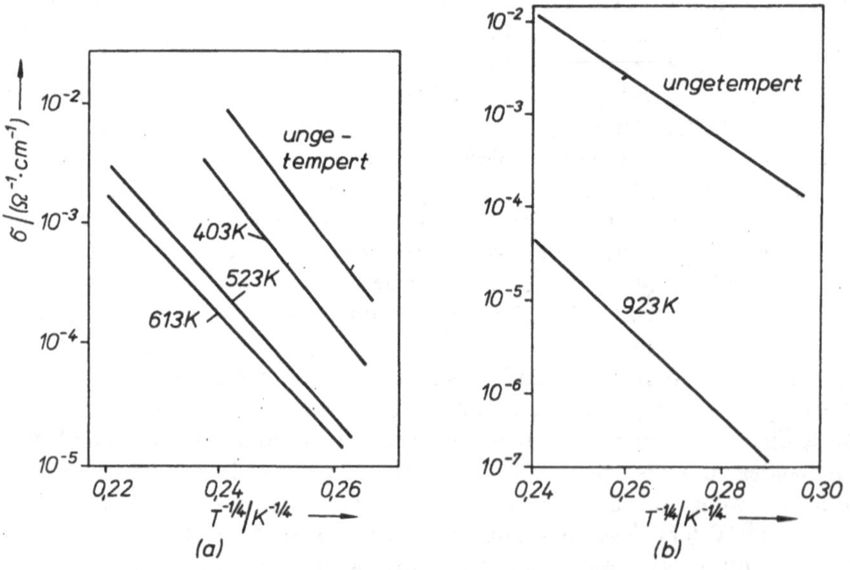

Abb. 4.17. Zur Gültigkeit des $T^{-1/4}$-Gesetz nach MOTT an amorphen Ge-Schichten (*a*) und amorphen Si-Schichten (*b*) entsprechend Abb. 4.16. nach [4.117] und [4.116].

THOMAS [4.120] wurde der Transport im amorphen Si mit Hilfe des MOTTschen $T^{-1/4}$-Gesetzes in den Bandausläufern untersucht. Nach NAKASHITA u. M. [4.116] erfolgt der Ladungstransport im amorphen Si allenfalls oberhalb 500 K in delokalisierten Zuständen ($E_\sigma = 0{,}69$ eV), zwischen 500 und 200 K in des Bandausläufern ($E_1 \approx 0{,}15$ eV) und unterhalb 200 K durch Elektronensprünge zwischen lokalisierten Zuständen im Bereich der FERMI-Energie ($\Delta W_1 \approx 0{,}1$ eV). Aus dem Anstieg der Kurven in Abb. 4.17.b) folgt für die ungetemperte Schicht nach (4.36) eine Defektzentrendichte von 10^{19} cm^{-3}.

Aus der Vielzahl der Untersuchungen zur Dotierung amorpher Si- und Ge-Schichten beansprucht die Einführung von Si-H- oder Si-F- bzw. Ge-H- und Ge-F-Bindungen ein besonderes Interesse. Sowohl die Spindichte als auch die Elektronensprungleitung wird dadurch unter die Grenze der Nachweisbarkeit herabgemindert. Die aufgebrochenen Bindungen sind in derartigen Schichten weitgehend abgesättigt [3.134]. Die Leitfähigkeitskurven ergeben in der Darstellung lg σ gegen $1/T$ in weiten Temperaturgrenzen annähernd Geraden [4.121—124]. Aus der Abweichung zwischen der Aktivierungsenergie der Leitfähigkeit und der des SEEBECK-Koeffizienten wird auch in den Wasserstoff enthaltenden amorphen Si- und Ge-Schichten auf einen Ladungstransport in den Bandausläufern geschlossen.

Im amorphen Bor liegt ein zum amorphen Si und Ge-weitgehend analoges Leitfähigkeitsverhalten vor (vgl. 3.1.2.1.). In den aus der Schmelze zugänglichen Gläsern $CdGeAs_2$, $CdSnAs_2$, $ZnGeP_2$ und $CdSiP_2$ (vgl. 3.1.2.3.) konnten die elektrischen Eigenschaften dagegen durch die Anteile σ_1 und σ_2 der Gl. (4.28) wie bei den Chalkogenidgläsern beschrieben werden [4.125]. Paramagnetische Zentren wurden in diesen Gläsern nicht bzw. nur in stark verminderter Konzentration festgestellt [4.126]. Im glasartigen $CdAs_2$ wurde neben Elektronensprungleitung in den Bandausläufern bei hoher Temperatur unterhalb 180 K ein Ladungstransportmechanismus zwischen lokalisierten Zentren nahe E_F mit variablem Abstand beobachtet [4.114].

4.1.3.3. *Wechselstromleitfähigkeit*

Für den Ladungstransport in Bandzuständen oberhalb E_C bzw. unterhalb E_V ist bis in die Größenordnung von 10^8 Hz keine Frequenzabhängigkeit der Leitfähigkeit zu erwarten. Beruht der Transport dagegen auf Elektronensprüngen in den Bandausläufern im Bereich ΔE_{lok} der Abb. 4.12. oder zwischen lokalisierten Zuständen innerhalb der Beweglichkeitslücke nahe der FERMI-Energie, so ist die Gleichstromleitfähigkeit an Perkolationspfade zwischen den Elektroden gebunden und für die Wechselstromleitfähigkeit ergeben sich Relaxationsprozesse, die oftmals bereits im kHz-Bereich wirksam werden. Für Elektronensprungleitung nahe der FERMI-Energie wurde von Austin und MOTT [4.74] die Beziehung

$$\sigma(\omega) = \frac{\pi}{3} e^2 kT[N(E_F)]^2 c^{-5} \omega [\ln (\nu_{Ph}/\omega)]^4 \tag{4.44}$$

abgeleitet. Darin gibt $N(E_F)$ die Zustandsdichte der Defektzentren, c den Exponenten im Überlappungsfaktor, der den Abfall der Wellenfunktion beschreibt, vgl. Gl. (4.24), und ν_{Ph} die Phononenfrequenz (etwa 10^{12} bis 10^{13} s^{-1}) an.

Nach (4.44) nimmt $\sigma(\omega)$ mit der Temperatur linear zu, und bei der Auftragung von $\ln \sigma(\omega)$ gegen $\ln \omega$ sollte die Steigung mit der Frequenz geringfügig abnehmen. Gl. (4.44) kann durch eine zu (4.18) analoge Beziehung angenähert werden.

$$\sigma(\omega) \simeq \text{const}\ \omega^n \simeq \text{const}\ \omega^{0,8} . \tag{4.45}$$

Der Exponent n ist durch $d(\ln \sigma)/d(\ln \omega)$ definiert. Mit $\nu_{Ph} = 10^{13}\ s^{-1}$ erhält man aus $n = 1 - 4/\ln(\nu_{Ph}/\omega)$ für $\omega = 10^2\ s^{-1}$ einen Wert $n = 0{,}84$ und für $\omega = 10^8\ s^{-1}$ $n = 0{,}65$. Häufig wird für $n = 0{,}8$ angegeben. Das gilt aber eigentlich nur im Frequenzbereich von 10^4 Hz.

Erfolgt der Ladungstransport in den Bandausläufern, so liegt auch in diesem Fall ein thermisch aktivierter Sprungmechanismus vor, und es ist gleichfalls eine Frequenzabhängigkeit der Leitfähigkeit mit $\omega[\ln(\nu_{Ph}/\omega)]^4$ zu erwarten. In bezug auf die Temperaturabhängigkeit sollte sich dagegen eine mit der Gleichstromleitfähigkeit vergleichbare Aktivierungsenergie ergeben.

$$\sigma(\omega, T) \sim kT \exp[-(\Delta E_1/kT)] . \tag{4.46}$$

Je nach dem untersuchten Temperatur- und Frequenzbereich wird der eine oder der andere Mechanismus überwiegen.

An amorphen Si- und Ge-Schichten ist die Gültigkeit von (4.44) bestätigt worden. Unter Verwendung sinnvoller Werte für c erhält man für $N(E_F)$ im Falle des amorphen Ge eine Zustandsdichte von 10^{19} bis $10^{20}\ eV^{-1}cm^{-3}$, die mit den aus dem MOTTschen $T^{-1/4}$-Gesetz nach (4.36) berechneten Werten befriedigend übereinstimmt [4.127—129]. Eine Zusammenstellung und kritische Bewertung der Interpretation experimenteller Befunde, die zahlreiche Chalkogenidgläser einbezieht, geben HILL und JONSCHER [4.130]. Die Gläser As_2Se_3 [4.131 bis 133], As_2Se_3-As_2Te_3 [3.636], As_2Te_3, $AsSiTe_2$, $As_{32}Si_{10}Ge_5Te_{53}$ [4.135] und zahlreiche weitere Systeme weisen stets eine Frequenzabhängigkeit der Leitfähigkeit nach Gl. (4.45) mit Exponenten n zwischen 0,7 und 1,0 auf [4.92, 93].

In Abb. 4.18. sind typische Kurvenscharen nach [4.133] angegeben.

Im Bereich niedriger Frequenzen überwiegt die Gleichstromleitfähigkeit. Ihr Beitrag ist stark temperaturabhängig. Mit zunehmender Frequenz macht sich ein frequenz-

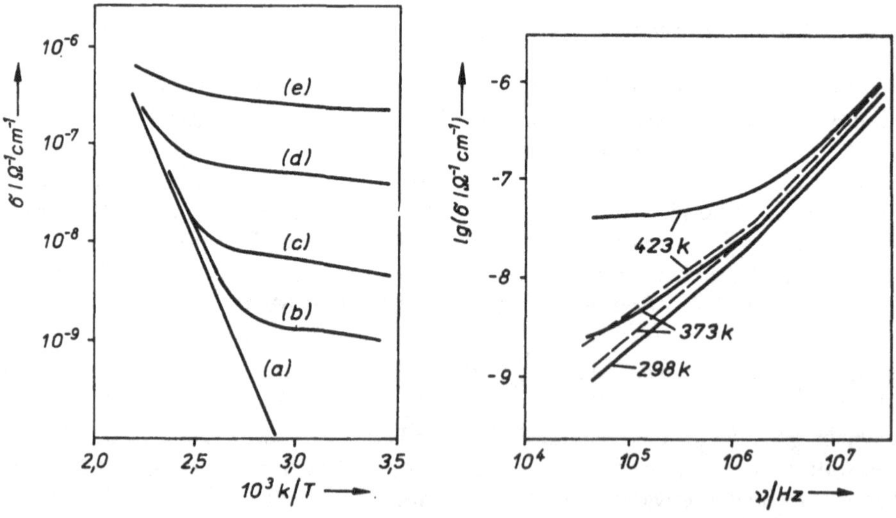

Abb. 4.18. Temperatur- und Frequenzabhängigkeit der Leitfähigkeit von glasartigem As_2Se_3 nach [4.133].
(*a*) — Gleichstromleitfähigkeit, (*b*) — $5 \cdot 10^4$ Hz, (*c*) — $3 \cdot 10^5$ Hz, (*d*) — $3 \cdot 10^6$ Hz, (*e*) — $1{,}4 \cdot 10^7$ Hz.
Die gestrichelten Kurven entsprechen jeweils der Subtraktion der Gleichstromleitfähigkeit.

abhängiger Anteil als weitgehend temperaturunabhängige Komponente immer mehr bemerkbar. Die allgemein übliche Zerlegung in zwei additive Anteile erscheint aber nur gerechtfertigt, wenn die beiden Beiträge unterschiedlichen Mechanismen entsprechen. Die Berechnung der Zustandsdichte von Lokaltermen im Bereich der FERMI-Energie nach (4.44) führt bei Chalkogenidgläsern zu Werten von 10^{18} bis 10^{21} $eV^{-1}cm^{-3}$. Elektronensprungleitung mit variablem Abstand wird aber im Widerspruch dazu bei dieser Klasse von Gläsern nicht festgestellt. Neuere theoretische Untersuchungen zur Wechselstromleitfähigkeit auf der Grundlage von Elektronensprungprozessen liegen von ZVYAGIN [4.147] vor.

Nach ELLIOT [4.136] kann die Temperatur- und Frequenzabhängigkeit der Wechselstromleitfähigkeit von Chalkogenidgläsern in Übereinstimmung mit experimentellen Befunden erklärt werden, wenn man von einer paarweisen Verteilung positiv und negativ geladener Defektzentren, wie sie in den aus der Eigenfehlordnung resultierenden Dichte von Valenzwechselpaaren gegeben ist, ausgeht und Sprünge von zwei Elektronen über eine Potentialbarriere annimmt (vgl. 4.1.3.5.). Unmittelbar benachbarte positiv und negativ geladene Defektzentren können auf die Wechselstromleitfähigkeit einen besonders starken Einfluß ausüben.

4.1.3.4. *Driftbeweglichkeit*

Als eine weitere wichtige Methode zur Ermittlung der Dichte lokalisierter Zustände vor allem in den Bandausläufern, aber auch zur Gewinnung von Informationen über die Wirkung tief liegender Defektzentren in der Beweglichkeitslücke nahe der FERMI-Energie haben sich Driftbeweglichkeitsmessungen sehr bewährt.

Die z. B. etwa 50 µm dicke Probe wird beidseitig kontaktiert, auf der einen Seite aber mit einer semitransparenten Elektrode versehen, so daß durch Einwirkung eines intensiven, zeitlich kurzen Lichtimpulses, der stark absorbiert wird, oder durch Elektronenbeschuß, im kontaktnahen Bereich eine hohe Dichte quasifreier Ladungsträger beiderlei Vorzeichens erzeugt wird. Je nach Polung wird die eine Ladungsträgerart von der Elektrode sofort abgezogen, während sich die andere durch die Probe hindurch zur entgegengesetzt geladenen Elektrode ausbreitet. Ist die dielektrische Relaxationszeit, bedingt durch eine hohe Dichte bereits vorhandener quasifreier Ladungsträger klein, erfolgt unmittelbar Abschirmung, und man kann allenfalls die Driftbeweglichkeit der Minoritätsladungsträger bestimmen. Im Gegensatz zu den kristallinen Halbleitern liegen aber in den nichtkristallinen halbleitenden Festkörpern hochohmige Materialien vor. (i. allg. $\varrho > 10^7\ \Omega\,cm$), und die dielektrische Relaxationszeit ist dementsprechend in geeigneter Meßanordnung größer als die für die Wanderung der Ladungen durch die Probe erforderliche Driftzeit (transit time) t_D. Es resultiert daraus die Möglichkeit einer gesonderten Bestimmung der Driftbeweglichkeit von Elektronen und Defektelektronen. Sie ergibt sich aus der Probendicke d und der Feldstärke F nach

$$\mu_D = d/F \cdot t_D\,. \tag{4.47}$$

Man erhält bei mittleren Temperaturen definierte Driftzeiten, wobei die in (4.47) enthaltene Abhängigkeit der Schichtdicke und der Feldstärke hinreichend erfüllt ist (*time-of-flight*-Methode). Die Meßmethode wurde von SPEAR [3.264] auf nichtkristalline Festkörper angewendet (vgl. auch [1.33, 4.92, 93]). Während der Driftzeit können einige Träger durch tiefliegende Lokalterme abgefangen werden. Es ergibt sich daraus eine mittlere Lebensdauer τ_D, und die Zahl der driftenden Träger ist durch die Beziehung

$$n_D(t) = n_D(0) \exp(-t/\tau_D) \tag{4.48}$$

zu beschreiben.

Die Driftbeweglichkeit μ_D ist i. allg. kleiner als die Beweglichkeit μ der Leitfähigkeit. Die Ladungen werden auf ihrem Weg durch die Probe wiederholt durch dicht unterhalb der Beweglichkeitskante E_C bzw. oberhalb E_V liegende Lokalterme, sog. flache Haftstellen, eingefangen und durch thermische Aktivierung wieder freigesetzt. Je höher die Temperatur ist, umso mehr sind tiefer liegende Haftstellen in diesen Prozeß einbezogen.

Mit n_D für die driftende Trägerdichte und n_t für die Dichte der Träger, die sich im zeitlichen Mittel in den Haftstellen aufhalten, folgt aus $\mu_D = \mu[n_D/(n_D + n_t)]$ die Beziehung

$$\mu_D = \mu[1 + (N_t/N_c) \exp(E_c - E_t)/kT]^{-1} \quad \text{bzw.} \tag{4.49a}$$

$$\mu_D \simeq \mu(N_c/N_t) \exp[-(E_c - E_t)/kT] \,.$$

Darin bezeichnet N_t die Zustandsdichte der Lokalterme bei E_t. Durch Auftragung von $\ln \mu_D$ gegen $1/T$ ergibt sich aus der Steigung die Tiefe der Haftstellen $(E_C - E_t)$ bzw. bei entgegengesetzter Polung $(E_t - E_V)$ und aus dem Ordinatenabschnitt die Zustandsdichte der Lokalterme in den Bandausläufern, die die Driftbeweglichkeit gegenüber der Beweglichkeit der Leitfähigkeit begrenzen. Die Analyse des zeitlichen Abfalls des Meßsignals in Abhängigkeit von der Schichtdicke liefert die mittlere Lebensdauer und damit Aussagen über die Wirkung tief liegender Haftstellen.

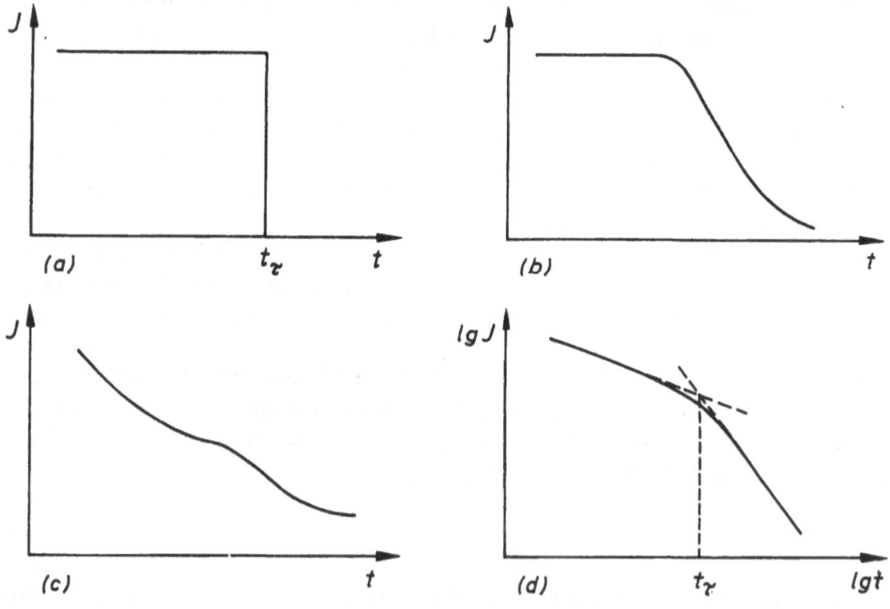

Abb. 4.19. Zeitabhängigkeit des Driftstroms.

(*a*) — Idealfall, (*b*) — Normaler Verlauf, (*c*) — Dispersiver Ladungstransport, (*d*) — Auswertung der exp. Kurve (*c*).

Der Idealfall, in dem die durch einen Lichtimpuls erzeugte Trägerdichte, wie in Abb. 4.19.a) angedeutet, die andere Seite der Probe erreicht und zu einem Entladungsstrom I bestimmter Stärke Anlaß gibt, der sprunghaft auf Null abfällt, ist nicht verwirklicht. Auf Grund der Statistik des aus vielen Einzelprozessen bestehenden Gesamtvorgangs, ist ein Abfall zu erwarten, der etwa einer GAUSS-Kurve entspricht, s. Abb. 4.19.b). Man findet aber insbesondere bei tiefer Temperatur starke Abweichungen im Kurvenverlauf — Abb. 4.19.c) —, die die korrekte Ermittlung einer bestimmten Driftzeit außerordentlich erschweren [4.93, 138, 139]. Der Effekt wird in der Literatur als dispersiver Ladungstransport bezeichnet.

Trägt man ln $I(t)$ gegen ln t auf, ergeben sich Kurvenverläufe, die durch zwei Geraden angenähert werden können. Ihr Schnittpunkt wird als die zu bestimmende Driftzeit definiert. Die auf solche Weise ermittelte Driftbeweglichkeit hängt aber in der Regel noch von der Feldstärke und der Schichtdicke ab, und sie zeigt außerdem ein (4.49) entsprechendes thermisch aktiviertes Verhalten. Mehrere Modelle sind zur Interpretation des dispersiven Ladungstransports vorgeschlagen worden [4.140—142]. Eine allgemein gültige Interpretation steht bisher aus. Der Einblick in Details des Ladungstransports nichtkristalliner Festkörper ist durch Driftbeweglichkeitsmessungen aber wesentlich erweitert worden.

Eine Zusammenstellung von Meßresultaten am reinen und durch geringe As-Zusätze modifizierten glasartigen Selen ist in der Arbeit von OWEN und SPEAR [3.394] enthalten. Dieser Publikation ist das in Abb. 4.20. dargestellte Diagramm entnommen.

Vor allem der Einfluß von verschiedenartigsten Fremdzusätzen auf die Zustandsdichteverteilung der Lokalterme in glasbildenden Verbindungen wurde durch Driftbeweglichkeitsmessungen an zahlreichen Systemen untersucht.

In Tab. 4.5. sind Daten zur Driftbeweglichkeit für typische nichtkristalline Festkörper

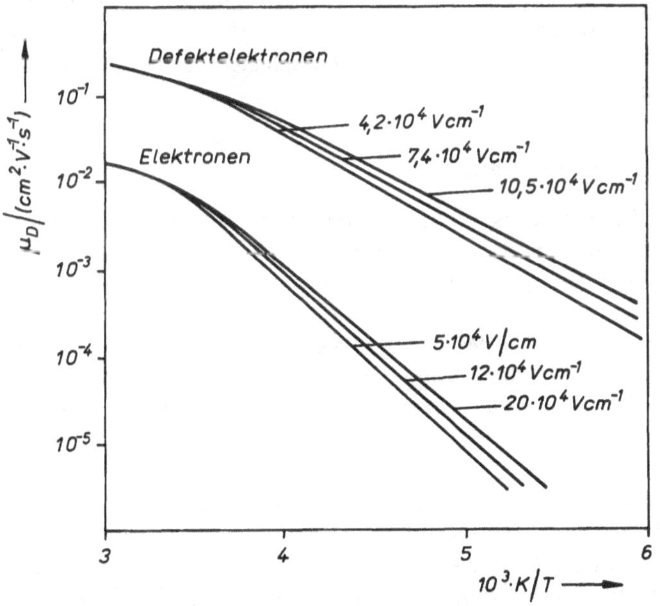

Abb. 4.20. Driftbeweglichkeit der Elektronen und Defektelektronen in amorphen Se-Schichten in Abhängigkeit von der Temperatur sowie der Feldstärke als Parameter nach [3.394].

Tabelle 4.5. Driftbewegkeit ausgewählter nichtkristalliner Festkörper

Substanz	$\frac{\mu_D(n)}{cm^2 V^{-1} s^{-1}}$	$\frac{E_C - E_t}{eV}$	$\frac{\mu_D(p)}{cm^2 V^{-1} s^{-1}}$	$\frac{E_t - E_V}{eV}$	Literatur
Se	$3-6 \cdot 10^{-3}$ (300 K)	0,29—0,33	$1-2 \cdot 10^{-1}$	0,13—0,28	[3.394]
As_2Se_{23}	$1,3 \cdot 10^{-4}$	0,44	—	—	
As_2Se_3	—	—	$2 \cdot 10^{-6}$	0,53	[3.395, 4.142, 150]
$GeSe_2$	$1,4 \cdot 10^{-1}$		$4 \cdot 10^{-2}$		[4.151]
$GeSe_4$	$1,0 \cdot 10^{-1}$	0,28	$3,8 \cdot 10^{-2}$	0,42	
Ge_2Se_3	$7,4 \cdot 10^{-1}$		$1,6 \cdot 10^{-2}$		[4.143]
$Se_{97,3}Te_{2,7}$	$9,6 \cdot 10^{-4}$	0,25	$1,0 \cdot 10^{-2}$	0,25	
$As_{6,6}Se_{87,0}Te_{6,4}$	$1,2 \cdot 10^{-4}$	0,29	$4,0 \cdot 10^{-3}$	0,14	[3.641]
SiO_2	$< 10^{-5}$		20—40		[3.441, 4. 152]

angegeben. Die Driftbeweglichkeit von As_2S_3-Schichten, die bei 298 K abgeschieden wurden, ist um etwa eine Größenordnung größer als von Schichten, bei deren Herstellung die Substrattemperatur auf 458 K (nahe T_G) gehalten wurde [4.99].

Aus dem großen Unterschied zwischen der Driftbeweglichkeit der Elektronen und Defektelektronen im reinen Kieselglas kann auf beträchtliche Unterschiede in der Zustanddichteverteilung am unteren Rand des Leitfähigkeitsbandes und am oberen Rand des Valenzbandes geschlossen werden. Mit der von Lucovsky ermittelten Dichte von etwa $3 \cdot 10^{19}$ C_3^+- und C_1^--Zentren im SiO_2 (vgl. Abb. 2.40.) lassen sich die Transporteigenschaften widerspruchsfrei erklären, wenn man für die Valenzwechselpaare enge Nachbarschaftsbeziehungen annimmt. Das Ladungstransportverhalten wird im Kieselglas durch eng benachbarte Dipole von C_3^+- und C_1^--Zentren bestimmt [3.441]. Ein einfaches physikalisches Bild der Rekombinationsprozesse in Verbindung mit Driftbeweglichkeitsmessungen vermittelt die Arbeit von Scher [4.341].

4.1.3.5. *Fremdzusätze und elektrische Leitfähigkeit*

Es wurde erstmals von Kolomiec hervorgehoben, daß die elektrischen Eigenschaften halbleitender Gläser gegenüber Fremdzusätzen vergleichsweise unempfindlich sind (vgl. z. B. [1.20]). Definierte glasbildende Verbindungen geben sich im Verlauf der Aktivierungsenergie häufig an bestimmten Extremwerten zu erkennen, im System As_xSe_{1-x} für As_2Se_3 z. B. in einem Maximum [3.395] oder in den Reihen $Ge_x(Se_{1-y}Te_y)_{1-x}$ für $Ge(Se_{1-y}Te_y)_2$ in einem Minimum (Abb. 3.44.). Vergleicht man mit den außerordentlich starken Änderungen, wie sie bei kristallinen Halbleitern bereits bei geringen Stöchiometrieabweichungen hervorgerufen werden, erweist sich der Einfluß der Zusammensetzungsvariation auf das Leitfähigkeitsverhalten als relativ gering.

Von Mott [2.382] wurde dieser bemerkenswerte Unterschied auf die plausibel erscheinende Annahme zurückgeführt, daß in glasartig erstarrenden Schmelzen sämtliche Atome die für sie charakteristische Anzahl kovalenter Bindungen ausbilden. Im kristallinen Zustand wird den Fremdatomen bei fester Lösung dagegen häufig der für das Wirtsgitter typische Struktur- und Bindungszustand aufgeprägt. Die Ausbildung zusätzlicher oder die Entstehung unabgesättigter Bindungen ist damit i. allg. verbunden.

Modifizierung von Chalkogenidgläsern

Eingehendere Untersuchungen haben gezeigt, daß Zusätze, die das Muster der Defektzentren innerhalb der Beweglichkeitslücke modifizieren, an halbleitenden Gläsern und amorphen Stoffen gleichfalls beträchtliche Variationen der Leitfähigkeitsparameter hervorrufen können. Aus derartigen Abhängigkeiten konnten wesentliche Aussagen über die Art und das Verhalten der Defektzentren abgeleitet werden. In Tab. 4.6. ist die Modifizierung der elektrischen Eigenschaften durch Fremdzusätze für eine Auswahl von Chalkogenidgläsern zusammengestellt.

Tabelle 4.6. Elektrische Eigenschaften ausgewählter Chalkogenidgläser in Abhängigkeit von Fremdzusätzen

Glas	σ/Ω^{-1} cm^{-1} (300 K)	E_σ/eV	Modif. Glas (mol %)	σ/Ω^{-1} cm^{-1} (300 K)	E_σ/eV	Literatur
Se	10^{-18}	1,13	20 ppm O	10^{-11}	0,75	[4.153]
			500 ppm Cl	10^{-9}	0,56	[2.377]
			0,1% K	10^{-13}		
As_2Se_3	10^{-12}	0,99	5% Cu	10^{-8}	0,68	[4.154, 155]
	$6 \cdot 10^{-13}$	0,86	2,4% Cu	$6 \cdot 10^{-11}$	0,61	[3.724]
	10^{-12}	0,9	28,6% Tl	$2{,}5 \cdot 10^{-7}$	0,48	[3.749]
		0,92	3% Ga		0,75	
			0,2% B		0,75	[4.157]
			0,6% In		0,75	
			0,4% Al		0,75	
$As_{30}Si_{12}Ge_{10}Te_{48}$	$4 \cdot 10^{-8}$	0,68	1% Mn	$4 \cdot 10^{-7}$	0,5	[3.782]
$(PbSe)_y(Ge_2Se_3)_{0,5-0,5y}$ $(y = 0)$	$6{,}3 \cdot 10^{-15}$		$y = 0{,}40$	$1{,}6 \cdot 10^{-10}$	0,70	[2.350]
$(PbSe)_y(GeSe)_{0,65-y}$ $(GeSe_2)_{0,35}$ $(y = 0)$	$1{,}8 \cdot 10^{-15}$	0,97	$y = 0{,}45$	$1{,}6 \cdot 10^{-10}$	0,65	[2.350]
$Ge_{0,4-x}Sn_xSe_{0,5}Te_{0,1}$ $(x = 0)$	10^{-15}	0,78	$x = 0{,}08$	$5 \cdot 10^{-10}$	0,63	[2.336]
$Ge_{0,4-x}Sn_xSe_{0,4}Te_{0,2}$ $(x = 0)$	$2 \cdot 10^{-13}$	0,56	$x = 0{,}12$	$2{,}5 \cdot 10^{-7}$	0,47	[4.106]

Das für glasartiges Selen charakteristische Eigenfehlordnungsgleichgewicht entsprechend Abb. 2.41. führt zu der in Abb. 2.57. a) dargestellten Zustandsdichteverteilung positiv und negativ geladener Defektzentren, die die Fermienergie etwa in der Mitte der Beweglichkeitslücke temperaturunabhängig festlegen. Durch den Einbau von Kalium oder von K_2Se werden die C_3^+-Zentren ($[Se_{3/2}Se]^+$-Baugruppen) nach

$$K_2Se + Se_{3/2}Se^+ \rightarrow 2\,K^+ + Se_{1/2}Se^- + SeSe_{2/2} \tag{4.50}$$

abgebaut und die Konzentration der C_1^--Zentren ($[Se_{1/2}Se]^-$-Baugruppen) entsprechend erhöht. Fügt man der Selenschmelze umgekehrt Oxid- oder Chloridverunreinigungen zu, z. B. etwas SeO_2 bzw. $SeCl_2$, oder läßt man eine partielle Oxydation bzw. Chlorierung zu, treten nach

$$SeCl_2 + Se_{1/2}Se^- \rightarrow Se_{3/2}Se^+ + 2\,Cl^- \quad \text{bzw.} \tag{4.51}$$

$$2\,SeO_2 + SeSe_{2/2} + 2\,Se_{1/2}Se^- \rightarrow 2\,Se_{3/2}Se^+ + 4\,Se_{1/2}O^- \tag{4.52}$$

anstelle der C_1^--Zentren Cl^--Ionen bzw. negativ geladene endständige Oxidionen auf, wobei zugleich die Dichte der C_3^+-Zentren erhöht wird.

Die Verhältnisse sind in Abb. 4.21. dargestellt.

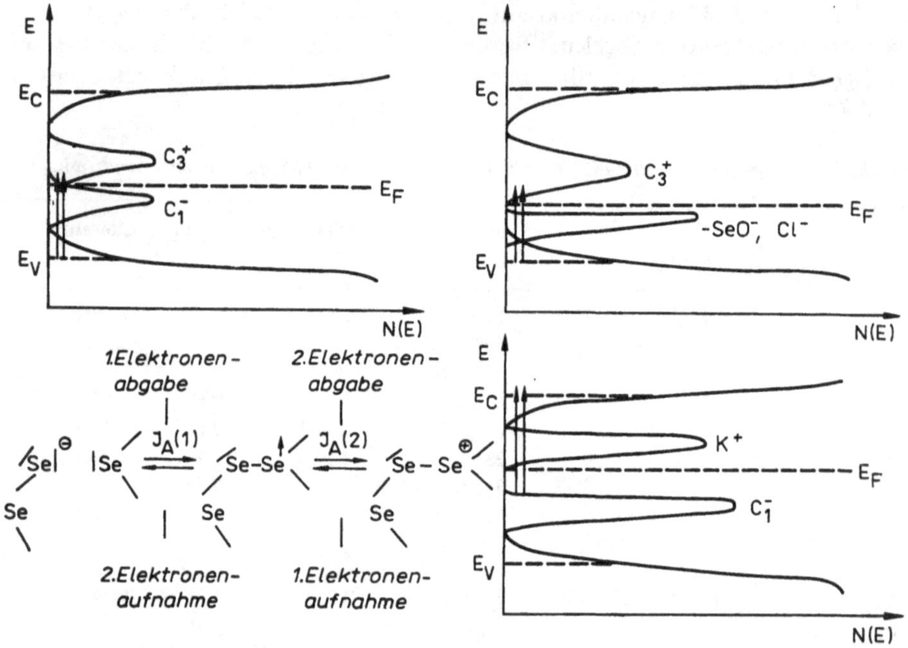

Abb. 4.21. Doppelanregung von Ladungsträgern in Chalkogenidgläsern auf Grund der negativen effektiven Korrelationsenergie, gezeigt am Beispiel des glasartigen Selens und der Einfluß von Oxidverunreinigungen oder von Cl^- bzw. von K^+-Ionen auf die Aktivierungsenergie der Leitfähigkeit.

Betrachtet man das mikroskopische Gleichgewicht für die Ladungsträgergenerationsrate p_G und die Rekombinationsrate p_R, so ergeben sich in Anlehnung an Abb. 4.12. für das reine Selenglas — Abb. 4.21. — die folgenden Beziehungen:

$$p_G \sim \exp\,[-2(E_F - E_V)/kT] = \exp\,[-(I_A(1) + I_A(2))/kT] \tag{4.53}$$

$$p_R \sim p^2 \tag{4.54a}$$

$$p \sim \exp\,[-(E_F - E_V)/kT]\,. \tag{4.55a}$$

Die Rekombinationsrate ist dem Quadrat der Defektelektronenkonzentration p proportional. Der Doppelpfeil zeigt die mit der thermischen Anregung zweier Elektronen aus dem Valenzband verbundene Umwandlung eines C_3^+-Zentrums in ein C_1^--Zentrum an, und folglich gilt entsprechend (2.128) $2\,(E_F - E_V) = I_A(1) + I_A(2)$. Die Konzentration der letzteren geht in den Ansatz für die Rekombinationsrate und damit in das Massenwirkungsgesetz ($p_G = p_R$) für das mikroskopische Gelichgewicht nicht ein, da die aus der Ladungsträgergeneration resultierende Änderung auf Grund der von vornherein hohen Dichte an C_1^--Zentren praktisch nicht ins Gewicht fällt.

Im durch Oxidionen oder Chloridionen dotierten Selen sind die C_1^--Ionen dagegen weitgehend eliminiert — Abb. 4.21. —, und die mit der thermischen Anregung von Defektelektronen verbundene Erzeugung von C_1^--Zentren ist nach MOTT [2.377, 403] entsprechend

$$p_R \sim p^2[C_1^-] \tag{4.54b}$$

mit zu berücksichtigen. Für die Trägerdichte folgt daraus

$$p \sim \exp[-2(E_F - E_V)/3kT]\,. \tag{4.55b}$$

Die Kompensation wird also durch derartige Zusätze in Chalkogenidgläsern aufgehoben, und gegenüber der für das undotierte Glas charakteristischen Aktivierungsenergie ist eine Abnahme auf 2/3 des Ausgangswertes zu erwarten [2.377, 403]. Die Breite der optischen Bandlücke wird durch die Fremdzusätze nicht verändert. Die in Tab. 4.6. angegebenen Daten bestätigen annähernd eine solche Voraussage.

Modifiziert man das glasartige Selen durch Kaliumzusätze, muß eine Verlagerung der FERMI-Energie in Richtung auf das Leitfähigkeitsband eintreten, was zumindest in der Tendenz einen Übergang zur Elektronenleitung vermuten läßt. Die Auswirkungen auf die elektrische Leitfähigkeit ist aber vergleichsweise geringer, denn selbst bei einem Gehalt von 0,1% K wird gegenüber dem reinen Selenglas nur eine Erniedrigung auf etwa $10^{-13}\ \Omega^{-1}\ \mathrm{cm}^{-1}$ festgestellt. Die Ursache ist offenbar darin zu sehen, daß die FERMI-Energie im undotierten Selen, wie bei den meisten Chalkogenidgläsern, vom Valenzband weniger weit entfernt ist als vom Leitfähigkeitsband. Die Abweichung von der Mittellage wurde von MOTT [2.377] durch Vergleich der unterschiedlichen Dotierungseffekte zu etwa 0,13 eV abgeschätzt.

In Abb. 4.21. ist veranschaulicht, daß der Mechanismus der Ladungsträgergeneration und -rekombination im glasartigen Selen mit einem ständigen Lösen und Neuknüpfen von Bindungen verbunden ist. Die C_3^+- und C_1^--Zentren stehen im Sinne eines dynamischen Gleichgewichts mittels Doppelanregung von Elektronen bzw. Defektelektronen untereinander in einer Wechselbeziehung. Sie entsprechen verschiedenen Besetzungen ein und desselben Strukturdefekts. Das Beispiel zeigt eindrucksvoll den engen Zusammenhang zwischen Ladungstransporteigenschaften und strukturellen Veränderungen in nichtkristallinen Systemen. Der Mechanismus der thermischen Generation von beweglichen Ladungen ist mit einer reversiblen gegenseitigen Umwandlung der für die Eigenfehlordnung charakteristischen Baugruppen verknüpft. Ein derartiges Verhalten ist für kondensierte Systeme mit negativer effektiver Korrelationsenergie charakteristisch.

Die Änderung der Leitfähigkeitsparameter im Fall des Glases $As_{0,3}Si_{0,12}Ge_{0,1}Te_{0,48}$ durch den Einbau von 1% Mn ist in analoger Weise erklärt worden [3.782]. ESR-Messungen lassen auf tetraedrische $[MnTe_4]$-Baugruppen schließen, die die D^+-Zentren weitgehend herabmindern und die D^--Zentren erhöhen, so daß auch hier der Kompensationszustand des amorphen Halbleitermaterials aufgehoben wird. Die Breite der Beweglichkeitslücke erfährt durch den Mn-Einbau keine Veränderung. Über die Konstitution der Defektzentren können angesichts der komplexen Zusammensetzung und Struktur des Glases kaum Aussagen getroffen werden.

Cu-Atome treten in glasartiges As_2Se_3 nach [4.154, 158] als Cu^I-Ionen gleichfalls in tetraedrischer Koordination ein, und ähnliche Strukturen sind vermutlich auch für die anderen in Tab. 4.6. aufgeführten Fremdzusätze anzunehmen. Von KASTNER [4.159] wurde darauf hingewiesen, daß derartige Koordinationszentren im Sinne der inneren Komplexbildung neutral sind. Sie üben keinen Einfluß auf das in einer As_2Se_3-Schmelze vorliegende Eigenfehlordnungsgleichgewicht aus. Nimmt man z. B. den Einbau von Cu_2Se an, so ergibt sich die folgende Reaktion:

$$7\,Se(AsSe_{2/2})_2 + Cu_2Se \rightarrow 2\,\{Se_{2/2}AsSeCu[Se(AsSe_{2/2})_2]_3\}\,. \quad (4.56)$$

Erst durch Dissoziation entsprechend

$$Se_{2/2}AsSeCu[Se(AsSe_{2/2})_2]_3 + Se(AsSe_{2/2})_2 \rightleftarrows \quad (4.57)$$
$$\{Cu[Se(AsSe_{2/2})_2]_4\}^+ + Se_{2/2}AsSe^-$$

entstehen negativ geladene Defektzentren, die sich mit den species der Eigenfehlordnung in Gl. 3.9), (vgl. 3.2.1.5.) ins Gleichgewicht setzen und die C_3^+-Zentren $[Se(AsSe_{2/2})_3]^+$ herabmindern. Je nach der Bilanz der freien Enthalpie der gekoppelten Gleichgewichte (3.9) und 4.57) wird ein mehr oder weniger großer Anteil an geladenen Zentren aus derartigen Prozessen hervorgehen. Der gegenüber kristallinen Halbleitern vergleichsweise geringe Dotierungseffekt und der unterschiedliche Wirkungsgrad der verschiedenen Zusätze kann auf diesem Wege erklärt werden. Die Gleichgewichtsbeziehungen wurden für verschiedene Randbedingungen abgeleitet [2.390, 4.160].

Es ist in diesem Zusammenhang auffallend, daß sich die in 3.3.6.4. behandelten Pb-Ge-Se- und Ge-Sn-Se-Te-Gläser in den in Tab. 4.6. angegebenen Substitutionsreihen bis zur Glasbildungsgrenze gleichfalls in dieses Konzept einfügen.

In den Gläsern $Ge_{0,4}Se_{0,5}Te_{0,1}$ und $Ge_{0,4}Se_{0,4}Te_{0,2}$ ($x = 0$) — sie gehören dem Verbindungstyp Ge_2X_3 an — ist nach den Ausführungen in 3.2.2.5. eine Eigenfehlordnung anzunehmen, wie sie in Abb. 3.41. gezeigt ist. Es überwiegt die Elektronenleitung (vgl. Tab. 4.4. und 4.5.). Offenbar werden Elektronen aus den T_3^--Zentren ins Leitfähigkeitsband angeregt (Abb. 4.22.). Das freie Elektronenpaar am zweiwertigen Ge-Atom weist sicher die geringste Ionisierungsenergie im System auf. Die bei ihrer Abspaltung zurückbleibende Koordinationslücke wird durch Wechselwirkung mit dem nichtbindenden Elektronenpaar eines benachbarten Se-Brückenatoms abgesättigt, die C_3^+-Konzentration also nur unwesentlich erhöht, und der Kompensationszustand bleibt bestehen (vgl. die Ableitung beim Selen).

SnSe bzw. SnTe werden in der in Abb. 4.22. für den Einbau von PbSe skizzierten Weise unter Herabminderung der C_3^+-Zentren mit einer Netzwerkwandlerfunktion in das Ge-Se-Te-Glas der allgemeinen Formel Ge_2X_3 eingebaut (vgl. 2.4.3.1., Abb. 2.43. und 3.3.6.4.). Das gleiche gilt für die Probenreihe $(PbSe)_y(Ge_2Se_3)_{0/5-0,5y}$ (vgl. Abb. 3.61). Nach den an Bi-Ge-Se- und Bi-Ge-Se-Te-Gläsern festgestellten Befunden [4.145, 146] kann man annehmen, daß das Überwiegen von Elektronenleitung bei der Einführung von Sn^{II}- oder Pb^{II} gleichfalls bestehen bleibt.

Abbildung 4.22. läßt die Änderung gegenüber dem Ausgangszustand $y = 0$ erkennen. SnSe und SnTe bzw. PbSe treten in das Strukturgerüst des Ge_2X_3-Glases (X = Se, Te bzw. nur Se) unter Aufspaltung von Se-Brückenbindungen ein, d. h. es bilden sich C_1^--Zentren, die die C_3^+-Zentren abbauen, während die T_3^--Zentren nach wie vor wirksam sind, am Ende der Substitutionsreihe aber nicht mehr unter den Bedingungen der Kompensation. Die Bildung von T_3^--analogen Baugruppen für SnX bzw. PbSe trifft nach den Befunden der Molvolumenänderung (Abb. 2.43. und 3.61.) in größerem Ausmaß sicher nicht zu. Die Dichte der C_3^+-Zentren würde sich in diesem Fall erhöhen, und ein Übergang zur Defektelektronenleitung wäre zu erwarten.

Erst bei relativ hohen Gehalten an SnSe, SnTe bzw. PbSe wird eine gewisse Herab-

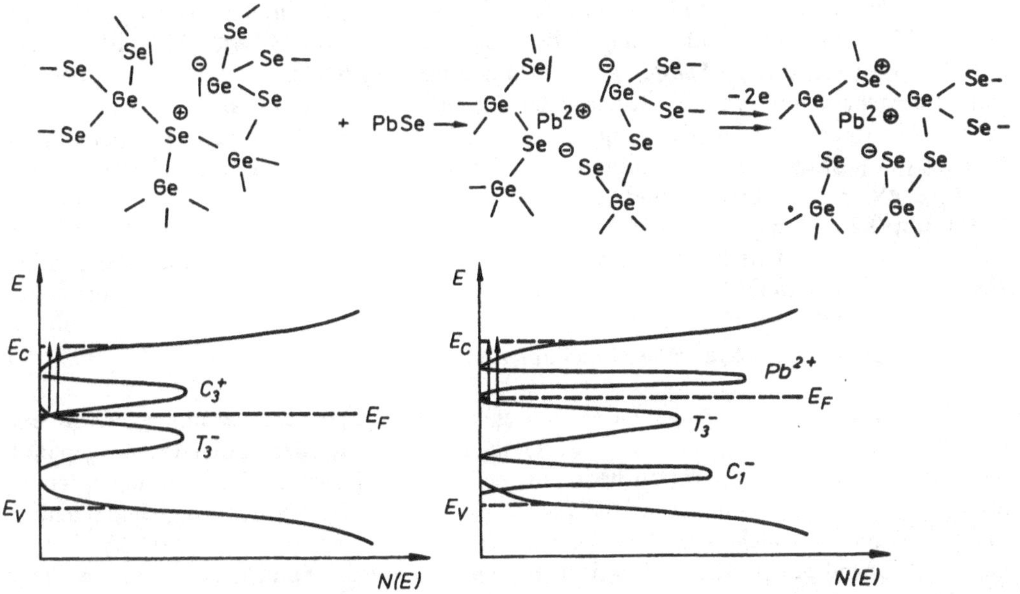

Abb. 4.22. Aufhebung der Kompensation der positiv und negativ geladenen Defektzentren im glasartigen Ge_2Se_3 durch den Einbau von PbSe.

minderung der Aktivierungsenergie der Leitfähigkeit festgestellt. Man kann darin einen Hinweis auf eine relativ hohe Dichte positiv und negativ geladener Defektzentren im Ausgangsglas Ge_2X_3 sehen [2.350, 398]. Daß die Eigendissoziation (Disproportionierung) in Ge_2S_3- und Ge_2Se_3-Schmelzen besonders begünstigt ist, wurde in Verbindung mit Abb. 3.41. in 3.2.2.5. begründet.

In der Substitutionsreihe $(PbSe)_y(GeSe)_{0,65-y}(GeSe_2)_{0,35}$ wird gleichfalls eine Herabsetzung der Aktivierungsenergie auf etwa 2/3 des Ausgangswertes für das PbSe-freie Glas beobachtet. Letzteres ist in kompakter Form nicht ohne weiteres zugänglich. Die Leitfähigkeitsparameter wurden daher aus der obigen Probenreihe sowie aus dem System GeSe-$GeSe_2$ durch Extrapolation abgeschätzt. Die Breite der optischen Bandlücke bleibt bei der formalen Substitution der GeSe-Komponente durch PbSe nahezu unverändert, ebenso der präexponentielle Faktor der Gleichstromleitfähigkeit (vgl. Abb. 3.62). Offenbar ist die Konzentration an positiv und negativ geladenen Defektzentren C_3^+ und T_3^- in den Gläsern $Ge_nSe_{(2n+2)/2}$ mit $n > 2$ besonders groß. Der über die Zusammensetzung Ge_2Se_3 hinausgehende Gehalt an GeSe wird möglicherweise überwiegend in Form von T_3^--Zentren unter gleichzeitiger Bildung von C_3^+-Zentren eingebaut.

$$3\,Ge_2Se_3 + GeSe \rightarrow [Se(Ge_2Se_{5/2})_3]^+ + [GeSe_{3/2}]^- \,. \tag{4.58}$$

Ramanspektroskopische Untersuchungen von Tronc [3.543] ergeben gleichfalls Hinweise auf das Vorliegen derartiger Strukturen.

Modifizierung amorpher Chalkogenidschichten

Unter Bedingungen, die eine Gleichgewichtseinstellung zwischen den durch Fremdzusätze eingeführten Defektzentren und der Eigenfehlordnung des betreffenden Systems nicht zulassen, erweist sich die Modifizierung der elektrischen Eigenschaften als weit wirksamer [4.160]. Nickelkationen und andere Übergangsmetalle wurden durch Mitverdampfung oder Katodenzerstäubung bei der Abscheidung amorpher Schichten in variabler Konzentration eingebaut und extreme Änderungen der elektronischen Leitfähgikeit bei beträchtlicher Abnahme der Aktivierungsenergie festgestellt [4.161, 162]. In der Reihe $Ni_x(Ge_{0,32}As_{0,04}Se_{0,32}Te_{0,32})_{1-x}$ nimmt z. B. die Aktivierungsenergie von 0,74 eV ($x = 0$) auf 0,18 eV $x = 0{,}114$ ab und die Leitfähigkeit um etwa 9 Größenordnungen auf Werte um $0{,}2\ \Omega^{-1}\ cm^{-1}$ zu [4.163]. Der Einfluß von Dotanden unterschiedlichster Art auf die Transporteigenschaften amorpher As_2Se_3-Schichten, vor allem auch die Modifizierung der Driftbeweglichkeit wurde von PFEISTER und MORGAN [4.164] untersucht.

Dotierung des amorphen Siliciums und Germaniums

In 3.1.2.3. wurden einige Angaben zu den elektrischen Eigenschaften amorpher Si- und Ge-Schichten bereits mitgeteilt und die Ursache für die großen Unterschiede genannt, die man je nach den Präparationsbedingungen feststellt. Sowohl ESR-Messungen [3.135] als auch Feldeffektmessungen [4.165] lassen auf eine Zustandsdichte von Defektzentren in der Beweglichkeitslücke schließen, die in der Größenordnung von 10^{19} bis $10^{20}\ eV^{-1}\ cm^{-3}$ liegt. Auf Grund der positiven effektiven Korrelationsenergie handelt es sich überwiegend um ungepaarte Spins.

Stellt man amorphes Si und Ge durch Zersetzung von GeH_4 bzw. SiH_4 in der Glimmentladung her (vgl. 2.1.3.3.), hängen die Eigenschaften gleichfalls stark von den experimentellen Bedingungen ab, vor allem von der Substrattemperatur. Für bei 520 K abgeschiedene amorphe Si-Schichten wurde die in Abb. 4.23. a) dargestellte Zustandsdichteverteilung mittels Feldeffektmessungen festgestellt [4.166]. Es ergibt sich die bereits mehrfach verwendete Einteilung des Energiespektrums in Bandzustände, lokalisierte Zustände in den Bandausläufern und Lokalterme innerhalb der Beweglichkeitslücke. In der Glimmentladung abgeschiedene amorphe Ge-Schichten weisen einen ähnlichen Verlauf der Zustandsdichteverteilung auf [4.167]. Gegenüber den wasserstofffreien amorphen Zustandsformen der beiden Elemente ist die Zustandsdichte der Lokalterme offenbar auf Grund der Absättigung durch H-Atome um etwa 3 Größenordnungen herabgesetzt.

Die aus dem Leitfähigkeitsband hervorgehenden Terme sind einfach besetzt und neutral, unterhalb der FERMI-Energie aber negativ geladen. Für die oberhalb des Valenzbandes vorliegende Verteilung lokalisierter Zustände, die gleichfalls als einfach besetzt anzunehmen sind, trifft in dem über die Fermi-Energie hinausgehenden Kurventeil umgekehrt die Bildung positiv geladener Zentren zu (vgl. auch Abb. 2.56.).

Werden in die Wasserstoff enthaltende amorphe Si-Schicht durch Zumischen von PH_3 im Prozeß der Abscheidung n_p Phosphoratome als Donatoren eingebaut, so sind diese vor allem im Bereich $E_C - E_A$ wirksam. Die Überschußelektronen werden alle unbesetzten Lokalterme oberhalb der FERMI-Energie besetzen, und letztere wird um einen bestimmten Betrag ΔE_F angehoben. Die Leitfähigkeit nimmt dementsprechend zu. Für den Einbau von Akzeptoren, z. B. von Bor-Atomen ergibt sich ein analoges Bild. Daß die Lage der FERMI-Energie in nichtkristallinen Halbleitern mit positiver Korrelationsenergie durch Dotanden leichter beeinflußt werden kann als in Chalkogenidgläsern, wurde in 2.5.2.1. näher begründet. Als Voraussetzung muß aber die Bedingung erfüllt sein, daß die Konzentration der mit der Eigenfehlordnung verbundenen Defektzentren von vornherein nicht allzu groß ist. Durch partielle Absättigung aufgebrochener Bindungen mittels Wasserstoff oder

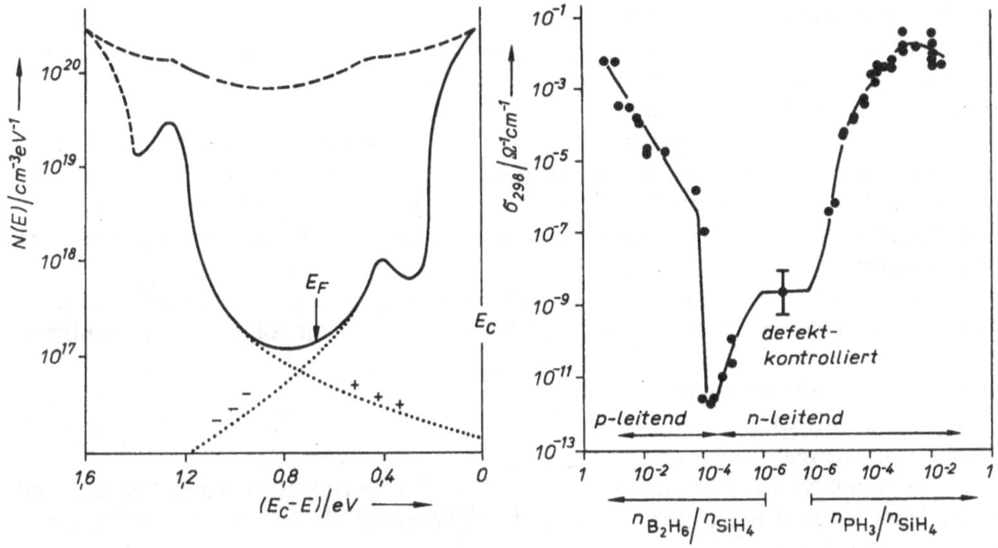

(a) (b)

Abb. 4.23. (*a*) — Zustandsdichteverteilung für amorphes Si, durch thermische Verdampfung abgeschiedene Schichten (– – –) und in der Glimmentladung abgeschiedene Schichten (———) nach [4.166, 167]. (*b*) — Elektrische Leitfähigkeit bei 298 K von *p*- und *n*-dotierten amorphen H enthaltenden Si-Schichten nach [4.137].

anderer Zusätze wurde vor allem durch die Arbeiten von SPEAR und LE COMBER [4.137] ein Weg zur gezielten Modifizierung der elektrischen Eigenschaften des amorphen Si und Ge erschlossen. Abbildung 4.23. b) zeigt die Änderung der Leitfähigkeit in Abhängigkeit vom Dotierungsgrad. Die elektrischen Eigenschaften sind insbesondere für amorphes Si eingehend untersucht worden. Eine zusammenfassende Darstellung ist in [3.109] angegeben.

4.1.3.6. *Feldstärkeabhängigkeit der elektrischen Leitfähigkeit*

Der im Vergleich zu den kristallinen Zustandsformen hohe Widerstand der halbleitenden Gläser und amorphen Festkörper gestattet die Durchführung elektrischer Messungen bis zu relativ hohen Feldstärken unter Bedingungen, die eine Selbsterhitzung der Probe ausschließen. Bei der Untersuchung dünner Schichten sind hohe Feldstärkebereiche experimentell leicht zugänglich. Man stellt i. allg. bereits oberhalb 10^3 V cm^{-1} Abweichungen vom OHMschen Gesetz nach größeren Leitfähigkeitswerten fest. Der experimentelle Befund wird in Strom-Spannungskennlinien dargestellt, die einen nichtlinearen Verlauf zeigen.

Bei den physikalischen Modellen zur Beschreibung des Ladungstransports im Bereich hoher Feldstärken ist zwischen kontaktgesteuerten und volumengesteuerten Mechanismen zu unterscheiden.

Für kontaktbegrenzten Stromfluß ist generell charakteristisch, daß der durch ein äußeres Feld verursachte Spannungsabfall im Kontaktbereich anliegt und die Probendicke keinen Einfluß auf den Verlauf der *I*/*U*-Kennlinie ausübt. Eine Ausnahme können sehr dünne Proben bilden, deren Dicke mit der DEBYE-Länge der Raumladungszone im Kontaktbereich vergleichbar ist. Infolge der hohen Dichte lokalisierter Zustände ist diese jedoch bei nichtkristallinen Halbleitern sehr klein (≈ 5 nm [4.92]). Es bereitet keine Schwierigkeiten, nichtblockierende Kontaktelektroden zu realisieren. Verarmungsrandschichten bilden sich offenbar nicht aus, da die FERMI-Energie etwa in der Mitte der Bandlücke, d. h. relativ tief liegend, festgelegt ist.

Umfangreiche Untersuchungen (vgl. z. B. [4.92]), unter anderem an Ge_4Se_5Te-Schichten von SCHIRRMEISTER [4.169] oder an $As_{0,3}Ge_{0,1}Si_{0,12}Te_{0,48}$-Schichten [4.170] sowie an Gläsern der Zusammensetzung $GeAs_4Te_5$ [4.171] zeigen, daß kontaktgesteuerte Ladungstransportmechanismen für die Interpretation nichtlinearer I/U-Kennlinien ausgeschlossen werden können.

Sieht man von der stets sorgfältig zu beachtenden Möglichkeit der Selbstaufheizung ab, sind für den volumengesteuerten Ladungstransport vor allem die folgenden Mechanismen in Betracht zu ziehen:

Raumladungsbegrenzte Ströme,

POOLE-FRENKEL-Effekt,

Feldabhängige Beweglichkeit und

ZENER-Übergänge von Elektronen aus dem Valenz- ins Leitfähigkeitsband. Letztere sind für Halbleiter mit einer Bandlücke von mehr als 1,5 eV erst bei Feldstärken $F > 10^6\ \mathrm{V \cdot cm^{-1}}$ zu erwarten [2.362].

Feldstärkeabhängige Beweglichkeit

Vergleicht man die einem Elektron durch das äußere Feld aufgeprägte Geschwindigkeit $v = \mu F$ mit der mittleren thermischen Geschwindigkeit $v_{th} = (3kT/m^*)^{1/2}$, so ergibt sich für die kritische Feldstärke

$$F_{\text{krit}} > \frac{1}{\mu} \sqrt{\frac{3kT}{m^*}}, \tag{4.59}$$

woraus mit $m^* = m$ bei $T = 300$ K mit einem für die Leitfähigkeit in Bandzuständen sicher oberen Grenzwert der Beweglichkeit von $20\ \mathrm{cm^2\,V^{-1}\,s^{-1}}$ ein Wert $F_{\text{krit}} > 6 \cdot 10^5\ \mathrm{V\,cm^{-1}}$ folgt.

Beruht die Stromleitung auf thermisch aktivierten Ladungsträgerübergängen in den Bandausläufern, kann die Feldstärkeabhängigkeit der Beweglichkeit nicht mehr vernachlässigt werden. Sie ist durch Gl. (4.32) näherungsweise gegeben. Die Potentialbarriere ΔW_1 zwischen zwei benachbarten lokalisierten Zuständen im mittleren Abstand a wird durch das elektrische Feld um $eFa/2$ erniedrigt. Für μ_2 ergibt sich daraus die Beziehung

$$\mu_2(F) = \mu_{02} \exp\left[-\Delta W_1/kT + qFa/2kT\right] = \mu_2(0) \exp\left[eFa/2kT\right]. \tag{4.60}$$

Berücksichtigt man die Winkelabhängigkeit der Barrierenveränderung $\Delta W_1(F, \vartheta) = e \cdot F \cdot a \cdot \cos \vartheta/2$, so folgt für die feldabhängige Elektronensprungleitung in den Bandausläufern Gleichung

$$\mu_2(F) = \mu_2(0) \cdot \frac{1}{\alpha_\mu} \sin h\alpha_\mu \quad \text{mit} \quad \alpha_\mu = \frac{eFa}{2kT}. \tag{4.61}$$

Von PFISTER [4.150] wurde dieser Ausdruck zur Beschreibung der Feldabhängigkeit der Driftbeweglichkeit im glasartigen As_2Se_3 verwendet.

Raumladungsbegrenzte Ströme

Die an der Vakuumdiode seit langem bekannte Art der Strombegrenzung, die durch die Ladungswolke vor der Katode verursacht wird, ist auf hochohmige Halbleiter mit injizierendem Kontakt übertragen und auch zur Interpretation nichtlinearer I/U-Kennlinien an amorphen Halbleitern wiederholt herangezogen worden [4.101, 172—174]. Es ergeben sich je nach der angenommenen Verteilungsfunktion der Lokalterme verschiedene Abhängigkeiten der Stromdichte von der Feldstärke, in die die Schichtdicke der Probe stets explizit eingeht [4.169, 175]. Offenbar hat die an amorphen Aufdampfschichten verschiedentlich aufgefundene Proportionalität $(j/F) \sim \exp(F/F_0)$, wie sie nach der Theorie der raumladungsbegrenzten Ströme für Halbleiter mit gleichförmiger Verteilung lokalisierter Zustände vorausgesagt wird, dazu beigetragen, daß in dieser Richtung wiederholt Erklärungsversuche unternommen wurden. Mit $F_0 = eLN_TkT/\varepsilon_0\varepsilon_r$ geht aber auch in diesem Fall die Schichtdicke L in den Exponenten ein. Die Variation der Schichtdicke zur Überprüfung des Zusammenhangs setzt Vergleichbarkeit unterschiedlicher Proben voraus. Die Gewährleistung einer hinreichenden Reproduzierbarkeit der Präparation amorpher Schichten ist insbesondere in der älteren Literatur unzureichend beachtet worden. Oftmals hat man sich auch mit der Vermessung ausgewählter Einzelexemplare begnügt.

Gegen die Möglichkeit einer Raumladungsbegrenzung der feldabhängigen Stromdichte in amorphen Schichten spricht vor allem die hohe Konzentration lokalisierter Zustände. Bei einer Lokaltermdichte $N_T \approx 10^{18}\ \text{cm}^{-3}$ sollte ein Raumladungsstrom neben dem Feld-

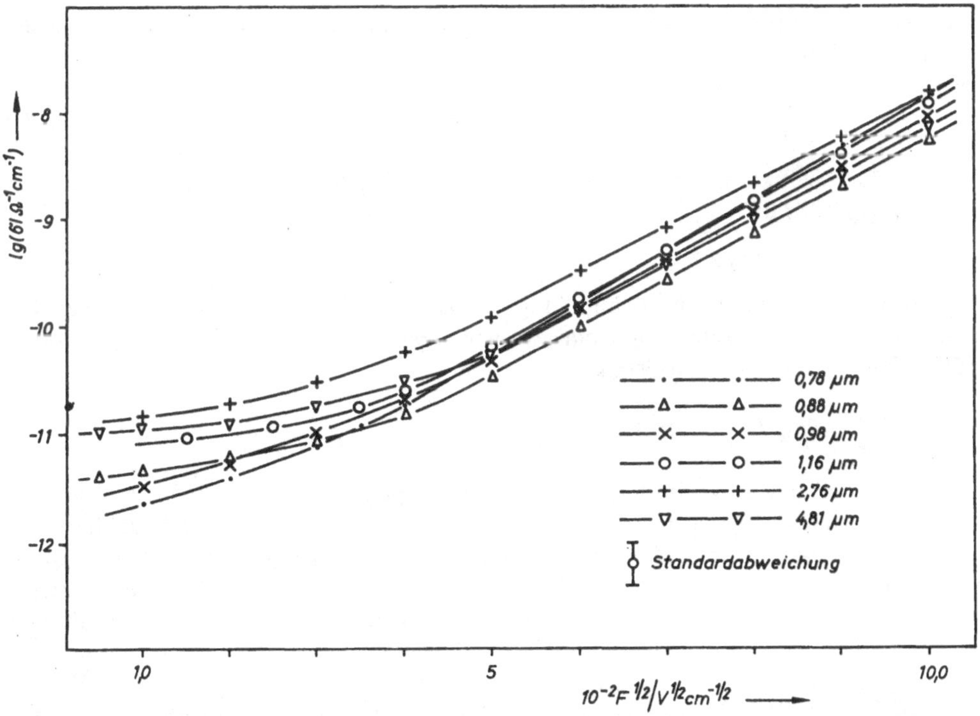

Abb. 4.24. Verlauf mittlerer Kennlinien von Ge_4Se_5Te-Aufdampfschichten unterschiedlicher Schichtdicke.

strom bereits nicht mehr nachweisbar sein [4.169]. Für amorphe Halbleiter ist daher nur in Ausnahmefällen mit dem Auftreten raumladungsbegrenzter Ströme zu rechnen [4.92].

Abbildung 4.24. zeigt die Feldabhängigkeit der Leitfähigkeit für amorphe Aufdampfschichten der Zusammensetzung $Ge_{40,8\pm1,2}Se_{49,1\pm1,2}Te_{10,0\pm1,0}$, wie sie nach dem in 2.1.3.1. beschriebenen Verfahren erhalten wurden, in einer Darstellung $\lg\sigma$ gegen $F^{1/2}$ [4.176, 177]. Die Kennlinien erweisen sich als schichtdickenunabhängig. Ein solcher Zusammenhang ist nach dem POOLE-FRENKEL-Effekt zu erwarten.

POOLE-FRENKEL-Effekt isolierter COULOMB-Zentren

Nach FRENKEL [4.178] kann die bereits von POOLE [4.179] empirisch festgestellte Zunahme der Leitfähigkeit hochohmiger Festkörper unter der Einwirkung eines äußeren elektrischen Feldes auf eine Verminderung der Ionisierungsenergie von Ladungen in lokalisierten Zuständen zurückgeführt werden.

Abbildung 4.25. veranschaulicht, wie aus dem Ansatz für die potentielle Energie

$$E_{pot} = -\frac{e^2}{4\pi\varepsilon_0\varepsilon_r r} - eFr \tag{4.62}$$

im eindimensionalen Fall eine Erniedrigung der Potentialbarriere um

$$\delta E = -\left(\frac{e^3}{\pi\varepsilon_0\varepsilon_r}\right)^{1/2} F^{1/2} = -\beta F^{1/2} \quad \text{bei} \quad r_m = \frac{\beta}{2eF^{1/2}} \tag{4.63}$$

folgt. Für das Verhältnis der Emissionswahrscheinlichkeiten p mit und ohne Feld und unter der Annahme einer feldunabhängigen Beweglichkeit damit zugleich für das Verhältnis der Leitfähigkeiten ergibt sich

$$\frac{p(F)}{p(0)} = \frac{n(F)}{n(0)} = \frac{\sigma(F)}{\sigma(0)} = \exp\left(\beta F^{1/2}/kT\right) = e^{\alpha_{II}}\,. \tag{4.64}$$

Unter Berücksichtigung der Winkelverteilung der emittierten Ladungen in bezug auf die Feldrichtung gilt für δE

$$\delta E = -\beta F^{1/2} \cos^{1/2} \vartheta\,. \tag{4.65}$$

Die korrekte mathematische Behandlung der Deformation des dreidimensionalen Potentialtrichters unter der Einwirkung eines äußeren elektrischen Feldes führt nach CONNELL u. M. [4.180] zu folgendem Ausdruck:

$$\frac{\sigma(F)}{\sigma(0)} = 2\alpha_{II}^{-2}(1 + \alpha_{II} \sinh \alpha_{II} - \cosh \alpha_{II})\,. \tag{4.66}$$

Von PAI [4.181] wurde darauf hingewiesen, daß die phänomenologische Behandlung des Sachverhalts nach (4.66) zu der von ONSAGER entwickelten Theorie der feldabhängigen Dissoziation schwacher Elektrolyte in enger Beziehung steht. Ausgehend von einem Ansatz der statistischen Thermodynamik zur Beschreibung der BROWNschen Bewegung von Ladungsträgern, die untereinander in einer COULOMB-Wechselwirkung stehen, erhält man unter Berücksichtigung eines äußeren Feldes die Beziehung

$$\frac{\sigma(F)}{\sigma(0)} = \left[\sum_0^\infty \frac{1}{l!(l+1)!}\left(\frac{\alpha_I}{2}\right)^{2l}\right]^{1/2}. \tag{4.67}$$

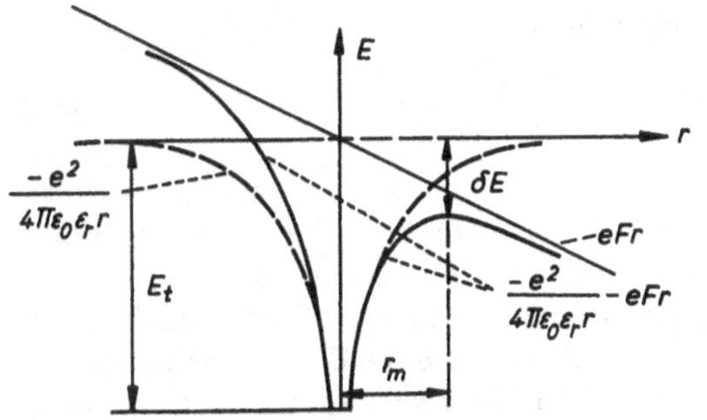

Abb. 4.25. Verlauf der potentiellen Energie für ein isoliertes POOLE-FRENKEL-Zentrum.

Mit $\alpha_{\mathrm{I}} = 2\alpha_{\mathrm{II}}$ ergeben (4.66) und (4.67) übereinstimmende Kurven. Unter Verwendung der asymptotischen Näherung von (4.67) wurde von SCHIRRMEISTER [4.169, 177] ein exaktes Verfahren zur Auswertung feldstärkeabhängiger Leitfähigkeitskurven angegeben.

$$\frac{\sigma(F)}{\sigma(0)} = 2\alpha_{\mathrm{II}}^{-2}(1 + \alpha_{\mathrm{II}} \sinh \alpha_{\mathrm{II}} - \cosh \alpha_{\mathrm{II}}) \approx (4\pi)^{-1/4}\, \alpha_{\mathrm{II}}^{-3/4} e^{\alpha_{\mathrm{II}}}\,. \tag{4.68}$$

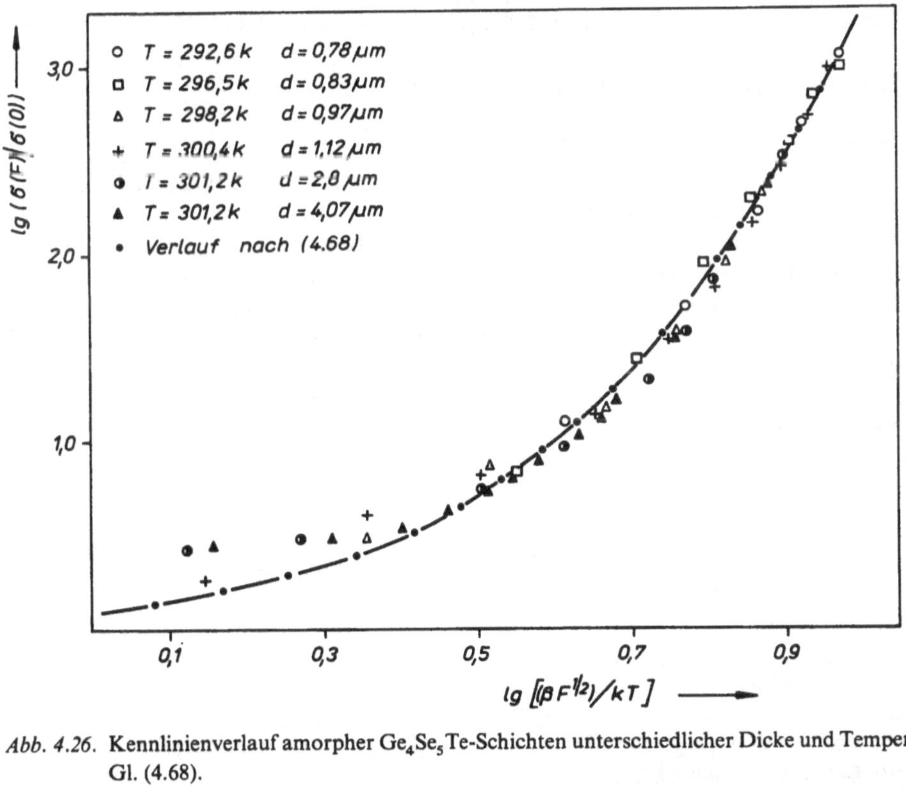

Abb. 4.26. Kennlinienverlauf amorpher Ge_4Se_5Te-Schichten unterschiedlicher Dicke und Temperatur gemäß Gl. (4.68).

Mit $\alpha_{II} = \beta F^{1/2}/kT$ erhält man eine Geradengleichung

$$\ln\left[(F^{1/2})^{3/4}\,\sigma(F)\right] = \frac{\beta}{kT}\,F^{1/2} + \ln\left[(4\pi)^{-1/4}\left(\frac{kT}{\beta}\right)^{3/4}\sigma(0)\right], \tag{4.69}$$

aus deren Steigung die POOLE-FRENKEL-Konstante β bestimmt werden kann. Als Mittelwert aus einer großen Zahl vermessener Schichten erhält man für $\varepsilon_r = 8 \pm 1$. Durch direkte Messung wurde ein Wert $\varepsilon_r = 7{,}2 \pm 0{,}7$ ermittelt. Der Mittelwert für $\sigma(0)$ beträgt $(5 \pm 3) \cdot 10^{-12}\,\Omega^{-1}\,\mathrm{cm}^{-1}$. Das kompakte Glas ist durch eine spezifische Leitfähigkeit $\sigma(0) = 1 \cdot 10^{-13}\,\Omega^{-1}\,\mathrm{cm}^{-1}$ bei 298 K gekennzeichnet. Mit diesen Daten lassen sich die Kennlinien sämtlicher Schichten zu der in Abb. 4.26. dargestellten Kurve zusammenfassen. Aus einer einfachen Abschätzung folgt aus den Werten für die Dichte der Zentren, die in den POOLE-FRENKEL-Effekt eingehen, etwa $5 \cdot 10^{16}\,\mathrm{cm}^{-3}$ [4.169].

Die Auswertung der Temperaturabhängigkeit der Leitfähigkeit ergibt für die durch thermische Verdampfung abgeschiedenen Ge_4Se_5Te-Schichten eine Aktivierungsenergie $E_\sigma = 0{,}82 \pm 0{,}01$ eV mit $\sigma_0 = (2 \pm 1) \cdot 10^2\,\Omega^{-1}\,\mathrm{cm}^{-1}$ und $\sigma = 5 \cdot 10^{-12}\,\Omega^{-1}\,\mathrm{cm}^{-1}$ bei 300 K. Das kompakte Glas ist durch $E_\sigma = 0{,}90 \pm 0{,}01$ eV und $\sigma_0 = (1{,}3 \pm 0{,}2) \cdot 10^3\,\Omega^{-1}\,\mathrm{cm}^{-1}$ mit $\sigma = 8 \cdot 10^{-14}\,\Omega^{-1}\,\mathrm{cm}^{-1}$ bei 300 K gekennzeichnet [4.106]. Vergleicht man mit den Parametern von Schichten, die nach der Methode der Flash-Verdampfung hergestellt wurden ($E_\sigma = 0{,}72$ eV, $\sigma = 8 \cdot 10^{-11}\,\Omega^{-1}\,\mathrm{cm}^{-1}$ bei 300 K), wird eine Abfolge erkennbar. Je größer der Fehlordnungsgrad in der Struktur der nichtkristallinen Substanz Ge_4Se_5Te ist, um so geringer ist die Aktivierungsenergie und desto höher die Leitfähigkeit. Durch Photoleitfähigkeitsmessungen konnte gezeigt werden, daß diese Änderung auf einer Abnahme der Beweglichkeitslücke beruht [2.42, 4.106], (vgl. Abb. 4.34.).

POOLE-FRENKEL-Effekt abgeschirmter COULOMB-Zentren

Wendet man die Methode der Flashverdampfung zur Herstellung amorpher Schichten an (vgl. 2.1.3.1.), so fallen die I/U-Kennlinien von Proben aus unterschiedlichen Chargen praktisch zusammen. Fraktionierungseffekte sind weitgehend eliminiert und die Reproduzierbarkeit gegenüber der thermischen Aufdampfung verbessert. Es ergibt sich auch in diesem Fall Unabhängigkeit von der Schichtdicke [2.42, 4.106]. Der Unterschied zu den durch thermische Verdampfung erhaltenen Schichten ist aus Abb. 4.27. ersichtlich. Die σ(F)-Kurve liegt höher und außerdem vermittelt die Auftragung von $\lg \sigma$ gegen F und nicht gegen $F^{1/2}$ eine gewisse Annäherung an eine Gerade.

Eine ähnliche Feldabhängigkeit der Leitfähigkeit wurde an anderen mehrkomponentigen Chalkogenidschichten gleichfalls festgestellt [4.174, 183, 184] und zur Beschreibung der Kennlinien in Anlehnung an das POOLE'sche Gesetz [4.185] der empirische Ansatz

$$\sigma(F, T) = \sigma(0, T) \exp\left[ea(T)F/kT\right] \tag{4.70}$$

verwendet. Für die Interpretation erweist sich das Modell der abgeschirmten COULOMB-Zentren als geeignet. Aus dem Ansatz für die potentielle Energie

$$E_{\text{pot}} = -\frac{e^2}{4\pi\varepsilon_0\varepsilon_r}\,\frac{1}{r}\exp\left(-r/r_0\right) - erF\cos\vartheta \tag{4.71}$$

mit r_0 als Abschirmradius folgt für die Koordinate des Barrierenmaximums $r_m(F, \vartheta)$ die transzendente Bestimmungsgleichung

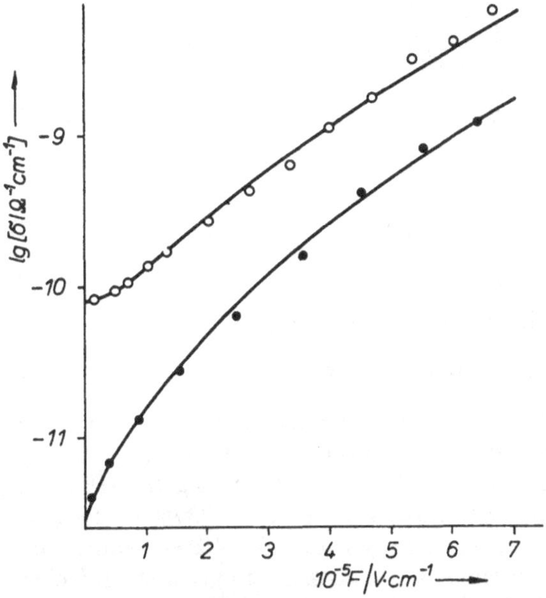

Abb. 4.27. Kennlinienverlauf amorpher Ge_4Se_5Te-Schichten, hergestellt durch thermische Verdampfung (●) und durch Flashverdampfung (○).

$$\exp(-r_m/r_0)\,[r_m^{-2} + (r_m r_0)^{-1}] - \frac{F\cos\vartheta}{e}\,4\pi\varepsilon_0\varepsilon_r = 0\,, \tag{4.72}$$

deren numerische Lösung für die I/U-Kennlinien bei $T = 300$ K mit $\varepsilon_r = 8$ und $r_0 = 2$ nm die in Abb. 4.27. gezeigte Anpassung des Kurvenverlaufs an die experimentellen Meßpunkte liefert. Der theoretische Zusammenhang ist in [2.42, 4.182] dargestellt (vgl. auch [4.340]). Aus $r_0 = (kT\varepsilon_0\varepsilon_r/e^2N_T)^{1/2}$ folgt für die Zentrendichte unter der Annahme einer Einfriertemperatur in den Grenzen $280 < T < 1270$ K ein Wert von $2-8 \cdot 10^{18}$ cm^{-3}. Mindestens um zwei Größenordnungen ist die Konzentration der im Poole-Frenkel-Effekt aktiven Defektzentren in den durch Flash-Verdampfung enthaltenen Schichten größer als bei den durch thermisches Aufdampfen hergestellten Proben.

Bei tiefer Temperatur $T < 300$ K wird in zunehmendem Maße ein Beitrag zur Leitfähigkeit wirksam, der aus der feldabhängigen Beweglichkeit von Ladungsträgern in den Bandausläufern resultiert. Durch Kombination von Gl. (4.72) mit (4.61) konnte für diese Kennlinien gleichfalls eine befriedigende Anpassung an den experimentellen Kurvenverlauf erreicht werden [2.42, 4.182].

Der Poole-Frenkel-Effekt im Modell der geladenen Defektzentren

Die Übertragung der von Adler und Yoffa [2.399, 400] untersuchten Besetzungsstatistik lokalisierter Zentren in Halbleitern mit negativer effektiver Korrelationsenergie, wie sie in 2.5.2.1. durch die Beziehungen (2.126) und 2.127) beschrieben wurde, auf die Nichtgleichgewichtsbedingungen der Leitfähigkeit im Bereich hoher Feldstärken verlangt die Einführung von Quasi-Fermi-Niveaus nach Shockley. Man erhält

$$E_{F,n} = T_0 - \frac{1}{2} U_{\text{eff}} + \delta E = E_F + \delta E \tag{4.73}$$

$$E_{F,p} = T_0 - \frac{1}{2} U_{\text{eff}} - \delta E = E_F - \delta E\,, \tag{4.74}$$

woraus in Verbindung mit

$$\sigma_n(F) = e\mu_n N_{\text{eff},C} \exp\left[-(E_C - E_{F,n})/kT\right] \quad \text{und} \tag{4.75}$$

$$\sigma_p(F) = e\mu_p N_{\text{eff},V} \exp\left[-(E_{F,p} - E_V)/kT\right] \tag{4.76}$$

die Gleichung für den Poole-Frenkel-Effekt isolierter Zentren folgt [4.186]:

$$\sigma(F) = [\sigma_n(0) + \sigma_p(0)] \exp\left[\delta E/kT\right) = \sigma(0) \exp\left(\delta E/kT\right)\,. \tag{4.64}$$

Über die Natur der im Poole-Frenkel-Effekt aktiven Zentren lassen sich mit Hilfe dieser Methode keine direkten Aussagen machen. Es ist aber die Feststellung zu treffen, daß die Emission eines Elektrons aus im besetzten Zustand einfach negativ geladenen lokalisierten Zuständen die Anwendung des Potentialansatzes nach Frenkel nicht gestattet, denn es bleiben in diesem Fall neutrale Zentren zurück. Wären einfach besetzte neutrale Lokalterme die Ursache für den Poole-Frenkel-Effekt, sollte bei einer Dichte von 10^{18} cm^{-3} ein entsprechendes ESR-Signal auftreten. Außerdem wäre der Abschirmeffekt bei dieser Zentrendichte nicht ohne weiteres erklärbar. Ungepaarte Spins treten in amorphen bzw. glasartigen Substanzen auf Grund der negativen effektiven Korrelationsenergie praktisch nicht auf. Es überwiegen geladene Defektzentren beiderlei Vorzeichens (Valenzwechselpaare vgl. 2.5.2.2.), in denen sämtliche Elektronen spingepaart vorliegen. Auf Grund der weitreichenden Coulomb-Kräfte ist die festgestellte Abschirmung bei der ermittelten Konzentration ohne weiteres verständlich. Entscheidend ist die aus dem negativen Wert der Korrelationsenergie resultierende Doppelanregung der positiv und negativ geladenen Defekte, in deren Ergebnis sich das Vorzeichen der Ladung umkehrt. Es sind also die Voraussetzungen für einen dem Poole-Frenkel-Effekt entsprechenden Mechanismus gegeben, so daß man den nichtlinearen Kennlinienverlauf als eine Indikation positiv und negativ geladener lokalisierter Zustände in amorphen Chalkogenidschichten in diesem Fall ansehen kann.

Da für Ge-Se-Te-Gläser im Bereich der Zusammensetzung Ge_4Se_5Te ein Überwiegen der Elektronenleitung nachgewiesen wurde [4.144], lassen sich aus dieser Sicht die in Abb. 3.41. und 4.22. angezeigten T_3^--Zentren als diejenigen Lokalterme annehmen, die in Verbindung mit ihrer Konversion in C_3^+-Zentren die Feldstärkeabhängigkeit der Leitfähigkeit im wesentlichen verursachen.

4.1.3.7. *Schalteffekt*

Oberhalb einer kritischen Feldstärke unterliegen die Schichten amorpher Halbleiter einer irreversiblen Zerstörung. Es tritt elektrischer Durchschlag ein, ein Effekt, der an allen hinreichend hochohmigen Stoffen herbeigeführt werden kann. Seine Auslösung beruht auf verschiedenen Mechanismen, z. B. auf der feldinduzierten und thermischen Ionisation lokalisierter Zustände, der Injektion von Ladungsträgern aus den Kontaktelektroden in das Material oder der Vervielfachung stromtransportierender Ladungen durch Stoßionisation.

In jedem Fall kommt es zur Aufheizung der Probe in bestimmten Strompfaden die sich vorzugsweise an bestimmten Schwachstellen der amorphen Schicht ausbilden, wobei es bis zur Verdampfung, Oxydation oder Legierung der betreffenden Substanz mit den Metallkontakten kommen kann.

Bei der Untersuchung der Feldstärkeabhängigkeit der Leitfähigkeit mittels Wechselspannung hinreichend hoher Frequenz sowie bei Messungen im Impulsbetrieb wurde an amorphen Chalkogenidschichten oberhalb einer bestimmten Feldstärke ein reversibler Übergang in einen niederohmigen Zustand festgestellt, der in der einen Variante selbst nach dem Abschalten bestehen bleibt und erst durch einen nachfolgenden genügend starken und rasch abfallenden Stromstoß wieder in den hochohmigen Zustand zurückverwandelt werden kann (Schalter mit Gedächtniseffekt). Im anderen Fall geht die Substanz aus dem hochleitenden Zustand bei Unterschreiten einer bestimmten Haltespannung bzw. Haltestromstärke spontan wieder in den hochohmigen Zustand über, und es wird bei jeder Halbwelle ein Einschalt- und Ausschaltvorgang beobachtet (Schwellenwertschalter). Der Kennlinienverlauf ist aus Abb. 4.28. ersichtlich. Die Phänomene des Schalteffekts haben unter dem Aspekt potentieller Anwendungen in speziellen Bauelementen starke Beachtung gefunden und sind dementsprechend eingehend untersucht worden.

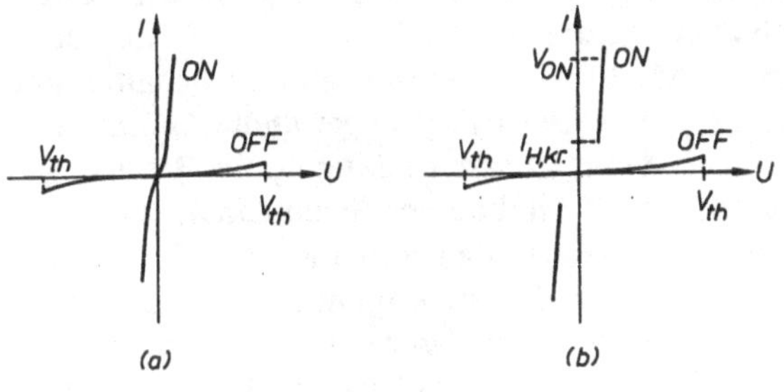

Abb. 4.28. Strom-Spannungskennlinien amorpher Halbleiterschichten.
(*a*) — Schalteffekt mit Gedächtnis, (*b*) — Schwellenwertschalter.

Die Entwicklung ist insbesondere durch das Wirken von Ovshinsky [4.187] ab 1958 stark gefördert worden. Aus dem Jahre 1963 liegt die Anmeldung einer umfangreichen Patentschrift vor [4.188]. Von Pearson u. M. [3.614] wurde der Schalteffekt ab 1960 gleichfalls untersucht. Von Kolomiec u. M. [4.190] ist 1963 erstmals über bistabile Leitfähigkeitszustände an Schichten halbleitender Gläser berichtet worden.

Schalter mit Gedächtniseffekt

Der Übergang in den niederohmigen Zustand (*ON-state*) ist mit einer Phasenumwandlung im Bereich des Stromkanals verbunden, der sich im Prozeß des Umschaltens formiert. Bedingt durch Selbstaufheizung sowie vermutlich auch auf Grund spezieller elektronischer Effekte (vgl. 4.2.4.2.) kommt es oberhalb der Transformationstemperatur zur Keimbildung und Kristallisation, die zu einer Ausscheidung von Mikrokristalliten führt, deren höherer Ordnungszustand eine weit bessere Stromleitung vermittelt als die nichtkristalline Matrix, s. Abb. 4.28.a). Der Effekt tritt bevorzugt bei den zur Kristallisation neigenden Chalkogenidgläsern relativ niedriger Transformationstemperatur in einem Schichtdickenbereich von etwa 10 bis 100 μm auf [4.191—194] und kann unter Einhaltung bestimmter Randbedingungen durch Lösung der nichtstationären Wärmetransportgleichung beschrieben werden [4.195, 196]. Der umgekehrte Prozeß erfordert einen Stromimpuls hinreichender Stärke, der zum kurzzeitigen Aufschmelzen der Kristalle führt. Fällt der Stromimpuls mit der erforderlichen Steilheit ab und gewährleistet die Geometrie der Anordnung in Verbindung mit der Wärmeleitfähigkeit des Materials eine so rasche Abkühlung, daß die kritische Abkühlrate (vgl. 2.3.2.) unterschritten wird, kann die Schmelze wieder glasartig erstarren, und der ursprüngliche hochohmige Zustand (*OFF-state*) erneut erreicht werden. Man muß aber beachten, daß in einem solchen Zyklus laterale Temperaturgradienten nicht auszuschließen sind, in denen sich für die glasartige bzw. amorphe Substanz zumindest in einem bestimmten Gebiet besonders günstige Bedingungen für eine Keimbildung und Kristallisation ergeben. Außerdem werden hohe Anforderungen an die chemische Indifferenz der Kontaktelektroden gestellt. Berücksichtigt man noch, wie beträchtlich Zusammensetzungsunterschiede zwischen der Glasphase und den Kristallisationsprodukten sein können, so wird der komplizierte Mechanismus anschaulich verdeutlicht, der einem solchen bistabilen Wechsel des Leitfähigkeitszustandes zugrunde liegt.

Von THORNBURG [4.197] sowie von OVSHINSKY und FRITZSCHE [4.204] wird zwischen stöchiometrischen Verbindungen, deren Nahordnungsstruktur im kristallinen und glasartigen Zustand vergleichbar ist und Substanzen mit definierter Zusammensetzung unterschieden, die beim Schmelzen einer rekonstruktiven Strukturänderung in der ersten Koordinationssphäre unterliegen. Beide Substanzgruppen, z. B. As_2Se_3 (3.2.1.5.) oder Gläser auf der Basis von As_2Te_3 (3.2.1.6.) sowie $GeTe_4$ erweisen sich für Schalter mit Gedächtniseffekt als geeignet [4.192, 193, 197, 198]. Bevorzugt angewandte Gläser sind $Ge_{11}Te_{85}X_4$ mit $X_4 = As_4$, As_2S_2, Sb_2S_2 u. a., deren Zusammensetzung im Bereich des GeTe/Te-Eutektikums liegt. Es entstehen hier Te-Kristallite im Stromkanal, die beim Aufschmelzen unter Koordinationszahländerung erneut in den Verband der Glasstruktur eintreten (3.2.2.6.). Amorphe $CdAs_2$-Schichten sind in diesem Zusammenhang gleichfalls untersucht worden [4.199]. Auch an elektronenleitenden Oxidgläsern, die Übergangsmetalloxide enthalten, ist der Schalteffekt vielfach beobachtet worden (vgl. z. B. [4.200, 201]).

Schwellenwertschalter

Geht man zu Schichtdicken im Bereich von 10^{-5} bis einigen 10^{-4} cm über und verwendet man Chalkogenidglaszusammensetzungen, die sich durch eine möglichst geringe Kristallisationstendenz auszeichnen, so folgt der Wechsel zwischen den beiden Leitfähigkeitszuständen dem Takt der einwirkenden Impuls- bzw. anliegenden Wechselspannungsfrequenz bis in einen Bereich von etwa 10^6 Hz. In jeder Periode wird die in Abb. 4.28. b) angegebene Kennlinie einmal durchlaufen.

Typische Gläser, die für die Untersuchung und Nutzung dieses Effekts von der Energy Conversion Devices bezüglich ihrer Zusammensetzung optimiert wurden, sind $As_{30}Ge_{10}Si_{12}Te_{48}$ und $As_{35}Ge_6Si_{18}Te_{40}$ (Zusammensetzung in Mol%), (vgl. 3.3.7.3.). Sie werden i. allg. durch Katodenzerstäubung in die dünne amorphe Schicht überführt. Schwellenwertschalter können aber auch mit zahlreichen weiteren glasartigen Substanzen verwirklicht werden, deren Beweglichkeitslücke in einem mittleren Bereich liegt (etwa $0{,}8 < (E_C - E_V) < 1{,}4$ eV), sofern sie der Forderung nach hoher Stabilität des glasartigen Zustandes genügen [2.387, 4.188, 202]. Die experimentellen Befunde lassen sich in Anlehnung an ADLER, HENISCH und MOTT [4.203] in zusammengefaßter Form wie folgt wiedergeben:

a) Die Leitfähigkeit im hochohmigen Zustand (*OFF-state*) ist in der für halbleitende

Chalkogenidgläser charakteristischen Weise stark temperaturabhängig. Im Bereich höherer Feldstärken zeigen die Kennlinien ein nichtohmsches Verhalten, das in zahlreichen Untersuchungen phänomenologisch beschrieben [4.172, 173, 205, 206], mitunter im Rahmen der Theorie raumladungsbegrenzter Ströme versuchsweise interpretiert [4.101, 174] und z. B. von REEHAL und THOMAS [4.170] auf den POOLE-FRENKEL-Effekt zurückgeführt wurde. Man beobachtet aber, wie aus Abb. 4.29. hervorgeht, zwei Bereiche. Bis zu mittleren Feldstärken läßt sich der Kurvenverlauf durch den

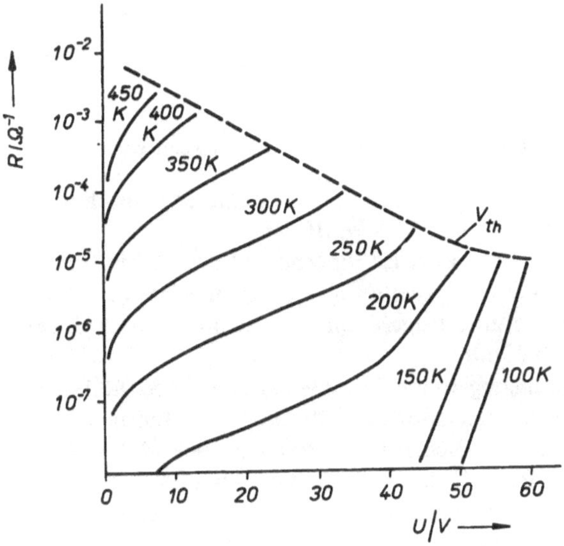

Abb. 4.29. Spannungsabhängigkeit des Widerstandes amorpher Schichten bei unterschiedlichen Temperaturen nach [4.172].
Die gestrichelte Linie gibt die Werte der Schwellenwertspannung V_{th} an (vgl. Abb. 4.28.b).

POOLE-FRENKEL-Effekt abgeschirmter Zentren interpretieren. Danach steigt die Leitfähigkeit steiler als exponentiell an. Eine befriedigende Erklärung für diesen dem Schaltvorgang unmittelbar vorgelagerten Bereich der Feldstärke steht bisher aus.

b) Die Schwellenspannung V_{th} (*threshold voltage*) wird durch die gestrichelte Linie in Abb. 4.29. wiedergegeben. Sie ist unterhalb 200 K nahezu temperaturunabhängig. Aus der von KOLOMIEC u. M. [4.207] festgestellten Unabhängigkeit von der Schichtdicke im Bereich kleiner etwa 10 µm folgt die Existenz einer kritischen Schaltfeldstärke.

c) Die Leitfähigkeit im niederohmigen Zustand (*ON-state*) erweist sich als unabhängig von der Elektrodenflächen, was auf die Ausbildung eines Stromkanals hinweist. Dessen Querschnitt ist dem Gesamtstrom proportional. Weiterhin wird eine weitgehende Unabhängigkeit von der Temperatur und der Filmdicke festgestellt. Offenbar fällt die Feldstärke überwiegend im kontaktnahen Bereich ab.

d) Messungen mit Rechteckimpulsen lassen die Existenz einer Verzögerungszeit t_d erkennen (Abb. 4.30.), [4.202, 208, 209]. Sie beträgt bei Impulshöhen wenig oberhalb der Schwellenspannung einige 10^{-6} s und unterliegt von Impuls zu Impuls einer statistischen Schwankung, die sich mit zunehmender Spannung vermindert, wobei die Verzögerungs-

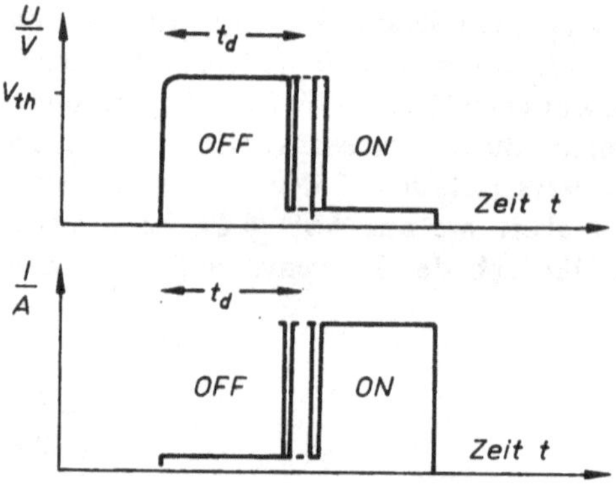

Abb. 4.30. Verzögerungszeit t_d, von Schaltereignis zu Schaltereignis statistisch schwankend nach [4.210].

zeit abnimmt, möglicherweise bis auf die für den eigentlichen Schaltvorgang charakteristische Schaltzeit in der Größenordnung von 10^{-10} s [4.210].

e) Es existiert eine Erholzeit von etwa 1 µs. Folgeimpulse innerhalb dieses Zeitintervalls sind durch einen kleineren Wert für die Schwellenspannung V_{th} gekennzeichnet. In der Erholzeit findet ein Abbau der hohen Ladungsträgerdichte im Stromkanal und der Raumladungsbarrieren in Elektrodennähe statt.

Die zur Interpretation dieser Untersuchungsergebnisse herangezogenen Modelle lassen sich in zwei Gruppen einteilen. Die thermischen Modelle führen die Phänomene des reversiblen Schwellenwertschalters auf einen thermischen Durchbruch zurück [4.211, 212], gehen also von einer Energiedissipation im Bereich des Stromkanals aus und deuten das Schaltverhalten als eine Instabilität, wie sie unter bestimmten Randbedingungen aus der Lösung der nichtstationären Wärmetransportgleichung folgt. Temperaturen von mehreren hundert Grad über der Umgebungstemperatur sind aber in diesem Fall innerhalb des Stromkanals anzunehmen, woraus in Anbetracht der Transformationstemperaturen von etwa 420 bis 620 K, die die für den Schwellenwertschalter infrage kommenden Gläser in der Regel aufweisen, eine beträchtliche Unsicherheit in der Reproduzierbarkeit aufeinanderfolgender Schaltzyklen zu erwarten ist. Von Popescu wurde völlig zu recht darauf hingewiesen, daß selbst unter solchen Bedingungen ein stabiles Schaltverhalten vorliegen kann, vorausgesetzt die Dauer des niederohmigen Zustandes besteht nicht länger als die mit der Viskosität der Schmelze verbundene Zeitkonstante der Strukturrelaxation (vgl. 2.2.1.2.). Anordnungen, die unter Beachtung extremer Reinheitsanforderungen präpariert und zusammengestellt wurden, konnten im Impulsbetrieb in mehr als 10^{14} Schaltoperationen getestet werden, ohne daß Formierungs- oder Alterungseffekte feststellbar waren [4.203]. Von Haberland [4.209] wurde gezeigt, daß innerhalb der Verzögerungszeit, die dem Schaltvorgang vorausgeht, eine Ladungsakkumulation in der Schicht stattfindet. Die bis zum Schalten akkumulierte elektrische Energie nimmt mit steigender Temperatur zu, was sich mit einem thermischen Durchbruch nicht ohne weiteres vereinbaren läßt.

Es kann heute als gesichert gelten, daß dem Schwellenwertschalter bei hinreichend geringen Schichtdicken (<5 bis 10 µm) ein elektronischer Mechanismus zugrunde liegt. Bereits die Schichtdickenunabhängigkeit der Schwellenspannung, wie sie Kolomiec u. M. [4.207] feststellten, hatte den Hinweis ergeben, daß erst oberhalb einer bestimmten Filmdicke thermische Effekte für den Gesamtvorgang bestimmend sind.

Zur Bestätigung der elektronischen Natur und Begründung der dem Schaltverhalten im Bereich dünner Schichten zugrunde liegenden Mechanismen haben vor allem die originellen Experimente von HENISCH u. M. beigetragen. Intensive Einstrahlung von Licht im Bereich der optischen Bandlücke läßt die Schwellenspannung unverändert, die mit V_{th} verbundene Stromstärke wird aber um bis zu eine Größenordnung erhöht [4.213]. Kehrt man die Polarität des einwirkenden Rechteckimpulses während der Verzögerungszeit um, so erhöht sich die Verzögerungszeit [4.214]. Schaltanordnungen mit unsymmetrischen Kontakten *n*-Ge (negativ)/Graphit (positiv), *p*-Ge (positiv)/Graphit (negativ) oder *n*-Ge (negativ)/*p*-Ge (positiv) zeigen normales Schaltverhalten, bei Umkehrung der Polung jedoch keinen Effekt. In einem der beiden Quadranten von Abb. 4.28. bleibt der Schaltvorgang dann aus, und bei beidseitiger Kontaktierung mit *n*- oder *p*-Ge wird der reversible Übergang in den niederohmigen Zustand nicht festgestellt [4.215, 216]. Alle diese Befunde sind mit einem thermischen Durchbruch unvereinbar.

Auch die im Stromkanal vorliegende Temperatur konnte nach verschiedenen Methoden abgeschätzt werden. Mit 13 K über der Umgebungstemperatur nach PETERSEN und ADLER [4.217] liegt sie weit unterhalb des für einen thermischen Durchbruch zu erwartenden Wertes. Schließlich zeigt die Untersuchung des niederohmigen Zustandes mit Impulsen im Nanosekundenbereich, die selbst bei Nichtberücksichtigung einer Wärmeableitung an die Umgebung zu keiner nennenswerten Temperaturerhöhung im Stromkanal mehr führen können, zweifelsfrei, daß es sich um einen elektronischen Mechanismus handelt [4.218, 219].

Der niederohmige Zustand kann durch Nanosekunden-Impulse unterschiedlicher Länge und Höhe charakterisiert werden. Es ergibt sich ein innerhalb bestimmter Zeitgrenzen existenter stromloser Zustand (*blocked ON-state* oder *transient ON-state*), der durch eine bestimmte Haltespannung V_H gekennzeichnet ist. Man erhält den in Abb. 4.31. angegebenen Kennlinienverlauf. Oberhalb des kritischen Zeitlimits bleibt der niederohmige Zustand nur bestehen, wenn durch die anliegende Spannung mindestens die kritische Haltestromstärke $I_{H,\mathrm{krit}}$ gewährleistet ist. Wird sie unterschritten, entsteht sprunghaft wieder der hochohmige Zustand. Für einen derartig abrupten Übergang bestehen im Rahmen thermischer Modelle keine Erklärungsmöglichkeiten.

Aus der mittels Nanosekunden-Impulsmessungen erhaltenen Kennlinie in Abb. 4.31. wurde für den niederohmigen Zustand ein Wert von $\varrho = 0{,}08 \pm 0{,}02\,\Omega\,\mathrm{cm}$ ermittelt [4.203]. Die Erholzeit hängt vom Querschnitt des Stromkanals ab [4.217]. Daraus ergibt sich die Schlußfolgerung, daß die Aufhebung des niederohmigen Zustandes nach Unterschreiten des Haltestroms im wesentlichen auf der Ausbreitung der beweglichen Ladungen durch Diffusion in die Umgebung beruht. Die aus dem Diffusionskoeffizienten berechnete Beweglichkeit beträgt etwa $10\,\mathrm{cm^2\,V^{-1}\,s^{-1}}$, woraus in Verbindung mit dem spezifischen Widerstand eine Trägerkonzentration von etwa $7 \cdot 10^{18}\,\mathrm{cm^{-3}}$ berechnet wurde. In Verbindung mit den thermischen Konstanten ergibt sich aus diesen Daten ein Temperaturanstieg im Stromkanal von weniger als 60 K [4.217].

Nach den Darlegungen in 4.1.3.6. ist anzunehmen, daß die den Schalteffekt vorbereitenden Vorgänge von einem Zustand der feldgestützten thermischen Generation von Nichtgleichgewichtsladungsträgern ausgehen. Der Anfangsbereich der in Abb. 4.29. wiedergegebenen Kurven ordnet sich in den POOLE-FRENKEL-Effekt abgeschirmter Zentren ein, wie er bei den durch Katodenzerstäubung abgeschiedenen Schichten zu erwarten ist, s. Abb. 4.32.a). In dem sich anschließenden Feldstärkebereich, in dem die Kurven in Abb. 4.29. steiler verlaufen, wird die Dichte der Nichtgleichgewichtsladungen offenbar durch Injektion von den Elektroden verstärkt. Je nach der Lage der FERMI-Energie im betreffenden Halb-

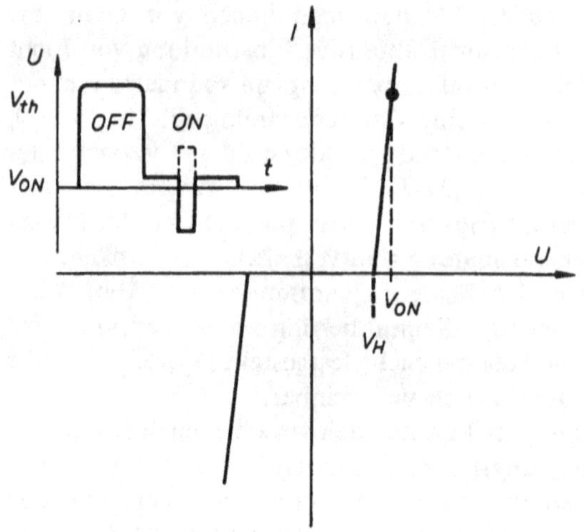

Abb. 4.31. Charakterisierung des niederohmigen Zustandes durch Impulsmessungen im Nanosekundenbereich.

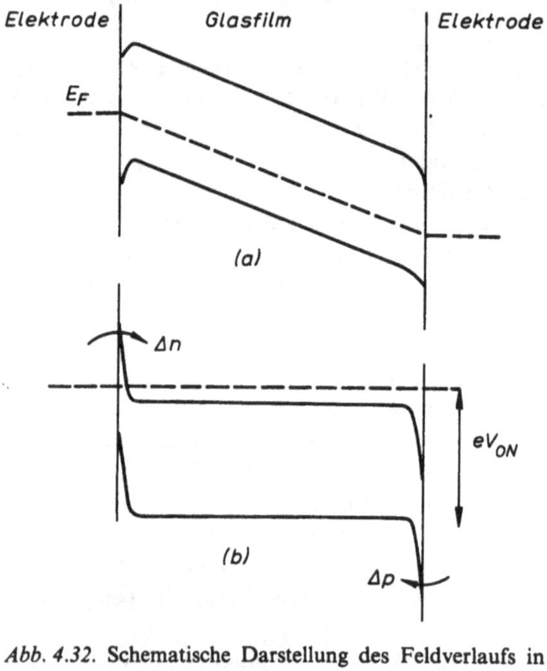

Abb. 4.32. Schematische Darstellung des Feldverlaufs in der Halbleiterschicht im hochohmigen (*a*) und niederohmigen Zustand (*b*).

leitermaterial werden entweder die D^+-Zentren überwiegend in D^--Zentren oder letztere überwiegend in D^+-Zentren umgewandelt, wodurch sich die FERMI-Energie entsprechend verschiebt. Man hat aber unter den stark ausgeprägten Nichtgleichgewichtsbedingungen auch die Möglichkeit der Einfachbesetzung der Defektzentren und damit ein Überwiegen von D^0-Zentren in Betracht zu ziehen. Der niederohmige Zustand ist durch Abb.

4.32. b) gekennzeichnet. Das Potential fällt überwiegend an einer oder an beiden Randschichten ab. Die Erscheinungen sind sehr komplex, und ein gültiges Modell liegt bisher nicht vor.

Von HENISCH [4.220] und MOTT [2.373] wurde eine Doppelinjektion von Elektronen und Defektelektronen angenommen (vgl. auch [4.221]). Sie wird durch die Experimente mit unsymmetrischen Kontakten gestützt. Nimmt man an, daß die geladenen Defektzentren unter den Nichtgleichgewichtsbedingungen im zeitlichen Mittel zu einem wachsenden Anteil einfach besetzt vorliegen, die auf Grund der weitreichenden COULOMB-Kräfte beträchtliche Streuwirkung also zunehmend abgebaut wird, so wird zumindest qualitativ verständlich, daß der Stromtransport oberhalb eines bestimmten Sättigungsgrades in den delokalisierten Zuständen oberhalb der Beweglichkeitskante E_C bzw. unterhalb E_V weitgehend ungehindert erfolgt.

4.1.4. *Photoleitfähigkeit*

Die durch Absorption von Photonen ausgelöste Generation von Elektronen und Defektelektronen, die zu einem über die Dunkelleitfähigkeit hinausgehenden Leitfähigkeitsbeitrag Anlaß gibt, wurde von GORJUNOVA und KOLOMIEC [2.14] als ein Beweis für den elektronischen Charakter der an Chalkogenidgläsern festgestellten Halbleitereigenschaften erkannt.

Man mißt die Photoleitfähigkeit σ_{Ph} sowohl an kompakten Proben als auch an dünnen Schichten in Abhängigkeit von der Wellenlänge λ (bzw. Wellenzahl $\tilde{\nu}$), der Intensität oder Photonenstromdichte I_A (des Anteils, der in die Probe eintritt und dort absorbiert wird, $I_A = I_{Ph} - I_R$ mit I_R als der an der Oberfläche reflektierten Intensität, sie ist aus der Brechzahl zugänglich), der Temperatur und der Feldstärke. Dabei werden zwei verschiedene Anordnungen verwendet. Bei koplanarer Kontaktierung befindet sich zwischen den Elektroden ein Spalt von einigen zehntel Millimetern, durch den die Lichtstrahlung auf die Probe einwirkt. Die Angabe einer spezifischen Photoleitfähigkeit als einer geometriefreien Eigenschaft der untersuchten Substanz ist in diesem Fall nicht möglich. Es werden nur Widerstandsänderungen festgestellt. Bei der sog. Sandwich-Anordnung befindet sich die Probe zwischen einer Basis- und einer Deckelektrode, von denen die eine hinreichend lichtdurchlässig sein muß (entweder sehr dünne Metallschichten oder mit dotiertem Zinnoxid beschichtete Glasunterlagen). Die spezifische Photoleitfähigkeit ist auch unter diesen Bedingungen nur bedingt bestimmbar, und in Verbindung mit dem Absorptionskoeffizienten α lassen sich Angaben über die Quantenausbeute allenfalls abschätzen.

Man hat weiterhin zu unterscheiden zwischen stationären Photoleitfähigkeitsmessungen und verschiedenen Varianten eines dynamischen Meßregimes. Im letzteren Fall verwendet man Rechteckimpulse der Lichtintensität mit geringer Folgefrequenz (einige 10 Hz). Aus dem Abklingverhalten der Photoleitfähigkeit kann auf Relaxationsprozesse, z. B. auf die Kinetik von Rekombinationsreaktionen geschlossen werden. Sandwich-Anordnungen, die sehr kurzzeitigen Lichtimpulsen hoher Intensität ausgesetzt werden, entsprechen dem Versuchsaufbau von SPEAR [3.264] zur Untersuchung der Driftbeweglichkeit (vgl. 4.1.2.4.).

Die in die Probe eintretende Photonenstromdichte I_A wird entsprechend dem Lambertschen Gesetz $(-\mathrm{d}I_A/\mathrm{d}x) = \alpha I_A$ absorbiert, wodurch eine Überschlußladungsträgerdichte beiderlei Vorzeichens Δn und Δp in der Zeiteinheit erzeugt wird. Mit der Quantenausbeute β als der verknüpfenden Größe ergibt sich

$$\frac{\mathrm{d}\,\Delta n}{\mathrm{d}t} = \frac{\mathrm{d}\,\Delta p}{\mathrm{d}t} = \beta\alpha I_A \tag{4.77}$$

für die Generationsrate. Die Einstellung des thermischen Gleichgewichts mit den übrigen Ladungsträgern soll hier als sehr rasch erfolgend angenommen werden: Dielektrische Relationszeit kleiner als die mittlere Lebensdauer der Überschußladungsträger. Bei glasartigen Halbleitern mit nicht zu geringer Dunkelleitfähigkeit kann diese Voraussetzung noch annähernd als erfüllt gelten. Ist die dielektrische Relaxationszeit größer als die mittlere Lebensdauer, liegt der von van Roosebroeck [4.222] untersuchte Fall des Relaxationshalbleiters vor.

Der gegenläufige Prozeß zur Ladungsträgergeneration ist die Rekombination. Sie kann in der unmittelbaren Vereinigung von Elektronen und Defektelektronen bestehen oder durch die Bindung von Elektronen und/oder Defektelektronen in lokalisierten Zuständen zustande kommen. Die Rekombinationsrate ist der Ladungsträgerdichte $n = (n_0 + \Delta n)$ und $p = (p_0 + \Delta p)$ proportional (n_0, p_0 = Gleichgewichtsladungsträgerdichte), woraus in Verbindung mit (4.77) für den Gesamtvorgang die Differentialgleichung

$$\frac{\mathrm{d}\,\Delta n}{\mathrm{d}t} = \frac{\mathrm{d}\,\Delta p}{\mathrm{d}t} = \beta\alpha I_A - \gamma(n_0 + \Delta n)(p_0 + \Delta p) + \gamma n_0 p_0 \tag{4.78}$$

folgt. Unter der Annahme, daß $n = p$ und $\Delta n = \Delta p$ vorausgesetzt werden kann, ergibt sich

$$\frac{\mathrm{d}\,\Delta n}{\mathrm{d}t} = \beta\alpha I_A - \gamma(2n\,\Delta n + (\Delta n)^2)\,, \tag{4.79a}$$

$$\frac{\mathrm{d}\,\Delta p}{\mathrm{d}t} = \beta\alpha I_A - \gamma(2p\,\Delta p + (\Delta p)^2)\,. \tag{4.79b}$$

Es lassen sich daraus zwei Grenzfälle ableiten. Bei geringer Intensität und hoher Temperatur gilt $n,p \gg \Delta n, \Delta p$. Man erhält in dieser Näherung ein Zeitgesetz 1. Ordnung für das An- und Abklingverhalten der Überschußladungsträgerdichte und für den stationären Fall durch Lösen der Differentialgleichung (4.79)

$$\Delta n = \frac{\beta\alpha I_A}{2\gamma n}, \qquad \Delta p = \frac{\beta\alpha I_A}{2\gamma p}. \tag{4.80}$$

Aus der Definition der mittleren Lebensdauer der Überschußladungsträger (Relaxationszeit der Photoleitfähigkeit)

$$\tau_n = \frac{1}{q_n v_n\,\Delta n}, \qquad \tau_p = \frac{1}{q_p v_p\,\Delta p} \tag{4.81}$$

wird schließlich für Δn bzw. Δp

$$\Delta n = \beta\alpha I_A \tau_n\,, \qquad \Delta p = \beta\alpha I_A \tau_p \tag{4.82}$$

erhalten, woraus für die stationäre Photoleitfähigkeit der Ausdruck

$$\sigma_{Ph} = e\beta\alpha I_A(\mu_n\tau_n + \mu_p\tau_p) \tag{4.83}$$

folgt. q_n, q_p bezeichnen den Einfangquerschnitt, v_n, v_p die mittlere thermische Geschwindigkeit.

Bei hoher Intensität der Lichteinstrahlung und tiefer Temperatur überwiegen dagegen die Überschußladungsträger, n_0, $p_0 \ll \Delta n$, Δp. Im Rahmen einer solchen Näherung ergibt sich aus (4.79) ein Zeitgesetz 2. Ordnung

$$\Delta n = \left(\frac{\beta \alpha I_A}{\gamma}\right)^{1/2} \qquad \Delta p = \left(\frac{\beta \alpha I_A}{\gamma}\right)^{1/2} \tag{4.84}$$

$$\sigma_{Ph} = e\left(\frac{\beta \alpha I_A}{\gamma}\right)^{1/2} (\mu_n + \mu_p)\,. \tag{4.85}$$

Abbildung 4.33. zeigt die Temperaturabhängigkeit der Photoleitfähigkeit amorpher Schichten der Zusammensetzung $Ge_{15}Te_{81}Sb_2S_2$ nach [4.223] bei konstanter Wellenlänge von 1,06 µm und von (*a*) nach (*d*) abnehmender Intensität.

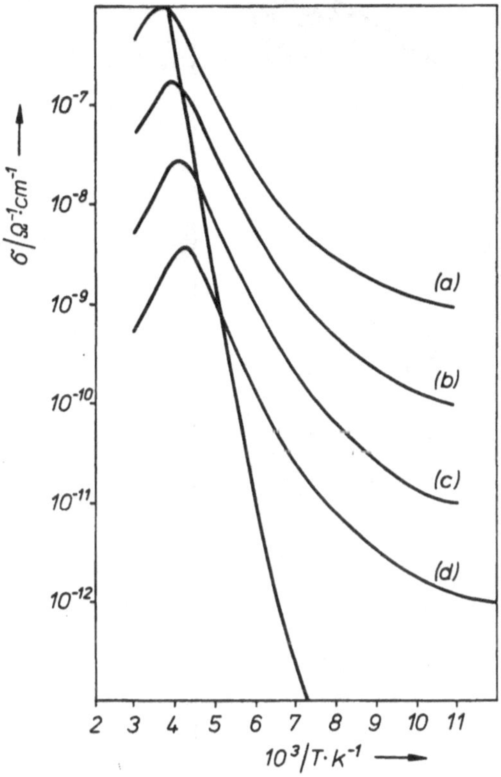

Abb. 4.33. Dunkelleitfähigkeit und Photoleitfähigkeit im Wechsellicht (16 Hz) von amorphen $Ge_{15}Te_{81}Sb_2S_2$-Schichten bei verschiedener Beleuchtungsintensität.
100 W-Halogenlampe, Intensitätsmaximum bei 1,06 µm nach [4.223],
$f = 1{,}36 \cdot 10^{17}$ Photonen $\cdot$ cm$^{-2} \cdot$ s^{-1}, α bei 1,06 µm $2{,}6 \cdot 10^4$ cm^{-1}; (*a*) – $f = 1$, (*b*) – $f = 0{,}1$, (*c*) – $f = 0{,}01$, (*d*) – $f = 0{,}001$.

Man erkennt, daß die Photoleitfähigkeit bei hoher Temperatur oberhalb des Maximums kleiner ist als die Dunkelleitfähigkeit. Δn, Δp und damit σ_{Ph} nehmen entsprechend (4.80) bzw. (4.83) mit zunehmendem Wert von n bzw. p ab. σ_{Ph} steht außerdem zu I_A in einer annähernd linearen Beziehung. Unmittelbar unterhalb des Maximums fällt σ_{Ph} mit $1/T$

exponentiell ab, und die Intensität steht zur Photoleitfähigkeit in einer quadratischen Abhängigkeit. Bei tiefer Temperatur liegt die Photoleitfähigkeit um Größenordnungen über der Dunkelleitfähigkeit, und es deutet sich eine Annäherung an einen nahezu temperaturunabhängigen End-Wert an. Trägt man lg σ_{Ph} gegen lg I_A auf, sind die für die Zeitgesetze in den beiden Bereichen charakteristischen Exponenten auf diesem Wege bestimmbar.

Auf analoge Weise ist die Temperatur- und Intensitätsabhängigkeit der Photoleitfähigkeit von zahlreichen Chalkogenidgläsern ausgewertet worden. Über Messungen am glasartigen Se berichten VAUTIER u. M. [4.224], am As_2Se_3-Glas KILAO u. M. [4.225]. Von WEISER u. M. [4.226] wurde das Photoleitfähigkeitsverhalten amorpher Schichten

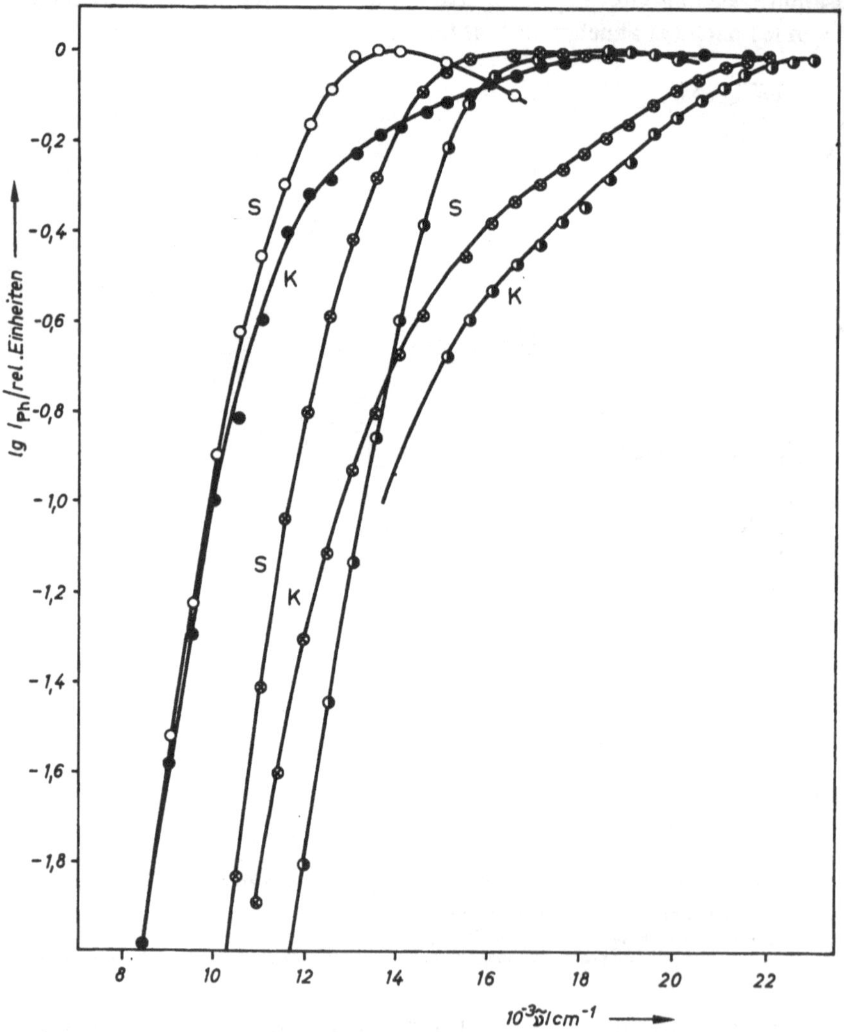

Abb. 4.34. Spektrale Abhängigkeit des Photostromes an kompakten Proben *K* und von durch Flashverdampfung hergestellten Schichten *S* der Zusammensetzung $Ge_{0,4}Se_{0,6}$ (○ ●), $Ge_{0,4}Se_{0,55}Te_{0,05}$ (⊗) und $Ge_{0,4}Se_{0,45}Te_{0,15}$ (◑).

der Zusammensetzung 2 $As_2Te_3 \cdot As_2Se_3$ untersucht. MAIN und OWEN [4.230] schlossen aus der vor und nach dem Maximum übereinstimmenden Aktivierungsenergie von 0,37 eV ($\lambda = 0,65$ µm), die sich für amorphes As_2Te_3 beim Auftragen von lg σ_{Ph} gegen $1/T$ ergibt, auf einen Rekombinationsmechanismus, der durch weitgehend diskrete Lokalterme innerhalb der Beweglichkeitslücke bestimmt ist.

Die Abklingkurven der Photoleitfähigkeit lassen bei tiefer Temperatur eine Komponente hoher Geschwindigkeit mit Werten für τ_n bzw. τ_p von 10^{-3} bis 10^{-4} s und einen Beitrag erkennen, der um Größenordnungen langsamer abfällt. Zeitkonstanten von mehreren 10 s wurden gemessen [4.227—229]. Offenbar werden die Überschußladungsträger durch die tiefliegenden Lokalterme der D^+- und D^--Zentren unter Bildung von D^0-Zentren eingefangen, die bei 77 K teilweise erst in einer langsam verlaufenden Zeitreaktion wieder die Gleichgewichtskonzentration an geladenen Defektzentren ergeben.

Photoleitfähigkeitsmessungen gestatten, wie aus Gln (4.83) und (4.85) hervorgeht, auf einfachem Wege die Ermittlung der optischen Bandlücke. Von ROCKSTAD [3.417] wurde die enge Korrespondenz zwischen der Photoleitfähigkeitskante und der aus Absorptionsmessungen ermittelten optischen Bandlücke für zahlreiche Gläser experimentell belegt. Die Bestimmung des Absorptionskoeffizienten α von dünnen Schichten und kompakten Proben ist experimentell aufwendig, wenn man die Messung zum Zwecke des Vergleichs im Bereich ähnlicher α-Werte ausführen will. Abb. 4.34. zeigt den Kurvenverlauf für einige kompakte Gläser der Reihe $Ge_{0,4}Se_{0,6-x}Te_x$ sowie für amorphe Schichten der gleichen Zusammensetzung, die durch Flash-Verdampfung erhalten wurden [4.106, 182]. Unter Berücksichtigung der Schichtdickenabhängigkeit des Photostromes, wie sie von DE VORE [4.275] eingehend untersucht wurde, ergibt sich für die Bandlücke der Schichten in allen drei Fällen eine Verminderung gegenüber den kompakten Glasproben.

Die in 4.1.3.1. begründete Annahme, daß der Ladungstransport in den Schichten verstärkt in den Bandausläufern erfolgt, erscheint daher zwingend.

Abb. 4.35. gibt die spektrale Verteilung der Photoleitfähigkeit für zwei kompakte Gläser aus den Systemen Pb-Ge-S und Pb-Ge-Se wieder (vgl. 3.3.6.4.).

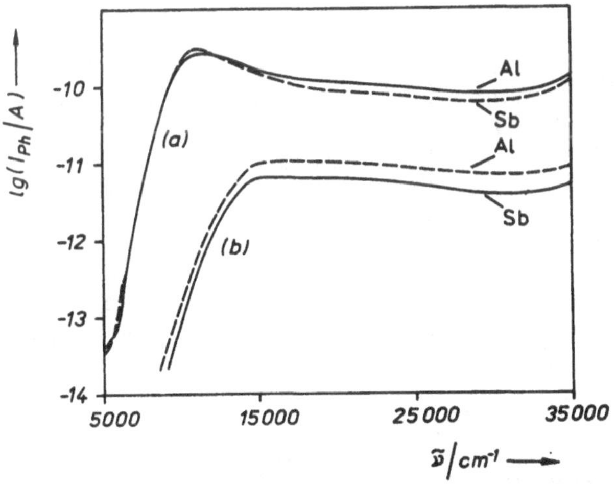

Abb. 4.35. Spektrale Abhängigkeit des Photostromes für die Gläser.
$(PbS)_{0,2}(GeS)_{0,3}(GeS_2)_{0,5}$ (*a*) und $(PbSe)_{0,2}(GeSe_2)_{0,5}$ (*b*) bei jeweils unterschiedlicher Kontaktierung.

Über die Beeinflussung der Photoleitfähigkeit des glasartigen Selens durch Fremdzusätze ist in einer Vielzahl von Arbeiten berichtet worden. Oxidverunreinigungen können z. B. auf diesem Wege relativ empfindlich erkannt werden [4.231].

Die Modifizierung des Photoleitfähigkeitsverhaltens von glasartigem As_2Se_3 durch Einführung von Cu, Ag, Ca, In, Tl wurde von KOLOMIEC u. M. [3.724, 4.232] untersucht. Eine ausführliche zusammenfassende Arbeit über photoelektrische Erscheinungen an Chalkogenidgläsern wurde von KOLOMIEC und LJUBIN [4.228] 1973 veröffentlicht.

4.2. Optische Eigenschaften

Die breite Verwendung von Gläsern wird wesentlich durch die Transparenz im sichtbaren Spektralbereich und die Möglichkeit der variablen Einstellung bestimmter Brechzahl- und Dispersionswerte bestimmt. Der Durchlässigkeitsbereich, das sog. optische Fenster, ist auf der langwelligen Seite durch die Kombinations- und Oberschwingungen (Multiphononenabsorption) der Fundamentalschwingungen der Nahordnungsbereiche begrenzt, an die sich ein weitgehend kontinuierliches Phononenspektrum nach längeren Wellen anschließt, dessen Anregung im wesentlichen aus dem Fehlordnungsgrad, der fehlenden Fernordnung, der Gläser resultiert. Auf den Zusammenhang zwischen dem Schwingungsspektrum und der Struktur der Gläser wurde in Kap. 2.4.1.2. bereits eingegangen. Die

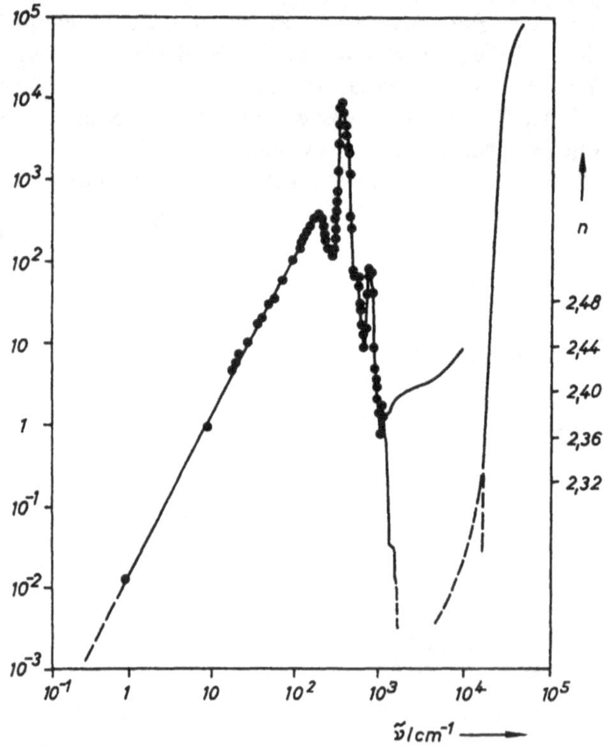

Abb. 4.36. Wellenzahlabhängigkeit des Absorptionskoeffizienten α von As_2S_3-Glas und Brechzahlverlauf im Bereich des optischen Fensters nach [4.234].

kurzwellige Grenze der Transparenz ist durch Elektronenübergänge zwischen Valenz- und Leitfähigkeitsband gegeben. Sie wird auch als Absorptionskante bezeichnet und entspricht der Bandlücke des betreffenden optischen Mediums.

In Abb. 4.36. sind die verschiedenen Gebiete der Absorption und Transmission für As_2S_3-Glas angegeben [4.234]. Die Dispersionskurve der Brechzahl wurde mit eingezeichnet.

Beim Übergang von den Oxid- zu den Sulfid-, Selenid- und Telluridgläsern nimmt die optische Bandlücke ab und die elektrische Leitfähigkeit dementsprechend zu. Auf Grund der größeren Atommasse und der abnehmenden Kraftkonstante erfährt das Schwingungsspektrum gleichfalls eine langwellige Verschiebung, d. h. das optische Fenster verlagert sich immer mehr aus dem sichtbaren in den infraroten Spektralbereich. Für die Prototypen glasbildender Verbindungen, die sog. Glasbildner, ist der Gang aus Abb. 4.37. ersichtlich. Dabei wurde im Gebiet der Absorptionskante für den Absorptionskoeffizienten α ein Wert von 10^3 bis 10^4 cm^{-1} als Grenze angenommen und für die langwellige Grenze die Wellenzahl der Fundamentalschwingung mit der höchsten Frequenz (i. allg. eine antisymmetrische Valenzschwingungsbande) verwendet. Bedingt durch die Multiphononenabsorption und die bei Gläsern im Gegensatz zu Kristallen keineswegs steil abfallende Absorptionskante ist der tatsächliche Öffnungsbereich gegenüber den Angaben in Abb. 4.37. teilweise nicht unwesentlich eingeschränkt (vgl. Abb. 4.36.).

Strahlt man im Bereich der Absorptionskante ein, ergeben sich nicht nur Photoleitfähigkeitseffekte (4.1.4.). Man beobachtet vielfach die Emission eines Photolumineszenzspektrums, das Rückschlüsse auf die in der Beweglichkeitslücke vorliegenden Defektzentren zuläßt. Photochemische Reaktionen und photostrukturelle Änderungen werden an Gläsern und amorphen Schichten bei der Einwirkung elektromagnetischer Strahlung geeigneter Frequenz gleichfalls häufig beobachtet.

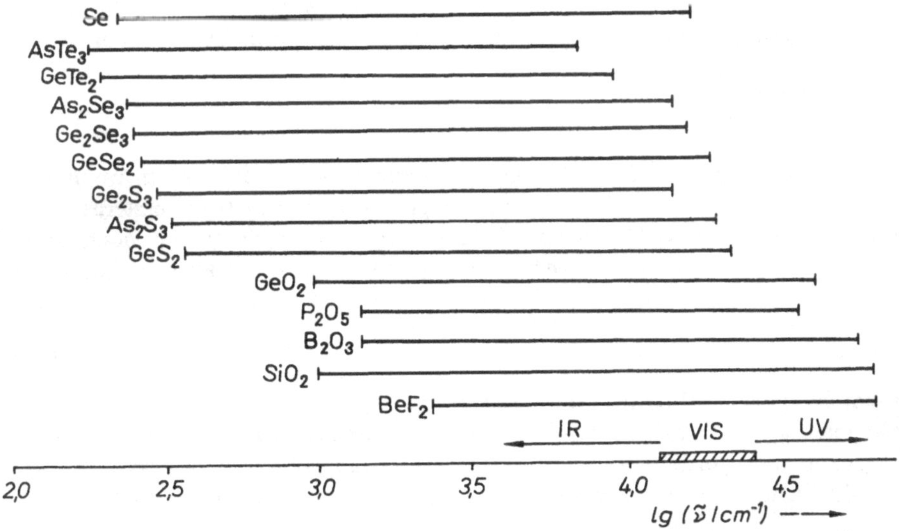

Abb. 4.37. Wellenzahl-Intervall zwischen der Fundamentalschwingungsbande mit der höchsten Frequenz und der Absorptionskante ($\alpha = 10^4$ cm^{-1}) zur Charakterisierung glasbildender Verbindungen als optische Medien.

4.2.1. *Absorption und Transmission*

Zur Bestimmung des Absorptionskoeffizienten α ist die Ermittlung des Anteils $\bar{I}_0 = (I_0 - I_R)$ der Intensität der elektromagnetischen Strahlung I_0 erforderlich, der in die Probe eintritt, d. h. das Reflexionsvermögen ist zu berücksichtigen. Bei Beachtung von Vielfachreflexion an beiden Grenzflächen der Probe ergeben sich unter der Annahme annähernd senkrechter Inzidenz für das Absorptionsvermögen $A = I_A/I_0$, den Transmissionsgrad $T = I_T/I_0$ und $R = I_R/I_0$ die folgenden Beziehungen [4.235, 233]

$$R = r + \frac{(1-r)^2\, r\, e^{-2\alpha d}}{1 + r^2\, e^{-2\alpha d}}, \quad (4.86) \qquad T = \frac{(1-r)^2\, e^{-\alpha d}}{1 - r^2\, e^{-2\alpha d}} \quad (4.87)$$

$$A = (1-r)\,\frac{1 - e^{-\alpha d}}{1 - r\, e^{-\alpha d}} \quad \text{mit} \quad (4.88)$$

$$r = \frac{(n-1)^2 + k^2}{(n+1)^2 + k^2} \quad (4.89) \quad \text{und} \quad \alpha = \frac{4\pi k}{\lambda} = 4\pi k\tilde{\nu}\,. \quad (4.90)$$

r bezeichnet das Reflexionsvermögen bei einem einzelnen Reflexionsvorgang, k die Absorptionskonstante. Die letztere Größe hat auf den Wert von r praktisch keinen Einfluß, solange $k \leqq 0{,}1$ gilt, d. h. im Bereich $\alpha\lambda \leqq 1$ oder $\alpha \leqq \tilde{\nu}$ kann für (4.89) eine entsprechend vereinfachte Beziehung verwendet werden.

Für den Fall sehr kleiner α-Werte (z. B. $\alpha \leqq 10^{-2}\ \text{cm}^{-1}$) ergibt sich aus (4.86) und (4.87)

$$R = \frac{(n-1)^2}{n^2+1} \quad (4.91) \quad \text{und} \quad T = \frac{2n}{n^2+1} \equiv T_0\,, \quad (4.92)$$

woraus $A = 0$ folgt. Ist $\alpha d > 1$, erhält man aus (4.86) bereits bei nicht allzu großen α-Werten und nicht zu geringer Schichtdicke $R = r$, d. h. der aus der Vielfachreflexion resultierende Beitrag verschwindet infolge relativ starker Absorption im Volumen. Aus

$$T = \frac{(1-R)^2\, e^{-\alpha d}}{1 - R^2\, e^{-2\alpha d}} \quad (4.87\,\text{a})$$

kann α außer in unmittelbarer Nähe der Absorptionsstelle berechnet werden, wenn man den Transmissionsgrad T und das Reflexionsvermögen $R = r$ mißt bzw. letzteres durch eine Brechzahlmessung nach (4.89) erfaßt (k kann sogar bei $\lambda = 10\ \mu\text{m}$ noch selbst bei einem Wert von $\alpha = 10^3\ \text{cm}^{-1}$ vernachlässigt werden). Als Näherung kann für (4.87a) auch

$$T = (1-R)^2 e^{-\alpha d} \quad (4.876)$$

gesetzt werden, denn exp ($-2\alpha d$) fällt in (4.87a) schneller ab als exp ($-\alpha d$).

Beschränkt man sich bei der Bestimmung des Absorptionskoeffizienten auf Transmissionsmessungen, ist es erforderlich, T_0 in einem Wellenlängenbereich mit sehr kleinem α-Wert zu ermitteln, und aus T unter Vernachlässigung der Dispersion entsprechend

$$T = T_0 \exp(-\alpha d) \quad (4.87\,\text{c})$$

auf den Absorptionskoeffizienten bei anderen Wellenlängen zu schließen. Die Näherung gilt umso besser je kleiner α ist. Wie eine einfache Abschätzung zeigt, ist in Transmissionsmessungen unter Beachtung der in üblichen Spektrometern gegebenen Meßfehler die untere Grenze der Erfaßbarkeit bei $\alpha \approx 10^{-3}$ cm^{-1} erreicht.

Durch weitgehende Eliminierung des Reflexionsvermögens kann die Empfindlichkeit von Transmissionsmessungen erhöht werden. Es wurde über die Bestimmung von Absorptionskoeffizienten bis zu Werten von 10^{-5} cm^{-1} herab berichtet [4.236]. Direkte Methoden wie die Laserkalorimetrie [4.237], die photoakustische Kalorimetrie [4.238] oder interferometrische Kalorimetrie [4.239] ermitteln die in der Probe absorbierte Energie. Eine Übersicht zu den verschiedenen Meßmöglichkeiten gibt die Arbeit von HORDVIK [4.240], (vgl. auch Konferenzband in [4.234]).

Hochtransparente Gläser haben in Verbindung mit der Entwicklung von Lichtleitkabeln (Wellenleitern) sowohl von der chemisch-präparativen als von der meßtechnischen Seite ein erhebliches Interesse beansprucht [4.241, 242, 343]. Man gibt die Dämpfung

$$10 \lg \frac{I_0}{I} = 4{,}34\, \alpha d \equiv 1\, \mathrm{d}B \tag{4.93}$$

in Dezibel an. 1 dB/km entspricht einem α-Wert von $2{,}3 \cdot 10^{-6}$ cm^{-1}. Über Wellenleiter im Infrarot ist in der Literatur gleichfalls berichtet worden [4.243].

Die obere Grenze der Bestimmung von Absorptionskoeffizienten aus Transmissionsmessungen ist etwa bei $\alpha = 10^2$ cm^{-1} gegeben. Die Registrierung von 1% des T_0-Wertes würde in diesem Fall eine Schichtdicke von 0,1 mm, bei $\alpha = 10^4$ cm^{-1} aber bereits die Präparation von Schichten mit einer Dicke von etwa 1 µm erfordern. Die Vergleichbarkeit mit kompakten Proben ist dann nicht mehr in jedem Fall gegeben. Im Bereich $\alpha > 10^2$ cm^{-1} ist es daher erforderlich, entweder die Winkelabhängigkeit des Reflexionsvermögens zu messen und die Auswertung auf der Grundlage der FRESNELschen Gleichungen durchzuführen oder bei annähernd senkrechter Inzidenz eine Analyse des Rexlexionsspektrums nach KRAMERS-KRONIG vorzunehmen [4.244, 245]. Aus der Separation der Fresnelschen Gleichungen für n und k in Real- und Imaginärteil erhält man

$$n = \frac{1 - R}{1 + R - 2\sqrt{R}\cos\Theta}, \qquad k = \frac{-2\sqrt{R}\sin\Theta}{1 + R - 2\sqrt{R}\sin\Theta} \tag{4.94}$$

mit

$$\Theta = \frac{\nu_1}{\pi} \int_0^\infty \frac{\ln R(\nu) - \ln R(\nu_i)}{\nu_i^2 - \nu^2}\, \mathrm{d}\nu\,. \tag{4.95}$$

Die Darstellung von $k(\lambda)$ bzw. $\alpha(\lambda)$ und $n(\lambda)$ ergibt den in Abb. 4.36. gezeigten Kurvenverlauf. Man trägt auch $\varepsilon'' = 2nk$ und $\varepsilon' = n^2 - k^2$ in Abhängigkeit von der Wellenlänge λ, der Wellenzahl $\tilde{\nu}$ oder der Frequenz ν auf. Der Zusammenhang zur Hochfrequenzleitfähigkeit ist im weiten Bereich zu vernachlässigender k-Werte durch

$$\tan\delta = \frac{\varepsilon''}{\varepsilon'} = \frac{2nk}{n^2 - k^2} = \frac{\alpha \cdot \lambda}{2\pi n} \quad \text{bzw.} \tag{4.96}$$

und in Verbindung mit (4.11) durch

$$\sigma(\omega) = \frac{\varepsilon_0}{2\pi}\, \omega n \alpha \lambda = \varepsilon_0 c n \alpha \tag{4.97}$$

gegeben (c = Vakuumlichtgeschwindigkeit). Bei der Auftragung von $n\alpha$ in Abhängigkeit von der Wellenzahl schließt sich die Absorption im Fernen Infrarot unmittelbar an die Hochfrequenzleitfähigkeit im Mikrowellenbereich an [4.248].

4.2.1.1. *Multiphononenabsorption*

Die durch Kombinationsschwingungen verursachte Restabsorption ist im Zusammenhang mit der Entwicklung optischer Medien extrem hoher Durchlässigkeit in vielen Arbeiten eingehend untersucht worden (vgl. z. B. [4.246] und Konferenzband in [4.234]). Neben der Anwendung von Chalkogenidgläsern als Wellenleiter im Infrarot besteht an der Übertragung und Fokussierung leistungsstarker Laserimpulse, z. B. bei der Wellenlänge der Emission des CO_2-Lasers von 10,6 µm, ein erhebliches Interesse.

Ein für Chalkogenidgläser typisches Beispiel ist in Abb. 4.38. angegeben [4.247]. Die verschiedenen Kombinationen der Valenzschwingung ν_A = 345 cm^{-1} (vgl. Tab. 3.3.) mit einer intensitätsschwächeren Bande des As_2S_3-Glases ν_B = 485 cm^{-1}, die den As-S-As-Brückenbindungen zugeordnet wurde, sowie die Kombinationen von ν_A = 240 cm^{-1} (vgl. Tab. 3.3.) und ν_B = 340 cm^{-1} für glasartiges As_2Se_3 sind im Kurvenverlauf angezeigt. Der isostrukturelle Aufbau der beiden glasbildenden Verbindungen wird durch das Multiphononen-Absorptionsspektrum anschaulich verdeutlicht. Bemerkenswert ist

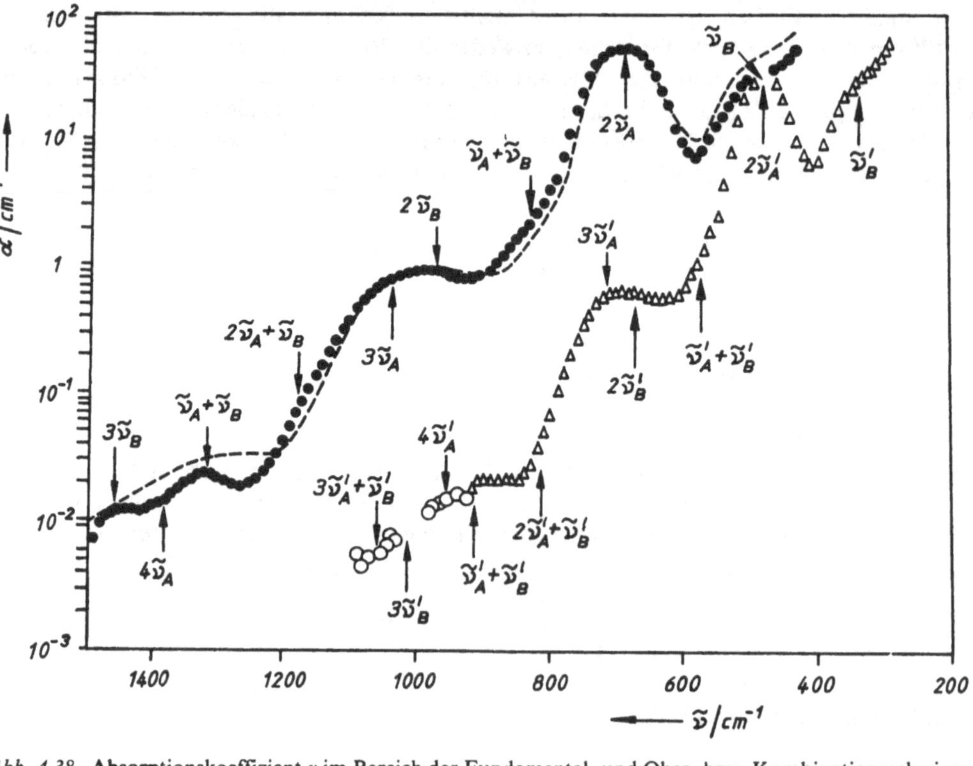

Abb. 4.38. Absorptionskoeffizient α im Bereich der Fundamental- und Ober- bzw. Kombinationsschwingungen von glasartigem As_2S_3 und As_2Se_3.

aber, daß in diesen Gläsern die optische Transparenz selbst im Bereich von 1500 cm^{-1} noch durch α-Werte von 10^{-2} cm^{-1} begrenzt wird, obwohl die Fundamentalschwingungen in einem wesentlich langwelligeren Gebiet liegen. Die Ursache, daß in nichtkristallinen Festkörpern die Multiphonenabsorption stärker in Erscheinung tritt als in Kristallen, liegt sicher in der aus der fehlenden Fernordnung resultierenden Aufhebung der Auswahlregeln mit begründet. Bei den nichtoxidischen Gläsern kommt hinzu, daß das Modell des harmonischen Oszillators mit zunehmender Polarisierbarkeit immer weniger eine befriedigende Näherung darstellt. Mit zunehmendem Ausdehnungskoeffizienten nehmen die Anharmonizitätsanteile in den Schwingungen zu, wie es z. B. auch Gl. (2.103) ausdrückt, und ein Anwachsen der Wahrscheinlichkeit für eine Anregung von Ober- und Kombinationsschwingungen ist unvermeidlich. Voraussetzung für die Erfassung der Multiphononen-Absorption in optischen Medien ist die sorgfältige Eliminierung von Fremdverunreinigungen, die in dem infrage kommenden Wellenzahlbereich zu bestimmten Absorptionsbanden Anlaß geben. Für die Darstellung von Chalkogenidgläsern leiten sich daraus extreme Reinheitsanforderungen an die Ausgangsstoffe und der peinliche Ausschluß von Luftsauerstoff und Feuchtigkeit während der Präparation ab.

4.2.1.2. *Einfluß von Fremdverunreinigungen auf die Transmission und Reindarstellung von Gläsern*

Die sich vom sichtbaren bis in den infraroten Spektralbereich ausdehnende Durchlässigkeit optischer Oxidgläser wird durch den Spurengehalt an Wasser begrenzt, das in den meisten Gläsern überwiegend konstitutionell gebunden, d. h. in Form von OH-Gruppen, vorliegt. Je nach dem Ausmaß, in dem Wasserstoffbrückenbindungen wirksam sind, liegt die OH-Valenzschwingungsbande zwischen 3700 und etwa 3000 cm^{-1}. Auf die Probleme der Reindarstellung von Oxidgläsern wurde am Beispiel des Kieselglases in 3.2.2.1. hingewiesen.

In Chalkogenidgläsern wird die trotz der Multiphononen-Absorption vorhandene Infrarot-Durchlässigkeit durch Oxidverunreinigungen empfindlich gestört. Sie verursachen zusätzliche Banden, die sich mit den Multiphononen-Absorptionsbanden überlagern und ihrerseits zu weiteren Kombinationsschwingungen Anlaß geben, so daß der Absorptionskoeffizient zum optischen Fenster hin immer mehr ansteigt. Vor allem die Nutzung des auch für thermographische Abbildungssysteme interessanten Spektralgebietes zwischen 8 und 12 μm wird durch Oxid-Schwingungsbanden wesentlich eingeschränkt.

Von Moynihan u. M. [4.249] sind die Auswirkungen von Oxidverunreinigungen auf das Schwingungsabsorptionsspektrum von glasartigem As_2Se_3 eingehend untersucht und auch auf das ternäre Glas $GeAs_2Se_5$ ausgedehnt worden [4.250]. Die As-O-Bande bei 650 cm^{-1} und die durch Ge-O-Bindungen verursachten Schwingungsbanden bei 780 und 1260 cm^{-1} setzen die Transmission bei 943 cm^{-1} (10,6 μm) bereits bei einem Gehalt von 50 ppm GeO_2 merklich herab, was bei hohen Strahlungsintensitäten (Laser) zu einer Aufheizung des optischen Mediums Anlaß gibt und zu dessen Zerstörung führen kann. Selbst extrem sauerstofffreie Proben weisen bei 10,6 μm noch einen α-Wert von 10^{-2} cm^{-1} auf. Diese Restabsorption wird durch das Multiphonenspektrum verursacht. Mit der Beeinflussung des Transmissionsverhaltens von Ge-As-Se-Gläsern durch Oxidverunreinigungen befassen sich auch Arbeiten von Savage u. M. [4.251, 252].

Zur Eliminierung der Oxidverunreinigungen ist die Destillation der Gläser im Wasserstoffstrom vorgeschlagen worden [4.253, 254]. Dabei nimmt der Gehalt an Chalkogen-Wasserstoffbindungen beträchtlich zu. Um den Spurengehalt von Oxiden bzw. die Aufnahme von Oxidionen bei hochschmelzenden Systemen infolge Wechselwirkung mit dem Ampullenmaterial (i. allg. Kieseglas) so weit als möglich auszuschließen, setzt man mitunter etwas Kohlenstoff zu oder man beschichtet die Innenwand der Ampullen mit einem Kohlenstoffilm [2.155, 156]. Geringe Mengen von Al oder Zr wirken wegen der hohen Bildungswärme ihrer Oxide in den Schmelzen als Sauerstoffgetter, wodurch die störenden Absorptionsbanden in den Transmissionsspektren der Gläser gleichfalls herabgesetzt werden können [4.249, 257]. Häufig ist allerdings die Anwendung derartiger Reinigungsmethoden mit dem Auftreten von Absorptionsbanden in anderen Spektralbereichen, z. B. im Bereich der Chalkogen-Wasserstoffschwingungen verbunden, oder es treten Transmissionverluste infolge Streuung an feindispers im Glas verteilten Kohlenstoff- bzw. Oxidteilchen auf. Eine maximale Durchlässigkeit im gesamten Transmissionsbereich verlangt eine aufwendige und oftmals zeitraubende Desoxydation und Reinigung aller Ausgangsstoffe sowie ein längeres Ausheizen der sorgfältig gereinigten Kieselglasampulle im Hochvakuum. Einwaage und Beschickung der Ampulle müssen unter Inertbedingungen vorgenommen werden, da häufig bereits ein kurzzeitiger Kontakt der Elemente mit der Atmosphäre zu oberflächlicher Oxidbildung führt, was vor allem für das Arsen zutrifft. Für das Glas $Ge_{30}As_{20}Se_{50}$ ergibt sich z. B. der folgende Verfahrensweg:

Nach sorgfältiger Reinigung der Kieselglasampulle mit HF/HNO_3 und anschließendem 8stündigem Ausheizen bei 1173 K im Vakuum wird das handelsübliche halbleiterreine Germanium eingewogen und das in einem gesonderten Prozeß gereinigte Selen hinzugefügt. Die käuflichen halbleiterreinen Selenperlen enthalten nicht nur SeO_2, sondern häufig auch beträchtliche Anteile Wasser (etwa 150 ppm). Die mit Se gefüllte Ampulle der in Abb. 4.39. dargestellten Ausführung wird auf $1{,}5 \cdot 10^{-3}$ Pa evakuiert, bei (*a*) abgeschmolzen und SeO_2 und Wasser durch Erhitzen auf 573 K in die Vorlage bei (*c*) und (*d*) getrieben. Dann wird an der Einengung abgeschmolzen und das Selen bei 773 K nach (*b*) durch die Fritte destilliert. Das auf diese Weise gereinigte Selen gelangt zur Einwaage. Am Schluß wird das Arsen hinzugefügt, wobei auch hier die Abtrennung von As_4O_6 nach einem analogen Verfahren vorher unbedingt notwendig ist. Dabei wurde häufig ein geringer schwarzer Sublimationsrückstand festgestellt, der in der Glasschmelze nicht löslich ist und sich in einer beträchtlichen Schwächung der Transmission bemerkbar macht, wenn man das Arsen unsublimiert einsetzt. Zur Unterbindung der raschen Arsenikbildung auf der Oberfläche wird das gereinigte Arsen unter Schutzgas eingewogen. Nach dem Füllen wird die Ampulle auf $1{,}5 \cdot 10^{-3}$ Pa evakuiert und abgeschmolzen. Die Synthese erfolgt bei 1070 K. Nach 8 Stunden Schmelzzeit wird mit 3 K/h auf Raumtemperatur gekühlt. Von den so gewonnenen zylindrischen Glaskörpern werden Scheiben abgesägt, beiderseits poliert und spektroskopisch untersucht.

Wie der Vergleich der beiden Kurven in Abb. 4.40. a) zeigt, läßt sich die Oxidbande durch die beschriebenen Reinigungsschritte weitgehend ausschalten. Durch Zusatz definierter Mengen GeO_2 zu den hochreinen Glasschmelzen erhält man Vergleichsproben für die Abschätzung des Oxidgehalts. Im vorliegendem Fall wurde der Oxidgehalt von etwa 30 ppm auf weniger als 3 ppm herabgesetzt. Transmissionsmessungen ergeben bei 10,6 µm einen Absorptionskoeffizienten von $\alpha = 10^{-2}\,cm^{-1}$ [2.16].

In Abb. 4.40. b) ist das Absorptionsspektrum für glasartiges Selen nach [4.258] dar-

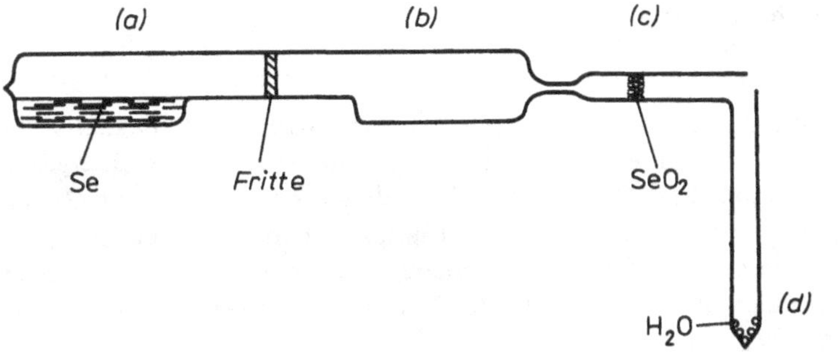

Abb. 4.39. Ampulle zur Reinigung von Selen und Arsen durch Destillation bzw. Sublimation (Bezeichnung s. Text).

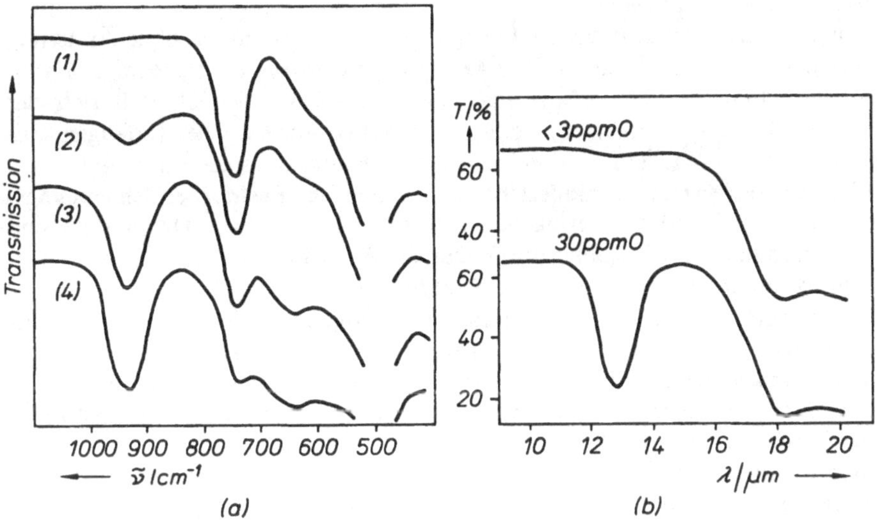

Abb. 4.40. Glasartiges Selen.
(*a*) — (*1*) reines Se (d = 15,5 mm); (*2*) — Se mit 7,4 · 10^{-4} % 0 (d = 15,5 mm); (*3*) — Se mit 11,3 · 10^{-4} % 0 (d = 13,5 mm); (*4*) — Se mit 70,3 · 10^{-4} 0 (d = 13,6 mm) — und Transmissionsspektrum des Glases $Ge_3As_2Se_5$ im Bereich der durch Oxidverunreinigungen hervorgerufenen Absorptionsbande (*b*).

gestellt. Der Sauerstoffgehalt wurde durch Kalibrierung aus der Intensität der Oxidabsorptionsbande bei 932 cm^{-1} ermittelt. Die Banden bei 490 und 740 cm^{-1} resultieren aus der Kombination der Fundamentalschwingungen, wie sie für glasartiges Selen bei 119, 253 und 269 cm^{-1} gefunden werden [4.259], (vgl. 3.1.3.2). Über eine Methode zur Bestimmung des Sauerstoffgehalts in den Gläsern $Ge_{0,28}Sb_{0,12}Se_{0,6}$ und $Ge_{0,33}As_{0,12}Se_{0,55}$ mittels $^{16}O(^3He, p)^{18}$ *F*-Reaktion durch Messung der β^+-Annihilationsstrahlung (0,511 MeV) von ^{18}F wird in [4.260] berichtet.

Technische Lösungen zur diskontinuierlichen Herstellung von Chalkogenidgläsern im Maßstab von 5 bis etwa 10 kg unter Beachtung hoher reinststoffchemischer Anforderungen werden von Hilton u. M. [4.257, 261] angegeben.

4.2.1.3. *Elektronenabsorptionsspektrum*

Bei hinreichend hoher Frequenz der auf eine Substanz einwirkenden elektromagnetischen Strahlung finden zwischen den Energietermen des Bindungssystems Elektronenübergänge statt, die sich in kondensierten Stoffen auf der Grundlage des Bändermodells als Anregung von Elektronen aus dem Valenzband ins Leitfähigkeitsband beschreiben lassen. Die in 4.1.3.4. behandelte Messung der Driftbeweglichkeit und die in 4.1.4. geschilderten Photoleitfähigkeitseffekte können als ein anschaulicher Beweis für die Bildung quasi freier Ladungsträger angesehen werden.

Entsprechend der BRILLOUIN-Zonenstruktur werden im Absorptionsspektrum kristalliner Festkörper die Gebiete mit möglichst geringem Abstand zwischen besetzten und unbesetzten Bandzuständen erfaßt, d. h. die Elektronenstruktur im Bereich der Bandextrema wird in erster Linie in der Wellenlängenabhängigkeit des Absorptionskoeffizienten im Bereich der Kante abgebildet.

Man unterscheidet direkte und indirekte Übergänge. Erstere verlaufen ohne Änderung des k-Zahlenvektors (vgl. [2.106] und Abb. 2.49.). Sie können symmetriebedingt erlaubt oder verboten sein. Indirekte Übergänge sind dadurch gekennzeichnet, daß sich der k-Zahlenvektor z. B. von 0 nach π/a oder umgekehrt ändert. Sie verlangen aus Gründen der Impulserhaltung, daß sich an der durch Absorption eines Photons hervorgerufenen Ladungsträgergeneration mindestens ein Phonon des Festkörper-Schwingungsspektrum beteiligt. Auf Grund der geringeren Wahrscheinlichkeit sog. Dreierstöße sind Absorptionsbanden indirekter Übergänge durch kleinere Absorptionskoeffizienten gekennzeichnet. Sind in die durch elektromagnetische Strahlung ausgelösten Generationsprozesse elektrischer Ladungsträger lokalisierte Zustände einbezogen, ist die Übergangswahrscheinlichkeit, bedingt durch die notwendige Mitwirkung von Gitterschwingungen gegenüber Übergängen zwischen Bandzuständen gleichfalls wesentlich herabgemindert.

In nichtkristallinen Festkörpern sind die Auswahlregeln auf Grund der geringen mittleren freien Weglänge und der daraus resultierenden Unschärfe des k-Zahlenvektors (vgl. die Grenzbedingung (2.120)) selbst für Übergänge zwischen Zuständen im Bereich der Beweglichkeitskanten E_C und E_V weitgehend außer Kraft gesetzt. Für die Absorption von Photonen mit einer größeren Energie als $(E_C - E_V)$ ist diese Aussage aber nicht mehr uneingeschränkt zutreffend. Die hohe Zustandsdichte im Inneren der Bänder läßt auch bei Gläsern hohe Absorptionskoeffizienten erwarten. Dabei sollten sich in der spektralen Abhängigkeit $\alpha(\nu)$ die Unterschiede bzw. der Grad der Übereinstimmung in der Struktur zwischen dem kristallinen und glasartigen bzw. amorphen Zustand einer Substanz zu erkennen geben.

Infolge der hohen Werte ($\alpha > 10^3$ cm^{-1}), die der Absorptionskoeffizient annimmt, wird die Messung durch Ermittlung des Reflexionsvermögens R in Abhängigkeit von der Wellenlänge vorgenommen. Durch Auswertung nach den Beziehungen (4.82) und (4.83) sind die optischen Konstanten n (Brechzahl) und k (Absorptionskonstante) zugänglich.

In Abb. 4.41 ist $\varepsilon'' = 2nk$ für amorphes Ge und amorphes Si nach Angaben von STUKE [4.262] bzw. CONNELL u. M. [4.263] und DONOVAN u. M. [4.264] aufgetragen. Man erkennt, daß die ausgeprägten Maxima in den Spektren der kristallinen Elemente in denen der amorphen Zustandsformen nicht mehr auftreten. Bemerkenswert ist, daß im Bereich des ersten Maximums der Kristallspektren beim amorphen Ge eine

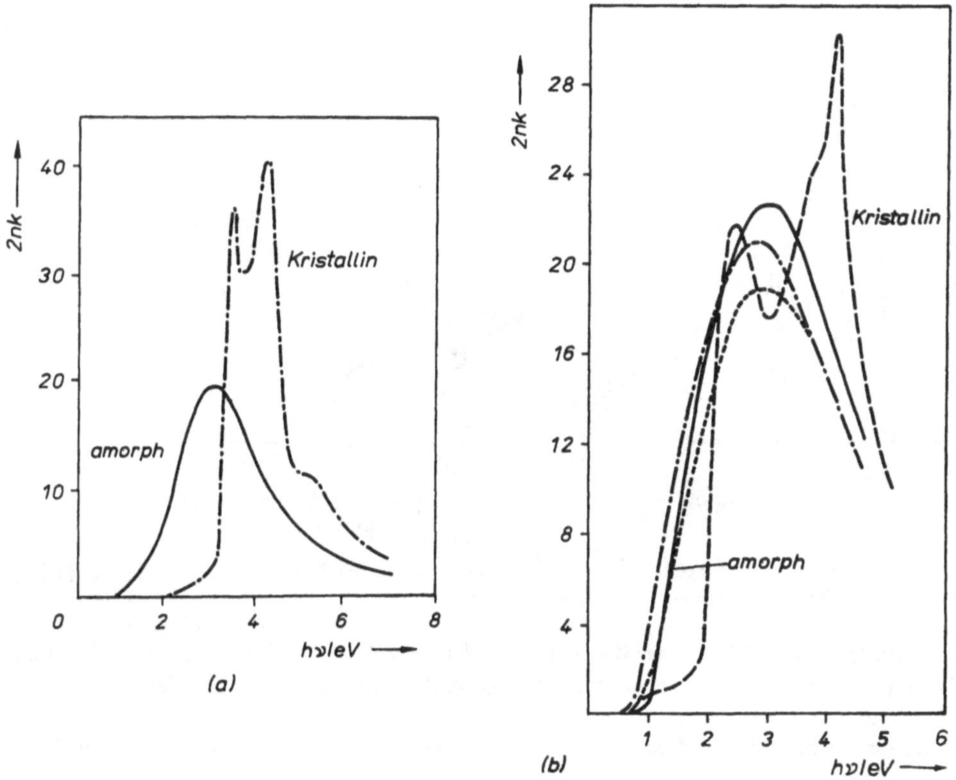

Abb. 4.41. Elektronenabsorptionsspektren von amorphem und kristallinem Si nach [4.262] (*a*) und amorphem und kristallinem Ge nach [4.263, 264] (*b*).
(···) aufgedampfte Schicht, Katodenzerstäubung bei 298 K Substrattemperatur (—.—.—), bei 623 K Substrattemperatur (- — —) abgeschiedene amorphe Schicht.

vergleichbare und auch beim amorphen Si eine beträchtliche Intensität zu verzeichnen ist. Die zweite Bande ist dagegen bei den amorphen Elementen stark abgeschwächt.

Offenbar werden die Energiezustände, welche in der Bandstruktur der Kristalle [4.265] längs der 111-Richtung liegen, durch den Übergang in die amorphe Struktur weniger gestört als in 100-Richtung, was bei der Betrachtung einer Variation des Diederwinkels, der die Orientierung benachbarter Tetraeder relativ zueinander beschreibt, anschaulich verständlich wird. Die in 3.1.2.3. enthaltenen Ausführungen zur Struktur des amorphen Si und Ge spiegelt sich also auch in den Elektronenabsorptionsspektren wider.

Die für die kristallinen und glasartigen Formen des Selens und Arsens charakteristischen Absorptionsspektren zeigt Abb. 4.42.

Die Intensität der langwelligeren Gruppe der Absorptionsbanden ist gegenüber dem kristallinen Selen stark herabgemindert und das Spektrum insgesamt verbreitert [4.272]. Die Struktur des Kristallspektrums ist aber keineswegs vollständig aufgehoben [4.266 bis 268]. Auch in der aus ESCA-Messungen ermittelten Zustandsdichteverteilung tritt die in Abb. 4.42.a) erkennbare Zweiteilung hervor [4.269]. Die Absorptionsbande bei 2 eV wird im Spektrum des Se-Glases nicht festgestellt. Ihr Ursprung resultiert nach Bandstrukturberechnungen [4.270] aus den Bindungsbeziehungen zwischen den Ketten — r_2

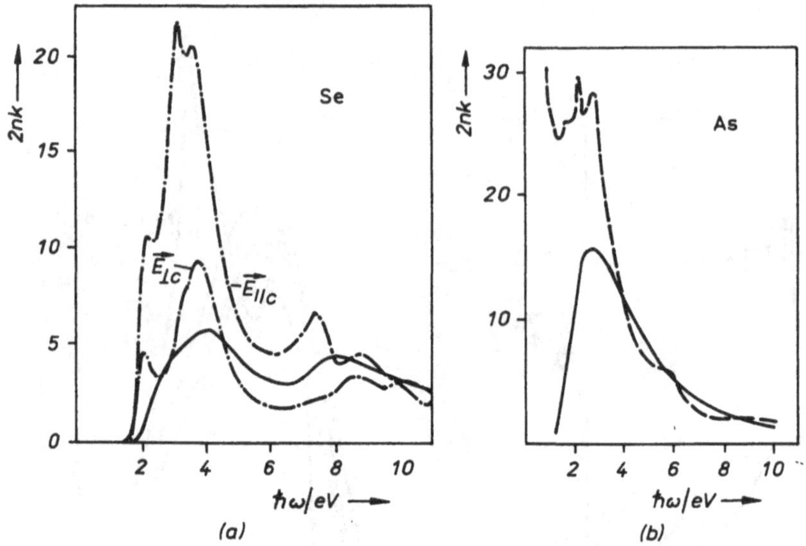

Abb. 4.42. Elektronenabsorptionsspektren der kristallinen und glasartigen Formen von Selen (*a*) nach [4.272] und von Arsen (*b*) nach [3.176].

in Abb. 3.16. a) — und diese sind, wie z. B. aus den in 2.4.1.1. und 3.1.3.2. beschriebenen Radialverteilungsuntersuchungen hervorgeht (vgl. Abb. 2.29. und 3.18.) im Glas weitgehend aufgehoben. Auf Grund dieses Effektes ist die Absorptionskante im glasartigen Selen gegenüber dem kristallinen Zustand kurzwellig verschoben. Die Bindungen innerhalb

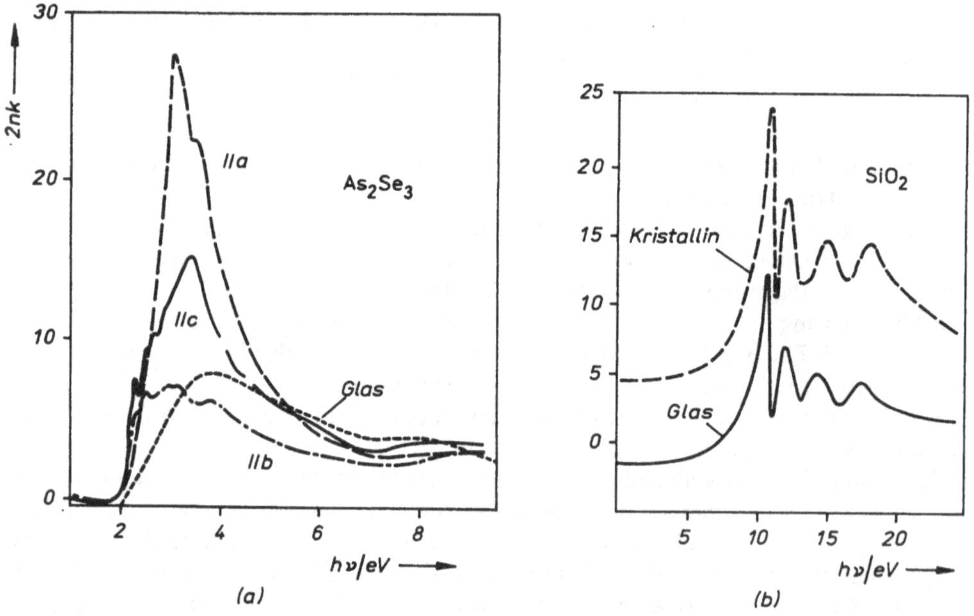

Abb. 4.43. Elektronenabsorptionsspektren der kristallinen und glasartigen Formen von As_2Se_3 (*a*) nach [4.274, 3.397] und von SiO_2 (*b*) nach [3.437, 4.276].

der Se-Ketten werden fester, was offenbar eine hypsochrome Verlagerung des gesamten Elektronenabsorptionsspektrums zur Folge hat. Für Tellur ergeben sich aus dem Spektrenvergleich analoge Schlußfolgerungen. Die Unterschiede treten hier noch deutlicher hervor [3.267, 4.271, 272].

Wesentlich verstärkt kommt diese Tendenz beim glasartigen Arsen zum Tragen [3.176]. Die Aufhebung der Wechselwirkung zwischen den gewellten Schichten, vgl. 3.1.2.5. und Abb. 3.13.b), führt hier zum Verlust der metallischen Leitfähigkeit. Der große Unterschied in den elektrischen Eigenschaften kommt im Absorptionsspektrum, wie aus Abb. 4.42.b) ersichtlich, gleichfalls zum Ausdruck.

In Abb. 4.43.a) ist das Rexlexionsspektrum von kristallinem und glasartigem As_2Se_3 nach [4.274, 3.397] wiedergegeben. Sieht man vom Intensitätsunterschied ab, ist die enge Korrespondenz zwischen den beiden Formen auch hier bemerkenswert. Eine Verschiebung des Schwerpunktes des Spektrums deutet sich beim As_2Se_3 gleichfalls an. Bandstrukturberechnungen wurden von ALTHAUS u. M. [3.397] vorgenommen. As_2S_3 ist durch ein mit Abb. 4.43.a) weitgehend übereinstimmendes Absorptionsspektrum gekennzeichnet.

Wie eng die Strukturbeziehungen zwischen der kristallinen und glasartigen Zustandsform einer Verbindung sein können, wird mit besonderer Deutlichkeit aus der in Abb. 4.43.b) enthaltenen Gegenüberstellung der Reflexionsspektren von Kieselglas und Quarz angezeigt [3.437, 4.276].

4.2.1.4. *Absorptionskante*

Die Wellenlängenabhängigkeit des Absorptionskoeffizienten im Bereich der Absorptionskante ist aus den Darstellungen der Abb. 4.41.—43. noch nicht ohne weiteres erkennbar. Mit $n \approx 2{,}5$ ergibt sich für $2nk = 1$ bei einer Wellenlänge von 0,63 μm ein α-Wert von $2 \cdot 10^4\ \text{cm}^{-1}$. Die Messung in Richtung kleinerer Absorptionskoeffizienten ist im Zusammenhang mit der Gewinnung von Aussagen über den Verlauf der Zustandsdichte im Bereich der Bandausläufer von Interesse.

Aus Leitfähigkeitsmessungen folgt, daß der zweifache Wert der thermischen Aktivierungsenergie im Absorptionsspektrum häufig einem Absorptionskoeffizienten zugeordnet werden kann, der in der Größenordnung von $10^4\ \text{cm}^{-1}$ liegt. Es wurde daher von STUKE [4.272] vorgeschlagen, die optische Bandlücke E_{opt} durch $\alpha = 10^4\ \text{cm}^{-1}$ zu definieren. Der aus Photoleitfähigkeitsmessungen ermittelte Wert stimmt damit häufig recht gut überein. Eine Diskontinuität in der Wellenlängenabhängigkeit des Absorptionskoeffizienten liegt in den Absorptionskurven bei $\alpha = 10^4\ \text{cm}^{-1}$ erwartungsgemäß nicht vor.

Optische Bandlücke

Im Gebiet $\alpha > 10^4\ \text{cm}^{-1}$ beruht das Absorptionsverhalten nach TAUC [4.277] auf Elektronenübergängen aus delokalisierten Zuständen im Valenzband ($E \leqq E_V$) in delokalisierte Zustände des Leitfähigkeitsbandes ($E \geqq E_C$). Unter der Annahme einer parabelförmigen Energieabhängigkeit der Zustandsdichte (vgl. 2.5.1.1., Gl. (2.110)) ergibt sich für die Frequenzabhängigkeit des Absorptionskoeffizienten Gleichung

$$\alpha(\omega) = A[\hbar\omega - (E_C - E_V)^2]/\hbar\omega \tag{4.98}$$

mit A als einer Konstanten [1.33, 4.274].

Davis und Mott [4.278] gehen an den Bandrändern von einer linearen Abhängigkeit der Zustandsdichte von der Energie aus und gelangen bei der Berücksichtigung von Übergängen aus lokalisierten Zuständen am Rand des Valenzbandes bei E_B (vgl. Abb. 4.12.) ins Leitfähigkeitsband bei $E \geqq E_C$ bzw. von Übergängen aus delokalisierten Zuständen des Valenzbandes $E \leqq E_V$ in lokalisierte Zustände am unteren Rand des Leitfähigkeitsbandes bei E_A zu einer zu Gl. (4.98) analogen Beziehung

$$\alpha(\omega) = \alpha_0[\hbar\omega - (E_A - E_V)]^2/\hbar\omega\Delta E_{\text{lok}} \quad \text{bzw.} \tag{4.99}$$
$$\alpha(\omega) = \alpha_0[\hbar\omega - (E_C - E_B)]^2/\hbar\omega\Delta E_{\text{lok}}$$

mit $\Delta E_{\text{lok}} = E_C - E_A = E_B - E_V$. Anregungsprozesse zwischen den Lokaltermen an den Bandrändern, d. h. von E_B nach E_A, bleiben unberücksichtigt.

Trägt man $(\alpha(\omega)\hbar\omega)^{1/2}$ gegen $\hbar\omega$ auf, wird für glasartiges As_2S_3 der in Abb. 4.44. wiedergegebene Kurvenverlauf erhalten. Er ist für amorphe Festkörper und Gläser sowie für zahlreiche kristalline Halbleiter mit indirekten Übergängen charakteristisch. Man erkennt, daß sich die Absorptionskante etwa bis zu Werten von $[\alpha(\omega)\hbar\omega]^{1/2} = 60\ \text{eV}^{+1/2}\ \text{cm}^{-1/2}$ entsprechend $\alpha = 2 \cdot 10^3\ \text{cm}^{-1}$ durch Gl. (4.98) bzw. (4.99) beschreiben läßt. Die Extrapolation des linearen Abschnitts bis zum Schnittpunkt mit der Abszisse ($\hbar\omega = E_C - E_V$) wurde in der Literatur gleichfalls häufig zur Kennzeichnung der optischen Bandlücke herangezogen (vgl. 1.33). Die nach dieser Methode erhaltenen Werte sind in der Regel um 0,1 bis 0,2 eV kleiner als nach der von Stuke vorgeschlagenen Definition ($\alpha = 10^4\ \text{cm}^{-1}$).

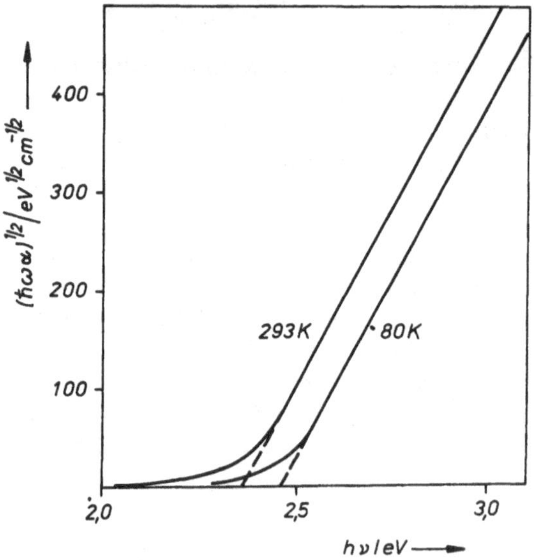

Abb. 4.44. Verlauf der Absorptionskante von glasartigem As_2S_3 bei 293 K und 80 K nach [4.280].

In Abb. 4.45. ist die aus den Atomisierungsenthalpien (vgl. Tab. 2.11.) errechnete mittlere molare Bindungsenergie typischer glasbildender Verbindungen gegen die optische Bandlücke aufgetragen. Mit zunehmender Bindungsenergie nimmt die Bandlücke zu, d. h. der für optische Anwendungen nutzbare Durchlässigkeitsbereich erstreckt sich immer weiter ins Ultraviolett. Die lineare Korrelation, die Gläser mit ganz unterschiedlichem Vernetzungsgrad einschließt, weist auf einen inneren Zusammenhang in der Ausbildung der Bandstruktur hin. Der obere Rand des Valenzbandes wird bei den Verbindungen durch die freien *p*-Elektronenpaare an den Sauerstoff- bzw. Chalkogenbrückenatomen gebildet, und die Bindungsfunktionen, die von den kationischen Komponenten ausgehen, können als abgesättigt betrachtet werden, sofern man von energetisch wesentlich höher liegenden Termen absieht. Letzteres trifft für B_2O_3 nicht zu. Das vakante p_z-Orbital begünstigt charge-transfer-Übergänge zwischen den Oxidliganden und dem Bor(III)-Atom im Koordinationszentrum, wodurch die optische Bandlücke trotz der hohen, den Wert von SiO_2 noch übersteigenden Bindungsenergie, herabgesetzt wird. Beim BeF_2 entspricht die mit dem SiO_2 vergleichbare optische Bandlücke einer kleineren Bindungsenergie, die aus dem offensichtlichen Unterschied zwischen einer Sauerstoff- und einer Fluorbrückenbindung resultiert.

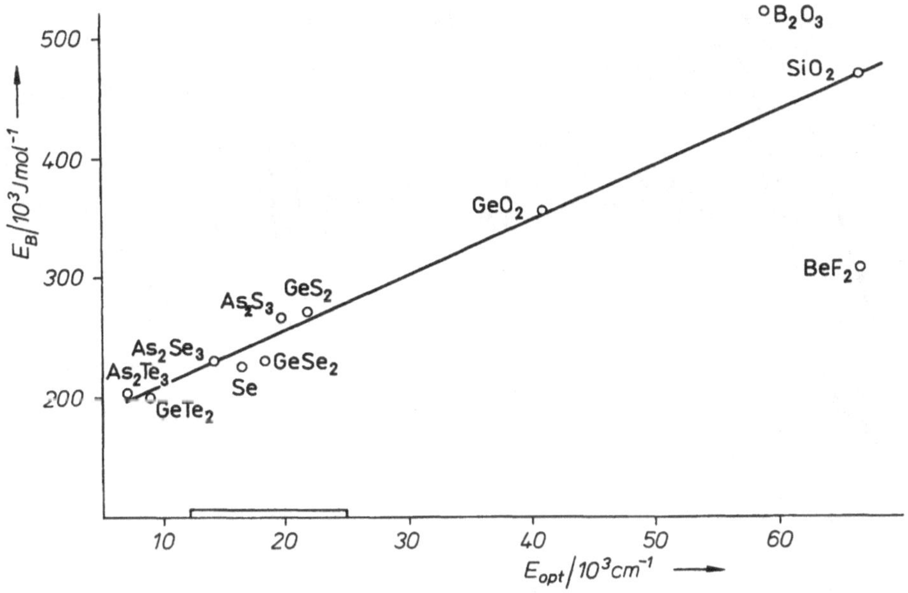

Abb. 4.45. Korrelation der mittleren molaren Bindungsenergie mit der optischen Bandlücke ($\alpha = 10^4$ cm^{-1}) glasbildender Verbindungen.

URBACH-Regel und Temperaturabhängigkeit der Absorptionskante

In kristallinen Halbleitern mit direkten erlaubten Übergängen fällt der Absorptionskoeffizient entsprechend Gl. (4.86) bis auf sehr kleine Werte steil ab. Die Abnahme umfaßt mehrere Größenordnungen im Intervall einiger zehntel Elektronenvolt (scharf ausgebildete Bandkanten). Gläser, aber auch z. B. Alkalihalogenide, CdS und trigonales Selen lassen dagegen im Gebiet $\alpha < 10^4$ cm^{-1} eine wesentlich geringere Verminderung des Absorptionskoeffizienten mit abnehmender Frequenz erkennen. Der Abfall bis auf Werte um 1 bis 0,1 cm^{-1} dehnt sich mitunter über mehrere Elektronenvolt aus. Es ist naheliegend, einen solchen Verlauf mit der für nichtkristalline Festkörper charakteristischen graduellen Änderung der Zustandsdichte an den Bandrändern, den Bandausläufern mit überwiegend lokalisierten Zuständen, in Beziehung zu setzen. Der Absorptionskoeffizient folgt in diesem Bereich einer exponentiellen Abhängigkeit von der Frequenz.

Der exponentiell verlaufende Abschnitt der Absorptionskante wurde erstmals von Urbach [4.279] an Alkalihalogenidkristallen festgestellt und durch die empirische Beziehung

$$\alpha = B \exp [\gamma'(\hbar\omega - E_{opt})/kT] \tag{4.100}$$

beschrieben. B entspricht dem Absorptionskoeffizienten bei $\hbar\omega = E_{opt}$. In Abb. 4.46. sind entsprechende Darstellungen für As_2S_3 nach [4.280, 281] und für Kieselglas nach [4.282] angegeben. Man erkennt, daß die Begrenzung der optischen Transparenz für α-Werte zwischen 0,1 und 10^2 cm^{-1} gegenüber der durch $\alpha = 10^4$ cm^{-1} definierten optischen Bandlücke wesentlich herabgemindert ist.

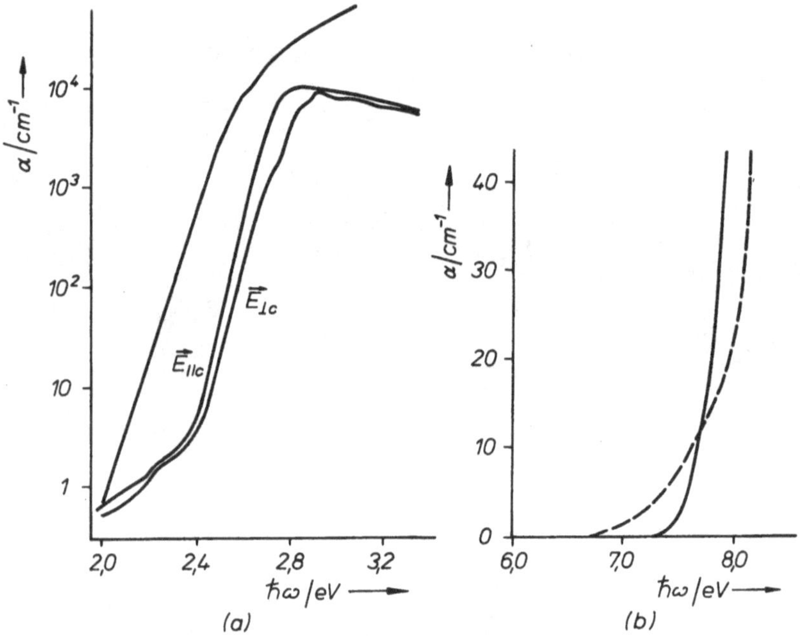

Abb. 4.46. Absorptionskante von kristallinem und glasartigem As_2S_3 in der Darstellung entsprechend der Urbach-Regel, Gl. (4.100), nach [4.280, 281] (*a*) und Verlauf der Absorptionskante bei 2 verschiedenen Kieselglastypen (*b*) nach [4.282].

Der Absorptionskantenverlauf erweist sich als temperaturabhängig (vgl. Abb. 4.44.). Am As_2Se_3-Glas liegen Messungen bis in den Bereich der Schmelze vor [4.283]. Durch Auftragen von dln $\alpha/\alpha(\hbar\omega) = \gamma'/kT$ gegen die reziproke Temperatur ist γ' und damit auch E_{opt} zugänglich. In Abb. 4.47. ist die Temperaturabhängigkeit der optischen Bandlücke von As_2Se_3 nach Arai u. M. [4.284] ersichtlich.

Die Annahme einer linearen Temperaturabhängigkeit $E_{opt} = E_{opt}(0) - \gamma T$ und eine entsprechende Verwertung bei der Interpretation der elektrischen Leitfähigkeit in Bandzuständen in 4.1.3. gemäß Gl. (4.29) erscheint daher gerechtfertigt. Die Kombination mit Gleichung (4.100) ergibt

$$\ln \alpha = \ln B + \gamma'\gamma/k + \gamma'[E_{opt}(0)]/kT\,, \tag{4.101}$$

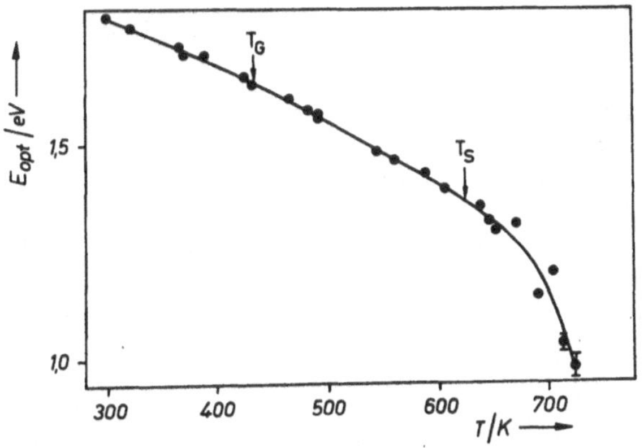

Abb. 4.47. Temperaturabhängigkeit der optischen Bandlücke E_{opt} für glasartiges und geschmolzenes As_2Se_3 nach [4.284].

d. h. für $\hbar\omega = E_{opt}(0)$ ist der Absorptionskoeffizient temperaturunabhängig. Entsprechende Untersuchungen am Wasserstoff enthaltenden amorphen Silicium wurden von Perrin u. M. [4.342] vorgenommen. Eine Definition der optischen Bandlücke kann darauf nicht gegründet werden, da die sich aus der Urbach-Regel ergebende Temperaturabhängigkeit der Absorptionskante an Gläsern i. allg. nicht beobachtet wird. Bei Alkalihalogenidkristallen liegt eine exponentielle Abhängigkeit des Absorptionskoeffizienten von der reziproken Temperatur bereits bei 300 K vor. Bei Gläsern erfolgt jedoch vielfach erst oberhalb der Transformationstemperatur eine Annäherung an eine solche Beziehung.

Von Tauc [4.285] wurde zur Erklärung des exponentiellen Verlaufs der Absorptionskante das Einfrieren von Potentialfluktuationen im Transformationsbereich in Betracht gezogen. Es sind darüber hinaus zahlreiche weitere Theorien zur Interpretation der Urbach-Regel vorgeschlagen worden [4.286—288]. Skettrup [4.289] gibt eine Ableitung aus thermischen Fluktuationen der Energie der optischen Bandlücke an.

Absorption im Bereich kleiner α-Werte der Absorptionskante

In der Regel wird in halblogarithmischen Darstellungen des Absorptionskoeffizienten in Abhängigkeit von der Energie der Strahlung im Bereich $\alpha < 1\ \text{cm}^{-1}$ ein Abbiegen der Kurve in einen zweiten Geradenabschnitt beobachtet, der flacher verläuft:

$$\alpha = C \exp(\hbar\omega/E_t) \quad \text{mit} \quad E_t > kT/\gamma' . \tag{4.102}$$

In Abb. 4.48. sind bei verschiedenen Temperaturen aufgenommene Absorptionskurven des As_2S_3-Glases nach [4.281] wiedergegeben. Zunächst glaubte man in diesem flach auslaufenden Teil der Absorptionskante eine unmittelbare Indikation für die kontinuierliche Abnahme der Zustandsdichte in den lokalisierten Zuständen an den Bandrändern sehen zu können.

Es hat sich jedoch herausgestellt, daß in Proben hoher Reinheit und optischer Homogenität der Absorptionskoeffizient teilweise um bis zu 3 Größenordnungen herabgesetzt werden kann, bevor ein Abbiegen in einen flacher verlaufenden Kurventeil einsetzt. Von Vasko u. M. [4.290] wurde an hochreinem glasartigen Selen der Absorptions-

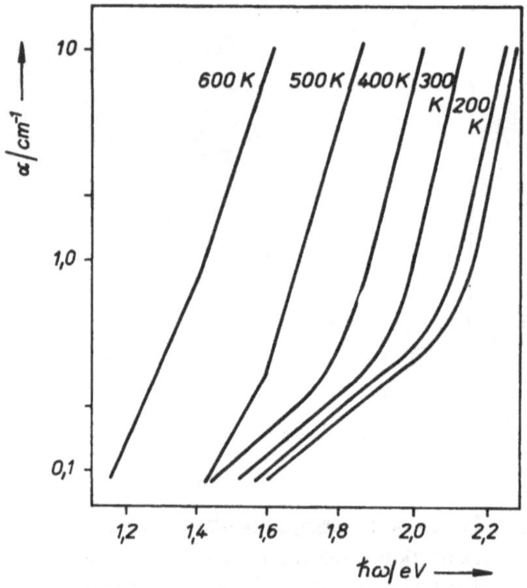

Abb. 4.48. Temperaturabhängigkeit des Verlaufs der Absorptionskante im Bereich kleiner Absorptionskoeffizienten von glasartigem As_2S_3 nach [4.281].

koeffizient im Bereich der Absorptionskante bis zu etwa $3 \cdot 10^{-3}$ cm^{-1} gemessen. Vancu u. M. [4.291] konnten zeigen, daß dieser Abschnitt der Absorptionskante in zahlreichen Chalkogenidgläsern, die nach konventionellen Präparationsmethoden im Labormaßstab zum Zwecke physikalischer Untersuchungen hergestellt wurden, zweifelsfrei auf Streueffekten beruht.

Optische Inhomogenitäten, z. B. geringe Brechzahlschwankungen in Gestalt von Schlieren, oder Fremdpartikel wie sie als Staub in das einzuschmelzende Gemenge hineingelangen können, aber auch SiO_2-Ausscheidungen, die infolge partieller Korrosion von der Innenwand der Kieselglasampullen abgelöst werden oder vom Polierprozeß zurückbleibende Oberflächenfehler wirken als Streuzentren. Die Begrenzung der Durchlässigkeit beruht dann nur scheinbar auf Absorptionsverlusten.

Von Zavetova und Henrion [4.292] wurde gezeigt, daß die optische Homogenität von Chalkogenidgläsern, wie sie sich im Bereich kleiner Absorptionskoeffizienten unterhalb der Absorptionskante in einer verminderten Durchlässigkeit zu erkennen gibt, durch Fremdzusätze gleichfalls empfindlich beeinflußt wird.

4.2.2. *Photolumineszenz*

Die Defektzentren der Gläser und amorphen Schichten treten weniger im Absorptions- und Transmissionsverhalten, dafür um so deutlicher in den Photolumineszenzspektren in Erscheinung. Bei der Einstrahlung im Bereich der optischen Bandkante wird bezüglich der Lumineszenzausbeute bei Frequenzen, die dem exponentiell abfallenden Abschnitt der Absorptionskante entsprechen, und zwar bei α-Werten von etwa 100 cm^{-1} ein Maximum festgestellt (Photolumineszenzanregungsspektrum, *PLA*). Ein solches Optimum resultiert offenbar aus der bei größeren Absorptionskoeffizienten geringeren Eindringtiefe. Die Emission, das Photolumineszenzspektrum, *PL*, tritt bei Wellenlängen auf, die etwa dem halben Wert der optischen Bandlücke entsprechen. Es ist durch eine bedeutende STOKESsche Verschiebung gekennzeichnet.

Derartige Photolumineszenzspektren sind, wie in Kap. 2.5.2.1. bereits erwähnt wurde, für Substanzen mit negativer effektiver Korrelationsenergie charakteristisch. Sie werden z. B. am amorphen Si und Ge nicht beobachtet. An durch Zersetzung von SiH_4 in der Glimmentladung erhaltenen amorphen Si-Schichten, in denen die hohe Dichte einfach besetzter Defektzentren durch Wasserstoff abgesättigt ist, wird die Emission einer Photolumineszenzbande gleichfalls festgestellt [4.293].

In Abb. 4.49. ist der experimentelle Befund nach Messungen von STREET u. M. [4.294] für Se und As_2Se_3 dargestellt. Das Bild ist typisch für die in 2.4.2.1. aufgeführten Prototypen der Glasbildner. Eingehende Untersuchungen liegen am As_2S_3 [4.295] sowie an Gläsern der Systeme As-Se [4.294, 296], Ge-S [4.297] und Ge-Se [4.298, 307] vor. Das Photolumineszenzspektrum des Kieselglases ordnet sich in das Verhalten der glasbildenden Chalkogenide gleichfalls ein [4.299].

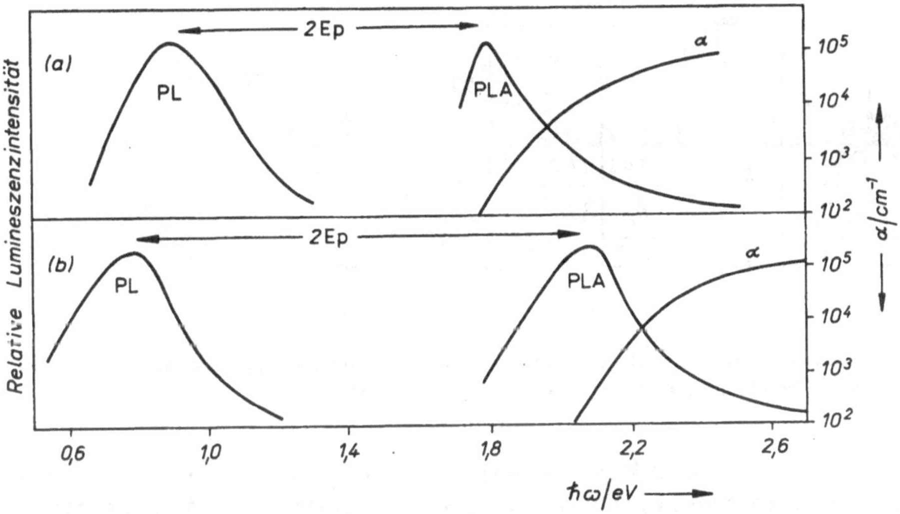

Abb. 4.49. Photolumineszenzspektren (*PL*), Anregungsspektren (*PLA*) und Absorptionskoeffizient α von glasartigem As_2Se_3 (*a*) und Se (*b*) nach [4.294].

Über Photolumineszenzspektren an Chalkogenidgläsern wurde von KOLOMIEC u. M. [4.300] frühzeitig berichtet und deren Ursprung auf Rekombinationsprozesse zurückgeführt, die von tief liegenden lokalisierten Zuständen nahe der FERMI-Energie ausgehen (vgl. auch [4.278]). Das von STREET [4.301] vorgeschlagene Modell bezieht positiv und negativ geladene Defektzentren beiderseits der FERMI-Energie ein, die im Ergebnis der konstitutionellen Eigenfehlordnung von Glasschmelzen im Gleichgewicht vorliegen und deren Konzentration im Transformationsbereich eingefroren wird. Es war das Bestreben, die Befunde der Photolumineszenzspektren mit den zahlreichen elektrischen und optischen Eigenschaften der halbleitenden Gläser in Einklang zu bringen, was in Verbindung mit den Überlegungen von ANDERSON [2.395] zur Herausbildung des Modells der geladenen Defektzentren durch STREET und MOTT [2.396] sowie KASTNER, ADLER und FRITZSCHE [2.397] geführt hat (vgl. 2.5.2.).

4.2.2.1. *Lumineszenzspektren im Modell der geladenen Defektzentren*

Die gegenüber der Anregungsbande (*PLA*) um etwa den halben Betrag verminderte Energie der emittierten Photolumineszenzbande (*PL*) weist auf eine starke Kopplung zwischen dem zugrundeliegenden Elektronenübergang und dem Phononenspektrum des Festkörpers hin. Offenbar wird die potentielle Energie bestimmter lokalisierter Zustände nach der Abspaltung eines Elektrons durch Polarisation und Deformation der Gitterumgebung stark verändert. Ein solches Verhalten ist mit den spektroskopischen Eigenschaften bestimmter Farbzentren in Festkörpern vergleichbar. Zur Interpretation des experimentellen Sachverhalts erweist sich auch in diesem Fall das Polaronenmodell als geeignet (vgl. Abb. 2.53.).

Nimmt man z. B. bei der Absorption eines Photons der Energie E'_α im Bereich der optischen Bandkante entsprechend Abb. 4.50. einen Elektronenübergang von einem D^-- bzw. C_1^--Zentrum (z. B. $Se_{1/2}Se^-$ gemäß Abb. 2.57.) ins Leitfähigkeitsband $E \geqq E_C$ an, so wird der zurückbleibende neutrale D^0-Zustand ($Se_{1/2}Se\uparrow$) infolge Wechselwirkung mit dem freien Elektronenpaar eines benachbarten Atoms destabilisiert.

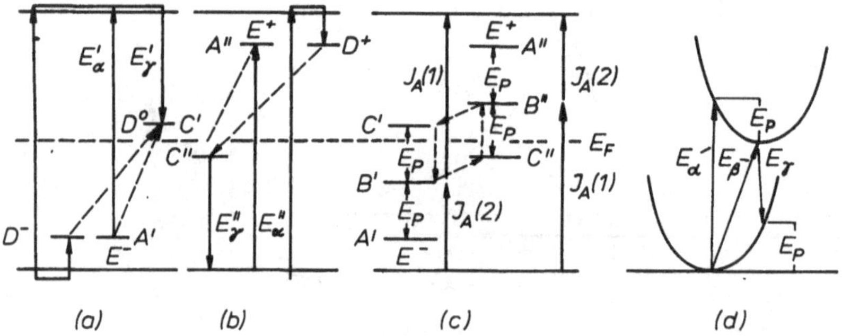

Abb. 4.50. Termschema der verschiedenen Besetzungszustände der Valenzwechselpaare zur Veranschaulichung der Photolumineszenzspektren von Chalkogenidgläsern.

Der durch das ungepaarte Elektron besetzte Term wird als der antibindende Zustand eines C_3^0-Zentrums angehoben. Die Anregung eines Elektrons aus dem Valenzband $E \leqq E_V$ führt zum gleichen Ergebnis, wenn man berücksichtigt, daß das Defektelektron von einem D^--Zentrum unmittelbar nach seiner Entstehung eingefangen werden kann. Die Umgebung reagiert auf den veränderten Ladungs- und Bindungszustand des Defektzentrums, was sich in der in Abb. 5.50. a) angegebenen Darstellung an einer Termverschiebung von A' nach C' bis etwa in die Mitte der Bandlücke zu erkennen gibt. Die Rekombinationsstrahlung E'_γ, die als Photolumineszenzbande bei der Rückkehr des Elektrons aus dem Leitfähigkeitsband auf den inzwischen angehobenen Ausgangsterm emittiert wird, ist dann folgerichtig auf etwa den halben Betrag der bei der Anregung aufgewandten Energie E'_α herabgemindert.

Der analoge optische Anregungsprozeß für Defektelektronen ist in Abb. 4.51. b) eingezeichnet. Dem Übergang eines Elektrons E''_α von $E \leqq E_V$ nach D^+ bzw. ins Leitfähigkeitsband $E \geqq E_C$ mit anschließendem Einfang unter Bildung eines D^0-Zentrums entspricht die Entstehung eines Defektelektrons im Valenzband. Der D^0- bzw. C_3^0-Zustand ($\uparrow SeSe_{3/2}$ gemäß Abb. 2.57.) erfährt gegenüber dem C_3^+-Zustand infolge Kompensation der positiven Ladung eine Stabilisierung. Die Termlage verschiebt sich von A'' nach C'', von der das Elektron unter Emision von Rekombinationsstrahlung E_γ'' ins Valenzband zurückgekehrt.

Der Einfachheit halber wurde in Abb. 4.50. angenommen, daß die FERMI-Energie in der Mitte der Beweglichkeitslücke liegt und der Abstand zwischen den Termen der D-Zentren und der Beweglichkeitskante E_V der Energiedifferenz zwischen den D^+-Zentren und der Beweglichkeitskante E_C gleichgesetzt werden kann, $E^+ = E^-$. Weiterhin soll gelten $E_\alpha' = E_\alpha'' = E_\alpha$ und $E_\gamma' = E_\gamma'' = E_\gamma$.

In einem Konfigurationskoordinatendiagramm ist jeder der beiden in Abb. 4.50. a) und b) dargestellten Anregungs/Rekombinationszyklen durch zwei gegeneinander versetzte Potentialkurven gekennzeichnet. Diese sind in Abb. 4.51. d) angegeben. Optische Übergänge verlaufen auf Grund des FRANCK-CONDON-Prinzips senkrecht. E_p bezeichnet die Polarisationsenergie. Unter der vereinfachenden Annahme, daß das lokale Schwingungsspektrum in der unmittelbaren Umgebung des Defektzentrums vom Besetzungszustand unabhängig, d. h. für D^--, D^0- und D^+-Zentren vergleichbar ist (etwa übereinstimmende Potentialverläufe), folgt für die Differenz zwischen der PLA- und der PL-Bande ein Betrag von $2\,E_p$ (vgl. Abb. 4.49.). Es entspricht also $C' - A' = A'' - C'' = 2\,E_p$.

Thermisch initiierte Elektronenübergänge verlaufen überwiegend zwischen Schwingungsgrundzuständen. Der mit ihnen verbundene Energiebetrag E_β ist also um den Energiebetrag der Polarisationsenergie E_p kleiner als die optische Anregungsenergie E_α. Um auch diese Übergänge zu kennzeichnen, ist es erforderlich, in Abb. 4.50. a) und b) in der Mitte zwischen C' und A' bzw. C'' und A'' noch jeweils einen Term B' bzw. B'' einzufügen, s. Abb. 4.50.c).

Thermische Ladungsträgergenerationsprozesse finden z. B. in einem ersten Schritt zwischen $E \leqq E_V$ und dem Schwingungsgrundzustand B'' eines D^+- bzw. C_3^+-Zustandes ($[SeSe_{3/2}]^+$) statt. Dem entspricht die Anregungs- bzw. Ionisierungsenergie $I_A(1) = E_C - E_V - (E^+ + E_p)$, vgl. Gl. (2.128) und Abb. 4.21.a). Es erfolgt Relaxation nach C' (D^0- bzw. C_3^0-Zustand, $\uparrow SeSe_{3/2}$), und in Verbindung mit der zweiten Anregung eines Elektrons aus dem Valenzband eine weitere Stabilisierung um E_p nach B' (D^--bzw. C_1^--Zustand, $- Se^- + SeSe_{2/2}$). Es wird also zur Anregung des zweiten Elektrons nur der kleinere Energiebetrag $I_A(2) = E^- + E_p$ benötigt, was bereits in 2.5.2.2. begründet und im Zusammenhang mit der Interpretation des Leitfähigkeitsverhaltens in 4.1.3.1. angewendet wurde. Die Anregung von Elektronen aus den D^--Zentren der Energie B' ins Leitfähigkeitsband kann wie in Abb. 4.51. c) gezeigt in analogen Schritten beschrieben werden.

Aus $I_A(1) - I_A(2) = B'' - B' = U_{eff}$ folgt für den Energieunterschied der D^+- und D^--Zentren im thermischen Gleichgewicht gerade die effektive Korrelationsenergie U_{eff} (vgl. 2.5.2.2., Gl. (2.131. b)), ein Befund, der auch mit Abb. 2.56. konsistent ist. Die aus der interelektronischen Abstoßung resultierende Korrelationsenergie U_{LP} tritt im Bereich der D^0-Zentren in der Mitte als Differenz $U_{LP} = C' - C'' = 2\,E_P - U_{eff}$ in Erscheinung.

Die strahlenden und nichtstrahlenden Rekombinationsprozesse sind im Zusammenhang mit den Photolumineszenzspektren der Chalkogenidgläser in zahlreichen Arbeiten untersucht worden [4.302—304], (vgl. auch [4.305]). Über die Auswirkungen von Elektronegativitätsdifferenzen in den Bindungen halbleitender Substanzen auf deren Defektchemie wurde von FRITZSCHE u. M. [4.306] berichtet. KASTNER und HUDGENS [2.408] begründen ein Modell, wonach die Photolumineszenz auf der Anregung quasi neutraler Dipolzentren beruht, wie sie in unmittelbar benachbarten D^+/D^--Zentren (benachbarte Valenzwechselpaare) gegeben sind. Die relative Unempfindlichkeit der Photolumineszenz von bestimmten Dotierungen, wie sie von Bishop u. M. [2.394] am glasartigen As_2Se_3 festgestellt wurde, findet auf dieser Basis eine zwanglose Erklärung. Die elektrische Leitfähigkeit wird dagegen durch die gleichen Zusätze stark heraufgesetzt (vgl. 4.1.3.5.). Aus zeitaufgelösten spektroskopischen Untersuchungen im Nanosekundenbereich konnte auf zwei Photolumineszenzprozesse geschlossen werden, eine der Beweglichkeitslücke entsprechende Anregung und einen Vorgang, der eine Gruppe lokalisierte Zustände einbezieht [4.347].

4.2.2.2. *Photoinduzierte Nichtgleichgewichtsbesetzungen von Defektzentren*

Die Photolumineszenzausbeute nimmt mit abnehmender Temperatur zu. Offenbar ist die Wahrscheinlichkeit für das Entweichen des Elektrons aus der Nachbarschaft des betreffenden Zentrums umso größer je geringer die Temperatur ist. Andrerseits sind mit fallender Temperatur die Voraussetzungen für eine Gitterrelaxation im Sinne des Polaronenmodells (Wechselwirkung mit Phononen) immer weniger gegeben, so daß das neutrale Defektzentrum D^0 in einem metastabilen Zustand verbleibt, in dem es für erneute Anregungsprozesse nicht mehr zur Verfügung steht. Man beobachtet daher bei tiefer Temperatur die Erscheinung, daß die anfangs hohe Lumineszenzintensität mit der Zeit „ermüdet“ (*luminescence fatigue*). In derartigen Proben tritt parallel zu diesem Effekt eine photoinduzierte breite Absorption auf, die etwa im Bereich des Maximums der PL-Bande, d. h. etwa beim halben Wert der optischen Bandlücke einsetzt und sich nach höheren Energien erstreckt [4.309, 344]. Sie beruht auf Übergängen, die von D^0-Zentren ausgehen bzw. zu diesen hin erfolgen, deren Positionen im Energie-Termschema der Abb. 4.50. a) zwischen A' und C' bzw. A'' und C'' anzunehmen sind.

Bei tiefer Temperatur bestrahlte Chalkogenidgläser zeigen schließlich in Übereinstimmung mit dem Modell der Defektzentren ein deutliches ESR-Signal. Die einfach besetzten D^0-Zustände geben sich in einem photoinduzierten Paramagnetismus zu erkennen, der entweder thermisch oder durch Einwirkung elektromagnetischer Strahlung im Bereich der photoinduzierten Absorption wieder gelöscht werden kann [2.397, 4.310, 311, 3.191]. Über einen photoinduzierten Anstieg der Wechselstromleitfähigkeit berichten Kočka u. M. [4.312].

4.2.3. *Brechzahl und Dispersion*

Für die Nutzung von Festkörpern als optische Medien in Abbildungssystemen ist die Brechzahl und ihre Wellenlängenabhängigkeit maßgebend. Aus dem Realteil der komplexen Dielektrizitätskonstanten $\varepsilon' = n^2 - k^2$ ergibt sich für die Dispersion im Bereich kleiner Werte der Absorptionskonstanten k die Darstellung $(n^2 - 1)$ von λ. Die Dispersionstheorie liefert für die Beschreibung experimenteller Kurvenverläufe zwischen den Absorptionsstellen bei vernachlässigbarer Dämpfung den Ansatz

$$n^2 - 1 = \sum_i \frac{A_i \lambda^2}{\lambda^2 - \lambda_i^2} . \tag{4.103}$$

Darin bedeutet A_i eine Konstante, die die Oszillatorstärke der zugehörigen Elektronen- oder Schwingungsabsorptionsbande enthält.

Die Ermittlung der Parameter A_i und λ_i erfordert Präzisionsmessungen der Brechzahl in einem möglichst großen Wellenlängenbereich. Sie liegen bisher nur in Einzelfällen vor. Der Einfluß der Struktur auf die Brechzahl sowie auf die Dispersion $dn/d\lambda$, dh. den Anstieg der Dispersionskurve bei einer bestimmten Wellenlänge, wird durch die Parameter A_i und λ_i vermittelt. Praktisch bedeutsame Gläser haben meist eine relativ komplizierte Zusammensetzung, und eine Korrelation ist auf Grund der Mannigfaltigkeit der Baugruppen und möglicher struktureller Konfigurationen außerordentlich erschwert. Für die Reihe der Prototypen glasbildender Verbindungen (vgl. Tab. 2.10. und Abb. 4.45.) stehen Versuche einer Korrelation der den Verlauf der Dispersionskurve beschreibenden Parameter mit Strukturgrößen aber gleichfalls noch aus.

In der Praxis wird die auf Abbe zurückgehende Definition einer mittleren Dispersion in Form einer Differenzbildung $\Delta n = n_1 - n_2$ verwendet, die im sichtbaren Spektralbereich mit Bezug auf bestimmte Spektrallinien des Cadmiums, z. B. $F' = 479{,}99$ nm für n_1 und $C' = 643{,}85$ nm für n_2, auch als Hauptdispersion $n_{F'} - n_{C'}$ bezeichnet wird. Da für das Brechverhalten eines optischen Mediums vor allem der Absolutwert der Brechzahl im interessierenden Wellenlängenbereich maßgebend ist, erfolgt Normierung auf den Brechzahlenwert n_e bei einer zwischen F' und C' liegenden Wellenlänge und zwar auf $n_e - 1$. Dazu wurde die grüne Linie $e = 546{,}07$ nm des Quecksilberspektrums festgelegt. $(n_{F'} - n_{C'})/(n_e - 1)$ bezeichnet eine relative Dispersion, und die reziproke relative Disperion ist die bekannte Abbesche Zahl.

$$\frac{(n_e - 1)}{n_{F'} - n_{C'}} = \nu_e . \qquad (\textit{Abbe}\text{sche Zahl}) \qquad (4.104)$$

Abb. 4.51. zeigt das n_e/ν_e-Diagramm für optische Gläser des sichtbaren Spektralbereichs

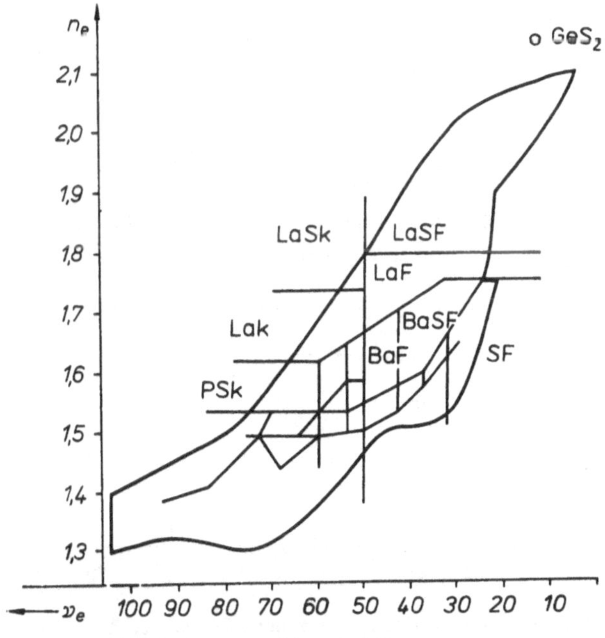

Abb. 4.51. n_e/ν_e-Diagramm optischer Gläser.

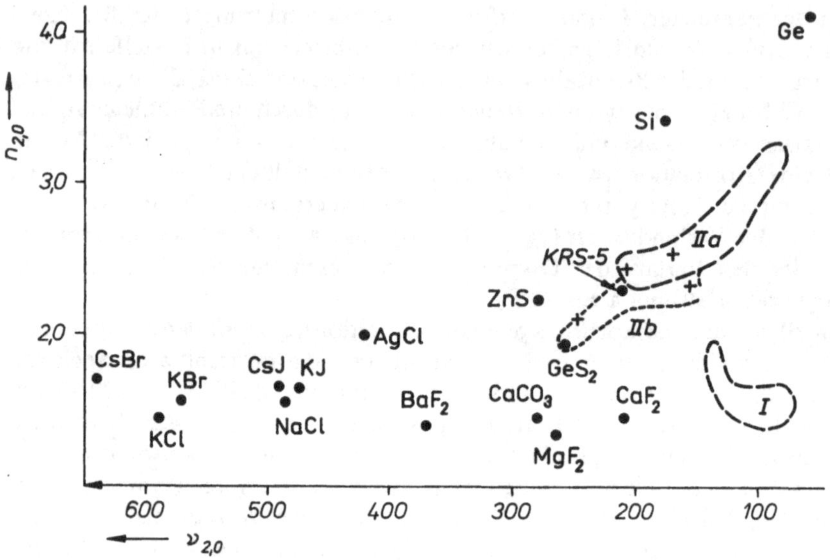

Abb. 4.52. n/ν-Diagramm für optische Medien im Bereich von 2 μm entsprechend Gl. (4.105).

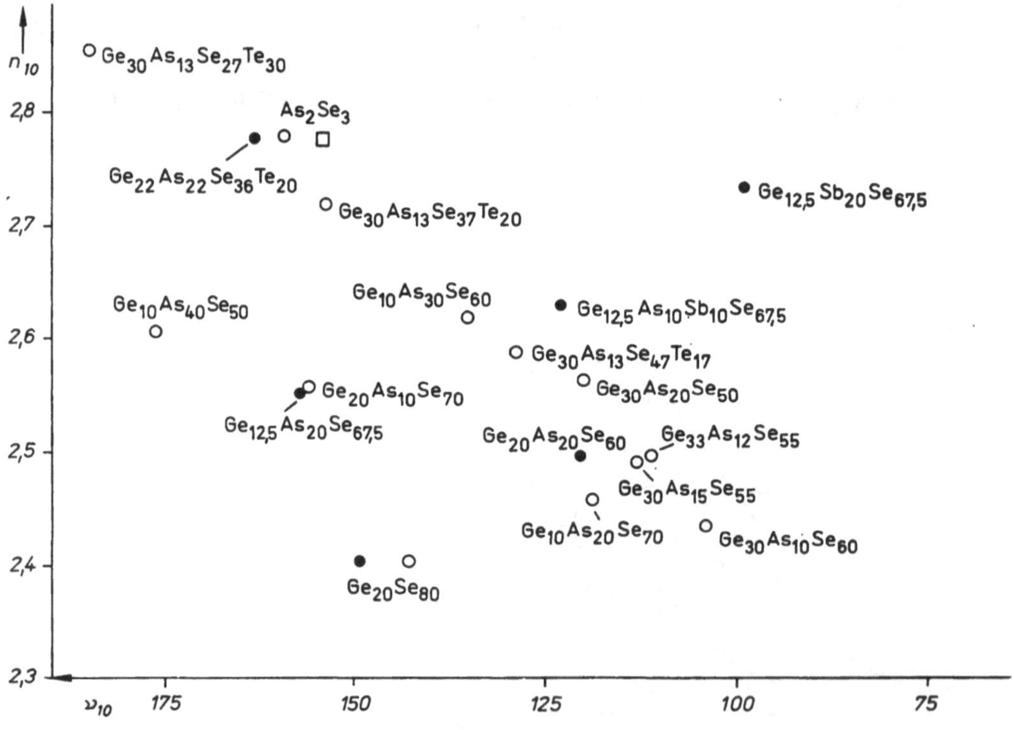

Abb. 4.53. n/ν-Diagramm für optische Medien im Bereich von 10 μm entsprechend Gl. (4.106), Zusammensetzung in mol%.

in der üblichen Darstellung. Hochbrechenden Gläsern entsprechen in der Tendenz kleine Werte der Abbeschen Zahlen, d. h. sie haben eine große relative Dispersion.

Von den Chalkogenidgläsern läßt sich das gelbe Glas GeS_2 in das Diagramm gleichfalls einordnen. Gläser, deren Absorptionskante weiter im sichtbaren oder gar im nahen Infrarot liegt, erfordern im Rahmen einer solchen Beschreibung von Brechzahl und Dispersion eine Definition, die sich auf geeignete andere Wellenlängen bezieht, wobei die Willkür insgesamt als unbefriedigend zu betrachten ist.

In Abb. 4.52. ist ein analoges n/ν-Diagramm für das Nahe Infrarot im Bereich von 2 µm und in Abb. 4.53. für den IR-Bereich im Gebiet von 10 µm angegeben.

$$\nu_{2,0} = \frac{n_{2,0} - 1}{n_{1,8} - n_{2,2}} \qquad (4.105) \qquad \nu_{10} = \frac{n_{10,0} - 1}{n_{8,0} - n_{12,0}}. \qquad (4.106)$$

Abbildung 4.52 enthält zugleich Angaben für einige kubische Kristalle sowie für ZnSe (Irtran2) und $(TlBr)_{0,44}(TlJ)_{0,56}$-Mischkristalle (KRS-5). Die Gläser der Abb. 4.51. entsprechen dem hier relativ klein erscheinenden Bereich I. Die Daten der im Feld II a aufgeführten Chalkogenidgläser sind einer Arbeit von Ajo u. M. [4.313] entnommen, die im Feld II b einer Arbeit von Linke und Eberhardt [2.351].

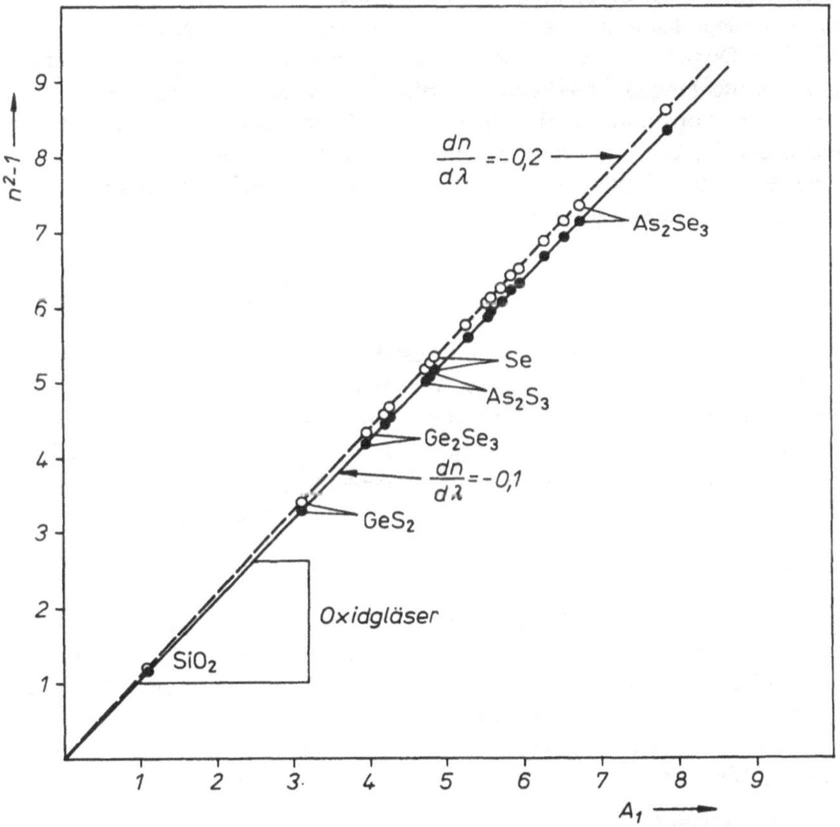

Abb. 4.54. Korrelation verschiedener Gläser nach einer eingliedrigen Dispersionsformel gemäß Gl. (4.103) in Punkten jeweils gleicher Steigung der Dispersionskurve $dn/d\lambda = -0{,}1\ \mu m^{-1}$ (●) und $dn/d\lambda = -0{,}2\ \mu m^{-1}$ (○).

Die in Abb. 4.53. zusammengefaßten optischen Eigenschaftswerte der angegebenen Chalkogenidgläser wurden von SAVAGE u. M. [4.314], AJO u. M. [4.313] und HAFNER [4.315] mitgeteilt.

Daß die optischen Daten von Gläsern mit ganz unterschiedlichen Wellenlängenbereichen der Durchlässigkeit auf der Basis von Gl. (4.103) einen inneren Zusammenhang erkennen lassen, wurde von BURCKHARDT [4.316] gezeigt. In Abb. 4.54. sind die Werte $(n^2 - 1)$ bei jeweils konstanter Steigung der Dispersionskurve $(\mathrm{d}n/\mathrm{d}\lambda) = -0{,}1\ \mu\mathrm{m}^{-1}$ und $(\mathrm{d}n/\mathrm{d}\lambda) = -0{,}2\ \mu\mathrm{m}^{-1}$ gegen den Parameter A_1 einer Elektronenabsorptionsbande aufgetragen, der aus dem Verlauf der Dispersionskurve gemäß Gl. (4.103) berechnet wurde. Es ergibt sich eine bemerkenswerte lineare Korrelation.

4.2.3.1. *Normale und anomale Teildispersion*

Abbildungsoptiken erfordern bekanntlich die Kombination von Gläsern mit unterschiedlicher Brechzahl. Die Güte der Abbildung im polychromatischen Licht ist aber nur bei gleicher Teildispersion in allen Teilabschnitten der Dispersionskurve möglich. Im allgemeinen unterscheidet sich die Länge der von den beiden Gläsern erzeugten Spektren, was zur Entstehung farbiger Ränder, der sog. chromatischen Aberration, Anlaß gibt.

Bei unterschiedlicher Dispersion der Gläser einer Prismen- oder Linsenkombination läßt sich für zwei Wellenlängen stets eine Farbkompensation erreichen: $n'_x - n'_y = \mathrm{const}\ (n''_x - n''_y)$. Die Konstante ist für Prismen durch den Quotienten der kleinen brechenden Winkel ϑ und für Linsen durch den Quotienten der Brennweiten f-gegeben, die Achromasie also bei geeigneter Wahl der Geometrieparameter z. B. auf die Wellenlängen F' und C' der Hauptdispersion einstellbar (Achromate).

$$\frac{\vartheta'}{\vartheta''} = \frac{\nu''_e}{\nu'_e} = \frac{n'_{F'} - n'_{C'}}{n''_{F'} - n''_{C'}} \quad (4.107) \qquad \frac{f'}{f''} = \frac{\nu''_e}{\nu'_e} = \frac{n'_{F'} - n'_{C'}}{n''_{F'} - n''_{C'}}\,. \quad (4.108)$$

Außerhalb der beiden Wellenlängen F' und C' besteht aber nach wie vor eine Farbzerstreuung, das sog. sekundäre Spektrum, dessen Korrektur in hoch auflösenden Optiken zumindest für eine weitere Wellenlänge im mittleren Bereich zwischen F' und C' erforderlich ist.

Man benötigt dazu die Einführung relativer Teildispersionen

$$P = \frac{\Delta n}{n_{F'} - n_{C'}}\,, \quad \text{z. B.} \quad P_{\lambda F'} = \frac{n_\lambda - n_{F'}}{n_{F'} - n_{C'}}\,. \tag{4.109}$$

Im gemeinsamen Glaskatalog DDR/UdSSR sind z. B. 24 verschiedene relative Teildispersionen zur Charakterisierung optischer Gläser angegeben. Nach ABBE lassen sich große Gruppen von Gläsern zu einer flach verlaufenden Kurve zusammenfassen, die durch eine Gerade, die sog. Normalgerade, angenähert werden kann, wenn man eine der nach (4.109) definierten relativen Teildispersionen (λ = const) in Abhängigkeit von der ABBEschen Zahl darstellt, s. Abb. 4.55.a).

$$P_{\lambda L'} = a + b\nu_e + (``c\nu_e^2)\,. \tag{4.110}$$

Die empirische Beziehung bringt zum Ausdruck, daß eine Änderung der Dispersion in einem Teilbereich mit der Änderung der Dispersion im gesamten betrachteten Wellenlängen-

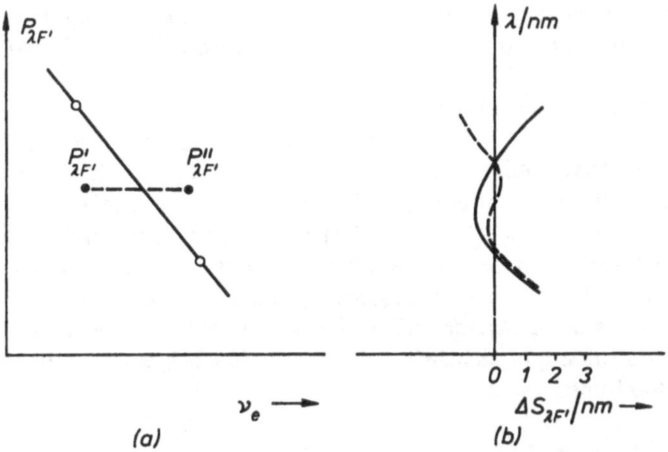

Abb. 4.55. Normalgerade (*a*) entsprechend Gl. (4.110) und Veranschaulichung des sekundären Spektrums (*b*) gemäß Gl. (4.111).

gebiet konform geht. Man spricht in diesem Fall von einem Normalverhalten bzw. normaler Teildispersion.

Das sekundäre Spektrum einer Linsenkombination läßt sich durch die relativen Teildispersionen $P_{\lambda F'}$ in folgender Form beschreiben:

$$\Delta S_{\lambda F'} = \frac{P'_{\lambda F'} - P''_{\lambda F'}}{\nu'_e - \nu''_e} f \tag{4.111}$$

mit f als Brennweite des Objektivs. Die Wellenlänge λ und damit n_λ in $P_{\lambda F'}$ tritt jetzt als Variable auf. Wie aus Abb. 4.55. b) hervorgeht, ergibt sich bei achromatischer Farbkorrektur für zwei Wellenlängen eine Nullstelle. $P'_{\lambda F'}$ und $P''_{\lambda F'}$ haben hier je nach der Definition für eine gegebene Wellenlänge gemäß (4.109) den Wert 1, woraus für $\Delta S_{\lambda F'} = 0$ folgt. Sind die Größen $P'_{\lambda F'}$ und $P''_{\lambda F'}$ ungleich 1, untereinander aber von gleichem Betrag und Vorzeichen, ergibt sich eine weitere Nullstelle und damit Farbkorrektur für eine dritte Wellenlänge (apochromatische Farbkorrektur). Glaspaare die von der Normalgeraden abweichen, Abb. 4.55. a), und dadurch eine sog. anomale Teildispersion aufweisen, gestatten die Konstruktion von Apochromaten mit einem gegenüber Achromaten verbessertem Auflösungsvermögen, s. Abb. 4.55. b).

Gläser, die sich bezüglich Lage und Intensitätsverteilung ihrer Elektronenabsorptions- und Schwingungsspektren und damit in ihrer Struktur deutlich unterscheiden, erweisen sich in dieser Hinsicht für praktische Zwecke als geeignet [4.317]. Ordnet man z. B. den Silikatgläsern einer bestimmten Zusammensetzungsgruppe eine Normalgerade zu, ergeben sich für Boratgläser positive und für Phosphatgläser negative Abweichungen [4.318] (vgl. auch [4.319]).

4.2.3.2. *Spannungsdoppelbrechung*

Zu den hervorragenden Eigenschaften glasartiger Festkörper gehört die mit Flüssigkeiten gemeinsame Isotropie ihrer Eigenschaften. Die in 2.4.3.5. geschilderten Unterschiede in den elastischen Konstanten und deren Strukturabhängigkeit lassen entsprechende Effekte bei der Einwirkung äußerer Kräfte erwarten, die den Zustand der optischen Isotropie aufheben. Über Orientierungsdoppelbrechung an As_xS_{1-x}-Schmelzen wurde von POHL und BRÜCKNER [4.348] berichtet.

Die Anisotropie bzw. Isotropie der Lichtausbreitung in einem optischen Medium wird bekanntlich durch die Indikatrix beschrieben. Unterwirft man den zu untersuchenden Glaskörper einer einseitig gerichteten Druck- oder Zugspannung, so wird die der Isotropie entsprechende Kugelsymmetrie zu einer rotationselliptischen Symmetrie deformiert. Ein senkrecht zur Belastungsrichtung eintretender Lichtstrahl spaltet dementsprechend, wie in Abb. 4.56. skizziert, in zwei linear polarisierte Teilstrahlen auf, den ordentlichen und den außerordentlichen Strahl. Letzterer schwingt in Richtung der optischen Achse, die mit der Richtung der mechanischen Beanspruchung zusammenfällt (Rotationsachse des Ellipsoids). Bei einer Umdrehung des Analysators ergibt sich, wie bei optisch einachsigen Kristallen, viermalige Aufhellung und Auslöschung.

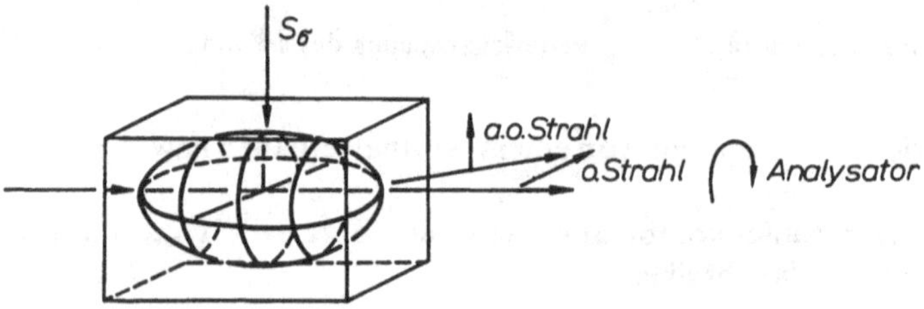

Abb. 4.56. Indikatrix eines im unbelasteten Zustand isotropen optischen Mediums.

Der Gangunterschied wird durch die Brechzahldifferenz gegenüber dem unbelasteten Zustand parallel und senkrecht zur Richtung der einwirkenden Spannung S_σ ausgedrückt und im Rahmen der Gültigkeitsgrenzen eines elastischen Kraftansatzes durch die Beziehung

$$\begin{aligned} \Delta n_{\parallel} &= n_{\parallel} - n = C_1 S_\sigma \\ \Delta n_{\perp} &= n_{\perp} - n = C_2 S_\sigma \\ \hline n_{\parallel} - n_{\perp} &= (C_1 - C_2)\, S_\sigma = B S_\sigma \end{aligned} \tag{4.112}$$

beschrieben. Darin bedeuten C_1 und C_2 die photoelastischen Koeffizienten und B die spannungsoptische Konstante, gemessen in $TPa^{-1} = 0{,}981 \cdot 10^{-7}\ cm^2/kp = 1$ Brewster.

Als Differenzgröße erfaßt B nicht die Änderung der Brechzahl bei Belastung, d. h. selbst wenn B nahe Null ist können sich für C_1 und C_2 und damit für $\Delta n_{\parallel}$ und $\Delta n_{\perp}$ beträchtliche Werte ergeben.

Oxidgläser weisen spannungsoptische Konstanten von etwa -2 bis $+4\ TPa^{-1}$ auf. Chalkogenidgläser ergeben, wie LINKE u. M. [2.351] durch Untersuchung von etwa 120 Chalkogenidgläsern zeigen konnten, dagegen B-Werte zwischen $+20$ und $-40\ TPa^{-1}$ (vgl. auch [2.16]). Aus Abb. 4.57. ist die Änderung der spannungsoptischen Konstanten mit der Zusammensetzung für mehrere Substanzreihen ersichtlich. Dabei sind zwei wesentliche Aussagen unverkennbar.

Der entscheidende Beitrag zu Betrag und Vorzeichen der spannungsoptischen Konstanten resultiert offenbar aus dem Vernetzungsgrad der Gläser. Bei gleichem Vernetzungsgrad nehmen die B-Werte mit ansteigender Polarisierbarkeit der am Glasaufbau beteiligten Atome ab.

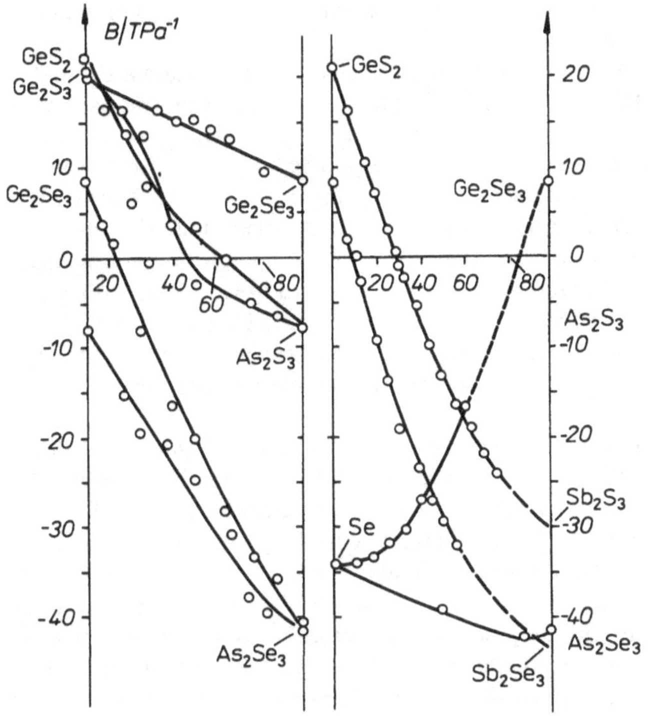

Abb. 4.57. Zusammensetzungsabhängigkeit der spannungsoptischen Konstante *B* in den angegebenen Probenreihen.

Dreidimensional vernetzte Gläser wie GeS_2, $GeSe_2$, Ge_2S_3 und Ge_2Se_3 und ebenso SiO_2 weisen stets positive spannungsoptische Konstanten auf, zweidimensional vernetzte Gläser wie As_2S_3, As_2Se_3 und glasartiges Selen mit seiner Kettenstruktur dagegen negative *B*-Werte. In der gleichen Richtung wie As_2S_3 oder As_2Se_3 wirken sich Zusätze von Sb_2S_3 oder Sb_2Se_3 aus. Nach Linke [2.343] kann dieser Befund in folgender Weise interpretiert werden (vgl. auch [4.324]).

In dreidimensional vernetzten Gläsern führt eine einseitige Druckbelastung stets zu einer größeren optischen Verdichtung in Druckrichtung als senkrecht dazu. Folglich ist $n_{\parallel} > n_{\perp}$ und *B* dementsprechend positiv. Dieser Effekt wird bei den Gläsern mit lokal flächenhafter und kettenartiger Verknüpfung der Nahordnungsbereiche bei Spannungseinwirkung durch einen Orientierungsbeitrag überkompensiert, der als ein elastisches Ausweichen der bindungsmäßig nur ein- oder zweidimensional beanspruchten Baugruppen gegenüber der Spannung verstanden werden kann, woraus eine größere optische Verdichtung senkrecht zur Belastungsrichtung folgt. Es gilt daher $n_{\parallel} < n_{\perp}$ und für *B* ein negativer Wert. Die Abnahme positiver bzw. die weitere Verschiebung der spannungsoptischen Konstanten nach negativeren Werten, wie sie mit ansteigender Polarisierbarkeit der atomaren Bestandteile zu verzeichnen ist, kann darauf zurückgeführt werden, daß mit abnehmender Bindungsenergie (zunehmender „Weichheit" des Bindungssystems) die durch Druckbeanspruchung ausgelöste elastische Verformung verstärkt durch Winkeldeformationen als durch Abstandsveränderungen abgefangen wird. Daraus resultiert dann gleichfalls eine größere optische Verdichtung senkrecht zur Druckspannung als parallel dazu, was die beobachtete Herabsetzung der *B*-Werte verursacht.

In Übereinstimmung mit diesen Vorstellungen haben hochvernetzte Silicatgläser relativ hohe positive *B*-Werte, SiO_2, z. B. $B = 3{,}5\ TPa^{-1}$. Durch Modifizierung mit anderen Oxiden wird der Vernetzungsgrad zwar abgebaut. Er ist aber auf Grund der strukturbildenden Wirkung der Kationen-Sauerstoffkoordinationspolyeder nicht ohne weiteres angebbar. Die zum Teil sehr unterschiedlichen Einflüsse sind z. B. an der Zusammensetzungsabhängigkeit der elastischen Konstanten in Abb. 2.48. erkennbar. Die *B*-Werte nehmen daher nur geringfügig ab. Will man die Spannungsdoppelbrechung drastisch, z. B. bis auf verschwindende Werte heruntersetzen, muß man Kationen hoher Polarisierbarkeit wie Pb^{2+}, Tl^{+} oder Bi^{3+} einbauen, ein Weg, der bereits frühzeitig von POCKELS [4.320] beschritten wurde. Phosphatgläser erscheinen auf Grund der von vornherein geringeren Vernetzung für die Entwicklung von Gläsern mit minimaler Spannungsdoppelbrechung besser geeignet.

Die strukturelle Interpretation der Spannungsdoppelbrechung von Gläsern findet eine Stütze im Vergleich mit kristallinen Substanzen. Wie Tab. 4.7. erkennen läßt, weisen die kubischen Kristalle Si und Ge wie die dreidimensionalen Gläser gleichfalls positive *B*-Werte auf. Im Wurtzit, CdS und trigonalen Selen (optisch einachsige Kristalle mit dreidimensionaler Vernetzung) ist die Isotropie im Ergebnis des Zusammenwirkens der Bindungskräfte bereits aufgehoben. Der Effekt ist um drei Größenordnungen größer als bei äußerer einseitiger Belastung durch 10 kp/cm^2 (= 10^6 Pa). Die *B*-Werte sind positiv. In Kristallen mit Schichtengitter, in denen die Anisotropie der Gitterkräfte noch ausgeprägter ist, ergeben sich dagegen im Sinne der vorgeschlagenen Interpretation, wie die aufgeführten Beispiele zeigen, negative Werte.

Neben qualitativen Vorstellungen von WEYL [4.321] liegt von MUELLER [4.322] ein Versuch zur quantifizierbaren Erklärung der Spannungsdoppelbrechung in der Literatur vor. Der Ansatz wurde in neueren Arbeiten von LEVENBERG u. M. [4.323] gleichfalls verwendet.

Tabelle 4.7. Spannungsdoppelbrechung glasbildender Verbindung und kristalliner Substanzen

Glas	B/TPa^{-1}	$\frac{\Delta n}{10^6 Pa}$	Glas	B/TPa^{-1}	$\frac{\Delta n}{10^6 Pa}$
GeS_2	+22,1	$+2{,}2 \cdot 10^{-5}$	As_2S_3	− 7,8	$-0{,}8 \cdot 10^{-5}$
Ge_2S_3	+21,0	$+2{,}1 \cdot 10^{-5}$	As_2Se_3	−39,4	$-3{,}9 \cdot 10^{-5}$
Ge_2Se_3	+ 8,5	$+0{,}9 \cdot 10^{-5}$	Se	−30,4	$-3{,}0 \cdot 10^{-5}$
SiO_2	+ 3,5	$+0{,}35 \cdot 10^{-5}$	$(Ge_2Se_3)_3$—$(Sb_2Se_3)_2$	± 0	0
Polystyrol	+ 6,7				
Kristalle			Kristalle		
Si	+11,8	$1{,}2 \cdot 10^{-5}$	MoS_2		−2,3
Ge	+24,5	$2{,}4 \cdot 10^{-5}$	Graphit		−0,5
ZnS		+0,02	$FeCO_3$		−0,24
CdS		+0,03	$CaCO_3$		−0,17
trig. Se		+1,04	$Be_3Al_2Si_6O_{18}$		−0,01

Die Konstante B wird hier auf Polarisierbarkeitsinkremente zurückgeführt, eine strukturelle Deutung aber nicht gegeben.

4.2.4. *Photoinduzierte Strukturänderungen in Gläsern*

Als eingefrorene Nichtgleichgewichtssysteme, die durch eine hohe Defektzentrendichte und zugleich hohe Konzentration an Leerstellen gekennzeichnet sind, lassen Gläser und amorphe Festkörper bei der Auslösung von Elektronen-Anregungsprozessen auf Grund der damit verbundenen beträchtlichen lokalen Energieabsorption photochemische Reaktionen erwarten, die sowohl zu reversiblen als auch zu irreversiblen Struktur- und Eigenschaftsänderungen führen können.

Derartige Effekte sind als Solarisation, dem Eindunkeln von Gebrauchsgläsern bei intensiver Sonneneinstrahlung, seit langem bekannt. Durch bestimmte Fremdzusätze, z. B. Silberhalogenide, Kupfer- und Cadmiumhalogenide, aber auch Silbermolybdat bzw. -wolframat oder bestimmte Kombinationen mit Seltenen Erden konnten photochromatische Gläser mit breit gefächerten Eigenschaften erhalten werden. Neben Gläsern, die bei Bestrahlung rasch eindunkeln und danach ihre ursprüngliche Durchlässigkeit binnen kurzer Zeit wieder erreichen (Blendschutzgläser, Sonnenbrillen, Lichtmodulatoren) sind auch solche bekannt geworden, die auf Grund der Irreversibilität photochemisch ausgelöster Reaktionen für die Informationsspeicherung und Bildaufzeichnung von Interesse sind. Die den photochromatischen Prozeß kennzeichnenden Parameter, wie Quantenausbeute, Kontrast, Halbwertszeit des Eindunkelns und Wiederaufhellens lassen sich durch die Grundglaszusammensetzung, den im Glas ablaufenden photochemischen Primärprozeß und die sich anschließenden Folgereaktionen sowie durch Erzeugung bestimmter Gefügestrukturen, z. B. durch gesteuerte Ausscheidung hochdisperser Mikrophasen, innerhalb weiter Grenzen gezielt beeinflussen. Polychromatische Gläser gestatten in Verbindung mit einem thermischen Entwicklungsprozeß die Erzeugung von Farbbildern im Glas [4.325].

Die submikroskopischen Metallausscheidungen (z. B. Silber), die sich im Ergebnis einer photochemischen Reaktionsabfolge ergeben, können bei geeigneter Glaszusammensetzung als heterogene Keime in einem sich anschließenden Kristallisationsprozeß fungieren. Das dabei entstehende mikrokristalline Gefüge löst sich in einem Ätzmittel wie Flußsäure rascher als die unbelichteten nach wie vor homogenen Bereiche des Glases. Fein strukturierte Formteile sind auf diesem Wege herstellbar (Fotoform).

Über die Photosensibilität und Photochromie von Gläsern sowie die derartigen Effekten zugrundeliegenden photochemischen Reaktionen und strukturellen Änderungen ist in einer Vielzahl von Arbeiten berichtet worden. Es wird daher an dieser Stelle auf zusammenfassende Darstellungen in den Monographien von VOGEL [1.16] und SCHOLZE [1.17] sowie die dort zitierte weiterführende Literatur verwiesen.

In Chalkogenidgläsern treten photoinduzierte Eigenschaftsänderungen bereits ohne den Einbau eines zusätzlichen photochemisch aktiven Redoxsystems deutlich in Erscheinung. Offenbar begünstigt durch die im Mittel wesentlich geringere Bindungsenergie greift der photochemische Prozeß am Strukturgerüst des Glases selbst an. Dabei ist auch für das Spektrum der verschiedenen Defekte eine wesentliche Modifizierung zu erwarten. Keimbildungs- und Kristallwachstumsprozesse sind in Chalkogenidgläsern, die eine hinreichende Kristallisationstendenz aufweisen, durch eine geringere thermische Aktivierungsenergie gekennzeichnet als bei Oxidgläsern, so daß häufig bereits durch Belichten ohne anschließende Temperung eine makroskopisch sichtbare Photokristallisation zustande kommt.

4.2.4.1. *Photoinduzierte Absorptions- und Brechzahländerungen in Chalkogenidgläsern*

Generell zu beachten ist bei Experimenten, in denen Chalkogenide im Wellenlängenbereich der Absorptionskante einer intensiven Bestrahlung ausgesetzt sind, daß die beobachteten Effekte nicht infolge Wechselwirkung mit Bestandteilen der Luft durch Oxydations- und Hydrolyseprozesse vorgetäuscht werden [4.326, 327]. Die Untersuchung erfolgt daher im Hochvakuum an dünnen Schichten (Dicke einige µm), die durch Aufdampfen oder Katodenzerstäubung dargestellt werden, nach dem Tempern im Bereich der Transformationstemperatur des betreffenden Glases.

Bei der Belichtung derartiger Schichten stellt man eine signifikante Rotverschiebung der Absorptionskante fest, die umso größer ausfällt je niedriger die Temperatur während der Einstrahlung ist [3.369, 4.328, 345, 346]. Werte bis zu —0,2 eV sind für As_2S_3 bei 14 K erreicht worden. Der Effekt der photoinduzierten Eindunkelung ist, wie Abb. 4.58. a) erkennen läßt, reversibel. Tempern im Bereich der Transformationstemperatur führt wieder zur ursprünglichen Lage der Absorptionskante. Die reversible strukturelle Änderung kann an den in Abb. 4.58. b) gezeigten RÖNTGEN-Streukurven gleichfalls erkannt werden [4.328].

Eine beträchtliche Brechzahländerung geht mit der Verschiebung der Absorptionskante einher. An As_2S_3-Schichten wurden Werte bis zu $\Delta n \approx 0{,}1$ festgestellt [3.369]. Als Speichermedien in der holographischen Bildaufzeichnung haben derartige Schichten ein beträchtliches Interesse gefunden [4.330]. Bemerkenswert ist schließlich die Beobachtung, daß der

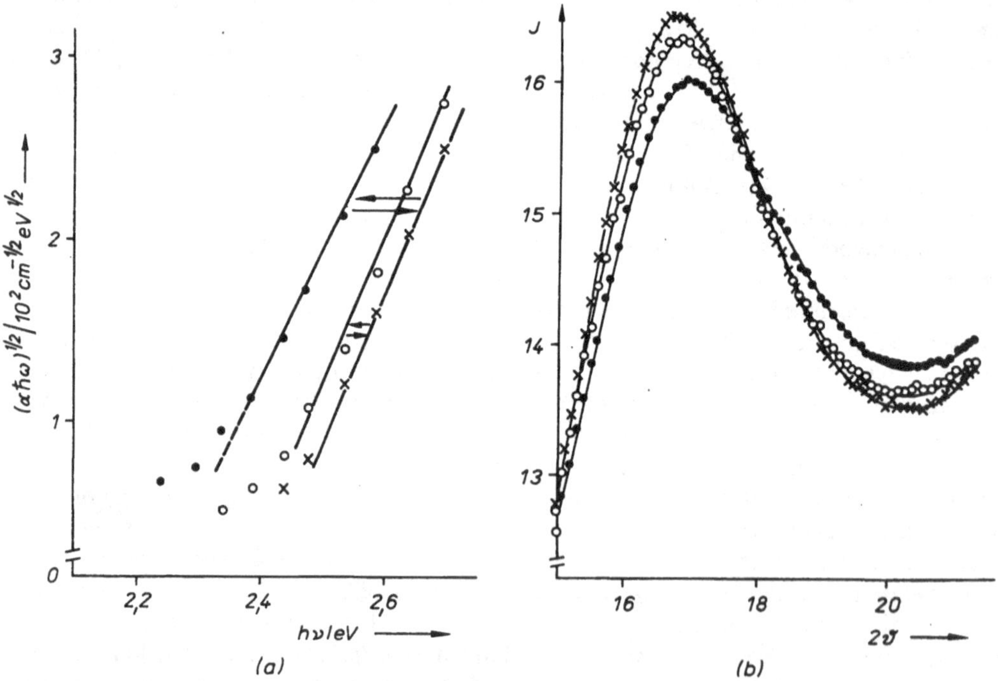

Abb. 4.58. Reversible Strukturänderungen in amorphen As_2S_3-Schichten bei Einstrahlung von Licht.
(*a*) — Verschiebung der Absorptionskante, (*b*) — RÖNTGEN-Streukurve, (×) — bei 443 K getemperte Schicht, (○) — nach Belichten bei 290 K, (●) — nach Belichten bei 77 K [4.328, 329].

Vorgang des Eindunkelns beim As_2S_3 mit einer Volumenzunahme von etwa 0,4% verbunden ist, die sich gleichfalls als reversibel erweist. Amorphe As_4Se_5Ge-Schichten zeigen dagegen beim Belichten eine Volumenabnahme von etwa 0,2% und eine hypsochrome Verschiebung der Bandkante [4.329]. Amorphe As_2Se_3-Schichten sind gleichfalls eingehend untersucht worden [4.331, 3.369], ebenso Gläser in den Systemen As-Se und Ge-Se [4.332] sowie Ge-S [4.333] und Ge-As-Se [4.334, 335, 338] bzw. Ge-As-S [4.336].

Der Effekt ist bei den Arsenchalkogeniden auf eine photolytische Zersetzung von As-X-Bindungen unter Bildung von As-As- und X-X-Bindungen zurückgeführt worden [4.334]. Eine Polymerisation isolierter Clustermolekeln (vgl. Abb. 3.31.), deren partielle Beteiligung am strukturellen Aufbau der Glasschichten anzunehmen ist, wurde gleichfalls in Betracht gezogen [3.369], (vgl. 3.2.1.4.). Auch die Überführung eckenverknüpfter Baugruppen in eine Kantenverknüpfung und umgekehrt wurde erörtert [4.337]. Beachtet zu werden verdienen in diesem Zusammenhang auch Änderungen in den „nebenvalenten" Wechselwirkungen, die wie beim roten und trigonalen Selen oder amorphen und kristallinen Arsen (vgl. Abb. 4.42.*b*) zu starken Unterschieden in der Lage der Absorptionskante führen.

Der Effekt ist von der in 4.2.2.1. beschriebenen photoinduzierten Absorption zu unterscheiden, die durch ein Ansteigen des Absorptionskoeffizienten zwischen der Photolumineszenzbande und der Absorptionskante gekennzeichnet ist. Bei As_2S_3-Schichten wird ein derartiges Eindunkeln erst nach längerem Belichten bei 14 K beobachtet. Hier handelt es sich um ein Einfrieren der Nichtgleichgewichtsbesetzung der Defektzentren in der optischen Bandlücke.

4.2.4.2. *Photokristallisation*

Es entspricht der allgemeinen Erwartung, daß Gläser und amorphe Schichten, die beim Erhitzen auf Temperaturen im Transformationsbereich rekristallisieren, durch Einwirkung elektromagnetischer Strahlung, deren Energie den Wert der optischen Bandlücke erreicht bzw. überschreitet, lokal aufgeheizt werden und dementsprechend auf diesem Wege in entsprechenden Bereichen in den kristallinen Zustand übergehen können. Die mit den strahlungslosen Teilschritten der Rekombination verbundene Energiedissipation liefert dazu ein anschauliches Verständnis (vgl. Abb. 4.50.).

Bienenstock u. M. [3.572] stellten an Schichten mit einer dem GeTe/Te-Eutektikum nahe kommenden Zusammensetzung, z. B. Ge_3Te_{17}, fest, daß der polykristalline Zustand, wie er im Ergebnis einer thermischen Behandlung der Schichten entsteht, durch kurzfristig einwirkende Lichtimpulse, die mit steiler Flanke abfallen, wieder in den glasartigen Zustand zurückverwandelt werden kann. Evans u. M. [4.103] berichteten über die vollständige Kristallisation einer 2 µm dicken Probe der Zusammensetzung $Ge_{15}Te_{81}Sb_2S_2$ beim Belichten innerhalb von 0,045 s entsprechend einer Kristallisationsgeschwindigkeit $u \geqq 4 \cdot 10^{-3}$ cm · s^{-1}. Von Dresner und Stringfellow [4.104] wurde an amorphen Se-Schichten bei 357 K eine Erhöhung der Kristallwachstumsgeschwindigkeit um den Faktor 20 beim Belichten beobachtet. Dabei entsprach der absorbierten Strahlung die Erzeugung von $3 \cdot 10^{18}$ Elektronen/Defektelektronen-Paaren je Quadratzentimeter und Sekunde. Die Kristallisationsrate liegt selbst unter diesen Bedingungen nur im Bereich von $3 \cdot 10^{-5}$ cm · s^{-1}. Aus der Wellenlängenabhängigkeit des Effektes wurde abgeleitet, daß die Erhöhung der Kristallisationsrate durch die Ladungsträgerdichte und nicht durch die absorbierte Energie gesteuert wird.

Der eindeutige Nachweis, daß Keimbildung und Kristallwachstum bei der photoinduzierten Phasentransformation durch einen elektronischen Beitrag stark begünstigt werden, konnten FEINLEIB u. M. [4.108] sowie OVSHINSKY u. M. [4.134, 149] erbringen. Läßt man auf kleine Bereiche von $Ge_{15}Te_{81}Sb_2S_2$- oder Se/Te-Schichten einen Laserstrahl im Durchmesser von etwa 3 µm mit einer Intensität zwischen 10 und 100 mW und Impulslängen von 1 bis 10 µs einwirken, so erfolgt die Kristallisation in weniger als 5 µs, woraus sich eine Kristallisationsgeschwindigkeit von etwa 1 cm s^{-1} abschätzen läßt. Die Elektronen- und Defektelektronendichte ist etwa um den Faktor 10^4 größer als bei den oben beschriebenen Se-Experimenten. Dem entspricht eine starke Aktivierung des gesamten Bindungssystems in dem Sinne, daß Bindungen in großer Zahl aufgebrochen werden. Die daraus resultierende hohe Beweglichkeit (Anregung hoher Schwingungszustände) bietet günstige kinetische Voraussetzungen für die Bildung von Keimen und deren Wachstum.

Die Größe der Kristallite liegt im Bereich einiger pm. Punktdichten von $2 \cdot 10^7$ cm^{-2} entsprechend 500 Linien pro Millimeter sind erreicht worden. Die kristallinen Bezirke sind auf Grund ihrer gegenüber der glasartigen Matrix unterschiedlichen Absorptions- und Reflexionseigenschaften mittels Licht geeigneter Wellenlängen gut lesbar, so daß derartige Schichten die an optische Speicher zu stellenden Anforderungen weitgehend erfüllen. Adressierte Laserimpulse geeigneter Wellenlänge und Intensität mit hinreichend steil abfallender Flanke gestatten ein Löschen der eingeschriebenen Information.

Das sich auf die photoinduzierte Phasentransformation gründende Prinzip der Informations- und Bildaufzeichnung wurde in Patentschriften [4.156, 168] niedergelegt. Von SÜPTITZ [4.189] wurde über den reversiblen lichtinduzierten Phasenwechsel zusammenfassend berichtet. Die Photokristallisation ist auch am reinen Selen in weiterführenden Arbeiten untersucht worden [4.278, 308]. Studien zur Photokristallisation an amorphen Schichten des Systems Ge_xSe_{1-x} liegen von SUZUKI u. M. [4.339] vor.

Literatur

[4.1] E. RASCH, F. W. Hinrichsen, Z. Elektrochem. angew. phys. Chem. **14**, 41 (1908)

[4.2] P. B. MACEDO, C. T. MOYNIHAN, R. BOSE, Phys. Chem. Glass. 13, 171 (1972)

[4.3] P. DEBYE, Polar Molecules, Dover, New York 1945

[4.4] J. M. STEVELS, in Handbuch der Physik **20**, S. 350, Springer-Verlag Berlin 1957

[4.5] H. E. TAYLOR, J. Soc. Glass Technol. **41**, 350 T (1957); **43**, 124 T (1959)

[4.6] A. E. OWEN, Electric conduction and dielectric relaxation in glass, in J. E. BURKE, Progr. in Ceramic Science **3**, 77, Pergamon Press 1963

[4.7] V. PROVENZO, L. P. BOESCH, V. VOLTERA, C. T. MOYNIHAN, P. B. MACEDO, J. Amer. Ceram. Soc. **55**, 492 (1972)

[4.8] K. BLANK, Glastechn. Ber. **39**, 489 (1966)

[4.9] J. FRENKEL, Z. Physik **35**, 657 (1926)

[4.10] R. L. MJULLER, Zh. Tekh. Fiz. **25**, 236, (1955)

[4.11] R. J. CHARLES, J. Amer. Ceram. Soc. **45**, 105 (1962)

[4.12] Z. BOKSAY, B. LENGYEL, Z. physik. Chem. (Leipzig) **241**, 36 (1969); J. Non-Cryst. Solids **14**, 79 (1974)

[4.13] J. R. ENGEL, M. TOMOZAWA, J. Amer. Ceram. Soc. **58**, 183 (1975)

[4.14] G. H. FRISCHAT, *Ionic diffusion in oxide glasses*, Aedermannsdorf (Schweiz), Trans. Tech. Publ., 1975

[4.15] A. E. OWEN, R. W. DOUGLAS, The electrical properties of vitreous silica, J. Soc. Glass. Technol. **43**, 159 (1959)

[4.16] W. A. Schtschukarew, R. L. Mjuller, Z. physik. Chem. 150 A, 183 (1975)
[4.17] H. Rickert, Angew. Chem. **90**, 38 (1978)
[4.18] G. Holzäpfel, H. Rickert, Naturwissenschaften **64**, 53 (1977)
[4.19] P. Junod, H. Hediger, B. Kilchör, J. Wulischleger, Phil. Mag. **36**, 941 (1977)
[4.20] T. Sakuma, S. Hoshino, Techn. Rep. ISSP Ser. A. No 1037 (1980)
[4.21] T. M. Hayes, J. B. Boyce, J. L. Beeby, J. Phys. C: Solid State Phys. **11**, 2931 (1978)
[4.22] G. Villenneuve, P. Echegut, C. Lucat, J.-M. Reau, P. Hagenmuller, Phys. Status Solidi (b) **97**, 295 (1980)
[4.23] D. Ravaine, J. Non-Cryst. Solids **38**, **39**, 353 (1980)
[4.24] B. Barrau, M. Ribes, M. Maurin, A. Kone, J.-L. Souquet, J. Non-Cryst. Solids **37**, 1 (1980)
[4.25] J.-L. Souquet, A. Kone, M. Ribes, J. Non-Cryst. Solids **38**, **39** 307 (1980)
[4.26] J. P. Malugani, A. Wasniewski, M. Doreau, G. Robert, C. R. Acad. Sc. Paris, Ser. C, **287**, 455 (1978)
[4.27] J. P. Malugani, A. Wasniewski, M. Doreau, G. Robert, A. Al Rikabi, Mat. Res. Bull. **13**, 427 1009 (1978)
[4.28] T. Minami, H. Nambu, M. Tanaka, J. Amer. Ceram. Soc. **60**, 467 (1977)
[4.29] R. J. Grant, M. D. Ingram, L. D. S. Turner, C. A. Vincent, J. Phys. Chem. **82**, 2838 (1978)
[4.30] G. Chiodelli, A. Magistris, A. Schiraldi, Elektrochim. Acta **23**, 585 (1978)
[4.31] T. Minami, M. Tanaka, Rev, Chim. Minerale **16**, 283 (1979)
[4.32] A. K. Jonscher, Nature **267**, 673 (1974); Phys. Status Solidi (b) **83**, 585 (1977); The universal dielectric response, Chelsea College, London 1978
[4.33] L. P. Boesch, C. T. Moynihan, J. Non-Cryst. Solids **17**, 44 (1975)
[4.34] R. M. Hakim, D. R. Uhlmann, Phys. Chem. Glass. **8**, 174 (1967)
[4.35] B. Lengyel, Z. Boksay, Z. phys. Chem. (Leipzig) **223**, 49 (1963)
[4.36] R. Terai, J. Non-Cryst. Solids **6**, 121 (1971)
[4.37] D. E. Day, J. Non-Cryst. Solids **21**, 343 (1976)
[4.38] J. O. Isard, J. Non-Cryst. Solids **1**, 235 (1969)
[4.39] B. Lengyel, Z. Boksay, M. Varga, Z. physik. Chem. (Leipzig) **242**, 37 (1969), **217**, 357 (1961), **223**, 186 (1963)
[4.40] J. R. Hendrickson, P. J. Bray, Phys. Chem. Glass, **13**, 43 (1972)
[4.41] G. B. Rouse, J. M. Gordon, W. M. Resin, J. Non-Cryst. Solids **33**, 83 (1979)
[4.42] P. J. Hayward, Phys. Chem. Glass. **17**, 54 (1976)
[4.43] H. Namikawa, J. Non-Cryst. Solids **14**, 88 (1974), **18**, 173 (1975)
[4.44] J. D. Mackenzie, Bull. Amer. Ceram. Soc. **42**, 223 (1963)
[4.45] G. Petrovskij, Silikaty (Praha) **3**, 336 (1959)
[4.46] O. V. Mazurin, R. V. Brailovskaja, Fiz. tverd. tela **2**, 1477 (1960)
[4.47] M. Schwarz, J. D. Mackenzie, J. Amer. Ceram. Soc. **49**, 582 (1966)
[4.48] J. D. Mackenzie, Mod. Aspects of the Vitreous State **3**, 126 (1965)
[4.49] B. Lengyel, Z. Boksay, Z. physik. Chem. (Leipzig) **222**, 183 (1963), **242**, 23 (1969)
[4.50] B. Dunn, F. Chen, J. D. Mackenzie, J. Non-Cryst. Solids **16**, 313 (1974)
[4.51] W. D. Johnston, J. Chem. Educat. **36**, 605 (1959)
[4.52] S. van Houten, J. Phys. Chem. Solids **17**, 7 (1960)
[4.53] A. Feltz, I. Linke, Z. anorg. allg. Chem. **415**, 161 (1975)
[4.54] I. Linke, Dissertation A, Friedrich-Schiller-Univ. Jena 1975
[4.55] I. I. Kitaigorodskij, V. K. Froloff, Steklo i keramika **1960**, 5
[4.56] F. R. Landsberger, P. J. Bray, J. Chem. Phys. **33**, 1757 (1976)
[4.57] G. S. Linsley, A. E. Owen, F. M. Hayatee, J. Non-Cryst. Solids **4**, 208 (1970)
[4.58] M. Sayer, A. Mansingh, J. M. Reyes, G. Rosenblatt, J. Appl. Phys. **12**, 2857 (1971); Phys. Rev. **B 6**, 4629 (1972)
[4.59] M. Munakata, S. Kawamura, J. Asahara, M. Iwamoto, J. Ceram. Assoc. Jap. **67**, 74 (1959)

[4.60] B. V. JANAKIRAMA-RAO, J. Amer. Ceram. Soc. **48**, 311 (1965)
[4.61] P. W. MC MILLAN, Adv. Glass Technol. **1**, 333 (1962)
[4.62] K. W. HANSEN, J. Electrochem. Soc. **112**, 994 (1965)
[4.63] H. HIRASHIMA, T. YOSHIDA, Yogyo-Kyokai-Shi **85**, 434 (1977)
[4.64] J. D. MACKENZIE, J. Amer. Ceram. Soc. **47**, 211 (1964)
[4.65] T. TAKAMORI, H. SERO, M. TASHIRO, J. Amer. Ceram. Soc. **52**, 582 (1969)
[4.66] A. FELTZ, B. UNGER, Z. Chem., im Druck
[4.67] A. FELTZ, B. UNGER, Z. anorg. allg. Chemie, im Druck
[4.68] B. UNGER, Dissertation A, Friedrich-Schiller-Univ. Jena 1977
[4.69] B. D. JORDAN, C. CALVO, Canad. J. Phys. **55**, 436 (1977)
[4.70] L. MURAWSKI, C. H. CHUNG, J. D. MACKENZIE, J. Non-Cryst. Solids **32**, 91 (1979)
[4.71] K. ARAI, K. KUMATA, K. KADOTA, K. YAMAMOTO, H. NAMIKAWA, S. Saito, J. Non-Cryst. Solids **13**, 131 (1973)
[4.72] N. F. MOTT, J. Non-Cryst. Solids **1**, 1 (1968)
[4.73] I. G. AUSTIN, J. Non-Cryst. Solids **2**, 474 (1970)
[4.74] I. G. AUSTIN, N. F. MOTT, Adv. Physics **18**, 45 (1969)
[4.75] H. H. NESTLER, W. D. KINGERY, Compl. Rend. VII c Congr. Inter. Verres, Brüssel 1965, Vol. 1, 106, 1
[4.76] A. P. SCHMID, J. Appl. Phys. **39**, 3140 (1968)
[4.77] G. N. GREAVES, J. Non-Cryst. Solids **11**, 427 (1973)
[4.78] A. FELTZ, I. LINKE, Z. anorg. allg. Chem. **415**, 156 (1975)
[4.79] A. FELTZ, S. SCHMALFUSS, I. Linke, Z. Chem. **15**, 118 (1975)
[4.80] A. FELTZ, R. WOLLENHAUPT, Z. anorg. allg. Chem. **466**, 41 (1980), J. Non-Cryst. Solids **35**, **36**, 1015 (1980)
[4.81] J. SELBIN, Chem. Rev. **65**, 154 (1965)
[4.82] A. FELTZ, S. SCHMALFUSS, H. LANGBEIN, M. TIETZ, Z. anorg. allg. Chem. **417**, 125 (1975)
[4.83] A. FELTZ, Z. anorg. allg. Chem. **355**, 120 (1967)
[4.84] H. TOYUKI, S. AKAGI, Phys. Chem. Glass. **13**, 15 (1972)
[4.85] J. LIVAGE, P. PINEAU, M. C. LEROY, M. MICHAUD, Phys. Status Solidi (a) **39**, 73 (1977)
[4.86] A. A. ABDULAJEV, L. P. KISLOVSKIJ, Kristallogr. **15**, 988 (1970)
[4.87] T. N. KENNEDY, J. D. MACKENZIE, Phys. Chem. Glass. **8**, 169 (1967)
[4.88] A. PAUL, N. YEE, J. Non-Cryst. Solids **24**, 259 (1977)
[4.89] M. MUNAKATA, Solid State Electronics **1**, 159 (1960)
[4.90] E. A. DAVIS, N. F. MOTT, Phil. Mag. **22**, 903 (1970)
[4.91] J. M. MARSHALL, A. E. OWEN, Phil. Mag. **24**, 1281 (1971)
[4.92] H. FRITZSCHE, Electronic Properties of Amorphous Semiconductors, in J. TAUC, *Amorphous and Liquid Semiconductors*, Plenum Press, London 1974
[4.93] P. NAGELS, wie [1.35], S. 113
[4.94] H. OVERHOF, *Festkörperprobleme* (Advances in Solid State Physics) Vol. XVI, *Ed.* J. FRENSCH, Vieweg, Braunschweig 1976, S. 239
[4.95] D. EMIN, in [1.34], S. 261; wie [2,390], 249
[4.96] D. EMIN, C. H. SEAGER, R. K. QUINN, Phys. Rev. Lett. **28**, 813 (1972)
[4.97] J. E. MAHAN, R. H. BUBE, J. Non-Cryst. Solids **24**, 29 (1977)
[4.98] N. F. MOTT, Science **201**, 871 (1978)
[4.99] G. PFEISTER, M. MORGAN, Phil. Mag. B **41**, 191 (1980)
[4.100] H. W. HENKELS, J. MACZUK, J. Appl. Phys. **24**, 1056 (1953)
[4.101] N. CROITORU, C. POPESCU, M. LAZARESCU, J. Non-Cryst. Solids 4, 493 (1970)
[4.102] A. J. GRANT, T. D. MOUSTAKAS, T. PENNEY, K. WEISER, wie [2.239], S. 325
[4.103] E. J. EVANS, J. H. HELBERS, S. R. OVSHINSKY, J. Non-Cryst. Solids **2**, 334 (1970)
[4.104] J. DRESNER, G. B. STRINGFELLOW, J. Phys. Chem. Solids **29**, 303 (1968)
[4.105] P. NAGELS, R. COLSON, L. VAN GOOL, wie [2.390], S. 546
[4.106] H. KAHNT, A. FELTZ, J. Non-Cryst. Solids **98**, 211 (1982)

[4.107] T. Holstein, Ann. Phys. (N.Y.) **8**, 343 (1959)
[4.108] J. Feinleib, J. De Neufville, S. C. Moss, S. R. Ovshinsky, Appl. Phys. Lett. **18**, 254 (1971)
[4.109] L. Friedman, J. Non-Cryst. Solids **6**, 329 (1971)
[4.110] T. Holstein, Phil. Mag. **27**, 225 (1973)
[4.111] J. C. Male, Brit. J. Appl. Phys. **18**, 1543 (1967)
[4.112] V. R. Panus, J. M. Ksendzov, Z. U. Borisova, Izvest. Akad. Nauk, Neorg. Mater. **4**, 778 (1968)
[4.113] E. B. Ivkin, B. T. Kolomiec, E. A. Lebedev, Dokl. Akad. Nauk SSSR, Phys. Ser. **28**, 1190 (1964)
[4.114] P. Nagels, R. Colson, K. van Gool, J. Non-Cryst. Solids **35**, **36**, 427 (1980)
[4.115] J. Stuke, Proc. VI th Inter. Conf. Amorph. Liquid Semicond., Elektrische Phänomene in nichtkristall. Halbleitern, *Ed.* B. T. Kolomiec, Leningrad 1976, S. 193
[4.116] T. Nakashita, M. Hirose, Y. Osaka, Jap. J. Appl. Phys. **17**, 985 (1978)
[4.117] M. Hirose, T. Suzuki, S. Yoshifuji, Y. Osaka, Jap. J. Appl. Phys. **13**, 40 (1974)
[4.118] P. Viscor, A. D. Yoffe, J. Non-Cryst. Solids **35**, **36**, 409 (1980)
[4.119] E. A. Davis, N. F. Mott, Phil Mag. **22**, 903 (1970)
[4.120] M. Grunewald, P. Thomas, Phys. Status Solidi (b) **94**, 125 (1979)
[4.121] A. J. Lewis, wie [4.115], S. 299
[4.122] F. R. Jeffrey, H. R. Shanks, G. C. Danielson, J. Non-Cryst. Solids **35**, **36**, 261 (1980)
[4.123] N. Van Dong, T. G. Hai, J. Non-Cryst. Solids **35**, **36**, 351 (1980)
[4.124] W. Beyer, B. Stritzker, J. Non-Cryst. Solids **35**, **36**, 321 (1980)
[4.125] J. Tauc, L. Stourac, V. Vorlicek, M. Zavetova, Proc. IXth Int. Conf. Phys. Semicond., Moskau 1968, S. 1251
[4.126] F. J. Di Salvo, A. Menth, J. V. Waszczak, J. Tauc, Phys. Rev. **B 6**, 4574 (1973)
[4.127] S. C. Agarwal, S. Guha, K. L. Narasimhan, J. Non-Cryst. Solids **18**, 429 (1975)
[4.128] A. Yoshida, T. Arizumi, K. Shimakawa, S. Nitta, wie [4.115], S. 231
[4.129] A. R. Long, N. Balkan, J. Non-Cryst. Solids **35**, **36**, 415 (1980)
[4.130] R. M. Hill, A. K. Jonscher, J. Non-Cryst. Solids **32**, 53 (1979)
[4.131] A. I. Lakatos, M. Abkowitz, Phys. Rev. **B3**, 1791 (1971)
[4.132] C. Crevecoeur, H. J. de Wit, Solid State Comm. **9**, 445 (1971)
[4.133] E. B. Ivkin, B. T. Kolomiec, J. Non-Cryst. Solids **3**, 41 (1970)
[4.134] S. R. Ovshinsky, H. Fritzsche, Metallurg. Transact. **2**, 641 (1971); IEEE Transact. Electron. Devices **20**, 91 (1973)
[4.135] H. K. Rockstad, Solid State Comm. **9**, 2233 (1971)
[4.136] S. R. Elliott, Phil. Mag. **36**, 1291 (1977); **37**, 553 (1978); **40**, 507 (1979); J. Non-Cryst. Solids **35**, **36**, 855 (1980)
[4.137] W. E. Spear, P. G. Le Comber, wie [2.390], S. 309
[4.138] G. Pfister, H. Scher, wie [2.390], S. 197
[4.139] J. M. Marshall, wie [2.390], S. 541; Phil. Mag. **36**, 959 (1977)
[4.140] J. M. Marshall, A. E. Owen, Phil. Mag. **24**, 1281 (1971)
[4.141] H. Scher, E. W. Montroll, Phys. Rev. **B 12**, 2455 (1975)
[4.142] G. Pfister, H. Scher, Phys. Rev. **B 15**, 2062 (1971)
[4.143] Gi Il Kim, J. Shirafuji, Jap. J. Appl. Phys. **17**, 1789 (1978)
[4.144] J. P. De Neufville, Fourth Semi-Annual Technical Report, DAHC 15-70-C-0187, Troy 1973
[4.145] N. Tohge, T. Minami, M. Tanaka, J. Non-Cryst. Solids **37**, 23 (1980), **38**, **39**, 283 (1980)
[4.146] N. Tohge, T. Minami, Y. Yamamoto, M. Tanaka, J. Appl. Phys. **51**, 1048 (1980)
[4.147] I. P. Zvyagin, Phys. Status Solidi (b), **83**, 63 (1977); **85**, 105 (1978); **97**, 143 (1980)
[4.148] S. R. Elliott, Solid State Comm. **27**, 749 (1978)
[4.149] S. R. Ovshinsky, P. H. Klose, J. Non-Cryst. Solids **8—10**, 892 (1972)
[4.150] G. Pfister, Phil. Mag. **36**, 1147 (1977); Proc. 7th Int. Conf. Amorph. Liqu. Semicond. Edinburgh 1977, S. 765
[4.151] L. Toth, Phys. Status Solidi (a) **54**, K 159 (1979)
[4.152] R. C. Hughes, Phys. Rev. **B 15**, 2012 (1977)

[4.153] V. A. Twaddel, W. C. Lacourse, J. D. Mackenzie, J. Non-Cryst. Solids **8—10**, 831 (1972)
[4.154] K. S. Liang, A. Bienenstock, C. W. Bates, Phys. Rev. **B 10**, 1528 (1974)
[4.155] A. V. Danilov, R. L. Mjuller, Zh. Prikl. Khim. **35**, 2012 (1962)
[4.156] S. R. Ovshinsky, DDR-Patent 85100 (1969)
[4.157] T. Uda, E. Yamada, J. Phys. Soc. Jap. **46**, 515 (1979)
[4.158] S. H. Hunter, A. Bienenstock, T. M. Hayes, wie [2.390], S. 78
[4.159] M. Kastner, Phil. Mag. **B 37**, 127 (1978)
[4.160] H. Fritzsche, M. Kastner, Phil. Mag. **B 37**, 285 (1978)
[4.161] S. R. Ovshinsky, wie [2.390], S. 519
[4.162] S. R. Ovshinsky, D. Adler, Contemp. Phys. **19**, 109 (1978)
[4.163] R. Flasck, M. Izu, K. Sapru, T. Anderson, S. R. Ovshinsky, H. Fritzsche, wie [2.390], S. 524
[4.164] G. Pfeister, M. Morgan, Phil. Mag. **41**, 209 (1980)
[4.165] A. Madan, P. G. Le Comber, W. E. Spear, J. Non-Cryst. Solids **20**, 239 (1976)
[4.166] W. E. Spear, P. G. Le Comber, J. Non-Cryst. Solids **8—10**, 727 (1972); Phil. Mag. **33**, 935 (1976)
[4.167] D. I. Jones, W. E. Spear, P. G. Le Comber, J. Non-Cryst. Solids **20**, 259 (1976)
[4.168] J. Feinleib, DDR-Patent 86863 (1971)
[4.169] F. Schirrmeister, Dissertation A, Friedrich-Schiller-Universität Jena 1979
[4.170] H. S. Reehal, C. B. Thomas, Phil. Mag. **B 39**, 321 (1979)
[4.171] A. M. Wallace, E. A. Owen, J. M. Robertson, Phil. Mag. **B 38**, 57 (1978)
[4.172] P. J. Walsh, R. Vogel, E. J. Evans, Phys. Rev. **178**, 1274 (1969), vgl. auch J. Non-Cryst. Solids **2**, 107 (1970); J. E. Hall, J. Non-Cryst. Solids **2**, 125 (1970)
[4.173] E. A. Davis, R. F. Shaw, J. Non-Cryst. Solids **2**, 406 (1970)
[4.174] H. J. de Wit, C. Crevecoeur, J. Non-Cryst. Solids **8—10**, 787 (1972); Solid State Electronics **15**, 729 (1972)
[4.175] A. Rose, Phys. Rev. **97**, 1538 (1955)
[4.176] A. Feltz, F. Schirrmeister, H. Kahnt, J. Non-Cryst. Solids **35**, **36**, 865 (1980)
[4.177] F. Schirrmeister, A. Feltz, Phys. Status Solidi (a) **57**, 591 (1980)
[4.178] J. Frenkel, Phys. Rev. **54**, 647 (1938)
[4.179] H. H. Poole, Phil. Mag. **32**, 112 (1916)
[4.180] G. A. N. Connell, D. L. Camphausen, W. Paul, Phil. Mag. **26**, 541 (1972); J. Non-Cryst. Solids **8—10**, 223 (1972)
[4.181] D. M. Pai, J. Appl. Phys. **46**, 5122 (1975); Phys. Rev. **B 11**, 5163 (1975)
[4.182] H. Kahnt, F. Schirrmeister, Phys. Status Solidi (b) **115**, 171 (1983)
[4.183] J. M. Marshall, G. R. Miller, Phil. Mag. **27**, 1151 (1973)
[4.184] E. A. Fagen, H. Fritzsche, J. Non-Cryst. Solids **2**, 170 (1970)
[4.185] H. H. Poole, Phil. Mag. **34**, 195 (1917)
[4.186] H. Kahnt, F. Schirrmeister, A. Feltz, Phys. Status Solidi (a) **57**, K 183 (1980)
[4.187] S. R. Ovshinsky, J. Non-Cryst. Solids **2**, 99 (1970); Mat. Res. Bull. **5**, 681 (1970)
[4.188] S. R. Ovshinsky, US-Patent 3271591
[4.189] P. Süptitz, J. Signal AM **2**, 85 (1974)
[4.190] B. T. Kolomiec, E. A. Lebedev, Radiotechnika i Elektronika **8**, 2097 (1963)
[4.191] H. J. Stocker, J. Non-Cryst. Solids **2**, 371 (1970)
[4.192] C. H. Sie, J. Non-Cryst. Solids **4**, 548 (1970)
[4.193] R. Uttecht, H. Stevenson, C. H. Sie, K. S. Ragnavan, ibid. **2**, 358 (1970)
[4.194] B. G. Bagley, H. E. Bair, Gent Lecture, 1968
[4.195] F. M. Collins, J. Non-Cryst. Solids **2**, 496 (1970)
[4.196] T. M. Hayes, D. D. Thornburg, J. Phys. C.: Solid State Physics **6**, 450 (1973)
[4.197] D. D. Thornburg, J. Electronic Mat. **2**, 3 (1973); J. Non-Cryst. Solids **11**, 113 (1972)
[4.198] E. J. Evans, J. H. Helbers, S. R. Ovshinsky, J. Non-Cryst. Solids **2**, 334 (1970)
[4.199] D. D. Thornburg, R. I. Johnson, T. J. Kloffenstein, J. Non-Cryst. Solids **20**, 225 (1976)
[4.200] C. F. Drake, I. F. Scanlan, A. Engel, Phys. Status Solidi **32**, 193 (1969)

[4.201] R. Holzinger, O. Holzinger, Z. angew. Phys. **28**, 196 (1970)
[4.202] S. R. Ovshinsky, Phys. Rev. Lett. **21**, 1450 (1968)
[4.203] D. Adler, H. K. Henisch, N. F. Mott, Rev. Modern Phys. **50**, 209 (1978)
[4.204] S. R. Ovshinsky, H. Fritzsche, IEEE Transactions Electron Devices (1973), 91
[4.205] H. Fritzsche, S. R. Ovshinsky, J. Non-Cryst. Solids **2**, 393 (1970)
[4.206] P. J. Walsh, G. C. Vezzoli, wie [2.239], S. 1391, Appl. Phys. Lett. **25**, 28 (1974)
[4.207] B. T. Kolomiec, E. A. Lebedev, I. A. Taksami, Fiz. i Tekh. Poluprov. **3**, 267 (1969)
[4.208] R. S. Shanks, J. Non-Cryst. Solids **2**, 504 (1970)
[4.209] D. R. Haberland, Solid State Electronics **13**, 207 (1970); Frequenz **24**, 185 (1970)
[4.210] S. H. Lee, H. K. Henisch, W. D. Burgess, J. Non-Cryst. Solids **8—10**, 422 (1972)
[4.211] J. M. Robertson, A. E. Owen, J. Non-Cryst. Solids **8—10**, 439 (1972)
[4.212] D. L. Thomas, J. C. Male, J. Non-Cryst. Solids **8—10**, 522 (1972)
[4.213] H. K. Henisch, W. R. Smith, W. Wihl, wie [2.239], S. 567
[4.214] R. W. Pryor, H. K. Henisch, Appl. Phys. Lett. **18**, 324 (1971)
[4.215] G. J. Vendura, H. K. Henisch, J. Non-Cryst. Solids **11**, 105 (1972)
[4.216] H. Stiegler, D. R. Haberland, J. Non-Cryst. Solids **11**, 147 (1972)
[4.217] K. E. Petersen, D. Adler, J. Appl. Phys. **47**, 256 (1976)
[4.218] R. W. Pryor, H. K. Henisch, J. Non-Cryst. Solids **7**, 181 (1972); **8—10**, 415 (1972); K. Homma, K. Henisch, S. R. Ovshinsky **35**, **36** 1105 (1980)
[4.219] G. C. Vezzoli, P. J. Walsh, L. W. Doremus, J. Non-Cryst. Solids **18**, 333 (1975)
[4.220] H. K. Henisch, Sci. Am. **221**, 30 (1969)
[4.221] H. K. Henisch, E. A. Fagen, S. R. Ovshinsky, J. Non-Cryst. Solids **4**, 538 (1970)
[4.222] W. van Roosebroeck, J. Non-Cryst. Solids **12**, 232 (1973)
[4.223] T. C. Arnoldussen, R. H. Bube, E. A. Fagen, S. Holmberg, J. Appl. Phys. **43**, 1798 (1972)
[4.224] C. Vautier, C. Viger, J. Non-Cryst. Solids **23**, 287 (1977)
[4.225] M. Kitao, H. Ikeda, H. Hasegawa, S. Yamada, Phys. Status Solidi (a) **45**, 107 (1978)
[4.226] K. Weiser, R. Fischer, M. H. Brodsky, Proc. Xth Int. Conf. Phys. Semicond. Cambridge/Ma. (1970), *Ed.* S. P. Keller, J. C. Hensel, F. Stern (U. S. Atomic Energy Commission) S. 667
[4.227] B. T. Kolomiec, V. M. Ljubin, Dokl. Akad. Nauk SSSR **129**, 789 (1959), Fiz. tverd. Tela. **1**, 899 (1959)
[4.228] B. T. Kolomiec, V. M. Ljubin, Phys. Status Solidi (a) **17**, 11 (1973)
[4.229] E. A. Fagen, H. Fritzsche, J. Non-Cryst. Solids **4**, 480 (1970)
[4.230] C. Main, A. E. Owen, Photoconductivity and Noise in Chalcogenide Glasses, wie [1.34], S. 527; wie [2.239], S. 783
[4.231] P. W. McMillan, S. D. Shutov, J. Non-Cryst. Solids **24**, 307 (1977)
[4.232] B. T. Kolomiec, J. V. Rukhliadev, V. P. Schilo, J. Non-Cryst. Solids **5**, 402 (1971)
[4.233] A. Vasko, Infra-red Radiation, ILIFFE Books Ltd., London, SNTL-Publishers of Technical Literature, Prag 1968
[4.234] D. Treacy, P. C. Taylor, *Optical Properties of Highly Transparent Solids*, *Ed.* S. S. Mitra, B. Bendow, Plenum Publishing Corp., 1975, S. 261
[4.235] L. Bergmann, Cl. Schaefer, *Lehrbuch der Experimentalphysik*, Bd. III: *Optik*, *Atomphysik*, 1. Teil, *Wellenoptik*, W. De Gruyter, Berlin 1962
[4.236] W. Heitmann, Appl. Optics **15**, 256 (1976), **14**, 3047 (1975)
[4.237] D. A. Pinnow, T. C. Rich, Appl. optics **12**, 984 (1973)
[4.238] A. Rosencwaig, Opt. Comm. **7**, 305 (1973); Phys. Today **28**, 23 (1975)
[4.239] L. Skolnik, A. Hordvik, A. Kahan, Appl. Phys. Lett. **23**, 477 (1973)
[4.240] A. Hordvik, Appl. Optics **16**, 2827 (1977)
[4.241] N. Neuroth, Silikat Journal (1978), Heft 6, Schott-Sonderdruck
[4.242] J. Conradi, F. P. Kapron, J. C. Dyment, IEEE Trans. Electron. Devices **25**, 180 (1978)
[4.243] S. Zembutsu, S. Fukunishi, Appl. Optics **17**, 1953 (1978); **18**, 393 (1979)
[4.244] T. S. Moss, *Optical Properties of Semiconductors*, Butterworth Publ. Ltd., 1959

[4.245] G. Kortüm, *Reflexionsspektroskopie, Grundlagen, Methoden, Anwendungen*, Springer-Verlag, Berlin 1969
[4.246] M. Hass, B. Bendow, Appl. Optics **16**, 2882 (1977)
[4.247] M. S. Maklad, R. K. Mohr, R. E. Howard, P. B. Macedo, C. T. Moynihan, Solid State Communic. **15**, 855 (1974)
[4.248] U. Strom, P. C. Taylor, Phys. Rev. **B 16**, 5512 (1977)
[4.249] C. T. Moynihan, P. B. Macedo, M. S. Maklad, R. K. Mohr, R. E. Howard, J. Non-Cryst. Solids **17**, 369 (1975)
[4.250] D. S. Ma, P. S. Danielson, C. T. Moynihan, J. Non-Cryst. Solids **37**, 181 (1980)
[4.251] J. A. Savage, P. J. Webber, A. N. Pitt, Appl. Optics **16**, 2938 (1977)
[4.252] J. A. Savage, S. Nielsen, Phys. Chem. Glass. **6**, 90 (1965)
[4.253] J. A. Savage, S. Nielsen, Infrared Phys. **5**, 195 (1965)
[4.254] B. R. Kettlewell, B. E. Kinsman, A. R. Wilson, A. M. Pitt, J. A. Savage, P. J. Webber, J. Mater. Sc. **12**, 451 (1977)
[4.255] C. E. Jones, H. C. Hafner, TI-Report AFAL-TR-68-368 (1969)
[4.256] T. Minami, T. Ban, Zairyo Kagaku **20**, 1070 (1971)
[4.257] A. R. Hilton, J. Non-Cryst. Solids **2**, 28 (1970)
[4.258] B. Voigt, G. Dresler, Analyt. Chim. Acta **127**, 87 (1981)
[4.259] I. Srb, A. Vasko, Czech. J. Phys. **B 11**, 664 (1961), **B 13**, 827 (1963)
[4.260] D. L. Swinde, E. A. Schweikert, Talanta **22**, 84 (1975)
[4.261] A. R. Hilton, D. J. Hayes, M. D. Rechtin, J. Non-Cryst. Solids **17**, 319, 339 (1975)
[4.262] J. Stuke, wie [4.226], S. 14
[4.263] G. A. N. Connell, R. J. Temkin, W. Paul, Adv. Physics **22**, 643 (1973)
[4.264] T. M. Donovan, W. E. Spicer, J. M. Bennett, E. J. Ashley, Phys. Rev. **B 2**, 397 (1970)
[4.265] D. L. Greenway, G. Harbeke, *Optical Properties and Band Structure od Semiconductors*, Pergamon Press, Oxford 1968
[4.266] E. Mohler, J. Stuke, G. Zimmerer, Phys. Status Solidi **22**, K 49 (1967)
[4.267] S. Tutihasi, I. Chen., Phys. Rev. **158**, 623 (1967)
[4.268] A. G. Leiga, J. Appl. Phys. **39**, 2149 (1968); J. Opt. Soc. Amer. **58**, 880, 1441 (1968)
[4.269] N. J. Shevchik, M. Cardona, J. Tegeda, Phys. Rev. **B 8**, 2833 (1973)
[4.270] J. Treusch, R. Sandrock, Phys. Status Solidi **16**, 487 (1966)
[4.271] S. Tutihasi, G. G. Roberts, R. C. Keezer, R. E. Drews, Phys. Rev. **177**, 1043 (1969)
[4.272] J. Stuke, J. Non-Cryst. Solids **4**, 1 (1971)
[4.273] R. E. Drews, R. L. Emerald, M. L. Slade, R. Zallen, Solid State Commun. **10**, 293 (1972)
[4.274] G. A. N. Connell, wie [1.35], S. 73
[4.275] H. B. De Vore, Phys. Rev. **102**, 86 (1956)
[4.276] H. R. Philipp, Solid State Commun. **4**, 73 (1966)
[4.277] J. Tauc, *Optical Properties of Solids, Ed.* F. Abelis, North-Holland, Amsterdam 1970
[4.278] R. Clement, J. C. Carballes B. de Cremoux, J. Non-Cryst. Solids **15**, 505 (1974)
[4.279] F. Urbach, Phys. Rev. **92**, 1324 (1953)
[4.280] F. Košek, J. Tauc, Czech. J. Phys. **B 20**, 94 (1970)
[4.281] J. Tauc, A. Menth, J. Non-Cryst. Solids **8—10**, 569 (1972)
[4.282] I. P. Kammow, B. G. Bagley, C. G. Olson, Appl. Phys. Lett. **32**, 98 (1978)
[4.283] J. T. Edmond, Brit. J. Appl. Phys. **17**, 979 (1966)
[4.284] T. Arai, S. Komiya, K. Kudo, J. Non-Cryst. Solids **18**, 295 (1975)
[4.285] J. Tauc, Mat. Res. Bull. **5**, 721 (1970)
[4.286] M. V. Kurik, Phys. Status Solidi **A 8**, 9 (1971)
[4.287] J. D. Dow, D. Redfield, Phys. Rev. **B 5**, 594 (1972)
[4.288] H. Sumi, Y. Toyozawa, J. Phys. Soc. Jap. **31**, 342 (1971)
[4.289] T. Skettrup, Phys. Rev. **B 18**, 2622 (1978)
[4.290] A. Vasko, D. Lezal, I. Srb, J. Non-Cryst. Solids **4**, 311 (1970)
[4.291] A. Vancu, St. Sladaru, R. Grigorovici, wie [2.239], S. 631

[4.292] M. ZAVETOVA, W. HENRION, Phys. Status Solidi (a) **24**, K 27 (1974)
[4.293] R. A. STREET, Phil. Mag. **B 37**, 35 (1978)
[4.294] R. A. STREET, T. M. SEARLE, I. G. AUSTIN, Phil. Mag. **30**, 1181 (1974)
[4.295] R. A. STREET, I. G. AUSTIN, R. M. SEARLE, B. A. SMITH, J. Phys. **C 7**, 4185 (1974)
[4.296] S. G. BISKOP, U. STROM, E. J. FRIEBELE, P. C. TAYLOR, J. Non-Cryst. Solids **32**, 359 (1979)
[4.297] K. ARAI, U. ITOH, H. KOMINE, H. NAMIKAWA, wie [3.275], S. 222, Structure and Properties of Non-Cryst. Semicond.
[4.298] R. A. STREET, D. K. BIEGELSEN, J. Non-Cryst. Solids **22**, 339 (1979)
[4.299] C. M. GEE, M. KASTNER, J. Non-Cryst. Solids **35**, **36**, 927 (1980)
[4.300] B. T. KOLOMIEC, T. N. MAMONTOVA, V. V. NEGRESKUL, Phys. Status Solidi **27**, K 15 (1968); B. T. KOLOMIEC, T. N. MAMONTOVA, A. A. BABAEV, J. Non-Cryst. Solids **4**, 289 (1970) **8—10**, 1004 (1972)
[4.301] R. A. STREET, Advanc. Phys. **25**, 397 (1976)
[4.302] N. F. MOTT, Phil. Mag. **36**, 413, 979 (1977)
[4.303] A. M. STONEHAM, Phil. Mag. **36**, 983 (1977)
[4.304] R. A. STREET, Phys. Rev. **B 17**, 3984 (1978), Solid State Commun. **24**, 363 (1977)
[4.305] R. FISCHER, Festkörperprobleme XVII (1977)
[4.306] H. FRITZSCHE, P. J. GACZI, M. KASTNER, Phil. Mag. **B 37**, 593 (1978)
[4.307] V. A. VASSILJEV, M. KOOS, I. K. SOMOGYI, Phil. Mag. **B 39**, 333 (1979)
[4.308] G. GROSS, R. B. STEPHENS, D. TURNBULL, J. Appl. Phys. **48**, 1139 (1977)
[4.309] S. G. BISHOP, U. STROM, High Transp. Mat. Atlanta
[4.310] S. G. BISHOP, U. STROM, P. C. TAYLOR, Phys. Rev. **B 15**, 2278 (1977)
[4.311] P. C. TAYLOR, U. STROM, S. G. BISHOP, Phil. Mag. **B 37**, 241 (1978)
[4.312] J. KOČKA, S. R. ELLIOTT, E. A. DAVIS, J. Phys. C, Solid State Phys. **12**, 2589 (1979)
[4.313] L. G. AJO, A. M. EFIMOV, F. KOKORINA, J. Non-Cryst. Sol. **27**, 299 (1978)
[4.314] J. A. SAVAGE, P. J. WEBBER, A. N. PITT, Applied Optics **16**, 2938 (1977)
[4.315] H. C. HAFNER, National Technical Information Service U. S. Department of Commerce AD-773174
[4.316] W. BURCKHARDT, J. Non-Cryst. Solids, J. Non-Cryst. Solids **50**, 173 (1982)
[4.317] H. H. KÄS, Glastechn. Ber. **45**, 1 (1972)
[4.318] G. F. BREWSTER, J. R. HEUSLER, J. L. ROAD, R. A. WEIDEL, Appl. Optics **5**, 1891 (1966)
[4.319] T. IZUMITANI, K. NAKAGAWA, Mitt. der Hoya Glass Works, Tokio, Japan
[4.320] F. POCKELS, Ann. Phys. **7**, 745 (1902)
[4.321] W. A. WEYL, Glastechn. Ber. **30**, 269 (1957)
[4.322] H. MUELLER, Physics **6**, 179 (1935); Phys. Rev. **47**, 947 (1935); J. Amer. Ceram. Soc. **21**, 27 (1938)
[4.323] V. A. LEVENBERG, S. G. LUNTER, Fiz. Khim. Stekla **2**, 63 (1976); **2**, 557 (1976)
[4.324] G. EBERHARDT, Dissertation A, Friedrich-Schiller-Universität Jena 1979
[4.325] G. P. SMITH, Glass Technol. **20**, 149 (1979)
[4.326] J. S. BERKES, J. M. SHORT, K. J. JOHNSON, wie [2.239], 117
[4.327] J. S. BERKES, S. W. IUG, W. J. HILLEGAS, J. Appl. Phys. **42**, 4908 (1971)
[4.328] K. TANAKA, Appl. Phys. Lett. **26**, 243 (1975)
[4.329] K. TANAKA, AIP Conf. Proc. Nr. 31, 148, (1976)
[4.330] S. A. KENEMAN, Appl. Phys. Lett. **19**, 207 (1971)
[4.331] D. J. TREACY, P. C. TAYLOR, P. B. KLEIN, Solid State Commun. **32**, 423 (1979)
[4.332] T. T. NANG, M. OKUDA, T. MATSUSHITA, J. Non-Cryst. Solids **33**, 311 (1979)
[4.333] S. MARUNO, S. BAN, Asahi Garasu Kogyo Gijutsu Shoreikai Kenkyu Hokoko **31**, 71 (1977); Jap. J. Appl. Phys. **19**, 97 (1980)
[4.334] T. T NANG, M. OKUDA, T. MATSUSHITA, Phys. Rev. **B 19**, 947 (1979)
[4.335] T. IGO, Y. TOYOSHIMA, J. Non-Cryst. Solids **11**, 304 (1973); Suppl. J. Jap. Soc. Appl. Phys. **43**, 106 (1974); **41**, 61 (1971)
[4.336] Y. OHMACHI, T. IGO, Appl. Phys. Lett. **20**, 506 (1972)
[4.337] K. TANAKA, H. HAMANAKA, S. IIZIMA, wie [2.390], 787

[4.338] J. P. De Neufville, R. Seguin, S. C. Moss, S. R. Ovshinsky, wie [2.239], 737

[4.339] A. Suzuki, T. Matsushita, M. Okuda, T. T. Nang, Jap. J. Appl. Phys. **18**, 47 (1979)

[4.340] A. Feltz, H. Kahnt, F. Schirrmeister, wie [2.446] **42**, 935 (1981)

[4.341] H. Scher, wie [2.446] **42**, 547 (1981)

[4.342] J. Perrin, I. Solomon, J. Non-Cryst. Solids **37**, 407 (1980)

[4.343] R. D. Maurer, J. Non-Cryst. Solids **42**, 197 (1980)

[4.344] F. Mollot, J. Cernogora, C. Benoit à la Guillaume, Phil. Mag. **B 42**, 643 (1980)

[4.345] K. Tanaka, in „Fundamental Physics of Amorphous Semiconductors", hrsg. von F. Yonezawa, Springer-Verlag 1981

[4.346] K. Tanaka, Solid State Commun. **34**, 201 (1980)

[4.347] G. S. Higashi, M. Kastner, Phys. Rev. Lett. **47**, 124 (1981)

[4.348] K. D. Pohl, R. Brückner, Phys. Chem. Glass. **23**, 23 (1982)

„Die praktische Nutzung der Wissenschaft ist eine unvergängliche Quelle des wissenschaftlichen Fortschritts und zugleich die Garantie für ihre Gültigkeit."

J. D. Bernal

5 Zu einigen Anwendungen

Die vielseitige Anwendung glasartiger Werkstoffe beruht bekanntlich auf einer Reihe ausgezeichneter Eigenschaften. Neben der optischen Transparenz, dem Brechungs- und Dispersionsverhalten, der chemischen Resistenz und mechanischen Stabilität sowie der Vakuumfestigkeit ist in diesem Zusammenhang vor allem das einzigartige Verarbeitungs- und Formgebungsverhalten und die Möglichkeit einer weitgehenden Anpassung bestimmter Eigenschaften an vorgegebene Werte zu nennen. Eine geschlossene Darstellung wesentlicher Anwendungsaspekte würde selbst bei der in diesem Buch getroffenen stofflichen Eingrenzung den Rahmen eines Schlußkapitels sprengen.

Die vorangegangenen Darlegungen lassen an verschiedenen Stellen den Zusammenhang zwischen einer zumindest potentiell erwarteten praktischen Nutzung und jenen Forschungsrichtungen auf dem Gebiet der glasartigen bzw. amorphen anorganischen Festkörper erkennen, die mit besonderer Intensität verfolgt wurden. Das gilt sowohl für das amorphe Silicium in Verbindung mit Bestrebungen, die Wandlung der Sonnenenergie in Solarzellen auf dieser Basis technisch zu realisieren als auch für die Chalkogenidgläser. Ihre breite Erforschung ist durch das Interesse an infrarotdurchlässigen optischen Medien, neuen Aufzeichnungsmaterialien und die für diese Stoffklasse charakteristischen elektronischen Eigenschaften, z. B. das Auftreten bistabiler Leitfähigkeitszustände, stark stimuliert worden. Es ist schließlich darauf hinzuweisen, daß das amorphe Selen als Vertreter dieser Substanzgruppe seine einzigartige Leistungsfähigkeit in der Elektrofotografie unter Beweis stellt. Elektronenleitende Oxidgläser werden in speziellen elektronischen Anordnungen gleichfalls verwendet.

Darüber hinaus sollte der mittelbare Nutzen für die Festkörperforschung insgesamt nicht unterschätzt werden, der aus dem tieferen Verständnis der Struktur- und Bindungsverhältnisse und deren Verknüpfung mit makroskopischen Eigenschaften nichtkristalliner, kondensierter anorganischer Stoffsysteme erwächst.

Durch Anwendung des breiten Spektrums festkörperphysikalischer Untersuchungsmethoden konnte z. B. auf dem Gebiet des Kieselglases in den letzten Jahren ein bemerkenswerter Erkenntnisfortschritt erreicht werden. Die Entwicklung ist auch hier stark durch praktische Bedürfnisse geprägt. So verlangt die Verwendung von SiO_2-Schichten in verschiedenen Teilschritten der Fertigung mikroelektronischer Bauelemente neben Verfahren zur reproduzierbaren Erzeugung derartiger Filme eine möglichst umfassende Kenntnis der Beziehungen zwischen der Struktur, der Morphologie und den Eigenschaften nichtkristalliner Zustandsformen des Siliciumdioxids. Ein weiteres wichtiges Gebiet stellt die Entwicklung verlustarmer Wellenleiter dar. In Kap. 3.2.2.1. wurde auf einige Anwendungsaspekte und die dazu einschlägige Literatur hingewiesen. Wegen des

Umfangs und der relativen Eigenständigkeit soll an dieser Stelle auf eine weiterführende Behandlung verzichtet werden. Aus analogen Gründen bleibt die Beschreibung der für zukünftige Entwicklungen höchst bedeutsamen metallischen Gläser auf die in Kap. 2.1.1.3. und 3.1.1. enthaltenen Angaben beschränkt.

5.1. Nutzung von Halbleitereigenschaften bestimmter Gläser und amorpher Schichten

Ionenleitende Gläser sind anfangs in der Fernsehaufnahmetechnik nach dem Superorthikon-Prinzip als Speicherfolien verwendet worden. Sie wurden auf Grund ihrer nur begrenzten Funktionsdauer bald durch elektronenleitende Glasfolien ersetzt [5.1].

Die in Kap. 4.1.1.1. dargestellten Ergebnisse zur Entwicklung optimierter Ionenleiter auf der Basis von Gläsern resultieren aus dem weltweiten Interesse an elektrochemischen Batterien mit erhöhter Leistungsdichte. Inwieweit Gläser als Festelektrolyte dabei zur Anwendung gelangen werden, kann abschließend noch nicht bewertet werden.

Als passive Widerstandselemente haben Chalkogenidgläser in speziellen Fällen, z. B. als Thermistoren in der Regelungstechnik von Kernreaktoren, Anwendung gefunden. Nach Edmond [5.2] führen Bestrahlungsdosen von 10^{20} Neutronen pro Quadratzentimeter an Gläsern geeigneter Zusammensetzung zu keinen feststellbaren Leitfähigkeitsänderungen. Die gegenüber kristallinen Halbleitern stark erhöhte Strahlungsfestigkeit wurde auf die in Gläsern von vornherein hohe Defektzentren- und Leerstellendichte zurückgeführt.

5.1.1. *Anwendungen ionenleitender Gläser*

Ionenleitende Gläser sind im Hinblick auf ihre potentielle Anwendung als Festelektrolyte in den letzten Jahren breit untersucht worden. Als ionensensitive Elektroden hat insbesondere die Glaselektrode in der pH-Wert-Meßtechnik eine geradezu universelle Bedeutung erlangt. Darüber hinaus wurden für die selektive Indizierung weiterer Kationen und Anionen zahlreiche ionenleitende Feststoffe, unter anderem auch Gläser, vorgeschlagen.

5.1.1.1. *Glasartige Festelektrolyte*

Die Zusammensetzungsabhängigkeit der Gleichstromleitfähigkeit von Gläsern wurde in 4.1.1.1. bereits dargelegt. Man ist an elektrochemischen Primärzellen und Batterien hoher Leistungsdichte und dementsprechend an möglichst hohen Werten der spezifischen Leitfähigkeit interessiert. Weiterhin sind hohe Ausgangsspannungen vorteilhaft, d. h. die freie Enthalpie der potentialbildenden Reaktion sollte einen möglichst großen negativen Wert aufweisen. Man orientiert daher auf Alkalimetalle wie Lithium und Natrium, zumal deren Kationen durch eine relativ hohe Beweglichkeit im Strukturgerüst geeigneter Gläser gekennzeichnet sind (vgl. Tab. 4.1. und 4.2.). Eine hinreichende Langzeit-Stabilität des glasartigen Festelektrolyten im unmittelbaren Kontakt mit dem betreffenden Alkalimetall bis zu einigen hundert Grad ergibt sich daraus als eine weitere Forderung, der der ionenleitende Feststoff genügen muß. Von Levine [5.33] wurde z. B. der Betrieb einer

Na-S-Zelle unter Verwendung einiger tausend mit Na gefüllter Glaskapillaren eines Natriumsilicatglases beschrieben. Weitere Beispiele findet man in [5.34] angegeben.

5.1.1.2. *Ionensensitive Elektroden*

Die bekannteste und seit langem eingeführte ionensensitive Elektrode ist die Glaselektrode zur pH-Messung. Sie besteht aus einer dünnen Glasfolie aus einem alkalireichen Na- bzw. Li-Kalkglas (z. B. 20% Na_2O, 8 bis 10% CaO, Rest SiO_2), die zu einer Blase geformt und nach oben mit einem Glasrohr stabil verbunden ist. Im Inneren befindet sich eine Lösung mit bestimmter Wasserstoffionenaktivität, in die eine Ableitelektrode eingetaucht, z. B. eine Pufferlösung in Kombination mit einer Elektrode zweiter Art (Ag/AgCl- oder Kalomel-Elektrode). Außen wird die Glaselektrode von der Flüssigkeit umspült, deren pH-Wert zu messen ist. In Verbindung mit einem partiellen Austausch von Na^+- durch H^+-Ionen bildet sich eine stabile Quellschicht aus, deren Potential im pH-Bereich 1 ... 8 exakt von der Wasserstoffionenaktivität der Lösung abhängt [5.35, 36] (vgl. auch [5.37]).

Chalkogenidgläser auf der Basis von As_2S_3 bzw. As-Se oder As-Se-Te, die bis zu 25 mol% eines geeigneten Metalls, z. B. Cu oder Pb enthalten, haben sich als ionensensitive Elektroden zur Indizierung von Cu^{2+}- bzw. Pb^{2+}-Ionen als geeignet erwiesen [5.38, 39].

5.1.2. *Anwendungen elektronenleitender Oxidgläser*

Bis zur technischen Reife sind bisher im wesentlichen zwei Bauelemente entwickelt worden. die mit einer elektronenleitenden Speicherfolie ausgestattete Superorthikon-Fernsehaufnahmeröhre und Kanalsekundärelektronenvervielfacher auf der Basis oberflächenleitender Gläser.

5.1.2.1. *Glasspeicherelektrode in Superorthikonröhren*

Superorthikonröhren enthalten an der Innenseite der Frontscheibe eine Photokatode. Die an ihr im Ergebnis der Abbildung ausgelösten Elektronen werden beschleunigt und treffen in einer Anordnung, wie sie Abb. 5.1. schematisch veranschaulicht, auf eine Glasfolie von einigen µm Dicke auf. Es entsteht ein positives Ladungsbild, die Sekundärelektronen werden von einer darüber befindlichen Netzelektrode mit schwacher Gegenspannung abgefangen. Das Ladungsbild tritt durch die Folie hindurch und wirkt auf den Elektronenstrahl, der die Rückseite abtastet, modulierend.

Es ist ohne weiteres verständlich, daß die Funktionsdauer ionenleitender Gläser auf Grund der ständig einseitig gerichteten Wanderung von Kationen begrenzt ist. Die damit verbundenen Alterungseffekte treten bei elektronenleitenden Gläsern nicht auf.

Es ist erforderlich, die Dicke der Folie mit der spezifischen Leitfähigkeit des Glases so abzustimmen, daß die laterale Ausbreitung des positiven Ladungsbildes während der Zeitspanne in Grenzen bleibt, in der der Durchgriff zur Rückseite erfolgt. Optimale Werte liegen im Bereich von $10^{-10}\ \Omega^{-1}\ cm^{-1}$ bei einer Foliendicke von etwa 3 µm. Zahlreiche

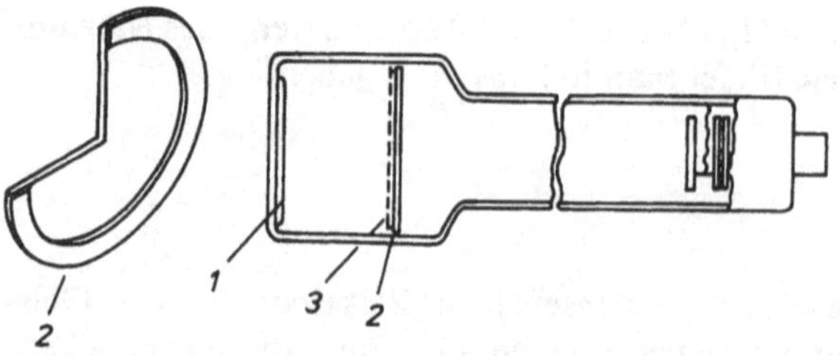

Abb. 5.1. Schematische Darstellung einer Superorthikon-Fernsehaufnahmeröhre mit elektronenleitender Glasspeicherfolie (*2*), darüber befindlicher Netzelektrode (*3*) und Photokatode (*1*).

der in Tab. 4.3. aufgeführten Glasbildungssysteme erweisen sich für einen derartigen Verwendungszweck als geeignet.

5.1.2.2. *Kanalsekundärelektronenvervielfacher*

Dünne 40 bis 200 µm dicke Hohlfasern aus einem elektronenleitenden Glas werden zu parallel geordneten, dicht gepackten Bündeln vereinigt und sog. Kanalplatten abgeschnitten, die auf der Vorder- und Rückseite in der in Abb. 5.2. skizzierten Weise zwecks Zuführung einer Spannung von 2,5 bis 3 kV kontaktiert sind [5.3]. Beim Auftreffen einer primären Strahlung (z. B. Elektronen, Ionen, UV-Licht oder RÖNTGEN-Strahlen) werden an der Innenseite der Hohlfaser Elektronen ausgelöst, die in den Kanälen mit einem Verstärkungsfaktor von 10^8 bis 10^9 linear vervielfacht werden. Man verwendet z. B. Vanadinphosphatgläser mit einem Widerstand von 10^7 bis $10^9\ \Omega$ cm. Es sind aber auch Blei oder Wismut enthaltende Gläser herangezogen worden, an deren Oberfläche eine gewisse Leitfähigkeit durch Reduktion eingestellt werden kann. Mangan enthaltende Gläser nehmen eine erhöhte Oberflächenleitfähigkeit durch Erhitzen an der Luft an [5.4]. Derartige Kanalplatten haben z. B. als Bildwandlertafeln für RÖNTGEN-Strahlen sowie in der Satellitentechnik Bedeutung erlangt.

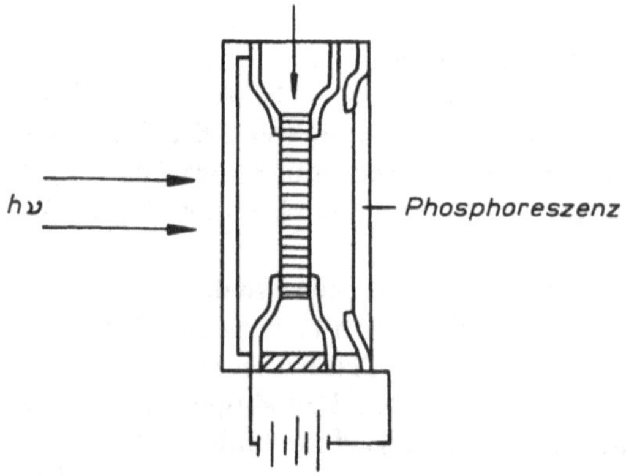

Abb. 5.2. Schematische Darstellung eines plattenförmigen Kanalsekundärelektronenvervielfachers.

5.1.3. Ovonic-*Schaltelemente*

Es ist bereits in 4.1.3.7. über den Glashalbleiterschalter mit und ohne Gedächtnis sowie über die typischen glasbildenden Chalkogenidsysteme berichtet worden, die diese Effekte zeigen. Eine ausführliche zusammenfassende Abhandlung, die sowohl eine umfangreiche Tabelle mit den verschiedensten Glaszusammensetzungen als auch die jeweils zugehörigen Daten enthält, die den hochohmigen und niederohmigen Zustand kennzeichnen, liegt in einer Arbeit von Bosnell [5.5] vor. Einen zentralen Platz in der Literatur nimmt das Patent von Ovshinsky [1.32] aus dem Jahre 1966 ein.

Abb. 5.3. gibt typische Ausführungsvarianten der Bauelemente wieder, wie sie von Ovshinsky u. M. angegeben wurden.

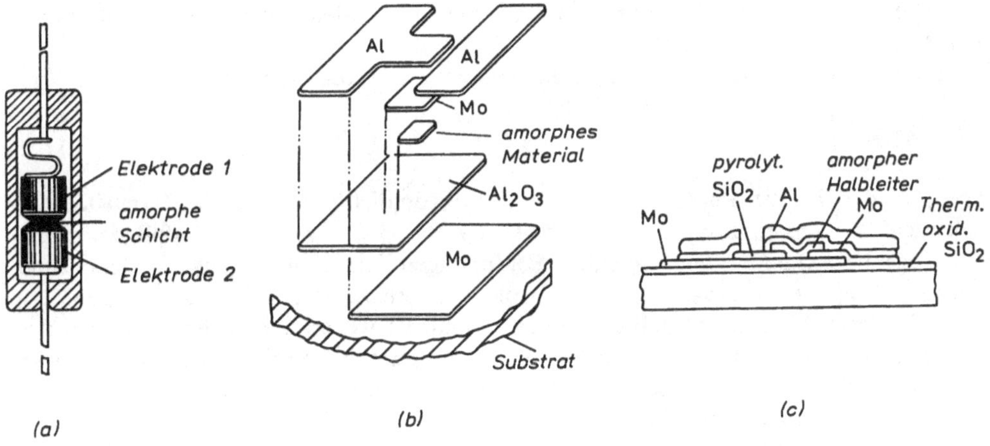

Abb. 5.3. Ovonic-Schaltelemente in diskreter Ausführung (*a*) und in nach einer in Dünnschichttechnik hergestellten, integrationsfähigen Variante (*b* und *c*) nach [5.6].

Nach Abb. 5.3.*a*) werden zwei mit dem amorphen Glasfilm beschichtete Halbsphären aus Graphit (Glaskohlenstoff) mit leichtem Druck aneinandergesetzt [5.6]. Die Abfolge der einzelnen technologischen Schritte zur Herstellung integrationsfähiger Einzelelemente in sandwich-Anordnung ist aus Abb. 5.3. b) ersichtlich. Molybdänelektroden sind gegenüber dem Chalkogenidglasfilm ähnlich wie Graphit hinreichend resistent. Die Schichten werden nacheinander durch Katodenzerstäubung oder Bedampfen unter Anwendung entsprechender Masken sowie unter Anwendung fotolithographischer Strukturierungsschritte auf einer Substratunterlage aufgebracht. Abbildung 5.3.*c*) zeigt das Schaltelement im Aufriß auf einer Si-Scheibe. In zahlreichen elektronischen Schaltungen erfolgt die Ansteuerung mit Hilfe von Dioden im unmittelbaren Kontakt mit der Unterlage nach [5.11].

Auf einer Fläche von 6,45 cm^2 wurden 2500 Einzelelemente untergebracht [5.6]. In einer x, y-Matrixverknüpfung sind die mit je einer Diode in Reihe kombinierten Schalter störungsfrei ansteuerbar. Als programmierbare Festwertspeicher werden derartige Bauelemente auf der Basis des Schalteffekts mit Gedächtnis (vgl. 4.1.3.7.) von der Energy Conversion Devices in Troy/Michigan kommerziell angeboten: RMM-256 (*Read Mostly Memory* mit 16×16 Einzelelementen). Über deren Verwendung in Schaltkreisen ist in der Literatur in zahlreichen Arbeiten berichtet worden [5.6—5.11].

5.1.4. *Solarzellen auf der Basis amorpher Si-Schichten*

Die Energieumwandlung des Sonnenlichts mit einem Konversionskoeffizienten von etwa 6% unter Verwendung eines *p-n*-Übergangs in Si-Einkristallen ist seit 1954 bekannt [5.12]. Inzwischen wurden 19% [5.13] und mit GaAs-Solarzellen 23% [5.14] erreicht.

In hydrierten amorphen Si-Schichten, wie sie bei der Zersetzung von Silanen in der Glimmentladung als Polycyclosilanfilme anfallen (vgl. 2.1.3.3., 3.1.2.3. und 4.1.3.5.) können *p-n*-Übergänge durch sukzessives Zumischen geeigneter Dotiergase wie PH_3 und B_2H_6 (vgl. Abb. 4.23.) gleichfalls aufgebaut werden, was in Arbeiten von CHITTICK [2.53] sowie insbesondere von SPEAR und LE COMBER [3.104] gezeigt wurde. Konversionskoeffizienten von etwa 6% sind bisher erreicht worden. Der Vorteil liegt in der Möglichkeit einer großflächigen Beschichtung unter Annahme einer kontinuierlichen Verfahrenstechnologie, die eine gegenüber einkristallinen Si-Scheiben bedeutend billigere produktionstechnische Lösung darstellt.

Der Konversionskoeffizient η_S einer Solarzelle ist durch die Beziehung

$$\eta_S = \frac{j_S V_S}{I_S} \tag{5.1}$$

gegeben, in der V_S die Photospannung, j_S die Stromdichte und I_S die Intensität der einfallenden Sonnenstrahlung (etwa $100\,\mathrm{mW \cdot cm^{-2}}$ bei senkrechtem Einfall an einem klaren Tag) bezeichnen. Die folgenden Bedingungen lassen sich nach CARLSON und WRONSKI [3.110] für die Nutzung eines Halbleiterbauelements als Solarzelle angeben.

a) Der Absorptionskoeffizient sollte in einem möglichst weiten Wellenlängenbereich des Sonnenspektrums, insbesondere im Intensitätsmaximum hoch sein. Bei einer Filmdicke von 1 µm sind α-Werte $> 10^4\,\mathrm{cm^{-1}}$ zumindest im sichtbaren Spektralbereich erforderlich.

b) Die durch Photonenabsorption erzeugten Elektronen und Defektelektronen müssen möglichst vollständig an den Kontaktelektroden gesammelt werden, d. h. die Diffusionslänge der Minoritäts-Ladungsträger muß mit der Filmdicke vergleichbar sein, oder es ist notwendig, daß in der amorphen Schicht ein Raumladungsfeld besteht.

c) Letzteres ist für den Wert des Konversionskoeffizienten maßgebend. Die erzeugte Photospannung bestimmt die entnehmbare elektrische Energie.

d) Schließlich ist zu beachten, daß der mit der Solarzelle in Reihe liegende Widerstand (außer dem Lastwiderstand) klein bleibt, um zu gewährleisten, daß der Spannungsabfall bei Betrieb nur einige Prozent der erzeugten Photospannung beträgt.

Einige Varianten für Solarzellen auf der Basis amorpher Polycyclosilanfilme sind in Abb. 5.4. nach [5.15] angegeben. In der zitierten Abhandlung werden die festkörperphysikalischen Eigenschaften Wasserstoff enthaltender amorpher Si-Schichten unter dem Aspekt der Erzeugung von Photospannungen und die Ausnutzung dieses Effekts in Solarzellen zusammenfassend beschrieben. Allgemeine Werkstofffragen im Zusammenhang mit der Konversion der Sonnenenergie in Solarzellen sind in einer Arbeit von MATTOX [5.16] dargestellt.

Problematisch erscheint vor allem die Langzeitstabilität von Si-H-Bindungssystemen unter der intensiven Einwirkung relativ energiereicher elektromagnetischer Strahlung. Die Vermeidung eines Luftzutritts und die mit der dauerhaften hermetischen Einkapselung zu lösenden technischen Probleme sind bei der Entwicklung funktionstüchtiger Solarzellen nicht zu unterschätzen. Über Untersuchungen zu einer zumindest partiellen Substitution der Si-H-Bindungen durch Si-F- und Si-O-Si-Bindungen mit der Zielsetzung, die für

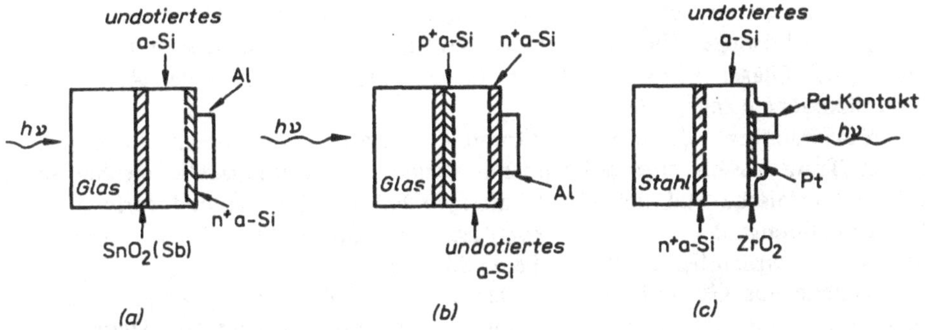

Abb. 5.4. Verschiedene Varianten von Solarzellen auf der Basis Wasserstoff enthaltender amorpher Si-Schichten nach [3.110].

die Sonnenenergiekonversion günstigen Eigenschaften des Wasserstoff enthaltenden amorphen Si zu konservieren, bzw. günstig zu beeinflussen, ist in der Literatur berichtet worden [5.17, 19, 3.113, 114]. Der Grad der technologischen Beherrschung der Produktion von Solarzellen auf der Basis des amorphen Siliciums wurde von Hamakawa [5.40] mitgeteilt.

5.2. Chalkogenidgläser als infrarotdurchlässige optische Medien

Die bei der Darstellung von Chalkogenidgläsern mit hoher optischer Transparenz zu beachtenden Anforderungen sind bereits in Kap. 4.2.1.2. behandelt worden.

Als glasartige Materialien mit einer Infrarotdurchlässigkeit zwischen 8 und 12 μm eignen sich Selenid- und Telluridgläser. Sulfidgläser, z. B. As_2S_3, und auch Si enthaltende Chalkogenidgläser sind nur bis zu etwa 10 μm hinreichend transparent. Da selenfreie Telluridschmelzen nur durch hohe Abkühlraten und in kleinen Ansätzen in Gläser überführt werden können (eine Ausnahme stellen die Systeme Si-As-Te und As-Ge-Si-Te dar), erhalten Selenidgläser eine Priorität.

Industriell gefertigt werden Chalkogenidgläser für infrarotoptische Anwendungen seit etwa 10 Jahren in der Sowjetunion, den USA (Texas Instruments) sowie von den Firmen Servo-Corporation und British Drug House. In der Sowjetunion wird über die Herstellung von Ge-As-Se-Gläsern sowie die Produktion eines weiteren Selenidglases IKS-29 in Schmelzansätzen von 5 bis 13 kg berichtet [5.21]. Hilton [4.261] entwickelte bei Texas Instruments die Gläser Tl 20 $Ge_{33}As_{12}Se_{35}$ und Tl 1173 $Ge_{28}Sb_{12}Se_{60}$ zur technischen Reife. Abmessungen von 10 mm dicken Rundscheiben mit einem Durchmesser von 70 mm, aber auch Plattengrößen von 30×60 cm^2 wurden genannt.

Anwendungsgebiete der Chalkogenidgläser als infrarotdurchlässige optische Medien sind die Thermographie, die Lasertechnik und Infrarot-Fourier-Spektroskopie sowie hochauflösende Optiken in der Nachtbildaufnahmetechnik. Gegenüber den traditionellen Alkalihalogeniden und Erdalkalifluoriden zeichnen sie sich bei Anwendungen an der Atmosphäre durch eine größere chemische Beständigkeit aus. Sie sind z. B. als

Küvettenfenster bei der Infrarotspektroskopie neutraler bis stark saurer, nicht oxydierend wirkender wäßriger Lösungen (FOURIER-Spektroskopie) gut einsetzbar. Erst im alkalischen Milieu werden die Gläser entsprechend den Löslichkeitseigenschaften der Arsen- und Germaniumchalkogenide angegriffen.

Optische Anwendungen erfordern auf Grund der relativ hohen Brechzahlwerte zur Erhöhung der Transmission eine reflexionsmindernde Beschichtung. Die mechanische Festigkeit und thermische Stabilität der Chalkogenidgläser ist bedeutend geringer, die thermische Ausdehnung, der Temperaturkoeffizient der Brechzahl und die spannungsoptische Konstante beträchtlich größer als bei Oxidgläsern.

Optische Bauteile aus Ge-GaAs-Einkristallen sowie die Zink- und Cadmiumchalkogenide weisen die damit verbundenen Nachteile im wesentlichen nicht auf. Diese Stoffe treten folglich als Konkurrenzwerkstoffe zu den Chalkogenidgläsern in Erscheinung [4.233, 5.22, 23]. ZnSe und CdTe sind bei 10,6 µm, der Emission des CO_2-Lasers, durch einen Absorptionskoeffizienten von $4 \cdot 10^{-4}$ bzw. $3 \cdot 10^{-4}$ cm^{-1} gekennzeichnet. Beide Substanzen sind daher für die Übertragung und Fokussierung hoher Laserleistungen in hervorragendem Maße geeignet. In Chalkogenidgläsern werden derartig geringe α-Werte in diesem Wellenlängenbereich auf Grund der Multiphonenabsorption nicht erreicht (vgl. 4.2.1.1.).

Den Vorteil der größeren Variabilität in der Formgestaltung haben einkristalline Medien i. allg. nicht. So waren großflächige infrarotoptische Bauteile, z. B. Infrarotfenster, bis vor einigen Jahren nur auf der Basis geeigneter Chalkogenidgläser zugänglich. Neuerdings sind Verfahren entwickelt worden, die die Herstellung zentimeterdicker polykristalliner ZnSe-Platten in Abmessungen mehrerer Quadratmeter durch Dampfreaktivabscheidung (*CVD*) gestatten. In einer Umsetzung zwischen Zn-Dampf und H_2Se bei 873 K unter vermindertem Druck (10^4 Pa) werden Wachstumsraten von 100 µm/h realisiert. Das Material ist durch eine hohe Transmission zwischen 0,5 und 18 µm gekennzeichnet [5.23].

Besteht die Forderung, Brechzahl und Disperion aus Gründen der Abbildungskorrektur an bestimmte vorgegebene Werte anzupassen, muß man auf glasartige Werkstoffe zurückgreifen, denn kristalline Substanzen besitzen — sieht man von Mischkristallsystemen ab — diese Anpassungsfähigkeit nicht.

Der konkrete Einsatzzweck und das Abwägen der Vor- und Nachteile wird die Auswahl eines geeigneten infrarotdurchlässigen optischen Mediums bestimmen. Erst die möglichst umfassende Kenntnis der Eigenschaften gestattet eine fundierte Entscheidung. Eine umfangreiche Zusammenstellung von Daten über infrarotdurchlässige kristalline Medien vermittelt die Arbeit von Donald und McMillan [5.24].

5.3. Chalkogenidgläser als Aufzeichnungsmedien

Es lassen sich im wesentlichen drei verschiedene Prozesse an Chalkogenidgläsern unterscheiden, die zur Bildaufzeichnung bzw. Informationsspeicherung genutzt werden können: Photoinduzierte Absorptions- und Brechzahländerungen, die Photokristallisation und der Unterschied zwischen Dunkel- und Photoleitfähigkeit, der neben anderen Forderungen, die an die aktive Schicht zu stellen sind, in der Elektrofotografie (Xerographie) zum Tragen kommt.

5.3.1. *Aufzeichnungsverfahren auf der Basis photoinduzierter Strukturänderungen*

Über den Effekt der Absorptionskantenverschiebung bei der Belichtung amorpher Chalkogenidschichten und die damit verbundenen Brechzahl- und Volumenänderungen ist in 4.2.4.1. berichtet worden. Sowohl Eindunkelungs- als Aufhellungsvorgänge wurden je nach der stofflichen Zusammensetzung der amorphen Schicht festgestellt. Von der Fa. Nippon Telegraph and Telephone Public Corporation wurde der Effekt am Beispiel von Schichten der Zusammensetzung $Ge_{30}As_{25}Se_{45}$ und $Ge_{10}As_{40}Se_{50}$ als ein neuartiges Prinzip der Datenspeicherung vorgeschlagen [5.25].

Bemerkenswert erscheinen Entwicklungen, die eine von den unbelichteten Stellen abweichende Reaktionsgeschwindigkeit beim anschließenden Ätzen ausnutzen. Ge-Se-Glasfilme lösen sich z. B. in den belichteten Bereichen in verdünnter Natronlauge oder Ammoniak mit einer um 18% größeren Geschwindigkeit auf, was zur Nutzung in der Maskenätztechnik vorgeschlagen wurde [5.26]. Ein Auflösungsvermögen von 3000 Linien pro mm wurde angegeben.

Der Effekt kann wesentlich verstärkt werden, wenn man die Chalkogenidschichten (0,03 bis 3 µm) mit einer dünnen Metallschicht, vorzugsweise Ag oder Cu, abdeckt (0,03 bis 0,05 µm). Die Aktivierung der Chalkogenidschicht bei Bestrahlung im Bereich der optischen Bandlücke durch den semitransparenten Metallfilm löst eine photoinduzierte Diffusion der Metallatome in die Chalkogenidschicht aus. Von Canon [5.27] wurde das Verfahren in einer umfangreichen Patentschrift zur Herstellung von Fotomasken beschrieben.

5.3.2. *Ovographie*

Nach Ovshinsky u. M. [5.28] kann die in Kap. 4.2.4.2. beschriebene Photokristallisation in einem neuartigen optischen Massenspeicher genutzt werden. Es läßt sich darauf auch ein der Xerographie analoges Vervielfältigungsverfahren gründen.

Wie aus Abb. 5.5. hervorgeht, schreibt der durch einen Computer gesteuerte Laserstrahl auf einer mit der Chalkogenidschicht belegten Trommel die Information ein, indem in den jeweils belichteten Punkten das Glas kristallisiert oder das durch Tempern in den polykristallinen Zustand überführte Material umgekehrt in den Glaszustand umgewandelt wird. Auf Grund der jeweils veränderten Leitfähigkeit läßt sich ein Schritt der elektrostatischen Bildentwicklung ohne weiteres anschließen.

Die Bildpunkte haben einen Durchmesser von 1 µm. Bei 3 µm Abstand in der Zeile und 6 µm Abstand zwischen den Zeilen ergibt sich eine Dichte von etwa $5 \cdot 10^6$ bit cm^{-2}. Berücksichtigt man, daß der Laserstrahl über eine Fläche von einem Quadratmeter hin abgelenkt werden kann, ergibt sich eine Speicherkapazität von $5 \cdot 10^{10}$ bit. Jeder Punkt ist wahlfrei mit einer Zugriffzeit von einigen Mikrosekunden ansteuerbar. Für die Einschreibzeit sind Bitraten von $2 \cdot 10^8$ s^{-1} genannt worden [5.29], wenn der Phasenübergang vom polykristallinen in den glasartigen Zustand genutzt wird.

Es sind darüber hinaus auch der Fotografie ähnliche Varianten vorgestellt worden [4.149]. Der aus einem Se-Glas bestehende Film von einigen 100 nm Dicke wird auf eine transparente Unterlage aufgebracht. Nach der Belichtung mit 10^{-4} J · cm^{-2} ist das Bild in Reflexion als Positiv (Kontrast 20:1) und in Transmission als Negativ sichtbar. Auf ein Lichtquant entfallen etwa 100 Se-Atome in einem der Kristallite der Bildpunkte.

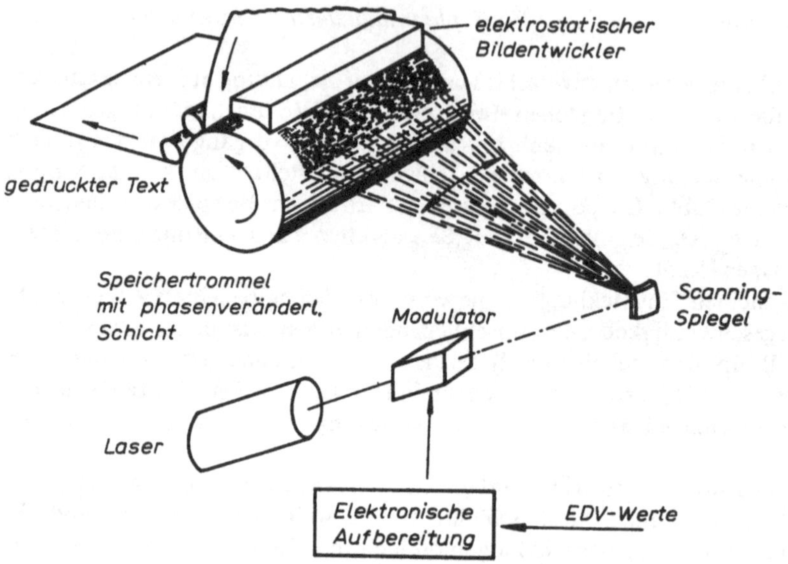

Abb. 5.5. Druckverfahren auf der Grundlage der Umwandlung bestrahlter Bereiche der amorphen Halbleiterschicht in den kristallinen Zustand oder umgekehrt mittels Laserstrahlimpulsen.

Das Auflösungsvermögen beträgt etwa 100 Linien/mm. In anderen Ausführungen, z. B. bei Verwendung Te enthaltender Filme kann das Bild durch eine thermische Nachbehandlung verstärkt werden.

5.3.3. *Xerographie*

Ein Überblick über Anwendungen amorpher Halbleiter wäre unvollständig, würde man die Elektrografie auf der Basis glasartiger, etwa 50 µm dicker Selenschichten übergehen. Das Verfahren geht auf Carlson [5.31] zurück, der 1938 in ersten erfolgreichen Versuchen das „trockene Schreiben" (Xerographie) auf der Basis großflächiger Photoleiter demonstrierte. Die einzelnen Schritte sind in Abb. 5.6. in Anlehnung an eine Arbeit von Mort [5.32] skizziert.

Der Selenfilm, meist auf einer zylindrischen Trommel, wird zunächst durch eine Corona-Entladung auf der Oberfläche positiv aufgeladen (*a*). Anschließend erfolgt die Übertragung des zu kopierenden Bildes auf die Platte (*b*). Elektronen/Defektelektronen-Paare werden durch Absorption von Photonen im Selenfilm, deren Energie der optischen Bandlücke entspricht bzw. diese übertrifft, auf Grund hoher Werte des Absorptionskoeffizienten in großer Zahl erzeugt. Die Defektelektronen driften zur Al-Unterlage, die Elektronen zur Oberfläche, wo sie die positiven Ladungen neutralisieren. Der nächste Schritt (*c*) besteht in der Fixierung des positiven Ladungsbildes an den nicht der Belichtung ausgesetzten Stellen durch einen Farbstoff (*Toner*), dessen negativ geladene Partikel elektrostatisch gebunden werden. Abschließend wird das Bild mit Hilfe einer zweiten Coronaentladung durch einfachen Kontakt auf einen Papierbogen übertragen (*d*) und durch Erwärmen fixiert (*e*). Nach dem Reinigen und der Entfernung von Restladungen durch Belichten (*f*) steht die amorphe Selenschicht für weitere Aufnahmen erneut zur Verfügung.

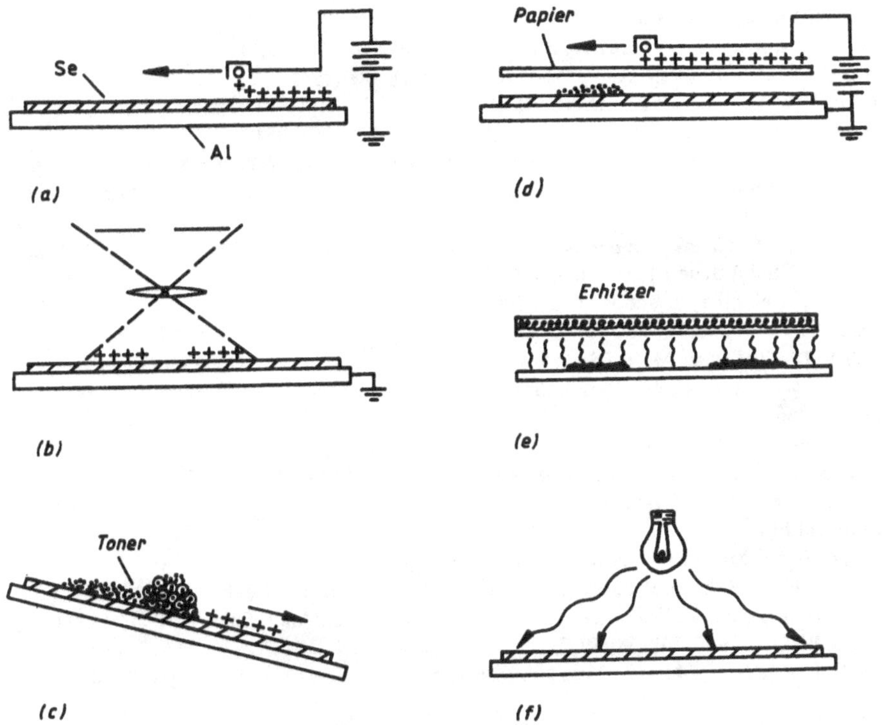

Abb. 5.6. Schematische Veranschaulichung der Xerographie.
(*a*) – Aufsprühen positiver Ladungen durch Corona-Entladung, (*b*) – Entladung durch Belichten, (*c*) – Aufbringen eines Farbstoffes, (*d*) – Übertragung des Bildes auf Papier, (*e*) – Fixierung der Farbstoffpartikel durch Erwärmen, (*f*) – Reinigung und vollständige Entladung der aktiven Schicht.

Ausführliche Darstellungen des xerographischen Vervielfältigungsverfahren sind in [5.15, 18] angegeben (vgl. auch [5.5, 19]).

Zur Verbesserung der Panchromasie, vor allem der im reinen Selen deutlich verminderten Rotempfindlichkeit, sowie zur Optimierung der für den Prozeß wesentlichen Entladungsparameter werden dem Selen i. allg. bestimmte Zusätze hinzugefügt. Auch amorphe As_2Se_3-Schichten haben in der Xerographie Bedeutung erlangt [5.20]. Als hochempfindliche elektrophotographische Schichten werden in der Literatur Se-Bi-J-Filme genannt [5.30].

Literatur

[5.1] H. Rawson, E. P Denton, Brit. Patent 801 570 (1958); J D. Mackenzie, S. P. Mioff, US-Patent 3258434 (1966)
[5.2] J. T. Edmond, J. Sc. Instr. Ser. **21**, 373 (1968)
[5.3] J. Adams, B. W. Manley, Philips Techn. Rundschau **28**, 256 (1967)
[5.4] H. J. L. Trap, Sprechsaal für Keramik, Glas Email, Silikate **101**, 1103 (1968)
[5.5] J. R. Bosnell, Physics in Technology **4**, 113 (1973)
[5.6] R. G. Neale, J. Non-Cryst. Solids **2**, 558 (1970)
[5.7] D. L. Nelson, J. Non-Cryst. Solids **2**, 528 (1970)

[5.8] G. R. FLEMING, J. Non-Cryst. Solids **2**, 540 (1970)
[5.9] K. E. VAN LAUDINGHAM, IEEE Transact. Electron. Dev. ED-**20**, 178 (1973)
[5.10] R. J. ZINGG, R. E. ZIMMERMANN, A. V. POHM, ibid. ED-**20**, 188 (1973)
[5.11] R. G. NEALE, J. A. ASELTINE, ibid. ED-**20**, 195 (1973)
[5.12] D. M. CHAPIN, C. S. FULLER, G. L. PEARSON, J. Appl. Phys. **25**, 676 (1954)
[5.13] J. LINDMEYER, C. Y. WRIGLEY, National Science Foundation — 43090, Washington, D. C. 1975
[5.14] L. W. JAMES, R. L. MOON, Proc. 11th IEEE Photovoltaic Specialists Conf., Scottsdate, Arizona 1975, S. 402
[5.15] J. H. DESSAUER, H. E. CLARK, *Xerographie and Related Processes*, Focal Press, New York 1965
[5.16] D. M. MATTOX, J. Solid State Chem. **22**, 31 (1977)
[5.17] B. J. FELDMANN, J. Non-Cryst. Solids **35**, **36**, 309 (1980)
[5.18] J. W. WEIGL, Angew. Chem. **89**, 386 (1977)
[5.19] S. B. BERGER, R. C. ENCK, M. E. SCHARFE, B. E. SPRINGETT, in *The Physics of Selenium and Tellurium, Ed.* E. GERLACH, P. GROSSE, Springer Series in Solid State Sciences 13, Springer-Verlag, 1979, S. 256
[5.20] E. BAYER, K. KEMPTER, A. KIENDL, wie [2.82], S. 242
[5.21] E. A. KISHITSKAJA, V. B. NOSOV, V. F. KOKORINA, Fiz. Khim Stekla **3**, 624 (1977)
[5.22] F. M. LUSSIER, Laser Focus **12**, 47 (1976)
[5.23] P. MILES, Optical Engineering **15**, 451 (1976)
[5.24] I. W. DONALD, P. W. MCMILLAN, J. Mater. Sc. **13**, 1151 (1978)
[5.25] Nippon Telegraph and Telephone Public Corporation, E. C. L. Technical Publication No. 67
[5.26] H. NAGAI, A. YOSHIKAWA, Y. TOYOSHIMA, O. OCHI, Y. MIZOSHIMA, Appl. Phys. Lett. **28**, 145 (1976)
[5.27] K. K. CANON, BRD-Patent 2201178 (1972)
[5.28] J. FEINLEIB, S. IWASA, S. C. MOSS, J. P. DE NEUFVILLE, S. R. OVSHINSKY, J. Non-Cryst. Solids **8—10**, 909 (1972)
[5.29] R. J. VON GUTFELD, P. CHAUDHARI, J. Appl. Phys. **43**, 4688 (1972)
[5.30] W. J. HILLEGAS, J. H. NEYHART, J. Non-Cryst. Solids **27**, 347 (1978)
[5.31] C. F. CARLSON, *Xerographie*, in P. A. SPENCER, *Progress in Photographie* 1955—1958, Focal Press, London 1958
[5.32] J. MORT, wie [2.239], S. 1361
[5.33] C. A. LEVINE, Proc. 10. IECEC (1975), 621
[5.34] K. WIESENER, J. GURCHE, W. SCHNEIDER, Elektrochemische Stromquellen, Akademie-Verlag Berlin 1981
[5.35] K. SCHWABE, pH-Meptechnik, Verlag Technik, Berlin 1963
[5.36] G. EISENMAN u. a., The Glass Electrode, Interscience Publ., New York 1985
[5.37] K. Schwabe, Physikalische Chemie, Band 2; Elektrochemie, Akademie-Verlag Berlin 1974
[5.38] R. JASINSKI, I. TRACHTENBERG, G. RICE, J. Elektrochem. Soc. **121**, 363 (1974)
[5.39] A. E. OWEN, J. Non-Cryst. Solids **35**, **36**, 999 (1980)
[5.40] Y. HAMAKAWA, IX. Int. Conf. Amorph. Liqu. Semicond. Grenoble 1981, wie [2.446] **42**, 1131 (1981)

6 Sachregister

Kolibri 360 GmbH
Ferdinand-Jühlke-Straße 7
99095 Erfurt, Deutschland
produktsicherheit@kolibri360.de